黄河小浪底水利枢纽规划设计丛书

泄洪排沙建筑物设计

林秀山　总主编

潘家铨　主　编

中国水利水电出版社

黄 河 水 利 出 版 社

内 容 提 要

本书为“黄河小浪底水利枢纽规划设计丛书”的泄洪排沙建筑物设计卷，由直接参与工程设计的人员编写。本书全面、系统地论述了小浪底水利枢纽工程泄洪排沙系统各建筑物的设计特点，内容涉及枢纽泄洪排沙方式选择，建筑物总体布置，进水口防泥沙淤堵，建筑物水力设计，多级孔板消能泄洪方式研究，洞群围岩稳定性分析，进水塔群、孔板洞、排沙洞、消力塘、溢洪道等建筑物结构设计，并对工程设计优化与创新、设计中的经验与体会作了介绍。

本书内容丰富，实用性强，可供从事水利水电工程设计、施工、运行管理人员以及大专院校有关专业的师生参考。

图书在版编目(CIP)数据

泄洪排沙建筑物设计/潘家铨主编．—郑州：黄河水利出版社，2008.12

（黄河小浪底水利枢纽规划设计丛书/林秀山总主编）

ISBN 978-7-80734-567-1

Ⅰ．泄… Ⅱ．潘… Ⅲ．①黄河－水利枢纽－泄水建筑物－建筑设计②黄河－水利枢纽－泥沙控制处理－水工建筑物－建筑设计 Ⅳ．TV632.613 TV65 TV145

中国版本图书馆 CIP 数据核字(2009)第 005997 号

出 版 社：中国水利水电出版社

地址：北京市西城区三里河路 6 号　　邮政编码：100044

黄河水利出版社

地址：河南省郑州市金水路 11 号　　邮政编码：450003

发行单位：黄河水利出版社

发行部电话：0371-66026940　　传真：0371-66022620

E-mail：hhslcbs@126.com

承印单位：河南省瑞光印务股份有限公司

开本：787 mm×1 092 mm　1/16

印张：34.75

字数：800 千字　　印数：1—2 000

版次：2008 年 12 月第 1 版　　印次：2008 年 12 月第 1 次印刷

定价：138.00 元

总序一

黄河小浪底水利枢纽是“以防洪（包括防凌）、减淤为主，兼顾供水、灌溉、发电，蓄清排浑，除害兴利，综合利用”为开发目标的大型水利工程，是国家“八五”重点建设项目，也是当时我国利用世界银行贷款最大的工程项目。小浪底主体工程于1994年9月开工，2001年底按期完工。工程采用国际招标方式选择了世界上一流的承包商，从施工管理、工程设计、移民搬迁到环境影响评价全面和国际接轨，为我国水利水电建设积累了宝贵经验。工程建成运行5年来，在黄河下游防洪、防凌、减淤冲沙、城市供水、发电、灌溉方面发挥了不可替代的作用。截至2004年底，累计发电约150亿kWh。在黄河连续枯水的情况下为确保黄河不断流提供了物质基础。显著的社会效益和经济效益使小浪底水利枢纽成为治黄的里程碑工程。

本着建设我国一流工程的目标，我有幸参与了小浪底工程的建设管理。一流的工程首先要以一流的设计为龙头。小浪底工程由于其独特的水文泥沙条件、复杂的工程地质条件和严格的水库运用要求，给工程设计提出了一系列挑战性的课题，被国内外专家公认为是世界上最具挑战性的工程之一。黄河勘测规划设计有限公司❶的工程技术人员，经过近30年的规划论证和10多年的方案比选，以敢于创新和科学求实的精神，在国内科研院所和高等院校的配合下，较满意地解决了一个个技术难题，诸如深式进水口防泥沙淤堵、施工导流洞改建为孔板消能泄洪洞的重复利用、排沙洞后张预应力混凝土衬砌、洞室群围岩稳定、大坝深覆盖层基础处理、进出口高边坡加固、20万移民的生产性安置等，提出了以集中布置为鲜明特点的枢纽建筑物总体布置方案，同时也创造了许多国内国际领先水平的设计。小浪底工程于1999年10月蓄水运行以来，已安全正常地运行了5年，并经历了2003年高水位的运用考验，实践证明，小浪底工程的设计是成功的。

小浪底工程成功的设计，为小浪底工程的建设提供了可靠的技术保障。

---

❶ **编者注：**黄河勘测规划设计有限公司为原水利部黄河水利委员会勘测规划设计研究院。

黄河勘测规划设计有限公司的同志们认真总结小浪底工程的设计经验，编写出版了这套技术丛书。这套丛书的出版，无疑将丰富和促进我国水利水电建设事业的发展，也希望通过这套丛书使小浪底水利枢纽的成功经验得到更好的推广和应用。

张基尧

二〇〇五年三月一日

总 序 二

小浪底水利枢纽是黄河治理开发的关键工程。如今这座举世瞩目的工程已全面竣工，几代黄河人的小浪底之梦终成现实。宏伟的小浪底工程犹如一座巍峨的丰碑，记载着人民治黄的丰功伟绩，同时又是一座黄河治理开发的里程碑工程。它的建成运用，使治黄工作进入了一个能够对黄河下游水沙进行调控的新阶段。

黄河是世界上最复杂、最难治的河流。大量的泥沙淤积在下游河道内，使下游河道滩面高于大堤背河地面，成为举世闻名的地上悬河。如何把黄河的事情办好，一代又一代黄河人进行着孜孜不倦的探索和实践。

位于黄河中游最后一个峡谷出口处的小浪底，是三门峡水利枢纽以下唯一能够取得较大库容的坝址，处于承上启下控制黄河水沙的关键部位。修建小浪底水库对于黄河下游防洪、防凌、减淤等具有非常重要的作用，其战略地位是其他治黄工程无法替代的。

小浪底工程规模宏大，地质条件复杂，水沙条件特殊，运用要求严格，被公认为世界坝工史上最具挑战性的工程之一。面对这些难题，设计人员总结国内外的工程实践经验，克服重重困难，以勇于开拓创新又实事求是的科学精神，攻克了一个个技术难关，创造了多项国内外领先的设计成果。目前，工程已经开始发挥巨大的综合效益，特别是在调水调沙及塑造黄河下游协调水沙关系方面更是发挥了突出作用。

小浪底工程的勘测、规划和设计实践体现了“团结、务实、开拓、拼搏、奉献”的黄河精神，凝聚了广大治黄人员的智慧，同时也为今后的工作积累了丰富的经验。现在黄河勘测规划设计有限公司的同志总结小浪底工程的设计经验，编撰了这套规划设计丛书，非常必要、及时。丛书注重工程特点，论述设计思路和方法，突出创新成果，体现时代特征，系统全面反映了工程设计情况，对于今后的治黄工作乃至我国水利水电工程建设都将具有很好的借鉴作用。

小浪底工程建成后，黄河治理开发的任务依然非常繁重。小浪底水库本身的运用方式仍然需要深入研究，以保证其最大限度地发挥综合效益。同时，必须抓住小浪底水库投入运用的大好机会，抓紧开展黄河下游治理工作，并加快黄河干流骨干工程和南水北调西线工程建设、中游水土保持以及小北干流放淤等工作，构建完善的黄河水沙调控体系，使治黄工作朝着“维持黄河健康生命”的终极目标迈进。

李国英

2005年9月22日

总 前 言

小浪底水利枢纽位于黄河中游三门峡以下约 130km 黄河最后一个峡谷的出口处。从三门峡到小浪底，河床比降 0.1%，南岸是秦岭山系邙山，北岸是中条山、王屋山，河谷宽 500～1 000m，洪水水面宽 200～300m，每遇洪水，黄河波浪滔天、咆哮而下。黄河出小浪底峡谷之后，河道突然展宽，大浪没有了，小浪也到底了，进入了由黄河泥沙堆积而成的黄淮海平原。郑州花园口以下约 800km 的下游河道高悬于两岸地面，在约1 400km堤防的约束下流入渤海。居住在峡谷出口右岸黄河岸边一个小山村的先人们，观黄河流态的变化，以"小浪底"命名了自己的小山村。年年岁岁，世世代代，先人们并不知道今天小浪底竟成了家喻户晓的一个巨大的水利枢纽的名字。这个名字牵系着国内外许多专家、学者，牵系着曾为之奋斗的上万名中外建设者，牵系着上至中央领导、下至黎民百姓。

小浪底水利枢纽控制黄河流域面积 69.4 万 km^2，占黄河流域总面积（不包括内陆区）的 92.3%，控制黄河天然年径流总量的 87% 及近 100% 的黄河泥沙。小浪底工程处在承上启下控制黄河水沙的关键部位，与龙羊峡、刘家峡、大柳树、碛口、古贤、三门峡一起成为开发治理黄河的七大骨干工程，在治黄中具有十分重要的战略地位。

小浪底工程建在因含沙量高而闻名于世的黄河上。黄河不仅水少沙多，而且水沙在时间上分布不均，黄河下游为地上悬河，河道上宽下窄，比降上陡下缓，排洪能力上大下小，凌汛也威胁着黄河两岸人民的安全。我国近代治河的先驱者，总结我国的治河经验，引进西方科技，提出了"全面开发，综合利用"的水利规划思想。新中国成立以后，开始了人民治黄的历程。历经 50 多年，治黄取得了举世瞩目的成就。在黄河流域整体规划的基础上，小浪底工程的开发论证经过了近半个世纪漫长的历程。根据黄河的特点及小浪底工程在黄河流域规划中所处的位置，对小浪底工程的开发目标进行了多次分析论证，一致认为小浪底水库处在控制黄河下游水沙的关键部位，是黄河干流三门峡以下唯一能取得最大库容的重大控制工程，在治黄中具有重要的战略地位。国家计委于 1986 年 5 月明确小浪底水利枢纽的开发目标为"以防洪（包括防凌）、减淤为主，兼顾供水、灌溉和发电，蓄清排浑，除害兴利，综合利用"。要求达到的目标是：提高下游防洪标准；基本消除下游凌汛威胁，在一定时段内遏制黄河下游河床淤积的趋势；调节径流提高下游灌溉供水保证率；水电站在系统中担任调峰。

小浪底水利枢纽由于其独特的水文泥沙条件，复杂的工程地质条件，适应多目标开发的严格的运用要求，以及巨大的工程规模和在治理黄河中重要的战略地位，被国内外专家公认为是世界坝工史上最具挑战性的工程之一。多年来，参与工程规划设计和研究的人员如履薄冰，认真总结借鉴前人的经验，以求实创新的精神开展工作，攻克了工程规划设计中的许多技术难关，保证了工程的规划设计达到先进水平。设计人员既尊重科学，又敢于突破常规，开拓创新，先后进行了 400 余项科学试验和专题论证分析，融汇了国内外许多专家的心血和智慧，解决了一个又一个难题。在建造深 82m 的混凝土防渗墙、将 3 条直径 14.5m 的导流洞改建为永久的多级孔板消能泄洪洞、在地质条件极为复杂的左岸单薄山体内建造了规模宏大和数量众多的地下洞室群、在高水头大直径排沙洞设计中采用了双圈缠绕的后张无黏结预应力混凝土衬砌结构、在国内大规模采用了双层保护的预应力锚索和钢纤维喷混凝土技术等多方面取得突破，在国内外处于领先地位。如今，小浪底水利枢纽以其独具鲜明特色的总体布置和建筑物设计展现在世人面前。小浪底工程为黄河治理开创了崭新的局面。

小浪底工程的规划设计、研究和论证，以及工程建设一直得到中央领导、水利部和国家有关部委的关注，并得到国内外许多专家的支持和帮助，融汇了他们的心血和智慧。

小浪底工程的成功设计，为小浪底工程的建设做出了巨大的贡献。为总结小浪底工程规划设计方面的经验和教训，我们组织了直接参与小浪底工程规划设计的人员从工程规划、设计的各个方面，认真总结小浪底工程的设计经验，并出版黄河小浪底水利枢纽规划设计丛书，以期和同行进行技术交流，丰富和促进我国水利水电建设事业，使小浪底工程的成功经验得到更好的推广和应用。黄河勘测规划设计有限公司对丛书的出版给予了大力支持，国务院南水北调建设委员会办公室主任张基尧和水利部黄河水利委员会主任李国英亲自为丛书作序，在此表示衷心的感谢。

由于水平所限，谬误之处在所难免，敬请指正。

黄河小浪底水利枢纽设计总工程师

林秀山

2005年9月

黄河小浪底水利枢纽规划设计丛书
编辑委员会

黄河小浪底水利枢纽规划设计丛书书目

- ◆ 枢纽规划设计　林秀山　主编
- ◆ 工程规划　李景宗　主编
- ◆ 水库移民　翟贵德　主编
- ◆ 环境保护研究与实践　张宏安　主编
- ◆ 水库运用方式研究与实践　刘继祥　主编
- ◆ 大坝设计　高广淳　主编
- ◆ 泄洪排沙建筑物设计　潘家铨　主编
- ◆ 引水发电建筑物设计　杨法玉　主编
- ◆ 机电与金属结构设计　王庆明　主编
- ◆ 工程安全监测设计　宗志坚　主编

前　言

黄河小浪底水利枢纽位于黄河中游最后一个峡谷的出口，控制黄河流域总面积的92.3%，控制黄河花园口以上天然径流量的91.2%和近100%的黄河泥沙，以其控制黄河下游水沙的重要战略地位成为治理黄河的骨干工程。

枢纽以防洪、防凌和减少黄河下游河床淤积为主要开发目标，并兼有灌溉、供水和发电等综合效益。设计水平年年径流量277.2亿m^3，千年一遇设计洪水40 000m^3/s，万年一遇校核洪水52 300m^3/s；设计年输沙量13.23亿t，实测年最大输沙量37.3亿t，瞬时最大含沙量941kg/m^3。按照"合理拦排，综合兴利"的工程规划思想，水库正常蓄水位275m，相应水库总库容126.5亿m^3，规划防洪库容40.5亿m^3，调水调沙库容10.5亿m^3，拦沙库容75.5亿m^3，防洪库容和兴利库容重复使用。在水库运用方式上要求长期保持51亿m^3的防洪库容和调水调沙库容，并要求水库尽量拦粗排细，水库汛限水位随水库淤积的发展逐步抬高，以充分发挥水库的拦沙减淤作用。根据水库泄洪排沙的运用要求，枢纽总泄流能力不小于17 000m^3/s，在非常死水位220m时的泄流能力不小于7 000m^3/s。其特殊的水位泥沙条件、严格的运用要求以及复杂的工程地质条件，造就了小浪底水利枢纽以隧洞泄洪为主和泄洪排沙建筑物集中布置的鲜明特点，同时带来了一系列诸如进水口防泥沙淤堵、水工流道及水轮机过流部件高速含沙水流抗磨蚀、水库淤积形态控制等工程泥沙问题。

枢纽泄洪排沙建筑物形式的选择及总体布局是工程设计的关键，工程设计者在总结多沙河流，特别是黄河上已建工程经验与教训的基础上，突破常规，敢为人先，本着实事求是的科学精神，经反复论证和试验研究，成功地解决了一系列挑战性的技术难题，使小浪底泄洪排沙建筑物的设计成为工程的一大亮点。小浪底除了以隧洞泄洪为主和进水口集中、出口消能集中的枢纽鲜明的总布置特点，首次在坝工史上采用了多级孔板消能技术，将直径14.5m的3条导流洞改建为永久泄洪洞（该项目荣获2004年大禹水利科学技术奖一等奖），首次在压力式排沙洞的设计中采用了双圈缠绕的后张无黏结预应力混凝土衬砌技术（该项目荣获2004年中国科学技术发展基金会、欧维姆预应力技术发展基金优秀预应力工程设计奖），设计了坝工史上绝无仅有的进水塔群和综合消能水垫塘，在单薄的左岸层状砂岩、黏土岩地层中设计了纵横交错的108个洞室（井），从而成就了小浪底在世界坝工史上的地位。小浪底水利枢纽自1999年10月蓄水运用以来，已安全运行多年，各泄洪排沙建筑物均经受了较高水位和较长历时运用的考验，2006年9月，在小浪底初期运用安全评估工作中，专家们对枢纽建筑物的设计给予了充分的肯定。

小浪底排沙泄洪建筑物的成功设计融汇了国内许多专家的心血和智慧，在这里特别要提到的有参与小浪底中美联合轮廓设计的美方专家纳米克斯先生、许胜田先生，国内水力学专家陈椿庭、柴恭纯、李忠义、才君眉、倪汉根、赵慧琴、柴柄钦、杨永全，国内泥沙专家窦国仁、涂启华、陈枝霖、屈孟浩、曾庆华，国内岩石力学专家陈德基大师、林昭大师、陈祖煜院士，直接参与进水塔动力稳定试验研究的陈厚群院士；一贯对该工程的设计给予技术指导的有张光斗院士、潘家铮院士、龚时旸先生、赵传绍先生。罗义生、钱云龙、王咸儒、潘家铨、高广淳、周荣芳、沈凤生、景来红、向桐、刘存禄等直接主持了有关单元项目的设计与研究，为小浪底工程的建设做出了巨大的贡献，在此表示衷心的感谢。

限于编者的水平，书中难免有谬误之处，敬请同行专家批评指正。

林秀山

2008 年 6 月

《泄洪排沙建筑物设计》编写人员名单

主　编　潘家铨

章　名	编写人员
第一章　枢纽总体布置与泄洪排沙方式选择	林秀山
第二章　进水口防泥沙淤堵研究与设计	罗义生　刘亚丽　郭莉莉
第三章　进水塔群主要结构问题的研究与设计	刘海军　范雪宁　申相水
第四章　进水塔群动力稳定性分析和抗震设计	刘存禄　范雪宁
第五章　洞群围岩稳定性分析与评价	潘家铨　于立新　刘　杰
第六章　孔板消能泄洪洞的设计与研究	刘宗仁　刘庆亮
第七章　预应力结构在排沙洞的应用	沈凤生　田　耕　胡玉明
第八章　正常溢洪道设计	郑会春　郭莉莉
第九章　消力塘设计	翟才旺　耿　莉　吴建军
第十章　泄水引水建筑物进出口高边坡稳定性研究及加固技术	高广淳　赵洪岭

目　录

第一章　枢纽总体布置与泄洪排沙方式选择

第一节　工程开发任务和论证建设历程

一、工程开发任务

小浪底水利枢纽位于黄河中游最后一个峡谷的出口，上距三门峡水库130km，回水直到三门峡坝下，下游是黄淮海平原。坝址控制黄河总流域面积的92.3%、郑州花园口以上天然总径流量的91%和近100%的泥沙，处在承上启下控制黄河水沙的关键部位，和龙羊峡、刘家峡、大柳树、碛口、古贤、三门峡等水利枢纽一起组成黄河治理开发总体规划中的七大骨干工程。水库正常运用水位275m，形成126.5亿m^3的巨大库容。小浪底水利枢纽正是以其控制黄河水沙的优越地理位置及其巨大的库容，确定工程开发目标为"以防洪（包括防凌）、减淤为主，兼顾供水、灌溉、发电，蓄清排浑，综合利用，除害兴利"。由于小浪底工程的投入运用，黄河下游的防洪标准从约60年一遇提高到千年一遇；基本解除了黄河下游的凌汛威胁；利用水库75.5亿m^3的拦沙库容，在20～25年内可使下游河床基本不淤积抬升；平均每年可增加17.9亿m^3的调节水量，提高黄河下游的用水保证率；小浪底水电站装机1 800MW，平均年发电约51亿kWh，在基本为纯火电的河南电网中担任调峰任务，是理想的调峰电站。由于小浪底工程在黄河治理中重要的战略地位和无可替代的作用，成为治黄的里程碑工程。

二、小浪底工程的论证和建设历程

小浪底工程的论证和设计经历了漫长的岁月。

1953年，黄委会钻探队进点小浪底坝段进行地质勘探，揭开了小浪底工程勘测设计的序幕。

1955年7月，第一届全国人民代表大会第二次会议上审查通过《根治黄河水害开发黄河水利的综合规划》，拟定小浪底为黄河干流46个梯级中的第40个梯级，三门峡—小浪底区间规划任家堆、八里胡同、小浪底三级开发，小浪底为径流式电站。

1969年6月，在晋、陕、豫、鲁四省会议上，在研究三门峡改建的同时讨论了兴建小浪底水库的问题，责成黄委会进行规划设计。

1976年6月，黄委会提出《黄河小浪底水库工程规划报告》，提出三门峡—小浪底区间一级开发，小浪底正常高水位275m，总库容112亿m^3，电站装机1 500MW，并把防洪、减淤放在开发任务的首位。

1984年8月，黄委会设计院完成了《黄河小浪底水利枢纽可行性研究报告》。

1984年12月，水电部下达《黄河小浪底水利枢纽设计任务书》，并经国家计委批准，初步设计中有关工程地质评价和处理方法，枢纽总体布置和水工建筑物设计，以及施工方法、总工期和工程概算等部分，由黄委会与美国柏克德公司联合进行轮廓设计，其余部分由黄委会负责完成，并汇总成统一的初步设计。

1984 年 9 月 ~ 1985 年 10 月，黄委会与美国柏克德公司联合开展小浪底轮廓设计。轮廓设计确定了以洞群进口集中布置为特点的枢纽建筑物总布置格局，左岸单薄山体作为大坝的延伸，提出了新型的由导流洞改建的孔板消能泄洪洞，按国际施工水平确定工程总工期为 8.5 年。

1985 年 11 月，水电部下达《关于编制黄河小浪底水利枢纽设计任务书及初步设计的通知》。

1985 年底，黄委会向国家计委呈报《小浪底水利枢纽工程设计任务书》。

1987 年，国家计委《关于审批黄河小浪底水利枢纽工程设计任务书的请示》呈报国务院，并通知水电部，上述请示已经国务院领导批准。

1987 年 2 月 ~ 1988 年 7 月，初步设计工作全面展开。

1989 ~ 1991 年进行了初步设计优化。

1991 年 12 月，水利部《关于黄河小浪底水利枢纽初步设计中的几个问题的报告》报国家计委。

1993 年 3 月 23 日，国家计委《关于黄河小浪底水利枢纽工程初步设计的复函》发至水利部，根据国务院领导同志的批示，原则同意小浪底水利枢纽工程初步设计优化方案（包括部分利用世界银行贷款）。

1990 年，全面开展招标设计工作。按世界银行要求，通过设计咨询国际招标，聘请加拿大 CYJV 为工程招标设计咨询公司。

1992 年底，完成主体土建工程国际招标文件编制。

1993 年 7 月，完成三个主体土建标的标底编制。

1994 年 9 月 12 日，小浪底主体土建工程开工，设计全面进入了施工详图阶段。

至工程完建，共完成国际土建标施工详图 5 700 多张，国内标施工详图 5 300 多张，金属结构加工制造图 5 885 张。地质勘探前后延续 30 多年，完成钻孔 58 768m，探洞 4 715m，竖井 3 375m，进行了大量的室内和现场的试验。针对工程挑战性的技术难题，完成各种科学试验研究 400 余项，包括现场防渗墙造墙试验、大洞室开挖试验、孔板洞碧口中间试验等。

小浪底水利枢纽是部分利用世界银行贷款的项目，其主体土建工程采用国际招标方式选择承包商。前期工程于 1991 年 9 月开工，主体工程于 1994 年 9 月开工，并于 1997 年 10 月 28 日按期实现了大河截流。1999 年 10 月下闸蓄水，2000 年 1 月第一台机组投入商业运用，2000 年 6 月第二台机组并网发电，并完成大坝填筑。2001 年 12 月底全部机组并网发电，工程完建。

第二节　工程设计条件

按照“合理拦排，综合兴利”的工程规划思路，确定小浪底水库正常高水位 275m，正常死水位230m，非常死水位220m，相应水库总库容126.5亿m^3（水位275m），水库防洪库容40.5亿m^3（水位254m以上），调水调沙库容10.5亿m^3，淤沙库容75.5亿m^3。

小浪底水利枢纽以其126.5亿m^3的巨大库容和水电站1 800MW的装机容量，确定为国家大(1)型工程，枢纽主要建筑物为一级建筑物。

一、独特的水文泥沙条件

（一）径流

黄河流域的河川径流主要由大气降水补给，由于受大气环流和季风影响，降水量少而蒸发能力很强，花园口以上多年平均径流深仅77mm。与全国七大江河相比，黄河流域水资源比较贫乏，而且具有地区分布不均、径流的年际年内变化大、水流含沙量高的特点，并受工农业引水、水库调蓄等人类活动的重大影响。

小浪底坝址控制流域面积694 155km^2，占黄河流域总面积的92.3%，实测多年平均径流量（1919～1986年）为423.2亿m^3，经还原后的多年平均天然径流量（1919～1980年）为503.76亿m^3。确定2000年作为设计水平年，预测设计水平年城镇工业需耗水量32.8亿m^3，农业需耗水量189.5亿m^3，小浪底水库平均年径流入库量为281.46亿m^3，扣除南岸灌溉引水量4.23亿m^3，设计径流量为277.23亿m^3。

（二）洪水

黄河的洪水由暴雨形成，对黄河下游威胁较大的洪水主要来自河口镇到花园口区间。中游地区的洪水主要有两种洪水组合类型：一是以河口镇到龙门区间和龙门到三门峡区间来水为主形成的大洪水，如三门峡历史调查考证1843年36 000m^3/s洪水和实测1933年22 000m^3/s洪水，其特点是出现时间较晚，历时较长（洪水过程为多峰型），泥沙含量也大，对下游防洪威胁严重。二是以三门峡至花园口区间来水为主形成的大洪水，如花园口实测1958年22 300m^3/s的洪水和历史调查考证1761年32 000m^3/s的洪水，其特点是洪水涨势猛，洪峰高，洪量小，含沙量小，预见期短，对下游威胁也很严重。根据500年历史资料分析，这两种类型的大洪水没有发生过遭遇现象。历史调查考证表明，1843年洪水为唐宋以来的最大洪水。

小浪底的设计洪峰直接采用陕县站频率计算成果，千年一遇设计洪水洪峰流量40 000m^3/s，万年一遇校核洪水洪峰流量52 300m^3/s，百年一遇施工导流洪水洪峰流量27 500m^3/s。经分析，小浪底可能最大洪水（PMF）同校核洪水。

（三）泥沙

黄河上游为少沙河流，河口镇实测年平均水量248.2亿m^3，沙量1.44亿t，平均含沙量5.8kg/m^3。黄河中游流经黄土高原，水土流失严重，是主要产沙区。按1919～1960年系列统计的三门峡站多年平均水量为432.2亿m^3，沙量16亿t，平均含沙量37.5kg/m^3，可代表天然来沙情况。三门峡至小浪底区间来沙很少，小浪底水库回水至三门峡坝下，故三门峡输沙量可作为小浪底入库沙量。天然情况汛期泥沙约占85%，非汛期来沙占15%。由于三门峡水库非汛期调蓄运用，下泄清水，故对小浪底而言，全年泥沙集中在汛期。据统计，各年输沙量和含沙量都有很大变幅。1933水文年实测最大年沙量39.1亿t，陕县站最大一日输沙量7.66亿t；小水小沙年仅5亿～8亿t。洪峰期间含沙量很高，

1977 年 8 月 7 日小浪底实测最大日均含沙量 422kg/m^3，瞬时最大含沙量达 941kg/m^3，最大一日输沙量 2.41 亿 t。黄河泥沙颗粒的大小与产沙区有关，也与含沙量大小有关，据潼关、三门峡、小浪底三站统计资料，含沙量由 100kg/m^3 增至 900kg/m^3 时，泥沙中数粒径由 0.021mm 增至 0.105mm。小浪底站泥沙平均 d_{50} 为 0.022 5mm，泥沙矿物成分以石英为主，坚硬物质含量占 85%。

泥沙计算分析采用 1950～1974 年 25 年系列并重复一遍成为 50 年系列作为代表性水沙系列，预测设计水平年上中游工农业及城镇用水的发展，并考虑龙羊峡、刘家峡、三门峡等水库的调蓄影响，确定小浪底 50 年平均入库水量为 311.2 亿 m^3，年平均入库沙量为 13.23 亿 t，其中汛期平均入库沙量 13.13 亿 t，占 99%，年平均含沙量 42.5kg/m^3，汛期平均含沙量 78.3kg/m^3，以此作为小浪底水库淤积计算和下游河道冲淤计算的依据。

二、复杂的工程地质条件

小浪底水库位于河南、山西两省接壤地带，区内自太古代至新生代的地层都有出露。本区主要受燕山运动和喜马拉雅山运动影响，产生褶皱、断裂。狂口背斜是水库东部主要构造单元。坝址位于狂口背斜的东端。黄河在坝址区自西向东流向，坝址水面宽 200m，河谷宽约 400m，河滩分布在南岸（右岸）。河谷左岸为三叠系紫红色砂岩，岸坡较陡；右岸由二叠系青灰色砂岩和紫红色黏土岩组成，岸坡较缓。岩层倾向北东，呈约 10°的缓倾角。砂岩中裂隙较发育，平均每米发育 2～3 条节理。小浪底复杂的工程地质条件体现在以下方面：

（1）最厚达 70 余 m 的河床深厚覆盖层。

（2）右岸二叠系、左岸三叠系砂岩、泥岩缓倾角互层地层，倾角 10°左右，倾向下游，软弱夹泥层发育（野外连续露头 300 余 m，$f=0.2\sim0.29$，$c=0.005$MPa）。

（3）坝址区断裂构造发育，其中断距 200m 的 F_1 断层横穿坝下，左岸 F_{236}、F_{238}、F_{240} 等断层均呈上下游方向展布并与泄洪隧洞群小角度交叉，此外沿风雨沟走向的 F_{28} 大断层与进水塔群的布置关系密切。

（4）由于上、下游冲沟的切割，形成了相对单薄的左岸山体。

（5）近坝址上下游右岸存在多处大的滑坡体和倾倒变形体，其中 1 号滑坡体 1 100 万 m^3，距坝址上游 3.0km；2 号滑坡体 410 万 m^3，距坝址上游 2.3km；东苗家滑坡倾倒变形体 500 万 m^3，距坝址下游约 1km；东坡滑坡体 90 万 m^3，位于右岸坝肩。

（6）地震基本烈度Ⅶ度，设防烈度Ⅷ度，$a=0.215g$。世界银行专家建议按水库诱发地震 6.25 级、$a=0.5g$ 校核大坝和进水塔的动力稳定。

三、严苛的水库运用要求

小浪底水利枢纽一项重要的开发任务是减淤，即利用水库 75.5 亿 m^3 的拦沙库容，通过对入库泥沙合理的拦排运用，拦粗排细，调水调沙，使下游河床在 20～25 年内不淤积抬升。参照三门峡水库运用的经验，并考虑下游主槽过流能力为 6 000～8 000m^3/s 的实际情况，在初步设计中确定非常死水位 220m 的泄流能力不小于 8 000m^3/s，在初设优化时综合考虑枢纽泄洪建筑物布置及排沙运用要求，在征得泥沙专家的同意后，水利部报国家计委同意按死水位220m时泄流能力不小于7 000m³/s设计。鉴于校核洪水位的最大泄流量为13 990m³/s,要求枢纽总泄流能力不小于17 000m³/s。

小浪底水库的运用分拦沙初期(拦沙21亿~22亿m³)、拦沙后期(拦沙75.5亿m³)和正常运用期。拦沙期运用以调水调沙为主,充分发挥水库的拦沙减淤效益,汛限水位随水库淤积的发展逐渐抬高,泄流两极分化;汛期以防洪、减淤为主,非汛期调节径流,凌汛期预留20亿m³防凌库容,综合兴利;必须长期保持供防洪和调水调沙使用的51亿m³有效库容。根据这样的运用要求,枢纽的泄流排沙设施还必须具有灵活调控的能力。

小浪底水利枢纽正是以其在治黄中重要的战略地位、独特的水文泥沙条件、复杂的工程地质条件和严苛的水库运用方式,成为世界坝工史上最具挑战性的工程之一。

第三节　枢纽建筑物总体布置

一、枢纽建筑物总体布置的任务

小浪底枢纽建筑物总体布置的任务如下:

(1)根据坝址区的地形地质条件,选择合适的挡水建筑物型式,妥善处理深厚覆盖层的防渗和左岸单薄山体蓄水后的稳定问题。

(2)在已选定坝型的基础上,选择合适的泄水建筑物型式,满足枢纽泄洪排沙的要求,即枢纽总泄流能力不得小于17 000m³/s,在非常死水位220m时泄流能力不得小于7 000m³/s;按百年一遇洪水的导流要求,施工期导流建筑物的泄流能力要大于8 000m³/s。

(3)妥善处理诸如进口防泥沙淤堵、高速含沙水流磨蚀等工程泥沙问题。

(4)妥善处理黄河洪水挟带的漂浮物。

(5)选择合适的引水发电建筑物的型式,研究减少过机沙量的措施,妥善解决高含沙水流条件下的汛期发电问题。

(6)满足枢纽灌溉供水要求。

(7)正确分析坝址区断裂构造和近坝滑坡、变形体对工程的影响,并采取必要的工程措施。

要满足枢纽建筑物总体布置的要求,设计者面临一系列极具挑战性的技术难题,除上述提到的诸如70m以上深厚覆盖层的防渗处理,进水口防泥沙淤堵,高速含沙水流的消能,水轮机抗泥沙磨损和电站汛期发电,左岸单薄山体的防渗及稳定,以及近坝区滑坡、倾倒变形体的处理外,还有洞室群的围岩稳定,岩石开挖高边坡的处理,进水塔及大坝在高地震烈度下的动力稳定和水库运用方式等。自初步设计以来,通过400余项科学试验和研究论证,上述挑战性的课题均得到较满意的解决,形成了付诸实施的枢纽工程建设方案。

二、挡水建筑物型式选择

根据小浪底河谷较宽的地形,河床70余m深厚覆盖层、夹有软弱泥化夹层的岩层以缓倾角倾向下游、断裂构造发育等主要工程地质条件,以及坝址附近丰富的土石建筑材料,小浪底的挡水建筑物只适合于修建当地材料坝。在坝线、坝型比选时,必须兼顾泄流排沙设施和引水发电系统的布置,并将左岸单薄山体作为大坝的延伸一并纳入设计范畴。小浪底水库拦沙减淤,水库淤积逐渐发展,坝前最终淤积高程将达到254m,形成一个天然的淤积铺盖,如何利用这天然淤积来控制大坝基础的渗流是坝型选择时应该考虑的另一个课题。对于深厚覆盖层采取什么工程处理措施是大坝设计的关键。埃及阿斯旺坝采用多排灌浆幕,巴基斯坦塔贝拉坝采用黏土水平铺盖,加拿大马尼克—3 采用两道深 122m 的混凝土防渗墙,既有成功的经验,也出现过这样那样的问题。在多方案比选及研究的基础上,并有混凝土防渗墙现场成功的造墙试验做技术支撑,最终选定以混凝土防渗墙作为河床深厚覆盖层处理的技术措施。经多种坝型方案的比较,并考虑避开减缓河床右岸深槽对心墙防渗体的应力变形影响,设计采用了心墙轴线距大坝轴线偏向上游 80m 的斜心墙布置,形成了付诸实施的大坝设计方案。即一个坐落在深厚覆盖层基础上带内铺盖的斜心墙堆石大坝。设计坝高 154m,实际坝高 160m,坝顶长 1 667m,坝顶宽 15m,总填筑方量5 073 万 m^3。采用造孔深 82m、厚 1.2m 的混凝土防渗墙及基岩帷幕灌浆进行坝基防渗,混凝土防渗墙向上插入斜心墙 12m,向下嵌入基岩 1 ~ 2m,形成大坝主垂直防渗系统;大坝采用 17 种坝料进行分区填筑,截流戗堤、拦洪围堰是大坝的一部分,利用坝前泥沙淤积和拦洪围堰的壤土斜墙、主坝内铺盖形成水平的辅助防渗系统。左岸单薄分水岭视作大坝的延伸,设置灌浆防渗帷幕和排水幕,对支沟进行回填压戗,在垭口处设置副坝,以确保左岸山体的稳定,满足枢纽运用要求。大坝典型剖面见图 1-3-1。

三、泄洪方式的选择和布置

泄洪方式选择和布置的设计考虑如下:

(1)从上述小浪底泄洪排沙的运用要求及采用当地材料坝坝型可知,要满足在 220m 死水位泄 7 000m^3/s 的能力,必须采用以具有深式进水口的隧洞群泄洪为主的方案。

(2)在比较了左岸和右岸的地形地质条件后,可以看出泄洪建筑物布置在左岸明显优于右岸。左岸虽相对单薄,但地形上呈凸岸,岸坡较陡,特别是坝轴线上游有风雨沟,下游有桥沟河,便于布置进出口建筑物,洞线相对要短的多;岩层主要为三叠系硅钙质胶结的砂岩,岩石强度高。坝址右岸从地形上看为凹岸,岸坡较缓,山体比较完整;岩层主要为二叠系的粉砂岩和粉砂质黏土岩,岩石强度低,洞线布置长,且连续发育有滑坡和倾倒变形体。小浪底泄洪排沙和发电引水建筑物集中布置在相对单薄的左岸山体成为枢纽建筑物总体布置的一个鲜明特点。

(3)考虑进水口防泥沙淤堵的要求,所有泄洪、发电及引水建筑物的进水口必须采取集中布置的方式。通过低位排沙洞以保持进水口的冲刷漏斗,并可减少水电站的过机沙量。

(4)小浪底按百年一遇洪水 27 500m^3/s 的施工期导流要求,设计主拦洪围堰高 55m,设计3 条直径 14.5m、总泄流能力 8 270m^3/s 的导流洞。这 3 条导流洞也只适合于布置在左岸山体。如果这 3 条大直径的导流洞导流完成后废弃不用,则有限的空间难以布置众多的泄洪隧洞,或将要付出十分高昂的代价。因此,将导流洞改建为永久泄洪洞就成为泄洪建筑物型式选择的关键课题。

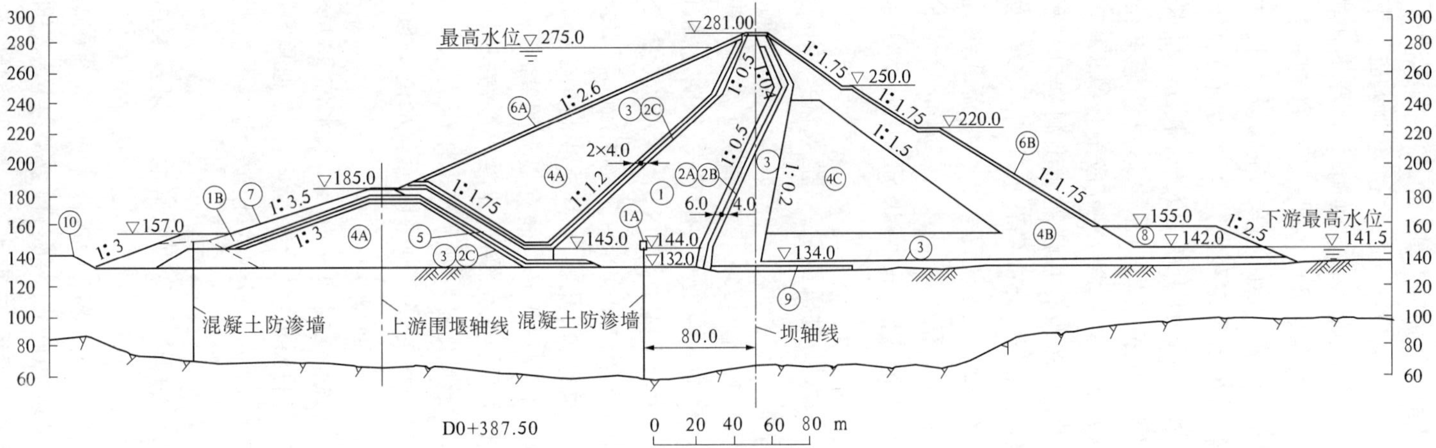

①、①B 一黏土；①A 一高塑性黏土；②A 一下游第一层反滤；②B 一下游第二层反滤；⑳ 一反滤；③ 一过滤料；④A、④B、④C 一堆石；

⑤ 一掺和料；⑥A、⑥B、⑥C 一护披块石；⑦ 一堆石护坡；⑧ 一石渣；⑨ 一回填砂卵石；⑩ 一上游铺盖。

图 1-3-1　大坝典型剖面图　（单位:m）

小浪底大坝壅高水头140m,1号导流洞贴近河床布置,进口高程132m,2号、3号导流洞抬高9.5m。如小浪底类似紫坪铺将导流洞改建为龙抬头明流泄洪洞,则最大流速将为45~48m/s。小浪底汛期平均含沙量达78kg/m^3,高速含沙水流的磨蚀问题将十分突出,并远远超出工程实践的范围。如改建为压力式泄洪洞,左岸单薄山体不允许高压水外渗的要求,必然使隧洞的衬砌设计十分复杂(设计中曾研究过钢板衬砌和复合衬砌方案),除可靠性难以保证外代价也十分高昂。在中美联合轮廓设计中,美方专家提出了采用孔板环洞内消能的设想方案,尽管缺少工程实践经验,用在小浪底水利枢纽如此重要的工程上,必然要承受巨大的风险,但小浪底设计者敢为人先,本着实事求是的科学精神,先后进行了上百项科学试验和研究论证,包括在碧口水电站排沙洞进行了相当于小浪底1:3.8的孔板消能中间试验,最终以大量的科学试验研究成果获得了水利部和国家计委的批准,并付诸实施。3条由导流洞改建的多级孔板消能泄洪洞进口高程175m,按3倍洞径间距布设3个直径分别为10m、10.5m和10.5m的孔板环消能,第3级孔板后设中间闸室,闸室前为压力式洞内消能段,长约300m,闸室后为壅水明流,3级孔板包括中闸室共消煞60~70m水头,闸后最大流速不超过33~35m/s。在220m水位时3条孔板洞的泄流能力为3 836m^3/s,在275m水位时的泄流能力为5 035m^3/s,成为小浪底泄洪建筑物重要的组成部分。

(5)为了保持进水口的冲刷漏斗,减少过机沙量,又能灵活调控流量,设计在发电引水口的下方15~20m布置3条可局部开启、直径6.5m的压力式排沙洞,由出口弧形工程闸门控制。排沙洞设计水头122m,进口高程175m。在灌浆帷幕前为普通钢筋混凝土衬砌,帷幕后采用后张法无黏结预应力环锚的混凝土衬砌型式,以防止高压水外渗影响左岸山体的稳定。水位275m时排沙洞最大泄流能力为3×675m^3/s,水位220m时泄流能力为3×500m^3/s。一般控制运用单洞过流不超过500m^3/s,即洞内流速不大于15m/s。

(6)对满足死水位220m泄流要求来说,孔板洞和排沙洞是主体,总泄流能力已达5 336m^3/s,但要满足总泄流能力不小于17 000m^3/s尚有很大的差距。设计利用明流泄洪洞泄流能力大的特点,又必须控制流速不能太大,结合排除漂浮物布设了3条进口高程分别为195m、209m和225m的高位明流泄洪洞。明流洞采用压力式短进口,尺寸分别为10.5m×13m、10m×12m和10m×11.5m的城门洞形断面。水位275m时的总泄流能力达6 449m^3/s,水位220m时泄流能力1 732m^3/s。

(7)上述9条泄洪排沙洞的总泄流能力达13 509m^3/s,水位220m时的泄流能力为7 068m^3/s。为了满足设计总泄流能力的要求,结合左岸山体的地形特点,设计沿左岸山梁布设了1个进口高程为258m、3孔11.5m×17m的陡槽式溢洪道,在水位275m时的泄流能力为4 050m^3/s。

(8)鉴于小浪底水利枢纽在黄河治理中重要的战略地位,以及采用了尚缺乏实践经验的孔板消能、后张无黏结预应力混凝土衬砌等新技术,从确保枢纽安全考虑,国家计委在批准小浪底泄洪建筑物设计方案时,要求设置1个泄流能力为3 000m^3/s的非常溢洪道。设计在左岸副坝的北侧布置1个宽100m、底部高程268m,由心墙堆石体堵塞的自溃式非常溢洪道。小浪底工程投入蓄水运用后,各泄洪建筑物都经受了较高水位运用的考验,对孔板消能泄洪洞进行了2次泄流原型观测,原型观测成果和现场检查均说明包括孔板洞在内的各泄洪排沙建筑物运用正常，满足设计意图和要求。设计提出并以专题报告的形式上报设计主管部门批准，小浪底非常溢洪道暂缓建设。

通过上述泄洪排沙建筑物的选型和布置，枢纽总泄流能力为 17 559m^3/s，在死水位 220m 时的泄流能力为 7 068m^3/s，满足了枢纽泄洪排沙和排漂的要求。在实际运用中，限制排沙洞流速一般不超过 15m/s，以避免或减缓后张无黏结预应力混凝土衬砌的磨蚀。初期运用中限制 1 号低位孔板洞最高运用水位不超过 250m，待运行经验积累后再提高到设计水位 275m 运用。对 30m/s 以上的高流速洞（明渠）段采用了 70MPa 的高强硅粉混凝土衬砌和掺气减蚀措施，在进水塔的高流速段采用了环氧砂浆保护层。设计水头 122m 的压力式排沙洞和设计水头 130～139m 孔板洞均采用了偏心铰弧形工作闸门，以防止因止水不好产生缝隙射流对闸门造成破坏。

四、引水发电系统的选择和布置

小浪底引水发电系统和泄洪排沙建筑物的进水口采用集中布置的方式，上述 9 条泄洪排沙洞采用了进口集中、洞线集中和出口消能集中并尽量靠近岸边布置，发电引水洞只能在这样的前提下，在泄洪建筑物北侧布设，从而在平面上和泄洪排沙洞形成交叉。小浪底水电站装设 6 台 300MW 的混流式水轮发电机组。在与地面厂房和半地下厂房方案比较后，在初步设计优化中，推荐采用以地下厂房为核心、典型三洞室布置的方案。发电进水口高程为 190m（5 号、6 号机）和 195m（1～4 号机），两机一塔布置，引水段一洞一机，洞径 7.8m，帷幕前为普通钢筋混凝土衬砌，帷幕后为压力钢管，长度 324～424m；地下厂房选择布置在构造简单、岩层厚实的部位，厂房长 251.5m，跨度 26.2m，开挖深 61.4m，顶拱和边墙均采用喷锚柔性支护作为永久支护，并采用了岩壁吊车梁技术。发电尾水采用两机一洞布置，尾水洞断面为 12m×19m 的城门洞形，喷锚支护，洞长 805～906m。尾水末段设有防淤闸，当枢纽泄洪而机组不发电时，可关闭防淤闸门，以防止高含沙浑水倒灌淤堵尾水洞。

采用地下厂房方案后，取消了地面厂房方案和半地下厂房方案 6 个大直径调压井，缩短了压力引水管线的长度，并使左岸灌浆帷幕的布置顺直，便于控制左岸山体的地下水位。地下洞室有围岩拱圈的支撑，对 50m 以上深开挖边墙的稳定有利，地面厂房和半地下厂房都需要在不利的围岩条件下处理高开挖边坡的稳定。

设计通过选择低参数水轮机（107.1r/min）、加大水轮机进口导叶的高度降低了水轮机叶片的相对流速，采用喷涂炭化物和环氧树脂涂层分别对水轮机叶片和导叶进行抗磨保护，设置了备用转轮和便于检修的环行廊道，采用地下水技术供水系统，以及在发电引水口下方布置排沙洞减少过机沙量等综合措施，成功地解决了水电站在高含沙水流条件下的汛期发电问题。

五、灌溉供水系统的布置

小浪底工程南岸洛阳市和北岸济源市均提出从库区引水的要求。结合小浪底枢纽建筑物布置的特点，南岸供水采用独立的引水系统，设计引水流量 28.6m^3/s。考虑坝前南岸水库泥沙淤积的发展及最终淤沙高程为 254m 的淤积情况，南岸灌溉进水塔设置了进口高程分别为 240m、246m 和 252m 等 3 个进水口，设计建设洞径 3.6m、长约 1 100m 的引水隧洞，洛阳市可根据需要相机建设完善供水系统。北岸（左岸）灌溉引水口以独立的进水塔布置在泄洪发电进水塔群的北端，设计引水流量 $30m^3/s$，进水口高程 223m，沿左岸山体的帷幕线上游，建设了 1 条长 870m、洞径 3.5m 的灌溉洞，济源市可根据需要从已建设的灌溉洞引接水库水，满足灌溉供水要求。

六、枢纽建筑物总体布置的特点

综合上述挡水、泄洪排沙、发电引水以及灌溉供水等建筑物型式的选择和设计考虑，并根据地形地质条件和水库运用要求，在有限的空间范围内将其有机地组合成一个整体，就形成了付诸实施的枢纽建筑物总体布置方案，并具有不同于其他水利水电工程的如下鲜明特点：

（1）一个坐落在深厚覆盖层上带内铺盖的斜心墙堆石大坝。

（2）所有泄洪（排沙）、发电引水和灌溉（左岸）建筑物集中布置在相对单薄的左岸山体。

（3）选择 9 条泄洪（排沙）洞和一个陡槽式溢洪道的组合方案满足枢纽的泄流（排沙）要求。其中 6 条洞的进水口位于枢纽正常高水位以下 100m，3 条位于正常高水位下 50～80m，9 条洞的总泄流能力占枢纽总泄流能力的 77%。

（4）9 条泄洪（排沙）洞、6 条发电引水洞和 1 条灌溉洞的进水口集中布置在“一”字形排列的 10 座进水塔内，10 座进水塔总前缘宽度 275.4m，高 113m，总混凝土量近 90 万 m^3，成为坝工史上独一无二的进水塔群。

（5）采用多级孔板环洞内消能的创新技术，将 3 条直径 14.5m 的导流洞改建为永久泄洪洞。

（6）3 条高水头压力式排沙洞采用了后张法无黏结预应力混凝土衬砌技术。

（7）采用了以地下厂房为核心、典型三洞室布置的引水发电系统。

（8）9 条泄洪（排沙）洞和 1 个陡槽式溢洪道采用出口集中消能的方式，设计建设了水深 28m、宽 319m、长 140～160m 钢筋混凝土衬护的大型综合消能水垫塘。

这样的布置方式可满足宣泄设计及校核洪水的要求，并留有约 3 $000m^3/s$ 的泄流能力作为安全裕度。采用进水口集中布置的方式，并设高程至 250m 的进口导墙导引水流，有利于进水口防泥沙淤堵。大量的水力学浑水模型试验表明，在水位 245m 以下时，将以侧向引水的方式，在进水塔前形成一个平顺的逆时针向回流，塔群流道口门处的流态平稳，漂浮物可达到塔前排放下游；在库水位超过 245m 泄水时，塔群将形成正向进流，形成更为有利的流态，通过排沙洞的合理操控运用，使塔前可长期保持一稳定的冲刷漏斗，辅以加大闸门启闭机容量、设置高压水枪及进口泥沙淤积监测等措施，可保证进水口不被泥沙堵死。设置的高位明流洞可兼排漂排污。采用低位导流洞改建的多级孔板消能泄洪洞进行洞内消能，不仅解决了枢纽总布置的困难，也为解决高速水流创出了一条新路。压力式排沙洞直接布置在引水发电进口下 15～20m，可大大减少过机沙量，采用新型抗磨水轮机及其他防护和维修措施可保证水电站汛期正常发电。排沙洞采用双圈缠绕的后张无黏结预应力混凝土衬砌结构可防止高压水向单薄山体渗透，保证左岸单薄山体的稳定和安全。此外,泄洪洞的高流速段采用了70MPa的高强硅粉混凝土衬砌,设置了掺气减蚀设施,出口采用大型水垫塘消能,对枢纽建筑物的正常运行都会发挥应有的作用。对进出口开挖高边坡及洞室群的围岩稳定均给予足够的重视和设计考虑。

进水塔群中4种类型的10座进水塔相间排列,紧密相靠呈"一"字形,前缘总宽275.40m,塔顶高程283.00m,塔体最大高度113.00m,塔宽15.50~48.30m,塔长52.80~70.00m不等。塔群内16条泄洪排沙和发电引水隧洞的进口,错落有致,形成低位泄洪排沙、中间引水发电、高位泄洪排漂排污的格局。

根据上述枢纽建筑物的设计考虑和布置特点,在不到$1km^2$的范围内形成布置密集、空间交叉重叠的洞室群。受复杂地形和相对较差的工程地质条件制约,各洞室的平、立面位置与彼此间距几乎没有大的选择或调整的余地。其中1号明流洞的进出口段与相邻1号孔板洞间的岩体设计厚度不到1倍洞径;3条导流洞的进口段位于10座进水塔基础下,其洞顶与塔基础间的岩体设计厚度仅有20~11m,即为开挖洞径19.8m的大约1倍至0.56倍;位于断层、沟谷、节理裂隙发育带和岩层倾倒变形区的3条明流洞的中下游部分洞段,上覆岩体有效厚度单薄,洞周围岩自稳能力低下,失去开挖成洞条件,故出现了大坝下游压戗下的深开挖埋管和明渠深槽结构,1、2、3号明流洞的埋管最大埋深分别为50m、35m和20m;在难以避开多条断层交会区及其强破碎带等不良地质段的3号孔板洞和3号排沙洞的出口段,上覆岩体厚度也均为1倍左右洞径。对于上述特殊洞段,必须妥善安排施工程序,采取围岩预支护等特殊加固处理措施。此外,在进水塔的下游侧形成了高120m、平均坡度1:0.3的高岩石开挖边坡,设计必须确保与之相连的进水塔不承受来自塔后高边坡由于变形引起的附加荷载。消能水垫塘高80m的上游坡位于F_{236}和F_{238}众多分支断层的交会区,局部地段含泥化夹层的岩层呈30°以上角倾向下游。确保进出口高边坡施工期及运行期的围岩稳定成为设计的关键课题之一。对于进出口高边坡的加固处理设计给予了充分的重视,并采取喷锚、减载、打排水洞降低地下水位、设置混凝土抗滑桩等综合措施,取得了满意的效果。

回顾过去,在拟定、比较、反复修改完善洞群布置及枢纽总体布置方案的漫长过程中,设计与科研技术人员曾经走过一段极其艰难曲折的道路。付诸实施的方案凝聚了工程设计者及国内外专家的智慧,解决了一系列坝工史上极具挑战性的技术难题,也从而创造了新鲜的经验和众多国际国内领先水平的设计,为坝工技术的发展做出了应有的贡献。

第二章 进水口防泥沙淤堵研究与设计

第一节 进水口防泥沙淤堵研究的目的

在多泥沙河流上修建水利枢纽,对泄水和输水建筑物的进水口,不论是开敞式、浅孔式进水口,还是深孔式进水口,都应认真处理好进水口防沙问题,若处理不当就会给工程带来危害。黄河干流上已建的刘家峡、天桥、三门峡等水利枢纽工程的泥沙问题及其影响,可归纳为以下几个方面:

(1)泥沙淤积损失库容,影响水库调节性能,降低防洪能力,威胁度汛安全。

(2)泥沙淤堵泄水孔口,影响开门泄流。

(3)泥沙淤积使启闭机超载,导致其拉杆或钢绳被拉断,影响闸门的调度运用。

(4)泥沙水草等污物堵塞拦污栅,致使拦污栅前后压差增大,甚至栅被压弯、折断造成发电停机事故。

(5)泥沙对泄水建筑物流道造成严重磨蚀,影响其正常使用及寿命。

(6)泥沙对水轮机的磨损,造成开、停机困难,漏水量增大,机组效率降低,大修周期缩短,检修时间增加和检修难度增大等。

小浪底水利枢纽地处黄河中游最后一峡谷段的出口,几乎控制了黄河全部泥沙,泥沙问题显得更加严重。枢纽建成后,大量泥沙势必要在水库内淤积。为使水库长期保持51亿 m^3 有效库容和实现调水调沙对下游减淤的效果,要求泄洪排沙建筑物的泄流能力在非常死水位220m 时为7 000m^3/s,而小浪底拦河大坝采用土石坝,这就意味着只有采用深式进水口隧洞才能适应。此外,根据坝址地形地质条件,引水泄水建筑物只宜布置在大坝上游左岸与黄河几乎垂直的风雨沟内,经过多种设计方案比较和模型试验验证,最终采用的3 条排沙排污洞进口底板高程为175m;3 条由导流洞改建的孔板泄洪洞进口底板高程为175m;3 条明流泄洪洞进口底板高程分别为195m、209m、225m。此外,还有1 座进口高程为258m 的正常溢洪道和1 座泄流能力为3 000m^3/s 的非常溢洪道(后者缓建)。根据发电引水洞及灌溉引水洞各自运用要求,确定1 ~4 号发电洞进口底板高程为195m;5、6 号发电洞为满足初期提前发电需要,进口底板高程为190m;灌溉引水洞进口底板高程为223m。这样16 条隧洞的进口均置于10 座进水塔(群)内,即采用集中、分层的布置方案。

基于上述条件,水库采取调水调沙、蓄清排浑运用方式,库区滩面泥沙淤积高程最终将控制在254m,形成高滩深槽,届时大坝前和塔前的淤积面将高出隧洞进口底板高程29 ~79m。要使塔前能长期保持一个较稳定的冲刷小漏斗及坝前一定长度范围内的大漏斗,即保证库水位在245m 及其以下、塔群侧向进水泄流时,上游来水至坝前能顺畅进入风雨沟形成一逆时针大回流,塔群进口处流态平稳,漂浮物也可行至塔前排放下游;当库水位超过245m时,塔前形成正面进流。因此,其进水口防泥沙淤堵问题成为小浪底水利枢纽的重点研究课题。

第二节　入库水沙特点及入库水沙系列

一、小浪底入库水沙特点

(一)来水来沙特点

根据1919年7月~1997年6月实测资料(1955年前为插补资料),并考虑20世纪60年代以来小浪底上游一些水库相继投入运用以及黄河中游水土保持和上、中游工农业用水发展等人类活动影响,分时期统计小浪底水文站的来水来沙量见表2-2-1。

表2-2-1　　小浪底水文站不同时期的水沙量

系列(年-月)	水量(亿 m^3)			沙量(亿t)			平均含沙量(kg/m^3)		
	汛期	非汛期	年	汛期	非汛期	年	汛期	非汛期	年
1919-07~1960-06	262.5	168.8	431.3	13.49	2.44	15.93	51.4	14.5	36.9
1950-07~1960-06	262.7	166.9	429.6	15.15	2.42	17.57	57.7	14.5	40.9
1960-07~1974-06	228.4	191.3	419.7	9.71	2.60	12.31	42.5	13.6	29.3
1974-07~1997-06	183.7	146.6	330.3	9.14	0.36	9.50	49.8	2.5	28.8
1919-07~1997-06	233.1	166.3	399.4	11.53	1.86	13.39	49.5	11.2	33.5

可以看出,黄河水少沙多,含沙量高。在1919年7月至1997年6月的78年间,平均年水量399.4亿 m^3,输沙量13.39亿t,含沙量33.5kg/m^3。由于黄河上、中游工农业用水增加,小浪底水文站的来水量减少。20世纪60年代由于三门峡水库的拦沙作用,来沙量减少;20世纪70年代以来,由于中游水土保持的作用,来沙量减少。由于龙羊峡、刘家峡水库的调节径流和三门峡水库的蓄清排浑运用,汛期水少沙多,流量小、含沙量高的矛盾更加突出。1974年7月至1997年6月的23年,与1919年7月至1960年6月间相比,平均年水量减少101亿 m^3,沙量减少6.48亿t,即分别减少了23.4%和40.6%,其中汛期减水30%、减沙32.2%,非汛期减水13.2%、减沙85.2%,来水来沙量有了很大变化。

(二)水沙量年际年内分布特点

水沙量年际分配不均。最大年沙量为37.04亿t(1933年,按水文年,下同),为最小年沙量2.02亿t(1961年)的18.3倍;最大年水量为679.55亿 m^3(1964年),为最小年水量175.4亿 m^3(1991年)的3.9倍。

水沙量年内分配不均。水沙量主要集中于汛期。按1919年7月~1997年6月实测资料统计,汛期水量为233.1亿 m^3,占全年水量的58.4%;汛期沙量为11.53亿t,占全年沙量的86.1%。由于龙羊峡、刘家峡水库的调节运用,汛期水量占全年水量的比例明显减小。由于三门峡水库蓄清排浑运用,汛期沙量占全年沙量的比例显著增大。例如,按1974年7月~1997年6月实测资料统计,多年平均汛期水量183.7亿 m^3,占全年水量的55.6%;汛期沙量9.14亿t,占全年沙量的96.2%。

二、设计水平年入库水沙系列

小浪底水利枢纽设计水平年入库水沙代表系列，主要依据 1919 ~ 1975 年系列的 2000 年设计水平年的来水来沙条件，考虑小浪底水库运用的不同丰、平、枯水段在前的敏感性影响，选定了 1919 ~ 1969 年、1933 ~ 1975 年 + 1919 ~ 1927 年、1941 ~ 1975 年 + 1919 ~ 1935 年、1950 ~ 1975 年 + 1919 ~ 1944 年、1950 ~ 1975 年 + 1950 ~ 1975 年、1958 年 + 1977 年 + 1960 ~ 1975 年 + 1919 ~ 1952 年等 6 个 50 年代表系列。6 个 50 年代表系列的设计水平年三门峡入库及小浪底入库水、沙量见表 2-2-2。

表 2-2-2　　2000 年设计水平年各代表系列三门峡入库和小浪底入库水、沙量

代表系列年（水文年）	三门峡入库（四站）水量（亿 m^3）			三门峡入库（四站）沙量（亿 t）			小浪底入库水量（亿 m^3）			小浪底入库沙量（亿 t）		
	汛期	非汛期	年	汛期	非汛期	年	汛期	非汛期	年	汛期	非汛期	年
1919 ~ 1969	172.4	136.9	309.3	12.72	1.40	14.12	165.4	123.9	289.3	12.30	0.54	12.84
1933 ~ 1975 + 1919 ~ 1927	177.3	141.3	318.6	12.99	1.43	14.42	170.3	128.3	298.6	12.57	0.50	13.06
1941 ~ 1975 + 1919 ~ 1935	158.6	135.6	294.2	12.47	1.34	13.81	151.6	122.5	274.1	11.81	0.49	12.30
1958 + 1977 + 1960 ~ 1975 + 1919 ~ 1952	162.4	132.4	294.8	12.44	1.31	13.75	157.1	124.5	281.6	12.32	0.23	12.55
1950 ~ 1975 + 1919 ~ 1944	161.9	134.5	296.4	12.46	1.36	13.82	155.0	121.5	276.5	11.81	0.51	12.32
1950 ~ 1975 + 1950 ~ 1975	181.5	154.0	335.5	13.23	1.53	14.76	174.5	140.5	315.0	12.76	0.59	13.35
6 个 50 年代表系列年平均	169.0	139.1	308.1	12.72	1.40	14.12	162.3	126.9	289.2	12.26	0.48	12.74
1919 ~ 1975	166.3	135.9	302.2	12.55	1.36	13.91	159.4	122.9	282.3	12.00	0.51	12.51

第三节　进水口防淤堵主要措施

一、采用合理的水库运用方式

小浪底水库运用分初期即拦沙运用时期和后期即正常运用时期。初期“拦沙、调水调沙”运用，初始起调水位 205m，逐步抬高主汛期（7 ~ 9 月，下同）水位拦粗（沙）排细

(沙),并进行调水调沙。后期“蓄清排浑、调水调沙”运用,利用水库形成高滩深槽后的滩库容40.5亿m^3和槽库容10.5亿m^3(正常死水位230m,库区滩面高程254m),进行防洪和调水调沙运用,使滩面高程维持在254m,一般洪水和大洪水不淤滩。

调节期(10月提前蓄水至次年的6月,下同),无论在水库初期或后期运用,均是高水位蓄水拦沙、调节径流,进行防凌、供水、灌溉、发电等综合运用,水库下泄清水。

各时期水库运用对进水口防沙的作用见第四节泥沙问题模型试验研究。

二、进水口集中、分层布置

在多泥沙的黄河干流兴建水利工程,泥沙淤堵进水口问题的解决,与进水口布置等有关。进水口布置一般有两种方式:一是发电洞进水口与排沙洞进水口采用集中布置方式,而泄洪洞和灌溉洞进水口因地制宜地分散布置;二是泄洪排沙发电灌溉进水口全部集中布置。前一种布置方式的优点是:选择进水口位置的自由度较大,而对小浪底枢纽来讲还可以避免进出口两处大的高边坡;主要缺点是:分散布置的泄洪、灌溉进水口必须都有各自的防淤堵措施,否则进水口及前面的引水渠容易被泥沙淤堵,很难维持水道通畅。后一种布置方式的优点很明确,它克服了前者的缺点,只要各进水口在平面和立面上安排合理并协调各进水口的运用程序,合理调度,可以保证塔前经常不断流,使进口流道畅通不淤塞。这就是小浪底枢纽采用进水口集中布置的理由,也是与一般清水河流上土石坝水利枢纽的进水口布置的根本不同点。

根据坝址地形地质条件,将进水口布置在大坝上游左岸与黄河几乎正交的风雨沟内。当水库水位在245m及其以下时,水流行进至坝前折转约90°进入风雨沟,在进水口前形成环流。因此,如何因势利导,让水流在进水塔群前形成逆时针向环流,并在塔前河床造成相对稳定的冲刷漏斗,则是防泥沙淤堵进水口的关键所在。

在进水口位置及其集中布置方案确定后,另一问题是9条泄洪洞与排沙洞、6条发电洞及1条灌溉洞总共16条洞的进水口如何在进水塔群内排列组合,使之达到较好的防沙效果。

进水塔组合与排列的基本原则和要求如下:

(1)确保各进水口在任何情况下实现“门前清”。

(2)尽量减少粗颗粒泥沙进入发电洞,以减免含沙水流对水轮机的磨损。

(3)尽可能使塔群前漂浮物通过低位泄洪排漂洞排放下游,并减轻进水口的清污工作量。

(4)发电进水口前的污物清除以水力排污为主、机械清污为辅。

(5)3条导流洞进水口的位置既要方便施工导流,又要便于导流洞改建为孔板泄洪洞。

(6)10座进水塔的排列要与泄洪排沙建筑物出口综合消力塘布置协调。

(7)进水塔排列要满足各泄水、引水隧洞的最小安全间距要求。

(8)应使进水塔群基础和3条导流洞进口段尽量避开F_{28}断层的影响。

(9)导流洞后期需改建为孔板泄洪洞,因此其进口设在相应的孔板塔内的孔板洞龙抬头洞段,轴线与导流洞一致,且使二者的进口及其前沿引渠底部形成高达33.5~43m

的陡坎。考虑进水塔基础稳定要求,塔基础前缘离陡坎的水平距离应不小于20m。

(10)在选择进水塔群位置时,应尽量减小塔后高边坡的工程量。

(11)在选择进水塔位置时,应保证孔板泄洪洞龙抬头洞段末端至大坝左岸防渗帷幕的距离不小于每条孔板洞布置3道孔板环所需要的距离。

由上可知,进水塔布置非常复杂,整个布置的研究过程,实质上就是诸多矛盾的协调过程。通过大量方案研究和科学试验,最终选定方案如下:

3条排沙洞担负的任务之一是排除从6条发电洞进水口拦污栅上压下来的污物,因此将3条排沙洞与6条发电洞的进水口均分为3组,分别置于3座发电塔内。每座塔上层为2条发电洞进水口,其高程为190m或195m;下层为1条排沙洞进水口,其高程为175m。每座塔有发电洞的6扇拦污栅及2扇事故检修门、排沙洞的6扇检修门及2扇事故门。塔宽(垂直流向)为48.3m,塔下部长为60m。

3条孔板消能泄洪洞进水口高程为175m,分别设在3座孔板塔内,每座塔设置2扇事故门及2扇检修门,塔宽(垂直流向)为20m,塔下部长为60m。

3条明流泄洪洞的进口设在各自的进水塔内,根据库水位220m时与其他泄洪建筑物共同满足总泄流能力7 000m^3/s的要求及排漂要求等,确定3条明流泄洪洞进水口高程分别为195m、209m、225m。1号明流洞进水塔内设1扇工作门、2扇事故门及2扇检修门,塔宽(垂直流向)为20m。2、3号明流洞进水塔内设工作门、事故门及检修门各1扇,塔宽(垂直流向)为16m。1、2、3号明流洞进水塔下部长依次为70m、54m及52.8m。

灌溉洞进口设单独的进水塔。根据库水位230m、引水流量为30m^3/s的要求,确定进水口高程为223m。内设事故检修闸门和拦污栅。垂直流向宽度为15.5m,塔下部长为56.8m。

10座进水塔的排列方式曾研究过两种,一种为错开排列,另一种为"一"字形排列。前者的主要优点为开挖工程量相对较少,主要缺点是塔群错台处有旋涡,既影响进流流态,也影响塔前实现"门前清"。后者的主要优点是克服了前方案的缺点,但开挖量相对增大。经综合比较,考虑到实现"门前清"是发挥工程效益的基本要求,故选择"一"字形排列方案。但10座进水塔不能简单地拼凑成"一"字形排列,必须遵循前述的基本原则和要求。

在研究过多种排列方案以后,最终将塔群设置在F_{28}大断层的东侧。为了避免1号明流泄洪洞与发电引水洞交叉,将1号明流泄洪洞进水塔布置在最右端。3号明流泄洪洞担负主要排漂任务,所以其进水塔布置在左边,排漂效果最好。2号明流泄洪洞的位置,根据各泄洪排沙建筑物进入3个消力塘的挑流流量应尽量分配均匀和保证2、3号明流泄洪洞有足够大的间距的原则,将其布置在2号发电进水塔与3号孔板泄洪洞进水塔之间。

为了方便大坝截流,1号导流洞位置应尽可能靠近河边,所以由导流洞改建成的1号孔板洞进水塔布置在紧靠1号明流泄洪洞进水塔的左侧。但1号孔板洞进水塔与1号明流泄洪洞进水塔的位置不能互换,否则高程相同的1号明流洞与1号发电洞相距太近,两洞间洞壁厚度仅9.5m,不足1倍开挖洞径。

3条由导流洞改建的孔板洞开挖洞径较大,一般为16.5m,尤其是中间闸室开挖跨度达到24.3m,隧洞间距应尽可能拉大。此外,2号及3号导流洞要同时改建成孔板泄洪洞,为了改建方便,其出水口对称布置在同一消力塘内,以减轻消力塘内的回流影响。根据以上原则,确定将2号孔板洞进水塔布置在1、2号发电进水塔之间,3号孔板洞进水塔布置在2号明流泄洪洞进水塔与3号发电进水塔之间。

根据灌溉洞洞线布置,同时考虑避免与3号明流洞交叉,将灌溉洞进水塔布置在最左端。

此外,为确保10座进水塔的侧向抗震稳定,各进水塔在230m高程以下靠紧,并做接缝灌浆。为了减少塔群背后的泥沙淤积量,在3座发电进水塔230m高程以上的两侧与邻塔之间留有2m宽缝,1号明流洞进水塔与1号孔板洞进水塔之间在230m高程以上留3m宽缝,当水库洪水消落时,可降低部分淤沙高程。在各塔顶部,塔间留20cm宽缝,缝上覆盖可活动的钢板以防地震时相邻两塔碰撞。塔群右端在230m高程以下紧靠山体,塔群左端边坡及其基岩高程较低,考虑横向地震作用影响,故在此设混凝土墩等予以加强。各塔与塔后高边坡接触面铺设了塑料软垫层,以此减小或消除高边坡软岩蠕变对进水塔产生的影响。

如此排列的进水塔群正面立视图见图2-3-1,塔群总宽度为275.4m,较好地实现了进水口防沙要求:

(1)3条排沙排污洞的进水口分布在塔群内16个(组)进水口之中的合适位置,而且每条排沙洞可调控下泄流量,为进水口"门前清"创造了良好的条件。当来沙量过大或塔前淤沙高程超过警戒线时,还可以开启另外的泄量较大的底孔(孔板泄洪洞)进行冲沙。当塔前冲刷漏斗边坡因地震或库水位降落过程中突然坍塌堵住进水口时,可自上而下相继开启各层次的进水口逐步冲开淤堵的泥沙,恢复正常运用。

(2)从进水塔群上游立视图看,16条泄水道的进口大体分为3层,下层为孔板泄洪洞和排沙排污洞的进水口,上层为明流泄洪洞的进水口,中间为发电引水洞的进水口。即底层有排沙排污口,上层有排漂口,中层取水发电,为发电引水口防沙防污创造了较好的条件。

三、进水塔群右端设置导流墙

由于进水塔群坐落在大坝上游左岸与黄河几乎正交的风雨沟左侧,当库水位等于和低于245m时,坝前水流折转近90°进入风雨沟。为使塔群前流道能形成相对稳定的冲刷漏斗,经水力学计算研究和浑水整体水工模型试验验证,须在塔群右端建造导墙,用以引导水流,使之在风雨沟内形成单一逆时针向回流,平顺地行至进水塔前。

作为解决小浪底工程进水口泥沙问题和调节进口流态的关键性建筑物,进口导墙布置与体型既要适应地形地质条件,又要同枢纽建筑物相协调,使塔前流态稳定。导墙顶高程250m,当库水位高于245m时,各进水口则变为正向进流。在浑水水工模型试验中曾研究过长、中、短3种长度的导墙,试验表明只有长导墙才能圆满实现上述目标,即导墙需从塔群右端一直延伸到大坝左端上游侧。

墙体结构根据地形地质条件自左向右分为四段型式。第一段长58.70m,为岩石陡坡和坡顶平台(高程230m)上半重力式混凝土墙的组合结构,合计最大高度50m,坡度由垂

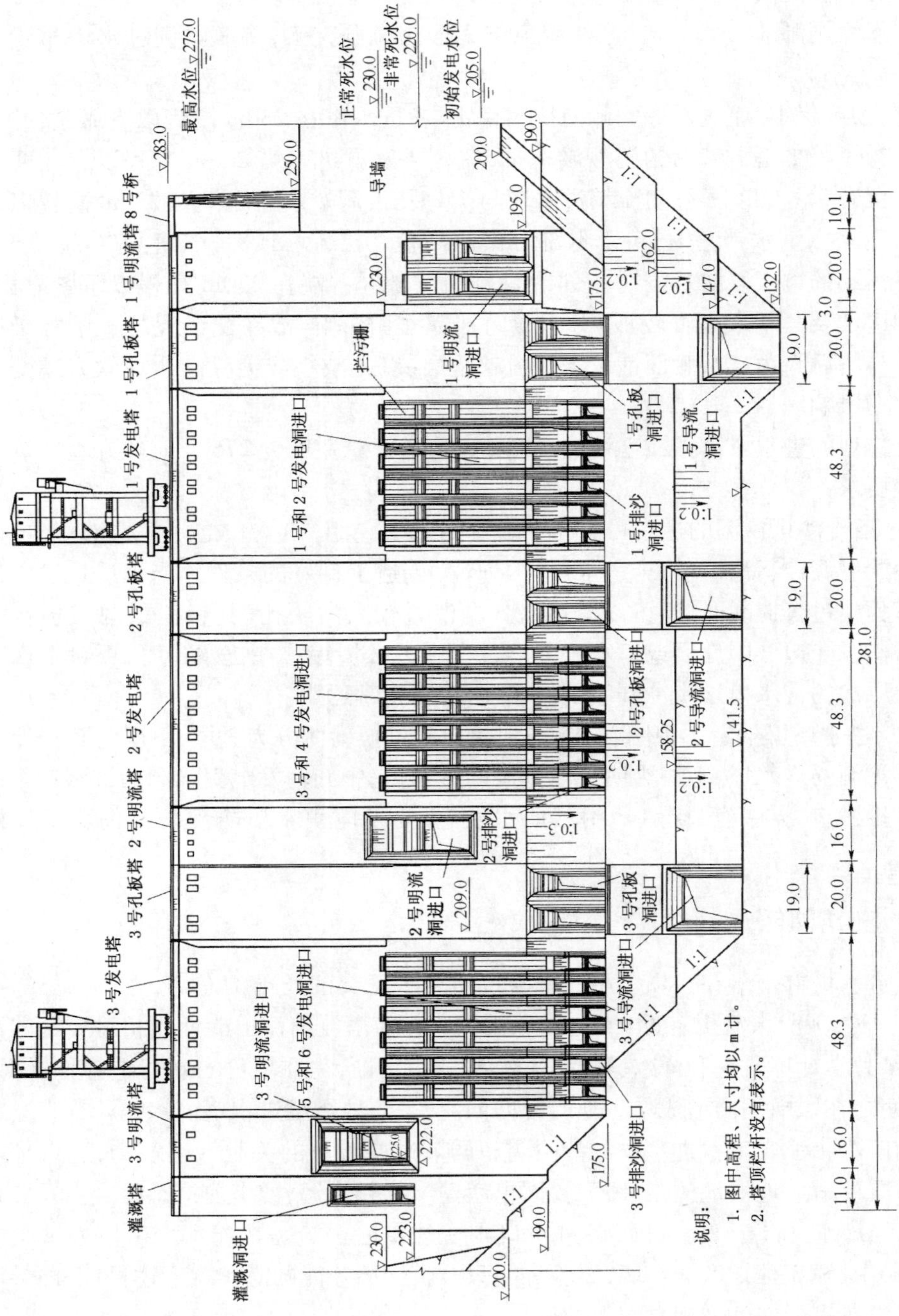

说明：
1. 图中高程、尺寸均以 m 计。
2. 塔顶栏杆没有表示。

图 2-3-1　进水塔群正面立视图　（单位：m）

直变为1∶0.35，陡坡岩体采用预应力锚索等喷锚措施；第二段扭曲渐变段长69.20m，为重力式混凝土结构，坡面由1∶0.35渐变至1∶1.50，背面直坡处回填石渣；第三段长104.63m，在200m高程以下为混凝土基座，以上为六边体混凝土预制块护面的堆石体，迎水面坡比为1∶1.50，最大高度80m左右；第四段是岩坡及坡顶小型混凝土挡墙，岩坡按裹头要求进行整治，坡比为1∶1.50，采用喷锚措施保护，合计最大高度50m。混凝土基座和半重力式混凝土墙分别按重力坝和挡土墙要求设计，堆石体按土石坝考虑稳定，前者有关部位布有排水设施，后者内部设多层排水层、钢筋网，顶部设反滤与加筋土工布防护层。

四、其他防淤堵措施

泥沙淤堵闸门孔口影响闸门启闭以及高速高含沙水流磨蚀闸门导轨等问题，在多泥沙水利工程中时有发生。总结黄河上水利工程的经验教训，造成问题的主要原因如下：一是在枢纽布置中没有创造条件或未考虑控制进水口前水沙运动流势流态等措施可形成的冲刷漏斗流道进行防淤；二是缺乏泥沙淤积的监测装置，不能事先了解淤积情况及时采取措施；三是在闸门孔口附近未设冲沙装置；四是闸门采用后止水，泥沙进入门槽，等等。小浪底工程借鉴以往工程经验，采取的主要措施如下：

（1）设置低位压力流排沙洞，工作闸门采取局部开启运用调控流量，以使进口前沿长期保持一相对稳定的冲刷漏斗。泄洪、发电、排沙洞的进口，根据冲刷漏斗的范围集中分层布置，以使各进水口相互保护。

（2）设立泥沙自动监测报警装置。当淤积面达到设计规定的高度时，可及时开门冲淤。

（3）在闸门附近闸墩或胸墙内设高压水冲沙系统，如闸门前淤积超过临界值，及时启门排沙，必要时利用高压水冲动淤沙。

（4）泄水孔口的闸门采用前止水，防止在闭门期间泥沙进入门槽。

第四节　进水口泥沙问题模型试验研究

设计单位分别与南京水利科学研究院、黄委会水利科学研究院和中国水利水电科学研究院进行了小浪底水利枢纽进水口泥沙问题动床模型试验研究。经论证，选取坝区4km长的天然河段，上起大峪河口，下至小浪底坝址，进行坝区和枢纽进水口泥沙模型试验研究。模型河段平面见图2-4-1。

一、南京水利科学研究院模型试验

（一）低水位205m运行期坝区泥沙试验

枢纽建成后，初期进行蓄水拦沙和调水运用。第一阶段的起调水位为205m，主汛期控制低水位运行，根据需要，水位变化于205～215m间。分别进行的两组模型试验均是在空库地形条件下将坝前水位迅速蓄至205m。第一组试验侧重于研究低水位205m运行下淤积平衡后的情况，第二组试验主要了解水库淤积和冲刷过程中的变化。

第一组试验为了解不同水沙条件的影响，选用2000年设计水平年的3个典型代表年

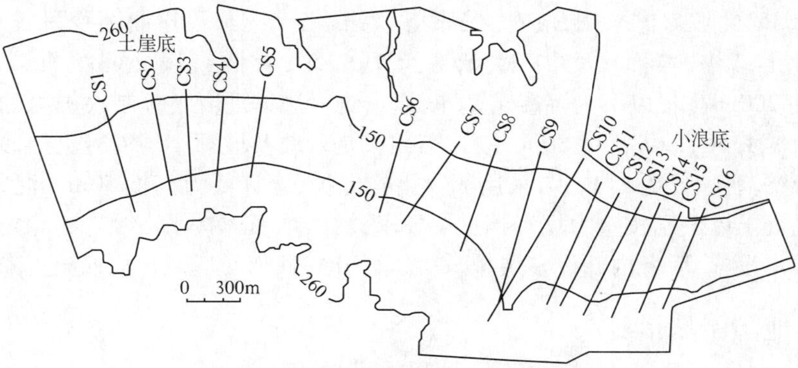

图 2-4-1 小浪底坝区模型河段平面图

的汛期分别进行。按每一个典型代表年汛期水沙过程放水,淤积平衡试验完成后,进行定常流量和含沙量的试验。

第二组试验,按 2000 年设计水平年的 1950 ~ 1975 年系列年汛期水沙过程放水,但水库在低水位 205m 运用阶段约需 3 年达到淤积平衡。模型复演了 1950 ~ 1953 年汛期的水沙过程。

试验过程中,当来水流量小于 2 150m^3/s 时,按 70% 的分流量走发电引水洞,30% 的分流量走排沙洞;当来水流量大于 2 150m^3/s 时,按 5 台机组发电引水洞全开,单机引水流量 300m^3/s,剩余流量走排沙洞;当来水流量大于 2 820m^3/s 时,5 台机组发电引水洞和 3 条排沙洞全部开启(水位 205m 时排沙洞总泄量 1 319m^3/s),剩余流量走孔板泄洪洞;当来水流量大于 5 970m^3/s 时再开启明流泄洪洞(水位 205m 时孔板泄洪洞总泄量 3 156m^3/s)。

试验中进水塔群各洞从左向右依次开启(即由风雨沟里向沟口依次开启)。试验研究的主要成果综合归纳如下。

1. 坝区河槽的形成和摆动

枢纽具备运行条件后,迅速蓄水至起调水位 205m,较天然河道常水流量(800 ~ 900m^3/s)对应的水位 135m 升高约 70m。坝区水面几乎呈静止状态,泥沙首先在坝区上段大量落淤,未淤的泥沙以异重流运动形式到达坝前沉积,少量泥沙由排沙洞泄出,水轮机无泥沙问题。

泥沙淤积从上游向下游发展。当上段底部淤积较高后,水面开始流动,中、下段水面仍处于静止状态。其后,坝区上段淤出边滩和河心滩,水流分汊、散乱;接着,坝区中、下段也淤出边滩和河心滩,呈现多股水流并存局面。随着河心滩的扩大,多股水流逐步合并成两股水流,一股靠左岸,另一股靠右岸,在进水塔右侧弯转,流到进水塔群前。最后,坝区形成单一河槽,淤出滩地,此时河槽不再有异重流存在。主流从进水塔右侧弯转流至进水塔前,并形成一个逆时针回流。主流河槽位置仍有摆动。

2. 进水塔群前的冲淤变化

在低水位 205m 运用的初期,坝区水流为异重流,来到进水塔群的水流含沙量小,泥沙主要在坝区上段淤积。随着运用时间的延长,泥沙淤积体逐步向坝前发展,异重流潜入位置的分界线逐步向下游移动，坝区河床逐步淤高，风雨沟内水下地形逐步淤高。最后坝区和风雨沟内淤出滩地，形成坝区大冲刷漏斗域及进水塔前小冲刷漏斗域。在进水塔群前淤积地形起伏不平，形成了一个紧靠进水塔群前沿并与之平行的小漏斗河槽，此小漏斗河槽长度与进水塔群宽度基本相同，在风雨沟进口处河槽较宽，逐渐向沟里变窄。

在低水位205m运用下坝区淤积基本平衡时，在坝区大漏斗域异重流消失，塔群前小冲刷漏斗域也无异重流，进水塔前流速和含沙量沿垂线分布趋于均匀。此时，通过发电引水洞的水流含沙量与通过底孔（排沙洞或孔板泄洪洞）的水流含沙量二者的比值约为0.90。

1）小漏斗河床纵剖面形态

进水塔群前沿小漏斗的长度与进水塔群宽度基本相同，长约220m。底部淤积高程起伏不平，淤积高程及其沿程分布主要取决于过进水塔的总流量和排沙洞及孔板泄洪洞的开启情况。进水塔群通过流量愈大，开启排沙洞和孔板泄洪洞愈多，则进水塔群前小漏斗底部的淤积高程愈低；反之，则进水塔群前小漏斗底部淤积高程愈高。当主要开启进水塔群右侧（靠近风雨沟口）排沙洞时，小漏斗河床纵剖面形态为逆水流向倒坡；当主要开启进水塔群左侧排沙洞时，小漏斗河床纵剖面形态为顺水流向正坡；当排沙洞和孔板泄洪洞全部开启，小漏斗河床纵向底部地形就很平坦；当只开启排沙洞而关闭孔板泄洪洞，小漏斗河床纵向底部地形就在孔板泄洪洞前隆高，而在排沙洞前低平，进水塔群前小漏斗河床纵向底部地形呈起伏状。试验表明，排沙洞前的淤积高程与排沙洞的调度运用方式、进水塔群总泄流量大小、排沙洞泄流量大小、水流含沙量大小和排沙洞位置有关；在排沙洞开启的调度方面，应先开启进水塔群左侧（位于风雨沟里）的排沙洞，使进水塔前小漏斗河床纵向底部形成顺水流向正坡，并可降低底部淤积高程。

2）小漏斗河床横向形态

进水塔群前小漏斗河床横向形态即垂直水流向的横断面形态。在试验中，进水塔群对面滩地的岸坡坡比变化于1:5～1:2.22之间，平均坡比约为1:3。相应于水位205m的水面宽度，在进水塔群右侧（风雨沟进口处）为120余米，在进水塔群左侧（风雨沟里）为60余米，中间一般为80～100m。小漏斗底河床部宽度更小，一般为5～7m，也是沟口较宽沟里较窄。

底孔（进口高程175m）是否淤堵，取决于进水塔群前小漏斗河床纵向底部在洞口部位的淤积高程。试验证明，在低水位205m蓄水运用下，小漏斗河床纵向底部淤积高程基本上都在185m以下，未出现淤堵现象，底孔开启后均能立即正常泄流。只有在某个排沙洞或孔板泄洪洞长期关闭且淤沙已深入洞内时，才有可能发生淤堵问题。在205m水位运用下，进水塔群前小漏斗河床纵向底部一般可保持20m以上水深，即洞前淤积厚度一般小于10m、淤积面高程在185m以下就可以避免发生淤堵。只要排沙洞和孔板泄洪洞在一个汛期中分别轮流开启几次，在一般水沙条件下能够控制不发生淤堵。

3. 坝区漏斗域的水流泥沙运动特性

坝区漏斗域的水流泥沙运动为由库区明渠流过渡到进水塔孔口有压流，在近坝库区行近流末端断面即为坝区大漏斗域的进口断面。在坝区大漏斗域，水深沿程增大，水流由扩散到收缩，沿程调整流速垂向分布和含沙量垂向分布，维持输沙水流结构。在一定的条件下形成异重流运动，在另外的条件下形成浑水明流运动，两种流态在一定条件下相互转换。

上述模型试验成果表明，坝区模型河段有效试验段长度3.6km，满足了从坝区水流泥沙运动特性和河床演变特性来试验研究进水塔防沙、防淤堵的条件。

（二）水库形成高滩深槽过程的坝区泥沙试验

水库形成高滩深槽过程的坝区泥沙问题试验研究包括：①由起调水位205m逐步抬高水位至防洪限制水位254m，逐步淤积抬高河床直至形成高滩高槽，达到坝前滩面高程254m、河底高程250m；②利用较大来水流量（2 000m^3/s以上）逐步降低主汛期水位冲刷下切河槽，第一期由水位254m逐步降至245m，第二期由水位245m逐步降至正常死水位230m，冲刷形成高滩深槽，坝前滩面高程保持254m，河底高程降至226.3m。此后，水库进入后期正常运用。

模型试验采用的水沙条件是2000年设计水平年1950～1975年代表系列的入库水沙过程，将经数学模型计算出的库区冲淤变化后来到坝前的水沙过程（以出库水沙过程代表）作为坝区模型进口水沙条件。

在水库运用的前3年控制低水位205m运用达到淤积平衡后形成的河槽和滩地的地形基础上，进行水库运用第4年以后水沙过程的试验。

在逐步抬高水位淤积形成高滩高槽过程中，采取由水位205m逐步升高至254m的概化抬高水位试验，即：在水库运用第4年至第8年，每年汛期一次抬高水位4m；第9年，汛期一次抬高水位5m；第10年至第15年，每年汛期一次抬高水位4m，第15年水库水位达到254m；第16年，保持水位254m，满足坝前滩面淤至254m高程的要求，完成坝区形成高滩高槽的试验过程；从第17年起，进行逐步降低水位冲刷下切河床，形成高滩深槽过程的试验。为了简化试验，从第17年至第20年，每年汛期水位分级下降3次，每级下降2m，至第20年水位已降至230m；第21年水位仍保持为230m，满足坝前河底降至226.3m高程的要求，完成坝区形成高滩深槽的试验过程。

模型试验中，当入库流量小于6条发电引水洞和1条排沙洞的泄流能力之和的总泄量时，按发电引水洞分流70%、排沙洞分流30%的原则进行控制；当入库流量大于上述条件时，开启6条发电引水洞，剩余流量从开启的3号排沙洞泄走，再有剩余时，依次开启2号、1号排沙洞。当6条发电引水洞和3条排沙洞全开、还有剩余流量时，开启3号孔板泄洪洞；还有剩余时，依次开启2号、1号孔板泄洪洞。当发电引水洞、排沙洞和孔板泄洪洞全部开启后仍有剩余流量，则开启明流泄洪洞，也是先左后右依次开启。

试验中，对模型进口放水的流量、含沙量和泥沙粒径级配进行连续观测和及时调控，以满足按设计出库水沙过程放水试验的要求。

水库形成高滩深槽过程坝区泥沙问题试验成果归纳如下。

1. 坝区水流流态在库水位升降过程中的变化

在低水位205m运用时期，坝区泥沙淤积平衡，形成单一河槽和滩地，水流由进水塔群右侧弯转进入风雨沟，沿进水塔群前沿流动，在进水塔群前形成单一逆时针向大回流。在此基础上，进行逐步抬高水位淤积造床试验。每年汛初一次性升高水位（4m或5m）后，先是水流普遍上滩，然后逐渐形成散乱心滩和边滩，出现多股水流，进而心滩与边滩连成大滩,淤塞汊流,形成单一河槽水流。单一河槽水流形成后,又出现河槽在平面上的摆动,其摆动范围可以遍及左右两岸。由于坝区两岸山岭地形的影响,在水库运行水位低于240m 时,坝区水流向右岸弯曲,然后左转进入风雨沟进水塔群右侧向进水;运行水位高于245m 时,坝区水流直趋进水塔群,进水塔群正向进水;运行水位在 240 ~ 245m 时,坝区水流逐渐向左移,朝进水塔群正向进水过渡。

从水库运用第 17 年起,库水位由 254m 逐步下降。在水位下降过程中,水流基本上沿河槽流动,就地下切河槽。随着河槽下切,通过一侧冲刷和另一侧淤积,水流发生弯曲,深槽位置在平面上移动,河床演变由上升过程中的游荡型转变为下降过程中的蜿蜒型。在水位下降至 245m 以前,进水塔仍保持为正向进水。

库水位降至 245m 以下时,进水塔又逐渐恢复成侧向进水。模型重复试验验证表明,库水位 245m 是进水塔正向进水和侧向进水的分界线。但是,模型重复试验也表明了另一种情况,如果坝上游滩地露出水面时间长,滩地淤积物密实到水流冲不动时,即使库水位再次升高至 245m 以上,也形成不了正向进水;但如果流量大,持续时间长,水流冲刷力强,滩地淤积物密实的泥沙有可能被水流冲开形成河槽,进水塔又将形成正向进水。

坝区水流流态在水位升高过程中,淤积未接近平衡时,为游荡型水流流态,当淤积接近平衡时,流态趋于相对稳定;在水位下降过程中,冲刷未接近平衡时为摆动型水流流态,当冲刷接近平衡时流态趋于相对稳定。模型试验表明,不论库水位在上升还是在下降过程中,对于相同水位,只要坝区淤积或冲刷接近平衡时,水流流态就比较相似。例如,蓄水位从 205m 逐步上升至 230m 淤积接近平衡时的流态和主流位置,与蓄水位从 254m 逐步下降至 230m 冲刷接近平衡时的流态和主流位置,在相同水位 230m 时比较相似,其中一个重要条件是坝区两岸山岭地形的各高程边界形态是稳定的,所以不论水位上升或下降至某一相同高程时,两岸山岭地形高程的边界条件对水流流态将发挥相同的影响作用。

上述模型试验结果,对于预测小浪底水库在不同水位运用下的坝区河势流路和相应的进水塔群进水方式的变化是一项重要成果。

2. 坝区水面比降及流速和含沙量沿垂线分布的调整变化

试验结果表明,在蓄水位升高过程中,每次抬高水位后,水流漫滩,水面宽阔,过水面积增大,水面比降减小,坝区下段水面比降几乎接近于零。随着坝前水位稳定时间的延长,河床逐段淤高,水面比降逐段调整增大,上段比降增加较快,下段比降增加较慢。坝区淤积接近平衡时,各段水面比降调整到趋近相同,水面比降随流量大小有一定变化,流量增大水面比降减小,流量减小水面比降增大。在水位下降过程中,水面比降先是增大,随着冲刷下切向上游发展,各段比降调整到趋近相同,并使比降减小。

在蓄水位逐步升高过程中,每当水位升高后,水流漫滩,过水面积增大,水面比降减小,形成异重流。这时进水塔群前含沙量沿垂线分布很不均匀,在河底附近含沙量急剧增大,在水面附近含沙量很小。高含沙量主要分布在 185m 高程以下,在 185m 高程以上含沙量显著减小。发电引水洞进口底坎高程分别在 190m 和 195m,引水含沙量显著减小。排沙洞和孔板泄洪洞进口底坎高程 175m,泄出水流含沙量显著增大,有利于电站防沙和泄水孔口防淤堵。挟沙水流主要集中于水深下部,在水面下 20m 内流速很小。在每年汛期蓄水位升高后的一段时间里,坝区至进水塔群前为异重流运动,挟沙水流主要集中于水深下部。

在汛期每次水位升高后,随着水位稳定时间的延长,坝区河床淤高,异重流潜入点位置逐渐下移,最后消失,沿程水面流速逐渐增大,垂线最大流速点位置逐渐上升,含沙量沿垂线分布逐渐趋于相对均匀,坝区为浑水明流,进水塔群前的水流运动向明渠流转变。

在库水位下降过程中,首先坝区下段的水面比降增加较大,水流紊动增加较强,含沙量沿垂线分布比较均匀,只是底部含沙量较大。冲刷平衡时,坝区流速分布形态和含沙量分布形态已调整成明渠流的正常分布形态。

由试验成果可见,由水位上升淤积平衡与由水位下降冲刷平衡相比,含沙量沿垂线分布基本相同,但流速沿垂线分布有一定差别,前者流速梯度较小,后者流速梯度较大。同时可知,蓄水位抬高不久、淤积尚未平衡时的流速和含沙量沿垂线分布形态,与库水位下降不久、冲刷也未平衡时的流速和含沙量沿垂线分布形态相比,差别更加显著。了解这些特点,从而利用主汛期蓄水位以较小幅度逐步抬高以连续维持进水塔群前异重流运动,以利于电站防沙和泄水孔口防淤堵。

需要指出,坝区模型在逐步升高水位试验中,在每年汛期 7 月初,进行一次性抬高水位 4m(个别 5m)运用,水位升高后,坝区至进水塔群前为异重流运动,进水塔群前的流速和含沙量沿垂线分布具有异重流特征。维持异重流运动的时间约 2 个月,还有约 1 个月转化为明渠流。但原型小浪底坝区实际情形可能在主汛期 3 个月均会维持异重流运动。因为坝区模型河段短,进口距坝仅 4km,坝前水位抬高 4m 后,其回水长度实际超过模型进口较远,在坝区模型河段以上就要发生淤积。因此,水库每年主汛期 7 月初抬高水位 4m 后坝区淤积接近平衡的时间要延长,可能主汛期 3 个月都处在淤积过程中,河床未能淤高至由异重流转变为明渠流的条件,或异重流在坝区上段消失,潜入点下移,在坝区下段仍为异重流运动,进水塔前流速和含沙量沿垂线分布仍维持异重流特征。这样的话,主汛期 7 ~9 月进水塔群前为异重流,10 月提前蓄水后,抬高水位蓄水拦沙,到坝前的泥沙很少,甚至没有泥沙到坝前,进水塔泄出清水。因此,在水库逐步抬高主汛期水位拦沙运用时期,主汛期坝区为异重流运动,进水塔群前为异重流流态,流速和含沙量沿垂线分布形态具有异重流特征,对电站防沙和泄水孔口防淤堵十分有利。在水库运用中要掌握控制坝区和进水塔群前异重流运动的条件,即控制主汛期坝区为异重流运动的低壅水运用条件。

3. 水库蓄水位升降过程中坝区河床的冲淤变化

在库水位由 205m 逐步抬高拦沙淤积造床过程中,每次水位抬高初期坝区河床首先普遍淤积,平行淤高;然后主流区域淤积较缓,主流区域以外淤积较快,水流逐渐向主流区域集中,形成一条深槽,在深槽两侧淤出滩地。

深槽和滩地的位置与坝区的主流流向变化有关。坝区主流流向的变化与坝区两岸的山岭在不同高程的地形边界条件不同、从而对水流流向的控制作用不同有关。主流深槽位置一旦确定,则深槽外的滩地位置随之确定。在坝区宽阔水面下的淤积造槽造滩过程是:先是在水深大而流速小的全断面过水河床上水平淤积升高;当水下淤积面升至距水面较小距离后,全断面的水深减小,横断面流速分布不均匀,从而使河床横向淤积不均匀,出现水下浅槽和浅滩的雏形;由于水下滩槽地形不均匀,进一步调整流速横断面的分布,更显差异，流速大的区域淤积减少，流速小的区域淤积增加，水下河槽和滩地的高差更趋明显；由于水下河槽和滩地的高差更趋明显，又进一步调整流速的横向分布，使水下河槽区域的流速进一步增大，单宽流量增大，而水下滩地区域的流速进一步减小，单宽流量减小，水下河槽淤积减少或发生冲深，水下滩地淤积增加滩面淤高；如此不断调整滩槽水流分配，直至滩地淤至水面，出露滩地，河槽冲深形成单一河槽，水流完全在河槽内通过。在每一次升高水位稳定后，都要出现这5个阶段的造槽造滩过程。

关于坝区泥沙淤积物的组成，在蓄水位上升时期，坝区淤积物粒径较细。随着水库蓄水位稳定时间的延长，淤积物粒径逐步变粗。深槽淤积物的中值粒径大于滩地淤积物的中值粒径。滩地淤积物中值粒径约为0.05mm，深槽淤积物的中值粒径从进水塔群前的0.06mm向上游增大为0.13mm。在蓄水位下降过程中，由于河槽冲刷下切，河床泥沙粒径有些粗化。在水位升至254m淤积平衡时，淤积物泥沙粒径较细，在水位下降至230m冲刷平衡时，河床泥沙粒径较粗。淤积平衡时的坝区河床泥沙中值粒径由坝前向上游为0.06～0.13mm，冲刷平衡时的坝区河床泥沙中值粒径由坝前向上游为0.09～0.16mm。

4. 水库蓄水位的升降对坝区河床形态的影响

在蓄水位从205m上升至254m和由254m下降至230m的过程中，观测了坝区河床纵剖面形态和横断面形态的变化。

整个坝区大漏斗域分为四段：第一段为进水塔群的小漏斗段下段，第二段为进水塔群右侧上游的小漏斗段上段，第三段为大漏斗段下段，第四段为大漏斗段上段。

坝区河床的纵坡，随着蓄水位的升高而增大。其中，第二段纵坡随蓄水位升高增大显著，第三段纵坡随水位升高增大较小，第四段纵坡随水位升高略有增大。例如在蓄水位205～254m，$i_2 \approx 0.068 \sim 0.270$，$i_3 \approx 0.008 \sim 0.012$，$i_4 \approx 0.000\,5 \sim 0.000\,7$。

在库水位下降过程中，河床冲刷下切，坝区河床纵坡变陡，冲刷坡降比淤积坡降增大20%～30%。河床冲刷下切，要发生河床粗化，故冲刷比降比淤积比降大。在相同蓄水位下，蓄水位下降过程中的比降比蓄水位上升过程中的比降大20%～30%。

关于坝区河床横断面形态的变化，模型试验结果如下：

(1)河床冲淤平衡后，河床横断面形态变化总的趋势是向宽浅的方向发展。在蓄水位上升过程中、淤积平衡前，由于滩地流速小淤积快，河槽先接近平衡宽度，而槽底高程尚未升达平衡高程，因而河床横断面较窄深；在淤积平衡后槽底升达平衡高程，河床横断面变宽浅。在水位下降过程中、冲刷平衡前，河槽先冲刷出足够的深度，而槽宽尚未拓宽到应达的宽度，因而河床横断面较窄深；在冲刷平衡后河槽宽度增大，河床横断面变宽浅。

(2)由于坝区河谷宽阔，在水库蓄水淤积造槽造滩过程中河槽和滩地的位置发生变化。在每级蓄水位升高后，原是河槽的地方变成滩地，是滩地的地方变成河槽。水库的蓄水淤积造床，是以主槽堆积型的形式进行的，先在主流的地方淤积抬高，而后主流向河槽旁侧的低洼地方摆动，使河槽发生位移，又在新河槽的地方淤高，再向新河槽旁侧的低洼地方摆动。河槽如此往复摆动淤积，使全断面河床淤高。因此，在蓄水位升高的淤积造床过程中，河槽摆动幅度较大，可能遍及全断面。在某级蓄水位淤积平衡后，河槽和滩地稳定下来，河槽的位置则要受河谷两岸山岭地形在不同蓄水位高程下的控导流向作用的制约。蓄水位上升过程中河槽横断面形态基本上呈抛物线形。

(3)在蓄水位下降过程中,主要是河槽冲刷下切,而滩面高程基本不变(滩面高程随滩地淤积物密实固结而有所下降)。

河槽先是基本上就地下切,在河槽逐步下切过程中逐步侧蚀滩岸展宽河槽。随着蓄水位的下降,河槽位置也有些摆动,但摆动幅度较小,在某级下降水位冲刷平衡后,其河槽位置亦受河谷两岸山岭地形在该级水位高程下控导水流流向作用的制约。

蓄水位下降过程中河槽横断面形态有三种类型,在坝区中下段河槽呈较窄深的抛物线形和V形,在坝区上段呈较宽浅U形。

(4)在蓄水位升降过程中,坝区河槽水力几何形态均与流量和含沙量有一定关系。整理试验资料得到,蓄水位升降过程中接近平衡时的过水面积与流量的关系基本相同,河槽宽深比随流量变化的关系,具有相同的规律。

(5)在水库蓄水位上升过程中,进水塔群前的河床地形分三种类型:①进水塔群右侧向进水时,在进水塔群前形成由右侧向进水的小漏斗,进水塔群对面形成淤至水面的滩地。此种情形出现在水库蓄水位240m以下阶段。②进水塔群为正向进水时,在进水塔群对面的淤积滩地上冲刷出河槽,其深泓线位于正对进水塔群中稍偏右。此种情形出现在水库蓄水位245m以上阶段。③主流向左移动冲刷左岸滩地,趋向进水塔群正向进水;或水流向右移动冲刷滩地,趋向进水塔群右侧向进水。此种情形出现在水库蓄水位245~240m阶段。

当蓄水位由254m逐步下降至240m以下时,进水塔群又由正向进水恢复为右侧向进水,在进水塔群对面又淤出滩地。由于蓄水位由254m逐步下降,主流河槽逐步右移,使得左岸新淤出的滩地出现台阶随蓄水位的下降主流右移。当蓄水位下降至230m时,进水塔右侧向进水的程度较蓄水位上升阶段的水位230m时更为突出。由于水位升高后坝区淤高了滩地,当水位下降时,冲刷下切河槽,水流集中于河槽内冲刷,向右岸一侧发展侧蚀时,对岸同时出现低滩,进一步约束水流向右岸冲刷,水流向右弯曲程度更甚,故在相同的230m水位下,水位下降中的进水塔群右侧向进水比水位上升中的更为突出。

进水塔群为右侧向进水时,进水塔群前小漏斗平面形态呈喇叭形状。进口处宽,往里变窄。进水塔群为正向进水时,进水塔群前小漏斗宽度基本相同。

进水塔群前小漏斗底部高程取决于底孔(指排沙洞)的开启情况。进水塔群为右侧向进水时,当主要开启进水塔群右侧底孔(1号排沙洞)时,则进水塔群前右侧床面低,左侧床面高,进水塔群前小漏斗河床纵剖面形成逆水流向倒坡,其平均坡度约为0.05。当主要开启进水塔群左侧底孔(3号排沙洞)时,则进水塔群右侧床面高,左侧床面低,进水塔群前小漏斗河床纵剖面形成顺水流向正坡,其平均坡度约为0.05。当底孔全部开启,底孔前的床面高程大幅度降低,进水塔群前小漏斗底部地形平坦。当只开3条排沙洞而关闭3条孔板洞时,则3条排沙洞前的淤沙高程低,3条孔板洞前的淤沙高程高,进水塔群前小漏斗底部地形呈锯齿状。

(6)底孔前淤沙高程及淤堵问题。试验表明,开启的底孔前的淤沙高程与底孔过流量的大小、蓄水位的高低、开启前的淤沙高程和开启时间的长短等都有关系。关闭的底孔前的淤沙高程与关闭时间的长短、蓄水位的高低、来到进水塔群前的泥沙量的多少和进水塔群排沙率的大小等有关。如1个底孔(指排沙洞或孔板泄洪洞)关闭时间较长,则其孔前淤沙高程主要与蓄水位有关。

底孔关闭后，只有洞前淤沙高程远高于洞顶后才有可能发生淤堵，开闸后不能及时泄流。若开闸后能及时泄流，则无淤堵；若开闸后需经过一定时间方才泄流，则发生了一定时间的淤堵。淤堵愈严重，堵流时间愈长。防止关闭的底孔发生淤堵，是泄水建筑物调度运用的一个重要问题。模型专门试验研究了这个问题。根据试验资料，得到以下主要成果：

①蓄水位在230m以下时关闭的底孔一般不发生淤堵；而当蓄水位在230m以上时，如底孔关闭的时间较长，就有可能发生淤堵。

②如果底孔关闭时间很长，淤沙已深入洞内，洞前淤沙高程虽仅为185m，仍有可能发生淤堵。

③在一般情况下，洞前淤沙高程只有超过190m才会发生淤堵。

④进水塔群前小漏斗河槽形态。右侧向进水时，进水塔群前漏斗河槽横断面形态，基本上呈三角形。三角形横断面河床最低点靠近进水塔群前沿，三角形横断面左侧为滩地。在蓄水位245m以上，坝区主流左移，进水塔群对岸的滩地被冲开形成河槽，进水塔群正向进水，进水塔群前形成正向进水漏斗河槽，漏斗河槽两侧为滩地。

进水塔群前小漏斗河槽的横向坡度随着蓄水位的升高而增大。右侧向进水时小漏斗河槽左侧滩地坡度，由风雨沟口向沟里沿程变陡，在水位205m时为0.20～0.45，在水位230m时为0.27～0.55，在水位245m时为0.35～0.65，在水位254m时为0.43～0.74。进水塔群正向进水时小漏斗河槽两侧的滩地坡度由上向下沿程变陡，在水位245m以上时为0.40～0.70。

需要指出，进水塔群前小漏斗河槽的坡度，是按平均坡度值计算的，实际上，横向坡度是非均一的。在蓄水位245～254m时，进水塔群前小漏斗河槽在220m高程以下的横向坡度很陡，可达1∶1左右，在220m高程以上的横向坡度则较缓。在蓄水位240m以下时，进水塔群前小漏斗河槽的横向坡度在210m高程以上较缓，在210m高程以下较陡。因此，要特别注意在蓄水位升高至245m以上后形成的进水塔群前小漏斗河槽横向坡度上缓下陡的情形，在蓄水位降低时，要预防陡坡滩岸坍塌堵塞底孔的情形。在水库运用中要控制蓄水位降低的速率，避免发生进水塔群前滩地坍塌堵塞底孔的险情。

（三）水库高滩深槽形成后泥沙试验

在坝区模型已形成高滩深槽形态后，进行了在高滩深槽内的调水调沙运用的冲淤平衡试验。分4个组次试验：第Ⅰ组次试验在蓄水位230m进行，第Ⅱ组次试验将蓄水位抬高至245m进行，第Ⅲ组次试验将蓄水位抬高至254m进行，第Ⅳ组次试验将蓄水位下降至245m进行。每组次试验分别进行不同水沙条件的组合，要求每一种水沙条件组合的试验在坝区达到冲淤平衡，施测坝区河床地形，观测坝区河床纵剖面和横断面形态、水流流态、流速和含沙量沿垂线分布、河床泥沙级配、各泄水孔口的分流分沙及悬移质泥沙级配变化等。各试验组次模型进口水沙条件及悬沙级配分别见表2-4-1、表2-4-2。各泄水孔口的分流方式：当流量小于（含等于）400m^3/s，全部引水发电；当流量为400～570m^3/s，发电洞分流400m^3/s，剩余流量由排沙洞泄出；当流量为570～2 230m^3/s，发电洞分流70%，排沙洞分流30%；当流量大于2 230m^3/s，发电洞泄流1 560m^3/s，剩余流量由排沙洞泄流，再有剩余，由孔板泄洪洞和明流洞泄出。5台机组发电运用，1台机组检修。

表 2-4-1　　高滩深槽坝区河床冲淤平衡试验水沙条件

组次	蓄水位(m)	进口流量(m^3/s)	进口含沙量(kg/m^3)		试验历时(d)
			控制值	实际值	
Ⅰ	230	1 200	60	60.8	20
		2 500	70	74.1	25
		4 500	140	148.8	22
Ⅱ	245	1 200	60	68.5	18
		2 500	70	79.1	15
		4 500	140	150.6	15
		6 500	170	199.7	9
		8 000	190	222.3	10
Ⅲ	254	1 200	60	69.4	28
		2 500	70	80.5	16
		4 500	140	143.4	15
		6 500	170	190.8	10
		8 000	190	192.6	12
Ⅳ	245	1 200	60	57.8	20
		2 500	70	73.8	19
		4 500	140	150.2	19
		6 500	170	175.7	16
		8 000	190	187.2	18

表 2-4-2　　高滩深槽坝区河床冲淤平衡试验进口悬沙级配

进口流量(m^3/s)	类别	小于某粒径(mm)的沙重百分数					中值粒径(mm)
		0.25	0.10	0.05	0.025	0.01	
1 200	控制值	100	99	81.8	55.2	33.9	0.021
	实际值	100	95.6	82.0	58.8	38.1	0.019
2 500	控制值	100	94.4	79.0	54.3	32.0	0.022
	实际值	100	100	73.0	55.3	36.2	0.021
4 500	控制值	100	93	76.0	49.9	28.9	0.025
	实际值	100	88.9	71.5	50.0	26.7	0.025
6 500	控制值	1 000	91.4	73.6	45.7	26.0	0.029
	实际值	1 000	85.9	62.2	40.7	25.8	0.036
8 000	控制值	100	88.4	70.0	44.2	22.1	0.031
	实际值	96	86.9	57.0	35.7	18.3	0.042

试验结果如下。

1. 坝区水流流态

在已经形成高滩深槽的河床边界内进行各级水位下定常流量水沙组合的冲淤平衡试验，坝区地形已有254m 高滩存在，降低水位至230m 冲刷下切河槽，已形成了进水塔群右侧向进水的河势流路；再抬高蓄水位至245m 以上时，不能再在进水塔群对面的滩地上冲开形成正向进水的河势流路。

在各种水位下，进水塔群前均为右侧向进水，并在进水塔群前有一逆时针向大回流。可以看出，进水塔群右侧进口导墙的设置对调整不同来水流路的水流起着有益的作用，它保证了水流沿进水塔群前沿流动，形成相对稳定的逆时针向大回流的流态，为防止水流弯转进入风雨沟时形成顺时针向回流在进水塔群前淤积创造了条件。

2. 进水塔群前流速及含沙量沿垂线分布形态

(1)异重流的流速和含沙量沿垂线分布特性。汛期流量较小时，坝区形成异重流，进水塔群前的流速及含沙量沿垂线分布呈现异重流特性。试验组次Ⅰ、Ⅱ、Ⅲ的流量均为1 200m^3/s，含沙量均在60～70kg/m^3，而蓄水位分别为230m、245m和254m，塔群前的流速及含沙量沿垂线分布都是在坝区输沙平衡（模型进出口含沙量相同）时施测的。蓄水位为230m时，水面附近约有0.8m/s的流速，沿水深向下，流速逐渐增加，而后又逐渐减小；最大流速点出现在205m高程附近，约在水深的中部。蓄水位为254m时，水面以下约有7m的水层静止，向下流速逐渐增加，近底又逐渐减小；最大流速点出现在195m高程附近，约在水深的下部。蓄水位为245m时，最大流速点在200m高程附近；最大流速点位置有随蓄水位升高而降低的趋势，而含沙量急剧增大的部位则在185m高程以下底层。因此，异重流的流速及含沙量沿垂线分布特性，使发电洞引水含沙量明显减小，而排沙洞分流含沙量显著增大。

(2)明渠流的流速和含沙量沿垂线分布特性。汛期流量较大时，坝区形成明渠流，进水塔群前的流速及含沙量沿垂线分布呈现明渠流特性。流速沿垂线分布水面附近流速最大，向下逐渐减小。含沙量沿垂线分布比较均匀，只在180m高程以下含沙量较大。因此，寻求在进水塔群前形成异重流的流量条件有十分重要的意义。在流量1 200～2 500m^3/s会出现形成异重流的临界流量，估计约为2 000m^3/s。所以，在高滩深槽内的输沙平衡条件下，要形成进水塔群前异重流流态，流量较小是一个重要因素。

3. 各泄水孔口的含沙量及泥沙颗粒级配特性

在高滩深槽内进行定常流量输沙平衡试验中，观测了进水塔群各泄水孔口的含沙量和泥沙颗粒级配。试验发现，进水塔群因位于风雨沟内而形成右侧向进水，各孔口距离较近，在同一高程层上的各孔口的含沙量基本相同。表2-4-3中列出了坝区输沙平衡试验各组次过流孔洞的平均含沙量。由表2-4-3可见，当开启排沙洞或孔板泄洪洞时，排沙洞或孔板泄洪洞的含沙量均大于发电洞的含沙量。然而在输沙平衡条件下，当流量大于2 000m^3/s时，进水塔群前为明渠流流态，含沙量沿垂线分布比较均匀，流量愈大，含沙量愈大，分布愈均匀，因而排沙洞或孔板泄洪洞中的含沙量比发电洞中的含沙量一般只大5%左右；只有在小流量时进水塔群前为异重流流态，排沙洞或孔板泄洪洞的含沙量明显大于发电洞含沙量。

表2-4-4列出了高滩深槽内输沙平衡条件下各类孔洞泥沙级配情况。在小流量时底孔（指排沙洞与孔板洞的进口）的泥沙中值粒径比发电洞的中值粒径粗10%～18%，大流量时底孔中值粒径比发电洞的中值粒径粗5%～9%。小流量时进水塔群前一般为异重流流态，2 000m^3/s以上大流量时进水塔群前为明渠流流态。

表 2-4-3　　高滩深槽坝区输沙平衡试验有关洞平均含沙量

坝前水位(m)	模型进口		出库	有关洞平均含沙量 S(kg/m^3)			$\frac{S_{排沙洞}}{S_{发电洞}}$	$\frac{S_{孔板洞}}{S_{发电洞}}$
	流量(m^3/s)	含沙量(kg/m^3)	含沙量(kg/m^3)	发电洞	排沙洞	孔板洞		
230	2 500	74.14	74.78	73.7	76.9		1.043	
	4 500	148.8	154.7	149.8	157.7	157.6	1.053	1.052
254	2 500	80.49	74.15	71.4	77.5		1.085	
	4 500	143.4	138.7	135.6	140.0	141.3	1.032	1.042
245	1 200	57.78	51.98	50.5	55.5		1.099	
	2 500	73.79	70.0	67.4	72.6		1.078	
	4 500	150.2	148.4	143.0	152.2	151.4	1.064	1.059
	6 500	175.7	178.7	172.8	181.7	180.4	1.052	1.044
	8 000	187.2	186.5	177.4	188.6	189.3	1.063	1.067
	8 000	222.3	221.9	218.6	223.6	222.6	1.023	1.018

表 2-4-4　　高滩深槽坝区输沙平衡试验有关洞泥沙级配

坝前水位(m)	模型进口流量(m^3/s)	位置	小于某粒径(mm)的沙重百分数					中值粒径 d_{50}(mm)	$\frac{d_{50底孔}}{d_{50发电洞}}$
			0.25	0.10	0.05	0.025	0.01		
230	1 200	发电洞	100	93.3	77.2	61.6	38.4	0.017 5	1.15
		底孔	100	88.5	71.4	57.4	34.3	0.020 2	
	2 500	发电洞	98.3	89.0	64.0	46.2	24.7	0.030 3	1.09
		底孔	95.6	88.2	62.5	44.1	24.8	0.033 0	
254	4 500	发电洞	100	100	76.4	56.9	33.6	0.020 6	1.07
		底孔	100	98.8	74.5	54.3	31.7	0.022 1	
	6 500	发电洞	100	80.8	49.8	33.6	19.1	0.050 3	1.07
		底孔	100	77.9	47.8	28.4	15.6	0.053 6	
245	1 200	发电洞	100	100	97.1	89.8	60.6	0.008 2	1.18
		底孔	100	97.2	91.5	78.2	51.7	0.009 6	
	2 500	发电洞	100	100	94.2	81.3	51.8	0.009 7	1.17
		底孔	100	95.4	86.0	78.3	47.3	0.011 3	
	4 500	发电洞	96.4	93.5	70.8	55.1	33.1	0.021 5	1.07
		底孔	93.0	91.3	70.1	52.8	31.2	0.023 1	
	6 500	发电洞	93.8	81.4	58.1	39.9	21.9	0.038 9	1.07
		底孔	92.7	72.6	56.1	37.7	20.5	0.041 7	
	8 000	发电洞	100	77.6	49.4	34.5	19.4	0.055 1	1.09
		底孔	100	73.3	44.1	31.3	16.9	0.060 2	

注:底孔是指排沙洞与孔板洞的进口。

同一高程层的各孔口的粒径变化不大。6 条发电洞之间的粒径差别不明显,3 条排沙洞与 3 条孔板泄洪洞之间的粒径级配也比较接近。

由上述含沙量和粒径级配的分布情况可知,在高滩深槽内调水调沙运用中,当坝区输沙平衡时,开启排沙洞或孔板泄洪洞不能显著降低发电洞的含沙量,也不能显著减小过水轮机的泥沙粒径,即使在小流量时,进水塔群前能形成异重流的条件下,情况也是如此,因为坝区处于输沙平衡状态。只有在蓄水位升高后坝区河床处于淤积过程时,发生异重流或即使是明渠流,也会因沿程淤积而使到进水塔群前的水流含沙量减小和泥沙级配变细,开启排沙洞或孔板泄洪洞,能显著降低发电洞引水含沙量和显著减小过水轮机的泥沙粒径。

4. 进水塔群前小漏斗地形

小流量 1 200m^3/s 和大流量 6 500m^3/s 在相同水位 245m 下输沙平衡时,流量愈大,进水塔群前小漏斗河床愈低、范围愈大。

进水塔群前小漏斗的深泓连线接近于沿进水塔群方向导墙的切线,表明导墙的存在对控制进水塔群前形成逆时针向大回流的流态起着很好的作用。它使得进水塔群前小漏斗地形的各级高程线与进水塔群前沿平行,进水塔群前小漏斗河槽形态比较规顺,深泓线贴近进水塔群前沿,有利于进水塔群底孔防止淤堵。

进水塔群前小漏斗河槽的横断面均近似三角形,其顶部宽度为 150 ~ 250m,愈靠近进水塔群右侧(风雨沟口),其顶部宽度愈大,愈靠近进水塔左侧(风雨沟里),其顶部宽度愈小。

进水塔群对面的滩面高程 254m,与蓄水位 254m 齐平。小漏斗河槽的底部宽度一般为 5 ~ 25m,进水塔群右侧的底部较宽,进水塔左侧的底部较窄。沿进水塔群右侧至左侧,小漏斗河槽横向坡度沿程变陡。蓄水位升高,小漏斗河槽的横向坡度变陡;蓄水位降低,小漏斗河槽的横向坡度变缓。在同一蓄水位下,流量增大,小漏斗横向坡度变缓;流量减小,小漏斗横向坡度变陡。按平均统计,在进水塔群右侧平均横向坡度约为 0. 31,在左侧平均横向坡度约为 0. 38,塔群中部横向坡度约为 0. 35。

在水面以上的河槽侧坡较缓,水面以下的河槽侧坡较陡。一般来讲,水面以下河槽侧坡为水面以上河槽侧坡的 1. 5 倍。这个特点是进水塔群前的逆时针向大回流流态造成的。

(四)高滩深槽形成后坝区高含沙量异重流试验

1. 试验目的

水库形成高滩深槽后,进入后期正常运用。主汛期在高滩深槽内调水调沙运用,需要通过专题试验研究在坝区还能否形成高含沙异重流、形成高含沙异重流后还能持续多少时间等问题。

2. 试验条件

在坝区高滩深槽平衡形态形成后的地形基础上,先从死水位 230m 升至调水调沙运用平均水位 245m,再由水位 245m 升至主汛期限制水位 254m 进行试验。

进行 3 组试验。第一组试验,分 4 次将蓄水位从死水位 230m 升高至主汛期限制水位 254m,试验的 4 级蓄水位分别为 236m、242m、250m 和 254m,试验的流量为 4 级定常流量,分别为 500m^3/s、1 000m^3/s、2 500m^3/s 和 4 500m^3/s。第二组试验,从死水位 230m 一次升至 245m,并在水位 245m 下分别进行 2 500m^3/s 和 4 500m^3/s 的定常流量试验。第三组试验,在完成蓄水位 245m 下的淤积平衡试验后,将蓄水位由 245m 一次升至 254m,并在水位 254m 下分别进行 2 500m³/s 和 4 500m³/s 的定常流量试验。

模型试验的进口水沙要素及泥沙级配分别见表 2-4-5、表 2-4-6。各组每级水沙条件的试验均要求达到坝区输沙平衡，在试验过程中观测水流流态、异重流潜入点位置的变化、水位和河底高程的变化、坝区和进水塔群前的流速和含沙量沿垂线分布等。各组试验中各泄水孔洞过流量及含沙量见表 2-4-7、表 2-4-8。

表 2-4-5　高滩深槽异重流试验水沙要素

试验组次	试验历时 (d)	控制参数流量(m^3/s)	含沙量 S (kg/m^3)	中值粒径 d_{50} (mm)	蓄水位 (m)	备注
第一组 D1-1	20	500	98.41	0.016 6	236.0	230m 水位下形成的地形
D1-2	16	1 000	95.44	0.021 1	242.0	
D1-3	14	2 500	189.20	0.018 0	250.0	
D1-4	10	4 500	360.60	0.039 8	254.0	
第二组 D2-1	10	2 500	185.10	0.018 3	245.0	230m 水位下形成的地形
D2-2	7	4 500	405.70	0.023 8	245.0	
第三组 D3-1	10	2 500	175.00	0.039 7	254.0	245m 水位下形成的地形
D3-2	4	4 500	309.30	0.022 8	254.0	

表 2-4-6　高滩深槽异重流试验模型进口悬沙级配

试验组次	蓄水位 (m)	流量 $Q_{总}$ (m^3/s)	含沙量 S (kg/m^3)	小于某粒径(mm)的沙重百分数					中值粒径 d_{50}(mm)
				0.25	0.10	0.05	0.025	0.01	
第一组 D1-1	236.0	500	98.41	100	99.4	77.0	62.5	40.1	0.016 6
D1-2	242.0	1 000	95.44	100	88.1	70.6	55.7	33.8	0.021 1
D1-3	250.0	2 500	189.2	100	92.7	76.6	61.1	37.5	0.018 0
D1-4	254.0	4 500	360.6	100	84.5	57.3	39.5	22.3	0.039 8
第二组 D2-1	245.0	2 500	185.1	100	90.0	73.8	60.4	37.0	0.018 3
D2-2	245.0	4 500	405.7	100	83.4	73.3	51.8	28.5	0.023 8
第三组 D3-1	254.0	2 500	175.0	100	89.9	56.5	40.7	21.7	0.039 7
D3-2	254.0	4 500	309.3	100	91.7	71.1	53.2	31.5	0.022 8

3. 高滩深槽高含沙异重流试验研究成果

1) 水流流态及异重流潜入点位置变化

在蓄水位升高一定幅度后，能够形成异重流。深槽中水位升高，水深和过水面积增大。水流从模型进口沿深槽向下游流动一段距离后即潜入水下，在潜入点位置以下，水面呈静止或微弱流动状态。

在不同的水深、流量和含沙量组合下，异重流潜入点的位置有较大变化。如蓄水位升高后水深和过水面积大、流量小而含沙量高时，异重流潜入点的位置就靠近上游；反之异重流潜入点的位置就靠近下游，或在进水塔群上游附近。

表 2-4-7　　　　高滩深槽异重流试验各孔口出流流量

试验组次	模型进口流量（m^3/s）	发电洞流量 $Q_电$（m^3/s）						排沙洞流量 $Q_{排沙}$（m^3/s）			孔板洞流量 $Q_{孔板}$（m^3/s）		
		1 号	2 号	3 号	4 号	5 号	6 号	1 号	2 号	3 号	1 号	2 号	3 号
第一组 D1-1	500			175.0	175.0				150.0				
D1-2	1 000			175.0	175.0	175.0	175.0		150.0	150.0			
D1-3	2 500		230.0	230.0	230.0	230.0	230.0	450.0	450.0	450.0			
D1-4	4 500		300.0	300.0	300.0	300.0	300.0	550.0	550.0	550.0			1 350
第二组 D2-1	2 500	262.5	297.5	297.5	297.5	297.5	297.5	250.0	250.0	250.0			
D2-2	4 500	297.5	297.5	297.5	297.5	297.5	297.5	586.0	586.0	586.0			957.0
第三组 D3-1	2 500	187.5	312.5	312.5	312.5	312.5	312.5	250.0	250.0	250.0			
D3-2	4 500	312.5	312.5	312.5	312.5	312.5	312.5	614.0	614.0	614.0			783.0

随着蓄水位稳定时间的延长，深槽内的淤积量增大，水深和过水面积减小，流速增大，异重流潜入点也逐渐向下游移动。

各组次的异重流潜入点的位置变化较大，从进水塔群右侧上游 2 000 余米，到进水塔群右侧上游 100 余米变化。在异重流潜入点以上，流速和含沙量沿垂线分布均符合明渠流特征；在异重流潜入点以下，流速和含沙量沿垂线分布具有异重流特征。

表 2-4-9 所示为高滩深槽异重流各组次试验中异重流潜入点的位置。

2）*高含沙异重流流速和含沙量沿垂线分布形态*

从第一组次试验中在坝区漏斗段 CS4 断面和进水塔群前小漏斗内 L2 断面（1 号排沙洞前）测得的流速和含沙量沿垂线分布曲线得知：

随着坝前水位由死水位 230m 分别升高至 236m、242m、250m 和 254m，在 CS4 断面的深槽河底高程分别为 227.6m、232.2m、234.9m 和 238.8m，水深分别为 8.4m、9.8m、15.1m 和 15.2m。CS4 断面和进水塔群前均位于异重流潜入点以下，流速和含沙量沿垂线分布具有异重流特征。第一组试验（见表 2-4-6）的 D1-1 次和 D1-2 次为小流量 $500m^3/s$、$1\ 000m^3/s$ 配置一般高含沙量 $98.41kg/m^3$、$95.44kg/m^3$ 的水沙条件。在进水塔群前高程 190m 和 195m 以下的底部含沙量急剧增大，可以发挥排沙洞排泄异重流底部高含沙量的作用，发电洞进口底坎高程为 190m 和 195m，可以引较小含沙量的水流发电，有利于减少过机沙量和减小过机泥沙粒径。1～4 号发电洞与底孔的含沙量比值为 0.68～0.84，5～6号发电洞与底孔的含沙量比值为 0.92。第一组试验（见表 2-4-6）的 D1-3 次和 D1-4 次为较大流量 $2\ 500m^3/s$、$4\ 500m^3/s$ 分别配置高含沙量 $189.2kg/m^3$、$360.6kg/m^3$ 的水沙条件。在进水塔群前高程 190m 和 195m 以下的底部含沙量显著增大。可见，在较大流量的高含沙量水沙条件下，虽然进水塔群前为异重流，但在发电引水洞进口的水流区域的含沙量也比较大，1～4 号发电洞与底孔的含沙量比值为 0.81～0.89，5～6 号发电洞与底孔的含沙量比值为 0.83～0.94，不过泥沙粒径比较细，粗泥沙主要由底孔通过底部异重流排出。水轮机的泥沙磨损程度要显著减轻。

表 2-4-8　　高滩深槽异重流试验各孔口出流含沙量

试验组次	模型进口含沙量（kg/m³）	发电洞含沙量 $S_{电}$（kg/m³）						排沙洞含沙量 $S_{底}$（kg/m³）			孔板洞含沙量（kg/m³）			$\frac{Q_{电}}{Q_{总}}$	$\frac{Q_{S电}}{Q_{S总}}$	$S_{电}/S_{底}$	
		1 号	2 号	3 号	4 号	5 号	6 号	1 号	2 号	3 号	1 号	2 号	3 号			$\frac{1\sim4号电}{1\sim3号底}$	$\frac{5\sim6号电}{1\sim3号底}$
第一组 D1-1	98.41			38.8	41.5				58.6					0.70	0.61	0.68	
D1-2	95.44			66.1	67.9	73.2	74.6		80.7	79.0				0.70	0.67	0.84	0.92
D1-3	189.2		150.2	150.3	150.9	158.2	159.8	169.4	167.5	171.1				0.46	0.43	0.89	0.94
D1-4	360.6		283.5	281.1	284.4	291.3	293.0	352.1	347.6	353.6			347.6	0.33	0.29	0.81	0.83
第二组 D2-1	185.1	135.8	132.9	134.7	140.8	143.9	145.7	159.6	163.8	158.6				0.70	0.67	0.84	0.90
D2-2	405.7	389.8	391.1	390.8	390.6	401.6	395.8	413.6	407.8	410.2			427.1	0.40	0.38	0.94	0.96
第三组 D3-1	175.0	116.3	110.8	114.8	111.3	127.1	128.2	137.1	141.6	138.9				0.70	0.66	0.81	0.92
D3-2	309.3	221.8	228.8	229.9	231.6	256.7	260.2	259.1	266.1	267.2			269.6	0.42	0.39	0.86	0.97

注：1. Q_S 为输沙率，$Q_S = Q \cdot S$。

2. “1～3 号底”是指 1～3 号排沙洞。

表 2-4-9　坝区高滩深槽异重流试验潜入点位置

异重流潜入点位置	第一组次				第二组次		第三组次	
	D1-1	D1-2	D1-3	D1-4	D2-1	D2-2	D3-1	D3-2
附近断面号	CS10	CS10	CS8	CS5	CS4	CS4	CS3	CS1
距1号孔板洞进口距离(m)	2 250	2 200	1 440	800	650	500	400	140

第三组试验，在 D3-1 组次试验中，异重流潜入点下移至 CS3 断面附近，在 D3-2 组次试验中，异重流潜入点下移至 CS1 断面，已靠近进水塔群进口。第三组试验的流量为 2 500m^3/s和 4 500m^3/s 分别配置高含沙量 175kg/m^3、309.3kg/m^3。在进水塔群前小漏斗的流速和含沙量沿垂线分布仍具有异重流特征。D3-2 因流量和含沙量大，比 D3-1 的较小流量和较小含沙量的含沙量沿垂线分布较为均匀，靠风雨沟口的 1～4 号发电洞与底孔的含沙量比值为 0.86，5～6 号发电洞与底孔的含沙量比值为 0.97。由此看出，位于风雨沟里边的发电洞的引水含沙量要比位于风雨沟口的发电洞的引水含沙量大。

3）坝区及进水塔群前异重流水力要素计算关系

异重流水力要素主要为异重流的流速、谢才系数、厚度和比降。根据模型试验观测到的异重流资料，可以建立异重流水力要素计算关系。

（1）坝区漏斗河槽内异重流最大流速点高程、异重流流速及最大流速计算关系。

用全部水深表示，异重流的最大流速点基本上位于水深的中部。建立异重流最大流速点高程的计算关系如下：

$$Z = 0.489(Z_{水} + Z_{底}) \qquad (2\text{-}4\text{-}1)$$

式中　Z——坝区漏斗河槽内异重流最大流速点的高程，m；

$Z_{水}$——蓄水位高程，m；

$Z_{底}$——槽底平均高程，m。

坝区漏斗河槽内异重流的流速可用如下关系式计算：

$$V_1 = C_1\sqrt{\frac{\gamma' - \gamma}{\gamma} g H_1 i_1} \qquad (2\text{-}4\text{-}2)$$

式中　γ'、γ——浑水容重和清水容重，t/m^3；

g——重力加速度，m/s^2；

C_1——无尺度谢才系数；

H_1——异重流厚度，m；

i_1——异重流比降；

V_1——异重流流速，m/s。

C_1 和 i_1 值在坝区漏斗段变化不大，可近似视为常值。

坝区漏斗河槽内异重流的最大流速有如下关系：

$$V_{max} = 0.375\sqrt{\frac{\gamma' - \gamma}{\gamma} g H} \qquad (2\text{-}4\text{-}3)$$

式中　V_{max}——坝区漏斗河槽内异重流最大流速，m/s；

H——坝区漏斗河槽总水深,m。

(2)进水塔群前小漏斗内异重流最大流速点和最大流速计算关系。

试验资料表明,进水塔群前异重流的最大流速与参数$\sqrt{\frac{\gamma'-\gamma}{\gamma}gH_1\frac{H_1}{H}}$有较好关系:

$$V_{\max}=0.20\sqrt{\frac{\gamma'-\gamma}{\gamma}gH_1\frac{H_1}{H}} \tag{2-4-4}$$

4)高滩深槽坝区高含沙异重流的形成条件及控制

根据异重流潜入点位置的资料,给出了坝区高含沙异重流潜入点附近断面的平均流速与其参数的关系,其关系式为

$$V=0.1\sqrt{\frac{\gamma'-\gamma}{\gamma}gH} \tag{2-4-5}$$

由式(2-4-5)导出坝区高含沙异重流潜入点附近的修正佛氏数Fr'为

$$Fr'=\frac{V}{\sqrt{\frac{\gamma'-\gamma}{\gamma}gH}}=0.1 \tag{2-4-6}$$

式(2-4-6)即为高滩深槽内坝区漏斗高含沙异重流形成条件的指标。

式中为便于使用,利用坝区模型进口含沙量值来计算浑水和清水的容重差值。

当$Fr'\geqslant0.1$时,无高含沙异重流;当$Fr'\approx0.1$时,高含沙异重流下潜;当$Fr'<0.1$时,有高含沙异重流。

在坝区漏斗河槽,其过水断面面积和平均水深沿程递增,而平均流速沿程递减,从而修正佛氏数Fr'值沿程递减。在潜入点上游,$Fr'>0.1$;在潜入点下游,$Fr'<0.1$。

在已知坝区漏斗河槽地形情况下,则可根据需要计算形成异重流的蓄水位。在同一蓄水位下,要随时掌握坝区漏斗河槽槽底高程的地形变化,并考虑其淤积发展情况,计算坝区漏斗河槽内形成异重流的控制条件,即求出一定时段内形成和保持异重流所必须升高的蓄水位和泄流量值。

5)高滩深槽坝区高含沙异重流的输沙特性

高滩深槽坝区高含沙异重流有两种类型,一种类型的高含沙异重流是沿程淤积的,另一种类型的高含沙异重流不发生淤积。从坝区试验观测到,当进入坝区的水流其含沙量为400kg/m^{3}以上时,高含沙异重流基本上不发生淤积,进出含沙量基本相同。对于400kg/m^{3}以下的高含沙异重流,一般都发生沿程淤积,主要是较粗颗粒泥沙的淤积。同时,细颗粒泥沙(特别是小于0.01mm的颗粒)被沿程冲起。总之,400kg/m^{3}以下的高含沙异重流,粗颗粒沿程落淤,细颗粒沿程冲起,高含沙异重流挟沙级配沿程细化,导致出库泥沙级配细化和中值粒径减小,并使通过发电洞和底孔的泥沙级配细化和中值粒径减小(见表2-4-10)。

由表2-4-10可知,坝区高滩深槽高含沙量异重流各组次试验中出库泥沙的中值粒径均比坝区进口泥沙的中值粒径小。出库泥沙中值粒径与坝区进口泥沙中值粒径的比值,与坝区进口含沙量的大小及泥沙的粗细有关:

表 2-4-10　　高滩深槽坝区高含沙异重流试验进出口含沙量及泥沙颗粒级配

试验组次	蓄水位(m)	流量(m^3/s)	含沙量(kg/m^3)		位置	小于某粒径(mm)的沙重百分数					中值粒径(mm)
			进口	出库		0.25	0.10	0.05	0.025	0.01	
D1-1	236.0	500	98.41	45.66	进口	100	99.4	77.0	62.5	40.1	0.016 6
					出库	100	100	100	94.3	65.9	0.007 6
					发电洞平均	100	100	100	97.3	71.1	0.007 0
					底孔平均	100	100	100	91.3	60.6	0.008 3
D1-2	242.0	1 000	95.44	73.26	进口	100	88.1	70.6	55.7	33.8	0.021 1
					出库	100	99.0	94.6	81.6	52.6	0.009 3
					发电洞平均	100	100	94.1	81.9	53.7	0.008 9
					底孔平均	100	98.0	95.1	81.3	51.4	0.009 8
D2-1	245.0	2 500	185.1	145.50	进口	100	90.0	73.8	60.4	37.0	0.018 3
					出库	100	95.9	86.0	68.6	40.1	0.015 2
					发电洞平均	100	97.6	87.8	71.2	40.8	0.014 6
					底孔平均	100	94.2	84.2	66.0	39.4	0.016 0
D2-2	245.0	4 500	405.7	407.20	进口	100	83.4	73.3	51.8	28.5	0.023 8
					出库	100	92.8	73.0	52.4	30.1	0.023 4
					发电洞平均	100	92.8	74.4	53.6	31.4	0.022 6
					底孔平均	100	92.8	71.6	51.3	28.7	0.024 2
D3-1	254.0	2 500	175.0	124.50	进口	100	89.9	56.5	40.7	21.7	0.039 7
					出库	100	97.8	79.8	65.9	40.6	0.015 6
					发电洞平均	100	95.7	83.4	69.5	43.5	0.013 8
					底孔平均	100	100	76.3	62.3	37.8	0.017 5
D3-2	254.0	4 500	309.3	254.30	进口	100	91.7	71.1	53.2	31.5	0.022 8
					出库	100	93.8	77.4	59.5	35.3	0.019 1
					发电洞平均	100	95.6	80.9	62.5	37.6	0.017 5
					底孔平均	100	92.0	74.5	56.5	33.0	0.020 8

$$\frac{d_{出}}{d_{进}}=\left(\frac{d_0}{d_{进}}\cdot\frac{S_{进}}{S_0}\right)^{0.65}\tag{2-4-7}$$

式中引进了两个特征值，即 $d_0=0.025$mm 和 $S_0=450kg/m^3$，以建立无尺度比值，且 S_0 取值 $450kg/m^3$，为坝区临界不淤积含沙量，若 $S_{进}>450kg/m^3$，则 S_0 同 $S_{进}$。$d_{出}$ 为出库泥沙中值粒径(mm)；$d_{进}$ 为坝区进口泥沙中值粒径(mm)；$S_{进}$ 为坝区进口含沙量(kg/m^3)。

在已知坝区进口的含沙量和泥沙中值粒径时，即可利用式(2-4-7)求出出库泥沙的中值粒径。当 $d_{进}=0.025\text{mm}$，$S_{进}=450\text{kg/m}^3$ 时，则$\frac{d_{出}}{d_{进}}=1.0$，即坝区输沙平衡；当 $S_{进}$ 为不淤积含沙量时，则上式关系不成立，坝区进出口泥沙相同。

坝区高含沙异重流试验中出库含沙量与坝区进口含沙量的比值与进口含沙量的关系，可由下式表达：

$$\frac{S_{出}}{S_{进}}=\left(\frac{S_{进}}{S_0}\right)^{0.25} \tag{2-4-8}$$

式中符号意义同前，取 $S_0=450\text{kg/m}^3$ 为不淤积含沙量。由上式可求得含沙量小于 450 kg/m^3的高含沙异重流的出库含沙量。

上述试验资料表明，当含沙量高到一定数值后，异重流不发生淤积。坝区试验表明，450kg/m^3 含沙量为临界不淤积含沙量。

在高蓄水位下，发电洞位置处于水深中下部，在进水塔群前小漏斗形成高含沙异重流的条件下，按平均情况，过排沙洞和孔板泄洪洞等底孔的平均含沙量与过发电洞的平均含沙量的比值变化于 1.10～1.50 之间，此比值随出库含沙量的增大而减小，当出库含沙量为 450kg/m^3 以上时，$\frac{S_{底}}{S_{电}}=1.10$，见图 2-4-2。

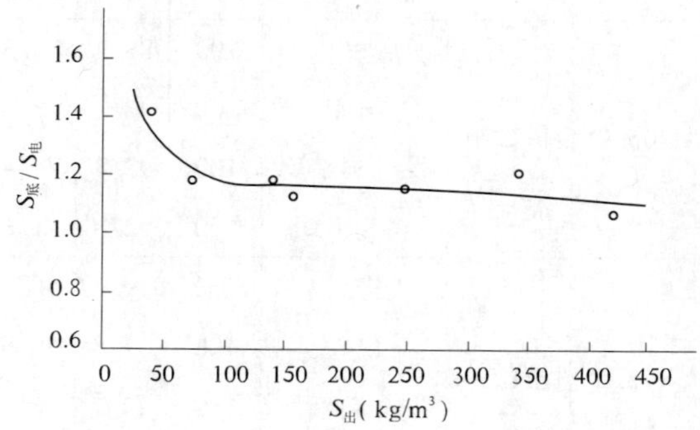

图 2-4-2　异重流排沙时底孔和发电洞悬移质含沙量比值的变化

高含沙异重流过排沙洞和孔板泄洪洞等底孔的泥沙中值粒径与过发电洞的泥沙中值粒径的比值与出库含沙量的关系，也是随出库含沙量的增大而比值减小，如图 2-4-3 所示，此比值变化于 1.07～1.27 之间，在含沙量为 100～400kg/m^3 时，此比值为 1.20～1.10，当出库含沙量为 450kg/m^3 以上时，$\frac{d_{50底}}{d_{50电}}=1.07$。

6）高滩深槽坝区高含沙异重流的河床形态变化

高含沙异重流第二组试验结束后的地形表明，在高含沙异重流作用下，坝区深槽更加规顺，进水塔群右侧向进水更加弯曲，接近 90°。进水塔群前小漏斗的河槽轮廓也更加整齐，小漏斗河槽的横断面仍呈三角形，槽底最深点位于进水塔群前沿。小漏斗河槽的横向坡度更加稳定一些，均在 0.30～0.36 之间变化，平均为 0.33。

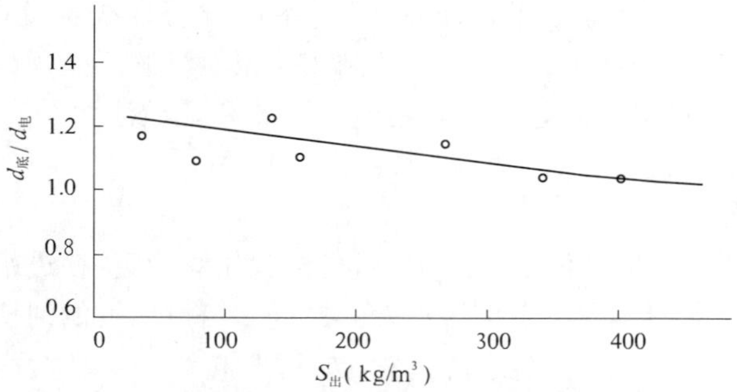

图 2-4-3　底孔和发电洞悬移质中值粒径比值的变化

蓄水位升高并形成异重流后，河槽都发生了淤积抬高。

在高含沙异重流作用下，坝区漏斗河床断面趋向窄深，其宽深比($\sqrt{B}/h$)减小。CS4 和 CS1 断面在无异重流条件下，其$\frac{\sqrt{B}}{h}$值分别为 2.0～2.5 和 1.0～1.5；而在有异重流条件下，其$\frac{\sqrt{B}}{h}$值分别为 1.4～1.8 和 0.6～0.9。异重流的含沙量愈大，$\frac{\sqrt{B}}{h}$值愈小。

从试验的河床纵剖面形态对比看出，有高含沙量异重流与无异重流情况相比，坝区漏斗河床纵剖面有变化，在大漏斗段上段的纵坡变陡，一般增加 70%～100%，在大漏斗段下段的纵坡亦变陡，一般增加 40%～70%；在进水塔群上游的小漏斗段上段的纵坡则与无异重流时基本相同。分析其原因是高含沙量异重流发生沿程淤积，在坝区大漏斗段上、下段，泥沙淤积抬高河床，使纵坡变陡，而至进水塔群上游的小漏斗上段，因泥沙淤积已不明显，故纵坡无变化。

高含沙异重流泥沙沉降和床沙粒径沿程分布情况，据第一组高含沙异重流试验资料，在 CS5 断面以上为高含沙量明渠流段，在明渠流段的泥沙水力分选作用下，粗颗粒泥沙先落淤，使床沙中值粒径沿程变细，从 0.17mm 减小到 0.11mm；在 CS5 断面以下为高含沙量异重流段，床沙粒径又突然变粗。这说明在形成高含沙异重流后，明渠流段来的泥沙中粒径大于 0.1mm 的泥沙又落淤，在异重流潜入点以下的床沙粒径又变粗，其中值粒径在 0.15mm 左右。

(五)高滩深槽内调水调沙运用进水塔群底孔防淤堵试验

此项试验集中在小流量较大含沙量条件下进行，这时排沙洞和孔板泄洪洞仅部分开启或不开启，排沙洞和孔板泄洪洞等底孔有可能发生淤堵情形，研究底孔发生淤堵的规律和底孔防淤堵的措施。试验采用小流量 1 000m^3/s 为汛期常见的代表性小流量，较大含沙量为 60kg/m^3 和 100kg/m^3，以检验在不利水沙条件下可能淤堵底孔的情况。孔板泄洪洞在小流量时亦参与调度运用，以研究防淤堵措施，试验时水库蓄水位分别为 230m 和 245m。试验成果如下。

1. 含沙量和泥沙粒径分布

开启排沙洞时，排沙洞的含沙量均大于发电洞的含沙量，粒径级配明显粗于发电洞的粒径级配；当开启孔板泄洪洞时，孔板泄洪洞的含沙量也均大于发电洞的含沙量，泥沙也明显粗于发电洞的泥沙。在输沙平衡条件下,进水塔群前含沙量沿垂线分布比较均匀。由试验资料可知,在坝区输沙平衡下,开排沙洞或孔板泄洪洞不能明显降低发电洞的含沙量,而只在减少粗泥沙过机方面起一定作用。排沙洞和孔板泄洪洞在含沙量和泥沙级配方面基本上没有差别。

2. 进水塔前河床形态

坝区为单一河槽的弯曲性河道,滩地和河槽位置相对稳定,在进水塔群前形成顺着进水塔群前沿呈逆时针向回流的流态保持不变。沿进水塔群前沿的河槽具有近似三角形的形状,河槽宽度平均约200m。在蓄水位高时,进水塔群前水深增大,为保持流通流量的过水面积,河槽的中下部要淤积变窄;在蓄水位较低时,进水塔群前水深减小,为保持流通流量的过水面积,河槽的中下部要冲刷拓宽。水流由右侧沿进水塔群前沿流向左侧,进水塔群右侧的河槽宽度较宽于左侧的河槽宽度,平面形成喇叭形状。

进水塔群对面滩地的岸坡,呈二级坡度。在中下部边坡较陡,平均坡度为0.38,在中上部边坡较缓,平均坡度为0.22,总坡度平均为0.30。在进水塔群前逆时针向大回流淘刷对岸滩地时,滩岸边坡的下部坡度变陡,有的坡度达到0.45~0.47,个别达到0.49~0.52,需要引起高度重视。

进水塔群前小漏斗河槽底部宽度为5~15m。主汛期运用水位愈高,小漏斗河槽底部淤得愈窄,对岸滩地岸坡下部坡度愈陡。在水库降低水位时,要控制降低水位的幅度及速度,防止进水塔群对面高滩地陡坡滩岸滑动坍塌堵塞底孔。

进水塔群前小漏斗河床纵剖面形态变化情况,在进水塔群右侧向进水条件下,水流顺着进水塔群前沿流动,依不同部位的排沙洞或孔板泄洪洞的不同开启泄流情况,进水塔群前小漏斗河床纵剖面形态各异,或为起伏不平状,或为顺水流向正坡,或为逆水流向倒坡,或为平底等多样的形态。如经常开启右侧的底孔则小漏斗纵坡为逆水流向倒坡;如经常开启左侧的底孔,则小漏斗纵坡为顺水流向正坡;如各底孔都开启,则小漏斗纵坡坡度接近于零;如相间开启底孔,则小漏斗纵剖面为起伏相间的锯齿状形态。底孔关闭时,洞口前淤沙高程就高,如较长时间较高水位关闭,洞口淤得愈高;底孔开启时,洞口发生冲刷,洞口前淤沙高程降低到洞口底坎高程以下。

3. 进水塔群底孔的淤堵问题及防淤堵措施

洞前淤沙高程与底孔关闭时间的长短、蓄水位高低、流量、含沙量大小、淤积量大小等有关系。图2-4-4所示为蓄水位245m和230m下各排沙洞和孔板洞洞口淤沙高程与底孔关闭时间的关系。在底孔同样关闭时间内蓄水位245m比230m的洞口淤沙高程要高;在同样蓄水位下随着底孔关闭时间的延长,其洞前的淤沙高程不断增高。

底孔开启泄流时,泄流量愈大,洞口淤沙高程愈低。在其他条件相同时,底孔开启时间愈长,洞口淤沙高程也愈低。图2-4-5所示为底孔洞前淤沙高程与开启天数的关系。开启的孔洞过流为100m^3/s,图中开启天数为零的洞前淤沙高程采用了相应底孔关闭5天时的数据。图中上、中、下线代表开启前分别关闭5天、10天和15天的情况。在蓄水位245m和230m底孔洞前淤沙高程与开启天数的关系存在相同的规律。只有较长时间的关闭时,洞前淤沙高程才与蓄水位有较密切的关系;而较长时间开启后,洞前淤沙高程与蓄水位的关系不明显。

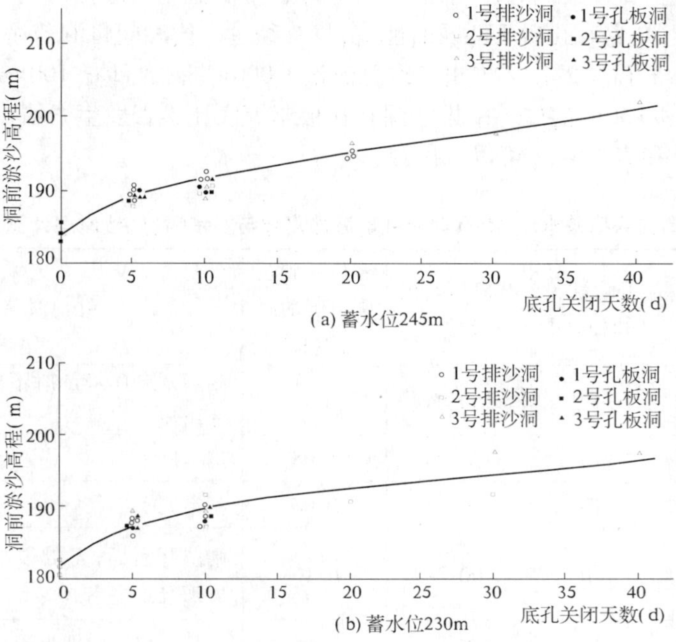

图 2-4-4　排沙洞和孔板泄洪洞口淤沙高程与关闭时间的关系

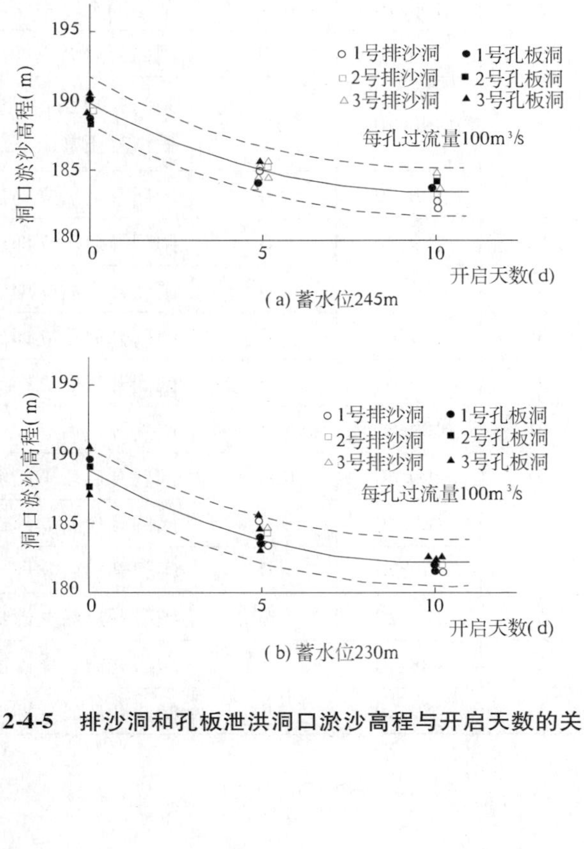

图 2-4-5　排沙洞和孔板泄洪洞口淤沙高程与开启天数的关系

底孔前的淤沙高程较低时,开启底孔后立即正常泄流。当底孔前淤沙高程较高时,就发生了淤堵现象,开启底孔后不能及时泄流,只有经过一段时间将洞前淤沙冲走后才能正常泄流。表2-4-11和表2-4-12列出了在总流量1 000m^3/s、含沙量100kg/m^3条件下蓄水位分别为245m和230m的试验中排沙洞和孔板洞等底孔是否发生淤堵以及淤堵的时间。

由表2-4-11和表2-4-12可以看出:

表2-4-11　高滩深槽蓄水位245m时底孔前淤沙高程与淤堵情况(按原型计算)

组次编号	开启孔口	开启前关闭时间(d)	开启前淤积高程(m)	开启后到正常过流的时间(h)	孔口淤堵情况
11	1号排沙洞	10	190.94	1.0	闸门开启0.48m时不出流,闸门全开后才出流
11	2号排沙洞	10	190.80	1.08	基本同上
11	3号排沙洞	10	190.17	0.08	基本同上
13	1号排沙洞	10	190.38	0.10	闸门开启后,先以很小流量流出泥浆,后恢复正常出流
13	2号排沙洞	10	189.74	0	闸门开启后立即出流
13	3号排沙洞	10	190.53	0.17	闸门开启后,先以很小流量流出泥浆,后恢复正常出流
15	1号排沙洞	5	190.10	0.03	基本同上
15	2号排沙洞	5	189.50	0	闸门开启后立即出流
15	3号排沙洞	5	190.20	0.03	闸门开启后,先以很小流量流出泥浆,后恢复正常出流
17	1号排沙洞	5	188.20	0	闸门开启后立即出流
17	2号排沙洞	5	189.20	0	闸门开启后立即出流
17	3号排沙洞	5	189.40	0	闸门开启后立即出流
21	1号孔板洞	10	189.60	0	闸门开启后立即出流
21	2号孔板洞	10	189.64	0	闸门开启后立即出流
21	3号孔板洞	10	189.82	0	闸门开启后立即出流
23	1号孔板洞	5	190.40	0.067	闸门开启后不出流,渐渐恢复正常
23	2号孔板洞	5	187.50	0	闸门开启后立即出流
23	3号孔板洞	5	189.70	0	闸门开启后立即出流
25	1号孔板洞	5	189.20	0	闸门开启后立即出流
25	2号孔板洞	5	188.70	0	闸门开启后立即出流
25	3号孔板洞	5	189.80	0	闸门开启后立即出流

表 2-4-12　　高滩深槽蓄水位 230m 时底孔前淤沙高程与淤堵情况(按原型计算)

组次编号	开启孔口	开启前关闭时间(d)	开启前淤积高程(m)	开启后到正常过流的时间(h)	孔口淤堵情况
11	1 号排沙洞	10	190.04	0	闸门开启后立即出流
11	2 号排沙洞	10	190.71	0.16	闸门全开后逐渐正常出流
11	3 号排沙洞	10	192.62	5.1	闸门全开后逐渐正常出流
13	1 号排沙洞	10	189.10	0	闸门开启后立即出流
13	2 号排沙洞	10	187.40	0	闸门开启后立即出流
13	3 号排沙洞	10	189.50	0	闸门开启后立即出流
15	1 号排沙洞	5	188.74	0	闸门开启后立即出流
15	2 号排沙洞	5	188.32	0	闸门开启后立即出流
15	3 号排沙洞	5	189.19	0	闸门开启后以很小流量流出泥浆,后恢复正常出流
17	1 号排沙洞	5	186.38	0	闸门开启后立即出流
17	2 号排沙洞	5	187.94	0	闸门开启后立即出流
17	3 号排沙洞	5	189.40	0	闸门开启后立即出流
19	1 号孔板洞	70	191.30	0.42	闸门全开后逐渐正常出流
19	2 号孔板洞	70	197.80	5.5	闸门全开后逐渐正常出流
19	3 号孔板洞	70	199.80	17.0	闸门全开后不出流,17 小时后经人工疏通才正常出流
21	1 号孔板洞	10	191.24	1.83	闸门全开后逐渐正常出流
21	2 号孔板洞	10	187.76	0	闸门开启后立即出流
21	3 号孔板洞	10	190.08	0.083	刚开时流出泥浆,后来恢复正常出流
23	1 号孔板洞	5	187.22	0	闸门开启后立即出流
23	2 号孔板洞	5	187.04	0	闸门开启后立即出流
23	3 号孔板洞	5	190.13	0.167	闸门开启后,先流出泥浆,后恢复正常出流
25	1 号孔板洞	5	188.58	0	闸门开启后立即出流
25	2 号孔板洞	5	188.37	0	闸门开启后立即出流
25	3 号孔板洞	5	187.62	0	闸门开启后立即出流

(1)排沙洞或孔板洞,洞口淤沙高程在 190m 以下时,开启后均能正常泄流。

(2)排沙洞或孔板洞,洞口淤沙高程超过 190m 时,开启后均发生淤堵,要经过一定时间冲刷后,才能正常泄流。

(3)底孔前淤沙高程 190m 为底孔是否发生淤堵的临界淤积高程。

(4)底孔淤堵不严重时,开启一定时间后能自行冲开。

(5)底孔淤堵时,闸门开启到正常出流的时间长短与开启前洞前淤沙高程有关系。图 2-4-6 给出了这种关系。由图可见,淤沙高程低于 190m 时,底孔淤堵时间为零;当底孔前淤沙高程达 195m 时,底孔淤堵时间约为 5h(原型);底孔前淤沙高程更高时,底孔淤堵时间更长;当底孔前淤沙高程接近 200m 时,单靠水流本身力量已难以冲开,需要采取人工措施才能恢复泄流,如表 2-4-12 中蓄水位 230m 的第 19 组次试验,3 号孔板洞开启前关闭 70 天,孔前淤沙高程 199. 80m,开启后不出流,17 小时后经人工疏通才正常出流。

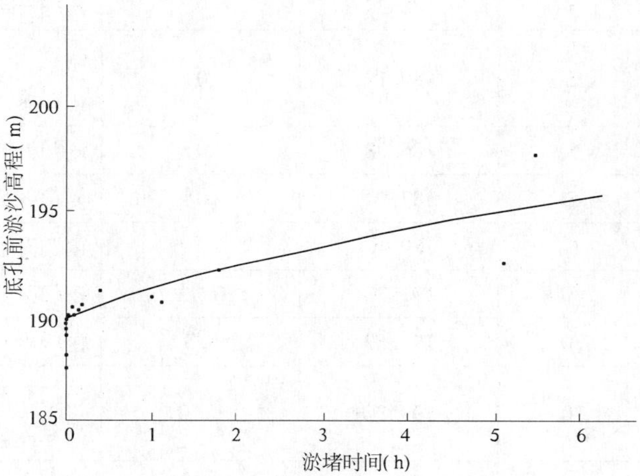

图 2-4-6 底孔前淤沙高程与淤堵时间的关系

进口底坎高程为 175m 的排沙洞和孔板泄洪洞等底孔,为了防止发生淤堵,应使其洞前淤沙高程控制在临界淤积高程 190m 以下。例如,从图 2-4-4 可知,当底孔关闭前的淤沙高程已在 185m 时,则在 245m 水位下关闭 6 天或在 230m 水位下关闭 10 天,洞前淤沙高程就会升至 190m。因此,为控制底孔前淤沙高程不致超过 190m,在水位 245m 和 230m 下每次关闭时间分别不应超过 6 天和 10 天。为了使底孔关闭前的洞前淤沙高程降低到 185m 以下,由图 2-4-7 可知,在 245m 水位下底孔泄流 10 天时,泄流量应不小于 $70m^3/s$;在 230m 水位下底孔泄流 10 天时,泄流量应不小于 $35m^3/s$。如底孔泄流量为 $100m^3/s$,则开启天数在 245m 水位下应不少于 8 天,在 230m 水位下应不少于 4 天。通过上述措施可以保证排沙洞和孔板洞等底孔基本上不发生淤堵现象。

表 2-4-13 列出了蓄水位 245m 和 230m 底孔基本不发生淤堵的防淤堵措施方案。当蓄水位在 245m 至 230m 之间时,可参照表中数值进行内插确定防止淤堵的措施方案。当

蓄水位在 245～254m 时，可以适当参照表中数值进行外延确定。

防淤堵试验资料是在小流量 1 000m³/s 和配置较高含沙量 60kg/m³ 和 100kg/m³ 情况下取得的。这是比较不利的条件，试验成果留有一定的安全余地。

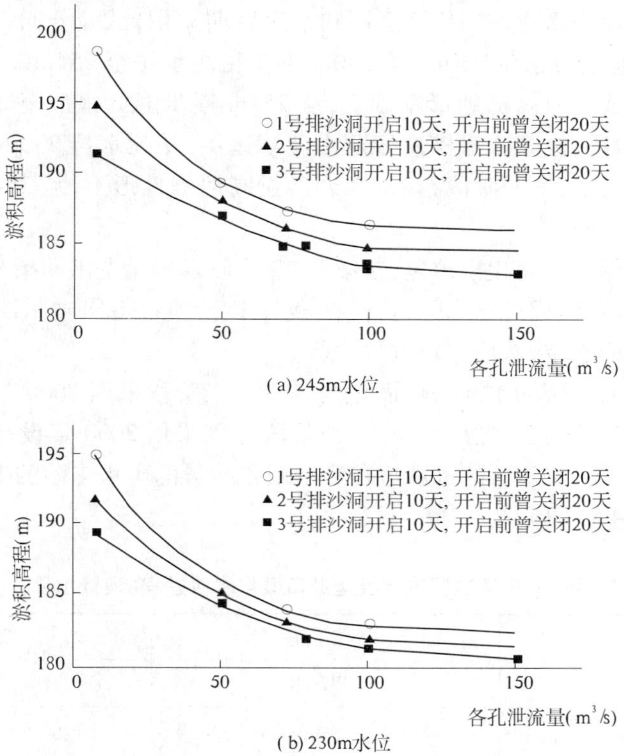

图 2-4-7　排沙洞口淤沙高程与泄流量的关系

表 2-4-13　　高滩深槽调水调沙运用底孔防止淤堵的措施方案

淤堵标准	措施方案编号	允许洞前最大淤积高程(m)	需要采取的措施					
			蓄水位 245m			蓄水位 230m		
			允许关闭的天数(d)	需要开启的天数(d)	要求泄流量(m^3/s)	允许关闭的天数(d)	需要开启的天数(d)	要求泄流量(m^3/s)
基本不发生淤堵	1	190	4	10	70	6	10	35
	2	190	4	8	100	6	4	100

二、黄委会水利科学研究院的模型试验研究

黄委会水利科学研究院进行了如下试验：①空库造床过程试验；②河床冲淤相对平衡后的定常流量常规试验；③进水塔群底孔防淤堵试验；④进水塔群底孔淤堵后冲刷试验；

⑤坝区高含沙水流试验；⑥坝区高滩深槽异重流试验。

（一）空库造床过程试验

在坝区天然河道地形条件下进行空库造床试验。

大体上模拟小浪底水库初期拦沙运用和水库后期运用，试验分四个阶段进行，即：第一阶段，初期运用起始蓄水位230m，从230m逐步抬高水位至254m，以淤积形成高滩高槽；第二阶段，在形成高滩高槽地形基础上，从254m逐步降低水位至230m，冲刷下切形成高滩深槽；第三阶段，在高滩深槽进行调水调沙运用，从死水位230m逐步升高主汛期水位至254m，淤高河槽；第四阶段，在调水调沙淤高河槽地形上，从254m逐步降低水位至230m，冲刷下切河槽。

库水位升高与降低的简化模拟是：在第一、三阶段以每年主汛期抬高水位3m计，于7月初一次性抬高水位，然后稳定水位运行；在第二、四阶段以每年主汛期降低水位6m计，于7月初一次性降低水位，然后稳定水位运行。

各阶段试验进入坝区的水沙条件概化为：第一、三阶段采用2000年设计水平的平水平沙的1956年7～9月的水沙过程，第二、四阶段分别采用2000年设计水平的高含沙量的平水丰沙的1977年7～9月的水沙过程和一般含沙量的丰水丰沙的1964年7～9月的水沙过程。如表2-4-14所示。

表2-4-14　坝区空库造床过程试验模型进口概化水沙过程（设计水平）

第一、三阶段			第二阶段			第四阶段		
1956年			1977年			1964年		
时段（月-日）	流量 Q（m^3/s）	含沙量 S（kg/m^3）	时段（月-日）	流量 Q（m^3/s）	含沙量 S（kg/m^3）	时段（月-日）	流量 Q（m^3/s）	含沙量 S（kg/m^3）
07-01～07-22	2 160	48	07-01～07-07	1 520	55	07-01～07-07	3 060	145
07-23～07-26	3 530	185	07-08～07-19	3 000	132	07-08～07-21	2 160	150
07-27～08-03	800	41	07-20～08-03	1 240	55	07-22～07-31	3 180	109
08-04～08-14	2 280	97	08-04～08-09	4 130	306	08-01～08-09	3 840	79
08-15～09-05	2 330	47	08-10～08-24	1 970	91	08-10～08-14	5 690	124
09-06～09-30	800	19	08-25～09-30	1 280	49	08-15～09-05	3 360	96
						09-06～09-17	4 040	63
						09-18～09-30	3 430	33

进水塔群孔洞泄流方式：先开启发电洞和排沙洞，按发电洞分流70%、排沙洞分流30%控制，如上游来水超过发电洞和排沙洞的泄量，开启孔板洞和明流洞泄流，开启顺序均依次是3、2、1号孔洞（即3、2、1号孔板洞和3、2、1号明流洞）。

按照模型试验蓄水位升降的概化模拟，第一、三阶段各历时8年主汛期，第二、四阶段各历时5年主汛期，四个阶段共历时26年主汛期。

试验成果分析如下：

(1)逐步抬高水位淤积造床过程中坝区及进水塔群前水流流态变化。

在空库状态下，一次性将蓄水位升至起调水位230m，从230m逐步升高主汛期水位至254m，在淤积造床过程中，坝区处于壅水淤积状态。由于采用平水平沙年水沙条件，来沙量较少，坝区淤积较缓慢。先是普遍漫流淤积，汊流众多，主流线不断迁徙，泥沙淤积向前推进，坝区中上段逐渐淤出散乱沙滩，中下段仍为相对平静的水面，在主流线两侧，出现大的回流。直至第8年主汛期，蓄水位升至254m，坝区仍未形成稳定的河槽和滩地，仍在淤积造床过程中。

进水塔群前由于水面宽阔，未形成河槽和滩地，主流线多变。大致有两种情形，一种是进水塔群右侧向进水，主流由大坝右前方弯转流入进水塔群；另一种是进水塔群正向进水，主流从大坝上游顺直流入进水塔群。前者在进水塔群前形成一个逆时针向大回流，后者在进水塔群前为顺直水流。由于壅水淤积，水面宽阔，主流线迁徙变化范围大，在淤积造床过程中，出现进水塔群右侧向进水与正向进水不稳定情形，在蓄水位245m以下，进水塔群以右侧向进水为主；在蓄水位245m以上，进水塔群从右侧向进水趋近于正向进水。

(2)逐步抬高水位淤积造床过程中进水塔群孔洞分流分沙变化。

在空库状态下逐步抬高水位淤积造床过程中，因坝区和进水塔群前水流主要为异重流，含沙量沿垂线分布"上稀下浓"的特点很明显，所以发电洞引水含沙量小，而排沙洞或孔板洞引水含沙量较大。在坝区和进水塔群前淤积床面低而壅水水深大时，发电洞和排沙洞的引水含沙量均很小。

第一阶段试验进行至第8年主汛期，虽然蓄水位已升至254m，但坝区淤积远未达到形成高滩高槽的淤积状态，故发电洞和排沙洞的含沙量均很小。

(3)逐步降低水位冲刷造床过程中坝区及进水塔群前水流流态。

在第一阶段试验进行至第8年主汛期，蓄水位升高至254m后，坝区仍处在淤积造床状态。在坝区中上段出现散乱滩地和多股汊道水流，坝区中下段仍为宽阔的漫流水面，淤积面在水面以下。在此情况下，进行第二阶段逐步降低主汛期水位冲刷造床试验。开始时为蓄水位254m下的淤积造床的散乱水流，随着水位逐步降低，河床逐步下切，水流逐步集中于多股深槽内；当水位降低至一定高程后，坝区开始出现单一窄深河槽和滩地。主流河槽向弯曲发展，河槽两侧的滩地随着河床的冲刷下切逐步侧蚀坍塌后退，从而河槽底部横向拓宽，河槽顶部横向塌宽，增大深槽面积，进水塔群对岸的滩地也形成，进水塔群前形成冲刷漏斗。

水位降至230m后，河槽弯曲进一步发展，坝区中上段河槽向左岸弯曲，在左岸突出山头挑溜作用下，中下段河槽向右岸弯曲，进水塔群保持稳定的右侧向进水，进水塔群前保持单一逆时针向大回流。

在降低水位情况下，坝区为沿程冲刷状态，进水塔群前含沙量大于坝区进口含沙量，进水塔群前河槽下切变得窄深，流速增大。进水塔群前为浑水明流，紊动增强，含沙量沿横向分布和沿垂向分布均趋于相对均匀，进水塔群中发电洞与排沙洞和孔板洞的含沙量趋于接近。

（二）河床冲淤相对平衡后定常流量试验

选择第一阶段试验中当蓄水位升至245m和254m时，第二阶段试验中当蓄水位降至245m和230m时，保持该水位的稳定，分别按8 000m^3/s、6 500m^3/s、4 500m^3/s、2 500m^3/s和1 200m^3/s五级流量，分别配置190kg/m^3、170kg/m^3、140kg/m^3、70kg/m^3和60kg/m^3含沙量，从大到小分别进行各级定常流量含沙量试验。在每级流量含沙量达到输沙平衡后，进行各项目的观测，取得在蓄水位升高淤积造床过程中和蓄水位下降冲刷造床过程中在某级运用水位稳定下输沙平衡状态时的有关资料。

1. 坝区河势及进水塔群前水流流态

在蓄水位245m稳定下出现输沙平衡状态时，各级流量含沙量水流都会在坝区出现单一河槽和淤出水面的滩地，并在坝区中上段河槽弯曲向左岸，在左岸山头挑溜作用下，在坝区中下段河槽弯曲向右岸。进水塔群为右侧向进水，对岸也淤出滩地，在进水塔群前形成一个逆时针方向大回流，小漏斗河槽紧靠进水塔群前沿。在水位245m逐步升高至254m过程中，由于水位升高，坝区水面扩宽，左岸山地后退，山头挑溜作用不明显，因而坝区中上段的水流流向基本上对着进水塔群，河槽位置逐渐左移，进水塔群对岸淤出的滩地被冲开成主流河槽，进水塔群形成正向进水。

在蓄水位由254m逐步下降冲刷造床阶段，随着水位逐步降低，水流在深槽中流动，主流线逐渐向右移动。随着河槽右移，右岸高滩地坍塌后退，左岸高滩地下面又淤出多级台阶低滩。左岸坡缓，右岸坡陡。在水位245m稳定下输沙平衡时，主流线位置随流量大小有一定的变化，但进水塔群为右侧向进水，进水塔群前仍维持单一逆时针向大回流相对稳定。在水位230m下输沙平衡时，主流线弯曲进一步发展，进水塔群仍为右侧向进水，进水塔群前仍维持单一逆时针向大回流相对稳定。

2. 进水塔群前小漏斗河床地形

进水塔群前小漏斗河床地形基本上有三种类型：一是进水塔群正向进水的小漏斗地形；另一是右侧向进水的小漏斗地形；还有一种是由正向进水向右侧向进水过渡的小漏斗地形。在形成高滩深槽后水库主汛期调水调沙运用，库水位在230～254m间升降变化，坝区中上段主流河槽向左岸弯曲，中下段主流河槽向右岸弯曲，进水塔群右侧向进水的弯曲河槽已形成，约束水流在河槽内流动。蓄水位再次升高至245～254m时，主流河槽仍不能向左岸移动。虽然水流会冲刷河槽左边的滩岸，有一定的坍塌，但不能冲开左岸滩地变成河槽迁徙，再现进水塔群正向进水的情形。

进水塔群前小漏斗河床平面形态呈喇叭形状，靠风雨沟口宽，里边窄。河槽上口宽度，靠风雨沟口宽180～240m，里边宽80～140m；河槽底部宽度，靠风雨沟口宽20～40m，里边宽5～10m。河槽边坡，靠沟口为0.3～0.5，靠里边为0.5～0.7。横断面形状，沟口为梯形，里边为三角形，大流量时为单式河槽，小流量时在大水形成的河槽内淤高淤窄，进口变为复式河槽，里边变为狭窄三角形河槽。河床纵向地形，大水时底孔全开，河床底部地形基本平坦；较小流量时部分开启底孔，河床底部地形起伏不平，或为顺水流向正坡（里边底孔开启），或为逆水流向倒坡（沟口底孔开启），或呈锯齿状（底孔相隔开启），多种多样，依底孔调度运行情况不同而异。

3. 进水塔群前含沙量沿垂线分布形态

在输沙平衡时，进水塔群前含沙量沿垂线分布有以下特点：

(1)一般情况下，水面下 10m 水深内含沙量有明显梯度；10m 水深以下含沙量分布梯度不明显；排沙洞附近含沙量急剧增大。排沙洞、孔板洞等底孔都关闭时，发电洞附近含沙量梯度大。

(2)2 500m^3/s 以上大流量时含沙量分布较均匀，而 2 500m^3/s 以下小流量时含沙量分布较不均匀。

(3)高、低蓄水位下含沙量沿垂线分布形态相近似，都在 180m 高程以下河底含沙量急剧增大。

(4)坝区河槽弯曲，进水塔群右侧向进水，进水塔群前形成逆时针向回流。靠近风雨沟口的含沙量较大，靠近风雨沟里的含沙量较小。

(三)进水塔群底孔防淤堵试验

在高滩深槽形成后进行底孔防淤堵试验。选择正常死水位 230m，小流量 1 000m^3/s 配置含沙量 60kg/m^3，发电洞分流 70%、排沙洞分流 30% 进行试验。用 3 条排沙洞和 2、4、6 号发电洞按不同方案分流，其余孔口关闭。试验组次方案如表 2-4-15 所示。

表 2-4-15　　高滩深槽底孔防淤堵试验组次水沙条件和孔洞分流方案

组次	方案	试验历时(h)	坝前水位(m)	坝区进口流量(m^3/s)	坝区进口含沙量(kg/m^3)	发电洞流量(m^3/s)				排沙洞流量(m^3/s)				出库流量(m^3/s)	发电洞分流比(%)
						2 号	4 号	6 号	合计	1 号	2 号	3 号	合计		
Ⅰ	1	175	230.02	1 020	58.2	226	226	226	678	99	106	101	306	980	69.2
	2	195	230.02	1 020	68.2	229	229	230	688		149	161	310	1 000	68.8
	3	175	230.03	1 010	55.6	236	236	235	707		302		302	1 010	70.0
Ⅱ	1	175	230.02	1 020	62.8	263	263	264	790	70	70	61	201	990	79.8
	2	145	230.04	1 020	56.3	272	272	271	815		100	100	200	1 020	79.9
	3	160	230.01	1 010	57.8	263	263	264	790		203		203	990	79.8
Ⅲ	1	170	230.01	1 020	61.4	289	289	289	867	52	52	53	157	1 020	85.0

各组次试验中的坝区流路基本相同，进水塔群右侧向进水，在进水塔群前形成一个逆时针向大回流。每组试验前，恢复进水塔群前小漏斗地形，河底高程恢复至 175m，与底孔进口高程齐平。按表 2-4-15 中组次方案进行试验，分别观测进水塔群各底孔前淤积地形。

由试验成果得出以下认识：

(1)在总流量约 1 000m^3/s、发电洞总分流约 700m^3/s、排沙洞总分流约 300m^3/s 条件下，3 条排沙洞各泄流约 100m^3/s，可使关闭的 3 条孔板洞前淤积高程控制在 190m 以下，无淤堵问题，孔板洞开启后能及时泄流。若排沙洞总分流约 200m^3/s，2、3 号排沙洞各泄流约 100m^3/s，或排沙洞总分流约 150m^3/s、3 条排沙洞各泄流约 50m^3/s，则关闭的 1 号孔板洞前淤积高程接近 200m，有淤堵现象，而关闭的 2、3 号孔板洞前淤积高程仍在 190m 以下，无淤堵问题。

(2)同上述排沙洞总分流约 300m^3/s,仅开启 2 号和 3 号排沙洞,各泄流约 150m^3/s,则 1 号孔板洞前淤积高程达 215m,1 号排沙洞前淤积高程 200m,淤堵较严重,而 2、3 号孔板洞前淤积高程低于 190m,无淤堵问题;若仅开启 2 号排沙洞,泄流 300m^3/s,则 1 号孔板洞前淤积高程达 215m,3 号孔板洞和 1、3 号排沙洞前淤积高程均接近于 200m,淤堵更严重,仅 2 号孔板洞前淤积高程仍低于 190m,无淤堵问题。

可见,即使排沙洞总分流量较少,只要 3 条排沙洞较均匀分流,虽然各洞泄流量小,但防止关闭的孔板洞发生淤堵的效果较好。反之,虽排沙洞总分流量较大,若只开启一条排沙洞泄流,则仅能使邻近的孔板洞前淤积高程低于 190m,而其他孔洞前淤积高程达 200 ~ 215m,淤堵严重。

(3)任一底孔关闭后,在模型历时 3 ~ 5 小时(原型 120 ~ 190 小时)内孔洞前淤积高程上升快,以后淤积高程逐渐达到基本稳定状态,淤积达到基本稳定的时间长短与相邻底孔开启情况也有关系。

(4)底孔防淤堵措施主要有两条。一条是在水库泄水 800 ~ 1 000m^3/s 情况下,排沙洞分流 30%,即排沙洞总泄流 240 ~ 300m^3/s,而且 3 条排沙洞均匀泄流,每条排沙洞泄流 80 ~ 100m^3/s,可以使 3 条关闭的孔板洞洞前淤积高程在 190m 附近及以下。试验表明,开启后能及时泄流或不久即泄流,淤堵现象不明显。另一条是在水库泄水 800 ~ 1 000m^3/s情况下,若要减小排沙洞的总分流量,可以小到总分流 150m^3/s,3 条排沙洞均匀泄流,每条排沙洞泄流 50m^3/s,可以使关闭的 2、3 号孔板洞的洞前淤积高程在 190m 附近或以下,仅关闭的 1 号孔板洞的洞前淤积高程约达 200m,有淤堵现象,但可在 1 号孔板洞前淤积高程达到 190m 以上时即行短时间开启泄流,降低洞前淤积高程。为此,要进行孔洞前淤积高程的监测,掌握短时间提闸泄流时机,防止发生淤堵。

(四)进水塔群底孔淤堵后冲刷试验

底孔淤堵后再开启能否及早冲开泄流,需要历时多长才能冲开泄流,这些问题是水库调度运用中需要回答的。为此,需进行底孔淤堵后的冲刷试验。冲刷试验的水沙条件与淤堵试验基本相同,冲刷试验的水沙条件和孔洞运用方案见表 2-4-16。

底孔淤堵后冲刷试验控制条件为:每组次试验先恢复进水塔群前小漏斗河槽地形作为起始地形,河底地形平坦,底部高程 175m,与底孔进口高程齐平,河槽宽度在 230m 水位处为 150 ~ 90m(风雨沟口至风雨沟里边),左侧滩岸坡度为 0. 35 ~ 0. 63(风雨沟口至风雨沟里边),滩面高程 254m。然后,将全部底孔(排沙洞和孔板洞)关闭,进行一定时间内的底孔前淤积升高试验,达到发生淤堵的高程(190m 以上)。然后,开启一个排沙洞(先开 3 号,以后开 2、1 号)进行冲刷试验,达到冲开泄流正常条件。完成一组次第一方案试验后,照此进行第二方案和第三方案试验。

试验分两组,第一组试验为每次关闭全部底孔淤积 232 小时,第二组试验为每次关闭全部底孔淤积 360 小时。每组次方案均进行先淤堵后冲刷试验。

由试验成果得到以下认识:

(1)关闭全部底孔 232 小时(原型,下同),在流量 1 000m^3/s、含沙量 50 ~ 60kg/m^3 且在蓄水位 230m 运用下,1 号排沙洞及 2 号和 3 号孔板洞前淤积高程接近 200m,其余孔洞前淤积高程在 190 ~ 200m。关闭全部底孔 360 小时,在同样水沙条件和蓄水位运用下,1

号排沙洞前淤积高程 215m，1 号和 2 号孔板洞前淤积高程接近 210m，其余孔洞前淤积高程在 190 ~ 200m。由此可见，全部底孔关闭时间愈长，靠近风雨沟口的 1 号孔板洞、1 号排沙洞、2 号孔板洞进水口前淤积较快，靠沟里的其余底孔前淤积较慢或不增加淤积。

表 2-4-16　　高滩深槽进水塔群底孔淤堵后冲刷试验水沙条件及孔洞运用方案

组次	方案	试验历时（原型小时 h）	坝区进口流量（m^3/s）	坝区进口含沙量（kg/m^3）	坝前水位（m）	发电洞引水流量（m^3/s）					排沙洞分流量（m^3/s）				出库流量（m^3/s）
						3 号	4 号	5 号	6 号	合计	1 号	2 号	3 号	合计	
Ⅰ	关闭全部底孔	232	1 020	54. 7	229. 99	258	258	258	236	1 010					1 010
Ⅰ-1	开 3 号排沙洞	60	1 020	53. 1	230. 05	181	181	181	182	725			300	300	1 025
Ⅰ-2	开 2 号排沙洞	30	1 020	56. 3	230. 00	142	142	142	144	570		460		460	1 030
Ⅰ-3	开 1 号排沙洞	160	1 010	53. 8	230. 10	134	134	134	133	535	470			470	1 005
Ⅱ	关闭全部底孔	360	1 000	50. 1	230. 05	246	246	246	246	984					984
Ⅱ-1	开 3 号排沙洞	60	1 020	72. 8	229. 95	148	148	148	146	590			350	350	940
Ⅱ-2	开 2 号排沙洞	60	1 020	60. 0	230. 0	143	143	142	142	570		430		430	1 000
Ⅱ-3	开 1 号排沙洞	40	1 060	55. 0	230. 0	139	139	139	138	555	495			495	1 050

（2）底孔全部关闭时，在流量 1 000m^3/s、含沙量 50 ~ 60kg/m^3 且在蓄水位 230m 运用下，底孔前淤积比较快，平均每小时淤积升高 0. 11m。

（3）底孔前淤积面愈高，则底孔开启后冲刷淤积物恢复泄流的历时也愈长。例如，当底孔前淤积面高程为 195 ~ 215m 时，则底孔开启后冲刷淤积物恢复正常泄流需要历时 200 ~ 400 分钟，即平均每分钟降低淤积面 0. 10m。由此可见，为避免此种情形发生，底孔前淤积面高程应控制在 195m 以下，一般应控制在 190m 以下。

（五）坝区高含沙水流试验

试验的水沙条件如表 2-4-17 所示。进行了三次试验：①在逐步抬高水位淤积造床阶段，水位升高至 245m 时进行；②蓄水位升至 254m 淤积后，第一期由水位 254m 降至 245m 时进行；③第二期由水位 245m 降至 230m 时进行。

试验成果分析如下：

（1）与一般含沙水流相比，高含沙水流的坝区主流线趋向左移，流路比较顺直，直对进水塔群右侧导墙而来，由导墙导流入进水塔群前，在进水塔群前形成单一逆时针向大回流，流态稳定。

（2）与一般含沙水流相比，高含沙水流的坝区河槽更加窄深，单宽流量增大，流速增大。

表 2-4-17　　高含沙水流试验条件

坝区进口水沙条件		孔洞运用情况		
流量(m^3/s)	含沙量(kg/m^3)	发电洞	排沙洞	孔板洞
2 500	200	2～6号	1～3号	
4 500	350	2～6号	1～3号	3号,2号
6 500	170	2～6号	1～3号	3号,2号,1号

(3)高含沙水流含沙量沿垂线分布形态与一般含沙水流相近似,在水面下10m水深内有较大梯度,在近河底185m高程以下含沙量急剧增大,在距水面10m以下至距河底10m以上的区域内含沙量分布较均匀。

(4)坝区漏斗河床纵剖面形态及进水塔群前小漏斗河床纵剖面形态相近似。但高含沙水流坝区漏斗河槽更窄深和顺直,漏斗河底高程更低些,漏斗纵坡更陡些。

高含沙水流使进水塔群前小漏斗河槽上口宽度更窄、河底更低,然而底部变宽、侧坡变陡、纵坡变缓。

(六)坝区高滩深槽异重流试验

为探明在坝区高滩深槽内调水调沙运用形成异重流的条件,分别在正常死水位230m和调水调沙运用平均水位245m进行试验。如果在水位230m和245m运用时坝区不形成异重流,则抬高蓄水位,使坝区形成异重流。试验组次及水沙条件如表2-4-18所示。

表 2-4-18　　坝区高滩深槽异重流试验组次及水沙条件

试验组次	坝区进口流量(m^3/s)	坝区进口含沙量(kg/m^3)	起始蓄水位(m)	形成异重流时蓄水位(m)
1	2 500	100	245	253.3
2	2 500	50	230	245
3	2 500	130	230	245
4	4 500	200	245	254
5	4 500	200	230	245
6	4 500	100	230	252

试验成果分析如下:

(1)异重流形成条件及潜入点位置。

在水位230m或245m运用时的输沙平衡条件下,未出现坝区异重流现象。在未形成坝区异重流的水位基础上缓慢地抬高水位,但由于坝区河床淤积抬高的速度等于或大于水库蓄水位抬高的速度,亦未形成坝区异重流。此时将水库蓄水位抬高速度加快,使坝区河床淤积抬高速度小于水库蓄水位抬高的速度,则可形成坝区异重流。

表2-4-19为坝区形成异重流时的有关特征值的统计表。异重流潜入点的佛氏数Fr'为0.27～0.64,潜入点位置变动范围较大,潜入点位置最远的在坝区上段CS11断面,靠近坝区进口;最近的在坝区下段CS4断面下游100m,靠近进水塔群。

表2-4-19　　高滩深槽坝区异重流潜入点佛氏数Fr'值

试验组次	试验日期(年-月-日)	坝区进口流量(m^3/s)	坝区进口含沙量(kg/m^3)	坝前水位(m)	异重流潜入点位置	距坝(m)	潜入点流速V(m/s)	潜入点水深h(m)	$Fr'=\frac{V}{\sqrt{\frac{\Delta\gamma}{\gamma}gh}}$
1	1992-04-27	2 500	100	253.3	CS4	500	0.88	14.3	0.33
					CS4下100m	400	0.76	16.5	0.27
					CS4	500	1.22	10.3	0.54*
					CS4下100m	400	1.10	11.4	0.46*
2	1992-05-05	2 500	50	245	CS8	1 300	0.73	19.1	0.33
3	1992-05-09上午	2 500	130	245	CS11	2 500	1.14	17.6	0.34
					CS9-10	1 900	1.27	14.6	0.41
					CS4	500	0.88	10.2	0.34
4	1992-05-09下午	4 500	200	254	CS5	700	1.89	10.8	0.59*
					CS4	500	1.89	9.2	0.64*
5	1992-05-12	4 500	200	245	CS8	1 300	1.60	17.5	0.39
					CS4	500	1.38	14.9	0.37
6	1992-05-14	4 500	100	252	CS8	1 300	1.45	18.2	0.48
					CS4	500	0.86	20.5	0.27

注:*为异重流接近消失时数据。

(2)坝区异重流潜入点位置变化。

在坝区形成异重流后,其他条件不变(库水位和坝区进口流量、含沙量、泥沙级配不变),随着坝区河床淤积的发展,异重流潜入点位置逐渐向下游移动,直至消失;若要避免异重流消失,则要再将水位抬高,使异重流潜入点又向上游移动,保持异重流持续运动。

高滩深槽坝区异重流试验表明,在坝区段一定壅水及一定流量和含沙量条件下,具有形成异重流潜入条件。随着坝区泥沙淤积的发展,在潜入点下移过程中,维持在一定时间内的一定距离的异重流运动。当潜入点下移至距坝400m时,在近坝小漏斗区和进水塔群前小漏斗区域还为异重流运动,可以发挥底孔小流量排泄异重流高浓度及粗泥沙的作用,而发电洞引较低含沙量和较细泥沙的水流发电,有利于底孔防淤堵和电站防沙。小流量要比较大流量在一定的坝区壅水条件下更容易形成异重流和维持更长时间的异重流运动。

(3)异重流流态下进水塔群前含沙量垂向分布呈"椅子形"。表层水流含沙量很小,几乎为清水,近底层水流含沙量大。

(4)在坝区形成异重流时,坝区异重流排沙比可以达到较大值。表2-4-20为坝区异重流试验的排沙比。可以看出,坝区异重流排沙比为0.61~0.86。大流量排沙比大,且在同水位和同流量下,大含沙量排沙比大。

表2-4-20中还列出了异重流流态下各泄水孔洞的分流分沙量情况。可以看出,在异重流流态下,中层发电洞引水流量虽大而含沙量较小,下层底孔引水流量虽小而含沙量大;大流量大含沙量时发电洞引水流量和含沙量均增大,相应排沙洞和孔板洞引水流量和含沙量亦增大。

从试验资料还可得到这样的认识:虽然在异重流流态下,进水塔群前含沙量的垂向分布形态为表层含沙量很小,底层含沙量大,但在水深的中下部含沙量亦较大。尤其是在大流量大含沙量时,在异重流历时较长、潜入点移近坝前时,水深的中下部含沙量也增大。在此情况下,由于发电洞进口位于进水塔群前水深的中下部,故使机组发电引水含沙量仍较大。所以应注意,在大流量大含沙量异重流时段,发电引水含沙量不会有很显著的减小。一般情况,$\frac{S_{电}}{S_{出}}=0.80$,$\frac{S_{排}}{S_{出}}=1.20$。

三、中国水利水电科学研究院的模型试验研究

模型试验按下列阶段依次进行:

(1)逐步抬高水位淤积造床试验。先进行空库淤积造床试验。起始蓄水位230m,在坝区空库淤积造床,然后库水位由230m逐步升高至245m淤积造床,直至形成淤积接近平衡的河槽,滩地淤至245m水面。在水位245m淤积平衡后,稳定水位245m进行五级定常流量含沙量试验及高含沙水流试验。

(2)逐步抬高水位淤积造床试验。进行由库水位245m逐步升高至主汛期限制水位254m淤积造床试验,直至形成淤积平衡的河槽,滩地淤至254m水面。在水位254m淤积平衡后,稳定水位254m进行五级定常流量含沙量试验及高含沙水流试验。

(3)逐步降低水位冲刷造床试验。由库水位254m逐步降低至245m冲刷下切河床,在水位245m形成冲刷相对平衡的河槽。在水位245m冲刷平衡河槽形成后,稳定水位245m进行五级定常流量含沙量试验及高含沙水流试验。

(4)逐步降低水位冲刷造床试验。进行由库水位245m逐步降至正常死水位230m冲刷造床试验,直至形成冲刷平衡的河槽。在水位230m冲刷平衡河槽形成后,稳定水位230m进行五级定常流量含沙量试验及高含沙水流试验。

(5)高滩深槽调水调沙运用定常流量含沙量试验。按两种库水位进行:水位245m下冲淤平衡定常流量含沙量试验;水位230m下冲淤平衡定常流量含沙量试验。

(6)可能极端情况的底孔防淤堵试验及淤堵后冲刷试验。此项试验包括保证进水塔群底孔不淤堵的最小流量试验和进水塔群底孔淤堵后的冲刷试验。

试验成果分析如下。

(一)淤积造床过程试验的坝区水流流态

由起始蓄水位230m逐步抬高水位淤积造床,坝区出现异重流。随着淤积的发展,异重流潜入点向下游推进。最后坝区异重流消失,出现浑水明流流态。随着淤积的发展,坝

表 2-4-20　高滩深槽坝区异重流试验排沙比和引水泄水洞分流分沙情况

试验日期（年-月-日）	库水位(m)	坝区进口水沙			发电洞引水引沙			排沙洞分流分沙			孔板洞分流分沙			出库			坝区	$\frac{S_{电}}{S_{出}}$	$\frac{S_{排}}{S_{出}}$
		流量 (m^3/s)	含沙量 (kg/m^3)	输沙率 (t/s)	流量 (m^3/s)	含沙量 (kg/m^3)	输沙率 (t/s)	流量 (m^3/s)	含沙量 (kg/m^3)	输沙率 (t/s)	流量 (m^3/s)	含沙量 (kg/m^3)	输沙率 (t/s)	流量 (m^3/s)	含沙量 (kg/m^3)	输沙率 (t/s)	排沙比 $\frac{Q_{S出}}{Q_{S入}}$		
1992-04-27	253.3	2 460	87.2	214.5	1 480	44.6	66.0	1 000	67.8	67.8				2 480	54.0	133.8	0.62	0.82	1.26
1992-05-05	245	2 320	45.8	106.3	1 360	20.7	8.2	1 010	36.2	36.6				2 370	27.3	64.8	0.61	0.76	1.33
1992-05-09 上午	245	2 500	141.9	354.8	1 370	84.2	115.4	1 260	123.2	155.2				2 630	102.9	270.6	0.76	0.82	1.20
1992-05-09 下午	254	4 570	171.5	783.8	1 940	144.1	279.6	1 340	163.5	219.1	1 110	154.9	171.9	4 390	152.8	670.6	0.86	0.95	1.07
1992-05-12	245	4 280	213.0	911.6	1 610	146.6	236.0	1 770	183.2	324.3	970	181.5	176.1	4 350	169.3	736.4	0.81	0.86	1.08
1992-05-14	252	4 510	76.6	345.5	1 600	48.9	78.2	1 440	68.1	98.1	1 420	68.3	97.0	4 460	61.3	273.3	0.79	0.79	1.11

区河床开始出现散乱心滩，水流分汊，主流线游荡摆动。最后，坝区淤积形成单一规顺河槽，滩地淤至水面，河槽两岸出现滩地。随着淤积的发展，风雨沟口沙嘴突向河身延伸，挤迫水流移向右岸，弯顶下挫。水流在进水塔群右侧弯转入风雨沟，进水塔群为右侧向进水。由于坝前弯曲水流的着流部位不同，或经过进水塔群右侧圆弧形裹头导墙平顺流入风雨沟，在进水塔群前沿形成一个逆时针向大回流，此为有利流态；或顶冲导墙以右的坝面，挑出水流入风雨沟，形成两个方向相反的回流：其一在进水塔群前沿形成一顺时针向回流，另一在进水塔群对面形成一逆时针向回流，淘刷进水塔群对面的滩地，此为不利流态，需要改进导墙的布置型式。

（二）水位245m淤积平衡定常流量含沙量试验

选择五级定常流量含沙量，由大到小依次进行试验。即：$Q=8\ 000m^3/s$、$S=190kg/m^3$；$Q=6\ 500m^3/s$、$S=170kg/m^3$；$Q=4\ 500m^3/s$、$S=140kg/m^3$；$Q=2\ 500m^3/s$、$S=70kg/m^3$；$Q=1\ 200m^3/s$、$S=60kg/m^3$。试验流量从大到小依次进行。

在水位245m淤积平衡后，坝区形成了单一规顺河槽，河槽弯曲。在坝区中上段弯曲河槽弯向左岸，在左岸山嘴挑流作用下，在坝区中下段弯曲河槽弯向右岸。风雨沟口沙嘴突向河身伸展，挤压水流愈向右移，逐步下挫紧靠坝面，构成水流对坝体的冲刷威胁。

在坝面坐弯的水流以锐弯弯转进入风雨沟，在风雨沟内形成一个较大范围的逆时针向回流，而紧靠进水塔群前沿则形成一个较小范围的顺时针向回流。五级定常流量含沙量试验都有此流态。

水流在坝面坐弯淘刷，威胁坝体的安全；水流在进水塔群前沿形成顺时针向回流，也促进进水塔群前沿泥沙淤积。因此，应当避免这种不利流态。

表2-4-21列出逐步抬高水位淤积造床阶段进水塔群前淤积高程，稳定水位245m和254m运用。定常流量淤积平衡试验测得的进水塔群前小漏斗地形，有以下特点：

（1）流量$8\ 000m^3/s$时，全部开启排沙洞和孔板泄洪洞，进水塔群底孔前淤积高程为175～176m。

（2）流量$4\ 500\sim6\ 500m^3/s$时，全部开启排沙洞和部分开启孔板泄洪洞，排沙洞前淤积高程为175～176m，开启的孔板泄洪洞前淤积高程为176～177m，未开启的孔板泄洪洞前淤积高程为198～222m。

（3）流量$1\ 200\sim2\ 500m^3/s$时，全部关闭孔板泄洪洞而仅开启排沙洞，排沙洞的运用只能维持排沙洞前一低洼小漏斗，洞前淤积高程为175～176m，而未开启的孔板泄洪洞前淤积高程为196～230m。

（4）进水塔群前小漏斗底部高程受孔板泄洪洞的影响较大，当孔板泄洪洞运用时，除孔板泄洪洞前的淤积高程在175m左右外，还可使孔板泄洪洞右侧的地形降低，但对其左侧的地形影响不大。

（5）大水流量时进水塔群右侧弯道河底高程低，小水流量时进水塔群右侧弯道河底高程高。

（6）开启进水塔群左边的底孔而不开启进水塔群右边的底孔时，则在进水塔群前形成顺水流方向的正向纵坡小漏斗；否则，形成逆水流方向的纵坡小漏斗。

表 2-4-21　　水位 245m 和 254m 定常流量和高含沙量试验进水塔群前淤积高程

试验组次	试验类别	坝前水位(m)	坝区进口水沙		进水塔群泄流量(m^3/s)				进水塔群各洞口前淤积高程(m)				
			流量(m^3/s)	含沙量(kg/m^3)	发电洞	排沙洞	孔板洞	明流洞	孔板洞 1 号	孔板洞 2 号	孔板洞 3 号	排沙洞	发电洞
Ⅰ-1	定常流量试验	245	8 000	190	5×312	3×223	3×1 455	2×703	176	175.4	176	175～176	176.1～185.1
Ⅰ-2			6 500	168.7	5×312	3×223	2×1 455	2×680	213.6	176.4	176.9	175～176	176.4～195.5
Ⅰ-3			4 500	142.5	5×312	3×223	1 455	816	222.3	206.5	175.8	175～176	179.5～201.4
Ⅰ-4			2 500	67.2	5×312	3×313			211.9	198.3	196.1	175～176	178.5～200
Ⅰ-5			1 200	56.5	3×312	2×312			229.6	208.8	210.1	175～176	189.3～209.7
Ⅰ-6	高含沙量试验	245	2 500	202.1	5×312	3×313			221.1	192.6	206.3	175～176	176～189.9
Ⅰ-7			4 500	294.6	5×312	3×223	1 455	816	205	185.4	174.4	175～176	176.8～182.5
Ⅱ-1	定常流量试验	254	8 000	189.4	5×312	3×223	3×1 515	1 226	175	175	175.4	175～176	175～183.2
Ⅱ-2			6 500	166.7	5×312	3×223	2×1 555	1 241			175.7	175～176	176.7～188.7
Ⅱ-3			4 500	143.8	5×312	3×223	1 515	756	223.4	208.6	175.7	175～176	177.4～185.9
Ⅱ-4			2 500	62.7	5×312	3×313			218.9	196.4	192.5	175～176	177～187.7
Ⅱ-5			1 200	54.2	3×312	2×132			220.5	202	200.2	175～176	187～211

注:1 号发电洞一直未运用;各洞开启顺序先里后外(即塔群左侧的先开);洞前淤积高程的施测位置距洞口 2～3m。

(7)平水和小水流量时,只开启排沙洞时,可控制发电洞前淤积高程在 200m 以下,个别的长久不开启的发电洞(如 1 号发电引水洞),其洞前淤积高程在 210～224m。

(8)平水和小水流量时,只开启排沙洞时,轮流开启发电洞,使发电洞前淤积高程控制在其进口底坎高程以下。

(9)平水及小水流量时,应轮流开启排沙洞和孔板泄洪洞,控制进水塔群底孔和发电洞前淤积高程不高于 200m,避免严重淤堵情形发生。

(10)排沙洞应进行不同开度的调节泄流,在平水及小水流量时小开度运行,可以做到多开底孔和轮流开启,有效防止淤堵。

关于进水塔群前小漏斗河槽,在 245m 水位下小漏斗河槽宽度 100～120m。河槽边坡随着流量的增大与减小,边坡值有一定的增大与减小。进水塔群右侧边坡较缓,一般平均 0.3～0.4;中部边坡较陡,一般平均 0.35～0.45;左侧边坡最陡,一般平均 0.40～0.60。

进水塔群孔洞前流速和含沙量垂向分布：

(1)水流不仅有立轴环流，也有平轴环流，复杂的水流结构随着流量的变化和坝前边界条件的变化而不同。

(2)流速垂向分布形态受进水塔群孔洞的运用方式影响较大，当孔板泄洪洞开启时，流速垂向分布的最大流速点位置接近于河底，还使其上游附近的流速垂向分布的最大流速点位置下降。

(3)在流量8 000m³/s时，底孔全开启运用，洞前流速明显增大。在流量4 500m³/s时，在开启的孔板泄洪洞前顺流向流速为1.9m/s。在流量2 500m³/s和1 200m³/s时，洞前流速小，流速垂向分布比较均匀。

(4)沿进水塔群右侧至左侧，含沙量沿程有所降低。进水塔群右侧排沙洞含沙量与左侧排沙洞的含沙量的比值为1.03～1.06，进水塔右侧与左侧的发电引水洞含沙量的比值还大一些。

(5)各洞的含沙量以排沙洞、孔板泄洪洞为最大，发电洞次之。

(6)流量小时，含沙量沿垂线分布较不均匀。发电洞含沙量与排沙洞含沙量之差值随流量减小而呈增大的趋势。流量大时，含沙量沿垂线分布较均匀。

(7)洞前含沙量沿垂线分布呈上小下大的形态，底部含沙量与表层含沙量之差在排沙洞前要比孔板泄洪洞前的大，这表明孔板泄洪洞进流大，含沙量垂向分布受水流扰动影响较大，而排沙洞进流小，含沙量垂向分布受水流扰动影响较小。如水位245m淤积平衡时流量4 500m³/s的各孔洞前含沙量垂向分布的形态，在水面以下10m水深内和在底孔进口河底以上10m水深内含沙量梯度大，表层含沙量小，底层含沙量大，中层含沙量较均匀分布。

(三)水位245m淤积平衡时高含沙量水流试验

试验流量分别为2 500m³/s和4 500m³/s，含沙量分别为200kg/m³和300kg/m³。

水位在245m下坝区淤积相对平衡时，未发现有异重流现象。在此基础上坝前水位抬高5m时，亦未形成异重流。这说明，在此水沙条件下，要形成坝区异重流，还需进一步抬高蓄水位增大水深，满足形成异重流潜入的条件。

高含沙量水流与一般含沙量水流相比，由于含沙量增大，使风雨沟口凸岸沙嘴加强了淤积延伸的发展，迫使坝前河槽弯道着溜点进一步右移。在进水塔群前有两个方向相反的回流，一是紧贴进水塔群前沿为一顺时针向小回流，另一是进水塔群前沿形成一逆时针向大回流。由此可见需要改进进水塔群右侧的导流墙形态，使各来流经导流墙送到进水塔群前沿，形成一个逆时针向大回流。

同流量下的高含沙量水流，孔洞前河底高程普遍较低一些。

进水塔群前小漏斗河槽宽度和边坡坡度，与一般含沙量水流试验相近。

高含沙水流条件下，流速和含沙量的垂向分布形态与一般含沙量水流基本相同。含沙量沿垂线分布，在表层水深10m范围内，梯度大，在近河底10m范围内含沙量明显增大，而在距水面10m以下至距河底10m以上的区域内，含沙量分布相对较均匀。

(四)水位254m下淤积平衡定常流量含沙量试验

试验是从水位245m逐步抬升到254m进行的。水位抬升速度是每年主汛期升高

3m，在汛初一次性升高。

每年汛初水位抬高3m后，先是坝区水面宽阔，随着泥沙淤积后出现散乱沙滩，水流分汊。在水位逐步抬升过程中滩、槽同时淤积抬升，在254m水位下淤积平衡后，坝区形成单一规顺的河槽，滩地淤至水面。

在水位抬高至254m以后，坝区流路和河槽弯曲仍保持在水位245m时的情形。没有出现坝区水流顺直流入进水塔群的正向进水流路。风雨沟口凸岸沙嘴更向前伸，迫使河槽更向右弯曲，弯顶紧靠坝面。在水位254m下，导流墙漫水，水流漫过导流墙以后，在风雨沟内形成三个回流，在进水塔群前形成一个顺时针向回流，在靠近风雨沟的滩沿形成二个逆时针向回流。这种不利的坝区流路和进水塔群前的流态，一方面水流淘刷坝面，威胁坝体安全，另一方面促进进水塔群前泥沙的淤积，增加底孔淤堵的机遇。

254m水位下进水塔群前小漏斗河槽的边坡与245m水位时基本相同，小漏斗河槽的宽度比245m水位时增大。

由于进水塔群右侧的导流墙的挑流情况不同，与水位245m时试验相比，泄水建筑物前的水流结构也有差异，特别是在大流量时这种差异更为明显。各洞前含沙量垂向分布形态，与水位245m时相比，基本相同。

（五）逐步降低水位冲刷造床试验

逐步降低水位冲刷造床试验，包括：①由水位254m逐步降至245m冲刷造床，然后稳定245m进行淤积平衡下定常流量试验和高含沙水流试验；②由水位245m逐步降至230m冲刷造床，然后稳定230m水位进行淤积平衡下定常流量试验和高含沙水流试验。

1. 逐步降低水位至245m冲刷造床试验

冲刷造床试验起始水位254m，每年主汛期水位下降6m，直至水位245m。水位下降过程中，在坝区发生自下而上的溯源冲刷，以河槽下切为主，并伴随着滩岸滑坡坍塌，发展到一定程度后，坝区普遍发生冲刷塌滩。在水位降至245m时，稳定245m水位运行，形成了相对稳定的单一规顺河槽。坝区没有发生大的流路变化，水流仍由坝前右方弯转进入风雨沟。进水塔群对岸的滩地也发生一定程度的滑坡坍塌。

2. 水位245m运用下冲刷平衡定常流量含沙量试验

在逐渐降低水位冲刷下切河床过程中，在坝区上段，由于河槽展宽，还出现了心滩和分汊水流。由于大水流量冲刷造床，流速大，主流线趋向左岸，左岸山嘴的挑流作用增强，又挑出水流向右弯转，使坝区下段主流线更向右移动，风雨沟口沙嘴又向前延伸，挤压水流在坝前坐弯，弯道顶点向右移动，弯道水流经过导流墙送到进水塔群前，在进水塔群前沿形成单一的逆时针向大回流。随后的小水流量基本保持大水流量的流路，维持进水塔群前的单一的逆时针向回流流态。

进水塔群前小漏斗地形与水库逐步抬高水位至245m水位时淤积造床的小漏斗地形相似。但有两点差别：一是坝前的弯道形态比较平顺，底部高程较高；二是在进水塔群前形成单一逆时针向回流，在进水塔群前保持一个较低的淤积面高程。

表2-4-22所示为降低水位冲刷造床各洞前的淤积高程，与相同水位下的淤积造床相比，各洞前淤积高程较低一些。这是坝前弯道水流较平顺，在进水塔群前形成一个逆时针向回流产生的作用。同样，各洞前淤积高程只与各洞运用所产生的局部水流运动有关。

在开启的底孔，其洞前淤积高程与洞口底坎高程基本上相近；在开启的底孔，可以控制其右侧未开启的洞口前淤积高程有一定的降低，但对其左侧未开启的洞口前淤积高程影响不大。

表 2-4-22　逐步降低水位冲刷造床稳定水位 245m 和 230m 运用定常流量和高含沙量试验进水塔群前淤积高程

试验组次	试验类别	坝前水位(m)	坝区进口水沙		进水塔群泄流量(m^3/s)				进水塔群各洞口前淤积高程(m)				
			流量(m^3/s)	含沙量(kg/m^3)	发电引水洞	排沙洞	孔板泄洪洞	明流洞	孔板泄洪洞 1号	孔板泄洪洞 2号	孔板泄洪洞 3号	排沙洞	发电引水洞
Ⅲ-1	定常流量	245	8 000	196.1	5×312	3×223	3×1 455	2×703	181.7	181.9	182.0	175～176	182.2～207.9
Ⅲ-2	定常流量	245	6 500	178.5	5×312	3×223	2×1 455	2×680	223.7	192.9	174.7	175～176	176～187.8
Ⅲ-3	定常流量	245	4 500	134.7	5×312	3×223	1 455	816	199.4	181.7	175.6	175～176	175.5～187.3
Ⅲ-4	定常流量	245	2 500	62.5	5×312	3×313			202.4	201.5	199.8	175～176	176.8～195.2
Ⅲ-5	定常流量	245	1 200	61.5	3×312	2×132			232.6	209.8	207.6	175～176	183.3～228.9
Ⅲ-6	高含沙量	245	2 500	224.2	5×312	3×313			224.8	203.7	204.3	175～176	176.9～190.2
Ⅲ-7	高含沙量	245	4 500	298.9	5×312	3×223	1 455	816	215.4	202.4	176.8	175～176	179.8～185.5
Ⅳ-1	定常流量	230	8 000	217.3	5×312	3×223	3×1 340	656、870、225	175.3	175.5	175.9	175～176	176.8～193.2
Ⅳ-2	定常流量	230	6 500	180.6	5×312	3×223	2×1 340	2×680	175.7	175.7	176.0	175～176	176.5～192.4
Ⅳ-3	定常流量	230	4 500	159.7	5×312	3×223	1 340	706、225	206.2	196.0	176.0	175～176	172.3～187.2
Ⅳ-4	定常流量	230	2 500	80.4	5×312	3×313			204.1	192.9	201.5	175～176	177.5～197.1
Ⅳ-5	定常流量	230	1 200	64.7	3×312	2×132			212.9	207.5	201.2	175～176	183.0～213.9
Ⅳ-6	高含沙量	230	2 500	197.5	5×312	3×313			185.5	201.0	205.9	175～176	180.2～200.5
Ⅳ-7	高含沙量	230	4 500	320.7	5×312	3×223	1 340		215.3	199.9	175.9	175～176	179.2～201.6

关于进水塔群前小漏斗河槽的宽度和边坡，在库水位降低过程中，伴随着进水塔群对岸的滩地发生滑坡坍塌，从而使河槽上口扩宽，河槽边坡变缓。一般讲，相应于水位 245m 的高程处，河槽水面宽度为 110～150m，在 254m 高程处的宽度更大一些。靠近进水塔群

右侧进口的水面较宽，靠近进水塔群左侧的水面较窄。河槽边坡，大流量时边坡较陡，小流量时边坡较缓，靠近进水塔群右侧的边坡较缓，一般为0.36～0.43，靠近进水塔群左侧的边坡较陡，一般为0.43～0.50。

进水塔群前流态为单一逆时针向回流，有利于减少进水塔群前的泥沙淤积。在垂向分布上，由于下部孔口泄水的影响，下部流速比上部大。

含沙量垂向分布形态，与抬高水位淤积造床阶段在245m水位平衡时的孔口前含沙量垂向分布形态相似。在近水面的表层水深区域和近河底的底层水深区域含沙量分布梯度大，在上层与底层之间含沙量分布相对比较均匀。

各洞的含沙量以排沙洞含沙量为最大，发电洞次之，明流洞最小。自进水塔群右侧向左侧，各孔洞出口含沙量有沿程的减小趋势。

3. 水位245m运用下冲刷平衡高含沙量试验

在高含沙量水流试验时，其水位流态与定常流量含沙量试验的一般含沙量水流相似。在进水塔群前仍保持单一逆时针向大回流，河槽水面宽度比一般含沙量要小一些。

在高含沙量水流试验时，进水塔群前小漏斗河床地形与定常流量一般含沙量水流相似，只是在各洞前淤积面高程要比一般含沙量水流高一些。

与一般含沙量水流相比，河槽宽度缩窄20～40m，河槽边坡陡一些。

高含沙量水流流速垂向分布形态与一般含沙量水流基本相同，水流结构无大的变化。但高含沙量水流的含沙量垂向分布比一般含沙量水流的含沙量垂向分布要均匀。在较小流量如2 500m^3/s高含沙量试验时，洞前含沙量垂向分布为在水流表层和底层的梯度大。

4. 逐步降低水位至230m冲刷造床试验

库水位从245m逐步降低至230m进行冲刷造床试验，仍以一个主汛期水位下降6m的速度进行。在230m水位下坝区河床达到基本平衡后，先进行定常流量含沙量水流试验，然后进行高含沙量水流试验。

(1)降低水位冲刷造床试验。在继续降低水位冲刷造床过程中，河床继续下切，并伴有滩地的滑塌和主流线移动的侧蚀展宽河床。在坝区上段主流弯曲趋向左岸，在左岸坐弯后受山嘴挑流作用转向右岸弯曲，在坝前坐弯后弯转水流入风雨沟，在进水塔群前形成一逆时针向回流流态。河势流路的基本格局没有大的变化，但有较明显的调整。

(2)定常流量试验。在230m水位下稳定后，先依次泄8 000m^3/s、6 500m^3/s和4 500m^3/s流量，河床冲刷下切和侧蚀塌滩展宽，水流较顺直，在坝区上段出现河心沙滩，水流分汊但主流左移；左岸山嘴着溜点下移，挑出水流向右弯曲上提，从而坝前弯道上提，主流左移，风雨沟口凸岸沙嘴被切割，然后主流沿圆弧形裹头导流墙送入进水塔群前沿，形成单一逆时针向大回流。随后泄2 500m^3/s和1 200m^3/s小水流量，坝区上段左岸山嘴的顶冲点继续下移，坝前弯道水流上提，水流较平顺地经导墙到达进水塔群前沿，保持单一逆时针向大回流。

由于水流平顺，进水塔群前小漏斗河床平面形态较平整规顺。在各级流量下进水塔群各洞前淤积高程多数比245m水位时低，这与水位低、发生河床下切有关。孔板泄洪洞运用时，因其进流量大，不仅使其洞前淤积高程低，而且能使其右侧洞前淤积地形较低；排沙洞运用时，其洞口前有局部小漏斗存在。

流速和含沙量垂向分布,进水塔群前水流结构比较简单,流速沿垂线分布基本呈单一方向,因底孔泄流,底部流速较高。因此,在 230m 水位下,各洞前能够保持较低淤积高程。进水塔群前含沙量垂向分布,上部水深 10m 和底部水深 10m 含沙量梯度大,在表层水深 10m 以下和底层水深 10m 以上的含沙量分布较均匀。

小漏斗河槽侧坡,6 500 ~ 8 000m^3/s 流量时侧坡平均值为 0. 56,2 500 ~ 4 500m^3/s 流量时侧坡平均值为 0. 42,1 200m^3/s 流量时侧坡平均值为 0. 33。

(3)高含沙量水流试验。在 230m 水位平衡状态下高含沙量水流试验未发生异重流现象。

与一般含沙量水流相比,高含沙量水流时同流量下孔洞前淤积高程较高。与 245m 水位时相比,同样的流量,230m 水位下的洞前淤积高程较低。

与一般含沙量水流相比,高含沙量水流的含沙量沿垂线分布形态没有大的差别,同样是表层水深 10m 范围内和底层水深 10m 范围内的梯度大,而在表层水深 10m 以下和底层水深 10m 以上的区域内含沙量分布较均匀。

(六)高滩深槽调水调沙运用试验

试验包括:①库水位由 230m 逐步升高至 254m,再由 254m 逐步降低至 230m 的冲淤试验;②库水位升高至 245m 淤积平衡后的定常流量试验;③库水位降低至 230m 冲刷平衡后的定常流量试验。试验结果分析如下。

1. 库水位升降变化的冲淤试验

高滩深槽内调水调沙运用,河床升降与库水位升降同步进行,冲淤变化快、变化幅度大,但横向变形相对小,变形慢。高滩深槽的边界约束了河槽横向变形。

2. 定常流量含沙量试验

坝区流路变化和进水塔群前水流流态变化有两个主要特点:

(1)坝区流路变化仍有大水趋直小水趋弯的基本特性,但由于受到高滩深槽边界的约束,坝区中下段水流弯曲左移,风雨沟口边滩受到切割。来到坝前的水流或比较顺直地流向导流墙,经导流墙平顺地弯转进入进水塔群前沿;或直接在导流墙的前方平缓地弯转进入进水塔群前沿,都在进水塔群前形成单一逆时针向大回流。

(2)来到坝前的水流没有下挫到坝面坐弯淘刷,也没有形成进水塔群正向进水的流势。

进水塔群前小漏斗平面形态比较顺直。调水调沙运用中各孔洞前淤积高程变化,如表2-4-23所示。可以看出以下特点:

①与淤积造床和冲刷造床阶段的各孔洞前淤积高程相比,在同样水位下的相同流量和相同孔洞泄流条件下,高滩深槽调水调沙运用中的各孔洞前淤积高程普遍较低。

②在底孔开启时,底孔前淤积高程与进口底坎高程相近。当底孔关闭后,在同流量下,同样的关闭条件下,靠近进水塔群右侧的洞前淤积高程要比靠近进水塔群左侧的洞前淤积高程高。这是由于靠近进水塔群右侧的孔洞临近大河,含沙量较高,故泥沙淤积面较高。

③底孔关闭后,同样水位下,洞前的淤积高程与坝前流量大小有关系,流量大时洞前淤积高程较低,流量小时,洞前淤积高程较高。

④排沙洞的开启运用,对其邻近的发电洞前淤积高程有一定的控制作用。但是在库水位高时,其控制作用减弱。

表 2-4-23　　高滩深槽调水调沙运用进水塔群孔洞前淤积高程变化

试验组次	试验类别	坝前水位(m)	坝区进口水沙		进水塔群泄出流量(m^3/s)				进水塔群各孔洞前淤积高程(m)									
			流量(m^3/s)	含沙量(kg/m^3)	发电洞	排沙洞	孔板泄洪洞	明流洞	孔板泄洪洞1号	孔板泄洪洞2号	孔板泄洪洞3号	排沙洞1号、2号、3号	发电洞1号	发电洞2号	发电洞3号	发电洞4号	发电洞5号	发电洞6号
Ⅴ-1	定常流量	245	8 000	192.0	5×312	3×223	3×1 455	2×703	176.1	176.0	176.2	175～176	176.0	176.0	177.6	181.6	177.8	177.3
Ⅴ-2			6 500	167.7	5×312	3×223	2×1 455	2×680	201.4	177.4	177.0	175～176	194.2	176.0	176.3	176.0	179.7	189.9
Ⅴ-3			4 500	132.0	5×312	3×223	1 455	816	211.8	194.6	176.3	175～176	203.3	176.2	178.8	186.5	177.1	196.4
Ⅴ-4			2 500	77.4	5×132	3×313			208.3	200.5	194.0	175～176	199.6	176.1	176.4	180.8	177.4	176.1
Ⅴ-5			1 200	50.3	3×312	2×132			224.4	205.5	207.1	175～176	220.7	217.7	181.0	191.7	183.5	190.3
Ⅵ-1	定常流量	230	8 000	200.4	5×312	3×223	3×1 340	2×875	176.0	176.2	176.3	175～176	176.1	176.2	176.6	176.2	176.1	176.8
Ⅵ-2			6 500	173.5	5×312	3×223	3×1 340	251	175.9	175.9	176.2	175～176	175.9	175.9	176.1	177.6	176.5	177.1
Ⅵ-3			4 500	162.5	5×312	3×223	1 340	2×465	186.6	177.1	176.4	175～176	179.6	176.4	176.6	177.1	177.2	183.9
Ⅵ-4			2 500	73.3	5×313	3×313			179.5	190.5	196.7	175～176	175.9	175.9	176.7	176.3	177.4	177.7
Ⅵ-5			1 200	54.9	3×312	2×132			196.7	196.7	192.5	175～176	201.0	199.6	183.0	178.5	180.9	182.3

⑤在流量 2 500m^3/s 及以上，排沙洞的运用或加入孔板泄洪洞的运用，无论水位 230m 或 245m，均可使 2 ~ 6 号发电洞的洞前淤积高程控制在 176 ~ 178m，个别情形下靠进水塔群左侧的 6 号发电洞前淤积高程在 185 ~ 195m 附近。所以，排沙洞的运用，对于控制发电洞前淤积高程有重要作用。

⑥对于未开启的 1 号明流洞，在水位 245m 下，流量 4 500m^3/s 以下，其洞前淤积高程在 210m 以上；在水位 230m 下，其洞前淤积高程在 200m 以下。

关于进水塔群前小漏斗河槽的侧坡，按平均计，在水位 245m 下，流量 1 200 ~ 2 500 m^3/s 时，侧坡值为 0.36 ~ 0.40；流量 4 500 ~ 6 500m^3/s 时，侧坡值为 0.4 ~ 0.47；流量 8 000m^3/s 时，侧坡值为 0.53。侧坡值随流量增大而增大。在水位 230m 下，侧坡值减小，流量 1 200 ~ 2 500m^3/s 时，侧坡值为 0.34；流量 4 500 ~ 6 500m^3/s 时，侧坡值为 0.40；流量 6 500 ~ 8 000m^3/s，侧坡值为 0.51 ~ 0.53。

流速和含沙量的沿垂线分布形态，与其他各组试验基本相似。只是流速沿垂线分布简单、均匀些，表层流速较有增大；含沙量沿垂线分布同其他组次试验没有大的差别。从各泄水洞的出口含沙量看，仍遵循排沙洞、孔板泄洪洞含沙量大，发电洞次之的规律。

（七）可能极端情况下的底孔淤堵及淤堵后冲刷试验

1. 保证进水塔群底孔不淤堵的最小流量的试验

试验流量为 1 000m^3/s，含沙量为 60kg/m^3，库水位为 230m。

试验按排沙洞与发电洞的不同分流进行组合。第一种组合是排沙洞分流 30%，发电洞引水 70%；第二种组合是排沙洞分流 20%，发电洞引水 80%；第三种组合是排沙洞分流 15%，发电洞引水 85%。

排沙洞运用方案分为：3 条排沙洞全用；只用 2、3 号排沙洞；只用 3 号排沙洞。

发电洞运用方案为 2、4、6 号发电洞运用。

每组次试验之前，首先将进水塔群前淤积物清除，然后放水试验，待达到冲淤平衡后测量各洞前的淤积高程。

试验成果如下：

（1）排沙洞运用可以降低发电洞前淤积高程，多开排沙洞过小流量比少开排沙洞过大流量好。开 1 条排沙洞过大流量只形成一个局部高程降低的小漏斗，范围小；开 3 条排沙洞过小流量可形成多个小漏斗，控制范围大。例如，当开 1、2、3 号排沙洞运行时，每条排沙洞过流 100m^3/s，在排沙洞上方的 2、3 号及 5 号发电洞前的淤积面高程在 182 ~ 183m；当开 2、3 号 2 条排沙洞运行时，通过 2、3 号排沙洞的流量为 150m^3/s，则 3、5 号发电洞前淤积高程降低为 180 ~ 182m，而 2 号发电洞前淤积高程升高至 190m；当只开 3 号排沙洞运行时，通过 3 号排沙洞的流量为 300m^3/s，则 3 号发电洞前淤积高程降低至 178m，而 5 号发电洞前淤积高程升高至 200m。可见，仅开 3 号排沙洞，即使 1 条排沙洞过流 300m^3/s，其洞前小漏斗仅控制 4 号发电洞前淤积高程为 190m，不如开 1、2、3 号排沙洞，即使每条排沙洞过流 100m^3/s，其 3 个排沙洞前的小漏斗分布范围广，可以控制 1、2、3、4、5、6 号等 6 条发电洞前淤积高程为 182 ~ 195m，其中 2、3、5 号 3 条发电洞前淤积高程为 182 ~ 183m，1、4、6 号发电洞前淤积高程分别为 195m、190m、185m。所以，多开排沙洞过小流量比少开排沙洞过大流量对电站防沙有利。

（2）排沙洞过流量增大，可使发电洞前淤积面高程降低，过流量小，则淤积面升高。

在分配排沙洞过流总量为 150m^3/s 时，如 3 条排沙洞同时运行，每条排沙洞过流量为 50m^3/s，则其上方的 2 号、3 号、5 号发电引水洞前淤积高程为 182～187m。与前述分配排沙洞过流总量 300m^3/s，每条排沙洞过流量为 100m^3/s 时相比，发电引水洞前淤积面高程有所升高，但也能控制发电引水洞前淤积高程为较低状态。

(3)孔板泄洪洞、排沙洞等底孔防淤堵的基本措施。根据试验成果可以看出，底孔前淤积面高程在 190m 以下时，一经底孔开启便可及时泄流。因此，可以拟定底孔防淤堵的控制淤积高程为 190m。3 条排沙洞同时运行，每条排沙洞泄流 50m^3/s，可使 1 号孔板泄洪洞前淤积高程为 202～203m，2 号孔板泄洪洞前淤积高程为 195m，3 号孔板泄洪洞前淤积高程为 200m。若每条排沙洞过流量为 67m^3/s，可以使 1 号孔板泄洪洞前淤积高程为 200m，2 号孔板泄洪洞前淤积高程为 187～188m，3 号孔板泄洪洞前淤积高程为 190m。因此，除 1 号孔板泄洪洞前淤积高程为 200m 外，2、3 号孔板泄洪洞前淤积高程控制在 190m 以下。1 号孔板泄洪洞靠近进水塔群右侧的大河区域，它关闭后，因风雨沟进口水流含沙量大，故其洞前淤积高程较高。但当它开启后，也因它靠近大河，进流量大，淤积物能较容易冲走而恢复泄流，故其淤积高程虽然达 200m，但淤堵不算严重。因此，防底孔淤堵的基本措施可以拟定为分配排沙洞泄流总量为 200m^3/s，3 条排沙洞同时运用，平均每条排沙洞泄流 67m^3/s，可以基本满足底孔防淤堵要求。当然，适当增大排沙洞总泄量，增加每条排沙洞的分泄流量，更可防止淤堵发生。

(4)3 条排沙洞进口处的分岔流道要泄流畅通，这是发挥排沙洞作用的保证。每条排沙洞进口被闸墩分隔为 6 个部分。在排沙洞运用中要使进口的各部分都能畅通泄流，尤其是在排沙洞通过小流量时更需如此。只要各部分过流，即使进流小，在各部分进口前还是能够形成小漏斗，这些小漏斗的存在是保证排沙洞发挥作用的关键。如果排沙洞投入运用后，在该洞的 6 个进口中，一侧进口前的淤积面较低，另一侧进口前的淤积面较高，可能达 195～200m 高程，虽然该排沙洞仍可泄流，但其一侧进口的淤积面高，可能使发电洞引水含沙量增大，进沙颗粒变粗，于机组不利。试验中，排沙洞的进口是概化模拟，未能做到在每条排沙洞的进口分出 6 个部分进口，所以也不能观测到各部进口前的淤积面情况。虽然试验中发现排沙洞只要有流量通过，即使在 50m^3/s 情况下，就不会全面淤堵，但不能保证进口前的每部分都不发生淤堵。在运行中要注意监测排沙洞进口前淤积地形高程，发现有部分进口前淤积面较高，则增加排沙洞进流量，使其冲开过流。

2. 进水塔群底孔淤堵后的冲刷试验

关闭排沙洞，仅发电洞运用 3～5 天后，开启排沙洞冲刷。进行了 4 个方案的试验研究：①1～4 号发电洞运用 3 天后，开启 1～3 号排沙洞冲刷；②1～4 号发电洞运用 5 天后，开启 1～3 号排沙洞冲刷；③3～6 号发电洞运用 3 天后，开启 1～3 号排沙洞冲刷；④3～6 号发电洞运用 5 天后，开启 1～3 号排沙洞冲刷。

由试验结果得出以下认识：

(1)仅发电洞运用时，在运用的发电洞前淤积面高程相对较低，但均高于 190m，其他洞前淤积面高程较高，高程在 200～210m。

(2)发电洞运用 3～5 天后，开启排沙洞即可出流，未发现排沙洞完全淤堵现象。

(3)排沙洞开启运用后，能够较快地冲刷其进口前的淤积物，使进口前淤积高程保持在 175～176m，形成排沙洞前小漏斗，但不能全部冲走孔板泄洪洞及其他孔口前的淤积物。

（4）开启排沙洞冲刷淤积物时，应同时开启3条排沙洞，这样可冲开每条排沙洞前的淤积物，形成小漏斗。

需要说明的是，孔口前淤积物的冲刷试验，涉及到土力学问题。选择的模型沙试验，比较能满足淤积相似性；而对于淤积物的沉积特性及沉积后的冲刷特性，属于土力学性质的问题，则难以满足相似。因此，在研究底孔淤堵后的冲刷措施时，应当留有余地。

第五节　利用三门峡水库做日调节模拟试验研究

一、日调节模拟试验研究

为研究汛期调水调沙减轻下游河道淤积和汛期发电调峰运行潜力，为小浪底水库建成后汛期发电调峰运行和调水调沙的优化调度提供设计依据和运行经验，于1989年7月7日至7月14日在三门峡水库进行了日调节调峰运行模拟试验，观测坝区不同水位下水流泥沙运动和漏斗形态变化，泄水建筑物的分流分沙和底孔前淤积地形变化，研究近坝库区的大漏斗域和库区低壅水区域的水流泥沙运动特性、冲淤形态变化、流速和含沙量及泥沙颗粒沿垂线分布的沿程调整、孔口分流分沙特性及电站防沙、孔口防淤堵、水库不稳定出流对下游河道流量、水位、输沙的影响等一系列问题。并于8月21日补充进行大流量的试验，提供小浪底水库日调节运用研究应用。

（一）日调节模拟试验的基本情况

7月7日8时库水位升至304.48m，形成了一定的蓄水体，约有0.4亿m^3，开始进行日调节模拟试验。

水库日调节模拟试验的库水位变化最低为301.9m，最高为309.47m；调节库容最小为0.21亿m^3，最大为1.065亿m^3。日调节模拟试验的8天中，有5天为异重流，库面为清水；另3天为异重流和浑水明流交替出现。日调节模拟试验的流态特征如表2-5-1所示。

日调节模拟试验利用泄洪排沙隧洞（进口底坎高程为290m）模拟发电引水洞引水，利用底孔（进口高程为280m）模拟排沙洞分流排沙。

（二）日调节模拟试验成果分析

1. 较小的调节库容可以有较大的调峰运行能力

日调节模拟试验的调节库容小至0.2亿m^3，大至1.1亿m^3，多数为0.4亿～0.7亿m^3；日调节水位一般在304.5～307.5m变化，高至309.5m，低至301.9m。日调节调峰运行在坝区大漏斗域和低壅水库区进行。

2. 日调节运行在近坝库区大漏斗域和低壅水库区能够形成异重流

日调节运行能够由库区河道浑水明流到低壅水库区和近坝库区大漏斗域形成异重流运动，形成条件可从三门峡水库日调节模拟试验资料中得出：①当壅水指标$\frac{V}{Q}\geqslant 2.63\times10^4$s时，可形成异重流，并保持异重流运动；②当壅水指标$\frac{V}{Q}=2.22\times10^4\sim2.63\times10^4$s时，可能为异重流，亦可能为浑水明流，与前期水流流态是浑水明流或是异重流的条件有关系；③当壅水指标$\frac{V}{Q}\leqslant 2.22\times10^4$s时，则为浑水明流。式中$V$为蓄水容积（$m^3$），$Q$为流量（$m^3/s$）。

表 2-5-1　　　　三门峡水库 1989 年 7 月 7～14 日日调节模拟试验流态特征

项目	7 日	8 日	9 日	10 日	11 日	12 日	13 日	14 日
坝前水位变化范围(m)	304.48～305.80	304.82～306.01	305.08～306.22	305.13～306.78	301.90～305.10	302.28～307.40	306.58～309.47	304.37～306.07
水位变幅(m)	1.32	1.19	1.14	1.75	3.20	5.12	2.89	1.70
调节库容变化范围(亿 m^3)	0.38～0.50	0.41～0.52	0.42～0.55	0.43～0.62	0.21～0.42	0.23～0.70	0.59～1.07	0.37～0.53
回水变化范围(km)	16～22	18～23	19～24	19～25	9～19	14～28	25～42	16～23
库面水状	清水	清水	清水	清水	清、浑水交替	清、浑水交替	清水	清、浑水交替
流态	异重流	异重流	异重流	异重流	异、浑交替	异、浑交替	异重流	异、浑交替

注:回水范围按水平回水线与 1989 年 6 月深泓点河底线相交计算。

在 7 月 7～14 日的日调节模拟试验中,前 4 天为连续异重流运动,第 5 天为了使异重流不在壅水区内沿程淤积而消失,将库水位降低至 301.9m,上段泥沙淤积下移至坝区淤积,坝区转为浑水明流。第 6 天日调节试验库水位升高后又形成异重流,能够运动到坝前排出水库。第 7 天为持续异重流运动。第 8 天结束日调节模拟试验,库水位降至 304.17m,由异重流变为浑水明流。1989 年 8 月 21 日来水流量为 4 000m^3/s 左右,含沙量为 30kg/m^3 左右,进行了日调节模拟试验,库水位升至 308m 左右,蓄水容积为 0.8 亿 m^3 左右,未能形成异重流而为浑水明流,其壅水指标$\frac{V}{Q}=1.85\times10^4$s。

3. 近坝库区大漏斗域具有调整流速和含沙量沿垂线分布的作用

(1)近坝库区异重流的流速和含沙量沿垂线分布的调整:异重流的含沙量垂向分布特点为接近河底含沙量很大,而以上含沙量很小,接近水面含沙量趋于零值;近底含沙量趋向孔口减小;趋向大坝水深增加,平均流速减小,泥沙输移依赖于含沙量沿垂线分布上小下大和流速分布上小下大相匹配调整;愈近底孔孔口流速垂向分布愈呈上小下大的调整,最大流速点的位置愈接近底孔边界;单宽流量愈小,近底含沙量梯度愈大。

(2)近坝库区浑水明流的流速和含沙量沿垂线分布的调整:浑水明流的流速和含沙量沿垂线分布相对比较均匀,梯度较小;愈近坝前,流速垂向分布仍呈上小下大的调整,近底含沙量仍减小;为了在近坝库区水深沿程增大和平均流速沿程减小条件下输沙,沿程流速和含沙量沿垂线分布进行上小下大的调整;愈近孔口流速垂向分布上小下大愈明显,最大流速点的位置愈接近底孔;单宽流量愈大,近底含沙量愈趋近垂线平均含沙量;单宽流量愈小,近底含沙量愈大于垂线平均含沙量。

4. 近坝库区大漏斗域具有调整悬移质泥沙颗粒沿垂线分布的作用

异重流的悬移质泥沙颗粒沿垂线分布为底层泥沙颗粒组成显著变粗，近底泥沙颗粒分布梯度大，而以上泥沙颗粒组成显著变细；浑水明流的悬移质泥沙颗粒沿垂线分布相对比较均匀，在相对水深0.6以下泥沙颗粒相对较粗，但差别不大。

异重流愈近坝前，泥沙颗粒沿垂线分布愈趋向均匀调整，但底部泥沙颗粒组成仍明显较粗；浑水明流愈近坝前，泥沙颗粒沿垂线分布愈趋向均匀调整，底部泥沙颗粒组成稍粗。

综上可见，水库运用要创造条件使近坝库区水流形成稳定的异重流运动，对于减小位于相对水深0.6~0.8的水流区域内的发电引水洞的含沙量和泥沙颗粒组成具有重要作用，可以发挥位于底部的排沙洞的排高浓度泥沙和排粗颗粒泥沙的作用。

5. 泄水排沙建筑物调度运用对坝区水沙运动的影响

泄水排沙建筑物的调度运用，能影响近坝库区水流泥沙运动，尤其对孔口近场的水流泥沙运动影响大，主要表现在以下三个方面：同时开启隧洞和底孔泄流时，底孔泄流可以起到降低坝前异重流浑水面高程、改变异重流流向的作用，在底孔泄流大于隧洞泄流时，甚至可以全部吸引异重流向底孔泄出而使隧洞变为清水出流；底孔开启后，由于冲刷底孔前的淤积物，使初始出流含沙量显著增大，随着冲刷漏斗的发展，形成相对平衡的冲刷漏斗后，出流含沙量与来水含沙量基本相同；底孔进口低，具有排沙优势，尤其对于异重流，底孔虽分流少但可以排较多沙量。为了发挥底孔排沙作用，减少机组引沙达到显著效果，需要底孔分泄一定规模的流量。

6. 水库日调节调峰运行可以做到防止泄水孔口淤堵

在水库日调节调峰运行中，底孔防淤堵问题关系到水库正常运用问题。

表2-5-2为日调节模拟试验观测的底孔前淤积面高程变化。蓄水时关闭底孔数小时至十数小时，加大泄流时开底孔分流约1/3。

表2-5-2　1989年7月三门峡水库日调节模拟试验底孔前淤积面高程变化　（单位：m）

测验时间（日T时:分）	库水位（m）	底孔号			
		1	2	3	4
08T16:00	305.80	284.53	285.07	283.59	282.87
09T08:00	305.08	284.91	282.07	279.95	282.14
09T16:00	305.93	284.96	282.17	280.12	282.17
10T04:00	305.60	283.32	282.23	279.81	282.14
10T16:00	306.98	282.95	282.17	279.94	281.67
11T12:00	303.88	279.58	281.71	279.89	282.11
11T16:00	304.71	279.77	281.97	279.89	282.02
12T04:00	303.76	279.91	280.32	279.69	281.04
12T08:00	305.00	279.64	280.22	279.60	281.20
12T16:00	307.40	279.60	280.17	279.92	281.07
13T04:00	308.50	279.76	280.29	280.06	280.26
13T08:00	309.47	279.65	279.93	279.99	279.72
14T04:00	304.56	279.63	279.92	280.00	280.27

表 2-5-2 表明，在日调节模拟试验中，底孔交替启闭，未发生淤堵现象。试验前，底孔关闭，1 号至 4 号底孔前淤积面高程为 285 ~ 283m。开启其中一个底孔后，能迅速冲开泄流，并可降低邻近底孔的淤积面高程，并向上游冲刷，扩大冲刷漏斗，纵向刷深横向拓宽。轮流开启 1 号至 4 号底孔中的一个底孔泄流，能使 1 ~ 4 号底孔前的淤积面高程维持在进口高程 280m 上下变化。这就说明，轮流开启一个底孔泄流能防止其左右相邻的底孔发生淤堵。

表 2-5-3 所示为三门峡水库 1989 年 7 月 7 ~ 14 日的日调节模拟试验时期底孔开启的时段。其中，以 1、3 号底孔时开时停较多，其次为 2 号底孔，而 4、5 号底孔开启少，其余 6 ~ 8号底孔未开启。可以看出，只要底孔开启，孔口前淤积面高程就低于底孔进口高程。某底孔开启后又关闭，可以受到与其邻近的开启底孔对其孔前淤积面高程的控制。

表 2-5-3 三门峡水库 1989 年 7 月 7 ~ 14 日日调节模拟试验底孔启闭统计

底孔号	开启时间（日 T 时:分）		
1	10T18:40 ~ 11T06:40	11T16:30 ~ 11T23:00	12T16:10 ~ 13T00:30
	13T09:30 ~ 14T09:30	14T15:00 ~ 15T22:00	
2	11T16:30 ~ 12T01:50	13T20:20 ~ 14T01:00	
3	09T04:00 ~ 09T06:00	09T18:10 ~ 09T22:50	11T16:30 ~ 12T02:20
	13T17:00 ~ 14T01:00		
4	12T16:10 ~ 12T22:25		
5	08T15:45 ~ 08T16:30		
6 ~ 8	试验期未开启		

7. 坝前冲刷漏斗段淤积物沿程水力分选

水库在低壅水下进行日调节运行，蓄水时，下泄流量减小至 50m³/s 左右，库水位升高，壅水区扩大；加大泄水时，库水位降低，壅水区缩小。所以，在日调节运行中，在坝前冲刷漏斗段淤积物沿程水力分选。表 2-5-4 为日调节模拟试验时期观测的底孔前淤积物颗粒组成情况。由表 2-5-4 可以看出，在日调节模拟试验中，底孔前的淤积物颗粒比较细。

8. 水库日调节运行能够保持坝前冲刷漏斗

在日调节模拟试验中，隧洞经常泄流，而底孔则时开时关，且一般轮流开启 1 个底孔。在此运用条件下，能够保持坝前形成较大的冲刷漏斗，有利于水库日调节运用。

9. 日调节运用的不稳定出流不影响花园口以下下游河道的正常水沙运动

观测表明，小浪底站的流量和水位起伏变化与三门峡站的流量和水位起伏变化基本相似，只是有较小差异，而在花园口站和夹河滩站，已没有流量和水位的起伏变化，而变为平缓，不显示三门峡水库不稳定出流的影响。三门峡水库日调节运行的不稳定出流，仅在狭谷河段保持不稳定出流的形态，而在孟津出山后的宽阔河道，由于槽蓄作用，至花园口河段已经坦化，已不显见影响。所以，水库的调水调沙运用和发电调峰运行相结合，在花园口以下河段已恢复正常水沙运动。

（三）日调节模拟试验对小浪底工程泥沙问题研究的意义

小浪底水库承担黄河下游河道减淤的调水调沙任务，要将水库调水调沙与发电调峰运行结合进行。在黄河来水小于2 000m^3/s时按调水调沙要求结合调峰发电运行,在黄河来水大于2 000m^3/s时按调水调沙要求结合基荷发电运行。调水调沙要求是保持花园口以下下游河道的正常水沙运动。

表2-5-4　　三门峡水库1989年7月7~14日日调节模拟试验底孔前淤积物组成

测时(月-日T时:分)	底孔号	取土位置	小于某粒径(mm)的土重百分数						中值粒径(mm)
			0.005	0.01	0.025	0.05	0.1	0.25	
07-07T08:30	4	距孔前10~20m	6.2	8.6	47.4	91.9	100		0.026
07-07T09:00	8		9.9	17.0	64.8	95.3	99.6		0.021
07-07T09:00	7		15.3	22.9	73.4	97.9	99.7	100	0.018
07-13T04:00	4		14.9	23.2	63.8	89.7	99.9	100	0.020
07-13T04:00	2		6.0	9.7	36.1	56.9	67.0	82.4	0.037
07-14T09:30	1		2.4	5.4	43.5	83.0	91.6	98.7	0.027
	2		3.4	7.9	55.7	79.6	90.2	93.7	0.022

日调节运行需要的调节库容不大,调节水位变幅较小。日调节运行在坝前大漏斗域及低壅水区进行。调节库容在0.3亿~1.1亿m^3范围内,就可以形成坝区大漏斗域和低壅水区库区异重流运动。轮流开启一个排沙洞排泄异重流,就可以有效防止孔口淤堵和显著减少过机泥沙。小浪底水库主汛期控制低壅水运行,有调节库容0.3亿~3亿m^3,在黄河来水小于2 000m^3/s时,水库低壅水拦沙,进行日调节运用,具备在坝前大漏斗域和低壅水区形成异重流的条件,轮流开启一个排沙洞或完全关闭所有底孔数小时至十余小时,都能够有效防止孔口淤堵和显著减少过机泥沙。在来水大于2 000m^3/s时,水库按来水流量泄流,若有前期低壅水蓄水体,亦有可能在低壅水库区形成异重流运动。三门峡水库日调节模拟试验中形成坝区异重流的壅水指标为$\frac{V}{Q} \geq 2.63 \times 10^4$s,对于小浪底坝区是适用的。

日调节模拟试验观测的坝区大漏斗域形态及其水沙流动特性,包括漏斗区的流速和含沙量垂向分布的沿程调整变化特性及高程不同的泄水孔口的分流分沙特性,均可供小浪底坝区大漏斗域和低壅水区库区的研究应用。

二、进水塔群前及坝区泥沙淤积物特性

(一)进水塔群前及坝区泥沙淤积物组成

小浪底水库来沙几乎全部来自三门峡水库,因此分析三门峡水库坝前泥沙淤积物组成特性可以类比分析小浪底水库进水塔群前及坝区的泥沙淤积物组成特性。

1. 三门峡坝前泥沙淤积物组成

三门峡水库于1960年9月开始蓄水,水库投入运用后坝前滩地主要在1961~1964

年蓄水拦沙和滞洪排沙运用期淤积形成，坝前滩面高程由 284m 逐渐淤积上升至 317.5m。1973 年 12 月水库开始实行“蓄清排浑”控制运用，一般洪水不上滩，目前坝前滩面高程仍维持在 317.5m。

在坝前滩地的形成过程中，由于各年来沙量和水库运用水位不同，各年的淤积厚度也不同。滩地淤积厚度 33m，其中最大年份的淤积厚度达 13m。1960 年 9 月以前为施工期滞洪淤积，滩地淤积厚度达 9m。1960 年 9 月 15 日开始蓄水，1961 年全年高水位蓄水运用，回水远至渭河和黄河小北干流，泥沙主要在库区上段淤积，坝前淤积很少，1961 年坝前滩地只淤高 1m。1962 年 3 月水库改为敞泄滞洪排沙运用，库水位降低，坝前泥沙淤积增多，1962 年坝前滩地淤高 6m；1963 年坝前滩地淤高 13m；1964 年汛期大水，水库滞洪淤积，坝前滩地淤高 4m，但淤积泥沙颗粒很细，在洪水后，库水位降低时，滩地滞洪淤积物产生流动，流入河槽而排出水库，所以 1965 年坝前滩地降低 3m。随后在 1966 年又淤高 3m。

三门峡坝前淤积主要为异重流淤积，故淤积物组成颗粒较细。将坝前 CS2 断面左岸滩地分为 6 层，统计各层的淤积物组成见表 2-5-5。总体上由下到上细颗粒含量逐渐增多，滩地淤积物组成是渐变的。

表 2-5-5　　三门峡水库坝前滩地分层淤积物组成情况

分层编号	起止年月	小于某粒径(mm)的沙重百分数							
		0.005	0.01	0.025	0.05	0.10	0.25	0.5	1.0
1	1960-10	0.7	3.0	10.23	22.9	46.6	92.63	99.5	100
2	1960-10～1961-10	2.4	14.2	30.23	62.6	92.1	96.3	97.4	100
3	1961-10～1962-05	6.9	19.9	35.8	60.0	92.0	97.7	98.7	100
4	1962-05～1962-08	6.9	25.3	53.1	76.5	93.9	99.5	100	
5	1963-05～1963-10	13.8	15.3	34.5	79.8	99.0	99.97	100	
6	1963-10～1965-10	18.7	29.5	61.4	91.7	98.1	99.6	100	

2. 小浪底进水塔群前滩地泥沙淤积物组成

进水塔群对面滩地淤积体主要是在水库初期拦沙和调水调沙运用时期形成的。采用 2000 年设计水平 1950～1978 年翻番系列和 1919～1968 年系列的水沙条件进行水库运用泥沙冲淤计算，建立进水塔群对面滩地泥沙淤积物组成模型。

按照上述设计水平 2 个系列计算的坝区淤积面高程的变化过程见表 2-5-6，表明在水库运用 28 年时，进水塔群对面滩地淤积高程均可达到 254m。系列 2 比系列 1 淤高快一些。采用系列 2 设计进水塔群前对面滩地泥沙淤积物组成。

根据三门峡坝前左岸滩地在垂向上的淤积物组成分布规律，考虑小浪底进水塔群对面滩地淤积物组成的可能变化情况，建立以下 3 种模型。

模型Ⅰ：淤积物组成的总趋势是下粗上细。淤积物组成见表 2-5-7。

表 2-5-6　　小浪底水库运用后坝区淤积面高程变化过程设计

水库运用年序	坝区淤积面高程(m)	
	设计水平 1950 ~ 1978 年翻番系列	设计水平 1919 ~ 1968 年系列
1	177.0	186.8
4	205.0	209.4
7	222.0	219.5
10	233.0	223.4
13	242.0	232.7
16	242.5	244.3
19	244.2	245.5
22	246.9	248.5
25	250.4	251.2
28	254.0	254.0

表 2-5-7　　2000 年设计水平 1919 ~ 1968 年系列进水塔群对面滩地淤积物组成模型 Ⅰ

水库运用年序	淤积面高程(m)	小于某粒径(mm)的沙重百分数					
		0.010	0.025	0.050	0.10	0.25	0.50
施工期	130 ~ 160		2.5	13.4	47.3	99.6	100
1	160 ~ 186.8	12.0	15.0	20.7	42.7	98.3	100
3	198.8 ~ 205.5	18.3	38.7	51.1	91.7	98.3	100
5	209.4 ~ 213.8	20.0	43.3	58.4	94.6	98.3	100
7	215.0 ~ 219.5	21.0	45.8	62.7	95.9	98.3	100
9	221.0 ~ 223.0	21.6	47.8	66.4	96.7	98.3	100
11	223.4 ~ 228.2	22.1	49.5	69.4	97.2	98.3	100
13	230.5 ~ 232.7	22.8	51.9	73.8	97.6	98.3	100
15	236.1 ~ 240.5	23.5	54.6	79.0	98.0	98.3	100
17	244.3 ~ 245.5	24.2	57.1	84.0	98.1	98.3	100
19	245.5 ~ 246.5	24.2	57.4	84.4	98.1	98.3	100
21	246.6 ~ 247.5	24.5	58.1	85.7	98.1	98.3	100
23	248.5 ~ 249.4	24.5	58.8	86.9	98.1	98.3	100
25	250.3 ~ 251.2	24.7	59.5	88.2	98.1	98.3	100
28	253.1 ~ 254.0	25.0	60.6	90.4	98.1	98.3	100

模型Ⅱ:小浪底进水塔群对面的滩地在水库拦沙淤积形成过程中,有可能在高程168～245m之间形成较细的淤积物夹层,此夹层的存在影响进水塔群对面滩地淤积体的稳定。以三门峡水库汛前坝前河床淤积物较细资料(见表2-5-8),作为小浪底进水塔群对面滩地淤积物较细泥沙夹层的组成。表2-5-9统计了三门峡水库非汛期坝前的淤积厚度,其最大淤积厚度达4.4m,一般在2m左右。小浪底进水塔群对面滩地淤积体的较细泥沙夹层的厚度,可参考三门峡水库非汛期坝前的淤积厚度拟定。模型Ⅱ建立时考虑采用两层淤积物较细泥沙夹层,即:一层位于排沙洞和孔板泄洪洞进口底坎以下7～3m的168～172m高程;一层位于发电洞进口底坎以下8～5m的187～190m高程,其他各层淤积物组成同模型Ⅰ。模型Ⅱ各层的淤积物组成见表2-5-10。

表2-5-8　三门峡水库非汛期坝前泥沙淤积物较细泥沙夹层分析

测验时间(年-月-日)	小于某粒径(mm)的沙重百分数					
	0.005	0.010	0.025	0.050	0.10	0.25
1971-06-14	64.1	76.4	92.0	98.4	99.2	100
1978-05-06	63.2	74.5	91.9	99.1	99.9	100
1979-06-05	74.5	82.8	91.9	99.9	100	
1982-06-23	77.0	83.4	94.7	96.4	99.6	100
1983-06-19	58.3	70.3	87.4	96.2	99.1	100
1983-06-19	67.4	75.8	90.0	96.4	99.6	100
1983-06-19	55.4	65.9	88.4	96.9	99.7	100
小浪底坝前采用值	65.7	75.6	90.9	97.6	99.6	100

表2-5-9　三门峡水库非汛期坝前淤积厚度

时段(年-月)	CS1断面	CS2断面	平均淤积厚度(m)
	分布高程(m)	淤积厚度(m)	
1977-10～1978-05	1.5	1.7	1.6
1978-10～1979-06	1.9	1.5	1.7
1979-10～1980-06	2.1	1.2	1.65
1980-10～1981-06	0.9	4.4	2.65
1981-11～1982-06	1.0	1.4	1.2
1983-10～1984-06	2.0	2.5	2.25
1985-11～1986-06	1.4	2.6	2.0

模型Ⅲ:考虑分布有三层淤积物较细泥沙夹层,比模型Ⅱ多一层分布在底孔孔口以上的淤积物较细泥沙夹层,即:其位置分别位于168～172m高程、180～183m高程、187～190m高程。其他各层的淤积物组成同模型Ⅰ。模型Ⅲ各层的淤积物组成见表2-5-11。

表 2-5-10　2000 年设计水平 1919～1968 年系列进水塔群对面滩地淤积物组成模型Ⅱ

水库运用年序	淤积面高程（m）	小于某粒径(mm)的沙重百分数						
		0.005	0.010	0.025	0.050	0.10	0.25	0.50
施工期	130～160			2.5	13.4	47.3	99.6	100
1	160～168		2.9	7.3	11.5	45.0	98.3	100
	168～172	65.7	75.6	90.9	97.6	99.6	100	
	172～187		11.1	24.3	30.7	65.2	98.3	100
2～4	187～190	65.7	75.6	90.9	97.6	99.6	100	
	190～205.5		17.4	36.7	48.0	89.1	98.3	100
5～7	205.5～219.5		20.5	44.6	60.6	95.3	98.3	100
8～11	219.5～228.2		21.9	48.7	67.9	97.0	98.3	100
12～15	228.2～240.5		23.2	53.3	76.4	97.8	98.3	100
16～19	240.5～245.5		24.3	57.2	84.4	98.1	98.3	100
20～23	245.5～249.4		24.5	58.5	86.3	98.1	98.3	100
24～28	249.4～254.0		24.9	60.1	89.3	98.1	98.3	100

表 2-5-11　2000 年设计水平 1919～1968 年系列小浪底进水塔群对面滩地淤积物组成模型Ⅲ

水库运用年序	淤积面高程（m）	小于某粒径(mm)的沙重百分数						
		0.005	0.010	0.025	0.050	0.10	0.25	0.50
施工期	130～160			2.5	13.4	47.3	99.6	100
1	160～168		2.9	7.3	11.5	45.0	98.3	100
	168～172	65.7	75.6	90.9	97.6	99.6	100	
	172～180		10	22.2	27.9	60.4	98.3	100
	180～183	65.7	75.6	90.9	97.6	99.6	100	
	183～187		13.5	28.9	37.2	77.6	98.3	100
2～4	187～190	65.7	75.6	90.9	97.6	99.6	100	
	190～205.5		17.4	36.7	48.0	89.1	98.3	100
5～7	205.5～219.5		20.5	44.6	60.6	95.3	98.3	100
8～11	219.5～228.2		21.9	48.7	67.9	97.0	98.3	100
12～15	228.2～240.5		23.2	53.3	76.4	97.8	98.3	100
16～19	240.5～245.5		24.2	57.3	84.2	98.1	98.3	100
20～23	245.5～249.4		24.5	58.5	86.3	98.1	98.3	100
24～28	249.4～254		24.9	60.1	89.3	98.1	98.3	100

（二）进水塔群前及坝区泥沙淤积物物理特性

1. 三门峡坝前淤积物物理特性

坝前淤积物组成的层次分布不均匀性是必然的。在水库蓄水和滞洪时，粗泥沙在库区淤积，来到坝前的泥沙比较细；在水库降低水位冲刷和水库敞泄排沙时，粗泥沙来到坝前，坝前淤积物组成较粗。因此，坝前淤积物组成呈现多样性，有层粗层细现象，而且出现在泄水孔口高程附近和冲刷排沙运用水位附近的淤积物组成较粗，在远低于和远高于泄水孔口和冲刷排沙运用水位处的淤积物组成较细。从总体讲，随淤积面由低而高，淤积物由粗而细，但在不同高程存在较细和较粗的淤积物夹层，垂向分布比较复杂，如表 2-5-12 所示。

表 2-5-12　　三门峡坝前淤积物颗粒组成（距坝 1 ~ 2km 综合平均）

高程(m)	小于某粒径(mm)的沙重百分数							中值粒径(mm)	样品个数
	0.007	0.010	0.025	0.050	0.10	0.25	0.50		
294.9 ~ 296.5	24.0	36.4	62.1	77.3	94.7	99.0	100	0.016	3
297.3 ~ 300.4	22.4	35.3	71.9	88.9	96.1	99.2	100	0.013	10
302.6 ~ 305.4	5.0	6.2	10.5	19.7	59.4	99.0	100	0.086	10
306 ~ 309	12.6	16.3	34.2	71.1	92.6	99.9	100	0.034	10
310.1 ~ 312	8.6	11.0	30.6	73.6	96.5	99.7	100	0.034	12
312.4 ~ 314	22.2	27.6	51.6	84.1	97.0	99.8	100	0.024	8
314.4 ~ 315.5	17.8	21.2	50.7	92.4	98.5	99.8	100	0.024	4

在 1989 年 7 月和 1990 年 9 月分别于距坝 1 ~ 2km 的滩地及岸坡钻孔取样，分析淤积物颗粒级配及其固结后的物理特性，如表 2-5-13、表 2-5-14 所示。

表 2-5-13　　三门峡坝前淤积物物理特性（距坝 1km 右岸滩 300m 高程）

小于某粒径的沙重百分数 粒径级(mm)						中值粒径(mm)	比重	含水量(%)	干容重(t/m^3)	孔隙率(%)
0.005	0.010	0.025	0.05	0.10	0.25					
1.4	2.1	13.3	86.1	99.8	100	0.038	2.67	27.5	1.48	44.6
1.7	2.2	18.9	89.2	99.9	100	0.036	2.69	28.6	1.60	40.5

表 2-5-14　　三门峡坝前淤积物固结后的物理特性（距坝 2km 左岸滩地）

位置	取土深度(m)	小于某粒径(mm)的沙重百分数			含水量(%)	干容重(t/m^3)	比重	孔隙比	渗透系数(cm/s)
		0.005	0.050	0.10					
滩地	3.6 ~ 3.9	22	94	100	29.28	1.48	2.72	0.838	2.19×10^{-6}
	8.4 ~ 8.81	26	94	100	35.45	1.39	2.73	0.964	4.95×10^{-7}
	9.4 ~ 10.05	22	91	100	27.96	1.51	2.72	0.801	3.98×10^{-6}
	13.1 ~ 13.35	7	83	100	23.68	1.59	2.72	0.711	2.28×10^{-5}
	13.19 ~ 13.54	9	85	100	32.6	1.45	2.72	0.89	3.31×10^{-6}
	22.75 ~ 23.1	27	100		31.6	1.45	2.74	0.888	1.45×10^{-7}
	24.73 ~ 25.81	38	91	100	38.8	1.31	2.74	(1.092)	2.9×10^{-8}
河岸	2.3 ~ 2.8	6	77	100	20.3	1.52	2.71	0.783	2.29×10^{-5}
	4.0 ~ 4.6	4	86	100	28.59	1.49	2.72	0.826	2.51×10^{-4}

注：滩面高程 317.6m。

综合分析表 2-5-12 ~ 表 2-5-14 的成果，三门峡坝前淤积物固结后的物理特性有如下特点：

(1)坝前淤积物组成的垂向分布，与淤积面高程距泄水孔底坎和冲刷排沙水位的高低有关。坝前淤积物组成的一个明显特点是：在高程相应于冲刷排沙水位303～306m的淤积物，其颗粒组成最粗，粒径小于0.007mm的占5%～10%，粒径小于0.025mm的占10%～30%；而淤积面越高于泄水孔底坎和越高于冲刷排沙水位，其淤积物组成越细，在深水孔底坎以上8～13m的淤积物，粒径小于0.007mm的占20%～30%，粒径小于0.025mm的占50%左右。

由于深水孔底坎高程300m，比天然河床高20m，在1961～1962年的蓄水拦沙运用淤积时期，坝前河床尚未淤高，较粗泥沙在库区淤积，异重流挟带较细泥沙来到坝前，因泄水孔口高，排出泥沙少，大部分在坝前沉积。因而，淤积面低于深水孔底坎和冲刷排沙水位，其淤积物组成细。在深水孔底坎以下5～10m的淤积物，粒径小于0.007mm的占25%～45%，小于0.025mm的占70%左右。

(2)河槽岸坡的淤积物组成比较粗，粒径小于0.005mm的泥沙占5%，小于0.05mm的泥沙占80%，符合“自然堤”淤积物现象；而离河岸远的淤积物组成则比较细，粒径小于0.005mm的泥沙占22%，小于0.05mm的泥沙占94%。

(3)滩地的老淤积土干容重在1.3～1.6t/m^3。淤积面最低的淤积土干容重最小，约1.3t/m^3，淤积面接近于深水孔底坎高程和冲刷排沙水位的淤积土干容重最大，在1.45～1.6t/m^3。河槽岸坡淤积土干容重1.5t/m^3。但在水库运用初期，坝前淤积土干容重在1.1～1.2t/m^3，甚至小于1.1t/m^3。

(4)坝前滩地老淤积土的含水量为25%～35%，一般小于30%；渗透系数为2.9×10^{-8}～2.28×10^{-5}cm/s，一般为2.19×10^{-6}～1.45×10^{-7}cm/s，淤积面最低的淤积土渗透系数较小，为2.9×10^{-8}～1.45×10^{-7}cm/s；淤积面接近深水孔底坎和冲刷排沙水位的淤积土渗透系数较大，为3.31×10^{-6}～2.28×10^{-5}cm/s。河槽岸坡的渗透系数较大，为2.29×10^{-5}～2.51×10^{-4}cm/s。

2. 小浪底进水塔群对面滩地及坝区泥沙淤积物物理特性

三门峡坝前淤积土物理特性的特点，对水沙条件相同的小浪底水库坝前淤积土物理特性的设计有参考意义。

小浪底水库比三门峡水库运用水位高，水位升降变化幅度大。水库初期运用的基本特点是逐步抬高主汛期水位拦沙和调水调沙，控制低壅水拦粗沙排细沙，在每年主汛期运用中，有异重流和浑水明流两种水流流态，小水流量，水库拦沙多、排沙少，大水流量，水库拦沙少、排沙多，甚至有冲刷排沙。因此，水库运用方式比三门峡水库的更为复杂。小浪底水库初期拦沙运用是逐步抬高主汛期水位控制低壅水、提高水库拦沙期的排沙能力，水沙两极分化的拦沙和调水调沙运用。在此运用特点下，水库和坝区的滩槽同步逐渐淤高，异重流淤积物和浑水明流淤积物逐步在低壅水条件下交替淤积，总体讲，坝区淤积面由低而高，淤积物组成由粗而细，但有较粗和较细淤积物夹层存在。坝前初期淤积物的干容重在1.1～1.2t/m^3，甚至小于1.1t/m^3；经一定时期固结后，淤积物干容重为1.2～1.3t/m^3，长时期固结后，淤积物干容重为1.4～1.5t/m^3，含水量约30%以下，淤积土物理特性的各项指标接近三门峡坝前老淤积土的物理特性指标。

（三）进水塔群前水流泥沙运动特性分析

在水库逐步抬高主汛期水位淤积造床过程中，水流流路是游荡变化的，忽左忽右、忽弯忽直，直至形成河槽和滩地时才相对稳定下来，但亦有主流流路的弯曲变化。由于坝前河谷两岸山岭地形边界条件的存在，不同高程地形边界约束水流的作用不同，便产生了在库水位240m以下时，受左岸山岭地形突出山嘴的挑流影响，使水流由左向右弯曲，弯曲水流在坝前由右向左弯转进入垂直于大河的风雨沟，进水塔群为侧向进水；在库水位245m以上时，坝前河谷展宽，受左岸山岭地形边界约束的影响减弱，无突出山嘴的挑流，坝前上游水流可以顺直地流向进水塔群，进水塔群为正向进水；在库水位240～245m时，介于过渡区，坝前河势流路逐渐左移趋直，进水塔群由侧向进水向正向进水逐渐过渡。

在水库逐步抬高主汛期水位淤积造床过程中，河槽和滩地同步淤高，滩槽高差小，滩地约束水流作用小，坝前水流流路自由变化幅度大，所以会出现上述的坝前河势流路变化。但是当库区形成254m水位高滩高槽后，降低水位冲刷下切河槽，在形成高滩深槽的过程中，随着库水位下降，高滩深槽约束水流作用加强，河谷左岸山岭地形突向河身，山嘴挑流作用增强，坝前河槽上段向左岸弯曲下段向右岸弯曲的基本河势相对稳定，进水塔群侧向进水的基本流态相对稳定。在高滩深槽内调水调沙运用，库水位升降变化，但在库水位再次升高至245～254m时，不会又转为正向进水的情形，因为进水塔群对面的高滩已不易冲开走河。10月～翌年6月调节期水库高水位蓄水，主流在深槽流动，进水塔群保持侧向进水。只在大洪水时，洪水上滩，进水塔群全面正向进水。

在进水塔群侧向进水条件下，为了在进水塔群前维持单一逆时针向大回流流态，需要在进水塔群右侧设置导流墙，将不同流路的来水都经过导流墙平顺地送至进水塔群前，在进水塔群前形成单一逆时针向大回流，水流沿进水塔群前沿流动，在进水塔群前形成小漏斗河槽，进水塔群前滩地相对稳定，进水塔群进水条件相对稳定。

设计单位提出的导流墙布置形式委托黄委会水利科学研究院、中国水利水电科学研究院进行试验，试验研究导流墙不同布置形式的进水塔群前的水流流态。综合分析研究试验成果，得出在各种来流条件下，经过导流墙导流，在进水塔群前可以形成单一逆时针向大回流，水流沿进水塔前沿流动，在进水塔群前形成相对稳定的小漏斗。进水塔群前水流泥沙运动特性如下：

（1）稳定水位230m淤积平衡试验的坝前流路及进水塔群前水流流态。试验开始，坝前全部为水流漫流覆盖，随着淤积的发展，出现多股水流的河槽和滩地，最后形成单一河槽，河槽两边滩地淤至水面。在此过程中，各级流量的坝前流路都在进水塔群前保持一个逆时针向的大回流。

（2）逐步抬高水位淤积造床试验的坝前流路及进水塔群前水流流态。水位抬高以后，坝前全河漫流，水流散乱、沙滩林立、主流不明显，但在进水塔群前仍为一个逆时针方向的大回流，随着淤积的发展，又形成单一河槽和河槽两边的滩地。在每一次逐步抬高水位淤积造床过程中都循环出现水流散乱、分汊至形成单一河槽的变化过程，但在进水塔群前都出现单一逆时针向大回流。

（3）稳定水位245m淤积平衡试验的坝前流路及进水塔群前水流流态。在稳定水位下各级流量淤积平衡时坝区均为单一弯曲河槽，在坝前中上段水流向左弯曲，在坝区中下段水流向右弯曲，在坝前坐弯。虽坝前水流坐弯部位有所不同，但均经导流墙送到进水塔群前沿，在进水塔群前形成单一逆时针向大回流。

(4)水位251m坝前漫流时的主流流路及进水塔群前水流流态。在库水位抬高至251m时，坝前全河漫流。库水位高出导流墙顶1m，主流线仍为中上段向左弯曲中下段向右弯曲，但有左移，在导流墙附近着溜，弯转进入风雨沟，进水塔群前仍为一个逆时针方向大回流。由此看出，导流墙顶部高程250m，在库水位高于250m时仍然发挥导流作用，满足在进水塔群前形成单一逆时针方向大回流的要求。

在进水塔群为正向进水的情况下，进水塔群前水流顺直通畅，各洞为正向进水泄流，进水塔群前形成垂直于进水塔群的纵向冲刷漏斗，更有利于孔口防淤堵和电站防沙。

进水塔群前的淤积地形，在进水塔群为侧向进水条件下，不同坝前水位时各级流量下的进水塔群前小漏斗河床形态比较规顺。

大流量造床作用大，进水塔群前小漏斗河床地形低，河床宽；小流量时，只要合理分配排沙洞的小泄量，控制范围扩大，能防止底孔淤堵。

由试验成果可得出以下认识：

(1)在6 500m^3/s大水流量时，除进水塔群左侧3号明流洞和6号发电洞外，其余洞前淤积高程均在180m以下。

(2)在2 000～4 000m^3/s中水流量时，除进水塔左侧3号明流洞和6号发电洞及进水塔群右侧的1号明流洞和1号孔板洞外，其余洞前淤积高程均在187m以下。

(3)在2 000m^3/s以下小水流量时，除进水塔左侧3号明流洞和6号发电洞及进水塔群右侧的1号明流洞和1号孔板洞外，其余洞前淤积高程均在190m以下。

(4)位于进水塔群左侧的3号明流洞洞前淤积高程一般在190～200m，少数在180～190m；6号发电洞前淤积高程一般在185～195m，少数在185m以下。

(5)位于进水塔群右侧的1号明流洞洞前淤积高程，小水时在195～205m，中水时在185～195m，大水时在175～185m；1号孔板洞洞前淤积高程小水时一般在185～195m，中水时一般在180～190m，大水时一般在180m以下。

(6)在1号发电洞至5号发电洞之间的洞前淤积高程比较低，小水时低于190m，中水时低于185m，大水时低于180m。

综上可见，在进水塔右侧布置有导流墙条件下，进水塔群侧向进水时，可以在进水塔群前形成并维持一个逆时针向的大回流的水流流态，水流沿进水塔群前沿流动，在进水塔群前形成小漏斗河槽，在不同库水位不同流量时，孔口前淤积高程基本上低于190m，不发生淤堵情形。个别情况下孔口前淤积面高程达195～205m，有淤堵情形。

第六节　进水口防沙效果分析

一、电站分沙比

电站的分沙比问题比较复杂。为了确定小浪底发电洞或电站的分沙比，进行了如下的分析研究。

（一）三门峡日调节模拟试验资料

试验结果表明，主汛期通过水库一定的较低水位调节，一般含沙量的中小水流量，能在坝前形成异重流，有效地减少过机泥沙。通过观测资料分析得到，当库区蓄水容积 V 与出库流量 Q 的比值 $V/Q>2.6\times10^4$s 时，坝前形成异重流；当 $V/Q<2.2\times10^4$s 时，坝前出现浑水明流；当 V/Q 值介于两者之间时，可形成异重流，也可形成浑水明流，主要取决于前期水流流态是异重流或是浑水明流。在坝前为异重流或为浑水明流时，进口比底孔高 10m 的隧洞含沙量与坝前断面平均含沙量的比值分别为 0.53 和 0.86。

（二）扩散理论分析

严镜海、许国光根据扩散理论及三门峡水库泄水建筑物分流分沙的实测资料，研究了水库泄水建筑物三层孔分沙比关系的计算方法：

中孔分沙比公式
$$\frac{S_2}{S}=\frac{e^{-\beta\bar{y}_1}-e^{-\beta\bar{y}_2}}{(1-e^{-\beta})(\bar{y}_2-\bar{y}_1)} \tag{2-6-1}$$

式中　S_2——中孔水流含沙量；

S——坝前断面平均含沙量；

$\bar{y}_1$、$\bar{y}_2$——相对水深。

用上述关系式对三门峡水库的实测资料进行了计算，得出中孔的分沙比比值与实测值比较符合。

按式（2-6-1）计算小浪底水库浑水明流条件下发电引水洞的分沙比，即机组引水含沙量与坝前断面平均含沙量的比值约为 0.75，与三门峡水电站有底孔泄流条件下浑水明流时机组分沙比 0.76 相近。

小浪底水库的工程布局优于三门峡水库，三门峡水电站机组引水进口高程比排沙底孔高程高 7m，而小浪底水电站发电引水洞进口分别比排沙洞进口高 20～15m。小浪底水库在主汛期调水调沙运用，大多数时间在坝前形成异重流，将使过机泥沙有更大的减少。综合考虑以上因素，小浪底发电洞的分沙比采用值按以下条件确定：当坝前形成异重流时，发电洞分沙比采用 0.5；如为浑水明流时，发电洞分沙比采用 0.8。

二、过机含沙量

小浪底工程设计采用 2000 年设计水平年 6 个 50 年代表系列进行水库运用的泥沙冲淤计算，按以上估计的电站引水原则及分沙比计算机组引水引沙量，同时统计了过机各级含沙量出现天数及频率，取 6 个 50 年代表系列的平均值。按照水库的运用过程，将 50 年系列划分为 5 个阶段，即 1 年～3 年、4 年～10 年、11 年～14 年、15 年～28 年及 29 年～50 年。从计算结果看，在调节期，由于小浪底水库 10 月份提前蓄水，下泄流量及沙量均较小，因此 10 月份 90% 以上的时间，含沙量小于 $5kg/m^3$，出现的最大含沙量小于 $35kg/m^3$。11 月至翌年 6 月基本为清水，仅在 6 月下旬水库降低水位时坝前出现浑水。见表 2-6-1 和表 2-6-2。

表 2-6-1 小浪底水库各运用阶段调节期过机含沙量出现天数统计 (单位:d)

调节期	水库运用阶段(年)	过机含沙量级(kg/m³)					
		<0.8	<5	<10	<15	<20	<35
10月	1~3	11	29	30	31		
	4~10	18	31				
	11~14	18	29	29	30	30	31
	15~28	17	27	29	30	30	31
	29~50	16	28	30	31		
11月~翌年6月	1~3	235	242				
	4~10	237	242				
	11~14	232	241	242			
	15~28	238	242				
	29~50	231	240	242			

表 2-6-2 小浪底水库各运用阶段调节期(10 月~翌年 6 月)过机平均含沙量

水库运用阶段(年)	1~3	4~10	11~14	15~28	29~50
过机含沙量(kg/m³)	0.25	0.22	0.28	0.29	0.38

每年主汛期 7~9 月来沙比较集中,对过机组含沙量影响较大。表 2-6-3 列出了水库运用各阶段主汛期坝前断面平均含沙量及过机含沙量。可以看出,在水库运用前 3 年低水位 205m 蓄水拦沙期,主汛期坝前断面平均含沙量很小,仅 17.1kg/m³;随着水库运用年数的增加,主汛期坝前断面平均含沙量逐渐增大,至正常运用期达到 95.7kg/m³,而过机含沙量则明显小于坝前断面平均含沙量。

表 2-6-3 水库运用各阶段主汛期坝前断面平均含沙量及过机含沙量

运用阶段(年)	1~3	4~10	11~14	15~28	29~50
坝前断面平均含沙量(kg/m³)	17.1	45.4	54.9	91.2	95.7
过机含沙量(kg/m³)	7.4	21.5	35.3	64.5	68.6
机组分沙比	0.43	0.47	0.65	0.71	0.72

表 2-6-4 和表 2-6-5 分别列出了水库各运用阶段主汛期过机各级含沙量出现天数和频率。从统计结果看,大部分时间过机含沙量不是很高,例如各运用阶段主汛期过机平均含沙量小于 50kg/m³ 出现的概率分别为 99%、92%、81%、62% 和 60%。

表 2-6-4　　小浪底水库主汛期过机含沙量出现天数　　(单位:d)

月份	水库运用阶段(年)	过机含沙量 S(kg/m³)									
		<0.8	<5	<10	<15	<20	<35	<50	<100	<200	<400
7	1~3	3	23	28	30	30	31				
	4~10	2	13	17	20	22	26	27	30	30	31
	11~14	2	8	12	15	16	20	23	28	30	31
	15~28	1	3	5	6	7	12	16	25	29	31
	29~50	1	3	4	5	6	11	15	24	29	31
8	1~3	0	17	24	26	28	29	30	31		
	4~10	0	9	14	18	21	25	28	30	31	
	11~14	0	9	14	17	19	23	25	28	30	31
	15~28	1	4	5	7	8	13	17	25	29	31
	29~50	0	4	5	7	11	15	24	29	31	
9	1~3	3	20	28	30						
	4~10	1	14	21	24	26	28	30			
	11~14	2	11	17	20	22	25	27	30		
	15~28	1	6	9	12	14	21	25	29	30	
	29~50	1	6	9	11	13	20	24	28	29	30
7~10	1~3	6	62	80	85	88	90	91	92		
	4~10	3	36	52	62	69	79	84	89	91	92
	11~14	4	28	43	52	57	68	74	85	90	92
	15~28	3	13	19	25	29	46	58	79	88	92
	29~50	2	12	18	22	27	42	55	77	87	92

表 2-6-5　　小浪底水库主汛期过机含沙量出现频率　　(%)

月份	水库运用阶段(年)	过机含沙量 S(kg/m³)									
		<0.8	<5	<10	<15	<20	<35	<50	<100	<200	<400
7	1~3	7	73	90	96	98	99	100			
	4~10	5	43	55	64	71	83	89	95	98	100
	11~14	6	27	38	48	52	65	74	89	97	100
	15~28	3	11	17	20	24	38	52	80	94	100
	29~50	3	8	14	17	21	34	49	79	92	100

续表 2-6-5

月份	水库运用阶段(年)	过机含沙量 S(kg/m³)									
		<0.8	<5	<10	<15	<20	<35	<50	<100	<200	<400
8	1~3	0	53	78	85	89	95	97	99	100	
	4~10	1	30	47	57	67	82	90	97	100	
	11~14	0	28	46	56	63	74	79	90	97	100
	15~28	2	12	17	23	26	41	54	81	95	100
	29~50	2	11	16	19	23	36	50	78	94	
9	1~3	10	77	93	96	99	100				
	4~10	4	45	69	81	86	94	96	99	100	
	11~14	7	35	58	66	72	84	91	98	100	
	15~28	2	20	32	40	47	69	82	95	99	100
	29~50	3	20	30	37	43	67	82	95	98	100
7~9	1~3	6	68	87	92	95	98	99	100		
	4~10	3	39	57	67	75	86	92	97	99	100
	11~14	5	30	47	57	62	74	81	92	98	100
	15~28	3	14	22	27	32	49	62	85	96	100
	29~50	2	13	20	24	29	45	60	84	95	100

小浪底水库运用前 15 年，过机含沙量小，机组引水高含沙量出现的概率很小。15 年后运用过程中，在水库调水调沙作用下，大多数时间过机含沙量较小，只是遇高含沙量洪水入库或水库发生较强烈的冲刷时，过机含沙量有较大增加，过机含沙量大于 200kg/m³ 每年主汛期一般出现 4~5 天，在这种情况下如考虑避沙峰停机，则可明显地减少主汛期平均过机含沙量，初步估计，水库正常运用期(29 年~50 年)主汛期平均过机含沙量可由不停机时的 68.6kg/m³ 降为 43kg/m³。

三、过机泥沙级配

由于泥沙的分选作用及排沙洞底孔的存在，过机泥沙颗粒往往较坝前断面平均泥沙颗粒为细。按三门峡水库汛期发电试验资料统计，过机泥沙级配与出库泥沙级配相比，粒径小于 0.025mm 的细颗粒泥沙含量增加，而粒径大于 0.025mm 的中、粗颗粒泥沙含量减少，见表2-6-6。

根据前述小浪底水库 2000 年设计水平 6 个 50 年代表系列的计算，求得小浪底坝前断面泥沙级配成果，参考三门峡水电站过机泥沙级配与坝下断面泥沙级配的差别，分析得到小浪底水电站不同运用阶段 7~9 月份过机泥沙级配情况，见表 2-6-7。从表 2-6-7 可以看出，在水库运用的前 14 年主汛期过机泥沙颗粒细，前 3 年主汛期过机泥沙颗粒更细。水库运用 15 年后，过机泥沙中值粒径为 0.021mm。

表 2-6-6　三门峡水库 1989 年 8 月 10 日至 9 月 29 日过机及坝下断面平均各粒径组沙重百分数

部位	某级粒径(mm)的沙重百分数					
	0.005	0.005～0.01	0.01～0.025	0.025～0.05	0.05～0.1	0.1～0.25
出库	19.8	7.9	26.8	29.3	15.3	1
过机	26.7	12.1	27.5	24.9	8.5	0.3

表 2-6-7　小浪底水库各运用阶段主汛期(7～9 月)过机平均泥沙级配

运用阶段(年)	小于某粒径(mm)的沙重百分数							d_{50}(mm)
	0.005	0.01	0.025	0.05	0.1	0.25	0.5	
1～3	36	55	82	97	99.5	100		0.008 4
4～10	30	48	75	92	98	100		0.011
11～14	27	44	70	90	97	100		0.013
15～28	21	32	55	80	93	99.5	100	0.021
29～50	21	32	55	81	93	100		0.021

第七节　进水口防泥沙淤堵研究与设计总结

(1)在调研和总结黄河上和国内外已建水利枢纽工程泥沙问题处理经验的基础上，经小浪底工程进水口浑水模型试验和三门峡水利枢纽水沙日调节模拟试验研究论证，最终选定小浪底泄水排沙建筑物和水电站的进水口按一字形集中分层布置方案设计，并在进水口塔群前右侧修筑引水导流墙，使在不同来流方向条件下能在坝前风雨沟内形成一逆时针向大回流，维持塔群前有一相对稳定的小漏斗流道，有利于各进水口泄流排沙排污和防淤堵目标的实现。

(2)设计采用的进水口集中分层布置，即 3 条明流洞进口处于高位，3 条孔板泄洪洞和 3 条排沙洞进口置于低位，6 条发电洞进口放在中位，并在洞群左侧设开敞式溢洪道，这样在进水口立面上形成了低、中、高的多层进口的布置形式，既可适应上层泄水、中层引水发电、下层泄洪排沙的要求，又能让各个进水口相互保护，防止泥沙淤堵；同时，对各泄水、排沙、引水建筑物，还可根据来水来沙情况进行灵活调度，以适应不同的泄流排沙运用要求。

(3)进水塔群内各进水口布置高程与来水含沙量垂线分布的特点相适应。模型试验观测资料显示，在坝前无异重流时，在表层 10～15m 水深以下和底层 10～15m 水深以上的水流区域内含沙量分布比较均匀，在表层水深 10～15m 内含沙量梯度大，在底层水深 10～15m 内含沙量急剧增大。因此，在排沙洞和孔板泄洪洞进水口底坎高程为 175m 条件下，将发电洞进水口高程布置在 190m 和 195m 以及明流泄洪洞进水口分别设在 195m、209m、225m 高程是较合理的。

(4)经多次清浑水模型试验和近几年调度运用验证，进水口导墙实现了设计要求的两个目标:①在库水位 245m 及其以下,塔群侧向进水泄流时,上游来水至坝前能顺畅地进入风雨沟形成一逆时针向大回流,塔群进水口处流态稳定,漂浮物可行至塔前排放下游;②大大改善风雨沟内流态,在排沙洞等运用配合下,塔前能长期保持一个长期相对稳定的冲刷小漏斗,一般情况下泥沙不会严重淤堵进水口,便于低位的排沙洞或孔板洞泄流排沙或排污。

(5)底孔防淤堵问题。如果底孔(指排沙洞与孔板洞)关闭,则孔口前淤积,且随着关闭时间延长可以淤得很高。但因来沙颗粒较细,易淤也易冲,据模型试验资料,在控制底孔前淤积高程不高于 190m 时,开启底孔后可立即泄流;底孔前淤积高程在 195m 时,若淤堵时间少于 4 小时,启门后仍能冲走淤沙泄流;当洞前淤沙高程接近 200m 时,单靠水流自身力量已难以冲开,需要采取冲沙设备等措施才能恢复泄流。因此,应避免进水塔群前普遍淤积超过 185m 高程的情况。不同水沙条件下应轮流开启各底孔,使进水塔前形成低平淤积面或呈锯齿状起伏淤积面,防止长时间关闭底孔而使底孔前淤积面普遍升高超过 185m 高程,尤其要杜绝淤积物固结严重的情况。否则可能造成严重的普遍淤堵,增加过机泥沙量,加重机组泥沙磨损。

(6)底孔防淤堵调度运用问题。在调度运用中,要利用埋设的监测仪器,监测底孔前淤积情况,使进水塔群低位洞口前淤沙高程控制在临界淤积面高程以下。同时应合理调度各个泄水建筑物,即在泄流 $600m^3/s$ 以下小流量时保证 $400m^3/s$ 流量发电,排沙洞或不开启或分流小于 $200m^3/s$;在泄流 600 ~ 2 $200m^3/s$ 平水流量时保证发电流量占 70%,排沙洞分流 30%;水库调水调沙与发电调峰运行相结合,在泄水流量大于 2 $200m^3/s$ 时,机组可以满发(过机总流量 $Q_{电} = 1\ 500m^3/s$),剩余流量由排沙洞泄流;流量再大,孔板泄洪洞、明流泄洪洞投入运行。汛期在小流量时,要避免排沙洞和孔板洞长时间不运用,以防洞前淤积很高和进水塔群前普遍淤高。在进水塔群为侧向进水的条件下,设计拟定的各泄水引水建筑物开门泄流顺序的基本运用原则为先左后右和先低后高,此与进水塔群前形成一个逆时针向大回流的水流流态是匹配的,对泄水孔口防淤堵和电站防沙有利。在塔群为正向进流时,开门泄流顺序原则可不变,但需加强监测,以防不利淤积形态发生。

(7)电站防沙调度运用问题。泄水建筑物按有利于电站防沙和泄水孔口防淤堵的原则进行调度运用。近坝库区冲刷漏斗水域既有利于电站防沙,又有利于泄水孔口防淤堵;而且当近坝库区冲刷漏斗容积达 0.3 亿 m^3 左右时,在汛期小水情况下(往往历时较长)有可能形成坝前异重流,而在主汛期调水调沙运用,近坝区壅水容积大于 0.3 亿 m^3 时,更易形成异重流,有利于底孔排泄异重流,届时电站引清水或细颗粒低含沙量水流发电,减免机组泥沙磨损。因此,在出库流量满足发电引水流量要求的前提下,应优先利用排沙洞下泄。

各泄水建筑物开启条数取决于水沙条件。当坝前含沙量 $\leq 150kg/m^3$ 时,发电洞过流量与排沙洞过流量关系如下:当出库流量 $Q_{出} < 400m^3/s$ 时,发电流量 $Q_{电} = Q_{出}$;当 $400m^3/s \leq Q_{出} < 572m^3/s$ 时,$Q_{电} = 400m^3/s$,排沙洞泄流量 $Q_{排} = Q_{出} - Q_{电}$;当 $572m^3/s \leq Q_{出} < 2\ 143m^3/s$ 时,$Q_{电} = 0.7Q_{出}$,排沙洞泄流量 $Q_{排} = 0.3Q_{出}$;当 $Q_{出} > 2\ 143m^3/s$ 时,$Q_{电} = 1\ 500m^3/s$,其余水量从排沙洞等其他泄水建筑物下泄。当坝前含沙量 $> 150kg/m^3$ 时,为减少泥沙过机,应适当减少开机台数。当坝前含沙量 $> 400kg/m^3$ 时,应短时避沙峰停机。

当来水流量大于电站和排沙洞总泄量时，剩余水量从其他泄水洞下泄。

小浪底水利枢纽于 1997 年截流，1999 年 10 月下闸蓄水，处于拦沙初期运用阶段，运用 8 年多水库泥沙淤积量已达 21 亿 ~22 亿 m^3。按照水库泥沙运用设计思想，小浪底水库泥沙运用遵循“拦粗排细、蓄清排浑”的水库运用方式。

为科学、合理地进行枢纽运用调度，充分发挥枢纽综合效益，设计单位编制的《小浪底水利枢纽拦沙初期运用调度规程》（以下简称《调度规程》）于 2004 年 5 月由水利部批准发布实施。小浪底水利枢纽拦沙初期运用调度应在确保枢纽安全的前提下，充分考虑水库初期运用库容大、下游河道行洪输沙能力低、黄河水少沙多及水沙不平衡的特点，按水沙联合调度原则进行枢纽调度运行。《调度规程》第十章中对枢纽防沙防淤堵调度作了如下规定：

(1) 运行管理单位应定期对进水塔前泥沙淤积面高程进行监测。坝前和进水塔前泥沙淤积面高程定义：测量断面位置为塔前 60m（小浪底库区 01 断面），用 150kg 铅鱼下放失重后，铅鱼落底高程减去 50cm，即为泥沙淤积面高程。

(2) 汛期下泄的水量，若要求全部通过发电机组下泄，可能导致进水塔前泥沙淤积。当实测塔前泥沙淤积面高程达到 183.5m 时，运行管理单位应报请水库调度单位批准，小开度短历时开启排沙洞工作闸门，以检查其进口流道是否畅通。以后可按 0.5m 一级逐步提高塔前允许淤积面高程，但最终许可值不得大于 187m。

(3) 若要求 1 条排沙洞运用时，应开启 3 号排沙洞，然后轮流开启 2 号、1 号排沙洞。多条排沙洞运用时，各排沙洞宜均匀泄水。

(4) 若因地震、水流淘刷等特殊原因造成进口冲刷漏斗边坡坍塌，导致塔前淤积高程过高而排沙洞不能泄流时，可相机启用明流洞、孔板洞泄流拉沙，必要时辅以高压水枪冲沙，以恢复泄流。

(5) 泄洪排沙时，若某条尾水渠对应的 2 台机组均停止运行，应关闭该渠末端的防淤闸门，防止黄河泥沙回淤尾水洞（渠）。

2005 年 10 月，小浪底建设管理局完成了《小浪底水利枢纽水库泥沙淤积监测专题报告》。报告对枢纽下闸蓄水以来库区基本情况、水库泥沙淤积情况、2002 ~2005 年调水调沙排沙情况进行了详细的监测，对库区泥沙淤积、坝前漏斗区淤积情况进行了分析：

(1) 2002 ~2005 年调水调沙排沙情况。从近几年水库运行来看，利用调水调沙可以有效进行库区排沙。若水库异重流运行至坝前，及时开启排沙洞，排沙比可超过 100%。如 2003 年调水调沙时，出库沙量超过了入库沙量，实测塔前泥沙淤积高程有所降低，对保持塔前“门前清”是有利的。

(2) 库区泥沙淤积初步分析结论是，截至 2005 年汛前，小浪底实测泥沙淤积量为 14.00 亿 m^3。

①库区黄河干流纵向淤积情况：2005 年汛前黄河干流淤积 12.64 亿 m^3，占该期淤积总量的 90.3%。从 1999 年下闸至 2005 年汛前，坝前 1.45km 处河底淤积高程抬升 33.8m；距坝 27.25km 处泥沙淤积最厚，厚度达 43.4m；坝前至 56.85km 处泥沙淤积均在 30m 以上，该段泥沙淤积量为 9.46 亿 m^3，占干流泥沙淤积量的 74.8%。目前，纵向坡度为 0.72‰，与 1999 年下闸蓄水前（1‰）相比，比降明显变小，坡度逐渐变缓。

②淤积形态分析:小浪底水库形态为狭长形,每年汛前库水位相对较高,三门峡水利枢纽下泄高含沙大流量水流时,泥沙易在小浪底水库形成三角洲淤积形态。从 2005 年汛前测量成果来看,库区纵向泥沙淤积仍呈明显的三角洲形态。

③库区黄河干流横向淤积:在距坝 1.45km 至 51.87km 区间,横断面仍然表现为横向平淤,干流平淤库段长达 51.87km,在距坝 51.87km 以远,河槽横断面滩槽分化明显。河床断面的横向平淤,反映了小浪底水库壅水淤积的特点。由于小浪底水库非汛期来水不来沙,全年蓄水时间较长,回水范围较大,而且库水位变化缓慢且变幅不大,汛期又易形成较大的浑水水库,其含沙量的横向分布比较均匀,因而容易形成横向平淤形式。

④淤积泥沙组成:从近 3 年汛前、汛后库区泥沙淤积颗粒中值粒径进行比较,坝前至 40.87km 处泥沙粒径均变细,泥沙中值粒径均在 0.005 ~ 0.008 2mm;距坝 40.87km 至 60.51km 之间泥沙中值粒径无明显粗细的规律,但泥沙中值粒径都在 0.01 ~ 0.02mm;距坝 60.51km 以上泥沙粒径明显变粗,泥沙中值粒径都在 0.01 ~ 0.03mm。

(3)坝前漏斗区淤积分析:坝前漏斗区指坝前冲淤发展最终的漏斗区可能的最大范围,即距坝约 4.2km 范围内。

①漏斗区纵向淤积形态:从漏斗区纵向河底平均泥沙淤积高程可以看出,漏斗区河床基本处于平淤状态,河床淤积高程在 179.6 ~ 181.3m,变幅不大,纵向坡度为 0.39‰。

②塔前 01 断面淤积情况:塔前 01 断面(距进水塔 60m)是观测重点。该断面泥沙淤积高程直接关系到泄水孔洞闸门安全。从近几年观测成果来看,2003 ~ 2004 年塔前平均淤积高程上升 0.48m,2004 ~ 2005 年塔前平均淤积高程上升 2.19m;2003 ~ 2004 年坝前平均淤积高程上升 0.98m,2004 ~ 2005 年坝前平均淤积高程上升 1.83m。塔前和坝前淤积高度均在不断抬升。塔前 01 断面距起点 600 ~ 900m 范围内,2003 ~ 2005 年其横向坡度分别为 0.92%、0.83% 和 0.7%。随着塔前和坝前泥沙淤积的逐渐抬升,塔前 01 断面进水塔范围内横向坡度有所变缓,但目前塔前淤积高程控制在安全范围内(183.5m 以下),排沙洞闸门启闭是安全的。

通过以上水库泥沙淤积监测资料分析得到以下结论:

(1)截至 2005 年汛前,小浪底库区淤积泥沙 14.0 亿 m^3,尚处于拦沙初期运用阶段。

(2)库尾淤积三角洲洲顶位置变化主要取决于库水位高低、库水位变幅及水库运用方式。当库尾段冲淤时,三角洲顶位置会在汛期和非汛期发生不同方向的变化,其主要与来水、来沙及水库运用方式有关。

(3)塔前泥沙淤积高程的变化取决于泄洪洞的运用情况。从小浪底水库每年浑水发生与消失的时间长短来看,坝前漏斗区泥沙沉积主要集中在 9 月下旬到 10 月份,如果此时能及时排出这部分浑水,将会有效地抑制坝前河底泥沙淤积高程的抬升。当异重流运行到坝前或形成浑水水库时,宜适时启用排水洞泄流。

(4)利用异重流排沙是减少水库淤积,延长水库有效使用寿命的重要手段。为长久保持水库有效库容,如条件许可,应掌握排沙时机降低库水位进行冲沙。

(5)目前漏斗区范围内(4.2km)纵向坡度较缓,尚没有明显的漏斗形成,仅在坝前和塔群前横向形成长约 200m、宽约 1 000m 的漏斗雏形。

第三章　进水塔群主要结构问题的研究与设计

小浪底坝址实测多年平均含沙量40kg/m³ 左右,汛期瞬时最大含沙量941kg/m³;进水塔群最大淹没水深100m,运行期水位变幅达70m,所处场地狭窄,地震基本烈度Ⅶ度,且有可能遭遇水库蓄水后产生的诱发地震,加之复杂的自然环境和相对较差的地质条件等,均给进水塔群设计提出了诸多技术难题。

塔高93~113m,塔长52.8~70m,塔宽15.5~48.3m,前缘总宽275.4m,塔体下部设有孔口尺寸为3.0m×5.0m到5.6m×18.0m或直径为12.5m的流道和多种叉管,四种类型的10座进水塔相间排列紧密相靠呈一字形集中布置,结构体形、受力条件十分复杂,从而形成以下一系列结构设计问题:进水塔抗倾覆稳定和结构抗震问题;以发电塔为代表的大体积复杂结构的温度应力和温度控制问题;发电排沙洞进口上、下两层重叠布置,中间夹水平廊道层,水平流道并联、六合一叉管、闸门井和水平流道、廊道交叉的结构设计问题;水头达80m,工作门总水推力达75 950kN、大孔口弧门闸室段结构设计问题;高水头复杂门井结构设计问题;孔板塔后预留临时竖向施工交通井等结构设计问题。

为解决上述结构设计问题,同时开展了下列研究和试验工作:

(1)进水塔塔型和总体布置优化;

(2)孔板塔、发电塔、1~3号明流塔三维有限元整体静动力分析和孔板塔抗震动力模型试验;

(3)发电塔195m高程以下、210m高程以下两部分结构的三维有限元计算;

(4)孔板塔后增设临时竖向施工交通井三维有限元计算;

(5)1、2号明流塔三向光弹试验;

(6)对10座进水塔采用平面有限元法和结构力学法进行结构计算;

(7)发电塔、孔板塔、1~3号明流塔施工期及运用期三维温度场和结构温度应力仿真计算。

第一节　发电塔重叠交叉孔口结构研究与设计

一、发电塔重叠交叉孔口结构布置及特点

小浪底工程的泄洪排沙、供水、灌溉发电的16条隧洞集中布置在枢纽左岸,16条洞的进口及其10座进水塔均位于大坝上游风雨沟口左侧,其中,3条孔板洞、3条明流洞和1条灌溉洞的进水口采用“一洞一塔”布置,6条引水发电洞与3条泄洪排沙洞进口分设在3座发电塔内,即采用“三洞一塔”(简称发电塔)布置,1、2、3号发电塔分别位于1、2号孔板塔、2号孔板塔2号明流塔、3号孔板塔3号明流塔之间,1、2号发电塔内的1、2号发电洞和3、4号发电洞的进口高程为195m,3号发电塔内的5、6号发电洞的进口高程为190m,分别设在1、2、3号发电塔内的1、2、3号排沙洞进口高程均为175m。发电塔是进水塔塔群中功能最多、体形最大、结构最为复杂的进水塔。

发电塔顺流向体形呈L形(见图3-1-1、图3-1-2),塔高112.3m。210m高程以上为井

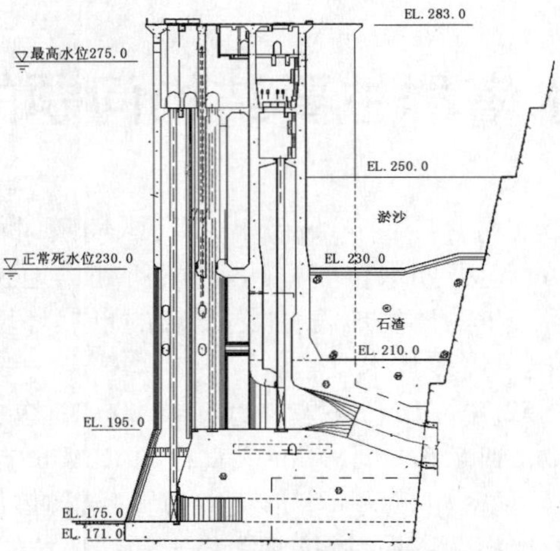

图 3-1-1　1、2 号发电塔发电洞进口纵剖面图

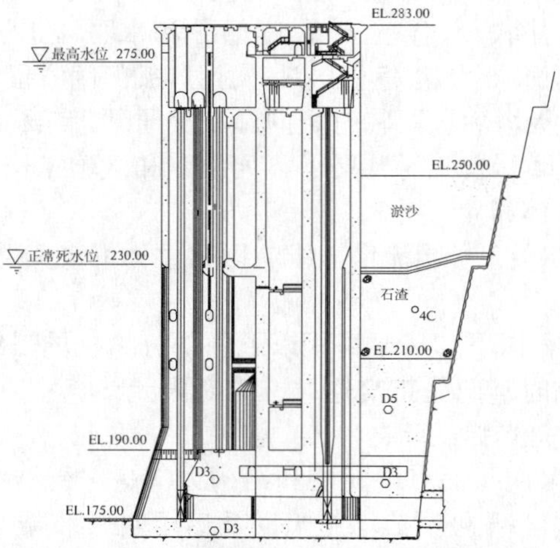

图 3-1-2　3 号发电塔排沙洞进口纵剖面图

筒部分，由 6 个排沙进口检修闸门井、6 个副拦污栅井、2 个发电洞事故闸门井、2 个楼梯电梯井、2 个排沙进口事故闸门井共 18 个井筒组合而成，平面上呈四排六列（见图 3-1-3）阶梯形，平面最大尺寸 44. 3m × 42. 0m（横向塔宽 × 顺水流向长）；210m 高程以下为 2 条发电洞与 1 条排沙洞各 6 个进水口流道层，上层为发电进口流道，下层为排沙洞引水流道。两层流道上下重叠，高差 15 ~ 20m，层间布置有纵横交错的水平廊道。塔的基础平面尺寸 48. 3m × 60m（横向塔宽 × 顺水流向长），1、2 号发电塔混凝土 15. 2 万 m^3，3 号发电塔 14. 8 万 m^3，下部流道部位的混凝土量占整个塔的 42%。

发电塔最高运用水头 100m，水位最大变幅 70m，为节省混凝土和排出塔后高边坡内排水暗管的渗水，在塔筒下游混凝土顶面高程 210m 以上回填 20m 厚石渣，预计运行后期淤沙高程为 254m。

（一）发电洞进水口流道层

发电洞进口流道层结构指塔体 195（190）~ 230m 高程间部分，其顺水流向分为拦污栅段、通仓段、事故门前喇叭段、事故门后渐变段和圆洞段。

进口拦污栅段为墩墙结构，墩高达35m（1、2号）和40m（3号），墩厚2.9m，顺水流向长15.3m，墩墙上依次布置有排沙洞进口检修门槽、发电洞主拦污栅槽、压污机槽和发电洞副拦污栅兼检修闸门槽。主拦污栅孔口尺寸为4m×35m（1、2号）和4m×40m（3号）。通仓段位于拦污栅段下游，顺水流向长4.6m，高33m和38m。为增加拦污栅墩墙地震时的纵横向稳定性和加强前后塔之间的整体性，在主拦污栅墩墙中部，横向加两层、纵向加一层支撑大梁。2扇发电洞事故门位于喇叭段进水口与矩变圆渐变段之间，门孔尺寸5m×9m。2条发电洞事故门及渐变段流道之间是楼梯、电梯井和排沙进口事故门井（见图3-1-4）。圆洞段直径7.8m，洞中心间距26.0m，1、2号发电塔圆洞段为“龙抬头”布置，3号发电塔内则为“水平直线”布置。

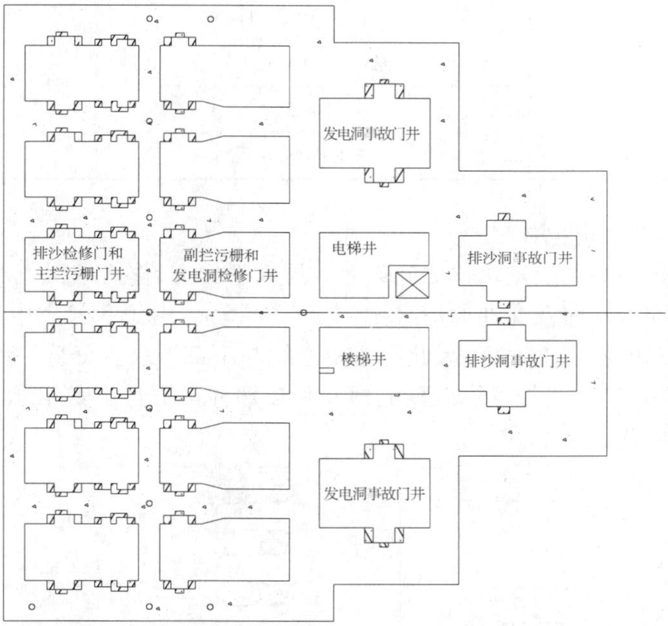

图3-1-3　230m高程以上平面图

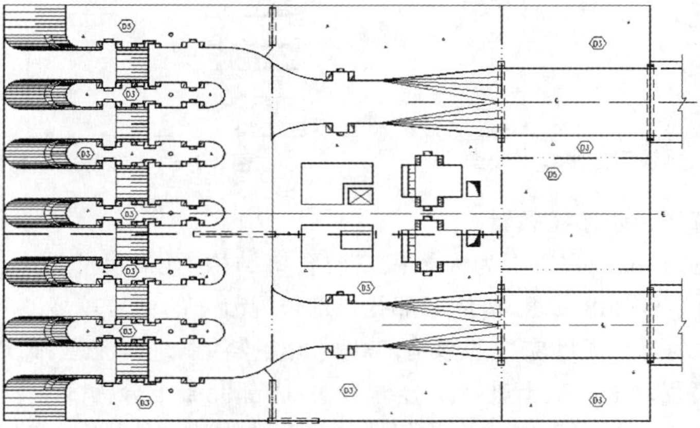

图3-1-4　发电洞进水口平面图

（二）排沙洞进口岔管层

排沙洞 6 个喇叭形进水口高程在 175.0～181.3m，6 扇 3.5m×6.3m 平板检修闸门和 2 扇 3.7m×5.0m 平板事故闸门分别布置在 0+004.85m 桩号、0+035.25m 桩号处，工作门位于排沙隧洞下游出口处。6 个排沙进水口流道在塔内经 6 合 4、4 合 2、2 合 1，在平面上形成三级曲线岔管（见图 3-1-5），孔高 5.0m，岔管处孔口宽在 7.4～8.4m，最后以 1 个 6.7m×5.0m 的孔口进入塔后山体，再渐变为圆形断面（见表 3-1-1）。

表 3-1-1　　排沙洞进水口岔管孔口尺寸

岔管级	孔口数量	孔数—孔口跨度（m）×高度（m）	闸墩末端桩号
1	4	2—3.5×5.0	0+14.095
1	4	2—7.39×5.0	0+14.095
2	2	8.35×5.0	0+19.581
3	1	7.83×5.0	0+51.125

（三）廊道层与交通竖井

在发电洞和排沙洞两层进水口之间设有一层水平廊道，作为塔群下部布设观测、闸门充水平压和高压冲沙管路及交通通道之用（见图 3-1-6）。由于 3 号发电塔的平压廊道兼作混凝土结构并缝的施工交通道，因此廊道中心线与下部混凝土分缝一致，其平面布置为不规则形状（图 3-1-7）。此外，经廊道、电梯井和楼梯井可通达上部塔顶。廊道采用现浇和预制两种结构形式。

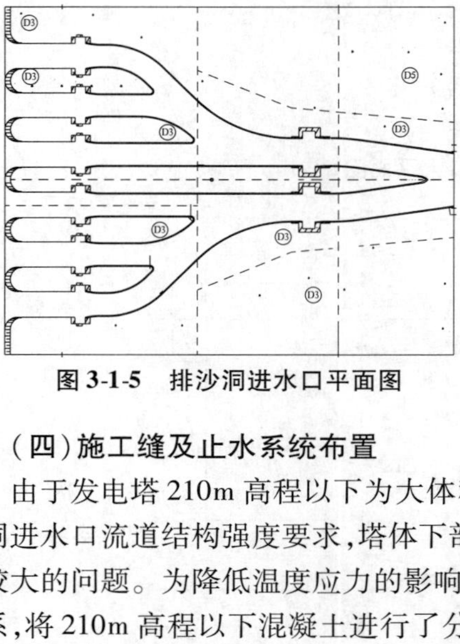

图 3-1-5　排沙洞进水口平面图

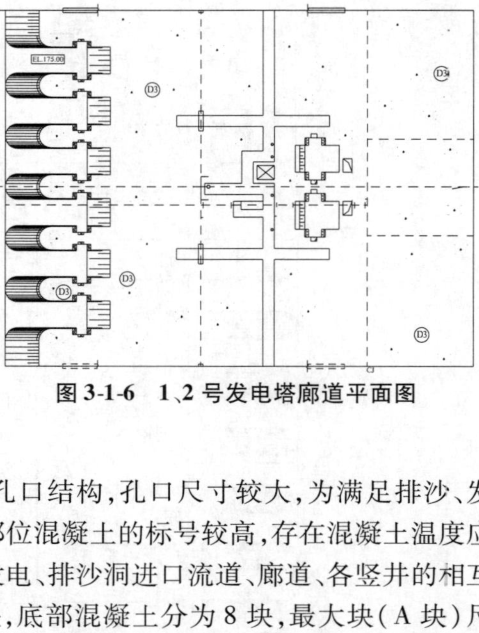

图 3-1-6　1、2 号发电塔廊道平面图

（四）施工缝及止水系统布置

由于发电塔 210m 高程以下为大体积三层孔口结构，孔口尺寸较大，为满足排沙、发电洞进水口流道结构强度要求，塔体下部孔口部位混凝土的标号较高，存在混凝土温度应力较大的问题。为降低温度应力的影响，考虑发电、排沙洞进口流道、廊道、各竖井的相互关系，将 210m 高程以下混凝土进行了分缝分块，底部混凝土分为 8 块，最大块（A 块）尺寸为 26.6m×25.9m（见图 3-1-8）。为保持分缝后结构的整体性，施工缝面设键槽、增加跨缝钢筋，并进行接缝灌浆。

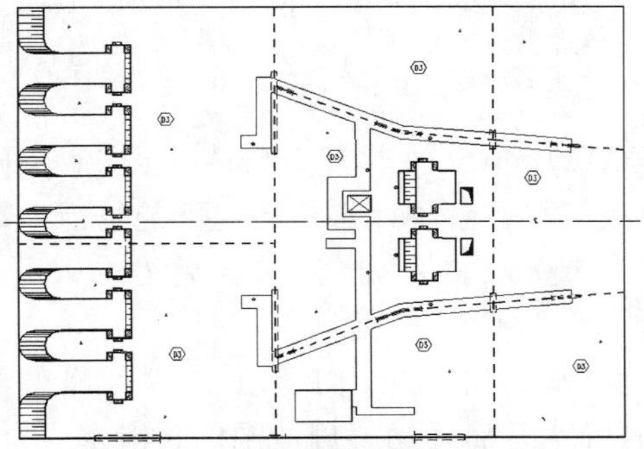

图 3-1-7　3 号发电塔廊道平面图

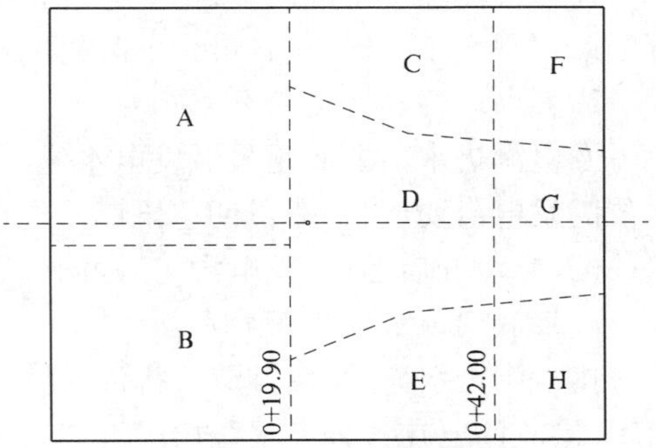

图 3-1-8　底板分块编号

塔间缝、塔内纵横向施工缝处及廊道衬砌周围设置了止水，形成封闭的防渗止水系统。

（五）发电塔孔口结构的主要特点

3 条两种功能隧洞的进水口组合在 1 座发电塔下部大体积混凝土内，其结构具有上下流道重叠体形曲线变化、孔洞与竖井交叉、施工缝纵横交错、洞口跨度大、结构布置紧凑、运用水头高、水位变化幅度大，以及结构体形、受力条件复杂等特点。同时还存在施工期和运用期复杂的温度应力问题。

二、发电塔进口流道结构研究的主要任务

发电塔进水口流道结构研究的主要任务：①分析影响控制孔口应力的设计运用条件和主要因素；②研究孔口应力分布特征和规律，评价结构体形的合理性；③论证接缝灌浆的必要性和是否会引起孔口的挤压破坏；④进行孔口配筋设计；⑤根据施工和运行观测成果对进水塔孔口结构设计作出综合评价。

三、设计标准和基本资料

（一）结构设计标准

小浪底工程为大(1)型工程，进水塔群为Ⅰ级建筑物，按千年一遇洪水设计，万年一遇洪水校核，地震水平峰值加速度为 0.215g。进水塔在设计基准期内，能够承受正常情况下出现的各种荷载作用并具有良好的工作性能；在正常维护情况下具有足够的耐久性；遭遇设计条件内的偶然事件时，仍能保持整体稳定。塔体允许裂缝，要求缝宽小于 0.2 ~ 0.25mm，但不允许有贯穿性裂缝。

（二）发电塔进水口运用条件

1. 水库运用要求

小浪底水利枢纽分三期运用，即拦沙初期、拦沙后期和正常运用期。水库最高正常蓄水位 275m，最低运用水位一般不低于 210m。

水库泥沙淤积量达到 22 亿 m^3 以前为拦沙初期；坝前滩面高程至 254m 为拦沙后期；坝前滩面淤积高程达 254m 以后为正常运用期，水库采用蓄清排浑运用，并利用滩面高程以下槽库容进行调水调沙运用。

库水位非连续下降时，日最大下降幅度不大于6m；库水位连续下降时，一周内最大下降幅度不得大于25m，且日最大下降幅度不得大于5m。

2. 发电洞进水口运用要求

发电洞进水口要满足最低发电水位（1～4号洞210m、5～6号洞205m）以上各种不同水位的发电需要，包括非汛期与汛期。进水口事故门要在各种库水位情况下能灵活地动水关门、静水开启运用，发电洞、排沙洞检修水位为260m。拦污栅允许水位差为4.0m。

3. 排沙洞进水口运用要求

排沙洞进水口要具有调水、排沙、排污及宣泄洪水的功能，工作门允许在动水条件下启闭，事故门要在各种库水位情况下能动水关门、静水开启运用。排沙洞停止泄水时，由洞末端的工作闸门挡水，汛期关闭事故闸门挡水，以防泥沙入洞。每洞进口的2扇事故闸门应同时启闭。在事故门处于挡水状态下，启用排沙洞时，应先向事故闸门后充水平压，而后开启事故闸门，再开启工作闸门。排沙洞进水口检修闸门必须在与其对应的上部两条发电洞不引水发电时才能启闭。

（三）混凝土材料选用与施工控制标准

设计对混凝土的强度、抗渗性、抗冻融性和最大骨料粒径、最大水灰比提出的要求见表3-1-2，对混凝土最高温度和浇筑层厚度限制要求见表3-1-3。

表3-1-2　　发电塔混凝土设计指标

混凝土代号	最小抗压强度（MPa）	抗渗等级	抗冻等级	骨料最大粒径（mm）	最大水灰比
A1	70（28d）	W6	F50	40	0.3
C4	30（90d）	W6	F50	80	0.5～0.55
D2	25（28d）	W6	F50	40	0.5～0.55
D3	25（28d）	W6	F50	80	0.5～0.55
D5	25（90d）	W6	F50	150	0.5～0.60
E1	15（28d）	W6	F50	80	0.5～0.60
E2	15（28d）	W2	F50	150	0.5～0.60

表3-1-3　　发电塔混凝土最高温度和浇筑层厚度限制要求

高程（m）	最高温度（℃）	最大层厚（m）	层间最小时间间隔（d）
171～175	28	1.5	7
175～183	28	2.0	10
183～195	32	1.5	7
195～283	37	3.0	10

设计采用的计算参数为，混凝土：弹性模量28.5GPa，泊松比0.167，容重24kN/m^3，热膨胀系数1×10^{-5}；岩石材料：弹性模量8.0GPa，泊松比0.25，容重26.2kN/m^3，热膨胀系数0.8×10^{-5}。

（四）荷载及荷载组合

作用于孔口结构上的荷载主要有：上部结构对下部结构的作用，下部结构重量，静水压力，浮托力，基础反力，缝面的渗水压力，塔后回填石渣和淤沙压力，施工、运行期的温度荷载和地震惯性力。

作用于孔口结构的荷载按长期和偶然发生情况，分为基本荷载和特殊荷载。

1. 不同含沙量的水容重选用

进水塔前的水容重因水库运用方式不同而随深度变化，计算水压力荷载时，根据设计工况选用（见表 3-1-4），计算浮托力时，水容重按 10kN/m^3 考虑。

2. 塔基础反力荷载的选用

用拟静力法计算的塔基础应力成果表明，发电塔在地震和库水位骤降工况下基础上游边缘的压应力最大，下游边则在泄高含沙洪水时应力最大。在进行塔基流道底板的结构计算时，要考虑其基础应力与浮托力叠加（见表 3-1-5）。

表 3-1-4　　进水塔设计洪水标准及相应水容重

水位情况	运用条件	水位(m)	含沙量(kg/m^3)	水容重(kN/m^3)
设计水位	设计洪水位	274.0	69	10.55
	汛限水位	254.0	400	11.7～13.3
	正常蓄水位	275.0	0	10.0
	检修水位	260.0	0	10.0
	正常死水位	230.0	400	11.7～13.3
	初期运用	205.0	0	10.0
校核水位	校核洪水位	275.0	56	10.35
	特大沙峰洪水位(校核)	251.0	941	15.0～16.7
	非常死水位	220.0	400	11.7～13.3

表 3-1-5　　发电塔基础应力和基础荷载　　（单位：MPa）

序号	运用工况	基础应力		基础荷载	
		上游边	下游边	上游边	下游边
1	正常蓄水位	0.583	1.007	1.623	2.047
2	完建后未蓄水	1.096	1.716	1.096	1.716
3	检修水位	0.732	0.962	1.622	1.852
4	正常蓄水位＋上倾地震	1.429	0.159	2.469	1.199
	正常蓄水位＋下倾地震	0.400	1.001	1.440	2.041
5	库水位骤降(调水调沙)	1.422	0.034	2.462	1.074
6	库水位 251m＋泄高含沙水	0.331	1.797	1.131	2.597

注：上倾地震、下倾地震分别为地震方向指向下游和上游，即塔体的地震惯性力分别指向上游和下游。

3. 运行期孔口边界温差变化值的选用

小浪底坝址位于温和地区，年平均气温13.6℃，平均气温1月为-0.4℃，7月为26.2℃。考虑气温和水库运用对库水温度和井筒内空气温度的影响，选用变温12~13℃作为运行期孔口温度应力计算边界条件，并根据小浪底水库采用拦沙、调水调沙和蓄清排浑运用，汛期库水位低、库水温度高，非汛期库水位高、库水温度低以及库水温度变化幅度大的特点，采用三维有限元法进行了运行期温度场专题分析研究。

4. 荷载组合与计算工况的确定

除考虑正常蓄水位、设计洪水位、校核洪水位、工程完建期各种不利条件下的荷载组合外，针对黄河高含沙水流的特点和调水调沙运用方式，增加了浑水位、库水位骤降条件下的荷载组合与计算工况。考虑排沙洞进水口检修门关闭后，流道内无水情况，流道温度变化影响，选择变温与关闭其检修门情况下的荷载组合。详见表3-1-6。

表3-1-6 **荷载组合**

荷载组合	计算工况		状态		荷载									
			库水位(m)	关闭的闸门	自重	缝渗水压力	扬压力	塔后岩体抗力	石渣压力	淤沙压力	风荷载	浪压力	地震荷载	温降
基本组合	1	正常蓄水位	275	工作门	√	√	√	√	√	√	√	√	—	—
			275	事故门	√	√	√	√	√	√	√	√	—	—
	2	完建后未蓄水	—	—	√	—	—	√	√	√	√	√	—	—
特殊组合	3	检修期水位+变温	260	检修门	√	√	√	√	√	√	√	√	—	√
	4	正常蓄水位+地震	275	事故门	√	√	√	√	√	√	√	√	√	—
	5	调水调沙	275→230	事故门	√	√	√	√	√	√	√	√	—	—
	6	泄高含沙洪水	251	工作门	√	√	√	√	√	√	√	√	—	—

四、计算模型与计算方案设计

针对发电塔塔型、不同特征水位、不同塔间缝渗透压力、不同塔背抗力系数、不同的温度变化组合，进行了下列研究工作。

（一）确定计算模型和研究对象

（1）取结构所在部位局部简化模型采用结构力学法、平面有限元法、局部三维有限元法进行结构计算。

（2）取1、2号发电塔195m高程以下[简称模型（一）]三维有限元模型，主要对排沙洞进水口岔管进行结构计算及其敏感性分析。塔基础计算范围：上下游方向，向塔基外分别延长40m和60m，即近一倍塔基础长度；左右方向，考虑邻塔宽度都是20m，向塔基外各延长20m，即近0.5倍塔基础宽度；基础以下深取60m。由于计算结构左右向以塔中心线为对称轴，所以取结构的一半利用对称边界条件进行分析。

(3)取3号发电塔210m高程以下[简称模型(二)]三维有限元模型,研究对象包括发电洞、排沙洞进水口、廊道、竖井和施工分缝。计算范围取3号发电塔210.0m高程以下全部塔体,其余同模型(一)。

(二)三维模型计算方案设计

1.塔间缝渗水压力对孔口结构应力的影响

为研究塔间缝渗水压力对孔口应力的影响,利用模型(一)对比不计渗压(工况1、3、7、10)和计入50%渗压(工况2、4、8、11)2种情况,为分析2种渗压对结构应力的影响,让上述2组中的各4个工况其他条件一一对应,完全相同。

利用模型(二)对比了187m高程以下缝内渗水压力按50%、上部按100%计入(计算工况1、2、4、11),以及计入缝内全部渗水压力(计算工况5、6、7、9)和接缝灌浆质量好、且相邻塔下部完全接触(计算工况10)3种情况。

通过上述两个模型多种计算的情况对比,可以互验其计算结果的差别、以便确定渗压的影响范围和程度以及需要采取的对策。

2.塔内施工缝对孔口应力的影响

为研究塔内施工缝对孔口应力的影响,设计了两组计算方案,利用模型(二)来进行研究。一组计算方案是假设施工缝缝单元的弹性模量为实际值,$E=28.5\mathrm{GPa}$,另一组则考虑施工缝的影响,缝单元按2cm厚考虑,取其弹性模量为$\frac{1}{200}E$。

通过模型(二)对塔内施工缝的研究,也可了解施工缝对孔口结构整体性的影响程度和用有限元模拟施工缝进行计算是否合理有效。

3.预测温度变化对孔口应力的影响

为研究孔口结构在施工期和洞内检修期的温度应力,根据预测的温度变化按以下三组工况进行计算,前两组利用模型(一)完成,第三组用模型(二)来完成。

(1)排沙洞进水口流道的施工期温度应力:流道顶板封顶后底板温度$T_m=30℃$、墩墙$T_m=32℃$、顶板$T_m=36℃$,经过两年后混凝土底板温度降低到9℃、墩墙和顶板温度降低到10℃,最大温差26℃。

(2)排沙洞进水口流道冬季检修温度应力:流道经过夏季排沙运用后到冬季检修门关闭检修,内部气温由17℃降到5℃,最大温差12℃。

(3)排沙洞进水口流道在冬季检修与温变工况下结构的应力叠加:假设整个模型初期温度13.6℃,变温后,流道及临水面混凝土均为7℃。孔底板中心、墩中心、墙中心及楼梯井表面的温度均为17℃,大体积混凝土中心区温度20℃,岩体边界到混凝土中心区的1m范围内的温度梯度6.4℃/m。计算的温度应力成果折减0.65倍后与260m库水位时检修工况下的应力叠加。

(三)1、2号发电塔三维模型计算工况组合及边界条件

1.计算工况与荷载组合

根据前面设计的计算方案,模型(一)共有13种计算工况,见表3-1-7。

2.边界条件

(1)195m高程以上结构对下部结构作用、邻塔作用。195m高程以上塔体传递下来的荷载对下部结构作用和邻塔基础荷载，要同时考虑垂直力和水平剪力，这些力由拟静力法计算得出（见表3-1-8）。

（2）对称边界。对于对称结构的对称荷载如自重、水压力、扬压力、纵向地震惯性力等，利用对称边界条件进行分析，此时结构对称轴上的边界采取水平约束。

对于对称结构的反对称荷载如横向地震惯性力、横向地震动水压力等，利用结构对称轴上的反对称边界条件进行分析，此时结构对称轴上的边界条件采取水平移动、竖向约束。按线性分析的叠加原理，对任意的非对称荷载可以分解成对称和反对称两部分，分别计算，然后叠加。

（3）塔基础岩体。基岩四周边界假定为垂直向可以自由变位，水平向受到约束。对于横向地震反对称荷载情况，则假定基岩水平方向可以自由变位，垂直方向受到约束。对于底部基岩则全采用固定边界。

表3-1-7　　1、2号发电塔三维（模型一）计算工况与荷载组合

工况编号	工况特征	库水位（m）	过流状态	关闭的闸门	地震荷载组合系数	温度荷载组合系数	缝内渗水压力取值系数	备注
1	泄高含沙洪水	251	过水	工作门	—	—	0	
2					—	—	0.5	
3					—	—	0	
4					—	—	0.5	
5	检修期水位	260	无	检修门	—	—	0.5	
6					—	—	0.5	
7					—	—	0	
8					—	—	0.5	
9	正常蓄水位+地震	275	无	事故门	1	—	0.5	地震惯性力指向下游
10					1	—	0	地震惯性力指向下游
11					1	—	0.5	地震惯性力指向下游
12	变温	—	—	—	—	1	0	施工期：最大温差26℃
13					—	1	0	运行期：最大温差12℃

表3-1-8　　195m高程以上结构及邻塔作用　　（单位：MPa）

发电塔运用工况	195.0m高程以上对其下部的作用			邻塔作用于171.0m高程平面上的荷载		
	$\sigma_{上游侧}$	$\sigma_{下游侧}$	τ	$\sigma_{上游侧}$	$\sigma_{下游侧}$	τ
260m库水位检修期	-2.500	-1.122	0.073（指向上游）	-0.959	-1.292	0.148（指向上游）
251m库水位泄高含沙洪水	-2.060	-1.357	0.151（指向下游）	-0.804	-1.457	0.103（指向下游）
275m正常蓄水位+关门+地震	-1.598	-1.941	0.107（指向下游）	-0.522	-1.097	0.202（指向下游）

注："-"为压力。

3. 计算模型及规模

计算模型（一）有限元分析采用美国IRM系统IGDS软件。

计算模型节点数5 003个、块单元3 676个、单元总数3 828个、杆单元152个。

（四）3号发电塔三维模型计算工况荷载组合及边界条件

1. 计算工况及荷载组合

在模型（一）计算的基础上，进一步优化了模型（二）计算方案的设置。计算仍以275m、260m、251m三种库水位条件，补充了缝内渗水压力取100%，温度应力计算时考虑了混凝土徐变的影响。研究：①210m高程以下排沙洞、发电洞孔口结构和竖井井壁等部位拉应力区的分布特征；②在取50%和100%缝面渗水压力情况下，分析其对排沙洞进水口、发电洞孔口拉应力的影响；③施工缝模拟单元（2cm厚）对孔口拉应力的影响；④在拟定运行期温差（13℃）条件下，排沙洞、发电洞孔口温度应力区的分布特征。共安排了11组不同荷载组合的计算方案，其中方案11是考虑混凝土徐变的影响，用工况8计算的温度应力的65%与检修水位工况1的应力叠加（见表3-1-9中的最下面一行）。

表3-1-9　　3号发电塔三维（模型二）计算方案

工况编号	工况特征	库水位（m）	流道状态	关闭闸门	施工缝弹模	地震荷载组合系数	温度荷载组合系数	缝内渗水压力取值系数（187m以下/187m以上）	备注
4	泄高含沙洪水	251	充水	工作	E	—	—	0.5/1.0	
9					E	—	—	1.0/1.0	
10					E	—	—	0.5/1.0	塔两侧水平约束
1	检修期水位	260	无	检修	E	—	—	0.5/1.0	
2					$E/200$	—	—	0.5/1.0	
3					E	—	—	1.0/1.0	
5	正常蓄水位+地震	275	无	事故	E	1	—	1.0/1.0	地震惯性力指向上游
6					$E/200$	1	—	1.0/1.0	地震惯性力指向上游
7					E	1	—	1.0/1.0	地震惯性力指向下游
8	变温	—	无	检修	—	—	1	—	最大温差13℃
11					E		1	0.5/1.0	

2. 边界条件

（1）边界约束与模型（一）基本相同。

（2）石渣与淤沙荷载。塔井下游侧210m高程以上石渣与淤沙传下的荷载，按$q=0.4$MPa考虑。

（3）施工缝面上作用的缝隙水压力。由于0+19.9m桩号后的6块顺水流向施工缝在183.7m高程上下不完全对应，所以要考虑如下部位：0+19.9m桩号前（顺水流向高程介于171～190m、垂直流向0+19.9m桩号施工缝缝面，高程介于171～210m）；0+19.9m～0+42.0m桩号之间施工缝缝面（高程介于190～183.7m、183.7～171m之间两部分）；0+42.0m～0+61.0m桩号之间施工缝缝面（高程介于210.0～183.7m、183.7～171m之间两部分）。

（4）210m高程以上结构传下的荷载及邻塔的作用。

同模型（一）一样，210m高程以上结构传下的荷载和邻塔的作用由拟静力法计算得出。

3. 计算模型及规模

模型(二)采用SAP3A 软件。为提高精度,计算采用双精度。为减小计算工作量采用分块解法进行劲度矩阵分解和方程组求解。

有限元模型总单元数为 8 158 个,节点数在塔背与岩体完全接触时为 9 260 个,塔背与岩体分离时为 9 435 个。

(五)结构简化模型计算

结构简化模型具有目标明确、计算规模小、灵活速度快的特点,计算工况除三维所考虑的 3 种特征水位外,进出口剖面还补充正常蓄水位与地震组合、水库水位骤降工况。各部位计算方案概述如下。

1. 排沙洞进水口流道

分别在排沙洞进水口检修门前后、三道岔管部位、排沙洞进水口事故门前后共 7 个控制部位(见图 3-1-9),取顺水流向单位长度的垂直流向竖断面,按倒置深梁和平面有限元进行计算。对 6 孔进口处断面还按杆系倒框架结构,并考虑刚域、计入剪切变形和不计剪切变形进行了分析。

2. 发电洞进水口流道

发电洞进水口渐变段与排沙洞进水口事故门槽相邻部位混凝土厚仅有 2.4m 左右,为此取排沙进口事故门槽 0 + 35.025m 桩号横向剖面,用平面有限元法计算,渐变段以后按坝内圆形孔口进行计算(见图 3-1-10)。

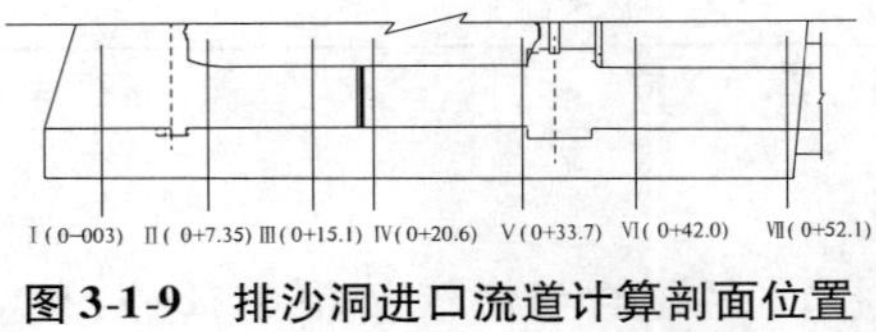

图 3-1-9　排沙洞进口流道计算剖面位置

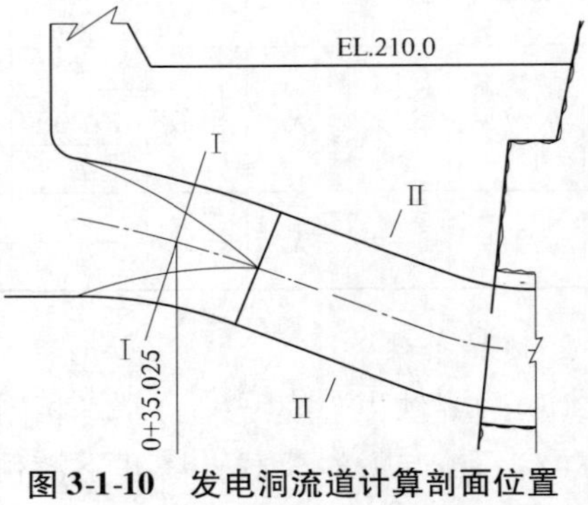

图 3-1-10　发电洞流道计算剖面位置

3. 拦污栅墩

中墩厚 2.9m,顺水流向长 15.3m,拦污栅墩上布置有排沙洞进水口检修门槽、压污机槽、主拦污栅门槽、副拦污栅门槽(兼发电洞检修门槽),拦污栅闸墩按拦污栅淤堵和发电洞检修门挡水来设计。

4. 廊道

廊道分别按现浇和预制两种结构进行计算。对现浇廊道与排沙洞事故门井相邻的结构薄弱部位以及边界条件复杂的部位用平面有限元进行了分析。预制廊道设计中除考虑施工期混凝土荷载外,还考虑了不同库水位时的渗水压力和局部灌浆压力,预制廊道交叉部位按三维有限元进行结构计算和配筋。

5. 闸门槽槽颈

进水口的闸门槽槽颈结构，在关门挡水期间处于受拉状态，按抗裂进行设计，并考虑槽颈上下游结构的影响。水头高达100m的排沙洞进水口事故门处结构非常单薄，水头高达80～85m的发电洞进水口检修闸门下游闸墩长度非常有限，都是设计重点关注的部位。

6. 竖井井壁

排沙洞进水口事故门井、楼梯井、电梯井在两条发电洞进口段之间，平剖面呈“田”字形，上游井壁最大厚度2.8m，侧向井壁不规则，挡水期间承受最大水头达85m，因此在井筒底部取单位高度并拟出其水平简化断面，按平面有限元计算应力和配筋。

7. 接缝灌浆挤压破坏分析

采用平面有限元模型即选取进水塔群230m高程以下塔体的0+10.15m、0+22.25m桩号处两个典型横剖面进行计算分析。

五、孔口结构应力研究的主要成果

(一)影响孔口应力的水库特征水位及运用条件

排沙进口检修门上游(0-06.00m～0+04.85m桩号)底板、边墙和边孔胸墙，发电进口喇叭段上游胸墙、边胸墙，结构应力主要受3种工况控制：即275m库水位关门挡水+地震、调水调沙期间库水位由275m骤降到230m及建成无水。

排沙发电洞进水口检修门至事故门后流道孔口应力主要受2种工况控制：260m库水位检修门关闭挡水和251m水位高含沙量泄洪。

排沙发电洞进水口事故门后流道孔口应力主要受275m库水位关门挡水+地震和251m水位高含沙量泄洪两种工况控制。

(二)主要部位的应力分布特点

1. 排沙洞进水口流道孔口

排沙洞进水口流道孔口应力成果按模型、部位、孔顶和孔底分别进行整理，模型(一)计算结果见表3-1-10，模型(二)计算结果见表3-1-11，平面有限元计算结果见表3-1-12、表3-1-13。

控制工况251m库水位计入塔间缝50%渗压水头时的孔口应力分布图如下：图3-1-11是排沙洞进水口流道检修门后0+7.85m和第一道岔管处0+15.1m桩号断面的应力分布；图3-1-12分别是两个三维模型在排沙洞进水口喇叭段0+4.85m、0+7.85m桩号剖面的应力分布；图3-1-13和图3-1-14是两个三维模型在排沙洞进水口孔顶和孔底上的主应力和环向应力σ_y分布图。

从这些图中可以看出，三种模型得出的应力变化规律基本一致，排沙洞进水口孔顶、孔底及发电洞进水口上游底坎部位均处于受拉状态。在外部荷载作用下，排沙洞进水口流道顶底板拉应力分布具有“孔顶处大孔底小、边孔大中孔小、岔管处大其前后小、环向拉应力σ_y最大”的特点，在流道充水承受内水压力时，孔口应力则又具有“拉应力小而深”和在检修期间“拉应力大而浅”的特点。排沙洞进水口岔管部位虽然水平向跨度大，但墩头的空间作用和两侧的混凝土厚度、刚度大，限制了孔口的横向变形，因此混凝土岔管方案是安全可行的。

表 3-1-10 排沙洞进口表面环向最大拉应力(模型(一)) (单位:MPa)

孔顶或孔底	水位(m)	缝面无渗压(工况1、7、10)			缝面渗压按50%计(工况2、8、11)			缝面无渗压(工况1、7、10)			缝面渗压按50%计(工况2、8、11)			缝面无渗压(工况1、7、10)			缝面无渗压		缝面无渗压	缝面无渗压	缝面渗压按50%计
		0+04.85						0+07.85						0+14.10			0+20.00		0+33.7	0+49.00	
		边孔1	边孔2	中孔	边孔1	边孔2	中孔	边孔1	边孔2	中孔	边孔1	边孔2	中孔	边孔1	边孔2	中孔	岔管	中孔		中孔	
孔顶	251	3.56	1.69	1.20	2.82	1.20	0.69	1.87	1.67	1.37	1.31	1.02	0.77	1.22	1.11	1.20	0.82	0.69	1.00	1.32	0.96
	260	3.52	2.06	1.59	2.42	1.49	1.10	1.45	1.56	1.20	1.03	1.00	0.75	0.83	1.10	0.93	1.08	0.90	1.60	1.05	0.79
	275	3.14	1.51	1.06	1.82	0.83	0.48	1.50	1.30	1.05	1.00	0.64	0.50	1.01	0.93	0.93	0.80	0.66	0.09	1.31	1.00
孔底	251	1.62	0.87	0.6	1.18	0.63	0.4	1.78	1.16	0.88	1.36	0.78	0.6	1.14	0.78	0.82	0.66	0.52	0.94	1.21	0.95
	260	1.63	1.13	0.9	1.13	0.91	0.75	1.44	1.29	0.98	0.9	1.01	0.77	0.51	0.95	0.79	0.98	0.89	1.24	0.98	0.77
	275	1.47	0.83	0.59	0.87	0.57	0.41	1.58	0.98	0.75	0.94	0.64	0.5	0.84	0.73	0.71	0.69	0.58	1.24	1.15	0.90

注:(1)应力数字下画横线的,为上下贯穿拉应力;(2)工况1、2对应251m库水位,工况7、8对应260m库水位,工况10、11对应275m库水位。

表 3-1-11　　排沙洞进口孔口应力成果(模型二)　　(单位:MPa)

部位	计算方案	水位(m)	渗压系数	σ_y		σ_3	
				最大值	最小值	最大值	最小值
排沙洞孔顶 180m	4	251	0.5	-1.172	2.21(边孔喇叭段)	-1.129	2.438
	9	251	1	-1.159	0.799	-1.123	0.997
	1	260	0.5/1	-1.207	0.653	-0.807	1.016
	5	275	1	-2.346	0.258	-0.923	1.025
排沙洞孔底 175m	4	251	0.5	-0.771	1.523(边孔前趾)	-0.66	2.226
	9	251	1	-1.095	1.286	-1.04	2.02
	1	260	0.5/1	-0.666	0.354	-0.601	0.37
	5	275	1	-1.216	0.048	-9.06	1.518

注: 拉为正值,压为负值;x 轴指向下游,z 轴垂直向上。

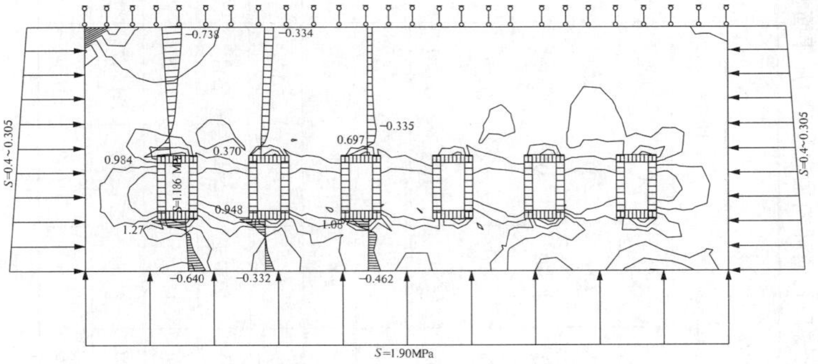

(a) 检修门后0+ 07.85桩号

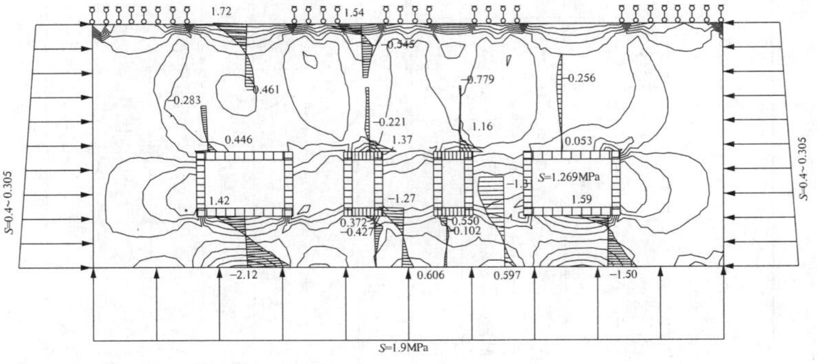

(b) 第一道岔管处0+ 15.10桩号

图 3-1-11　平面有限元计算模型与应力分布　(单位:MPa)

排沙洞进水口喇叭段是结构最薄弱的部位,在充水承受内水压力状态下,排沙洞进水口与发电洞进水口两层混凝土之间贯穿性拉应力会随塔间缝渗水压力的增大而减小,考虑50%渗水压力时,两个三维模型算出的拉应力值分别为2.8MPa、2.2MPa。因此,要求

表 3-1-12 排沙洞进口孔顶环向最大拉应力(平面模型)

桩号	Ⅱ(0+07.35)						Ⅲ(0+15.10)					
孔口	边孔 1		边孔 2		中孔		边孔				中孔	
考虑的渗水压力百分数	0	50%	0	50%	0	50%	0	0	50%	50%	0	0
库水位(m)	251	251	251	251	251	251	260	251	260	251	260	251
基础荷载(MPa)	1.90	1.90	1.90	1.90	1.90	1.90	1.70	1.90	1.70	1.90	1.70	1.90
最大拉应力 σ(MPa)	2.77	0.98	1.26	0.37	1.12	0.70	2.30	1.24	1.12	0.45	0.83	0.91
拉力区深度(m)	贯通	1.50	贯通	0.70	贯通	0.70	1.60	1.5	0.6	0.70		贯通

桩号	Ⅳ(0+20.60)				Ⅴ(0+33.70)			Ⅵ(0+42.00)				Ⅶ(0+54.00)		
孔口	中孔				中孔			中孔				中孔		
考虑的渗水压力百分数	0	0	50%	50%	0	0	50%	0	0	50%	50%	0	0(查表)	50%
库水位(m)	260	251	260	251	260	251	251	275	251	275	251	275	251	251
基础荷载(MPa)	1.71	1.90	1.86	1.90	1.67	1.90	1.90	2.25	1.90	2.25	1.90	1.50	1.90	1.90
最大拉应力 σ(MPa)	1.50	0.91	0.54	0.40	2.09	1.48	0.07	2.51	1.75	0.87	0.07	1.38	0.70	1.08
拉力区深度(m)	2.8	14.0	3.0	1.0	2.1	10.8	0.2	1.2	11.8	0.4	0.2	3.3	5.5	4.70

表 3-1-13　　**排沙洞进口孔底环向最大拉应力(平面模型)**

桩号	Ⅰ(0+03.00)	Ⅱ(0+07.35)						Ⅲ(0+15.10)					
孔口		边孔1		边孔2		中孔		边孔			中孔		
考虑的渗水压力百分数	0	0	50%	0	50%	0	50%	0	0	50%	0	0	50%
库水位(m)	骤降	251	251	251	251	251	251	260	251	251	260	251	251
基础荷载(MPa)	2.2	1.90	1.90	1.90	1.90	1.90	1.90	1.70	1.90	1.90	1.70	1.90	1.90
最大拉应力 σ(MPa)	2.65	2.51	1.27	1.33	0.94	1.33	1.08	2.77	1.88	1.59	0.5	1.06	0.37
拉力区深度(m)	2.0	3.2	1.0	4.0	1.4	4.0	1.0	1.60	2.5	0.88		4.0	0.40
桩号	Ⅳ(0+20.60)			Ⅴ(0+33.70)				Ⅵ(0+42.00)		Ⅶ(0+54.00)			
考虑的渗水压力百分数	0	0	50%	0	0	50%	50%	0	0	0(深梁)	0(查表)	50%	
库水位(m)	260	251	260	260	251	260	251	275	251	275	251	251	
基础荷载(MPa)	1.71	1.90	1.86	1.67	1.90	1.67	1.90	2.25	1.90	2.40	1.90	1.90	
最大拉应力 σ(MPa)	2.53	1.62	1.76	2.61	1.77	0.96	0.93	2.59	1.87	2.90	0.70	3.81	
拉力区深度(m)	1.60	2.70	0.90	4.0	3.60	0.70	1.30	1.0	3.50	1.8	4.0	1.42	

必须提高塔间缝接触灌浆的质量和充分利用塔间缝的渗水压力，减小塔间缝的止水面积和范围。

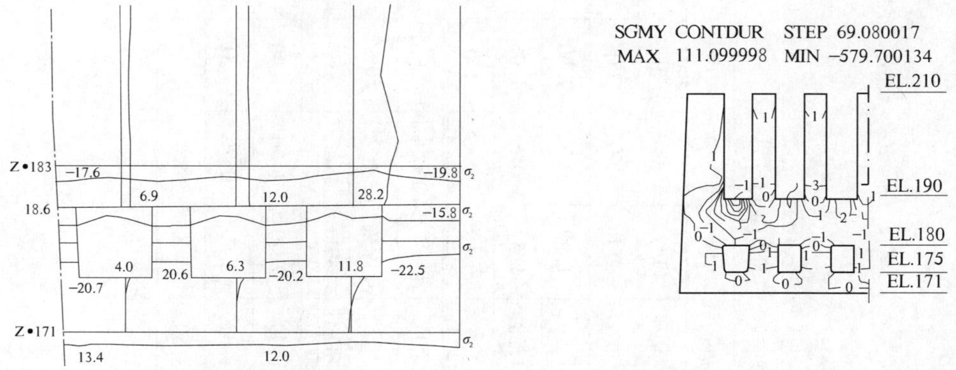

(a) 桩号0+4.85m断面主应力　　(b) 桩号0+7.85mY向正应力σ_y

图 3-1-12　喇叭口剖面孔口应力分布图

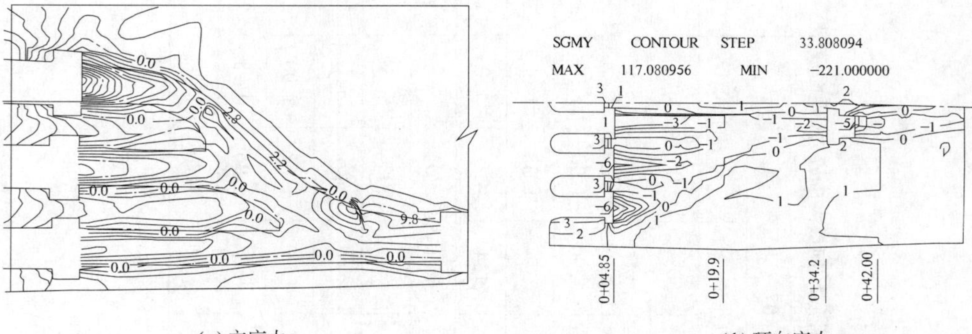

(a) 主应力　　(b) 环向应力 σ_y

图 3-1-13　排沙洞进水口孔顶主应力和 σ_y 等值线图

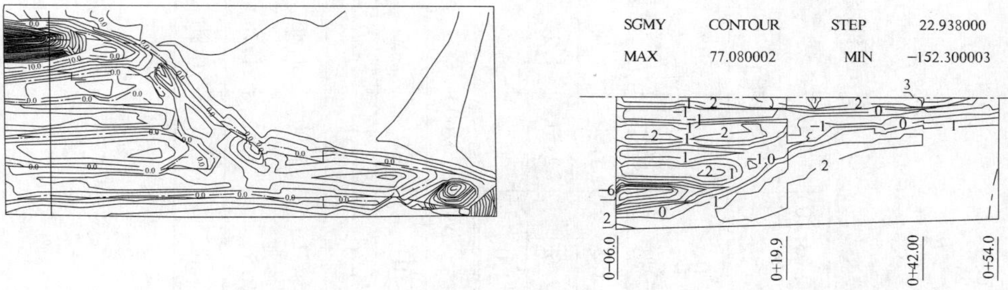

(a) 主应力　　(b) 环向应力σ_y

图 3-1-14　排沙洞进水口孔底主应力和 σ_y 等值线图

2. 发电洞进水口流道孔口

发电洞进水口流道 0 + 31.7m 桩号以前孔口应力受 251m 库水位泄高含沙洪水工况控制，表 3-1-14 为模型（二）计算成果，桩号 0 + 07.8m、0 + 22.7m 最大拉应力分别为 5.8MPa、2.7MPa，但拉应力随塔间缝渗压的加大而逐渐减小，大部分都在混凝土可承受的拉应力范围之内。

表 3-1-14　　发电洞进水口流道最大环向拉应力(模型二)　　(单位:MPa)

桩号	位置	计算方案 4	计算方案 9
		251m 水位 +50% 渗压	251m 水位 +100% 渗压
0 +07.8	190m 高程底坎	5.8	2.27
0 +12.25	190m 高程底坎	2.11	0.54
0 +15.22	190m 高程底坎	1.54	0.31
0 +22.7	孔顶	2.78	1.24
	孔底	1.17	0.25
0 +32.4	孔顶	1.20	0.34
	孔底	0.96	0.15

发电洞进水口流道 0 +31.7m 桩号以后孔口应力受 275m 库水位时事故门关闭工况控制,图 3-1-15 为 0 +54.0m 桩号圆洞段平面有限元计算结果,图 3-1-15(a)为发电洞、排沙洞进水口无水情况,图 3-1-15(b)为发电洞进水口无水、排沙洞进水口充水情况。结果表明,孔顶孔底拉应力达 2.04MPa、2.48MPa,塔间缝计入 50% 渗水压力时,发电洞上下洞壁拉应力降为 1.42MPa、1.24MPa,拉力区深度在 1.1 ~3.2m,排沙洞进水口孔顶交点还会出现较大的断面正应力。

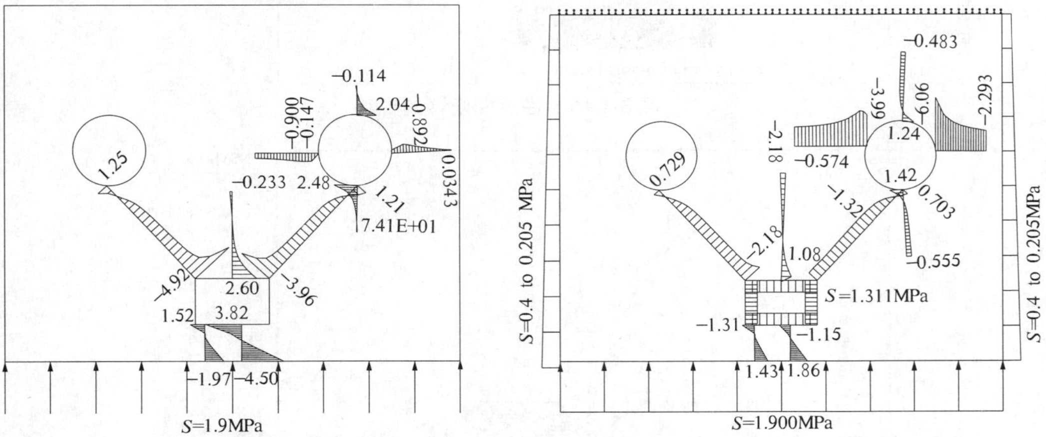

(a)发电洞、排沙洞进水口无水　　(b)发电洞进水口无水、排沙洞进水口充水

图 3-1-15　0 +54.0 桩号孔口应力分布图

三维和平面有限元孔口应力计算结果相差很大,其原因主要是三维计算用缝单元模拟发电洞两侧施工缝,缝内有施加两个相反方向的渗水压力均布荷载,致使孔口拉应力抵消,平面模型边界未考虑施工缝,拉应力结果偏大。

综合上述成果,发电洞进水口流道孔口拉应力具有"进口段底板边孔大中间孔小、喇叭段孔顶大孔底小、渐变段大圆洞段小、圆洞段孔底大"的特点。

3. 拦污栅闸墩及门槽颈部

1、2 号发电塔内发电洞检修门孔面积为 $4 \times 35m^2$,3 号发电塔内的为 $4 \times 40m^2$,检修门关闭时闸墩的位移和应力都较大,计算时假设闸墩上下两端固定,闸墩在竖向中部最大水平位移 2.2mm，闸墩下游段在竖向中部处的竖向拉应力 2.39MPa（见图 3-1-16），在竖向 210m 高程门槽颈部全部处于受拉状态（见图 3-1-17），最大水平拉应力在 1.18 ~ 1.79MPa。为此在闸墩末端竖向的中部加设支撑大梁，限制水平变形，减少拉应力。

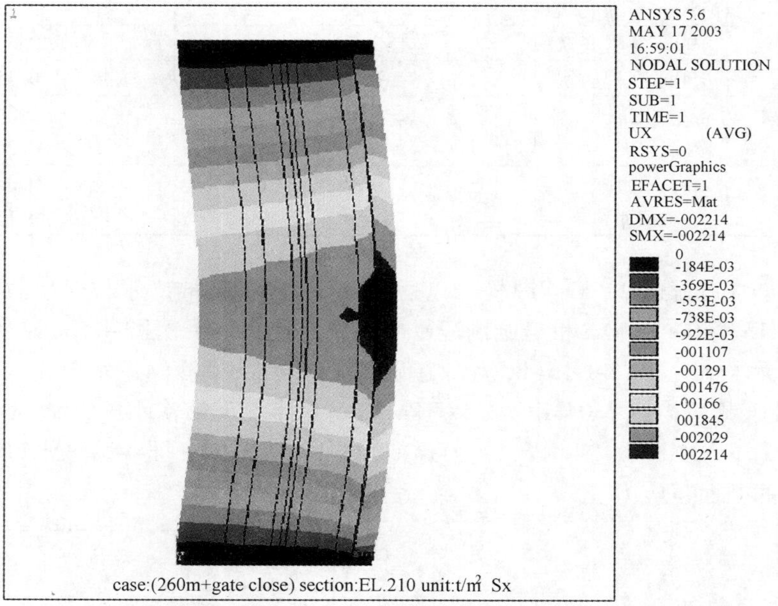

图 3-1-16　拦污栅闸墩的位移

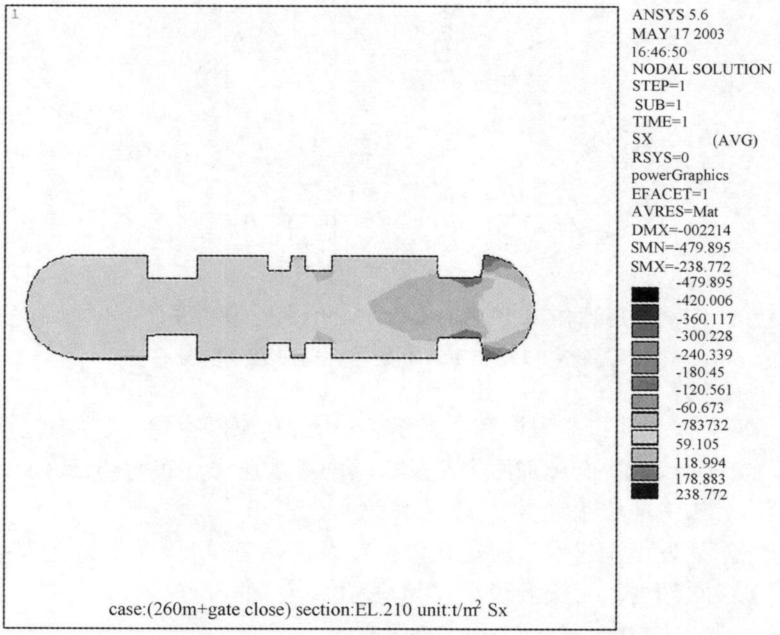

图 3-1-17　拦污栅闸墩槽颈的应力

4. 塔筒的井壁应力

发电洞事故门井、楼梯井、电梯井在210～190m高程之间的井壁最大厚度2.8m，挡水期间最大承压水头85m。

模型（二）计算结果表明，251m水位泄洪排沙工况4和后期运用温度变化工况8局部拉应力值比较大，最大横向拉应力2.07MPa和0.71MPa，均出现在事故门上部204m高程迎水面，其他各工况的应力都在混凝土允许应力范围内。工况8的竖向拉应力0.96MPa，发生在楼梯、电梯井迎水面前墙下部。

平面有限元计算结果（见图3-1-18）表明，在251m水位泄洪排沙工况下，楼梯、电梯井井筒内上游井壁拉应力为0.86MPa，拉力区长0.5m；由于排沙洞进水口事故门井受井内水压力作用，四个角均存在4MPa的拉应力，拉力区长度近2.0m。

5. 侧向变形

流道在各种运用条件下，两个边墙都是向外侧变形，边墙越薄变形越大。模型（一）计算结果（见表3-1-15）表明，边墩向外侧变形的范围在0.19～0.40mm；模型（二）计算结果表明，在两侧塔间缝内取渗水压力50%、100%及采用水平约束在库水位251m泄洪排沙工况下，桩号0＋7.8m剖面边墙一侧的最大水平位移分别为0.51mm、0.26mm（平面模型0.18mm）、0.01mm。

6. 温度应力

模型（一）施工期、运行期的温度工况12计算成果（见表3-1-16）表明，施工初期结构主要受基础约束，其孔底部位拉应力比较大，出口处孔顶拉应力值也比较大，排除自重应力的影响，可以判断施工期部分温度应力值已大于安全系数等于1.3倍的90天的混凝土徐变温度应力允许值（见表3-1-17），因此施工初期一定做好施工温控措施。

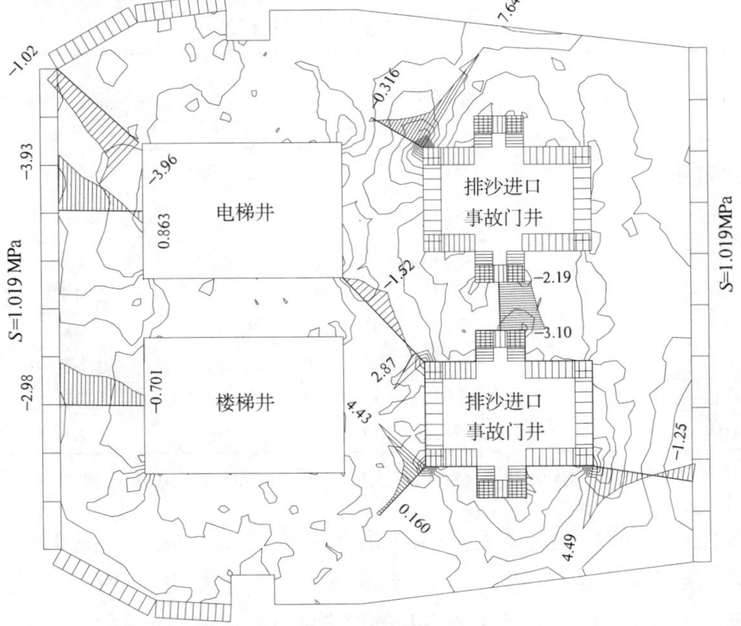

图3-1-18　井壁平面应力分布图

表 3-1-15 塔间缝最大侧向变形(模型一)

项目	工况					
	8	6	4	2	11	9
水位(m)	260	260	251	251	275	275
塔背岩体弹性抗力系数(GPa)	8	4	8	4	8	4
变形值(mm)	0.21	0.19	0.40	0.34	0.36	0.23

表 3-1-16 排沙洞进水口孔口温度应力结果(模型一) (单位:MPa)

工况	位置	喇叭进口段(桩号 m)			第一道岔管(桩号 m)		第二道岔管(桩号 m)		(桩号)	
		0+4.85			0+14.1		0+20.0		0+33.7	0+49
		边孔 1	边孔 2	中孔	岔管 1	中孔	岔管 2	中孔		
12	孔顶	1.06	1.65	1.65	1.59	2.22	2.0	2.36	2.73	3.22
	孔底	0.88	2.79	3.36	3.06	3.49	2.97	3.49	3.90	4.28
13	孔顶	2.22	2.39	2.46	1.96	2.02	1.72	2.01	1.20	1.33
	孔底	0.81	0.61	0.55	0.82	0.69	0.43	0.60	-0.04	-0.01

模型(一)的温度工况 13 计算结果表明,运行期仅在温度变化条件下,排沙洞进水口流道三级岔管的孔顶部位拉应力比较大,多在 1.8~2.46MPa,局部较大。

由于模型(一)工况 13 是直接将温差作用于混凝土表面上,并单独计算温度应力,看不出与进水塔在其他荷载作用下应力叠加后的应力分布。

表 3-1-17 混凝土徐变温度应力控制标准

项目	混凝土代号	龄期		
		7d	28d	90d
绝热温升	D3(R_{28}250)	19.50	20.76	21.22
(℃)	D5(R_{90}250)	17.10	18.64	19.47
混凝土弹性模量 E	D3(R_{28}250)	2.12	2.61	2.85
(10^4MPa)	D5(R_{90}250)	1.89	2.45	2.73
混凝土极限拉伸率	D3(R_{28}250)	0.81	0.98	1.16
(10^{-4})	D5(R_{90}250)	0.70	0.85	0.95
混凝土允许拉应力	D3(R_{28}250)	1.32	1.97	2.54
(MPa)	D5(R_{90}250)	1.02	1.61	2.00

注:表内(R_{28}250)和(R_{90}250)分别代表 28 天最小抗压强度 25MPa 和 90 天最小抗压强度 25MPa。

模型(二)工况 11 的结构应力是采用工况 8 计算的温度应力折减 0.65 后与 260m 库水位检修时(工况 1)的应力的组合。工况 8 的拉应力由大到小进行竖向排列见表 3-1-18,从表 3-1-18 中可以看出工况 11 的结构拉应力在不同高度和桩号处的变化规律。检修期间在外荷作用下的孔口拉应力与温度应力叠加后,最大拉应力为 1.32MPa,小于混凝土的抗拉强度。

表 3-1-18　　各断面施工期温度应力(模型二)　　(单位:MPa)

断面桩号或高程(m)	工况 8(温度应力)	工况 11(检修 +0.65 温度应力)
桩号 0 +32.4	1.43	0.51
桩号 0 +52.0	1.40	0.21
高程 180.00	1.19	1.00
高程 190.00	1.19	1.32
桩号 0 +22.7	1.16	0.98
桩号 0 +42.0	1.11	0.20
桩号 0 +15.22	1.07	0.97
桩号 0 +12.25	0.99	0.74
桩号 0 +7.80	0.84	0.61
高程 175.00	0.23	-0.02

(三)几个主要因素影响下的敏感性分析

1. 塔间缝渗水压力对孔口应力的影响

为了解塔间缝渗水压力对孔口拉应力的影响程度,比较了缝水压力 0、50%、100% 和设水平连杆四种工况时的计算结果,从模型(二)计算结果(见表 3-1-19)可知,计入 50% 渗水压力的工况 4 和计入 100% 渗水压力的工况 9 的局部拉应力均有大幅度的下降。

表 3-1-19　　模型(二)最大环向拉应力 σ_y 汇总　　(单位:MPa)

断面位置		工况 4(水位 251m + 50% 渗水压力)	工况 9(水位 251m + 100% 渗水压力)
垂直断面	桩号 0 -0.3	1.471	0.492
	桩号 0 +7.8	5.797	2.633
	桩号 0 +12.25	2.111	0.7
	桩号 0 +15.22	1.545	0.416
	桩号 0 +22.7	2.782	1.335
	桩号 0 +32.4	1.347	0.42
	桩号 0 +42.0	0.741	0.136
	桩号 0 +52.0	0.512	0.19
	距对称轴 3.45m	7.772	3.878
	距对称轴 13m	4.143	1.944
	距对称轴 20.6m	1.898	0.72
水平断面	171.0m	-0.104	0.11
	175.0m	1.523	0.53
	180.0m	2.21	0.80
	184.0m	3.334	1.29
	190.0m	6.048	2.80
	204.0m	2.162	0.86

模型(一)的应力变化规律同模型(二),塔间缝渗水压力对降低二级岔管上游侧顶

板拉应力的作用十分显著。二级岔管上游侧可以降低 1.4 ~ 4.17 倍渗水压力。越往下游,作用逐渐减小,出口处可降 0.6 倍渗水压力(见表 3-1-20)。由于基础约束的影响,侧压对孔底拉应力的影响比对孔顶的影响小一些。251m、260m、275m 水位对边孔喇叭段孔底拉应力减小幅度分别为 0.44MPa、0.51MPa、0.696MPa。

2. 塔内施工缝对孔口应力的影响

模型(二)比较了施工缝弹性模量为 $E = 28.5$GPa 和 $E/200$ 的情况,计算结果表明,施工缝对孔口拉应力影响不显著。

表 3-1-20　塔间缝渗水压力对孔顶环向拉应力 σ_y 的影响(模型一)

对比工况	库水位(m)	侧缝水压力 P(MPa)	节点号							
			边孔喇叭段顶部		次边孔喇叭段顶部		二级岔管跨中		三级岔管跨中	
			$\Delta\sigma_y$	$\frac{\Delta\sigma_y}{P}$	$\Delta\sigma_y$	$\frac{\Delta\sigma_y}{P}$	$\Delta\sigma_y$	$\frac{\Delta\sigma_y}{P}$	$\Delta\sigma_y$	$\frac{\Delta\sigma_y}{P}$
3 – 4	251	0.35	0.98	2.8	0.50	1.42	0.26	0.74	0.22	0.62
7 – 8	260	0.40	1.10	2.75	0.59	1.48	0.29	0.72	0.25	0.63
10 – 11	275	0.43	1.32	3.07	0.35	0.81	0.35	0.81	0.30	0.70

注:1. 表中 $\Delta\sigma_y$ 为对比两工况下的孔顶环向拉应力的差值。
2. 次边孔是指紧靠边孔内侧的孔。

(四)降低孔口应力的措施

1. 止水位置

考虑塔间缝渗水压力可以起到降低孔口拉应力的效果,除保护孔板塔流道边墙而必须设置一定范围的止水外,设计采取缩小止水范围,如上游止水后移 7.7m、下部止水位置抬高 2.0m 以及在 2 ~ 3 号发电塔左侧全部不设止水等措施,以充分利用渗水压力降低孔口拉应力。

2. 塔间缝灌浆

塔间缝灌浆主要是使两塔下部紧靠,提高塔体在横向地震时的稳定性,同时降低塔身竖向拉应力,增加边墩的刚度、限制侧向位移,并降低孔口拉应力,为此设计要求对进水塔群 11 条塔间缝、27 条塔内施工缝,全面实施接缝灌浆,灌浆总面积达 4.85 万 m^2。

灌浆分两期完成,第一期安排在 1997 年冬至 1998 年春,历时 45 天,完成 195m 高程以下接缝灌浆,第二期安排在 1998 年冬至 1999 年春,历时 43 天,完成 195 ~ 230m 高程间的接缝灌浆。

1999 年夏季进水塔处于全暴露状态,施工缝灌浆后由于气温升高导致混凝土表面温度升高,前沿 274.5m 宽的进水塔群由于温度变形,会对流道结构产生一定的挤压应力,很多关心工程建设的人对灌浆后的影响提出疑问,为此进行了专题研究。

计算选用平面有限元模型,选取进水塔群 230m 高程以下塔体 0 + 10.15m、0 + 22.25m桩号 2 个典型横剖面,塔底基岩及两侧岩体各取 60m,侧边受水平约束,底部采用固定约束。

荷载考虑塔体自重和温差作用:假设混凝土表面温升为 17℃,混凝土内部 5m 深处温度为5℃,表面与内部的温度呈线性变化。

岩体取线膨胀系数1.1×10^{-5},弹性模量8.0GPa,泊松比0.25。取混凝土线膨胀系数1.25×10^{-5},弹性模量28.5GPa,泊松比0.167。

计算结果表明,0+10.15m桩号结构承受的最大压应力为10.6MPa,局部最大拉应力为1.2MPa,发生在灌溉塔外侧边缘。而在流道边壁的最大局部主拉应力小于0.8MPa。0+22.25m桩号结构最大压应力为11.9MPa,最大局部拉应力0.74MPa。这些应力都在C25级混凝土允许范围之内,可判定在侧墙两侧已配有钢筋情况下结构强度无问题。因此进水塔群在1999年夏季施工中未因温升导致流道的挤压破坏。

六、孔口应力分析主要结论

(1)正常蓄水位+地震、调水调沙期间库水位骤降、建成无水、关闭排沙洞进口检修门、特大沙峰期间泄洪排沙5组工况,是排沙洞、发电洞进水口流道及其大跨度岔管结构最不利的工况。

(2)孔口拉应力值和拉应力区深度与塔间缝处理措施关系密切,通过利用塔间缝渗水压力、后移止水和塔间缝灌浆等技术措施,可以有效地将孔口最大拉应力由2.5MPa降低到1MPa以下,说明排沙洞进口岔管段的结构设计和所采用的塔间缝灌浆方案是安全可行的。

(3)排沙洞进水口承受外水压力时孔口拉应力值大而分布区浅,承受内水压力时孔口拉应力值小而分布区深,第一道岔管上游发电与排沙进口之间10~15m厚混凝土截面内拉应力区贯通,但在考虑侧向渗水压力或灌浆效果时,拉应力值可控制在混凝土的允许抗裂强度之内。

(4)施工初期结构的孔口温度应力主要发生在受基础约束的混凝土部位底板,施工时必须采取一定的温控措施,后期的温度应力及在孔口检修期的孔口拉应力值都在混凝土的抗拉强度范围内。

(5)门井、拦污栅墩墙横撑和两层流道的结构尺寸布局合理,在排沙洞进口事故门井充水条件下,在井筒角壁及下游井壁吊箱孔墙处出现的拉应力集中问题,则可采用加强配筋或将井筒内侧直角改为斜角加厚等办法解决。

七、钢筋配置

(一)配筋原则

(1)孔口钢筋配置按有限元计算的应力图形进行,即以控制断面的平面结构简化模型计算的拉应力图形为主,按《水工钢筋混凝土结构设计规范》(SDJ20—78)规定进行配筋计算,并参考三维有限元法计算结果,适当降低按平面结构算出的钢筋面积,尔后综合确定其最终的配筋面积。

(2)孔口的温度应力,因受施工期、运行期的温度变化及混凝土徐变性能的影响,不易准确确定,因此采用两种办法处理,一种是按假设条件下的温度应力计算配筋量,即模型(二)的工况11,另一种是不计温度应力,将钢筋强度降低50MPa计算配筋。

(3)塔间缝的灌浆质量、温度变化和塔体混凝土自身体积变化等因素,对孔口应力的影响程度难以准确确定,因此进行孔口结构的配筋时,应将止水和灌浆作用留有余地。

(二)钢筋摆放原则

(1)整体协调、强化构造、关注重点。

整体协调:排沙洞进水口流道拉应力分布具有“孔顶处大孔底小、边孔大中孔小、岔管处大上下游处小”,发电洞进水口流道拉应力分布具有“进口段底板边孔大中孔小、喇叭段孔顶大孔底小、渐变段大直段小、流道顶底大中间小”的特点。钢筋布置要按拉应力分布规律进行整体协调。

强化构造:在混凝土结构截面尺寸急剧变化处、孔口周围、施工缝缝面及并缝等部位,一般都要布置构造钢筋,但这些钢筋的直径比一般构造钢筋直径大,主筋采用Ⅱ级钢筋,直径一般都不小于25mm。

关注重点:岔管段、事故门胸墙、门槽底坎、排沙洞进口边孔检修门门楣及门楣上部190m平台、排沙洞进口事故门下游喇叭口、纵横支撑梁等部位,都是关注和加强钢筋布置的重点部位。

(2)受力筋与分布筋协调。

一般水工建筑物的配筋多按平面问题进行计算确定,主筋面积计算结果一般可满足安全要求,分布筋则按构造要求布设。发电塔流道层结构,考虑地基纵向变形和温度应力等因素,其受力筋与分布筋的设置必须协调。排沙洞进口流道层分布筋为Ⅱ级钢筋,直径Φ28、Φ25和Φ20。

(三)主要部位配筋

1.排沙洞进水口流道

排沙洞进水口孔底171.0m、175.0m和孔顶180m高程面的钢筋,按控制断面配筋计算结果综合分析后,确定布设两层受力钢筋。孔口上下面第二道岔管0+19.9m桩号上游,全面铺设两层钢筋网,下游只沿流道铺设。171.0m高程基础面钢筋网第一层全面铺设,第二层沿流道铺设,事故门底坎部位,考虑二期混凝土的影响,增加Φ32@200和Φ30@200加强筋,底板受力钢筋最大配筋率0.26%,最小配筋率0.19%。

排沙洞进水口事故门中墩门槽颈部水平向拉力很大,需设置水平拉筋,在1.0m高度内放入了多层Φ40钢筋,其中有一部分Φ40钢筋布置在门槽二期混凝土内。

2.发电洞进水口流道

通仓段:进口底坎内设一层钢筋网,Φ32@200、Φ25@200,两边墙临水一侧布设钢筋Φ30@200、Φ28@200。

事故门前喇叭段:设两层钢筋网,第一层Φ32@200、Φ25@200,第二层Φ25@200、Φ20@400。

事故门后渐变段:设两层钢筋网,其方孔上下两层主筋为Φ36@200,中部竖墙两层主筋为Φ36@200和Φ25@200,两层分布筋分别为Φ25@200、Φ20@400。

圆断面洞段:设两层钢筋网,其第一层在上下方圆心角120°范围内,采用Φ36@200、Φ25@200,在洞两侧圆心角各60°范围内布设Φ30@200、Φ25@200;第二层筋均为Φ32@200、Φ20@400。

3. 构造加强钢筋

并缝钢筋：在下部两个浇筑块并缝处，用两层主筋 Φ32、Φ25 骑缝设置，长度为 3m，分布筋 Φ16（每延长米 2.5 根）；在上部两个浇筑块并缝处，下部浇筑块预埋一层主筋 Φ32，长度 3m，分布筋为 Φ16（每延长米 2.5 根）。

孔口跨缝加强钢筋：施工缝穿过孔口时，除结构钢筋穿过施工缝外，另增加 5Φ32、长度 3m 的跨缝加强钢筋。

底板墩墙抗剪筋：沿排沙洞进口流道，在底板靠闸墩附近布设竖向筋 Φ25 和斜向 Φ32 的抗剪筋，垂直流向间距 0.4m，顺流向间距为 1.0m；竖向墩墙靠近支座处，一般设 Φ25 或 Φ32 抗剪筋，间距 1.0m。

竖向施工缝表面钢筋：视结构受力情况，在孔口临水侧浇筑块的缝面处布筋。如排沙洞进口 0 + 19.9m 桩号下游竖向施工缝面钢筋网用 5Φ36、5Φ25；发电洞 0 + 42m 桩号下游竖向施工缝面钢筋网采用 5Φ25。

4. 进水塔群混凝土含钢量

10 座进水塔混凝土体积 86.8 万 m^3，共用钢筋 3.65 万 t，混凝土平均含钢量 42.1kg/m^3。

八、几点经验总结

（一）灌浆止水片材料选择

塔间缝和塔内施工缝灌浆采用止浆片进行分区控制，每个灌区高度控制在 9 ~ 12m，面积一般控制在 200 ~ 300m^2。当分区止浆片位置与止水片重合时，用止水片替代，（PVC 止水片宽 280mm，紫铜止水片宽 400mm、厚 1.5mm），止浆片选用宽 250mm 和 170mm 两种、厚 1mm 的镀锌铁板。紫铜片中间有 U 形槽，两端有 30mm 弯头段，可适应一定的变形，PVC 止水片也是如此。而镀锌铁板不适应变形。因此，在部分塔间伸缩缝和塔内施工缝张开度较大时，镀锌铁板止浆片被拉裂，致使进水塔群在Ⅱ期灌浆期间发现部分浆液直接进入塔后 210m 高程以上回填的石渣中，说明部分止浆片失去止浆作用。

（二）廊道衬砌形式和尺寸

塔群下部廊道断面为城门洞形，断面尺寸 1.5m × 2.2m。由于廊道布置在塔体下部的混凝土内，常年处于库水包围中，为做好防渗处理，廊道采用 0.3 ~ 0.35m 厚的预制混凝土内衬，表面一般铺设 3mm 厚的 PVC 防渗板，对结构薄弱部位，如距发电塔事故门槽较近部位铺设 12mm 厚的钢板，并在钢板与现浇混凝土间进行接触灌浆。同时，对 PVC 板、钢板等接头处理，PVC 板过塔间缝、钢板与衬砌连接以及各种直径的管路进入廊道的处理设计都提出了详细的施工要求。

廊道施工先从廊道高程低的 3 号发电塔开始，由于承包商施工准备不足，廊道的预制件、吊装一时难以解决，致使施工处于停工状态，严重影响整体施工进度。工程师后来决定仅预制廊道的顶拱混凝土块，将边墙和底板改为现浇，结果抢回了延误的工期。

水库初期蓄水期间，在孔板塔廊道楼梯间曾发生“小股射水”，部分廊道尤其塔间缝处出现渗水，有 PVC 衬砌的 3 号发电塔与未做防渗处理的 1、2 号发电塔差别不大。随后承包商对每条渗水缝采用 SIKA752 聚氨酯材料灌浆，处理后效果明显。由此可见，在温控措施和施工质量较好的情况下，设计采用的防渗措施是可以适当简化的。但廊道的施工和初期运用情况表明,其断面较为狭窄,宜予适当加大。

(三)外层跨缝钢筋保护

发电塔流道部位在平面上有 8 个浇筑块,为使各块联结成整体,钢筋须穿过施工缝。由于钢筋的混凝土保护层厚度在 80 ~ 150mm,缝中的紫铜片布置在距混凝土表面 300mm 处,致使外层跨缝钢筋处于紫铜片的外侧,将会受水浸泡产生锈蚀,故对其涂环氧进行保护。

(四)角点钢筋布设

流道层钢筋大部分布置于混凝土表面,按规范要求的锚固和搭接长度,钢筋需做成直弯钩,由于在结构角点处三个方向的钢筋纵横交错,其间距很小,施工极其困难。施工单位则采取先在场外将钢筋绑焊为一整体一次性吊装到位的办法解决。因此,设计者今后应根据结构特点,考虑施工条件处理角点的布筋问题。

(五)温控标准

据统计,小浪底进水塔群混凝土施工的裂缝率仅为 0.45 条/万 m^3,这是大型水利工程中比较少见的。但由施工记录知,由于赶工的需要,不少部位的混凝土最高温度、相邻混凝土浇筑块高差、间歇时间及控制层高都超出合同技术规范标准,其中,195m 高程以下 40% 以上测点混凝土温度超过合同规范要求,最高温度达 52.2℃,相邻块浇筑最大高差达 18m,间歇时间最短仅 3 天。如将上述裂缝率与超标问题加以分析对比,则给设计者提出了有些结构的温控标准(如最高温度)是否可以适当降低的问题,这是值得深入研究总结的。

(六)纵横联系梁和交通桥梁预制安装

发电塔拦污栅的隔墩间共有 87 根联系梁,相邻塔顶间设有 3 座近 30m 长的梁式预应力混凝土交通桥。由于联系梁每根重达 40t 左右,其模板架立和混凝土浇筑施工难度较大。施工承包商采用了下部预制、上部现浇的"叠合"办法,将预制件吊装就位后,再浇筑上部混凝土,而 3 座梁式交通桥则在塔后 230m 高程平台上预制,然后吊装到塔顶。

对发电塔纵横联系梁这类结构,包括梁端固结埋件等处理措施,今后设计者应从方便施工角度考虑,改进设计方案。

九、原型观测分析与验证

(一)混凝土施工期温控及效果

1. 夏季混凝土浇筑

根据混凝土绝热温升 T_m = 出机口混凝土温度 T_p + 运输过程中温升 T_t + 水泥水化热温升 θ_τ,现场施工中采取了降低水泥用量、控制出机口混凝土温度、控制运输过程温升和混凝土后期冷却等一系列温控措施。

(1)混凝土掺粉煤灰。在混凝土各项指标满足设计标准的前提下,经过试验论证选定了低水泥含量的配合比(见表 3-1-21),每立方米混凝土中掺加了 25% ~ 39.9% 粉煤灰,水泥用量 104 ~ 317kg。

(2)控制出机口混凝土温度。小浪底坝址处夏季平均气温 26℃左右,水泥、粉煤灰原材料温度高达 55℃,粗细骨料平均温度高达 15.6℃,按混凝土最高温度 28 ~ 32℃、运输过程中温升 2℃,混凝土的出机温度必须控制在 9 ~ 13℃。

表 3-1-21　　进水塔选用的混凝土配合比

材料及其指标	单位	混凝土级别						
		A1	C4	D2	D3	D5	E1	E2
28d 抗压强度	MPa	70	30	25	25	25	15	15
砂率	%	35.5	39.5	35.5	34.5	22.5	34.5	22.6
最大骨料粒径	mm	37.5	63	37.5	63	150	63	150
细砂(0～2mm)	kg/m^3	516	630	542	571	393	557	392
粗砂(2～5mm)	kg/m^3	129	158	136	143	98	139	98
骨料(5～19mm)	kg/m^3	605	484	635	626	349	713	349
骨料(19～37.5mm)	kg/m^3	567	563	596	417	98	407	479
骨料(37.5～63mm)	kg/m^3	0	160	0	311	282	202	282
骨料(63～150mm)	kg/m^3	0	0	0	0	565	0	564
水	kg/m^3	88	118	127	96	90	120	89
减水剂	mL/m^3	2 270	1 280	870	1 362	880	1 140	865
引气剂	mL/m^3	0	126	116	227	141	114	173
增塑剂	mL/m^3	8 020		1 740				
水泥(525R)	kg/m^3	317	191	213	170			
水泥(425R)	kg/m^3	—				132	171	104
粉煤灰掺量	kg/m^3	113	64	73	57	44	57	69
	%	26.3	25.1	25.5	25.1	25	25	39.9
拌和楼坍落度	mm	100～130	75～100	100～130	60～90	25～50	70～100	25～50
水灰比(W/C)		0.30	0.46	0.44	0.42	0.51	0.53	0.51
混凝土容重	kg/m^3	2 391	2 369	2 330	2 393	2 434	2 367	2 427

在进水塔群施工过程中,对混凝土原材料采取如下预冷措施:设通水喷淋廊道,用喷雾式洒水器对粗骨料喷洒 2～5℃冷却水;配料楼内通 6℃以下的冷风;运送骨料的传输带通过喂料器时,用 4～5℃冷水浸泡;用拌和站制冰设备生产 -5℃的冰片代替拌和水;拌和水采用 5～6℃冷水等。通过以上措施,1997 年、1998 年高温季节混凝土的出机口温度平均值控制在 13℃以下。

(3)混凝土运输防护。进水塔混凝土浇筑按高程分别采用 ROTEC 胎带机、ROTEC 塔带机、ROTEC 旋转皮带机三种主要浇筑设备完成,混凝土先由进口拌和楼通过 397.16m 长的栈桥送料给塔前的两台塔机,然后传递给两条铰接的塔带。输送混凝土的皮带机均采用了高反射挡板遮盖,来吸收太阳照射的能量,控制混凝土运输途中的温升。

(4)混凝土后期冷却。混凝土后期冷却主要是采取循环水降温措施。在每个浇筑仓号的混凝土内,预先埋设外径 25mm 的钢管,间距、层距控制在 1.5m 范围内。原设计考虑利用冷却管起到两期冷却作用,初期通水用于混凝土水化热峰值时降温,但由于施工干扰大,此目的基本未实现,仅靠自然降温的方式,这是造成混凝土初期温度超高的原因之一。二期通水用于塔间缝、塔内施工缝接触灌浆前混凝土内部降温,促使混凝土缝面能充分张开。

2. 冬季混凝土浇筑

为避免冬季浇筑的混凝土内外温差过大,施工单位采取的措施主要有控制混凝土出机温度、浇筑前预热、黑色乙烷泡沫塑料保温材料防护等。

发电塔施工时的实测资料表明，在室外温度 -9 ~ -2℃时，保温层内温度在 4 ~ 11℃，最大温差 13℃。

3. 混凝土温控效果分析

(1)混凝土温升。进水塔群 D3 级(最低抗压强度 25MPa)混凝土最高温升出现在第 5 天为 49℃，最高平均温升出现在第 3 天为 28.3℃，浇筑的混凝土最大温升比设计最高标准 37℃高出 32%。

(2)内外温差。根据 1998 年 11 月前对发电塔浇筑块内外温度的观测结果，其最大温差 38.3 ~ 55.8℃、最小温差 10.9 ~ 15.4℃，平均温差 20.5 ~ 24.3℃，均比设计估算的温差值大 15% ~ 20%。

(3)发电塔裂缝统计。截至 1998 年 11 月，进水塔共出现裂缝 33 条，按当时浇混凝土 73 万 m^3 计算，裂缝率仅为 0.45 条/万 m^3，80% 为表面裂缝。由于赶工需要，不少部位混凝土最高温度均超过设计标准，由于设计、施工一些技术措施得当，混凝土裂缝得到有效的控制和处理。

4. 内部温度观测资料及分析

在 2 号发电塔下部大体积混凝土内共埋设了 30 支温度计，埋设范围为 180 ~ 207m 高程，其编号为 T3 - F1 ~ F30(见图 3-1-19)。

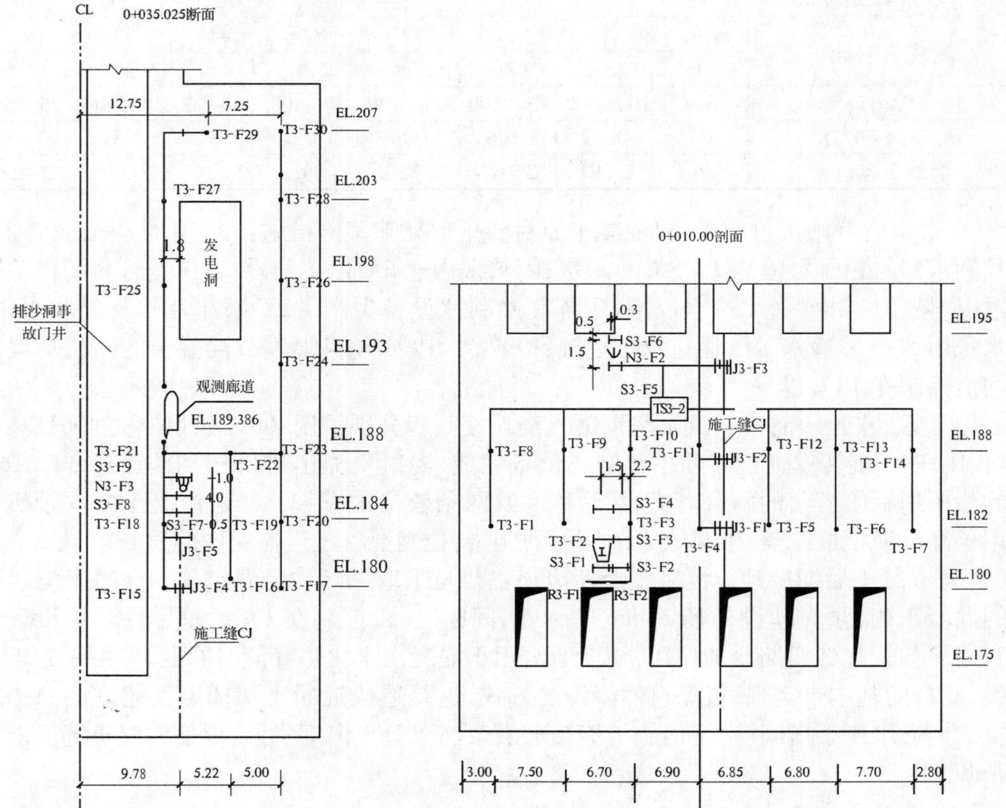

图 3-1-19　发电塔流道内部观测仪器布置图　(单位:m)

从测值过程线(见图 3-1-20)可看出,一般初期温度较高,然后有一缓慢降低的过程。后期部分测点具有明显的年周期变化,变幅较大,相位基本与气温变化一致,这些测点一般更靠近混凝土表面,受气温或水温影响较为明显;部分测点年周期变化不太明显,变幅较小,这些测点一般靠近混凝土内部,受气温或水温影响较小且有滞后。温度最小值在1.9~13.7℃,最大值在19.1~42.5℃,变幅为7.9~36.7℃, 所有测点后期变幅都较为稳定,温度年平均值一般在15℃左右变化。

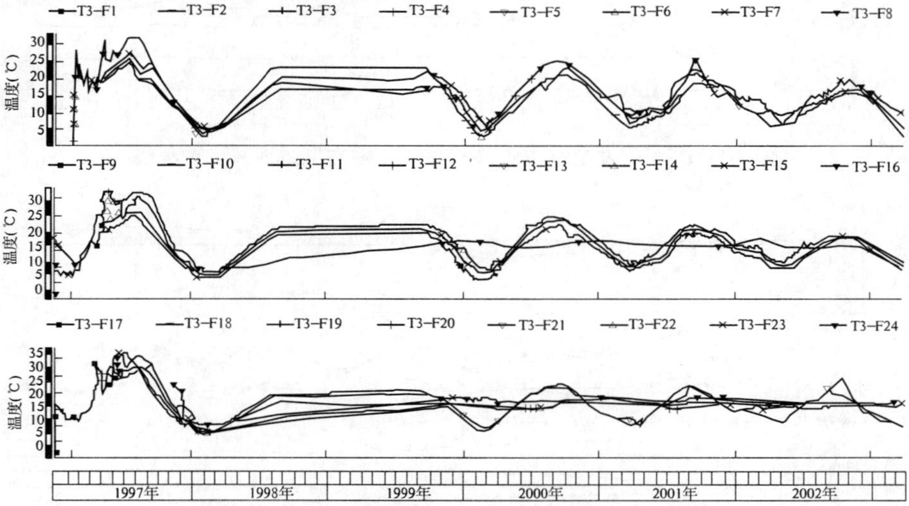

图 3-1-20　2 号发电塔的内部温度计测值过程线

进水塔群在 1997 年 10 月 28 日截流前全部浇筑到 195m 高程以上,施工期间监测到混凝土内部温度最高为 42℃,1998 年冬季实测混凝土缝隙温度为 7.2℃左右。进水塔混凝土浇筑 3 年以后在 2~5 月份为 10℃,验证了设计预测取值。

(二)接缝开合度及灌浆资料分析

1. 接缝张开度

进水塔群塔间测缝计随着塔体混凝土的浇筑而埋设并开始观测,2002 年 6 月以后进入自动测量。由表 3-1-22 可知发电塔两侧及内部施工缝观测成果。

表 3-1-22　　进水塔群塔间缝张开度观测值整理成果　　(单位:mm)

灌溉塔	3 号明流塔	3 号发电塔	3 号孔板塔	2 号明流塔	2 号发电塔	2 号孔板塔	1 号发电塔	1 号孔板塔	1 号明流塔	右岸
0.44	0.34~0.45	1.1~3.5	10~22	0.36~10	8~18	0~11	1~5.9	1.2~3.3	2.3	

观测成果主要采用 2000 年 9 月以后较为稳定的测值。各塔间的接缝并不一致,2 号发电塔左右侧缝的张开度相对较宽,最大值分别为 10mm 和 18mm,说明塔间缝灌浆后仍发生脱开现象,而结构设计考虑了脱开的情况是必要的、合理的。

测缝计开度变化主要受温度影响(见图 3-1-21、图 3-1-22),温度变幅一般在 10~20℃,缝宽变化表现为温度升高,接缝闭合;温度降低,接缝张开。

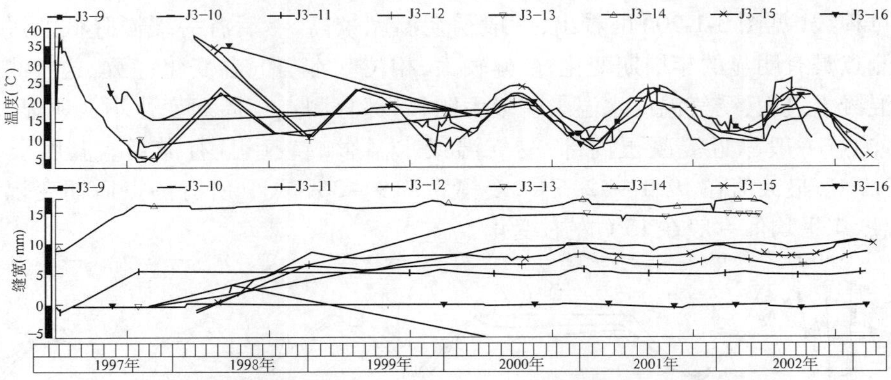

图 3-1-21　1 号发电塔左侧、2 号发电塔左右侧缝面开度过程线

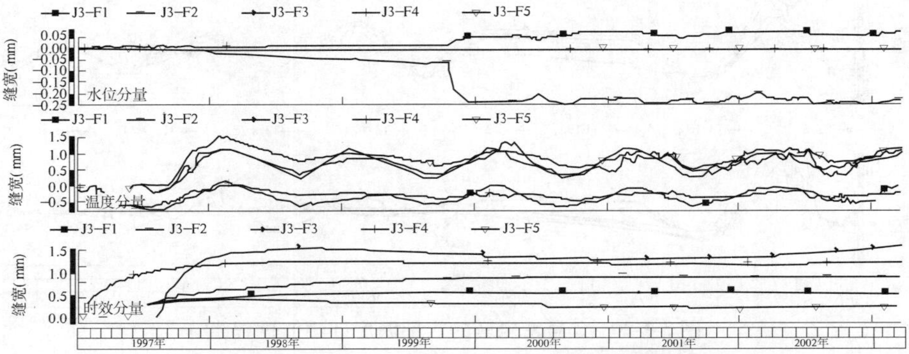

图 3-1-22　2 号发电塔 A－B、C－D 块纵缝开度过程线

2 号发电塔的施工缝(纵缝)开度变幅在 0.7～1.28mm,明显小于横缝的开度。

在接缝灌浆后测得缝的张开度比在灌浆时测得的或多或少发生一些变化,其最大变化在 2mm 左右,由此可以推断,塔间缝内一定存在渗水压力,在渗水压力难以确定的前提下,参照水工隧洞等有关设计规范及类似工程的渗水压力折减系数取值,假设的 0.5～1.0折减系数是较为合适的。

2. 灌浆及资料分析

进水塔群接缝灌浆分两期实施,第Ⅰ期灌注 195m 高程以下的缝隙,灌注时间 1998 年 3 月 6 日～1998 年 4 月 20 日,第Ⅱ期灌注 195～230m 高程之间的缝隙,灌注时间 1999 年 3 月 18 日～1999 年 5 月 1 日。缝面混凝土温度要根据混凝土浇筑块尺寸、混凝土面暴露于空气中数量的不同分别控制,温度控制在 4～10℃。施工过程中,一般提前 4～6 个月的时间通水冷却,当混凝土温度超过 30℃时,冷却水控制在 16～24℃,降温速度 0.3～0.6℃/d;当混凝土温度在 20～30℃时,冷却水控制在 3～14℃,降温速度 0.3～0.5℃/d;当混凝土温度在 8～20℃时,冷却水控制在 3～10℃,降温速度 0.1～0.3℃/d;直至出水温度在 3.5～8℃并维持 6～8 天时,开始实施灌浆。

灌浆前缝宽实测资料(表 3-1-23)显示,伸缩缝张开最大的部位:Ⅰ期是在 3 号孔板塔与 3 号发电塔之间,最大实测缝宽 7.61mm,Ⅱ期是在 2 号发电塔与 2 号明流塔之间,最大实测缝宽 9.87mm;施工缝张开最大的部位:Ⅰ期是 2、3 号孔板塔 0＋22.5m 和 0＋

40.50m桩号处的两道横缝,最大实测缝宽7.60mm,Ⅱ期是1号发电塔0+42.00m桩号处下游的两条顺水流向施工缝,最大实测缝宽10.00mm。为了掌握和了解灌浆效果,对缝面灌浆进行了钻孔检测。检查孔共钻了21个,检查了28个缝面,检查结果表明,90%以上接缝结石面清晰、完整,验证了接缝灌浆系统设计的合理性。

表3-1-23　　接缝灌浆成果

灌浆分期	灌浆部位	条数	面积(m^2)	温度(℃)	平均缝宽(mm)	最大缝宽(mm)	注浆量(L/m^2)	水泥量(kg/m^2)
Ⅰ期灌浆	塔间缝	12	9 513	7.30	4.92	7.61	30.00	32.41
	施工缝	22	11 893.6	7.17	5.10	7.60	16.59	17.82
	廊道缝	3	208	6.73	6.2	7.80	33.15	35.81
Ⅱ期灌浆	塔间缝	13	17 790.9	9.30	5.585	9.87	41.90	45.25
	施工缝	22	8 981.1	9.33	9.20	10.00	19.82	21.40
	廊道缝	3	154.2	8.80			15.11	16.33

(三)塔基扬压力观测资料分析

塔基9支渗压计于1996年9~11月开始人工观测,2002年4月12日开始自动观测。2号发电塔自2002年7月开始测值出现跳动不可靠,其他渗压计的测值较好。

塔基渗压计测值过程线较为光滑,一般随水位变化有明显的规律性,最大值在215.12~232.92m,略低于库水位,变幅为44.72~62.35m。

(四)塔基应力观测资料分析

在1、2、3号发电塔塔基中心线上桩号0-0.5m、0+15.5m、0+50.5m共放置9支总压力盒,编号分别为PI3-1~9。1996年9月~11月开始观测,人工观测到2002年3月19日停止,2002年4月12日开始自动化观测。其测值压为正,拉为负。

5支正常压力盒主要表现为受压,而且具有明显的年周期变化规律,随库水位和温度变化而变化。

拟静力法估算发电塔建成无水,基础应力在1 096~1 716kPa,正常蓄水位时,基础应力在583~1 007kPa,截至2003年4月,水库最高运用水位240.87m,1号发电塔3只压力盒最大测值1 058kPa、1 563kPa、1 582kPa。3号发电塔2只压力盒(均为运用正常的压力盒)最大测值分别为920kPa、1 610kPa。

观测结果证明了塔基础承受的压应力下游比上游大这一趋势,与拟静力法整体稳定分析判断一致。

(五)钢筋计观测资料及分析

排沙洞进口流道顶安放了2支钢筋计,1997年~2003年3月观测结果,钢筋应力变化范围-24.67(压)~24.48MPa(拉),钢筋初期拉应力较大,后期表现为明显的年周期变化,后期最大拉应力在10MPa以内,最大压应力在-45.03MPa以内。

（六）观测资料分析结语

（1）发电塔下部结构内部测点温度最小值在1.9～13.7℃，最大值在19.1～42.5℃，变幅为7.9～36.7℃。测点温度与该测点的位置有关，因而受气温、水温等影响各不相同。所有测点后期变幅都较为稳定，温度年平均值一般在15℃左右，较为一致，表明混凝土内部温度变化较为连续，没有大的温度梯度。

（2）尽管在冬春季对进水塔群的塔间缝和塔内的施工缝进行了接缝灌浆，但因混凝土自身的收缩，灌过浆的缝面仍会发生张开闭合。除2号孔板塔和1号发电塔、3号孔板塔和2号明流塔之间开度在10mm以上变化外，其他塔之间开度一般都在3mm变幅以下变化，缝宽变化规律主要受温度影响，表现为温度升高，接缝闭合；温度降低，接缝张开。

（3）塔架渗压计测值过程线较为光滑，一般随水位变化有明显的规律性，最大值在215.12～232.92m，略低于库水位，变幅为44.72～62.35m。统计模型分析结果表明，基础渗压基本处于稳定状态，并在后期有逐渐减小的趋势。从渗压计监测过程线可以看出，尽管进水塔全部浸泡在库区内，但基础扬压力还是由浮托力和渗透压力组成，塔基础上游侧承受的扬压力比下游侧大。

（4）发电塔塔基压应力最大值在323.27～1 896.48kPa，塔基总压力基本在设计值范围之内。塔基应力前期主要受浇筑高程及库水位影响，后期受库水位及温度变化影响。塔基多点位移计测得结果表明当前塔架基础变形正常，基础总压力也基本在设计范围之内。在当前水位下塔基渗压也是稳定的。总压力盒监测值包括两部分，一部分为基础扬压力，另一部分为基础反力。从总压力盒监测过程线可以看出，基础压应力都呈现上游小、下游大的状态，1、2号发电塔更为明显。

（5）塔体内部钢筋初期拉应力较大，后期表现为明显的年周期变化，后期钢筋最大拉应力在10MPa以内，最大压应力在45.03MPa以内，即钢筋基本处于受压范围。

第二节　明流泄洪洞进水塔弧门闸室段结构设计研究

深式明流泄洪洞是近些年来修建较多的大型泄水建筑物，其进水塔体形在我国已积累了大量的科研设计成果并经受了运行考验。小浪底三条明流泄洪洞进水塔内的弧形工作门尺寸大、水头高，其弧门闸室的结构设计是一个关键问题。1号明流泄洪洞进水塔（以下简称1号明流塔）弧门孔口尺寸8m×10m，门的设计水头达80m；2号明流泄洪洞进水塔（以下简称2号明流塔）弧门孔口尺寸8m×9m，门的设计水头66m；3号明流泄洪洞进水塔（以下简称3号明流塔）弧门孔口尺寸8m×9m，门的设计水头50m。

一、弧门闸室段体形与布置

（一）明流塔布置

根据小浪底枢纽任务和总体布置要求，1、2、3号明流塔分别位于1号孔板塔右侧、2号发电塔与3号孔板塔之间、3号发电塔与灌溉塔之间。

1号明流塔内设检修门、事故门和工作门，检修门井和事故门井构成一个塔筒，工作门井构成另一个塔筒，形成前后双塔。塔体长 70.0m（指其下部顺流向长），宽 20.0m，高 93.0m。进水口底坎高程 195.0m，塔基高程 190.0m。

2 号明流塔检修门、事故门、工作门的三个门井联为一体。塔体长 52.8m（指其下部顺流向长），宽16.0m，高 108m。进水口底坎高程 209.0m，塔基高程 175.0m。

3 号明流塔与 2 号明流塔结构形式类似。塔体长 54.0m（指其下部顺流向长），宽 16.0m，塔高 83m。进水口底坎高程 225.0m，塔基高程 200.0m。

（二）弧门闸室段体形

3 座塔的弧门结构段孔口跨度均为 8m，为由底板、侧墙、顶板和支承大梁组成的不规则箱形结构。这种结构刚度大、变形小，对于防止由弧门巨大推力产生的有害变形、抵御地震和闸门在动水启闭过程中可能产生的振动均较有利，并可改善侧墙偏心受力状态，运用较为安全。

设计在拟定弧门闸室结构体形时，曾着重研究了侧墙和支承大梁尺寸变化对整个闸室结构应力的影响。若支承梁在沿弧门推力方向增高 0.5 倍，梁轴向应力降低 30%，侧墙内侧最大拉应力降低 20%；若闸室侧墙厚度增加 20%，支承梁轴向应力可降低 7%，侧墙内侧最大拉应力可降低 12%，其效果明显。在考虑明流塔符合进口塔群总体布置和运用要求等条件下，经优化确定的三座明流塔弧门闸室段结构尺寸及门的最大总水压力（推力）见表 3-2-1。

表 3-2-1　闸室结构尺寸及弧门推力

塔号	弧门推力（kN）	推力与水平面夹角（°）	侧墙厚度（m）	支承大梁高度（m）（沿弧门推力合力方向）
1	75 950	29.69	6.0	6.46
2	57 510	33.55	5.5	6.26
3	41 620	31.65	4.0	6.32

（三）弧门闸室段布置

1 号明流塔桩号 0 + 040.7m ~ 0 + 070.0m 为弧门闸室段，闸室最大高度 25m。底板厚 5.0m，侧墙厚 6m。塔下游侧 218.0m 至 230.0m 高程回填混凝土。为减小闸门的启闭力和轮压，检修门和事故门各为两扇。弧形工作门 1 扇，其支铰高程为 209.5m，弧面半径为 19.75m。

2 号明流塔桩号 0 + 026.0m ~ 0 + 052.8m 为弧门闸室段，闸室最大高度 19.5m。底板厚 4m，侧墙厚 5.5m。为保证山体对工作闸门支座的支撑作用，在塔后及其洞顶以上回填混凝土至 240.0m 高程，顶宽 18.7m ，上游坡 1∶1，左右侧为直立。弧门支铰高程为 222.5m，弧面半径为 18.0m。

3 号明流塔桩号 0 + 026.9m ~ 0 + 054.0m 为弧门闸室段，闸室最大高度 20.63m。底板厚 5m，侧墙厚 4.0m。弧门支铰高程为 238.5m，弧面半径为 18.0m。

3 座明流塔弧门支承大梁与塔后山体的位置关系是不同的：1 号明流塔弧门支承大梁

直接靠在洞脸山体上,梁顶上部的回填混凝土是为了扩大山体对塔体的支撑作用;2 号明流塔弧门支承大梁离开山体一段距离,为了保证山体对弧门支座大梁的支撑作用,在支座大梁与山体之间回填了混凝土;3 号明流塔由于支承大梁后部与桥墩基础相邻,其间由变形缝分开,支座大梁不传力于桥梁基础和山体。

上述情况详见图 3-2-1 ~ 图 3-2-4。3 座塔内弧门的支承形式相同,参见图 3-2-2 中的 B—B 剖面。

3 座明流塔弧门推力皆由两支臂和两个支铰通过长 7.6m,断面尺寸分别为 2.35m × 1.93m、2.10m × 1.70m、2.10m × 1.70m 的箱形钢梁和外包二期混凝土传递给一期混凝土支承大梁。结构计算时假定 1、2 号明流塔分别通过一期混凝土支承大梁将其弧门部分推力传给山体和通过回填混凝土将其部分推力传给山体,另一部分推力传给闸室侧墙; 3 号明流塔则将其全部推力传给闸室侧墙。

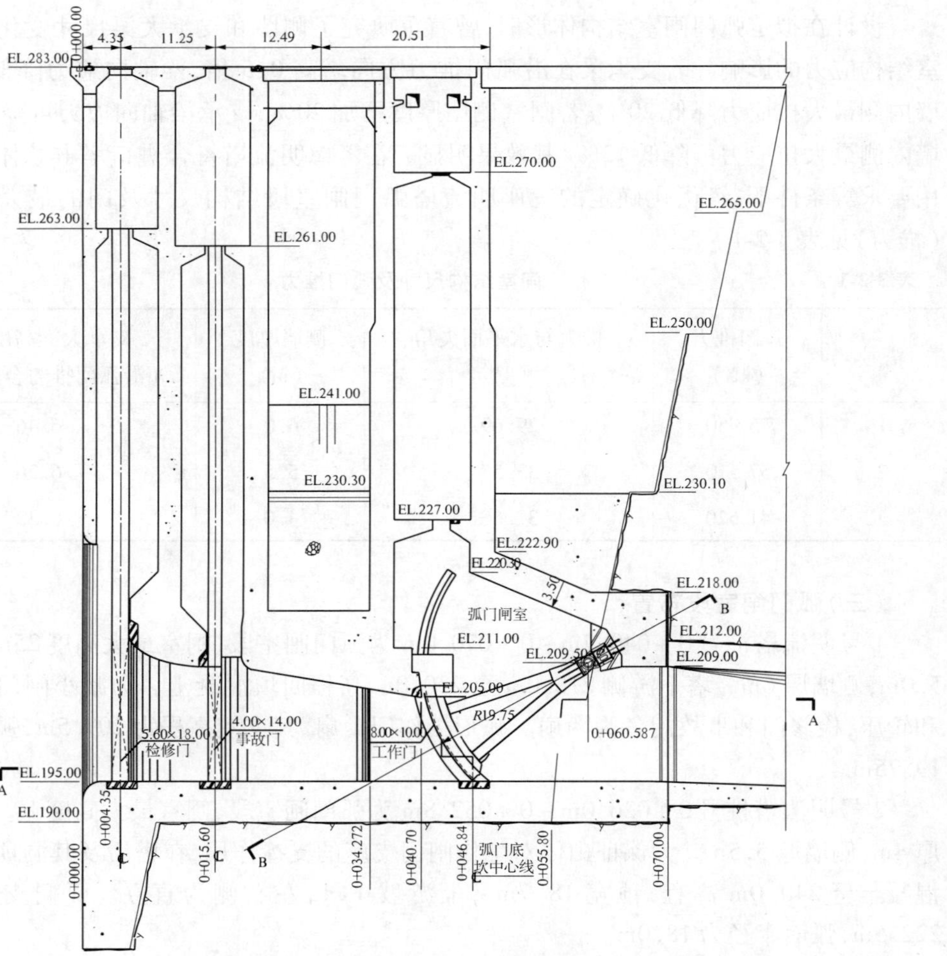

图 3-2-1　1 号明流塔 K—K 剖面图

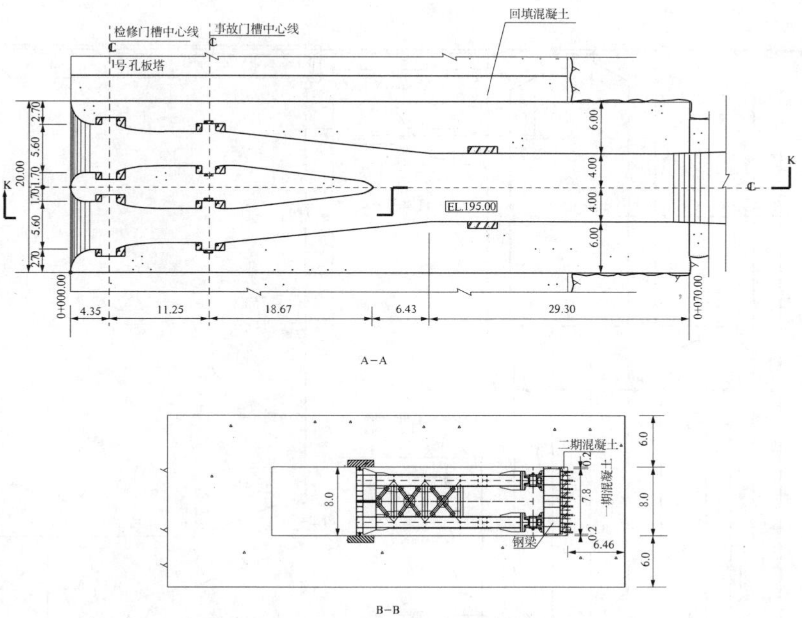

图 3-2-2　1 号明流塔剖面图

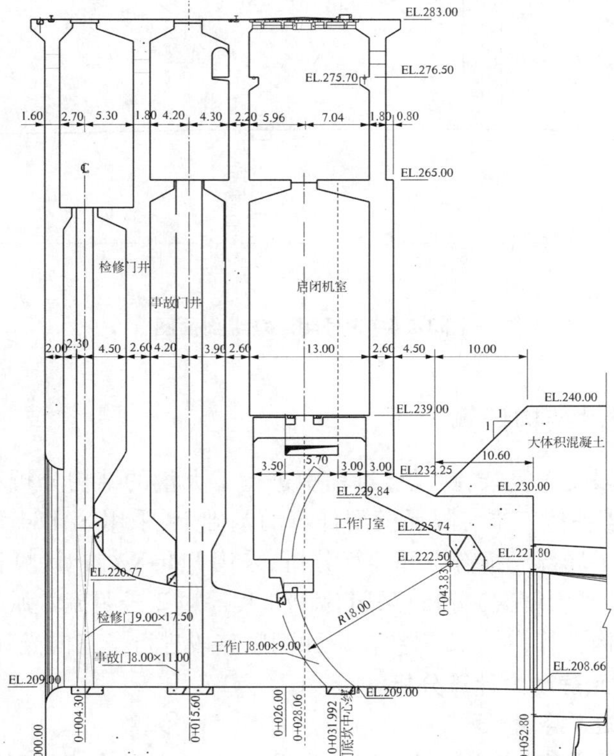

图 3-2-3　2 号明流塔纵剖面图

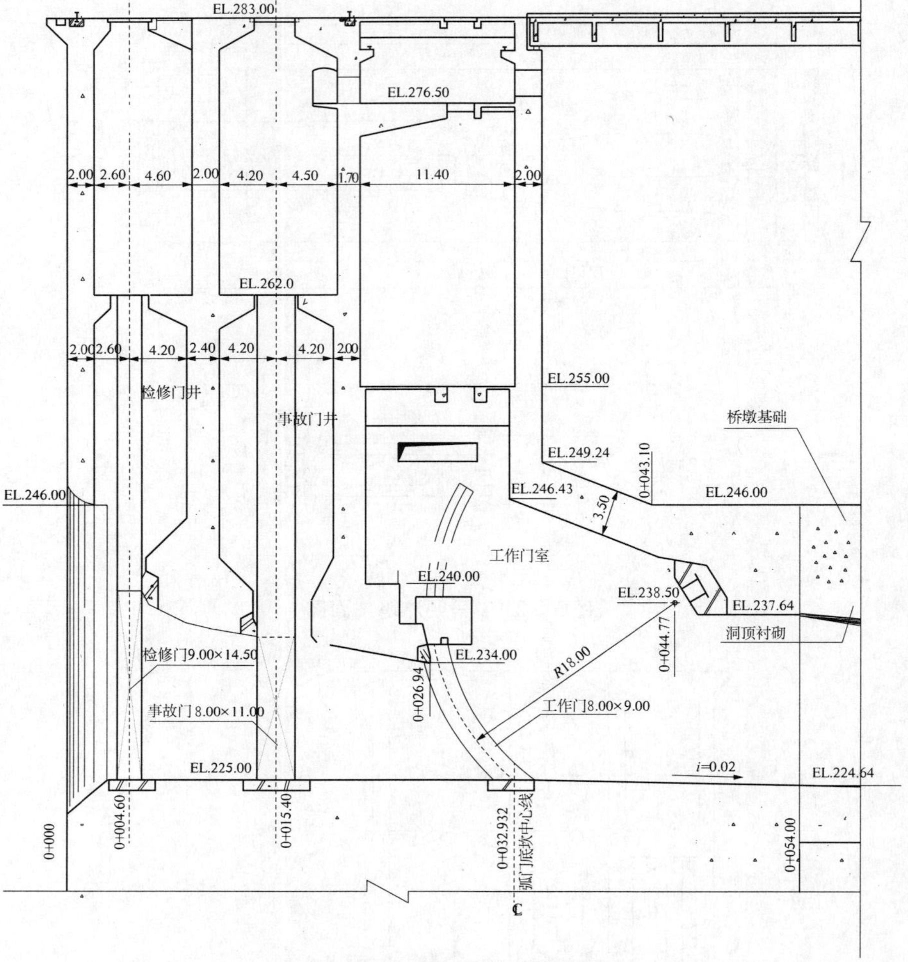

图 3-2-4　3 号明流塔纵剖面图

二、弧门闸室段结构计算分析

鉴于弧门闸室段受力复杂，在设计过程中进行了大量的结构分析和研究工作。即在1、2、3 号明流塔单塔整体三维有限元模型计算的基础上，采用 SAP84 程序对 1、2 号明流塔弧门闸室段进行了局部三维有限元计算分析；采用 PMGX 结构计算程序对弧门闸室段进行了结构力学法（平面框架）分析；采用 SAP84 程序对 2 号明流塔弧门段结构进行了预应力三维有限元结构计算；对 1、2 号明流塔弧门闸室段进行了三向光弹试验研究。

（一）三维有限元静动力计算分析

1. 计算模型和边界条件

整体计算模型取单塔，考虑两种不同的边界情况：一是不考虑塔群间的相互作用及塔下游侧山体的影响，仅考虑邻塔对地基的作用力；二是考虑上述两者的影响，用横向水平弹簧来模拟塔间相互的作用，用纵向水平弹簧模拟塔背与山体的相互作用，在塔基础以外的地基表面施加竖向弹簧以表示山体的影响。塔基四周计算范围及其深度，均取0.7倍塔高，四周采用水平约束，底部采用固定约束边界条件，静力分析时基岩作为均质弹性体处理，动力分析时基岩作为无质量弹性体，即只考虑其弹性，不考虑其惯性作用。

局部计算模型：1号明流塔弧门闸室结构局部细化计算的范围，顶部高程227.6m，底部高程190.0m，上游桩号0+34.4m，下游桩号0+70.0m。2号明流塔弧门闸室段侧墙厚度分别按4m和5.5m，计算范围从顶部高程232.25m至底部高程205.0m，上游桩号0+018.0m至下游桩号0+52.8m范围。

2. 计算工况

工况Ⅰ：275.0m水位工作门挡水。

工况Ⅱ：275.0m水位事故门挡水。

工况Ⅲ：275.0m水位事故门挡水加顺水流向地震作用。

工况Ⅳ：275.0m水位事故门挡水加横向地震作用。

3. 主要计算成果及分析

考虑塔体间相互作用及塔后山体抗力影响的模型计算位移值和应力值均较小，在设计中不是控制情况。故以下着重介绍顺流向无水平约束，横流向计横向水平约束情况成果。

在静荷载作用下，当工作门挡水时，闸门侧墙内侧Z向（铅垂向上）出现较大的拉应力，其最大值1号明流塔为1.57MPa；2号明流塔的整体模型计算结果为1.58MPa；3号明流塔为2.40MPa。事故门挡水时Z向拉应力略比工作门挡水时应力小。明流塔动荷载作用下，Z向产生的拉应力比静荷载产生的拉应力增加较大。

三维有限元法计算的弧门段最大及最小主应力及其发生部位见表3-2-2。

由表3-2-2看出，工况Ⅰ和工况Ⅱ的最大主拉应力均发生在弧门段侧墙内侧。工作门挡水比事故门挡水时产生的拉应力略大，原因是弧门推力通过大梁对侧墙产生了一定拉应力。

1号明流塔弧门段侧墙内侧主应力分布见图3-2-5（此图为1号明流塔弧门段局部模型工况Ⅰ计算结果）。

为了比较塔外水压力+弧门推力（关工作门）、塔外水压力（关事故门）、弧门推力分别作用对侧墙最大主拉应力的影响，特对2号明流塔、3号明流塔弧门闸室段局部模型进行了三维有限元计算。2号明流塔（侧墙厚5.5m）、3号明流塔侧墙的最大主应力为：塔外水压力+弧门推力作用分别为2.46MPa、2.52MPa；塔外水压力作用分别为1.93MPa、2.11MPa；仅有弧门推力作用分别为1.21MPa、0.64MPa，且分布在紧靠弧门支座大梁附近，远离支座（如10m以外）处主拉应力则很小。计算结果表明，高水头进水塔工作门闸室侧墙的最大主拉应力主要由塔外水压力引起，弧门推力仅对支铰大梁附近区域主拉应力有较大影响，对侧墙主拉应力影响较小，此结论与三向光弹试验结果一致。

2、3号明流塔除在弧门段侧墙内侧中间区域产生较大的主拉应力外，还在侧墙外侧与底板的交界处产生较大的主拉应力，其中2号明流塔为2.69MPa，发生在0+033.8m桩号、209m高程；3号明流塔为2.32MPa，发生在0+034.4m桩号、225m高程。但该拉应力区域不大，仅限于侧墙与底板的交界处，主要是由于塔基础大体积混凝土的刚度较侧墙的刚度大。

表 3-2-2　弧门段最大及最小主应力及其发生部位　（单位：MPa）

塔号	计算模型	应力及位置	工况Ⅰ（工作门挡水）		工况Ⅱ（事故门挡水）		工况Ⅲ（事故门挡水＋顺流向地震）		工况Ⅳ（事故门挡水＋横向地震）	
1号塔	整体	σ_1	1.74	弧门段内侧	1.27	弧门段内侧				
		σ_2	−4.12 −5.12	弧门段外侧 弧门段内侧	−4.23	弧门段外侧				
	局部	σ_1	2.08	高程206m，桩号0＋054.19m侧墙内侧						
		σ_2	−4.8	弧门段外侧						
2号塔	整体（δ＝4m）	σ_1	3.46	高程218m，桩号0＋039.65m侧墙内侧	3.12	高程218m，桩号0＋039.65m侧墙内侧	3.93	高程218m，桩号0＋039.65m侧墙内侧	4.54	高程209m，桩号0＋035.75m侧墙外侧
		σ_2	−6.38	弧门段外侧	−6.49	弧门段外侧	−7.29	高程209m，弧门段外侧	−7.51	高程218m弧门段外侧
	局部（δ＝4m）	σ_1	3.90	高程219.33m，桩号0＋038.7m侧墙内侧						
		σ_2	−6.84	弧门段外侧						
	整体（δ＝5.5m）	σ_1	1.91	高程221.7m弧门段内侧	1.59	高程218m，桩号0＋039.65m侧墙内侧	2.24	高程218m，桩号0＋039.65m侧墙内侧	2.53	高程209m，桩号0＋033.8m侧墙外侧
		σ_2	−4.96	高程216.5m弧门段外侧	−5.02	同工况Ⅰ	−5.87	高程221.7m流道上游墙外侧	−5.94	高程216.5m弧门段侧墙末端
	局部（δ＝5.5m）	σ_1	2.45	弧门段内侧						
		σ_2								
3号塔	整体	σ_1	2.52	高程237.7m，桩号0＋053.4m侧墙内侧	2.11	高程235.7m，桩号0＋038.4m侧墙内侧	2.12	高程235.7m，桩号0＋038.4m侧墙内侧	2.98	高程235.7m，桩号0＋038.4m侧墙内侧
		σ_2	−4.26	高程235.7m弧门段外侧	−4.16	高程235.7m弧门段外侧	−4.18	高程235.7m弧门段外侧	−6.42	高程225m桩号0＋034.4m侧墙外侧

注：δ为弧门段侧墙厚度。

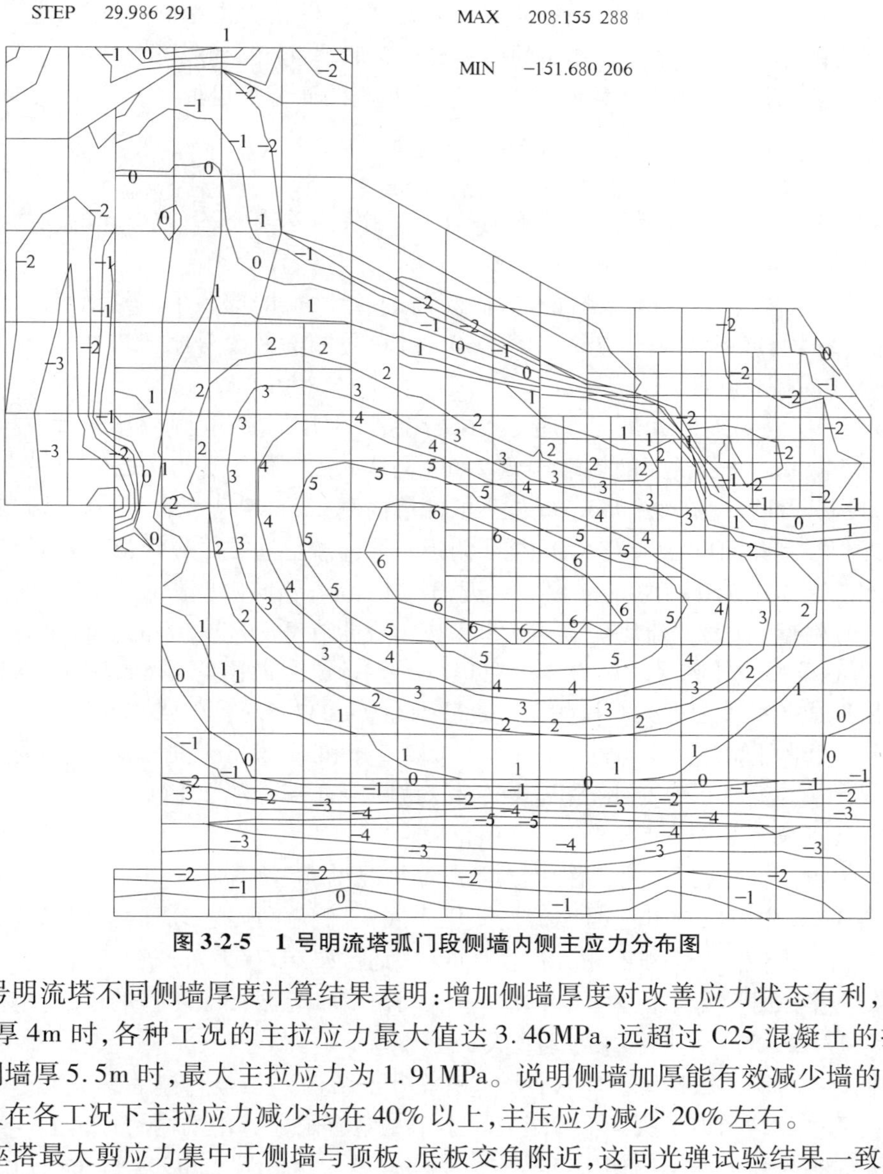

图 3-2-5　1 号明流塔弧门段侧墙内侧主应力分布图

2 号明流塔不同侧墙厚度计算结果表明：增加侧墙厚度对改善应力状态有利，即弧门段侧墙厚 4m 时，各种工况的主拉应力最大值达 3.46MPa，远超过 C25 混凝土的抗拉强度；而侧墙厚 5.5m 时，最大主拉应力为 1.91MPa。说明侧墙加厚能有效减少墙的主拉应力值，且在各工况下主拉应力减少均在 40% 以上，主压应力减少 20% 左右。

3 座塔最大剪应力集中于侧墙与顶板、底板交角附近，这同光弹试验结果一致。这种应力集中现象，有可能使该处结构产生裂缝。根据施工期温度应力的电算结果，此处又是施工期温度应力集中区。所以，在侧墙与顶板、底板交界部位，除加强施工期混凝土温控外，应加强该部位剪力筋配置。

（二）结构力学法计算分析

计算模型流道顺水流向取单位长度，以此分别形成平面框架结构的计算简图。当其杆件的高跨比大于 1/5 时，考虑剪切变形和节点刚性域影响。

1. 边界条件、计算断面

边界条件：

1 号明流塔底板厚 5m，侧墙厚 6m，流道顶板以上至 230m 高程为大体积回填混凝土。

在结构计算中,对由底板、侧墙、顶板形成的框架结构,把结构作为倒置框架,考虑地基反力和浮托力的作用,在地基反力作用的另一竖直端加垂直支撑维持平衡。

2、3 号明流塔底板为大体积混凝土结构,顶板与两侧墙形成框架结构,将侧墙底部视做固结于底板上。

计算断面选取:

在顺流向截取弧门段断面时,因不同断面的侧墙高差较大,由此引起的内力、配筋差异较大,如何合理选取计算断面是一个重要问题。

设计初期曾选取侧墙最高断面和较高断面进行计算,即选取了 1 号明流塔 0 +050m 桩号断面、2 号明流塔 0 +037.7m 与 0 +040.0m 桩号断面及 3 号明流塔选取 0 +038.0m 与 0 +043.0m 桩号断面。

从表 3-2-2 三维有限元最大主应力成果看出,1 号明流塔弧门闸室段最大主拉应力发生在 0 +054.19m 桩号断面的侧墙内侧 206m 高程;由三维有限元法的应力换算为内力知,内力控制断面发生在 0 +055.2m 桩号的侧墙内侧 205m 高程,所以 1 号明流塔侧墙内侧配筋计算控制断面应在0 +055.0m桩号附近。同样按上述方法分析,2 号明流塔侧墙内侧配筋控制断面应在 0 +040.0m 桩号附近,3 号明流塔侧墙内侧配筋控制断面应在 0 +39.0m 桩号附近。2 号明流塔侧墙外侧最大应力发生在 0 +033.8m 桩号断面的 209m 高程;3 号明流塔侧墙外侧最大应力发生在 0 +034.4m 桩号断面的 225m 高程,但考虑 2、3 号明流塔形成此种平面框架结构的位置是分别在 0 +037.7m 和 0 +035m 桩号处,所以 2、3 号明流塔侧墙外侧最大应力断面应在 0 +037.7m 和 0 +035m 桩号附近,同时,也为与三维有限元法计算结果作对比分析,故又对这些断面进行了内力计算。

2. 计算成果及其分析

结构力学法计算的各控制断面内力及配筋情况见表 3-2-3。

从表 3-2-3 中可以看出,1 号明流塔采用由底板、侧墙、顶板形成的框架结构,结构力学法算出的内力值大于三维有限元法换算的内力值,如 0 +055.0m 桩号断面的侧墙内侧中部结构力学法计算弯矩值为 24 591kN · m,而由三维有限元法所得的应力换算为内力弯矩值为 17 129kN · m,两结果差别较大。

对于 2、3 号明流塔这种由底板(大体积混凝土结构)、顶板与侧墙形成的框架结构,其侧墙内侧中部结构力学法计算弯矩值均小于三维有限元算出的内力值,如 2 号明流塔 0 +040.0m 桩号断面侧墙内侧中部结构力学法计算弯矩值为 12 490kN · m,而由有限元法所得应力换算为内力弯矩值为 14 144kN · m。其原因是在结构力学法计算中,将底板作为固端,其在固端产生巨大弯矩,而分配给侧墙内侧中部的弯矩就很小,但是三维有限元计算成果显示,在侧墙内侧中部却出现了较大的拉应力区。所以在最终配筋设计中,一定要综合分析两种方法计算的结果慎重地加以处置。

从表 3-2-3 还可看出,2、3 号明流塔在侧墙外侧底部,即 2 号明流塔侧墙外侧 209m 高程和 3 号明流塔侧墙外侧 225m 高程均出现大的弯矩,这主要是结构力学法计算中,将此部位按固端考虑引起的,这种弯矩在所述高程以上迅速减小,即 2 ~ 3m 以上范围就可以按构造配筋。

表 3-2-3 **弧门闸室段结构力学法计算的内力及配筋**

塔名	计算断面所在桩号	计算工况	部位	弯矩(kN·m)	轴力(kN)	计算配筋面积(mm^2)	实际配筋面积(mm^2)	裂缝宽度(mm)
1号明流塔	0+050.0	事故门挡水+横向地震	侧墙外侧195m高程	24 230	3 589	11 427	10 723	0.22
			侧墙内侧中部	-29 818	3 589	15 800	16 092	0.37
	0+055.0	事故门挡水+横向地震	侧墙内侧中部	-24 591	3 500	11 858	16 092	0.098
2号明流塔	0+037.7	事故门挡水+横向地震	侧墙外侧209m高程	39 119	5 159	25 500	12 159	1.50
			侧墙内侧中部	-14 119	3 784	4 000	10 180	0
	0+040.0	事故门挡水+横向地震	侧墙内侧中部	-12 490	3 700	2 673	10 180	0
3号明流塔	0+035.0	事故门挡水+横向地震	侧墙外侧225m高程	26 733	3 300	28 964	15 267	1.02
	0+038.0	事故门挡水+横向地震	侧墙外侧225m高程	23 691	3 376	24 087	15 267	0.8
			侧墙内侧中部	-10 156	2 410	8 325	12 063	0
	0+039.0	事故门挡水+横向地震	侧墙内侧中部	-9 882	2 742	5 983	12 063	0
	0+043.0	事故门挡水+横向地震	侧墙外侧225m高程	22 061	4 930	18 410	15 267	0.5
			侧墙内侧中部	-8 788	4 070	4 609	12 063	0

注:轴力以压为正,事故门挡水水位为274m。

在用结构力学法进行结构裂缝计算中,2、3号明流塔侧墙外侧底部均出现很大裂缝,即2号明流塔最大裂缝宽度为1.5mm,3号明流塔侧墙内侧中部裂缝最大宽度为1.02mm。而用三维有限元法所得的应力换算为内力计算的裂缝宽度均在设计规范允许范围内。

(三)局部三向光弹性试验

光弹试验目的:由于弧门支铰附近结构复杂,且承受的集中力很大,用简化的平面问题处理进行结构计算难以符合实际,同时有限元法中的网格划分较粗,也难以给出此部位较详细的应力状况,所以又进行了1、2号明流塔该处的局部三向光弹试验。在此仅将2号明流塔的试验成果概述如下。

2号明流塔弧门闸室段局部光弹试验模型比尺采用1:150,模型范围为:桩号0+018.0m至桩号0+052.8m,顶部高程为239.6m,基础取至约182m高程,侧墙厚度取4m和5m。试验工况为275m库水位关工作门挡水。

在其侧墙厚为4m和5.5m时,侧墙内表面中部均有一定范围的拉应力区,最大主拉应力σ_1分别为2.36MPa、1.15MPa,相应第二主应力σ_2分别为0.63 MPa、-0.41MPa,它们均发生在 0 +037.8m 桩号断面的 220m 高程处。

考虑光弹试验的应力值取的是沿切片厚度方向的应力平均值，当厚度方向的应力梯度变化较大时，应力结果有一定误差，在侧墙厚度为 4m 时，内侧最大主拉应力 σ_1 为 2.36MPa，计入误差影响，估计最大主拉应力可能达 3.0MPa 左右。

有限元法与光弹试验的最大主应力分布区域基本一致，但光弹试验的应力稍小，例如侧墙厚 4m 时，有限元法计算的最大主拉应力为 3.46MPa，光弹试验未计试验误差时的最大主拉应力为 2.36MPa；侧墙厚 5.5m 时，有限元法计算的最大主拉应力为 1.91MPa，光弹试验未计试验误差时的最大主拉应力为 1.15MPa。

（四）预应力钢筋混凝土结构方案计算分析

1. 预应力方案

鉴于 2 号明流塔弧门段结构的侧墙厚 4m 时，整体三维有限元在各种工况下计算的侧墙主拉应力达 3.12 ~4.54MPa，大大超出 C25 混凝土抗拉强度，故又研究了预应力结构方案。

预应力方案的三维有限元计算是在单塔整体三维有限元计算基础上进行的，计算范围为高程 235.0 ~205m、桩号 0 +017.0m ~0 +052.8m 之间的结构段，取三维有限元整体模型在 275m 库水位工作门挡水工况下相应范围的应力或位移边界条件，考虑预应力方案计算精度要求，凡在该段内整体模型计算的主拉应力值超过 2.0MPa 的部位均进行网格加密，网格边长控制在 1.0 ~1.5m，同时考虑预应力按集中力处理能施加于网格节点上的需要。施加力则按锚索方位角分解为垂直方向和水平方向的分力。

预应力方案共 3 个，施加预应力的情况见图 3-2-6。

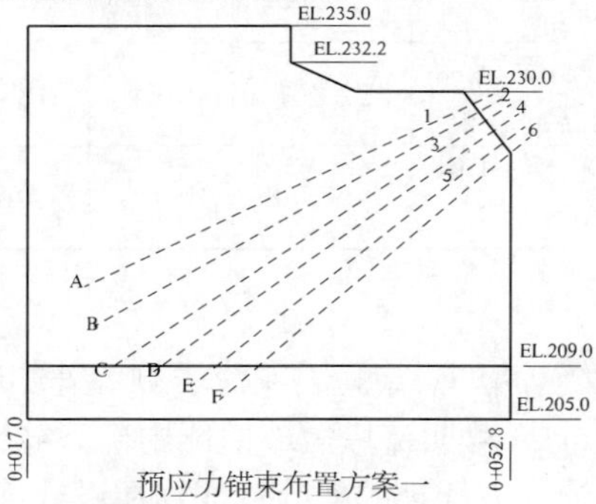

预应力锚束布置方案一

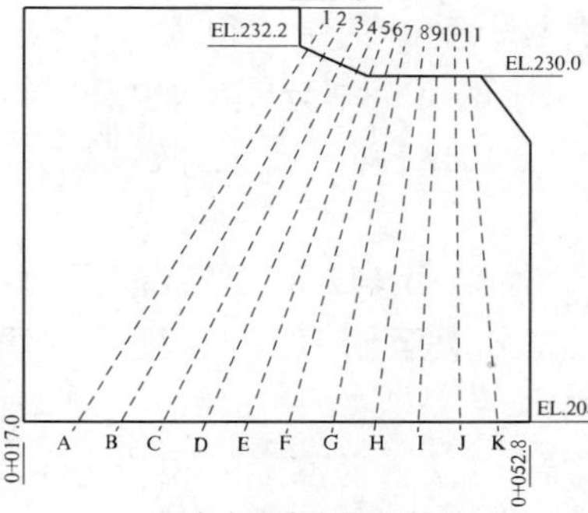

预应力锚束布置方案二

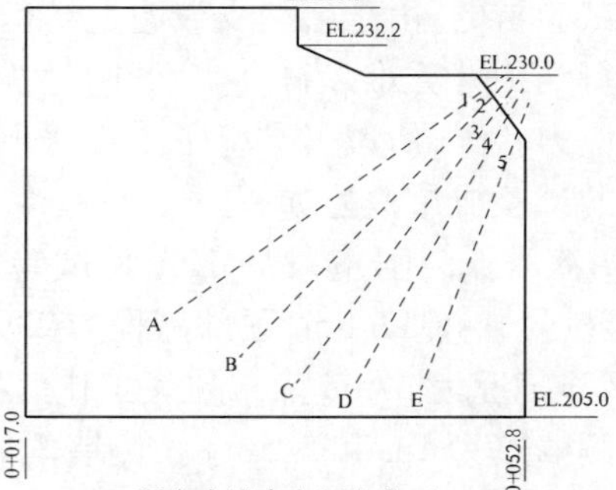

预应力锚束布置方案三

图 3-2-6 预应力布置方案

预应力方案一中的锚束大致沿弧门推力方向布置，预应力总吨位为：$p=6\times3\times3\ 000$ kN $=54\ 000$kN（每层6束，共3层，每层均平行于侧墙面布置）。

预应力方案二中的锚束上端布置在弧门支座大梁上部230.0m高程附近的边墙顶部，其在桩号0+038.7m到0+048.7m范围内的束距为1.0m；下端布置在闸室底部205.0m高程附近，在桩号0+025.0m～0+051.0m范围内的束距为2.60m。预应力总吨位：$p=11\times2\times2\ 500$kN $=55\ 000$kN（每层11束，共2层）。

预应力方案三的锚束布置比方案一的倾角大，长度短，覆盖的扇面稍宽。预应力总吨位：$p=5\times3\times3\ 000$kN $=45\ 000$kN（每层5束，共3层）。

2. *主要计算结果及其分析*

最大及最小主应力及其发生部位见表3-2-4。

表3-2-4　预应力方案的最大及最小主应力及其发生部位　（单位：MPa）

应力及发生部位		整体三维有限元计算	预应力方案一	预应力方案二	预应力方案三
σ_1	数值	3.90	3.69	3.54	3.75
	发生部位	高程219m弧门段侧墙内侧	高程219m弧门段侧墙内侧	高程219m弧门段侧墙内侧	高程219m弧门段侧墙内侧
σ_2	数值	-6.84	-8.82	-8.66	-8.26
	发生部位	高程219m弧门段侧墙外侧	弧门大梁外侧中部	弧门段大梁外侧中部	弧门大梁外侧中部

与整体三维有限元计算成果比较，三个预应力方案的最大主拉应力降低效率见表3-2-5。

表3-2-5　三个预应力方案最大主拉应力比较

计算方案	整体三维有限元计算	预应力方案一			预应力方案二			预应力方案三		
项目	应力(MPa)	应力(MPa)	乘子	效率(%)	应力(MPa)	乘子	效率(%)	应力(MPa)	乘子	效率(%)
数值	3.90	3.69	1.02	5.5	3.54	1.0	9.2	3.75	1.22	4.7

由于三个预应力方案的预应力总吨位各不相同，为便于分析研究，故将预应力方案二的总吨位 $p=55\ 000$kN 拟为基准，然后分别除以各方案的总吨位作为计算预应力效率的乘子，则得预应力方案一、二、三的乘子分别为$\frac{55\ 000\text{kN}}{54\ 000\text{kN}}=1.02$、$\frac{55\ 000\text{kN}}{55\ 000\text{kN}}=1.0$、$\frac{55\ 000\text{kN}}{45\ 000\text{kN}}=1.22$。与整体三维有限元法计算的最大主拉应力比较，并按下式计算可得预应力方案降低结构主拉应力的效率值。

$$效率=\frac{整体三维有限元计算的应力-预应力方案计算的应力}{整体三维有限元计算的应力}\times乘子\times100\%$$

从表3-2-5知，按预应力方案二施加预应力较为有效，因其预应力锚束方向与结构主拉应力方向较为接近，但是减少后的最大主拉应力仍达 3.54MPa；而预应力一、二、三方案计算的侧墙最大主拉应力仅分别减小 0.21MPa、0.36MPa 和 0.15MPa，降低最大主拉应力的效率分别为 5.5%、9.2%和 4.7%。由此说明预应力效果不太明显，弧门推力并不是 2 号明流塔弧门结构段产生较大应力的主因，分析 2 号明流塔弧门段侧墙主拉应力主要是由外水压力引起，因作用于桩号 0 +022.7m ~0 +052.8m 结构段 209 ~230m 高程范围的外水、泥沙等压力约为 400 000kN，远大于施加的预应力，所以无论采用哪种预应力方案，对减小主拉应力的效果都极其有限。

综上所述，明流塔弧门段结构采用预应力方案对降低侧墙内侧拉应力作用不大。由侧墙厚度分别为 4m 和 5.5m 的整体三维有限元法计算结果可知，降低该区拉应力的有效办法是加大结构刚度，将侧墙局部加厚。

（五）弧门闸室段侧墙结构配筋

弧门闸室段侧墙配筋计算采用了三种方法：方法一是按三维有限元法算得的拉应力图形配置钢筋；方法二是按三维有限元法计算的应力换算为内力进行配筋；方法三是按结构力学法算得的内力进行配筋。

1. 按三维有限元法算得的拉应力图形配筋

根据《水工钢筋混凝土结构设计规范》（SDJ20—78）附录四，按应力图形配置钢筋方法对 3 号明流塔应力最大断面进行了配筋计算。事故门挡水 + 横向地震工况，侧墙内侧 235.7m 高程，0 + 038.4m 桩号处断面，最大主拉应力 2.98MPa，计算配筋面积 11 000mm^2/m；事故门挡水 + 横向地震工况，侧墙外侧 225.0m 高程，0 +034.4m 桩号处断面，最大主拉应力2.32MPa，计算配筋面积 14 500mm^2/m。规范规定，当应力图形接近直线分布时，应换算为截面内力计算，3 号明流塔在 0 +034.4m 桩号，三维有限元单元网格剖分时仅有侧墙内侧点和外侧点，缺少中间剖分点，这就使应力图形呈直线分布，所以计算出的配筋面积14 500mm^2/m是不准确的，仅作为配筋参考之用。由此可见，在进行重要结构的有限元计算时，应将网格分层剖分加密一些，以便于按应力图形配置钢筋。

2. 按三维有限元法算得的应力换算为内力配筋

将三维有限元法算得的应力换算为内力后，1 号明流塔弧门闸室段最大弯矩发生在桩号0 +055.2m、高程 205m 处的侧墙内侧，弯矩值为 17 129kN · m；2 号明流塔弧门闸室段最大弯矩发生在桩号 0 +041.6m、高程 218m 处的侧墙内侧，弯矩值为 16 310 kN · m；3 号明流塔弧门闸室段最大弯矩断面在桩号 0 +040.4m、高程 235.7m 处的侧墙内侧，弯矩值为10 437kN · m。上述计算断面最终配筋皆为构造配筋，即配筋率小于构件最小配筋率 0.2%。裂缝计算宽度均小于限裂宽度 0.25mm。

3. 按结构力学法计算的内力进行配筋

结构力学法计算的各控制断面内力及配筋情况见表 3-2-6。

从计算结果可看出：三维有限元法算得的应力最大处与结构力学法算出的配筋量最大断面位置并不一致。分析其原因，结构力学法计算的配筋量最大断面为侧墙高度最大断面，而有限元成果则考虑了前胸墙后流道的影响，其应力最大断面并不一定在侧墙的最高位置。例如 1 号明流塔三维有限元法计算的侧墙内侧应力控制断面在 0 +055.0m 桩号；结构力学法在 0 +055.0m 桩号断面侧墙内侧的计算配筋仅 11 858mm^2/m，而在 0 +

050.0m 桩号侧墙内侧计算配筋面积为 15 800mm²/m，即大于 0 + 055.0m 桩号断面的计算配筋量。

4. 结构计算配筋及实际配筋

上述三种计算方法所得三座塔弧门闸室段侧墙的计算配筋及实际配筋情况见表 3-2-6。

表 3-2-6　　三种计算方法算得的弧门闸室段侧墙配筋及实际配筋

塔名	部位	方法一计算的配筋量（mm²/m）	方法二计算的配筋量（mm²/m）	方法三计算的配筋量（mm²/m）	实际配筋量（mm²/m）	选用钢筋层数、根数/m、直径
1 号明流塔	侧墙内侧中部	14 430	11 700（构造配筋）	11 858（0 +55） 15 800（0 +50）	16 092	3 ×6.67 Φ32mm
2 号明流塔	侧墙内侧中部	12 700	11 000（构造配筋）	2 673（构造配筋）	10 180	2 ×5Φ36mm
	侧墙外侧底部	14 500	11 000（构造配筋）	25 500	12 159	5Φ36mm + 2 ×5Φ30mm
3 号明流塔	侧墙内侧中部	11 000	8 000（构造配筋）	5 893（构造配筋）	12 063	3 ×5Φ32mm
	侧墙外侧底部	14 500	8 000（构造配筋）	28 964	15 267	3 ×5Φ36mm

注：表内均为 1m 长度结构的配筋量。

从表 3-2-6 中可看出，按方法一（三维有限元法所得拉应力图形）计算配筋量，比按方法二（应力换算为内力）计算的配筋量要多；2、3 号明流塔用方法三（结构力学法）所得的侧墙外侧底部配筋量为最多。因此，在综合分析各种计算结果后，最终对配筋量作了适当调整。当裂缝开展宽度不满足设计要求时，在不改变结构尺寸情况下，配筋量由限裂条件控制。

1 号明流塔在 3 座明流塔中承受的外水压力最大，采用结构力学方法计算时，取由顶板、侧墙、底板构成的框架结构计算简图，计算出的配筋量为 15 800mm²/m，这与按三维有限元法算得的拉应力图形配筋量 14 430mm²/m 差别不大，其实际配筋量采用 16 092mm²/m。

2、3 号明流塔侧墙内侧中部按三维有限元法算得的应力换算为内力计算配筋量和结构力学法计算的配筋量均较小，按三维有限元法算得的拉应力图形配筋量均较大。综合比较后，考虑此部位主拉应力最大，所以基本上是按三维有限元法算得的拉应力图形进行配筋。

2、3 号明流塔侧墙外侧底部，按三维有限元法所得的应力换算为内力计算只需按构造配筋（配筋面积最少），但按结构力学法计算内力的配筋太多。例如在 2 号明流塔该段结构 209.0m 高程侧墙外侧，按结构力学法计算的垂直向钢筋面积 25 500mm²/m，按三维有限元的应力换算为内力配筋面积为 11 000.0mm²/m，而按三维有限元法的应力图形计算的配筋面积为 14 500mm²/m，综合考虑后，实际配筋面积采用 12 159.0mm²/m。

3 座明流塔的该段侧墙的水平筋均按构造要求配置。

5. 关于弧门闸室段几种结构计算成果应用问题的探讨

目前,我国已建或在建大型水利水电工程的重要结构大多作了有限元计算,但其成果如何用于结构设计还没有统一标准。

小浪底工程三座明流塔的有限元法结构计算,既是为了校核结构力学法计算成果,又是要了解其弧门段结构主拉应力分布及顶板、底板厚度对侧墙主拉应力的影响,以便完善设计,确保结构运用安全。

由上述计算成果可看出,按平面问题采用结构力学法计算的成果可能偏于保守,三维有限元成果能清楚地反映整个结构受力状况,是对结构力学法计算成果的验证或补充。

在采用的设计参数边界条件及单元网格划分较合理时,三维有限元计算成果可参考使用。对于局部单元有奇异时,则应通过对比分析,判断其成果的真伪进行取舍。另外有限元计算与局部光弹试验成果相比,其相应结构部位的光弹试验应力偏小。由此认为,对于复杂重要结构的配筋应用不同方法计算,经综合分析后确定。

三、结语

(1)明流塔弧门闸室段侧墙的最大主拉应力发生在侧墙内侧中部,主要是由墙外水压力引起的,而弧门推力仅对弧门支铰附近结构产生较小主拉应力,它不是弧门闸室段结构应力的主要控制因素。

(2)欲降低明流塔弧门闸室段侧墙内侧较大范围内的拉应力,采用预应力技术措施效果较差,较理想的办法是侧墙局部加厚。

(3)采用结构力学法进行此类结构计算时,剖面位置的选取至关重要,因侧墙高度不同对内力和配筋计算影响很大。

(4)对于复杂的重要结构,在结构设计中,应通过不同方法(如三维有限元、三维光弹试验、结构力学方法等)的计算成果进行比较,经综合分析后确定配筋。

(5)对于深式进水口明流塔弧门闸室段的侧墙,在弧门推力通过门腿支铰后钢梁传给结构顶部的钢筋混凝土支承大梁的条件下,侧墙内的放射筋设置似可大为简化。

(6)弧门支铰后二期混凝土及钢梁顶部均应根据受力情况配置足够受拉筋;钢梁后一、二期混凝土间的联结筋应予加强,且应焊接到钢梁上。

第三节　进水塔群塔井段结构设计研究

一、进水塔群塔井段结构特点

(一)塔井段结构特点

进水塔群由 10 座进水塔组成,按塔型及功能分为:平面二合一进口单塔身的 3 座孔板泄洪洞进水塔(以下简称“1、2、3 号孔板塔”);平面二合一进口前后双塔身的 1 号明流泄洪洞进水塔(以下简称“1 号明流塔”);发电洞和排沙洞进口单塔身的 3 座进水塔(以下简称“1、2、3 号发电塔”);单进口单塔身的 2、3 号明流塔和灌溉洞进水塔(以下简称“灌溉塔”)。

其塔井段具有下列特点：

(1)10 座进水塔采取一字形集中布置,230m 高程以下相互紧靠,通过接缝灌浆成一体,230m 高程以上各塔间均设有宽缝,缝宽 0.2 ~ 3.2m,以使各塔上部水平向自由,在地震时不致相互碰撞。

(2)塔体下部为大体积大孔口流道,上部为薄壁组合筒体,塔井段高 53 ~ 73m。

(3)塔井下游侧有石渣,在Ⅷ度地震作用时,塔井存在不平衡剪力和计算简图选取问题。

(4)塔井段结构形状相当复杂,既有格箱式结构,又有用板、墙、墩、梁和柱构成的组合式结构。其水平剖面形状有:田字形、目字形、日字形,如单塔身孔板塔,2、3 号明流塔和灌溉塔塔井;4 行 6 列 18 井筒格箱形发电塔塔井;田字形、口字形并联双塔身 1 号明流塔塔井。除灌溉塔塔井段顺流向左右不对称外,其余塔井顺流向均左右对称,横流向不对称。塔井段包括塔顶平台、启闭机平台、闸门检修平台等。

(二)材料分区

材料分区主要考虑:结构部位,水位、水头、流速变化,应力,渗透力,结构厚度,气温条件,将塔体分为最高水位以上部位,最高水位与最低水位之间变化部位,最低水位以下部位,基础部位,流道孔口,廊道部位及大体积结构等部位。

塔体混凝土强度等级见表 3-3-1,塔后回填石渣表面设反滤层。

表 3-3-1　　塔体混凝土要求

混凝土强度等级	最小抗压强度		抗渗等级	抗冻等级	最大骨料尺寸(mm)	最大水灰比	使用位置
	MPa	龄期(d)					
C30	30	28	W6	F50	40	0.45 ~ 0.50	进水塔
C30	30	90	W6	F50	80	0.50 ~ 0.55	塔身 210 ~ 230m 高程
C30	30	28	W8	F50	40	0.45 ~ 0.50	塔身二期混凝土
C25	25	28	W6	F50	40	0.50 ~ 0.55	塔身梁板 283m 高程、276.5m 高程平台
C25	25	28	W8	F50	80	0.50 ~ 0.55	塔身
C15	15	28	W6	F50	80	0.55 ~ 0.60	护坦
C15	15	28	W2	F50	150	0.55 ~ 0.60	大体积

(三)材料参数

塔体 210 ~ 230m 高程段采用混凝土等级为 C30,流道及塔井部位混凝土为 C25,容重为 $24kN/m^3$,静弹性模量为 $2.85 \times 10^4 MPa$,泊松比为 0.167;大体积混凝土为 C15,容重为 $24kN/m^3$,静弹性模量为 $2.3 \times 10^4 MPa$,泊松比为 0.167;基岩变形模量为 $0.8 \times 10^4 MPa$,容重为 $26kN/m^3$,泊松比为 0.25;考虑地震时材料的动弹性模量值取其静弹性模量值的 1.3 倍,基岩弹性抗力系数水平向为 $0.8 \times 10^6 kN/m^3$,垂直向为 $0.7 \times 10^6 kN/m^3$,塔体间混凝土水平向弹性抗力系数 $1.5 \times 10^6 kN/m^3$;基岩的极限抗压强度为 5.12MPa,塔体混凝土底板与基岩间的摩擦系数为0.65(稳定复核用),黏着力系数为零。其他参见表3-3-2。

表3-3-2 塔体材料

项目	容重（kN/m³）	浮容重（kN/m³）	容重（kN/m³）	内摩擦角(°)	
				无地震	有地震
石渣	22(饱和)	12	19.6(湿)	30	30
淤沙	18(饱和)	0.8	16(湿)	10	水位以下为0
混凝土	24	14	24		

二、计算情况以及作用荷载和组合

(一)计算情况

计算情况分为:①正常蓄水位;②设计洪水位;③校核洪水位;④建成无水情况;⑤施工情况;⑥地震情况;⑦检修情况。

(二)作用荷载和组合

1.作用荷载

(1)基本荷载:结构自重、设备重,相应于正常蓄水位或设计洪水位时的静水压力、扬压力、浪压力、泥沙压力、石渣压力、风压力、岩石压力,温度作用,经常作用的其他荷载。

(2)特殊荷载:相应于校核洪水位时的静水压力、扬压力和浪压力,地震作用(含地震惯性力、地震动水压力、地震动土压力(包括地震动泥沙压力和地震动石渣压力)),出现机遇很少的其他荷载。

地震荷载的计算详见第四章“进水塔群动力稳定性分析和抗震设计”。

2.荷载组合

结构设计中根据各种荷载同时作用的实际可能性,进行荷载组合,并将其分为基本组合、特殊组合(一)、特殊组合(二)、特殊组合(三)。

(1)基本组合:①库水位275m(非汛期),事故门关闭挡水;②274m设计洪水位,关门挡水或泄洪运用;③库水位254m浑水泄洪;④库水位260m清水检修门关闭;⑤建成无水。

(2)特殊组合(一):①校核洪水位275m,关门挡水或泄洪运用;②库水位251m关门挡水或泄洪运用;③库水位220m事故门关闭挡水;④库水位275m,事故门关门挡水+地震($a=0.215g$);⑤建成无水+地震($a=0.215g$)。

(3)特殊组合(二):库水位275.0m事故门关门挡水+地震($a=0.313g$)。

(4)特殊组合(三):施工期水位对应的荷载组合。

(5)温度作用:基本组合、特殊组合(一)中的前四项+温度作用。

塔井段计算荷载组合见表3-3-3。

表 3-3-3　　塔井段计算荷载组合

荷载组合	计算工况	荷载								
		自重	静水压力	泥沙压力	浪压力	风荷载	石渣压力	地震作用	温度作用	其他
基本组合	工况 1～4	√	√	√	√	√	√		√	
	工况 5	√				√	√		√	
特殊组合（一）	工况 1～3	√	√	√（工况 3 无）	√	√	√		√	
	工况 4～5	√	√	√	√	√	√	√	√	
特殊组合（二）	工况 1	√	√	√	√	√	√	√		
特殊组合（三）	工况 1	√								√

三、设计标准和准则

（1）在遭遇设计地震作用时，进水塔能够抗御，或虽有轻微损坏，经一般处理后仍可正常运行。

（2）塔体混凝土的动弹性模量可较其静弹性模量提高 30%；动强度可较其静强度提高 30%；塔身允许开裂，最大裂缝宽度小于 0.2～0.25mm，但不允许有贯穿性裂缝。

（3）混凝土的设计强度及结构安全系数。

混凝土和钢筋混凝土结构的计算，按单一安全系数极限状态设计方法进行。

不宜作为杆件体系计算内力的，由弹性力学方法和结构试验确定其应力分布的，按应力图形配置钢筋。

四、塔井段结构计算分析方法

进水塔群塔井段为组合井筒结构，井段高 53～73m，地震设防烈度Ⅷ度。由于塔体受地震作用，塔背有石渣、淤沙压力等荷载作用，按水平框架计算时，在顺流向和横流向的作用力均不平衡，必须妥善处理计算简图、不平衡剪力和结构体形突变对结构的影响，因此进行了结构力学方法计算、三维有限元法和反应谱振型分解法的三维有限元计算。另外，为验证计算的正确合理性，还进行了孔板塔抗震动力模型试验。

（一）结构力学方法

1. 计算简图

进水塔井水平框架（即由杆系组成）的计算简图主要从平面结构的本身、支座和荷载等三个方面进行简化。

对结构本身的简化主要包括对构件、结点和结构体系的简化。对构件的简化：将变截面门井构件简化为等截面构件及用实体杆代替格构式杆等；对结点的简化：根据小浪底进水塔的实际构造、相交于结点的各杆的单位刚度、结构的几何组成等将结点简化为铰结点或刚结点;对结构体系的简化:将空间结构简化为平面结构。

对支座的简化:假定支座为刚体,根据受力和变化情况将这种刚性支座简化为固定铰支座、活动铰支座、固定支座以及平行双链杆支座。

对荷载的简化:荷载作用位置、荷载分布规律、荷载性质的简化(用静力荷载代替动力荷载,将多个集中移动荷载化为等代均布荷载等)。

下面简要介绍孔板塔、发电塔、在计算简图选取中采用的方法。

1)孔板塔

孔板塔塔井段水平截面见图 3-3-1,其结构计算采用了下述 4 种水平框架计算简图:

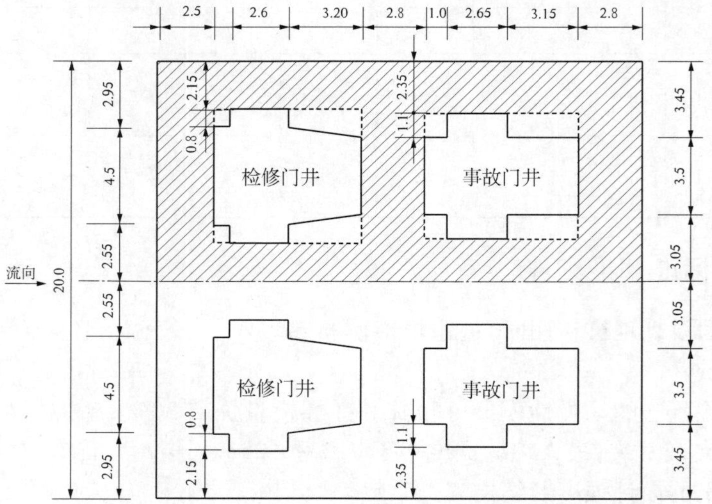

图 3-3-1　孔板塔塔井段水平截面　(单位:m)

(1)考虑门槽对结构的削弱,将塔井周边构件简化为等截面(见图 3-3-1 中阴影线所示),并取各构件净跨的 1.05 倍作为其计算跨度,构成计算简图 3-3-2(a)。

(2)取塔井周边构件的中心线,并考虑门槽对结构的削弱,构成变截面构件计算简图 3-3-2(b),只计构件净跨段上的荷载,采用似柱法分析其形常数及载常数。

(3)考虑门槽对结构的削弱,将其简化为等截面带有刚域节点的计算简图 3-3-2(c),只计构件净跨段上的荷载。

(4)采用刚域节点,按节点的中心线并考虑门槽对结构的削弱,将其简化为变截面带有刚域节点的计算简图 3-3-2(d),只计构件净跨段上的荷载,采用似柱法分析其形常数及载常数。

上述计算简图均用力矩分配法进行刚架内力分析。

由图 3-3-3 可知,用等截面杆计算的多数杆件跨中弯矩大于用刚节点等截面杆计算的杆件跨中弯矩(个别杆件的情况例外),而用刚节点等截面杆计算的(多数节点)弯矩大于用刚节点变截面杆的节点弯矩(个别情况例外)。考虑刚节点变截面杆的计算工作量大,而用等截面杆计算结果已有相当精度,且便于用计算机计算孔板塔塔井水平框架,因此采用等截面框架计算。

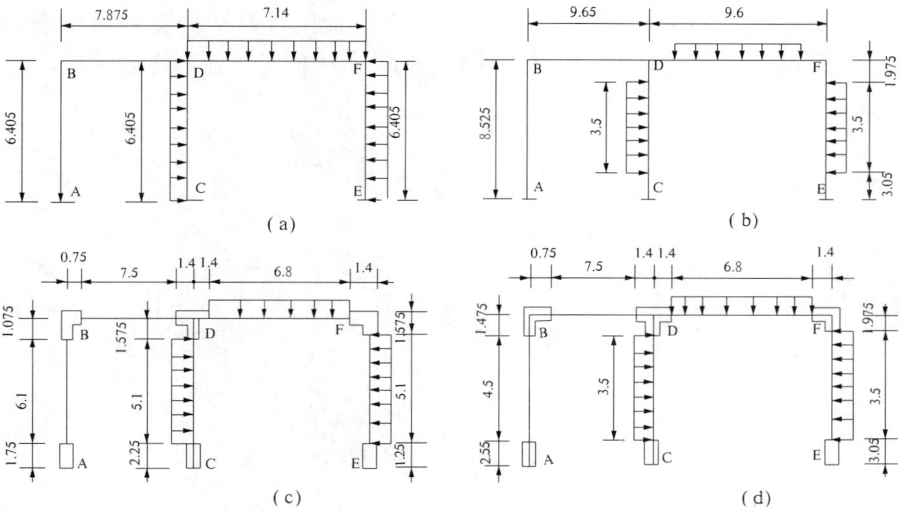

图 3-3-2　孔板塔塔井水平框架计算简图　（单位：m）

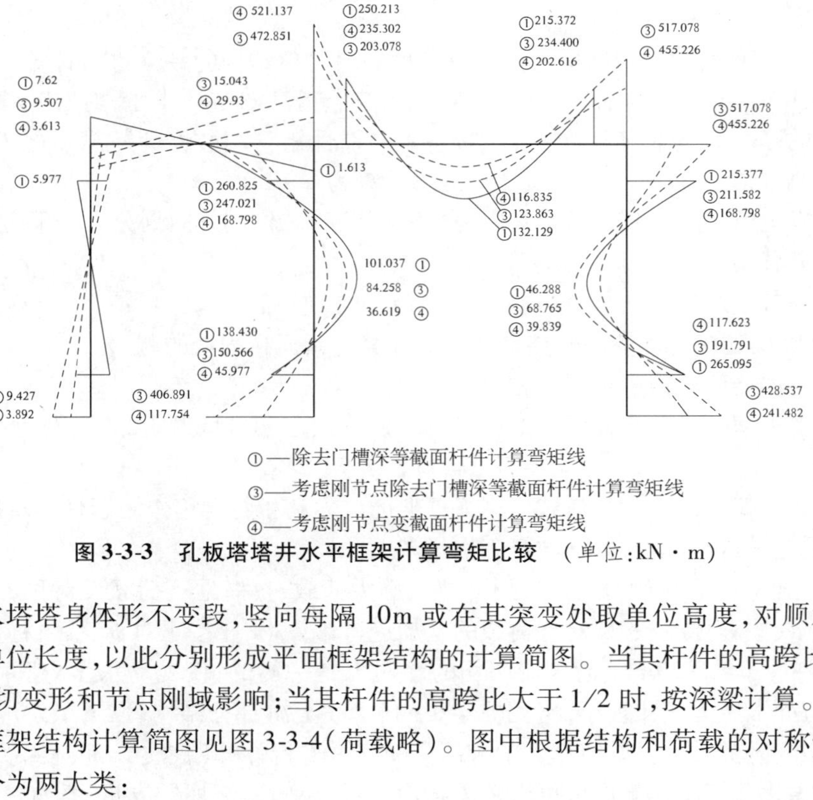

图 3-3-3　孔板塔塔井水平框架计算弯矩比较　（单位：kN · m）

在进水塔塔身体形不变段，竖向每隔 10m 或在其突变处取单位高度，对顺水流向的流道则取单位长度，以此分别形成平面框架结构的计算简图。当其杆件的高跨比大于1/5 时，考虑剪切变形和节点刚域影响；当其杆件的高跨比大于 1/2 时，按深梁计算。

水平框架结构计算简图见图 3-3-4（荷载略）。图中根据结构和荷载的对称性将结构计算简图分为两大类：

顺流向地震时，结构沿中隔墙轴线左右对称，荷载对称，且中隔墙厚度大于边墙厚度，取对称结构的一半，并在中隔墙对称轴处固定。

横流向地震时（侧倾），根据荷载对中隔墙正对称（静载）和反对称（动荷载），将结构分为正对称荷载部分和反对称荷载部分。正对称取结构一半，并在对称轴处固定，反对称荷载部分比较了 3 种简图,即图 3-3-4 中的① ~ ③。经比较第②种左右两端弯矩相差达 200kN · m,第①、③种相差较少;且第③种较合理,故反对称部分取第③种情况作为其计算简图。

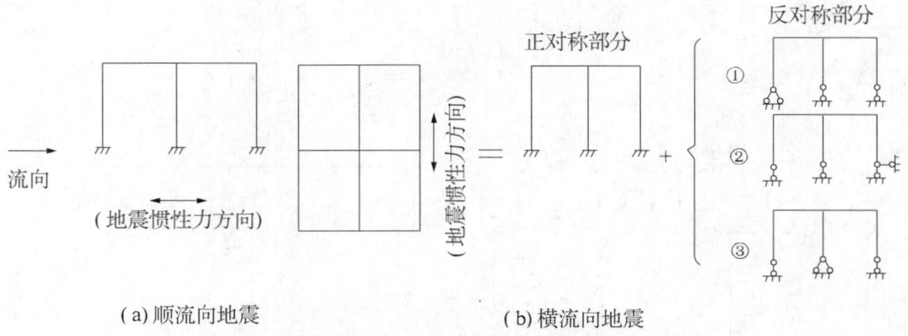

图 3-3-4　孔板塔水平框架结构计算简图

2) 发电塔

发电塔水平截面见图 3-3-5,其水平框架计算跨度取净跨的 1.05 倍,当有门槽时,取门槽部位的净厚。计算简图如下:

(1) 顺流向地震,由于结构对称,荷载对称,取对称结构的一半进行计算,计不平衡剪力的影响并考虑对称轴处轴向变形,取对称轴节点滑动双链杆支承,对有侧移框架,尚须计入侧移的影响。不平衡剪力的分配按各墙肢惯性矩与墙肢惯性矩总和之比进行分配。墙肢相对侧移使结构产生内力,其相对侧移计算为:

①将发电塔从上游到下游按地震力(不平衡荷载)作用方向划分为若干道墙肢。

②计算各墙肢(变截面)在各高程段的惯性矩。

③计算各墙肢作用荷载(沿地震方向)沿竖向的分布。

④ 按高层建筑剪力墙的侧移计算公式计算各断面高程处的侧移。

⑤由各墙肢侧移值整理得到相对侧移值。

⑥将水平框架平面高程部位的相对侧移值作用于相应墙肢上,再进行框架结构内力计算。

有侧移框架的内力为外荷载作用下框架的内力和相对侧移作用于框架时框架内力的叠加,像发电塔这样的结构,其计算工作量较大。

(2) 横流向地震作用时,由于结构对称,静力荷载对称,地震荷载反对称,因此取对称结构的一半,按对称荷载、反对称荷载的叠加进行计算,支座按正对称、反对称变位条件分开处理。桩号 0 + 19.9m 上游侧墙两侧的水压力是平衡的,仅受动水压力和惯性力的作用,其值与静水压力相比很小,略去桩号 0 + 19.9m 上游部分结构,取下游发电门井、排沙洞事故门井部位结构,上游墙作为下游部分的支承进行计算(铰支),经对比误差不大,这样可大大简化计算工作量。也可取整体结构,平行流向一侧加铰支承,垂直流向(即平行于地震方向)加不平衡剪力,但不平衡剪力分配计算工作量大,总体工作量稍小。具体见图 3-3-6、图 3-3-7。

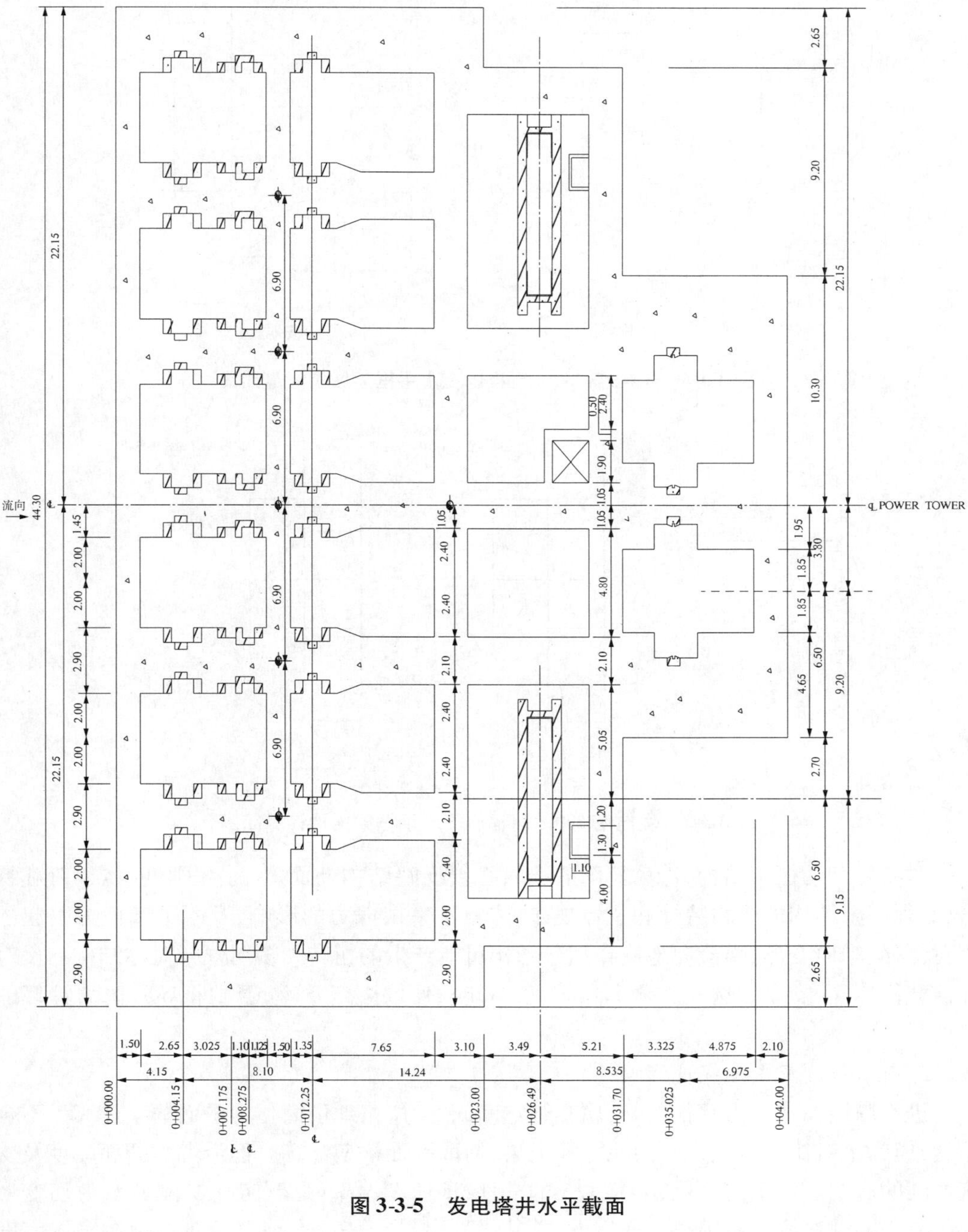

图 3-3-5　发电塔井水平截面

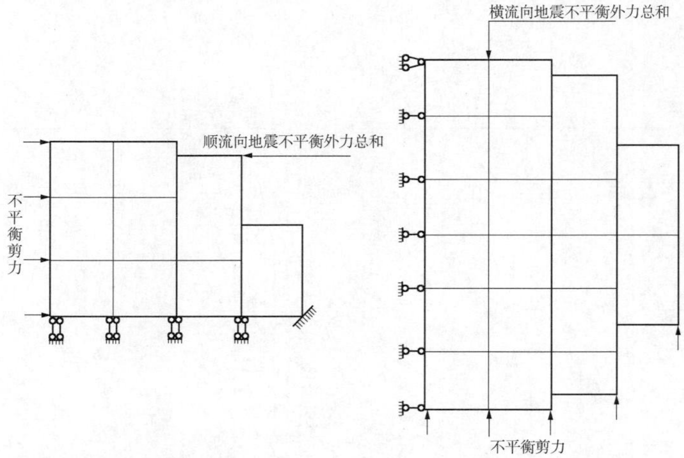

(a) 顺流向地震　　　　(b) 横流向地震

图 3-3-6　发电塔 230m 高程以上水平框架结构计算简图

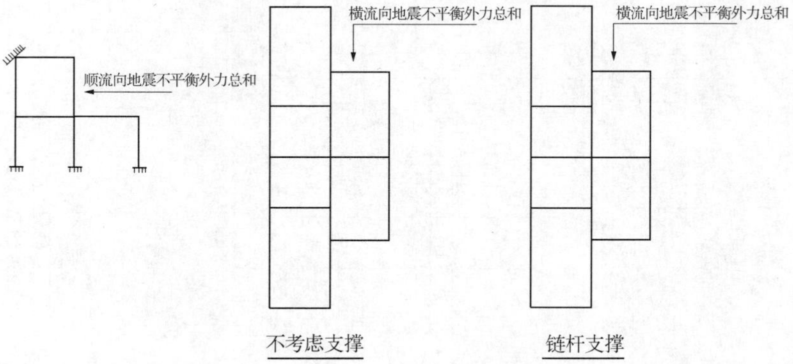

(a) 顺流向地震　　　　(b) 横流向地震

图 3-3-7　发电塔 230m 高程以下水平框架结构计算简图

对于复杂的框架结构，计算简图的选取必须反映结构断面、尺寸和刚度特点、荷载特点，必须反映结构的受力特性和变形规律，注意不平衡剪力的影响，及不平衡剪力引起的相对侧移、轴向变形，横流向地震作用于结构可能产生的扭转。多层框架对称结构在反对称荷载作用下，支座的选取必须十分谨慎，不能随便取固定支座，否则将导致内力计算的错误。

2. 断面厚度及支座宽度影响

进水塔结构及受力都很复杂，属三维空间问题，严格地说简化为平面框架计算是不合适的，但为了对比分析三维有限元计算成果，切取平面框架计算。但需考虑断面厚度及支座宽度的影响。对于高跨比 $h/L > 1/5$ 的杆件，即所谓厚壁刚架，考虑其刚域及剪切变形的影响。刚域选取按我国常规选用方法，其柔性段等于杆件净跨。且对作用在刚域宽度范围内的荷载，使杆件产生轴向压应力，为简化计算，计算中仅考虑柔性段荷载，不计刚域段荷载，计算结果是偏于安全的。对于高跨比 $h/L > 1/2$ 的杆件，按深梁计算。

3. 杆系结构不平衡剪力的处理

孔板塔、发电塔、明流塔由于抗倾覆稳定需要，在塔身下游 210 ~ 230m 高程回填有石渣，后期运用，在其高程 230 ~ 250m 有淤沙，在切取的塔身任一单位高度水平框架断面中，其下游侧荷载均大于上游侧荷载，因此水平力不平衡，而且，当有顺流向地震作用时，不平衡荷载增大。横流向地震作用时，水平力也不平衡，此力的存在不仅影响内力分配，也影响结构计算简图的选取（如前述）。

1）孔板塔、明流塔

以孔板塔、明流塔为例介绍不平衡剪力处理采用以下几种方法（工况：275m 水位事故门关闭 + 顺流向地震）：

（1）在水平框架中，假定“梁”为与地震方向垂直的杆件，“柱”为与地震方向平行的杆件，按垂直和平行于不平衡剪力方向的“梁”和“柱”的刚度比值分配不平衡剪力计算框架内力。同时，为便于比较，在相同的荷载条件下，不计入不平衡剪力计算框架内力。

（2）将水平田字形框架截面简化成王字形，剪应力采用矩形截面梁横截面上的剪应力计算公式：$\tau = QS/(Ib)$，求出各部位的剪应力后，即可求得各部位所分配的剪力。

（3）仍将水平田字形框架截面简化成王字形，假定不平衡剪力 Q 在截面内所产生的剪应力 τ 呈抛物线分布。

$$\tau = a_1 + b_1 y + c_1 y^2$$

根据边界条件求出系数 a_1、b_1、c_1，可求得剪应力沿截面的分布，进而求得各部位所分配的剪力，则可进行结构计算。

图 3-3-8 为某高程水平框架的剪应力分布，表 3-3-4 为不同方法的剪应力分配，图 3-3-9为其荷载图，图 3-3-10 为考虑与不考虑不平衡剪力的内力图 M、N、Q。图 3-3-10 和表 3-3-4表明，不平衡剪力的绝大部分由与地震方向平行的“柱”承担。抛物线法计算不平衡剪力分配较合理。图 3-3-10 表明，不考虑不平衡剪力分配，弯矩可增大 800kN · m 或减小 960kN · m，即可增大 40% 或减少 56%，剪力变化为 8% ~ 24%，轴向力变化达 2% ~ 12%。

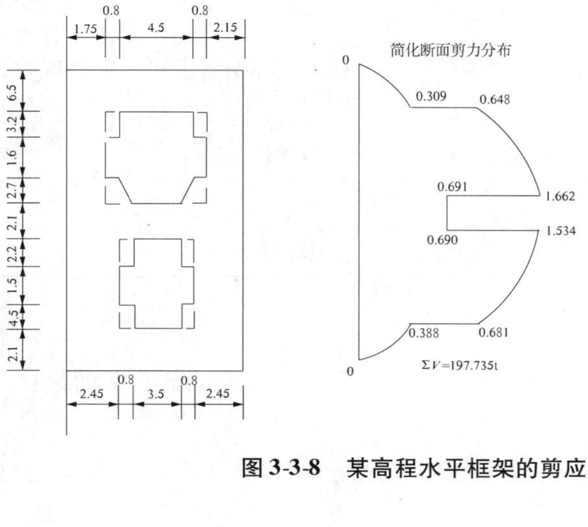

图 3-3-8　某高程水平框架的剪应力分布

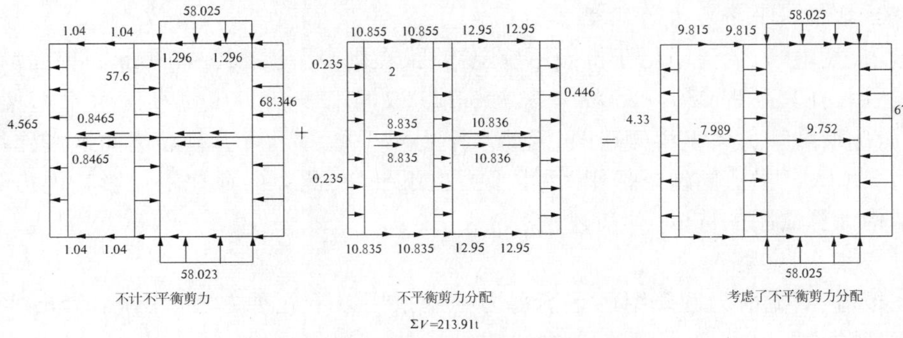

图 3-3-9 某高程水平框架荷载图

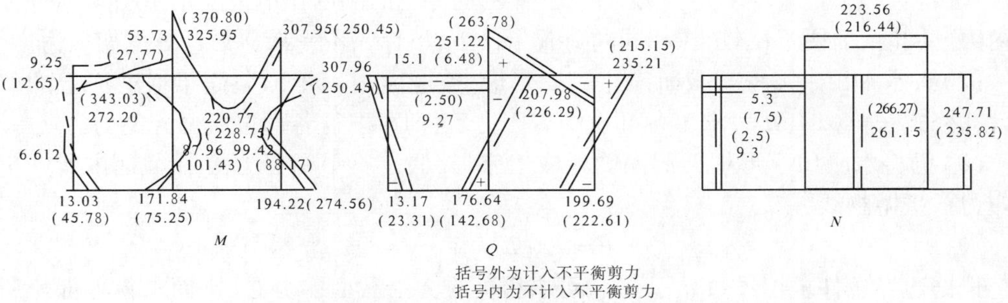

图 3-3-10 某高程水平框架内力图

在横流向地震作用下，计算比较了在结构迎地震方向一侧和背地震方向一侧分别加支座的结构弯矩变化可达 ±5%，因此横流向地震作用时，结构应考虑用弯矩包络图进行配筋。

表 3-3-4 **不平衡剪力分配** （单位：t）

<table>
<tr><th>部位</th><th>梯形法 t(%)</th><th>抛物线法 t(%)</th><th>刚度法 t(%)</th><th>备注</th></tr>
<tr><td>上游墙</td><td>4.635(2.34)</td><td>3.01(1.4)</td><td rowspan="5">两边墙分别为 59.04(27.56) 中墩为 96.13 (44.88)</td><td rowspan="6">1. 括弧内数为结构相应部位分配剪力的百分数。
2. 表中 3 种方法计算的总不平衡剪力差别不大，结构计算最终采用的总不平衡剪力为 214.21t</td></tr>
<tr><td>检修门井处墙</td><td>67.57(34.17)</td><td>78.75(36.8)</td></tr>
<tr><td>中间隔墙</td><td>29.0(14.67)</td><td>31.29(14.6)</td></tr>
<tr><td>事故门处墙</td><td>88.38(44.70)</td><td>95.15(44.5)</td></tr>
<tr><td>下游墙</td><td>8.15(4.12)</td><td>5.71(2.7)</td></tr>
<tr><td>合计</td><td>197.735(100)</td><td>213.91(100)</td><td>214.21</td></tr>
</table>

经对比计算分析知：

(1)由于塔架是典型的空间受力构件，不平衡剪力在所切取的任一断面都存在，且按二次抛物线形分布考虑较合理。

(2)不平衡剪力大部分分布在断面中间与其平行的“柱”（亦即刚度大的杆）的位置上。

(3)不平衡剪力分配至“梁”上的值很小,且对有荷载的“梁”影响不大,对原无荷载的“梁”影响值也不超过不计入不平衡剪力时同根杆的内力值。

(4)不平衡剪力对轴力影响较大,在“柱”上,当同时计入不平衡剪力和地震惯性力作用时,地震惯性力与不平衡剪力相抵,“柱”配筋值较小,而无论是顺流向或是横流向地震,计入与不计入不平衡剪力,两种情况弯矩值相差不大。因此,不计“柱”的不平衡剪力可使结构计算偏于安全。

(5)采用不计入不平衡剪力的处理方法,可使计算简化,便于用电算程序进行计算,又使结构偏于安全。因此,对孔板塔、明流塔这样的单层框架结构,在计算中不计入不平衡剪力,但需在起“柱”作用的杆端加支承(不同的铰支座)以维持平衡。

2)发电塔

发电塔在切取的单位高度截面为多层平面框架结构,不计入不平衡剪力对各墙肢的弯矩和轴力影响较大,因此在计算中采用了计入不平衡剪力的方法,且按各墙肢惯性矩与墙肢惯性矩总和的比例进行分配。

(二)整体三维有限元静动力分析

计算模型取单个独立塔体,考虑两种不同的边界情况:一是不考虑塔群间的相互作用及塔下游侧山体的影响,仅考虑邻塔对地基的作用力;二是考虑上述两者的影响,其方法是用横向弹簧来模拟结构间相互的作用,纵向水平弹簧模拟塔背与山体的作用,在塔基础以外的地基表面施加竖向弹簧以表示山体重的影响。所有弹簧以压为正值,拉为负值。塔基四周及其深度计算范围,均取0.7倍塔高,地震荷载(抗震烈度Ⅷ度)以设计地震(加速度 $a=0.215g$)和诱发地震(加速度 $a=0.313g$)计入。并采用固定约束边界条件,基岩作为均质弹性体处理。计算时采用的坐标系为右手系,坐标系正方向为 X 轴水平向塔右侧为正,Y 轴水平向下游为正,Z 轴垂直向上为正。采用SAP84通用电算程序,在计算机上实施。详见第四章“进水塔群动力稳定性分析和抗震设计”。

五、三维有限元法计算的水平应力

(一)孔板塔

孔板塔三维有限元法算得的最大水平向动拉应力见表3-3-5,其值均小于1.0MPa。

(二)明流塔

1号明流塔水平截面最大静应力见表3-3-6,最大、最小动应力见表3-3-7。

由表可知,最大静拉应力小于2.0MPa,最大动拉应力达3.13 MPa。

(三)发电塔

发电塔水平截面最大、最小动应力见表3-3-8。

表 3-3-5　　孔板塔水平向最大、最小动应力　　(单位:MPa)

水平向地震地面峰值加速度	应力名称		顺流向地震		横流向地震	
			应力值	位置	应力值	位置
0.215g	σ_X	拉应力	0.583	塔背 187m 高程	0.497	210m 高程左边墩与中墩连接梁上
		压应力	-0.497	左边墙与中墩之梁上 210m 高程	-0.497	210m 高程左边墩与中墩连接梁上
	σ_Y	拉应力	0.874	塔背斜面角处 210m 高程	0.337	220m 高程下游面角点
		压应力	-1.828	塔背斜面角处 210m 高程	-0.335	220m 高程下游面角点
0.313g	σ_X	拉应力	0.594	塔背 187m 高程	0.596	210m 高程左边墩与中墩连接梁,220m 高程塔背角点处
		压应力	-0.468	171m 高程底板下游右角缘	-0.570	210m 高程左边墩与中墩连接梁
	σ_Y	拉应力	0.807	171m 高程底板下游左角缘	0.292	210m 高程桩号 0+026.4m 左边墩
		压应力	-1.381	210m 高程塔级斜面角点处	-0.290	210m 高程桩号 0+026.4m 右边墩

注:X 轴指向右岸,Y 轴指向下游。

表 3-3-6　　1 号明流塔水平截面最大静应力　　(单位:MPa)

应力名称		应力值	位置
σ_X	拉应力	1.91	前塔塔顶下游墙
	压应力	-4.30	205m 高程流道顶板底
σ_Y	拉应力	1.09	209m 高程流道左墩墙内壁
	压应力	-3.74	250.0m 高程后塔右墙内壁

表 3-3-7　　1 号明流塔水平截面最大、最小动应力　　(单位:MPa)

水平向地震地面峰值加速度	应力名称		顺流向地震		横流向地震	
			应力值	位置	应力值	位置
0.313g	σ_X	拉应力	1.18	241m 高程前塔下游墙内壁	1.98	前塔塔顶下游墙中部
		压应力	-1.1	241m 高程前塔下游墙外壁	-1.81	前塔塔顶下游墙中部
	σ_Y	拉应力	3.13	241m 高程前塔下游左角缘	1.14	前塔塔顶下游墙中部
		压应力	-2.96	前塔塔顶下游左角缘	-1.15	前塔塔顶下游墙中部

表 3-3-8　　**发电塔水平截面最大、最小动应力**　　（单位：MPa）

水平向地震地面峰值加速度	应力名称		顺流向地震		横流向地震	
			应力值	位置	应力值	位置
0.215g	σ_X	拉应力	0.94	228m 高程胸墙底部后侧	1.920	墙底部前侧 228m 高程
		压应力	-0.990	265m 高程发电塔启闭机室左侧边墙内侧	-0.487	230m 高程左侧排沙洞检修门井左边墙内侧
	σ_Y	拉应力	1.086	底板左前脚缘 171m 高程	0.331	230m 高程检修门井左边墙外侧
		压应力	-1.663	212.5m 高程塔背 0+42m 桩号处对称轴上	-0.465	230m 高程左侧排沙洞检修门井左边墙内侧
0.313g	σ_X	拉应力	0.932	228m 高程胸墙底部后侧	2.665	230m 高程，0+23m 桩号
		压应力	-0.974	发电洞门井左边墙 265m 高程	-0.732	230m 高程左侧排沙洞检修门井左边墙内侧
	σ_Y	拉应力	1.087	底板左前缘 171m 高程	0.488	230m 高程检修门井左边墙外侧
		压应力	-1.615	0+42m 桩号，Y 轴处 212.5m 高程	-0.685	230m 高程左侧排沙洞检修门井左边墙内侧

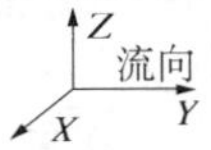

六、竖向应力计算

（一）拟静力法

孔板塔、发电塔均按竖向悬臂梁计算。地震水平向加速度分布系数按《水工建筑物抗震设计规范》（SDJ10—78）为图 3-3-11（a），或按孔板塔、发电塔三维有限元动力分析及试验成果，将地震水平向加速度分布系数概化为图 3-3-11（b）和图 3-3-11（c）。

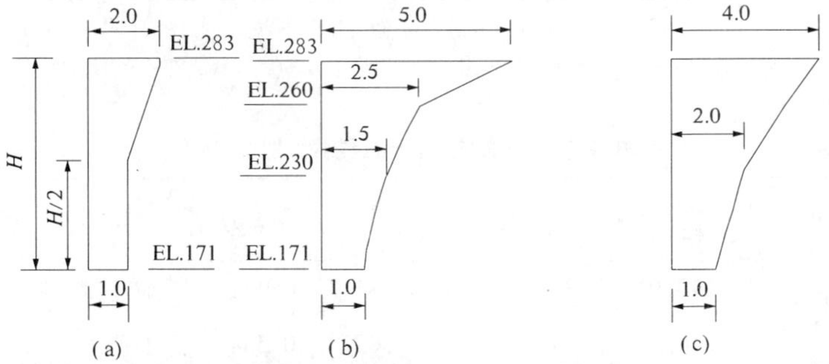

图 3-3-11　按抗震设计规范要求和按三维有限元分析成果概化的水平向地震加速度分布系数

孔板塔将塔身田字形断面简化为王字形断面。

发电塔塔身断面：上部组合筒体断面按向对称轴压缩的填满断面计算。210m 高程断面分析计算简图见图 3-3-12。

孔板塔、发电塔拟静力法竖向应力计算结果见表 3-3-9、表 3-3-10。

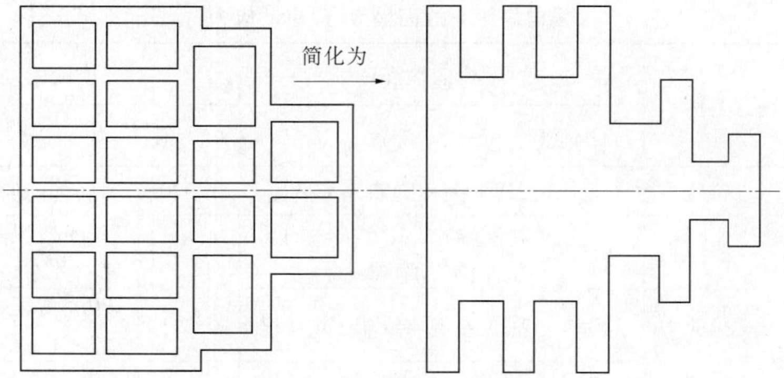

图 3-3-12　发电塔塔身断面计算简图

表 3-3-9　　**孔板塔塔身竖向应力计算结果(拟静力法)**　　(单位:$\times 10^5$Pa)

工况	高程(m)	上倾(1)			下倾(1)			上倾(2)			下倾(2)		
		σ_u	σ_d	τ	σ_u	σ_d	τ	σ_u	σ_d	τ	σ_u	σ_d	τ
A	230	28.0	-4.14	3.52	-1.52	24.56	1.52	36.84	-12.29	4.44	-9.93		
	220	37.68	-9.95	3.84	2.99	21.16	1.27	46.35	-18.27	4.11	-5.16	32.26	2.34
	210	45.93	-15.28	4.30	6.87	18.53	0.18	55.29	-23.61	5.12	-0.86	27.90	1.99
		有淤沙			无淤沙			有淤沙			无淤沙	19.0	2.87
B	230	11.93	10.97	0.31									
	220	16.70	7.64	0.09									
	210	16.7	9.15	0.47									
C	262	6.0	5.6	0									
	230	12.99	9.37	1.05									
	220	19.77	4.42	1.31									
	210	25.64	1.32	1.71									
图 3-3-11(a)规范加速度分布系数								图 3-3-11(b)加速度分布系数					

注:(1)“-”为拉应力;(2)“上倾”指地震方向向下游,“下倾”指地震方向向上游;(3)σ_d 为下游侧构件的应力,σ_u 为上游侧构件的应力;(4)工况 A:库水位 275m 事故门关闭+地震,$a=0.215g$;工况 B:库水位 251m 泄洪;工况 C:库水位 260m 检修门关闭。

表 3-3-10　　**发电塔塔身竖向应力计算结果(拟静力法)**　　(单位:MPa)

工况	计算断面高程(m)	塔上游边应力	塔下游边应力	剪应力	备注
275m 事故门关闭+顺流向地震(0.215g)	210.0	3.954	-0.684	0.451	加速度分布系数按规范取值
	210.0	4.647	-1.363	0.544	加速度分布系数按概化取值
275m 事故门关闭+逆流向地震(0.215g)	210.0	1.051	2.187	0.089	加速度分布系数按规范取值
	210.0	0.282	2.936	0.193	加速度分布系数按概化取值
库水位 251m 泄洪	210.0	2.043	0.925	0.190	加速度分布系数按规范取值
库水位 260m 检修	210.0	2.395	0.855	0.148	加速度分布系数按规范取值
建成无水	210.0	2.121	1.125	0.037	加速度分布系数按规范取值

(二)三维有限元反应谱振型分解法的竖向应力计算

孔板塔、发电塔三维有限元动力分析竖向组合应力计算结果见表3-3-11、表3-3-12。

表3-3-11 孔板塔塔身竖向应力(与试验对比的动力分析结果) (单位:$\times 10^5$Pa)

高程(m)	水位275m+顺流向地震 $a=0.215g$		水位275m +顺流向地震 $a=0.313g$	
	σ_u	σ_d	σ_u	σ_d
	静+动	静+动	静+动	静+动
245			10.16	10.37
240			12.97	13.52
235	13.89	16.04	15.01	18.86
230	15.56	22.83	16.03	25.22
225	16.56	23.21		
220	14.68	30.09	13.49	27.44
		30.10		28.44
210	10.79	16.38	8.22	14.69
202	5.30	-5.60	2.91	-3.87

表3-3-12 发电塔塔身竖向组合应力结果 (单位:$\times 10^5$Pa)

高程(m)	275m事故门关闭+顺流向地震0.215g		275m事故门关闭+顺流向地震0.313g	
	σ_u	σ_d	σ_u	σ_d
240	1.52	-0.23	2.58	1.44
230	3.08	5.57	5.99	8.55
220.75	5.81	20.58	9.50	23.12
212.5	8.51	21.96	10.01	22.96
208	8.58		8.58	
204	10.14		10.74	

由上述塔体应力结果图和表,可以看出:

(1)孔板塔拟静力法最大压应力为5.529MPa, 发生在210m高程断面的上游侧。最大拉应力为1.528MPa, 发生在塔体210m高程断面的下游侧。

(2)发电塔拟静应力法最大压应力为4.647MPa, 发生在210m高程。最大拉应力为1.363MPa,发生在塔体210m高程断面的下游侧。

(3)孔板塔静动组合最大压应力为3.009MPa, 发生在220m高程断面的下游侧。

(4)发电塔静动组合最大压应力为2.312MPa, 发生在220.75m高程断面的下游侧。

(三)抗震模型试验结果及采取的措施

(1)竖向拉应力大都发生在塔身中部(高程210~230m)断面突变部位,断面体形突

变对动应力 σ_Z 影响十分明显，如原断面高程 220 ~ 210m 坡度 1∶0.5，后修改为高程230 ~ 210m 坡度 1∶0.25，最大动应力由 5.011MPa 降低到 3.37MPa，静动组合应力由4.538MPa 降低到 2.844MPa，分别降低 32.7%、37.3%。设计上已采取适当放缓体形变化，提高混凝土标号（由原 C25 提高到 C30），适当加强该部位配筋等措施，以保证结构抗震安全。

（2）为增强塔身在地震作用下的抗扭转能力，在高程 210m 以上塔井的 4 个角点部位，内壁水平钢筋在竖向每隔 1.0m 均应伸到井壁外壁部位并与外壁钢筋连接起来。鉴于孔板塔、发电塔塔身竖向拉应力比较大且范围较大，为保持塔身在地震时的整体稳定性，塔身竖向钢筋连接时必须焊接或用螺纹套管连接。

（四）竖向应力配筋

1. 孔板塔

（1）用拟静力法按竖向悬臂梁求出弯矩 M、轴向力 N，按偏心受压构件进行配筋，或按三维有限元将水平截面上求得 σ_Z 的分布转化成弯矩 M、轴向力 N 进行配筋，或按动力分析 σ_Z 应力图形的拉应力面积并扣除小于混凝土允许拉应力部分面积进行配筋。由于塔身高程 210m 至 240m 断面体形刚度突变，σ_Z 拉应力存在放大集中情况，为非线性分布，因此应以拉应力面积配筋。

拟考虑将混凝土裂缝宽度放大一倍，钢筋用环氧进行防锈蚀保护，因设计改变将导致施工承包商索赔，而未予实行。

（2）按拉应力面积配筋，考虑阻尼比由 0.05 改变为 0.07，拉应力将减小，试验实测，动水压力较抗震设计规范中的重力坝面动水压力小 25% 左右，因此，采用原型动力分析中加速度为 0.215g 的成果折减 25% 进行配筋。

塔身竖向配筋见表 3-3-13。

表 3-3-13　孔板塔塔身竖向配筋

高程（m）	配筋	
	上游	下游
245	2 − 5Φ28，30.79cm^2	2 − 5Φ28，30.79cm^2
240	2 − 5Φ32，40.21cm^2	2 − 5Φ36，50.89cm^2
235	2 − 5Φ32 + 5Φ25，64.75cm^2	2 − 5Φ36 + 5Φ25，75.43cm^2
230	2 − 5Φ28，30.79cm^2	2 − 2 × 5Φ36，101.8cm^2
220	2 − 5Φ28，30.79cm^2	2 − 2 × 5Φ36，101.8cm^2
210	2 − 5Φ28，30.79cm^2	2 − 2 × 5Φ36，101.8cm^2

2. 发电塔

由于塔身 210 ~ 230m 高程断面下游侧组合拉应力达 2.312MPa，除该部位混凝土强度等级由 C25 提高至 C30 外，并对拉应力大的部位（即超过混凝土允许拉应力的部位）配置钢筋，其竖向配筋结果见表 3-3-14（仅表示塔体上、下游墙体的配筋）。

表 3-3-14　　**发电塔竖向应力配筋结果**

高程(m)	上游墙体		下游墙体	
	外侧	内侧	外侧	内侧
240	Φ25@200	Φ25@200	Φ25@200	Φ25@200
235	Φ28@200	Φ25@200	Φ25@200	Φ28@200
230	Φ36@200	Φ36@200	Φ32@200	Φ36@200
220	Φ36@200		Φ36@200	Φ36@200
210	Φ36@200		Φ36@200	Φ36@200
204 以上	Φ36@200			
195～204 190～204	Φ36@200			

七、运用期温度应力

(一)计算原则

(1)进水塔框架结构的温度应力,按封闭时的温度与运用期间可能遇到的最高或最低多年月平均温度之间的均匀温差以及在运用期间的内外温差进行计算。

(2)采用结构接缝灌浆完成后使之形成整体结构时的温度场的温度作为运用期温度作用的起算点。

(3)气温、库水温度均考虑冬夏季变化、水库运用方式、过流与不过流等的影响。

(4)对大体积混凝土结构,考虑温度的年周期变化过程。

(二)计算条件

考虑建成无水、初期蓄水运用、后期蓄水运用等,并分别选取了水位 230.0m、254.0m 及 275.0m 等进行计算分析。

根据气温、水温、地温、塔井壁厚度等情况,确定进水塔的边界温度见表 3-3-15,孔板塔塔井内外温度及温度差见表 3-3-16(1),发电塔塔井内外温度及温度差见表 3-3-16(2)。

计算工况:冬(夏)季关门;冬(夏)季泄水;冬(夏)季无水。

(三)计算方法

分别取单位高度井筒用框架结构计算内外温差引起的温度应力和取 236m 高程以下塔体用三维有限元计算其温度应力。

1. 三维有限元温度应力计算

(1)材料参数。进水塔混凝土主要标号为 C25、C15,热膨胀系数为 1.1×10^{-5}/℃;导温系数为 0.004 7m^2/h;导热系数为 10.86kJ/(mh℃);基岩泊松比为 $\mu=0.25$;混凝土泊松比为 $\mu=0.17$;基岩弹性模量为 1.8×10^4 MPa;C25 混凝土弹性模量为 $E(\tau)=4.0\times(1-e^{-0.638}\tau^{0.193})\times10^4$MPa(其中 τ 是混凝土的龄期或时间);C25 混凝土的徐变度 $C(t,\tau)$ (MPa^{-1})由下式求得:$C(t,\tau)=(28.6+28.2e^{-0.047\tau})\times[1-e^{-0.216(t-\tau)0.426}]\times10^{-6}$,进水塔基岩水平方向变形模量为 $1.1\times10^4\sim1.5\times10^4$MPa,基岩线膨胀系数 $\alpha=0.8\times10^{-5}$/℃。

表 3-3-15 **进水塔边界温度**

项目		冬季(℃)	夏季(℃)
气温		-10	36
基础稳定地温		13.6	15
石渣	建成无水	5	15
	蓄水运用淤沙未形成	15	20
	淤沙已形成	20	20
淤沙		15	20
水温	库水表层	1.4	25
	库水底部	8.4	25
井内		5	15

表 3-3-16(1) **孔板塔塔井内外温度及温度差** (单位:℃)

运用情况		井内 1 t_1	井内 2 t_2	井外 1 t_3	井外 2 t_4	井外 3 t_5	$\Delta t_1 = t_3 - t_1$	$\Delta t_2 = t_4 - t_1$	$\Delta t_3 = t_4 - t_2$	$\Delta t_4 = t_5 - t_2$	$\Delta t_5 = t_2 - t_1$
1. 闸门井段上部											
夏	关门	20	26.5	36	36	36	16	16	9.5	9.5	6.5
	泄洪	25	25	36	36	36	11	11	11	11	0
	无水	25	25	36	36	36	11	11	11	11	0
冬	关门	5	1.4	-10	-10	-10	-15	-15	-11.4	-11.4	-3.6
	泄洪	5	5	-10	-10	-10	-15	-15	-15	-15	0
	无水	5	5	-10	-10	-10	-15	-15	-15	-15	0
2. 闸门井段下部											
夏	关门	15	15	25	25	20	10	10	10	5	0
	泄洪	25	15	25	25	20	0	0	10	5	-10
	无水	25	15	25	25	20	0	0	10	5	-10
冬	关门	5	8.4	15	15	8.4	10	10	6.6	0	3.4
	泄洪	9.7	9.7	15	15	9.7	5.3	5.3	5.3	0	0
	无水	5	5	5	15	-10	0	10	10	-15	0

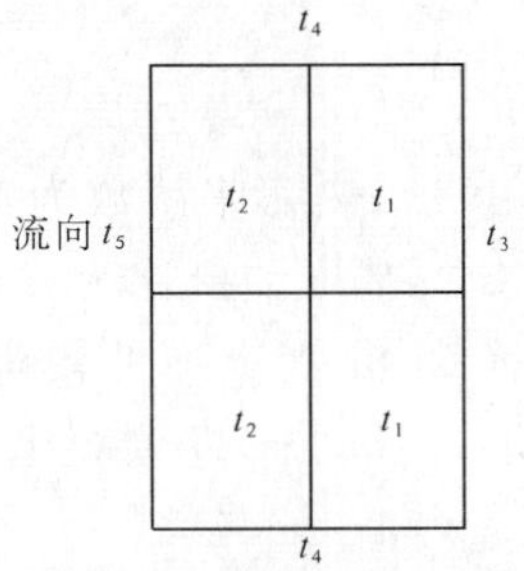

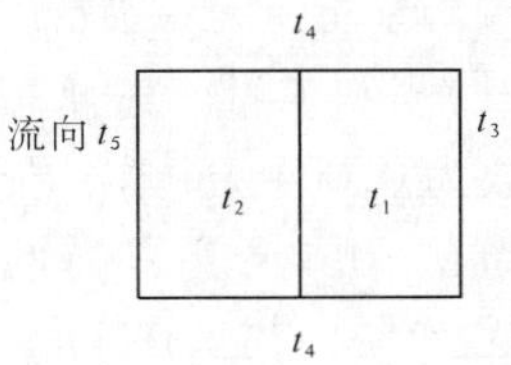

表 3-3-16(2)　　**发电塔塔井内外温度及温度差**　　（单位:℃）

运用情况		井内 1 t_1	井内 2 t_2	井内 3 t_3	井内 4 t_4	井外 5 t_5	井外 6 t_6	井外 7 t_7	温差 1 $\Delta t_1 = t_5 - t_1$	温差 2 $\Delta t_2 = t_6 - t_3$	温差 3 $\Delta t_3 = t_6 - t_4$	温差 4 $\Delta t_4 = t_7 - t_4$	温差 5 $\Delta t_5 = t_2 - t_1$	温差 6 $\Delta t_6 = t_3 - t_1$	温差 7 $\Delta t_7 = t_3 - t_2$	温差 8 $\Delta t_8 = t_4 - t_3$
1. 闸门井段上段																
夏	关门	20	15	26.5	36	36	36	36	16	9.5	0	0	−5	6.5	11.5	9.5
	发电排沙	25	15	25	25	36	36	36	11	11	11	11	−10	0	10	0
	无水	25	15	25	25	36	36	36	11	11	11	11	−10	0	10	0
冬	关门	5	15	1.4	1.4	−10	−10	−10	−15	−11.4	−11.4	−11.4	10	−3.6	−13.6	0
	发电排沙	5	15	5	5	−10	−10	−10	−15	−15	−15	−15	10	0	−10	0
	无水	5	15	5	5	−10	−10	−10	−15	−15	−15	−15	10	0	−10	0
2. 闸门井段下部																
夏	关门	20	15	25	25	20	15	25	0	−10	−10	0	−5	5	10	0
	发电排沙	25	15	25	25	20	15	25	−5	−10	−10	0	−10	0	10	0
	无水	25	15	25	25	20	15	36	−5	−10	−10	11	−10	0	10	0
冬	关门	5	15	8.4	8.4	15	15	8.4	10	6.6	6.6	0	10	3.4	−6.6	0
	发电排沙	5	15	9.7	9.7	15	15	9.7	10	5.3	5.3	0	10	4.7	−5.3	0
	无水	5	15	5	5	5	15	−10	0	10	10	−15	10	0	−10	0
3. 过流段		井内 1 t_1			井外 4 t_4	井外 5 t_5	井外 6 t_6	井外 7 t_7	$\Delta t_1 = t_5 - t_1$	$\Delta t_2 = t_6 - t_1$	$\Delta t_3 = t_7 - t_1$	$\Delta t_4 = t_4 - t_1$				
夏	关门 门上游	25			15	15	15	15	−10	−10	−10	−10				
	关门 门下游	15			15	15	15	15	0	0	0	0				
	发电排沙	25			15	15	15	15	−10	−10	−10	−10				
	发电排沙	25			15	15	15	15	−10	−10	−10	−10				
	无水	25			15	15	15	15	−10	−10	−10	−10				
冬	关门 门上游	8.4			15	15	15	15	6.6	6.6	6.6	6.6				
	关门 门下游	5			15	15	15	15	10	10	10	10				
	发电排沙	9.7			15	15	15	15	5.3	5.3	5.3	5.3				
	发电排沙	9.7			15	15	15	15	5.3	5.3	5.3	5.3				
	无水	5			15	15	15	15	10	10	10	10				

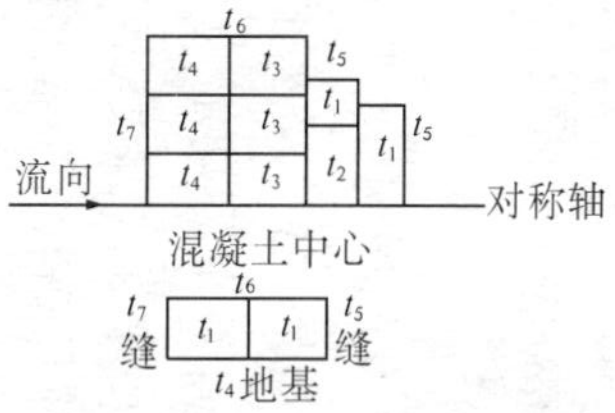

(2)温度参数。气温按旬平均温度计算，水温按不同高程的月平均温度计算，地温：基础面以下 30m 深度的地温被认为是恒定的，30m 以内的地温按下式计算：

$$T(Z)=T_0-(T_0-T_H)\mathrm{e}^{-0.28}\quad(0\leqslant Z\leqslant H)$$

其中：T_0 为 $Z=0$ 的地温，取 $T_0=13.6$℃；T_H 为基础混凝土入仓时的气温。

基岩计算范围：各个塔水平方向基岩计算范围根据具体结构的边界和周围情况确定。沿深度方向的计算范围均定为 $H=30$m。

(3)有限元计算。温度场和徐变应力场均采用平面、三维有限元进行计算。运用期采用与施工期同样的计算参数和条件，由年平均水温计算出结构的稳定温度场，以此作为结构的初温，为避免温度突变，取与年平均水温相近的 6 月 1 日作为运行期稳定温度场的起点。计算运用期水温变化的影响。孔板塔取计算单元 1 790 个，结点 2 656 个。发电塔取计算单元 3 129 个，结点 4 123 个。

(四)温度应力计算分析

1. 框架结构计算结果及分析

(1)孔板塔。210m 高程截面的弯距、剪力、轴力计算结果分别见表 3-3-17(1)、表 3-3-17(2)、表 3-3-17(3)。

表 3-3-17(1)　孔板塔 210m 高程截面结构力学法计算的温度应力(弯矩)　(单位：kN·m)

工况	部位							
	AB		*BC*		*DA*		*EB*	
	左	右	左	右	左	右	左	右
夏季事故门关闭	-341.1	-744.8	81.3	-40.9	170.6	-341.1	1 056.6	826.1
夏季泄洪	-361.2	-686.7	-689.3	-691.6	180.6	-361.2	1.2	-2.6
夏季塔内无水	-707.8	-626.8	-713.3	-781.8	935.1	707.8	-43.3	86.5
冬季事故门关闭	245.3	433.4	716.4	677	-122.7	245.3	358.2	283
剖面示意	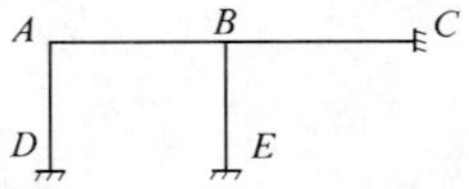							

表 3-3-17(2)　孔板塔 210m 高程截面结构力学法计算的温度应力(剪力)　(单位：kN)

工况	部位				
	AB	*BC*	*DA*	*EB*	剖面示意
夏季事故门关闭	-59.2	-17.1	-79.9	-36	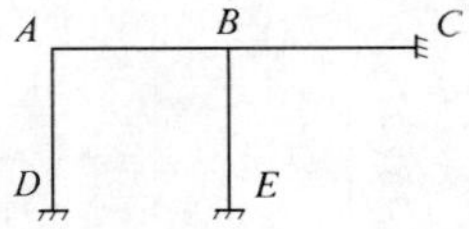
夏季泄洪	-47.7	-0.3	-84.6	-0.6	
夏季塔内无水	-11.9	9.6	-33.5	20.3	
冬季事故门关闭	27.6	-5.5	57.5	-11.7	

表 3-3-17(3)　　孔板塔 210m 高程截面结构力学法计算的温度应力(轴力)　　(单位:kN)

工况	部位			
	AB	*BC*	*DA*	*EB*
夏季事故门关闭	79.9	115.9	-59.2	421
夏季泄洪	84.6	85.2	-47.7	47.4
夏季塔内无水	33.5	15.2	-11.9	21.5
冬季事故门关闭	57.5	-45.8	27.6	-33.1

(2)发电塔。高程 266m 截面弯距、剪力、轴力计算结果见表 3-3-18。

表 3-3-18　　发电塔运用期 266m 高程截面结构力学法计算的温度应力(内力)

内力	部位(杆号)							
	1		4		10		11	
	左	右	左	右	左	右	左	右
弯矩值(kN · m)	-881	610	934		2 131	-1 083	824	-683
剪力值(kN)	180	180	-150		-567	-567	-266	-266
轴力值(kN)	641	641	252		269	269	-209	-209
内力	部位(杆号)							
	12		13		14		19	
	左	右	左	右	左	右	左	右
弯矩值(kN · m)		755	-1 439	860	-1 684		-800	
剪力值(kN)		175	406	406	252		-83	
轴力值(kN)		-169	-40	-40	150		-42	
剖面示意	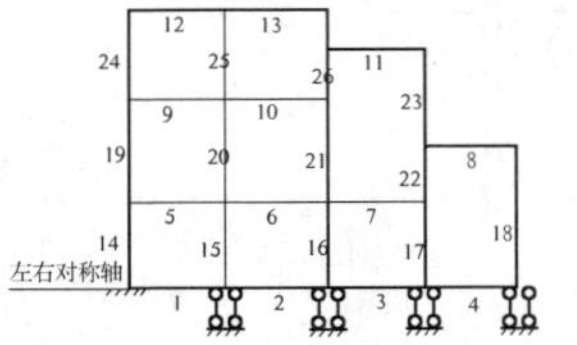 工况:夏季事故门关闭							

(3)明流塔。分析钢筋混凝土框架受温度作用的内力时,适当降低构件的刚度(减小弹性模量或刚度)。

2. 采用三维有限元法进行进水塔结构温度应力计算分析

根据大体积混凝土结构运用期不稳定温度场、徐变应力场三维有限元程序 TCSAP 计算的进水塔运行期平均最高温度、平均最低温度和最大温度应力见表 3-3-19。

由表 3-3-19 知最大温度应力分别为:孔板塔 1.88MPa,发电塔 1.60MPa,1 号明流塔 1.91MPa,2 号明流塔 2.58MPa。

表 3-3-19　　进水塔运行期塔井段平均最高、最低温度和结构最大温度应力

<table>
<tr><td rowspan="4">塔名</td><td colspan="8">部位</td><td rowspan="4">平均最高温度(℃)</td><td rowspan="4">平均最低温度(℃)</td></tr>
<tr><td colspan="4">墙段、顶板段应力(MPa)</td><td colspan="4">塔背段应力(MPa)</td></tr>
<tr><td colspan="2">$\sigma_{x\cdot\max}$</td><td colspan="2">$\sigma_{y\cdot\max}$</td><td colspan="2">$\sigma_{x\cdot\max}$</td><td colspan="2">$\sigma_{y\cdot\max}$</td></tr>
<tr><td>拉</td><td>压</td><td>拉</td><td>压</td><td>拉</td><td>压</td><td>拉</td><td>压</td></tr>
<tr><td>孔板塔</td><td>1.88</td><td>-1.4</td><td>0.5</td><td>-0.76</td><td>1.65</td><td>-1.4</td><td>0.13</td><td>-0.97</td><td>15.7</td><td>9.6</td></tr>
<tr><td>发电塔</td><td>1.60</td><td>-2.5</td><td>1.0</td><td>-1.0</td><td>0.75</td><td>-0.25</td><td>0.3</td><td>-0.2</td><td>25.0</td><td>4.2</td></tr>
<tr><td>1 号明流塔</td><td>1.91</td><td>-3.16</td><td>0.66</td><td>-1.2</td><td>1.74</td><td>-1.95</td><td>2.35</td><td>-2.64</td><td>21.2</td><td>6.2</td></tr>
<tr><td>2 号明流塔</td><td>2.58</td><td>-2.47</td><td>1.32</td><td>-0.74</td><td></td><td></td><td></td><td></td><td>22.6</td><td>5.4</td></tr>
</table>

注：$\sigma_{x\cdot\max}$为顺水流方向最大温度压力；$\sigma_{y\cdot\max}$为垂直水流方向最大温度压力。

(五)考虑温度作用的结构配筋

进水塔塔井段结构的温度应力和其他荷载作用下的应力或内力的计算是分开进行的，对其任一构件而言，当两种计算的应力(或内力)是叠加的，则按叠加后的应力(或内力)配筋，否则，将按两种计算结果中的大者进行配筋；当结构的温度场难以确定或温度应力计算较复杂时，为简便计，可参照国内工程经验，将钢筋的抗拉设计强度降低 50MPa 作为考虑温度对结构的影响。

八、结构计算成果分析及配筋

(一)孔板塔

由有限元法所得应力换算的内力成果和结构力学法计算的内力成果(仅以 220m 高程截面为例)，见表 3-3-20。

表 3-3-20　　孔板塔用有限元法、结构力学法计算的内力成果(工况 2)

<table>
<tr><td rowspan="2">计算截面高程(m)</td><td rowspan="2">部位</td><td colspan="2">弯矩(kN·m)</td><td colspan="2">轴力(kN)</td><td rowspan="2">构件厚度(m)</td></tr>
<tr><td>有限元法</td><td>结构力学法</td><td>有限元法</td><td>结构力学法</td></tr>
<tr><td rowspan="5">220.0</td><td>上游侧墙</td><td>73</td><td>811</td><td>1 669</td><td>-29.2</td><td>2.5</td></tr>
<tr><td>中隔墙(横流向)</td><td>439</td><td>810</td><td>3 595</td><td>611.2</td><td>2.8</td></tr>
<tr><td>下游侧墙</td><td>3 400</td><td></td><td>5 671</td><td>2 310.8</td><td>5.3</td></tr>
<tr><td>左右侧墙</td><td>528</td><td>31 918</td><td>4 255</td><td>1 695.4</td><td>2.95</td></tr>
<tr><td>中隔墙(顺流向)</td><td></td><td></td><td>7 065</td><td>4 904</td><td>6.1</td></tr>
</table>

从表 3-3-20 可以看出两种方法计算的内力值相差甚大，其中，结构力学法算出的弯矩值远大于有限元法的弯矩值，而有限元法算出的轴力值却大于结构力学法的轴力值，这是塔体处于三维应力状态和简化为平面杆系计算，并作了某些假定所致。在裂缝宽度计算中，用三维有限元法所得结构应力换算为内力计算的裂缝宽度均在允许范围内，而用结构力学方法所得的某些构件的裂缝宽度需通过配筋量的调整才可限制在规范允许范

围内。

由简化水平截面算得的竖向内力及配筋结果（以 210m、220m、230m 高程为例）见表 3-3-21，结构裂缝验算结果表明各个截面均满足限裂要求。

表 3-3-21　孔板塔结构内力及配筋表（工况 2）（地震动峰值加速度为 0.215g）

计算截面高程（m）	弯矩（kN·m）	水平力（kN）	竖向力（kN）	计算配筋面积（cm^2）		实配筋面积（cm^2）
230	3 007 238	135 394	356 392	上游侧墙	2 370（向下倾覆）	2 590.0
				中隔墙（横流向）		981.6
				下游侧墙	1 180（向上倾覆）	4 071.2
220	5 140 218	167 225	435 621	上游侧墙	4 230（向下倾覆）	2 590.0
				中隔墙（横流向）		981.6
				下游侧墙	1 440（向上倾覆）	4 071.2
210	7 744 646	207 570	526 848	上游侧墙	6 480（向下倾覆）	2 590.0
				中隔墙（横流向）		1 231.6
				下游侧墙	4 020（向上倾覆）	4 071.2

结构配筋考虑了 3 种方法，即用拟静力法按竖向悬臂梁求出的内力进行配筋，或用三维有限元法计算的应力转化成结构内力进行配筋，或用动力分析的拉应力分布图形的面积按设计规范要求进行配筋。但是，由于塔身 210m 至 240m 高程截面体形刚度突变，拉应力存在放大集中情况而呈非线性分布，故对此采用以拉应力计算结果为主进行配筋。

由计算结果可知，由于用结构力学法计算的内力比用三维有限元法应力换算的内力（弯矩）大得多，因此其配筋量很大。在考虑温度荷载时，其配筋量亦较大；竖向内力由于截面的简化其配筋量也偏大。在实际配筋中考虑结构体形、分缝及上述各种计算结果，由限裂控制。综合分析，最终对计算的配筋量作了适当调整，另外对 210 ~ 240m 高程等截面应力较大的部位，将其中的 220 ~ 210m 高程间的坡度由 1∶0.5 改为 230 ~ 210m 高程间的坡度1∶0.25，使之最大动应力由 5.011MPa 降到 3.37MPa，静动组合应力由 4.538MPa 降到2.844MPa（分别降低 32.7%、37.3%）。同时，又采取提高混凝土标号（由原 C25 提高到 C30）和适当加强配筋等措施，以确保结构抗震强度。

（二）发电塔

有限元法所得应力换算的内力结果和结构力学法的内力结果（仅以 265m 和 250m 高程水平截面为例）见表 3-3-22。

由表 3-3-22 可看出两种方法计算的内力数值相差较大，结构力学法算出的内力值大于有限元法的静动内力叠加值，这是塔体本身处于三维应力状态和简化为平面杆系计算，又作了某些假定造成的。在裂缝宽度计算中，用三维有限元法所得应力换算的内力值计算的裂缝宽度均在允许范围内，而用结构力学方法所得的内力计算的裂缝宽度则需要调整配筋量才能使其满足规范要求。

发电塔与明流塔的配筋方法同孔板塔。

表 3-3-22　发电塔塔井段用结构力学法所得内力及由有限元法应力换算的内力结果(包络值)

截面高程(m)	计算方法及内力值		弯矩 M(kN·m)	轴力 N(kN)	剪力 Q(kN)
265.0	有限元法	静动叠加内力	-660.0	-5 039	-1 460
		静内力	-298.0	-2 640	675
	结构力学法		1 684	252	150
250.0	有限元法	静动叠加内力	-765.0	-2 931	-1 278
		静内力	-712	-2 672	-1 155
	结构力学法		1 982	213	115

九、结构计算初步结论

在地震作用下高塔结构的竖向拉应力和配筋应予高度重视。采用结构力学方法计算难以反映塔的体形突变引起的动应力放大,相比之下,三维有限元法的动力分析能较好地反映这种动力特性。

在地震作用下,塔体 210～230m 高程的结构段应力较大,因其为抗震薄弱部位。在设计中采取渐变的塔井体形、提高混凝土强度和增加配筋等措施,是解决问题的有效办法。对复杂的塔井组合体采用水平框架进行内力计算,在地震作用下计算简图的选取必须慎重,且应考虑不平衡剪力的处理,否则将会导致不正确的计算结果。

动力分析时,塔两侧和塔背边界条件对动力特性的影响必须在结构稳定的条件下进行研究。

动力分析不仅要研究动应力,而且应考虑静动荷载组合条件下的应力,例如发电塔在 204～195m 高程范围内闸墩前段在受竖向地震时拉应力较大,但静动应力叠加后,拉应力值不大。

用结构力学法计算的弯矩最大值(同部位比较)比用三维有限元法所得应力换算的弯矩大得多。

进水塔群经近 10 年来多种运用工况(包括在 265.69m 库水位下运用)的考验表明,塔型及塔井结构的设计与计算合理,其稳定性和强度是有保证的。

第四章　进水塔群动力稳定性分析和抗震设计

第一节　抗震设计任务

一、进水塔概况

小浪底工程进水塔群位于大坝上游左岸风雨沟内东侧，设置了 3 座明流洞进水塔、3 座孔板洞进水塔、3 座发电排沙洞进水塔和 1 座灌溉洞进水塔（见表 4-1-1，后文中分别简称为明流塔、孔板塔、发电塔、灌溉塔），10 座塔呈一字形集中布置，距河道 230m。建基面高程，左、中、右部位分别为 200m、170m、190m。开挖深 40 ~ 120m。塔前 175m 高程平台顺流向长度为 20 ~ 82m，平台上游为导流洞 141.5m 高程引渠和 132.0m 高程引渠。开挖洞径 19.8m 的 3 条导流洞的进口段与其上部的 3 座孔板塔基础间的岩体设计厚度分别为 20.85m、11.35m 和 11.35m。塔高 83 ~ 113m，塔长 52.8 ~ 70m，塔宽 15.5 ~ 48.3m，前缘总宽 275.4m。塔背岸坡为 T_1^{3-2}、T_1^{4} ~ T_1^{5-3} 地层，塔左侧上游坡为 T_1^{6} ~ T_1^{7-3} 地层。塔基部位主要为三叠纪 T_1^{4}、T_1^{3-2}、T_1^{3-1} 钙硅质细中砂岩、泥质粉砂岩、钙硅质细砂岩夹粉砂质黏土岩地层。T_1^{3-2} 顶面位于岸坡高程 185 ~ 205m 之间。岩层走向 NE，倾向 SE，倾角 10°左右。进口和塔基主要有 F_{28}、F_{28-1}、F_{236}、F_{238} 等断层 11 条。F_{28} 断层斜切导流洞引渠和两侧岸坡，F_{28-1} 分支断层斜穿灌溉洞进水塔上游左侧角，F_{28} 主断层一般宽 8 ~ 10m，由泥和角砾混合充填，为垂直断距 300m 的正断层，F_{28} 断层带及其上盘岩体破碎。塔体下部 40m 大体积混凝土内设有孔口尺寸 3.0m × 5.0m 到 5.6m × 18m 或直径 12.5m 的孔道和 6 合 1 叉管（见图 4-1-1 ~ 图 4-1-6），担负着泄洪、排沙、排漂、发电、灌溉引水的任务，关系着水库运用方式的实现、大坝和下游的安全。进水塔群结构和体形、受力和边界条件十分复杂，进水塔动力稳定性分析和抗震设计任务非常艰巨。

二、进水塔群动力稳定性分析和抗震设计任务

进水塔群动力稳定性分析和抗震设计任务如下：

（1）了解进水塔静动力特性，选择有利于安全泄流、防淤堵、防泥沙磨损和静动力稳定的塔型结构和塔群布置。

（2）评价进水塔动力稳定性。

（3）进行结构静动力分析和抗震设计。

表 4-1-1　　　　进水塔群主要技术参数

项　　目		1 号明流塔	2 号明流塔	3 号明流塔	1、2、3 号孔板塔		1、2 号发电塔		3 号发电塔		灌溉塔
塔体高×长×宽（m×m×m）		93×70×20	108×52.8×16	83×54×16	113×60×20		112.3×60×48.3		112.3×60×48.3		83×56.9×15.5
进口高程（m）		195.0	209.0	225.0	175.0		发电洞 195.0	排沙洞 175.0	发电洞 190.0	排沙洞 175.0	223.0
检修门孔口尺寸（m×m）		2 孔 5.6×18	1 孔 9×17.5	1 孔 9×14.5	2 孔 4.5×15.50		6 孔 4×35（栅或门）	6 孔 3.5×6.3	6 孔 4×40（栅或门）	6 孔 3.5×6.3	3×6
事故门孔口尺寸/水头（m×m/m）		2 孔 4×14/80	1 孔 8×11/66	1 孔 8×11/50	2 孔 3.5×12/100		2 孔 5×9/80	2 孔 3.7×5/100.17	2 孔 5×9/85	2 孔 3.7×5/100.17	1 孔 3×3.5/52
工作门孔口尺寸/水头（m×m/m）		8×10/80	8×9/66	8×9/50							
工作门室高度（m）		24.08	19.34	20.47	进口段洞身 $D=12.5$		洞身 $D=7.8$	洞身 $D=6.5$	洞身 $D=7.8$	洞身 $D=6.5$	洞身 $D=3.5$
门的最大总水压力（kN）		工作门 75 950	工作门 57 510	工作门 41 620					事故门 42 000	事故门 19 630	
底板厚度（m）		5.0	4.0	5.0	4.0		4.0		4.0		4.0
流道侧墙厚度（m）		6.0	4.0,5.5	4	2.95,3.45,3.75		4.9,8.65,7.25,5.15,18.5		同 1、2 号发电塔		4.0
泄量（m^3/s）	275m 水位	2 680	1 973	1 796	1 号 1 727	2、3 号 1 654	296	控泄 500	296	控泄 500	30（230m 水位）
	250m 水位	2 174	1 495	1 122	1 557	1 489					

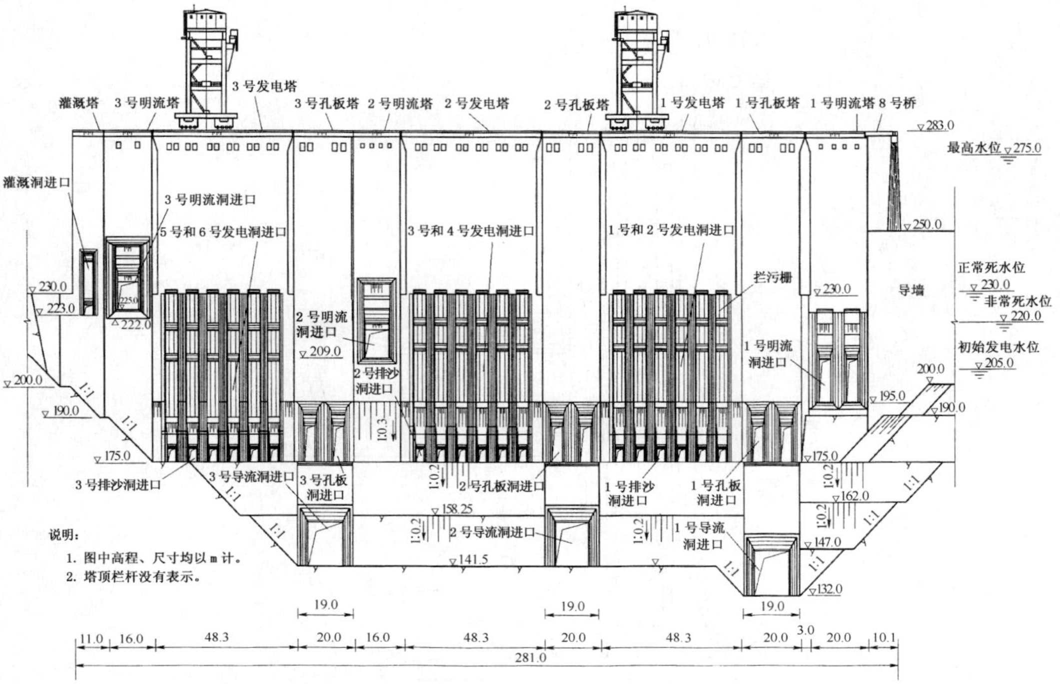

图 4-1-1　进水塔上游立视图（尺寸、高程：m，以下同）

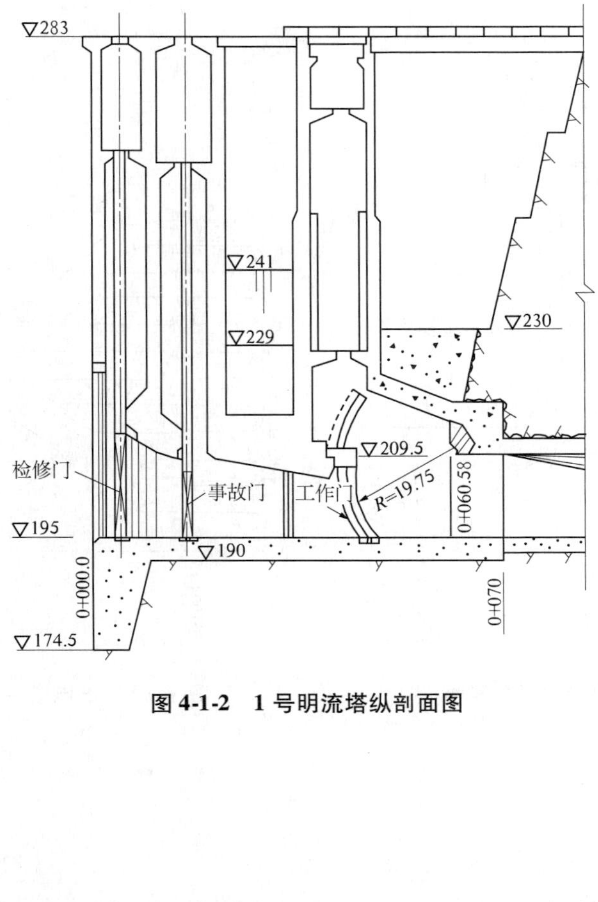

图 4-1-2　1号明流塔纵剖面图

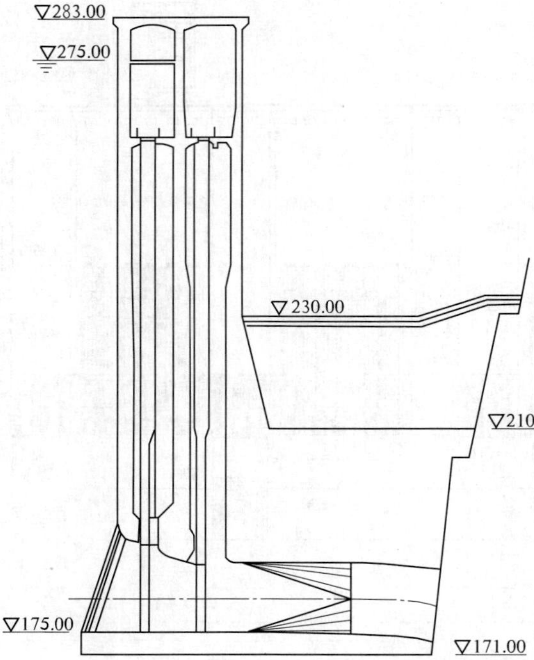

图 4-1-3 孔板塔纵剖面图

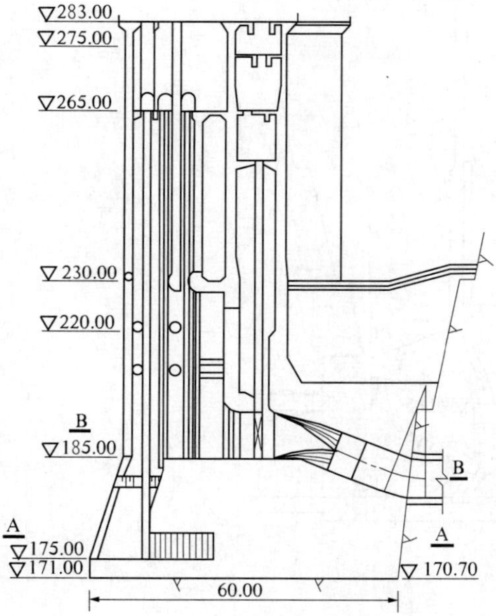

图 4-1-4 发电塔纵剖面图

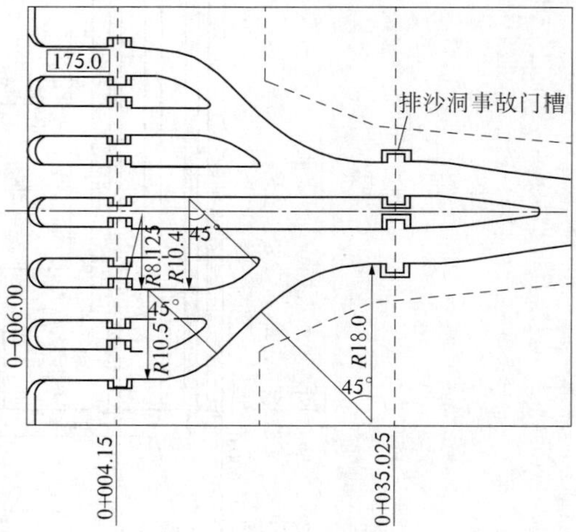

图 4-1-5 发电塔平剖面图 A—A

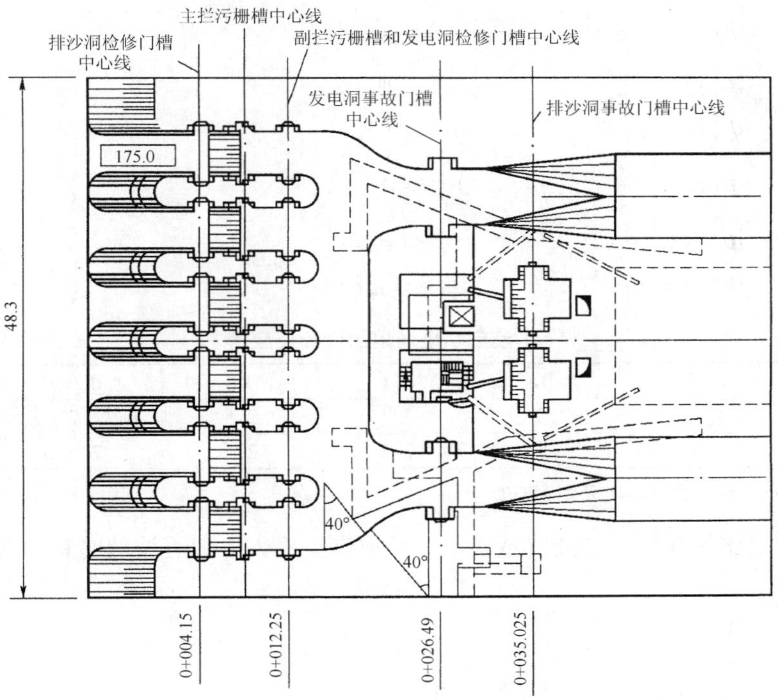

图 4-1-6　发电塔平剖面图 B—B

第二节　抗震设防标准

一、坝址场地地震基本烈度和设防烈度

1971 年中国科学院测地所鉴定小浪底场址地震基本烈度为Ⅶ度。1985 年河南省地震局、江苏省地震局和中国科学院工程力学研究所对以小浪底坝址为中心 320km 半径内的地区进行综合研究认为，未来 100 年内坝址的地震基本烈度为Ⅶ度。考虑到工程重要性，根据抗震设计规范，在基本烈度基础上提高 1 度，即按Ⅷ度地震烈度作为设防烈度。100 年基准期超越概率为 10%，相应的重现期为 950 年。

二、坝址地震危险性分析及其地震动设计参数

鉴于确定性方法确定基本烈度后，由烈度确定地面峰值加速度存在不足，并考虑到小浪底工程是坝高大于 150m 的大(1) 型工程，是黄河下游的关键性控制工程，地震部门又采用基于综合概率法的地震危险性分析方法确定地震动设计参数。采用 10^{-4} 年超越概率作为坝址地震危险性评定准则，确定了坝址场地地面峰值加速度为 0.215g(已考虑不确定性校正)，并且提出小浪底坝址场地的设计反应谱见表 4-2-1，选定地震动时程曲线的形状函数及其参数为：

近场 $\Phi(t)=(\frac{t}{2})^2$ $0\leqslant t\leqslant 2s$

$\Phi(t)=1$ $2s<t\leqslant 10s$

$\Phi(t)=e^{-0.46(t-10)}$ $10s<t\leqslant 15s$

远场 $\Phi(t)=(\frac{t}{4})^2$ $0\leqslant t\leqslant 4s$

$\Phi(t)=1$ $4s<t\leqslant 20s$

$\Phi(t)=e^{-0.13(t-20)}$ $20s<t\leqslant 38s$

表 4-2-1　小浪底坝址场地的设计反应谱

T(s)	0.03	0.07	0.1	0.3	0.6	10.0
β(近震)	1.0	2.5	2.5	2.5	1.2	0.08
β(远震)	1.0	1.9	2.5	2.5	2.5	0.2

注：T 为结构的自振周期，β 为地震反应谱值。

根据阻尼比为 0.05 的远震(或近震) 反应谱生成人工地震波的时程曲线如图 4-2-1、图 4-2-2 所示。

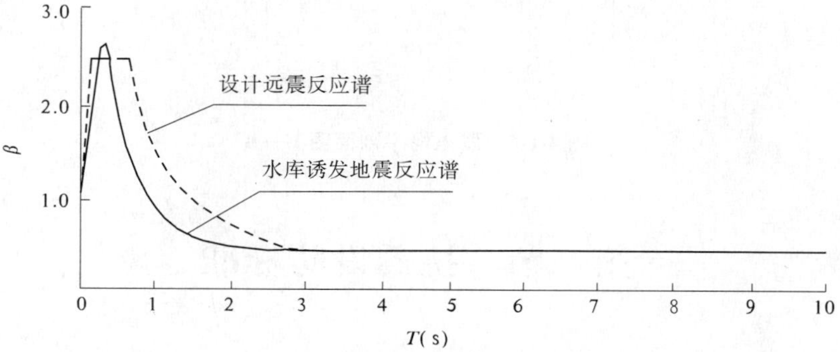

图 4-2-1　设计地震反应谱

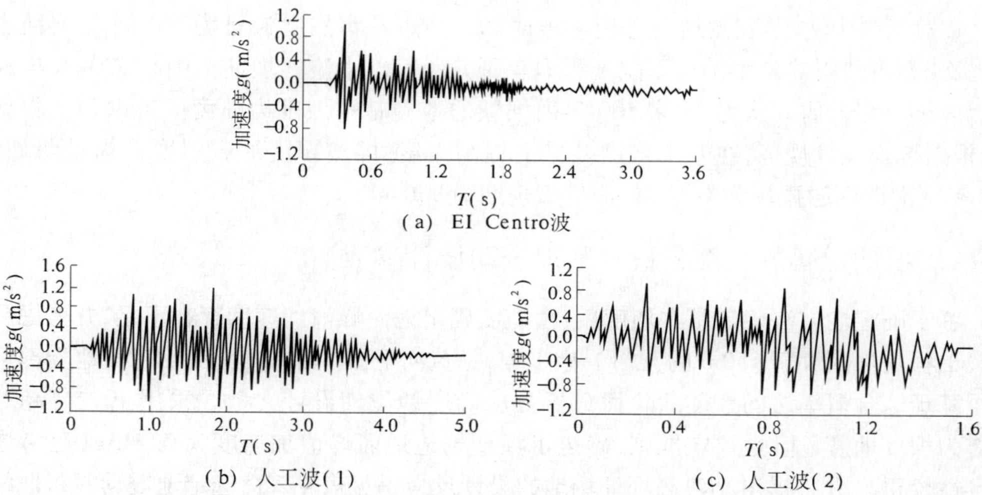

(a) EI Centro波

(b) 人工波(1)

(c) 人工波(2)

图 4-2-2　输入地震波形

三、水库诱发地震反应谱

水库诱发地震是由于水库蓄水而引起的地震现象或原有地震活动性明显改变的现象。至 1994 年世界上有 26 个国家发生了 112 起水库诱发地震,其中我国占 14 起。库容大于 10 亿 m^3,坝高大于 100m、200m 的,分别占 23%、39%。水库诱发地震震级大于 6 级者共 4 例,我国新丰江水库即为 1 例。我国实例中坝高 70m、100m 以上者分别占 50%、28%。震级≥4.2 级的 4 例(占 28%),地震烈度达到和超过了当地基本烈度,见表 4-2-2。

表 4-2-2　水库诱发地震与历史地震比较

水库名称	蓄水前			诱发水库地震		
	库区附近最大历史地震震级(级)	震中烈度(度)	地震基本烈度(度)	主震震级(级)	震中烈度(度)	复核后的基本烈度(度)
新丰江	4	< Ⅵ	Ⅵ	6.1	Ⅷ	Ⅶ
参　窝	无震		Ⅵ	4.8	Ⅵ	Ⅶ
丹江口	>3	< Ⅴ	Ⅶ	4.7	Ⅶ	Ⅶ
新　店	无震		Ⅵ	4.2	Ⅵ	Ⅵ

小浪底水库总库容 126.5 亿 m^3,回水长度 130km,最大库水深 140m,库区在许昌—淮南地震带内,且受汾渭地震带影响。蓄水位 275m 高程时,水体等附加荷载影响范围内存在第四纪活动性断层 10 条,其中塔底断层和石井河断层,库水深达 75 ~ 120m,有奥陶系石灰岩地层,地形陡峻,大面积裸露,有良好的库水入渗条件,具备诱发构造地震的条件,小浪底水库产生诱发地震是可能的。根据 1988 年版国家地震局震级区划图,坝址附近地区历史最大构造地震震级为 5.5 级,根据塔底等断层可能破裂长度和断层长度推得的可能最大震级为 5.5 级和 5.6 级,因此认为小浪底水库诱发地震可能的最高震级小于 6 级。

1991 年 1 月经国内地震专家会议研究,确定小浪底水库诱发地震震级为 6.0 级,震中距 10km,震源深 8km,坝址地面峰值加速度 0.313g,持时 12 秒,所得的修改水库诱发地震反应谱和相应人工震波作为进水塔抗震试算和试验的依据之一,其反应谱和人工地震波见表 4-2-3 和图 4-2-1、图 4-2-2。

表 4-2-3　水库诱发地震反应谱

T(s)	0.01	0.03	0.10	0.25	0.3	0.4	0.5	0.6	0.7	0.8	0.9	1.0
β	1.0	1.0	2.11	2.63	2.612	2.36	2.002	1.686	1.430	1.212	1.04	0.912

四、结构稳定性准则

进水塔在设计基准期内,在任何设计工况下,具有规定的功能,能正常运用。在遭遇设计地震作用时,进水塔能够抗御,或虽有轻微损坏,但经一般处理后,仍可正常运用。

（一）塔体稳定性准则

根据计算方法的不同，其稳定性标准也不同。

（1）拟静力法稳定分析准则见表 4-2-4。

（2）考虑基础变形的拟静力法抗倾稳定分析：

倾覆力矩＜基底的极限抵抗力矩

（3）非线性稳定分析：

抗倾稳定准则　转角 $\theta_{max} < \theta_{临界}$

抗滑稳定准则　无滑动位移反应

表 4-2-4　　拟静力法稳定分析准则

荷载组合		基本组合	特殊组合(1) 考虑地震(0.215g) 或校核水位	特殊组合(2) 考虑地震 (0.313g)	特殊组合(3) 考虑地震 (0.215g)+ 岸坡影响
抗倾稳定安全系数 k_0		1.35	1.20	1.15	1.10
沿塔基接触面或沿塔基混凝土垫层面抗滑稳定安全系数	不计 C	1.10	1.05	1.00	1.00
	计　C	3.0	2.5	2.3	2.3
沿基岩层面抗滑稳定安全系数	不计 C	1.3	1.20	1.10	1.0
	计　C	3.0	2.5	2.3	2.3
基础强度准则		压应力状态	最大拉应力＜0.3MPa	最大拉应力＜0.5MPa	
			地震时最大压应力＜5.12MPa　(T_1^{3-2}) 地震时最大压应力＜6.50MPa　(T_1^{3-1}) 地震时最大压应力＜7.20MPa　(T_1^4)		

注：C 为黏结力；T_1^{3-2} 等，均为岩层代号。

（二）静动力分析强度准则

静力分析时按静强度控制；动力分析时，塔体动弹性模量可较静弹性模量提高 30%，塔体动强度可较静强度提高 30%。塔身允许开裂，最大裂缝宽度≤0.20～0.25mm，但不允许有贯穿性裂缝。

第三节　进水塔型优化和塔群抗震布置

一、塔型

进水塔动力稳定性问题是与进水塔型和塔群的总体布置密切相联的，而塔型和塔群布置又和小浪底工程的任务，坝址地形、地质、水文泥沙条件，枢纽总布置、泄洪方式、降低流速、减免气蚀磨损、防止进口泥沙淤堵、保证泄流引水建筑物及时顺畅安全运用和抗震等问题相关。经初步设计审查批准的 6 个组合式进水塔方案突出的优点在于不同泄流孔口的集中。要解决初设方案中进水口泥沙淤堵、排污和提高工程运用灵活性与安全度等问题，就必须从塔的组合和布置上着手优化。经反复研究论证，最终把进口高程很低的孔板洞、明流洞分离出来，设计成双进口合一的单塔身孔板塔，双进口合一的前后双塔身的明流塔和发电排沙排污两层进口、上下重叠、带6合1叉管的发电塔三类，即在高程210～230m以下大体积混凝土部位布置大泄量孔口，让整个塔群在迎流面的175m、190m、195m、209m、225m高程形成多层孔口，这些孔口按其高程级差可分为低、中、高三层，即可利用低层孔口泄流排沙排污，中层孔口引水发电，高层孔口泄洪排漂，实现进口分层拉沙，防止进口淤堵，并使孔口流速（在库水位250m以下泄流时）控制在25m/s以下。同时可将排沙洞进口由初设时期的12个减为3个，并将210～230m高程以上塔身设计为封闭组合筒体，使整个塔体重心降低、断面刚度加大，上部结构的地震惯性力减小，抗倾稳定性更好，特别是上游塔墙尽量封闭，有利于改善地震时结构的应力状态。此外，塔身上部井壁厚度在满足强度、抗渗等要求的前提下也尽量减薄。

二、塔体结构

塔体结构在满足闸门、启闭机布置运用等要求情况下，力求体形对称，断面、刚度、强度变化平缓，避免突变，减少应力集中。沿塔高加强平台的横向连接刚度，增加高拦污栅墩墙的纵向和横向支撑，加强前后塔之间的连接刚度，增强塔体整体性。放缓孔板塔身下游侧的坡度，加厚明流塔弧门闸室段侧墙厚度，降低塔身和侧墙的动态拉应力。

三、自振周期

使各塔主振周期与地基的主振周期错开、相邻塔的主振周期错开，避免各塔同向同步振动及同地基共振。

四、一字形布置

由于塔型优化缩短了前缘总宽度，使初步设计的6个组合塔错台布置，改为在F_{236}、F_{238}断层和F_{28}断层之间的10座塔一字形布置，塔群两侧230m高程以下及下游205～210m高程部位与山体相靠，灌溉塔左侧上游山体较低部位设置了支撑墙，塔身下游侧高程210～230m之间有回填石渣，后期淤沙至高程250m，从而构成整体抗震耗能体系，不仅节省10余万m^3混凝土，有利塔背山体地下水的排渗，有效降低塔背扬压力，改善塔前进口水流条件，同时大大增强塔群下部顺流向和横向刚度，改善了地震时塔群的抗滑动抗倾覆稳定性及地基和结构的应力状态。

五、跨缝结构

塔间顶部设跨缝结构，保证地震时高程230m以上塔体自由和塔顶交通。交通桥与塔体之间采取简支连接，以改善连接部位的应力状态。交通桥梁板与支座搭接长度不少于1.0m，并设置纵向和横向挡块，防止梁板震落。

六、断层和基础处理

尽可能避开或少压F_{28}等断层，进水塔群经多方布置，避开了F_{236}、F_{238}和F_{28}断层，灌溉塔上游左侧角压住了 F_{28} 的分支断层 F_{28-1}，经混凝土桩、深挖和混凝土塞及化学灌浆等方案比较后，在灌溉塔上游角和左侧支撑墙基础下的 F_{28}、F_{28-1} 断层顶部设混凝土塞，同时在塔基采取固结灌浆等措施，以增强基础整体性和适应不均匀沉陷的能力。

七、软垫层设置

为避免和减小长期荷载下岩体的蠕变、库水淹没岩体的膨胀变形以及地震时塔体和山体相互作用的不利影响，特在塔体与下游侧边坡接触面的 205 ~ 170m 高程范围内设软垫层，并对其下游边坡采取了喷混凝土、锚杆、混凝土护板和预应力锚索等综合加固措施。有限元分析表明，锚固后边坡向塔方向的水平位移比锚固前减少 50% ~75%。

八、排水系统

为减轻水库水位降落过程中岸坡渗流对坡体和塔体稳定的不利影响，并考虑塔后泥沙淤积和含沙水流可能对排水管出口的淤堵，在岸坡山体和塔体设置了暗排水系统，即将坡内排水孔与坡面的竖向排水管相连，以使渗水汇集到塔后回填石渣体内，再排至塔前。

进水塔型和塔群总体布置的上述优化，从总体上大大改善了塔群结构的静动力稳定性和进口水流流态，为解决进水口工程泥沙问题创造了条件。

第四节　进水塔动力稳定性分析

一、研究内容和方法

（一）研究内容

（1）整体抗倾覆稳定。

（2）沿基岩接触面的抗滑稳定。

（3）沿基岩层面的深层抗滑稳定。

（4）沿塔基混凝土垫层面的抗滑稳定。

（5）地基的极限承载能力校核。

（6）岸坡岩体对塔体稳定的影响。

（二）动力稳定性分析方法

（1）拟静力法。

（2）考虑基础变形的拟静力法抗倾覆稳定分析。

（3）非线性稳定分析。

（4）动力分析。

（5）孔板塔震动试验。

二、拟静力法稳定分析

假定塔体和地基为刚体，顺流向地震时不考虑与邻塔或下游山体的相互作用，横流向地震时考虑邻塔的弹性抗力影响。

控制滑动面的抗剪强度指标如下：

(1)塔基基岩接触面

抗剪(断) $f'=0.87$ ，$c'=0.95$MPa

抗剪 $f=0.65$ ，$c=0$

(2)塔基下基岩层面

抗剪(断) $f'=0.70$，$c'=0.2$MPa

抗剪 $f=0.65$ ，$c=0$

(3)塔基混凝土垫层面

抗剪(断) $f'=0.60$，$c'=0.2$MPa

抗剪 $f=0.60$，$c=0$

地震作用下自重惯性力的计算，当发生 $0.215g$ 地震时，只考虑水平方向地震惯性力，不与竖向地震作用组合。当发生 $0.313g$ 地震时，同时计入水平向和竖向地震惯性力，其竖向地震加速度取 $\frac{2}{3}\times 0.313g$，并考虑竖向与水平向的遭遇系数 $\frac{1}{2}$，则竖向加速度为 $\frac{2}{3}\times 0.313g\times\frac{1}{2}=\frac{1}{3}\times 0.313g$。

地震综合影响系数 C_Z 或地震作用效应系数取 0.25。

地震加速度放大系数，计算整体稳定时按图 4-4-1(a)；计算塔身上部竖向应力时，顺流向地震按图 4-4-1(b)，横流向地震按图 4-4-1(c)。

位于第二破裂面与塔身之间的石渣，按自重计算其地震惯性力。

动水压力分塔外动水压力和塔内动水压力。

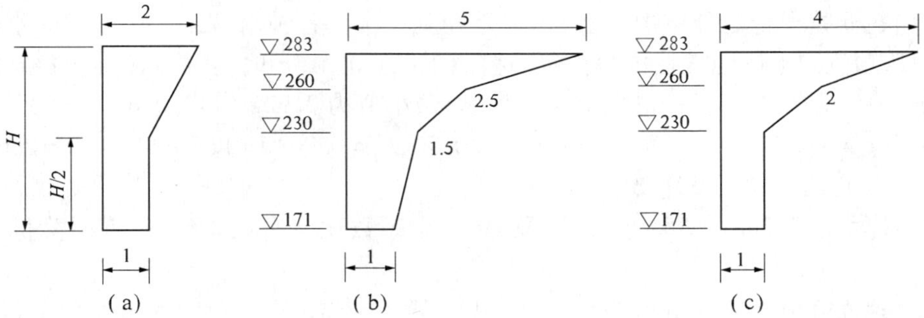

图 4-4-1　进水塔动力分析加速度放大系数

塔外动水压力，沿水流方向上游面按混凝土重力坝的动水压力计算，下游面和沿垂直水流方向按塔的动水压力计算。塔内动水压力按地震惯性力方向的水体惯性力计算。

塔外动水压力计算深度：上游算至 175m，下游算至 230m，横向算至 230m；塔体下游水面长度 $L<3H$ 时，乘以修正系数 C：

$$C=0.5+0.5\frac{L}{3H} \tag{4-4-1}$$

泥沙压力，根据库水位情况分别考虑，水位以下按浮容重 8.0kN/m^3，静态时内摩擦角

$\varphi=10°$;水位以上按湿容重16.0kN/m^3,静态时$\varphi=10°$;地震时$\varphi=0°$(水位以下)。

石渣压力按第二破裂面方法计算。水位以下石渣容重按浮容重12.0 kN/m^3。水位以上按湿容重19.6kN/m^3,石渣内摩擦角$\varphi=30°$。

按混凝土重力坝沿坝基的抗剪、抗剪断等公式,各进水塔稳定成果见表4-4-1。

表4-4-1　拟静力法计算的进水塔抗震稳定安全系数(不计塔背岸坡影响 $C_Z=0.25$)

序号	塔名	沿塔基面或层面抗滑 K_{f1}			沿塔基混凝土垫层接触面 K_{f2}		抗倾稳定安全系数 K_0
		$f'=0.87$ $c'=0.95$	$f'=0.70$ $c'=0.20$	$f=0.65$ $c=0$	$f'=0.60$ $c'=0.20$	$f=0.60$ $c=0$	
1	1号明流塔	22.52	9.980	6.590	9.102	6.083	1.254
2	2号明流塔	13.721 7	6.380 1	4.390 5	5.704 3	4.052 7	1.192 7
3	3号明流塔	27.279 0	11.892	7.769 1	10.725 3	7.171 5	1.251 3
4	2号发电塔	9.186 7	4.278 4	$\frac{2.921\ 6}{2.311\ 0}$	3.828 7	$\frac{2.696\ 8}{2.133\ 2}$	$\frac{1.232\ 8}{1.167\ 0}$
5	3号发电塔	9.347 3	4.304 0	2.937 6	3.851 7	2.711 7	1.230 6
6	3号孔板塔	14.411 1	6.737 2	$\frac{4.657\ 0}{3.579\ 0}$	6.020 5	$\frac{4.298\ 8}{3.303\ 7}$	$\frac{1.228\ 0}{1.181\ 0}$
7	灌溉塔	13.002 9	5.648 9	3.662 0	5.085 9	3.380 3	1.195 9

注:表中分式如$\frac{2.921\ 6}{2.311\ 0}$,分子为275m水位事故门关门遇顺流向0.215$g$地震,分母为275m水位事故门关门遇顺流向0.313g地震。

由稳定成果表可以看出:

(1)抗倾抗滑稳定分析中,抗倾稳定是控制工况。各种水位工况中,275m水位事故门关门遇顺流向上倾地震是抗倾稳定的控制工况。0.215g地震时,K_0(抗倾稳定安全系数)最小值约为1.20,K_f(抗滑稳定安全系数)最小值为2.921 6($f=0.65$,$c=0$)、2.696 8($f=0.60$ $c=0$),$K_{f,c}$最小值为4.278 4($f'=0.70$,$c'=0.20$MPa)、3.828 7($f'=0.60$,$c'=0.2$MPa)。它们均满足设计要求。

(2)库水位275m,0.215g地震抗倾稳定安全系数比库水位275m工况时降低12%~16%。

(3)地面峰值加速度由0.215g到0.313g增大46%,抗倾稳定安全系数降低4%~6%,抗滑稳定安全系数K降低20%左右。

(4)塔顶动力放大系数由2增大到4,抗倾稳定安全系数降低3%~4%。

(5)塔体动水压力与塔体惯性力之比,孔板塔为$\frac{8\ 280}{8\ 306}=0.997$,发电塔为$\frac{12\ 677}{12\ 092.4}=1.048$,它们对塔基的力矩之比分别为1.184和1.244,即动水压力和塔体惯性力对塔体稳定的影响近乎相等。

三、考虑基础变形的拟静力法抗倾覆稳定分析

岩基实际并非刚体,岩基上的进水塔受荷载作用后,随着荷载的增大,塔体将经过稳

定、转动（基底发生变形）至倾覆（基底变形加剧），塔基应力将依次出现小于极限承载能力（状态 a）；局部提离，但最大压应力小于极限承载能力（状态 b）；或最大压应力局部达到极限承载能力而局部屈服（状态 b′）；相当大范围内局部提离和最大压应力较大范围内屈服（状态 c）（见图 4-4-2），此时塔体因地基过大变形和丧失承载能力而倾覆。

在塔底板为平面截面和文克尔地基假定下，且引入符号：

$\sigma_0=\dfrac{N}{BL}$，$\theta_c=[\sigma]/KB$，$M_c=[\sigma]B^2L/12$，$\alpha=\sigma_0/[\sigma]$，$\beta=\theta/\theta_c$ 后，可得：

$$\left.\begin{array}{ll}
\text{状态 a} & M_d=\beta M_c \\
\text{界限〔a − b〕} & M_d=2\alpha M_c,\ \beta=2\alpha \\
\text{状态 b} & M_d=6\alpha\left(1-\dfrac{2}{3}\sqrt{\dfrac{2\alpha}{\beta}}\right)M_c \\
\text{界限〔b − c〕} & M_d=2\alpha(3-4\alpha)M_c,\ \beta=\dfrac{1}{2\alpha} \\
\text{状态 c} & M_d=6\left[\alpha(1-\alpha)-\dfrac{1}{12\beta^2}\right]M_c \\
\text{界限〔a − b′〕} & M_d=2(1-\alpha)M_c,\ \beta=2(1-\alpha) \\
\text{状态 b′} & M_d=6(1-\alpha)\left[1-\dfrac{2}{3}\sqrt{\dfrac{2(1-\alpha)}{\beta}}\right]M_c \\
\text{界限〔b′ − c〕} & M_d=2(1-\alpha)(4\alpha-1)M_c,\ \beta=\dfrac{1}{2(1-\alpha)} \\
\text{极限状态} & M_{max}=6\alpha(1-\alpha)M_c,\ \beta=0,\ \theta=\infty
\end{array}\right\} \tag{4-4-2}$$

以上诸式中，N 为作用于基岩上的竖向力；B 是底板长度；L 是底板宽度；θ 是底板转角；$[\sigma]$ 是基岩允许应力；K 为基岩弹性抗力系数；M_d 是基岩抵抗力矩。

当 $\alpha<0.5$ 时，基底应力变化过程为 a − b − c；

当 $\alpha>0.5$ 时，基底应力变化过程为 a − b′ − c（见图 4-4-3）。

将有关数据代入式（4-4-2）中，0.215g 地震时计算结果见表 4-4-2。

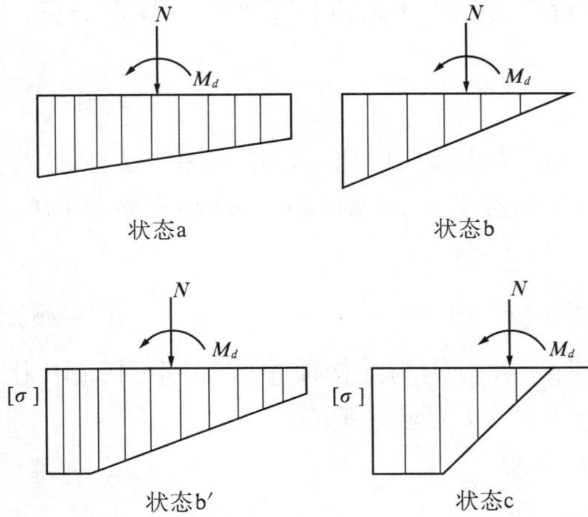

图 4-4-2　基底应力分布变化图

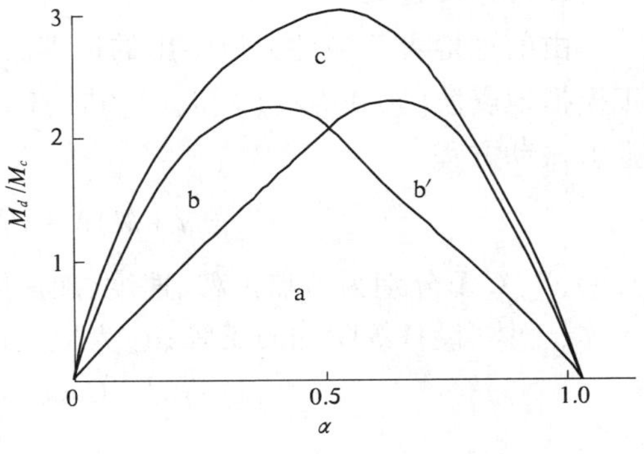

图 4-4-3　$M_d/M_c-\alpha$ 关系图

表 4-4-2　　考虑基础变形的进水塔拟静力法抗震稳定分析成果

项　目		孔板洞进水塔	发电排沙洞进水塔
力矩	$C_Z=0.25$ $M_{\frac{B}{2}}$	13 401 460kN · m	18 404 171kN · m
	$C_Z=0.50$ $M_{\frac{B}{2}}$	22 320 150kN · m	46 143 755kN · m
	$C_Z=1.0$ $M_{\frac{B}{2}}$	40 157 530kN · m	101 622 925kN · m
	M_{a-b}	10 383 360kN · m	22 998 520kN · m
	M_{b-c}	24 130 930kN · m	54 736 500kN · m
	$M_{\max}$	25 885 720kN · m	58 301 268kN · m
α		0.169(<0.5)	0.155(<0.5)
应力过程		a－b－c	a－b－c
判别	$C_Z=1.0$	$M_{\frac{B}{2}}>M_{\max}$,塔体倾覆	$M_{\frac{B}{2}}>M_{\max}$,塔体倾覆
	$C_Z=0.5$	$M_{a-b}<M_{\frac{B}{2}}<M_{b-c}$ 为 b 状态,接近 c 状态,塔体尚未倾覆	$M_{a-b}<M_{\frac{B}{2}}<M_{b-c}$ 为 b 状态,接近 c 状态,塔体尚未倾覆
	$C_Z=0.25$	$M_{a-b}<M_{\frac{B}{2}}<M_{b-c}$ 为 b 状态,塔体抗倾覆是安全的	$M_{\frac{B}{2}}<M_{a-b}$ 为 a 状态,塔体抗倾覆是安全的

注: 表中 M_{a-b}、M_{b-c}、$M_{\max}$ 分别表示界限 a－b,界限 b－c 及极限状态下的地基抵抗力矩。

表 4-4-2 表明,$C_Z=0.25$ 时,孔板洞进水塔和发电排沙洞进水塔抗倾覆均是安全的。

四、非线性稳定分析

鉴于常规拟静力法稳定分析不能反映塔体动力稳定的瞬时往复发展过程,孔板洞进水塔是塔高 113m 的单薄高耸的复杂结构,因此对孔板洞进水塔进行了非线性稳定分析。

(一)非线性稳定分析方法

1. 塔体动力反应

由前述地震危险性分析给出的远震反应谱和诱发地震反应谱(见图 4-2-1)生成的人工模拟地震波[图 4-2-2(b)和(c)]进行输入,采用威尔逊－θ(Welson－θ)法求解结构的强迫振动方程

$$(m+M)\ddot{X}+C\dot{X}+KX=(m+M)a_g \tag{4-4-3}$$

其中,X、$\dot{X}$、$\ddot{X}$ 分别为节点位移、速度、加速度列阵;m、K 分别为结构质量阵和刚度阵;M 为水体、土体、设备等附加质量阵;a_g 为地面加速度列阵;C 为阻尼矩阵。

$$C=\alpha(m+M)+\beta K \tag{4-4-4}$$

常数
$$\alpha=\frac{2\xi\omega_1\omega_2}{\omega_1+\omega_2}$$

$$\beta = \frac{2\xi}{\omega_1 + \omega_2}$$

式中，ξ 为阻尼比，取 0.05 ~0.07；ω_1、ω_2 分别为体系的第 1、2 阶圆频率。

由上可求得结构各点的加速度反应时程。

2. 塔体稳定运动方程

假定塔体底板、基岩为刚体，它们不联结，只发生刚性转动和滑移；塔体与下游山体不联结，不计塔体向下游转动和滑动及其与山体发生碰撞所产生的抗力影响；滑动时摩擦系数为常数。

(1)塔体转动方程。塔体转动时的受力如图 4-4-4 所示，考虑对 o 点转动的力矩平衡得塔体转动平衡方程

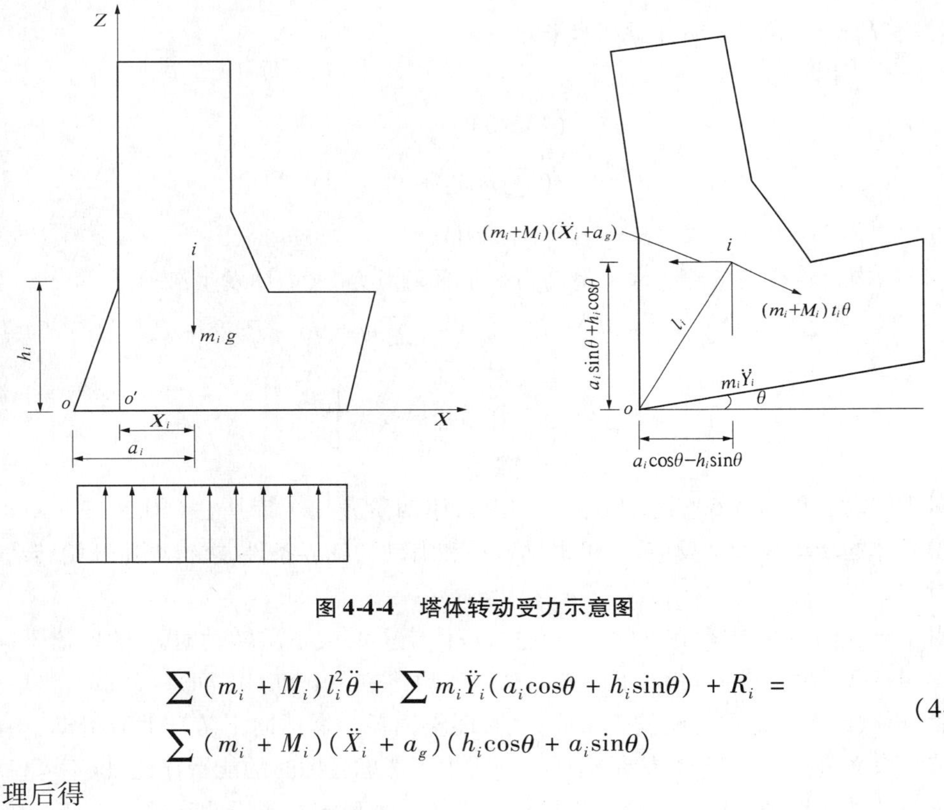

图 4-4-4　塔体转动受力示意图

$$\sum (m_i + M_i) l_i^2 \ddot{\theta} + \sum m_i \ddot{Y}_i (a_i\cos\theta + h_i\sin\theta) + R_i = \sum (m_i + M_i)(\ddot{X}_i + a_g)(h_i\cos\theta + a_i\sin\theta) \tag{4-4-5}$$

经整理后得

$$\ddot{\theta} = (H_2 - A_1)\cos\theta + (H_1 + A_2)\sin\theta + \overline{R} \tag{4-4-6}$$

其中，H_1、H_2、A_1、A_2、$\overline{R}$ 为与参数 m_i、M_i、$\ddot{Y}_i$、$\ddot{X}_i$、a_i、h_i、a_g 有关的表达式。R_i 为静水压力、泥沙压力、石渣压力、塔基扬压力等静载对转动点的恢复力矩。a_i 取值：

$$a_i = \begin{cases} X_i - X_U & \text{向上游转动} \\ X_i - X_D & \text{向下游转动} \end{cases}$$

X_U、X_D 分别为以塔基上游、下游角点为转动点的 X 坐标值。

(2)临界转动条件。随着地面加速度和结构加速度反应的不断变化,当倾覆力矩大于恢复力矩时塔体发生转动。

令 $$\sum(m_i+M_i)(\ddot{X}_i+a_g)h_i-\sum m_i\ddot{Y}_i a_i-R=\Delta M \tag{4-4-7}$$

则 $$\left.\begin{array}{ll}\Delta M<0 & \text{塔体未发生转动}\\ \Delta M=0 & \text{处于转动临界状态}\\ \Delta M>0 & \text{塔体转动}\end{array}\right\} \tag{4-4-8}$$

(3)塔体滑动方程

$$\sum(m_i+M_i)\ddot{X}_s+\sum m_i\ddot{Y}_i f\delta+P_V f\delta+P_H=\sum(m_i+M_i)(\ddot{X}_i+a_g) \tag{4-4-9}$$

式中 $\ddot{X}_s$——结构滑动相对加速度;

f——塔基摩擦系数;

P_V、P_H——静载竖向分量和水平分量;

δ——计算符号。

$$\delta=1 \quad (\dot{X}_s>0)$$

$$\delta=0 \quad (\sum m_i\ddot{Y}_i+P_V\leqslant 0)$$

$$\delta=-1 \quad (\dot{X}_s<0)$$

(4)结构起始滑动条件。水平滑动力>水平阻滑力时,塔体发生滑动。

令 $$\Delta F=\sum(m_i+M_i)(\ddot{X}_i+a_g)-\sum m_i\ddot{Y}_i f\delta-P_V f\delta-P_H \tag{4-4-10}$$

当 $$\left.\begin{array}{ll}\Delta F<0 & \text{不滑动}\\ \Delta F=0 & \text{滑动临界状态}\\ \Delta F>0 & \text{滑动}\end{array}\right\}$$

对于转动方程(4-4-6)、滑动方程(4-4-9),用四阶龙格-库塔法(RUNGE-KUTTA)可求得塔体的转动或滑动反应,并可根据转动和滑动的临界条件,求得塔体开始转动和滑动的时刻。

由于方程(4-4-6)中存在 θ 的三角函数,塔体绕上游或下游转动时 a_i 的取值不同;对于方程(4-4-9),由于塔体向上、下游方向来回滑动,δ 在 -1 和 1 之间来回跳动;当塔体转动以后,再次回到平衡位置将发生碰撞,且有能量损耗。塔体向下游转动或滑动,将与下游岸坡约束面碰撞,且将产生能量损耗。分析中不考虑碰撞时的能量损耗,也不考虑塔体向下游的转动或滑动。以上三个方面构成了塔体动力稳定的非线性问题。

(二)计算模型

以三维 8~21 节点等参单元模拟塔体结构,共 304 个单元,620 个节点,总自由度数 1 674。0.215g 地震波只考虑水平向地震作用,0.313g 地震波同时考虑水平向和竖向地震作用。计算工况为库水位 275m 事故门关门遇 0.215g 或 0.313g 顺流向地震。

计算荷载:静荷载与拟静力法同,动荷载如动水压力和第二破裂面内的土石体惯性力均转化为等效附加质量叠加到相应节点上。

（三）计算结果和结论

（1）不同的人工地震波的塔顶动力放大系数为 3.9～4.0。

（2）设计远震地震波 0.215g 时，塔体不转动，抗倾覆是稳定的。

（3）诱发地震波 0.313g 时，塔体仅发生间隔性持续时间很短转动角为 -0.49×10^{-3} 弧度的提离转动，见图 4-4-5，但远小于临界倾角（0.52 弧度），塔体仍不会倾覆。

（4）设计远震波 8 度，塔基摩擦系数 $f=0.65$ 时，塔体抗滑动是稳定的。

（5）塔体遇诱发地震 0.313g 和 $f=0.65$ 时，产生 0.52～0.82cm 的最大滑移，见图 4-4-6，滑动稳定不能满足，这是由于基础刚性假定使基频提高 20% 左右，相应结构加速度反应近乎同等提高，故导致塔体滑移计算值偏大。计算中略去塔体边界面的黏结力、剪切力等，从而得到偏大的结果。

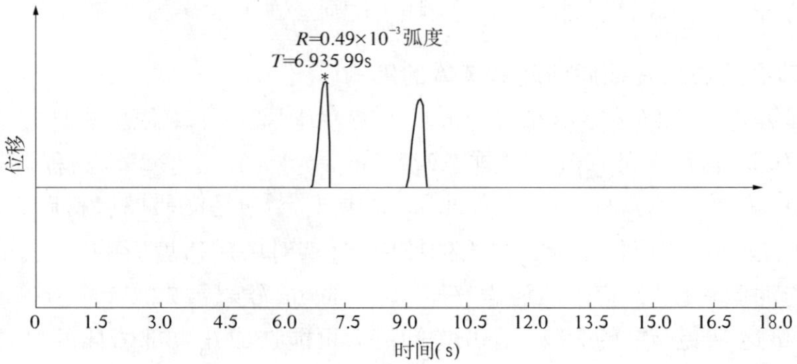

图 4-4-5　设计地震（0.313g）作用下塔体转动时程曲线（计入竖向地震）

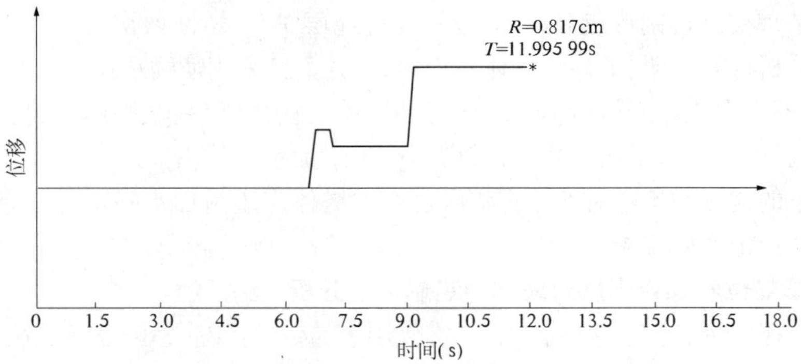

图 4-4-6　设计地震（0.313g）作用下塔体滑动时程曲线（计入竖向地震）

五、三维有限元振型分解反应谱法的稳定成果

沿塔基面计入浮托力后的抗滑稳定安全系数为

孔板塔　0.215g　$K_f=3.16$，　0.313g　$K_f=2.51$

发电塔　0.215g　$K_f=2.43$

1 号明流塔　0.215g　$K_f=3.57$

反应谱动力法抗滑稳定安全系数较拟静力法小，主要是塔身采用的加速度放大系数比拟静力法大所致(见表 4-9-1)。

六、孔板塔抗震模型试验的稳定评价

孔板塔震动试验实测的孔板塔塔顶加速度放大系数为 3.5～4.5，较用反应谱求得的塔顶顺流向加速度放大系数 $\beta=5.0$ 为小。试验实测的动水压力与按水工抗震规范重力坝动水压力公式计算的塔面动水压力，在塔体下部比较接近，上部受宽缝影响，动水压力计算值偏大。试验的宏观观测和实测表明孔板塔的抗震稳定是安全的。

七、塔背岸坡岩体对进水塔体稳定的影响

(一)进口高边坡工程地质问题对塔体的影响

小浪底工程进水塔群一字形布置于大坝上游左岸风雨沟口附近左侧，塔背岸坡开挖坡 1∶0.1～1∶0.2，最大坡高 120m，坡脚宽 277.3m，岸坡走向北东 23°，高程 230～210m 以下和塔背接触，主要为 T_1^{3}、T_1^{4}、T_1^{5}、T_1^{6} 地层，其中 T_1^{3-2} 为钙泥质厚层粉砂岩、粉细砂岩，顶部 6m 含软岩较多，该层位于应力最大的坡脚部位，对塔后边坡影响较大；上部 T_1^{5-1} 为钙质细砂岩与泥质粉砂岩、粉砂质泥岩互层，其下部 6m 软岩占 22.32%，平硐的压缩蠕变试验，其蠕变量达总变形量的 29%，在开挖卸荷后可能造成其上部岩体的松弛张裂，对上部岩体稳定不利。但岸坡岩体层面倾向下游 7°～10°，陡倾角节理多在砂岩中发育，各种分析计算表明在地震作用工况下，不存在整体或深层层面滑动问题。岸坡岩体主要为 NNE 走向节理，其切层延伸较长，且每隔 15～20m 形成一节理密集带，卸荷后易张裂，它与 NW 走向节理交互切割形成分离体，极易穿过地层 T_1^{3-2} 塑性剪切区，或沿层间剪切破碎带滑出。分析计算表明，上述切割体不稳定，设计上已采用喷锚和预应力锚索进行了加固处理，因此不存在边坡岩体滑坍对塔体的冲击推动作用，但是在塔体完建、水库蓄水和地震过程中，岩体若有水平向变位，将对塔体产生附加水平推力。此外，T_1^{3-2} 等地层在长期荷载作用下的蠕变和蓄水后的体积膨胀也会对塔体产生附加水平推力，即所有这些作用均会对塔体稳定产生影响。

(二)地震变位和蠕变膨胀对塔体稳定影响的分析

边坡岩体在开挖、完建、水库蓄水、地震作用下的变位情况，曾经委托武汉水利水电大学、中国地质大学等单位进行了包括塔群边坡和地基在内的三维有限元非线性分析。计算时考虑岩体裂隙影响的系数 1.5，锚索锚固对岩体变位的削减系数 0.5，岩体对塔体的抗力系数 K 取 800 000kN/m³，岩体蠕变膨胀力根据试验取 400kN/m²，蠕变膨胀力作用范围，按 T_1^{3-2} 地层顶面 10m 高度计算。边坡岩体地震变位和蠕变膨胀作用对塔体稳定的影响见表 4-4-3。

表 4-4-3　　塔背岸坡岩体对塔体稳定的影响（$C_Z=0.25$，设软垫层；c'：MPa）

序号	塔名	抗倾覆安全系数 K_0	$K_{f\cdot c}$或 K_f			
			沿塔基面或层面		沿塔基混凝土垫层接触面	
			$f'=0.70$ $c'=0.20$	$f=0.65$ $c=0$	$f'=0.60$ $c'=0.20$	$f=0.60$ $c=0$
1	1 号明流塔	1.120	2.998	1.979	2.694	1.827
2	2 号明流塔	1.141 6	2.674 2	1.840 4	2.391 1	1.698 8
3	3 号明流塔	1.144 8	3.620 6	2.361 0	3.259 4	2.179 4
4	2 号发电塔	1.209 0	3.495 2	2.386 1	3.128 0	2.203 0
5	3 号发电塔	1.187 0	3.004 8	2.050 5	2.688 3	1.892 0
6	3 号孔板塔	1.180	4.518 5	3.123 5	4.038 2	2.883 2
7	灌溉塔	1.176 5	4.063 8	2.634 3	3.658 6	2.431 7

上述计算结果表明：

(1)计塔背边坡影响，稳定安全系数减小：抗倾减小 9% ~22%，抗滑减小 70% ~88%。塔背设软垫层后，稳定安全系数提高：抗倾提高 2% ~22%，抗滑提高 28% ~300%。

(2)抗倾稳定安全系数的最小值，不计边坡影响，2 号明流塔最低为 1.192 7，计边坡影响，设软垫层，1 号明流塔最低为 1.12。

(3)抗滑稳定安全系数最小值。

不计边坡影响 2 号发电塔最低，$K_{f\cdot c}/K_f$ 分别为：基岩面 9.186 7/2.921 6，层面 4.278 4/2.921 6，混凝土垫层 3.828 7/2.696 8。

计边坡影响设软垫层，2 号明流塔最低，$K_{f\cdot c}/K_f$ 分别为：层面 2.674 2/1.840 4，混凝土垫层 2.391 1/1.698 8。

(4)考虑边坡地震变位和蠕变膨胀影响，设软垫层后抗倾抗滑安全系数均能满足规定要求。

(5)岸坡锚固的变位观测表明，边坡80% ~90%的位移量发生在边坡25m 深度以内，至深度 35m 处位移量仅占 20%左右，故控制边坡位移的锚索深度应在 35 ~40m 范围。

(三)塔背软垫层设计

鉴于边坡地震变位的最大值在高程 205m 以下，发生蠕变膨胀的地层主要是 T_1^{3-2}，而 T_1^{3-2}地层开挖出露的高程在 205m 以下；边坡山体的抗力对维持向上游方向地震时的塔体稳定、减小地基应力和塔顶的位移是有利的。因此，孔板塔发电塔仅在边坡高程 205 ~170m 和明流塔的下部设置软垫层，而在孔板塔、发电塔高程 205 ~210m 及明流塔弧门支腿传力于边坡的部位，均不设软垫层，详见图 4-4-7。

根据中国地质大学平面有限元计算，孔板塔背边坡在库水位自 275m 降至 250m 和地震作用下，水平最大位移为 70 ~ 80mm，考虑边坡锚固措施对位移的削减系数 0.5 ~ 0.75，再计入岩体蠕变膨胀，最后选定软垫层厚度为 50mm，并分 3 层放置。

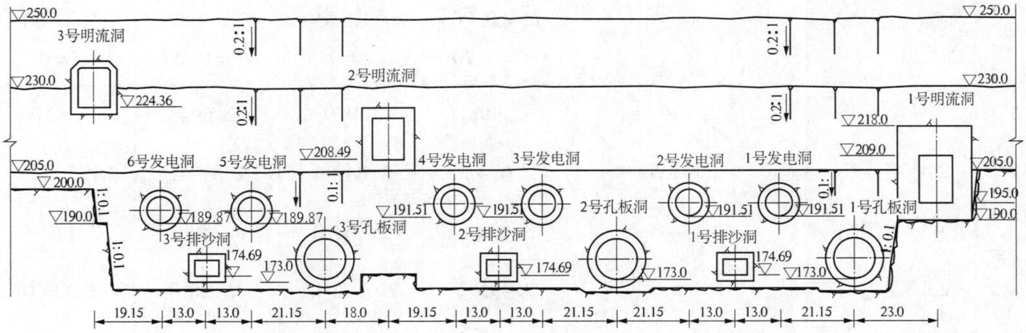

图 4-4-7　软垫层层面立视图　（单位：m）

软垫层材料采用聚苯乙烯封闭型泡沫塑料，容重为 $140N/m^3$，耐热性 80℃，耐寒性为 -40℃，不透水，当所受压力为 30kPa、56kPa、113kPa 时，压缩率分别为 10%、25%、50%。

八、稳定分析结论

综合上述 6 个稳定分析的结果，孔板塔遭遇设计地震 0.215g 和诱发地震 0.313g 作用时，或其他设计工况作用下，其抗倾覆抗滑动稳定是安全的。鉴于地震时岩体变位及蠕变膨胀等对塔体稳定将产生不利影响，故在塔背边坡 205 ~ 170m 高程范围设置了软垫层。考虑到峰值加速度为 0.313g 地震情况下尚有 0.82cm 的滑动反应和 0.49×10^{-3} 弧度的间隔性转动，虽然塔体的实际抗滑抗倾能力比计算结果要好，但为了确保塔体稳定安全，在塔基面上布置了锚筋，并加强了塔基固结灌浆。

第五节　进水塔振型分解反应谱法三维有限元分析

进水塔群的规模大、承受的水头高、水位变幅大，其结构体形、受力情况和边界条件都很复杂。因此，对孔板塔、发电塔和 3 座明流塔地震作用下塔内外水体与塔体的动力耦联作用、塔与地基的相互作用、塔体截面与刚度突变对塔体自振特性、地震反应和应力的影响等，进行了 3 种反应谱、3 种库水位共 43 种工况的动力分析。

一、计算模型

（一）结构动力方程

采用振型叠加反应谱法求解方程（4-5-1）

$$[m+M]\{\ddot{\varphi}\}+[c]\{\dot{\varphi}\}+[k]\{\varphi\}=\{m+M\}a_g \tag{4-5-1}$$

（二）计算范围

塔和地基的相互作用对塔体的自振特性和地震反应有不可忽视的影响，应予考虑。

为避免地基质量引起的共振干扰塔体的自振特性和地震波在地基中的传播，取无质量地基，即只计入地基的弹性而不考虑其惯性作用。地基的计算范围不仅考虑进水塔运用引起的应力影响范围，而且应使地基的网格数至少能保证二倍于对结构有影响的振动频率分量能量的通过，还应考虑布置、地下结构和断层影响。因此，地基计算范围一般取上下游方向、两侧和深度为 0.7 倍塔高，即计算范围分别为：

孔板塔体，地基：深 80m，上游至 F_{28} 断层 53m，下游 95m，两侧各 80m；

发电塔体的一半，地基：深 80m，上游 75m，下游 80m，两侧各 80m；

1 号明流塔体，地基各个方向为 65m；

2 号明流塔体的一半，地基各个方向为 76m；

3 号明流塔体，地基各个方向为 50m。

（三）边界条件

除孔板塔、发电塔上游边界为自由边界外，其余边界均为水平约束，竖向可移动，地基底部为固定边界。为反映塔群下游及 1 号明流塔右侧山体对塔体结构的影响，在相应地基基础表面加竖向弹簧，塔背与山体接触部位考虑了自由边界和水平弹簧两种情况。塔体与邻塔接触部位，在顺流向地震时不加水平约束，在横流向地震时加水平链杆。发电塔和 2 号明流塔取一半塔体，在对称面上分别施加正、反对称条件。

（四）有限元离散化

采用 8 ~ 21 节点块体等参单元将孔板塔、发电塔、3 个明流塔及计算地基范围分别离散为 1 267、1 206、1 087、355、633 个单元和 2 214、2 388、2 210、1 394、1 798 个节点，剖分图见图 4-5-1。为提高 1 号明流塔和 2 号明流塔弧门闸室段应力的计算精度，在弧门闸室段部位还进行了局部加密剖分。

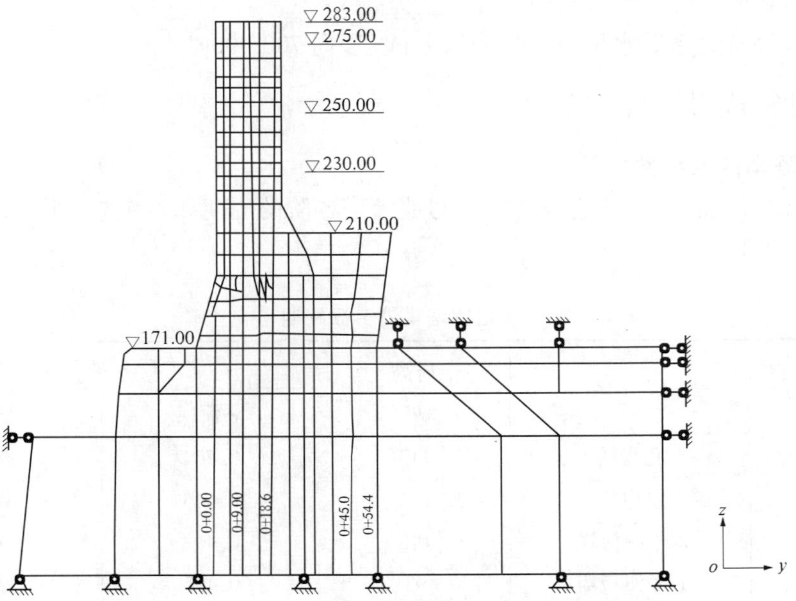

图 4-5-1　3 号孔板塔网格剖分图

(五)计算工况

库水位:275m、260m、220m。

闸门:事故门挡水、工作门挡水。

地震动峰值加速度:0.215g、0.313g。

地震作用方向:顺流水平向、横流水平向;水平向+竖向。

总工况数43个,其中孔板塔12个,发电塔6个,1号明流塔6个,2号明流塔15个,3号明流塔4个。

(六)计算荷载

静荷载与拟静力法相同。

地震动作用按下述情况考虑:

(1)反应谱的阻尼比ξ,原型工况为0.05,模型电算为0.07。

(2)综合影响系数$C_Z=0.25$、0.35,按平方和开方组合各振型的频谱响应,计算塔体的动力反应。

(3)塔内外动水压力按拟静力法的计算原则转化为附加质量。

(4)第二破裂面内的回填石渣按附加质量计入其影响,第二破裂面外按水工抗震设计规范计算动土压力。

(七)材料参数

塔体混凝土C25,弹性模量$E=2.85\times10^4$MPa,容重$\gamma=24\text{kN/m}^3$,泊松比$\mu=0.167$。

大体积混凝土C15,弹性模量$E=2.3\times10^4$MPa,容重$\gamma=24\text{kN/m}^3$,泊松比$\mu=0.167$。

塔基砂岩,弹性模量$E_0=8\times10^3$MPa,容重$\gamma=26.0\text{kN/m}^3$,泊松比$\mu=0.25$。

动力分析时动弹性模量较静弹性模量提高30%。

基岩弹性抗力系数水平向800 000kN/m^3,竖向700 000kN/m^3。

二、计算成果分析

(一)塔体自振特性

分别计算了孔板塔、发电塔,1、2、3号明流塔各阶的周期如表4-5-1所示,进水塔自振特性见图4-5-2。

表4-5-1　进水塔塔体自振周期

编号	塔名	塔高(m)	三维有限元动力分析 T_1(s)	
			顺流向	横流向
1	孔板塔	113	0.764	0.501
2	发电塔	112	0.663	0.302
3	2号明流塔	108	0.442	0.457
4	1号明流塔	93	0.453	0.303
5	3号明流塔	83	0.397	0.214

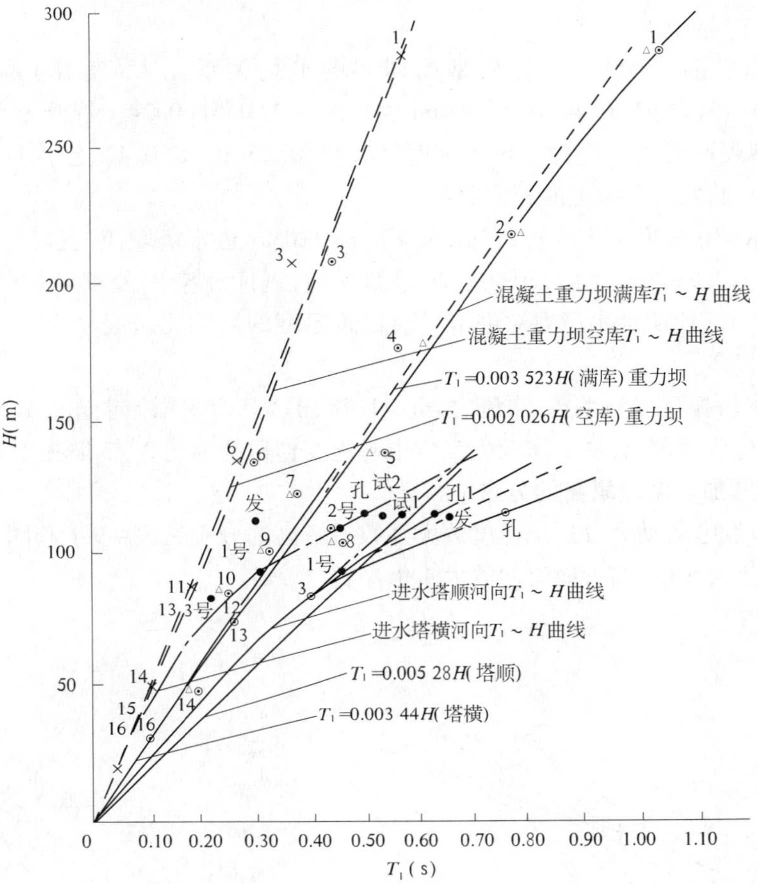

图 4-5-2　进水塔自振特性 T_1～H

分析进水塔自振特性有关资料可以得出如下结论：

(1)顺流向自振周期 T_1 或 T_2，除 2 号明流塔体形特殊，引起自振周期有所偏离外，其他塔均随塔高减小而减小。T_1 与塔高的经验关系：顺流向为 $T_1=0.005\ 28H$，横流向为 $T_1=0.003\ 44H$。

分析了国内外坝高 33.4～285m 的 16 个混凝土重力坝满库和空库时 T_1 的计算成果资料，得出 T_1～H 关系如图 4-5-2 所示，即满库 $T_1=0.003\ 523H$，空库 $T_1=0.002\ 026H$。

比较同高度的满库塔和坝的自振周期，塔的自振周期 T_1 比坝的自振周期 T_1 长 27%～90%，高度大自振周期增加也越大。这主要是塔的刚度比混凝土重力坝小，动水压力对塔的影响比对重力坝大所致。

进水塔 T_1 与塔高和截面的关系可由 $T_j=c\dfrac{H^2}{B}\sqrt{\dfrac{r}{gE}}$来表示，系数 c 顺流向为 7.345，横流向为 2.448。

(2)每个塔的横流向自振周期 T_1 由于侧向动水压力的减小和横向约束作用，比顺流向自振周期 T_1 减小 1/3～1/2。

(3)进水塔前三阶振型，各振型周期间的平均关系比为（满库）顺流向平均值 1∶0.36∶0.23，横流向 1∶0.44∶0.31；220m 水位时为 1∶0.41∶0.24。混凝土重力坝前五阶振型，各振型周期间的平均关系比为满库1∶0.43∶0.23∶0.15∶0.11，空库1∶0.45∶0.25∶0.16∶0.12，它们之间有一定的相似关系。

(4)库水位由 220m 升高至 275m，水深升高 120%，进水塔顺流向前三阶振型周期分别增加 55%、23%、2%。重力坝前五阶振型周期，满库比空库分别延长了 17%、11%、7%、5%和 4%。说明动水压力对进水塔前二阶振型的影响比对混凝土重力坝前二阶振型的影响大得多。

(5)进水塔振型参与系数，顺流向：$\eta_1>1.78$，$\eta_2>0.56$；横流向：$\eta_1>1.58$，$\eta_2>0.15$。振型参与系数表明，进水塔动力反应中起主要作用的为前 2～3 阶振型。

（二）地震加速度沿塔高的分布

孔板塔、发电塔动力分析加速度放大系数沿塔高的分布见表 4-9-1 和图 4-5-3，塔顶加速度顺流向放大 5 倍左右，横流向放大 4 倍左右。

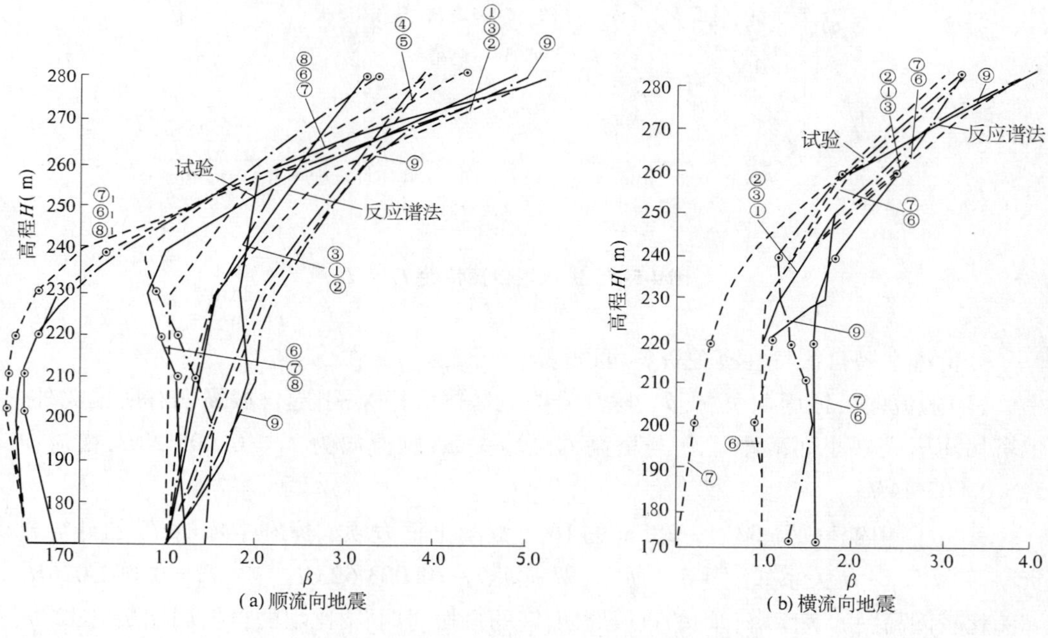

图 4-5-3 进水塔塔身加速度放大系数 β 与 H 的关系

（三）进水塔位移

进水塔顶的最大位移见表 4-5-2。

表 4-5-2　　进水塔顶最大位移　　（单位：cm）

项目		孔板塔	发电塔	1 号明流塔	2 号明流塔
静位移	U_X	-0.12	0.09	-2.01	-0.20
	U_Y	-0.75	-0.81	-0.45	-0.25
	U_Z	-1.25	-1.29	-1.04	-0.35
动位移	U_X	1.39	0.48	2.81	1.31
	U_Y	3.29	2.39	1.51	1.22
	U_Z	0.65	0.60	0.44	0.33

进水塔闸门槽顺流向最大相对位移见表 4-5-3。

表 4-5-3　　进水塔闸门槽顺流向最大相对位移　　（单位：mm）

项目	孔板塔				发电塔			1 号明流塔			
	检修门 4.5m×15.5m		事故门 3.5m×12m		排沙洞检修门 3.5m×6.3m	发电洞事故门 5m×9m		检修门 5.6m×18m		事故门 4m×14m	
高程（m）	175~190.5	175~202	175~187	175~202	175~195	195~204	195~212	195~213	195~231	195~209	195~223
静位移	0.75	1.25	0.75	1.25	0.8	0.75	1.25	0.75	1.25	0.75	1.25
动位移	1.2	2.5	0.9	2.5	1.3	2.38	2.50	1.1	2.8	0.80	2.0
静+动	1.95	3.75	1.65	3.75	2.1	3.13	3.75	1.85	4.05	1.55	3.25

（四）塔体应力

进水塔最大最小静应力和动应力见表 4-5-4。孔板塔、发电塔竖向动应力见表 4-5-5、表 4-5-6。孔板塔、发电塔竖向组合应力见表 4-5-7 和表 4-5-8。明流塔最大组合主应力见表 4-5-9。分析上述成果可得：

（1）塔体结构在静力作用下，各构件的轴力远大于弯矩或剪力，结构以轴向压缩变形为主。在地震作用下，结构的动弯矩及剪力一般比轴力大得多，塔体结构以弯曲变形为主。地震作用对塔体拉应力影响较大，对塔体压应力影响要小些。

（2）除 1 号明流塔外，顺流向地震对塔井水平剖面内力或应力的影响大于横流向地震，即竖向动应力 $\sigma_{z顺}$ 比 $\sigma_{z横}$ 大 60%～300%，甚至更多，竖向动应力 σ_z 明显大于水平向动应力 σ_x、σ_y，一般大 70%～300%，甚至更多。

横流向地震对塔体流道竖向截面，特别是明流塔弧门闸室段竖向截面内力或应力的影响大于顺流向地震，即横流向地震时弧门闸室段主拉应力大于顺流向地震时的主拉应力，弧门段工作门挡水主拉应力大于事故门挡水主拉应力。且横流向地震对闸室侧墙主应力提高幅率与水头成反比，主拉应力提高 40%～67%，主压应力提高 10%～58%（见表 4-5-10）。

表 4-5-4 进水塔最大最小静应力和动应力

项目	应力代号	孔板塔 应力值(MPa)	孔板塔 位置及高程	发电塔 应力值(MPa)	发电塔 位置及高程	1号明流塔 应力值(MPa)	1号明流塔 位置及高程	2号明流塔 应力值(MPa)	2号明流塔 位置及高程	3号明流塔 应力值(MPa)	3号明流塔 位置及高程
静应力	σ_x	1.66	1 340 点▽187m 中墙尾部	0.98	1 427 点▽199.5m,0+25.74 轴上	1.91	659 点后塔塔背内壁▽245m	1.96	上游墙 434 点 Ⅰ	1.82	1 287 点 ▽228m 弧门段内侧
		-4.50	1 410 点▽175m 流道底 0+23.9 中部	-3.01	1 087 点▽212.5m,排沙洞门井前墙跨中	-4.30	666 点后塔塔背外壁▽245m	-7.14	上游墙 325 点 Ⅱ	-5.65	902 点 ▽237.7m 弧门大梁底
	σ_y	0.62	1 591 点▽171m 塔底下游角	0.99	2 167 点▽171m,底板左后角	0.93	46 点前塔塔顶下游墙	1.46	642 点内边墙 Ⅰ	1.69	947 点 ▽235.7m 弧门段内侧
		-2.17	1 224 点▽187m 事故门顶	-3.55	1 908 点▽175m,底板右后角	-3.74	578 点后塔右墙内壁▽250m	-2.85	483 点外边墙 Ⅱ	-2.47	754 点 ▽240m 弧门段内侧
	σ_z	1.16	1 591 点▽171m 底板角点	1.23	2 167 点▽171m,底板左后角	1.66	1 331 点支铰大梁底▽209m	1.58	763 点内边墙 Ⅰ	1.87	1 063 点 ▽233.7m 弧门段内侧
		-9.77	1 443 点▽175m 底板下游角点	-8.03	1 903 点▽175m,底板左后角	-5.80	1 557 点塔底板右侧上游角▽195m	-4.93	794 点外边墙 Ⅱ	-4.11	1 092 点 ▽233.7m 弧门段外侧
动应力 0.215g	σ_x	0.583	1 268 点塔背▽187m	1.92	胸墙底前侧▽228m	1.98	后塔塔顶右角角缘	1.33	756 点内边墙Ⅲ横流向	2.26	1 287 点 ▽228m 弧门段内侧
		-0.497	左边墩与中墩之梁上▽210m 952 点	-1.052	0+42 右 3.9,▽212.5	-1.81	后塔塔顶左角角缘	-0.92	658 点外边墙 Ⅲ	-4.91	710 点 ▽240m 检门槽内侧
	σ_y	0.874	塔背斜面角点▽210m 989 点(220+地震)	1.086	底板左前角▽171m	3.13	(顺)前塔下游左角▽241m	0.64	1 186 点Ⅳ顺流向	1.40	948 点 ▽235.7m 弧门段内侧
		-1.828	塔背斜面角点▽210m,989 点(顺河向弹簧)	-2.369	距 1 110 点 10.3m,▽212.5m	-2.96	(顺)前塔顶下游左角▽283m	-1.18	395 点下游墙 Ⅳ	-2.73	1 061 点 ▽235.7m 弧门段外侧
	σ_z	3.445	迎水面▽220m,857 点 顺河向	4.541	中墙上游角▽199.5m	3.50	(顺)后塔上游右角▽245m	2.53	981 点外侧墙横Ⅲ	2.49	1 090 点 ▽233.7m 弧门段内侧
		-5.011	塔背角点▽220m 919 点	-4.486	底板顶左后角▽175m	-2.79	(顺)底板顶上游右角▽195m	-2.28	1 189 点顺流向Ⅳ	-5.62	1 055 点 ▽233.7m 弧门段外侧
动应力 0.313g	σ_x	0.569	左边墩与中墩梁上▽210m	2.665	0+23 右边,▽230m						
		-0.570	右侧检侧门▽220m	-0.974	发电洞门井左边墙▽265m						
	σ_y	0.807	底板下游角▽171m	1.087	底板左前缘▽171m						
		-1.381	塔背斜面角点▽171m	-1.615	0+42Y 轴处▽212.5m						
	σ_z	3.178	迎水面对称轴▽225m	4.394	中墙前缘▽199.5m						
		-4.129	底板下游右角▽175m	-4.369	底板顶左后角▽175m						

注:1. 带负号的应力值为压应力值

2. 0+25.74 等,均表示桩号

3. 带▽号的数为高程

表 4-5-5　孔板塔竖向动应力　（单位：MPa）

高程（m）	水位 275m + 顺流向地震 0. 215g				水位 275m + 横流向地震 0. 215g		水位 275m + 顺流向地震 0. 313g	
	C_Z = 0. 25		C_Z = 0. 35		C_Z = 0. 25		C_Z = 0. 25	
	σ_U	σ_D	σ_U	σ_D	σ_U	σ_D	σ_U	σ_D
240	2. 081	1. 986	2. 913	2. 780		1. 141	2. 222	2. 153
235	2. 493	2. 615	3. 490	3. 661		1. 507	2. 606	2. 756
230	2. 852	3. 262	3. 993	4. 570		1. 825	2. 897	3. 372
220	3. 268	3. 490	4. 575	4. 885		1. 974	3. 120	3. 345
210	3. 130	2. 496	4. 382	3. 494		0. 788	2. 928	2. 218
202	2. 685	1. 174	3. 759	1. 644		1. 202	2. 487	0. 897

注：σ_U、σ_D 分别为结构上游侧和下游侧部位的应力代号，下同。

表 4-5-6　发电塔竖向动应力　（单位：MPa）

高程（m）	水位 275m + 顺流向地震 0. 215g				水位 275m + 顺流向地震 0. 313g	
	C_Z = 0. 25		C_Z = 0. 35		C_Z = 0. 25	
	σ_U	σ_D	σ_U	σ_D	σ_U	σ_D
240	1. 065	1. 084	1. 491	1. 518	1. 172	1. 251
230	1. 318	1. 545	1. 845	2. 163	1. 635	1. 918
220	2. 068	3. 261	2. 895	4. 565	2. 333	3. 512
210	2. 707	3. 338	3. 790	4. 673	2. 857	3. 438
208	3. 077		4. 308		3. 077	
204	3. 665		5. 131		3. 725	
199. 5	4. 541		6. 357		4. 558	
195	3. 927		5. 498		3. 980	

表 4-5-7　孔板塔竖向组合应力　（单位：MPa）

高程（m）	水位 275m + 顺流向地震 0. 215g				水位 275m + 横流向地震 0. 215g		水位 275m + 顺流向地震 0. 313g	
	C_Z = 0. 25		C_Z = 0. 35		C_Z = 0. 25		C_Z = 0. 25	
	σ_U	σ_D	σ_U	σ_D	σ_U	σ_D	σ_U	σ_D
240	1. 138	1. 063	1. 97	1. 857		0. 226	1. 297	1. 352
235	1. 389	1. 604	2. 386	2. 650		0. 507	1. 501	1. 886
230	1. 556	2. 411	2. 697	3. 590		0. 870	1. 603	2. 522
220	1. 468	2. 912	2. 775	4. 307		1. 300	1. 349	2. 744
210	1. 079	1. 638	2. 331	2. 636		0. 166	0. 822	1. 469
202	0. 488	0. 211	1. 382	0. 47		－1. 279	0. 291	－0. 387

表 4-5-8　　发电塔竖向组合应力　　（单位：MPa）

高程(m)	水位 275m + 顺流向地震 0.215g				水位 275m + 顺流向地震 0.313g	
	C_Z = 0.25		C_Z = 0.35		C_Z = 0.25	
	σ_U	σ_D	σ_U	σ_D	σ_U	σ_D
240	0.152	-0.023	0.578	0.411	0.258	0.144
230	0.281	0.486	0.808	1.104	0.599	0.855
220	0.581	2.058	1.408	3.362	0.950	2.312
210	0.851	2.196	1.934	3.531	1.001	2.296
208	0.858		2.089		0.858	
204	1.014		2.510		1.074	
199.5	1.277		3.093		1.294	
195	0.284		1.855		0.337	

（3）竖向最大动应力都发生在塔身中部断面突变部位附近或其他断面薄弱部位及明流塔弧门闸室侧墙内侧。如孔板塔发电塔高程 210～230m，1 号明流塔高程 241～245m，上下游部位承受了较大的动应力，且下游侧动应力大于上游侧动应力，孔板塔动应力大于相应部位发电塔动应力。

（4）断面体形突变程度对动应力反应 σ_z 影响十分明显，如孔板塔原设计断面高程 220～210m，坡度为 1∶0.5，后修改为高程 230～210m，坡度为 1∶0.25，C_Z = 0.25 时最大动应力由 5.011MPa 降低到 3.373MPa，组合应力由 4.538MPa 降到 2.844MPa，分别降低 32.7%、37.3%。

（5）增加明流塔弧门闸室侧墙厚度能有效降低侧墙的主拉应力值，如 2 号明流塔侧墙厚度由 4.0m 加厚到 5.5m，加厚 37.5%，无论是工作门或事故门关闭，静力或静力动力组合，还是顺流向地震或横流向地震，主拉应力由 3.12～4.7MPa 降低到 1.59～2.69MPa，降低 40%～49%，主压应力由 6.38～7.5MPa 降低到 4.96～6.01MPa，降低 20%左右。

（6）1 号明流塔前后塔体与交通桥的连接条件对应力影响十分显著，当前后塔体与交通桥为刚性连接时，横流向地震时 σ_x 动应力达 5.5MPa；改为简支连接，σ_x 动应力仅为 1.98MPa，应力大为改善。

（7）流道边墙底部外侧角是全塔压应力最大部位，其次是塔底面角点。如边墙底部外侧角：孔板塔 σ_z = 9.77MPa，发电塔 8.03MPa，1 号明流塔 5.80MPa；塔底面角点：孔板塔 $\sigma_{z底}$ = 6.52MPa，发电塔 4.66MPa，1 号明流塔 3.74MPa。塔基底角应力比塔底板顶面角点应力小 33%～42%。

最大压应力的强度安全系数为 1.28～2.16。

（8）静力作用下，塔群最大拉应力小于 2.0MPa，明流塔弧门闸室段最大主拉应力为 2.5MPa。在地震作用下，塔群的最大动拉应力（C_Z = 0.25）除发电塔拦污栅墩上游为

表 4-5-9　**1、2、3 号明流塔最大主应力**　（单位:MPa）

计算工况	1 号明流塔				2 号明流塔				3 号明流塔			
	拉应力	位置	压应力	位置	拉应力	点及位置	压应力	点及位置	拉应力	点及位置	压应力	点及位置
工作门挡水	2. 08	弧门段内侧	-5. 12	边墙外侧	1. 91	642 点,闸室边墙内侧中部	-4. 96	794 点,闸室边墙末端外侧	2. 52	1 090 点(4,53. 4,237. 7),墙内侧	-4. 26	957 点(8,40. 4,235. 7),墙外侧
事故门挡水			-4. 23	边墙外侧	1. 59	762 点,闸室边墙内侧中部	-5. 02	794 点,闸室边墙末端外侧中部	2. 11	953 点(4,38. 4,235. 7),内侧	-4. 16	951 点(8,38. 4,235. 7),外侧
工作门挡水＋顺流向地震	2. 73		-5. 5		2. 58	762 点,墙内侧中部	-6. 09	558 点,墙外侧				
工作门挡水＋横流向地震	2. 95		-5. 7		2. 69	985 点,墙外侧与底板交界处	-5. 98	558 点,墙外侧				
事故挡水＋顺流向地震					2. 24	762 点,墙内侧中部	-5. 87	558 点,墙外侧	2. 12	953 点(4,38. 4,235. 7),内侧	-4. 18	951 点(8,38. 4,235. 7),外侧
事故门挡水＋横流向地震					2. 53	985 点,墙外侧与底板交界处	-5. 94	794 点,墙外侧	2. 98	953 点(4,38. 4,235. 7),内侧	-6. 42	1 252 点(-8,50,229. 7),外侧
工作门挡水,不考虑塔外水压力									0. 64	779 点(4,45. 4,240. 0),内则	-1. 37	1 368 点(-8,34. 40,225. 0),外侧

注:“点”后括号内 3 个数依次为:距坐标轴的距离(m)、桩号和高程(m),其中,带负号的第 1 个数是表示点在坐标轴的另一侧;表中的 985 点后括号内的数为(-1. 5,33. 8,209. 0),762 点为(4. 0,39. 65,218. 0),558 点为(-1. 5,28. 6,209. 0)。

4. 5MPa，其余为 2. 5 ~3. 5MPa。

表 4-5-10　　明流塔弧门闸室段地震最大主应力增长与水头的关系

地震方向	项目	主应力提高率(%)		
		3 号明流塔 $H=50$m	2 号明流塔 $H=66$m	1 号明流塔 $H=80$m
横流向	$\Delta\sigma_1/\sigma_1$(拉)	41. 4 ~66. 4	40. 8 ~59. 0	41. 0
	$\Delta\sigma_2/\sigma_2$(压)	38. 2 ~57. 6	18. 3 ~20. 8	11. 0
顺流向	$\Delta\sigma_1/\sigma_1$(拉)	0. 7 ~1. 2	35. 0 ~40. 8	31. 0
	$\Delta\sigma_2/\sigma_2$(压)	0 ~0. 5	17. 0 ~23. 0	7. 0

塔身组合应力，地震作用效应系数分别为 0. 25、0. 35 时，塔身最大拉应力 σ_z，孔板塔分别为 2. 912MPa、4. 307MPa，发电塔分别为 2. 196MPa、3. 531MPa，孔板塔最大拉应力发生在高程 220m 下游侧，发电塔则在高程 210m 下游侧。

地震作用效应系数为 0. 25 时，3 座明流塔闸室段侧墙的最大主拉应力分别为 2. 95MPa(1 号)、2. 69MPa(2 号)、2. 98MPa(3 号)，最大主压应力分别为 -5. 70MPa(1 号)、-6. 09MPa(2 号)、-6. 42MPa(3 号)，主压应力比主拉应力大 70% ~230%。主拉应力主要发生在侧墙内侧中部，侧墙外侧的底板交界处。主压应力发生在侧墙外侧。最大剪应力集中于侧墙与顶板、底板相交附近，与光弹试验成果一致，也是施工期温度应力集中区，有可能产生裂缝。

(9)分析研究表明，关工作门、关事故门、横流向地震作用、顺流向地震作用、弧门推力分别作用，它们在弧门闸室段侧墙上产生的最大主拉应力比为 1:(0. 80 ~0. 87):(0. 30 ~0. 45):(0. 15 ~0. 35):(0. 05 ~0. 10)，即外水压力是明流塔弧门闸室段的主要荷载，其次是地震作用，弧门推力产生的主拉应力相对较小，主要集中在大梁支座附近，如 3 号明流塔在弧门推力和外水压力共同作用(工作门挡水)、仅有外水压力和事故门推力没有弧门推力作用(事故门挡水)、仅有弧门推力没有外水作用这 3 种工况下，在工作门闸室侧墙上分别产生了 2. 517MPa、2. 108MPa、0. 641MPa 的最大主拉应力，说明工作门闸室侧墙的最大主拉应力主要由外水压力引起，1 号、2 号明流塔结构应力状态具有相同特点。

(五)塔基应力

拟静力法静动组合蓄水加 0. 215g 地震作用最大压应力发生在 2 号明流塔，为 2. 29MPa。三维有限元动力分析，塔基上、下游端角点处由于角缘应力集中效应，产生了很大的组合应力，0. 215g 地震时，孔板塔、发电塔、1 号明流塔上游侧最大压应力分别为 6. 60MPa、7. 47MPa、5. 59MPa。距角缘 4 ~5m 处的应力则下降 1/3 左右，为 3. 5 ~5. 0MPa，即小于地基极限承载能力 5. 12MPa。把按动力分析所得的地基应力转换为内力后，再用材料力学方法求得的角缘的应力则为 2. 3 ~3. 4MPa，其均小于地基极限承载力，由此可判断进水塔的抗倾覆无问题。

第六节　孔板塔抗震动力模型试验研究

鉴于塔体结构的复杂性和有限元计算中作出的某些简化和假定,为验证分析计算的数学模型、动水压力和加速度沿塔高的分布、塔体主要部位的应力反应及塔顶位移,确保塔体结构的抗震安全,依据1990年7月小浪底工程咨询报告意见,选定2号孔板塔,由中国水利水电科学研究院和工程设计单位通过振动台模型试验进一步进行研究论证。

一、模型试验及测试

模型包括塔体及其下部,上、下游地基各50m,左右各77m,并模拟邻塔边界轮廓及缝宽,塔身下游高程210～230m以小颗粒碎石模拟回填石渣,库水上游取3倍塔高长度(见图4-6-1)。

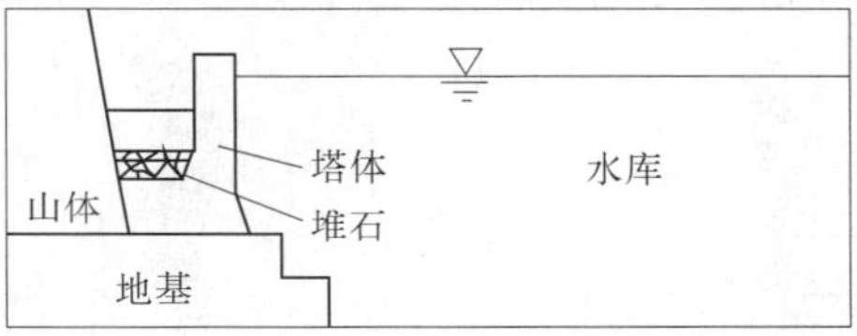

图4-6-1　模型槽纵剖面图

根据模型相似律要求、试验对象及其范围、振动台面尺寸(5m×5m)及最大载重量(200kN),确定模型比尺为1∶100,即 $C_l=100$,模型槽尺寸为4.8m×1.9m×2.0m。库水采用天然水,塔体混凝土采用特制加重橡胶模拟,弹性模量为170MPa,阻尼比为0.07,选用特制硬泡沫塑料板模拟无质量地基。

试验用大型振动台为世界上最先进的设备之一,可按三个方向平动及绕三个主轴转动,工作频率0.1～120Hz,最大加速度水平向可达1.0g,竖向可达0.7g,并配有完善的100通道的数据采集和自动处理系统。

地震波输入:远震波(1)、诱发地震波(2)、EI Centro波(3)(见图4-2-2)。

二、试验模型的有限元分析

为与试验结果相互验证,对试验模型按试验条件进行了人工波(1)和人工波(2)的反应谱的顺流向、横流向4种工况计算。

三、试验和计算结果及分析

(一)塔体自振特性

试验及计算的固有周期值见表4-6-1。对比试验值和计算值,后者比前者大11%(顺流向),小8%(横流向);当阻尼比由0.05增加到0.07时,顺流向 T_1 减小16%。孔板塔振型图见图4-6-2。

表 4-6-1　　固有周期比较　　（单位:s）

地震方向	阶　次	试验值	计算值
顺流向	1	0.575	0.637
	2	0.190	0.188
	3		0.098
横流向	1	0.538	0.493
	2		0.108

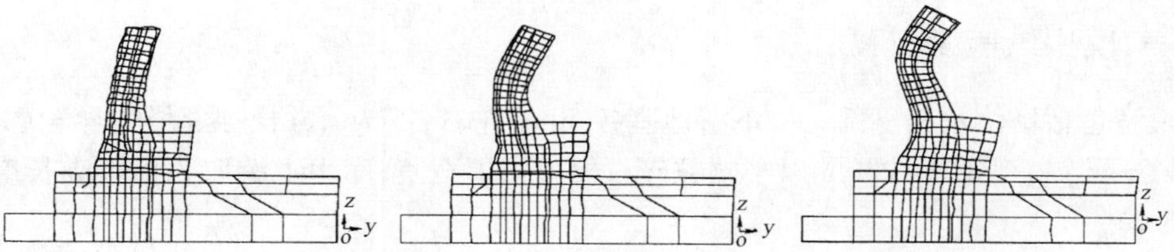

(a)顺流向第1振型(f_1=1.57Hz)　(b)顺流向第2振型(f_2=5.31Hz)　(c)顺流向第3振型(f_3=10.15Hz)

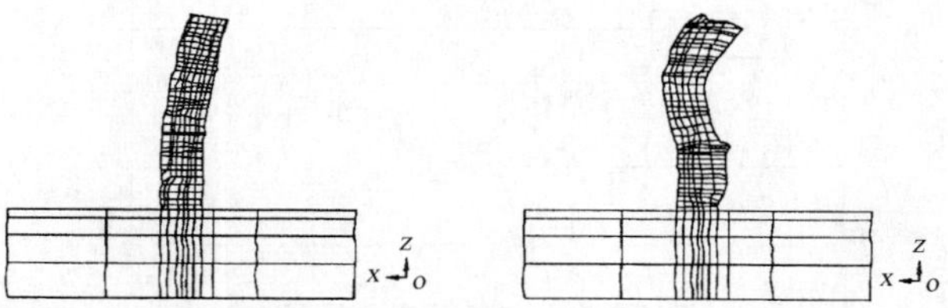

(d)横流向第1振型(f_1=2.03Hz)　(e)横流向第2振型(f_2=9.30Hz)

图 4-6-2　孔板塔库水位 275m 振型图

（二）塔体加速度反应

塔体加速度反应见图 4-6-3 及图 4-5-3。综合试验和计算结果,塔顶动力放大系数 β:模型试验为 3.5～4.5;反应谱法计算,顺流向为 5.0,横流向为 3～4;非线性稳定分析为 4.0。反应谱法的 β 值一般为各高程可能的最大反应,多数大于模型实测值,但它们一般不会同时出现。试验时塔顶最大 β 值时刻实际瞬间地震作用对塔体的效应比计算值要小。

（三）塔顶动位移反应

综合各种情况,塔顶最大动位移见表 4-6-2。

表 4-6-2　　塔顶最大动位移　　（单位:cm）

方　向	孔板塔	发电塔	1 号明流塔
横流向	3.43	0.73	2.81
顺流向	3.29	2.39	1.51
竖　向	0.65	0.60	0.44

塔间最大相对位移,横流向为 6.24cm,顺流向为 5.68cm,考虑结构塑性变形增大后,其均小于塔顶间的设计缝宽 20cm。

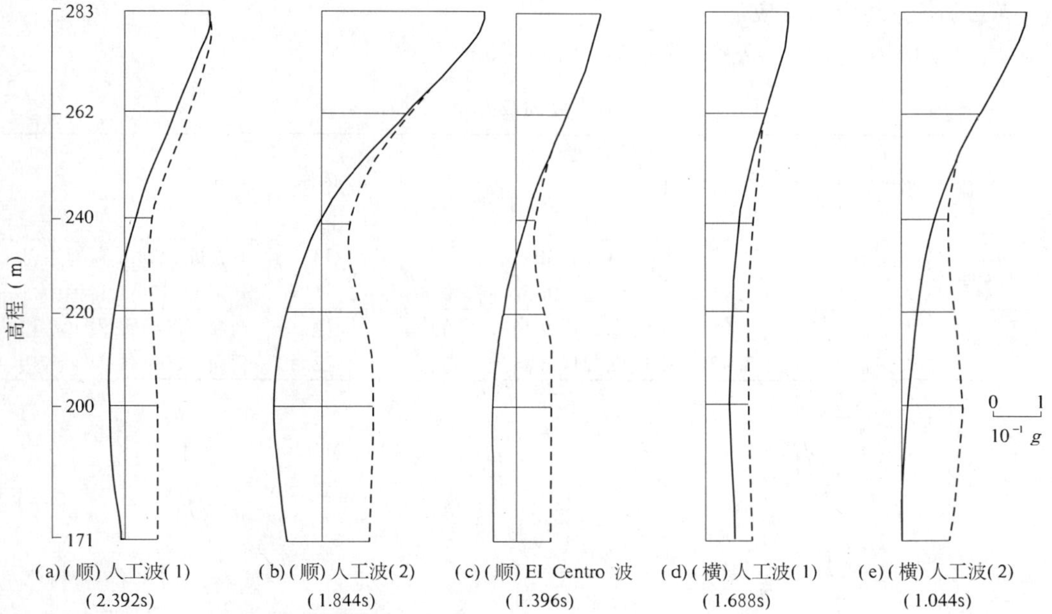

图 4-6-3　各输入工况的塔顶反应最大时刻的塔体加速度分布　（虚线为各测点最大加速度绝对值）

（四）动水压力反应

动水压力反应见图 4-6-4。

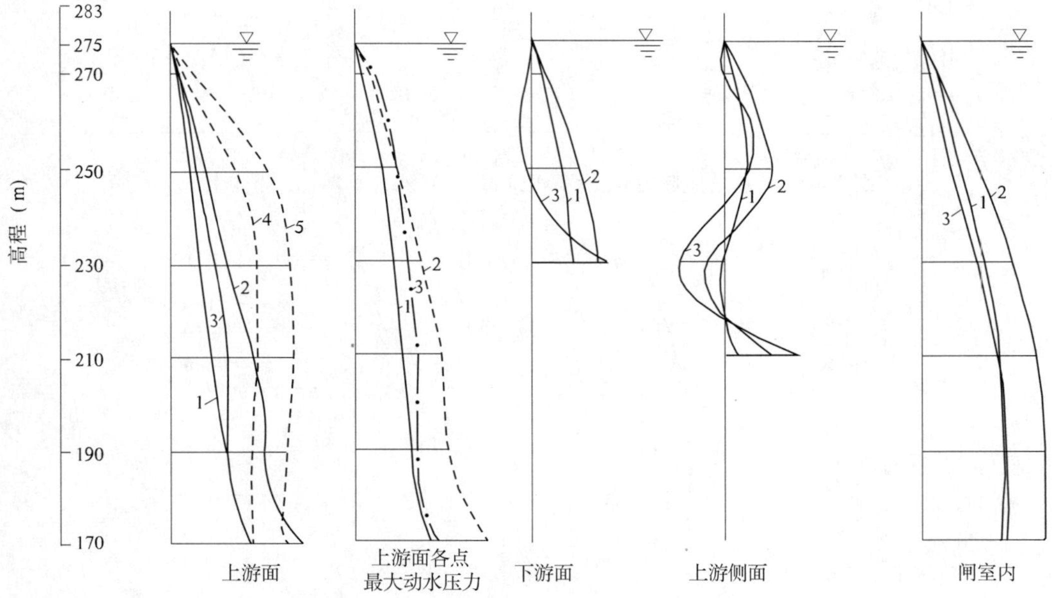

图 4-6-4　塔面动水压力达最大值时刻的各部位动水压力分布　（顺流向地震）

注：图中的1 表示人工波(1)时的情况
2 表示人工波(2)时的情况
3 表示 EI Centro 波时的情况
4 表示按水工抗震设计规范(0.215g)时的情况
5 表示按水工抗震设计规范(0.313g)时的情况

（五）塔身动应力反应

塔身动应力见表 4-6-3 及图 4-6-5（a）、图 4-6-5（b）。

表 4-6-3　　最大竖向应力 σ_z

输入情况		试验 最大值（MPa）	试验 部位	计算 最大值（MPa）	计算 部位
顺流向	人工波（1）	2.09	下游面，230m 高程中部	2.33	下游面，225m 高程中部
	人工波（2）	2.91	下游面，230m 高程中部	2.71	下游面，225m 高程中部
横流向	人工波（1）	1.69	侧面，210m 高程下游边	1.16	侧面，220m 高程下游边
	人工波（2）	2.42	侧面，210m 高程下游边	2.22	侧面，220m 高程下游边

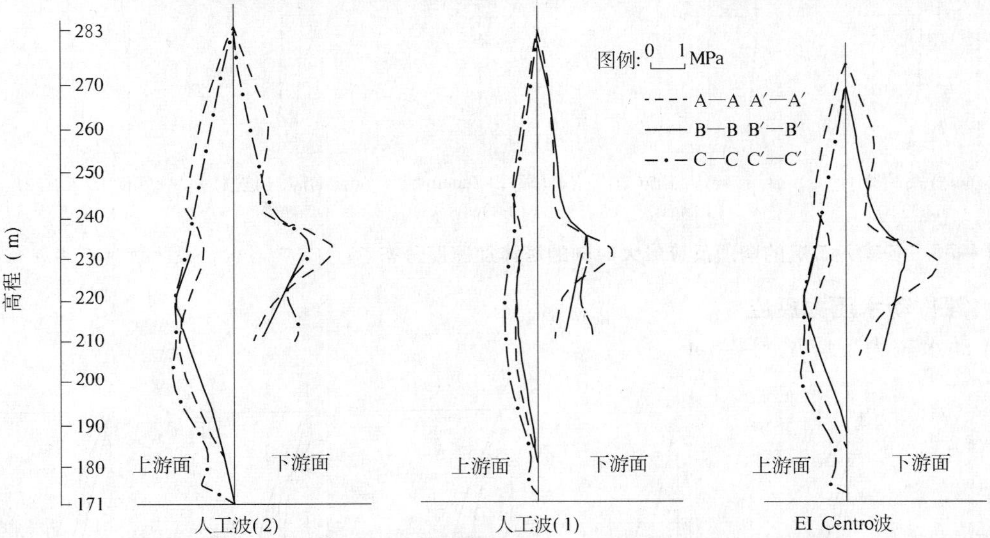

图 4-6-5（a）　塔体应力 σ_z 沿高程分布（顺流向地震，上、下游面）

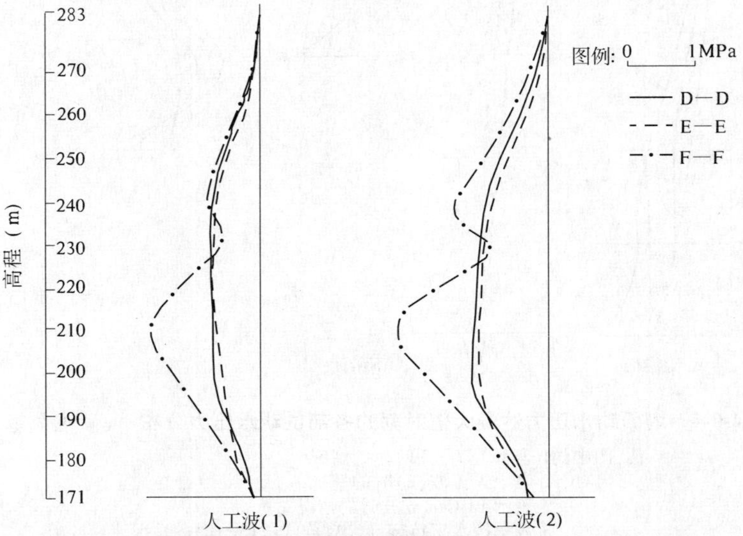

图 4-6-5（b）　塔体应力 σ_z 沿高程分布（横流向地震，右侧面）

第七节　进水塔抗震设计

一、塔身竖向配筋

（一）按材料力学方法进行竖向应力计算

竖向悬臂井筒塔身加速度分布按图 4-4-1（a）、图 4-4-1（b），对孔板塔等塔身 210 ~ 230m 高程剖面进行了计算，其竖向应力如表 4-7-1 所示。

表 4-7-1　与三维有限元动力成果竖向拉应力对比（$C_Z=0.25$）

高程（m）	孔板塔							
	上游侧 σ_z				下游侧 σ_z			
	①	②	③	④	①	②	③	④
230	0.152	0.993	1.556		0.414	1.229	2.411	$\frac{1.239}{2.061}$
220	-0.299	0.516	1.468	-0.589	0.995	1.829	2.912	
210	-0.687	0.086	1.079	-0.799	1.528	2.361	1.638	

注：正值为拉应力，负值为压应力，①为材料力学法，按图 4-4-1（a）的加速度放大系数计算；②为材料力学法，按图 4-4-1（b）的加速度放大系数计算；③为动力法；④为试验。分式中的分子为地震 0.215g 时的应力，分母为地震 0.313g 时的应力。

（二）竖向内力、竖向应力配筋

按《水工钢筋混凝土结构设计规范》（SDJ20—78）和按 DL/T5057—1996、SL203—97 规范进行了配筋计算（见表 4-7-2），配筋是满足要求的。

表 4-7-2　孔板塔 210 ~ 230m 高程段竖向配筋

高程（m）	材料力学方法					动力法	$C_Z=0.25$ $\alpha=0.75$ SDJ20—78 $[R_e]=0.876$ A_g（cm²）	$C_Z=0.35$ $\alpha=0.75$ DL/T5057—1996 $F_t=1.69$MPa A_g（cm²）	$C_Z=0.25$ $\alpha=0.75$ DL/T5057—1996 $F_t=0.876$MPa A_g（cm²）	实际配筋 A_g（cm²）
	M（kN · m）	N（kN）	Q（kN）	σ_z（MPa）	A_g（cm²）	σ_z（MPa）				
230	3 007 238	356 392	135 394	1.229	59	2.411	96.8	198.6		上游 $A_{g计}$ =94.5 实配 129.5 下游实配 203.6cm²
220	5 140 218	435 621	167 220	1.829	72	2.912	223.5	300.3	185.4	
210	7 744 646	526 848	207 560	2.361	201	1.638	19.3	47.5		

注：$[R_e]$ 的单位为 MPa；$[R_e]$、F_t 均为混凝土的容许拉应力。

二、塔身水平截面的抗剪验算

取混凝土层面抗剪试验资料，抗剪断指标 $f'=1.05$，$c'=0.95$MPa，抗剪 $f=0.75$（c 不计)。计算中抗剪断面积未计入下游墙时,孔板塔塔身 230m、220m、210m 高程抗剪安全系数 K_f 分别为 1.356、1.219、1.086,$K_{f.c}$ 分别为 3.64、3.12、2.66,满足大于 1.0 和 2.3 的要求。

由于渗透力是按浮托力扣除的,实际抗剪安全系数比计算的还要大些。

第八节 F_{28} 等断层及基础处理

一、进水塔基础薄层开挖

进水塔塔基为三叠系下统刘家沟组石英砂岩、泥质粉砂岩、钙硅质砂岩。塔基与 2、3 号导流洞顶的岩体厚度为 11.35m,与 1 号导流洞顶间岩体厚度为 20.85m,分别为设计开挖洞径 19.8m 的 0.57 倍和 1.05 倍,因此原设计在 2、3 号导流洞进口段(2 号长 100m,3 号长 80m)衬砌完成后,再进行塔基 171 ~ 175m 高程的薄层岩体开挖,为保证 1997 年 10 月底截流,采取了加固措施,保证了塔基开挖进度。

首先对上述导流洞顶围岩采取的加固措施为:①对 2、3 号导流洞进口渐变段的顶拱围岩各加打长 13m、直径 32mm 对穿锚杆,共 4 排,间距 2.5m,排距 3m,并打 8 根对穿锚索;②对长 80m(2 号)和 58m(3 号)洞身段进行加固,即在其顶拱 30m 范围内采用斜孔自重固结灌浆和直径 32mm 锚杆进行加固。

其次对薄层岩体开挖采用浅孔、小药量控制爆破法,先预裂爆破至 172.7m 高程,再爆破至离建基面 0.50m,最后采用非爆破方法,挖至建基面。爆破引起的振动,在距爆破点 30m 处测得的质点峰速为 13.9mm/s,小于技术规范规定的 100mm/s,保证了爆破开挖质量和施工进度。

二、F_{28} 断层处理

F_{28} 断层变形模量 $E_0 = 0.6\text{GPa}$,声波纵波速度 $V = 1\ 000 \sim 2\ 000\text{m/s}$,为确定该断层对相邻建筑物的影响,进行了平面有限元和三维有限元等多种分析方案比较,确定的处理方案如下。

(一)1 号导流洞引渠护坡及护底处理

施工开挖揭示 F_{28} 断层及其分支 F_{28-1} 断层,从 1 号导流洞引水渠的右侧向左穿过,断层及其影响带宽度比原预测增加 13m,且岩石破碎程度恶化,为防止施工导流期间该处渠坡滑坍,对其坡、底衬砌了钢筋混凝土,其底板及坡底齿墙厚 1.0m,护坡厚 0.4m,并在断层处分缝。

(二)3 号导流洞引水渠护底及北侧护坡处理

施工开挖揭示 F_{28}、F_{28-1}、F_{242} 和 F_{409} 断层走向 NE,穿过 3 条导流洞进口及其左侧坡,F_{28-1} 及 F_{242} 断层在进口底板处的影响带宽约 11m,F_{28} 和 F_{409} 断层在左侧坡的影响带宽约 55m,F_{242} 和 F_{28-1} 断层切割 3 号导流洞进口左侧垂直坡,造成坡面局部塌方。为保持其施工期稳定和防止施工期水流冲刷,对左侧边坡和渠底采用了开挖和钢筋混凝土衬护处理,将原设计的垂直边坡放缓并增设钢筋混凝土防护板,其钢筋和长锚杆相连,在断层处分缝分块，边坡增设排水孔。

（三）3 号明流塔和灌溉塔上游护坡处理

施工开挖揭示，F_{28}断层及其分支断层 F_{28-1}穿过 3 号明流塔和灌溉塔进口左侧边坡，断层及破碎岩体总宽约 10m，该断层上盘岩体破碎，且域内有大量的弃渣堆积。为防止施工导流期间受水流冲刷，确保边坡稳定，设计采取了放缓边坡和钢筋混凝土衬护措施，即在 175.0～190.0m 高程坡面衬厚 0.5m 的钢筋混凝土板，190.0～205.0m 高程坡比由1∶1放缓为 1∶1.5，并在 200.0m 高程增设了 4.5m 宽的马道。开挖实施情况表明，设计所做的调整修改是合适有效的。

（四）灌溉塔基及其左侧挡墙支撑系统

施工开挖揭示 F_{28}断层的分支断层 F_{28-1}斜穿灌溉塔上游左侧角，F_{28}断层穿过该塔前沿的左侧坡，断层及破碎岩体总宽 8～10m，比预计 4m 宽有较大变化。考虑灌溉塔上游左侧山体较低、单薄且有断层通过，为增强地震条件下塔群的侧向稳定和改善基础应力条件，经过大量的分析计算，进行混凝土桩、化学灌浆、深开挖后采用混凝土深梁等多种方案比较，最后设计采取了以下措施：①在灌溉塔基下沿 F_{28}断层及其分支断层 F_{28-1}开挖 10～12m 宽的齿槽，用混凝土深梁跨越断层及其影响带，达到扩散基础应力的效果；②在灌溉塔左侧作一底部高程 190m、顶高程 232m 和 219m 的 T 字形变高度混凝土支撑挡墙，并在墙后回填石渣，以增加灌溉塔的侧向稳定；③扩大该部位的固结灌浆范围；④在挡墙基础下增加一套变位观测系统，严密监测挡墙变位情况；⑤挡墙和灌溉塔的接缝面的止浆片改为紫铜片止水。万一挡墙在蓄水地震情况下向外倾斜，接缝张开，可根据需要进行钻孔，重新对张开的接缝进行灌浆，以保证墙塔之间紧靠，使塔群在横流向地震时得以稳定。

三、1 号明流塔断层处理

桩号 0+000～0+016m 范围原设计塔的建基面为从 175m 高程升至 190m 高程的台阶状，其上游左端角隅区岩体受 2 条近乎平行的断层切割，开挖放大炮引起断层外侧岩体塌方，形成两面临空高约 15m 的单薄楔形岩体，对 1 号明流塔结构和局部边坡稳定不利，因此对其进行了挖除处理，并在桩号 0+000～0+040m 范围、高程 190.0m 以下 1 号明流塔的左侧 3m 宽部位，采用 C25 混凝土回填，设置 Φ20 钢筋，使之与楔形体及塔体前齿浇成整体，并对其接缝面进行接触灌浆。

塔基的其余断层也进行了处理，整个塔基均进行了固结灌浆处理。

第九节　进水塔群动力稳定性分析和抗震设计结论

一、设计标准

小浪底工程为一等工程，进水塔群为 1 级建筑物，按千年一遇洪水设计及可能最大洪水或万年一遇洪水校核。坝址场地地震基本烈度为Ⅶ度，进水塔设防烈度为Ⅷ度，远震震级为 8 级，震中距为 80～100km，震源深 17km。近震震级为 6.5 级，震中距 30km，震源深 17km。采用10^{-4}年超越概率作为地震危险性评定准则。坝址场地峰值加速度为 0.215g。

远震持续时间38s,近震持续时间15s。进水塔按上述标准及相应的反应谱和相应的人工地震波进行设计。

水库诱发地震可能的最高震级小于6级。根据震中6级、震中距10km、震源深8km、地面峰值加速度0.313g、持续时间12s所确定的诱发地震反应谱和人工地震波对进水塔进行计算和试验是严格的。

二、塔型和塔群总体布置

设计采用了孔板塔、发电塔、明流塔和灌溉塔等4种塔型,使塔群一字形排列,进水口分层布置、分层泄流得以实现。在采取合理的泄水排沙操控措施和设置高压水冲沙系统与排污清污系统设备条件下,可解决塔群前流道和塔内孔口防淤堵问题,这已由水工模型试验和枢纽近10年来的运用结果所证实。

此外,塔群下部紧密相靠,在灌溉塔左侧下部设置支撑墙,塔群下游侧岩面设置软垫层和排水系统等,有效提高了塔群纵向抗震能力和静力稳定性。

三、试验分析研究的总体评价

根据震动试验、拟静力法及考虑基础变形的拟静力法抗倾覆稳定分析、非线性稳定分析、反应谱动力分析、考虑塔背岸坡岩体影响等的综合结果,进水塔静动力抗倾覆和抗滑动稳定是有保障的。综合试验和各塔的静动力稳定性研究分析计算结果可信。

反应谱法有限元动力分析,由于角缘效应,进水塔底板角缘基础产生较大的竖向压应力,局部范围超过了地基的极限承载能力,其余部位由材料力学方法计算得出最大竖向压应力均小于地基极限承载能力,不会导致地基失稳。施工中对F_{28}断层和塔基其余断层均用混凝土塞进行了处理,同时对塔基采取了固结灌浆和锚筋措施,也提高了地基的强度和整体性。鉴于灌溉塔和左侧支撑墙基础分别压在F_{28-1}和F_{28}断层上,F_{28}断层含黏泥较多,在水库蓄水或遇地震时,左侧支撑墙有可能发生不均匀沉陷,使支撑墙与灌溉塔之间的接缝有可能脱开,不紧靠,需要加强原型观测。

综合上述成果,进水塔动力分析加速度放大系数建议值如表4-9-1所示。

表4-9-1　　进水塔动力分析加速度放大系数建议值

高程(m)	顺流向地震		横流向地震	
	塔身竖向应力计算	整体稳定计算	塔身竖向应力计算	整体稳定计算
283	5.0	4.0	4.0	3.0
260	2.5	2.0	2.0	2.0
230	1.5	1.0	1.0	1.0
170	1.0	1.0	1.0	1.0

动水压力是进水塔的重要荷载,孔板塔试验实测的动水压力与设计中按抗震规范计算的混凝土重力坝动水压力相比,在塔体下部比较接近,上部受宽缝影响,计算结果稍偏

大,设计采用的动水压力稍偏于安全。

分析得到塔顶的最大横水流向的水平相对位移均小于塔顶间设置的缝宽 20cm,地震时塔顶不致相互碰撞。地震作用下进水塔闸门槽二倍门高范围内最大横水流向的水平相对静动组合位移为 3 ~ 4mm,稍超过规定的轨道允许安装误差 3mm,应在运用中加强观测。

各种地震作用下,试验和动力分析求得的塔体应力分布规律基本接近,在地震作用下,各进水塔的下部大体积向上部塔井过渡部位的竖向拉应力最大,是抗震薄弱部位,设计中已采取适当放缓体形变化、提高混凝土标号和适当加强配筋等措施,可保证结构抗震安全。

塔体的自振周期与塔高成正比,与断面刚度成反比。塔体在静力作用下结构以压缩变形为主,在地震作用下结构以弯曲变形为主。进水塔动力反应中起主要作用的为前 2 ~ 3阶振型。一般情况下,顺流向地震对塔井水平剖面内力或应力的影响大于横流向地震,即竖向动应力 $\sigma_{z顺}$ 比 $\sigma_{z横}$ 大得多,竖向动应力 σ_z 明显大于水平向动应力 σ_x、σ_y。横流向地震对塔体流道竖向截面,特别是明流塔弧门闸室段竖向截面内力或应力的影响大于顺流向地震,即横流向地震时弧门闸室段主拉应力大于顺流向地震时的主拉应力,弧门段工作门挡水时的主拉应力大于事故门挡水时的主拉应力。弧门闸室段侧墙的主拉应力主要由外水压力产生,其次是地震作用,弧门推力产生的主拉应力相对较小,主要集中在大梁支座附近。

明流塔弧门闸室段是结构的关键部位,发电塔排沙洞叉管层及交叉孔口是体形和结构最复杂的部位。设计上采用结构力学方法、平面有限元、三维有限元和动力分析成果进行设计。尽管这些部位经受了施工期十分不利的温度应力条件的考验,裂缝发生很少。进水塔自 1999 年 10 月 25 日下闸蓄水以来,经历高水位 265. 69m、多次调水调沙和蓄洪期间的运用,工作正常;小浪底水库遥测地震台网 1995 年 10 月建成投入运行以来,本区地震频度和强度未见异常,网内震中分布具有沿断层带分布的规律,表明这些断层近期有活动,且和本区构造地震背景基本相符。此外,对小南庄、石井河、塔底 3 条断层的监测表明,这些断层的水平变形和竖直变形年变化量均未出现大的异常。

第五章　洞群围岩稳定性分析与评价

第一节　洞群围岩稳定性分析

一、工程地质条件

（一）洞群区地质条件综述

坝址左岸临河 2.5km 宽度范围内，山体最高点高程 290.00～310.00m，在坝轴线左端下游侧的沟谷切割区高程降低，部分地段山体相对单薄。

左岸基岩主要为二叠系上统（P_2）的石千峰组及三叠系下统（T_1）的和尚沟组和刘家沟组地层，上覆地层为第四系黄土类土。与洞群关系密切的是三叠系下统陆相沉积岩，按岩性分类，可分为 T_1^1～T_1^6，共 6 层岩组。据典型剖面统计，在总厚 350m 的岩体中，含有大约 356 个单层，其中钙硅质砂岩约占 60%，钙泥质粉砂岩约占 30%，黏土岩仅占 0.5%～0.6%，单层厚度大于 0.5m 的岩层约占 80%，小于 0.1m 厚度的不超过 5%，所夹薄层黏土岩一般厚为 0.01～0.03m。受构造层间剪切错动和地下水作用后的黏土岩常形成泥化夹层，但空间分布不连续亦不均匀。

刘家沟组的 T_1^1～T_1^5 地层，以硬岩为主，饱和抗压强度都在 60MPa 以上，而和尚沟组 T_1^6 岩层，总体上以泥质胶结的粉砂岩为主，平均饱和抗压强度小于 30MPa，属软岩类岩石。石千峰组 P_2^4 地层分布于河床深槽和右坝肩，主要是粉砂质黏土岩，夹有粉砂岩及细砂岩，底部为粉砂质黏土岩和钙质砾岩。

各岩组岩性、分布及力学强度指标等见表 5-1-1～表 5-1-8。

表 5-1-1　　洞群区主要岩组岩性及分布

地层			岩组代号	岩层代号	厚度（m）	岩性特征	分布
系	统	组					
三叠系	下统	和尚沟组	T_1^6	T_1^{6-3}	55～60	中、下部以紫红色、砖红色厚层、巨厚层状泥质、钙泥质粉细砂岩为主，夹中厚层－厚层状钙质细砂岩，泥质粉砂岩中富含钙质结核，局部富集成层。上部为巨厚层，泥钙质砂岩与粉砂岩互层	左岸山梁上部、风雨沟以西及洞群出口地段
				T_1^{6-2}	7～9	紫灰色厚层、巨厚层状钙质细砂岩，有时夹少量泥质粉砂岩薄层	
				T_1^{6-1}	50～60	砖红色厚层、巨厚层状泥质粉砂岩为主，夹多层（薄层－中厚层）钙质细砂岩，泥质粉砂岩中含有钙质结核，有时富集成层	

续表 5-1-1

地层			岩组代号	岩层代号	厚度(m)	岩性特征	分布
系	统	组					
三叠系	下统	刘家沟组	T_1^5	T_1^{5-3}	28~33	中上部以紫红色厚层、巨厚层状钙硅质细砂岩为主、夹薄层钙泥质粉砂岩,中下部以紫红色厚层、巨厚层状钙质、泥钙质粉细砂岩为主,夹少量中厚层及薄层泥质粉砂岩	左岸岸坡及风雨沟以东(右岸 F_{230} 断层以南,高程 260m 以上,F_1 断层以北猪娃崖)
				T_1^{5-2}	20	紫红色厚层、巨厚层硅质细砂岩为主,夹薄层粉砂岩及粉砂质黏土岩	
				T_1^{5-1}	10	紫红色中厚层状硅钙质细砂岩与钙泥质粉砂岩或粉砂质黏土岩互层,是刘家沟地层中软岩比例最高的地层,达40%左右,且多分布在下部,上部仅占10%左右,且其岩性多为泥质粉砂岩	
			T_1^4		58~66	紫红色厚层、巨厚层状硅质、钙硅质石英细砂岩,有少量钙质细砂岩夹薄层泥质粉砂岩或粉砂质泥岩(相变较大,局部呈中厚层状,亦可尖灭)。石英砂岩中石英含量达90%以上,是坝址区坚硬岩石占比例最高的地层,软岩仅占1.6%左右	
			T_1^3	T_1^{3-2}	30	紫红色厚层、巨厚层状泥钙质、钙泥质粉细砂岩为主夹厚层、中厚层钙质、硅钙质细砂岩。顶部夹有薄层至中厚层粉砂质泥岩。距层顶7m左右往往有一层葡萄状钙质砾岩称为"顶部砾岩"。软岩分布在顶部砾岩以上,所占比例可达45%左右,顶部砾岩以下,主要为平均饱和单轴抗压强度 $R_C>60MPa$ 的硬岩	
				T_1^{3-1}	28~31	紫红色厚层、巨厚层状硅质、钙硅质石英细砂岩(石英含量>75%)为主,夹薄层泥质粉砂岩与粉砂质页岩	
			T_1^2		28~32	紫红色厚层、巨厚层状钙质细砂岩为主,夹少量薄层泥质粉砂岩与中厚层状钙质砾岩,中部夹一层2~5m厚的钙质砾岩为标志层(又称中部砾岩),砂岩中常见砂岩与页岩同生砾。岩石中均含有薄膜状、土状针铁矿,岩石呈棕红色	左岸岸坡下部河床覆盖层下及深槽两侧
			T_1^1		30	暗紫红色厚层、巨厚层状钙质、泥钙质粉细砂岩,夹薄层泥岩透镜体,胶结物中含针铁矿,粉细砂岩中常见零星分布的扁球状同生砾	

表 5-1-2　　　各类岩体力学强度室内试验成果

岩性	单轴抗压试验					强度分类	抗剪强度（室内三轴试验成果）				
	自然抗压（MPa）		饱和抗压（MPa）		软化系数		组数	φ/f		c（MPa）	
	平均值	常见范围值	平均值	常见范围值				平均值	φ 范围值	平均值	范围值
硅质砂岩			278	200～300		坚硬岩	36	57.34°/1.56	62.90°～42.90°	29.4	46.09～14.71
钙硅质细砂岩			239	200～280							
硅钙质砂岩			156	120～200			27	53.47°/1.35	59.20°～39.00°	19.4	34.32～16.58
钙质细砂岩	158.1	127～169	127	90～150	0.80						
钙质粉砂岩	165.6	138～184	137	134～140	0.83						
泥钙质细砂岩	149.0	95～199	123	81～166	0.83		38	51.78°/1.27	61.20°～48.00°	23.5	35.01～9.50
泥钙质粉砂岩	151.7	130～180	104	84～116	0.69						
泥质细砂岩	107.4	88～128	65	51～75	0.61	中硬岩					
钙泥质粉砂岩　非 T_1^6 岩组	115.5	98～132	64	48～85	0.55						
钙泥质粉砂岩　T_1^6 岩组	92.6	78～160	29	27～32	0.31	较软岩	3	34.99°/0.74		9.6	
泥质粉砂岩	69.5	53～98	21	14～26	0.30		4	30.7°/0.50	27.07°～30.50°	9.45	
粉砂质泥岩	52.8	43～60	9.5	7.6～12.7	0.18	软岩	2			4.0	

表 5-1-3　　　断层带分带抗剪强度建议值

指标	断层泥带	泥包角砾带		角砾带及强破影响带	
		角砾抗压强度（MPa）		角砾、岩石抗压强度（MPa）	
		<30	>30	<30	>30
f	0.23	0.30	0.36	0.60	0.85
c（MPa）	0.005	0.01	0.05	0.10	0.10

表 5-1-4　　　各类岩层面抗剪（断）强度建议值

层面类型	抗剪断强度		抗剪强度	
	f	c（MPa）	f	c（MPa）
细砂岩层面	0.80	0.196	0.75	0.049
粉砂岩或黏土岩（页岩）层面	0.70	0.196	0.60	0.010
弱风化粉砂岩或黏土岩（页岩）层面			0.37～0.45	0.005

注：根据试验成果，节理面抗剪强度建议值为 $f=0.8\sim1.05$，$c=0.05$MPa。

表 5-1-5　　各岩组新鲜完整岩体综合抗压强度建议值　　（单位：MPa）

项目		T_1^{2}	T_1^{3-1}	T_1^{3-2}	T_1^{4}	T_1^{5-1}	T_1^{5-2}	T_1^{5-3}	T_1^{6-1}
自然（干）岩体	计算值	119.24	174.23	131.39	213.81	112.64	203.29	143.46	85.20
	建议值	83	122	92	170	70	142	100	67
饱和岩体	计算值	92.48	143.68	100.29	180.73	80.04	169.33	114.71	47.32
	建议值	65	100	70	150	50	120	80	38

注：表中值考虑了各岩组节理发育程度，分别按各岩组平均抗压强度的 60% ~80% 取值。

表 5-1-6　　各岩组新鲜完整岩体综合抗剪强度建议值

项目		T_1^{6-3}	T_1^{6-2}	T_1^{6-1}	T_1^{5-3}	T_1^{5-2}	T_1^{5-1}	T_1^{4}	T_1^{3-2}	T_1^{3-1}
抗剪强度	f	0.64	0.93	0.64	0.91	0.96	0.70	1.02	0.87	0.92
	c(MPa)	0.96	2.02	0.96	1.99	2.45	0.88	2.55	1.90	1.97

注：表中值考虑了岩性、强度、节理连续率、节理面的影响及在荷载长期作用下的弱化作用。

表 5-1-7　　各类岩体变形指标建议值

项目		T_1^{2}	T_1^{3-1}	T_1^{3-2}	T_1^{4}	T_1^{5-1}	T_1^{5-2}	T_1^{5-3}	T_1^{6-1}	T_1^{6-2}	T_1^{6-3}	卸荷带	强破影响带	断层角砾
E_s (GPa)	平行层面	13	14	13	15	11	14	12	3	12	4	2 – 3	1 – 1.4	0.2 – 0.3
	垂直层面	10	11.5	11	12	8	11.5	9	3	12	4	2 – 3	1 – 1.4	0.2 – 0.3
E_0 (GPa)	平行层面	8.5	9.3	8.6	10	8	9.3	8.5	2	7.5	2.5	1.5 – 2	0.65 – 0.8	0.65 – 0.8
	垂直层面	6.5	7.7	7.3	8	6	7.7	6.5	2	7.5	2.5	1.5 – 2	0.65 – 0.8	0.65 – 0.8

注：建议动、静弹模比值取 $E_d:E_s=1.6$。

表 5-1-8　　泥化夹层强度指标建议值

泥化夹层类型	强度指标建议值	
	摩擦系数 f	凝聚力 c(kPa)
全泥型及泥夹碎屑型（a、b 型）	0.23	5
	0.20	5*
碎屑夹泥、粉砂夹泥型（e、c 型）	0.26	5
泥膜型（d 型）	0.29	5
碎屑型（s 型）	0.3 ~0.35	10.0

注：* 为 P_2^{3-2}—①层泥化夹层强度建议值。

岩层倾向北东 100°左右，即向洞群下游方向倾斜，倾角一般为 8° ~12°。区内主要断层有 F_{236}、F_{238}、F_{240} 等，前两者走向 85° ~106°，倾向南，倾角 80°左右，垂直断距分别为 60 ~85m和 12 ~30m，断层宽 1 ~4m，由泥质胶结物和角砾等构成，其两侧常有小断层伴生,造成断层破碎带较宽;F_{240}断层规模较小,走向 81°~105°,倾向 NNW~NNE,倾角 80°左右,垂直断距 12~15m,断层宽 0.2~1.5m,由断层泥及角砾组成,对两侧影响不明显。此外,在洞群进口处有 F_{240} 断层和两层水平的泥化夹层;洞群和地下厂房以左(以北)的 F_{461} 断层走向 310°,倾向 NE,倾角 80°~88°,垂直断距 300m,宽度 0.5~1.0m,由断层泥和岩粉构成,挤压紧密,具有横向隔水作用。

节理发育主要有 4 组,见表 5-1-9。

表 5-1-9　　主要节理产状

组号	走向	倾向	倾角
1	10°~30°	NW	70°以上
2	50°~70°	SW(或 NW)	80°以上
3	270°~290°	SSW(少量 NNE)	80°~85°
4	330°~350°	SW	75°以上

表中显示节理倾角均为 80°左右,近于垂直岩层层面发育。由于其很少穿切软岩夹层,具体到每条洞的局部,一般有两组节理发育,在较差地质段,加次生节理裂隙,与层面构成不连续结构面,将岩体切割成六面体。此外,层间剪切破碎带,又称剪切挤压破碎带,一般在厚的坚硬岩层内随机出现。

现场的地应力测试资料表明,左岸地下洞室围岩处于低地应力状态。从初始地应力场分析知,应力空间分布较均匀,围岩具有一定自稳能力,其应力场主要以自重应力场为主,地质构造作用次之,侧压力系数为 0.7~0.9,最大水平应力方向为 NE20°,与地下厂房轴线夹角为 30°,与泄洪洞和排沙洞轴线夹角为 93°。从总体上讲,最大应力值不超过 5MPa,围岩强度应力比 $S>4$,属低应力区,对地下建筑物围岩稳定影响不大。

左岸地下水属裂隙脉状水,分布无规律,因其具有典型的裂隙网络渗流特征,即潜水位以下的岩体并非全部处于饱和状态,地下水仅存移于部分有一定张开度的节理构成的裂隙网络中,形不成连续的潜水面;而在断层破碎带两侧的节理密集区,则易成为地下水集中渗流通道,并呈一带状饱和含水层,这一结论可从消力塘处的排水洞中的断层之间地段及断层破碎带附近的集中渗涌现象得以证实。同时,在地下厂房边墙及顶拱、30 号排水洞(底板高程 114m)以及排沙洞和消力塘上游侧边坡等处,发现地下水位以下,裂隙水主要通过岩石节理局部排放,形成滴水、线流和局部涌水;而地下水位以上,往往受软弱夹层或泥化夹层的相对隔水作用影响和裂隙发育特征限制,在软层或夹层层面以上形成局部上层滞水,使岩面出现潮湿或滴水。

此外,因各地层分布高程不同,透水性各异,作为整体渗流场的下部不透水层边界,也不可能为同一岩层。从各地层透水性特点及其对渗流的影响程度分析,可认为处在河床深槽二叠系上统石千峰组的 P_2^4 岩层是左岸底部相对不透水层,区内的 F_{236}断层为隔水边界,其南北两亚区的地下水位略有不同,北区相对封闭(北至 F_{461} 断层),与外界无水力联系,观测最高天然地下水位为 139m 左右;南区的基岩裂隙与河床砂卵石层构成渗流通道,地下水的补排关系与黄河密切,天然地下水位一般在135m左右。

(二)导流洞(孔板洞)地质条件

导流洞共3条,1号导流洞长1 219.84m,进口高程132.0m,出口高程129.0m,2、3号导流洞长分别为1 169.36m和1 149.36m,进口高程均为141.5m,出口高程均为138.5m。3条导流洞的轴线在平面上呈直线平行,间距分别为68.3m和84.3m。典型断面开挖直径为16.4m,衬砌后洞径均为14.5m。导流任务完成后,3条洞均改建成孔板洞,进口均抬高至175.0m高程。导流洞(孔板洞)穿越的地层是T_1^{1} ~ T_1^{6-1},岩层倾角在7.5°至14°间变化,一般为10°左右;沿线遇到较大断层有F_{236}、F_{238}和小断层F_{240}、F_{247}等及其分支。据统计,洞内大于1m宽度的断层破碎带的长度为:1号洞为248m,2号洞为280m,3号洞为145m。根据地质资料和开挖揭露的实际情况,按水利水电围岩分类,好的洞段围岩为Ⅱ、Ⅲ类,主要断层及其破碎影响带为Ⅳ、Ⅴ类。

(三)明流洞地质条件

3条明流洞的中下游部分洞段地表受沟谷切割影响,上覆岩体厚度单薄,已无开挖成洞条件,故出现了大坝下游戗体下的埋管结构和出口段的明槽结构。

1号明流洞进口高程195m,出口高程154.5m,全长1 022.7m,其中:洞挖段桩号0+070m~0+460m,长度390m,中间埋管段长240m,出口明渠段长392.70m。洞断面为城门洞形,其典型断面开挖尺寸为13.9m×16.3m,衬砌后尺寸为10.5m×13m。洞身主要为T_1^{3-2}、T_1^{4}地层,遇有F_{236}、F_{238}断层及几条小的和分支断层。在桩号0+740m附近,明槽右侧存在节理密集带或类似于倾倒变形体的破碎带,施工期间曾发生局部滑坡,以削头减载和放缓边坡措施进行了处理。绝大部分洞挖段、埋管段和明槽段的围岩为Ⅱ、Ⅲ类,其余为Ⅳ类或Ⅴ类围岩。

2号明流洞进口高程209m,出口高程175m,全长1 026.2m,其中:洞挖段在桩号0+052.8m~0+330.8m及0+472.8m~0+580.8m,长度共386m,埋管段长为142m,明渠段长为498.2m。洞挖段为城门洞形,其典型断面开挖尺寸为13m×14.9m,衬砌后尺寸为10m×12m。该段围岩为T_1^{4}、T_1^{5-1}、T_1^{5-2}和T_1^{5-3}岩层,穿过的断层有F_{421}、F_{240}及其分支和几条小断层。在T_1^{5-1}岩层发现有两层泥化夹层,厚度0.01~0.03m,可见长度在30m左右,围岩以Ⅱ、Ⅲ类为主。

3号明流洞进口高程225m,出口高程177.6m,全长1 023m,其中:洞挖段在桩号0+054m~0+320m及0+460m~0+557m,长度共363m,埋管段长为141m,明渠段长为519m。洞挖段为城门洞形,其典型断面开挖尺寸为13m×14.4m,衬砌后尺寸为10m×11.5m。穿越岩层为T_1^{4}、T_1^{5-1} ~ T_1^{5-3}和T_1^{6-1},断层仅有F_{421}。施工中,在T_1^{5-1}岩层发现有一层泥化夹层,厚度1~2cm,可见长度16m。地质条件较好,均为Ⅱ、Ⅲ类围岩。

(四)排沙洞地质条件

1号排沙洞进口高程175m,出口高程148m,全长1 100m。典型断面开挖直径为8m,衬砌内径为6.5m。穿越岩层为T_1^{3-1}、T_1^{3-2}、T_1^{4}、T_1^{5-3}和T_1^{6-1},遇有F_{236}、F_{238}、F_{240}、F_{247}及其分支断层和小断层。开挖过程中,在T_1^{5-3}和T_1^{6-1}地层,各发现有一层泥化夹层,长度分别为16m和14m。围岩分类属Ⅱ、Ⅲ类。

2号排沙洞进出口高程和结构尺寸等同于1号排沙洞。穿过岩层为T_1^{3-2}、T_1^{4}、

T_1^{5-1}、T_1^{5-2}和T_1^{6-1}，遇有F_{236}、F_{238}、F_{240}、F_{241}断层以及分支和一些小断层。共发现5层泥化夹层，厚度为0.5～2cm，可见长度为10～21m不等。施工中仅局部有滴水、渗水现象。围岩类别除断层及其影响带为Ⅳ、Ⅴ类外，其他洞段均为Ⅱ、Ⅲ类。

3号排沙洞出口高程和结构尺寸等，同1号排沙洞。经过T_1^{3-2}、T_1^4、T_1^{5-1}～T_1^{5-3}和T_1^{6-1}地层，遇有F_{421}、F_{240}、F_{236}、F_{238}断层和一些小断层。开挖过程中见到两层泥化夹层，厚度为0.3～2cm，长度分别为20.5m和32.5m。围岩类别主要为Ⅱ、Ⅲ类。

（五）发电洞地质条件

6条发电洞的进口高程为：1号至4号洞195m，5、6号洞190m。地下厂房以前的压力洞段长度依次为：414.42m、400.92m、381.19m、367.62m、341.24m和327.78m。其开挖直径均为9.6m，衬砌后内径均为7.8m。穿越的岩层为T_1^{3-1}、T_1^{3-2}和T_1^4，除1、2号发电洞进口段有F_{240}、F_{241}断层（规模较小）外，其他洞仅遇到几条小断层。围岩主要为Ⅱ、Ⅲ类。

二、洞群围岩稳定性分析

工程施工招标前，在小浪底现场曾先后进行过大跨度隧洞开挖试验、3条导流洞上部中导洞开挖试验及1号导流洞上半圆扩挖试验。

大跨度隧洞开挖试验由设计单位组织实施，地点选在坝址左岸原小浪底水文站上游300m处，1982年7月开始，1983年12月结束，历时一年半，施工采用“新奥法”、光面爆破、喷锚支护及部分深孔预应力锚索加固围岩，并使用多种仪器进行跟踪监测，共完成宽4m、高3m的交通洞49m和宽15m、高6.35m的大洞室56m，成功地穿越了缓倾角、多节理、有泥化夹层的砂页岩地层以及长达15m的F_{236}断层破碎带。

为了进一步查清3条导流洞的地质条件和为主体工程施工创造条件，1991年9月，由黄委会设计院等单位合作，国内水利水电工程局承包开展了3条导流洞上部中导洞开挖试验，施工采用钻爆法、喷锚支护和现场监测等措施，开挖断面8.0m×8.0m，至1994年2月和3月相继全线贯通1号导流洞和2、3号导流洞共约3 500m长的上部中导洞。在此期间，于1993年8月9日开始，对1号导流洞0+816m～0+856m桩号间40m长的Ⅲ类围岩洞段进行扩挖试验，开挖断面由8.0m×8.0m中导洞扩至直径为16.4m的上半圆，施工方法与喷锚、监测措施同中导洞，但两侧扩挖不同步，即右侧掘进滞后左侧3～5m，扩挖试验至9月23日完成。在这两项开挖试验过程中，遂作了洞周围岩收敛变形、位移、声波、顶拱下沉、锚杆应力及接触压力等多项量测分析研究，以为判断围岩类别、稳定状况，确定围岩力学指标、开挖支护形式参数等提供依据，同时也为洞群大范围开挖积累了经验。

上述3项开挖试验的顺利进行和成功，说明在有断层穿过的软硬相间的、具有缓倾角、多节理和多层泥化夹层的层状陆相沉积岩中，只要施工方法、施工程序、支护措施与工艺得当，开挖大跨度隧洞是安全可行的。此后，设计者为研究解决密集大型洞室群的开挖顺序及洞群的围岩稳定等问题，又进行了下述计算和论证工作。

（一）洞群上游段围岩整体稳定性三维边界元弹性分析

计算范围：顺水流向从洞群进口边坡处开始，取桩号0+055m～0+420m段，长度365m，垂直水流向的宽度取400m左右，铅直方向从高程50m取至地表，最大岩体厚度约

250m。这样,使由 15 条隧洞(未包括灌溉洞)组成的洞群基本上处于整个计算模型的中央部位。

边界约束条件:计算模型的上部地表、洞群进口边坡完全自由,下游边界面和左右侧面为法向位移约束,底面结点的 3 个方向位移完全约束。开挖成形后的洞室周边,经应力释放处理,成为自由面。

计算假设:岩体为均质各向同性的弹性体,初始地应力仅为岩体自重产生的应力,不考虑各条洞具体的开挖程序和锚杆等支护的作用。

围岩力学指标:变形模量 $E_0=6\ 376.5\text{MPa}$,泊松比 $\mu=0.26$,凝聚力 $c=392.4\text{kPa}$,$\tan\varphi=0.65$,容重 $\gamma=25.8\text{kN/m}^3$。

洞群开挖顺序拟定为:先开挖形成 3 条导流洞(孔板洞),然后开挖 3 条排沙洞和 6 条发电洞,最后再开挖 3 条明流洞。从宏观上分 3 批进行的开挖顺序,与实际施工顺序大体相同。

与上述的洞群开挖顺序相对应,施工期计算工况定为:

A 工况——形成 3 条导流洞;

B 工况——形成 3 条导流洞、3 条排沙洞和 6 条发电洞,共 12 条隧洞;

C 工况——形成全部 15 条隧洞(即 B 工况中的 12 条洞,加 3 条明流洞)。

围岩稳定性的评价方法:采用摩尔－库仑准则,对上述三种工况下每条隧洞的洞边结点及其指定的附近内结点的应力状态进行判别,即当截面上的剪应力 τ 与正应力 σ_n 满足下式时,认为所考查点进入剪切破坏状态:

$$\tau+f\sigma_n\geqslant c$$

式中:$f=\tan\varphi$,φ 为内摩擦角,c 为岩体凝聚力。上式的另一种表达式为:

$$K=\frac{c\times\cos\varphi-\frac{1}{2}(\sigma_1+\sigma_3)\sin\varphi}{\frac{1}{2}(\sigma_1+\sigma_3)}\leqslant 1$$

即 $K\leqslant 1$ 时,认为所考察点进入剪切破坏状态。在对洞群围岩进行稳定分析的过程中,可根据每条隧洞周边结点和周边内结点的 σ_1、σ_3,以及围岩的 c、φ 值,算出每个结点的 K 值,必要时进行插补,最终绘出隧洞周围的 K 值等值线图,即可认为 $K<1$ 的区域是不安全的。

施工期洞群围岩位移、应力计算成果表明:

(1)圆洞在开挖后,形状变成略扁的圆,即铅直向洞径变化比水平向明显。

(2)三种工况下,洞群因开挖产生的最大位移值,均发生在最低的、洞径最大的导流洞洞顶和洞底部位。1、2、3 号导流洞的平均垂直位移约为 6mm,1 号导流洞为最大。随着 12 条洞和 15 条洞的开挖成形,对于最低处的导流洞来说,等于上部在逐步卸荷减载,势必引起导流洞洞边稍有上抬,即表现为洞顶负铅直位移减小和洞底正铅直位移增加。此现象符合其受力特点,因其上部隧洞的开挖,不仅削减了导流洞顶部岩体的刚度,而且所产生的卸荷的合力是铅直向上的。施工期洞群最大位移及其位置,见表 5-1-10。直径较小的排沙洞、发电洞和明流洞的最大垂直位移均小于导流洞,即都未超过 4.1mm。

表 5-1-10　　施工期洞群最大位移及其位置

工况	洞名称	最大位移值及所在位置			说明
		桩号	顶部(mm)	底部(mm)	
A(形成 3 条洞)	1 号导流洞	0+184	-6.4	6.1	最大位移在铅直向
B(形成 12 条洞)	1 号导流洞	0+184	-6.3	6.2	
C(形成 15 条洞)	1 号导流洞	0+184	-5.9	6.4	

(3)关于洞群先后分批开挖对位移量的影响问题,表 5-1-11 中列出的计算数值,是前后两种工况下导流洞洞顶或洞底位移值的差值,即回弹量。

表 5-1-11　　施工期前后两种工况下位移回弹量

工况	洞名称	位移回弹量及所在位置			说明
		桩号	顶部(mm)	底部(mm)	
B 减 A	1 号导流洞	0+184	0.1	0.1	均为在铅直向回弹量
	2 号导流洞	0+173	0.2	0.4	
	3 号导流洞	0+160	0.3	0.4	
C 减 B	1 号导流洞	0+214	0.3	0.2	
		0+184	0.4	0.2	
	3 号导流洞	0+219	0.4	0.2	

从表 5-1-11 得知,上部隧洞的开挖,对下部导流洞洞顶及洞底引起的位移变化量为 0.1~0.4mm,即仅为导流洞自身开挖所产生位移(3 条导流洞相应部位垂直位移平均值 6mm)的 1.7%~6.7%,影响甚微。

(4)关于环向应力问题:计算分析得出的洞边环向应力分布符合一般规律,在圆洞水平直径两端的洞边部位有较大压应力,洞顶和洞底处的压应力很小,甚至有时出现很小拉应力。三种工况下洞群产生的最大拉、压应力值及其所在洞号和位置,见表 5-1-12。直径较小的排沙洞、发电洞和明流洞的最大拉、压应力值,均小于表 5-1-12 中的数值,即洞边均未产生拉应力,其压应力一般在 2.943~4.905MPa。

表 5-1-12　　洞群最大拉、压应力及所在洞号和位置

工况	洞名称	最大环向应力值及所在位置			说明
		桩号	位置	σ_θ(MPa)	
A(形成 3 条洞)	1 号导流洞	0+214	洞顶	0.275	内侧是指在水平直径方向相邻洞的一侧
		0+184	内侧	-8.927	
B(形成 12 条洞)	1 号导流洞	0+214	洞顶	0.304	
		0+184	内侧	-8.956	
C(形成 15 条洞)	1 号导流洞	0+214	洞顶	0.275	
		0+184	内侧	-8.898	

由表 5-1-12 知,上部隧洞开挖对导流洞最大拉、压应力的变化影响不大,且最大拉应

力和最大压应力所在位置不变,数值变化也很小。相对而言,8.956MPa 的压应力说明有应力集中。考虑有可能会在导流洞侧边产生一定范围的塑性屈服区,甚至在洞距较近的某些洞段局部,塑性屈服区有可能相连。对此,设计应特为加强支护措施。

(二)洞群进口段围岩整体稳定性三维有限元非线性分析

鉴于洞群进口段所处位置极其重要,10 座进水塔坐落其上,考虑其围岩中又有 F_{240} 断层和两层泥化夹层存在,因此特作此分析。

计算范围:顺水流向取桩号 0 +000 至 0 + 124m 段(计算模型假设桩号 0 +000 在导流洞进口处),垂直水流向宽度取 450m,铅直向从 50m 高程取至地表 300m 高程,即洞群(共 15 条洞)处在计算模型的大约中间位置。

边界约束条件:计算模型的上部地表、洞群进口边坡完全自由,左右侧及下游边界面考虑法向约束,底面结点的 3 个方向位移完全约束,开挖成形后的洞室混凝土内侧周边,经应力释放处理,成为自由面。

计算假定:对断层和泥化夹层的厚度作放大处理(这种处理结果将偏于安全);视每类岩体为各向同性均质体,初始地应力仅为岩体自重产生的应力;不考虑每条洞具体的开挖和衬砌程序;考虑成形隧洞的混凝土衬砌作用,但不考虑钢筋和锚杆等支护的作用。

围岩及材料的力学指标见表 5-1-13。

表 5-1-13　　围岩及材料的力学指标

围岩及材料	E(MPa)	μ	f	c(MPa)	抗压强度(MPa)	抗拉强度(MPa)
F_{240}断层	245.25	0.38	0.35	0.004 905	9.81	0
泥化夹层	49.05	0.38	0.35	0.004 905	9.81	0
混凝土 300 号	29 430	0.167	1.00	1.962	17.17	1.716 8
岩体	9 378.4	0.25	0.65	0.049 05	49.05	0.392 4

洞群开挖顺序拟定为:先开挖形成 3 条导流洞(孔板洞),并衬砌好混凝土,然后开挖 3 条排沙洞和 6 条发电洞,并衬砌好混凝土,最后再开挖 3 条明流洞,并衬砌好混凝土。从宏观上分三批进行的开挖和衬砌顺序,与实际施工顺序大体相同。

非线性计算的加载顺序:A、无洞情况下的岩体自重;B、形成 3 条导流洞;C、形成 3 条排沙洞和 6 条发电洞;D、形成 3 条明流洞;E、库水位蓄至 275m;F、库水位 275m 加 8 度地震(说明:只计水平向地震力,取地震加速度 $a=0.215g$,沿深度方向的动力系数,在 227m 高程以下取 1.0,227m 高程以上取 1.5 ~1.7;因计算分析的洞群段处在帷幕前,故地下水取全水头)。

计算结果表明,由于荷载是垂直向下的,故位移中以垂直位移为主,水平位移仅为垂直位移的 10% 左右,且高程相近的同类隧洞的变形值十分接近,即在水平向同类洞的相互影响较小。从 3 条导流洞施工到 15 条洞全部施工完毕,上层洞并未对下层导流洞的变形造成较大的影响,即是说下层导流洞在上层洞相继施工的整个过程中,变形量发生的变化很小，绝对值仅 1mm 左右，从表 5-1-14 可知，在 B、C、D 加载情况下，1 号导流洞的位移差不到 1mm，而 E、F 加载情况下同部位的位移差也只有 1mm 多。

表 5-1-14　　各加载情况下 1 号导流洞的位移及所在位置

项目	加载顺序号				
	B	C	D	E	F
洞底位移(mm)	-2.0	-2.6	-2.9	-11.5	-10.1
洞侧位移(mm)	-0.1	-0.1	-0.2	-12.3	-11.1

注：表中是相对于 A 加载情况下的位移。

但是，计算结果反映，B 加载情况下导流洞混凝土衬砌，部分进入塑性状态，C、D 加载情况下导流洞混凝土衬砌及洞周有一层岩体包括 F_{240} 断层和两层泥化夹层全部进入塑性状态。经分析认为，这可能是因导流洞位置最低，受上部塔群荷载、水压力及边界条件突变等影响所致，并且与计算中没有考虑衬砌中钢筋和围岩中锚杆的作用有关。显然上述不利的条件和计算假定，也是使该洞段的位移与应力绝对值均大于其他隧洞的重要原因。

环向应力计算结果分析：①各种加载情况下，得出衬砌的环向应力均为压应力，且两侧部位应力的绝对值，大于顶拱和底板处的值。从表 5-1-15 知，各类洞衬砌的最大、最小环向应力，均为压应力，但都小于材料的抗压强度。②各种加载情况下的应力特征为：混凝土衬砌中的应力值大于洞周岩体内的应力值，两者之比约为 3，即与两种材料的 E 值之比相当，这种规律是合理的。③各种加载情况下，所有 15 条洞，围岩几乎都未产生拉应力，即使局部出现，其值也均小于材料的抗拉强度。④在衬砌和围岩中基本上没有出现拉裂区，仅是 F_{240} 断层上部在 B 加载情况下出现小的局部拉裂区。

表 5-1-15　　各类洞衬砌的最大、最小环向应力及所在位置

洞　　名	$\sigma_{\theta\min}$(MPa)	位置	$\sigma_{\theta\max}$(MPa)	位置
1、2、3 号导流洞	-14.57	洞侧	-2.14	洞顶
1、2、3 号排沙洞	-9.54	洞侧	-1.45	洞顶
1、2、3、4、5、6 号发电洞	-11.15	洞侧	-2.57	洞顶
1、2、3 号明流洞	-6.87	洞侧	-0.51	洞顶

运用期 F 加载情况下，衬砌的环向应力值一般略大于 E 加载情况下的值，同时，E、F 加载情况下，相对于不利的 D 加载情况，其各类洞的位移、应力以及衬砌和岩体中的塑性区均没有明显的变化，而且位移和应力值还有所减少，这是由浮容重影响造成的。

结论是：水平方向各类洞之间的相互影响很小；在各种加载情况下，未出现过大的位移、应力值及拉裂区；在洞的衬砌及洞周岩体中可能出现的塑性区，将由衬砌中的钢筋和围岩中的锚杆予以加强，洞群进口段在施工期和运行期基本上是安全的。

（三）洞群转弯段围岩整体稳定性三维有限元非线性分析

为分析洞群转弯段在立面交叉洞距较小情况下的施工期与运行期围岩稳定性等问题，特作此计算。

计算范围：顺水流向取 0 + 130. 00m 至 0 + 285. 00m 桩号段，长 155m；垂直水流向宽度取 380m；铅直向从 50m 高程取至地表（约 270m 至 300m 高程）。包括 3 号导流洞、2 号和 3 号排沙洞、2 号至 6 号发电洞，以及 2、3 号明流洞共 10 条洞，同时使转弯段的 10 条洞处于计算模型的大约中间部位。

边界约束条件、计算假定、洞群开挖顺序及计算加载顺序等，与前面第（二）小节所述相同。

计算成果分析：

（1）最大绝对位移发生在 A 加载情况下，B、C、D 加载情况下的洞侧边绝对位移与 A 情况接近，E、F 加载情况下的绝对位移均明显减少，且两者结果相近。各种加载情况下，洞侧边最大绝对位移见表 5-1-16，但表中的数值未扣除初始位移值，这可从表 5-1-17 中的相对位移值得以证实。

（2）关于相对位移（相对于 A 加载情况）：B、C、D 加载情况下，各洞洞侧的相对位移值不大，例如 3 号导流洞、2 号和 3 号排沙洞，以及 2 号至 6 号发电洞的洞侧位移，均小于 0. 4mm，说明洞侧位移的变化量很小。洞侧最大相对位移发生在 E 加载情况下，且是向上的，其值见表 5-1-17。

若将表 5-1-16 与表 5-1-17 进行对比分析，可知各类洞洞侧的初始位移值为 22. 91mm 至 39. 50mm，即大多数洞侧的初始位移值为其绝对位移值的 60%，仅 2 号至 6 号发电洞为 80%，说明洞侧初始位移（指 A 加载情况下）所占比例较大。

表 5-1-16　　各种加载情况下洞侧最大绝对位移值　　（单位：mm）

洞　　名	洞的侧边最大绝对位移（mm）	
	$c = 0.049\,05$MPa	$c = 0.392\,4$MPa
3 号导流洞	38. 71	38. 72
2、3 号排沙洞	41. 97	41. 99
2、3、4、5、6 号发电洞	49. 30	49. 29
2、3 号明流洞	55. 95	55. 93

注：表中绝对位移未扣除初始位移值，故值偏大。

表 5-1-17　　E 加载情况下，洞侧相对位移最大值　　（单位：mm）

项目	3 号导流洞	2、3 号排沙洞	2 号至 6 号发电洞	2、3 号明流洞
最大相对位移值（洞侧）	15. 80	17. 10	9. 80	22. 50

（3）关于洞径的变化值：趋势是洞径在竖向的变化远比水平向明显，这是符合受力规律的。各类洞的洞顶与洞底垂直位移差值，见表 5-1-18。

表 5-1-18 说明，因洞身弯转、交叉所引起的各类洞径的变化不大，除 3 号导流洞的竖向洞径变化较大外，其余洞径的变化值较小，且相差甚微。同时所取的岩体 c 值不同，对洞径变化计算成果影响不大。

（4）衬砌中环向应力：衬砌中环向应力一般为压应力，只是在运用期的 E、F 加载情况下，洞顶部位有少数小范围的拉应力区发生，其最大、最小环向应力值及所在位置见表 5-1-19。

表 5-1-18　　　　各类洞的竖向直径变化值　　　　（单位：mm）

洞　名	$c = 0.049\ 05$MPa 时洞径变化值	洞径变化平均值	$c = 0.392\ 4$MPa 时洞径变化值	洞径变化平均值	说明
3 号导流洞	8.66	—	8.57	—	
2 号排沙洞	2.92	3.04	2.88	2.99	表中为 D 加载情况下（15 条洞形成）第 5 计算断面上的值
3 号排沙洞	3.15		3.09		
2 号发电洞	3.04	3.14	2.98	3.08	
3 号发电洞	3.35		3.27		
4 号发电洞	3.15		3.08		
5 号发电洞	3.14		3.09		
6 号发电洞	3.02		2.97		
2 号明流洞	3.62	—	3.60	—	
3 号明流洞	2.53	—	2.50	—	

表 5-1-19　　　　衬砌中最大、最小环向应力值及所在位置

洞　名	衬砌中环向应力成果（$c = 0.049\ 05$MPa）			
	$\sigma_{\theta\max}$（MPa）	位置	$\sigma_{\theta\min}$（MPa）	位置
1、2、3 号导流洞	+0.32	洞顶	-14.03	洞侧
1、2、3 号排沙洞	+0.08	洞顶	-9.96	洞侧
1、2、3、4、5、6 号发电洞	+0.37	洞顶	-8.08	洞侧
1、2、3 号明流洞	-0.18	洞顶	-4.91	洞侧

从表 5-1-19 知，在各种加载情况下，转弯段衬砌中出现的最大拉应力为 0.08 ~ 0.37MPa，最大压应力为 14.03MPa，它们分别小于混凝土的抗拉强度和抗压强度；高程相近的同类洞的应力值相对变化较小，特别是 2 号至 6 号发电洞在弯转过程中，从其他洞之间穿过，相互距离较近，但并没有引起衬砌应力发生显著变化或出现危险情况。

（5）在 C、D 加载情况下，计算结果最为不利，主要是衬砌和洞周一层围岩处于塑性状态，故对低位的 3 号导流洞和 2、3 号排沙洞不利，应加强工程措施，但对弯转的发电洞，尚未构成大的影响。另外，在 10 条洞的衬砌和围岩中均没有出现拉裂区。

结论是：从变形和应力状态看，计算的整个洞群和围岩中的应力，均小于结构材料的允许强度值，没有大的异常现象发生；大多数洞侧的初始位移值为其绝对位移值的 60%，仅 2 号至 6 号发电洞为 80%；可能存在的塑性区，如计入衬砌中钢筋和围岩中锚杆等的作用，以及材料进入塑性阶段的强化性能，则可明显加以改善，况且按 Drucker—Proger 准则判定的塑性区范围又是偏大的（即大于按摩尔 - 库仑准则判断的结果）。总之结构可以稳定。

（四）导流洞（孔板洞）中闸室围岩稳定性

3 条导流洞（孔板洞）的地下中闸室（压力段工作门室）上部开挖尺寸为：跨度（顺水流向）15.80m，长度 26.70m，高度 19.66m，断面为城门洞形，顶部高程分别为 171.76m（1 号室）、181.26m（2、3 号室）。闸室位置紧靠左岸山体地下排水帷幕（桩号 0 + 286.79 ~

0+268.43)下游侧,围岩为T_1^{3-1}、T_1^{3-2}和T_1^{4}岩层,类别为Ⅱ、Ⅲ类。

根据三维渗流计算结果判断,在最高库水位275m,下游水位141.50m情况下,中闸室处的地下水位约180m。在施工期,中闸室下部(即为洞身部分)最低处开挖到128.54m(1号室)和138.04m(2、3号室),均只有个别部位出现潮湿、渗水或滴水现象。

由上述洞群转弯段围岩整体稳定性三维有限元非线性分析成果(分析中涉及到3号中闸室)得知:在B、C、D加载情况下(此为较危险的情况),其位移和应力均比其他加载情况的值要大,中闸室顶部的垂直绝对位移最大值为49.14mm,底部最大值为24.35mm,顶、底部的相对位移差最大为24.79mm,这是由开挖尺寸较大引起的;而侧面绝对最大垂直位移为40.78mm和40.65mm,即与3号导流洞的值接近(3号导流洞洞侧绝对最大垂直位移见表5-1-16,即$c=0.049\ 05$MPa时,为38.71 mm;$c=0.392\ 4$MPa时,为38.72mm);若按初始位移值占绝对位移的60%进行反算,其顶部底部的相对最大垂直位移值则分别为19.66mm和9.74mm,两侧相对最大垂直位移值则为16.31mm和16.26mm;若按初始位移值占绝对位移的80%进行反算,则各部位相对最大垂直位移值更小;其环向压应力数值从-0.912MPa到-4.611MPa,比3号导流洞的相应压应力(-14.03MPa左右,见表5-1-19)要小得多,并且没有出现拉应力区。从总体上看,其顶部和底部的应力与各类洞相比变化不大,但两侧的压应力集中,并随其尺寸增大而减小,这种应力分布应该说是合理的。总之,3号中闸室附近的变形和应力均未出现异常,其位移值接近同高程的隧洞,其顶、侧部位绝对最大垂直位移虽比40mm稍大,但其相对最大垂直位移值均小于小浪底Ⅱ、Ⅲ类围岩允许变形值40~24mm的下限24mm,而环向压应力比3号导流洞要小;分析此结果,可说明1、2、3号中闸室不会有大问题出现,但为安全计,仍需加强其顶部和侧墙的支护,且支护要适时、及时。

第二节　洞群围岩喷锚支护

一、喷锚支护设计

喷锚支护属一种柔性适度的薄层支护方式,它既能有效地抑制围岩的有害变形,又能适应围岩的无害变形,并且喷锚材料初期强度的增长期几乎与围岩初期变形的发展期同步,因此它是地下工程新奥法施工的重要手段之一。

新奥法施工的核心问题是尽量减少施工对围岩的扰动,最大限度地利用围岩自身的承载能力,并进行适时适当支护,以维持围岩稳定。当前我国水利水电等工程,由于受掘进机具、开挖断面形状和尺寸等的限制,岩石开挖主要还是采用钻爆法,在开挖过程中为了减少对围岩的扰动、破坏和超欠挖,已较广泛采用光面爆破和预裂爆破技术。

喷锚支护设计有工程类比法、块体极限平衡法、有限元或边界元计算法及模型试验法等。一般采用多种设计方法,综合分析,最终确定设计支护形式与参数。

小浪底工程泄洪、排沙、引水、发电隧洞支护设计的原则是:①对承受内外水压力的导流洞/孔板洞、排沙洞、明流洞、发电洞等均采用钢筋混凝土等衬砌作为永久支护,临时支护采用喷锚支护,地下厂房、地下主变室、地下尾水闸室等大跨度洞室,因地质条件相对较好,采用喷锚支护和锚索等措施作为永久支护;②喷锚支护分别按照维持Ⅱ、Ⅲ、Ⅳ、Ⅴ类围岩稳定所需的支护力设计;③按照新奥法施工原理,采用“设计—施工—监测—修改设计”的方法,在施工过程中,根据现场监测结果和地质实际情况随时调整设计支护形式和支护参数。

在设计过程中,根据锚杆喷射混凝土技术规范和各洞段围岩类别及力学指标,经工程类比和经验判断,初拟其支护形式与参数,然后,参照洞群围岩稳定分析成果,考虑挪威N·Barton等岩石力学专家意见,以及各类洞室的施工特点与运用条件,对特殊地段采用块体极限平衡法或弹塑性理论的剪切滑移法的计算结果修改确定支护参数,对开挖跨度较大的洞室采用有限元分析成果补充优化支护参数,经综合比较分析后,最终确定设计喷锚支护形式和参数。设计采用的支护形式与参数,见表5-2-1。表中所列绝大多数洞段的喷锚支护为施工期临时支护,其锚杆为系统张拉锚杆,张拉完成后,要求用28天龄期抗压强度不低于30MPa水泥砂浆填孔。各类张拉锚杆的设计抗拔力,见表5-2-2。

另外,在标书技术规范中明确规定,系统张拉锚杆应由承包商设计,每个锚固端应有不小于表5-2-2中针对支护的不同岩体条件所列的抗拔力值;随机和回头张拉锚杆的锚固件应与系统张拉锚杆相同;锚杆只有当锚固灌浆抗压强度达到30MPa后才能张拉和试验。同时设计图要求,在地下开挖过程中遇到断层、破碎带时,可使用钢支撑或钢桁架,并且可根据具体地质情况增减锚杆数量或采用随机锚杆及回头锚杆。钢桁架或钢支撑间距可采用1.0~1.5m,支护范围可为开挖断面的顶拱、顶拱和侧墙或顶、侧、底全断面。所有的锚杆、挂钢筋网及钢支撑或钢桁架,均应喷混凝土覆盖。

表5-2-1　　设计采用的喷锚支护形式与参数

隧洞名称	部位	开挖尺寸(m)	围岩类别	支护形式与参数	
				喷混凝土厚度(m)	锚杆及特殊支护设计
1号明流洞	进口渐变段	16.4×20.2渐变至14.9×17.2	Ⅱ、Ⅲ	0.2 顶拱边墙挂钢筋网Φ8@0.2	张拉锚杆Φ32,顶拱及边墙均采用$L=6$m,间、排距1.2m
	帷幕前	13.9×16.3	Ⅱ、Ⅲ	0.1 顶拱挂钢筋网Φ8@0.2	张拉锚杆Φ25,顶拱$L=5$m,间、排距1.25m;边墙$L=3$m,间、排距1.5m
	帷幕后	13.1×15.5和12.1×14.5	Ⅱ、Ⅲ	0.1 顶拱挂钢筋网Φ8@0.2	张拉锚杆Φ25,顶拱$L=5$m,间、排距1.25m;边墙$L=3$m,间、排距1.5m
	帷幕后断层段	13.2×15.6	Ⅳ、Ⅴ	0.15 顶拱边墙挂钢筋网Φ8@0.2	张拉锚杆Φ32,顶拱及边墙$L=5$m、7m,相间排列,间、排距1.25m,必要时增加钢桁架支撑
	洞出口段	13.9×18.2	Ⅱ、Ⅲ	0.1 顶拱挂钢筋网Φ8@0.2	张拉锚杆Φ25,顶拱$L=5$m,间、排距1.25m;边墙$L=3$m,间、排距1.5m

续表 5-2-1

隧洞名称	部位	开挖尺寸(m)	围岩类别	支护形式与参数	
				喷混凝土厚度(m)	锚杆及特殊支护设计
2号明流洞	进口渐变段	15.2×18.8 渐变至 16.4×18.2	Ⅱ、Ⅲ	0.2 顶拱边墙挂钢筋网 Φ8@0.2	张拉锚杆 Φ32，排距 1.2m，间距 1.5m，$L=6$m
	帷幕前	13.0×14.9	Ⅱ、Ⅲ	0.1 顶拱挂钢筋网 Φ8@0.2	张拉锚杆 Φ25，顶拱 $L=5$m，间、排距 1.2m 和 1.25m；边墙 $L=3$m，间、排距 1.2m 和 1.5m
	帷幕后	12.2×14.1 和 11.6×13.5	Ⅱ、Ⅲ	0.1 顶拱挂钢筋网 Φ8@0.2	张拉锚杆 Φ25，顶拱 $L=5$m，间、排距 1.25m；边墙 $L=3$m，间、排距 1.5m
	洞出口段	13.0×14.9	Ⅲ	0.1 顶拱挂钢筋网 Φ8@0.2	张拉锚杆 Φ25，顶拱 $L=5$m，间、排距 1.25m；边墙 $L=3$m，间、排距 1.5m
3号明流洞	进口渐变段	13.8×16.6	Ⅱ、Ⅲ	0.1 顶拱边墙挂钢筋网 Φ8@0.2	张拉锚杆 Φ25，$L=5$m，间、距 1.2m
	帷幕前	13.0×14.4 和 12.6×13.9	Ⅱ、Ⅲ	0.1 顶拱挂钢筋网 Φ8@0.2	张拉锚杆 Φ25，顶拱 $L=5$m，间、排距 1.2m 和 1.25m；边墙 $L=3$m，间、排距 1.2m、1.5m
	帷幕后	12.6×13.9 和 11.6×12.9	Ⅱ、Ⅲ	0.1 顶拱挂钢筋网 Φ8@0.2	张拉锚杆 Φ25，顶拱 $L=5$m，间、排距 1.25m；边墙 $L=3$m，间、排距 1.5m
	洞出口段	13.0×14.3	Ⅱ、Ⅲ	0.1 顶拱挂钢筋网 Φ8@0.2	张拉锚杆 Φ25，顶拱 $L=5$m，间、排距 1.25m；边墙 $L=3$m，间、排距 1.5m
3条排沙洞	进口渐变段	10.8×9.05 渐变为 $D=10.6$	Ⅱ、Ⅲ	0.05	张拉锚杆 Φ25，间、排距 1.25m，$L=5$m
	帷幕前	$D=8$	Ⅱ、Ⅲ	0.05	张拉锚杆 Φ18，$L=3$m，间、排距 1.5m
	帷幕后	$D=7.9$	Ⅱ、Ⅲ	0.05	张拉锚杆 Φ18，$L=3$m，间、排距 1.5m
	断层段	$D=9.2$	Ⅳ、Ⅴ	0.10	张拉锚杆 Φ25，$L=5$m，间、排距 1.25m
	出口闸室前渐变段(洞顶岩体厚度为6.5m)	$D=12.6$ 渐变为 10.7×11.1	Ⅱ、Ⅲ	0.05	张拉锚杆 Φ25，$L=5$m，间、排距 1.25m
	2号及3号洞出口闸后明流洞段	9.1×12.9	Ⅱ、Ⅲ	0.05	张拉锚杆，顶拱 Φ22，$L=3$m，间、排距 1.25m；边墙 Φ18，$L=3$m，间、排距 1.5m
	3号洞出口断层段	9.4×13.05	Ⅳ、Ⅴ	0.2 挂钢筋网 Φ8@0.2	边墙张拉锚杆 Φ25，$L=6$m，间排距 1.5m；顶拱自高程 170m 平台朝下增设超前预锚，采用 Φ32 砂浆锚杆，间、排距 1.0m

续表 5-2-1

隧洞名称	部位		开挖尺寸(m)	围岩类别	支护形式与参数	
					喷混凝土厚度(m)	锚杆及特殊支护设计
3条导流洞/孔板泄洪洞	进口渐变段	1号洞	17.3×19.7 渐变为 $D=19.8$	Ⅱ、Ⅲ	0.15 挂钢筋网 Φ8@0.2	张拉锚杆 Φ32,$L=7$m、5m,相间排列,间、排距 1.5m
	进口渐变段	2、3号洞	18.3×20.65 渐变为 $D=20.8$	Ⅱ、Ⅲ	0.15 挂钢筋网 Φ8@0.2	张拉锚杆 Φ32,顶拱 $L=7$m、5m,相间排列,间、排距 1.5m
	进口封堵段		$D=19.8$	Ⅱ、Ⅲ及Ⅳ、Ⅴ	0.15 挂钢筋网 Φ8@0.2	张拉锚杆 Φ32,$L=7$m、5m,相间排列,间、排距 1.5m
	孔板段		$D=16.7$	Ⅱ、Ⅲ	0.1 挂钢筋网 Φ8@0.2	张拉锚杆 Φ25,$L=5$m,@1.5m
	中闸室前渐变段		$D=19.8$ 渐变为 23.3×19.7	Ⅱ、Ⅲ	0.15 挂钢筋网 Φ8@0.2	张拉锚杆 Φ32,$L=5$m、7m,相间排列@1.5m;$L=6$m、8m,相间排列@1.25m
	中闸室		上部 15.8×19.66×26.7 下部 27.1×23.56×23.7	Ⅱ、Ⅲ	0.15 挂钢筋网 Φ8@0.2	张拉锚杆 Φ32,$L=6$m、8m,相间排列,间、排距 1.2m
	中闸室后方形断面变至城门洞形断面		20.3×19.7 渐变为 19.3×19.2	Ⅱ、Ⅲ及Ⅳ、Ⅴ	0.15 挂钢筋网 Φ8@0.2	张拉锚杆 Φ32,$L=6$m、8m,相间排列,间、排距 1.25m;$L=5$m、7m,相间排列,间、排距 1.5m
	城门洞形变到圆形面		19.3×19.2 渐变为 $D=17.2$	Ⅱ、Ⅲ及Ⅳ、Ⅴ	0.15 挂钢筋网 Φ8@0.2	张拉锚杆 Φ32,$L=5$m、7m,相间排列,间、排距 1.25m
	中闸室后圆洞段		$D=16.3$	Ⅱ、Ⅲ	0.1 挂钢筋网 Φ8@0.2	张拉锚杆 Φ25,$L=5$m、排距 1.3m,间距 1.5m
	中闸室后断层段及洞顶岩石覆盖较薄段		$D=17.2$	Ⅳ、Ⅴ	0.15 挂钢筋网 Φ8@0.2	张拉锚杆 Φ32,$L=5$m、7m,相间排列,间、排距 1.25m,必要时增加钢桁架支撑
	1号洞出口渐变段		$D=16.8$ 渐变为 14.3×16.6	Ⅱ、Ⅲ	0.15 挂钢筋网 Φ8@0.2	张拉锚杆 Φ25,$L=5$m、7m,相间排列,间、排距 1.25m

续表 5-2-1

隧洞名称	部位	开挖尺寸(m)	围岩类别	支护形式与参数	
				喷混凝土厚度(m)	锚杆及特殊支护设计
3条导流洞/孔板泄洪洞	2号洞出口渐变段	$D=16.8$ 渐变为 16.8×14.7	Ⅱ、Ⅲ	0.15 挂钢筋网 Φ8@0.2	张拉锚杆 Φ25, $L=5$m, 间、排距 1.25m
	3号洞出口渐变段	$D=18.8$ 渐变为 18.8×16.7	Ⅳ、Ⅴ	0.15 挂钢筋网 Φ8@0.2	张拉锚杆 Φ32,$L=5$m、7m,相间排列,间、排距 1.25m,并在高程 170m 平台至洞顶增设超前预锚,采用 Φ32 砂浆锚杆,间、排距 1.2m
6条发电洞	上平段前 50m	$D=9.6$	Ⅱ、Ⅲ及Ⅳ、Ⅴ	0.1	张拉锚杆 Φ25, $L=4$m, 间、排距 1.25m
	上平段、斜段及下平段	$D=9.6$	Ⅱ、Ⅲ	0.1 局部挂钢筋网 Φ6@0.2	张拉锚杆 Φ25,$L=4$m,间、排距 1.5m
	进厂锥管段	$D=9.6$	Ⅱ、Ⅲ	0.1	张拉锚杆 Φ32,$L=7$m,间、排距 1.25m

注:表中围岩类别按水利水电围岩分类,L 为锚杆长度,@ 为钢筋网间距(m)。

表 5-2-2　张拉锚杆设计抗拔力

钢号	锚杆直径(mm)	设计抗拔力(kN)
Ⅱ号钢	32	150
	28	120
	25	100
	22	80
	18	50

二、喷锚支护施工

洞群的开挖于 1994 年底首先从 3 条导流洞开始,至 1996 年 11 月初,基本完成 3 条导流洞及其中闸室的开挖与支护,之后相继完成其混凝土衬砌与回填、固结灌浆,并于 1997 年 10 月 21 日投入使用。

在 3 条导流洞混凝土浇筑期间,大致按先开挖 3 条排沙洞和 6 条发电洞,最后开挖 3 条明流洞的施工顺序,完成其余 12 条洞的开挖支护与衬砌,截至 1999 年 6 月底,排沙洞、发电洞和明流洞混凝土浇筑基本结束,其中,6 条发电洞于 1999 年 1 月底完成衬砌,同年

10 月 7 日压力段钢衬接触灌浆结束;3 条排沙洞和 1 号导流洞改建成孔板洞,分别于 1999 年 7 月上旬和下旬进行初步验收;2、3 号导流洞改建为孔板洞和 3 条明流洞的施工于 2000 年 6 月底完成,7 月上旬初步验收。

在整个洞群开挖过程中,所有围岩支护基本上按设计要求进行施工,除在 1995 年 4 月 11 日至 1996 年 4 月 4 日近一年中,3 条导流洞共发生大小塌方 16 次外,其他洞开挖进展均较顺利。导流洞的塌方主要是地质条件较差、开挖程序与支护工艺不当等多种原因引起的,虽没有发生人员伤亡和设备损失,但造成严重的工期延误、合同纠纷及巨额赶工费用等问题。这些塌方均已在赶工时作了妥善处理。

需要说明的是,洞群开挖期间,经监理单位批准,将某些洞段的系统张拉锚杆改成系统砂浆锚杆;在 2、3 号导流洞进口洞顶各增加了 8 根 1 000kN 级上下斜向对穿预应力锚索,1 号明流洞进口洞顶增设了 6 根 1 000kN 级预应力锚索;各类洞内锚杆施工时采用的形式较多,但多为早强水泥药卷锚杆,同时还在个别洞段安设了管式注浆锚杆(又称冲击式)、悬吊锚杆和对穿锚杆。其中,管式注浆锚杆制造简单,较为经济,便于施工,多用于断层及其影响带等不良地质段,与迈氏锚杆相比,它更适用于小浪底工程地质条件,且效果良好。另外,在塔群基础下方的 2、3 号导流洞洞顶岩体设计厚度约 11mm,由于施工超挖实际厚度不足 10m,仅为开挖跨度的一半,为不影响塔群施工,每洞均加设了直径 32mm、长 13m、排距 3m、孔距 2.5m 共 4 排、32 根对穿锚杆,同时在两洞进口段 80m 和 58m 长的洞段顶部 30m 范围内,采用斜孔(与水平夹角 60°)自重灌浆插入 Φ32mm 锚杆进行加固,两侧边墙及洞脸也加设张拉锚杆并挂网喷混凝土。

第三节　洞群原型观测

一、原型观测设计

为确保枢纽左岸洞群围岩及山体稳定,除运用喷锚支护等技术外,设计上又针对其地下水位与库水位间的时效、地下水位沿程变化与洞周外水压力分布、灌浆帷幕与排水幕效果等问题,采取了包括山体台阵、山体整体外部变形监测在内的多种原型观测和监测措施,其中在 3 条孔板洞、1 号明流洞、3 号排沙洞和 1、5 号发电洞沿线重点选择了有代表性的 16 个断面,设置 46 套 4 点式多点位移计,埋深分别为 20m、15m(1 号明流洞埋管段为 20m)、11m 和 10m,埋深均为 1 倍洞径以上,同时还在 3 条孔板洞的第三级孔板环内,各设一支振动观测仪(观测仪器设备不仅限于上述内容,不再列举)。此外,施工承包商出于开挖需要,根据具体地质情况,伺机安设了各种临时观测仪器和设备,以监测施工期洞室围岩位移过程,分析判断围岩稳定性,并指导改进开挖程序、支护参数和施工工艺。

左岸山体观测设计主要是指枢纽左岸临河 1.5km 宽范围内(含洞群区)山体稳定观测项目设计,内容包括山体变形、地下水位、洞群区地下水位和山体振动观测等,其简况如下:

在左岸山体 250m 高程平台(位于主坝下游侧平台)和副坝坝顶各设一条视准线,以观测左岸山体和副坝的表面变形情况，其工作基点利用测量控制网校测。

左岸山体内部变形观测采用静力水准系统和引张线配正、倒垂线进行。引张线和静力水准系统均设在3号排水洞内，引张线端点设有倒垂线。

为监测水库蓄水后左岸山体的地下水位、灌浆帷幕的防渗效果、排水洞的排水效果、地下水位与库水位间的时效关系、洞群外水压力以及中闸室的运用安全状态，共布设12支测压管和47支渗压计。渗流量采用量水堰配以微压计分区分段进行量测。

在2号孔板洞的孔板段及其出口170m高程平台上各设有1台三分向强震仪，主要是监测左岸山体、洞出口边坡以及孔板洞在强震作用下的地震反应与结构振动情况。

二、施工期围岩位移观测与隧洞开挖监测成果对比

由于观测资料的采集分析整理工作为不同单位承担，成果不全面、不系统，这里只能将施工期隧洞围岩位移的部分观测成果列出，以与隧洞开挖试验监测成果对比分析。

由表5-3-1～表5-3-4所示的各类洞围岩位移、位移速率得知：①除2号孔板洞的BX42－1位移计的1m处测点可能因外界因素影响测值不稳定外，其余各点测值平稳，位移速率均为零，表明3条孔板洞所测断面的围岩稳定。②1号明流洞各测点测值平稳，位移速率为零，所测断面的围岩稳定。③3号排沙洞BX6－4位移计测得1998年12月至1999年5月的孔口位移增量为1.0mm，主要发生在位移计孔口至1.0m深处测点之间，可能为混凝土温度变形，但至1995年5月的位移速率仅0.01mm/d；其余位移计的孔口位移量均不大于1.75mm，且位移速率为零。据此认为3号排沙洞所测各断面的围岩稳定。④对于发电洞，除BX9－2、BX9－22位移计的测值紊乱不可信未予列出外，其余各测点的测值均平稳，说明所测断面围岩稳定。

表5-3-1　孔板洞位移计孔口位移 V(mm)及位移速率 V'(mm/d)

洞名	断面桩号	部位	位移计编号	1997年(12月)		1998年(12月)		1999年(至5月)	
				V	V'	V	V'	V	V'
1号孔板洞	0+226	洞顶	BX41-1			1.75	－0.05	2.05	0
		左侧	BX41-2	0	0	1.05	0	1.20	0
		右侧	BX41-3	2.40	0	2.55	0	2.60	0
	0+398	右侧	BX41-6			2.25	0	2.30	0
2号孔板洞	0+208	洞顶	BX42-1			0.15	0	0.15	0
		左侧	BX42-2	0	0	0.20	0	0.25	0
		右侧	BX42-3	0	0	0.40	0	0.45	0
	0+809	洞顶	BX42-4	7.0	0	7.65	0.01	7.65	0
		左侧	BX42-5			7.95	0	7.85	0
3号孔板洞	0+208	左侧	BX43-2	0.10	0	0.35	0	0.30	0

表 5-3-2　　明流洞位移计孔口位移 V(mm)及位移速率 V'(mm/d)

洞名	断面桩号	部位	位移计编号	1997 年(12 月)		1998 年(12 月)		1999 年(至 5 月)	
				V	V'	V	V'	V	V'
1 号明流洞	0 + 180	洞顶	BX5-1	1	0	1.05	0	1.40	0
		右侧	BX5-3			-0.20	0	-0.20	0
	0 + 396	洞顶	BX5-4	0.60	0	0.60	0	0.65	0
		左侧	BX5-5	1.5	0.01	2.85	0	2.80	0
		右侧	BX5-6			0.50	0	0.55	0
	0 + 514	洞底	BX5-7			-4.00	0	—	—

表 5-3-3　　排沙洞位移计孔口位移 V(mm)及位移速率 V'(mm/d)

洞名	断面桩号	部位	位移计编号	1997 年(12 月)		1998 年(12 月)		1999 年(至 5 月)	
				V	V'	V	V'	V	V'
3 号排沙洞	0 + 214	洞顶	BX6-1	0.45	0	1.70	0.01	1.75	0
		左侧	BX6-2	0.10	0	0.60	0	0.65	0
		右侧	BX6-3	-0.10	0	0.60	0	0.85	0
	0 + 894	洞顶	BX6-4	-0.05	0	0.25	0	1.25	0.01
		左侧	BX6-5	-0.01	0	0.25	0	0.45	0
		右侧	BX6-6	0.05	0	0.40	0	0.35	0

表 5-3-4　　发电洞位移计孔口位移 V(mm)及位移速率 V'(mm/d)

洞名	断面桩号	部位	位移计编号	1998 年(12 月)		1999 年(至 5 月)	
				V	V'	V	V'
1 号发电洞	0 + 210	洞顶	BX9-1	0.01	0	0.04	0
		右侧	BX9-3	0.46	0	0.65	0
	0 + 310	洞顶	BX9-4	-0.11	0	0.56	0
		左侧	BX9-5	-0.51	0	-0.47	0
		右侧	BX9-6	-0.04	0	0.09	0
	0 + 415	洞顶	BX9-7	0.92	0	0.92	0
		左侧	BX9-8	1.01	0	1.13	0
		右侧	BX9-9	0.31	0	0.68	0
5 号发电洞	0 + 130	洞顶	BX9-21	1.24	0	1.36	0
		右侧	BX9-23	0.53	0	0.60	0
	0 + 210	洞顶	BX9-24	0.37	0	0.69	0
		左侧	BX9-25	0.27	0.01	1.13	0
		右侧	BX9-26	0.12	0	0.46	0
	0 + 330	洞顶	BX9-27	1.22	0	1.34	0
		左侧	BX9-28	1.02	0	1.06	0
		右侧	BX9-29	0.06	0	0.06	0

在隧洞开挖阶段，临时观测所得围岩位移变化过程多呈现近似台阶状变化特点，当受爆破等外界因素影响时，有突增趋势，而施加喷锚等支护措施后，围岩多逐步趋于稳定，这说明爆破影响等因素不可忽视，且支护措施作用明显；在导流洞上部中导洞生产性开挖试验及其上半圆扩挖监测过程中，小浪底隧洞施工期围岩允许变形控制标准为：对于开挖跨度 $B=10\sim20$m、岩石单轴抗压强度 $R_b\geqslant15$MPa，埋深 50 ~ 100m 的Ⅲ类围岩允许变形值为 24 ~ 40mm；而我国关于围岩变形速率的控制标准为：当收敛变形已完成总收敛值的80% ~90%，变形速率小于 0.1mm/d，顶拱下沉速率小于 0.07mm/d；同时监测结果显示，Ⅳ、Ⅴ类围岩变形的时间效应明显，变形值的绝大部分由时间延长引起，且早期变形速率很高，传递变形的范围不大，大部分变形发生在洞室周围的表层，向围岩内部衰减很快，导流洞上部中导洞 8m × 8m 开挖及导流洞扩挖跨度 16.4m 的实测变形影响深度只有 10m，对于Ⅳ、Ⅴ类围岩，变形衰减更快，有些部位实测变形很大，但对洞周表层松动岩体支护后，变形则很快减小，且基本稳定。这一点对支护设计和围岩稳定是有利的，说明只要在洞周岩体一定范围内，支护措施得当，即可保持其稳定和施工顺利进行。

此外，导流洞上半圆扩挖时，洞周围岩变形监控指标为 20 ~ 30mm，日变形量为 4 ~ 5mm/d；当变形总量为 30 ~ 40mm 时，日变形速率应≤3mm/d；下半圆扩挖时，变形总量应≤20mm。即是说，一般情况下变形速率是围岩失稳的充分条件，是围岩由不动转为等速或加速蠕变的控制因素，而岩体变形总量是洞周围岩安全稳定的综合指标，是速率等其他指标所不能替代的。由此，为便于在实际开挖支护中掌握应用，又根据监测结果，具体规定时空效应控制指标如下：当距开挖面≥25m 处、变形速率≥(1 ~ 1.5)mm/d，或当距开挖面 <25m 处、变形速率≥3mm/d 时，应口头或电话通知监理工程师分析监测资料；当变形速率≥6mm/d 时，应立即通知监理工程师研究采取工程措施。

对于导流洞来说，其岩体变形监测资料显示的量级空间分布不是均匀的，它与不同洞段地质条件存在较大差异有关，一般变形大于 10mm 的监测断面，基本上集中在不良地质洞段，即在 F_{236}、F_{238} 较大规模的断层及其影响带等部位。同时监测资料还表明，在较好地质条件下，离开挖面 20m 距离(约为开挖跨度 1 至 2 倍)处，变形多趋于稳定，说明空间效应变为主要的，而时间效应比重反而很少，这与较大断层处时间效应比重较大情况恰好相反。对于时间效应比重较大的个别洞段，设计上均采取了补充或加强的支护措施。

施工过程表明，开挖随着规模、范围的扩大，逐步积累了经验，当采取加强监测、地质预报、控制爆破、调整开挖方式程序，并按设计要求及时支护等措施后，在相似地质条件下的明流洞、排沙洞、发电洞、电站尾水洞等工程施工中，均未再发生塌方事故。由此反证，3 条导流洞的多次大小塌方不是不可避免的；在相互平行的 1 号明流洞和 1 号孔板洞的进口处，两洞间岩体设计厚度仅为 8.8m(因有超挖，实际小于设计厚度)，即未达到 0.5 倍开挖洞径，由于采用合理的开挖方式与程序，以及有效的及时支护等措施，并未出现围岩失稳，交叉洞段、地下中闸室和高边墙尾水洞的情况也是如此。这些特殊洞段及洞群的开挖完成，为在复杂或相对较差地质条件下设计和建造密集大型洞群以及解决其围岩稳定问题提供了十分宝贵的经验。

第四节　孔板洞孔板消能诱发振动效应分析

一、应用水工模型试验进行振动效应分析

小浪底工程采用大型压力洞内的孔板消能技术，在国内外水利水电工程史上尚属首例，无任何经验可以借鉴。因孔板洞在最高库水位 275m 时，最大水头近 140m，相应泄量达 1 600 ~ 1 700m^3/s(3 条洞泄量不完全相同)，当水流通过洞内 3 道孔板环及环后消能室，经其内部强烈紊动、撞击、剪切摩擦后，可削减水头约 60m。在洞内消杀如此巨大能量，势必引发洞身结构及洞周围岩振动等问题。洞身结构和洞周围岩的诱发振动，产生自水流经过孔板环消能出现的整个脉动荷载，它不仅与孔板环附近的最大点脉动幅值有关，且与脉动压力分布有关。该脉动压力作为一种随机变量，已被小浪底工程的孔板洞水工模型试验和碧口水电站的排沙洞内增设孔板环的消能试验证实具有以下特征，即无论是多级孔板环之间、每个孔板环附近的不同断面，以至在同一断面内洞周上的不同点，脉动压力都并非同时达到最大值，同样，在各条孔板洞引起的最大点脉动压力之间也存在这种相位差异。因此，针对整体洞身结构和洞周山体的振动影响而言，相互间确有部分抵消的均化作用。即是说脉动压力在一定空间范围内，由于相位不同，产生均化作用，使作用到一定面积上的面荷载强度大大降低。但是由于此问题的复杂性，特别是当前对脉动荷载的处理，尚无比较统一的认识和较为成熟的有效方法，故给孔板洞结构及其围岩诱发振动反应研究带来相当大的难度。为此，在整个设计过程中，进行了下述重点试验研究工作：①在建成的碧口水电站工程的排沙洞内增设孔板环进行孔板消能现场中间试验，旨在验证技术可行性及消能效果，考察洞内脉动压力及其诱发的洞身结构和围岩的振动效应；②根据小浪底孔板洞水工模型试验观测得到的脉动压力资料，进行计算分析，研究或估计水流脉动对洞身结构、孔板环及洞周围岩的不利影响程度；③在小浪底坝址左岸进行关于山体振动特性方面的现场试验研究，内容包括山体自振特性和振动传递特性，以及山体内弹性波衰减等。

综合上述试验研究成果得出如下结论：

(1)根据四大科研单位五项不同比尺的孔板洞水工模型试验结果换算的孔板洞在库水位 275m 单洞工作门全开泄流时的脉动压力频率值得知，本工程中孔板消能泄洪洞产生的是大尺度脉动压力，其主要能量集中在小于 2.5Hz 的低频段，优势频率则小于 1Hz。其最大点脉动压力幅值的 2 倍标准差值约 10m 水头，大约相当于 7% 的静水头。

(2)在低频的大尺度脉动压力作用下，山体(或洞周围岩)因其自身自振频率频域较高较宽，因而其反应受频响特性的影响不大，即水流脉动压力的脉动频率，与洞身结构及庞大复杂山体的自振频率并不相同，故不致产生共振或较大的动力效应。

(3)孔板消能泄洪洞所消能量，只有很小一部分转为洞身结构和洞周围岩振动能量，且其所产生的脉动荷载能量只局限在局部山体或洞周部分围岩，同时衰减极快，这与地震时从地壳传来的大范围地震动相比，对山体总的振动效应要小得多。

(4)有关研究提出，从影响山体稳定的振动能量的观点看，以速度响应作为标示山体

振动的物理量更为合理，因为振动能量与速度有关，且同速度的平方成正比。根据碧口水电站排沙洞增设孔板环进行消能试验所量测的振动速度推估小浪底孔板洞消能过程中的诱发振动，从保守的计算得知，各种不利情况下3条孔板洞同时泄流，在洞壁附近振动速度的2倍标准差值最大为0.67cm/s（取局部振动的最大速度，未计入衰减影响，且用4级孔板环），若采用振动效应绝对值相加，则山体洞壁局部振动的最大速度为1.56cm/s，也未达到Ⅴ度地震的地面最大速度值，可见振动能量不大。

（5）据有关资料计算并分析，在孔板洞洞内所消杀的总能量中，只有不到万分之一转变为振动能量（按最高库水位275m孔板洞泄流偏保守估算），并以脉动荷载的形式传给洞身结构及洞周围岩（或山体），其余绝大部分均转化为热能被水流带走。

（6）根据碧口水电站排沙洞内孔板消能试验成果，并用3倍标准差代表最大振幅推算小浪底孔板洞内孔板环根部应力为0.7～1.4MPa，洞壁环向应力为0.24～0.33MPa，洞衬砌径向位移为130～300μm。对这种量级的应力，结构设计易于解决。

二、应用原型泄流试验进行振动效应分析

在2000年4月25～27日进行的1号孔板洞原型泄流试验中，特对其过流振动特性及山体（洞周围岩）的振动效应作了专项观测分析研究。当时小浪底库水位210.21m（平均值），1号孔板洞工作门全开，工作门底部坎顶水头74.56m，约为其最大静水头139.35m的53.51%，泄量1 288m^3/s连续泄流近24小时。分析试验结果得出如下结论：

（1）在工作门全开连续过流时的振动量最大，其振动的最大加速度为4.91cm/s^2；在工作门短暂的开启过程中，振动的最大加速度为4.35cm/s^2。若减去本底环境振动（指山体受到多种振源影响，例如，当时发电洞泄水、发电机运行振动，灌浆洞内多台钻机钻孔灌浆影响，水泵及搅拌机运转，1号明流洞工作闸门安装，吊车作业及汽车振动等等，尽管在做该项试验时已下令影响较大的施工暂停，但干扰仍难以全部消除），纯过流振动的最大加速度为1.56cm/s^2。结构应力测值为：第3级孔板环处钢筋计应力的静态变化最大值约5.71MPa，考虑到与混凝土共同变形，反映其混凝土结构的应力变化最大约0.57MPa，混凝土应变反应的结构应力最大变幅0.48MPa；0+226m桩号观测断面钢筋应力计的静态变化最大值约5.12MPa，以此推算混凝土结构的应力变化最大约0.49MPa；0+398m桩号观测断面大部分钢筋应力变化幅度很小，最大变幅为0.89MPa，推算出的混凝土结构应力变化最大约0.047MPa，而混凝土应变计测值基本稳定；在试验期间，多点位移计测值基本稳定，表明围岩未发生变位。

（2）从洞内1号孔板环上1号测点所测数据的频谱分析看，水流引起的振动频率为0.5～1Hz，而频谱分析显示的山体振动的卓越频率在8～12Hz，即两个频率相差甚远，不可能产生共振或较大动力效应。这与山体振动幅值和振动量很小的结果是一致的。

（3）过流振动对洞身结构和山体（围岩）的影响标准，目前尚无规范规定，现可借鉴我国《水工建筑物抗震设计规范》和《中国地震烈度表·1980》作为分析判据。若将上述两种过流工况下的振动最大加速度4.91cm/s^2和4.35cm/s^2（未扣除本底环境振动影响）与《中国地震烈度表·1980》对照，它相当于Ⅱ度地震（室内个别静止中的人感觉），仍属无感地震范畴。地震烈度表规定，地震烈度为Ⅵ度，相应地震水平向加速度为45～89cm/s^2，水

平向速度为 5 ~ 9cm/s，而《水工建筑物抗震设计规范》规定，设计地震烈度为Ⅵ度时，可不进行结构抗震计算，但对 1 级水工建筑物应按本规范采取适当抗震措施。此外，《中国地震烈度表 · 1980》指出，当发生Ⅵ度地震时大多数房屋才出现个别砖瓦掉落、墙体微细裂缝损坏。相比之下，该试验所测山体振动最大加速度仅为 4.91cm/s^2（未扣除本底环境振动影响），远小于Ⅵ度地震的振动能量，说明洞身结构及围岩（山体）是安全的。

（4）应当指出，地震是瞬间突发荷载，一般历时很短，而孔板洞泄流相对历时较长，其振动则是较长时段的持续荷载，易使洞身结构和围岩疲劳。因此，孔板洞泄流振动控制标准应低于地震控制标准。然而，值得注意的是，由于小浪底 1 号孔板洞原型泄流试验所测得的振动能量很小，即使 3 条孔板洞在 210m 库水位条件下同时泄流，振动量按照平方和的开方规律有所增加，其振动总量也不会超过现值的 2 倍，仅相当于 3 度地震——室内多数静止中的人感觉、门窗轻微作响，并不对结构物构成危害。

（5）试验报告最后指出，对高库水位下孔板洞的运行应予适当关注。此问题前一小节已经论证：在最不利工况下 3 条洞同时泄流，也不会发生《中国地震烈度表 · 1980》中Ⅴ度地震的振动量——室内普遍感觉，室外多数人感觉，多数人梦中惊醒，一般房屋的门、窗、屋架颤动作响，抹灰微细裂缝，平均震害指数为零，水平向加速度为 22 ~ 44cm/s^2，水平向速度为 2 ~ 4cm/s；同时测得的结构应力不大，即是说对洞身结构和浑厚庞大的山体围岩不致造成损害。

第五节　洞群围岩及其衬砌结构稳定性评价

一、洞群施工期稳定性评价

枢纽洞群的布置、开挖顺序、围岩分类、支护形式与参数，以及有关原型观测等设计，均是根据大量地质勘测、室内外地质试验资料和现场大跨度隧洞、导流洞上部中导洞开挖与扩挖试验监测研究，以及物理、数学模型计算分析成果，并按有关设计技术规程规范作出的，即整个洞群的设计，均建立在理论分析和科研试验基础上。

在洞群围岩整体稳定性三维边界元弹性分析和三维有限元非线性分析中，虽然把非连续介质的各向异性岩体概化为各向同性的均质体来研究并不十分合理，而且所采用的岩体综合力学指标及计算分析成果，也不可能完全反映实际情况，但这种概化分析可使人们从宏观上大致了解在洞群内部彼此间距较近情况下，当某些隧洞开挖和衬砌后，将会对其他隧洞围岩和衬砌的变位与应力产生多大影响或引起何种变化趋势。

上述计算成果分析表明，高程大致相同的同类隧洞的变形值较为接近，说明在水平方向上，同类洞开挖相互影响较小；下层导流洞（或孔板洞）在上层 12 条隧洞开挖整个过程中，所发生的变形量变化不到 1mm，即变化很小，证明上层隧洞开挖施工对下层隧洞的影响不大；但是，在洞身混凝土衬砌和洞周有一层岩体进入塑性状态，这可能是与计算中未考虑结构衬砌中的钢筋及围岩中的锚杆支护作用有关，当然局部塑性区偏大与所采用的判断准则也有关；从总体上看，依照所拟洞群开挖顺序，结构中未出现太大的变形与应力值，亦未产生拉裂区，其衬砌和部分岩体中可能出现的塑性区，可由结构中的钢筋和围岩中的锚杆,以及其他工程技术措施加以解决,同时导流洞或孔板洞的中闸室顶部、边墙位移值在允许变形值范围之内。所有分析说明,洞群进口段、上游段、弯转段和孔板洞中闸室在施工期(包括运行期)的稳定安全不会有大的问题。

回顾洞群施工全过程,其开挖顺序大体与设计拟定的顺序相吻合,即从低位洞到高位洞、分期分批错开进行;各类洞的开挖方式程序与步骤有所不同,其爆破控制、结构开挖及喷锚支护等施工工艺,一般均按有关施工技术规程规范要求进行;实际采用的围岩支护形式与参数,基本上与设计图纸相符。此外,对洞群进出口洞脸、导流洞进口段顶部薄层岩体(进水塔群基础下部分)、交叉洞段、孔板洞中闸室,以及断层穿越的所有不良地质洞段等,均补充或加强了支护措施;3 条导流洞多次塌方均已处理,早在 1997 年 10 月 28 日截流时正式运用;部分原型观测成果证实,所测关键洞室围岩基本稳定。截至 2000 年 7 月 4 日完成洞群工程的全部初步验收及移交工作(其中,国内承包商负责施工的灌溉洞的下游洞段、中闸室及其岔洞和消力池于 2001 年 11 月初开工,在 2003 年中期验收交付使用),由此宣告小浪底枢纽的泄水排沙引水建筑物(洞群)具备投运条件,洞群施工期的稳定问题业已全部解决。

二、洞群运用期稳定性评价

(1)设计的围岩系统锚杆,绝大部分为系统张拉锚杆,各种支护措施多为施工期临时性支护,同时在洞身混凝土结构计算时,一般又都未计临时支护的作用。因此,如果洞身混凝土结构施工质量能基本保证,那么运用期的洞群围岩稳定和结构安全度应有一定富裕。

(2)在所有压力洞段,特别是受断层及其影响带和节理密集带影响的各类洞段(包括明流洞段),均采取了固结灌浆措施;在与灌浆帷幕交叉的各类洞段,还进行了洞周环形灌浆。

(3)在洞群混凝土结构设计过程中,已考虑工程运用期库水位抬高,洞群围岩受水浸泡后岩体力学指标降低的不利因素,同时依据《黄河小浪底水利枢纽工程三维渗流计算报告》提出的左岸洞群区山体内的地下水位等值线图,确定其外水位,其地下水位等值线图是在最高库水位 275m、下游出口处水位 141.5m 条件下得出的。对于压力洞:当洞内无水时,结构设计受外水压力控制,此时外水压力折减系数按有关规范规定或已建水利工程经验取用;当工作门关门挡水(此时洞内充满水)或开门泄水时,以内水压力控制,外水压力也适当考虑折减,但两种工况下的折减系数均偏保守地选取,然后分别进行衬砌结构计算。对于明流洞:结构设计一般受外水压力控制,即取折减系数后计算外水压力;当其泄水时,则考虑最不利的内外水压力组合情况,并按有关设计技术规程规范进行各洞的结构设计和配筋。

(4)在帷幕前的明流洞洞段,均未设排水孔,主要是为防止水库运用后,渗压较大的地下水引起围岩中泥化夹层等溶滤流失产生渗透变形;至于帷幕后的埋管段,上部是主坝戗体,因两种建筑重叠,安全至关重要,为此设计时计入主坝压戗全部荷载,进行埋管结构计算。

(5)在地下厂房上游的发电洞压力段,均加了钢板衬砌;帷幕后的排沙洞压力段,均设计为抗裂的后张法预应力结构,同时在其穿越断层洞段的预应力衬砌外壁增设了普通钢筋混凝土衬砌。

(6)在排水帷幕或某些地下结构的排水设计中,凡遇到断层等不良地质段,均对所设的排水孔管采取反滤保护措施,以免岩体溶滤渗透变形发生。

(7)前文已经述及,洞群及孔板洞中闸室围岩整体稳定性分析反映,当水库蓄水和洞群投入运用后(包括在最高库水位和地震情况下),其围岩和衬砌中的位移和应力值均比施工期有不同程度的减小和改善,且局部塑性区没有明显变化,说明洞群在已较顺利安全地度过施工期之后,当运用期不利的设计工况出现时,洞群的围岩和结构也不会出现异常现象或失稳;同时,孔板洞泄洪消能产生水流脉动所诱发的洞身结构和洞群围岩或山体振动的总体效应不大,不会引起共振或较大的动力反应,且振动能量小,强度弱,衰减快,即不致对结构、山体或洞群围岩造成危害。

(8)为了防止地表外水内渗和挑流产生泥雾的不利影响,又施建了洞群区地表防护、有组织排水及环境治理美化等多项辅助性工程。

(9)自1999年10月25日水库蓄水至2004年10月底洞群工程投运时间已达60个月,先后经受了235m、240.87m和265.69m等几个较高库水位运用期的考验(包括孔板洞、排沙洞、明流洞、发电洞和正常溢洪道的泄水运用),未发现洞群结构及洞周围岩位移、应力超标等异常情况。

总之,对于洞群来说,围岩喷锚等措施是其一次支护,钢筋混凝土等衬砌是其二次支护,加上围岩自身的支撑作用,三者均是洞室结构的组成部分,它们联合作用,互为依托,相辅相成,共同维系着洞室群围岩的稳定和结构的安全,这种略偏保守并带有多种保护性工程措施的洞群设计实施方案,在水库蓄水运用过程中,其整体稳定与安全是有保证的。

第六章　孔板消能泄洪洞的设计与研究

第一节　孔板消能泄洪洞的提出

孔板消能泄洪洞（简称孔板泄洪洞）是小浪底工程泄水建筑物的核心。利用导流洞改建为枢纽的永久泄洪洞，是小浪底工程总布置的特点之一。

小浪底水利枢纽的总体布置受黄河复杂的水文、泥沙特性影响，也受坝址区复杂的地形和工程地质条件制约，在拦河坝的坝型确定为堆石坝后，泄洪和导流建筑物只能以泄洪洞为主，且只能布置在左岸相对单薄的山体内。按施工规划要求，导流期的第一年，施工围堰挡水，拦洪库容大于 4 亿 m^3，一旦围堰失事，对下游的危害将是非常严重的，因此小浪底工程的施工防洪标准按百年一遇洪水设计。根据百年一遇洪水的洪峰流量和洪量，要求导流建筑物有下泄流量 8 270m^3/s 的能力，据此对导流洞的数量和直径进行了大量的方案比较，最终选择了洞径 14.5m 的 3 条导流洞方案，其中 1 号导流洞进口高程设在 132m，2、3 号导流洞进口高程为 141.5m。

根据枢纽泄水建筑物总布置的基本要求及地形、地质条件，永久泄洪、排沙、发电建筑物只能集中布置于坝址左岸风雨沟东侧 F_{236}、F_{238} 断层以北约 300m 的范围，三条导流洞也只有布置在永久泄洪、排沙、发电洞群的左岸山体内。但该区域存在对工程很不利的地质问题。

（1）为不影响泄洪、排沙、发电进水塔基础（高程 171m）的稳定和为施工永久塔架所必需的施工平台（高程 175m），导流洞的进口必须选在永久塔架上游 25m 以上，而此处正是 F_{28} 大断层（风雨沟）和多条分支断层的交会地带，形成扫帚形的岩石破碎带，作为 45m 高的塔基础显然不合适。

（2）为不干扰永久泄洪、排沙洞和出口消能设施的布置和设计，也不削弱左岸山体的稳定，导流洞轴线需与永久泄洪、排沙洞轴线保持平行，但隧洞所处的地质条件在上游段为 F_{236}、F_{238} 及其分支断层破碎带，属Ⅳ、Ⅴ类围岩，沿洞线长度约 100m；在 F_{236}、F_{238} 断层以南的山梁受黄河、风雨沟、翁沟等切割，三面临空，岩层风化卸荷强烈，透水性强，属Ⅲ、Ⅳ类围岩。所以，3 条导流洞（开挖直径达 17m 左右）若布置在Ⅲ、Ⅳ、Ⅴ类围岩中，不仅施工开挖困难，而且有相当大的工程量属水下开挖，增加了施工难度，施工临时支护工程量大，仅 3 条导流洞的投资就达数亿元。

（3）为不影响大坝下游坝踵和左岸山体压戗，消力池同样要设在永久消力塘的右侧，因消力池的深挖，不仅要形成开挖高边坡，而且将使含有泥化夹层的 $T_1^{5\text{-}3}$ 岩层形成断脚，对山体和边坡稳定不利。

另外，导流洞进口南移后，距离岸边较近，且因引渠高程很低（高程 132m），将影响到截流戗堤的布置和利用黄河泥沙淤积作为天然防渗铺盖的可靠性。如果导流洞必须设在该区，不仅施工难度很大，而且建设费用昂贵；导流任务完成后，如果即被废弃不重复利用，根据水库防洪运用要求，还要增建与其规模相当的 3 条泄洪洞，不仅增加工程投资，而且将给枢纽总布置带来极大困难。

因此在充分分析了小浪底坝址区的自然条件后，对 3 条导流洞在完成导截流任务后的重复利用问题成为枢纽总体布置的核心，在各设计阶段先后探讨和研究了在进水口修建一个内径 90m 的圆塔方案，以及导流洞改建为发电洞、排沙洞或泄洪洞的可能性，并进行了大量的方案比较，得出如下结论。

（1）在进口设内径 90m 的圆形进水塔，在塔体四周对称布置双层进水口，利用水流对冲和圆塔内水垫进行消能，消能后的水流进入与塔体相连的两条导流洞，然后排往下游。利用这两条导流洞建造如此规模的大圆塔不仅代价巨大，而且施工难度很大，给其他隧洞进口的布置带来很大困难，对进水口的防泥沙淤堵也不利。因而该方案被否定。

（2）导流洞改建为发电洞，存在两个问题：①进口必须抬高至 190m 或 195m 高程，否则将引进大量粗沙；②涉及厂房同其他泄洪、排沙洞的矛盾，难以协调。因此，该方案也被放弃。

（3）导流洞改为排沙洞有两种方案，一是进口抬高后用龙抬头方式接导流洞，采用明流方式排沙；二是进口抬高后用龙抬头方式接导流洞，在尾部设工作闸门，采用压力流方式排沙。这两种方案都存在很明显的缺点：①大直径导流洞改成排沙洞，泄放小流量（库水位 220m 时，泄量 500m^3/s），很不经济；②龙抬头明流方式排沙还存在高水头（140m）、高流速（50m/s）、高含沙水流对隧洞衬砌特别是龙抬头段的气蚀、磨损问题，安全运用可靠性差；即使采用龙抬头压力流方式排沙，能避免龙抬头段的高速水流问题，但工作门后的高含沙量、高流速水流仍不能避免；③因排沙洞泄量小，为满足库水位 220m 时能下泄 7 000m^3/s 流量，需另设 3 条大直径的泄洪洞，显然是不合理的。基于上述原因，放弃导流洞改建为排沙洞的设想。

（4）导流洞改为泄洪洞，有两种改建方式：一是抬高进口高程，以明流龙抬头方式连接，同样在龙抬头段存在含沙高速水流问题，也因运用可靠性差被放弃；二是抬高进口以压力流龙抬头方式连接导流洞，这样仍不能避免下游压力洞段的高水头及含沙高速水流问题，特别是在左岸山体防渗帷幕下游的高压洞段，上覆岩体厚度变化大，且含有泥化夹层，若有压力水渗入岩层，对山体的稳定很不利。因此，在重复利用导流洞时，需在防渗帷幕线下游布置工作门闸室，将压力洞限制在帷幕上游，工作门后为明流泄洪洞。

为降低工作门后的流速，在中美联合设计中，首次提出利用孔板环在洞内消能的设想。随着小浪底工程设计阶段的深入，设计单位结合黄河多沙的特点，进行了十多年的孔板消能泄洪研究。就研究方案，曾历经 5 级孔板（无中闸室）方案、龙抬头方案、洞身降低和设出口堰方案、4 级孔板（带中闸室）方案以及 3 级孔板（带中闸室）方案等。最终推荐压力洞段内设 3 级孔板环作为消能的实施方案。在库水位 275m 时，水流经过 3 级孔板环后，约可消煞 60m 水头，使工作门后流速由 47m/s 降至 35m/s 左右，高流速等问题拟采用工程措施和抗磨材料应对。在设计过程中进行了大量清浑水常规水力学和减压箱模型试验，使孔板消能机理、孔板的空化问题以及诱发振动等一系列重大问题得到解决，并成功解决了高含沙水流消能和模型相似率的问题。碧口排沙洞增建 2 级孔板的中间试验，为最终决策小浪底利用导流洞改建孔板泄洪洞起到了决定作用。采用多级孔板消能技术可有效地消煞水头，减小流速，解决了中间闸室后的突扩突跌的水流掺气减蚀问题和含沙高速水流对结构过流面的磨蚀问题。

小浪底水利枢纽主体工程于 2001 年底全面建成并投入运用。在 2000 年 4 月 25 ~ 27 日，1 号导流孔板消能泄洪洞进行了首次原型泄流观测试验，当时库水位 210.21m（平均值），工作门全开，泄量 1 200 ~ 1 300m^3/s，连续泄流近 24 小时。同年 11 月，当库水位上升到 234m 时，1 号孔板泄洪洞进行了第二次原型泄流观测试验。2002 年 7 月 ~2003 年 9 月，2、3 号孔板泄洪洞投入泄洪和调水调沙运用共 117 小时，实际运用水头约 120m。2004 年 6 月 20 ~ 21 日，2、3 号孔板泄洪洞在库水位 246.5 ~ 248.0m 的情况下再次进行了全面的现场原型泄流观测试验，包括 2、3 号孔板泄洪洞同时过流的振动试验。这些试验针对长期以来国内外专家十分关注的孔板消能效果、水流空化、脉动水流诱发衬砌结构及围岩的振动、中闸室出口水流的掺气及空腔负压、闸门开启过程的流激振动以及孔板环及衬砌结构应力等问题取得大量数据。专家认为，原型泄流观测取得了重要的有科学价值的成果，对长期有争议的孔板消能泄洪洞洞内消能方式的主要问题有了明确或比较明确的结论，对小浪底孔板泄洪洞的安全运行和推广导流洞改建成孔板消能泄洪洞均有指导意义和重要参考价值。

3 条由导流洞改建的孔板泄洪洞纵剖面图见图 6-1-1。

第二节　内消能工在水利工程中的应用

对于高水头、大流量泄水建筑物，特别是利用导流洞改建为泄洪洞，由于泄洪洞高程低、落差大、洞内流速高，为防止高速水流引起空蚀、含沙水流引起磨蚀，以及下游消能的问题，常采用洞内消能措施。到目前为止，主要采用的洞内消能形式有：在进水口设进水塔，利用水流对冲消能；进口设置涡旋竖井消能；洞内设置洞塞消能；洞内设置多级孔板消能等。

20 世纪 50 年代国内和国外就有利用洞塞在压力洞内进行消能研究，并称为压力消能工，其典型布置见图 6-2-1。

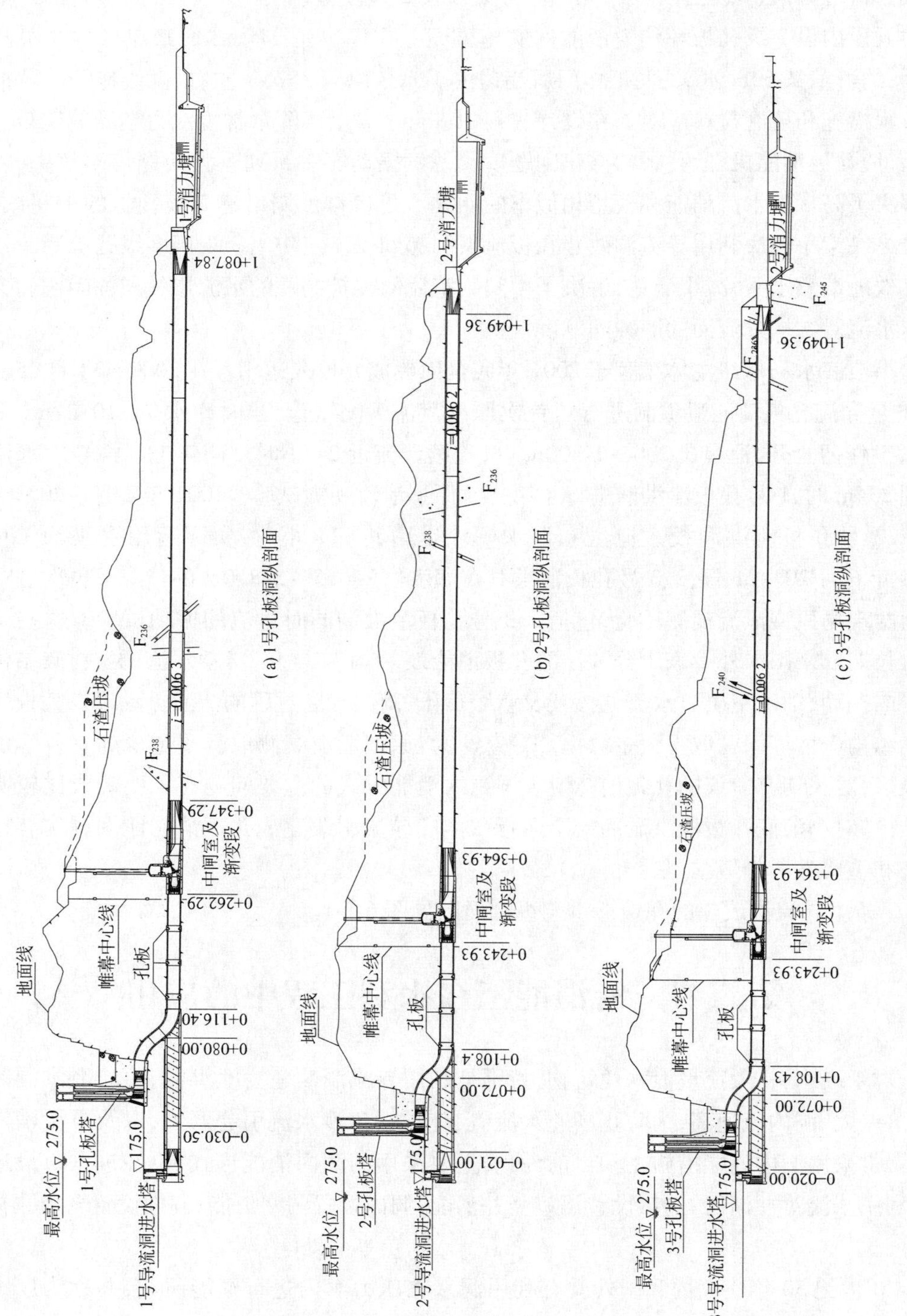

图 6-1-1　小浪底水利枢纽孔板泄洪洞纵剖面图　（单位：m）

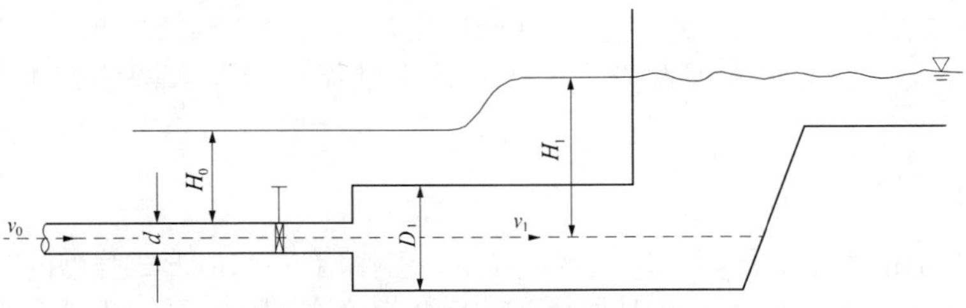

图 6-2-1　典型压力消能工示意图

这种消能工的工作机理是利用水流的突扩形成水流的紊动掺混等作用，实践证实其消能效果十分显著，但是所带来的空化、振动等问题难于克服。如果以突扩流速所引起的初生空化为控制标准，则消能率大为减弱，不能充分发挥消能工的作用，所以压力消能工是很难控制的。

一、圆塔溢流及水垫塘式混合消能工

圆塔溢流及水垫塘式混合消能工的工作机理是在泄洪洞的进口设圆塔，塔内对称布置多层进水口，塔底为水垫塘，泄洪时多层进水口对称开启，孔口射流，水舌冲撞消能后落入水垫塘内，水流在水垫塘内旋滚再次消能后进入泄洪洞，见图 6-2-2。印度尼西亚苓塔龙河上查蒂努赫工程，进口设直径 95m、高 180m 的圆塔，经消能后，100m 水头的水流流速可降到 20m/s 左右，然后进入原马蹄形导流洞内。

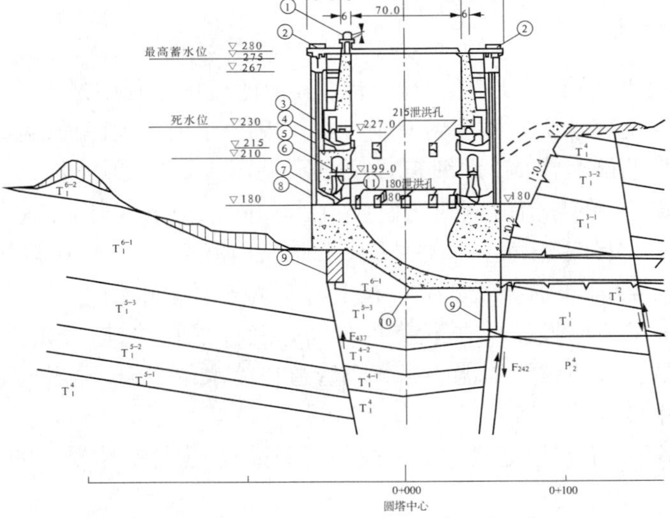

①—30T门机；②—500T台车式启闭机；③—100/80T油压启闭机；④—215泄洪孔弧形工作门4m×32m；⑤—215泄洪孔事故检修闸门5m×7m；⑥—150T油压启闭机；⑦—180泄洪孔弧形工作门4m×37m；⑧—180泄洪孔事故检修门5m×8m；⑨—帷幕灌浆；⑩—排水廊道；⑪—200T油压启闭机；⑫—10m×14m压力泄洪洞；⑬—通气孔；⑭—5m×6m交通洞；⑮—启闭机室；⑯—10m×9m弧形工作门；⑰—2m×75T门机

图 6-2-2　圆塔溢流及水垫塘式混合消能工　（单位：m）

小浪底工程在初设阶段也进行过在导流洞前增设大圆塔进口，采用对冲及水垫塘消能的大型试验研究工作。大圆塔直径分别为 180m 和 90m 两种。把泄洪、排沙、发电进水口分三层分别对称布置在 180m 大圆塔筒壁的不同高程，6 台机组的水电站厂房沿圆周布置在 180m 大圆塔的底部，而在直径 90m 的大圆塔内布设电站厂房。各层孔口泄流时，利用水流对冲在塔内首次消能。对冲后的水流落入塔内水垫塘掺气翻滚、旋转进行第二次消能。145m 落差的水流经二次消能后，在圆塔出口进入导流洞的控制闸门处其流速降至 20m/s，消能效果十分显著。但此方案由于黄河泥沙淤积以及大圆塔施工工期较长等原因而被舍弃。

二、涡旋竖井消能工

涡旋竖井消能工主要是利用建筑物对水的导引作用，在洞内形成强烈的旋涡流，使水流作大范围的螺旋运动并大量掺气，从而可有效地减小流速，消减能量、减轻下游的消能负担。利用涡旋水流消能的水工泄水建筑物，常由进水道、起旋装置、消能井（室）和出水洞四部分组成，而出水洞常常利用施工导流洞。如印度的切里（Tehri）水利工程竖井溢洪道（水头 207m）；苏联罗贡水电站（水头 200m、泄量 2 500m^3/s）都是采用旋转消能方式，消能率可达 80%以上。我国正在施工中的沙牌水电站 1 号泄洪洞系由施工导流洞改建而成。其旋涡式竖井溢洪道主要由压力短进水口、引水道、涡室、竖井、放水洞以及出口挑坎等建筑物组成。模型试验证明，竖井消能率可达 80%，放水洞内的最大流速可控制在 20m/s 以下。拟建中的黄河古贤水利枢纽泄洪洞也采用该消能工。按照设计方案，该工程在施工期有两条导流洞（断面为城门洞型、结构尺寸 $B \times H = 13\text{m} \times 17\text{m}$）参与泄洪，根据枢纽的布置要求，将导流洞改建为旋流竖井式永久泄洪洞。整个改建工程由有压段进水口、引水道、1/4 椭圆形衔接段、涡室、竖井、消力井及部分原导流洞段组成，设计水头 200m、泄量 1 360m^3/s。根据水工模型试验，导流洞段通过涡室—竖井内消能系统的消能，导流洞内流速较引水道内流速大为减小，由 34.56 m/s 降至 21.90m/s，消能率达 84%以上。

三、洞塞消能工

洞塞消能工的研究始于 20 世纪 60 年代，其消能机理是利用过水面积突然缩小和突然扩大产生巨大的局部水头损失达到消能目的。1973 年加拿大建成的买加（Mica）坝，其泄水底孔属于压力消能泄洪洞，详细布置示意图见图 6-2-3。买加坝共设置两条泄水底孔，是利用直径 13.7m 的导流隧洞改建而成，在 180m 水头下，洞内流速将达到 52m/s 左右。为了降低流速，设计利用突扩原理，采用了有压消能工，在洞内修建两段混凝土塞，间隔 104m，上游塞长 49m，下游塞长 37m。在上游塞内安装三根钢管，按“品”字摆列，各由两扇 2.3m×3.5m 平板门控制。在下游塞内也有三根钢管并排，分别由一个闸门控制。水流进入两塞间的扩大段掺混消能。当 3 个管道在库水位 707m 全开时，约有 370MW 的能量将在扩大段中被消除。

根据比尺 1:57 的上游堵塞段和扩大段的模型试验，衡量空化发生的可能程度的指标是空化数

$$\sigma_i = \frac{H_2 - H_v}{H_1 - H_2} \tag{6-2-1}$$

式中 σ_i——初生空化数；

H_2——在扩大段下游端的压力水头，m；

H_v——蒸汽压力，m；

H_1——水流进入扩大段时的总水头，m。

扩大段采用混凝土衬砌，水流在其内消能时要保证衬砌不发生空蚀破坏。当射流进入扩大段内，周围压力很低时，在旋涡内将形成气囊，气囊随后在高压区溃灭。如溃灭远

离混凝土衬砌部位,则不会发生空蚀危害。设计扩大段空化数大于相应的初生空化数,则是安全的。买加坝泄水底孔扩大段的空化数为3,初生空化数为2.5,扩大段剖面面积较混凝土堵塞段中3个孔口剖面约大6倍。在扩大段可消能50%以上,流速可降到35m/s以下。此外在下游塞内设有2.4m×3.0m的通气洞,使自由射出的水流周边有大量掺气后再与下游洞壁接触。泄水底孔堵塞段各种管道孔布置与初生空化数关系见图6-2-4。泄水底孔最大泄量为850m³/s。

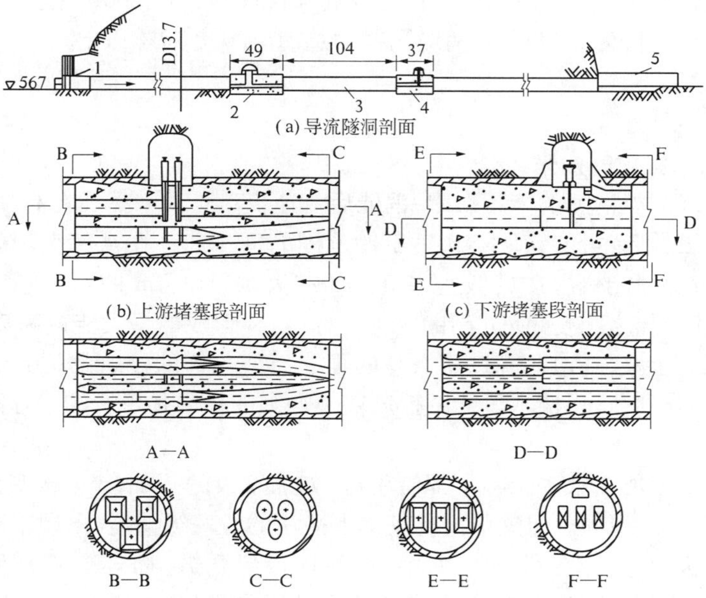

1—进口建筑物; 2—上游堵塞段; 3—扩大段; 4—下游堵塞段; 5—出口建筑物

图6-2-3 买加(Mica)坝泄水底孔布置示意图 (单位:m)

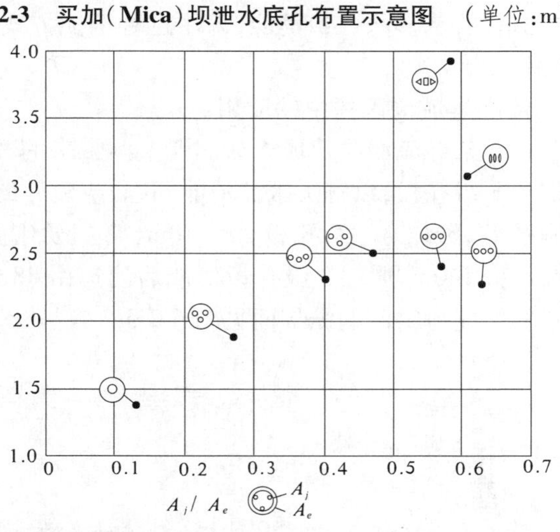

图6-2-4 泄水底孔堵塞段各种管道布置与初生空化数的关系图

从该建筑物运行情况看,消能效果明显。在堵塞段上由于体型复杂,混凝土衬砌出现过空化磨损；提高泄量后，经长期泄放，发现原破损部位维持原态，并未扩大。特别是在镶有混凝土的模型（抗蚀试验模型），在不同空化程度下试验，只有当空化非常强烈时混凝土才出现剥蚀，说明对于突扩式水流结构，只有当空化数很低时，才会引起边壁破坏。

正在设计中的溪洛渡水电站5号非常泄洪洞亦为导流洞改建而成（导流洞断面为城门洞型、结构尺寸 $B \times H = 16\text{m} \times 22\text{m}$），其消能方式也属洞塞消能。洞内设二级洞塞，洞塞孔口尺寸分别为：第一级洞塞内径 $d = 11.4\text{m}$，塞长6.0m；第二级洞塞内径 $d = 12.0\text{m}$，塞长12.0m。该电站位于金沙江干流上，非常泄洪洞设计水头约200m、泄量3 809m^3/s。水流经消能后出口流速仅为22.8m/s，两级洞塞的总消能率达79%以上。

四、孔板消能工

（一）孔板消能工概念的由来

高坝水流的单级消能消煞的能量有限，消能后流速仍然较高。然而在高坝消能中，如果把总水头分成多级，则有可能获取不超过不冲范围的低流速。在水库大坝的鱼梯设计中，就是用低水力阶梯消能概念造成低速水流的。在大约每隔4m的每个隔墙上设置一个孔，在各道墙和各个孔之间是30cm高的水力阶梯，这样形成的最大流速为2.42m/s，可使鲑鱼逐渐顶流向上游移，并由此翻过相当高的坝。类似鱼梯的建筑物用到当时压力隧洞中，在洞内设置一系列孔口，使水流速度控制在不冲蚀的标准是可行的。这种消能工即孔板消能工。

用孔口和扩散室消能在很多工程中都使用过，如加拿大的买加（Mica）坝和美国新顿彼德罗（New Don Pedro）坝等。但这些情况基本上采用的是一级消能，出现了高流速。

所谓的多级孔板消能，即在圆形压力泄水隧洞内设置几道"凸环"，将环所在断面的洞径缩小，利用水流流经"凸环"产生突缩和突扩造成的旋滚，在水流内部产生剪切摩擦，消煞大量能量，从而达到削减压力、降低流速、减小磨损的目的。"凸环"被称为"孔板环"，这种洞内消能方式被称为多级孔板消能，采用这种消能方式的泄洪洞称为孔板消能泄洪洞（简称孔板泄洪洞）。

（二）多级孔板消能在导流洞改建中的应用

为解决小浪底工程3条导流洞改建成永久的泄洪洞带来的高水头、高流速问题，在3条导流洞中分别增加了3级孔板，以解决水流消能问题，改建后的泄洪洞称为多级孔板消能泄洪洞。孔板洞洞径14.5m，第一级孔板直径10m，第二级孔板直径10.5m，第三级孔板直径10.5m。设计水头140m，通过3级孔板消能后流速由48m/s降低到35m/s以下。导流洞改建为多级孔板消能泄洪洞的纵剖面见图6-2-5。

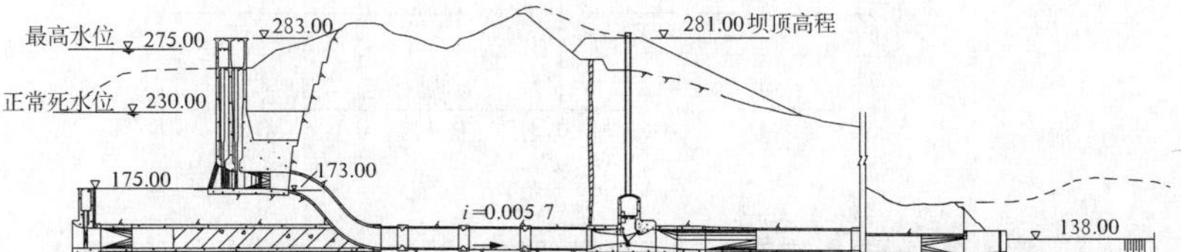

图6-2-5 导流洞改建为多级孔板消能泄洪洞的纵剖面图 （单位：m）

第三节　孔板消能泄洪洞方案论证

在对导流洞改建为永久泄洪洞的洞型选择中，曾先后提出了常规明流泄洪洞、压力泄洪洞、大圆塔明流泄洪洞、多级孔板消能泄洪洞等多种方案，经过大量的方案比较、论证和试验工作，最终选定导流洞的改造采用既能降低洞内流速又能降低内水压力的新型泄洪洞——多级孔板消能泄洪洞方案。

一、常规明流泄洪洞方案

明流泄洪洞方案是小浪底枢纽设计中首先考虑的洞型，其优点是洞内水压力小，不致影响到山体安全，而且检修条件较好。但其缺点是洞身流速高，在不利用导流洞的高位明流洞中，汛期不同库水位泄流时的流速为26～38m/s，已远大于三门峡泄水底孔18m/s的流速，如果不采取措施，将导流洞改建为常规的明流泄洪洞，洞内流速将高达48m/s，如此高速含沙水流对建筑物的磨蚀是很严重的，国内外尚无成熟的抗磨实践经验。

二、压力泄洪洞方案

压力泄洪洞方案的优点是可以在出口设闸室，控制洞内流速，但压力洞难以保证混凝土衬砌不开裂，而小浪底工程地质条件较差，岩石覆盖较薄，节理裂隙发育，且存在多层倾向下游的泥化夹层。衬砌开裂，则高压内水外渗对围岩及山体稳定不利，构成潜在威胁。如果采用多层复合衬砌，用薄钢板作为衬砌中间层起防渗作用，这样不仅造价高，而且施工程序多，干扰大，施工期长。此外，压力洞出口仍有相当长的明流段，同样存在高速含沙水流磨蚀的问题。

三、大圆塔明流泄洪洞方案

大圆塔明流泄洪洞方案是在隧洞的进口设大圆塔，沿大圆塔周边设对称布置的进水口，水流在大圆塔经过对撞消能后跌入圆塔的水垫进一步消能，可降低塔后明流泄洪洞内的流速，从而减轻高速含沙水流对混凝土衬砌的磨蚀。但大圆塔工程量较大，一个塔的混凝土方量达7 000m^3，且仅能改造2条导流洞，另1条导流洞仍要被废弃，因此还需另外布置明流洞。

四、孔板消能泄洪洞方案

重复利用导流洞，将其改建为永久泄洪洞，无论是采用压力泄洪洞，还是明流泄洪洞，都因不能彻底解决高水头、高速水流及其严重磨蚀的问题而舍弃。美国柏克德公司的同行们在大圆塔明流泄洪洞分级消能的基础上，提出在泄洪洞内采用多级孔板环消能（简称孔板消能）形式的设想，并进行了简单的水工模型试验。在1984年9月～1985年10月，黄委会设计院与美国柏克德公司联合进行小浪底工程轮廓设计期间，该设想被采纳，后由黄委会设计院进行深入研究和改进工作，最终确定了多级孔板环消能泄洪洞（简称孔板泄洪洞,亦称孔板洞)方案。

对孔板泄洪洞经过多方案比较和科学试验,特别是利用碧口水电站排沙洞增建 2 级孔板进行小浪底工程孔板泄洪洞的中间试验,长期的多项试验及研究表明,小浪底工程利用导流洞改建成多级孔板泄洪洞方案在技术上是可行的,经济上是合理的。

1989 年 1 月 27 ~ 28 日,水利部水电规划设计院在北京召开黄河小浪底工程泄洪方案优化设计审查讨论会,对泄水建筑物总布置优化设计进行了审查,水规(1989)第 5 号文《关于黄河小浪底水利枢纽泄洪方案优化设计审查讨论会纪要的函》指出"黄委设计院在工程初步设计的基础上……对枢纽布置进一步进行了优化,使枢纽布置更加合理,与会专家比较满意。""基本同意枢纽的泄流设施由 3 条导流洞改建的孔板泄洪洞、3 条明流泄洪洞、3 条排沙泄洪洞,以及正常溢洪道、非常溢洪道等建筑物组成……"

多级孔板消能泄洪洞方案,从开始提出到最终形成,经历了数十次的修改过程,可综合归纳为以下 3 个主要研究方案。

(一)小圆塔进口多级孔板消能泄洪洞方案

1985 年 1 月,在中美联合设计第一次咨询会上,提出了小圆塔进口 5 级孔板消能方案(见图 6-3-1)。小圆塔分两层对称布置进水口,进口高程分别为 175m 和 190m。试验表明,多级孔板消能效果显著,在 275m 库水位时,5 级孔板可消煞水头 100m,大幅度降低了洞内压力和流速。但是小圆塔进口由于侧向引水造成不对称的淤积,使建筑物的正面与侧面出现了许多复杂的旋涡和回流,进流条件极差。同时,圆塔内也出现涡流,对垂直弯段内流速分布有较大影响,导致高流速靠近边壁,不利于控制磨损。而且小圆塔的稳定不易满足,因而小圆塔进口方案被否定。

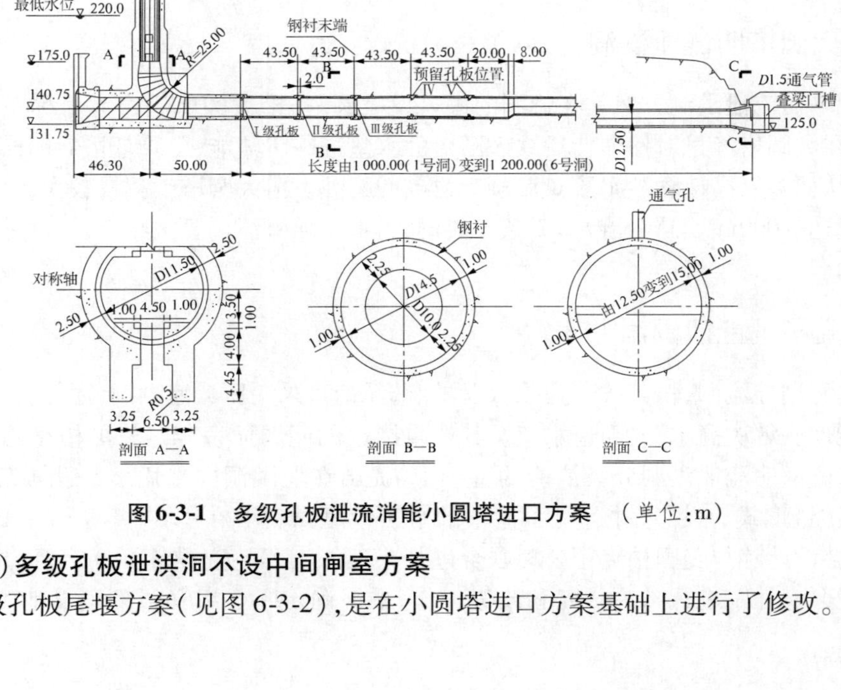

图 6-3-1 多级孔板泄流消能小圆塔进口方案 (单位:m)

(二)多级孔板泄洪洞不设中间闸室方案

多级孔板尾堰方案(见图 6-3-2),是在小圆塔进口方案基础上进行了修改。改小圆

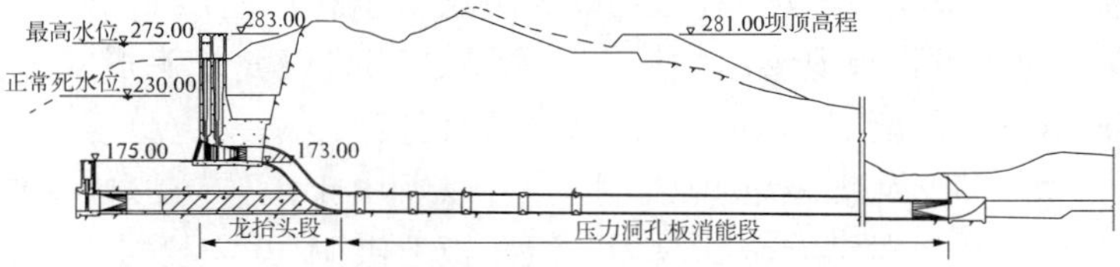

图 6-3-2 中美联合设计推荐的多级孔板尾堰方案 (单位:m)

塔进口为"龙抬头"正面进水,"龙抬头"进口高程为175m。为避免末级孔板产生空化和库水位200m时洞内明满流的过渡状态,将导流洞洞身下卧,使进口高程与出口高程均为122.1m,出口设高尾堰,堰顶高程为157.5m。但该方案存在以下主要问题:

(1)工作闸门布置在进口,工作门开启时,水流直冲上弯段管壁,负旋滚水流冲击闸门等;

(2) 洞身高程较低,给施工和检修均带来一定困难;

(3)尾堰高达35.5m,比下游水位高20m,不仅布置上不合理,还人为造成尾堰上水位抬高,增加了下游消能的负担。

(三)多级孔板泄洪洞设中间闸室方案

针对尾堰方案的缺点,取消尾堰和1级孔板,在第4级孔板段后设中间闸室,将进口工作闸门设在中间闸室,见图6-3-3。

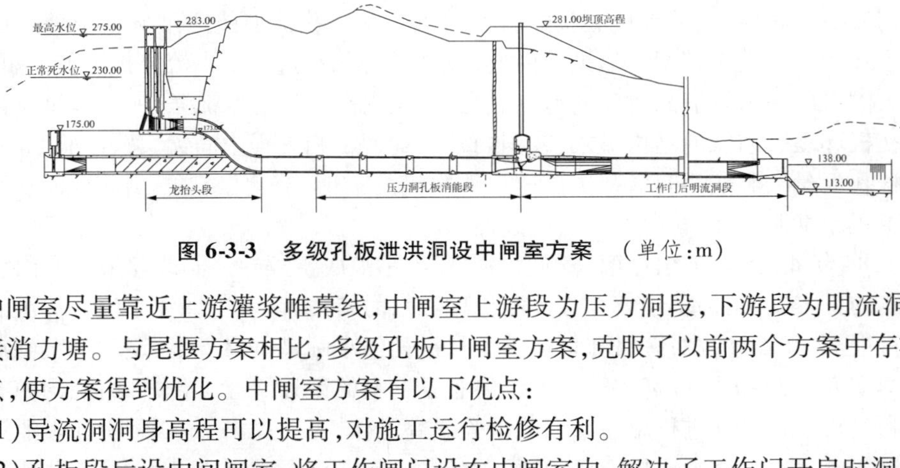

图 6-3-3 多级孔板泄洪洞设中闸室方案 (单位:m)

中闸室尽量靠近上游灌浆帷幕线,中闸室上游段为压力洞段,下游段为明流洞段,出口后接消力塘。与尾堰方案相比,多级孔板中闸室方案,克服了以前两个方案中存在的各种缺点,使方案得到优化。中闸室方案有以下优点:

(1)导流洞洞身高程可以提高,对施工运行检修有利。

(2)孔板段后设中间闸室,将工作闸门设在中闸室内,解决了工作门开启时洞内明满流过渡流态、水流冲击闸门等问题,并可用门孔面积控制孔板段压力,避免孔板空化。

(3)由于中间闸室靠近灌浆帷幕,使压力段处于防渗帷幕的上游,简化了隧洞衬砌设计与施工。

(4)中闸室部位设置通气井,利用闸门孔口下游边墙和底板的突扩和突跌,可对闸后高速水流进行掺气,减少负压和避免空蚀。

基于上述研究成果,1989年4月提出的黄河小浪底水利枢纽总布置方案优化报告确定采用3条直径14.5m的导流洞,其中1条低位导流洞进口高程为132m,出口高程为126m;2条高位导流洞进口高程为141.5m,出口高程为135.5m。完成导流任务后,3条导流洞相继改建为 3 条多级孔板泄洪洞,即相应为 1 条低位孔板泄洪洞、2 条高位孔板泄洪洞。由导流洞改建的 3 条孔板泄洪洞的进口高程为 175m,以龙抬头形式连接导流洞,龙抬头段洞径 12m,至下弯段渐变为 14.5m,与导流洞相接。

1990 年 8 月,由于需要增加孔板泄洪洞泄量,以及由于山体防渗帷幕位置的限制等原因,决定将 3 条 4 级孔板泄洪洞全部改为 3 级孔板泄洪洞,并需要对 3 级孔板泄洪洞的不同方案孔板的消能效果,不同方案孔板的空化性能,不同方案孔板的消能、空化和闸孔出口面积的相互协调,中间闸室不同运行方式的变化性能及中间闸室的体形和水流流态等进行重点研究。

初步设计确定了多级孔板泄洪洞中间闸室方案后,在优化设计、招标设计和施工图设计中,随着科学试验研究的深入和对多级孔板消能以及由此引发的其他技术问题得到了进一步解决,使设计建立在可靠的基础上。

第四节　孔板消能泄洪洞的科学研究

由 3 条导流洞改建而成的 3 条孔板泄洪洞,是小浪底水利枢纽的主要泄水建筑物,最高运用水头为 133.5 ~ 143.0m,单洞最大泄量 1 600 ~ 1 700m^3/s,汛期平均含沙量约 50kg/m^3,中闸室孔口流速高达 35.0m/s 以上。为了解决高压力、高速含沙水流及磨蚀问题,采用了在洞内设多级孔板,利用水流流经孔板时突缩和突扩造成的旋滚,在水流内部产生剪切摩擦与碰撞,消煞大量能量的新型泄洪洞——孔板消能泄洪洞。国外虽已有类似消能形式的工程实例证明在泄洪洞内通过采取结构措施,利用水流突扩消能是可行的,如加拿大的买加坝由导流洞改建的泄流底孔,但是在高含沙量水流条件下,泄洪洞内采用多级薄孔板环逐级消能的结构形式,在国内外大中型水利工程中尚无实践经验。因此,小浪底工程孔板泄洪洞能否有效解决高速含沙水流的消能、空化、磨蚀及结构振动问题,是小浪底工程泄洪洞设计、科研的一大挑战性课题。

自 1984 年 4 月,美国柏克德公司第一次提出小浪底工程导流洞改建采用洞内设多级孔板消能的方案以来,为了了解孔板消能机理和水力特征,以及论证在小浪底泄洪洞中运用的可行性,黄委设计院对多级孔板泄洪洞从最初的小圆塔进口方案、尾堰方案到最终确定的中闸室方案,各个阶段都进行了大量的布置方案的设计研究工作,并组织国内有关科研单位和院校配合设计进行了一系列的试验研究工作,先后提出了 60 多份孔板泄洪洞的试验成果报告。这些试验成果不仅验证了设计布置方案,更为孔板泄洪洞的设计提供了依据,使孔板泄洪洞的设计自始至终建立在科学的基础上。

一、孔板泄洪洞主要研究课题

(一)主要研究课题

为了掌握和解决泄洪洞内利用孔板消能可能引发的各种问题,并为设计提供可靠的设计依据,在小浪底工程孔板泄洪洞的设计过程中,开展了大量的试验研究工作,研究的主要课题有以下几个方面:

(1)清、浑水条件下,孔板消能的效果及消能特点。

(2)孔板消能的脉动压力分布规律、频率和强度。

(3)孔板消能的空化问题。

(4)多级孔板的布置、结构形式以及抗磨蚀的保护措施。

(5)孔板消能诱发振动以及衬砌结构和围岩的振动反应等。

孔板泄洪洞的科学研究工作主要通过室内模型试验进行,包括常规模型试验、减压箱模型试验和气流模型试验等,所有试验模型都是按照重力相似准则设计的。为了研究模型与原型的比尺效应,还利用碧口水电站排沙洞增建2级孔板进行现场中间试验和室内模型试验的对比研究,直接建立了模型试验与原型的对照关系,从而使孔板泄洪洞设计建立在试验论证充分、技术先进、安全可靠的基础上。

(二)研究工作过程

从1984年4月到2002年,在长达18年的时间内,从可行性研究、初步设计到招标设计和施工图设计,孔板泄洪洞的设计一直在不断优化,科学研究工作也在不断深入。参加试验研究的单位主要有黄委会水利科学研究院(所)、中国水利水电科学研究院、南京水利水电科学研究院、中国船舶研究中心、清华大学、天津大学、大连理工大学、四川大学、长江科学院、淮委水利科学研究院等科研单位及高等院校。关于孔板泄洪洞和孔板消能技术的研究工作大致可分为三个阶段。

1. 孔板泄洪洞可行性研究阶段(1984.4～1986.12)

此阶段主要针对小圆塔进口、洞内设5级孔板的布置方案(简称小圆塔进口方案)和龙抬头进口、洞内设4级孔板、出口设尾堰的布置方案(简称尾堰方案)进行室内科学试验及数值计算分析等,提出科研报告26份。

2. 孔板泄洪洞的初设方案研究(1986.12～1989.6)

本阶段在对可研阶段的多级孔板泄洪洞尾堰方案的研究分析基础上,提出了多级孔板泄洪洞中闸室布置方案,该方案的主要特点是:取消出口高尾堰,在防渗帷幕的下游侧设置工作门闸室(称中闸室),中闸室上游为压力洞,设置4级孔板;中闸室下游为明流洞。这样充分发挥两种洞型的优势,减少衬砌的工程量。在本阶段,配合设计工作的进展,对中闸室方案进行了水力学模型及空化等试验研究。为了验证模型和原型的对应关系,1987年利用碧口水电站排沙洞增建两级孔板进行小浪底孔板泄洪洞中间试验研究。本阶段主要试验研究工作见表6-4-1。

在这一阶段中,各科研单位根据设计布置的4级孔板及中闸室设计方案,对孔板泄洪洞的时均压力、脉动压力、水流流态、流速分布、空化特性、消能效果及诱发振动等问题进行了深入的研究,得出了明确或较为明确的结论。本阶段提出有关科研报告20多份。

3. 孔板泄洪洞招标及施工设计阶段研究(1989.7～2002)

在招标设计阶段,随着设计的不断深化,对孔板泄洪洞进水塔(简称孔板塔)的布置进行了调整,龙抬头的位置后移,而中闸室的位置受大坝帷幕的限制,不能后移,因此中闸室前的压力洞段长度只能布置3级孔板。曾设想在龙抬头斜直段布置1级孔板,经过多种方案的论证,在龙抬头段布置孔板,不仅使龙抬头的流态大为恶化,而且影响压力洞段的流态和孔板的空化数,所以放弃了在龙抬头段布置孔板的方案,最终选定了3级孔板中闸室方案作为招标设计的孔板泄洪洞方案。经过试验验证,该方案消能效果及空化特性等基本满足设计要求。在施工图设计阶段,对孔板泄洪洞的细部结构又进行了进一步的试验论证,对中闸室的流道顶压坡、底坡及通气孔的布置、体形、尺寸等进行了优化,提出科研报告 20 多份。

表 6-4-1　孔板泄洪洞初设阶段的主要试验研究工作

序号	试验名称	试验单位	比尺
1	多级孔板压力段后接明流洞方案的水工模型试验	清华大学、黄委会水科所 黄委会水科所 黄委会水科所	1:60 1:30 1:70
2	孔板泄洪洞消能空化试验	大连理工大学	1:70 1:35
3	多级孔板泄洪洞初生空化比尺效应试验研究	大连理工大学	
4	多级孔板泄洪洞方案对山体围岩振动影响分析	黄委会设计院	
5	碧口排沙洞增建孔板的水工模型试验	清华大学	1:28.57
6	碧口排沙洞增建孔板的空化模型试验	大连理工大学	1:18.35
7	碧口排沙洞多级孔板泄洪洞消能效果及空化特性原型观测	水利水电科学研究院	
8	碧口排沙洞孔板消能水流脉动压力及结构振动原型观测	天津大学 清华大学、黄委会水科所	

二、关键技术研究及分析

(一)孔板消能机理及清、浑水条件下的消能效果

当水流流经设在压力洞内的孔板时,发生突缩、突扩,在孔板的上、下游侧产生封闭的环状旋涡区,如图 6-4-1 所示。孔板消能是由孔板上、下游两个旋涡,特别是孔板下游旋涡的强烈紊动、掺混和水流内部的剪切作用而消煞能量。水力学模型和气流模型试验证明,当雷诺数 $Re>10^5$ 后水流达到充分紊流、孔板消能系数基本不受 Re 影响时,改变孔径比后的旋涡区长度即发生相应的变化,孔径比越小,环状旋涡区长度越长,孔板消能系数 K 越大,这进一步表明孔板消能是靠孔板后强烈紊动的旋涡流实现的。

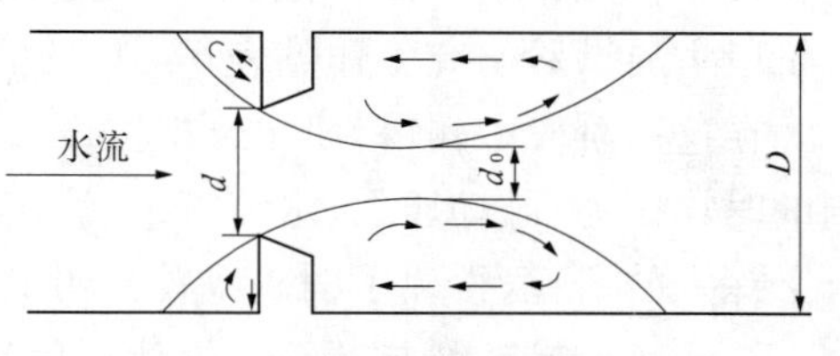

图 6-4-1　环状旋涡

大量的清水模型试验表明:孔板的消能效果显著,而小浪底工程位于黄河干流上,在

浑水条件下，孔板的消能效果如何，更是人们关心的问题。为此，在常压模型上利用黄河花园口滩地泥沙进行了含沙量从 100kg/m^3 至 545kg/m^3 的试验，并利用碧口排沙洞增设两级孔板进行现场清、浑水（含沙量 21～593kg/m^3）试验，证实当水流达到充分紊流区后，即雷诺数 $Re>10^4$ 时，孔板消能系数 K 值接近为常数，不再随雷诺数变化而变化，且清、浑水试验的消能系数、泄量、脉动压力及水流流态都基本相同，含沙量的影响不明显。

（二）孔板泄洪洞消能室的流态、流速、压力分布

大量的不同比尺水工模型试验的研究表明，消能室内的流态、流速和压力变化的规律是一致的。

1. 流态和流速分布

从气流模型、常压水工模型上，可以清楚地显示出高速水流的主流位于隧洞的中心部位，水流流经孔板孔口时，流体收缩，在孔缘后射流继续收缩，在孔板下游（0.3～0.5）D 处形成最小收缩断面，而后射流开始扩散，直到流体扩展到隧洞全断面，这个全断面的位置随孔板泄洪洞的流量变化而变化，为（1.5～2.0）D 的位置。在孔板下游的（1.5～2.0）D 长度范围内射流体与隧洞周壁间构成封闭的环状旋涡区，所以孔板消能产生的高速水流是在水流内部，不与边壁发生直接接触，减少了高含沙量水流对流道衬砌的磨蚀。消能室内的流态及流速分布见图 6-4-2、图 6-4-3，孔板泄洪洞的流速分布见图 6-4-4。

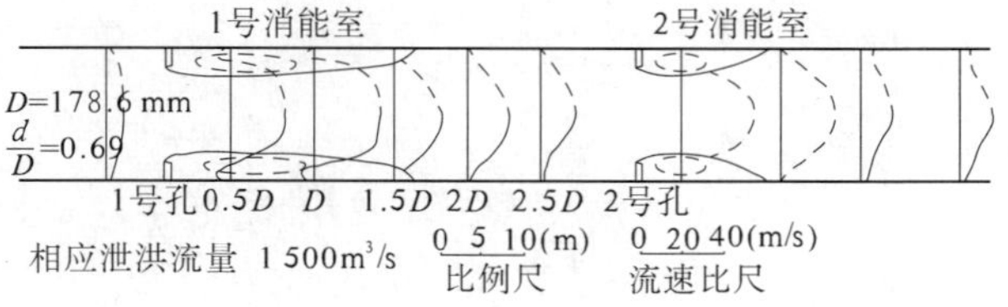

图 6-4-2 消能室流态及流速分布（气流模型）

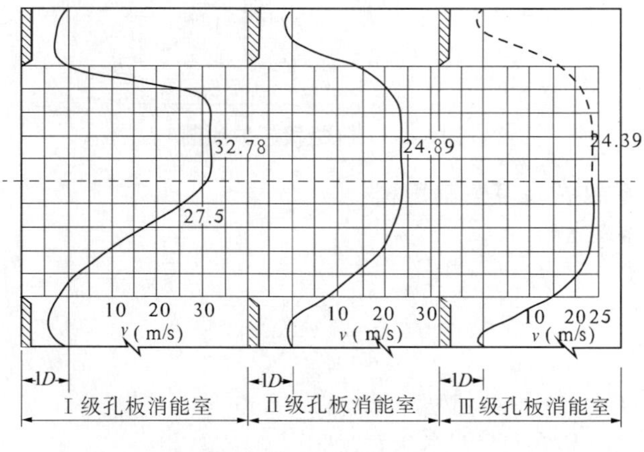

图 6-4-3 消能室流态及流速分布（水工模型）

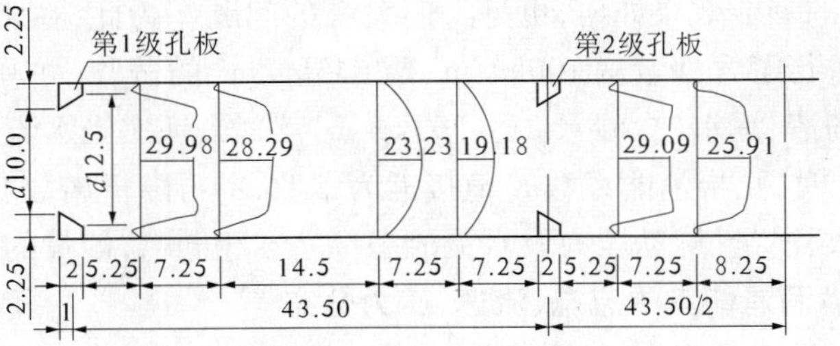

图 6-4-4 孔板泄洪洞流速分布 （流速单位：m/s，尺寸单位：m）

从上述 3 张图中可以看出：①水流流经孔板后，流速沿程得到调整，断面流速分布逐渐均化；②高流速在隧洞中心区域，隧洞边壁处流速较小，在设计条件时，边壁处流速约 10m/s；③旋涡回流是负流速区，最大负流速约为 7.0m/s，负流速区从孔板下游面向下游沿程逐渐减小，大约在孔板下游 2.5 倍洞径后，断面流速基本调整均匀。

2. 压力分布

孔板泄洪洞的压力变化同洞内的流速变化是一致的。压力分布沿程变化很有规律，如图 6-4-5 所示。在设计可能的库水位时，洞内和孔板上的压力均为正压，且各断面的压力变化是随库水位的变化而有规律变化的。在水流流经孔板时，压力显著降低，随后，压力逐渐提高，大约经过 2.5 倍洞径长度后，压力渐趋稳定。

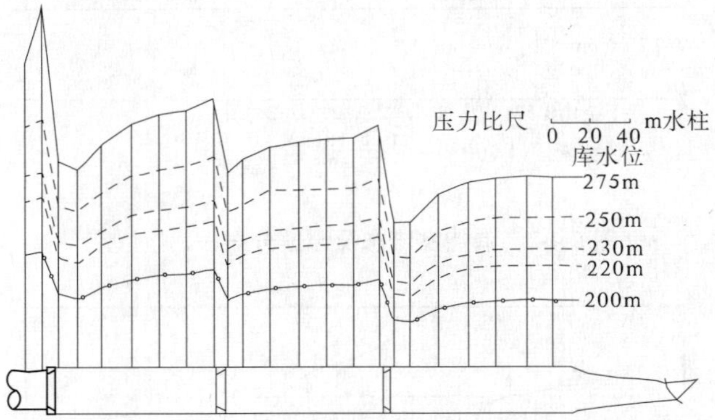

图 6-4-5 孔板段压坡线图

（三）孔板消能系数 K 及其影响因素

1. 孔板的消能系数 K

孔板消能系数表达式为：

$$K = \frac{\Delta H}{V^2 / 2g}$$

式中 $\Delta H = H_1 - H_2$；

H_1——孔板上游 0.5D、处的水头；

H_2——孔板下游 2.5D 处的水头；

V——孔板孔口处的平均流速。

大量的模型试验结果表明，小浪底工程 3 级孔板泄洪洞的消能系数如下：第 1 级孔板

孔径比 $d_1/D=0.69$，孔缘半径 $r=0.02\text{m}$，消能系数 $K_1=0.95\sim1.20$；第 2 级孔板孔径比 $d_2/D=0.724$，孔缘半径 $r=0.2\text{m}$，消能系数 $K_2=0.65\sim0.90$；第 3 级孔板孔径比 $d_3/D=0.724$，孔缘半径 $r=0.3\text{m}$，消能系数 $K_3=0.65\sim0.90$；三级孔板总的消能系数为 2.7 左右。

2. 消能系数 K 与流动特性的关系

为了研究孔板的消能系数 K 与流动特性的关系，采用了水工模型和气流模型试验。为证实气流模型试验成果的可借鉴性，在同一装置上进行了水流和气流的对比试验，试验观测点的布置和观测方法完全相同。结果表明，其试验结果的吻合性较好，利用较简单的气流模型可以进行孔板的消能特性研究。利用气流模型研究 K 和雷诺数 Re 的关系表明：$Re>10^5$ 后 K 与 Re 关系的规律性增强；当 $Re>2\times10^5$ 时，K 趋于常数。

在 1∶70 的水工模型中专门论证了 K 与 Re 的关系，得到了同样的结论：当 $Re=(2\sim7)\times10^5$ 时，K 不随 Re 变化，见图 6-4-6。

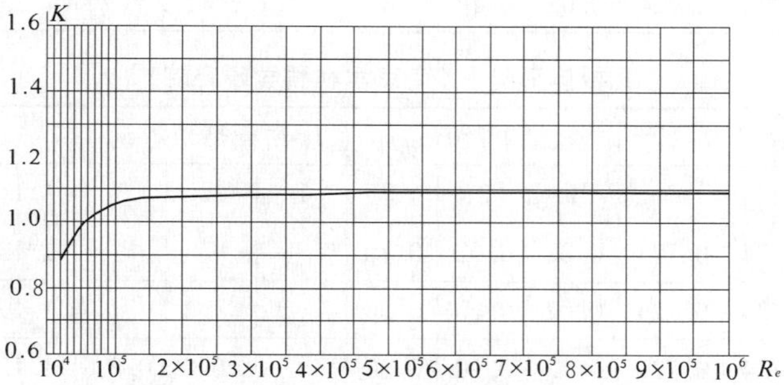

图 6-4-6　消能系数与雷诺数的关系

研究结果表明：不同孔径比的消能系数 K，当 $Re>10^5$ 后，各孔径比的 K 值变化都渐趋稳定；当 $Re>7\times10^5$ 时，不同孔径比的 K 值不随 Re 变化，为一常数。说明水流达到充分紊流区后，水流的流动特性不再影响孔板的消能系数 K。

3. 孔板的体形与消能系数 K 的关系

1）孔板的体形与 K

孔板的体形参数，即孔径比、孔板的顶圆半径（亦称孔缘半径）等对消能系数 K 均有影响。最初小浪底工程孔板泄洪洞的多级孔板采用同一体形，即孔径比 $d/D=0.689$，孔缘半径 $r=0.02\text{m}$，但在减压箱试验中发现，相同体形的孔板首先在末级孔板产生空化，而且产生空化的时间远早于第一级孔板。为了避免空化，最有效的措施是扩大孔径比，圆化孔缘，但孔板的消能系数降低，因此小浪底工程孔板泄洪洞在选定为 3 级孔板后，为了充分发挥孔板的消能作用，又避免发生空化，孔板体形的研究着重在第 2 级和第 3 级孔板，保证第 1 级孔板以消能为主，第 3 级孔板以防空化为主，第 2 级孔板二者兼顾。为达到设计要求的消能率，考虑施工方便，只将第 2、3 级孔板的孔径比进行调整，由 $d/D=0.689$ 改为 0.724，这样孔板孔口直径由 10.0m 扩大到 10.5m。在此基础上研究了孔缘形状对 K 的影响。从大量的试验发现，当改变某级孔板的体形时，该孔板的 K 值会有变化，其他孔板的 K 值同样会受影响，发生变化。1992 年，中国水利水电科学研究院、南京水利科学研究院、黄河水利科学研究院分别在比尺为 1∶40、1∶50 和 1∶60 的模型上进行了不同孔板体形的试验，试验成果分别见表 6-4-2 ~ 表 6-4-4。

尽管各单位的试验是在不同库水位、工作门孔面积和流量条件下进行的，但压力洞段的压坡线规律是一致的，仅是压力值有变化。表 6-4-2 ~ 表 6-4-4 中所列的各级孔板的 K 值是在工作门孔面积不变的条件下，不同库水位测得的该级孔板消能系数的平均值。从表 6-4-2 ~ 表 6-4-4 中可以看出：当孔径比 d/D 不变时，K 与 r 成反比。

表 6-4-2　孔板体形与 K（中国水利水电科学研究院）

参数		孔径比 d/D			孔缘半径 r(m)			上游面贴角（m）			消能系数 K		
孔板号		1	2	3	1	2	3	1	2	3	1	2	3
试验组次	1	0.689	0.724	0.724	0.02	0.02	0.40				1.190	0.893	0.530
	2	0.689	0.724	0.724	0.02	0.20	0.40		0.8×0.8		1.230	0.646	0.588
	3	0.689	0.724	0.724	0.02	0.20	0.40	1.2×1.2			1.238	0.659	0.690

表 6-4-3　孔板体形与 K（南京水利科学研究院）

参数		孔径比 d/D			孔缘半径 r(m)			上游面贴角（m）			消能系数 K		
孔板号		1	2	3	1	2	3	1	2	3	1	2	3
试验组次	1	0.689	0.724	0.724	0.02	0.02	0.40				1.130	0.843	0.765
	2	0.689	0.724	0.724	0.02	0.20	0.30				1.192	0.632	0.768
	3	0.689	0.724	0.724	0.02	0.20	0.30		0.8×0.8		1.132	0.643	0.781
	4	0.689	0.724	0.724	0.02	0.20	0.30	1.2×1.2			1.156	0.664	0.783

表 6-4-4　孔板体形与 K（黄委会水利科学研究院）

参数		孔径比 d/D			孔缘半径 r(m)			上游面贴角（m）			消能系数 K		
孔板号		1	2	3	1	2	3	1	2	3	1	2	3
试验组次	1	0.689	0.724	0.724	0.02	0.02	0.40				1.149	0.936	0.731
	2	0.689	0.724	0.724	0.02	0.20	0.30		1.2×1.2		1.139	0.681	0.759
	3	0.689	0.724	0.724	0.02	0.20	0.30	1.2×1.2			1.176	0.678	0.822

2）孔板上游贴角对消能的影响

在孔板上游角隅设置环状贴角，是由研究空化时提出的，它可以消除来流在角隅处形成的旋涡，从而消除主要的空泡源之一，故又称之为“消涡环”，同时从结构方面也使孔板断面得以加强（见图 6-4-7）。

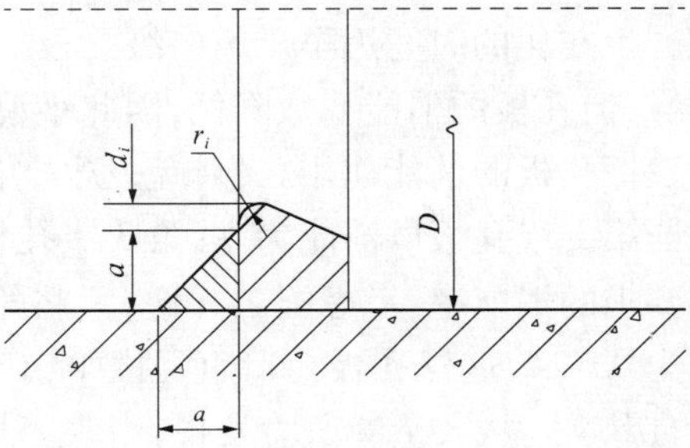

图 6-4-7　消涡环

为了解设置贴角后对消能的影响，在多个模型上进行了对比试验，保持各级孔板压力分布，求得流量系数和消能系数，见表 6-4-5。贴角采用等腰直角三角形断面，其尺寸参数用 a/h 表示，a 为直角边长、h 为孔板断面高度（$a+d_i$）。图 6-4-7 中 D 为隧洞直径。

表 6-4-5　　消能系数、总流量系数与贴角尺寸的关系

贴角尺寸 a/h	总流量系数 μ	孔板消能系数 K	
		第三级	$\sum K_i$
0	0.645 1	0.704	2.166
0.30	0.640 4	0.713	2.183
0.45	0.627 6	0.751	2.286
0.60	0.633 8	0.731	2.262
0.775	0.648 9	0.659	2.118

试验结果说明，当 a/h 从 0 增至 0.775，总泄量变化幅度仅在 4% 以下。在这较小的变化中，略显一定的规律性。当贴角的 a/h 为 0.4 ~ 0.6 时（即为孔板高度的一半左右），泄量略有下降，消能系数略有增加；当贴角尺寸进一步加大时，泄量开始加大，消能系数呈下降趋势，直至贴角与孔板内缘顶弧相切，则成为管嘴型消能工，消能系数将大大下降。当 a/h 在 0.3 ~ 0.6 时，消能系数最大增值为 7% 左右，选择贴角尺寸在此范围内较为适宜，尺寸过小，则消能作用较差，尺寸过大将降低消能效果。

小浪底工程中孔板贴角采用 $a/h=0.6$ 的尺寸，即贴角尺寸为 1.2m × 1.2m，对防止空化和保证消能效果最佳都是适宜的。

3）孔板内缘顶弧半径对消能的影响

孔板内缘上游设置圆曲线过渡对于工程应用十分必要，因为锐缘不仅对于结构抗磨蚀、抗异物撞击不利，而且从水力条件来看，虽然锐缘消能系数较高，但同时也带来孔板后较大的压力跌落，易产生空蚀破坏。

孔板内缘上游设置圆曲线过渡，比起锐缘孔板的消能系数将有明显的下降。为了研究该圆弧半径 r 对消能和流场的影响，利用小浪底工程 3 级孔板泄洪洞模型改变第 3 级孔板的 r/D，进行试验，量测水位、流量、压力分布等基本特性，求得第 3 级孔板顶弧半径参数 r/D 与总流量系数 μ 的关系以及各级孔板消能系数的变化情况，见表 6-4-6。

表 6-4-6　　消能系数、总流量系数与第 3 级孔板 r/D 的关系

第 3 级孔板 r/D	总流量系数 μ	孔板消能系数 K			
		第 1 级孔板	第 2 级孔板	第 3 级孔板	$\sum K_i$
0.001 4	0.618 4	1.053	0.686	1.039	2.481
0.006 9	0.623 4	1.078	0.677	0.918	2.394
0.013 8	0.630 3	1.066	0.685	0.829	2.299
0.020 7	0.630 8	1.096	0.683	0.731	2.263
0.027 6	0.636 8	1.076	0.677	0.657	2.177

注： 第 1 级孔板孔径比 $d/D=0.689$、$r/D=0.001\,4$、$a/h=0.6$；r 为孔板顶角半径。

第 2 级孔板孔径比 $d/D=0.724$、$r/D=0.013\,8$、$a/h=0.6$。

第 3 级孔板孔径比 $d/D=0.724$、$a/h=0.6$；a 为上游贴角的直角边长，h 为孔板断面高度。

从试验结果可见，当第 1 级、第 2 级孔板体形不变，仅改变第 3 级孔板的顶弧半径时，总泄量增大趋势是明显的，即孔口直径 d 不变，r 变大，总泄量增大，但增长幅度很小，即流量系数 μ 的变化很小。这是由于在多级孔板消能中，单级孔板体形的变化所引起的局部水头损失系数的变化在总损失中所占比例有限，因此总的流量系数变化不大。这一结论对工程设计颇有意义，设计上可以按防止空化的要求调整个别孔板内缘顶弧半径，而不至于对总泄流能力产生较大的影响。

随第 3 级孔板的 r/D 的变化，该孔板本身的消能系数的变化是较大的，对第 1 级、第 2 级孔板稍有影响。这说明孔板体形的变化主要对该孔板下游流场有影响，对上游流场影响很小。在试验范围内，r/D 从 0. 001 4 增至 0. 027 6，该孔板的消能系数下降 40% 左右。

4. 多级孔板消能系数的相互影响

高水头有压泄洪洞的孔板消能工需要采用多级，既可使每级孔板消能的负担适当，又可保证总的消能要求。

多级孔板消能工的每一级消能系数与单级孔板的消能系数有所差别，表 6-4-7 中汇集了清华大学历次孔板试验资料，可以反映多级孔板消能系数的排列组合规律，多级孔板的第 1 级消能系数比单级孔板消能系数高，有时甚至高出 20% 以上；第 2 级孔板则偏低，有时甚至低出 20% 以上；第 3 级以后的各级孔板消能系数比较接近于单级孔板值。但是，无论几级孔板，如果孔板类型相同，则其消能系数的算术平均值近似单级孔板值，因此消能系数的总和与单级孔板消能系数之比大约等于孔板级数。

表 6-4-7　　多级孔板消能试验的消能系数

孔板级数	孔板消能系数						$\sum K_i$	$\sum K_i/K_0$	备注
	K_1	K_2	K_3	K_4	K_5	$\overline{K}$			
单级	1. 03	—	—	—	—	1. 03	1. 03	1. 00	D = 24. 2cm
2 级	1. 27	0. 71	—	—	—	0. 99	1. 98	1. 92	D = 15. 4cm
3 级	1. 08	0. 932	1. 046	—	—	1. 022	3. 066	2. 97	D = 24. 2cm
4 级	1. 16	0. 78	1. 02	1. 08	—	1. 01	4. 04	3. 92	D = 24. 2cm
5 级	1. 22	0. 88	1. 04	1. 00	1. 13	1. 05	5. 25	5. 09	D = 24. 2cm

注：① 试验孔板形式相同，$\beta = 0.69$，$t/D = 0.14$，$\alpha = 30°$，$r/D = 0.0014$；t 为孔板厚度，D 为洞径，β 为孔径比，r 为孔板顶角半径；

② 各组试验的进口形式不同，单级、3 级为小浪底孔板泄洪洞的小圆塔方案，4 级、5 级为龙抬头方案，2 级为碧口排沙洞孔板试验的塔式平直有压进口；

③ K_0 为单级孔板消能系数 1. 03。

5. 孔板间距对消能的影响

多级孔板布置间距常以相邻孔板的中心线间的距离和隧洞直径的比值即距径比 L/D 表示。围绕小浪底工程多级孔板间距的选定问题，美国柏克德公司、中国水科院泥沙所、黄委会水利科学研究院以及清华大学都曾作过大量的试验研究，均认为 $L/D = 3.0$ 适合于小浪底工程。清华大学对 2 级孔板做过距径比研究，给出了总消能系数与距径比的关系，见图6-4-8。显然当孔板间距过小时，孔板间的消能室不能充分发挥作用，总水头损失下降，消能系数降低；当 $L/D>6$ 时，孔板消能量基本不再增加。与 $6D$ 相比，间距 $3D$ 时消能量已达93%，如果工程条件限制，取 $3D$ 是可以的，如果条件允许，最好 L/D 取4.5。

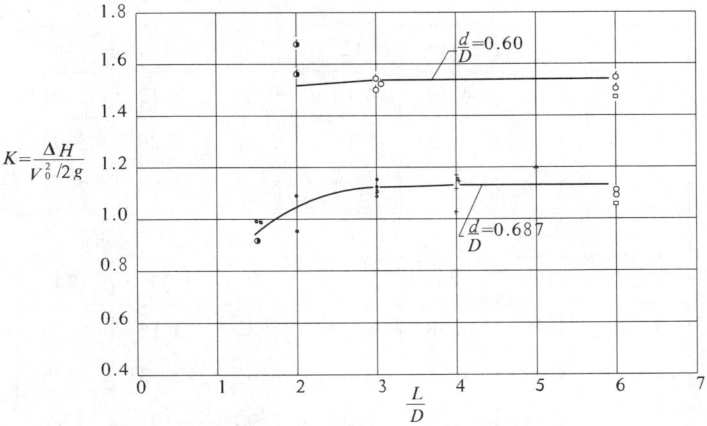

图6-4-8　两级孔板距径比与总消能系数的关系

(四)孔板消能紊动水流的脉动压力分布规律、频率和强度

在泄洪洞中采用多级孔板消能，水流流经孔板时发生突缩与突扩，产生强烈的紊动剪切流，必然在孔板和隧洞壁面上引起较大的压力脉动，并由此可能诱发洞身和围岩振动。为了工程安全，在不同比尺的常规试验模型上都进行了脉动压力测试，尽管各试验单位采用的测试仪器，处理方法不同，但分析研究得出的脉动压力频率特性、幅值是一致的。

1. 脉动压力的幅值特性及脉动压力的分布规律

孔板及隧洞洞壁上任一点的脉动压力值是一个包含以时间为变量的随机过程，非常近似高斯随机过程。以标准差 σ 作为壁面脉动压力振动幅值的统计特征值，并采用 2σ 作为研究动水荷载的最大脉动强度。σ 定义为：

$$\sigma^2=\lim_{T\to M}\frac{1}{T}\int_0^T[x(t)-u_x]^2\mathrm{d}t$$

式中　u_x——随机过程的脉动压力均值；

T——处理信号的时段长度。

以清华大学1986年小浪底5级孔板试验报告为例，脉动压力的各测点布置及测得的各点脉动压力值见图6-4-9及表6-4-8。

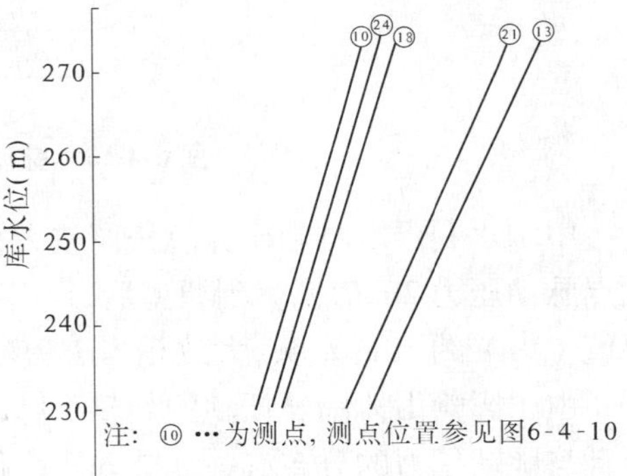

图6-4-9　脉动压力分布及测点布置图

从表6-4-8及图6-4-9中可以看出：①在各级孔板后的回流区附近，脉动压力出现峰值。表明孔板后由于水流突然扩散，产生分离和大尺寸旋涡，这种大涡体的紊动作用是管壁附近产生较大脉动压力的主要原因。在库水位275m时，2号消能室脉动压力值最大，

峰值为 9. 37m 水柱;②脉动压力幅值与时均压力无关,而与库水位成正比。随着库水位升高,断面平均流速水头增大,洞壁脉动压力幅值也越大,如图 6-4-10 所示。

表 6-4-8　　孔板段脉动压力幅值(2σ)试验结果

水位(m)	测点号								
	9	10	11	12	13	14	15	16	17
275	2. 95	5. 85	4. 59	4. 01	9. 37	3. 12	3. 94	2. 93	3. 79
250	2. 84	4. 63	3. 51	3. 06	7. 08	3. 26	2. 95	2. 42	3. 10
230	3. 30	3. 50	2. 67	2. 27	5. 46	2. 71	2. 33	1. 84	2. 31
水位(m)	测点号								
	18	19	20	21	22	23	24	25	
275	6. 39	5. 18	4. 58	8. 79	5. 32	3. 14	6. 16	3. 10	
250	4. 95	3. 99	4. 63	6. 64	3. 86	2. 43	4. 76	3. 01	
230	3. 80	2. 95	4. 16	5. 04	2. 90	1. 91	3. 77	2. 95	

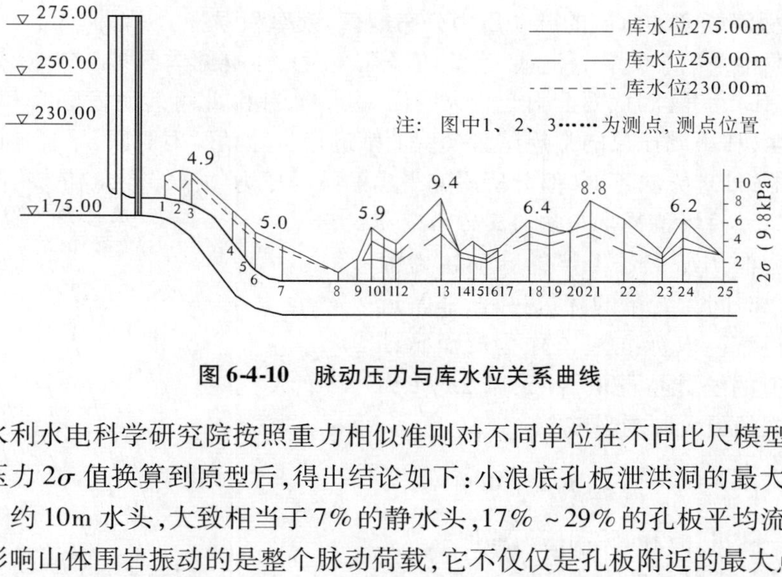

图 6-4-10　脉动压力与库水位关系曲线

中国水利水电科学研究院按照重力相似准则对不同单位在不同比尺模型上测得的最大点脉动压力 2σ 值换算到原型后,得出结论如下:小浪底孔板泄洪洞的最大点脉动压力幅值 (2σ) 约 10m 水头,大致相当于 7% 的静水头,17% ~29% 的孔板平均流速水头。

由于影响山体围岩振动的是整个脉动荷载,它不仅仅是孔板附近的最大点脉动幅值,而且与脉动压力的分布有关。脉动压力作为一个随机变量,已在模型试验和碧口实测中都被证明,无论是各级孔板之间,或孔板附近不同断面,以及同一断面沿洞周不同位置处,并非都同时达到最大值。同样,在各个泄洪洞引起的最大点脉动压力之间也存在这种相位差异,各点脉动压力的相关函数随其间距的加大而减少。因此,就其对整个山体围岩的振动影响而言,相互间有部分抵消的均化效应。在小浪底和碧口的水工模型中,研究了点面脉动压力的关系,通过专门设计的装置实测了面脉动荷载。结果表明:面脉动压力的均方差值仅为点脉动压力的 1/10 ~1/30。

2. 脉动压力的优势频率

根据脉动压力信号经采样计算，脉动压力属宽带随机信号，频带为 0 ~ 20Hz。此频带内占有全部脉动能量的95%以上。按重力相似准则从模型转到原型时，按斯特劳哈尔数转换，频率比尺 $f_r = L_r^{-1/2}$，原型水流脉动压力的频率在 0 ~ 2.5Hz 范围内，优势频率则小于 1Hz。

（五）孔板消能诱发振动以及孔板、衬砌及围岩的振动反应

关于水流脉动诱发隧洞及其山体围岩的振动响应，因各单位建立的山体振动数学模型有差异，而且所采用脉动荷载方式不同，所以计算结果相差很大。天津大学采用沿泄洪洞轴线取一定范围进行三维各向同性有限单元法计算分析，结果表明洞群山体联合体第一自振频率为 3.11Hz，而其脉动荷载的优势频率为 0.11Hz（流向）及 0.15Hz（径向），可见水流脉动压力作用不会引起山体较大的动力反应，山体最大动位移反应在山顶，其值为 7.41×10^{-6}m，最大动应力反应在孔板上，其值为 1.47kPa 和 7.94kPa。

根据对孔板泄洪洞附近山体进行爆破余震功率谱分析，山体有很多比较密集的谱振峰，主要频段分布在 0.5 ~ 7.0Hz。通过爆破激振量测了最大高程差约 120m 的竖向和水平向传递特性，在最大速度约 0.005m/s 的小振幅振动下，山体振动随距离的衰减作用要大于沿高程的动力放大效应，特别在接近孔板泄洪优势频率 1Hz 附近，竖向和水平向振动的传递都是衰减的，衰减因子为 0.5 左右。在较大振幅的振动下，山体的阻尼要增加，振动随距离的衰减还会增大。但因小浪底工程山体存在多层泥化夹层，竖向的衰减要比水平向大。

综上所述，由于孔板泄洪产生的大尺度脉动压力的能量集中在小于 1Hz 的低频段，山体无突出的低频共振峰，所以不会产生共振或较大的动力效应。

（六）孔板消能的水流空化和防止空化

空化是重要的水力现象，严重的空化不仅产生巨大的噪声，导致结构空蚀破坏，甚至会引起山体振动，带来巨大危害。孔板消能是利用水流流经孔板时突缩和突扩，产生强烈紊动的剪切流达到的。当水流流经体形突变的孔板时发生水流分离，孔板下游压力突然降低，该部位成为易空化区，因此设计需要特别重视防止空化的发生。因为在泄洪洞内采用多级孔板消能不仅在我国是首次，在国际大型水利工程上也是首次，所以对空化的研究采取了非常谨慎的态度，请不同的研究单位分别进行了比尺 1∶70、1∶50、1∶40 和 1∶25 的减压箱试验，研究空化的发生规律、影响因素和消除空化的措施。所有的模型试验都按正态模型、重力相似准则设计。减压箱内的真空度按小浪底坝址区的平均大气压力和平均气温时饱和蒸汽压力控制。

1. 空化数的计算公式

孔板水流空化数一般采用托马（Thomas，H · A）公式和鲍尔（Ball，J · W）公式进行计算。

托马（Thomas，H · A）公式：

$$\sigma^T = \frac{P_a + P_o - P_v}{\rho V^2/2} = \frac{H_a + H_o - H_v}{V^2/2g}$$

式中　P_a——小浪底地区平均大气压力，H_a 为用水柱表示；

P_o——孔板后 0.5D 处相对压力，H_o 为用水柱表示；

P_v—— 饱和蒸汽压力，H_v 为用水柱表示；

V——孔板孔口处平均流速；

g——重力加速度。

鲍尔(Ball,J·W)公式：

$$\sigma^B = \frac{P_d + P_v}{P_u - P_d} = \frac{H_d + H_v}{H_u - H_d}$$

式中 P_u——孔板上游 0.5D 处绝对压力，H_u 为用水柱表示；

P_d——孔板下游 2.5D 处绝对压力，H_d 为用水柱表示。

在小浪底工程中采用托马(Thomas,H·A)公式计算水流空化数。托马公式和鲍尔公式之间有如下的关系：

$$\sigma^B = \sigma^T / K - 1$$

式中 K——孔板的水头损失系数。

2. 孔板泄洪洞空化发生的规律及防空化措施

小浪底工程孔板泄洪洞的设计先后进行了 5 级孔板、4 级孔板和 3 级孔板 3 个阶段多个方案的设计。为了研究孔板泄洪洞的空化现象和空化发生的规律，每个阶段都进行了相应的减压箱模型试验，从而对孔板消能引起的空化问题的认识逐渐深化。

小浪底工程最初的孔板泄洪洞设五级孔径比 $d/D = 0.689$、孔缘半径 $r = 0.02$m 的孔板，洞内的压力流流态是由隧洞末端的尾坎来保证的。比尺为 1∶70 的减压箱模型试验表明，末级孔板首先发生空化，然后向上游逐级发展。若要消除空化，必须提高末级孔板下游的压力，这就要求出口的尾坎必须加高，造成不合理的结构布置又导致高尾坎水流的消能设计。为使孔板泄洪洞运行灵活、安全可靠，在初步设计阶段根据压力洞段的长度，对设计方案进行了较大的修改，采用了 4 级孔板中闸室方案；在招标设计和施工设计阶段由于龙抬头的位置后移，压力段长度缩短，设计上又采用了 3 级设孔板中闸室方案。在各阶段为研究 4 级孔板和 3 级孔板方案的空化问题，都进行了必要的减压箱模型试验。

当采用 4 级孔板，孔板孔径比均为 $d/D = 0.689$、孔缘半径为 $r = 0.02$m，工作门孔面积为 58m^2 时，试验得出的结论与 5 级孔板的试验相同，即末级孔板首先发生空化，然后向上游逐级发展。为了消除末级孔板首先发生空化的问题，采用两条途径：①保持其他各级孔板和门孔面积不变，调整末级孔板的孔径比 d/D，使 $d/D = 0.724$、0.75 和 0.81，得出 d/D 与初生空化数的关系，见图 6-4-11。由图 6-4-11 可见，初生空化数随孔径比的增大而减少；②保持 4 级孔板的体形不变，缩小门孔面积，分别为 54.88m^2、53.40m^2 和 52.14m^2。试验表明，水流空化数随门孔面积的减少而增大。南京水利科学研究院试验得出的结论是：当门孔面积减小到 52m^2 时，水流空化数可以提高到大于初生空化数，可防止空化出现。结合末级孔板 d/D 和工作门孔面积的改变，试验得出了各组孔板初生空化界限与门孔面积的关系，见图 6-4-12。

β	Ⅰ	0.69	0.69	0.69	0.69
	Ⅱ	0.69	0.69	0.69	0.69
	Ⅲ	0.69	0.69	0.69	0.69
	Ⅳ	0.69	0.72	0.75	0.81
σ_i		3.68	3.48	3.44	3.30
$Q(m^3/s)$		1 496.79	1 551.0	1 623.6	1 739.1

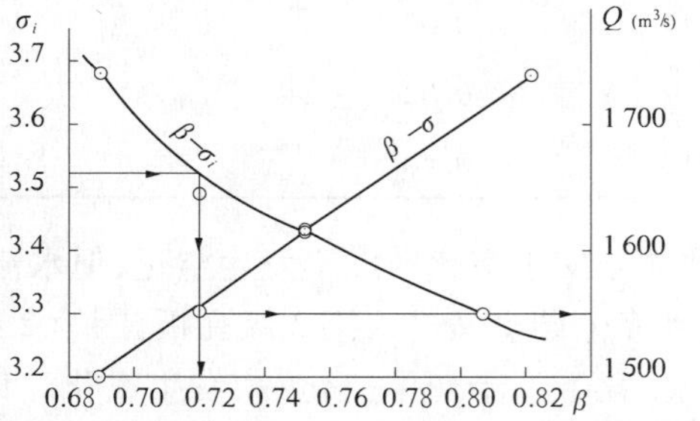

图 6-4-11　孔径比($\boldsymbol{\beta}$)与初生空化数($\boldsymbol{\sigma}$)及流量($\boldsymbol{Q}$)的关系图

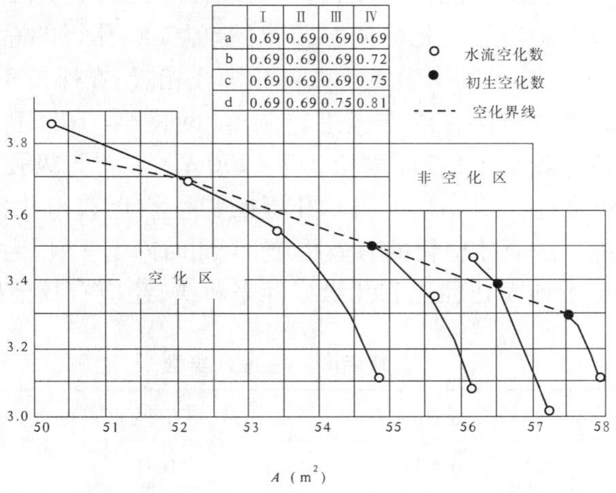

图 6-4-12　孔径比、门孔面积与水流空化数的关系图

减压箱试验对 4 级孔板还研究了前 2 级孔板孔径比 $d/D=0.689$、后 2 级孔板孔径比 $d/D=0.724$，孔缘半径均为 $r=0.02$m 的空化现象。试验表明，首先发生初生空化的部位仍在末级孔板上，但库水位已超出了小浪底水库的最高运行水位 275.0m，达到了302.0m。当上述条件不变，仅将末级孔板的孔缘半径 r 由 0.02m 改为 0.40m，即圆化孔缘，则末级孔板在库水位 310.0m 时才出现初生空化。因此，在小浪底水库的最高运行水位 275.0m，孔板泄洪洞不会发生空化且有一定的安全度。

孔板泄洪洞采用 3 级孔板方案后，选定中国水利水电科学研究院、南京水利科学研究院和黄河水利科学研究院对孔板的空化问题开展了对比研究，分别进行比尺为 1∶40 和 1∶50 的大比尺空化试验，并进行了两级孔板 1∶25 的大比尺研究。对比研究的条件见表 6-4-9。

3 个模型试验得出了同样的结论：首先发生空化的部位是在第 2 级孔板，然后是第 3 级孔板，在最高库水位 275.0m 时，3 级孔板都出现严重空化。经分析，原因主要是水流在体形急剧变化的龙抬头连接段内流态不稳定，虽然水流经第 1 级孔板消能，但孔板下游仍

表 6-4-9　对比试验的设计参数

孔板号	孔径比 d/D	孔缘半径 r(m)	工作门孔面积(m^2)	备　注
1	0.689	0.02	2	模型要求包括进口至工作门闸室
2	0.724	0.02		
3	0.724	0.40		

有较高的压力,水流空化数大于初生空化数而不发生空化;但水流在第1消能室内的流态仍受龙抬头影响并没有得到充分调整又进入第2级孔板,因第2级孔板孔缘尖锐,孔板下游压力突然降低,首先水流空化数低于初生空化数,发生空化。试验表明,上游流态对孔板消能室的空化影响是重要的,在条件许可的情况下应加长连接段的长度使水流流态充分调整达到稳定后进入孔板消能压力段,这样可以提高孔板泄洪洞防空化的能力。

为了解决第2级孔板首先空化的问题,同时希望3级孔板的总消能系数不发生大的变化,尽可能使第2、3级孔板的初生空化条件相同或相近,在保持3级孔板孔径比 d/D 不变的条件下对第2、3级孔板的孔缘半径进行调整,见表6-4-10。孔缘半径调整后3级孔板发生空化的库水位比较接近(在库水位217~230m),表明3级孔板的孔径比 d/D 与相应的孔缘半径 r 比较合适。图6-4-13表示孔板的初生空化数与孔板体形的关系,可以看出加大孔径比和孔缘 r 是消除空化的有效措施,但同时降低了孔板的消能作用,所以解决孔板的空化不能完全用加大孔径比和孔缘半径来解决,还应有其他措施。

表 6-4-10　调整后的孔板设计参数

孔板号	孔径比 d/D	孔缘半径 r(m)	工作门孔面积(m^2)
1	0.689	0.02	52
2	0.724	0.20	
3	0.724	0.30	

大量减压试验表明:在孔板体形不变时,初生空化数还与工作门孔面积有关。完整的3级孔板泄洪洞试验结果表明,孔板的体形维持表6-4-10中的设计参数不变时,当门孔面积为51.84m^2,库水位高于220m后,各级孔板的水流空化数都低于消失空化数,因此都出现不同程度的空化。但当门孔面积为46m^2时,即使最高库水位275m,各级孔板的水流空化数都大于消失空化数,没有发生空化。

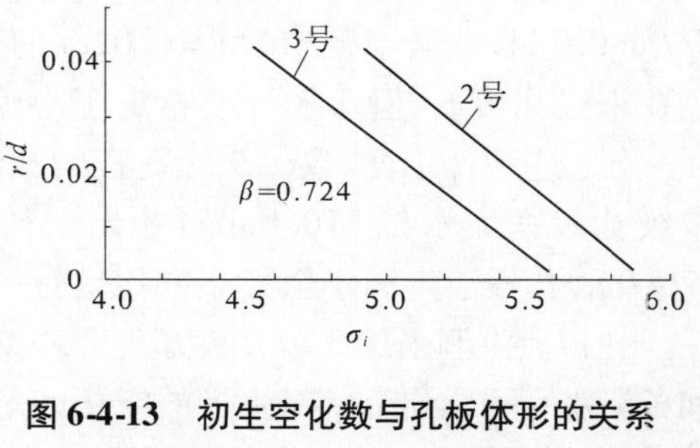

图 6-4-13　初生空化数与孔板体形的关系

综上所述,小浪底工程经历的大量减压试验,特别是比尺1∶40的互相验证试验,在相同条件下,尽管不同的模型试验得出的初生空化数和消失空化数不同,但发生初生空化的库水位是非常接近的，即 220 ~ 230m。当工作门孔面积缩小为 $46m^2$ 时，都能保证最高库水位 275m 时运行不发生空化，即各个模型上的水流空化数都大于消失空化数。因此，最终确定小浪底工程 2、3 号孔板泄洪洞的 3 级孔板参数为：第 1 级孔板孔径比 $d/D = 0.689$，孔缘半径 $r = 0.02m$；第 2 级孔板孔径比 $d/D = 0.724$，孔缘半径 $r = 0.20m$；第 3 级孔板孔径比 $d/D = 0.724$，孔缘半径 $r = 0.30m$；工作门孔面积为 $46m^2$，即按任何库水位运行不发生空化设计。1 号孔板泄洪洞的 3 级孔板的参数 d/D 和孔缘半径 r 与 2、3 号孔板泄洪洞一致，但工作门孔面积为 $52m^2$。因为 1 号孔板泄洪洞比 2、3 号孔板泄洪洞高程低 9.5m，相应压力较高。为进一步研究孔板消能引发的各种问题，将 1 号孔板泄洪洞作为试验洞，安装了多种观测设备，通过原型观测再决定将来的运用水位，现在限定 1 号孔板泄洪洞运行的最高库水位为 250m。

三、小浪底孔板消能泄洪洞的中间试验

（一）中间试验的提出及选点

在小浪底工程初步设计阶段，随着对孔板泄洪洞研究的深入，进一步提出了在 4 级孔板后设弧形工作门闸室，利用工作门控制压力洞内压力，提高水流空化数，防止空化发生的改进措施后，使其方案更趋完善，并组织了国内有关院校和科研单位进行了大量的水力学和结构方面的模型试验及计算分析论证，得出了孔板消能效果显著、消能率高的结论，并因孔板消能可大大降低洞内断面的平均流速，减轻浑水对衬砌边壁的磨损。这个结论为导流洞改建成孔板泄洪洞提供了有力的依据。

鉴于在国内外大型工程泄洪洞中采用孔板消能尚无先例，还缺乏实践经验。尽管模型试验效果显著，但运用到原型工作效果如何？水流的空化和磨损等问题是否和试验以及计算的结果相符？水流突扩消能引起的压力脉动会不会诱发衬砌和围岩产生振动等问题仍缺少依据。因此，根据 1985 年 10 月原水电部对轮廓设计的审查意见，并经 1986 年 12 月 12 日水电水规字第 78 号文批准，同意利用碧口水电站排沙洞增建孔板，进行小浪底工程孔板泄洪洞的中间试验。

中间试验之所以选择在碧口水电站的排沙洞进行，主要基于以下几点。

1. 流速相近

碧口排沙洞汛期试验期间水头可达 60 ~ 70m，可使孔板试验洞段平均流速达 8m/s 左右，孔板孔口的流速 16m/s 左右，这一数值接近小浪底孔板泄洪洞的相应设计流速（最高水位平均流速 9.45m/s，孔板孔口流速 19.36m/s）。鉴于孔板消能诱发振动特性、空化、空蚀特性与水流流速密切相关，所以中间试验的流速应尽量接近小浪底孔板泄洪洞的实际流速是很重要的。

2. 含沙量相似

小浪底汛期平均含沙量约 $50kg/m^3$，年平均来沙粒径 0.03 ~ 0.04mm，矿物组成石英含量占 90% 以上。碧口排沙洞汛期过沙量也很大，开启数小时内含沙量可达 $500kg/m^3$，短期运转的平均含沙量也可达 $10kg/m^3$，且颗粒粒径及矿物组成石英占 90% 以上，条件比较相似。

3. 具有试验的观测条件

碧口排沙洞的施工支洞保持完好，位置适当，可作为观测支洞使用，试验段与观测间仅以13m厚混凝土堵头相隔，便于测试，节约了投资。

（二）中间试验的目的和意义

利用碧口电站排沙洞增建两级孔板进行小浪底工程孔板泄洪洞中间试验的主要目的是：

(1) 研究孔板段水流的脉动压力分布规律、频率和强度；

(2) 研究水流突扩消能所诱发的振动及对孔板、衬砌和围岩的振动反应；

(3) 验证多级孔板泄洪洞发生空化和空蚀的条件和部位；

(4) 检验孔板锐缘的抗磨蚀部件的施工工艺及其可靠性；

(5) 验证多级孔板对高含沙水流的消能效果；

(6) 对多级孔板消能原型试验的测试成果与模型试验和理论计算的成果进行全面的对照分析；

(7) 总结多级孔板消能泄洪洞的设计和施工的经验。

由于在碧口排沙洞内增设孔板所进行的一系列模型试验和理论研究的手段和方法基本上与小浪底多级孔板泄洪洞的试验和研究方法相同，因此碧口中间试验的原型观测成果对其室内试验研究成果的论证，可以运用到分析小浪底孔板泄洪洞室内研究的成果与小浪底工程原型的关系，因而具有十分重要的意义。

（三）中间试验的基本情况

为了使中间试验的成果能够和模型试验及理论计算的成果互相验证，寻找二者间的规律，从而能论证对小浪底孔板泄洪洞方案所进行的大量模型试验和计算的可靠性；同时也为使中间试验建立在比较可靠的基础上，保证工程安全，因此在现场中间试验之前，进行了如下的模型试验和计算研究工作。

(1) 比尺1∶28.57碧口排沙洞增建孔板的水工模型试验研究。

(2) 比尺1∶18.35碧口排沙洞增建孔板模型空化试验研究。

(3) 碧口排沙洞增建孔板试验段脉动荷载模型试验研究。

(4) 碧口排沙洞水流脉动压力对孔板、衬砌及围岩影响的研究。

中间试验是利用碧口排沙洞桩号0+303.75m至0+335.25m的压力段作为试验段，设置与小浪底工程相同孔径比和孔板间距的孔板两个。为便于安装和拆卸孔板，又不破坏原洞的钢筋混凝土衬砌，在直径4.4m的隧洞内增设一段内径为3.8m并有两个孔板环的钢筋混凝土套衬，套衬壁厚0.3m。因原工作弧门不能局部开启，为控制中间试验流量，在工作门闸室上游设一收缩段。

在试验段孔板混凝土套衬的底板、边墙以及围岩内埋设各类传感器73支，所有的传感器均通过电缆引到设在施工支洞的三个仪器观测间。碧口中间试验共进行了两次放水试验，其主要数据见表6-4-11。试验期间共进行了时均压力、脉动压力、空化、围岩振动及结构应力应变等13个项目的观测。

表 6-4-11　　排沙洞两次过水试验的主要数据

序号	试验日期	过水时试验水位(m)	过水流量(m^3/s)	流速(m/s)		最大含沙量(kg/m^3)	出口收缩段面积(m^2)	过水时间	
				套衬段	孔板孔口			小时	分
1	1987-06-23	688.66	87.4	7.7	16.2	469.9	3.52	2	37
2	1987-07-13	689.33	82.7	7.27	15.3	592.87	3.00	8	31

(四)中间试验的主要结论

关于碧口排沙洞增建两级孔板的中间试验与模型试验及理论计算成果的对比分析，在 1988 年黄委会设计院编制的《碧口水电站排沙洞孔板消能试验研究报告汇编》中已有详细的论述，本章节不再重复，只引用其主要结论：多级孔板消能效果显著，原型和模型试验的消能系数相当吻合；脉动压力原型成果表明，最大脉动压力出现在孔板上，压力幅值均方差相当于时均压力水头的 10%，其数值与规律和模型试验结果近似；从结构应力应变观测结果分析说明，孔板及其衬砌结构有足够的安全度；振动观测资料和理论分析表明，孔板、衬砌和围岩的振动反应微弱，没有发生结构共振；试验根据空化模型试验的成果修改出口过水面积，适当降低流速，控制了空化发生，说明空化模型试验对工程设计有很好的指导作用。

碧口中间试验原型观测的成果与其模型试验和理论计算成果的对比得出的结论，归结到小浪底工程可以得出以下两点重要结论：

(1)小浪底孔板泄洪洞设计中所用理论、研究手段和计算方法是可靠的。

(2)在泄洪洞内设置多级孔板进行泄洪消能的技术是可行的，为具有高水头、高流速和高含沙水流的泄洪建筑物的消能方式开创了一条新途径。这也是碧口中间试验的重要目的和意义之所在。

四、3 级孔板消能泄洪洞试验

小浪底多级孔板泄洪洞是目前国外水利水电工程中第一条采用大型压力洞内孔板消能技术的新型泄水洞，它不仅能大幅消煞洞内水流能量、减小洞内流速及下游的消能防冲负荷，且可在洞内分级降压减免浑水磨蚀的危害并改善闸门段水流压力陡升值。因此，多级孔板泄洪洞方案对小浪底工程的具体条件而言，是一种颇为理想的泄洪方式。但由于其要在高水头、大流量、高含沙量水流条件下应用，引起了众多设计、科研及有关单位的极大关注。为了阐明小浪底多级孔板泄洪洞的可行性及其水力特性，自 1984 年提出方案以来，先后进行了大量不同比尺、不同形式的模型试验研究，并在碧口水电站排沙洞中进行了原型模拟试验，提出了许多很有价值的试验研究成果。

但由于上述问题的复杂性、难度和一些客观条件的限制，还必须进一步深入研究才能付诸实施。因而在原 4 级孔板泄洪洞方案的基础上，又继续对包括龙抬头洞段在内的 4 级孔板泄洪洞方案进行多次试验，取得了大量的成果。1989 年 4 月提出的黄河小浪底水利枢纽总布置方案优化报告确定采用 3 条直径 14.5m 的导流洞，其中 1 条低位导流洞进口高程为 132m，出口高程为 126m，2 条高位导流洞进口高程为 141.5m，出口高程为135.5

m。完成导流任务后,将其改建为3条多级孔板泄洪洞,即相应为1条低位孔板泄洪洞,2条高位孔板泄洪洞。由导流洞改建的3条孔板泄洪洞的进口高程均为175m,以龙抬头形式连接导流洞,龙抬头段洞径12m,至下弯段渐变为14.5m与导流洞相接。

1990年8月,由于需要增加孔板泄洪洞泄量,以及受左岸山体防渗帷幕位置的限制等原因,决定将3条4级孔板泄洪洞全部改为3级孔板泄洪洞,并需要对3级孔板泄洪洞的不同方案孔板的消能效果、空化特性,以及不同出口闸孔面积、不同运行方式下的中间闸室的体形和水流流态等进行重点研究。由于低位孔板泄洪洞和高位孔板泄洪洞仅在高程上有差别,布置原则及体形尺寸基本相同,因此本节着重对1号孔板泄洪洞的试验研究进行阐述,此外,鉴于3级孔板方案的中闸室闸孔流速近35m/s,还曾研究了在3级孔板方案基础上,在保持孔板泄洪洞压力段长度不变情况下增加1级孔板的方案,以期降低闸孔口流速。

(一)1号孔板泄洪洞1∶50减压模型试验研究

1. 试验概述

1号孔板泄洪洞布置如图6-4-14所示。根据过流特点,该泄洪洞大致可以分为3个部分,即进口龙抬头段、有压孔板消能段和闸后明流段。各级孔板的孔径比$\beta_i = d_i/D$,式中D为泄洪洞直径(14.5m);i为孔板的序号($i=1,2,3$);d_i为第i级孔板孔口直径,m。

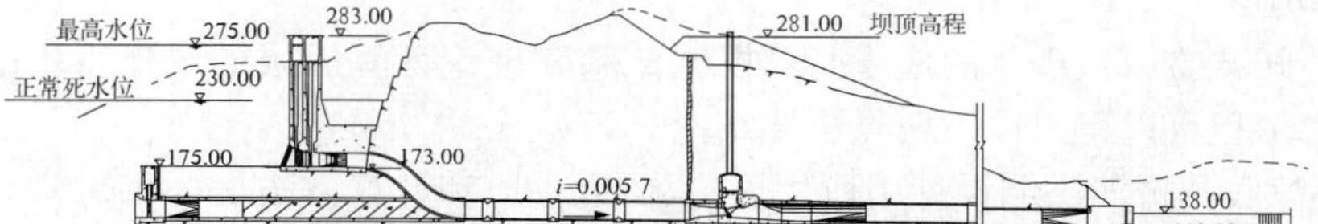

图6-4-14 1号孔板泄洪洞布置示意图 (高程单位:m)

孔板间距$L=3D=43.5$m,水库最高蓄水位为275m,孔板泄洪洞进口高程为175m,中间闸室出口高程为135.65m。通过试验研究来协调空化、泄量和流速的相互关系,使推荐的3级孔板方案同时满足如下四个方面的要求。

(1)在库水位275m时,中间闸室出口流速小于35m/s。

(2)在库水位220m时,泄量满足1 270$m^3/s \leq Q \leq$1 300m^3/s。

(3)在各级水位运行时,孔板段均不发生空化。

(4)在各级水位运行时,闸门段不空化,并具有良好的水流流态。

试验选择4个水位,分别为275m、250m、230m和220m。

根据试验要求和设备条件,选取的模型比尺为$\lambda_L=50$,按重力相似准则和正态模型设计,流速比尺为$\lambda_V=\lambda_L^{1/2}$,流量比尺$\lambda_Q=\lambda_L^{5/2}$。取进口至闸室出口城门洞段尾桩号0+336m为模型试验段,模型全部用有机玻璃制作。

试验的测点选择和布置:

(1)在进口龙头段布置了10个测压孔,在孔板消能段布置315个测压孔,各测点以孔板中心为基准间隔0.5D距离。测点的位置、相应的高程和桩号见表6-4-12。在闸门段左右孔和底板布置了34个测压孔,测点位置见表6-4-13和表6-4-14。

(2)在第 1 级孔板后 0.5D 布置了激光流速测量，观察龙抬头对流速分布的影响。

(3)采用 NHC 型水下噪声量测系统进行空化声测。水听器布置的原则是，在空泡溃灭的最强处，以获得较好的接收效果。对于孔板段，水听器布置在孔板后约 1.0D 位置；对于闸室段，水听器布置在距出口约 15m，见图 6-4-15。

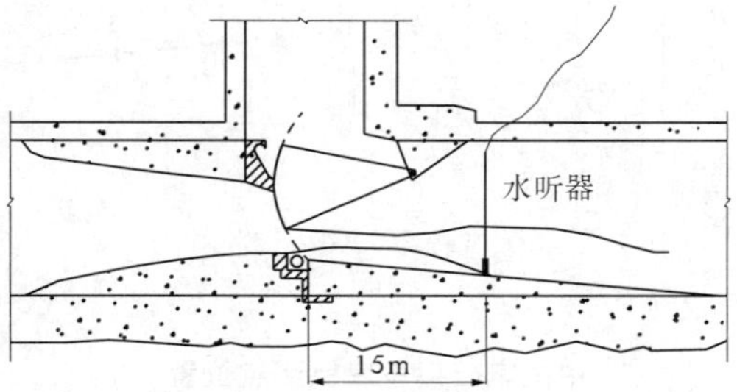

图 6-4-15　闸门出口空化声音测点布置示意图

表 6-4-12　　**压力段孔压测点位置**

测点	桩号	高程(m)	测点位置示意图(高程:m)
1	0 + 049.00	186.79	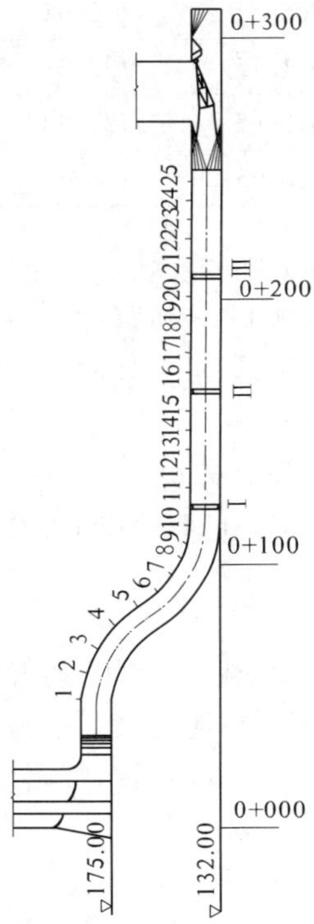
2	0 + 059.00	184.85	
3	0 + 068.00	180.72	
4	0 + 077.00	174.47	
5	0 + 084.00	165.96	
6	0 + 089.00	158.39	
7	0 + 096.00	153.18	
8	0 + 102.00	149.40	
9	0 + 107.50	147.42	
10	0 + 114.50	146.46	
11	0 + 128.65	146.40	
12	0 + 135.90	146.35	
13	0 + 143.15	146.30	
14	0 + 150.40	146.25	
15	0 + 157.65	146.20	
16	0 + 172.15	146.15	
17	0 + 179.40	146.10	
18	0 + 186.65	146.00	
19	0 + 193.90	145.95	
20	0 + 201.15	145.90	
21	0 + 215.65	145.80	
22	0 + 222.90	145.75	
23	0 + 230.15	145.70	
24	0 + 237.40	145.65	
25	0 + 244.65	145.60	

表 6-4-13　　　　　　　　　　　中闸室出口段边墙测点位置

测点	桩号	高程(m)	位置
1	0 + 282.40	136.92	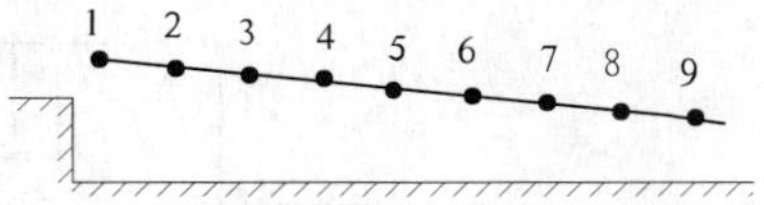
2	0 + 286.65	136.50	
3	0 + 291.65	136.00	
4	0 + 296.90	135.48	
5	0 + 301.90	134.98	
6	0 + 306.90	134.48	
7	0 + 311.90	133.96	
8	0 + 315.90	133.58	
9	0 + 320.90	133.08	

表 6-4-14　　　　　　　　　　　中闸室出口段底板测点位置

有底坡测点	桩号	高程(m)	无底坡测点	桩号	高程(m)
1	0 + 285.65	134.09	1	0 + 285.65	131.00
2	0 + 290.65	133.78	2	0 + 290.65	131.00
3	0 + 295.90	133.40	3	0 + 295.90	131.00
4	0 + 300.65	133.02	4	0 + 300.65	131.00
5	0 + 305.85	132.65	5	0 + 305.85	131.00
6	0 + 311.15	132.27	6	0 + 311.15	131.00
7	0 + 315.65	131.90	7	0 + 315.65	131.00
8	0 + 320.65	131.52	8	0 + 320.65	131.00

2. 试验设备和基本试验方法

试验模型包括减压试验和常压试验两部分。减压箱动力 55kW，最大真空度可达 98%，可满足空化试验的要求。常压试验在钢板水库中进行，动力 55kW，水库平面 4.5m × 4.5m，可保持进流平稳。

1) 减压试验相似真空度 $\xi_{相}$ 的计算

减压模型试验原型相似真空度 $\xi_{相}$ 按下式计算：

$$\xi_{相} = 1 - \frac{P_{vm}}{P_{am}} - \frac{P_o}{P_{am} L_\lambda} \tag{6-4-1}$$

式中　P_{vm}——在某一水温下模型的蒸汽压强，m 水柱；

P_{am}——减压箱所在地的大气压力，m 水柱；

P_o——原型大气压，m 水柱，按洛阳地区平均大气压 P_o = 749.5mm Hg = 10.19m 水柱。

2) 消失空化数 σ_d 的确定

以声测为主，辅以目测来确定孔板泄洪洞的消失空化数 σ_d。声测采用南京水利科学研究院研制的专用于水工空化研究的 NHC 型水下噪声多通道宽频域瞬态采集、存储和处理系统。该系统与其他声测系统相比，当时具有可同时进行多通道实时数据采集、储存和分析功能，频域宽、频谱结构精细，尤其对高频采集效果更好。

基于在减压模型试验中消失空化数 σ_d 比初生空化数 σ_i 更为稳定，因此采用消失空化数 σ_d 作为判别空化的标准，并由此来界定空化状态。在试验过程中，维持上游水位不变，从真空度最大时的空化状态开始，当声压级约有 10dB 以上的下降而后保持基本稳定时的空化状态即是消失空化状态，此时的空化数即为消失空化数 σ_d。

3）消失空化数 σ_d 和水流空化数 σ

仍以托马空化数 σ^T 和鲍尔空化数 σ^B 表示孔板泄洪洞的空化性能。由减压试验得出的消失空化数 σ_d 和其水流空化数 σ 相比，在不计比尺效应时，若 $\sigma_d < \sigma$，可以认为不会发生水流空化现象；反之，若 $\sigma_d > \sigma$，则将产生水流空化现象。

减压试验的准则是模型空化数和原型空化数相等，即根据式（6-4-1）求得真空度 $\xi_{相}$，若 σ_d 发生在真空度 $\xi_d > \xi_{相}$，则不会发生空化；反之，$\xi_d < \xi_{相}$，就可能产生空化。

3. 试验成果分析

根据对孔板泄洪洞的认识，重点对 4 个敏感参数进行探讨研究：①各级孔板的孔径比 β_i；②孔板的顶圆半径（孔缘半径）r_i（m）；③孔板三角消涡环（简称消涡环）尺寸（宽×高）（m）；④中间闸室闸孔出口尺寸 A（m^2）。

1）原设计方案试验成果分析及存在的问题

原方案的设计参数为，各级孔板的孔径比 $\beta_1 = 0.69$，$\beta_2 = 0.72$，$\beta_3 = 0.72$；孔板的顶圆半径 $r_1 = 0.02$m，$r_2 = 0.02$m，$r_3 = 0.4$m；中间闸室闸孔出口尺寸 $A = 52m^2$。

Ⅰ. 泄量和上游库水位的关系

对原方案闸孔出口进行了两种方案的试验，出口面积 $A = 52m^2$ 和 $A = 43m^2$，前者是原设计闸孔面积，后者是根据空化试验确定的闸孔面积，流量与库水位之间的关系见表 6-4-15。在库水位 220m 高程时，$A = 52m^2$ 和 $43m^2$ 方案的泄量分别为 1 290m^3/s、1 065 m^3/s；在库水位 275m 高程时，它们的泄量分别为 1 700.6m^3/s 和 1 372.1m^3/s。

表 6-4-15　　两方案库水位和流量的关系

水位（m）	泄量（m^3/s）	
	闸孔（$52m^2$）	闸孔（$43m^2$）
220	1 290	1 065
230	1 380.8	1 127.6
250	1 530	1 241
275	1 700.6	1 372.1

Ⅱ. 孔板泄洪洞沿程压力分布及其消能效果

原方案 $A = 52m^2$ 和 $A = 43m^2$ 两种情况，孔板泄洪洞压力段沿程压力分布如图 6-4-16 所示，各级孔板消能效果计算结果列于表 6-4-16 和表 6-4-17。对于 $A = 52m^2$ 方案，在库水位 220m 高程时，孔板总消能水头为 35m；在库水位 275m 高程时，孔板总消能水头为 59m。对于 $A = 43m^2$ 方案，在库水位 220m 高程时，孔板总消能水头为 22m，而在库水位

275m 高程时,孔板总消能水头为 39m。在以上每种方案中,第 1 级孔板水头损失最大,第 2 级次之,第 3 级最小。

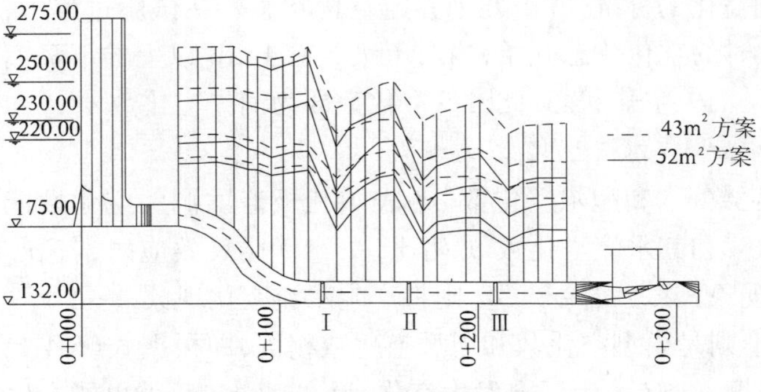

图 6-4-16　原方案的沿程压力分布图　(高程单位:m)

表 6-4-16　　原方案 $A=52m^2$ 孔板的水头损失 ΔH 和消能系数 K

孔板级数	第 1 级		第 2 级		第 3 级		$\Sigma\Delta H_j$
库水位(m)	ΔH_1(m)	K_1	ΔH_2(m)	K_2	ΔH_3(m)	K_3	(m)
220	16. 0	1. 164	10. 0	0. 884	9. 0	0. 795	35. 0
230	19. 0	1. 206	11. 0	0. 848	9. 5	0. 732	39. 5
250	22. 5	1. 163	13. 5	0. 848	12. 5	0. 785	48. 5
275	27. 5	1. 151	17. 0	0. 865	14. 5	0. 737	59. 0
$\overline{K}$		1. 171		0. 861		0. 762	

表 6-4-17　　原方案 $A=43m^2$ 孔板的水头损失 ΔH 和消能系数 K

孔板级数	第 1 级		第 2 级		第 3 级		$\Sigma\Delta H_j$
库水位(m)	ΔH_1(m)	K_1	ΔH_2(m)	K_2	ΔH_3(m)	K_3	(m)
220	10. 5	1. 120	6. 0	0. 843	5. 5	0. 713	22. 0
230	11. 5	1. 094	7. 0	0. 810	6. 5	0. 752	25. 0
250	15. 0	1. 179	9. 0	0. 860	8. 5	0. 812	32. 5
275	17. 5	1. 125	11. 0	0. 859	10. 5	0. 781	39. 0
$\overline{K}$		1. 130		0. 843		0. 765	

Ⅲ. 空化性能

原设计方案在出口面积 $A=52m^2$ 时,2、3 级孔板严重空化,第 1 级孔板也有明显的空化现象。用减少出口面积的方法来考察其空化性能,当 $A=43m^2$ 时,原方案才能避免出现空化现象。其消失空化数 $\sigma_{d2}=7.78$,$\sigma_{d3}=7.15$。

Ⅳ. 闸室出口流态

原设计方案在闸室出口处,左右两孔水流有明显的对撞,造成较强的水翅冲击洞顶,原型可能造成水翅封顶,这是一种有较大危害的水流流态。同时侧壁有较大的负压,在距孔口下游约 30m 处负压 5m。

根据原方案的上述试验数据，需对原设计方案进行修改和作进一步试验。

2）试验方案的选取

针对孔板泄洪洞的几项敏感参数，选取试验方案如表 6-4-18 所示。表中采用的三角消涡环方案，前人曾进行过类似的研究，如 James W. Ball，Hunter Rouse 以及清华大学才君眉、张子冀等人均对管嘴型孔口突扩过流进行过研究，其性质接近于满贴角方案。各方案的试验探讨了流场及空化等有关特性，表明在孔板前增加导流型边界有助于使来流角隅旋涡消失，且对下游射流剪切面的位置及流场特性有一定影响。从空化角度而言，由于消除或减弱了上游涡旋，修改方案也向有利的方向发展。

表 6-4-18　　各研究方案的模型参数

方案号	r_1(m)	r_2(m)	r_3(m)	$a \times a$(m)	A(m^2)
Ⅰ	0.02	0.20	0.30	0.8×0.8	52
Ⅱ	0.02	0.20	0.30	1.2×1.2	52
Ⅲ	0.02	0.20	0.30	0×0	46
Ⅳ	0.02	0.20	0.30	0.8×0.8	46
Ⅴ	0.02	0.20	0.30	1.2×1.2	46
Ⅵ	0.02	0.20	0.40	1.2×1.2	52

3）各研究方案的泄量和库水位的关系

在钢板水库中进行各研究方案的试验，中间闸门处于全开状态，泄量和库水位关系见表 6-4-19。各方案的多级孔板消能情况见表 6-4-20 ~ 表 6-4-25。

由表 6-4-19 可见，对于中间闸室出口面积为 $A=52m^2$ 时，三角消涡环尺寸为 0.8m×0.8m 和 1.2m×1.2m 情况下，在各级水位下泄量大致相等。同样对于 $A=46m^2$ 时，三角消涡环尺寸分别为 0.8m×0.8m 和 1.2m×1.2m 情况下，在各级水位，其泄量也大致相等。这就表明，对已做的三角消涡环尺寸范围，这种结构对泄量的影响很小。

表 6-4-19　　各种研究方案的泄量和库水位的关系

方案	水位(m)	220	230	250	275
Ⅰ	泄量(m^3/s)	1 329.0	1 410.5	1 560.4	1 728.9
Ⅱ		1 327.4	1 417.6	1 563.9	1 730.1
Ⅲ		1 142.2	1 217.6	1 332.5	1 481.2
Ⅳ		1 150.3	1 211.1	1 347.9	1 495.5
Ⅴ		1 142.0	1 211.0	1 336.0	1 468.5
Ⅵ		1 327.0	1 418.0	1 564.2	1 732.5

从表 6-4-15 和表 6-4-19 可见，当其他参数相同，没有三角消涡环时，仅中间闸室出口

面积 A 不同，如 $A=43m^2$、$46m^2$ 和 $52m^2$ 时，泄量大大加大。对应上述面积，在库水位为 275m 时，泄量分别为 1 372.1m^3/s、1 481.2m^3/s 和 1 700.6m^3/s。

对于没有三角消涡环，$A=43m^2$、$46m^2$ 和 $52m^2$ 三方案，从表 6-4-16、表 6-4-17 和表 6-4-22可见，在不同闸孔尺寸(A)时，随着孔口尺寸的增加，泄量增大，从而泄洪洞流速有所加大，以致消能量也相应增加。在库水位 220m 时，$\sum\Delta H_j$ 分别为 22m、25m 和 35m。而对于库水位为 275m 时，$\sum\Delta H_j$ 分别为 37.5m、42m 和 59m。

表 6-4-20　　方案Ⅰ孔板的水头损失 ΔH 与消能系数 K

孔板级数	第 1 级		第 2 级		第 3 级		$\sum\Delta H_j$
库水位(m)	ΔH_1(m)	K_1	ΔH_2(m)	K_2	ΔH_3(m)	K_3	(m)
220	17.5	1.199	7.0	0.558	9.5	0.791	34.0
230	19.0	1.156	9.0	0.665	10.0	0.739	38.0
250	23.0	1.143	11.0	0.664	12.5	0.755	46.5
275	28.0	1.134	13.0	0.640	15.0	0.738	56.0
$\bar{K}$		1.158		0.632		0.756	

表 6-4-21　　方案Ⅱ孔板的水头损失 ΔH 与消能系数 K

孔板级数	第 1 级		第 2 级		第 3 级		$\sum\Delta H_j$
库水位(m)	ΔH_1(m)	K_1	ΔH_2(m)	K_2	ΔH_3(m)	K_3	(m)
220	17.0	1.168	7.5	0.626	9.5	0.793	34.0
230	18.5	1.114	9.0	0.659	10.5	0.769	38.0
250	23.5	1.163	10.0	0.602	12.5	0.752	46.0
275	28.5	1.154	12.5	0.615	16.0	0.787	57.0
$\bar{K}$		1.150		0.626		0.775	

表 6-4-22　　方案Ⅲ孔板的水头损失 ΔH 与消能系数 K

孔板级数	第 1 级		第 2 级		第 3 级		$\sum\Delta H_j$
库水位(m)	ΔH_1(m)	K_1	ΔH_2(m)	K_2	ΔH_3(m)	K_3	(m)
220	12.5	1.112	5.5	0.615	7.0	0.738	25.0
230	14.5	1.260	6.0	0.624	8.0	0.794	28.5
250	17.5	1.230	8.5	0.654	9.5	0.794	35.5
275	21.0	1.164	9.5	0.633	11.5	0.745	42.0
$\bar{K}$		1.192		0.632		0.768	

表 6-4-23　　方案Ⅳ孔板的水头损失 ΔH 与消能系数 K

孔板级数	第1级		第2级		第3级		$\sum\Delta H_j$
库水位(m)	ΔH_1(m)	K_1	ΔH_2(m)	K_2	ΔH_3(m)	K_3	(m)
220	12.0	1.097	6.0	0.668	6.5	0.723	24.5
230	13.0	1.155	6.0	0.603	8.0	0.804	27.0
250	17.5	1.166	8.0	0.647	10.0	0.809	35.5
275	20.5	1.109	9.5	0.626	12.0	0.789	42.0
$\overline{K}$		1.132		0.643		0.781	

表 6-4-24　　方案Ⅴ孔板的水头损失 ΔH 与消能系数 K

孔板级数	第1级		第2级		第3级		$\sum\Delta H_j$
库水位(m)	ΔH_1(m)	K_1	ΔH_2(m)	K_2	ΔH_3(m)	K_3	(m)
220	12.5	1.160	6.0	0.677	7.0	0.789	25.5
230	14.0	1.155	6.5	0.652	7.5	0.752	28.0
250	17.5	1.187	8.0	0.659	10.0	0.824	35.5
275	21.0	1.122	10.0	0.666	11.5	0.766	42.5
$\overline{K}$		1.156		0.664		0.783	

表 6-4-25　　方案Ⅵ孔板的水头损失 ΔH 与消能系数 K

孔板级数	第1级		第2级		第3级		$\sum\Delta H_j$
库水位(m)	ΔH_1(m)	K_1	ΔH_2(m)	K_2	ΔH_3(m)	K_3	(m)
220	17.0	1.168	7.5	0.626	9.5	0.793	34.0
230	19.5	1.174	8.0	0.586	10.5	0.789	38.0
250	23.5	1.163	11.0	0.662	13.0	0.782	47.5
275	29.0	1.173	13.0	0.640	15.5	0.763	57.5
$\overline{K}$		1.170		0.629		0.782	

对表6-4-18中第Ⅱ方案，从表6-4-21可见，在库水位达275m时，3级孔板的净消能水头$\sum\Delta H_j=57$m，与总水头H之比为$\eta_{孔板}=\dfrac{\sum\Delta H_j}{H}=\dfrac{57}{128.5}=44.4\%$。那么，从进口至中间闸室出口，总的水头损失$H_\omega$与总水头$H$之比为$\eta_{总}=\dfrac{H_\omega}{H}=\dfrac{75}{128.5}=58.4\%$。

4)进口龙抬头洞段对孔板消失空化数σ_d的影响

由于受试验场地、设备的限制，有的试验曾被迫舍去龙抬头洞段而用平直洞段来研究本工程的孔板泄洪洞空化问题，这种简化对孔板泄洪洞不同体形的相对比较是可行的。但对实际工程，由于进口龙抬头洞段的渥奇段和反弧段对水流的作用，使水流两次改变方向，造成断面流速分布不均匀，断面最大流速偏离轴心，易使泄洪洞空化问题突出。

本章描述的试验，曾应用原方案进行过对比试验研究，这个方案的孔板顶角半径$(r)^T=(0.02,0.02,0.4)$m，孔径比$(\beta)^T=(0.69,0.72,0.72)$，在有龙抬头进口段时，中间闸室出口面积$A=43m^2$，相应消失空化数$\sigma_d=7.15$。而对于无龙抬头时，消失空化数$\sigma_d=3.7$，两者相差很大。即若以无龙抬头进口段泄洪洞的消失空化数代替整个泄洪洞的消失空化数，结果将明显偏于不安全。

5）各试验方案的消失空化数σ_d

Ⅰ. 孔板泄洪洞的空化现象和特征：

对于图6-4-17所示典型孔板，按伯努利方程：

$$Z+\frac{P}{\gamma}+\alpha\frac{V^2}{2g}=C \tag{6-4-2}$$

式中 Z——位置高程，m；

P——压力，Pa；

γ——水的比重，N/m^2；

α——流速分布系数；

V——断面平均流速，m/s；

g——重力加速度，取$9.81m/s^2$；

C——断面常数，m。

由于孔板进口a—a断面（见图6-4-17），在不包括孔板下游水流收缩段时，其面积最小，则流速V达到最大，因而压力P最小，即此断面是最有可能发生空化的断面。然而实际试验现象却并非如此，在a—a断面上游约$0.2D$处空化最先产生，随流场通过孔板发展，在孔板下游约$1.0D$处以后逐步消失，空化呈片状，这应该是由于孔板前角隅涡心处低压最先诱导的空化。至于孔板下游射流导致的强剪切流空化，最强部位约在收缩断面附近，但表现出很强的随机性，其原因也与下游有不够稳定的涡旋有关。

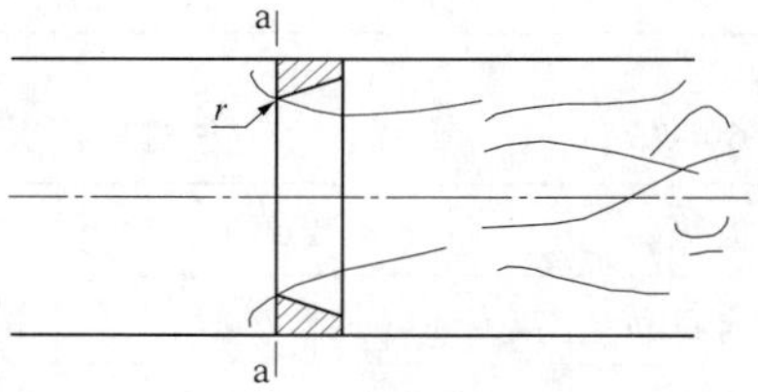

图6-4-17　孔板泄洪洞的空化现象和特征图

Ⅱ. 各方案的消失空化数σ_d

原方案的空化现象是第2级孔板比第3级孔板空化大大提前，为此考察原设计方案3级孔板顶角半径$(r)^T=(0.02,0.02,0.4)$m，原因主要是由于第2级孔板顶角半径较小，而第3级孔板顶角半径较大，相对来说，两个相邻孔板空化的敏感差距较大，即两级孔板空化负荷明显不匹配。为改善这种现象，经试验调整后各级孔板的顶角半径改为$(r)^T=(0.02,0.20,0.30)$m。这样第3级孔板分担第2级孔板的一部分空化负荷，可基本保证第2、3级孔板空化同步发生，同时也提高了孔板的消能量。

为消除孔板前的角隅空化，还对三角消涡环对空化的影响进行了进一步的比较研究。根据试验结果，第Ⅳ、Ⅱ方案的消失空化数σ_d和水流空化数σ与σ_d的比值列入表6-4-26。

表 6-4-26　各方案的消失空化数 σ_d 试验结果

方案号	原型无空化的最大面积(m^2)	消失空化数 σ_d		水流空化数 σ/消失空化数 σ_d	
		σ_{d2}	σ_{d3}	σ_2/σ_{d2}	σ_3/σ_{d3}
原方案	43	7.78	7.15	1.030	1.032
Ⅳ(0.8m×0.8m)	46	6.021	5.396	1.132	1.147
Ⅱ(1.2m×1.2m)	52	4.269	3.655	1.059	1.072

从表6-4-26可见，在原型泄洪洞无空化中间闸室闸孔面积随着三角消涡环尺寸的增大显著增大。在无三角消涡环时，无空化的闸孔面积仅43m^2；加入0.8m×0.8m的三角消涡环后，无空化面积达到46m^2，增加了3m^2，约7%；当加入的三角消涡环尺为1.2m×1.2m时，无空化的中间闸室闸孔面积大为增大，达52m^2，增加了9m^2，约21%。因此，当加入三角消涡环，或当加入的三角消涡环尺寸增大以后，泄洪洞的空化性能得到显著改善，无空化闸孔面积增加，因而使总泄量也相应加大，泄洪洞平均流速加大，从而使其总的消能量因孔口面积的加大比无三角消涡环时的消能量有所增加。

总之，对于孔板消能工，在加入了三角消涡环以后，既改善了空化性能，又提高了消能量。就方案Ⅳ和方案Ⅱ比较，从表6-4-26可见，加了1.2m×1.2m三角消涡环以后，还可使无空化的中间闸室出口面积由46m^2增加到52m^2，从而在库水位275m时的泄量由1 495.5m^3/s增加到1 730.1m^3/s，相应于两种泄量的第2、3级孔板的消失空化数σ_{d2}、σ_{d3}分别为6.021、5.396和4.269、3.655。

6)孔板和中间闸室出口推荐方案及其水力特性参数

根据上述试验研究表明，表6-4-26中方案Ⅱ是相对较优方案，各结构尺寸参数为：

(1)径比$(\beta)^T=(0.69, 0.72, 0.72)$。

(2)孔板消能室长度$L=3D=43.5$m。

(3)孔缘半径$(r)^T=(0.02, 0.30)$m。

(4)孔板三角消涡环直角边长为1.2m×1.2m。

(5)中间闸室出口面积和形状$A=2$孔×4.8m×5.4m=52m^2。

孔板体形结构示意图见图6-4-18，有关水力特性参数表述如下：

(1)库水位275m高程时，流量为1 730.1 m^3/s，中间闸室闸孔出流流速为33.25m/s；库水位220m高程时，流量为1 327.4m^3/s，闸孔出流流速为25.52m/s。

(2)第2、3级孔板的消失空化数分别为4.269和3.655，相应的水流空化数和消失空化数之比分别为1.059和1.072。

(3)库水位275m高程时，第1、2、3级孔板消煞水头分别为28.5m、12.5m和16.0m，相应的消能系数分别为1.154、0.615和0.787。

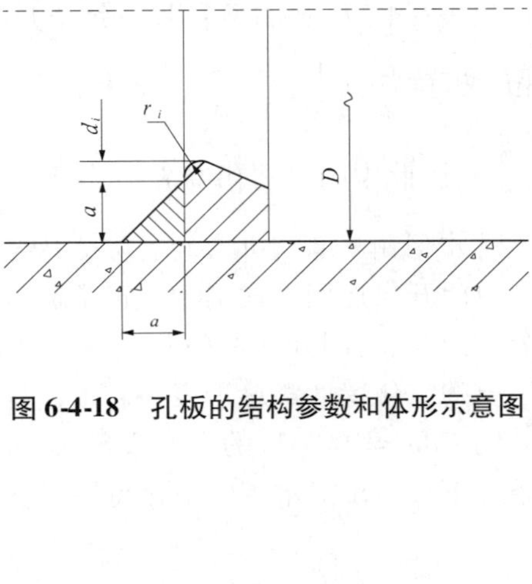

图6-4-18　孔板的结构参数和体形示意图

7）中间闸室不同开度运行方式的空化试验

小浪底工程中间闸室设计中不作局部开启运行，但为了避免中间闸室弧门在开启或关闭过程中的意外事故，对弧门在不同开度条件下，闸室出口后水流的空化特性进行了试验研究，试验库水位为275m，弧门相对开度 α/α_0 为1/5、2/5、3/5、4/5和5/5（全开）。

试验表明，在所试验的五种不同开度时从闸孔后水流空化声测试验的自动率谱图中频率大于10kHz以上的中高频功率谱可见，在较高真空度（即当试验真空度 $\xi_{试}$ > 原型相似真空度 $\xi_{相}$）条件下，在此频段有丰富的声贡献，即在闸孔出流中存在着丰富的蒸汽型空泡。若以fm = 100kHz的声压级SPL（fm）来表征不同试验真空度条件闸孔后水流的空化特征，整理的数据列于表6-4-27，表中可看出孔板泄洪洞中闸室弧门在不同开度运行时水流的空化特性。就不同开度而言，当弧门相对开度 α/α_0 逐步增加时，特征声压级SPL（fm）也逐步增加，比如对于最大真空度列（即表6-4-27中第2列），声压级SPL（fm）从1/5相对开度的119dB增加到5/5相对开度的135dB；就同一开度不同真空度而言，如对于相对开度 α/α_0 = 3/5，当试验真空度 ξ 逐步下降时，特征声压级SPL（fm）在某一真空度时突然下降（ΔSPL（fm）> 10dB），随后SPL（fm）下降比较平稳。这个突然下降的水流空化状态，即是空化消失状态。

表6-4-27　库水位275m高程时中间闸室弧门在不同开度条件下闸孔后水流空化特性

闸门相对开度（α/α_0）	SPL（dB）/ξ_1	SPL（dB）/ξ_2	SPL（dB）/ξ_3	SPL（dB）/ξ_4	SPL（dB）/ξ_5	SPL（dB）/ξ_6
1/5	119/96.4	108*/94.3**	106/92.3	104/85.7	103/79.1	100/0
2/5	122/96.7	111*/94.5**	110/92.0	108/85.4	106/78.8	104/0
3/5	132/96.6	112*/95.4	108/94.2**	106/92.4	102/85.4	97/0
4/5	133/96.7	113*/94.7**	110/93.4	108/90.8	100/0	
5/5	135/96.4	114*/95.1	113/93.9**	108/79.3	106/0	

注：*表示在此真空度下，空化消失；

**表示在当天气温、气压条件下，计算的与原型相似的模型试验真空度。

从表6-4-27分析还可得出，每个开度的空化消失工况，或者就是原型相似工况（如对于相对开度 $\frac{\alpha}{\alpha_0}=\frac{1}{5},\frac{2}{5},\frac{4}{5}$），或者就是真空度 ξ 高于原型相似工况（如对于相对开度 $\frac{\alpha}{\alpha_0}=\frac{3}{5},\frac{5}{5}$），因此中闸室闸孔出流将处于无空化运行状态。

8）中间闸室单门开启运行方式的空化试验

单门开启运用方式属于非正常运行状态，仅作为可能出现意外的情况加以考虑。试验分左门关、右门开和左门开、右门关两种方式，库水位为275m和220m高程两种，各运行工况的空化特性汇总于表6-4-28。

仍以fm = 100kHz的声压级SPL（fm）表征在不同库水位、不同运行方式以及不同真空度条件下弧门出口水流的空化特性。从表6-4-28可知，对于左门开、右门关运行情况，在库水位为 275m 高程与原型相似工况，真空度 $\xi_{相}=93.1\%$，特征声压级 SPL(fm)下降 $\Delta SPL=128-107=21(dB)$，即在 $\xi_{相}=93.1\%$ 工况，空化已消失。在库水位 220m 高程时，$\Delta SPL=19(dB)$，情况与库水位 275m 的结果相似，也属于无空化水流，而对左门关、右门开的运行情况，与左门开、右门关运行情况相似，亦为无空化水流。

表 6-4-28　　不同库水位单门运行弧门后水流的空化试验

运行方式	库水位(m)	SPL(dB)/ξ_1	SPL(dB)/ξ_2	SPL(dB)/ξ_3	SPL(dB)/ξ_4	SPL(dB)/ξ_5
左门开右门关	275	128/96.0	121/94.7	107*/93.1**	106/90.0	104/84.8
	220	136/95.1	117*/93.1**	110/90.7	101/89.0	101/79.5
左门关右门开	275	118/96.3	107*/95.0	104/93.3**	102/89.0	97/84
	220	120/95.0	105*/93.2**	100/89.0	98/79.7	96/0

注：* 表示在此真空度下，空化消失；

** 表示在当天气温、气压条件下，计算的与原型相似的模型试验真空度。

综上所述，对现中间闸室段，出现一门开、一门关这样的异常情况，整个压力段也不会出现空化现象。

9) 中间闸室出口后水流流态及底坡、边墙负压试验

原闸室结构体形示意图见图 6-4-19，试验中发现主要存在以下两个问题：

(1) 在库水位 275m 高程时，中墩后有较大的水翅，有明显的水翅冲击洞顶现象，可能会造成水翅封顶后果。

(2) 在库水位 275m 或接近 275m 高程时，有较大的侧壁负压，距出口约 30m 处，负压达最大值 -5m，因此在其附近范围可能会引起空化空蚀危害。

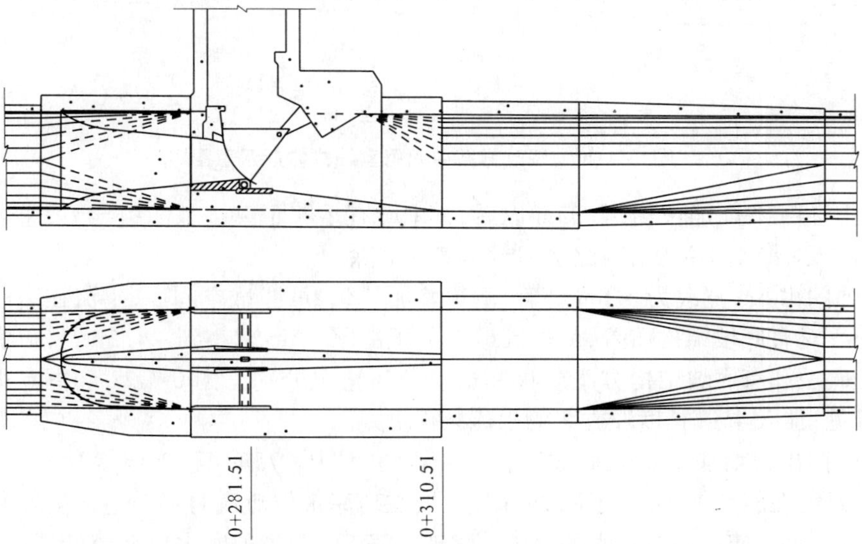

图 6-4-19　　原设计中间闸室结构体形示意图

以上两个问题的存在，主要是当库水位 275m 高程时，左右闸孔出流在中墩尾部有明显对撞，从而一方面产生较高的壅水，另一方面对撞后水流冲击洞顶。因此，若把中墩从渐变段延长，引导出流平顺下泄以减小对撞，可能对消除水翅和封顶有一定作用。其次，侧壁负压还可能因闸孔出流扩散不当引起，若增加侧壁扩散角，使水流和侧壁交角减小，就可能降低由于交角不当所引起的负压。为此把原体形进行如下三方面的修改：

(1)加长中墩，即把原来从闸孔后 29m 长中墩加长至城门洞末端，长 54.35m。

(2)闸孔出口宽由 5m 减小到 4.8m，这样在出口后的侧边壁增加 0.2m 的净宽，使水流出流时形成一定的扩散。

(3)改变底坡，第一种采用平底，第二种从通气孔位置起加 45m 的底坡，坡底 $i = 3.15/45 = 0.07$。

经过以上修改，中闸室结构布置如图 6-4-20 所示，这个结构布置使闸孔水流流态及负压有较大的改善，主要有如下三方面的改进效果。

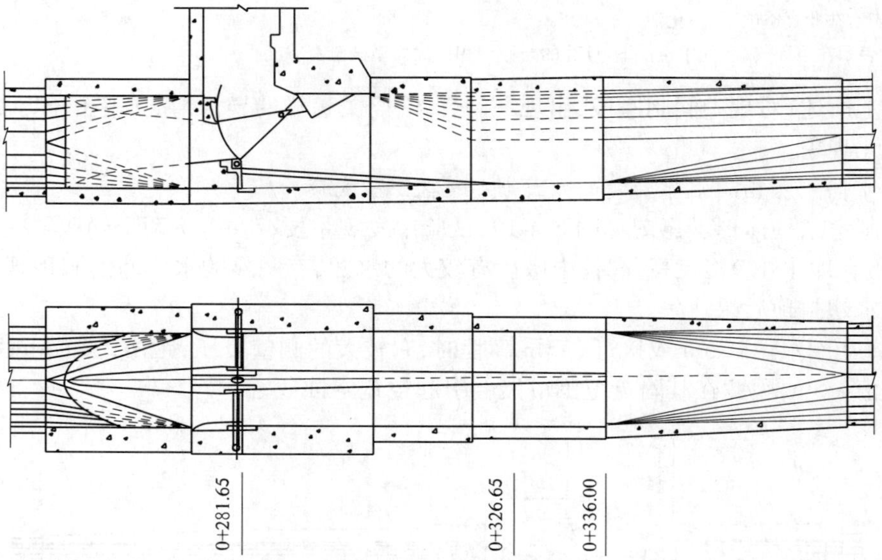

图 6-4-20　修改方案中间闸室结构体形示意图

(1)中墩由 29m 加长到 54.35m 以后，在中墩有足够距离扩散的引导下，左右闸孔水流自然汇合，对撞基本消除，因此水翅封顶基本消除。

(2)弧门由 5m 宽改为 4.8m 宽后，侧边墙加了 0.2m 扩散空间后，出流在边墙的负压明显减小。对有底坡结构布置，侧边墙最大负压由原 -5m 减小到 -1.5m，可以满足工程要求。无底坡和有底坡结构方案底板和边墙负压情况分别见图 6-4-21 和图 6-4-22。两图比较可见，加入 45m 长度坡方案的水流条件更好。

(3)弧门出口增加 45m 长底坡后，当上游库水位从 275m 至 220m 变化时，门后水流的落水点始终在斜坡上，克服了原 29m 长底坡在高库水位泄流时可能造成斜坡和底坡衔接处的空化空蚀，使流态有较大的改善。修改方案后，在各种库水位泄流情况下，使弧门后流道始终保持了底空腔和侧空腔，保证了较好的通气效果。加长底坡后，在各种不同水位条件下，下游回水始终不会淹没通气孔。

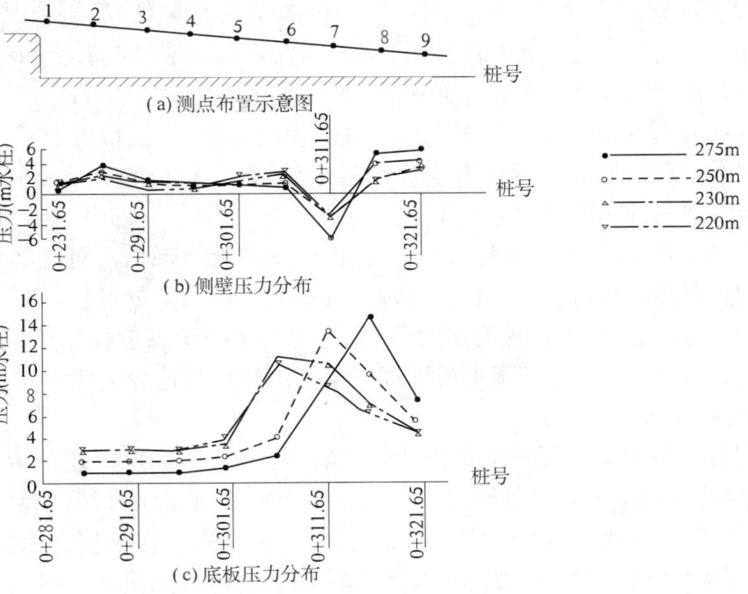

图 6-4-21　无斜底坡情况闸孔出口后侧壁和底板压力分布示意图

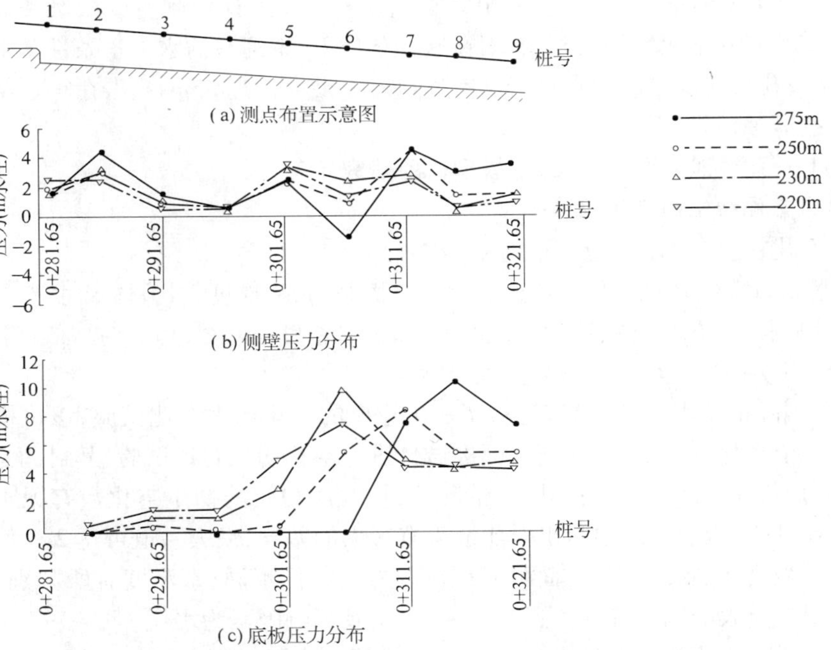

图 6-4-22　有斜底坡情况闸孔出口后侧壁和底板压力分布示意图

4. 试验结论

对 1 号孔板泄洪洞 3 级孔板方案进行 1:50 模型空化、消能和中间闸室不同运行方式

空化问题进行研究得出:

(1)孔板泄洪洞的关键技术问题之一是孔板泄洪洞的空化、消能和泄流能力之间的合理匹配。研究表明,如能对孔板的体形、结构参数合理选取,在满足设计泄流量的条件下,可以达到空化和消能之间的相互协调,充分发挥孔板消能工的效能。

(2)对3级孔板泄洪洞原设计方案进行试验表明,此方案泄量可以满足要求,但孔板的空化现象严重,在孔板的上游面有明显的随机旋涡,在孔板的下游也有明显的空化现象,它们成为限制该方案出口尺寸的主要矛盾。

(3)孔板泄洪洞空化是一种特殊的空化形态,从其性状而言,可称为叶片状游移空化。当孔板上游与洞壁呈直角衔接时,空泡可在孔板前的角隅处发生,亦可在孔板顶缘后发生,或两者兼而有之,对于这种类型的空化,影响空化的敏感参数在孔板级数确定后主要为:孔径比 β_i,孔缘半径 r_i;孔板上游附加三角消涡环或其他导流体的尺寸;中间闸室门孔出口控制面积 A 等。

(4)判别有无空化现象的发生及判断标准有不同的判别方法,过高或过低标准将直接影响工程的投资和安全。本节研究选用水下噪声宽频带记录,以其出现声压级陡升为判别标准,由于消失空化数较初生空化数稳定,且相应存在一定的安全余度,结合孔板泄洪洞空化的性状及游移特征,取水流空化数与消失空化数比值大于1.05为判别界限,没有沿用以往曾提出的对门槽或不平整体导致的固定空化的建议值。

(5)中间闸室空化试验表明,闸室出口偏心铰弧门在局部开启过程中,包括相对开度1/5、2/5、3/5、4/5和全开,闸门段无明显空化现象。原设计中闸室的中墩长需由原29m修改到54.35m,并把底坡加长到45m,在这种条件下,中闸室的水力学条件基本可行。

(6)3级孔板泄洪洞的缺点在于闸室出口流速最大接近35m/s,需在重点结构部位采取相应的抗磨蚀保护措施。

(二)1号孔板泄洪洞1∶25减压模型试验研究

1.影响空化初生的有关因素

影响空化初生的因素很多,可分为三类:

(1)水动力特性,包括压力、流速、黏性、表面张力、粗糙度、过流体尺寸等。

(2)水质特性,包括气核数量、尺寸、分布、泥沙浓度、溶解气体、抗拉强度等。

(3)热力学特性,包括汽化热、温度、比热等。

ITTC(国际拖曳水泄会议)曾进行了一项重要的空化初生对比试验,该机构在世界各国选择了9个空化试验设备,用同一标准试件进行空化初生对比试验,其目的是想通过试件相同,试验条件相同,仅设备不同的情况下,检验所得到的初生空化数有无不同。试验成果如图6-4-23所示。图中示出对比成果有很大的差异,最大差值可达2.5倍以上。这一研究成果表明,除水动力学方面可能存在着来流条件不同、紊流度有所区别等因素外,必然还有影响更大的因素存在。通过研究,得出其影响因素为水质。

对于水质对空化初生数的影响,Bjorheeden等曾应用瑞典KWM试验室的水洞进行过分析和研究。该水洞备有播核器,在不应用播核器时,初生空化数随相对总含气量 α/α_s(α 为含气总量,α_s 为饱和含气量)增加而加大。应用播核器时,当保持稳定的播核值后,初生空化数趋于稳定。

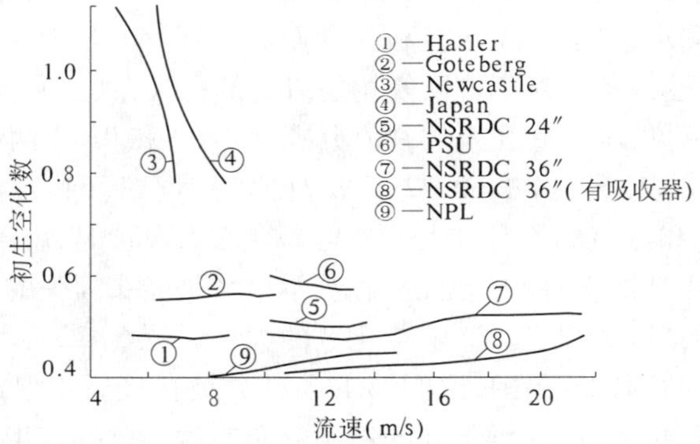

图 6-4-23　ITTC 所进行的标准头体空化初生对比试验成果

根据对空化的研究以及对小浪底多级孔板泄洪洞进行的大量试验研究，关于对空化的影响因素可总结出五方面的认识。

1)孔板泄洪洞内水流的沿程压力和流速变化较大

小浪底多级孔板泄洪洞的特征之一是沿程压力和流速变化较大，见图 6-4-16。在水流进入第 1 级孔板前，由于来流经进口段、上弯段和下弯段，受到离心力的作用引起压力场和流速场的变化，已不是均匀管流的轴对称分布，其压力和流速分布图如图 6-4-24 所示。图中可见，在水流进入第 1 级孔板前，沿孔口周边的流速分布很不均匀，而流速高的区域又正是压力低的区域，若能对这种现象圆满加以控制和调整，将对第 1 级孔板的空化发生有抑制作用，并有利于第 2 级孔板的流速分布的均匀化。

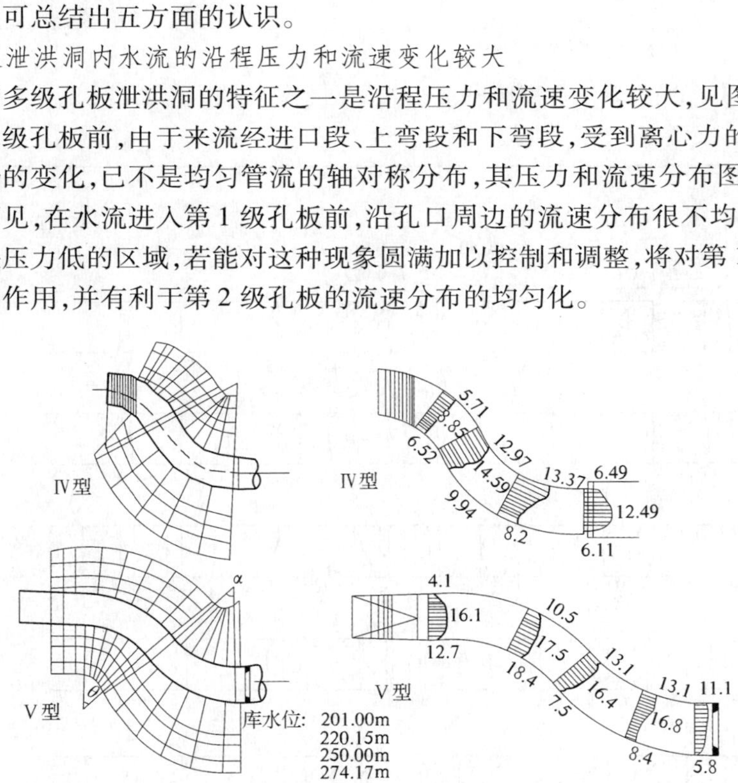

图 6-4-24　小浪底孔板泄洪洞龙抬头段压力与流速分布　(流速单位:m/s)

2)孔板级数及相邻两孔板间距的影响

小浪底孔板泄洪洞在规划布置时，根据工程客观条件和研究成果，选用的孔径比 β 在 0.7 左右，两孔板之间的间距为 3 倍洞径。当 $\beta \approx 0.7$ 时，若要求在第Ⅰ级孔板前流速场恢复到均匀分布，则两孔板的间距需等于 5 倍管道直径，这时各级孔板泄洪洞的压力分布差值、回流长度和能量损失系数等亦基本上相同。目前采用的 3 倍洞径间距，虽经试验证明,前后孔板在消能指标上是相近的,但也表明,前两级孔板间的流态迥异。通过对双孔板管道的消能特性的研究表明,第 1 级孔板后的回流长度为 1.86D,第 2 级孔板的回流长度则为 0.92D,相差值达一倍。对于可恢复均匀流态的孔板,其不同 β 值情况的回流长度列于表 6-4-29。表中可见,小浪底孔板的 β 值分别为 0.69 和 0.72 两种,其回流长度对于 $\beta=0.69$ 的情况为 $L/D=1.64$,当 $\beta=0.72$ 时 L/D 值略小于 1.64。这表明小浪底孔板泄洪洞在过流时,压力场和流速场均有较大的变化。在水力设计时,就不能应用恢复正常流态的测试资料。孔板级数的选择和间距的确定,不单纯是能头损失的问题,必须考虑到压力和流速的变化,这两个因素将直接影响空化数的大小。图 6-4-25 示出 $\beta=0.69$,间距为 3D 的两级孔板流速场的测试成果图,说明第 1 和第 2 级孔板后不仅回流长度不同,收缩断面位置和剪切流面积也不同,这种不同的流场分布亦对空化的产生有所影响。

表 6-4-29　可恢复均匀流态孔板不同 β 值对应回流长度值

β	L/D
0.6	0.16
0.69	1.64
0.8	1.10

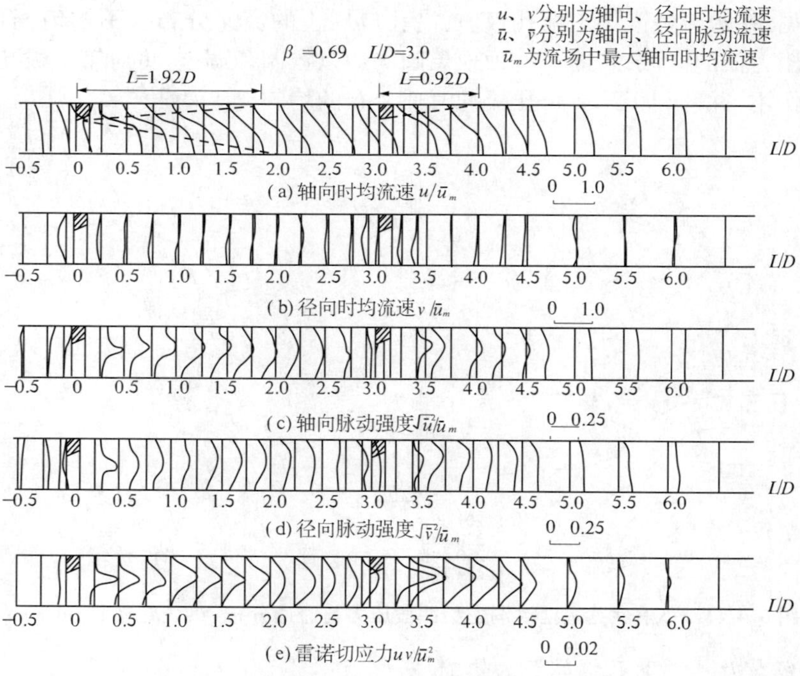

图 6-4-25　孔板消能室流速场测量成果图

3)β 值的选择对脉动压力值的影响

表 6-4-30 示出可恢复均匀流态的孔板不同 β 值对脉动压力的影响,说明 β 值的变化

对脉动压力有较大影响，因此需计及脉动压力的谱特性，及其易于形成阵发性空化的可能性。

表 6-4-30　　可恢复均匀流态的孔板不同 β 值对脉动压力的影响

β	$\dfrac{P}{\frac{1}{2}\rho v_0^2}$	备注
0. 6	0. 44	P 为孔板下游管壁相应点的脉动压力幅值
0. 7	0. 57	
0. 8	0. 62	

4）孔板的阻力系数与孔径比及孔板顶部形状的关系

从孔板锐缘的属性来看，对水流的干扰应属于钝体干扰体，所产生的脱流涡体属于剪切旋涡空化，但由于孔板顶部形状对阻力系数 ξ 值有明显影响，从而影响了通过孔口及其下游的流速场及压力场分布，表 6-4-31 示出了孔板顶部不同形状对孔板阻力系数的影响。表中 ξ 值可由 0. 28 变化到 1. 22，因此对 β 值的变化和孔板顶部的形状，对优化组合水流状态，控制各级孔板的消能率有重要的作用，同时对形成空化初生的迟早，也是不可忽视的参数。

表 6-4-31　　孔板顶部不同形状对孔板阻力系数的影响

β	0. 69			0. 72		
孔板顶缘形状	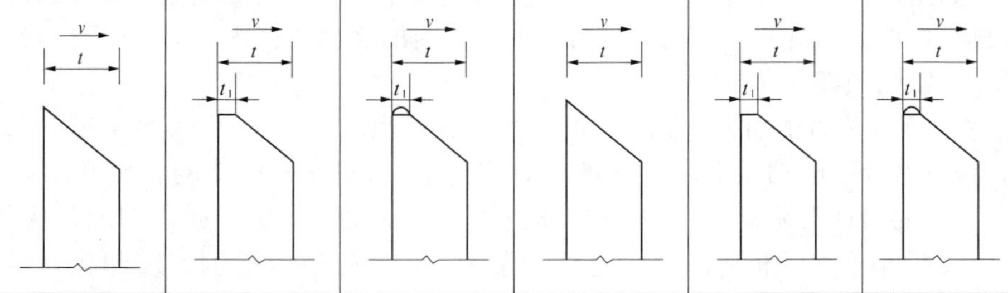					
D	20. 7cm	7. 8 ~ 59. 7cm	380cm	20. 7cm	20. 7cm	20. 7cm
t	0. 138D	0. 062D	0. 174D	0. 138D	0. 138D	0. 138D
t_1	—	0. 214t	0. 03t	—	—	0. 2t
阻力系数 ξ	1. 22	1. 05	1. 03	0. 89	0. 4	0. 28

5）孔板泄洪洞空化的独特性态

（1）孔板泄洪洞空化具有钝体空化特征，表现在从孔板口锐缘或曲线缘处就进入紊流状态。针对小浪底孔板泄洪洞在水洞中进行的单孔板模拟试验，其空化初生和各级发展如图 6-4-26 所示。由图可知，在水洞中进行的孔板泄洪洞试验证实了孔口锐缘处的紊流状态，但此单级孔板泄洪洞的空化初生发生在孔板端部附近，与在减压箱内多级孔板泄洪洞易在剪切层内形成空化初生有所区别。

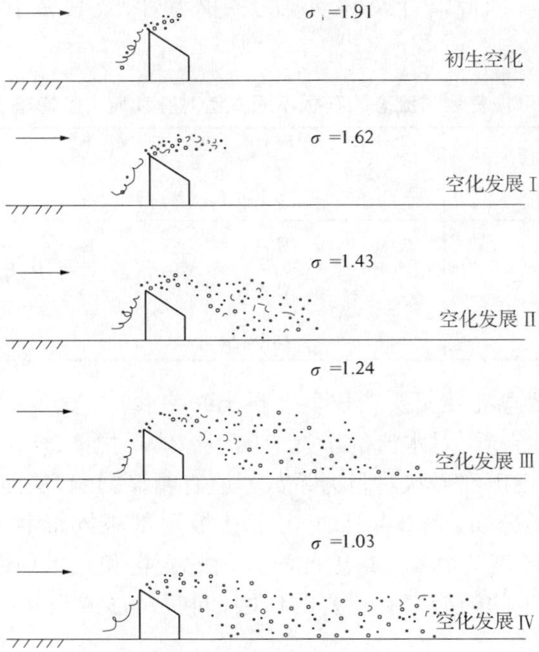

图 6-4-26　单孔板初生和发展示意

(2)孔板后射流形成的剪切层应呈环状串涡列,但在初生空化出现时,并不成片出现,而是以孤立的、空泡状态随机发生,这是由于流态的瞬变现象十分强烈,空泡的性状也很特殊,形状似叶片,游移途径和范围较大,有时在回流区内出现,此叶片状空泡呈闪烁现象,常常闪现即逝。

(3)随 β 值增加,脉动值增大,初生空化数离散也加大,由表 6-4-30 可知,$\beta = 0.7$ 时,孔板下游管壁脉动压力幅值 P' 的相对值已达 0.57;$\beta = 0.72$ 的孔板脉动幅值将更大,这对空化的出现有明显的作用,使空化形态以阵发性随机发生为主,且有较大的离散性。

(4)小浪底孔板泄洪洞空化另一特色是呈有淹没射流的特性,即除上述剪切作用外,通过孔板的水流,还具有不能忽视的射流收缩现象。图 6-4-27 示出孔板射流收缩断面压力、流速及曲率变化的情况。在射流收缩断面处,在普通水力学中均假定收缩断面上各点的压强和流速是相等的,而实际上收缩断面处的流线是弯曲的,且随流束由中心至表面曲率半径由大变小。因此收缩断面上射流表面的压强最小,而流速最大,再加上脉动影响,显然在此区最易发生空化的初始空化源,这正是为什么初生空化总是呈孤立的且游移位置常会被卷入回流区的原因。

(5)孔板泄洪洞空化的声学特征。众所周知,在空化试验研究中,空化划分为伪空化、气型空化和蒸汽型空化。

伪空化系水流中携带的空气泡或积聚于流动系统中的气腔,在流动过程中挟入水中呈随机出现,其形状与空泡相似,其尺寸也能随压力场的变化有所变化;另一种是水中较大气泡,从平衡状态长大到另一条件下的平衡状态,此类空泡的共同特点是泡壁振荡速度较低,声贡献能力有限。气型空化系由水中气核生长而成,当一个半径为 R_0 的气核与核

外压强 P_0 相平衡时，可维持尺寸不变而流动，当外界压强 P 有所增减时，气核尺寸亦随之缩胀；与此同时，气核内的气体压强还需趋向于与核固液体中的溶解气体浓度相平衡。此类空化的初生空化数较高，且易随流速降低而下降，而减压箱设备的特点正是水流流速低，环境压力也人为降低，为形成含气型空化提供了条件。

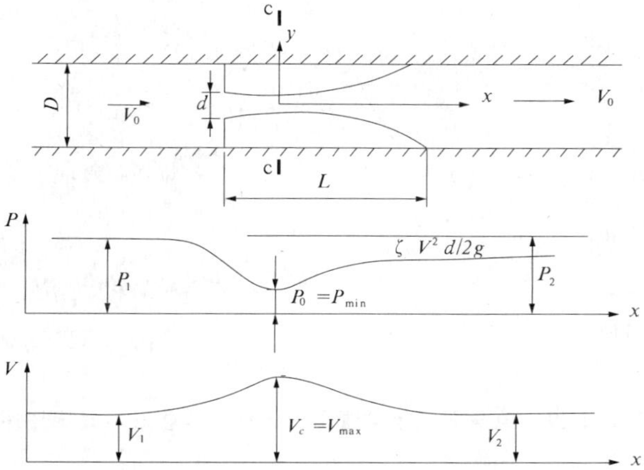

图 6-4-27　孔板射流收缩断面压力、流速及曲率变化示意

有关研究成果表明，若环境压力仍然较高，即使水流含气量很高，也难以发生气型空化而以伪空化形式出现。由于形成气型空化的最低压力在大多数情况下较蒸汽型空化高，即在 P_V 值（水的饱和蒸汽压力）以上，其泡振荡频率较低，声贡献能力也较小，在正常的测量条件下，常在 90 ~ 120dB。图 6-4-28 为一组射流空化资料，其空化类型属剪切滚旋涡空化，接近于孔板泄洪洞过流形态。其功率谱特征为，在频域 10 ~ 100kHz 声压值上升 10dB 左右，这表明所形成空化能量不大，亦即空泡群的组成成分中，以含气型空化泡为主，这类空泡即使在近壁处溃灭，破坏力亦不大。

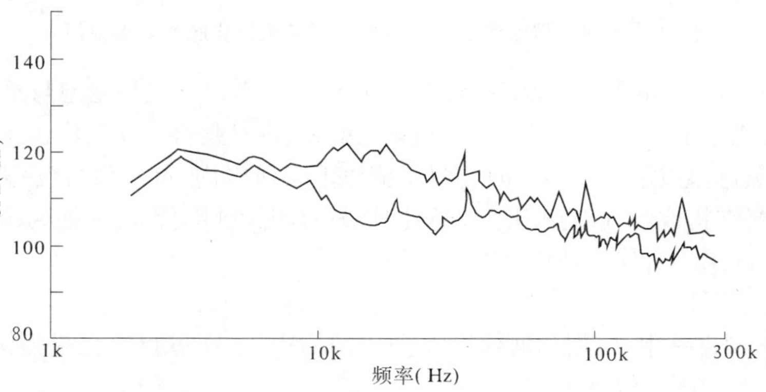

图 6-4-28　二元射流空化初生脉冲功率谱比较

蒸汽型空化是气核在流场最低压力点附近形成爆发性生长，空泡长大时，导致液体蒸发，泡内蒸汽质量增长迅速，其特征与前两者空化不同，用肉眼观察，多呈雾化状态，空化研究设备中的单空泡和群空泡发生装置所产生的空化，均属于蒸汽型空化。图 6- 4-29 和

图 6-4-30 示出一组初生空化的功率谱。图中可见,单空泡的空化初生与本底值相对比,最大值相差达 42. 1dB,一般差值均在 20 ~ 30dB,在 100kHz 以上仍有较大的声贡献;群空泡的空化初生与本底值相对比,最大值相差 29. 1dB,一般差值均在 20 ~ 25dB,在 100kHz 以上同样有较大的声贡献。

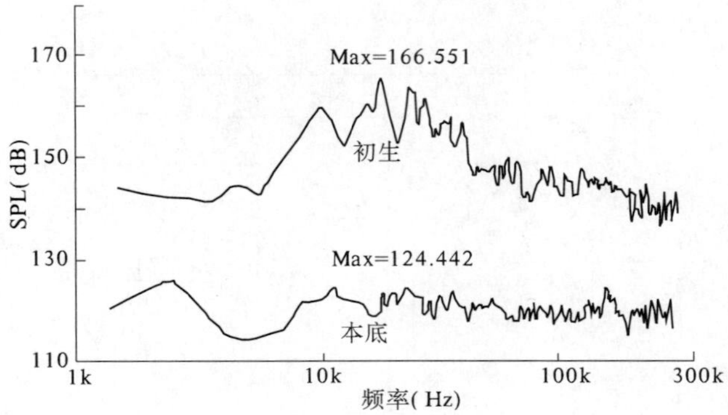

图 6-4-29　单空泡发生装置中一组初生空化脉冲功率谱图

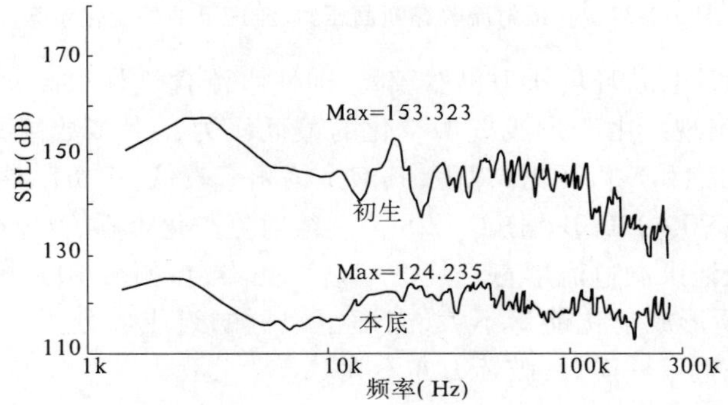

图 6-4-30　群空泡发生装置中一组初生空化脉冲功率谱图

对比图 6- 4-28 和图 6- 4-29、图 6- 4-30,虽然可以看出含气型空泡与蒸汽型空泡的区别,但上述三类空泡在工程实践中常常是共存的,其区别是哪一类空泡占主导地位。其原因是当构成蒸汽型空泡产生条件时,在 P_V 值以上负压区内,可提供含气型空泡形成的足够时间;反之,在构成含气型空泡形成条件时,只有因为脉动特征,才能为蒸汽型空化提供阵发性条件,故虽均有伴生条件,其结果是不同的。

综上所述,可以得出:

(1)在不同设备中,应用几何体形完全相同的模型,在进行空化模型试验时,如不考虑水质影响,结果不一致是正常的。

(2)初生空化的测试结果,在进行反复测量时,离散是正常的。

(3)判断空化的问题,尤其是针对实际工程中的有关空化问题,必须区别其性质,找出影响的主体空化类型,才有助于水力设计时决策。

(4)在众多空化测试成果中,不能凭主观意愿取舍,而应从统计观点和空泡动力学知识加以分析使用。

2. 空化试验中需要计及的比尺效应

减压箱模拟空化试验的相似条件为模型与原型几何边界相似，空化数相等，并以此确定减压相似真空度。但通过多年的实践表明，仅此两项相等和相似，亦不能达到空泡动力相似，这一差别称为比尺效应。进行空化模拟试验的目的，是希望通过模拟试验推算出原型可能发生空化的界限，目前还很难做到。

影响初生空化数的诸多因素中，主要影响因素为水流特性、空化类型、过流边界条件及水中气核分布等。这些因素对初生空化数 σ_i 量值上影响的大小，可分为两类进行研究，即未考虑水质影响和考虑水质影响。

1）未考虑水质影响

未考虑水质影响，即仅从水动力特性研究空化现象，这方面的研究对象可分为两种类型，一类是绕流体，即半球头体、流线型头体和水翼等；另一类是钝头体，即圆盘和孔板等。

图 6-4-31 示出绕流体的比尺效应的资料。图 6-4-31(a)、(b)示出消失空化数(σ_d)随流速加大而增大，而图 6-4-31(c)的 σ_d 值随流速的加大而减小。随水翼尺寸的加大，图 6-4-31(b)的 σ_d 值减小，而图 6-4-31(c)的 σ_d 值加大。当流速加大到某一数值时，σ_d 值趋于常数(见图 6-4-31(a)、(c))，而有的试验成果却相反，当雷诺数加大至 3.5×10^6 时，其 σ_d 值仍有明显的上升趋势(见图 6-4-31(b))。

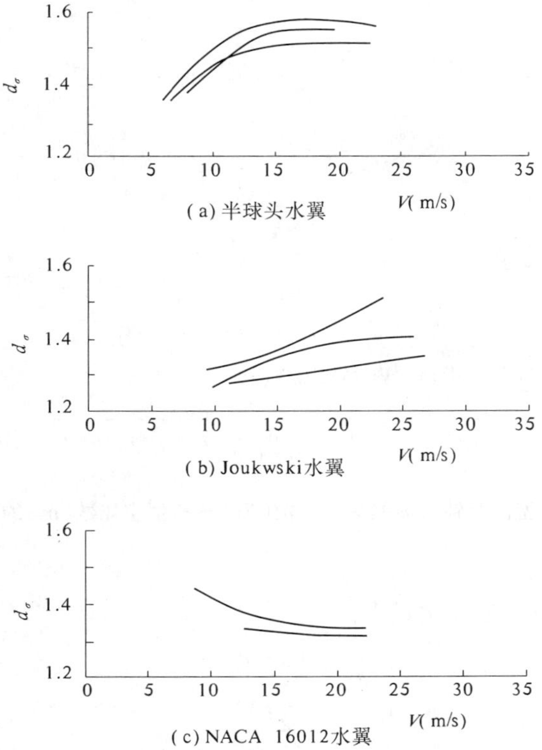

图 6-4-31 典型绕流体的消失空化数(σ_d)与流速(V)的关系图

至于钝头体方面的空化研究,要比流线型绕流体方面研究要少。图 6-4-32 和图6-4-33示出针对典型圆盘尾流进行的空化研究,表明在低雷诺数条件下初生空化数与雷诺数有着密切的关系(见图 6-4-32),而在高雷诺数条件下,初生空化数与雷诺数的关系并不能以简单的表达式来表示(见图 6-4-33),说明还存在没有考虑到形成数据分散的原因。

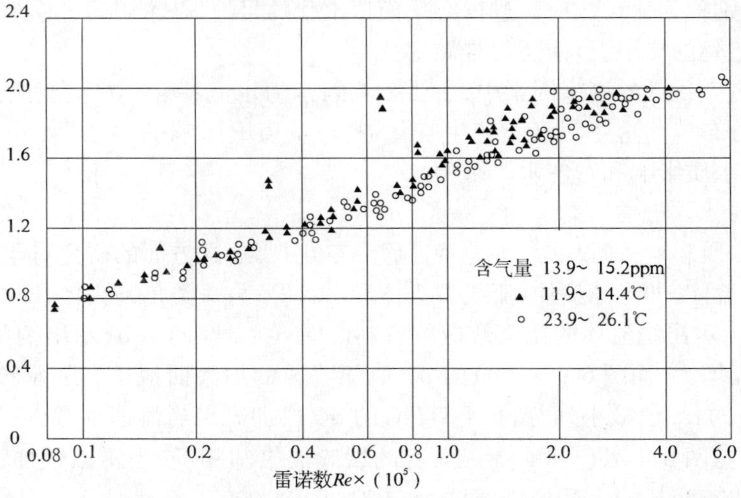

图 6-4-32　典型圆盘钝头体的雷诺数(Re)与初生空化数(σ_i)的关系曲线

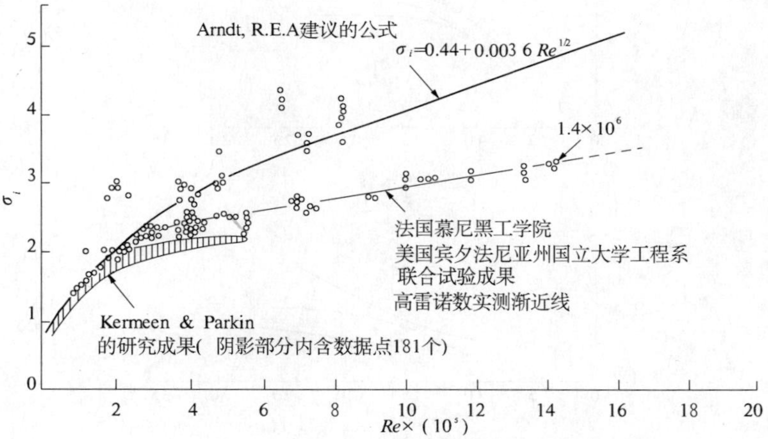

图 6-4-33　典型圆盘钝头体的高雷诺数(Re)与初生空化数(σ_i)的关系曲线

2) 考虑水质影响

一般意义上,初生空化数表达式为:

$$\sigma_i=\frac{P_0-P_V}{\frac{1}{2}\rho V_0^2} \tag{6-4-3}$$

式中　P_0、V_0——水流未受扰动断面处的压强和流速;

ρ——水的密度;

P_V——水的饱和蒸汽压力。

式(6-4-3)的意义为水体在饱和蒸汽压力的情况下发生相变，即可见空化现象，但由于水中有气核存在，其发展的空化泡的压力，常常在低于饱和蒸汽压的条体下发生空化，从而表现出水体具有抗拉强度。A. P. Keller 建议引入水的抗拉强度，并把式(6-4-3)改写为：

$$\sigma_i = \frac{P_0 - P_c}{\frac{1}{2}\rho V_0^2} \tag{6-4-4}$$

式中：P_c 为临界压强，其值为 $P_V - Z$，Z 为水的抗拉强度，P_0、P_V、V_0、ρ 的意义同式(6-4-3)。式(6-4-4)表示了水质的主要影响，其中抗拉强度的测定，可用旋涡嘴管法和标准文杜里管法。

G. G. Eickmann 在试验研究中考虑了水动力影响和水质影响，基于式(6-4-4)进行了大量试验研究，对几何尺寸、流速、压力及水体抗拉强度对初生空化数 σ_i 的影响取得了大量成果。

Ⅰ. 几何尺寸对 σ_i 值的影响

在相同水动力条件下不考虑水体抗拉强度时，不同试件形状、不同尺寸的试验结果见表 6-4-32。表中示出，在无水质影响条件下，水动力条件相同时，试件尺寸变化影响不大。对于流线型的绕流体在几何尺寸呈 1:4 差值时，最大差值仅为 0.17，相对最大差值仅有 52%；对于非流线型绕流体中，以Ⅵ型为例，最大差值为 0.83，相对最大差值也仅有 83%，因此试件体形的影响，虽有一定的比尺效应，但数量是有限的。

表 6-4-32　水动力条件相同时不考虑水体抗拉强度条件下试验形状和尺寸各异情况的初生空化数(σ_i)值

型	试验体形	σ_i	$\Delta\sigma_i$	$\overline{\Delta\sigma_i}$	最大差值	型	试验体形	σ_i	$\Delta\sigma_i$	$\overline{\Delta\sigma_i}$	最大差值
Ⅰ	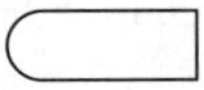 $D=$ 15mm 30mm 60mm	— 0.15 0.18	0.03	0.03	0.03	Ⅳ	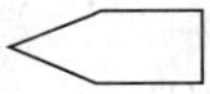 $D=$ 15mm 30mm 60mm	0.67 1.00 1.31	0.33 0.31	0.32	0.64
Ⅱ	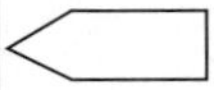 $D=$ 15mm 30mm 60mm	— 0.14 0.18	0.04	0.04	0.04	Ⅴ	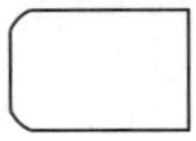 $D=$ 15mm 30mm 60mm	0.86 1.19 1.51	0.33 0.32	0.33	0.65
Ⅲ	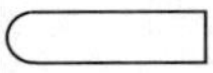 $D=$ 15mm 30mm 60mm	0.33 0.41 0.50	0.08 0.09	0.09	0.17	Ⅵ	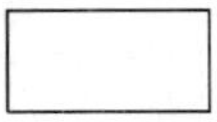 $D=$ 15mm 30mm 60mm	1.00 1.41 1.83	0.41 0.42	0.42	0.83

Ⅱ. 流速对 σ_i 值的影响

不考虑水体抗拉强度和温度变化的条件下，速度效应在不同试件尺寸的试验中均存在。图 6-4-34 示出不考虑水质影响下的流速效应和比尺效应。以试验的中间尺寸 30mm 为例，速度为 7m/s 时，$\sigma_i = 1.61$；当速度提高到约 9m/s 时，$\sigma_i = 2.2$，两者差值为 0.59，最大相差为 37%，因此在不考虑水质影响下的流速效应也是有限的。

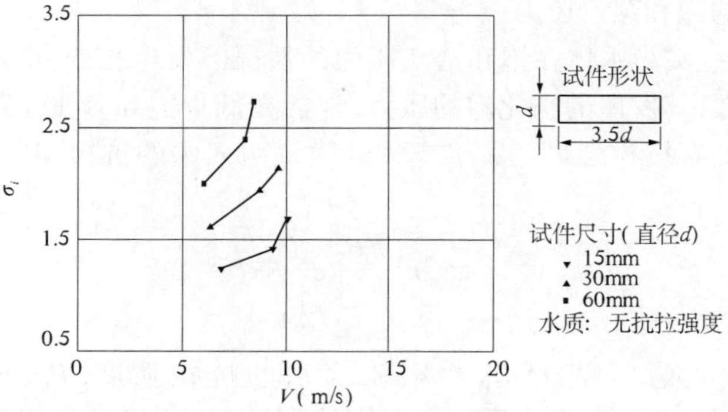

图 6-4-34　不考虑水质影响条件下流速效应与比尺效应

Ⅲ. 压力对 σ_i 值的影响

不考虑水体抗拉强度时不同压力在不同试件尺寸的试验结果见表 6-4-33，表中结果可见，虽然压力因素是空化现象中的重要参数，并在气核有良好的发展环境时，压力值的变化对初生空化数 σ_i 值的影响不显著。

表 6-4-33　　不考虑水质影响条件下压力和比尺影响

压力(kPa)	试件尺寸(直径 d)	σ_i	$\Delta\sigma_i$	$\overline{\Delta\sigma_i}$	最大差值	相对差值	按 80% 扣除尺寸效应的近似值
50	15mm	1.46	0.76	0.69	1.37	94%	14%
75	30mm	2.22					
100	60mm	2.83	0.61				

Ⅳ. 水体的抗拉强度对初生空化数 σ_i 的影响

图 6-4-35 ~ 图 6-4-37 示出考虑水体抗拉强度时，抗拉强度变化情况下流速与初生空化数的关系。把图 6-4-35 ~ 图 6-4-37 中的极值整理后列于表 6-4-34，可见考虑水质影响后，在小试件中初生空化数的影响最大差值可达 8 倍以上，即使在大试件中也有 3 倍多，与几何尺寸、流速、压力等因素相比，其影响更突出。

因此为提高空化试验成果的可靠性，应尽量考虑水质的影响。

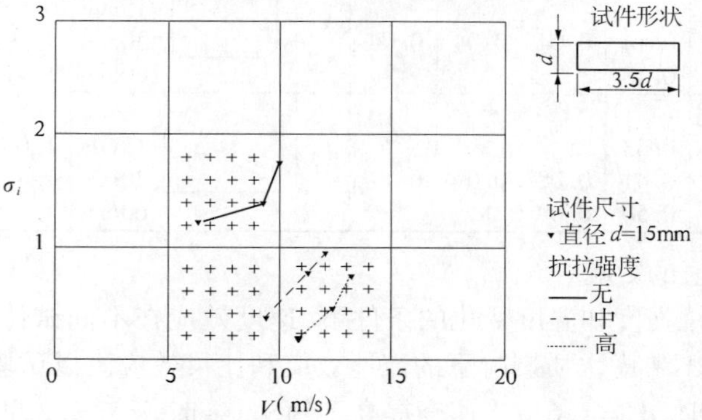

图 6-4-35　d = 15mm 钝头绕体在不同抗拉强度下流速 V 与初生空化数 σ_i 的关系

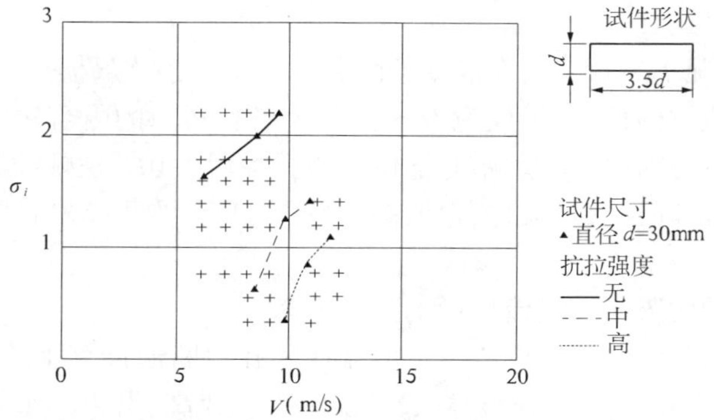

图 6-4-36　$d=30$mm 钝头绕体在不同抗拉强度下流速 V 与初生空化数 σ_i 的关系

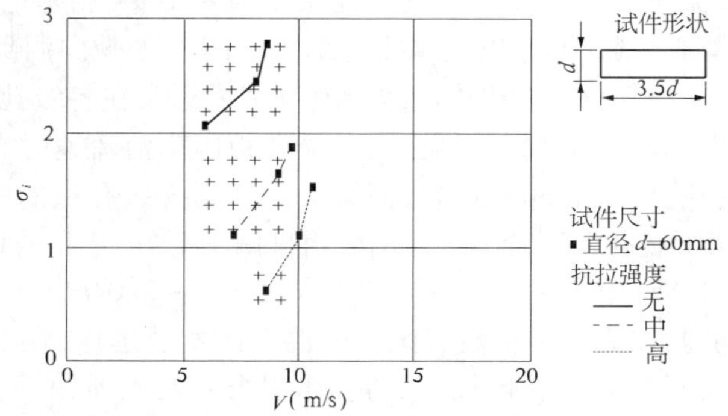

图 6-4-37　$d=60$mm 钝头绕体在不同抗拉强度下流速 V 与初生空化数 σ_i 的关系

表 6-4-34　　考虑水质影响下初生空化数差值变幅统计

试件尺寸（直径 d）	抗拉强度		$\Delta\sigma_i$
	无	高	
15mm	1.75	0.18	1.57
30mm	2.20	0.40	1.80
60mm	2.80	0.65	2.15

3. 考虑水质影响的小浪底孔板泄洪洞大比尺模型试验

小浪底孔板泄洪洞 1∶25 大比尺模型的尺寸较大，不可能对整体布置全部模拟，根据管道突扩的压力场和流速场分布，选择自第 2 级孔板至中间闸室出口段作为试验段，设备布置见图 6-4-38。率定试验表明，由于来流平顺，在进入第 2 级孔板前，流场已近似小比尺模型试验成果。大比尺模型试验除进行常规测试手段外，重点使用水下噪声宽频域或瞬态采集处理系统测量初生空化，并采用文杜里型敏感测试仪测试水体抗拉强度。

试验是根据当时当地大气压和水温推算相似真空度后开展的，并随着大气压和水温的变化及时调整相似真空度。

Ⅰ. 试验流态描述

大比尺试验情况下孔板射流在洞壁的附着点并不像小比尺模型一样其附着部位相对稳定，而是在一定范围内摆动，形成附着区。第 2 级孔板后的附着区约在该孔板后 1.4D 附近；第 3 级孔板后的附着区摆动中心部位在该孔板后 1.0D，摆幅约为 ±0.1D。

这一现象表现出随比尺加大，流速增高，洞壁附着点扩展成附着区，因此原型中附着区范围还可能扩大。

Ⅱ. 射流核心的尖灭与剪切流界面的空化形态

试验结果表明，第 1 级孔板中心线处的流速和孔口断面计算平均流速 22m/s 相差很大，与孔板下游 1.0D 断面流速分布对比，不仅中心流速高，沿中心垂线测量的流速分布，上部流速偏大。从孔板泄洪洞进口段至龙抬头弯道段的流速分布可见，弯道段的流速分布很不均匀，中心线流速最大值为 16.8m/s，与最小值 8.4m/s 相差达一倍，因此进入第 1 级孔板的流速分布势必受影响，亦出现局部流速高，流速核心偏向洞身上半部的结果。

图 6-4-39 和图 6-4-40 分别示出中心线流速测试成果及在各级孔板下游约一倍管道直径处的流速分布图。由图 6-4-39 可见，第 1 级孔板因来流流速分布不均匀，其中心流速较第 2 级和第 3 级孔板高出 30% 左右，而第 2 级和第 3 级孔板的中心流速基本接近。由图 6-4-40 可见，第 1 级孔板下游的流速剖面明显偏于上方，流核若以中心线为依据时，已经处于尖灭部位。估计第 1 级孔板后流核尖灭在 1.6 ~ 2.0D；至于第 2 级及第 3 级孔板，由于流速分布均匀，在流核区和回流区间的混合区发展迅速，在 1.0D 左右完成流核尖灭现象。这现象与图 6-4-25 相比较，总的规律相当一致，不同的是流核位置受龙抬头弯道影响移向顶部。

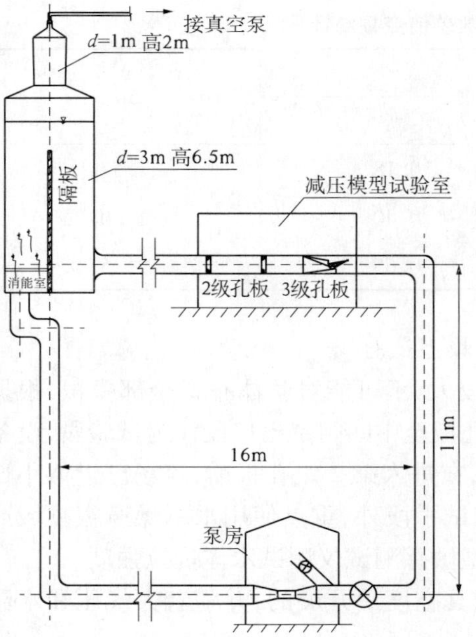

图 6-4-38　1∶25 减压模型试验布置示意

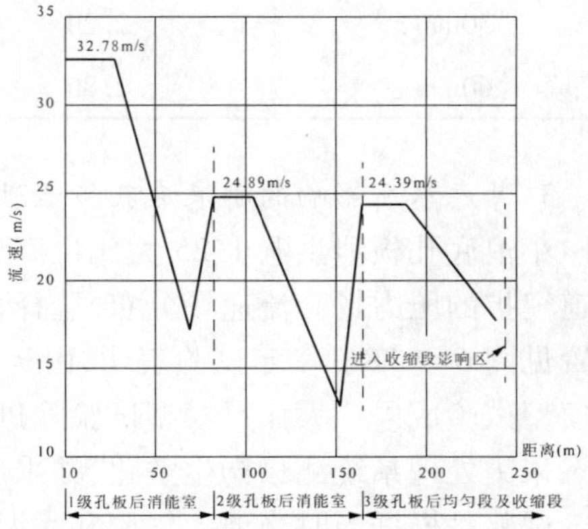

图 6-4-39　孔板泄洪洞孔板消能段中心线流速变化测试成果

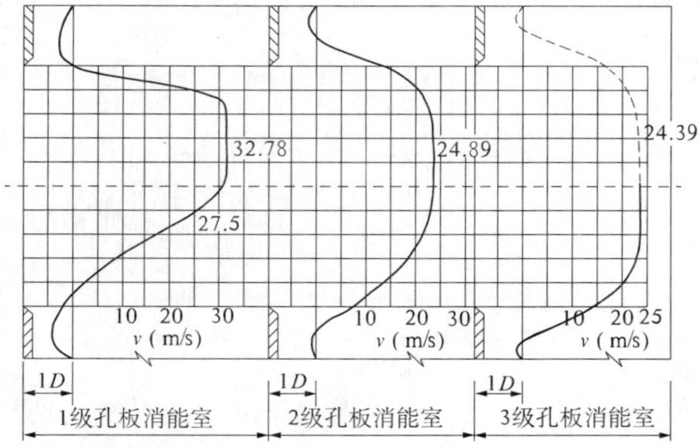

图 6-4-40　距孔板 1 倍直径处横剖面流速分布

在试验中观察剪切流界面所形成的涡列是比较困难的，只能在减压箱真空度较低且水流中挟带的微小气泡尚未全部逸出前能观察到剪切流界面上存在着并不规则的涡列。

当真空度加大、流速加大后形成初生空化时，由于流速场和压力场的分布不均匀，首先在剪切面上个别部位出现个别空泡，随真空度的进一步加大、流速进一步提高，空泡数量增多。空泡所呈现的性态，首先形成叶片，然后闪烁而过，且在形成与溃灭过程中，沿程抖动，与一般常见空泡不同，称为叶片状游移空化。

另外，在回流区内有沿任意轴的强烈旋涡变化随机出现，形成后经历的轨道不长，多在回流区中部消灭。这种现象在小比尺模型中很少观察到，类推至更大的比尺或模型原型，这种现象也可能存在。

可见，多级孔板泄洪洞的初生空化和空穴流态，尤其在龙抬头影响的条件下，水流不像理论上所推论的那样规则对称，而是随来流条件、不同的孔板级数而有所区别，这正表明消能室的长度为 3 倍洞径时，虽在消能损失系数上与消能室的长度为 5 倍洞径时相差不大，但在流速分布上还没有恢复标准的均匀流动，致使各种流态（按流核区、混合流和回流区划分的区域）不能形成对称分布。其规律为第 1 级孔板后流态不对称性较大，第 2 级孔板后流态略有不对称，第 3 级孔板后流态基本对称。尽管存在上述不对称现象，由于主流能量大，仍呈稳定的不对称流动，而未出现主流失稳的摆动现象。

4. 空化试验成果

1）1∶25 大比尺模型试验

在第 1、2、3 级孔板中，第 1 级孔板处的流速很不均匀，但相应消能室内的水流压力比其他消能室大，相应的抑制空化的环境较其他孔板好；而第 3 级孔板后的射流流速与第 2 级孔板相近，相应的抑制空化的条件最差，因此侧重对第 3 级孔板进行试验研究。

达到 275m 水位时，相似真空度情况下水下流动噪音功率谱图见图 6- 4- 41 的①线，此时无空化泡显现。因此，进一步加大真空度，当真空度 η 达 700mmHg 柱时，水下噪音谱监测中仅偶有微小变化，目测记数约 1min 有个别空泡出现。继续加大真空度，当真空度 η 加大到 710mmHg 柱时，空化现象略有发展；再继续加大至 715mmHg 柱时，初生空化现象明显可见。此时的功率谱图见图 6- 4- 41 中的②线。试验现象分析可知，这种空化属于含气型空泡为主体的空穴流动，不具备强烈的溃灭冲击，对建筑物空蚀能力不强，这时第 3 级孔板的初生空化数 $\sigma_{i3}=3.95$。

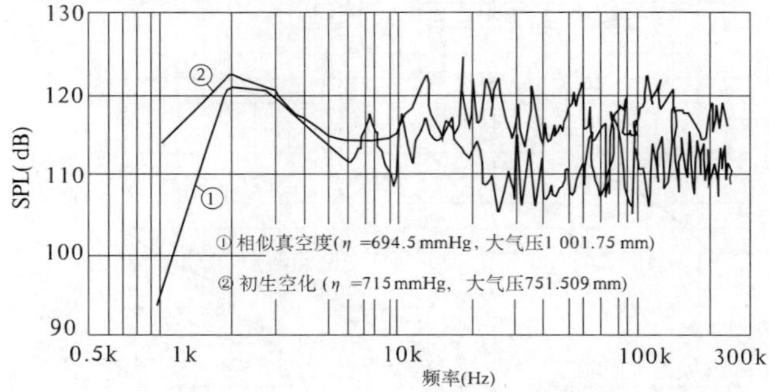

图 6-4-41　初生空化与相似空化度时的流动噪音比较

采用相似方法可确定第 2 级孔板的初生空化数 $\sigma_{i2}=4.52$。

2)在 1∶50 模型中复演 1∶25 大比尺模型布置的对比试验

鉴于 1∶25 大比尺模型受尺寸所限无法将泄洪洞整体加以模拟，而选取自第 2 级孔板以后部分洞身进行减压模型试验，为便于对比，在 1∶50 模型内按 1∶25 模型的布置，取第 2 级孔板以后部分洞身进行了对比试验。测试结果表明，在相似真空度时，同样没有空化现象发生。

图 6-4-42 为第 3 级孔板的无龙抬头试验方案噪音功率谱图。图中①表示流动噪音，无任何空化迹象。②表示相似真空度时的功率谱，在 30～200kHz 的频段内声压级有所上升，但目测尚无明显空泡出现。对比 1∶25 模型观测情况，对这种声压级尚处于 ±3dB的变化范围内，不能定性为初生空化，暂称准空化状态。③表示初生空化时的功率谱，此时目测已见空泡呈闪烁出现。

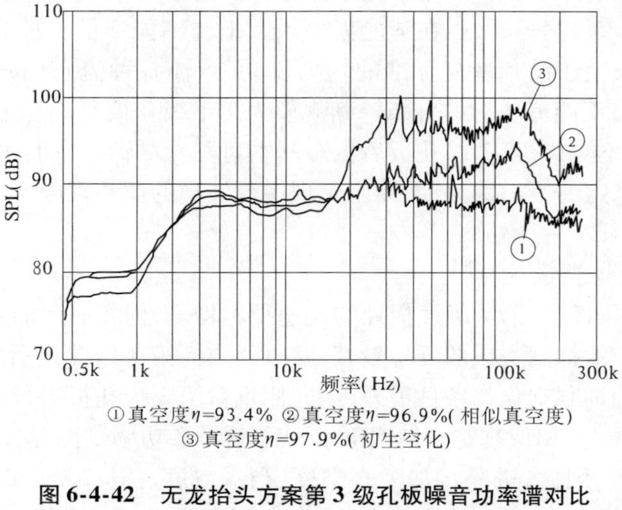

① 真空度η=93.4%　② 真空度η=96.9%(相似真空度)
③ 真空度η=97.9%(初生空化)

图 6-4-42　无龙抬头方案第 3 级孔板噪音功率谱对比

无龙抬头 1∶50 模型的第 2 级孔板的初生空化数 $\sigma_{i2}=4.73$，第 3 级孔板的初生空化数 $\sigma_{i3}=4.09$。在同一设备条件下有龙抬头时测得的水质影响类比，求得 1∶50 时 $\sigma_{i2}=$

4. 43, $\sigma_{i3}=3.79$。

由上述1∶50有龙抬头和无龙抬头第2级孔板以后泄洪洞洞身的空化试验与1∶25的第2级孔板以后泄洪洞洞身的空化试验对比可见，在进行空化试验时，若能将水动力学参数与水质参数兼顾，可以增加试验成果的可靠性。

5. 浑水对空化形成的影响

浑水空化的实质属三相流动问题，机理相当复杂。浑水对空化的影响，主要涉及以下三个方面。

(1)浑水中所含泥沙在水流静止时是否会在孔板泄洪洞内沉积板结，从而改变过流边界，影响空化的形成与发展。

(2)浑水黏滞性及其对空泡生灭过程的影响。

(3)浑水空化特征。

1)泥沙板结问题

鉴于小浪底工程坝址与黄河花园口的泥沙颗粒分布比较接近，因此利用花园口泥沙进行泥沙板结试验，其颗粒级配如图6-4-43所示。图中可见，这类泥沙属淤泥性质，浑水容重将随含沙量增大而加大，尤其在0.01mm细颗粒加大至一定数量后，水流不再具有牛顿性质而变为非牛顿体中的宾汉体，浑水流体性态如图6-4-44所示。

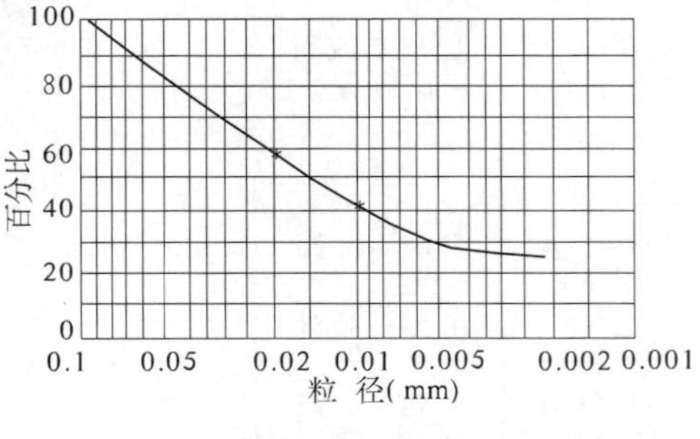

图6-4-43　黄河花园口泥沙颗粒级配图
(*0.01~0.02mm为絮凝的界限粒径)

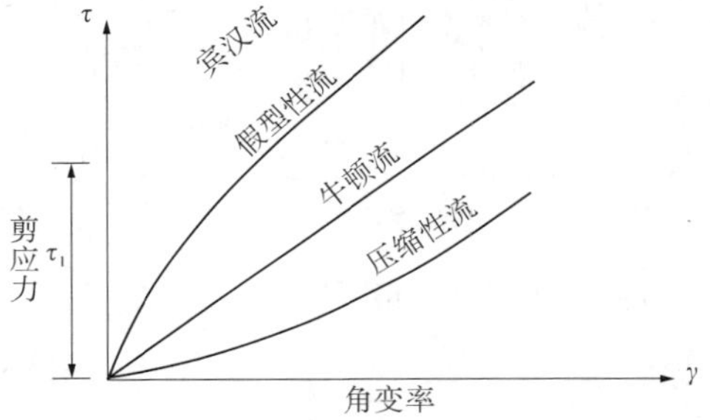

图6-4-44　浑水流体性态图

宾汉剪应力与含沙量关系见表6-4-35。通过孔板的潜没射流，其紊动强度很高，紊流度的最高值可达0.23，图6-4-25中示出孔板过流时的雷诺剪应力的分布可见，孔板内消能室水流有高紊流度和强剪切力，足以克服静止后的结构力或板结问题。曾进行过将沙样人为地捶实于消能室内，即使在比尺缩小多倍的水动力影响下，所置泥沙也很快被冲刷干净。碧口中间试验也证明了这一点。

表6-4-35　黄河花园口浑水流变参数

含沙量(kg/m^3)	浑水容量(kg/m^3)	宾汉剪应力(Pa)
0	1 000	0
54	1 034	0.17
144	1 093	0.5
200	1 123	0.98
295	1 185	2.2
358	1 250	4.1

2）有关黏滞性的变化对空泡生灭过程的影响

在空泡生长过程中，水流挟沙后，空泡的生长过程变缓，在空泡生长初期影响略小，在后期的变缓过程明显，且随挟沙的浓度增加，空泡生长过程更加缓慢，这使得空泡的生长呈滞后现象。在空泡受压缩时，受浑水挟沙影响空泡的压缩变化过程也比清水慢。

3）浑水空化问题

1987 年 7 月 13 日碧口原型观测的实测成果见表 6-4-36。由表可见，随水流含沙量增加，参考断面的时均压力加大，因而浑水与清水相比较有较高的水流空化数；另一方面，含沙量增大时，初生空化数降低，含沙量减小时，初生空化数增大，表现出泥沙对空化的抑制作用。在高浓度浑水中，初生空化数与水流空化数的比值为 1.51～1.55；在低浓度时，比值为 1.13～1.17，因此从空化角度来说，通过无缩尺影响的原型观测成果分析，可得出浑水对空化的形成有抑制作用。针对浑水空化与清水空化的比较，很多专家进行过专门的研究，得到类同的结果。因此，就空化而言，小浪底多级孔板泄洪洞在浑水条件下应用，无明显不利影响。

表 6-4-36　碧口排沙洞原型观测成果

观测时间（1987 年 7 月 13 日）	参考断面时均压力（m）	孔口流速水头 $\frac{v^2}{2g}$（m）	含沙量（kg/m^3）	原型初生空化数 σ_i	原型水流空化数 σ_w	$\frac{\sigma_w}{\sigma_i}$
11:15	50.54	11.33	592.87	3.3～3.4	5.01～5.28	1.51～1.55
14:15	45.16	11.33	253.74		4.54～4.81	
15:30	44.53	11.33	72.94	3.95～4.05	4.48～4.75	1.13～1.17
17:00	44.53	11.33	32.52		4.48～4.75	
18:45	44.54	11.33	21.00		4.48～4.75	

6. 试验结果

小浪底孔板泄洪洞的空化问题，关系到出口控制闸门的断面尺寸及出口泄流流速的选择，牵涉到经济和安全双重意义，因此空化形态的识别和初生空化数判断至关重要。

（1）通过 1∶25 大比尺减压模型试验，利用测量水动力学参数与水质参数并重的观测方法，求得第 2 级孔板的初生空化数为 4.52，第 3 级孔板的初生空化数为 3.95。在试验中观测到潜没射流流态在扩散后的边壁附着点，不像小比尺模型稳定，而是有将近 1 倍洞径长度的摆动，可以推论原型将有更加剧烈的摆动现象。在初生空化形成时，呈阵发性随机出现，空泡形成叶片，多在射流收缩断面附近发生，属旋涡空化，生灭过程呈闪烁生成瞬即溃灭，其运动轨迹呈游移状，摆动范围较大，但未能波及隧洞边壁。

（2）在 1∶50 减压模型试验中，考虑龙抬头存在的单体模型试验中，换算至中心线为基准的第 2 级孔板的初生空化数为 4.53，第 3 级孔板的初生空化数为 3.87。为便于和大比尺模型试验成果相比较，对1∶50模型进行了考虑水质参数、不考虑龙抬头的对比试验，得出第2、3级孔板的初生空化数分别为4.43和3.79。

(3)根据1∶50和1∶25模型进行的水动力参数和水质参数并重测量的试验成果，可推得原型第2、3级孔板的初生空化数分别为4.6和4.12。通过试验和分析，第1级孔板的压力水头较高，虽有来流流速场分布不均匀问题，但在试验范围内未发生过空化现象。

(4)不考虑龙抬头的1∶25大比尺减压模型和不考虑龙抬头的1∶50减压模型的布置与碧口水电站排沙洞内布置的两级孔板泄洪洞原型的体形基本近似，相应的初生空化数连同推算的原型初生空化数一并列入表6-4-37中。

(5)通过大量的模型试验可以得出，小浪底孔板泄洪洞的出口控制断面可采用52m²，各级孔板的布置可按1∶50减压模型所建议的孔径比，即$\beta_1=0.69$、$\beta_2=\beta_3=0.72$，孔板顶端圆角半径$r_1=0.02$m、$r_2=0.2$m、$r_3=0.3$m，并在孔板前加1.2m×1.2m的三角消涡环。

表6-4-37　相似体形不同比尺模型及原型初生空化数比较

比尺	两级孔板泄洪洞 σ_i	三级孔板泄洪洞 σ_i
1∶50	4.43	3.79
1∶25	4.52	3.95
1∶3.82	—	4.03(参考用)
1∶1	4.60	4.12

注：中闸室出口面积均为52m²。

(6)对扩大或缩小出口断面必须十分慎重，扩大出口面积将恶化空化状态；缩小出口面积将加大中闸室之后的流速，其实质是将矛盾转向下游。

(三)增大孔板段消能效果的修改方案试验研究

在孔板泄洪洞布置的基础上，为加大孔板段消能效果，减小出口流速，提出如下两种改进方案进行试验研究。

方案Ⅰ：在进口闸墩尾部平直段与龙抬头上弯段前，增设第1级孔口直径9.2m，孔径比为$\beta=0.736$，孔板顶端圆角半径$r=0.2$m的带三角消涡环的孔板，龙抬头前所增设孔板为第4级孔板，布置图见图6-4-45。

方案Ⅱ：龙抬头直径保持12.5m，第1级孔板前的三角消涡环取消。这个方案不增设孔板，而是通过直径12.5m龙抬头与14.5m直径洞身连接时的突扩来增加消能。其布置图见图6-4-46。

试验基于高位孔板泄洪洞高程，采用1∶60常压模型进行试验。

1. 方案Ⅰ试验研究

增设第4级孔板后，龙抬头至第1级孔板的沿程水位压坡线见图6-4-47，第4级孔板下游四周的压力普遍降低，在水位为200m高程时与第4级孔板邻近的下游测得-12.1m水柱的负压，由于该部处于位置较高的水流收缩区，当压力突降后极易产生空化。

各级水位下4级孔板的消能系数K和水流空化数σ如表6-4-38所示。表中可见，第

4 级孔板的水流空化数最小，其值随库水位升高而加大，这与其他 3 级孔板的水流空化数随库水位升高而降低的规律相反。

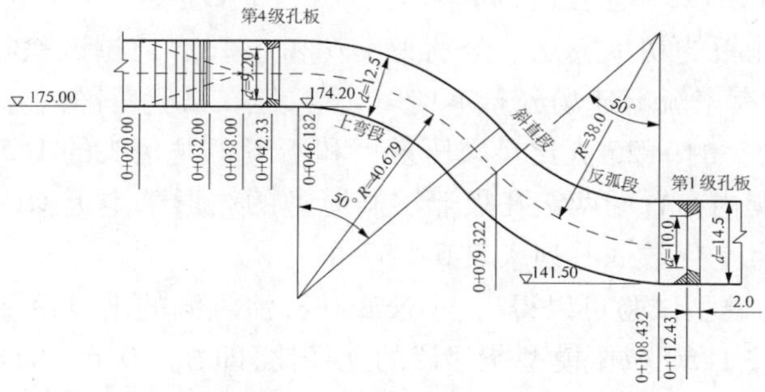

图 6-4-45　修改方案 I 龙抬头段布置简图　（单位：m）

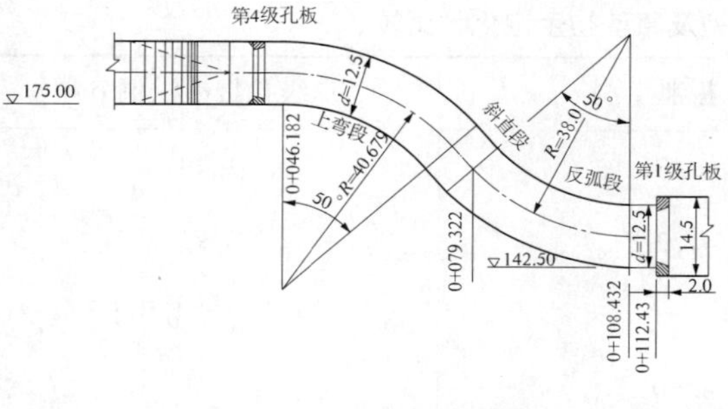

图 6-4-46　修改方案Ⅱ龙抬头段布置简图　（单位：m）

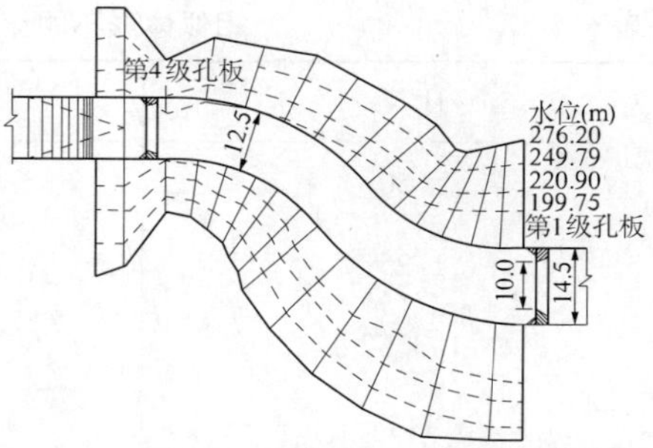

图 6-4-47　方案Ⅰ龙抬头段的沿程水位压坡线

龙抬头段流速分布极其不利。第 4 级孔板下游自龙抬头上弯段、斜直段至反弧段，最大流速都靠近洞顶，而隧洞底部流速较小。在 275m 水位时，测得龙抬头上弯段洞底最小边壁流速为 -6.42m/s。斜直段洞顶到最大边壁流速为 22.88m/s。在第 1、2 级孔板后流速分布基本正常。

表 6-4-38　　**各级水位下孔板的消能系数和水流空化数**

库水位(m)	参数	孔板			
		4 内径 $d=9.2$m	1 $d=10$m	2 $d=10.5$m	3 $d=10.5$m
199.75	消能系数	0.797	1.130	0.852	0.797
	水流空化数	1.551	5.286	5.095	4.287
220.90	消能系数	0.795	1.127	0.821	0.796
	水流空化数	2.294	5.115	4.878	4.088
249.79	消能系数	0.785	1.137	0.830	0.768
	水流空化数	2.873	5.047	4.773	3.965
276.20	消能系数	0.787	1.114	0.831	0.752
	水流空化数	3.096	4.912	4.634	3.819

为调整第 4 级孔板的流态，使第 4 级孔板主流处于洞轴线附近，减小边壁流速，改善压力分布，在方案Ⅰ的基础上将第 4 级孔板修改为偏心孔板，孔口直径 9m，孔口圆心向下

偏移1.75m,孔口底部与洞径相切,孔板顶端圆角半径 $r=0.2m$,不设三角消涡环。修改后的方案Ⅰ,在过流时第4级偏心孔板上游洞顶有小旋涡,高速水流流经孔板后,主流向下偏,直冲上弯段后部,其后主流折向反弧顶部,直至第1级孔板前水流才基本恢复均匀状态。第4级偏心孔板后的压力分布与修改前的方案Ⅰ一样,第4级孔板后有压力突降,最低库水位200m时,紧靠孔板下游上弯段首端洞顶和洞底均测得负压,最大负压在洞顶,其值为10.3m水柱,洞底的负压为3.8m水柱。275m水位时,第4级孔板后上游洞顶有2.4m/s的负流速,最大边壁流速发生在上弯段底部,其值为23m/s。

因此仅从流态、压力分布及流速分布三方面来看,在龙抬头顶部设置孔板的方案对泄洪洞的安全极为不利,方案Ⅰ不可行。

2. 方案Ⅱ试验研究

方案Ⅱ将反弧段做成均匀直径后,水流平顺,但消能效果变差,中间闸室前总损失占其间总水头的32%左右,与要加大消能的试验目的不相符。

因此考虑在方案Ⅱ基础上,在龙抬头斜直段增加第4级孔板。第4级孔板孔口直径9.9m,进行三种情况的试验,即孔板孔口位于正中间;孔板孔口与洞顶相切;孔板孔口与洞底相切。

试验结果表明,三种情况的流态都不理想,以孔口与洞顶相切相对较好。但除第1、4级孔板附近出现3m/s左右的负流速外,偏心孔板下游流速分布极不均匀,孔口相切部位后洞壁流速最大可达29.2m/s。可见方案Ⅱ基础上,在龙抬头斜直段上设置偏心孔板是不可行的。

鉴于采取各种措施都无法调整水流折冲,边壁流速大,流速分布不均等问题,在方案Ⅱ的基础上在龙抬头后原设置3级孔板的距离中将3级孔板改为4级孔板,从上游到下游孔板间距分别为 $2.414D$、$2.414D$、$2.166D$,末级孔板至中门前渐变起坡处相距 $2.283D$。第1、2级孔板孔径为10m,孔板顶端圆角半径为0.02m,第3、4级孔板孔径为10.5m,孔板顶端圆角半径分别为0.2m及0.3m。除第1级孔板上游因洞径为12.5m,不设三角消涡环外,其余第3级孔板上游分别设1.2m×1.2m三角消涡环,还观测了末级孔板顶端圆角半径取0.4m的试验方案。

试验结果表明,龙抬头段压力及流速分布都较均匀,除反弧中部洞顶出现17m/s流速外,边壁流速却小于14m/s。孔板消能段水流对称,压力分布均匀。275m水位时中闸室流道出口流速约30m/s,因此从常压试验来看,在方案Ⅱ的基础上,洞身段增加一级孔板,从满足泄量、增加消能和降低中闸室流速角度看基本能满足要求。但存在两个问题:

(1)由于孔板增多,消能增大,孔板易产生空化。

(2)孔板段孔板间距缩短后,水流由大尺度涡体运动所引起的低频大脉动,较3级孔板的长间距优势频率降低,而脉动幅值加大。275m水位时脉压幅值的2倍标准差最大达15.34m水柱,优势频率多在1Hz以下。

在进行模型试验的同时,还采用非正交网格控制容积法及考虑曲率修正的 $K\sim\varepsilon$ 紊流模型求解轴对称流动的基本方程,对以上4级孔板方案进行布置优化数值分析研究。数值分析结果表明,4级孔板的孔径比拟取 $\beta_1=\beta_2=0.6897$、$\beta_3=\beta_4=0.7241$,消能室长度拟取 $L_1=2.75D$、$L_2=2.25D$、$L_3=2D$、$L_4=2D$,中闸室流道出口流速可降至30.7m/s以下。与模型试验结果一致。

利用数值分析得出的孔板间距和有关参数进行1:40减压模型试验结果表明,4级孔板方案末级孔板发生严重空化。对孔板体形进行调整后,可以消除空化现象,但消能系数大大降低,在275m水位时中闸室流道出口流速达33m/s,与3级孔板方案相当,因此对方案Ⅱ进行修改的4级孔板方案是不可行的。

(四)1号孔板泄洪洞1:40减压模型试验研究

针对1号孔板泄洪洞1:50减压模型试验结果提出的结构布置,还采用1:40比尺模型进行减压模型试验研究。该方案中闸室结构布置见图6-4-48,主要特点如下:

(1)中闸室孔口面积52m²。

(2)中闸室孔口折流器的压坡改为1:4。

(3)将第3级孔板顶端圆角半径改为0.3m。

(4)将孔板三角消涡环的断面尺寸改为1.2m×1.2m。

(5)中闸室孔口跌坎下游坡度由0.1改为0.076 2,中墩尾部延至变坡点以下9.35m处。

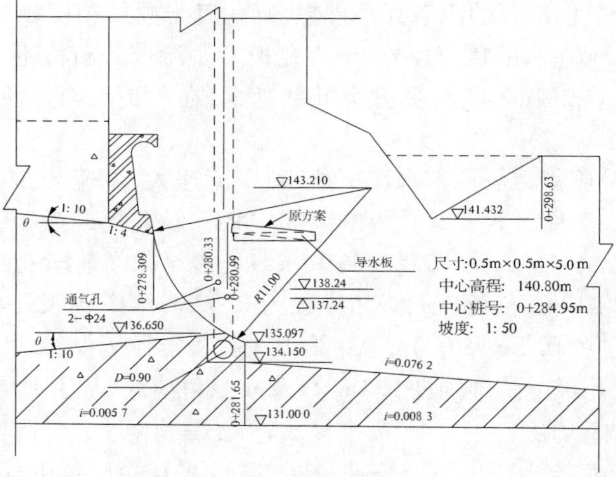

图6-4-48 1号孔板泄洪洞1:40减压模型试验中闸室结构布置简图 (单位:m)

试验的主要目的是在孔板孔径比不变的条件下优化孔板体形;提供原型和模型水流空化数及设计采用的初生空化数;确定不发生空化的最高运用水位和中闸室孔口出口处的通气情况;库水位220m时泄量不小于1 250m³/s的条件下,库水位达到275m时中闸室流道出口流速不超过33m/s。

1. 试验概况

1)模型设计

模型比尺采用1:40,模型模拟从进口到中闸室出口渐变段末端的382.39m。模型采用有机玻璃制作,全长9.56m。模型沿程水头损失系数为0.015~0.017,原型沿程水头损失系数为0.01~0.013。模型中沿程水头损失系数偏大,但由于在孔板消能洞中沿程损失与消能量相比极小，无需校正糙率。试验测试时测压管装在洞顶上，间距 0.5D，并以孔板前 0.5D 处的压力作为计算空化数的参考压力。

根据设计要求分别对库水位 220m、230m、250m 和 275m 泄水的情况进行试验研究。

2）试验设备

减压箱全长 19.2m，上游箱高 3.3m，下游箱高 2.7m。当水中含气量饱和以后，箱内真空度在一周内难以分辨出发生变化。试验量测系统全部采用计算机自动采集系统。空化的观测，在清水区可以直接目测；在掺气区由于蒸汽型空泡与空气型空泡在外观上几乎没有什么区别，目视难以识别，但两者生长发育的机制不同，表现在噪声谱上有显著的差别。

根据空化独特性态，空化噪声是由一些在发生时间、幅度和持续时间上都是随机的脉冲构成的，它产生连续谱，在所有频率上都有一定的能量，但在空化初生及弱空化时，由于空泡尺度小，仅在高频范围内才含有较多的能量。流水及机械运转的噪声在中、低频范围内才有较多的声贡献，而且这些噪声与箱体内的真空度无关，这类噪声难以抑制。电源噪声的声贡献在 10～150kHz 高频范围内，这类噪声可采用噪声滤波器来抑制。水流中出现一个含汽型空泡，溃灭后就产生一个脉冲；如果连续出现一个空泡群，就产生一个谱峰（见图 6-4-29）。空化进一步发展后，谱级将普遍地升高，伴随较大的空泡，出现一系列的尖峰（见图 6-4-30）。而空气型空泡没有这个特点。1∶40 减压模型试验采用丹麦 B&K 公司生产的噪声频谱仪进行测试和分析。

3）试验方法

进行空化试验时，模型除满足重力相似条件外，还应满足模型与原型相应点的水流空化数相等。为此，减压箱中应控制的真空度为：

$$\eta_m = 1 - \frac{h_v}{h_a} - \frac{H_a}{\lambda_L h_a} + \frac{H_v}{\lambda_L h_a} \tag{6-4-5}$$

式中，h_v 为模型中水的饱和蒸汽压力，m 水柱；H_v 为原型中水的饱和蒸汽压力，m 水柱；h_a 为试验室的大气压力，m 水柱；λ_L 为模型比尺；H_a 为原型所在地的大气压力，m 水柱，H_a 可近似按下式计算：

$$H_a = h_a - \frac{\Delta}{900} \qquad (\text{m 水柱}) \tag{6-4-6}$$

式中，Δ 为原型与模型海拔差，m。在水温 10～30℃范围内 H_v 可用下式计算：

$$H_v = 0.077 \times 1.06 t_w - 0.013 \tag{6-4-7}$$

式中，t_w 为水温℃。实际计算 η_m 时，可近似取 $H_v = h_v$。

模型试验时，可能有四个空化源，即 3 级孔板及中间室出口偏心铰弧门出流。在观测三个孔板空化时可直接目测，同时也用噪声仪监测。以每分钟出现 3～5 个空泡作为空化初生的标准。脉冲的幅值用相对能量表示：

$$\overline{E} = \frac{E}{E_{0.5}} \tag{6-4-8}$$

式中，E 为 10～160kHz 间瞬时噪声能量；$E_{0.5}$ 为库水位 275m 情况 $\eta = 0.5\eta_m$ 时在 10～160kHz 间各频率最高声压级的总能量。

当水流稳定并达到上述空化初生标准时,立即测量参考压力和流量。由于观测数据量大,观测时间长,不存在初生空化与消失空化的差别。因此,无论是向箱内充气加压使空化趋于消失状态,或是升高库水位,从无空化趋于空化初生状态,所得结果一致。而闸孔出流的空化则只能用仪器监测和识别。

2. 试验成果分析

1)孔板空化情况

第 3 级孔板从库水位 217m 即开始产生空化,第 2 级孔板从库水位 225m 时发生空化,第 1 级孔板从库水位 231m 时发生空化。图 6-4-49示出各级孔板水流空化数及初生空化数与库水位的关系。从图中看出,水流空化数随库水位的升高而减小,而初生空化数则随库水位的升高而增加。若用$\overline{\sigma_m}$表示 m 级孔板的相对空化数,σ_{mi} 为 m 级孔板的初生空化数,σ_m 为 m 级孔板的水流空化数,那么

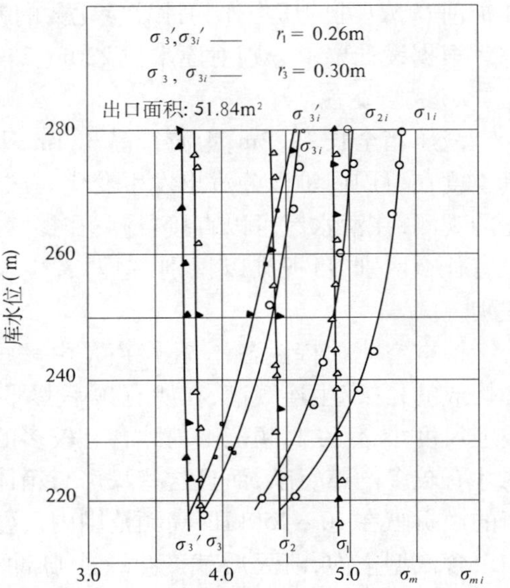

图 6-4-49　各级孔板水流空化数及初生空化数与库水位的关系

$$\overline{\sigma_m} = \frac{\sigma_m}{\sigma_{mi}} \tag{6-4-9}$$

当$\overline{\sigma_m} > 1$ 时表示不发生空化,$\overline{\sigma_m} = 1$ 时表示空化初生,$\overline{\sigma_m} < 1$ 时表示空化的发展程度。试验得出的有关空化特征值列于表 6-4-39。

表 6-4-39　试验得出的各级孔板的空化特征值

孔板级号	库水位 275m 泄流时孔板的孔化特征值			空化起始水位(m)	消能系数 K
	σ_m	σ_{mi}	σ_m/σ_{mi}		
第 1 级	4.87	5.40	0.902	231	1.238
第 2 级	4.40	5.02	0.876	225	0.659
第 3 级	3.70	4.52	0.818	217	0.690

2)比尺效应

表 6-4-39 中的初生空化数是有比尺效应的。为观察雷诺数对初生空化数的影响,将模型中第 1、第 2 级孔板拆除,从而加大第 3 级孔板的过流速度,其雷诺数提高到 1.13×10^6。初生空化数与雷诺数的关系见图 6-4-50。图中可见,在 $8.3 \times 10^5 < Re < 9.0 \times 10^5$ 范围内有第 1、第 2 级孔板与无第 1、第 2 级孔板时的第 3 级孔板的初生空化数相差约 0.3。这主要是因为拆除第 1、第 2 级孔板后第 3 级孔板的来流脉动强度减小的结果。因此,在只有第 3 级孔板时测定的初生空化数,用在第 1、第 2 级孔板未拆除时第 3 级孔板的初生

空化数，只需增加 0.3。从图 6-4-50 还可以看出，当 Re 增加到 1.1×10^{6} 以上时，σ_{3i} 基本上为一常数 4.6，因此考虑比尺效应影响后第 3 级孔板的初生空化数应为 4.9。其余各孔板的初生空化数近似按平行的原则引伸，可得 $\sigma_{2i}=5.5$，$\sigma_{1i}=5.85$。

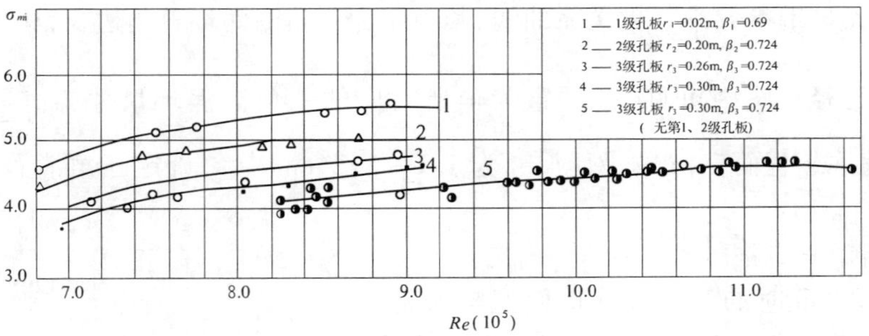

图 6-4-50 初生空化数与雷诺数的关系

3）孔板初生空化数与孔板体形和位置的关系

孔板初生空化数与孔板顶端圆角半径及孔径比有密切关系，并受紊动强度有较大影响。图 6-4-51 示出初生空化数与孔板顶端圆角半径及孔径之比（r/d）的关系。

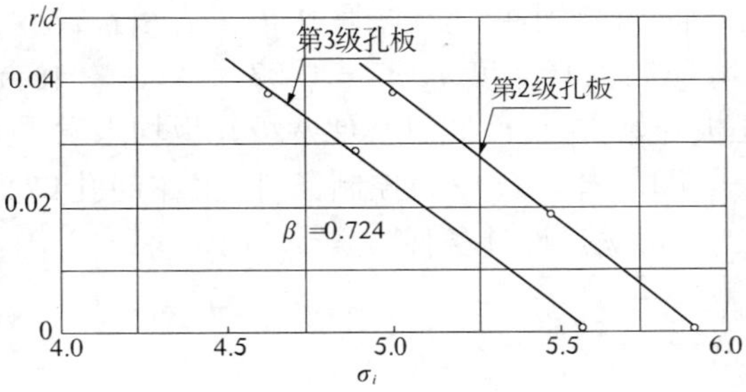

图 6-4-51 初生空化数与孔板体形的关系

在相同的孔径比及相同的孔板顶端圆角半径的情况下，第 2 级孔板的初生空化数较第 3 级孔板的初生空化数大 0.3～0.35。这是由于第 1 级孔板的孔径比较小，孔板端部又接近于锐缘，水流经第 1 级孔板后消能多，紊动强烈，在进入第 2 级孔板时具有较大的脉动能量，因而初生空化数较大。

4）孔板的最佳水力体形

孔板端部愈尖，消能系数愈高，但初生空化数也愈大。另一方面，孔径比愈大，消能系数愈小，初生空化数也愈小。单位消能率的初生空化数为最小的目标函数为

$$\sigma_i=\min f\left(\frac{r}{d},\beta\right) \tag{6-4-10}$$

式中约束条件为 $\sigma_i\leqslant\sigma$，即不空化条件。试验表明，σ_i 是 r/d 的单调升函数，由于孔径比是确定的，因此只需在满足约束条件下选用最小的 r/d 即可选择孔板的最佳水力体形。

5) 三角消涡环的最佳尺寸

在确定三角消涡环的最佳尺寸时，只要求孔板前角偶空化不先于孔板后的剪切空化，在这个约束条件下寻求最大的消能效果。图 6-4-52 为各级库水位下测得的损失系数 ξ_2 的平均值与无量纲参数 $\frac{2a}{D-d}$ 的关系曲线，其中 a 为三角消涡环直角边长，D 为隧洞直径，d 为孔板的孔径。图中可见，ξ_2 的最大值所对应的三角消涡环尺寸为 $\frac{2a}{D-d}=0.55\sim0.62$，就小浪底工程而言，$a$ 的最佳尺寸为 1.1～1.24m。最终确定三角消涡环尺寸采用 1.2m×1.2m。

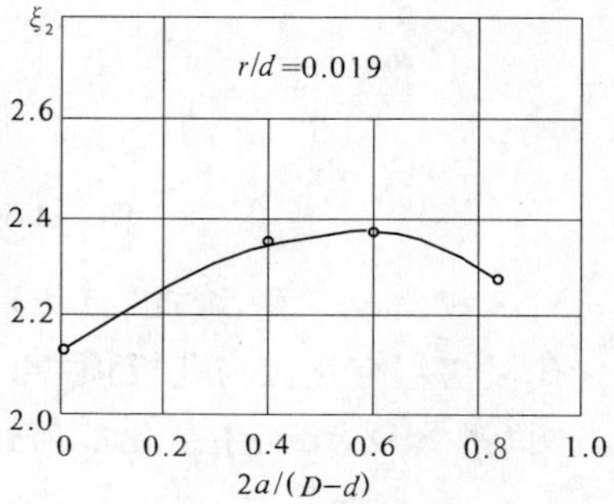

图 6-4-52　三角消涡环尺寸对阻力系数的影响

6) 中间闸室工作门孔口面积的确定

库水位 275m 时的工作门孔口面积与水流空化数的关系示于图 6-4-53，图中试验点与数值结果吻合。

按 $\sigma_m=\sigma_{mi}$ 作为设计的空化控制条件，第 2 级和第 3 级孔板满足上述条件的工作门孔口面积为44.64 m²，对于第 1 级孔板，工作门孔口面积则需要压缩到 44.23m²。

这表明，工作门孔口面积减到 44.64m² 后孔板空化的次序改变了，当减压箱内真空度 $\eta/\eta_m=1.03$ 时即可观察到第 1 级孔板开始空化，而此时其他两级孔板均未发生空化。

在库水位 275m 时若采用 $\sigma_2=\sigma_{2i}$ 作为控制条件，工作门孔口面积（ω_0）为 44.64m²。水位流量关系见图 6-4-54，可满足设计条件。

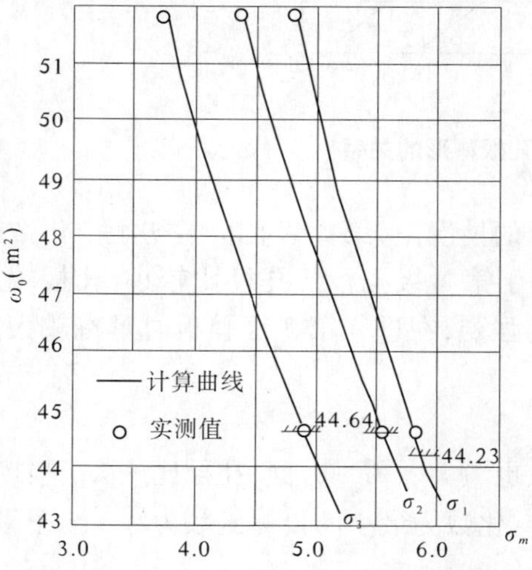

图 6-4-53　工作门孔口面积（ω_0）与孔板空化数（σ_m）的关系

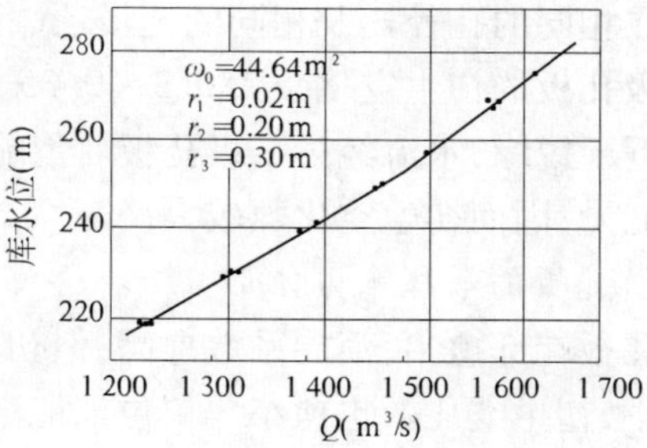

图 6-4-54　水位与流量关系曲线

7) 沿程压力及压力系数分布

工作门孔口面积为 51.84m² 及 44.64m² 两种方案平直段洞顶压力系数（C_p）分布曲

线见图 6-4-55。曲线末端压力系数由下式表示：

$$C_{p20}=\left(\frac{\pi D^2}{4\varepsilon\omega_0}\right)^2-1-\xi_{出}\left(\frac{\pi D^2}{4F_0}\right)^2 \tag{6-4-11}$$

式中　D——隧洞直径；

ω_0——工作门孔口面积；

$\xi_{出}$——工作门孔口阻力系数。

F_0 由下式表示：

$$F_0=\frac{2\omega_0}{\frac{\pi D^2}{4}+\omega_0} \tag{6-4-12}$$

ε 由下式表示：

$$\varepsilon=\exp(-0.313\,6\theta)-1.85\left(\frac{l}{h}\right)^{0.2}m^{-2.9} \tag{6-4-13}$$

其中，θ 如图 6-4-48 所示，以弧度计；m 为折流器的坡度；l/h 为折流器的相对长度，l 为折流器的长度。

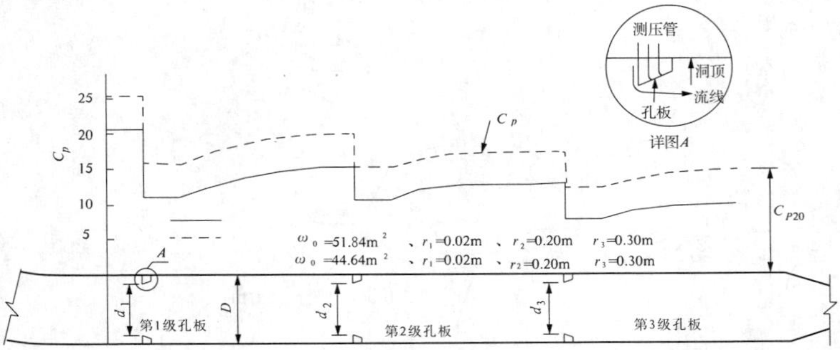

图 6-4-55　孔板泄洪洞洞身沿程压力系数分布

8）偏心铰弧门出流的空化及防范

偏心铰弧门出流产生严重空蚀破坏的工程实例，在国内外时有发生，例如 1968 年在苏联克拉斯诺雅尔斯克水电站底孔偏心铰弧门下游两侧墙就发生了严重的空蚀破坏，空蚀范围竟达 5m 宽，20m 长，个别地方的深度竟达 1.5m。又如在我国龙羊峡水电站的底孔泄水道也采用偏心铰弧门，在 1987 年远未达到设计水头的情况下，到 1989 年共运用 3 次，在偏心铰弧门下游产生了严重的空蚀破坏，总计冲蚀混凝土 227m^3。可见产生破坏的严重性。

观察偏心铰弧门出流时，首先观察侧墙上的导水板对空化的影响。在未安装导水板之前，高水位出流条件较好，但低水位时偶尔发生空化，进一步又观察到仪器上的空化脉冲与突扩空腔的水翅猝发现象同步，因而可断定空化源就在两侧突扩空腔中。按图 6-4-48在每侧突扩下游开了两个 ϕ24cm 的通气孔，空化消除。按原设计安上导水板后，在低水位时又有空化，侧通气孔未能起作用。经观察研究，发现原因在于导水板的角度不合适，水翅猝发时被压回上游，堵塞了突扩下游的侧空腔。按图 6-4-48 所示调整导水板的角度后，将猝发的水翅导向下游，从而避免了侧空腔的堵塞，消除了空化。

3. 试验结论意见

根据试验分析，可得出如下结论性意见：

（1）锐缘孔板的水力特性优于圆头孔板，即在同样的消能系数时锐缘孔板的初生空化数最小。

(2)中闸室出口面积为 51.84m^2 时,3 级孔板中第 3 级孔板首先空化,然后是第 2 级孔板空化,最后是第 1 级孔板空化。但第 3 级孔板的相对空化数 σ_m/σ_{mi} 接近,说明孔板的体形组合是比较合理的。

根据减压试验结果,3 级孔板的初生空化数分别为 $\sigma_{1i}=5.85$,$\sigma_{2i}=5.5$,$\sigma_{3i}=4.9$,在 275m 水位时,共消减 59m 水头。用这些初生空化数作为控制空化的条件,最小出口面积为 44.23m^2。此时泄量还基本能满足设计要求,但中间闸室出口收缩断面上的流速仍有 39.3m/s,射流冲击底板的流速则超过 40m/s。由于中闸室下游还有数百米隧洞,高流速、高含沙量水流对下游隧洞的破坏作用不可轻视。

(3)孔板上游角隅的消涡环不仅有助于消除上游旋涡空化,而且还明显地增加了消能效果。消涡环的最佳尺寸为 1.1 ~1.24m。

(五)2、3 号孔板泄洪洞 1:40 减压模型试验研究

2、3 号孔板泄洪洞的基本布置同 1 号孔板泄洪洞,但相应高程比低位洞高 9.5m。其中闸室的结构布置见图 6-4-56,三级孔板的孔径比 $\beta(=d/D)$ 依次为 0.69、0.724 和 0.724。孔板端部边缘半径 r 依次为 0.02m、0.02m 和 0.4m,工作门孔口面积为 52m^2。

模型设计、试验设备和试验方法与 1 号孔板泄洪洞同。

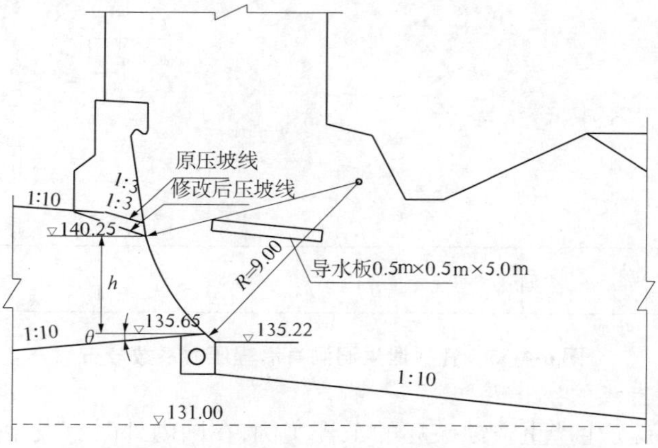

图 6-4-56 2、3 号孔板泄洪洞 1:40 减压模型试验中闸室结构布置简图 (单位:m)

1. 孔板空化情况及消除措施

试验结果表明,在库水位 275m 时,第 2、第 3 级孔板都发生了空化,而且第 2 级孔板首先空化。其空化类型有两种,一种是来自孔板上游角隅处的旋涡空化,形如蚯蚓,到孔板下游后,空化泡立即崩溃;另一种是来自孔板下游水流剪切层的旋涡空化,形如片状。因为孔板的体形是在局部模型中经过长期研究定下来的,为避免变动孔板体形,首先采用压缩工作门孔口面积的办法来消除空化。当工作门孔口面积压缩到 44.9m^2 时,流量为 1 600m^3/s,各级孔板的空化虽均已消除,但若进一步考虑比尺效应,工作门孔口面积还需进一步压缩。在库水位 220m 时泄量将不足 1 237m^3/s,下游满足设计低限的1 250m^3/s。因此,应对孔板体形进行修改。由于第 2 级孔板首先空化,所以将第 2 级孔板端部边缘半径由 $r=0.02$m 改为 $r=0.2$m。经试验,这种孔板组合仍是第 2 级孔板首先空化,其初生空化数就成为控制空化的设计条件。

在第 2 级孔板前角隅处加了边长 0.8m 的三角消涡环后,试验表明,除明显地减少了上游角隅空化外,还增加了孔板阻力损失,减小了流量,这种情况可见图 6-4-57 流量与水位曲线中的曲线 2。在第 3 级孔板前也同样增加了一个消涡环，流量进一步减小（见图 6-4-57中曲线 3）。这是由于上游角隅旋涡将流线挤回洞中心，减小了流线收缩损失，消除角隅后就增加了流线收缩损失。试验证明，三角消涡环不仅消除了孔板前角隅的旋涡空化，而且增加了消能效果。

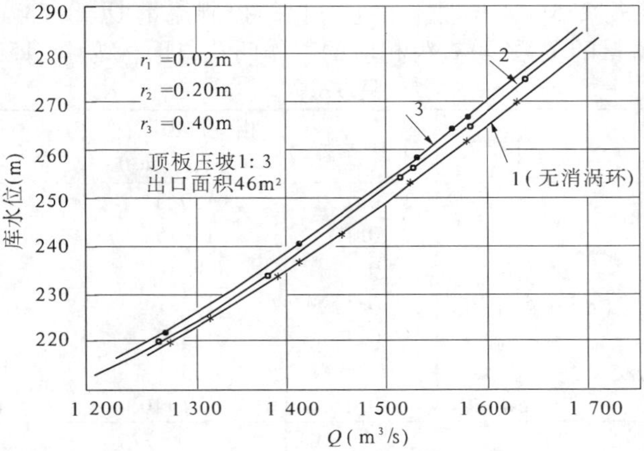

图 6-4-57　2、3 号孔板泄洪洞库水位与流量的关系

2. 第 2 级孔板初生空化数的确定

孔板的初生空化数受比尺影响很大，但尺度效应和流速效应的综合影响可用雷诺数作为参考。图 6-4-58 示出第 2 级孔板初生空化数与雷诺数的关系。

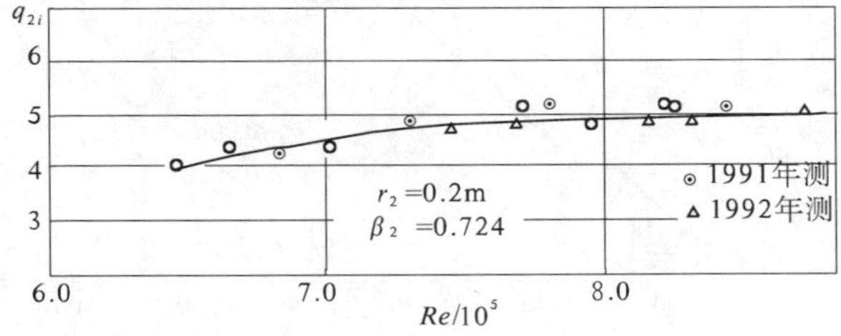

图 6-4-58　第 2 级孔板初生空化数与雷诺数的关系

从图 6- 4-58 可看出，当雷诺数 $Re \leqslant 7.4 \times 10^5$ 时，Re 对第 2 级孔板的初生空化数 σ_{2i} 的影响特别显著，$Re > 8 \times 10^5$ 后，其影响才较小。但原型的雷诺数约为 1∶40 模型的雷诺数的 253 倍，初生空化数如何向原型引伸，虽作很多探索，但并未得到公认。从图 6- 4-58 中的曲线可得到下述经验公式：

$$\sigma_{2i} = 5.5 - 175.74 e^{-0.7374 Re \times 10^{-5}} \tag{6-4-14}$$

按上式引伸到原型，其初生空化数为 5. 5。那么在确立中闸室出口面积时，必须控制第 2 级孔板的水流空化数 $\sigma_2 \geqslant 5.5$。

3. 中闸室工作门孔口面积的确定

可采用解析方法推得 2 级孔板不发生空化的控制流量为：

$$Q = \sqrt{2g \frac{Z_{sh} - Z_{10} + \dfrac{1}{\gamma}(P_a - P_v)}{\dfrac{16\sigma_{2i}}{\pi^2 d_2^4} + \sum\left(\dfrac{\xi_M + \xi_{TP}}{\omega_n^2}\right) + \dfrac{16}{\pi^2 D^2}}} \tag{6-4-15}$$

式中，Z_{sh}为上游水位；Z_{10}为工作门孔口底板高程；$\frac{1}{\gamma}(P_a - P_v) \approx 10\text{m}$；$\sigma_{2i} = 5.5$；$d_2$ 为第 2 级孔板孔径；D 为隧洞直径；ξ_M、ξ_{TP}、ω_n 分别为段阻力系数、洞程损失及相应过水断面面积，其值见表 6-4-40，其中第 1 级孔板的阻力系数是实测值。

按式(6-4-15)求得 275m 水位时不发生空化的控制流量 $Q = 1\ 637\text{m}^3/\text{s}$，图 6-4-59 为工作门孔口面积和流量的关系，可查得相应的工作门孔口面积为 46.15m^2。

表 6-4-40 阻力系数

序号	名称	符号	损失系数	相应过水断面面积 $\omega_n(\text{m}^2)$	ξ_M/ω_n^2，(ξ_{TP}/ω_n^2)
1	进口	$\xi_{进}$	0.1	139.5	5.139×10^{-6}
2	门槽Ⅰ	$\xi_{门Ⅰ}$	0.1	139.5	5.139×10^{-6}
3	门槽Ⅱ	$\xi_{门Ⅱ}$	0.1	84.0	14.172×10^{-6}
4	弯道Ⅰ	$\xi_{弯Ⅰ}$	0.1	122.7	6.642×10^{-6}
5	弯道Ⅱ	$\xi_{弯Ⅱ}$	0.1	143.9	4.829×10^{-6}
6	第 1 级孔板	ξ_1	5.25	165.1	192.604×10^{-6}
7	沿程	ξ_{TP}	0.2	平均 110	16.529×10^{-6}
	合计				245.054×10^{-6}

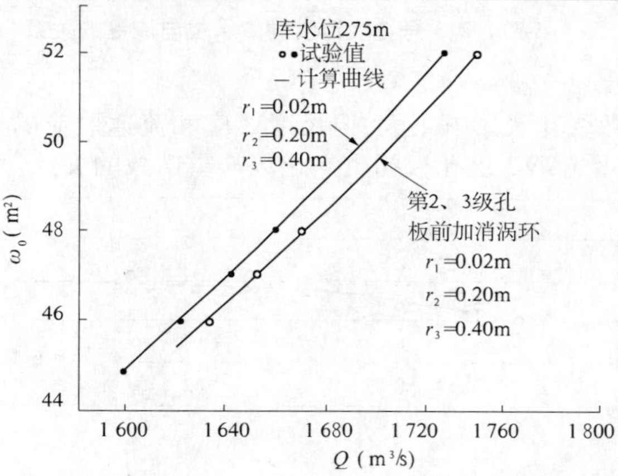

图 6-4-59 工作门孔口面积与流量的关系

4. 试验结论

2、3 号孔板泄洪洞 3 级孔板方案经调整第 2 级孔板孔缘半径、增加三角消涡环，在中闸室工作门孔口面积为 46m^2 时，275m 库水位情况下下泄流量满足设计要求。但中闸室工作门孔口收缩断面上出口流速最大达 35.5m/s，需进一步研究有关措施。

第五节 孔板消能泄洪洞的设计

一、孔板消能泄洪洞的运用方式

（一）事故门及工作门的设计运用要求

孔板消能泄洪洞事故闸门的正常运用条件为动水闭门（每条洞进口的两扇事故闸门必

须同步)、静水启门。但是为了减少充水平压时间,允许在10m水头差及高程187m以下的淤沙条件下动水启门。每条洞的工作闸门为两扇偏心铰弧形门,动水启闭。设计要求,平时事故闸门关闭挡水挡沙,工作闸门开启。当要求孔板泄洪洞泄水运用时,应首先关闭工作闸门,向洞内充水达到设计运用条件时,相继开启事故闸门和工作闸门;停止泄洪时,必须先同步关闭工作闸门,然后关闭事故闸门挡水挡沙,再开启工作闸门,放空洞内积水。

(二)孔板消能泄洪洞的运用限制条件

小浪底工程三条孔板消能泄洪洞进口底板高程为175m,喇叭口顶点高程为195m,在库水位210m时才能保证进口充分淹没,不会进气。为了防止进口淹没不足将空气泡带入孔板消能室,确定孔板消能泄洪洞最低运行库水位不得低于210m。此外为了防止发生空蚀,1号孔板泄洪洞暂限制在250m库水位以下运用,2、3号孔板泄洪洞最高运用水位为275m,同时要求三条孔板泄洪洞在运用期间,加强监测及观测资料的分析整理工作,为孔板泄洪洞的安全运用提供可靠的依据。

二、孔板消能泄洪洞的设计

(一)结构布置

小浪底水利枢纽泄水建筑物布置最终确定的组合泄洪方案中的3条孔板消能泄洪洞(以下简称孔板洞),分别由3条导流洞改建而成。1、2、3号导流洞的长度分别为1 219.84m、1 169.36m和1 149.36m,典型断面为直径14.5m的圆形断面;改建成孔板洞后,3条导流洞可利用长度分别为1 001.44m、1 000.93m和1 000.93m,长度利用率分别为82.1%、85.6%和87.1%。改建后的3条孔板洞布置形式基本相同,每条洞均由进水塔架、龙抬头连接段、压力流多级孔板消能洞段、中闸室段、明流洞段和出口段六部分组成。1、2、3号孔板泄洪洞的布置分别见图6-5-1、图6-5-2和图6-5-3。

1. 进水塔(孔板塔)

孔板泄洪洞进水塔架,简称孔板塔,宽20.0m,高112.0m,高程230m以上塔筒长21.4m,塔底长60.0m,顶部高程283.0m,底板开挖高程171.0m,进口高程175.0m。

进水塔为两孔进水,塔内设有2－4.5m×15.5m平面滑动检修闸门和2－3.5m×12.0m平面定轮事故闸门。检修闸门采用容量为4 000kN的门机启闭,事故闸门采用容量为5 000kN的固定式卷扬机启闭。

进水塔中墩长30.8m,渐变段长18.0m,其后接龙抬头连接段。

2. 龙抬头连接段

龙抬头洞段是进水塔架与原导流洞之间的连接段,由上弯段、斜直段和下弯段组成。衬砌厚1.5m,竖向转角50°。

(1)上弯段:为直径12.5m的圆形断面,中心线纵向转弯半径(取3.25倍洞径)为40.679m,中心角为50°。

(2)斜直段:连接上弯段与下弯段,为直径12.5m的圆形断面,由于3条导流洞的高程不同,因此3条孔板洞龙抬头东端的斜直段长度也不同,1号孔板洞斜直段长17.12m,2、3号孔板洞斜直段长4.72m。

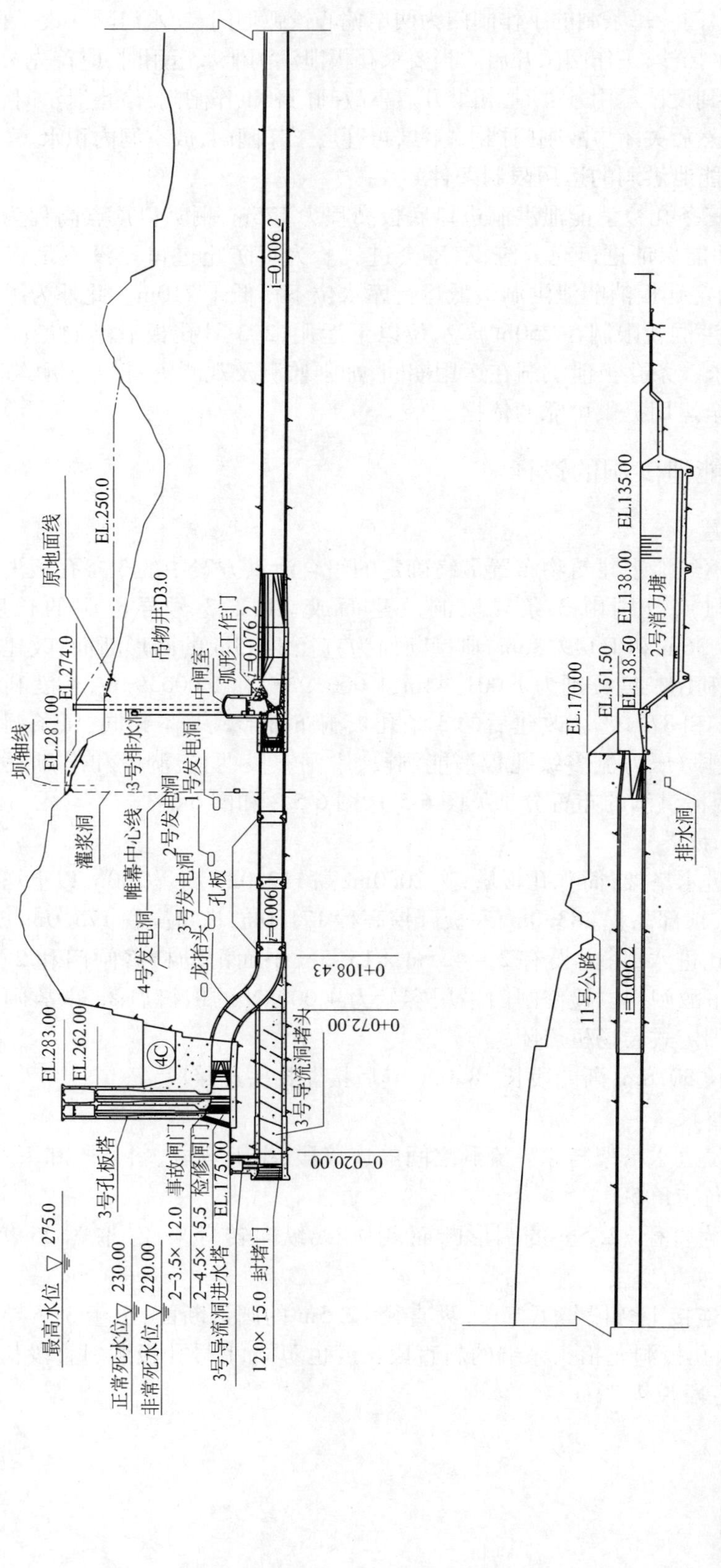

图 6-5-1　1 号孔板泄洪洞纵剖面图（高程单位：m）

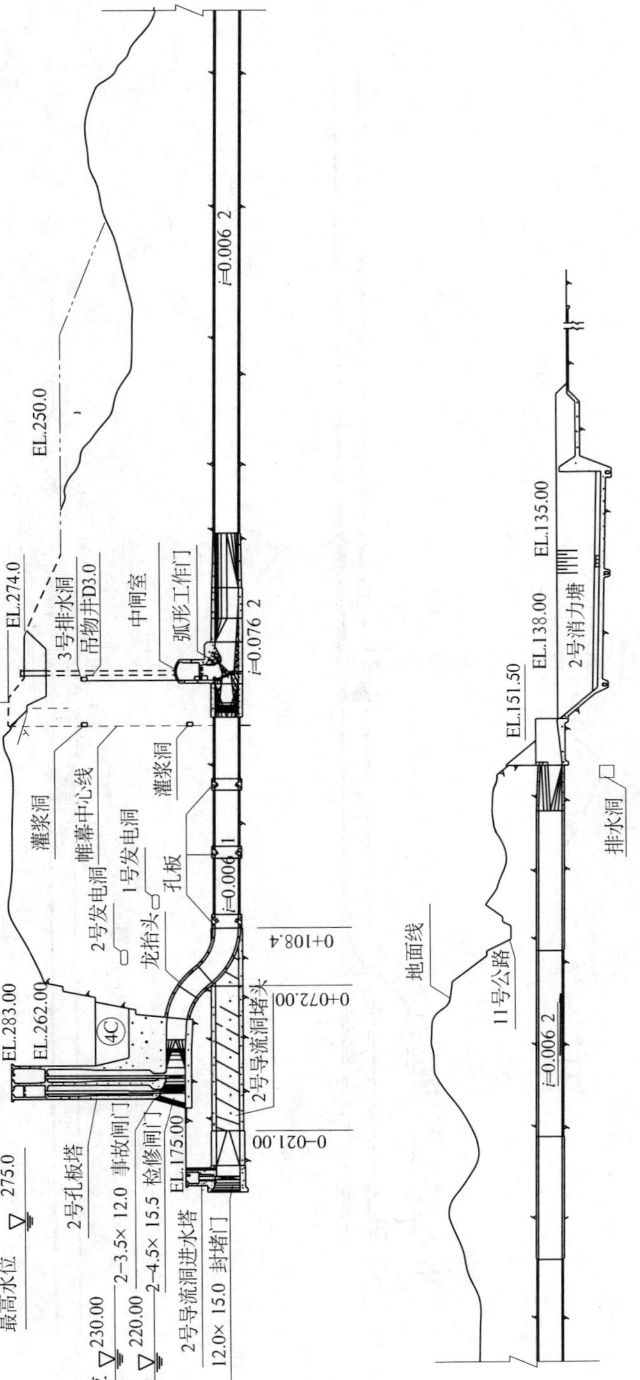

图 6-5-2　2 号孔板泄洪洞纵剖面图　（高程单位：m）

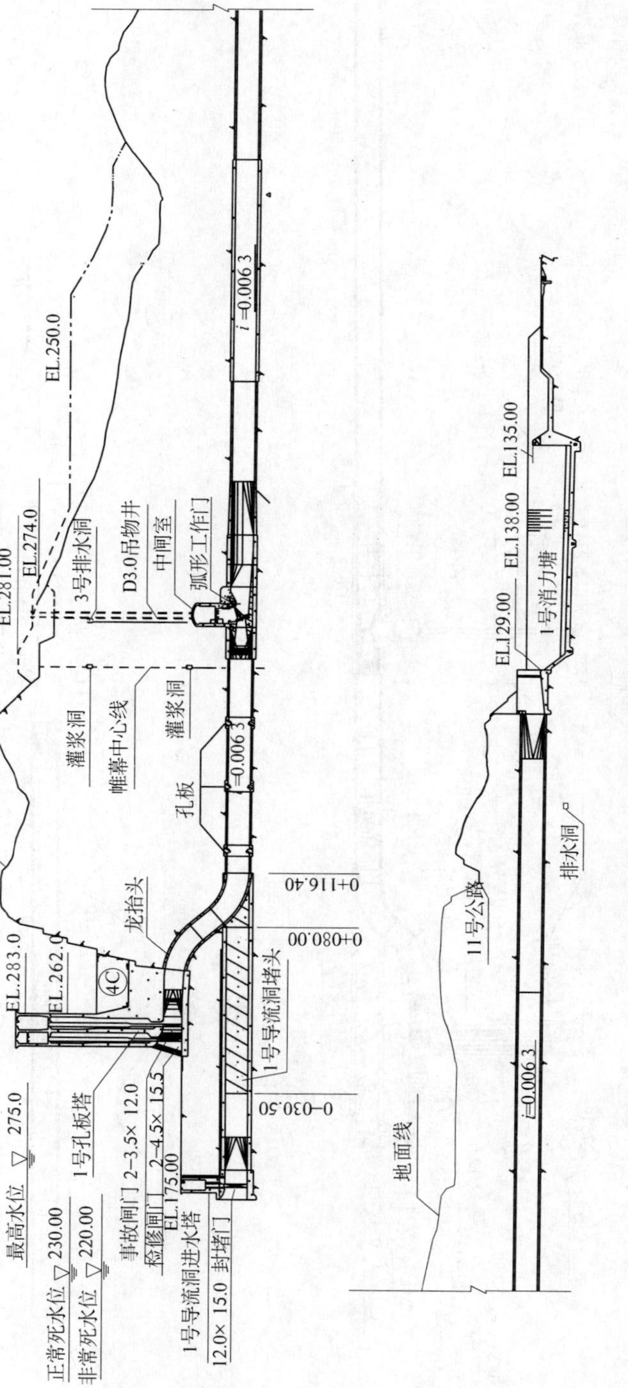

图 6-5-3　3 号孔板泄洪洞纵剖面图　（高程单位：m）

(3)下弯段：由直径 12.5m 的圆形断面渐变为直径 14.5m 的圆形断面，中心线转弯半径取 3 倍洞径，为 38.0m，中心角为 50°，下弯段末端与原导流洞相接，1 号孔板洞结合点桩号为 0 + 116.4m，高程为 132.0m；2、3 号孔板洞结合点桩号为 0 + 108.43m，高程为 141.5m。龙抬头布置见图 6-5-4 和图 6-5-5。

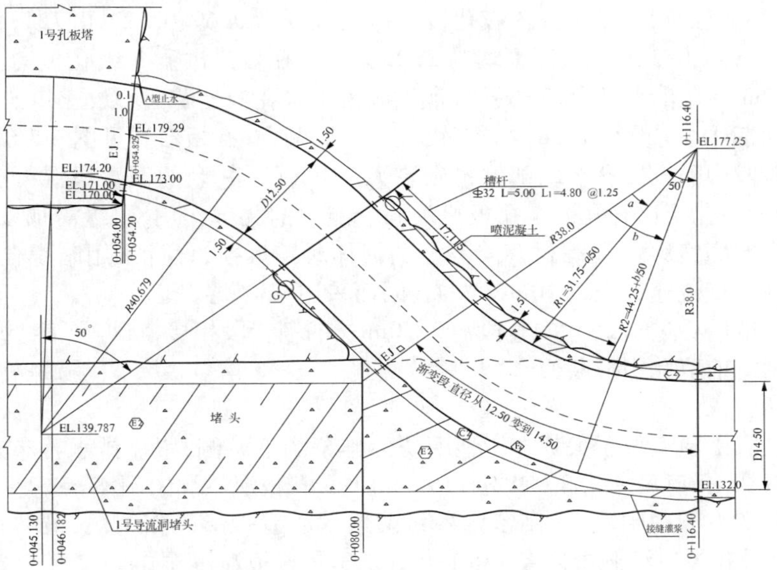

图 6-5-4　1 号孔板泄洪洞龙抬头布置图　（单位：m）

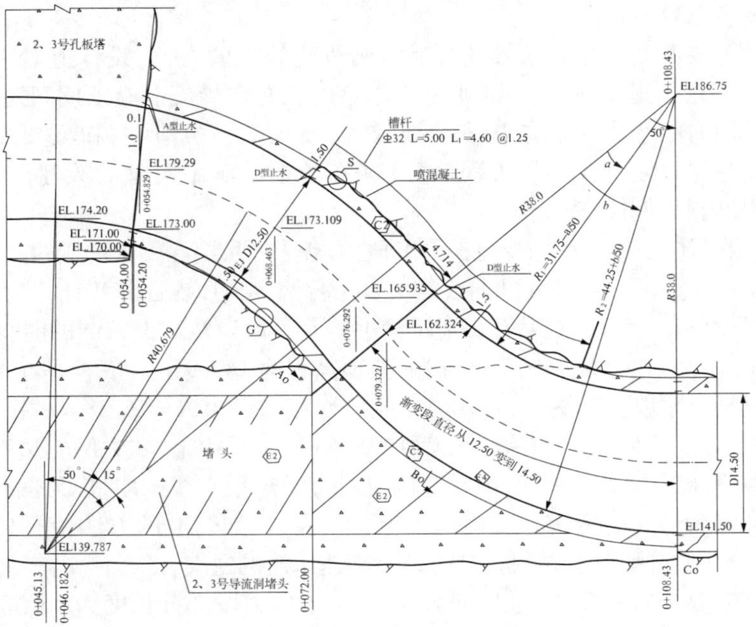

图 6-5-5　2、3 号孔板泄洪洞龙抬头布置图　（单位：m）

3. 多级孔板消能洞段

多级孔板消能洞段为孔板泄洪洞的核心部分，处在龙抬头下弯段后和中闸室前，该段为压力段。1 号孔板泄洪洞的此段位于桩号 0 + 116.40 ~ 0 + 262.29m，长度为 145.89m；2、3 号孔板泄洪洞的此段位于桩号 0 + 108.43 ~ 0 + 243.93m，长度为 135.5m。

每条孔板泄洪洞的孔板段内设 3 级孔板环，孔板中心间距 L 为 3 倍洞径，即 43.5m。为了保证每级孔板均不产生空化，3 级孔板采用了不同的孔径比（即环形孔板的内径和洞径之比 d/D）和孔缘半径，第 1、2、3 级孔板孔径比分别为 0.69、0.724、0.724，孔缘半径分别为 0.02m、0.2 m、0.3m，孔板厚度均为 2.0m。1 号孔板泄洪洞 3 级孔板的上游面均设有 1.2m × 1.2m 三角消涡环，2、3 号孔板泄洪洞第 1 级孔板上游面不设三角消涡环，第 2、3 级孔板的上游面也均设有 1.2m × 1.2m 的三角消涡环。孔板布置见图 6-5-6。

孔板消能段中除设置孔板的部位衬砌厚为 2.0m 外，其余的洞身段混凝土衬砌厚度均为 1.0m。由于孔径比和孔缘在孔板泄洪洞消能中的关键作用，孔缘需加以特殊保护，采用高强抗磨的高铬铸铁孔缘衬套。考虑到损坏时需拆换，设计采用暗螺栓连接方式。压力段因洞内边壁流速最大仅 10m/s 左右，因而采用 C30 混凝土。

第 3 级孔板后经过 42.5m 的直段与 22.0m 长的渐变段相接，将直径 14.5m 的圆形断面渐变为中闸室前双孔矩形断面。

4. 中间闸室段

孔板泄洪洞中闸室位于大坝左岸地下防渗帷幕的下游侧，紧靠排水幕布置。中闸室由中墩分成两孔，孔口尺寸为 2 - 4.8m × 5.4m（1 号孔板泄洪洞中闸室）和 2 - 4.8m × 4.8 m（2、3 号孔板泄洪洞中闸室）。闸室内各设两扇偏心铰弧形工作闸门，最大工作水头分别为 140m（1 号孔板泄洪洞中闸室）和 130m（2、3 号孔板泄洪洞中闸室），每扇闸门承受的总水压力分别为 62.55MN（1 号孔板泄洪洞中闸室）和 55.42MN（2、3 号孔板泄洪洞中闸室），弧门支臂长 9.0m。

为了满足导流洞的运用要求和孔板泄洪洞改建施工的方便，设计上对中闸室的体形进行了反复的研究和比较，其主要原则是中闸室的轮廓在导流洞施工期间完成，体形既要满足导流洞运用时的水力学和结构安全要求，又要保证孔板泄洪洞改建时结构安全、可行，实施方便，并尽量减少改建的工程量。3 条孔板泄洪洞中闸室的改建体形基本相同，以 1 号孔板泄洪洞为例简述如下。

闸门孔上游部位顶板是在原导流洞渐变段内"镶"贴Ⅱ期混凝土形成的。1 号孔板泄洪洞中闸室顶板为半径 R = 14.88m 的曲线与 1:10 的斜坡相切，然后再以 1:4 的压坡到闸门孔顶端，孔顶高程为 141.05m；2、3 号孔板泄洪洞中闸室顶板为 R = 13.21m 的曲线与 1:10 的斜坡相切，然后再以 1:5 的压坡到闸门孔顶端，孔顶高程为 149.95m。底板是在原渐变段底板上浇筑Ⅱ期混凝土贴坡。1 号孔板泄洪洞中闸室底板前沿为 R = 15.58m 的圆弧与 1:10 的斜坡相切，斜坡顶端高程即（孔口底高程）为 135.65m；在平面上，左右两侧边墩在前沿采用 R = 6.44m 的圆弧和一平直段构成，中墩两侧由斜直线与平直线构成，作为偏心铰弧门的滑道，在闸孔后形成 0.5m 的突扩。采用这种上、下、左、右加贴坡的方法使孔口面积收缩到 2 - 4.8m × 5.4m，并在闸后形成突扩突跌，以利高速水流的通气补气。

中闸室由中墩分成两孔，中墩长度为 82m，其中压力段部分长度为 26.75m，明流段部分长度 55.25m。门孔下游中墩逐渐收缩，收缩坡度为 i = 0.015 96。为消除边墙的负压，两侧边墙采用 i = 0.010 95 扩散角度，扩散段的长度为 19.25m。1 号孔板泄洪洞中闸室布置见图 6-5-7。

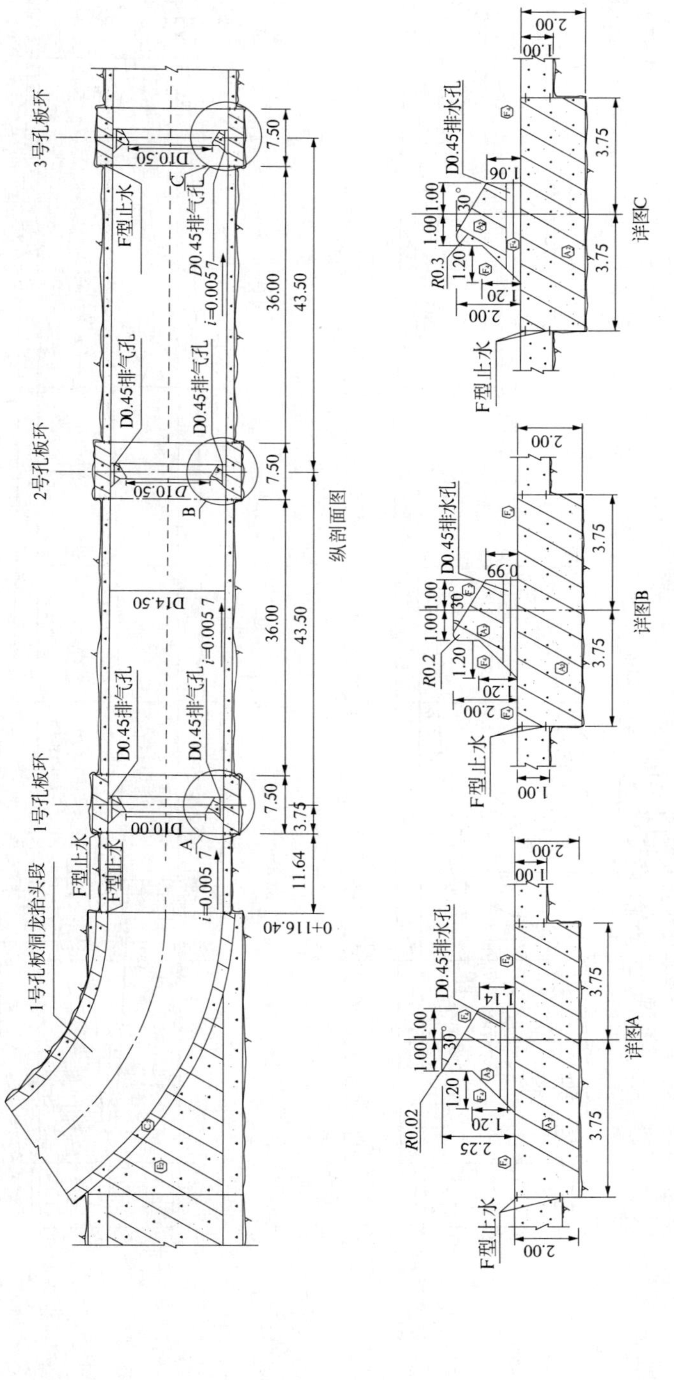

图 6-5-6　孔板泄洪洞孔板布置图　（单位：m）

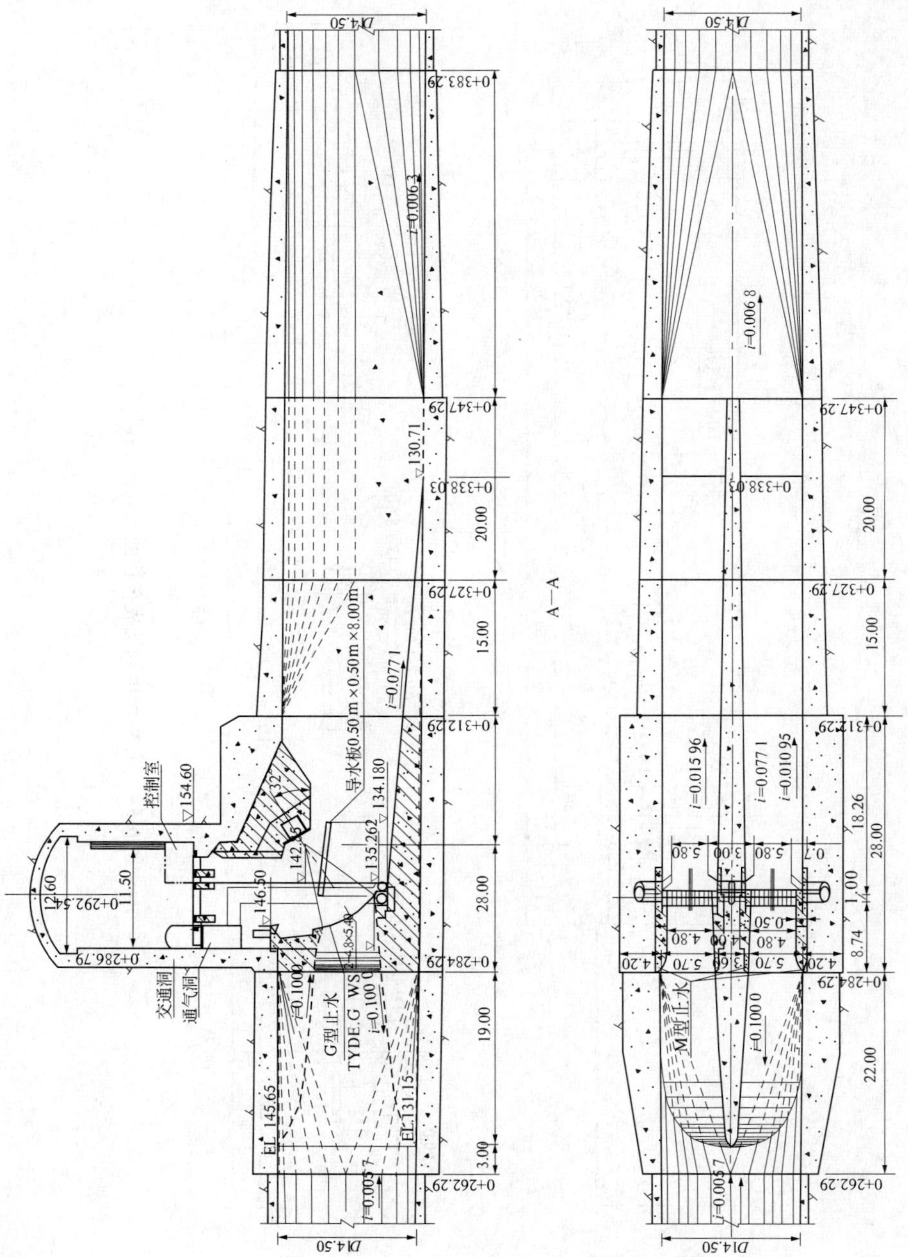

图 6-5-7　1 号孔板泄洪洞中闸室布置图　（单位：m）

中闸室孔口下游部位的边墙和底板均采用突扩突跌形式,边墙突扩为0.5m,跌坎高为1.47m。为保证泄洪时向底空腔和侧空腔补气,防止发生负压,在闸孔底坎处的两侧边墙和中墩内分别设有直径为0.9m和两端为半圆、中间为直段的通气井(0.9m×1.61m),通气井底端与底坎下部的通气孔(直径0.9m)相连,顶端与启闭机平台下的通气洞(2.5m×4.2m)相接,再由通气洞与闸室一侧的通气竖井(3.0m×4.05m)连通,形成完整的补气系统。在挑坎下游底板设 $i=0.0771$ 的斜坡与原导流洞底板相接,斜坡长45m,在各级库水位下泄的挑射水流均落在此斜坡上,回流不会淹没挑坎下的通气孔。

为防止闸孔射出的水流冲击偏心铰弧门的支铰,在闸门孔口后两侧边墙及中墩上均设一宽0.5m、长8.0m的导水板,见图6-5-8。试验表明,其效果很好。

上部启闭室启闭机安装平台高程为154.6m,顺水流向宽11.5m,垂直流向长22.4m,高度16.35m,边墙厚度为2.0m。室内设有2台3 500/1 200kN油压启闭机操作弧门和2台3 000/900kN油压启闭机操作偏心铰,同时还设有1台LH型400kN电动葫芦双梁桥机,供安装和检修起吊设备之用。为了减少导流洞施工期的工程量,中闸室启闭机平台在导流洞施工时不浇筑,在孔板泄洪洞改建时施工。在闸室的顶部都设有直径3.0m的圆形断面吊物井,井口顶部高程为274m,以便安装或检修启闭机时,起吊有关零部件。3个中闸室内分别设有闸门控制室,并在2号中闸室左侧交通洞的下游侧设有变压器室和配电室,总面积为4.0m×18.2m。

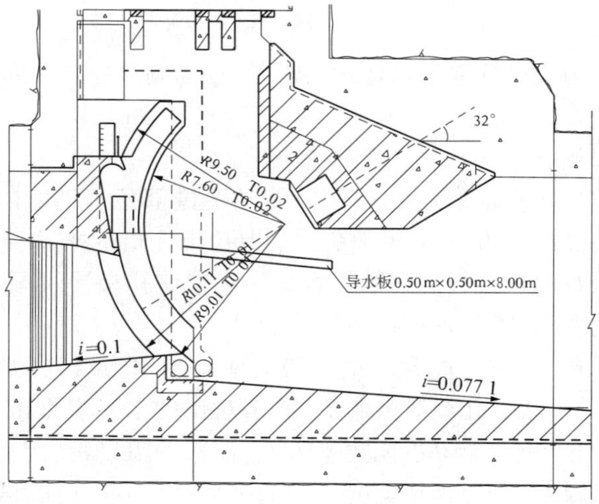

图6-5-8 导水板位置示意图

中闸室深埋在山体里,对外交通有3条通道:①中闸室交通洞,连通3条孔板洞的3个闸室,在闸室之间兼作排水洞,在闸室之外与170.0m高程的排水洞连通;②在1号、3号中闸室左侧交通洞的下游侧设有4.05m×2.0m的电梯井;③在电梯井旁还设有4.05m×2.0m的楼梯井。另外每个闸室均设有4.05m×3.0m的通气井,一直通至大坝下游侧274.0m高程平台。

中闸室段衬砌大部分采用C70硅粉混凝土。

5. 中间闸室下游明流洞身段

中闸室下游明流洞身段包括中闸室下游渐变段、标准圆形洞身段、断层带洞身段、岩石覆盖较薄洞身段和出口渐变段等，均在导流洞使用前建成。

中闸室下游渐变段由 3 段组成，依次为：第一段长 15.0m，是由宽 15.0m、高 14.5m 的矩形断面渐变为宽 15.0m、高 14.5m 的城门洞形断面；第二段为 20.0m 长的城门洞过渡段；第三段长 36.0m，由城门洞渐变到直径 14.5m 的圆形断面，其后接圆形洞身段。

标准圆形洞身段、断层带洞身段和岩石覆盖较薄洞身段均为直径 14.5m 的圆形断面，只是衬砌厚度不同，标准圆形洞身段衬砌厚度为 0.8m，其他为 1.2m。

出口渐变段长 30.0m，1 号孔板泄洪洞出口渐变段是从直径 14.5m 的圆形断面渐变到 12.0m × 14.4m 的城门洞形断面，2、3 号孔板泄洪洞出口渐变段是从直径 14.5m 的圆形断面渐变为 14.5m × 12.5m 的城门洞形断面。

为满足工程运行的要求，下游明流洞身段衬砌采用 C70 硅粉混凝土。

6. 出口挑流鼻坎

3 条孔板泄洪洞的出口均采用明渠挑坎，将水流挑入下游水垫消力塘内，挑流段长 30m，挑坎反弧半径为 30m，中心角 6°39′56″。1 号孔板泄洪洞出口挑流鼻坎宽 12m，坎顶高程 129m，因洞身较低，在边墙下游端部设置钢结构浮箱叠梁式检修门，以备洞内检修使用。2、3 号孔板泄洪洞出口挑流鼻坎宽 14.5m，坎顶高程 138.5m，高于枯水期下游水位，故无需设检修门。

（二）水力设计

孔板泄洪洞的水力设计除要满足泄量要求外，还需满足在各级库水位运行时，洞内均不发生空化。

1. 孔板泄洪洞的泄量计算

弧形工作门前的压力消能段是孔板洞消能的关键部位。消能的大小用消能系数 K 来表示，$K=\Delta H/(V_0^2/2g)$（ΔH 为水头损失，V_0 为孔板孔口的平均流速），与孔板的孔径比、孔缘半径、孔板级数以及孔板的间距等有关。小浪底孔板泄洪洞在不同库水位时，由于枢纽防洪总泄量的要求，需分别承担一定的泄量。

小浪底水库地处黄河，黄河高含沙的水流对建筑物水力设计的影响是不能忽视的。因此，设计初期就进行了大量孔板泄洪洞清、浑水对比的水工模型试验。试验表明，雷诺数 Re 大于 10^5，水流处于完全紊动的阻力平方区，浑水的流动特性与清水相同，在强烈紊动条件下，τ_b（宾汉极限剪应力）由于絮凝结构的破坏，已不起作用，因而浑水水头损失与清水水头损失基本一致。在小浪底孔板泄洪洞的泄流条件下，即使下泄最小流量，雷诺数也大于 10^7，大大超过 10^5，水流处在强烈紊动状态，因而在进行水力学设计时，水头损失系数就不再考虑清、浑水的差别。

孔板泄洪洞的水力计算主要是泄量的计算，局部水头损失系数根据《水力计算手册》和有关试验选用。

1）基本资料

Ⅰ. 特征库水位

孔板泄洪洞各级特征水位见表 6-5-1。

表 6-5-1　　孔板泄洪洞各级特征水位

校核洪水位	设计洪水位	正常蓄水位	正常死水位	非常死水位
275.0m	274.0m	275.0m	230.0m	220.0m

Ⅱ. 隧洞几何特性

进口底坎高程：175.0m

隧洞内径：$D = 14.5\text{m}$

孔板内径：第1、2、3级孔板分别为 $d = 10.0\text{m}$、10.5m、10.5m

压力段底坡：$i = 0.0057$　（1号孔板泄洪洞）

$i = 0.0061$　（2、3号孔板泄洪洞）

明流段底坡：$i = 0.0063$　（1号孔板泄洪洞）

$i = 0.0062$　（2、3号孔板泄洪洞）

混凝土糙率：$n = 0.014$

2）水力计算

Ⅰ. 计算公式

孔板泄洪洞工作门孔出口处为压力自由出流，因此流量按下列公式计算：

$$Q = \mu \times \omega \sqrt{2gH}$$

式中　μ —— 流量系数；

ω ——工作门孔口面积。

$$\mu = \frac{1}{\sqrt{1 + \sum \xi_i \left(\frac{\omega}{\omega_i}\right)^2 + \sum \left(2g \times \frac{L_i}{C_i^2 \times R_i}\right)\left(\frac{\omega}{\omega_i}\right)^2}}$$

经过计算 $\mu = 0.6934$。

Ⅱ. 局部水头损失系数 ξ_i 的取值

孔板泄洪洞各部位局部水头损失系数 ξ_i 的取值见表6-5-2。

表 6-5-2　　孔板泄洪洞各部位局部水头损失系数 ξ_i 值

部位	进口	检修门槽	事故门槽	进口渐变段	龙抬头上弯段	龙抬头下弯段	下弯段渐变段	第1级孔板环	第2级孔板环	第3级孔板环	中闸室上游渐变段
ξ_i 值	0.1	0.1	0.1	0.35	0.1	0.1	0.01	1.13	0.68	0.76	0.65

Ⅲ. 泄量的计算成果

孔板泄洪洞在各级库水位下的泄量见表6-5-3。

表 6-5-3　　孔板泄洪洞水位流量关系　　（单位：m^3/s）

洞号	水位（m）				
	275.0	250.0	230.0	220.0	200.0
1号孔板泄洪洞	1 638.0	1 478.0	1 336.3	1 259.5	1 089.7
2号孔板泄洪洞	1 579.1	1 412.5	1 263.4	1 181.9	999.0
3号孔板泄洪洞	1 579.1	1 412.5	1 263.4	1 181.9	999.0

Ⅳ. 泄量的试验成果

模型试验测得的孔板泄洪洞在各级库水位下的泄量见表6-5-4。

表6-5-4 孔板泄洪洞水位流量关系 （单位：m^3/s）

洞号	水位(m)			
	275.0	250.0	230.0	220.0
1号孔板泄洪洞	1 727.0	1 557.0	1 407.0	1 326.0
2号孔板泄洪洞	1 654.0	1 489.0	1 338.0	1 255.0
3号孔板泄洪洞	1 654.0	1 489.0	1 338.0	1 255.0

注：(1)1号孔板泄洪洞中闸室孔口面积2－4.8m×5.4m，第1、2、3级孔板均设有三角消涡环；

(2)2、3号孔板泄洪洞中闸室孔口面积2－4.8m×4.8m，第2、3级孔板设有三角消涡环，第1级孔板无三角消涡环。

2. 孔板泄洪洞的防空化设计

孔板泄洪洞的防空化设计是在尽可能满足泄量要求的基础上，保持洞内均不发生空化，使其达到最优组合。孔板洞的防空化设计是在各种常规水力学试验和减压箱模型试验的基础上确定的。为此，各级孔板的水流空化数均需大于消失空化数（初生空化数）。从3级孔板来看，第2、3级孔板，孔径比相同，而孔缘半径第2级较小，对空化敏感较强，因而第2级孔板比第3级孔板会提前发生空化，见表6-5-5。

表6-5-5 孔板空化特性

洞号	孔板级数	孔径比(d/D)	孔缘半径(m)	消失空化数	水流空化数	备注
1号孔板洞	第1级	0.689	0.02			
	第2级	0.724	0.2	4.269	4.521	不空化
	第3级	0.724	0.3	3.655	3.918	不空化
2、3号孔板洞	第1级	0.689	0.02			
	第2级	0.724	0.2	4.908	5.110	不空化
	第3级	0.724	0.3	4.388	4.522	不空化

由表6-5-5可以看出，通过1号孔板洞的不同比尺的减压箱试验得到，第2、3级孔板的消失空化数分别为$\sigma_{i2}=4.269$、$\sigma_{i3}=3.655$，第2、3级孔板的水流空化数分别为$\sigma_2=4.521$，$\sigma_3=3.918$；水流空化数都大于各自的消失空化数。因此，洞内不会发生空化。通过高位孔板洞的不同比尺的减压箱试验得到，第2、3级孔板的初生空化数分别为$\sigma_{i2}=4.908$、$\sigma_{i3}=4.388$，第2、3级孔板的水流空化数分别为$\sigma_2=5.110$、$\sigma_3=4.522$；水流空化数都大于各自的初生空化数。因此，洞内不会发生空化。为防止孔板洞内发生空化，设计中采取了以下几项措施：

(1)在每级孔板的上游面根部均加一个1.2m×1.2m的环形贴角，即三角消涡环。

(2)选择适当的孔径比，并将每级孔板的孔缘做成不同半径的圆弧形状，以调整各级孔板的消失空化数。

(3)缩小压力段末端弧形工作闸门室的孔口面积。

用以上几种措施来控制洞内空化的发生,并选择可以更换的抗磨损和抗气蚀的孔缘材料,确保孔板的消能作用。

(三)观测设计

孔板泄洪洞洞内流速一般为10m/s,孔板口收缩处流速为20m/s,中闸室孔口出流流速最高达35m/s。这种大洞径洞内消能的结构形式在国内为首次采用,因缺乏经验,对由孔板消能引起的振动、空蚀、脉动压力等问题需进行观测。三条孔板泄洪洞布置了相同的仪器,以便观测、设计和试验结果的对比分析,并指导其安全运行。具体是在孔板段设有时均压力计底座4支,脉动压力计底座7支(含强振仪),水听器底座4支,渗压计2支;在中闸室段设有时均压力底座6支,水听器底座1支。另外,在混凝土衬砌结构中还设有多支钢筋计、应变计等,根据观测项目的需要,时均压力底座可兼作脉动压力、掺气浓度测试仪的通用底座。

观测仪器的接收装置设在中闸室启闭机平台上。

第六节　孔板消能泄洪洞抗磨蚀工程措施

一、洞身混凝土衬砌抗磨蚀措施

小浪底孔板消能泄洪洞运用期间,中闸室后洞身段为壅水明流状态,其高速含沙水流对结构面的气蚀、磨蚀问题必须给予足够重视。为此,设计主要采取以下措施:①严格控制混凝土衬砌过流面的平整度;②混凝土衬砌采用硅粉混凝土。

(一)衬砌平整度控制

加大混凝土衬砌迎水面钢筋的混凝土保护层厚度,采用0.15m厚。为防止出现空化,严格控制过水面的不平整度,对于压力段平整度为F3、U3,对于明流段则为F5、U5,详细要求见表6-6-1。

表6-6-1　　混凝土衬砌平整度

部位	平整度	表面不平整度		突变不平整面坡度	
	控制标准	突变	渐变	垂直水流	平行水流
进口渐变段、封堵段	F3、U3	<7mm	<15mm	<1/10	<1/30
闸前压力洞身段	F4、U4	<5mm	<10mm	<1/30	<1/50
中闸室及闸后洞身段	F5、U5	<3mm	<6mm	<1/50	<1/100

注:F为立模面平整度,U为抹光面平整度。

(二)硅粉混凝土在已建水利工程中的应用

国外将硅粉混凝土用于水工建筑物始于1983年,美国宾夕法尼亚州的Kingzua坝消力池共浇筑54块、1 540m^{3}混凝土,浇筑厚度25cm,其中最大一块体积为51m^3;1983～1985年,在Los Angeles河道护面工程中使用了硅粉混凝土,共浇6 540m^3,厚度10～

30cm。随后，American Falls 坝（1985）、Navajo 坝（1987）、Palisades 坝（1986 ~ 1988）及 Diverion坝、Blanco 隧洞（1986 ~ 1989）等工程中也都成功地使用了抗磨蚀硅粉混凝土。

国内硅粉混凝土作为抗磨蚀混凝土研究始于 1985 年，由南京水利科学研究院最先研究了配比，并于 1986 年开始先后在葛洲坝、大伙房、龙羊峡、映秀湾等工程中应用并获得成功。

几个主要工程使用的抗磨蚀硅粉混凝土的主要性能及配比列入表 6-6-2。

表 6-6-2　国内外已建工程使用硅粉混凝土的配比及主要性能

工程名称	水泥（kg/m^3）	硅粉（kg/m^3）	硅粉占水泥重量（%）	28 天抗压强度（MPa）	水下钢球冲磨失重百分比（%）	备注
Kingzua 坝（美国）	386	156	18	92	3.6	硅粉为浆剂
Los Angeles 河道（美国）	356 ~ 380	42 ~ 53	11 ~ 15	55 ~ 73	3.6 ~ 6.1	部分掺用粉煤灰
Palisades 坝（美国）	403	119	13.3	—	—	硅粉为浆剂
Blanco 隧洞（美国）	403	136	15.0	—	4.3	硅粉为浆剂
葛洲坝泄水闸（中国）	652	65	10.0	71.4	0.89	
大伙房水库消能塘（中国）	440	44	10.0	88.7	0.37	
映秀湾拦河闸（中国）	450	45	10.0	82.1	1.23	硅粉为浆剂
龙羊峡水电站（中国）	430	43	10.0	81.7	1.04	

（三）硅粉混凝土在小浪底工程中的应用

小浪底工程的导流、泄洪、排沙、消能等建筑物过水流速高，且挟带大量泥沙。根据黄河上的三门峡、刘家峡等水利工程的运行经验，上述建筑物护面如采用普通混凝土会产生严重磨蚀破坏。鉴于硅粉混凝土是一种目前国内外日益广泛采用的优良抗磨蚀材料，委托南京水利科学研究院进行了小浪底工程抗磨蚀硅粉混凝土试验研究，为工程设计提供技术依据。

南京水利科学研究院在对硅粉混凝土配合比、物理力学性能、抗冲磨抗空蚀性能及补偿收缩措施等进行综合试验研究后，提出建议如下：

(1)抗磨蚀硅粉混凝土宜选用 C_3S 含量较高的优质525 硅酸盐或普通硅酸盐水泥。

(2)解决硅粉混凝土的早期收缩偏大的问题,必须综合考虑尽量降低水灰比、保证早期潮湿养护条件、将硅粉配制成浆剂和选用 A 型补缩剂四种措施。宜根据不同的水泥品种采取相应的措施或综合预防措施。

(3)抗磨蚀混凝土用料级配须进一步经过试验优化,以求尽量降低混凝土的水泥用量,进一步提高混凝土的性能。

根据南京水利科学研究院的试验研究,小浪底工程技术规范中对硅粉混凝土的主要原材料要求如下。

(1)水泥:应符合中国标准 GB175《硅酸盐、普通硅酸盐水泥技术规范》的525 号普通硅酸盐水泥。

(2)粉煤灰:应符合中国标准 GBJ146《粉煤灰混凝土应用技术规范》和表 6-6-3 所列的要求。

(3)硅粉:应符合中国试用标准《水工混凝土硅粉品质标准暂行规定》和表 6-6-4 所列的要求。

表 6-6-3　粉煤灰的技术指标

性质	最大允许百分比(%)	备注
烧失量	8	
含水量	1	
三氧化硫含量	3	
细度	20	细度为大于 0.045mm 筛孔的重量百分比
需水量比	105	需水量比见中国标准 GBJ146

表 6-6-4　硅粉的技术指标

性质	允许百分比
烧失量	最大 6
含水率	最大 3
二氧化硅含量	最小 85
火山灰活动性指标	最小 90
细度[1]——大于 45μm——BET 规定比表面积	最大 10
	最小 $15m^2/g$
均匀度[2]——密度——细度	最大 5
	最大 5

注:1 表示硅粉应满足细度的一个或两个要求。细度要求指大于 45μm 的颗粒含量和用 BET 法确定的氮吸收的规定比表面积。

2 表示均匀度应以中国试用标准《水工混凝土硅粉品质标准暂行规定》为准。

(4)硅粉混凝土的要求见表 6-6-5。

表 6-6-5　　硅粉混凝土的技术要求

混凝土级别	最小抗压强度（MPa）	抗渗等级	抗冻等级	最大骨料尺寸（mm）	最大水灰比	备注
C70	70	S6	D50	40	0.30	
C70	70	S6	D50	80	0.28～0.30	

孔板泄洪洞洞身混凝土衬砌抗磨蚀保护范围主要依据流态及流速分布特点确定。孔板段流态紊乱，流速较高，受力条件比较复杂；中闸室及其后明流段流速也比较高。因此，在设计中，为了提高洞身的抗磨蚀能力，在其孔板段、中闸室段及中闸室以后的洞身混凝土均采用 A2 级硅粉混凝土，衬砌厚度：孔板段为 2.0m，中闸室段边墙厚度为 2.5m（渐变段）和 4.2m（中闸室），闸后洞身为 0.8m（一般洞段）和 1.2m（断层带及其影响带）。

二、孔板环孔缘的抗磨蚀保护

黄河泥沙含硬度为 7.0 的石英颗粒以及硬度为 5.5～6.0 的硅石，这些硬颗粒对混凝土结构有磨蚀作用。为减少或避免冲蚀，建筑物应设计成不冲流速标准，并对可能出现流速集中的部位，通过工程措施使集中水流不出现在邻近衬砌的地方。

冲蚀最敏感的部位是孔板孔口的前缘。由于射流收缩断面的形状及消能特性取决于孔板孔缘的外形轮廓，所以保护这些孔缘不被冲蚀，维护这些边缘原有的轮廓至关重要。

孔板环孔缘是易受冲蚀的部位。保护孔缘不被破坏，维护其原有的体形轮廓是很重要的，因为射流收缩断面的形状及空化、消能特性均取决于孔缘的外形轮廓。

（一）抗冲蚀材料的选择

抗冲蚀保护材料的选择要考虑下列因素：

（1）具有较好的耐磨损性。

（2）具有抵抗高速水流中杂物冲击的能力，即具有一定韧性的材料。

（3）在水与潮湿空气交替环境中具有一定的抗锈蚀能力。

（4）具有一般的抗空蚀能力。

小浪底工程初步设计阶段，在碧口电站进行的孔板中间试验，曾将高铝陶瓷作为孔缘衬套防护体材料，其硬度达 9.0，仅次于硬度为 10.0 的钻石。这种材料的物理性能为：抗压强度 1.97GPa，抗拉强度 0.16GPa，弹性模量 225GPa，孔隙率为 0。这种材料在当时已广泛用于采矿工业中的离心机、旋转给料器、漏斗、泄流管嘴等要求高抗冲蚀和抗磨部件的表面防护。这种贴面材料可在车间里用环氧胶粘固在一个平的钢件上，这些钢件将作为锚固件把贴面材料固定在应有的位置，这样无需将贴面材料用环氧胶直接贴在混凝土表面上而出现软弱抗拉面。现场试验后，经专家讨论，认为高铝陶瓷尽管具有优越的抗磨性能及化学稳定性，因其脆性较大，担心在小浪底泄洪洞运行过程中，受水流挟带杂物的撞击，可能造成陶瓷体的脆性断裂或破碎，而未采纳。

聚合物砂浆材料如：环氧树脂——碳化硅砂浆，具有较好的耐磨性，其最大的优点还在于磨损或损伤后检修工艺方便，但也因其不耐撞击而予否定。

金属热喷涂、表面硬化技术及堆焊 Stellite(CoCrW)合金等,其耐磨材料在被保护体表面仅是一薄层,存在加工及维修复杂、热变形等问题,因而不推荐使用。

不采用非金属材料及金属表面硬化技术方案后,整体铸造的金属合金材料便成为唯一可供选择的。大型孔板衬套环的基本零件,其机械加工方面的精度要求不高,工艺要求简便,选用抗磨铸铁浇铸成型,除在机械性能方面满足选材要求外,且具有经济性。耐磨铸铁系列中的铬系白口铸铁 KmTBCr26(GB8263—87),又称高铬铸铁,材料中含铬量高,其抗磨蚀性及韧性优良,且具备一定的抗空蚀能力,因此在设计中予以采用。

(二)抗冲蚀措施

1. 抗冲蚀保护体设计原则

(1)根据孔板环的水力学特性,保护范围仅限于孔缘部位。

(2)由于保护体的磨损是不可避免的,因此必须做到在现场条件下检修及更换方便,并避免现场高温操作。

(3)防护体尽量做到体形标准化,保证局部检修更新时具有较好的互换性,尽量采用国产材料。

(4)尽量做到工厂化生产,以保证质量。

2. 抗冲蚀保护措施

用高铬铸铁做成的孔缘衬套,按其结构形式分为 A、B、C 三种,详见孔板环孔缘保护大样图 6-6-1、图 6-6-2、图 6-6-3。为便于损坏后的更换,每块衬套宽均为 10cm,由螺栓预先固定在与孔板孔缘形状一致的钢板上(每 4 块衬套固定在一块钢板上),钢板与高铬铸铁之间用环氧砂浆黏结。钢板预先焊上固定肋筋。待分段的钢板按孔板设计要求定位后,固定肋筋与孔板结构钢筋焊接以固定衬套,然后架立模板,浇筑混凝土即可。

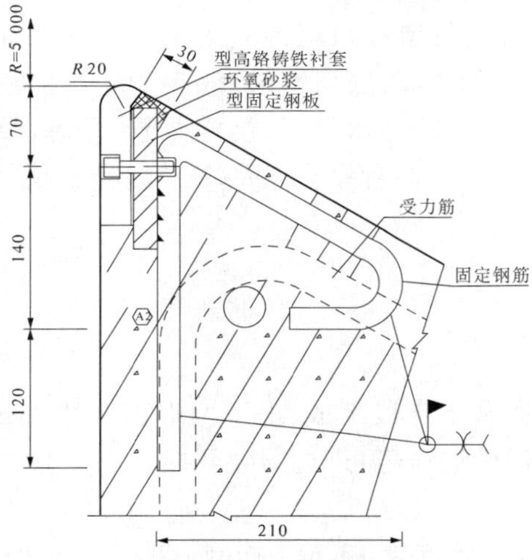

图 6-6-1　孔板环孔缘保护大样图(A 型)　(单位:mm)

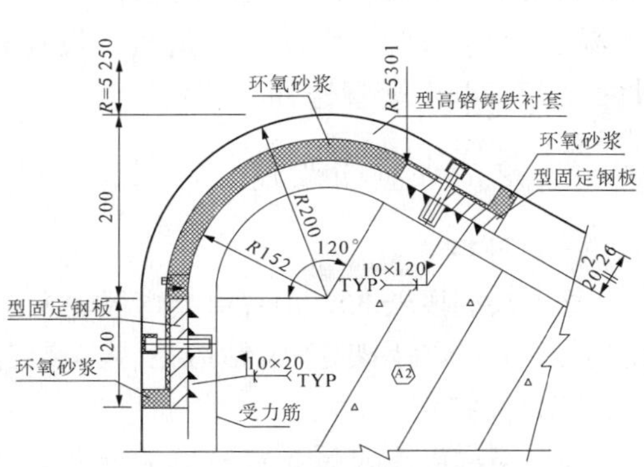

图 6-6-2　孔板环孔缘保护大样图(B 型)　(单位:mm)

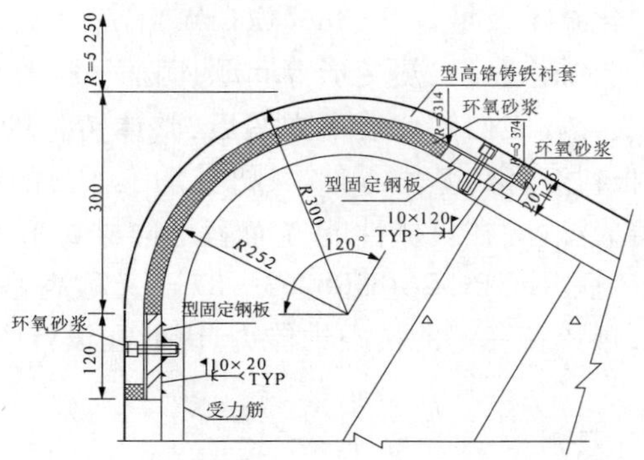

图 6-6-3 孔板环孔缘保护大样图(C 型) (单位:mm)

第七节 孔板消能泄洪洞的施工

1 号导流洞在 1997 年 10 月 28 日投入运行, 1998 年 10 月 9 日正式开始其改为 1 号孔板消能泄洪洞(以下简称孔板洞)的施工;1999 年汛后封堵 2、3 号导流洞,要将其改建成 2、3 号孔板洞,2000 年汛期投入运行。改建工作主要有:导流洞进口封堵段混凝土浇筑;龙抬头段改建;孔板段改建;中闸室改建。

一、导流洞封堵段混凝土施工

导流洞封堵段上游直接与库水位连接,下游与孔板消能段连接,位置非常特殊。由于导流洞封堵段处于进水塔底部,封堵段较长,为施工方便,设计考虑不设键槽。设计要求全断面进行凿毛处理,并进行接缝灌浆。1 号导流洞封堵段封堵混凝土量为 18 000m^3。沿水流向分成 3 段,每段混凝土分 4 层浇筑,每段长约 36m,层高为 3.25 ~ 4.0m。凿毛采用人工风镐、液压锤配合。施工工序为安装架立筋、后冷却水管、接缝灌浆管、预埋测缝计、温度计、止浆片。混凝土浇筑通过设在孔板塔 175m 高程平台上的 2 台混凝土泵,经过两根 15.24cm 落管送到浇筑仓号。

二、龙抬头洞段改建

(一)开挖

龙抬头洞段长 85.78m,由上弯段、中间连接段和下弯段组成,上下两端高差约 31m。采用人工搭设脚手架、手风钻造孔、人工装药(普通硝铵炸药)进行爆破开挖。

(二)支护

采用喷混凝土及系统锚杆联合支护。喷混凝土厚度为 15cm。挂网 $\phi 8@200 \times 200$。采用拌合站鼓形拌合机拌制干料。

设计锚杆为 $\phi 32$mm,$L = 5$m,间距 1.25m 的砂浆锚杆,施工程序为:造孔—清孔—注浆—锚杆安装—拉拔检测。

（三）底板施工

先浇筑底板，并作为固定顶拱钢筋、模板的基础。然后顶拱整块浇筑。用吊车把底板钢筋安装就位。底板模板（上弯段24块、中间连接段12块、下弯段24块）为双曲木模板，在现场拼装，每块模板尺寸约6m×3m，重量3t。用吊车配2台卷扬机将其安放在预先安装的混凝土垫块上，并用拉杆固定在岩石上。金属网模放置在边、顶拱的施工缝处，形成径向缝，浇筑下一块时，金属网模不拆除。用175m高程处的混凝土泵浇筑混凝土，底板模拆模后，采用铺麻布人工洒水养护。

（四）边、顶拱施工

在混凝土浇筑前，边、顶拱钢筋和模板（上弯段132块，中间连接段60块，下弯段132块）要全部安装固定。

边、顶拱钢筋脚手架人工安装。边、顶拱第一层模板利用吊车安装在底板上。随后的每一层模板利用安装在上弯段的1台5t的卷扬机和弯曲传送轨道就位，弯曲传送轨道安装在前一排模板的顶部。混凝土利用1号孔板塔进口175m高程平台上的混凝土泵以$20m^3/h$的速度进行浇筑，大约每小时浇混凝土厚200mm，既避免了冷缝又不需要增加施工缝，同时还可避免混凝土跑模，用插入式风动振捣器人工振捣。待混凝土达到一定强度后，按照安装边、顶部模板相反的程序拆除边、顶拱的模板，采用SIKA养护剂养护。

三、孔板段改建

（一）拆除临时钢衬

为使导流洞改建顺利实施，在导流洞施工期间，孔板环所在部位洞壁并没有浇筑钢筋混凝土，而是采用低标号回填料和钢板护面的联合衬砌，以保证导流期间安全过水。钢板厚度10mm，钢板后面设有工字钢、钢筋支撑及由砂子、水泥和黏土组成的混合料，最后固结灌浆。

导流洞改建施工开始后，离顶拱约2m处焊一个施工平台。利用施工平台在钢衬上开一条纵向宽1m的槽，通过此槽凿除导流期间的钢衬和砂浆。

（二）混凝土浇筑

钢筋在预先放好线的位置安装、定位。采用吊车放置7.5m×3.0m的Doka双曲木模板（24块），每块4t。

通过中闸室采用泵送混凝土方式浇筑。由于输送距离太远，首先从中闸室下游把混凝土泵送到孔板环附近的第二台泵车里，再由此处泵送入仓，用插入式风动振捣器人工振捣。拆模后，除底拱采用铺麻布人工洒水养护外，其他部位均采用SIKA养护剂养护。

（三）高铬铸铁衬套安装

1. 孔板环安装施工技术要求

孔板洞施工关键在于孔板环安装，对孔板环安装提出较高技术要求：孔板环安装后，每块高铬铸铁衬套表面对垂直于洞中心线平面的容许偏差应小于2mm。高铬铸铁衬套径向两端间的长度偏差应在0.5mm之内。孔板环中心线对隧洞中心线的容许偏差应在5mm之内。孔板环安装后应与周围混凝土齐平，每块高铬铸铁衬套间应无错台。

2. 衬套安装

1号孔板环有316块高铬铸铁衬套，2号孔板环有344块高铬铸铁衬套，3号孔板环有 348 块高铬铸铁衬套(在施工过程中,每一个孔板环增加了一个高铬铸铁)。还有配套的固定钢板和螺栓、螺帽,固定钢筋。

为了保证在洞内一次安装成功,承包商在洞外模拟洞内施工条件浇筑了一块中心角为 30°、比例 1∶1 的混凝土块,在该混凝土块上进行了安装试验。

在安装中应使相邻块体之间连接平滑,尤其在上游迎水面起点至孔板环半径最小处(顶点)之间,相邻块体的高差最大误差不允许超出 2mm。由于铸铁是一次成型,收缩变形不易控制,加工出来的部件形状尺寸精度未达到设计文件中的要求,因此将高铬铸铁衬套施工安装误差要求放宽,其误差控制标准见表 6-7-1。

表 6-7-1　高铬铸铁衬套安装允许误差控制　(单位:mm)

衬套形式	允许误差			
	迎水面	半径	中心线	径向长度
A 型高铬铸铁衬套	±4	±4	±5	±7
B、C 型高铬铸铁衬套	±6	±6	±6	±12

安装高铬铸铁衬套严格按照程序进行:放线后把固定钢板(已经焊接好螺母)焊接到用于固定孔板环的钢筋上,螺母与钢筋有干扰时调整钢筋位置,用螺栓固定高铬铸铁衬套,测量发现误差超过上述规定标准时进行调整,确保高铬铸铁的位置安装正确。浇筑混凝土之后,高铬铸铁衬套之间的缝隙用环氧砂浆充填。

四、中闸室改建

中闸室左右流道二、三期混凝土施工程序相同,按顺序是中闸室启闭机平台梁、板,中闸室上游底板,上游渐变段底板,闸门支铰大梁,中闸室下游,下游渐变段底板,中闸室边墙,胸墙和上游渐变段顶板。

首先把混凝土表面凿毛,露出预埋的钢筋连接套管。混凝土施工程序为安装钢筋、模板、止水。顶板模板用安装在 DOKA 钢台车上的脚手架支撑。当二期埋件、顶板和旧的混凝土结合面安装好接缝灌浆管后,采用泵送混凝土入仓,插入式风动振捣器人工振捣。拆模后,除底板采用铺麻布人工洒水养护外,其他部位均采用 SIKA 养护。

五、混凝土温度控制与裂缝处理

(一)混凝土温度控制标准

多级孔板泄洪洞设计对混凝土的浇筑温度、最高温度、冬季和夏季施工以及养护条件等做了详细的规定,以便控制由于过高的温差对混凝土产生不利影响。混凝土的最高温度严格控制在表 6-7-2 所要求的范围内。

表 6-7-2　洞内混凝土衬砌最高温度控制　(单位:℃)

混凝土衬砌厚度	混凝土级别			
	C70	C40	C30	C25
<1m	50	42	40	38
1~2m	56	46	44	40
>2m	54	46	43	38

（二）混凝土温控措施

混凝土的入仓温度一般控制在13℃。夏季预冷骨料（5～9℃），冬季加热水，使出机口的温度夏季控制在10～12℃，冬季浇筑温度应大于5～8℃。冬季保温：在寒冷的冬季将中闸室吊物井和服务井井口用木板封口，并在洞的进、出口安装塑料帘子，减缓冷空气的对流。在混凝土表面覆盖黑色泡沫塑料保持混凝土表面温度在9～21℃。加强养护，除底板洒水和湿润麻袋铺盖外，边顶拱均刷养护剂。

（三）裂缝处理

尽管采取了上述温度控制措施，但除C30强度的混凝土基本未出现混凝土裂缝外，C70强度的混凝土在3条已完成的导流洞内均存在不同程度的混凝土裂缝问题。根据规范要求对宽度大于0.5mm和长度大于1.5m的裂缝应采用环氧注浆进行处理。

第八节　原型泄流试验与水工模型试验成果对比

孔板泄洪洞的实际消能效果和泄洪安全性一直是专家们关注的焦点，因此，有必要在其正式投入运用前进行原型泄流试验，对孔板段、中间闸室等重要部位的水力学、结构、诱发振动等特性与水工模型试验成果进行较为全面的分析研究。这不仅可使洞内孔板消能技术更加完善，也是对工程运用安全的一次检测，并为同类后续工程积累经验。

一、原型泄流试验的基本情况

（一）试验的主要内容

（1）水力学观测项目：每级孔板的消能水头及消能系数，孔板段的时均压力、脉动压力、空化噪声等，中间闸室段的时均压力、空化噪声、通气风速、掺气浓度、空腔负压等。

（2）水流脉动诱发孔板、洞群、山体振动性能测试分析。

（3）常规的结构力学原型观测。

（4）闸门流激振动观测。

（5）事故门动水下门过程水力学观测。

（二）试验条件

1. 水位

为满足小浪底工程首台机组发电的需要，并保证孔板泄洪洞的最低运行库水位不低于200m，确定1号孔板洞原型泄流试验的库水位为210m左右。2000年11月8日，当库水位达到234m时仅就水流空化问题再次进行1号孔板洞原型泄流试验。由于2号、3号孔板洞运行条件和体形完全一致，决定对2号孔板洞进行原型泄流试验，试验的水位为246～248m。

2. 时间

根据施工导流要求，3条孔板泄洪洞参加2000年汛期泄洪，所以1号孔板泄洪洞的原型泄流试验必须在汛期之前完成并取得资料，以便指导孔板泄洪洞的安全运行，试验时间确定在2000年4月26～27日和2000年11月8日。2号孔板泄洪洞原型泄流试验利用黄河调水调沙的时机进行，试验时间为2004年6月20～21日。

3. 原型观测仪器布置

1 号孔板泄洪洞测点位置见表 6-8-1。2 号孔板泄洪洞测点布置基本同 1 号孔板泄洪洞,见表 6-8-2。观测室设置在中闸室。

表 6-8-1　　1 号孔板泄洪洞观测仪器布置

测点编号	观测内容	实际安装位置				测站
		部位	高程(m)	桩号	左右桩号	
AP41-1	脉动/时均压力	1 级孔板前	139.20	0 + 125.17	左边	TSM1-1
PF41-1	脉动/时均压力	1 级孔板段	139.12	0 + 139.04	左边	TS41-1
PF41-2	脉动/时均压力	1 级孔板段	138.33	0 + 146.29	左边	TS41-1
AP41-2	脉动/时均压力	1 级孔板段	138.95	0 + 168.04	左边	TS41-1
PF41-3	脉动/时均压力	2 级孔板段	138.53	0 + 182.54	左边	TS41-1
PF41-4	脉动/时均压力	2 级孔板段	138.08	0 + 189.79	左边	TS41-1
AP41-3	脉动/时均压力	2 级孔板段	138.70	0 + 211.54	左边	TS41-1
PF41-5	脉动/时均压力	3 级孔板环	138.67	0 + 218.79	左边	TS41-1
PF41-6	脉动/时均压力	3 级孔板段	137.87	0 + 228.04	左边	TS41-1
PF41-7	脉动/时均压力	3 级孔板段	137.88	0 + 233.29	左边	TS41-1
PF41-4	脉动/时均压力	3 级孔板段	138.46	0 + 240.05	左边	TSM1-1

表 6-8-2　　2 号孔板泄洪洞观测仪器布置

测点编号	观测内容	安装位置		
		部位	高程(m)	桩号
AP42-1	脉动/时均压力	1 级孔板前 0.5 倍洞径	148.75	0 + 106.18
PF42-1	脉动/时均压力	1 级孔板后 0.5 倍洞径	148.66	0 + 120.68
PF42-2	脉动/时均压力	1 级孔板后 1 倍洞径	147.87	0 + 127.93
AP42-2	脉动/时均压力	2 级孔板前 0.5 倍洞径	148.50	0 + 149.68
PF42-3	脉动/时均压力	2 级孔板后 0.5 倍洞径	148.40	0 + 164.18
HP42-2	脉动/时均压力	2 级孔板后 1 倍洞径	149.12	0 + 171.44
AP42-3	脉动/时均压力	3 级孔板前 0.5 倍洞径	148.23	0 + 193.18
PF42-5	脉动/时均压力	3 级孔板环	148.20	0 + 200.42
PF42-6	脉动/时均压力	3 级孔板后 0.5 倍洞径	147.39	0 + 207.68
PF42-7	脉动/时均压力	3 级孔板后 1 倍洞径	147.35	0 + 214.93
AP42-4	脉动/时均压力	渐变段前 0.5 倍洞径	147.98	0 + 236.68
HP42-1	脉动/时均压力	1 级孔板后 1 倍洞径	147.87	0 + 127.98
PF42-4	脉动/时均压力	2 级孔板后 1 倍洞径	147.61	0 + 171.44
HP42-3	脉动/时均压力	3 级孔板后 0.5 倍洞径	148.89	0 + 209.68
HP42-4	脉动/时均压力	3 级孔板下游 1 倍洞径	148.85	0 + 214.93
AP42-6	脉动/时均压力	突扩下游 23.64m	147.61	0 + 302.31
ZD42-1	孔板环振动加速度	3 级孔板环	148.20	0 + 222.43

二、原型泄流试验与水工模型试验成果对比分析

(一)消能系数

1.1 号孔板泄洪洞

为了更好地验证原型泄流成果同模型试验成果的关系,将1号孔板泄洪洞原型泄流成果与1991模型试验方案(门孔面积51.84m^2,3级孔板的孔缘半径分别为0.02m、0.20m和0.30m,消涡环尺寸1.2m,即与原形体形一致的成果)进行对比分析,结果见表6-8-3和图6-8-1。对比分析表明,原型各测点的压力系数与模型试验的压力系数比较接近,总平均误差小于4%,若不计孔板下游个别点因水流紊动强烈、压力系数(C_p)偏高外,其余各测点的平均误差则小于2%,原型时均压力测量值与模型试验结果符合性较好。表6-8-4和表6-8-5分别列出了闸门全开时原型与模型试验各级孔板的消能水头及消能系数。该次试验3级孔板的消能系数的平均值分别为1.19、0.57和0.63,3级孔板总消能水头29.95 m,占总水头的40.2%,消能显著。模型试验3级孔板的消能系数的平均值分别为1.22、0.64和0.67,总消能水头占总水头的42.9%,与本次试验的消能率基本吻合。

表6-8-3　　1号孔板泄洪洞原型泄流试验与模型试验压力系数比较

原型泄流试验压力系数(库水位210.2m)					模型试验压力系数(1991原方案)			原型与模型误差(%)
测点高程(m)	测点编号	桩号	观测压力(m)	原型 C_p	测点号	桩号	模型 C_p	
139.20	AP41-1	125.17	64.33	21.02	5	124.54	21.02	0
139.13	PF41-1	139.04	34.42	11.35	6	139.04	11.11	2.1
138.33	PF41-2	146.29	39.79	12.83	7	146.29	12.86	-0.3
138.94	AP41-2	168.04	47.74	15.59	10	168.04	15.58	0
139.02	PF41-3	182.54	36.86	12.10	11	182.54	10.95	9.5
138.01	PF41-4	189.79	40.50	12.95	12	189.79	12.40	4.2
138.55	AP41-3	211.54	41.51	13.45	15	211.54	13.20	1.9
137.92	PF41-6	226.04	29.30	9.31	16	226.04	8.13	12.7
137.91	PF41-7	233.29	32.29	10.27	17	233.29	9.77	5.4
138.51	AP41-4	255.05	34.17	11.07	20	255.04	10.69	3.4

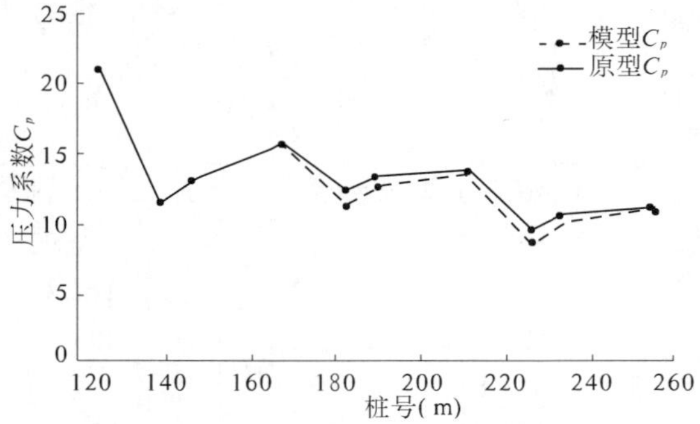

图6-8-1　原型泄流试验压力系数与模型试验压力系数比较

表 6-8-4　　1 号孔板泄洪洞原型泄流试验各级孔板消能水头及消能系数

相对开度 $e=1.0$				第 1 级孔板		第 2 级孔板		第 3 级孔板		总消能水头
孔板前压力测点				$V_1=16.4$		$V_2=14.9$		$V_3=14.9$		$\sum\Delta H_{1\text{-}3}$ (m)
AP41-1	AP41-2	AP41-3	AP41-4	ΔH_1	K_1	ΔH_2	K_2	ΔH_3	K_3	
64.33	47.77	41.70	34.32	16.56	1.21	6.07	0.54	7.38	0.65	30.01
64.33	47.90	41.62	34.29	16.43	1.20	6.28	0.56	7.33	0.65	30.04
64.33	47.78	40.77	34.22	16.55	1.21	7.02	0.62	6.55	0.58	30.11
64.33	48.40	41.67	34.22	15.93	1.16	6.73	0.60	7.45	0.66	30.11
64.33	47.98	41.75	34.38	16.35	1.19	6.22	0.55	7.37	0.65	29.95
64.33	48.12	41.77	34.52	16.21	1.18	6.35	0.56	7.25	0.64	29.81
64.33	48.13	40.97	34.53	16.20	1.18	7.16	0.63	6.44	0.57	29.80
64.33	47.66	41.88	34.54	16.67	1.21	5.78	0.51	7.34	0.65	29.79
64.33	47.97	42.52	34.38	16.36	1.19	6.45	0.57	7.14	0.63	29.95
平均值							消能系数 $\Delta H/H$			0.402

表 6-8-5　　1 号孔板泄洪洞模型试验(1991 原方案)各级孔板消能水头及消能系数

库水位 (m)	测点号				第 1 级孔板		第 2 级孔板		第 3 级孔板		$\sum\Delta H$ (m)	消能系数 $\sum\Delta H/H$
	H	H_{10}	H_{15}	H_{20}	ΔH_1 (m)	K_1	ΔH_2 (m)	K_2	ΔH_3 (m)	K_3		
275.00	134.35	83.2	69.54	55.46	30.94	1.19	13.66	0.64	14.08	0.66	58.68	0.437
249.77	114.12	66.22	55.28	43.61	26.54	1.25	10.94	0.63	11.67	0.67	49.15	0.431
230.69	94.04	53.92	44.80	34.97	21.33	1.22	9.12	0.64	9.83	0.69	40.28	0.424
220.00	84.35	46.98	38.70	30.02	18.60	1.20	8.28	0.65	8.68	0.68	35.56	0.422
平均值						1.22		0.64		0.67		0.429

2.2 号孔板泄洪洞

将 2 号孔板泄洪洞原型泄流试验成果与模型试验进行对比分析,结果见表 6-8-6 和图 6-8-2。

表 6-8-6　　2 号孔板泄洪洞原型泄流试验与模型试验压力系数比较

原型泄流试验压力系数					模型试验压力系数			原型与模型误差 (%)
测点高程 (m)	测点编号	桩号	观测压力 (m)	原型 C_p	测点号	桩号	模型 C_p	
148.75	AP42-1	106.18	897.09	22.95	2	106.18	23.30	1.50
147.87	PF42-2	127.93	595.55	15.05	6	127.93	15.37	2.07
149.12	HF42-2	171.44	558.27	14.43	11	171.43	15.06	4.15
148.23	AP42-3	193.18	594.00	15.09	14	193.18	15.09	4.94
147.35	PF42-7	214.93	474.85	11.86	16	214.93	12.65	6.27
147.98	AP42- 4	236.68	494.67	12.54	19	236.68	13.61	7.89

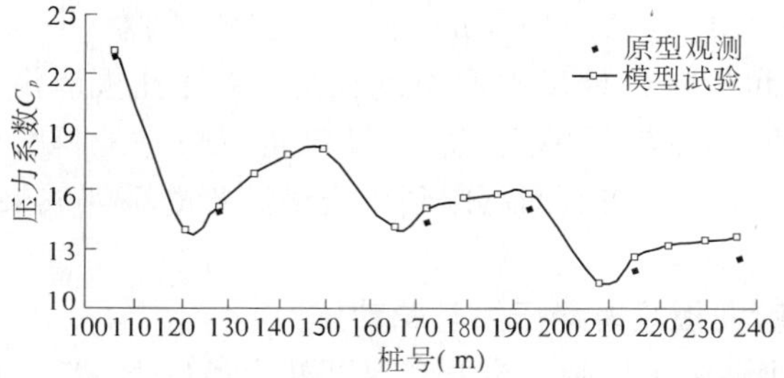

图 6-8-2　2 号孔板泄洪洞原型泄流试验压力系数与模型试验压力系数比较

结果表明，原型各测点的压力系数与模型试验的压力系数比较接近，误差随测点桩号增加而加大，最大误差 7.89%。表 6-8-7 列出了闸门全开时原型泄流试验各级孔板的消能水头及消能系数。该次试验 3 级孔板的消能系数分别为 1.16、0.69 和 0.69，3 级孔板总消能水头 41.07 m，占总水头的 41%，消能显著。模型试验 3 级孔板的消能系数分别为 1.13、0.54 和 0.72，与该次试验的消能系数基本吻合。

表 6-8-7　　2 号孔板泄洪洞原型泄流试验各级孔板消能水头及消能系数

测点	桩号	高程(m)	时均压力(kPa)	消能水头(m)	消能系数 K
AP42-1	106.18	148.75	897.09	20.75	1.16
PF42-1	120.68	148.66	36.38		
PF42-2	127.93	147.87	595.55		
AP42-2	149.68	148.50	693.78	10.18	0.69
PF42-3	164.18	148.40	531.08		
HF42-2	171.44	149.12	558.27		
AP42-3	193.18	148.23	594.00	10.14	0.69
PF42-6	207.68	147.38	426.69		
PF42-7	214.93	147.35	474.85		
AP42-4	236.68	147.98	494.67		

3. 孔板泄洪洞消能小结

将 1、2 号孔板泄洪洞消能水头及消能系数进行对比，见表 6-8-8。

表 6-8-8　　孔板泄洪洞多级孔板消能水头及消能系数汇总

库水位(m)		ΔH_1(m)	ΔH_2(m)	ΔH_3(m)	$\sum\Delta H$ (m)	消能系数			说明
						K_1	K_2	K_3	
模型试验	275.00	26.75	11.00	13.23	50.98	1.15	0.57	0.69	2 号孔板洞
	250.00	20.80	8.20	10.92	39.92	1.13	0.54	0.72	2 号孔板洞
	230.00	17.47	6.97	8.45	32.88	1.18	0.57	0.69	2 号孔板洞
原型试验	210.20	16.36	6.45	7.14	29.95	1.19	0.57	0.63	1 号孔板洞
	234.10	20.67	9.40	10.21	40.28	1.21	0.63	0.68	1 号孔板洞
	247.97	20.75	10.18	10.14	41.06	1.16	0.69	0.69	2 号孔板洞

结果表明,库水位210.2m及234.1m两次原型泄流试验结果与模型试验结果基本一致,说明模型计算成果可以较好地反映原型的情况。2号孔板泄洪洞在库水位247.97m情况下的观测结果,进一步证实了模型试验的结果可以较好地反映原型在各级运行水位下孔板泄洪洞的压力变化与分布。即可以利用模型试验的系列成果预测孔板泄洪洞在更高水头下的运行情况。

(二)原型泄流试验孔板段时均压力与脉动压力

在1号孔板消能泄洪洞工作闸门全开和局部开启条件下,进行了多组次的重复观测,共测有效数据40余组,并对所测数据进行了校正。表6-8-9、图6-8-3和表6-8-10、图6-8-4分别汇总和表示了闸门不同开度下各测点的时均压力分布和脉动压力分布。

表6-8-9　1号孔板泄洪洞工作门不同相对开度下各测点时均压力平均值　(单位:kPa)

测点编号	桩号	工作门孔口相对开度下的时均压力平均值			
		0.71	0.82	0.92	1.0
PF41-1	139.04	519.86	465.76	395.40	337.64
PF41-2	146.29	546.11	498.99	437.58	390.36
AP41-2	168.04	581.13	546.94	502.42	468.31
PF41-3	182.54	530.56	472.05	401.26	361.62
PF41-4	189.79	550.53	499.85	438.88	397.27
AP41-3	211.54	553.62	506.60	447.71	407.20
PF41-6	228.04	492.96	430.39	349.13	287.44
PF41-7	233.29	508.57	448.82	372.07	316.77
AP41-4	255.05	516.52	459.20	386.52	335.19
PF41-5	218.79	467.68	392.12	300.06	244.86

注:库水位210.22m。

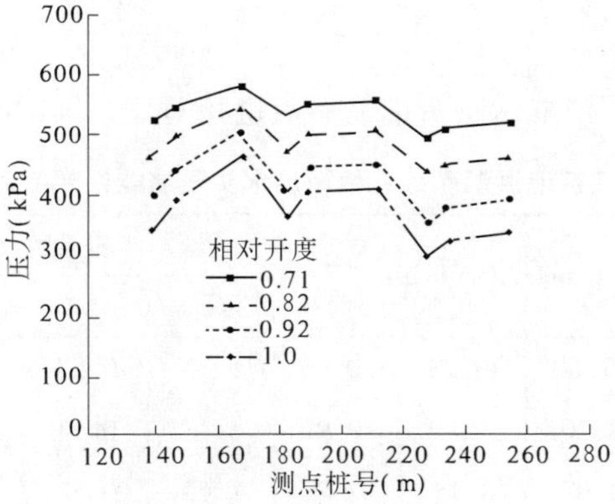

图6-8-3　1号孔板泄洪洞工作门不同相对开度下的时均压力分布

表 6-8-10　　1 号孔板泄洪洞工作门不同相对开度下的最大脉动压力均方根值分布

测点编号	桩号	脉动均方根最大值(kPa)				脉动压力系数（全开工况）
		0.71	0.82	0.92	1.0	
PF41-1	139.04	11.17	13.99	15.16	18.77	0.140
PF41-2	146.29	12.28	17.53	22.10	27.02	0.201
AP41-2	168.04	9.00	11.90	14.14	17.31	0.129
PF41-3	182.54	16.64	23.96	29.84	33.94	0.306
PF41-4	189.79	10.36	14.37	18.85	19.83	0.179
AP41-3	211.54	6.83	8.15	9.47	11.39	0.103
PF41-6	228.04	12.18	15.87	18.87	23.97	0.216
PF41-7	233.29	10.26	11.82	13.66	18.24	0.164
AP41-4	255.05	6.41	6.49	6.85	9.75	0.088
PF41-5	218.79	12.40	19.42	28.22	25.80	0.232

注：脉动压力系数定义为脉动压力与孔口流速水头之比。

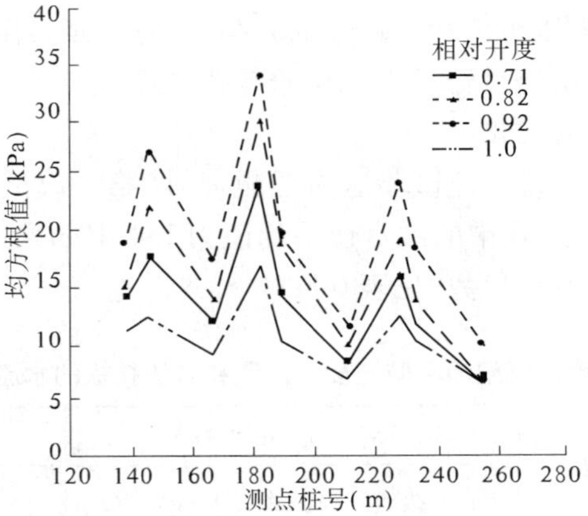

图 6-8-4　1 号孔板泄洪洞工作门不同开度下各测点最大脉动压力均方根值分布

从表 6-8-9、表 6-8-10 和图 6-8-3、图 6-8- 4 可以得出：

(1)在同一库水位下，各孔板前 0.5*D* 处的时均压力随闸门的开度减小而升高，每级孔板的消能作用随闸门开度的减小而降低。

(2)同一测点的时均压力随闸门开度增大而降低，脉动压力则随闸门开度增大而增大，1 号孔板泄洪洞孔板沿边壁上最大脉动压力发生在第 2 级孔板下游 0.5*D* 处，其均方根值为 33.94kPa，孔板环最大脉动压力幅值为 28.22kPa(对应相对开度 0.92)。多数测点的优势频率范围在 2.0Hz 以下，个别点达到 6.0Hz，但均属低频范围。

(三)水流空化

为了量测各级孔板的水流噪声以判别其水流空化情况，在每级孔板下游 1 倍洞径处布置了水流噪声测点。

1 号孔板泄洪洞第一次水流空化原型泄流历时 8h，观测期库水位 210.18 ~210.28m，监测内容包括闸门全开和闸门相对开度为 0.71、0.82、0.92 等泄洪时的水流噪声，及在闸门连续开启过程中水流噪声。第二次观测是在闸门全开和闸门连续关闭及连续开启过程中进行;2 号孔板泄洪洞水流空化原型泄流试验库水位为 246.50 ~ 248.00m,监测内容包括闸门全开和闸门相对开度为 0.7、0.8、0.9、1.0 等泄洪时的水流噪声以及闸门连续关闭和连续开启过程中的水流噪声。

1. 空化判别标准

模型试验时,采用声测法判别水流的空化初生和发展状况,通过比较空化水流的噪声谱与水流背景噪声谱,观察高频段的噪声级差大小,同时分析空化水流的噪声能量与水流背景噪声能量的相对比值变化过程来综合判断。但在原型泄流试验中水流噪声随着流速大小和紊动强弱而变化,不可能直接取得流速、压力等水力要素相同条件下的水流背景噪声,但在水质相同的条件下,水流产生的背景噪声与流场水力要素之间有一定的相关关系,在流速和压力逐渐变化的过程中水流噪声也相应逐渐变化,变化有一定的规律性和连续性。根据孔板泄洪洞水流的流态特征,闸门开度越小时,流量越小,压力相应越高,流速越低,水流空化数越大,水流不易发生空化。一般来说,空泡溃灭产生的噪声级显著高于背景噪声级,若水流发生空化,水流空化噪声将占主导地位,表示水流噪声的频谱曲线的声压级,特别是高频段的声压级出现跳跃性的升高。因此,观察闸门不同开度下水流噪声声压级的变化过程是判断水流是否发生空化的有效途径。

2. 闸门固定开度下水流空化

根据 1 号孔板泄洪洞原型泄流试验压力观测资料(第一次试验过程中的库水位平均值为 210.21m,第二次试验过程中的库水位平均值为 234.10m),库水位 210.25m 时,闸门不同开度下各级孔板的水流空化数,见表 6-8-11。

表 6-8-11　　1 号孔板泄洪洞闸门不同开度下流量和各级孔板的水流空化数

试验次数	相对开度 e/a	流量 (m^3/s)	参考压力(m 水柱)			水流空化数		
			第 1 级孔板	第 2 级孔板	第 3 级孔板	$\sigma_{水1}$	$\sigma_{水2}$	$\sigma_{水3}$
第一次	1.00	1 290	56.14	40.71	34.44	4.80	4.47	3.92
	0.92	1 202	57.13	43.96	38.39	5.61	5.48	4.91
	0.82	1 081	58.39	48.49	44.39	7.07	7.35	6.83
	0.71	924	59.82	51.99	49.18	9.87	10.65	10.16
第二次	1.00	1 480	64.68	55.28	45.05	4.13	4.44	3.75

图 6-8-5、图 6-8-6 分别表示第一次试验和第二次试验各个测点在闸门不同开度下的水流噪声频谱曲线。从两次的观测结果可以看出,各测点两次的频谱曲线变化趋势一致,各频段的水流噪声声压级相近,说明观测的结果有较好的重复性。闸门相对开度为 0.71 和 0.82 时水流噪声的频谱曲线表示水流噪声声压级随开度增加而升高的变化趋势,但声压级的增量不大,一般在 2 ~ 4dB,当开度从 0.82 增大到 0.92 时,在 10 ~ 102kHz 的宽频段内频谱曲线的声压级突然增大约 10dB。这种宽带范围内噪声级突然增大,显然不是水流紊动的加剧所致,而是空泡溃灭时的噪声引起声压级升高,说明水流发生空化。因此,

可以判断,当闸门开度为 0.92 时,第 2、3 级孔板水流发生了空化。表 6-8-11 给出了第一次试验库水位 210.25m,闸门开度为 0.92 时,3 级孔板的水流空化数依次为 5.61、5.48 和 4.91。1∶40 减压模型试验,得到 3 级孔板的初生空化数分别为 5.85、5.5 和 4.9。第 1、2 级孔板的水流空化数小于初生空化数,第 3 级孔板水流空化数已接近初生空化数,结合水流噪声信号分析,3 级孔板均已发生空化水流。表 6-8-11 中的第二次试验,在库水位 234m 时,闸门在全开状态下,3 级孔板均出现初生空化现象。从表 6-8-11 可以看出,随着库水位的抬高,水流空化数的变化趋势是逐渐减少。

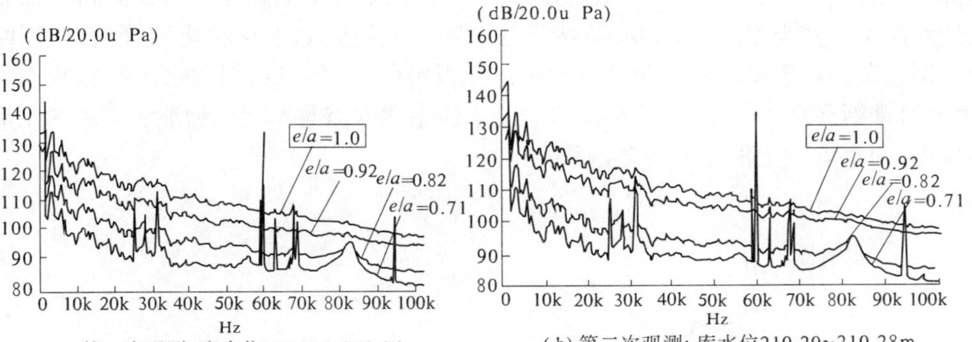

(a) 第一次观测: 库水位210.20~210.26m　　(b) 第二次观测: 库水位210.20~210.28m

图 6-8-5　1 号孔板泄洪洞闸门不同开度下 HP41-2 测点水流噪声频谱曲线

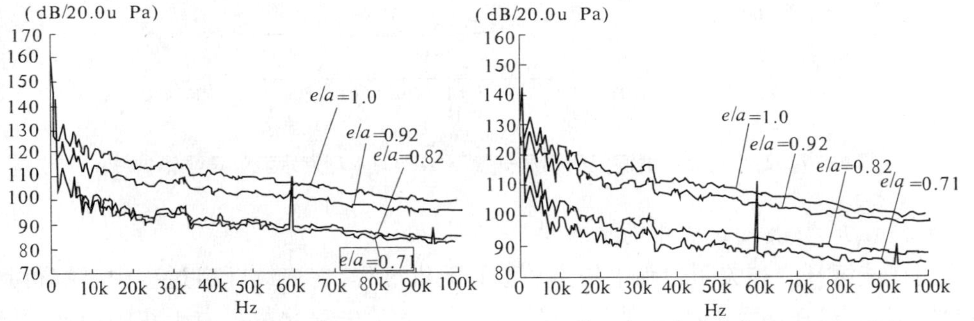

(a) 第一次观测: 库水位210.20~210.26m　　(b) 第二次观测: 库水位210.20~210.28m

图 6-8-6　1 号孔板泄洪洞闸门不同开度下 HP41-3 测点水流噪声频谱曲线

根据 2 号孔板泄洪洞原型泄流试验压力观测资料,库水位 248m 时,闸门全开时各级孔板的水流空化数见表 6-8-12。

表 6-8-12　　2 号孔板泄洪洞闸门全开时 3 级孔板的水流空化数

库水位 (m)	275	250	230	248
第 1 级孔板 $\sigma_{水1}$	5.23	5.18	5.19	5.29
第 2 级孔板 $\sigma_{水2}$	5.04	5.01	5.04	5.14
第 3 级孔板 $\sigma_{水3}$	4.40	4.41	4.42	4.37
备注	模型试验资料			原型泄流试验资料

图 6-8-7 表明,2 号孔板泄洪洞在闸门相对开度为 0.7、0.8、0.9 时的恒定流情况下,第 3 级孔板后的测点 HP42- 4 的水流噪声信号的频谱分析曲线在 60kHz 的高频范围内的声压级相差甚微;闸门全开时的恒定流情况下,水流噪声信号的频谱分析曲线在 60kHz 以上的高频范围内的声压级增大 20.0dB,表明闸门全开情况下第 3 级孔板附近存在空化水流。1:40 减压模型试验表明,在库水位 250m、闸门全开情况下,3 级孔板的初生空化数分别为 5.18、5.05、4.41,对比表 6-8-12 中原型泄流试验资料,第 3 级孔板的水流空化数 4.37 小于 4.41,已出现空化,而第 1 级、第 2 级孔板的水流空化数大于相应的水流空化数,未出现空化。从表 6-8-12 可知,库水位 248m 泄流条件下的原型泄流试验得到的各级孔板的水流空化数与库水位 250m 条件下的模型试验得到的水流空化数接近,模型结果符合原型情况。由模型试验结果可以看出在各级水位下,各级孔板的水流空化数相差较小,由此可推断在高库水位下,原型泄流时的水流空化数将与本次原型泄流试验的水流空化数接近,即水流空化强度不会有显著变化。

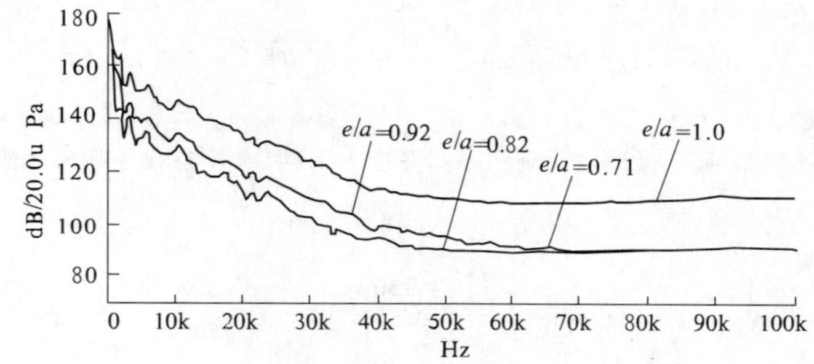

图 6-8-7　2 号孔板泄洪洞闸门不同开度下 HP42- 4 测点水流噪声频谱曲线

3. 闸门在开启、关闭过程中的水流空化

闸门在连续开启和关闭过程中是非平稳的随机过程,在连续开启过程中能够得到原型的初生空化数,在连续关闭过程中能够得到原型的消失空化数。由于在闸门连续开启和关闭过程中是非平稳的随机过程,每次测试的结果存在一定差别,但可以得到一个范围值。

从表 6-8-13 和图 6-8-8、图 6-8-9、图 6-8-10 可以看出,1 号孔板泄洪洞在 210m 库水位、闸门相对开度为 0.90 ~ 0.91 时发生空化,各级孔板的初生空化数分别为 5.77 ~ 5.85、5.55 ~ 5.65、4.93 ~ 5.03;1 号孔板洞在 234m 库水位、闸门相对开度为 0.88 ~ 0.90 时发生空化,各级孔板的初生空化数分别为 5.88 ~ 6.14、5.72 ~ 6.05、5.06 ~ 5.38;2 号孔板洞在 248m 库水位、闸门相对开度为 0.96 时发生空化,各级孔板的初生空化数分别为 5.88 ~ 6.14、5.72 ~ 6.05、5.06 ~ 5.38;水流空化数分别为 5.72、5.65、4.91;从表中可以看出,消失空化数大于初生空化数;随着库水位的升高,各级孔板的空化初生有所提前;各级孔板的水流空化数具有逐渐减少的趋势,水流空化强度有所增加。

表 6-8-13 1号、2号孔板泄洪洞闸门不同开度下的各级孔板初生空化数和消失空化数

试验次数	相对开度 e/a	流量 (m^3/s)	参考压力(m水柱)			各级孔板初生空化数			各级孔板消失空化数		
			第1级孔板	第2级孔板	第3级孔板	σ_1	σ_2	σ_3	σ_1	σ_2	σ_3
1号孔板洞第1次	0.9	1 179	57.38	43.54	37.74	5.85	5.65	5.03			
	0.91	1 187	57.30	43.27	37.39	5.77	5.55	4.93			
1号孔板洞第2次	0.9	1 360	79.8	61.01	52.8	5.88	5.72	5.06			
	0.88	1 333	80.11	62.07	54.19	6.14	6.05	5.38			
	0.84	1 277	80.72	64.19	56.97				6.73	6.78	6.12
	0.82	1 249	81.03	65.24	58.36				7.70	7.20	6.54
2号孔板洞	0.96	1 407	820.65	649.86	550.93	5.72	5.65	4.91			
	0.95	1 397	844.97	676.60	575.10				5.95	5.94	5.16

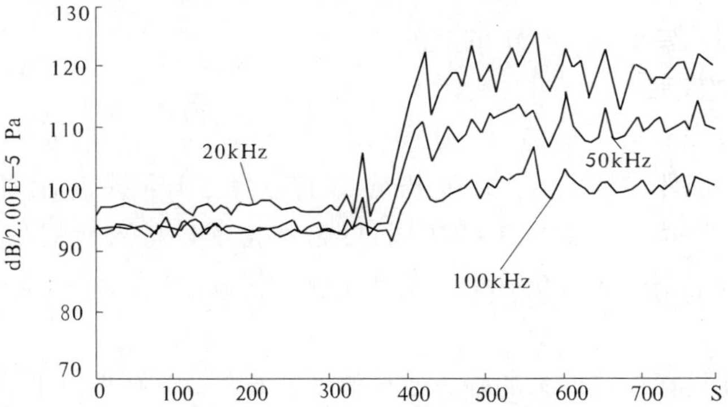

图 6-8-8 1号孔板泄洪洞在闸门连续开启过程中 HP41-4 测点水流噪声频谱曲线

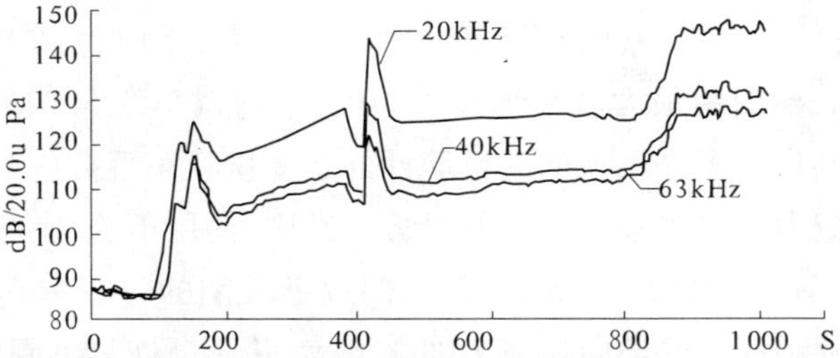

图 6-8-9 2号孔板泄洪洞在闸门连续开启过程中 HP42-4 测点水流噪声频谱曲线

4. 水流空化小结

原型泄流试验提供的资料表明：

(1)孔板泄洪洞在空化特性的试验研究中若充分考虑缩尺的影响，以雷诺数作为参数对尺度效应和流速效应进行修正后得到的3级孔板的初生空化数与原型泄流试验成果有较好的符合性。因此，减压试验得到的初生空化数可作为孔板洞水力学设计的重要依据。

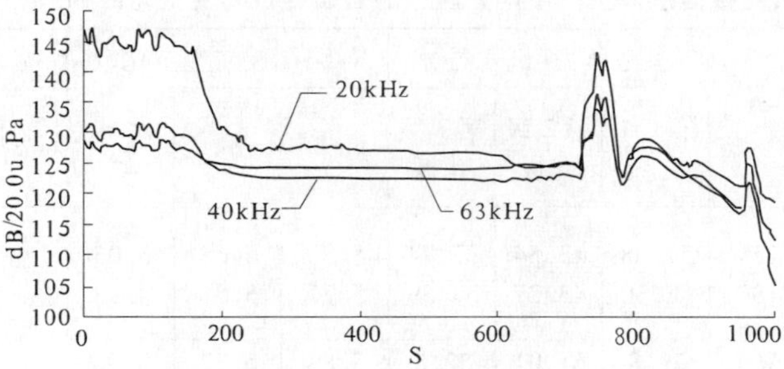

图 6-8-10　2 号孔板泄洪洞在闸门连续关闭过程中 HP42-4 测点水流噪声频谱曲线

(2)孔板泄洪洞的水流空化主要是由于孔板处水流分离和经孔板孔口下泄的主流与界面水体强烈剪切紊动形成的,其空化发生于水体内部,空泡溃灭位置是随机的,空泡溃灭产生的冲击荷载重复作用在建筑物同一部位而引起材料疲劳破坏的几率较小。在闸门全开条件下泄洪 24h 后进洞检查,没有发现空蚀,但随着运行库水位升高,水流空化数降低,空化要加剧,因此要加强运行中的监测和检查。

(四)结构应力应变

1. 孔板环的应力应变

为观测孔板消能段结构的应力应变状况,设计选择在 1 号孔板泄洪洞第 3 级孔板(桩号 0 + 217.0m)和下游洞身(桩号 0 + 226 m)处布置混凝土应变计、混凝土无应力计、钢筋计、渗压计、多点位移计(见图 6-8-11),观测孔板及衬砌的结构应力应变、围岩变位和外水压力。

第 3 级孔板孔板环钢筋内力的静态变化值见表 6-8-14。孔板泄洪洞充水,内、外层环向钢筋计和内、外层径向钢筋计承受的拉应力增加,但随着闸门的开启,孔板侧向的内、外层环向钢筋计受压,压应力逐渐增大,孔板环顶底部的内、外层环向钢筋计受拉,拉应力逐渐减小;内、外层钢筋环向应力中,内层钢筋应力变化较大,压应力最大增加约 5.71MPa,平均增加约 4.47MPa,拉应力最大减小约 6.45MPa,平均减小约 5.23MPa。内、外层径向钢筋计随着闸门的开启,除了外层顶部的钢筋计处于受拉状态且拉应力较小,其余的均处于受压状态,径向压应力均呈现逐渐减小的趋势。其中,内层钢筋径向压应力减小幅度较大,最大达 2.76MPa,平均值约 2.46MPa。在闸门逐渐关闭的过程中,孔板环两侧的环向压应力随之减小,顶部和底部的环向拉应力随之增大,并逐渐恢复到闸门开启前的状态。

第 3 级孔板孔板环混凝土应力应变随着闸门开启,外层底部环向应变计受压,压应变逐渐增大,内层顶部环向应变计受压,但压应变逐渐减小;内、外层的侧向环向应变计受压,所受压应变逐渐减小;内、外层径向压应变逐渐减小。当闸门逐渐关闭,所有应变恢复至闸门开启前的状态。在停水、泄水的两次试验过程中混凝土应力应变的静态变化值见表 6-8-15。

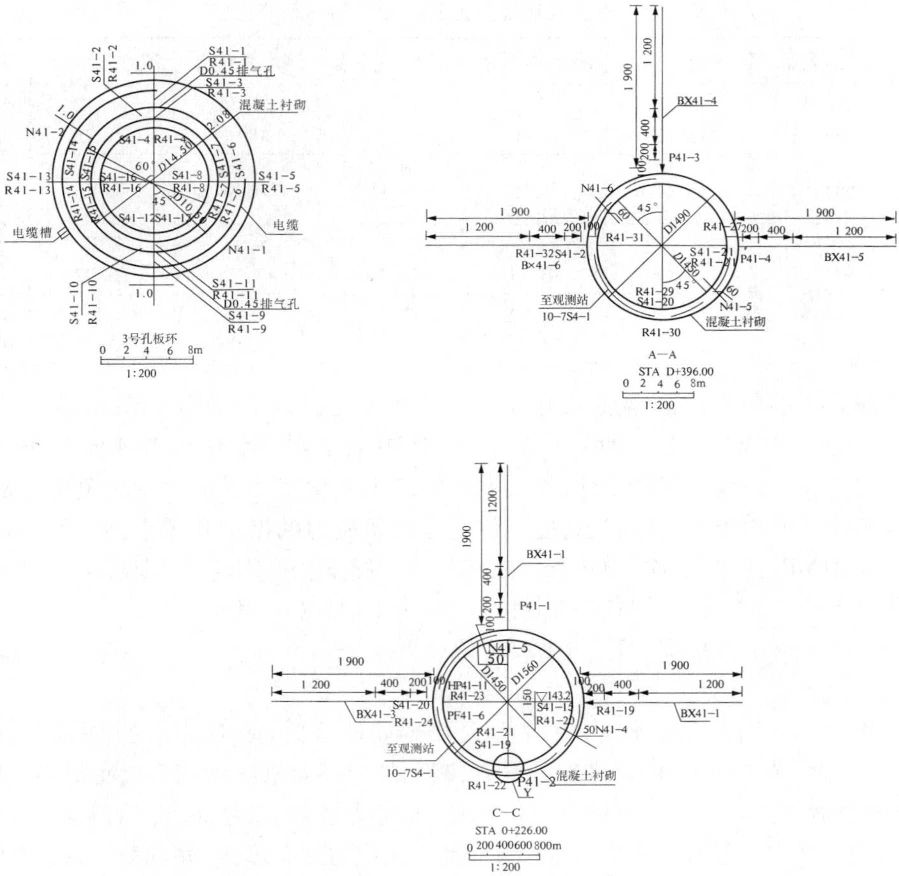

图 6-8-11　1 号孔板泄洪洞仪器布置

表 6-8-14　　第 3 级孔板孔板环钢筋内力的静态变化值　　（单位:kN）

位置	仪器名称	充水前后	停水→泄水	泄水→停水	停水→泄水	泄水→停水	平均值
外层环向	R41-1	8.86	2.7	2.43	2.69	2.52	2.59
	R41-5	14.28	4.25	3.16	4.32	3.62	3.84
	R41-9	9.73	2.69	2.95	3.21	2.78	2.91
	R41-13	13.82	4.83	3.67	5.35	4.34	4.55
外层径向	R41-2	5.10	1.75	0.97	1.25	0.96	1.23
	R41-6	1.82	0.45	2.38	1.05	1.6	1.37
	R41-10	2.01	1.99	2.28	1.36	1.89	1.88
	R41-14	5.93	1.46	2.29	0.91	1.37	1.51
内层环向	R41-3	15.01	6.23	5.86	6.59	5.84	6.13
	R41-7	17.05	5.83	3.33	5.34	4.48	4.75
	R41-11	15.20	4.51	3.87	5.11	4.67	4.54
	R41-15	14.94	4.7	3.61	4.92	4.29	4.38
内层径向	R41-4	4.47	1.72	2.12	1.86	2.05	1.96
	R41-8	3.77	2.57	2.67	2.64	2.67	2.64
	R41-12	2.65	2.0	2.83	2.08	2.67	2.40

表 6-8-15　　第 3 级孔板孔板环混凝土应力应变的静态变化值　　（单位：με）

位置	仪器名称	充水前后	停水→泄水	泄水→停水	停水→泄水	泄水→停水	平均值
外层环向	S41-9	45.89	11.4	11.75	14.76	11.42	12.33
	S41-13	13.03	2.41	19.21	20.08	15.93	14.41
外层径向	S41-10	18.68	8.98	5.41	7.34	7.45	7.30
内层环向	S41-3	5.16	6.16	7.83	5.04	4.28	5.83
	S41-15	46.03	30.31	12.81	11.75	16.92	17.95
内层径向	S41-4	17.73	26.21	3.72	6.72	9.59	11.56
	S41-8	15.16	12.26	10.35	10.98	10.91	11.13

第 3 级孔板孔板环内的钢筋采用 $\phi36$，从受力考虑，过流期间压力最大增加约 5.71 MPa，平均增加 4.47MPa；拉应力最大减小约 6.45MPa，平均减小约 5.23MPa，测值基本在 ±100MPa 范围内，相应钢筋的设计强度、钢筋的应力变化属于低应力变化范围。从正常工作的应变计反映均处于受压状态，应力的变化为压应力的增加和减小，内、外层环向平均变幅约 0.31MPa，径向平均变幅约 0.48MPa。考虑混凝土与钢筋共同变形，计算混凝土应力变化最大约 0.57MPa，说明泄流时孔板混凝土未出现拉应力。

2. 第 3 级孔板下游断面（桩号 0 + 226）的应力应变

1）钢筋应力

桩号 0 + 226m 断面在充水后，内、外层环向钢筋计承受的拉应力增加，平均变化幅度分别为 8.77MPa 和 12.01MPa。随闸门开启，断面外层环向钢筋计（洞顶、底部和左侧）受拉，拉应力逐渐减小，断面右侧钢筋计受压，压应力逐渐增大，应力的静态变化值为 4.19MPa；内层环向钢筋计（洞顶，左、右侧）受压，压应力逐渐增大，底部受拉，拉应力逐渐减小，应力的静态变化平均值约 3.94MPa；当闸门逐渐关闭后，应力逐渐恢复至开启的状态。

2）混凝土应变

混凝土应变随着闸门的开启和关闭应变值都有规律变化，变化幅度约 20με。

3）围岩变形

在闸门启闭过程中，从多点位移计测出的位移变化量分析，围岩变形是在读数误差范围内，说明围岩未发生变位。

（五）山体振动

2000 年 4 月，库水位 210.25m 时，对 1 号孔板泄洪洞原型泄流试验过程中山体振动情况进行了观测。为了观测孔板洞泄流期间对山体振动的影响，布置了 11 个测点，测点的位置分别为：1 号测点设在 1 号孔板泄洪洞内第 3 级孔板上；2、3 号和 4 号测点分别设在中闸室、楼梯井和左岸山顶基岩上；5、6 号和 7 号观测点设在第 3 级孔板和中闸室上方的 3 号灌浆洞内，相应位置在 3 条孔板泄洪洞的轴线上方；8、9 号和 10 号测点设在 1 号明流洞内，相应位置在 3 个孔板的上方；11 号测点在 3 号灌浆洞和 3 号交通洞的交会处。如图 6-8-12 所示。采用 4 种仪器（PA - 1 型加速度传感器、65 型速度传感器、ASA/16 型模拟信号放大器、AD/64 型数据采集器）对该次试验闸门不同的开度和工作状态（8 种）

进行山体振动观测。

1. 最大加速度

在闸门全开过程时山体振动最大，山体振动的最大加速度值为 4.91 cm/s^2，均方根值为 2.59cm/s^2，最大发生在 5 号和 6 号测点；闸门局部开启过流时引起的山体振动，均小于闸门全开过流，振动加速度随闸门开度的增大而增大；闸门开、闭过程引起的振动略小于全开过流时的振动；山体振动速度以 2 号测点最大，最大速度为 180.55μm/s，均方根速度为60.85μm/s。

2. 加速度的频谱分析

经对山体振动和 1 号孔板洞各工况振动的加速度记录进行功率谱分析，表明山体的卓越频率在 8 ~ 12Hz。

3. 过流振动对山体影响的评价

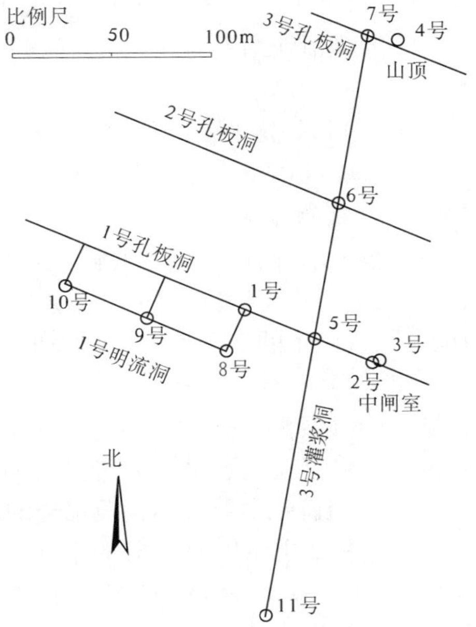

图 6-8-12　左岸山体振动观测点平面布置图

目前过流振动对山体的影响我国尚无专门规范，但可借鉴《水工建筑物抗震设计规范》和《中国地震烈度表》(1980)进行评价。从原型泄流试验观测成果可知：1 号孔板泄洪洞闸门全开过流时山体振动的最大加速度为 4.91cm/s^2，相当于 2 度地震。按照抗震规范，设计烈度为 6 度(最大加速度 45 ~ 89cm/s^2)时，可不进行抗震设计，但对 1 级水工建筑物应采取适当的抗震措施。而小浪底工程即使 1 号孔板洞闸门全开，泄流时山体振动最大加速度为 4.91cm/s^2，该值远小于 6 度地震时的 50cm/s^2，说明山体是安全的。

从 1 号孔板泄洪洞第 2 级孔板上测点所测数据的频谱分析看，水流引起的振动频率在 0.5 ~ 1.0Hz，而频谱分析显示的山体振动卓越频率在 8 ~ 12Hz，两者相差甚远，不可能产生共振或较大的动力效应。

第九节　结　语

一、设计和研究成果

小浪底工程采用大型压力洞内孔板消能技术，目前在国内外水利工程史上尚属首例，无任何经验可以借鉴。本章分析、对比、总结了孔板消能各种室内水工模型试验、碧口水电站排沙洞增设孔板消能中间试验以及小浪底孔板消能泄洪洞原型泄流试验等观测资料，初步得出以下结论。这些结论对今后类似工程的设计研究、施工、运用、维护、管理均具有参考价值。

(一)消能效果

(1)通过模型试验和原型泄流证明，水流通过孔板环突然收缩又突然扩散，在环后形成环状的旋涡流，通过旋涡水流的剪切摩擦消煞水头，消能效果显著（小浪底孔板泄洪洞3级孔板总消能率达42%以上）。孔板泄洪洞原型泄流试验观测的有压段内时均压力及脉动压力原型泄流结果与水工模型试验的相应结果符合良好，原型可以采用模型试验的结果。

（2）在体形一定的情况下，当水流雷诺数大于7×10^5时，孔板的消能系数变化渐趋稳定，并经清浑水试验验证，水流的含沙量对消能系数基本无影响。

（二）孔板水流空化

按规范要求，高速水流泄洪洞应按无空化设计。模型试验和原型泄流试验的结果表明，模型按无空化设计，在原型上不会出现严重的空化，仅出现弱空化，孔板消能时由于形成环状涡流，产生的空化泡呈叶片状并具有随机特点，一般均在水体中心主流带溃灭，原型不会出现强烈空蚀。

试验同时表明，浑水对空化具有抑制作用。随着水流含沙量增加，时均压力及其相应的水流空化数也随之增大，而初生空化数减少，因此浑水对抑制空化发生无不利影响。

（三）水流脉动对衬砌结构及围岩的影响

每条孔板泄洪洞以消煞55m水头、过流1 500m^3/s计，则洞内消煞的能量相当于80万kW。经大量模型试验测试说明，水流脉动压力在孔板下游一倍洞径附近达到最大值，该值与断面平均流速水头成正比，点脉动压力幅值以两倍标准均方差表示为6～8m水头，换算到原型上总能量95%的频率范围为0～2Hz，优势频率小于1Hz。整体脉动压强为点脉动压强的1/10～1/30。孔板在洞内消煞的能量99%以上转化为热能随水流带走，只有很少的能量转化为振动能。由于孔板和隧洞衬砌有很高的自振频率，水流脉动压力不能激发结构共振响应。

孔板泄洪洞诱发山体振动的最大加速度只有4.91cm/s^2，基本上属无感振动，估计在高库水位时3条孔板洞同时泄洪也只会诱发很微弱的山体振动。

（四）孔板环孔缘的抗磨蚀保护

孔板环孔缘是易受冲蚀、磨蚀和空蚀的部位。保护孔缘不被破坏、维护其原有的体形轮廓是很重要的，设计曾研究比较过多种抗磨材料后，采用高强耐磨铸铁系列中的铬系白口铸铁KmTBCr26（GB8263—87），又称高铬铸铁，材料中含铬量高，其抗磨抗空蚀性能及韧性优良，这已经被近几年的运用考验所证实。

二、需进一步开展的工作

（1）孔板处的水流空化问题，还表现为实验科学，尚需要大量的科学实验数据来综合分析研究，以建立数值分析模型。

（2）在初生空化的判别标准方面，还需要进一步统一，以便于在同样的标准下开展比较和分析研究工作。

（3）关于空化初生的问题，是采用初生空化数还是消失空化数来控制或判断，还需要进一步研究。

（4）关于初生空化数的比尺效应，通过模型试验和孔板消能泄洪洞原型泄流试验的观测，孔板洞各级孔板段存在比较明显的比尺效应问题。

(5)在设计方面,孔板消能泄洪洞是按无空化设计还是无空蚀设计,尚需根据小浪底孔板泄洪洞较长时间运用后所取得的数据,再作进一步讨论。若能按无空蚀设计,将给工程带来较大的经济效益。

小浪底孔板消能泄洪洞,几年来已经受了近 100m 水头的运用考验,说明孔板消能技术应用是成功的。但毕竟应用的次数和时间还较少较短,有些问题可能尚未暴露。为此,当其在小浪底水库达到最高设计水位运用时,应进一步加强原型泄流观测,以取得运行经验,不断完善或改进孔板消能技术。

总之,黄河小浪底水利枢纽开创性地利用压力洞内孔板消能技术,将 3 条大直径导流隧洞改建成为永久的多级孔板消能泄洪洞,是建立在大量科学研究论证的基础上,并经孔板消能泄洪洞原型泄流试验观测验证及初期运用的考验。其成功实践不仅解决了该枢纽建筑物总体布置的困难,而且节省投资约 3.8 亿元,这对导流洞重复利用和推动洞内消能工的发展有积极意义,并使我国在压力洞内消能工的理论研究和工程实践方面处于国际领先水平。

第七章　预应力结构在排沙洞的应用

第一节　概　述

一、概况

小浪底水利枢纽位于河南省洛阳市以北 40km 的黄河干流上，是三门峡水库下游以“防洪（包括防凌）、减淤为主，兼顾供水、灌溉和发电，蓄清排浑，综合利用，除害兴利”的大型控制性工程。

枢纽主体工程有拦河大坝，泄洪、排沙建筑物及引水灌溉发电建筑物等。由于其在治黄中的战略地位重要，工程规模宏大，地质条件复杂，水沙条件特殊，运用要求严格，而被国内外水利专家誉为世界上最具挑战性工程之一。

泄洪建筑物的合理布置是实现该枢纽开发目标的关键所在。在设计中除必须保证进水塔前进流顺畅、进水口相互保护不被泥沙淤堵而采用集中布置方案外，尚需考虑：①要减免高速含沙水流对流道的磨蚀，尽可能降低流道内的流速和改善其流态；②应保证各级库水位时进水塔前的漂浮物能顺利排放出库；③应尽量减少和控制泥沙进入发电洞，并借助水流作用清除拦污栅上的部分污物等。

根据工程规划和设计要求，泄水建筑物由 3 条明流泄洪洞、3 条孔板消能泄洪洞、3 条泄洪排沙洞、1 条灌溉洞、正常溢洪道和 6 条发电洞组成，集中布置在左岸相对单薄的山体中。进口由 10 座进水塔组成“一”字形排列。

其中，6 条发电洞和 3 条排沙洞的进口组合成 3 座进水塔，每座塔所对应的 2 条发电洞和 1 条排沙洞均设 6 个进水孔，双层、上下对称布置，上层孔为发电引水层，通仓式布置，在拦污栅局部堵塞产生较大水位差时，机组供水可以互补。下层为排沙洞进口，上、下层高差 15 ~ 20m，这样可使排沙洞多进粗沙，减少过机沙量，即使停机发电洞不引水，只要排沙洞进口不被泥沙淤堵、处在上层的发电洞进口也可以保持不淤堵，另外可利用排沙洞泄流时进口水流的拖曳力排放压力清污机从拦污栅上清除的污物。

二、排沙洞的布置、任务和特点

排沙洞是枢纽泄水建筑物中运用频次较高的压力隧洞。其主要任务为：①保持 10 座进水塔前有一个稳定的冲刷漏斗，防止泥沙淤堵泄洪、发电、灌溉洞的洞口；②调节水库下泄流量；③排泄从发电洞进口拦污栅上压下来的污物，以减轻拦污栅的清污工作量；④减少进入发电洞的泥沙，尤其是粗颗粒泥沙，以缓解泥沙对水轮机的磨损。

设计根据排沙洞的任务、枢纽的水文泥沙情况、地形地质条件和泄水建筑物的布置，通过多方案比较，最终确定了排沙洞的条数、布置和结构形式。

枢纽的9条泄洪排沙隧洞，在库水位275m时的总泄流能力为13 300m^3/s。其中3条排沙洞进口高程均为175m，是枢纽中的低位泄水建筑物。根据工程运用要求，当库水位220m时，每条排沙洞泄量为500m^3/s；当库水位275m时，每条排沙洞泄量达675m^3/s。

排沙洞在平面上洞轴线为直线，每条洞长1 100m，压力段洞径为6.5m。自上游到下游依次由进口段、排水幕前普通混凝土衬砌压力洞段、排水幕后预应力混凝土衬砌压力段、出口渐变段、预应力闸室段、明流段和挑流消能工等组成。

排沙洞下泄水流水头高、含沙量大，为有效解决洞内高含沙水流对衬砌的磨蚀问题，设计采用控制洞内最大流速等措施。

在运用过程中，要求控泄100～200m^3/s流量，以保持进口冲刷漏斗。其进口又位于正常蓄水位以下100m，故泄洪排沙洞采用有压隧洞。压力洞段末端设可局部开启运用的偏心铰弧形工作闸门来控制洞内流速和泄流流量，以防含沙水流对衬砌造成的磨损危害。排沙洞采用圆形压力洞结构，库水位220m、工作弧门全开时压力洞内流速不超过15m/s。

三、排沙洞排水幕后压力段衬砌型式确定

排沙洞在左岸山体排水幕前的压力洞拟用普通钢筋混凝土衬砌，结构设计以外水压力控制；排水幕后压力洞段结构设计以内水压力控制。排水幕后压力洞段衬砌有防止结构开裂和高压水外渗的功能。对此先后考虑采用围岩高压灌浆、钢板衬砌、复合衬砌（夹薄钢板或PVC板的双层混凝土结构）和预应力混凝土衬砌等方案。其中，高压灌浆方案因山体围岩单薄难以成立；钢板衬砌方案因抗磨控制流速低、断面尺寸大而造价较高，予以舍弃；复合衬砌方案因施工方法复杂不能满足进度要求未采用。进而据国外实地考察以及工程类比分析，最终选用后张预应力混凝土衬砌结构方案，较钢板衬砌方案节省1/3～1/2投资。

排沙洞采用后张预应力混凝土衬砌结构的设想当时在我国水工隧洞设计中还是首次提出，虽在国外有不少工程实例，但主要是有黏结预应力方案。设计人员从赴意大利、瑞士等国考察，到进行室内1∶1模型试验和有限元分析研究，进行了多年的大量研究工作。按有黏结预应力方案进行排沙洞衬砌的设计，虽然混凝土内的预应力有保障，但存在预应力锚具用量大，在洞顶锚具槽处张拉困难、锚索张拉效率低、预应力损失大及衬砌结构应力不均匀等缺点。1997年，在排沙洞即将施工时，世界预应力技术已有突飞猛进的发展，无黏结预应力方案可能出现钢绞线松弛和锚具夹片松脱的技术难点已经被攻克，相比之下，无黏结预应力方案具有经济、高效、锚具槽布置简化、结构应力均匀、张拉施工简便等优点。施工详图阶段，在现场进行室外1∶1局部模型对比试验和大量结构分析研究工作的基础上，决定采用无黏结后张预应力衬砌结构，并在隧洞内成功进行了原型试验段的试验。虽然这个方案对混凝土施工要求高，但用现代化施工手段是可以实现的。

排沙洞后张法预应力衬砌段设计工作于1997年12月完成。1998年3月至5月，承包商按照设计方研究提出的施工技术规范在1号排沙洞的第9和第10浇筑段（原为普通钢筋混凝土段）进行后张预应力衬砌试验研究。试验主要针对张拉程序、混凝土温度应力影响、超挖对结构应力的影响、预应力效率、摩擦系数和防腐施工等进行全面的监测，其结果证实了采用的设计参数和施工程序是可靠可行的。1998年5月至1999年5月完成

了三条排沙洞2 169m长洞段的后张预应力衬砌的施工。施工中除1号排沙洞第19浇筑段因混凝土浇筑出现冷缝,导致张拉后出现整块断裂和在3条洞施工中仅发生3股钢丝发生断丝外,其余钢绞线张拉、张拉端绞线防腐处理及锚具槽回填施工均顺利完成。

小浪底水利枢纽排沙洞工程已成功地完成了施工工作,积累了丰富的实践经验并在我国开创了水工隧洞利用该项技术的先河,其设计施工为世界领先水平。

四、后张法预应力混凝土技术应用及研究现状

(一)后张法预应力混凝土技术的应用

由于混凝土的抗拉强度和延展性很低,普通钢筋混凝土不宜作为大跨度结构或承受以拉为主结构物的材料。因此,往往采用对混凝土结构施加一个等于或接近于在运行荷载作用下产生的拉应力相反的预压应力,以此来改善混凝土结构的工作性能。对隧洞混凝土结构施加预压应力的方式很多,使用较多的是后张预应力技术,即在预制混凝土构件中预留钢绞线套管,混凝土达到设计龄期和强度后,穿入钢绞线并进行张拉和锚定。随着科技的发展以及人们对材料性能的不断深入研究和认识,已逐渐形成一整套科学的、有规范可依的设计体系。预应力混凝土技术也已越来越多地用于高层建筑、桥梁、港口码头、水利工程及其他地上和地下土建工程中,在大量工程实践和试验研究的基础上,从设计理论、计算方法、预应力混凝土材料性能及施工工艺等各方面都取得很大改进和发展。建筑物的规模越来越大,应用范围越来越广。大量文献表明,预应力混凝土结构已成为当今国际上主要的土建结构形式之一。目前,在水工结构中,预应力混凝土技术已经在水电站厂房屋架、吊车梁等结构广泛采用,在20世纪80年代,在高水头、大孔口弧形门闸墩中也得到广泛采用,但在水工隧洞工程中应用时间不长,工程数量不多。

以往,水工压力隧洞由于要求结构的防裂抗渗性能高,故采用钢板衬砌较多。第二次世界大战以来,意大利和瑞士等国的应用发展表明,隧洞预应力混凝土衬砌结构代替钢板衬砌结构已成趋势。

预应力混凝土衬砌分被动预应力结构形式和主动预应力结构形式。

被动预应力结构,亦称为灌浆式预应力混凝土结构。即预应力是由衬砌与围岩之间的压力产生的,系在内衬结构与岩石间周围先形成一个环形的空隙,并沿衬砌的纵向分段,然后在空隙中逐段注入压力水泥浆,以使衬砌预先受压,以消减或平衡压力洞衬砌在内水压力作用下所产生的拉力。这种被动预应力结构要保持永久预应力,围岩必须有足够的强度和覆盖层厚度。最为知名的方法有基泽尔(Kiesser)环形中空和特罗尔(Tyrol)水电公司TIWAG的空隙注射法。20世纪60年代以来,苏联、南斯拉夫、西德、法国、澳大利亚等国均应用了灌浆式预应力衬砌结构。我国于70年代在白山水电站引水隧洞也部分应用了这类结构。

主动预应力结构是通过埋入、穿入混凝土中或缠绕在混凝土结构周围的预应力钢绞线所施加的预加应力而形成的后张预应力混凝土结构。

20世纪70年代初,意大利、瑞士开始采用瑞士VSL公司专利方法,即采用钢绞线进行张拉,为水工隧洞和调压井提供后张预应力。在80年代后期至90年代初,我国清江隔河岩和天生桥一级电站引水隧洞采用了后张有黏结预应力混凝土技术,并相继投入运行。

现将国内外采用后张预应力混凝土结构的水工隧洞或竖井的一些工程列于表 7-1-1。

表 7-1-1　　采用后张预应力混凝土隧洞衬砌的水利枢纽

水利枢纽名称	国家	类型	洞径(m)	锚索	锚索间距(m)	施工期(年)
隔河岩	中国	有黏结	9.50	12 - 7 φ5		1991 ~ 1993
天生桥	中国	有黏结	9.60	14 - 7 φ5	0.33	1997 ~ 1998
Piastra Andonno	意大利	有黏结	3.30	4 - 7 φ5	0.30	1973 ~ 1974
Chiotas - Piastra	意大利	有黏结	6.00	6 - 7 φ5	0.20	1976 ~ 1977
Taloro	意大利	有黏结	5.5 14.9	6 - 7 φ5 19 - 7 φ5 12 - 7 φ5 7 - 7 φ5	0.30 0.3 ~ 0.6	1975 ~ 1976
San - Fiorino	意大利	有黏结	8.20	12 - 7 φ5	0.25 ~ 1	1971 ~ 1973
Brasimone	意大利	有黏结	26.0 竖井	19 - 7 φ5 12 - 7 φ5	0.15 ~ 0.4	1973 ~ 1974
Coo Trois Points	意大利	有黏结	6.20	12 - 7 φ5	0.15 ~ 0.3	
Grimsel - Oberaar	瑞士	无黏结	6.80	12 - 7 φ5	0.24	1977/1978
Presenzano	意大利	无黏结	5.60	6 - 7 φ5	0.3 ~ 0.58	1988/1990

后张预应力混凝土衬砌结构之所以能代替一部分钢衬砌，是因为预应力混凝土结构具有如下优点：

(1)节约钢材。由于预应力混凝土可使用高强度预应力钢绞线，与钢板衬砌的强度相比约高出 3 倍。

(2)简便运输、方便施工。水工结构的施工地点往往位于荒野，交通困难，预应力钢绞线比弧形钢板便于运输，可免除厚钢板高质量要求的焊接工作。特别是隧洞开挖时遇有环境条件及所碰到的围岩性质有变异时，短时期内预应力混凝土方案可相应改变，而钢板衬砌由于需预先加工，方案不易改变。

(3)预应力混凝土抗裂性强，并有超载后开裂、卸载后裂缝减小或闭合等优点。

(4)在隧洞放空后，即压力洞无水压力情况下，预应力混凝土衬砌不会像钢板衬砌那样考虑外压挠曲变形而出现失稳危险。

(二)后张法预应力混凝土研究应用现状

1. 混凝土材料

构成预应力混凝土的主要材料是混凝土和预应力钢绞线。早在 1928 年法国土木工程师弗雷西内就提出过预应力混凝土的关键条件是采用高强混凝土和高强钢材，两种材料必须同等发展。现高强、高性能混凝土，超高强混凝土、活性细粒混凝土、纤维混凝土等新型混凝土材料已有了长足的发展，C40 ~ C50 级混凝土在我国已普遍采用。在小浪底工程，已大量采用 C70 级抗磨高强混凝土，当今我国已把 C80 ~ C100 级混凝土作为研究攻关的重点，在一些发达国家已经开始使用 C100 级混凝土。据 1998 年 5 月在荷兰首都阿姆斯特丹召开的第 13 届国际预应力混凝土大会所展示的新世纪混凝土发展趋势，C120 混凝土在建筑工地的使用已不是新记录，如以粉末反应型为代表的新类型混凝土，其抗压强度可达 200 ~ 800MPa，抗拉强度可达 25 ~ 150MPa，在混凝土中加入某些特殊的纤维，可提高混凝土的延性，即提高混凝土结构的变形能力和承受非正常的和不规则荷载的能力。当前能达到最大延性的混凝土材料为渗浆纤维混凝土，这种混凝土实际上是不开裂的和不渗水的，可以代替钢板，抗拉强度达 90 ~ 105MPa，弯曲抗拉达 35 ~ 40MPa。

混凝土材料的发展促进了高效率预应力混凝土结构的发展。建设部已把高效预应力混凝土技术确定为重点推广项目之一。

2. 预应力钢绞线

我国在 20 世纪 70 到 80 年代，预应力混凝土中的预应力钢绞线大部分采用中等强度等级的钢材，80 年代初期，开始大量采用高强碳素钢丝和钢绞线作为预应力钢绞线。90 年代初已开始用高强度钢绞线来制作预应力混凝土构件。

随着材料科学的发展，国际上已开始把碳纤维加筋塑料（CFRP）、玻璃纤维加筋塑料（GFRP）、纺纶纤维加筋塑料（AFRP）用做预应力钢绞线。这样的塑料筋材料的优越性在于强度大（如 CFRP 抗拉强度可达 4 900MPa，是高强钢绞线抗拉强度的 2.6 倍）、不导电、防腐蚀、操作方便，在严重侵蚀环境下可替代钢材或其他传统建筑材料。瑞士、荷兰、德国、美国、加拿大、日本等国家对这种材料的性能及其组成的预应力混凝土的性能、与之相适应的锚具体系等作了大量的研究工作，并已应用于桥梁混凝土结构工程和加固工程中。加拿大已采用 CFRP 预应力钢绞线材料建成一座跨度达 22.85m 和 19.23m 的二跨拱形公路桥。荷兰的一座桥梁最大跨度已达 192m。

3. 预应力混凝土的设计

工程实践证明，全预应力混凝土并不经济，受力性能也不一定是最佳的，特别是在混凝土材料性能充分发掘的今天，越来越多的结构放弃了全预应力设计，采用了部分预应力混凝土结构形式，越来越重视合理地选择预应力度。近 20 年来，结构应力分析手段和分析精度的提高，也从另一个侧面促使部分预应力的设计思想和准则逐步充实和完善，其设计理论也已纳入各国有关规范。

目前，我国有关预应力技术规范正不断得到修改和完善，逐渐与国际接轨，制定出符合我国国情的技术规范。

4. 预应力混凝土的施工

科学合理的施工工艺、施工流程、施工组织和施工监测是保证预应力混凝土结构安全可靠运行的重要环节，目前在预应力混凝土施工方面，需要着重研究的几个问题如下：

（1）改进预应力钢绞线的长期性能和防腐能力。对无黏结筋体系，着重研究防腐蚀和耐久性问题，对于有黏结预应力钢绞线，则着重研究灌浆技术的改进。最新研究成果表明，水灰比降到 0.27 ~ 0.3，水泥浆液有很好的流动性和很低的泌水性，不需要压力就能达到比普通灌浆更好的效果，这种灌浆材料要求在普通配比下，加入一些超塑性添加剂。

（2）利用声纳技术检查预应力钢绞线的损伤情况。加拿大、英国、美国均已着手进行这项工作，并已取得重要成果。

(3)正确控制预加力的初始值、永存值及减少张拉过程中预应力损失措施的研究。

(4)改善混凝土的浇捣性能。针对不少混凝土的缺陷是由不良浇捣过程产生的问题,日本现在已生产出一种不用振捣的混凝土,并已在一些工程中使用。荷兰采用日本的方法也成功地应用于几个工程。

(5)新的张拉锚固体系和配套机具的研制。着重研究无黏结预应力钢绞线的锚固关键技术和关键工艺,开展成套技术的研究和开发。

另外,概括后张预应力混凝土技术在水工中的应用,特别是在水工隧洞中的应用,在设计中值得关注的研究课题有:

(1)部分预应力混凝土结构研究。几十年的试验、理论研究和实践表明,部分预应力混凝土已成为结构混凝土中最有发展前途的材料之一,特别是20多年来的发展趋向已显示出十分广阔的前景。

(2)无黏结预应力耐久性的研究。在复杂环境工程中应用无黏结预应力技术,需从设计、施工等环节对无黏结耐久性进行全面的研究。根据结构构件工作环境条件的分类和划级,以及防腐材料的分类及性能,按照所设计结构的功能确定使用范围,以便采取相应有效措施保证其耐久性。

(3)预应力体系的其他关键问题研究。对后张锚固区的设计研究;导致混凝土和钢材疲劳的因素研究;对预应力混凝土裂缝形成机制的研究。

这些关键问题的重视和研究将促进对预应力混凝土耐久性的正确认识和对施工质量的严格控制。

第二节 设计研究内容和方法

排沙洞的应用水头为122.0m,为防止衬砌在高压水作用下开裂、渗水进入山体影响左岸单薄山体的稳定,设计采用了后张法预应力衬砌方案。原设计方案是10年前小浪底水利枢纽初步设计时采用的有黏结预应力方案。

根据1997年9月针对小浪底水利枢纽排沙洞预应力衬砌方案召开的国内预应力专家咨询会以及世界银行特别咨询专家组会议的纪要精神,开展了无黏结预应力技术在小浪底工程排沙洞衬砌结构中应用的可行性研究。

设计研究采用复杂结构三维有限元方法,模拟施工过程中接触问题,以及预应力锚索在张拉及内水压作用下张拉力增加的过程,并将研究的重点放在锚具槽布置的形式上。

针对设计方案,采用室外1:1比尺局部模型对有黏结和无黏结两种预应力方案进行试验论证,研究内容包括不同锚束间距、超挖影响、锚具槽的位置排数和尺寸,并对锚具的防腐措施等进行了调研和选型。

一、设计研究内容

本项设计研究工作的目的是针对小浪底水利枢纽排沙洞,设计一种经济、高效的后张预应力隧洞衬砌形式,以抵抗排沙洞在运用期各种工况下的不同荷载的作用,防止衬砌在高压内水作用下开裂、渗水。从1986年开始，历经衬砌形式选择、有黏结后张预应力的设计研究、无黏结后张预应力的设计研究和施工实践等几个主要阶段，在预应力方案研究中始终把世界最先进的预应力设备和施工技术工艺吸收进来，以期确保排沙洞衬砌结构施工期的顺利进行，为1999年汛前完成3条排沙洞的施工并在竣工后安全运行创造条件。

根据地质勘探及排沙洞开挖过程中揭示的地质资料进行围岩分类，对不同类别的围岩采用不同设计。

(1)预应力系统的方案选择。通过考察、咨询和调研，结合小浪底工程的运用特点以及地质勘探资料，确定预应力系统。

(2)有黏结后张预应力混凝土衬砌的设计研究。利用室内1∶1局部模型试验、有限元分析研究以及复杂结构分析方法，确定结构在各种运用条件下的应力分布；对有黏结预应力体系的绞线、锚具进行选择及标准设计，并进行了施工工艺和施工流程的研究。

(3)双圈无黏结后张预应力混凝土衬砌的设计研究。根据国际上无黏结预应力系统的最新发展，初步提出双圈无黏结预应力混凝土衬砌的设计方案，并采用室外1∶1局部模型对比试验，研究无黏结预应力系统的可行性，量测有关预应力损失系数进行三维有限元分析研究，并对结构进行优化。正式施工前还在排沙洞内排水幕前第9、10浇筑试验段进行1∶1现场原型试验。

(4)收集整编现场监测资料，特别是混凝土徐变及钢绞线和夹片的松弛引起的预应力损失数据，以供校核修正设计之用。

二、设计研究方法

排沙洞后张预应力混凝土衬砌的试验研究工作都是紧紧围绕各个不同设计阶段开展的，由于这项技术属于新型高科技技术，发展很快，分析技术也一直采用现代最新手段，设计研究手段和过程有很强的时间特征。

(1)设计研究工作首先全面收集、整理工程地质勘探和岩体力学试验资料，把围岩分为Ⅲ类、Ⅳ类和Ⅴ类，拟对Ⅳ类和Ⅴ类围岩加固，提高其力学指标，并将整个衬砌段按Ⅲ类围岩来进行设计研究。在施工期，所有设计都根据开挖所得地质资料进行修正。

(2)根据已确定的工程地质条件，以及小浪底坝址水流含沙量的特点，选择实际可行、经济合理，并在国际上有成功经验的隧洞衬砌方案，即后张有黏结预应力混凝土衬砌方案，并对该方案所涉及的关键问题通过室内1∶1模型试验以及大量分析计算进行研究。

(3)进行有黏结预应力衬砌和无黏结预应力衬砌的室外1∶1模型试验来论证无黏结预应力技术的可行性、可靠性及经济效果。

(4)进行仿真分析计算研究。即对复杂结构采用三维有限元分析方法，对室外试验模型进行仿真分析，并和实测资料对比；对排沙洞内第9、10试验段进行仿真模拟计算，以比较各种设计结构的应力应变特性，优化结构形式；对超挖影响进行分析；优化施工顺序，指导实际施工的张拉方法和具体操作步骤。

(5)对锚具的防腐、保证混凝土施工质量等提出相应工程措施。在原理上对锚具防腐、锚具夹片、钢绞线和锚具的选型进行研究。

三、技术难点

排沙洞后张预应力衬砌设计是小浪底工程洞群的关键技术问题之一。原设计采用的有黏结预应力方案,由于预应力损失大而在长约2 000m的隧洞中设计了近9 000个锚具槽,锚具槽回填混凝土周边易发生收缩裂缝,且混凝土浇注质量也不易保证。双圈无黏结预应力方案,提高了预应力效果,可使原设计的近9 000个锚具槽减为4 320个,提高了预应力衬砌的整体可靠性。

针对原设计的有黏结预应力衬砌方案及随后提出的双圈无黏结预应力衬砌方案,进行了两个室外1∶1后张预应力衬砌模型试验。试验表明,双圈无黏结方案替代有黏结方案是可行的,同时也揭示了双圈无黏结预应力方案锚具槽布置以及预应力锚索的张拉顺序对衬砌应力状态影响极大。因此,针对锚具槽布置及间距、锚具的防腐、预应力锚索预拉顺序以及如何提高由于钢绞线排列密度高引起的混凝土浇筑困难进行了深入细致的研究工作。

通过大量的数值仿真分析研究,摸清锚具槽布置对衬砌应力的影响。在合理利用围岩作用的同时,考虑岩石超挖影响,选定锚具槽间距。通过施工模拟分析研究预应力锚索张拉顺序及张拉的原则。

设计研究进程中遇到的最难点是:如何布置锚具槽,使衬砌内侧面沿洞轴线方向基本无拉应力;在模拟施工过程时这个拉应力是不可避免的,但应如何使其降到一个合理的范围之内;在预拉及内水压的施工模拟分析中,衬砌与围岩间的接触问题及其模拟分析范围的确定等。

双圈无黏结预应力衬砌是一项新技术,其成果已在小浪底工程中使用,给小浪底水利枢纽又添一个国内第一,其规模为世界第一。

第三节　排沙洞的设计条件

一、地质条件

3条排沙洞的压力段主要穿越T_1^3、T_1^4、T_1^5岩层和少部分T_1^6岩层,1号、2号排沙洞出口闸室及明流段穿越T_1^{6-1}岩层,3号排沙洞出口闸室及明流段穿越T_1^{5-3}岩层,岩层倾向东北,倾角约10°。岩体主要为砂岩层夹有薄黏土层。薄黏土层厚一般为2~5cm。

排沙洞地质纵剖面见图7-3-1。

1号排沙洞在桩号0+067(右)~0+096(左)m、0+465(右)~0+495(左)m、0+505(右)~0+535(左)m分别遇到断层F_{240}、F_{239}、F_{247},但规模不大,可按控制性结构面对待加强局部支护。在桩号0+580(右)~0+640(左)m及桩号0+680(右侧)~0+750(左侧)m遇到F_{238}、F_{236}断层,断层及影响带为Ⅳ类围岩,其他为Ⅲ类围岩。

2号排沙洞穿越T_1^{3-2}~T_1^{5-2}、T_1^{6-1}岩层和F_{240}、F_{239}、F_{236}、F_{244}等断层,洞底高于150m高程,岩体为Ⅱ类围岩。其中F_{240}、F_{239}、F_{249}规模不大,一般破碎带宽小于1m,可按结构面对待局部加强施工支护。另外在0+890(右)~0+940(左)m桩号穿越F_{236}(F_{238})断层处,

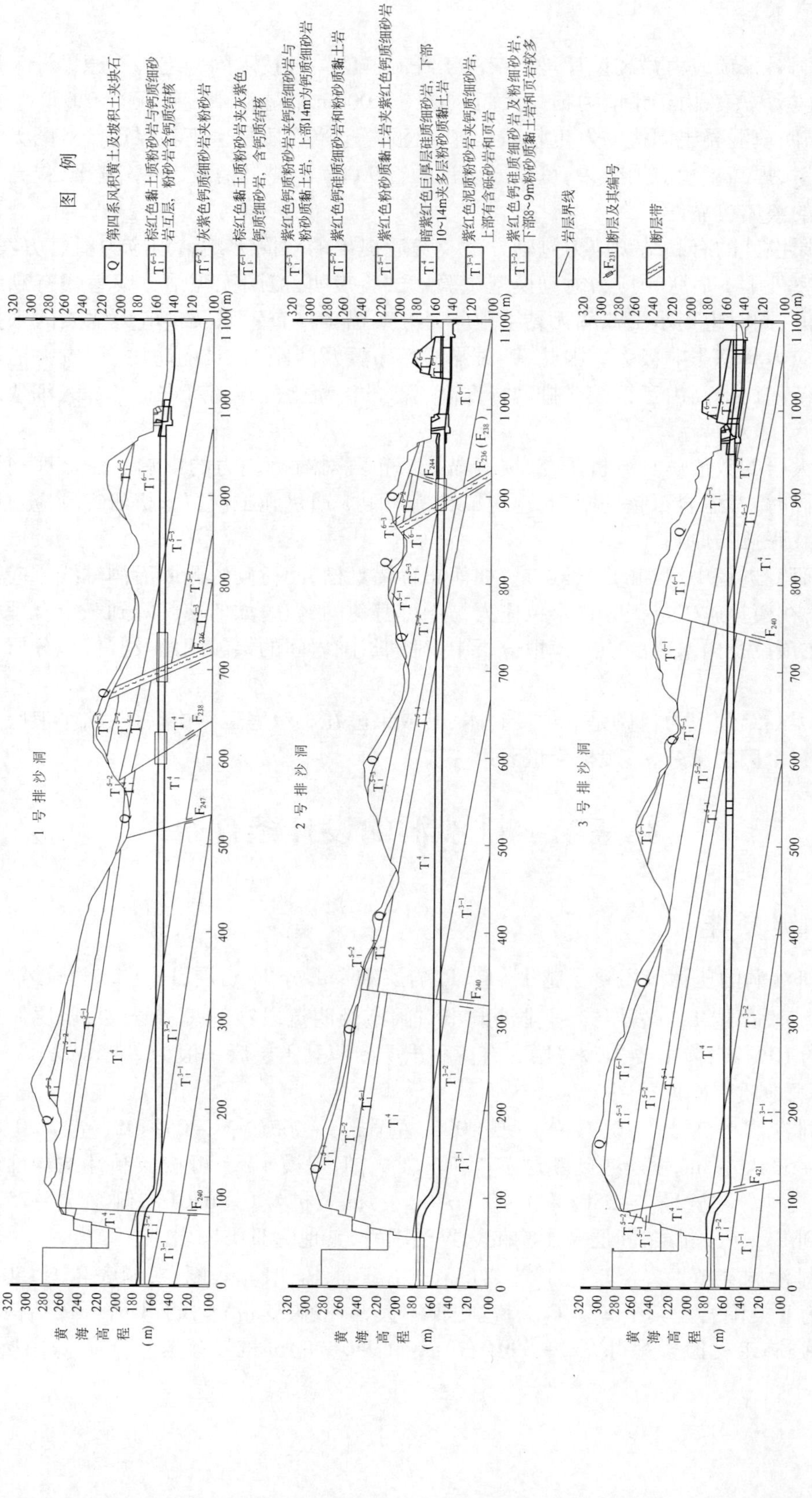

图 7-3-1　排沙洞地质纵剖面图

其下盘为 T_1^{5-2} 地层，上盘为 T_1^{6-1} 地层，为Ⅳ类围岩。

3 号排沙洞的围岩由 $T_1^{3-2} \sim T_1^{6-1}$ 地层岩组成，与 2 号排沙洞基本相同，多为Ⅱ类围岩，洞室穿越了 F_{421}、F_{240}、F_{236} 断层，其中 $F_{421} \sim F_{240}$ 断层系按结构面进行局部加强施工支护，而出口附近桩号 1 +066 ~ 1 +076m 段的 F_{236}（F_{238}）断层及 1 +076m 以后小断层发育区，为Ⅳ类围岩，但上覆岩体顶面高程为 170m，洞顶以上岩体厚仅 16m 左右，按Ⅴ类围岩进行施工支护设计。

3 条排沙洞的出口段位于西沟、葱沟之间，岸坡是顺向坡，其中 3 号排沙洞出口有 F_{236} 断层通过，因此出口段的岸坡稳定是主要的工程地质问题。

设计中排沙洞岩体一般按Ⅲ类考虑，断层破碎带按Ⅴ类岩体计。地下水位沿程变化，在排水幕上游同库水位，在排水幕至排沙洞出口范围内地下水位从 200m 逐渐降至 135m。

二、设计基本参数

（1）建筑物级别：1 级。

（2）库水位：

正常高水位　　275.00m

校核洪水位　　275.00m

正常死水位　　230.00m

非常死水位　　220.00m

（3）混水容重见表 7-3-1。

表 7-3-1　　小浪底水库坝前混水容重

工况	工作弧门关门充水时	泄水时		
库水位（m）	275.0	275.0	254.0	251.0
平均含沙量（kg/m^3）		56	400	941
混水容重（kN/m^3）	10	10.35	12.58	16.01

（4）地质力学参数：根据 1997 年 10 月 30 日设计分院地质处提供排沙洞洞挖部分地质资料，1 号、2 号、3 号排沙洞围岩多为 T_1^{6-1} 以外岩体，其参数见表 7-3-2。

表 7-3-2　　围岩力学参数

围岩力学参数		建议值	设计采用值
坚固系数 f	T_1^6 以外正常岩体	5 ~ 7	5
弹性模量 E_s（MPa）	T_1^6 以外正常岩体	12 000	12 000
	T_1^6 正常岩体	8 000	8 000
单位弹抗系数 K_0（MN/m^3）	T_1^6 以外正常岩体	6 000	6 000
	T_1^6 正常岩体	4 000	4 000

(5)地震设防烈度:7 度。

三、设计原则及要求

(1)排水幕前压力洞段和出口明流段混凝土衬砌采用限裂设计,最大裂缝宽度小于 0.20mm;幕后压力洞段按抗裂设计,要求混凝土衬砌不出现拉应力,以防高压内水渗入山体,且限制洞内流速不超过 15m/s。

(2)出口闸室预应力结构按部分预应力设计,允许局部出现拉应力。

(3)弧形工作闸门要求局部开启运用,控制泄量和洞内流速。

第四节 排沙洞有黏结预应力混凝土衬砌结构设计研究

小浪底水利枢纽排沙洞采用后张法预应力衬砌形式,在我国水工隧洞的设计中为首次提出。为了探索研究预应力衬砌结构方案的可行性,到国外调研并聘请国际著名专家进行咨询,确定了后张预应力衬砌初步设计计算原则,用自编计算程序对设计结构进行了多种锚具槽布置方案的计算分析及室内 1∶1 模型试验研究工作,最终完成了招标设计。

后张法预应力混凝土衬砌分有黏结和无黏结两种形式。在小浪底工程排沙洞的各个设计阶段,有黏结技术在当时是最盛行、最适用的,钢绞线张拉锁定、波纹管灌浆后无后顾之忧。而无黏结技术还不成熟,人们对其锚夹具的可靠性和防腐保护等问题仍存在疑虑。因此,有黏结技术首先被应用于小浪底排沙洞混凝土衬砌设计中。

后张法有黏结预应力混凝土衬砌是在混凝土衬砌范围内事先预埋环形波纹管,当浇筑的混凝土达到设计强度后在波纹管内穿入钢绞线,然后用千斤顶在衬砌内侧预留锚具槽处张拉钢绞线达到张拉控制力,使衬砌混凝土受到径向挤压和切向摩擦力,衬砌截面形成预压应力,最后在波纹管内灌浆,使浆液与钢绞线、混凝土黏合为一体,以防止钢绞线锈蚀及回缩。

一、有黏结预应力衬砌方案的初期试验研究

1998 年初我们与中国建筑科学研究院合作在室内进行了圆断面内径 6.5m 隧洞的后张法预应力衬砌结构的设计施工试验研究,主要研究内容为:

(1)后张法预应力衬砌结构方案。

(2)预应力钢绞线与相应预应力体系的选用。

(3)非预应力钢绞线及锚具槽的布置。

(4)预应力衬砌几何尺寸的确定,衬砌材料与结构性能试验等。

通过试验研究提供锚具变形、孔壁摩阻、应力筋松弛、锚具槽尺寸的具体数据,并对预应力结构设计和施工提出建议。

压力洞后张法预应力混凝土衬砌在我国尚属首次试验研究,缺乏资料,难度较大。预应力结构方案试验是按照设计初步确定的结构形式与设计原则进行的。

通过 1∶1 比尺室内预应力衬砌段模型试验研究,得出以下结论:

(1)圆断面压力隧洞衬砌采用预应力混凝土结构是可行的,锚具槽尺寸也较合适,可

供设计应用参考。

(2)紧缩式张拉锚固能对衬砌结构施加预应力。

(3)试验证实预应力衬砌结构比钢衬节约钢材,能提高结构的抗裂性能。试验加载最大达42 640kN,结构在10MPa水压作用下未开裂,在15MPa水压作用下,衬砌外表面裂缝宽为0.13~0.19mm,卸载时裂缝减小或闭合。

(4)预应力衬砌结构的径向位移,具有加载时数值增大、卸载时回弹的可复性。

(5)该试验仅用一个试件,一次试验成功,它填补了我国在该技术方面的空白,不仅为黄河小浪底工程排沙洞应用预应力衬砌,也为其他同类结构的设计和施工提供了经验。

(6)由于预应力衬砌试验仅在一个试件上进行,尽管取得了可贵的数据,提供了经验,但正式应用于工程还需要经过中间扩大现场试验,通过中间扩大现场试验可为大规模衬砌施工进一步提供全面数据与经验,同时也为工程施工进行技术培训。

二、后张法预应力衬砌技术的调查与研究

(一)考察概况

设计人员于1987年10月赴意大利和瑞士考察访问了意大利电力咨询公司、意大利埃多洛抽水蓄能电站、意大利伊索梅特公司、意大利米兰电力局布列夏省工程管理处、意大利国家电力局威尼斯电力设计施工中心、意大利西利施工公司、瑞士瓦纳亚水电站、瑞士VSL预应力跨国公司、瑞士西卡塑料防渗保护材料公司等。

考察除了解国外水工隧洞应用预应力衬砌技术和复合衬砌技术的现状及发展水平外,主要针对以下6个问题进行了详细调研:

(1)后张预应力衬砌主要设计参数,如初始张拉值、摩擦损失和松弛值等的合理选用;设计荷载;钢绞线和钢筋布设及锚座的形式和尺寸。

(2)后张预应力衬砌隧洞的施工开挖要求、锚座和钢绞线的安装、钢绞线的张拉方法以及施工中所存在的困难和问题。

(3)预应力衬砌和带防渗层的复合衬砌隧洞工程的运行情况、使用效果和存在的问题。

(4)复合衬砌中采用防渗层材料的种类、性能及材料试验方法。

(5)具有不同防渗材料的复合衬砌水工隧洞的设计和施工方法。

(6)对小浪底水利枢纽水工隧洞采用预应力衬砌或设有防渗层复合衬砌技术的可行性。

(二)压力输水洞的后张预应力混凝土衬砌技术在国外应用情况

后张法预应力衬砌技术即为通过预先张拉衬砌混凝土内的预应力钢绞线,在衬砌混凝土内形成预压应力来全部抵抗衬砌隧洞在各种工况下由内外水等荷载产生的拉应力。

20世纪70年代和80年代,在意大利和瑞士发展并兴建了一些预应力衬砌的水工隧洞和调压井工程,以替代传统的造价昂贵的钢板衬砌压力洞和调压井。在考察中收集的有关工程资料列入表7-4-1。

(三)后张法有黏结预应力混凝土衬砌关键技术的专家咨询

在小浪底排沙洞后张法预应力衬砌有黏结方案设计过程中,于1990年9月12日聘

表 7-4-1　意大利、瑞士预应力衬砌水工隧洞及调压井基本数据

工程	国家	结构类型	建造年份	运用水头(m)	长度或高度(m)	内径(m)	衬砌厚度(m)	预应力		备注
								锚具类型	预应力钢绞线间距	
Brasimone	意大利	调压井	1973/1974	60	61	26	0.70	EE6 – 19 EE6 – 12	19Φ15.24mm 12Φ15.24mm $a=15\sim40$cm	内部凸起有黏结
Taloro	意大利	调压井	1975	90	90	14.9	0.80	EE6 – 19 EE6 – 12 EE6 – 7	19Φ15.24mm 12Φ15.24mm 7Φ15.24mm $a=30\sim60$cm	内部凸起有黏结
Taloro	意大利	压力洞	1975/1976	90	495	5.6	0.45	ZU6 – 6	6Φ15.24mm $a=30$cm	有黏结
Grimsel	瑞士	压力洞	1977/1978	140	60	6.8	0.6	Z6 – 12	12Φ15.24mm $a=24$cm	无黏结
Chiotas – Piastra	意大利	环形压力洞	1976/1977	140	90	7.0	0.6	ZU5 – 12	12Φ12.7mm $a=20$cm	有黏结

请瑞士 VSL 公司的甘斯先生进行了咨询，咨询意见如下：

(1)有黏结预应力钢绞线张拉时，摩擦系数 μ 取 0.2，摆动系数 k 取 10^{-3}/m。

(2)波纹管的选择应考虑水文地质环境是否有腐蚀性，对没有腐蚀性地区的波纹管壁厚可取 0.3mm。

(3)钢绞线靠岩石侧保护层厚度一般是一倍波纹管直径。

(4)锚具槽沿洞壁最好是四排布置，若布置六排，增加了施工难度，材料耗费增大，但应力情况改善不大。

(5)波纹管最小弯曲半径(R)的大小与每束钢绞线的根数有关，钢绞线根数多，R 宜大一些，对于小浪底工程采用的每束 12 根钢绞线，R 不应小于 250cm，对于每束 3 ~ 4 根钢绞线，曾采用 R 为 120cm。

(6)弧形托座弯曲角度取 40°是合适的。

(7)护口钢管的长度一般取 5 ~ 7cm，对于小浪底工程可以取 10cm。

(8)锚具槽处钢绞线出线一定要与张拉力方向相切。

(9)锚具槽深度的取值要考虑到水流对衬砌的冲刷深度，以及锚头的大小，目前水平一般应大于 25cm，小浪底排沙洞取 33cm 为宜，对于普通发电隧洞取 28cm 亦可。

(10)预应力钢绞线张拉应在混凝土衬砌龄期 28 天后开始，若不影响工程施工进度，张拉开始时间最好延后一些。

三、后张法预应力衬砌设计计算初步原则确定

按照设计条件，进行预应力混凝土衬砌设计方案比较，初步确定设计原则与参数如下：

（1）压力洞衬砌的设计荷载包括内水压力、外水压力、山岩压力、温度、结构自重等。

（2）预应力钢绞线沿程应力按下式进行计算：

$$\sigma_x = \sigma_0 e^{-(kx+\mu\theta)} \tag{7-4-1}$$

式中　σ_x——距张拉端 x 处的预应力钢绞线应力；

x——从张拉端至计算截面的曲线孔道长度，m；

θ——从张拉端至计算截面曲线孔道部分切线的夹角，以弧度计；

k——考虑孔道（每米）局部偏差影响的摩擦系数；

μ——预应力钢绞线与孔道壁间的摩擦系数；

σ_0——张拉端孔道口预应力钢绞线的张拉应力。

（3）预应力钢绞线的张拉控制应力 σ_k 取其标准抗拉强度 f_{ptk} 的 0.7 倍。考虑预应力钢绞线在松弛、摩擦、分批张拉以及锚具变形后产生的应力损失，允许张拉控制应力提高到 $\sigma_k = 0.75 f_{ptk}$。

（4）设计预应力方案中当考虑有偏转器（又称钢制弧形托座）损失时，预应力钢绞线与偏转器间的摩擦系数 μ 取 0.25。考虑偏转器局部偏差对摩擦影响系数 $k = 0.003$。

（5）预应力钢绞线与孔道摩擦损失，有以下两种情况。

第一种：当衬砌采用有黏结预应力混凝土结构时，预应力钢绞线与预埋薄铁管壁的摩擦系数 $\mu = 0.35$，考虑每米薄铁管孔道局部偏差对摩擦影响的系数 $k = 0.003$；预应力钢绞线与预埋波纹管壁的摩擦系数 $\mu = 0.35$，考虑每米波纹管孔道局部偏差对摩擦影响的系数 $k = 0.0015$。

第二种：当衬砌采用无黏结预应力混凝土结构时，预应力钢绞线与塑料套管壁的摩擦系数 $\mu = 0.1 \sim 0.15$。考虑预应力钢绞线每米局部偏差对摩擦影响的系数 $k = 0.0035$。

对于曲线状钢绞线应力的计算，还需考虑锚具变形与钢绞线回缩因素，即根据预应力钢绞线与孔道壁之间反向摩擦计算影响长度 L_F。

$$L_F = (a \cdot E_s \cdot A_p / \Delta P)^{1/2} \tag{7-4-2}$$

式中　ΔP——每米钢绞线力的损失；

a——锚具变形，取 4～5mm；

E_s——钢绞线弹性模量，取 180GPa；

A_p——预应力钢绞线面积。

（6）预应力钢绞线松弛损失 σ_{s4}。钢绞线的松弛可按超张拉方法简化取 $5\%\sigma_k$。

（7）混凝土收缩和徐变引起钢绞线预应力损失值 σ_{s5}。

对于后张法结构，可按下式进行计算：

$$\sigma_{s5} = 20 + 200(\sigma_h / R') \ (\text{MPa}) \tag{7-4-3}$$

式中　σ_h——预应力钢绞线合力中心处的混凝土压应力；

R'——施加预应力时混凝土的单轴抗压强度；

σ_{s5}——进行方案比较时可简化取 70MPa。

(8)张拉时混凝土强度 f_{cuo} 为：

$$f_{cuo} \geqslant \{2.2f_{cp\max}, 1.65f_{pp\max}\} \tag{7-4-4}$$

式中 $f_{cp\max}$——由预应力引起断面中心最大环向压应力；

$f_{pp\max}$——由预应力引起断面外缘表面最大环向压应力。

(9)预应力钢绞线按全预应力要求配置，非预应力普通钢筋根据结构强度要求配置，其强度安全系数大于 1.5×1.1=1.65，并满足最小含筋量要求。

(10)衬砌锚具槽缺口处的角部应设置抗裂构造钢筋。

(11)在锚具槽内施加预应力的工作完成后，应采用高于或等于衬砌混凝土强度的混凝土进行充填，如充填略有膨胀性的混凝土，则更为优越。

四、有黏结预应力混凝土衬砌方案的设计研究

小浪底工程的排沙洞受地质条件限制，在排水幕后洞身围岩较薄，设计要求高压内水不得渗入岩体软化夹泥层对山体稳定产生不利影响。在方案研究论证过程中，虽然室内试验单位及 VSL 公司都曾建议设计采用无黏结预应力方案，但由于国际上采用该衬砌技术的水工隧洞还不多，在我国也尚无先例，考虑到小浪底工程的重要性，故排沙洞在排水幕下游的压力洞段自初步设计到招标设计阶段都是按有后张黏结预应力衬砌设计的。

(一)基本资料

(1)钢绞线：每根钢绞线由 7 股无涂层 Φ5 钢丝组成，公称直径 15.24mm，符合美国 ASTMA416 的标准或中国标准 GB5224。

(2)衬砌混凝土 C40：

轴心抗压强度　$R_a = 23$MPa

弯曲抗压强度　$R_W = 29$MPa

抗拉强度　$R_1 = 2.15$MPa

抗裂强度　$R_f = 2.55$MPa

混凝土弹性模量　$E_h = 3.3 \times 10^4$MPa

(3)锚具槽回填混凝土：无收缩混凝土(C40)。

(4)钢筋：受力筋、分布筋均采用Ⅱ级钢：

Ⅰ级钢 $R_g = 240$MPa

Ⅱ级钢 $\Phi \geqslant 28$mm　$R_g = 320$MPa

$\Phi < 28$mm　$R_g = 340$MPa

(5)结构应力控制标准：

衬砌截面最小正应力　$\sigma_{\min} > 0$

最大正应力　$\sigma_{\max} < R_a(1+5\%)/K$

其中，K 为钢筋混凝土结构构件安全系数，取 $K=1.7$。

(二)基本假定

(1)将洞身简化为平面问题，沿洞轴方向取 1m 长度计算。

(2)隧洞围岩为各向均匀线弹性体。

(3)后张法预应力按有黏结、全预应力混凝土设计,不允许混凝土出现拉应力。

(4)假定衬砌与围岩之间的接触面在预应力钢绞线张拉过程中是完全脱开的。

(5)假定所有预应力钢绞线的预应力叠加后产生的预压应力沿洞长是均匀分布的。

(6)在断层破碎带处假定山岩压力及外水压力由外层钢筋混凝土衬砌承担,内水压力由内层后张预应力混凝土衬砌承担。

(三)计算断面的确定

根据地质情况等因素选定排水幕前试验段,按一般岩体、T_1^{6-1} 岩体、卸荷带及断层破碎带五个典型断面进行计算。

(四)计算方法

(1)一般荷载产生的内力按《水工隧洞的设计理论和方法》一书中的公式计算。

(2)预应力荷载产生的内力按自编《小浪底工程专用程序 PRR 及后处理程序 TT2》计算。

(五)作用荷载及计算工况

(1)结构自重。

(2)山岩压力。

(3)内水压力。

(4)外水压力。

校核情况:不论内水压力是由万年一遇泄洪控制或由库水位 251m 泄洪控制,外水位均按设计工况Ⅱ确定。

另外,对于试验段,按最不利情况,采用库水位 275m 时的全水头进行计算。

(5)预应力钢绞线张拉力。

(6)典型断面位置及荷载组合见表 7-4-2。

表 7-4-2　　荷载组合

典型断面位置		设计工况	荷载组合					
			自重	山岩压力		水压力		预应力荷载
				垂直	水平	内水	外水	
试验段		Ⅰ	√	√	—	—	√	√
一般岩体,卸荷带及 T_1^{6-1} 岩层		Ⅰ	√	√	—	—	—	√
		Ⅱ	√	√	—	√	—	√
断层破碎带	外衬砌层	Ⅲ	√	√	√	—	√	—
	内衬砌层	Ⅳ	√	√	—	√	—	√

注:(1)除试验段在排水幕上游外,其他均在排水幕下游。

(2)除断层破碎带为Ⅴ类岩体外,其他均为Ⅲ类岩体。

(3)经比较:当内水压力在库水位 275m,工作弧门关闭时为控制工况。故按此情况进行设计。

(4)为了结构的安全,上述荷载组合时均未考虑同时计入内水压力及外水压力。

（六）结构计算

1. 钢绞线设计截面面积的初步确定

$$A_s' = T/\sigma \tag{7-4-5}$$

式中 A_s'——钢绞线设计截面面积；

T——隧洞中心线以上内水头与隧洞半径之积；

σ——经各种损失后，钢绞线剩余的平均张拉应力。

计算结果见表 7-4-3。

表 7-4-3 钢绞线设计截面面积

计算情况	T(kN)	σ(MPa)	A_s'(cm^2)
不计应力损失 $\Delta\sigma_2\Delta\sigma_3$	3 860	832.6	46.3
计应力损失 $\Delta\sigma_2\Delta\sigma_3$	3 860	700.6	55.1

每束钢绞线截面面积 $A = 12 \times 1.39 = 16.68(cm^2)$

据表 7-4-3，$(A_s')_{max} = 55.1cm^2$ 计算每米洞长所需束数 n

$n = (A_s')_{max}/A = 3.3$（束）

设计初步采用每米洞长布置 3.5 束锚索 $A_s = 58.38cm^2$

2. 衬砌厚度的初步拟定

混凝土衬砌断面面积 $A' = A_s\sigma_1 = R_a'$

则沿每米洞长的衬砌厚度 $t' = Ac'/100$(cm)

其中，A_s 为设计初步采用的每米洞长钢绞线截面面积，cm^2；σ_1 为扣除弧形托座引起的预应力损失后钢绞线剩余的张拉应力值，MPa；R_a'为混凝土允许抗压强度，MPa。

采用 C40 混凝土 $R_a' = R_a/K = 23.0/1.7 = 13.53$(MPa)，其中，$R_a$ 为混凝土设计抗压强度，MPa；K 为预应力构件强度安全系数 1.7。

当取 $A_s = 58.38cm^2$ 计算得出 $t' = 53.5cm \approx 55cm$

考虑到抗磨要求，增加磨损厚度 10cm，则初拟衬砌厚度 $t = 65cm$。

校核混凝土受到的预压应力 $f_1 = A_s\sigma/100t$

其中，σ 为钢绞线的平均应力。

不计应力损失 $\Delta\sigma_2$、$\Delta\sigma_3$ 时：$f_1 = 8.5MPa < R_a'$

计应力损失 $\Delta\sigma_2$、$\Delta\sigma_3$ 时：$f_1 = 7.2MPa < R_a'$

按初拟的结构断面进行结构计算，如能满足设计要求，即作为设计采用断面，否则再重新调整。

3. 计算结果

结构计算采用自编程序，招标设计阶段仅计算了建成通水而洞内未磨损时的情况。

各典型断面内力计算结果，见表 7-4-4。

各典型断面应力计算结果，见表 7-4-5。

应力计算公式：

$$\sigma_{max(min)} = \sum N/F \pm \sum M/W \tag{7-4-6}$$

式中　$\sum N$、$\sum M$—— 由外荷载产生的轴向力和弯矩；

F、W ——该断面的面积及断面模数，计算时采用衬砌厚度 0.65m。

由计算结果可见，所得应力均为压应力，除试验段外，最小压应力为 1.8MPa，最大压应力值 12.6MPa，小于混凝土允许压应力 13.5MPa，认为该设计符合全预应力设计要求。

表 7-4-4　　后张法预应力混凝土结构内力计算结果

断面位置	设计工况	内力	计算截面				
			$\theta=0$	$\theta=\pi/4$	$\theta=\pi/2$	$\theta=3\pi/4$	$\theta=\pi$
排水幕前试验段	Ⅰ	M(kN·m)	-9.96	-2.46	12.24	-0.93	-11.98
		N(kN)	964.60	972.36	995.60	985.01	985.53
一般岩体	Ⅰ	M(kN·m)	-9.96	-2.46	12.24	-0.93	-11.98
		N(kN)	678.83	686.48	709.73	699.13	699.65
	Ⅱ	M(kN·m)	-8.88	-2.70	11.62	-2.01	-9.42
		N(kN)	293.37	301.49	324.84	314.37	313.67
T_1^{6-1} 岩体	Ⅱ	M(kN·m)	-5.87	-2.35	8.12	-2.11	-5.88
		N(kN)	203.71	212.58	237.01	225.6	224.07
卸荷带	Ⅰ	M(kN·m)	-7.57	-2.18	9.5	-0.99	-9.19
		N(kN)	676.77	685.1	709.19	697.86	697.56
	Ⅱ	M(kN·m)	-2.71	-1.96	4.42	-2.19	-2.11
		N(kN)	173.27	182.9	208.47	196.06	193.44
断层破碎带	Ⅲ	M(kN·m)	-1.26	-0.86	0.83	-0.86	-1.26
		N(kN)	127.39	133.34	155.27	141.55	139.01

注：M 为内侧受拉为正；N 为压为正。

内力图见图 7-4-1 及图 7-4-2。

表 7-4-5　　各典型断面应力计算结果

典型断面位置		设计工况		应力(MPa)				
				$\theta=0$	$\theta=\pi/4$	$\theta=\pi/2$	$\theta=\pi3/4$	$\theta=\pi$
排水幕前试验段		Ⅰ		16.3	15.30	17.1	15.3	16.9
一般岩体		Ⅰ		11.8	10.9	12.6	10.9	12.5
		Ⅱ		3.2	4.3	3.3	4.6	3.5
T_1^{6-1} 岩层		Ⅱ		2.3	2.9	2.5	3.2	2.6
卸荷带		Ⅰ		11.5	10.8	12.3	10.9	12.0
		Ⅱ		2.3	2.5	2.6	2.7	2.7
断层破碎带	外层	Ⅲ*	σ_{max}	5.0	3.9	5.2	4.2	6.1
			σ_{min}	2.4	3.5	2.2	3.7	2.3
	内层	Ⅳ		1.8	1.9	2.3	2.1	2.0

注：除 * 者外，其他数据均为 σ_{max}；θ 为从张拉端至计算截面曲线孔道部分切线的夹角(以弧度计)。

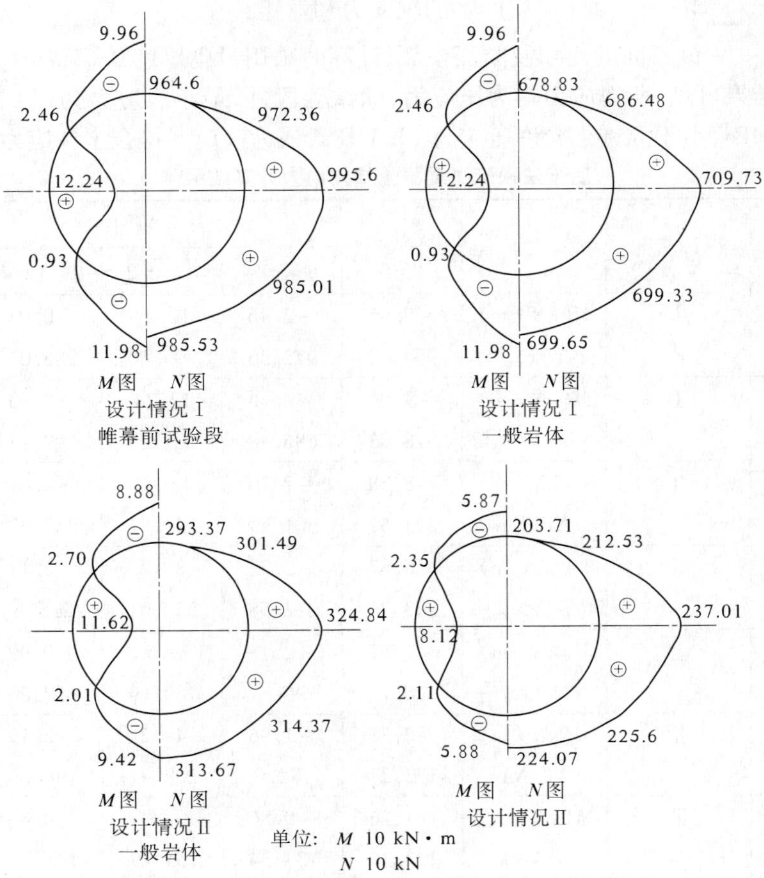

图 7-4-1 试验段和一般岩体内力图

4. 衬砌厚度及配筋结果

(1)衬砌厚度:后张法预应力混凝土衬砌厚度最终确定为 0.65m,在断层破碎带范围内另增设厚度 0.6m 的钢筋混凝土衬砌。

(2)后张拉预应力钢绞线布置:后张拉钢绞线沿每米洞长布置 4 束,每束由 12 根无涂层的 7Φ5 钢绞线组成。每束钢绞线的波纹管直径为 Φ80/Φ87。锚具采用瑞士 VSL 公司生产的 Z6 – 12 型。

(3)非预应力钢绞线的布置:除预应力钢绞线外,还需按构造要求布设 Φ20@ 250 环向筋及 Φ20@ 300 纵向普通钢筋,用以架立预埋和防止预应力钢绞线张拉过程中混凝土出现裂缝。

五、预应力锚索布置

隧洞衬砌预应力是通过布置在衬砌内的环状钢绞线张拉实现的,钢绞线布置在衬砌断面外侧预留的管道中,管道为埋设在衬砌内的波纹管。为张拉钢绞线需要在衬砌断面内侧布置锚具槽。通过钢绞线张拉变形挤压孔道壁,使衬砌受到径向的挤压力和切向摩擦力，使衬砌截面形成预压应力。

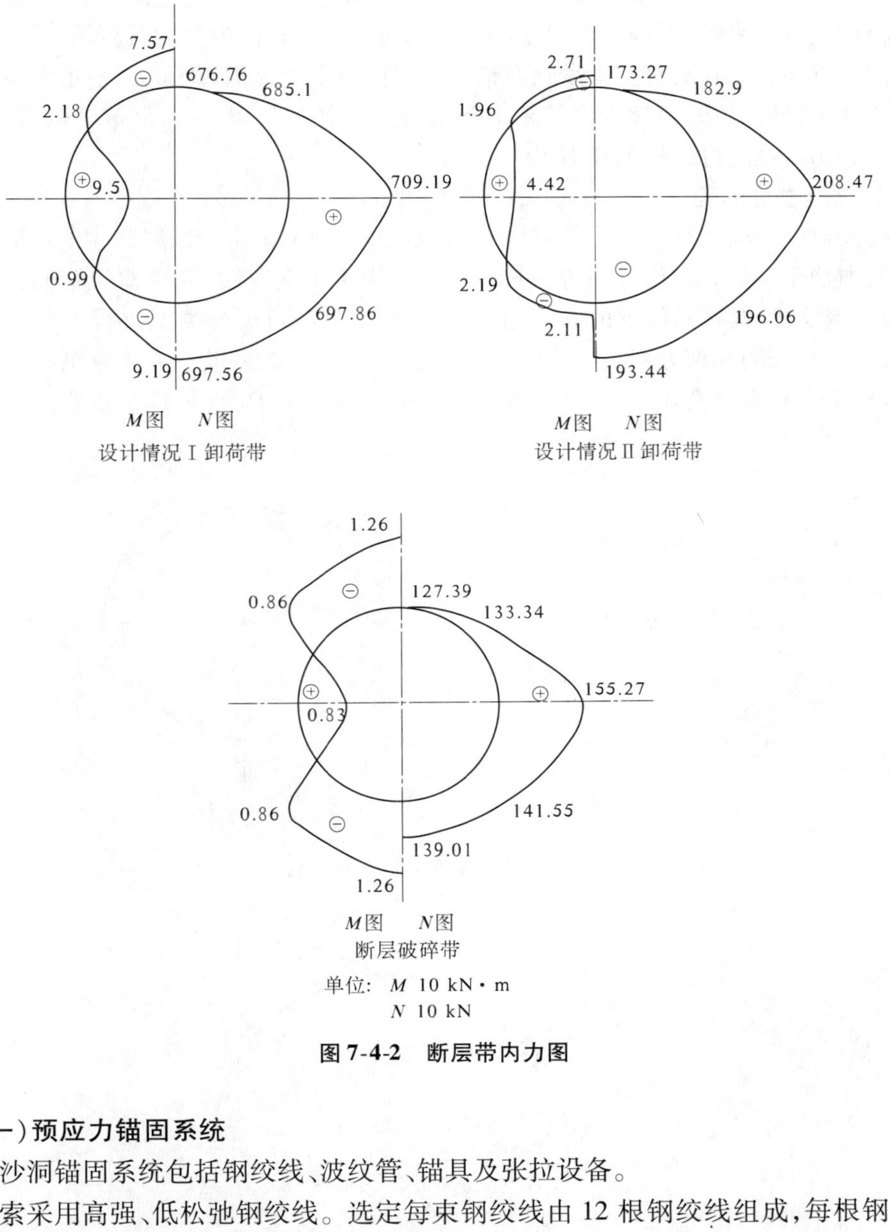

单位：M 10 kN·m
N 10 kN

图 7-4-2　断层带内力图

（一）预应力锚固系统

排沙洞锚固系统包括钢绞线、波纹管、锚具及张拉设备。

锚索采用高强、低松弛钢绞线。选定每束钢绞线由 12 根钢绞线组成，每根钢绞线由 7 股无涂层直径为 5mm 的钢丝组成，公称直径 15.24mm，公称面积 1.4cm^2，符合美国 ASTM 的标准或中国 GB5224 标准。根据计算，最终选定每米洞长布置 4 束钢绞线，束间距为 0.25m。

波纹管由薄钢带卷成，根据管道面积至少应是钢绞线截面面积的 2 倍要求，选定直径为 Φ80/87mm 厚度为 0.3mm 的双波波纹管。

锚具：选用瑞士 VSL 公司生产的 Z6－12 型锚具及其配套的张拉设备。

（二）管道轴线位置的确定

为提高预应力效果，管道轴线布置原则是尽量靠近环形衬砌外侧，由于张拉的需要，在锚具槽口处设一直线段，因此管道还必须有由衬砌外侧转向内侧的过渡段，结合锚具的形式采用锚具槽长 2.0m，管道轴线除在锚具槽两侧设半径为 1.808m、圆心角为33°23′55″的过渡段外，其他部位管道轴线半径考虑到混凝土保护层厚度 8cm 及布设钢筋的要求，确定为 3.715m，距离衬砌外侧 0.185m。

（三）锚具槽位的确定

为提高衬砌结构的预压应力，锚具槽位置的确定，应使多束钢绞线产生的预应力在整个衬砌段中趋于均匀。在设计中曾在衬砌洞段采用 4 束钢绞线、锚具槽位置的圆心角为 90°及 6 束钢绞线、锚具槽位置的圆心角为 60°（见图 7-4-3）两种情况进行了预应力效果的比较，经计算证明 6 束方案的结构应力分布较为均匀。最终采用了 6 束钢绞线布置方案，锚具槽长 2.0m，宽度 0.34m，最小槽深 0.25m，槽中心距 0.25m，详细布置见图 7-4-4。

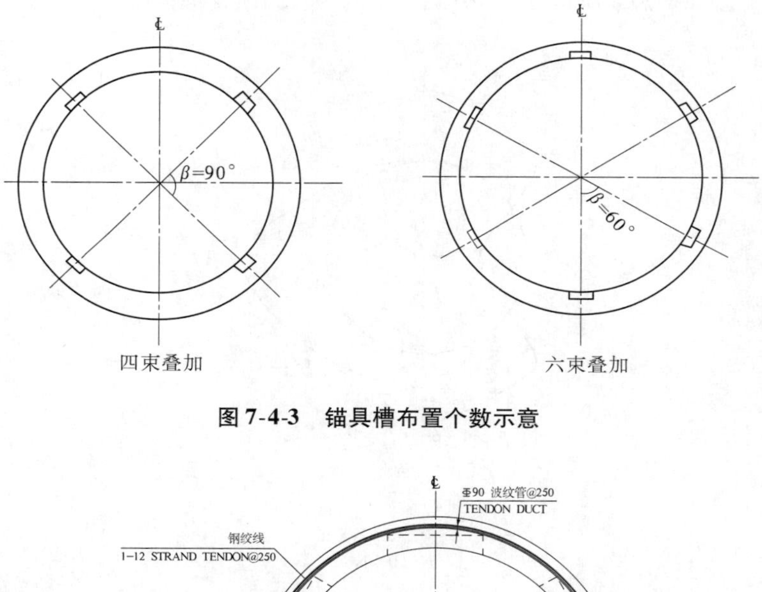

四束叠加　　　　六束叠加

图 7-4-3　锚具槽布置个数示意

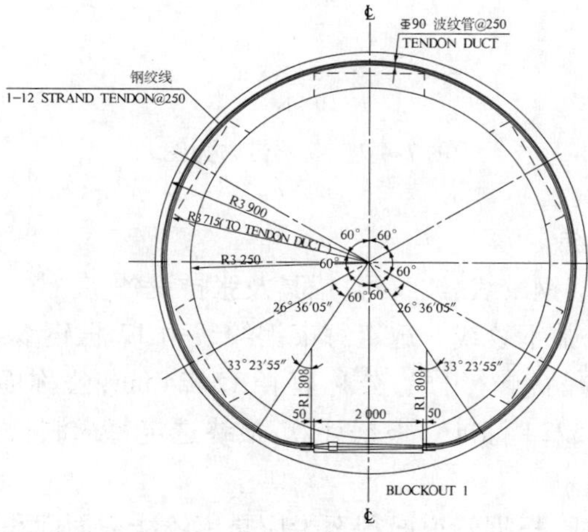

图 7-4-4　后张有黏结预应力混凝土衬砌断面　（单位：mm）

(四)断层破碎带

断层破碎带(F_{236}、F_{238}断层)处加大了开挖断面,即在预应力混凝土衬砌的外层,设置厚度0.6m的钢筋混凝土层。

六、试验段设计

(一)试验目的

(1)确定钢绞线在锁定、拆除千斤顶及锚固过程中的预应力损失。

(2)测量钢绞线套管内的摩擦力。

(3)确定在锁定和其他质量检查之前,所应施加的后张拉力值。

(4)确定是否有必要调整后张拉力值。

(5)观测张拉之后,接触灌浆之前,混凝土与围岩之间是否完全脱开,确定是否满足设计的基本假定。

(二)试验段位置确定

根据施工进度安排,选定一条排沙洞,在排水幕中心线上游侧取15m范围内的钢筋混凝土段作为预应力衬砌试验段。

(三)试验段结构计算

计算截面取排水幕中心线上游末端,围岩为一般岩体。

计算工况及计算结果见表7-4-2～表7-4-5。

由计算结果可见,试验段混凝土衬砌内应力由于预应力和外压的共同作用,超过了混凝土允许抗压强度,将导致结构破坏,因此设计考虑采用放松一部分钢绞线的预应力办法解决。

(四)试验要求

在开始对3条排沙洞后张预应力混凝土中的钢绞线进行后张拉之前60天,完成试验段中至少60束钢绞线的张拉及仪器安装、观测等试验。

七、后张法有黏结预应力混凝土施工技术要求

(一)波纹管埋设

波纹管应在衬砌混凝土浇注之前埋设,待混凝土达到设计强度后穿入成束的钢绞线。

(二)张拉力控制值

(1)张拉力在任何时候都不应超过2 346kN。

(2)孔口处张拉力在锚固前为2 040kN,锚固后灌浆前为1 215kN。

(3)锚具径向对应点处的张拉力不能小于1 076kN。

(三)质量控制

(1)张拉时应对每束钢绞线的所有钢绞线同时施加张拉力。

(2)张拉锁定和锚固过程中,张拉力在锚具处的损失不能超过35%,在规定张拉力下锚索在锚具内的位移值要小于6mm。

(3)每束钢绞线及锚具应按照图纸精确就位,钢绞线及锚具的重心偏离套管中心线不能超过1mm。

(4)每束钢绞线(束)所在平面与隧道中心线垂直,其角度偏差小于0.08°。

(5)每束钢绞线所受拉力与任何相邻束所受拉力偏差为±2%,张拉时锚具位置偏离应不大于6mm。

(6)灌浆。钢绞线张拉完后7天内应按有黏结要求及时对锚索预埋管道进行压力灌浆,浆液是由无铁质骨料水泥、水、减水剂、增塑剂、膨胀剂组成的预先拌和好的无收缩的混合物,水泥为中国标准GB175"硅酸盐水泥,普通硅酸盐水泥"525号水泥。

(7)回填混凝土。在张拉结束后要回填锚具槽,即凿毛槽面后,回填无收缩C40混凝土。

第五节　排沙洞后张法预应力混凝土衬砌的现场试验研究

排沙洞无黏结预应力衬砌方案设计前,在现场进行了原有黏结设计方案和无黏结替代方案的1∶1室外模型试验研究工作。其目的是用与施工现场完全相同的建筑材料、施工程序和设计条件来验证两方案的优缺点和有效性,为衬砌方案选定提供依据。

一、试验基本情况

在平整的地基上浇筑两个钢筋混凝土基础,分别用于无黏结预应力替代方案和原设计的有黏结预应力方案的模型制作,两模型皆为直立筒状结构。

首先在现浇基础面上预埋高强PVC止水片,以便在进行压水试验时用于止水。分别绑扎结构钢筋,并安装波纹管(原方案)和无黏结预应力钢绞线,根据不同模型的特点和要求,安装相应的测试仪器。

各种仪器的安装经监理工程师验收合格后,封闭模型内外侧模板,并浇筑混凝土。

混凝土浇筑28天后,对两个试验模型分别按下述步骤进行试验:

(1)试张拉以确定钢绞线摩擦系数。

(2)逐个张拉锚索并锁定,量测锚索上的应力分布、混凝土结构应力分布和变形。

(3)张拉试验结束后,回填锚具槽混凝土,并在模型混凝土环内另浇筑一混凝土墩,与外部圆环间隙5cm。将间隙两端封闭,加压注水至要求的水压力。

在上述各项试验过程中,记录各测试仪器的读数,以便进行试验分析。

二、有黏结预应力混凝土衬砌模型试验

(一)模型结构布置

小浪底排沙洞在运用期将承受最大120m左右水头的内水压力,为防止内水外渗,在排水幕后压力段采用预应力混凝土衬砌。预应力衬砌厚度为0.65m,内径6.5m,混凝土级别为C40。每束钢绞线含12根7Φ5钢绞线,置于预埋在混凝土中的波纹管中,每米长隧洞设4束钢绞线,即束的间距0.25m,锚具槽沿圆周360°分6个位置均匀布设,每个锚具槽安放一束钢绞线。

试验模型为1.95m高的混凝土直立圆筒,含6束钢绞线,布置图见图7-5-1和图7-5-2。

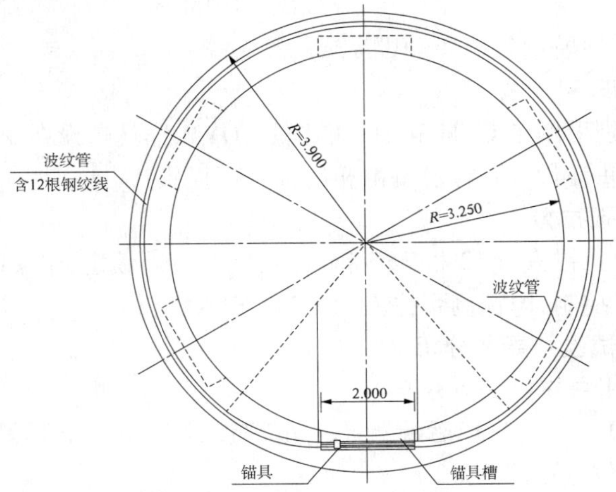

图 7-5-1　有黏结预应力衬砌模型断面图　（单位：m）

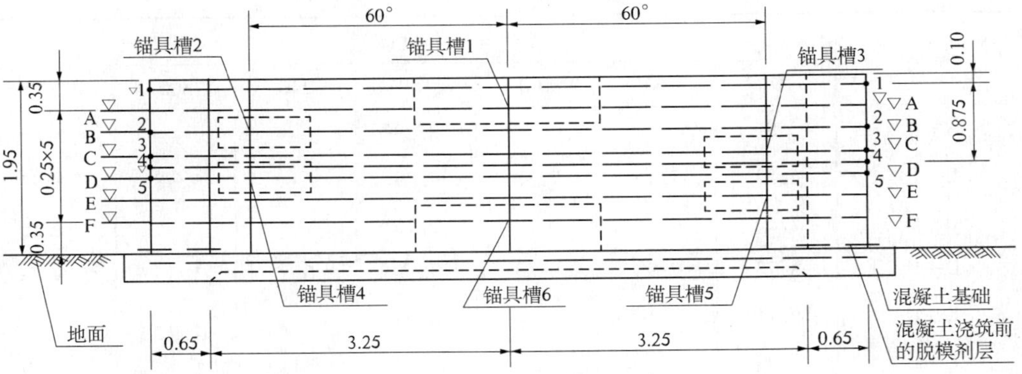

图 7-5-2　有黏结预应力模型侧视图　（单位：m）

(二)模型基本资料

1. 钢材

预应力钢绞线为高强低松弛(7Φ5)钢绞线,符合 ASTM—A416 标准,满足以下要求:

标准直径	$d = 15.24\text{mm}$
标准强度	$f_{ptk} = 1\ 860\text{MPa}$
公称面积	$A_p = 140\text{mm}^2$
破坏荷载(单根绞线 7Φ5)	$F_{ptk} = 260.4\text{kN}$
弹性模量	$E_s = 1.8 \times 10^5\text{MPa}$
普通钢筋的弹性模量	$E_g = 2.0 \times 10^5\text{MPa}$

2. 混凝土

混凝土强度等级	C40(设计值)
(模型混凝土 28 天强度达到 C30)	
其平均抗压强度	$R = 37.55\text{MPa}$

弹性模量　　　　　　　　　　　　　3.25×10^4 MPa

（C30 混凝土弹性模量为 3.0×10^4 MPa）

3. 锚具和张拉设备

模型试验中分别采用了 OVM 和 DSI 的锚具，OVM 锚具布设在 3 号和 4 号锚具槽，其他锚具槽中布置 DSI 锚具。张拉设备由相应锚具厂提供。

（三）模型锚索张拉力

根据原设计，每束锚索含 12 根 7Φ5 钢绞线，绕洞一周锁定，锚索间距 0.25m。张拉力按 0.75 倍标准强度控制，即控制张拉力为 2 343.6kN。

（四）模型张拉试验结果及分析

1. 试验环混凝土内环向应力分布

表 7-5-1 示出模型张拉完毕后混凝土内由埋设的应变计所测得的环向压应力分布（以压为正）。截面位置见图 7-5-2。

表 7-5-1　　有黏结试验环混凝土内环向压应力分布　　（单位：MPa）

断面	角度(°)						
	0	60	100	180	240	300	360
A—A	5.86			8.29			5.86
B—B	6.52	7.15	7.38	9.49	9.03	7.78	6.52
C—C	7.36			9.13			7.36
D—D	8.73	7.93	9.88	8.3	6.2	7.15	8.73
E—E	9.11			6.93			9.11
F—F	7.99			6.03			7.99

2. 试验环内表面环向应力分布

表 7-5-2 示出模型张拉完毕后混凝土内表面由应变计所测得的环向压应力分布（以压为正）。截面位置见图 7-5-2。

表 7-5-2　　有黏结试验环内表面环向应力分布　　（单位：MPa）

断面	角度(°)						
	0	60	120	180	240	300	360
1—1	1.989 6	9.421 72	7.519 82	5.25	2.984 52	2.487 1	1.989 68
2—2	2.838 22	5.471 62	11.996 6	8.339 1	2.428 58	2.311 54	2.838 22
3—3	3.423 42	5.032 72	9.802 1	8.251 32	3.160 08	3.101 56	3.423 42
4—4	3.569 72	6.056 82	8.368 36	9.304 68	4.769 38	3.160 08	3.569 72
5—5	3.803 8	5.705 7	7.666 12	9.480 24	0.175 56	3.043 04	3.803 8

3. 试验环外表面环向应力分布

表 7-5-3 示出模型张拉完毕后混凝土外表面由应变计所测得的环向压应力分布(以压为正)。截面位置见图 7-5-2。

表 7-5-3　有黏结试验环外表面环向应力分布　(单位:MPa)

断面	角度(°)						
	0	60	120	180	240	300	360
1—1	0.204 82	0.643 72	4.35	8.046 5	0.790 02	0.351 12	0.204 82
2—2	2.018 94	5.413 1	5.45	5.500 88	1.697 08	1.111 88	2.018 94
3—3	1.931 16	2.85	3.774 54	5.530 14	2.253 02	2.09	1.931 16
4—4	2.399 32	3.891 58	3.540 46	4.710 86	1.433 74	1.141 14	2.399 32
5—5	1.521 52	3.072 3	3.160 08	4.710 86	3.34	1.960 42	1.521 52

4. 模型测试结果分析

表 7-5-1 为混凝土内的环向压应力,最大压应力值为 9.49MPa,最小压应力值为 5.86MPa,应力波动不大,平均值约为 7.5MPa。

表 7-5-2 为试验环内表面环向应力值,最大压应力为 9.48MPa,最小压应力为 0.17MPa,与表 7-5-1 相比,应力波动值很大。这是由于锚具槽及钢绞线的应力不均匀分布在试验环上产生了一定的弯矩,弯矩在试验环内外表面产生附加应力造成的。据推测,混凝土内表面环向压应力不足 3MPa 的部分约占 40%。

表 7-5-3 为试验环外表面环向应力值,最大压应力为 8.0MPa,最小压应力为 0.2MPa,与试验环内表面压应力一样,波动较大。

由上述应力情况分析知,预应力锚索张拉后衬砌内外侧都处于受压状态,但平均压应力约为 7.5MPa,许多部位压应力低于 3.0MPa,与原设计计算值 11.0MPa 相比有较大差距,说明锚索张拉未达到设计预期的预应力效果。考虑张拉试验中虽然压力表读数达到计算值,但出现了钢绞线断丝和夹片打滑等现象,可以断定张拉后锁定应力未达到设计要求。另外,试验环轴向两个端部的 1 号和 6 号锚索仅张拉至 80% 设计张拉力也是造成混凝土内预压应力不足的一个原因。而有黏结预应力模型摩擦损失大,应力集中现象严重,则是造成模型混凝土预压应力离散度大的主要原因。

总体而言,有黏结预应力衬砌模型试验未能达到设计预期的预应力效果。主要原因是思想上不够重视,模型的制作和保护措施不够。锚具槽孔口未按原设计要求设置钢套管;模型混凝土养护期间未对已安置的钢绞线做好防水防锈处理,致使钢绞线锈蚀严重,增加了摩擦损失,一定程度上降低了钢绞线的有效预应力;张拉过程中,由于操作不当造成钢绞线断丝和锚具偏斜,也影响了锁定效果。

根据有限元分析,预应力锚索张拉完成后,模型混凝土中应建立平均约 11MPa 的预压应力,以抵抗 12MPa 内水压产生的拉应力。施工过程中,锚具槽口会产生较大的拉应力,需进行局部加强,以防产生环向混凝土裂缝。

三、无黏结预应力混凝土衬砌模型试验

（一）模型结构布置

无黏结预应力混凝土衬砌方案的厚度和内径与有黏结预应力衬砌相同。预应力钢绞线布置仍以全预应力设计为原则，并要求具有不低于原设计的防腐能力。每束锚索有8根无黏结钢绞线绕两圈组成。每根无黏结钢绞线由7Φ5高强低松弛钢丝加聚乙烯保护层和防腐油脂组成。锚具槽尺寸为1.54m（长）×0.30m（宽）×0.25m（高），布置在洞断面下部120°范围内，沿洞轴向槽与槽的间距为0.45m。

试验模型为1.925m高的混凝土直立圆筒，含四束锚索，布置图见图7-5-3和图7-5-4。

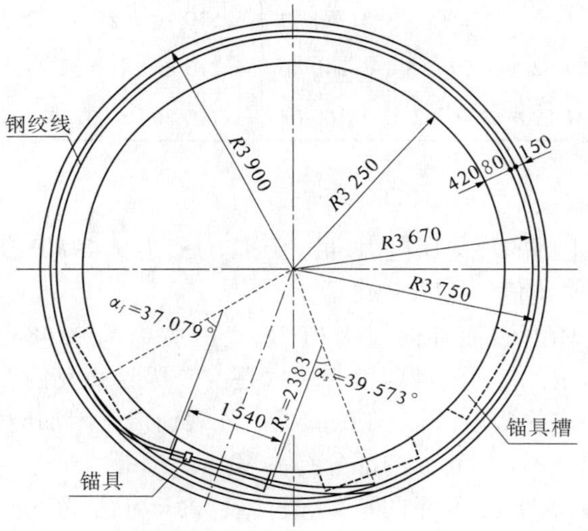

图7-5-3　无黏结预应力衬砌模型断面图　（单位：mm）

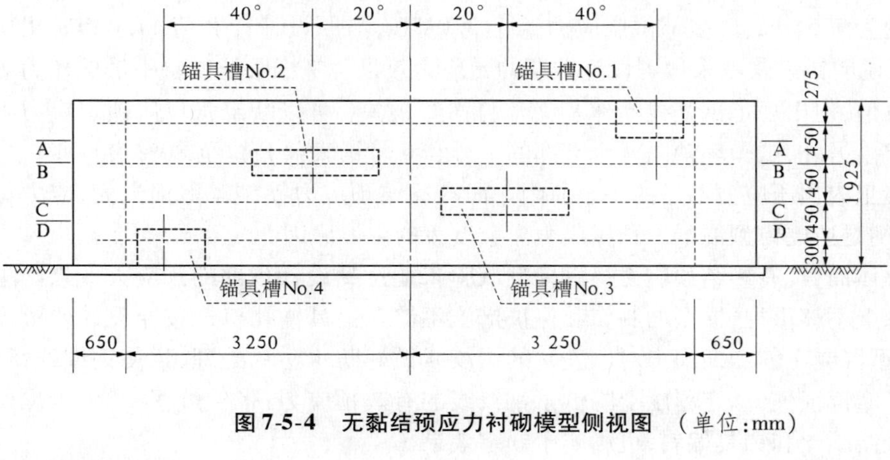

图7-5-4　无黏结预应力衬砌模型侧视图　（单位：mm）

（二）模型的基本资料

1. 钢材

预应力钢绞线为高强低松弛（7Φ5）钢绞线，符合ASTM A416标准，满足以下要求：

标准直径 $d=15.7\text{mm}$

标准强度 $f_{ptk}=1\ 860\text{MPa}$

公称面积 $A_p=150\text{mm}^2$

破坏荷载(每根 7Φ5 绞线) $F_{ptk}=279\text{kN}$

弹性模量 $E_s=1.8\times10^5\text{MPa}$

普通钢筋的弹性模量 $E_g=2.0\times10^5\text{MPa}$

2. 混凝土

混凝土强度等级 C40(设计值)

(模型混凝土 28 天强度达到 C30)

平均抗压强度 $R=39\text{MPa}$

弹性模量 $3.25\times10^4\text{MPa}$

(C30 混凝土弹性模量为 $3.0\times10^4\text{MPa}$)

3. 锚具

模型试验中全部采用了 DSI 的锚具。

(三)锚索张拉力

锚索间距为 0.45m，每个锚具槽处的 8 根 7Φ5 无黏结筋各绕洞两周锁定。

千斤顶张拉力为:

$P_0=1\ 670\text{kN}(=0.75\times1\ 860\times150\times8=1\ 674\text{kN})$

锁定前锚具处锚索的计算张拉力为:$P_1=1\ 535\text{kN}$

锁定后锚具处每束锚索的计算张拉力为:$P_2=1\ 290\text{kN}$

(四)模型试验步骤

1. 摩擦系数的验证

在模型混凝土达到设计强度后开始张拉试验。通过在锚索一端张拉,另一端测力的方法计算钢绞线的摩擦系数。设备安装简图见图 7-5-5。试验步骤为:

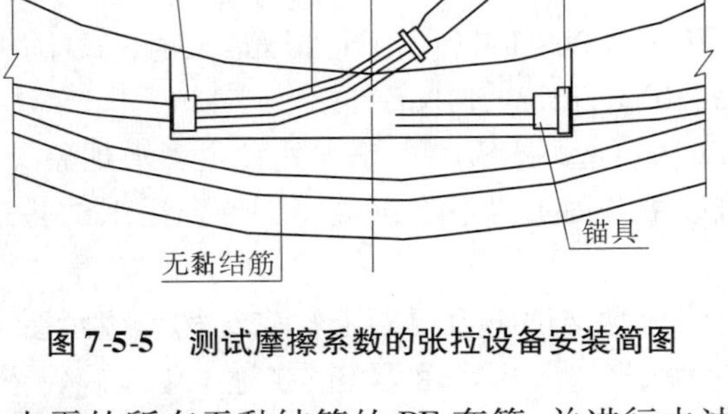

图 7-5-5 测试摩擦系数的张拉设备安装简图

(1)剥去锚具槽中出露的所有无黏结筋的 PE 套管,并进行去油处理。

(2)被动端安装测力计、锚具和夹片。

(3)夹紧被动锚具上的夹片。

(4)在主动张拉端,距锚具约 100mm 处的钢绞线上作标记并记录此尺寸。

(5)在被动端,距锚具约 100mm 处的钢绞线上作标记并记录此尺寸。

(6)检查并记录压力盒上所显示的所有读数。

(7)安装偏转器和千斤顶并开始循环加载。

(8)张拉至 10% 工作荷载,记录油压表、压力盒读数和钢绞线伸长量。

(9)张拉至 50% 和 90% 工作荷载,记录油压表、压力盒读数和钢绞线伸长量。

(10)卸载。

2. 模拟施工的锚索张拉试验

对模型预应力绞线进行张拉时,设备安装简图见图 7-5-6。张拉步骤为:

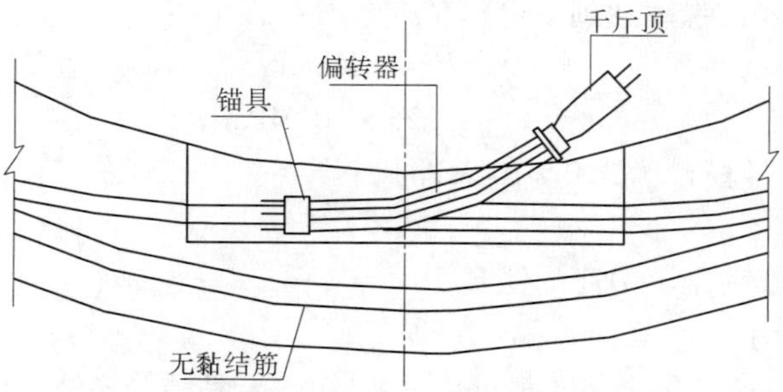

图 7-5-6　模拟施工张拉设备安装简图

(1)在第一束待张拉锚索上安装所有永久性构件。

(2)张拉锚索至 10% 工作荷载,维持 5 分钟,随后张拉至 100% 工作荷载。

(3)在锚索上安装应变片 S1 和 S2,以量测锚索锁定前后的张拉力变化。

(4)锁定。

(5)切除张拉端多余的钢绞线。

(6)张拉其余的锚索。

试验中,3 号锚索张拉至 100% 工作荷载后,模型混凝土出现了不连续的环向裂缝。1 号锚索张拉至 83.9% 时,锚具槽主动张拉端一侧出现裂缝。因此,对张拉顺序和张拉值作了调整。

3. 压水试验

压水试验于 1997 年 8 月 26 日进行,预计加压最大值为 21bar(1bar = 100kPa)。实际施压步骤为:5bar,8bar,10bar,12bar,14bar。

当水压增至 10MPa 时,模型端部 PVC 止水处发生渗水现象。继续加压至 14MPa 后,由于渗水较多,压力难以上升而不得不终止试验。整个压水试验过程中混凝土未出现新的裂缝。

通过压水试验,说明无黏结预应力混凝土衬砌结构可以承受内水压力(12MPa)。同时,也说明 PVC 止水是整个系统防渗漏的关键,在施工中应确保止水的施工质量。

(五)模型试验现象分析

1. 裂缝现象

当第一序张拉 3 号锚索至 100% 荷载即 1 674kN 时,混凝土内侧出现了环形不连续裂缝,最大宽度 0.4mm,其他锚索张拉后此裂缝减小至 0.2mm。同时,锚具槽附近也出现了应力集中造成的裂缝。

1 号锚索张拉至 83.9% 工作荷载时,锚具槽附近出现了裂缝,在此荷载下停止了张拉作业。

4 号锚索张拉时,为避免在锚具槽处出现与 1 号锚具槽相似的裂缝,仅张拉至 80% 工作荷载。

在 2 号锚索张拉至 100% 工作荷载时,也出现了和第一序张拉相同的不连续环向裂缝。

裂缝分布见图 7-5-7。

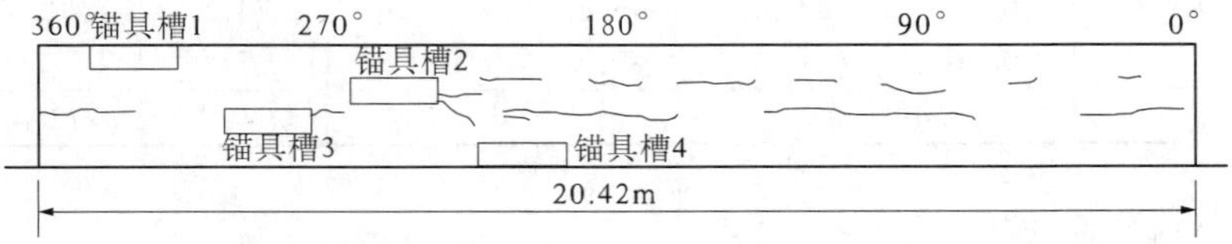

图 7-5-7　无黏结预应力衬砌模型张拉后内表面裂缝分布

2. 裂缝分析

经分析,产生上述裂缝的原因主要有以下两点:

(1)油压表的量测值存在偏差。经试验后复测,油压表读数比测力盒小 6%,所以实际加载比设计值大约 6%。

(2)张拉顺序没有考虑周密。

试验中张拉从 3 号锚索开始,且直接加载至 100% 工作荷载锁定,导致模型产生局部较大径向变形,引起纵向拉应力偏大,产生了环向裂缝。从试验现象来看,如果将张拉顺序调整为每束锚索张拉至 50% 锁定,全部张拉完后再进行二次张拉到 100% 工作荷载,则可避免或减轻裂缝的产生。

因此,建议实施张拉时,为保证锚具槽口不出现较大拉应力,可以对每一束锚索的张拉顺序调整为:

0→10% 工作荷载→50% 工作荷载锁定

50%→100% 工作荷载锁定

通过有限元分析研究,也说明分步张拉可以有效减小纵向拉应力,避免环向裂缝产生。

(六)模型试验结果分析

1. 摩擦系数

为分析摩擦引起的预应力损失,须确定两个参数,即 k 和 μ 值。其中摆动系数 k 值对应力损失不敏感,可假设为 $k=0.000\ 7$degrees/m,通过试验实测得到的应力值来推算钢绞线与 PE 管的摩擦系数 μ。

测得 2 号锚索摩擦系数平均值为 0.041 2,3 号锚索摩擦系数平均值为 0.037 8,4 号锚索摩擦系数平均值为 0.034 3。

据上述测试结果,锚索张拉至 100% 荷载时,μ 的平均值为 0.037 8,与供货商提供的数值很接近,可以按 0.04 进行分析和设计研究。

2. 预应力钢绞线张拉效果

预应力张拉效果由粘贴在钢绞线上的应变片计量,结果见表 7-5-4。

表 7-5-4　　无黏结预应力衬砌模型钢绞线沿程应力对比　　(单位:MPa)

千斤顶处	$\pi/2$	2π	$5\pi/2$	3π	张拉效率(%)			
0°	90°	360°	450°	540°	$\pi/2$	2π	$5\pi/2$	3π
96	85.5	73.6	72	64.7	89.1	76.7	75	67.4
103	86.3	78.5	75.4	68.5	83.8	76.2	73.2	66.5
110	87.2	83.5	78	73.2	79.3	75.9	70.9	66.5
118	88.8	87.9	83.1	78.3	75.3	74.5	70.4	66.3
136		96.6		89.5		71		65.8
平均值					81.9	74.9	72.4	66.5

3. 混凝土内环向应力

表 7-5-5 示出无黏结预应力衬砌模型在张拉完毕后混凝土内由埋设的应变计所测得的环向压应力分布(以压为正)。截面位置见图 7-5-4。

表 7-5-5　　混凝土内的环向应力分布　　(单位:MPa)

断面	角度(°)										
	0	60	90	120	160	200	240	270	300	340	360
平均	10.21	10.51	10.6	11.22	9.51	10.14	10.12	10.12	10.13	10.1	10.21
A—A	10.84	11.08	11.2	11.24	8.53	10.75	10.74	10.73	10.72	10.72	10.84
B—B	10.5	10.6	10.7	11.35	10.06	10.89	10.78	10.67	10.66	10.46	10.5
D—D	9.75	9.81	9.82	11.34	9.73	9.91	9.87	9.82	9.77	9.48	9.75
C—C	9.75	10.56	10.69	10.96	9.72	9.01	9.13	9.25	9.37	9.48	9.75

4. 混凝土内表面环向应力

表 7-5-6 示出无黏结预应力衬砌模型在张拉完毕后混凝土内表面环向应力分布(以压为正)。截面位置见图 7-5-4。

表 7-5-6　　混凝土应变计测得的试验环内表面环向应力分布　　(单位:MPa)

断面	角度(°)										
	0	60	90	120	160	200	240	270	300	340	360
E—E	2.23	5.64	3.62	5.53	7.44	5.53	4.4	3.3	2.2	1.11	2.23
A—A	9.91	8.52	13.1	14.4	11.93	9.49	9.71	9.93	10.15	10.37	9.91
B—B	6.47	5.87	11.4	15.2	8.21	10.2	9.31	8.48	7.55	6.67	6.47
D—D	7.84	10.06	11.7	13.4	12.1	11	10	9	8	7.1	7.84
C—C	6.71	5.99	7.72	11.8	9.21	8.71	8.2	7.82	7.45	6.95	6.71

5. 混凝土外表面环向应力

表 7-5-7 示出无黏结预应力衬砌模型在张拉完毕后混凝土外表面环向应力分布(以压为正)。截面位置见图 7-5-4。

表 7-5-7　混凝土应变计测得的试验环外表面环向应力分布　(单位:MPa)

断面	角度(°)										
	0	60	90	120	160	200	240	270	300	340	360
E—E	2.3	4.68	5.87	4.79	5.23	5.67	4.53	3.39	2.25	1.11	2.3
A—A	8.83	11.46	13.1	10.3	7.04	13.14	11.7	10.18	9.06	7.95	8.83
B—B	8.53	10.37	13.4	9.66	8.21	14.05	12.3	10.99	9.67	7.92	8.53
D—D	8.69	11.74	12.3	12.3	9.21	15.13	13	11.4	9.8	7.67	8.69
C—C	10.2	6.36	10.5	8.32	13.28	10.37	10.7	10.9	11.13	11.43	10.16

6. 内侧钢筋应力分布

表 7-5-8 示出无黏结预应力衬砌模型张拉完成后锚具槽内侧钢筋的应力分布(以压为正)。锚具槽位置见图 7-5-3。

表 7-5-8　锚具槽内侧环向钢筋计测得的应力分布　(单位:MPa)

锚具槽	角度(°)						
	0	90	120	160	200	340	360
1 号锚具槽	9.43	11.6	12.8	14.45	14.32	8.94	9.43
2 号锚具槽	12.22	11.5	13	12.87	12.7	12.4	12.22
3 号锚具槽	11.6	9.82	13.3	13.27	11.06	12	11.6
4 号锚具槽	10.27	9.66	9.46	10.37	10.1	10.4	10.27

7. 外侧钢筋应力分布

表 7-5-9 示出无黏结预应力衬砌模型张拉完成后锚具槽外侧钢筋的应力分布(以压为正)。锚具槽位置见图 7-5-3。

表 7-5-9　锚具槽外侧环向钢筋计测得的应力分布　(单位:MPa)

锚具槽	角度(°)						
	0	90	120	160	200	340	360
1 号锚具槽	11.56	10	10.7	12.51	14.9	11.9	11.56
2 号锚具槽	10.88	14.3	10.2	11.6	12.53	10.1	10.88
3 号锚具槽	8.99	9.91	10.3	10.77	10.51	8.79	8.99
4 号锚具槽	8.66	10.7	10.1	10.11	9.58	8.2	8.66

8. 小结

表 7-5-4 为钢绞线上粘贴的应变片所测得的应力数值,可见应力变化规律性很好,充分显示了无黏结预应力钢绞线摩擦力小的特点,提高了钢绞线有效预应力值。

表 7-5-5 为混凝土内的环向应力,最大压应力为 11.35MPa,最小压应力为 8.53MPa,

平均值约 10MPa。在锚具槽附近范围内即 80°～200°，应力有波动，其他部分的应力分布很均匀。

表 7-5-6 为混凝土环内表面应力值，断面 A、B、C、D 的最大压应力值为 15.2MPa，最小压应力值为 5.87MPa，平均值约 10MPa。从应力分布图显示，应力分布状况良好，混凝土衬砌内建立的压应力可以抵消在设计要求内水压力下产生的拉应力。

四、模型的压水试验

压水试验从 0MPa 增至 5MPa 和 8MPa 时稍作停顿，当水压增至 10MPa 时，模型外壁出现纵向细小裂缝，发生渗水现象，有的裂缝贯穿模型全长。继续加压至 12MPa 并维持 5 分钟，以完成各项测试读数工作。随后减压终止试验。

五、模型试验的仿真数值分析

在试验模型张拉过程中，两个模型的锚具槽口均出现了环向裂缝。压水试验还表明，有黏结预应力衬砌出现贯穿性纵向裂缝。为了找出裂缝产生的原因，并研究不同方案下模型衬砌的应力分布，采用三维有限元仿真数值分析方法，模拟试验程序，对两个试验模型进行了全面的分析研究，为小浪底排沙洞选择经济与合理的预应力衬砌方案提供决策依据。

（一）张拉荷载、张拉顺序及试验裂缝现象

1. 有黏结方案

有黏结方案在锁定前千斤顶处的张拉力为：

$$P_0 = 0.75 \times f_{ptk} \times A_p \times 12 = 2\ 343.6\ \text{kN/每束绞线}$$

在锁定前锚头处的张拉力为：

$$P_1 = 2\ 040\ \text{kN/每束绞线}$$

锚头锁定后的应力值为：

$$P_2 = 1\ 215\ \text{kN/每束绞线}$$

有黏结方案的试验模型张拉顺序及荷载示意图见图 7-5-8。

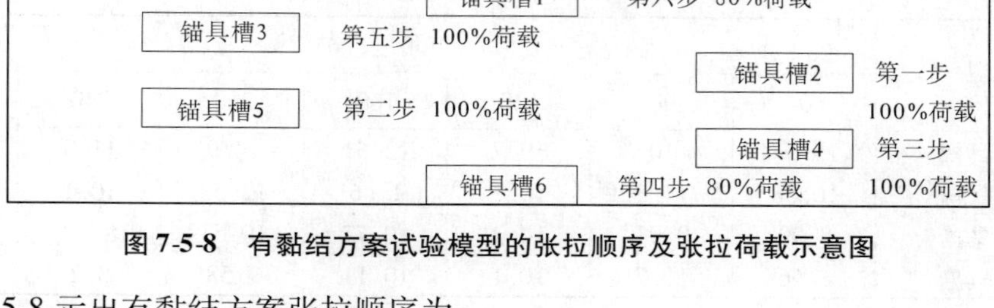

图 7-5-8 有黏结方案试验模型的张拉顺序及张拉荷载示意图

图 7-5-8 示出有黏结方案张拉顺序为：

第一步："锚具槽 2"张拉到 100% 荷载；

第二步："锚具槽 5"张拉到 100% 荷载；

第三步："锚具槽 4"张拉到 100% 荷载；

第四步："锚具槽 6"张拉到 80% 荷载；

第五步:“锚具槽 3”张拉到 100% 荷载;

第六步:“锚具槽 1”张拉到 80% 荷载。

完成第一步张拉试验程序,就逐步出现环向间断裂缝。说明在张拉时,会出现纵向(隧洞轴向)拉应力,导致混凝土拉裂。张拉试验完成后的充水试验,出现贯穿性纵向裂缝。究其原因可能是由于模型中实际张拉的预应力要远比设计值小。

2. 无黏结方案

无黏结方案在锁定前千斤顶处的张拉力为:

$$P_0 = 0.75 \times f_{ptk} \times A_p \times 8 = 1\ 674\ \text{kN/每束绞线}$$

在锁定前锚头处的张拉力为:

$$P_1 = 1\ 535\ \text{kN/每束绞线}$$

锚头锁定后的张拉力为:

$$P_2 = 1\ 290\ \text{kN/每束绞线}$$

无黏结方案的试验模型的张拉顺序及荷载示意图见图 7-5-9。

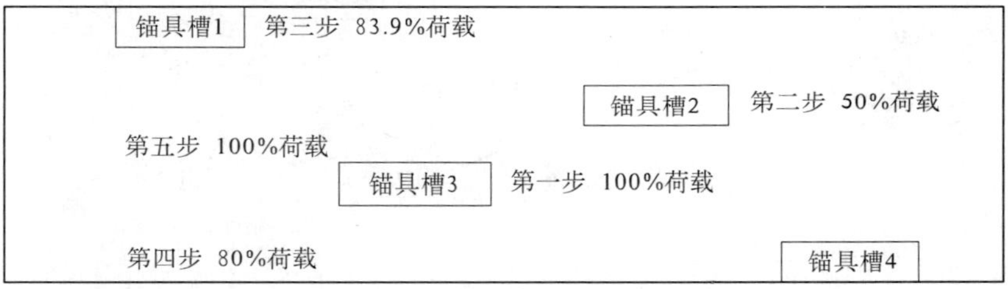

图 7-5-9　无黏结方案试验模型的张拉顺序及张拉荷载示意图

图 7-5-9 示出张拉顺序为:

第一步:“锚具槽 3”张拉到 100% 荷载;

第二步:“锚具槽 2”张拉到 50% 荷载;

第三步:“锚具槽 1”张拉到 83.9% 荷载;

第四步:“锚具槽 4”张拉到 80% 荷载;

第五步:“锚具槽 2”从 50% 荷载张拉到 100% 荷载。

试验中完成第一步张拉程序时,就出现了环向间断裂缝,裂缝最大宽度达 0.4mm。当试验完成第二步时,裂缝宽度缩小到 0.2mm。

试验的第三步中荷载张拉到 83.9% 荷载时又出现了一条裂缝,由此终止第三步加载。为避免裂缝的进一步产生和发展,第四步张拉荷载到 80% 就结束。

最后进行的第五步试验中出现了同样的不连续环向裂缝。

(二)钢绞线沿程张拉力

根据钢绞线试验或设计的预应力沿程摩擦系数,可计算出沿程单根预应力锚索的张拉力和衬砌圆心角度的关系曲线。有黏结方案和无黏结方案的单束钢绞线张拉力和衬砌圆心角度的关系曲线图见图 7-5-10。

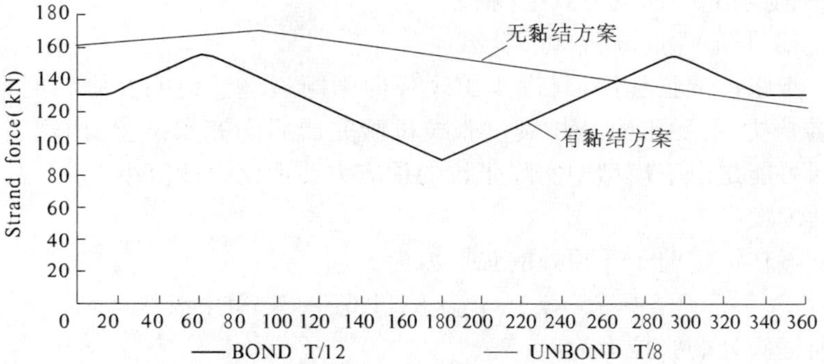

图 7-5-10　单根钢绞线沿程张拉力和衬砌圆心角度的关系曲线图

有黏结方案和无黏结方案的每索钢绞线张拉力和衬砌圆心角度的关系曲线图见图 7-5-11。

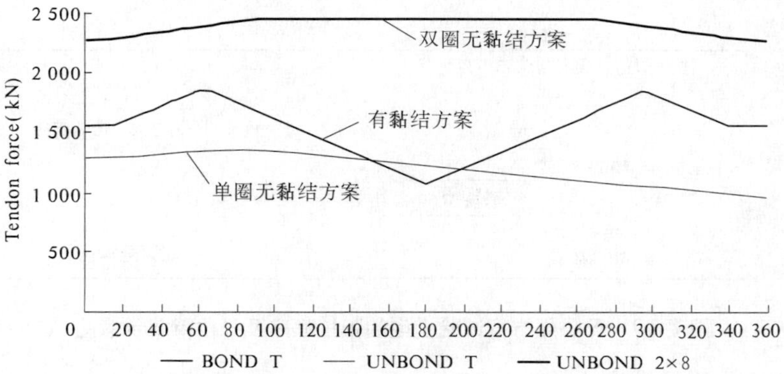

图 7-5-11　每束钢绞线张拉力和衬砌圆心角度的关系曲线图

(三)三维有限元仿真模拟计算的目的

把两个试验结构模型进行三维线弹性有限元分析模拟,目的有两个:

(1)根据两组试验获得的基本数据(如钢绞线的沿程预应力分布、张拉顺序、预应力损失、试验混凝土衬砌裂缝等)来研究试验衬砌模型的应力分布、找出裂缝产生的力学原因;

(2)根据两组试验模型的特点,用有限元分析分别对试验衬砌的预应力张拉进行数值模拟,为选择预应力衬砌方案提供决策依据。

(四)仿真数值分析工况

1. 有黏结方案的分析工况

工况 1:试验第一步张拉结束时的应力分析;

工况 2:试验张拉全部结束时的应力分析;

工况 3:施加运行水压力时锚具槽回填混凝土与衬砌混凝土紧密结合情况的应力分析;

工况 4:施加运行水压力时锚具槽回填混凝土与混凝土有缝情况的应力分析。

2. 无黏结方案的分析工况

工况5:试验第一步张拉结束时的应力分析;

工况6:试验张拉全部结束时的应力分析;

工况7:施加运行水压力时锚具槽回填混凝土与衬砌混凝土紧密结合情况的应力分析;

工况8:施加运行水压力时锚具槽回填混凝土与衬砌混凝土有缝情况的应力分析。

3. 有黏结方案模型压水试验模拟破坏原因解释工况

工况9:有黏结方案模型压水破坏试验情况的应力分析。

(五)计算方法

预应力张拉期,根据预应力锚索的布置、走向、张拉值的大小以及预应力的损失,由计算机自动确定预应力锚索对衬砌的作用力。模拟计算时锚索对衬砌模型的贡献仅以作用力的方式,在张拉期不考虑锚索的刚度及张拉时的相互影响。

在运行期的模拟过程,模拟计算考虑了锚索的刚度,除可计算出衬砌的应力外,还可得出预应力锚索在水压作用下锚索的应力增量。

(六)仿真数值分析结论

根据以上对有黏结和无黏结试验模型的结构计算分析研究,可得出如下结论:

(1)只要预应力锚索张拉能保证符合设计要求,两种比选方案都是可行的,即使有不利力学因素存在,也基本在混凝土可承受的范围之内。

(2)张拉过程中,两个试验模型的内侧都将产生环向裂缝。

按图7-5-8和图7-5-9列出的张拉荷载,施工完成第一步张拉程序时,两个模型的内侧就都会产生纵向裂缝。仅按洞轴向最大拉应力来判别,无黏结方案试验模型在第一步张拉结束时的拉应力比有黏结方案试验模型的拉应力大。

(3)随着相邻预应力锚索张拉的完成,有黏结方案试验模型在张拉过程中产生的横向裂缝的闭合性不如无黏结试验模型。有黏结方案试验模型在张拉过程中产生的洞轴向最大拉应力是增加的;无黏结方案试验模型在张拉过程中产生的洞轴向最大拉应力是减小的。相对来说,有黏结方案试验模型的洞轴向高拉应力区比无黏结方案试验模型大,因此有黏结方案模型环向裂缝的闭合性比无黏结方案模型要差。在无黏结模型中,只要各锚具槽锚索张拉均匀,相邻锚具槽张拉力差值尽量小时,在张拉过程中产生的洞轴向拉应力会有较大幅度的减小。

(4)在预应力锚索张拉施工结束时,两个模型的环向压应力是相当的,都具有较大抗内水压力引起的环向拉应力的作用,压应力一般在6~8MPa。

(5)在设计内水压力的作用下,两个模型的环向压应力储备不小于1MPa,其中有黏结方案模型的环向应力储备比无黏结方案模型要大,但有黏结方案模型的环向应力分布比无黏结方案模型的应力分布变幅大,并且在隧洞衬砌内侧有局部环向拉应力发生,拉应力最大值约为1MPa。出现这样的拉应力的原因主要是锚具槽多、衬砌内侧混凝土预压应力不足。由于是局部环向拉应力,对隧洞正常运行影响不大。

(6)锚具槽回填混凝土在正常运用工况下,一般都要出现裂缝,因此除注意混凝土材料的选取、施工质量的保证以不致不良水力学条件出现外,锚固预应力锚索的锚具及锚固端的的密封设计和施工也要得到可靠的保证。

(7)在内水压力作用下,有黏结方案预应力锚索张拉力增量的变幅较大,但由于水压力作用下总增量值与预应力原张拉值相比很小,对预应力衬砌的总体应力影响不大。

(8)应适当调整预应力锚索的施工程序,对每段预应力衬砌的施工应尽量保证同步张拉,或尽量在任何时刻减小相邻锚索的预应力张拉差值。

六、模型试验研究结论

通过对有黏结和无黏结预应力衬砌模型试验,可得出如下结论。

(1)据《水工混凝土结构设计规范》和《无黏结预应力混凝土结构技术规程》,钢绞线与波纹管的摩擦系数为0.25,无黏结筋的摩擦系数为0.10 。通过模型试验,测得上述摩擦系数为0.22 和0.04,均比规范值小。

(2)有黏结预应力试验模型的钢绞线在张拉过程中发生断丝、锚具偏斜及夹片打滑现象,从而造成有黏结预应力模型的锁定预应力不足,是引起水压试验时模型结构破坏的直接原因。实际施工中应对张拉过程做严格控制,要检查钢绞线的伸长值和锁定回缩值,以确保钢绞线锁定后具有足够的预应力。

(3)从结构安全角度分析,在保证施工质量情况下,有黏结预应力方案及无黏结预应力方案的衬砌结构都可以承受120m 水头的内水压作用。相比较而言,无黏结预应力衬砌施工简单,结构受力条件好,预应力钢绞线摩擦损失小,工期短,具有较大优越性,但无黏结预应力方案对锚具的防腐要求较高。

第六节　排沙洞无黏结预应力混凝土衬砌设计研究

20 世纪 90 年代中期以前,由于无黏结预应力技术在水工大吨位预应力混凝土结构中应用还不成熟,则未被应用到小浪底工程排沙洞衬砌中。20 世纪 90 年代后期无黏结预应力技术在解决了锚夹具的可靠性和防腐保护问题后才得到广泛应用。1997 年在小浪底工地现场进行了洞外有黏结和无黏结预应力结构的1∶1 比尺模型试验,在取得了试验资料和模型仿真分析的基础上,经设计单位充分论证比较和国内外专家咨询,监理工程师批准了后张法双圈环绕无黏结预应力钢绞线(每根 7Φ5)混凝土衬砌方案。为进一步研究施工条件下预应力混凝土衬砌的工作性能及施工工艺,施工设计时,拟在3 号排沙洞排水幕上游设置24.1m 长的无黏结预应力混凝土衬砌生产性试验段,实施时根据工程进度要求,又将试验段改设在1 号排沙洞排水幕上游洞内,总长度仍为24.1m。另外,还在现场洞外进行了钢绞线布置、绑扎、防腐等工艺性试验。通过上述多项试验验证,终于使后张法双圈环绕无黏结钢绞线预应力技术在小浪底排沙洞中得以应用。

一、基本结构形式的确定

初期提出的无黏结预应力混凝土衬砌替代方案(简称沿洞轴向设四排锚具槽方案)是在隧洞底拱120°圆心角范围内布置四排锚具槽,其不足之处是使隧洞底部纵横向的刚度都有很大的削弱,引起隧洞结构变形复杂,内侧面洞轴向拉应力增大。由于无黏结预应力的预应力方案效率很高，不管采用何种锚具槽布置方式，混凝土环向预应力基本上均有所保障。因此，试图提出一种把锚具槽间距拉开的布置方式，以尽量减少锚具槽之间的相互干扰，使张拉后的混凝土衬砌在剖面的任何地方的纵向变形达到最小，以有效地遏制洞轴向拉应力的存在，防止结构在张拉过程和张拉完成时出现环向裂缝。为此，提出了沿洞轴向设两排锚具槽的方案，即在隧洞底部90°或120°圆心角范围布置两排锚具槽。无黏结筋（7Φ5）双圈环绕，并近似布置在两个中心距相差0.13m的弧面内。外圈无黏结筋尽量靠外层混凝土布置。其断面图分别见图7-6-1和图7-6-2。在水压作用下，围岩将承受一定的荷载，因此锚具槽沿洞轴向间距初定为0.5m。每个锚具槽的尺寸为1.50m（长）×0.3m（宽）×0.25m（深），衬砌设计厚度为0.65m。预应力衬砌标准段长度12.05m，含24束锚索，间距0.5m。

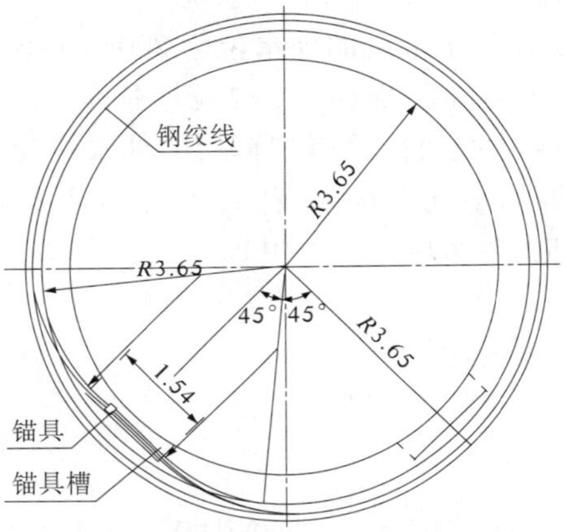

图7-6-1　无黏结后张预应力两排锚具槽90°夹角方案断面示意图　（单位：m）

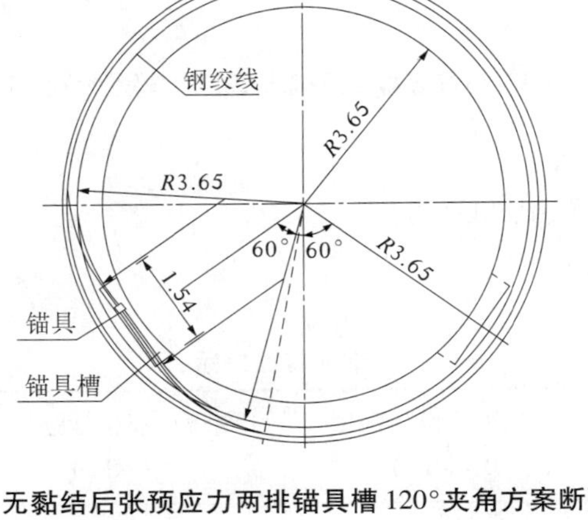

图7-6-2　无黏结后张预应力两排锚具槽120°夹角方案断面示意图　（单位：m）

二、结构分析研究

针对基本结构形式，采用三维有限元方法进行分析研究，以论证所提出结构形式的可行性。本节仅对两排锚具槽 90°夹角衬砌结构进行分析。

(一)基本资料

1. 水位

(1)水库水位:

最高运用水位　　　275.00m

校核洪水位　　　275.00m

汛期死水位　　　230.00m

非常死水位　　　220.00m

(2)外水位:

隧洞外水位是隧洞结构的主要荷载之一,根据小浪底水库运用方式,选两种情况来计算外水位,即 275m 库水位和泄洪拉沙 254m 库水位。

库水位 275m 时左岸山体排水幕后的外水位为 200m,隧洞出口处的外水位(同地下水位)为 135m,计算时根据不同断面位置,按线性插值来取相应的外水压力值(见图 7-6-3)。对于库水位 254m 时,可推算得到幕后的外水位为 185.9m,隧洞出口处的外水位仍取 135m。同样可根据不同断面位置,按线性插值来取相应的外水压力值(见图 7-6-3)。验算空洞工况时,外水压力取 460kPa。

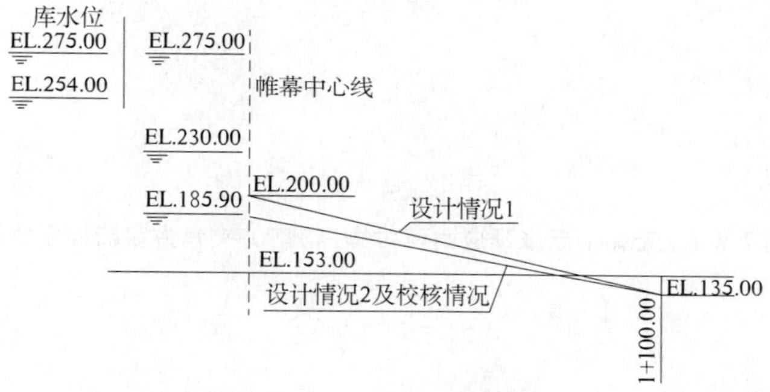

图 7-6-3　小浪底排沙洞排水幕后洞身段外水位示意图　(单位:m)

2. 建筑材料特性指标

(1) 钢筋(按照规范 SDJ20—78)。

钢筋特性指标见表 7-6-1。

表 7-6-1　　钢筋特性指标

种类	受拉钢筋设计强度 R_g(MPa)	受压钢筋设计强度 R_g(MPa)	弹性模量 E_g(MPa)
Ⅰ级	240	240	2.1×10^5
Ⅱ级直径≥28mm	320	320	2.0×10^5
Ⅱ级直径<28mm	340	340	2.0×10^5

(2)混凝土:

衬砌用 C40 混凝土,锚具槽回填混凝土为 C40 无收缩混凝土。按照规范 SDJ20—78,C40 混凝土特性指标见表 7-6-2。

表 7-6-2　　**混凝土特性指标**

混凝土强度等级	轴心抗压 R_a(MPa)	弯曲抗压 R_w(MPa)	抗拉 R_l(MPa)	抗裂 R_f(MPa)	弹性模量 E_h(MPa)
C40	23	29	2.15	2.55	3.25×10^4

(3)预应力钢绞线:

标准强度	$f_{ptk}=1\ 860$MPa
标准直径	$d=15.7$mm
公称面积	$A_p=150\text{mm}^2$
弹性模量	$E_s=1.8\times10^5$MPa
摆动系数	$k=0.000\ 7$
绞线与 PE 管间摩擦系数	$\mu=0.05$
钢绞线张拉控制应力	$\sigma_k=0.75f_{ptk}$

每束锚索由 8 根 7Φ5 无黏结钢绞线组成。

(4)锚具及张拉设备:选用 DSI－6808 型环锚及配套的张拉设备,锚具锁定时钢绞线的回缩值为 6mm,每侧 3mm;钢绞线经过张拉设备张拉后预应力损失值为控制张拉力值的 12%。

(5)钢筋混凝土:钢筋混凝土容重取 25kN/m^3,弹性模量取 3.25×10^4MPa,泊松比取 0.167。

(6)围岩:围岩容重为 26.2kN/m^3,在计算中围岩自重作用以山岩压力来求取,围岩弹性模量取 8×10^3MPa,泊松比取 0.26。

3. 计算荷载

(1)内水压力:库水位 275m 时,水容重为 10kN/m^3;而库水位 254m 时,浑水容重为 10.58kN/m^3。最大内水压力为 1 187.5kPa。

(2)外水压力:参见外水水位的计算,外水容重取 10kN/m^3。

(3)山岩压力:岩石按Ⅲ类围岩,仅计竖向山岩压力。按水工隧洞设计规范 SD134—84,与外水组合时取 $q_{山岩}=41.08$kPa,与内水组合时取 $q_{山岩}=20.5$kPa,作用于衬砌顶部。

(4)预应力钢绞线张拉控制值:按照钢绞线张拉控制应力值取 $0.75f_{ptk}$ 的准则,求得无黏结方案在锁定前千斤顶处的控制张拉力。

(5)预应力钢绞线张拉分布:

①锚具处张拉应力 σ_1

$$\sigma_1=(1-a)\sigma_k \tag{7-6-1}$$

式中　a——千斤顶及弧形托座处摩擦损失,取 $a=12\%$ 进行计算。

②钢绞线绕洞沿程张拉应力 σ 按式(7-6-1)可得:

$$\sigma = \sigma_1 e^{-(kx+\mu\theta)} \tag{7-6-2}$$

式中 k——绞线摆动系数，$k=0.0007$；

x——从张拉端至计算断面的绞线长度，m；

μ——钢绞线与 PE 套管的摩擦系数，$\mu=0.05$；

θ——从张拉端至计算截面曲线孔道的切线夹角，rad。

由上述钢绞线沿程张拉力可求得钢绞线对混凝土衬砌的沿程作用力，且施工张拉时和锁定后的值不同，施工张拉时较大。施工期和运行期半束钢绞线沿程张拉力和衬砌圆心角度的关系曲线如图 7-6-4 所示。运行期预应力钢绞线作用力分布如图 7-6-5 所示。

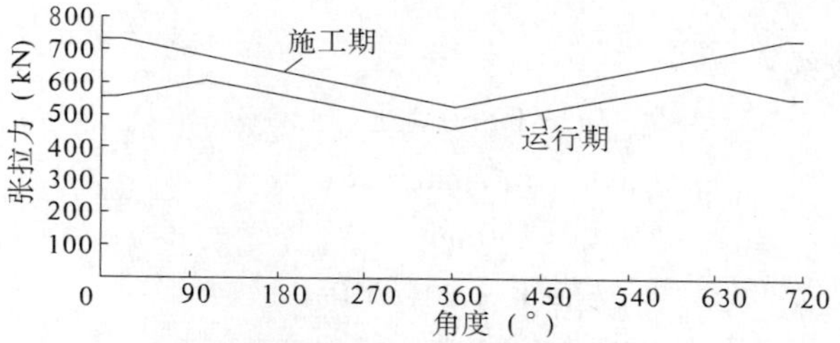

图 7-6-4 半束钢绞线沿程张拉力和衬砌圆心角度的关系曲线

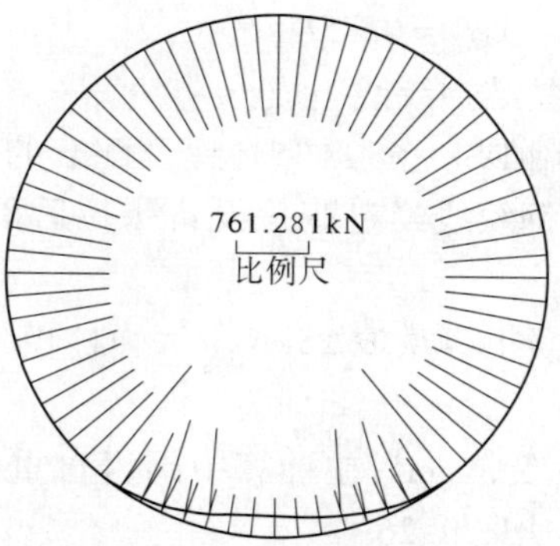

图 7-6-5 运行期预应力钢绞线沿程作用力分布

（二）三维有限元模型的建立

1. 计算范围

排沙洞设计内径 6.5m，衬砌厚度 0.65m，在有限元计算时围岩厚度取不小于 2 倍的洞径，实际按 20m 引入计算；由于计算机容量的限制，在洞轴线方向上取 4 个锚具槽的结构段为计算对象。

2. 计算边界

在三维有限元计算时对计算边界进行了简化，即在所取计算范围底部岩体边界为全固定；顶部岩体边界为自由；两侧岩体边界为垂直边界面的连杆约束；在洞轴线方向上岩体石边界为垂直其表面的连杆约束，衬砌边界根据不同工况有所不同，其中一侧为垂直其表面的连杆约束，另一侧或自由，或为垂直其表面的连杆约束，从而模拟分缝段和非分缝段。

3. 锚索预应力的处理

预应力荷载的施加是根据预应力锚索的布置、锚索的走向、张拉值的大小，在计算机上自动确定预应力锚索对衬砌的作用力。分析计算中锚索张拉时仅以作用力的方式，不考虑锚索的刚度及张拉时锚索间相互影响。锚索处理为二结点张拉单元进行分析研究。

（三）结构分析工况

取分缝边界及非分缝边界两个结构分析段，对如下4种情况、6种工况进行分析研究（综合见表7-6-3）。

1. 施工期

工况一：结构自重，第一张拉工序（仅在有限元模型中作用一束预应力锚索，其张拉力为锚索最大张拉力的100%）；

工况二：结构自重，预应力锚索张拉全部完成（按锁定张拉力）。

2. 检修期

工况三：结构自重，山岩压力，外水，全部预应力。

3. 运行期

工况四：结构自重，山岩压力，预应力锚索张拉力，设计水头（围岩与衬砌结合紧密）；

工况五：结构自重，山岩压力，预应力锚索张拉力，设计水头（围岩与衬砌结合不好）。

4. 试验段

工况六：结构自重，山岩压力，120m外水，30%预应力。

表7-6-3　荷载组合

工况	阶段	预应力	内水压	外水压	衬砌自重	山岩压力	备注
工况一	施工期1	单束100%			✓		
工况二	施工期2	全部张拉100%			✓		
工况三	检修期	全部张拉100%		✓	✓	✓	
工况四	运行期1	全部张拉100%	✓		✓	✓	围岩与衬砌结合紧密
工况五	运行期2	全部张拉100%	✓		✓	✓	围岩与衬砌结合不好
工况六	试验段	30%正常预应力		✓	✓	✓	

（四）计算成果分析方法

图7-6-6示出分析研究段衬砌内壁展开面及锚具槽位置示意图。为更好地显示衬砌在各种工况下的结构应力分布，将对各工况下某些应力分量在衬砌内壁展开面、2号锚具槽中心线断面（即A—A断面）、2号锚具槽与3号锚具槽中间断面（即B—B断面）上作等值线图。在等值线图中，应力以压为正、拉为负。

研究成果表明，结构应力中主要是洞轴向应力很难过关而产生裂缝，其他应力状态一般都在混凝土可承受的范围内，因此不同工况和不同情况，重点分析和比较洞轴向应力值的大小，以选取性能优越的结构。

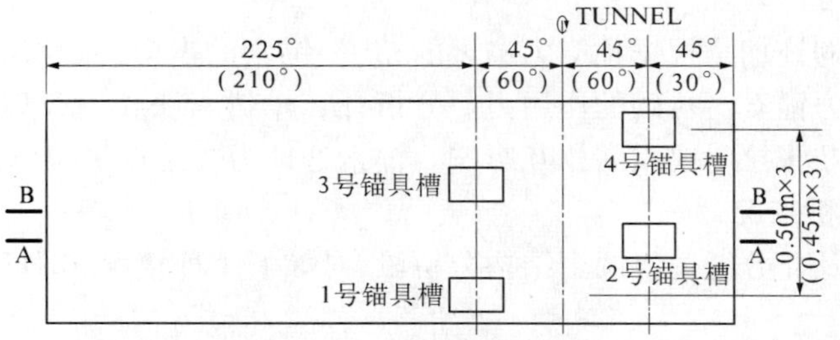

图 7-6-6 衬砌内壁展开图及锚具槽位置

1. 非分缝边界结构段的计算成果分析

(1)施工期 1(工况一):

结构段中仅 2 号锚具槽单束钢绞线张拉到 100% 时的隧洞轴向应力等值线图见图 7-6-7。图中示出锚具槽口的最大洞轴向拉应力为 2.76MPa,超出了混凝土抗拉强度,这样的大拉应力区只在局部范围。

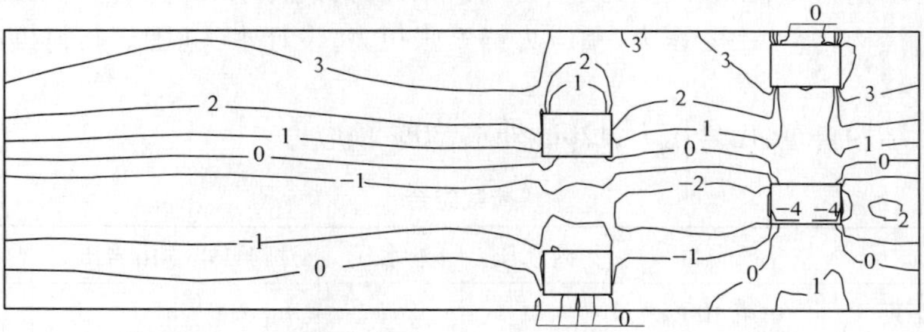

图 7-6-7 非分缝边界结构段施工期 1(工况一)衬砌内表面洞轴向应力等值线分布

(2)施工期 2(工况二):

全部张拉结束后,隧洞衬砌内表面及 A—A 剖面洞轴向应力等值线图见图 7-6-8 和图 7-6-9。结果表明,仅在锚具槽口极其小的范围内出现拉应力,最大拉应力为 0.85MPa。说明两个锚具槽的无黏结预应力方案在张拉施工结束时,虽然衬砌在环向刚度有两个薄

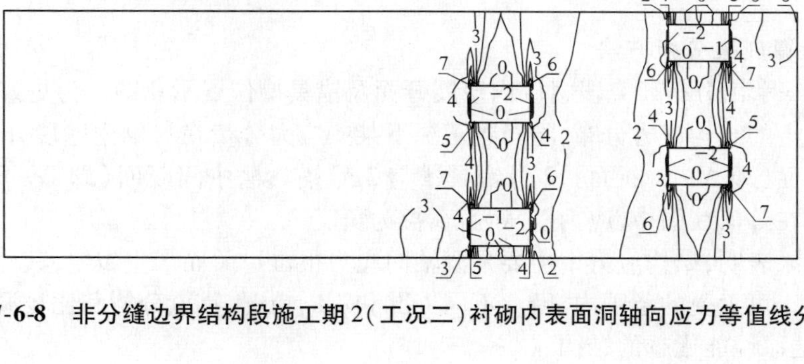

图 7-6-8 非分缝边界结构段施工期 2(工况二)衬砌内表面洞轴向应力等值线分布

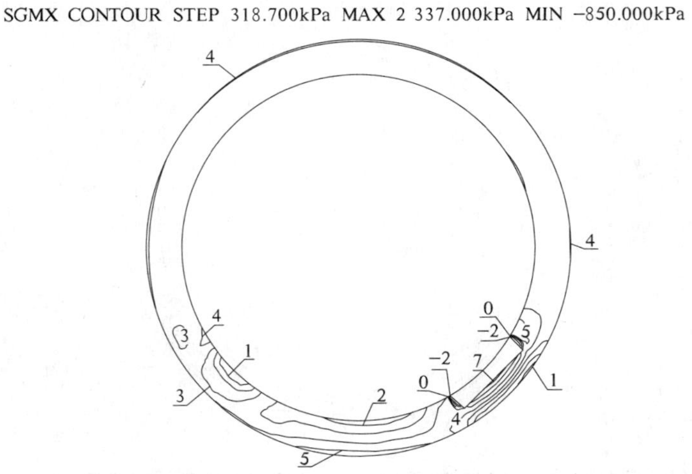

图 7-6-9　非分缝边界结构段施工期 2(工况二)A—A 断面洞轴向应力等值线分布

弱部位,而这两个部位的刚度在洞轴向的一致性,使同一圆心角部位的洞轴向径向变形差值很小,使原来四个锚具槽方案在张拉施工结束时存在较大洞轴向拉应力及大范围存在洞轴向拉应力的格局打破,可见结构在张拉全部完成产生的洞轴向拉应力不会致使混凝土开裂。因此,这种结构布置情况下,至关重要的一点就是研究合适的张拉程序,使张拉过程中任何时候不产生较大结构应力。

图 7-6-10 和图 7-6-11 示出非分缝边界结构段张拉全部结束时,环向应力等值线图。除底拱外,环向压应力基本在 7MPa 以上,应力分布均匀。在底拱处存在最小环向压应力,其压应力值在 4MPa 左右。在锚具槽洞轴向间隔之间的混凝土内表面,发生最大压应力,其值在 13MPa 左右,在混凝土单轴抗压强度以内。

(3)检修期(工况三)

检修期隧洞衬砌承受外水压力、山岩压力等荷载,由于没有内水压力的作用,因此衬砌主要承受压应力,结构安全度由混凝土抗压强度控制。

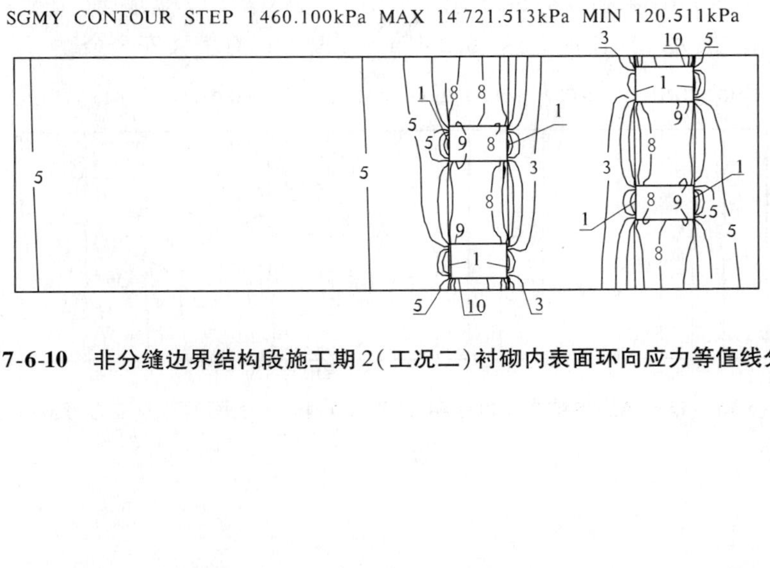

图 7-6-10　非分缝边界结构段施工期 2(工况二)衬砌内表面环向应力等值线分布

SGMO CONTOUR STEP 1 279.088kPa MAX 12 932.654kPa MIN 141.771kPa

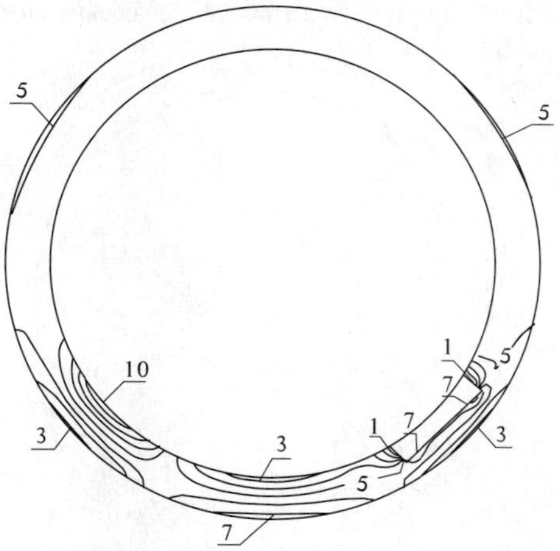

图 7-6-11 非分缝边界结构段施工期 2(工况二)A—A 断面环向应力等值线分布

图 7-6-12 示出非分缝边界结构段检修期(工况三)衬砌内表面洞轴向应力等值线图。与张拉施工结束时的洞轴向应力(见图 7-6-8)比较,最大拉应力从 0.83MPa 降低到 0.79MPa,最大压应力从 2.88MPa 增加到 3.48MPa,洞轴向应力处于较佳混凝土工作应力状态。

SGMX CONTOUR STEP 427.129kPa MAX 3 482.243kPa MIN −789.051kPa

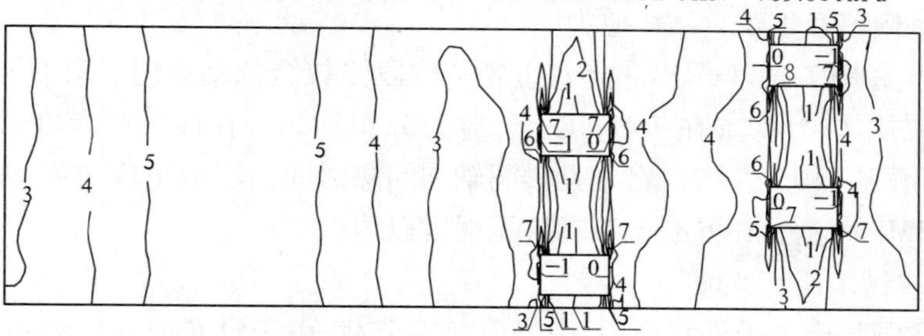

图 7-6-12 非分缝边界结构段检修期(工况三)衬砌内表面洞轴向应力等值线分布

图 7-6-13、图 7-6-14 和图 7-6-15 示出非分缝边界结构段检修期(工况三)衬砌环向应力等值线图。最大环向压应力达 18.2MPa。混凝土仍有较大安全余度。

SGM& CONTOUR STEP 1 719.232kPa MAX 18 207.492kPa MIN 1 015.175kPa

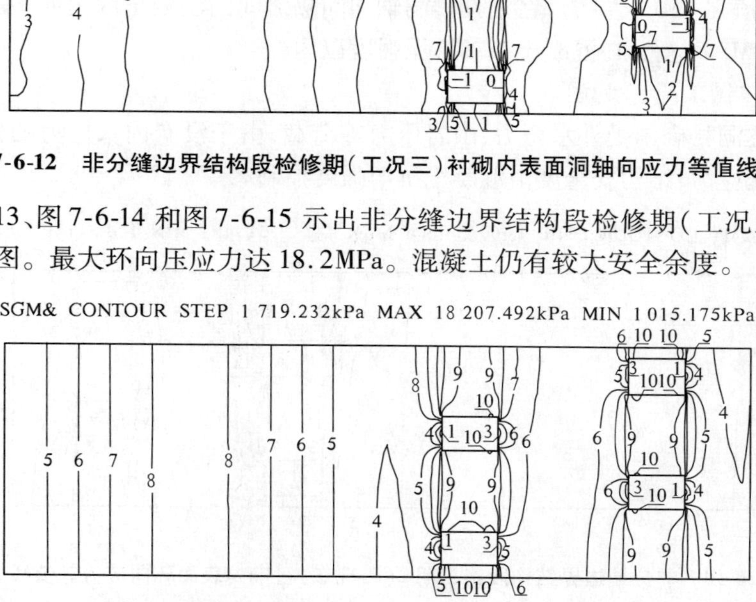

图 7-6-13 非分缝边界结构段检修期(工况三)衬砌内表面洞环向应力等值线分布

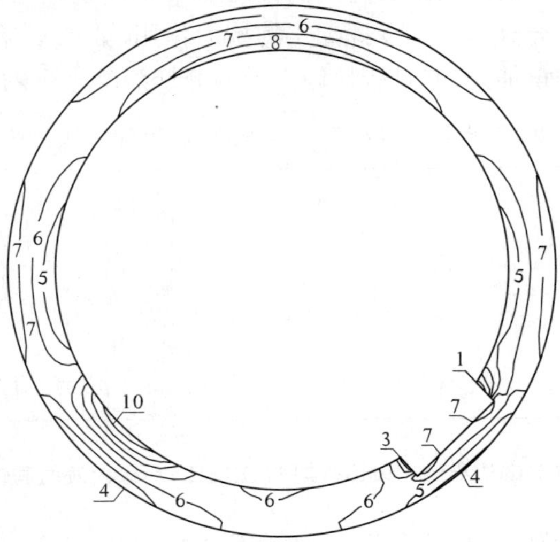

图 7-6-14　非分缝边界结构段检修期(工况三)A—A 断面环向应力等值线分布

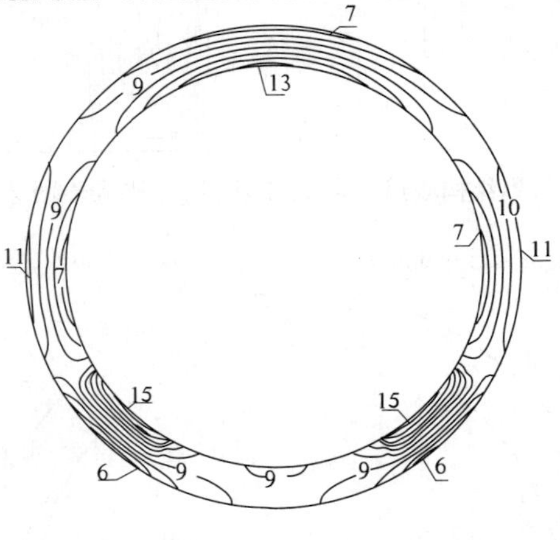

图 7-6-15　非分缝边界结构段检修期(工况三)B—B 断面环向应力等值线分布

(4)运行期 1(工况四)

在正常运行期,隧洞衬砌承受最大内水压力,并且在衬砌与围岩间结合完好的情况下,衬砌洞轴向应力等值线图见图 7-6-16,环向应力等值线见图 7-6-17 和图 7-6-18,A—A 断面(位置见图 7-6-6)的径向应力等值线图见图 7-6-19。

应力分析结果表明,在施工质量完好,隧洞衬砌承受最大内水压力时,衬砌洞轴向拉应力区域只在锚具槽口边缘区存在,最大拉应力比施工结束时还要小,仅为 0.56MPa;锚具槽口局部区域环向压应力较小,底拱环向压应力为 0.97 ~ 1.94MPa,顶拱环向压应力最大,可达 9.7MPa;衬砌混凝土的径向应力表明,围岩对衬砌有较大的作用力,径向压应力可达 0.48MPa,相当于 50m 水头产生的压强。

因此，保证混凝土衬砌与围岩之间的接触灌浆质量是相当重要的。小浪底排沙洞预应力衬砌的设计，也充分考虑了发挥围岩的抗力作用，如果不考虑围岩的作用，锚具槽的间距必须拉近，工程量加大，并且张拉施工及检修期混凝土衬砌的应力状态也必然恶化。

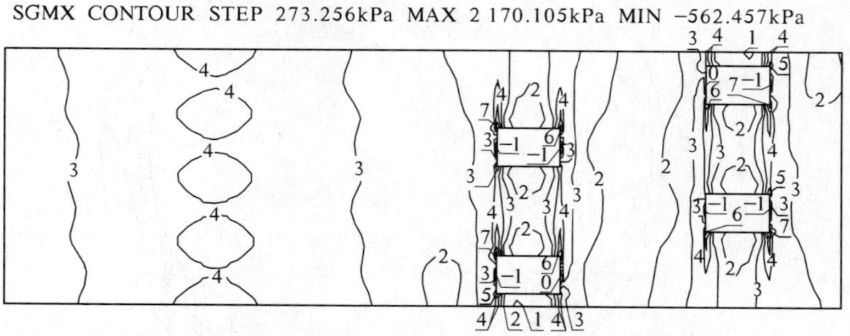

图 7-6-16　非分缝边界结构段运行期 1（工况四）衬砌内表面洞轴向应力等值线分布

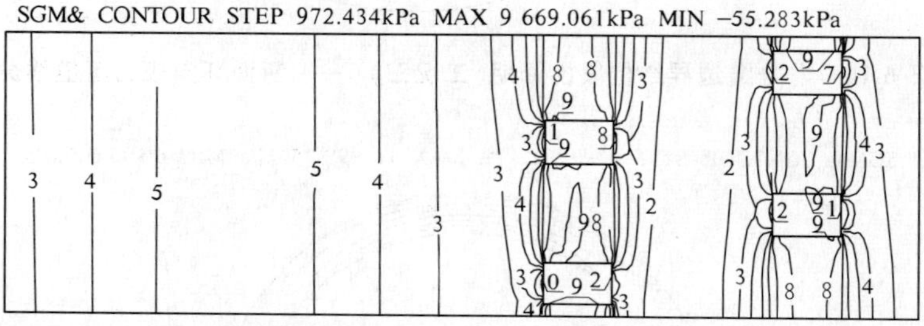

图 7-6-17　非分缝边界结构段运行期 1（工况四）衬砌内表面环向应力等值线分布

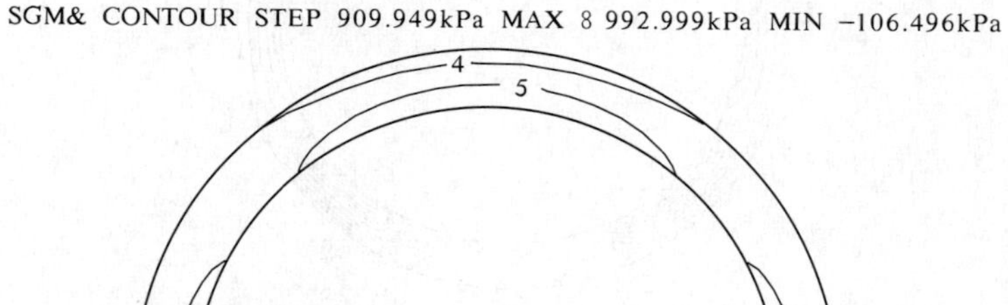

图 7-6-18　非分缝边界结构段运行期 1（工况四）A—A 断面环向应力等值线分布

SGMR CONTOUR STEP 162.876kPa MAX 1 846.466kPa MIN 217.707kPa

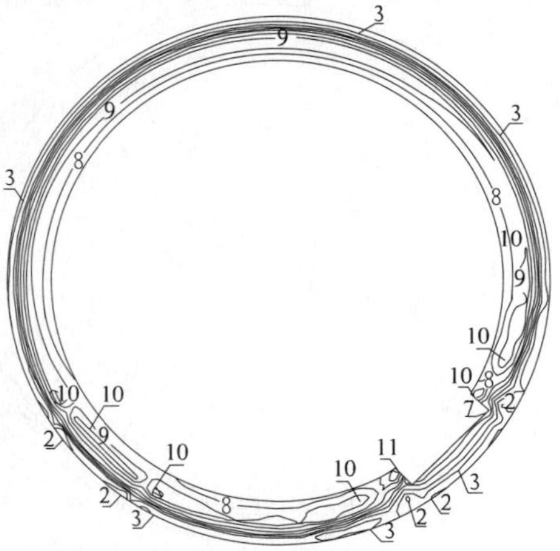

图 7-6-19　非分缝边界结构段运行期 1（工况四）A—A 断面径向应力等值线分布

（5）运行期 2（工况五）

运行期 2 是分析隧洞衬砌在运行期承受最大内水压力时，假设衬砌与围岩不能很好结合条件下的应力分布情况。这种工况的内表面洞轴向应力等值线图见图 7-6-20。从图 7-6-20可见，洞轴向应力分布比较杂乱，尽管最大拉应力值仅为 0.47MPa，但底拱却产生了较大区域的拉应力。

图 7-6-21、图 7-6-22 示出环向应力分布情况。衬砌环向应力在三处出现拉应力，即底拱内表面，两排锚具槽外侧，其中底拱内表面的拉应力最大，拉应力峰值达 1.97～2.63 MPa，即混凝土必将开裂。

由此分析可见，围岩作用对改善衬砌的受力条件、稳定结构起重要作用。

SGMZ CONTOUR STEP 180.556kPa MAX 1 339.382kPa MIN −466.178kPa

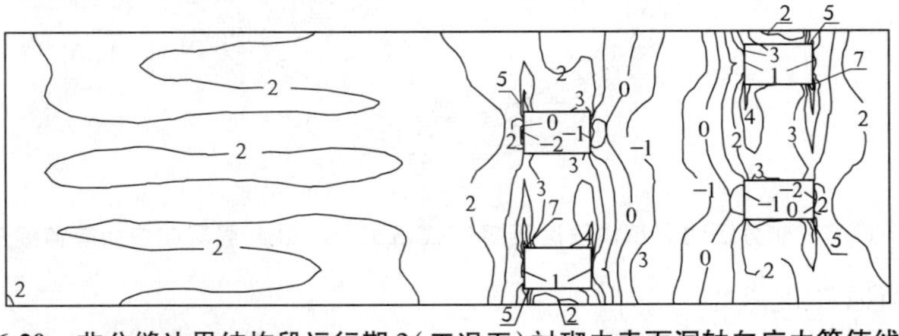

图 7-6-20　非分缝边界结构段运行期 2（工况五）衬砌内表面洞轴向应力等值线分布

SGMY CONTOUR STEP 688.313kPa MAX 4 420.312kPa MIN −2 462.816kPa

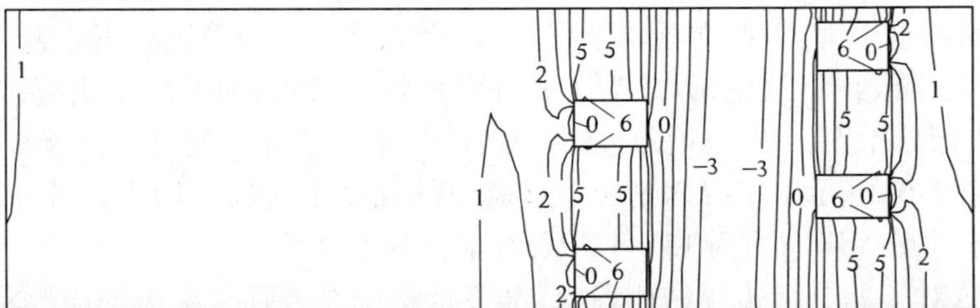

图 7-6-21　非分缝边界结构段运行期 2（工况五）衬砌内表面环向应力等值线分布

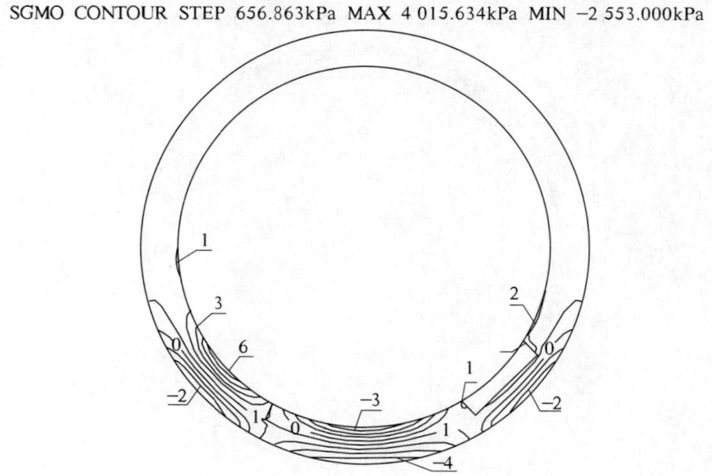

图 7-6-22　非分缝边界结构段运行期 2(工况五)A—A 断面环向应力等值线分布

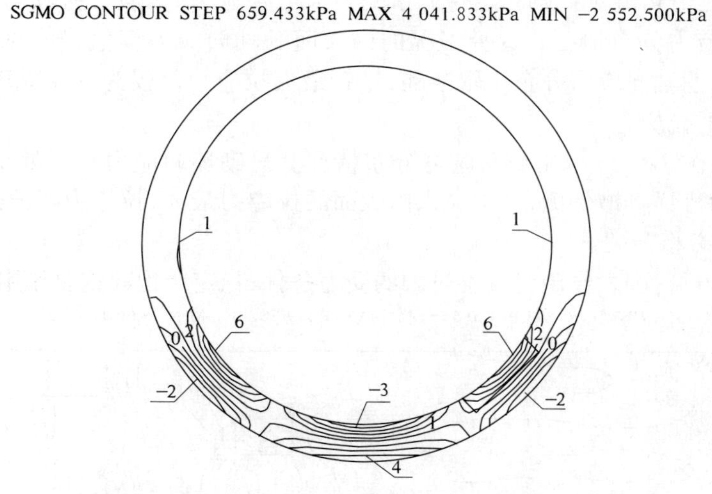

图 7-6-23　非分缝边界结构段运行期 2(工况五)B—B 断面环向应力等值线分布

(6)试验段(工况六)

根据设计要求,在排沙洞后张预应力混凝土衬砌进行正式施工前,需在排沙洞排水幕前压力段选取两个混凝土衬砌段进行施工张拉试验。由于排水幕前隧洞衬砌承受基本与库水位相同的外水压力,因此在检修期,隧洞衬砌混凝土将承受较高压应力。在张拉施工结束后,预应力钢绞线将放松,设计为了充分发挥钢绞线的作用,减少普通受力钢筋的布设,试验段钢绞线仍保留 30% 的预应力。表 7-6-3 中的工况六列出了试验段的荷载组合,图 7-6-24 ~ 图 7-6-27 示出工况六情况下试验段的混凝土衬砌结构应力分布。图中可见,混凝土衬砌中的最大压应力为 13.44MPa,有足够的安全系数。

(7)小结:对于非分缝边界结构段,标准设计衬砌在各种工况下的应力状态都能很好地符合设计要求,表明选择的结构形式是合理可靠的。

2. 分缝边界结构段的计算成果及分析

图 7-6-6 结构段中,假设 4 号锚具槽的边壁为自由边界。1 号锚具槽边壁为连续边界。按照非分缝边界结构段的分析方法对结构进行了整体分析,其分析过程略,结论如下:

分缝边界结构段在施工完成、检修期以及正常运行期除洞轴向应力较大外,其余应力都能满足设计要求。由于计算模型的限制,连续边界采用固定边界来模拟,相对就增大了连续边界的刚性,因此对于求得的洞轴向应力的数值是保守的,但在张拉及运行过程中衬砌是否出现环向裂缝,还要看如何安排张拉强度和顺序。

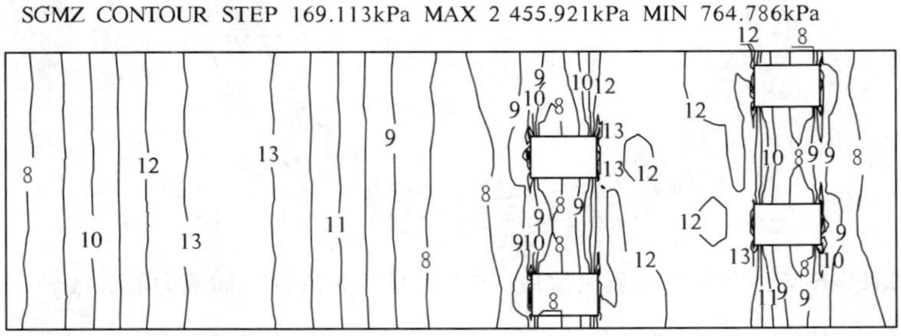

图 7-6-24　非分缝边界试验段(工况六)衬砌内表面洞轴向应力等值线分布

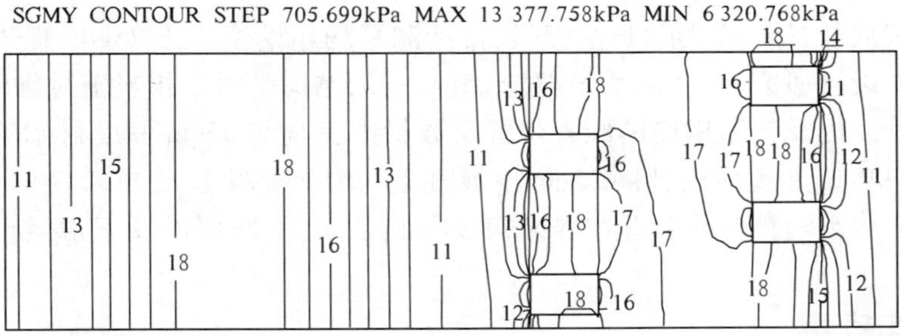

图 7-6-25　非分缝边界试验段(工况六)衬砌内表面环向应力等值线分布

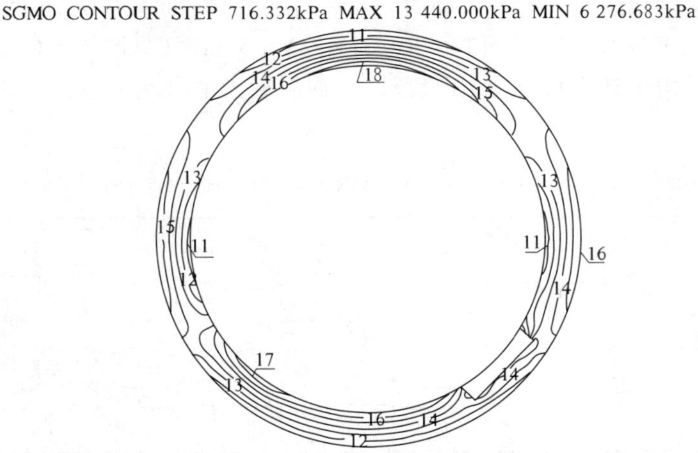

图 7-6-26　非分缝边界试验段(工况六)A—A 断面环向应力等值线分布

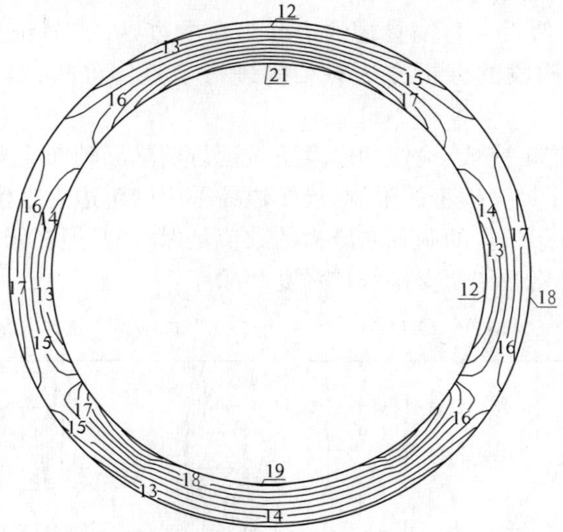

图 7-6-27 非分缝边界试验段(工况六)B—B 断面环向应力等值线分布

三、超挖对结构的影响研究

根据小浪底排沙洞的实际开挖资料,排沙洞平均超挖不小于 25cm,在进行无黏结预应力衬砌结构设计研究时,考虑均匀超挖 25cm 时的结构受力。相当于衬砌厚度为 90cm,而预应力钢绞线以及普通钢筋的配置位置及数量则完全与 65cm 厚度衬砌的配置位置和数量相同,即 90cm 厚度衬砌外层 25cm 厚混凝土均为素混凝土。

超挖对结构影响针对非分缝边界结构段在施工期、检修期以及正常运行期进行了分析研究。

(一)施工期 1

超挖衬砌在单束张拉到 100% 预应力时,洞轴向应力等值线图见图 7-6-28 和图 7-6-29。在张拉绞线整圈附近衬砌内表面都出现了洞轴向拉应力,最大达 1.87MPa,绝大部分区域为 0.35MPa 左右。图 7-6-30 还示出 A—A 断面(见图 7-6-6)径向应力等值线分布,图中可见,由于外层素混凝土厚度较大,在混凝土中出现了最大达 0.84MPa 的径向拉应力。

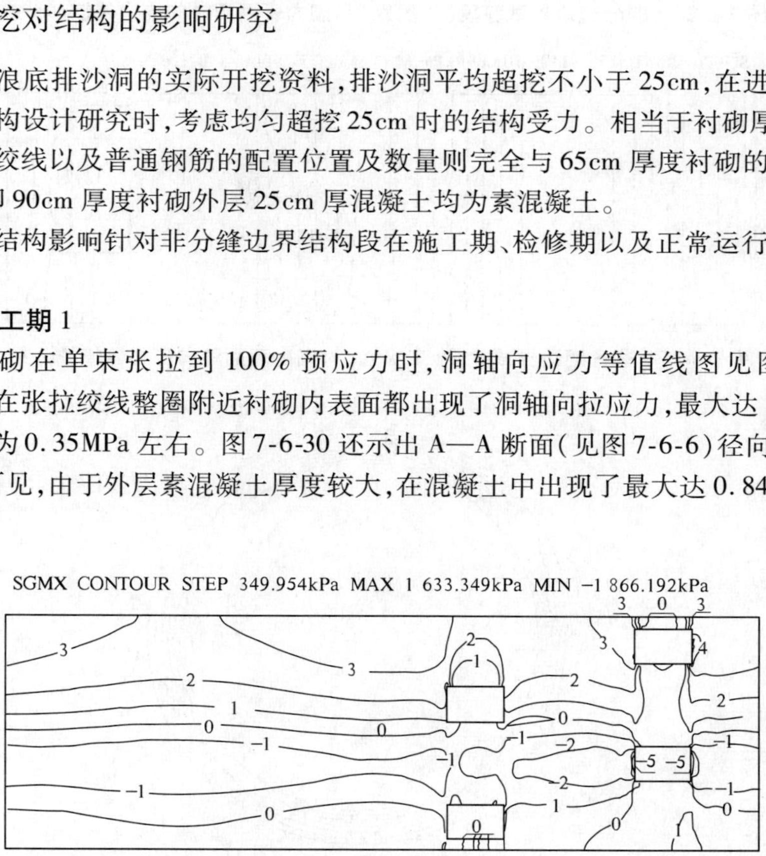

图 7-6-28 超挖衬砌结构段施工期 1(工况一)衬砌内表面洞轴向应力等值线分布

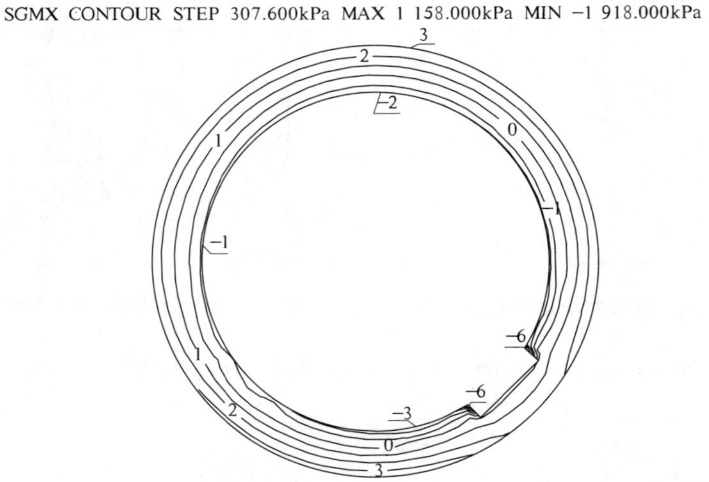

图 7-6-29　超挖衬砌结构段施工期 1(工况一)A—A 断面洞轴向应力等值线分布

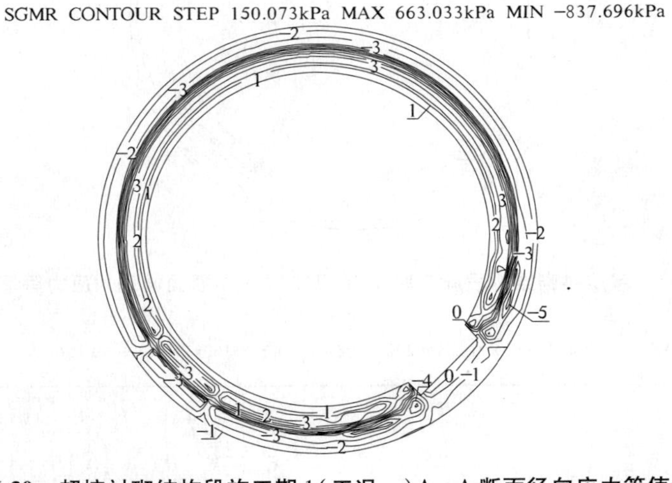

图 7-6-30　超挖衬砌结构段施工期 1(工况一)A—A 断面径向应力等值线分布

(二)施工期 2

超挖衬砌在预应力锚索全部张拉完成时,洞轴向应力等值线图见图 7-6-31 和图 7-6-32。与单束锚索张拉完成时的成果完全不同,全部锚索张拉完成后,洞轴向应力整体基本受压,只在锚具槽槽口局部有拉应力存在,最大拉应力为 0.75MPa,远小于单束绞线张拉完成时的结果(见图 7-6-28 和图 7-6-29)。

图 7-6-33 和图 7-6-34 示出超挖衬砌结构段在张拉全部完成时环向应力分布,环向应力圈全为压应力,其中最大环向压应力为 10.2MPa,环向应力分布异常均匀。图 7-6-35 还示出径向应力等值线分布,与单束张拉完成时衬砌外层素混凝土中出现受拉径向应力相同,但最大值从 0.84MPa 降到 0.69MPa。

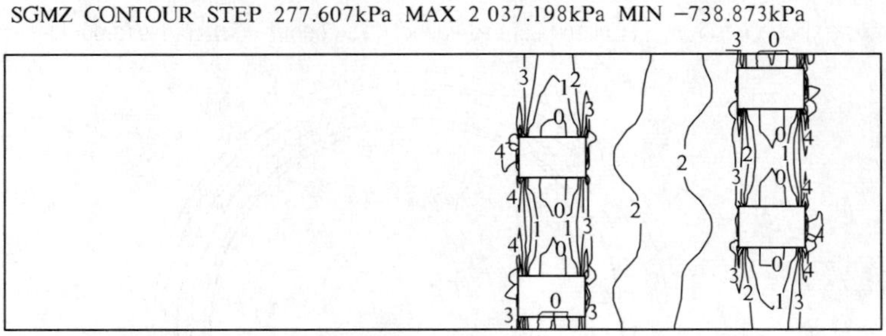

图 7-6-31　超挖衬砌结构段施工期 2(工况二)衬砌内表面洞轴向应力等值线分布

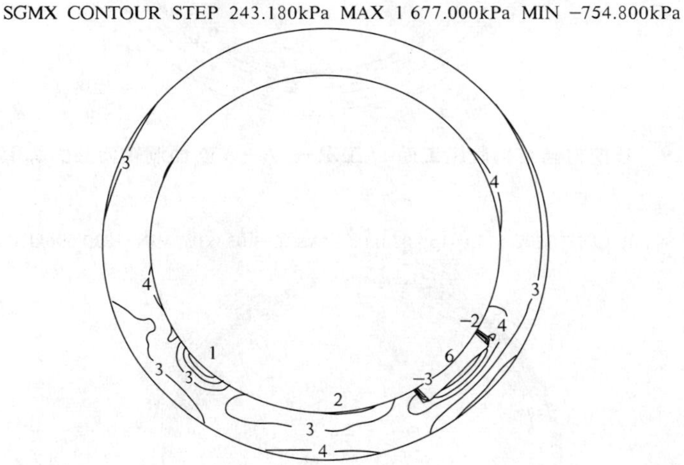

图 7-6-32　超挖衬砌结构段施工期 2(工况二)A—A 断面洞轴向应力等值线分布

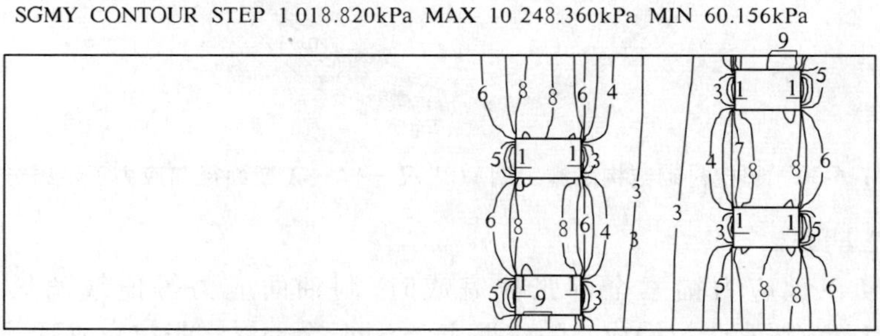

图 7-6-33　超挖衬砌结构段施工期 2(工况二)衬砌内表面环向应力等值线分布

(三)检修期

超挖衬砌结构在检修期衬砌内表面洞轴向应力等值线图见图 7-6-36。洞轴向拉应力仅在锚具槽口局部存在,最大值为 0.66MPa。图 7-6-37 和图 7-6-38 示出环向应力等值线图,最大压应力为 12.8MPa,环向应力分布均匀。

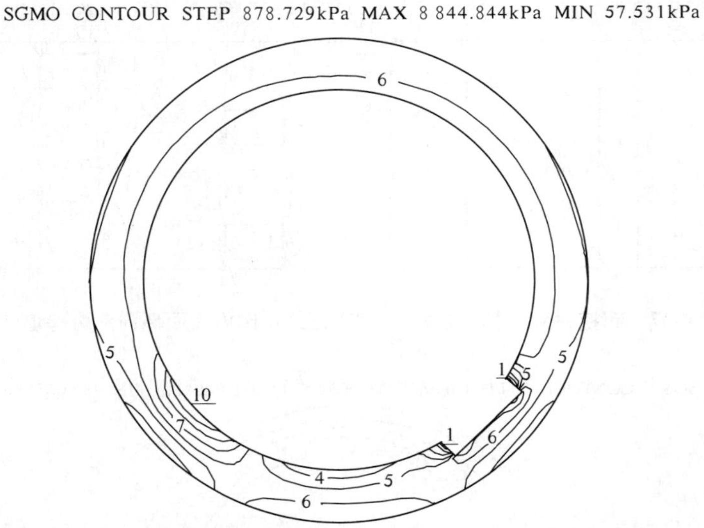

图 7-6-34　超挖衬砌结构段施工期 2（工况二）A—A 断面环向应力等值线分布

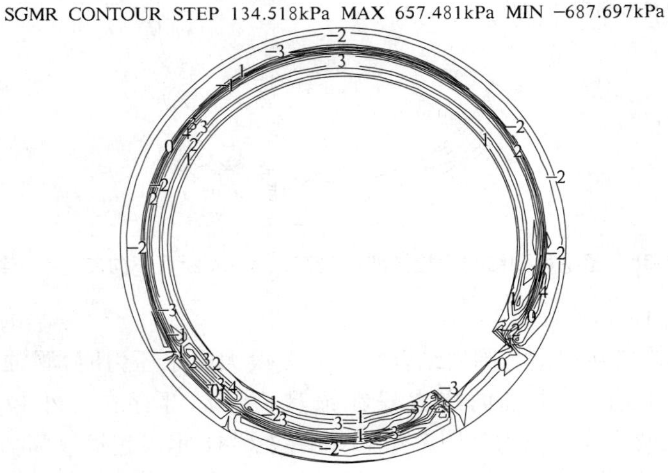

图 7-6-35　超挖衬砌结构段施工期 2（工况二）A—A 断面径向应力等值线分布

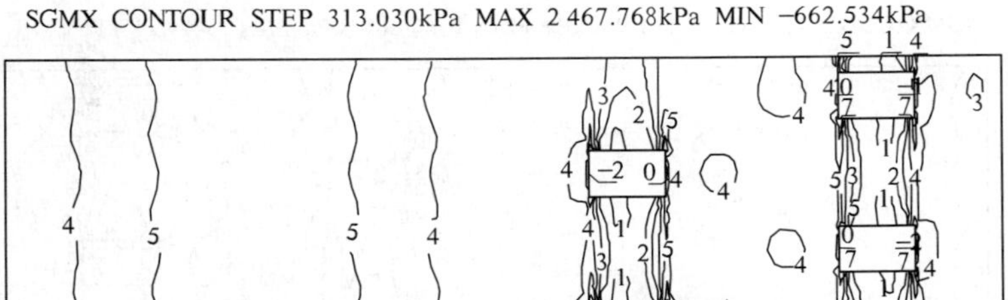

图 7-6-36　超挖衬砌结构段检修期（工况三）衬砌内表面洞轴向应力等值线分布

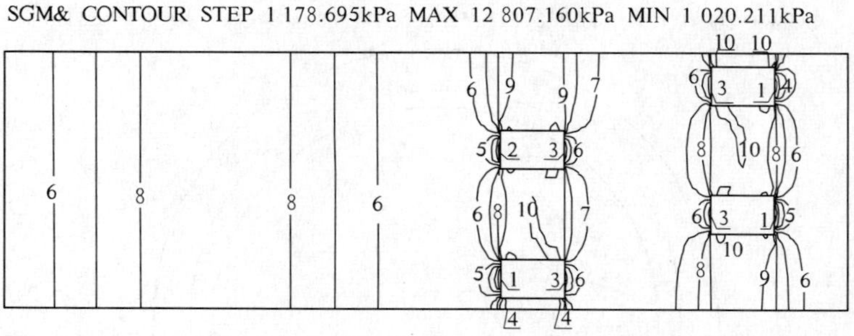

图 7-6-37 超挖衬砌结构段检修期(工况三)衬砌内表面环向应力等值线分布

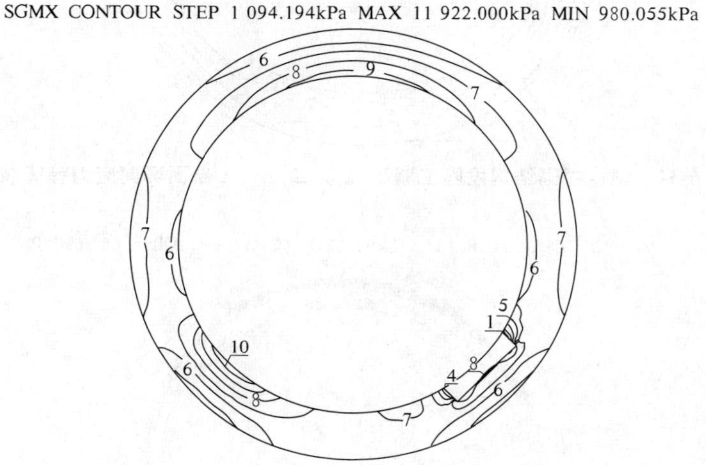

图 7-6-38 超挖衬砌结构段检修期(工况三)A—A 断面环向应力等值线分布

(四)运行期 1

超挖衬砌结构段在衬砌与围岩结合完好并受最大内水压力时,洞轴向应力等值线图见图 7-6-39。图中示出,洞轴向应力只在锚具槽口局部存在较小拉应力,最大值为 0.44MPa,其他区域均为压应力。图 7-6-40 和图 7-6-41 示出超挖衬砌结构段环向应力分布,在衬砌和围岩的共同作用下,衬砌最大压应力为 6MPa,底拱内表面压应力在 0.5 ~ 1MPa,在运行期混凝土结构有较大的安全余度。

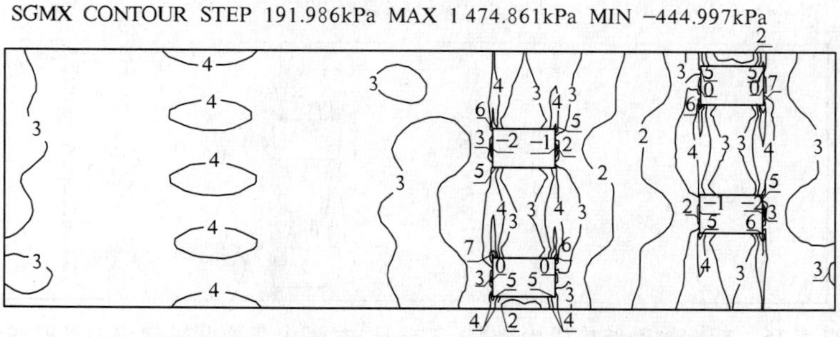

图 7-6-39 超挖衬砌结构段运行期 1(工况四)衬砌内表面洞轴向应力等值线分布

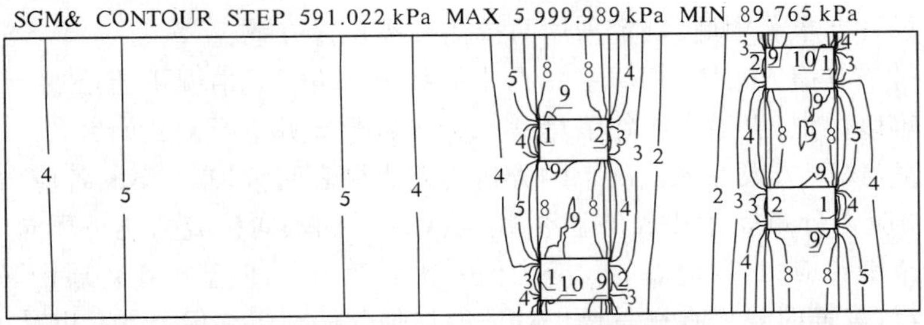

图 7-6-40　超挖衬砌结构段运行期 1（工况四）衬砌内表面环向应力等值线分布

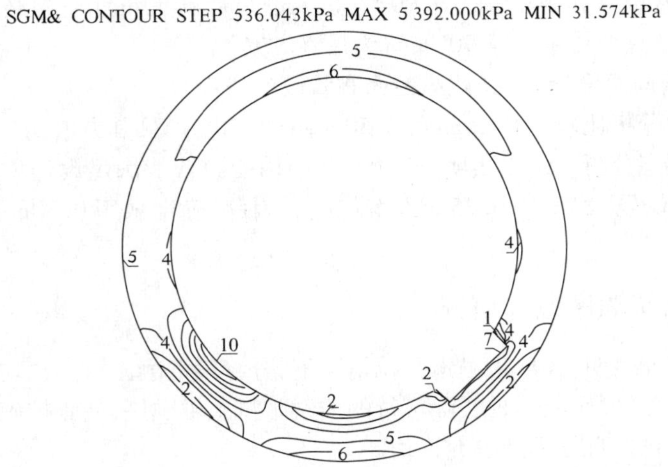

图 7-6-41　超挖衬砌结构段运行期 1（工况四）A—A 断面环向应力等值线分布

（五）小结

对超挖衬砌结构段进行的施工和运行期应力分布研究表明，除单束锚索张拉时洞轴向拉应力较大，可能出现微裂缝，以及较厚衬砌外侧素混凝土出现径向拉应力外，其他情况下的各种状态都基本能满足设计要求。单束锚索张拉的洞轴向拉应力可采用调整施工初次张拉值大小来得到有效减小。张拉施工出现的径向拉应力在接触灌浆以及运行期可以得到缓解或消除。因此，针对小浪底工程排沙洞的实际超挖的尺寸进行分析研究表明，超挖衬砌按标准衬砌结构进行预应力锚索配置和普通钢筋配置是可行的。

四、锚具槽布置设计研究

在结构布置和分析研究过程中，还对锚具槽布置排数和间距进行了详细研究。

（一）锚具槽排数设计研究（即横断面布置设计研究）

曾提出了替代方案的 4 排锚具槽布置和后来的 2 排锚具槽方案。主要是从结构受力状态、施工方便程度等方面进行了分析研究。结果表明，后者较前者减少了衬砌结构横断面的削弱范围，增加了结构整体刚度，另外两排锚具槽方案可以基本解决以往结构出现的不合理的结构应力，特别是洞轴向拉应力已从混凝土材料很难承受的值降为混凝土可以允许的范围,衬砌结构环向应力分布均匀合理,可以有效地与围岩联合抵抗内水压力,结构受力满足设计要求。因此,确定采用两排锚具槽布置方案。

由于两排锚具槽方案中,相邻锚具槽中心线间夹角90°情况下担心衬砌底拱处混凝土浇筑质量难以保证,提出了相邻锚具槽120°布置方案并进行对比研究。

120°方案与90°方案在各工况下的分析研究成果表明,120°方案的各应力分量的分布与90°方案的应力分布规律和成果基本相同,无论是洞轴向拉应力还是环向应力,都有不同程度的小范围拉应力,且前者的拉应力值要比后者稍大,但基本在普通钢筋混凝土可承受的范围,设计配筋时只需在锚具槽口处适度加强配筋即可。120°方案也是可行的,另外90°方案较120°方案更方便施工。

综上所述,两排锚具槽布置选择90°方案无论是从施工角度还是结构受力角度看皆是合适的,设计选择两排锚具槽90°布置为最终方案。

(二)锚具槽间距设计研究(即纵断面布置设计研究)

锚具槽间距分析比较了0.45m和0.50m两种布置方案,其方法仍是采用有限元法对结构进行受力状态分析。结果表明,两种方案结构受力皆能满足设计要求。而投资和工期方面,0.50m布置方案要比0.45m方案优越。因此,确定采用0.50m锚具槽间距布置方案。

五、锚索张拉顺序设计研究

结构分析研究表明,在单束锚索张拉情况下,分缝段混凝土衬砌内均出现较大的洞轴向拉应力,因此有必要研究一种实际可行的锚索张拉施工顺序,使张拉施工过程中混凝土衬砌内的拉应力自始自终不超过允许值。

图7-6-42示出小浪底排沙洞预应力衬砌的一个完整的分块浇筑段锚具槽布置的展开图。A、B、C、D代表前述分缝边界结构段锚具槽的位置示意,E、F、G、H代表前述非分缝边界结构段锚具槽的位置示意。

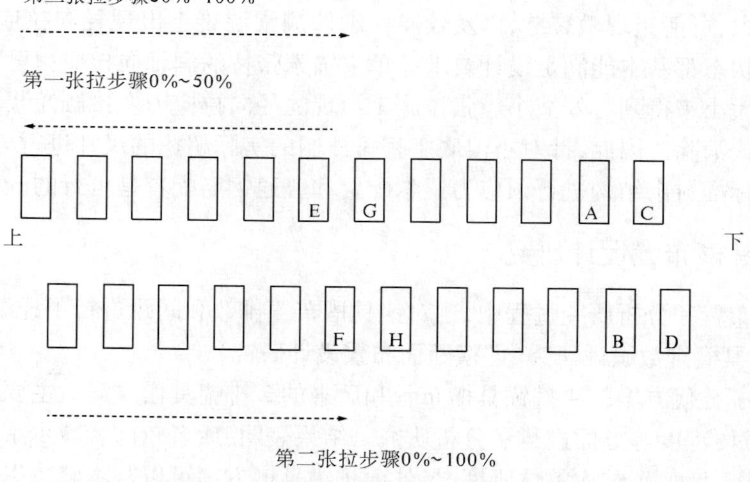

图7-6-42　一个完整混凝土衬砌段的锚具槽张拉工序方案示意

根据分缝边界结构段以及非分缝边界结构段在单束锚索张拉至100%预应力时，结构均出现2.7～4.5MPa拉应力的事实（见图7-6-7等），提出每个锚具槽分两次张拉的方法，每一次张拉50%预应力。

由于非分缝边界结构段在张拉全部完成时（即所有锚具槽张拉力达100%时）洞轴向拉应力很小，仅为0.83MPa（见图7-6-8），因此这种衬砌结构形式关键在于保证相邻锚具槽的张拉应力差，以确保锚具槽的最大洞轴向拉应力尽可能小。确定在张拉过程任何时候相邻锚具槽的张拉力差值不超过50%单束张拉力。这种情况的典型工况是，图7-6-42中当锚具槽E和锚具槽G张拉50%预应力，锚具槽F张拉到100%，锚具槽H不张拉时，洞轴向应力分布见图7-6-43，其中最大洞轴向拉应力为3.1MPa，仅发生在锚具槽口非常局部区域。

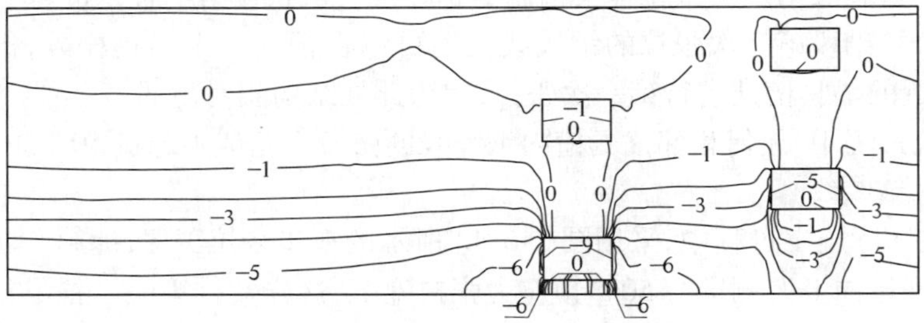

图7-6-43　锚具槽E、G张拉50%，H不张拉，F张拉100%时衬砌内侧面洞轴向应力等值线

对于分缝边界结构段，全部张拉完成后检修期洞轴向最大拉应力达4.5MPa左右，在运用期洞轴向最大拉应力为4MPa，因此对于分缝边界结构段，洞轴向应力的状态较差。图7-6-44示出仅在分缝侧锚具槽单束张拉50%时的洞轴向应力分布，最大洞轴向拉应力为1.1MPa，因此每分块段中第一个锚具槽施工的位置是任意的。在张拉过程中，遵循相邻锚具槽张拉力相差不超过50%单束张拉力，这种情况的典型工况是当锚具槽A不张拉，锚具槽B、D张拉50%，锚具槽D张拉100%时，洞轴向拉应力分布见图7-6-45，最大洞轴向拉应力为3.7MPa，小于运用期可能出现的最大拉应力。

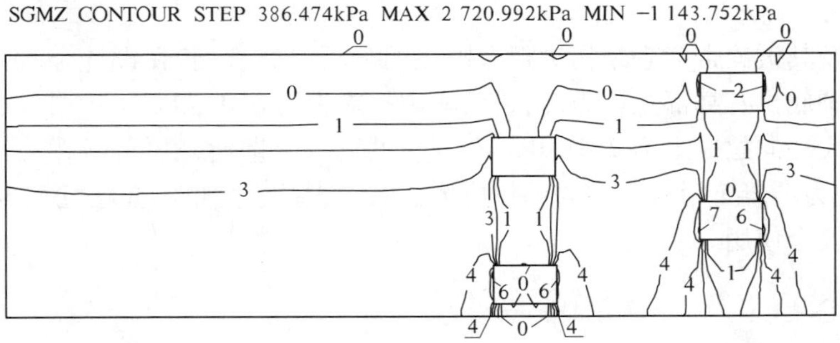

图7-6-44　锚具槽D张拉50%，锚具槽B、C、A均不张拉时衬砌内侧面洞轴向应力等值线

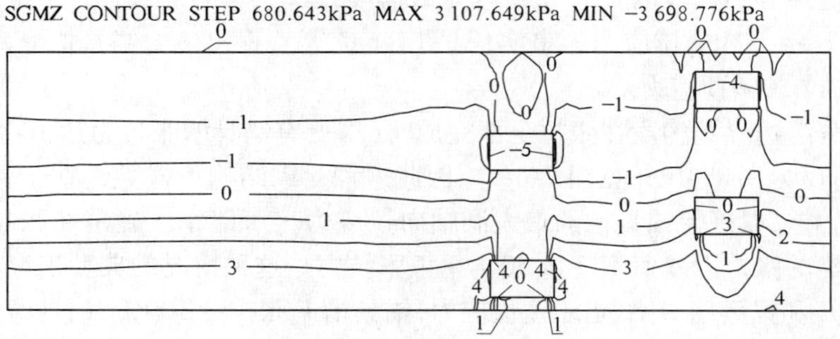

图 7-6-45　锚具槽 B、D 张拉 50%，A 不张拉，C 张拉 100% 时衬砌内侧面洞轴向应力等值线

综上分析可见：

(1)每个衬砌段第一次张拉锚具槽内的钢绞线一次张拉力不宜超过 50% 设计张拉。

(2)每个衬砌段第一次张拉的钢绞线位置可以在任何一个锚具槽处，但是不应从混凝土衬砌附近的锚具槽处进行第一次张拉，因为此处结构相对薄弱。

(3)张拉过程中，任何相邻锚具槽内钢绞线的张拉力差值不超过 50% 单束张拉力(单束指 8 ×7Φ5 钢绞线)。

因此，在实际施工过程中，采用图 7-6-42 所示的三步张拉工序，即第一步为从下游侧左排锚具槽开始向上游侧进行 50% 预应力张拉施工，这样左排第一个锚具槽不是边界第一个锚具槽；第二步为从上游侧右排锚具槽向下游侧进行 100% 张拉并锁定，可以保证任何相邻锚具槽内钢绞线张拉力差值不超过 50% 单束钢绞线的张拉力；第三步是把第一步张拉的锚具槽内钢绞线从 50% 张拉力张拉到 100% 设计张拉力，并锁定。

六、断层及其影响带的结构处理

一般预应力衬砌段围岩按Ⅲ类进行设计，但受 F_{236} 和 F_{238} 断层的影响，使断层及其附近破碎带的围岩低于Ⅲ类。因此，在这些区域的衬砌设计采用了不同的处理措施，除按Ⅳ类和Ⅴ类围岩进行锚喷支护外，在预应力混凝土衬砌外侧设了 60cm 厚的普通钢筋混凝土衬砌环作为围岩加强支护、增加围岩抗力的措施。预应力混凝土衬砌的设计与Ⅲ类围岩相同。

对断层及其破碎带衬砌结构进行有限元的分析研究表明，在设计全水头作用下预应力混凝土衬砌底拱有局部拉应力区，最大环向拉应力为 0.03MPa，此时外层普通钢筋混凝土衬砌的最大环向拉应力为 2.51MPa，有开裂的可能。即使外层普通钢筋混凝土衬砌发生开裂，预应力混凝土衬砌底拱局部拉应力区的最大拉应力也不会超过 1.30MPa，仍可以保证结构的安全使用。

七、结论

通过以上各种情况对双圈无黏结预应力衬砌结构应力分析表明：

(1)两排锚具槽的布置，在洞轴向相邻锚具槽 0.5m 间距，每束锚索由 8 根 7Φ5 钢绞线组成的布置方案是可行的，可以满足排沙洞在施工、检修和运行条件下环向全预应力的设计要求。该项设计优化较 1∶1 模型试验布置减少了总共 430 多个锚具槽及相应约 10% 的钢绞线。

(2)从结构应力角度看,两排锚具槽圆心角 90°和 120°方案都是可行的。

(3)对在施工期锚具槽口出现局部较大拉应力问题,设计可在槽口附近设箍筋解决。

(4)预应力钢绞线张拉施工,可按照图 7-6-42 所示的施工程序进行。

(5)锚具和钢绞线的自身防护措施是衬砌长期预应力得到保证的关键。锚具和钢绞线的防腐施工,必须确保质量。锚具槽回填宜采用微膨胀或无收缩混凝土。

(6)对于检修工况,衬砌中的压应力较大,但并未超过混凝土的承受能力,设计中按构造要求配置普通环向和纵向钢筋。

(7)对于排水幕上游的预应力试验段,在检修工况下要承受最大近 120m 水头的外水压,需在施工试验结束后、锚具槽回填混凝土之前,将钢绞线放松至 30% 设计张拉力,并锁定。

八、与有黏结预应力结构方案的比较

根据以往环锚的研究实践认识到,由于有黏结采用多根钢绞线集中在一个波纹管,摩擦损失大,应力集中;而无黏结方案采用钢绞线单根分别布置在混凝土中,摩擦损失小,应力分布均匀,使得两种预应力方案具有明显的优缺点。

无黏结后张预应力方案与有黏结后张预应力方案比较,主要优点为:

(1)减小了沿程钢绞线的应力波动,形成沿绞线束应力的分布更均匀。

(2)相邻绞线束的应力差异减小,使隧洞纵向应力的分布更均匀。

(3)双圈布置钢绞线使预应力锚索布置更加规则,并减少了锚具槽的个数,即有黏结方案总共需设 9 000 个锚具槽,无黏结方案只需设 5 000 个。

(4)有效减小预应力锚具槽附近小圆弧处的不均匀径向力(约为单圈的 50%)。

(5)省去了穿绞线的工序。(隔河岩和天生桥两工程有黏结预应力衬砌施工实践表明,有黏结方案预留孔道很易堵塞,且穿绞线作业很容易造成不均匀张拉力,甚至绞线断裂)

(6)避免隧洞顶部作业的困难。

(7)锚具槽间距的增加,较好地解决了锚具槽与止水在布置上的矛盾。

(8)具有特殊防腐系统的润滑脂 PE 套管比原方案更耐腐蚀。

无黏结后张预应力方案与有黏结后张预应力方案比较,主要缺点为:

(1)如果锚具夹片松脱,相应绞线的预应力将完全损失。

(2)绞线绑扎工作量大,定位要求较严。

(3)对混凝土级配要求高,振捣困难。

第七节　排沙洞内试验段现场测试数据分析

根据排沙洞后张无黏结预应力衬砌的施工设计要求,在 1 号排沙洞排水幕上游原普通钢筋混凝土衬砌压力洞段的第 9 和第 10 浇筑段,设置总长度为 24.1m 的无黏结预应

力混凝土衬砌生产性试验段，目的是：

（1）确定沿洞纵向设两排锚具槽方案，即槽中心线间圆心角为90°和120°钢绞线张拉施工的实际性能。

（2）通过混凝土应力和应变测试成果分析，确定施加预应力的效果，并验证锚具的工作性能。

（3）观察张拉前和张拉期间混凝土衬砌是否会产生裂缝，并验证所定的张拉施工顺序是否可行。若衬砌出现裂缝，则应改进措施。

（4）验证设计确定的张拉过程中钢绞线的伸长率和锚具的位移量。

（5）使施工人员熟悉DSI张拉体系、张拉程序及防腐保护与锚具槽回填等技术要求。

试验段钢绞线完全按照设计要求及所定顺序进行布设和张拉，并遵循施工技术要求组织实施。在完成试验后，应将钢绞线的拉力释放到设计张拉力的30%。

一、试验段布置

试验段布置在1号排沙洞排水幕上游普通钢筋混凝土衬砌的第9和第10浇筑段。浇筑段长12.05m，共设24个锚具槽，槽在轴线方向上间隔0.5m，每个槽内有8根7Φ5钢绞线，每根绞线环绕两圈后回至槽中锁定。图7-7-1（a）和图7-7-1（b）示出两排锚具槽圆心角90°方案的钢绞线布置示意图。

第9浇筑段的两排锚具槽中心线的圆心角为90°，第10浇筑段的两排锚具槽中心线间的圆心角为120°。

在衬砌内层与外层，另布设环向钢筋Φ20@250mm和纵向钢筋内侧Φ20@250mm和外侧Φ20@288mm。

二、测试仪器布置及测试

（一）测试目的

（1）测量钢绞线沿程预应力分布和混凝土非预应力钢绞线的预压应力。

（2）测定预应力损失。

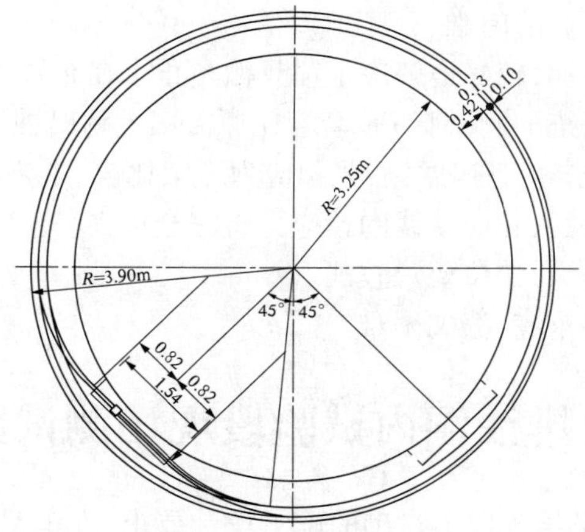

图7-7-1（a）　**两排锚具槽圆心角90°方案的典型衬砌钢绞线布置示意**　（单位：m）

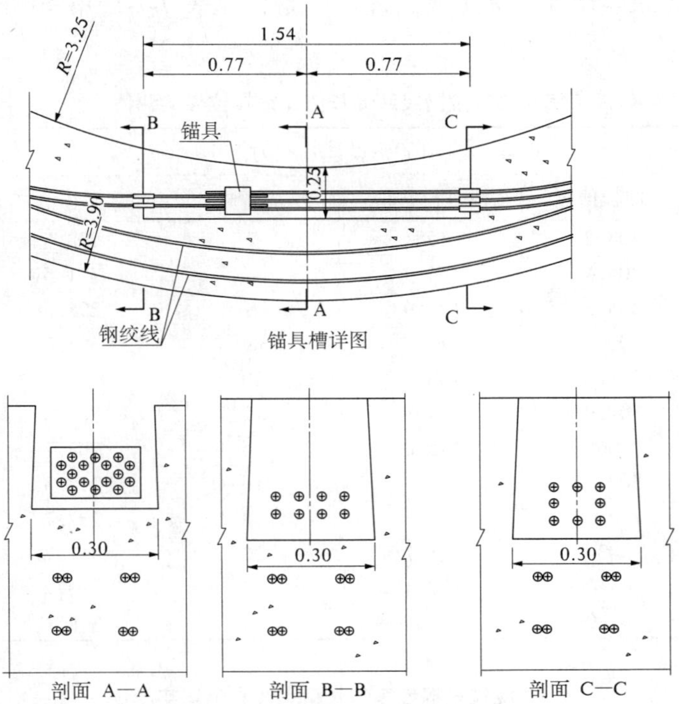

图 7-7-1(b)　**锚具槽钢绞线布置详图**　(单位:m)

(3)观察因张拉引起的隧洞衬砌径向变形。

(4)记录衬砌混凝土温度变化,测量温度应力。

(5)测量因张拉引起的岩石和衬砌之间的缝隙宽度。

(二)测试仪器类型

在试验段共安装了 7 种仪器,它们是:混凝土应变计、零应力计、钢筋计、收敛计、测缝计、锚具应变计以及在锚具槽内和 2π 处安置的钢绞线应变计。

在每根钢绞线张拉的每个步骤完成并锁定后，对埋在混凝土中的所有仪器(钢筋计、混凝土应变计、零应变计及测缝计)进行读数:

左侧锚具槽,0% ~50%设计荷载

右侧锚具槽,0% ~100%设计荷载

左侧锚具槽,50% ~100%设计荷载

对于装有锚具焊接应变计和钢绞线应变计的锚索，加载过程为 0 ~ 100bar,锁定 ~ 200bar,锁定 ~260bar,锁定 ~360bar,锁定 ~460bar,锁定 ~520bar,锁定。每次锁定前后，都要进行应变计读数。

三、试验结果及分析

(一)钢绞线伸长值、锚具位移的测量和分析

1. 测量

钢绞线伸长值是通过测量钢绞线端点至锚具的长度变化来确定的,并通过对千斤顶

活塞行程的测量进行复查。第 9 浇筑段的测量值见表 7-7-1，第 10 浇筑段的测量值见表 7-7-2。

表 7-7-1　第 9 浇筑段钢绞线伸长值和锚具位移实测值（单位：mm）

100% 设计张拉力					
锚索号	伸长值	锚具位移值	锚索号	伸长值	锚具位移值
1	308.2	158	2	298.5	151.6
3	304.4	154.4	4	301.5	156.7
5	303.3	149.9	6	298.6	150.7
7	300.9	143.7	8	305.2	153.8
9	299.6	143.1	10	295	151.8
11	304.9	149	12	307.8	155.7
13	300	145.8	14	303.7	158
15	302.9	141	16	297.3	153.6
17	292.6	137.1	18	287.7	145.1
19	303	141.7	20	311.7	156
21	305.3	137.4	22	302	154.2
23	295.9	146	24	308.1	157.3

表 7-7-2　第 10 浇筑段钢绞线伸长值和锚具位移实测值（单位：mm）

100% 设计张拉力					
锚索号	伸长值	锚具位移值	锚索号	伸长值	锚具位移值
1	297.3	145	2	288.5	143
3	300.1	143.6	4	297.1	148
5	303.3	144.1	6	290.9	144.3
7	301.6	145.3	8	285.4	146.9
9	299.9	141.3	10	294.8	145.1
11	296.3	143.2	12	294.7	151
13	294.9	142.1	14	295.8	148.6
15	301.4	144.2	16	299.8	143.3
17	300.5	144.5	18	286.5	146.6
19	299.3	143	20	291.9	146.4
21	304.2	147	22	299	150.7
23	302.6	145.7	24	307.1	152.8

2. 钢绞线伸长值及锚具位移分析

钢绞线控制张拉力 $\sigma = 75\% \times 1\ 860 = 1\ 395(\text{MPa})$；

锁定前，钢绞线在千斤顶与偏转器之间的张拉应力 σ_1 为

$$\sigma_1 = (1 - 1.01\%)\sigma = 1\ 380.91(\text{MPa})$$

偏转器之后钢绞线的张拉应力 σ_2 为

$$\sigma_2 = (1 - 8.1\%)\sigma = 1\ 282.01(\text{MPa})$$

在千斤顶和偏转器内部钢绞线长度为0.91m，伸长值为ΔL_1：

$$\Delta L_1 = 1/2(\sigma_1 + \sigma_2) \times 0.91/E_s = 6.55 \times 10^{-3}(\mathrm{m})$$

每根7Φ5绕两圈的钢绞线的伸长值ΔL_2和ΔL_3分别为

$$\Delta L_2 = 1/E_s \int_{0.91}^{24.4} \sigma_2 e^{-(\mu/R+k)(x-0.91)} dx = 146.43 \times 10^{-3}(\mathrm{m})$$

$$\Delta L_3 = 1/E_s \int_{24.4}^{47.9} \sigma_2 e^{-(\mu/R+k)(47.9-x)} dx = 146.43 \times 10^{-3}(\mathrm{m})$$

与实测伸长量可比的计算伸长量ΔL：

$\Delta L = \Delta L_1 + \Delta L_2 + \Delta L_3 = 299.4(\mathrm{mm})$

由此可得锚具移动量146.4(mm)。

钢绞线张拉时的伸长量以及锚具移动量的预测结果是令人满意的，表明根据试验选择的钢绞线弹模以及摩擦损失是合适的。

(二)预应力锚索张拉后混凝土应力分布

1.测量

根据实测到的张拉引起的应变值，得到混凝土应力值见表7-7-3。表中应力值以压为正。

表7-7-3　　预应力锚索张拉引起的混凝土应力

断面	内外	仪器位置和量测值(MPa)							
L(第十浇筑段中部)	外	S-1L	R-1L	S-3L	R-3L	S-5L	R-5L	S-7L	R-7L
		5.96	6.64 (40.82)	5.66	5.98 (36.81)	5.11	5.47 (33.66)	5.16	5.17 (31.77)
	内	S-2L	R-2L	S-4L	R-4L			S-6L	R-6L
		5.73	5.84 (35.94)	8.24	9.1 (56.02)			6.02	6.66 (40.94)
C(第九浇筑段中部)	外	S-1C	R-1C	S-3C	R-3C	S-5C	R-5C	S-7C	R-7C
		4.21	5.15 (31.70)	5.52	5.33 (32.81)	5.84	6.12 (37.64)	4.78	5.13 (31.56)
	内	S-2C	R-2C	S-4C	R-4C			S-6C	R-6C
		5.29	6.37 (39.17)	9.99	10.57 (64.99)			6.32	6.91 (42.50)
G(第九浇筑段端部)	外	S-1G	R-1G	S-3G	R-3G	S-5G	R-5G	S-7G	R-7G
		4.19	5.63 34.63	4.76	5.05 (31.07)	3.84	4.59 (28.24)	4.18	4.07 (25.00)
	内	S-2G	R-2G	S-4G	R-4G			S-6G	R-6G
		4.53	5.57 (34.27)	9.04	10.04 (61.74)			6.03	6.65 (40.88)

注：S为混凝土应变计，R为钢筋应变计。

表7-7-3的应力值结果表明，同一部位不同截面得到的混凝土应力值相差较小。测试结果的可信度较高。

2. 有限元计算

由标准断面(即不考虑超挖影响)和考虑超挖影响条件下张拉结束时混凝土预压应力,有限元方法计算环向应力结果相应测试仪器处的应力值列于表7-7-4。断面L指相邻锚具槽夹角为120°方案,断面C、G指相邻锚具槽为90°方案。表7-7-2与表7-7-3的测试结果比较表明,标准断面的计算结果高于测试压应力值,但超挖断面的有限元计算结果与实测结果是一致的。说明数值分析方法可以很好预测结构的应力状态。

表7-7-4　有限元分析的混凝土应力值　(单位:MPa)

断面L 65cm	位置	S-1L	S-2L	S-3L	S-4L	S-5L	S-6L	S-7L
	混凝土应力	7.6	7.6	6.7	8.7	4.9	7.6	7.6
断面C,G 65cm	位置	S-1C,G	S-2C,G	S-3C,G	S-4C,G	S-5C,G	S-6C,G	S-7C,G
	混凝土应力	6.6	7.3	5.8	10.2	5.1	6.4	6.4
断面C,G 90cm	位置	S-1C,G	S-2C,G	S-3C,G	S-4C,G	S-5C,G	S-6C,G	S-7C,G
	混凝土应力	4.8	5.6	4.3	7.5	4.4	5.6	4.8

3. 试验量测数据与有限元分析结果比较

通过试验量测数据(见表7-7-3)与有限元分析结果(见表7-7-4)对比,可以得出:

(1)通过对L断面的120°锚具槽与C、G断面90°锚具槽的模型试验量测结果比较,L断面的环向混凝土应力稍好于C、G断面,表现为应力均匀性好,压应力绝对值大,这与有限元计算分析结果是一致的。

(2)实际厚度(偏大)混凝土的应力值低于衬砌厚度65cm的计算值,主要是由于超挖引起衬砌混凝土较大厚度导致的,但应力分布是相符的。断面C、G的应力测值与相应考虑超挖后90cm厚度衬砌混凝土的计算值相近是合理的。主要是由于:

a. 在第9浇筑段中C断面和G断面的混凝土衬砌的平均厚度分别为1.15m和1.26m,通常在混凝土衬砌所形成的压应力随衬砌厚度的增加而降低;

b. 在设计计算中,无黏结预应力钢绞线的摩擦系数是0.05,而根据DSI的试验分析得到实际摩擦系数是0.032;

c. 在设计计算中,千斤顶和偏转器的摩擦损失是12%,根据DSI和小浪底的现场试验,摩擦损失是9%。

实际预应力效率的提高,弥补较大超挖引起混凝土应力减小的不足。

(3)结果分析表明,预埋仪器的测试结果是合理的。

(4)由于温度而引起的张拉力可能减弱预张拉引起的混凝土压应力的效率,在最不利工况计算结果表明,混凝土内侧面最小储备的预压应力达1.0~2.0MPa,是可以抵消由于温度引起混凝土衬砌中的拉应力的。

(三)测缝计的测量

在第9浇筑段和第10浇筑段埋置了多个测缝计,测缝计在剖面中的位置以及在锚索张拉完成时岩石与混凝土接触面的张开程度见表7-7-5。由表7-7-5可见,绝大多数接触面都已经不同程度地张开。并且顶拱和底拱处缝的张开比其他部位张开量要大得多,可推算出顶拱和底拱的最大收敛值达 2.53mm。

表 7-7-5　　断面 ST1 测缝计测量结果

仪器	张拉前			张拉后			缝宽(mm)
	Hz	με	T(℃)	Hz	με	T(℃)	
J-1C	2 254.38	7 668.3	19.9	2 267.96	7 758.7	24.0	0.73
J-2C	2 242.92	7 593.0	18.4	2 243.91	7 537.4	21.8	0.05
J-3C	2 355.39	8 346.9	18.5	2 383.09	8 538.5	22.0	1.63
J-4C	2 341.32	8 250.7	18.6	2 341.18	8 249.8	22.7	-0.01
J-1F	2 420.57	8 800.3	20.3	2 436.70	8 913.7	22.9	0.95
J-2F	2 258.89	7 690.8	19.4	2 261.55	7 716.4	21.2	0.15
J-3F	2 306.17	8 012.4	19.2	2 333.85	8 198.5	21.3	1.58
J-4F	2 286.94	7 884.7	19.5	2 291.85	7 914.7	21.7	0.27
J-1L	2 281.98	8 751.7	20.9	2 298.99	7 964.3	19.6	0.93
J-2L	2 326.00	8 144.7	19.8	2 330.95	8 181.2	19.2	0.25
J-3L	2 025.10	6 235.9	20.0	2 025.58	6 238.7	18.3	0.02
J-4L	2 110.99	6 755.3	20.5	2 113.78	6 772.6	19.6	0

（四）裂缝分析

1. 第 9 浇筑段在张拉过程中裂缝情况

第 9 浇筑段的第一次张拉是张拉第 21 号、第 19 号、第 17 号、第 15 号和第 13 号锚具槽，这 5 索预应力束张拉之后，出现 3 条裂缝，详见图 7-7-2。

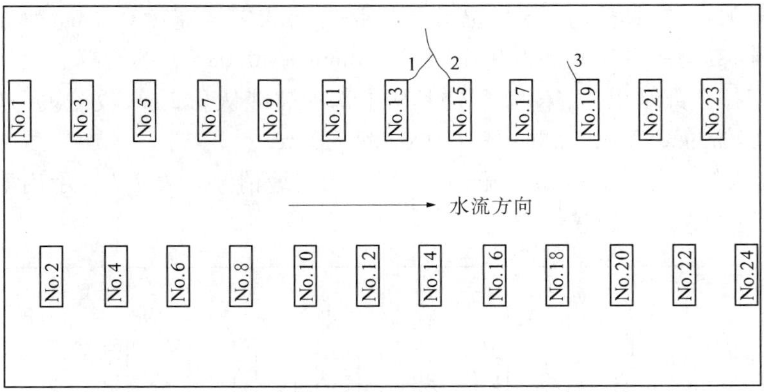

图 7-7-2　第 9 浇筑段裂缝示意

在第 13 号锚具槽的右上角和第 15 号锚具槽的左上角出现了裂缝，并且彼此连在一起，大约延伸 2.5m 长。第三条裂缝出现在第 19 号锚具槽的左上角，裂缝非常短并且很细。在续后的张拉期和完成张拉之后，没有出现新的裂缝。

2. 第 10 浇筑段在张拉过程中裂缝情况

(1) 张拉前裂缝检查：在张拉开始前，对第 10 浇筑段进行了裂缝检查，发现存在三条裂缝，其位置见图 7-7-3。

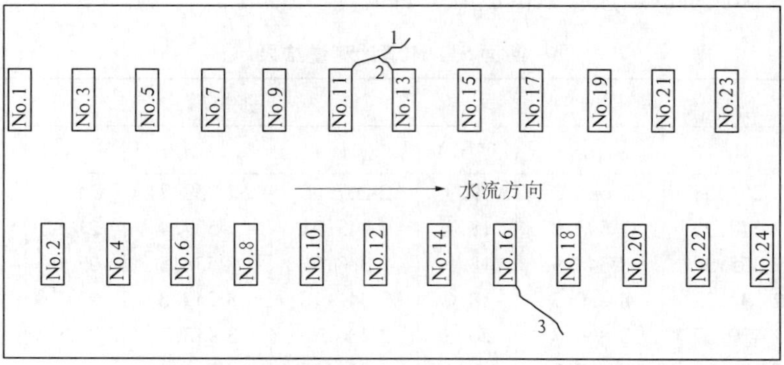

图 7-7-3　张拉前第 10 浇筑段裂缝发展状态

第一条裂缝，从 11 号锚具槽的右上角发展，长 150mm，宽 0.2mm；第二条裂缝，从 13 号锚具槽的左上角发展，长 100mm，宽 0.1mm，并与第一条裂缝的中间相交；第三条裂缝，从 16 号锚具槽的右上角发展，长 710mm，宽 0.1mm。

（2）第一轮张拉中出现的裂缝。

第 10 浇筑段分三轮张拉，在第一轮张拉程序中，当 9 号锚具槽张拉后，左上角出现一条长 0.2m、宽 0.08mm 的裂缝。在张拉相邻的第 11 号锚具槽时，这条裂缝没有开展和闭合现象。

第 13 号锚具槽张拉后，原来裂缝保持不变，但出现一条新的裂缝，位于 12 号锚具槽的上边缘。

当张拉第 15 号锚具槽时，16 号锚具槽从张拉前的裂缝宽度 0.1mm 增加到 0.2mm；另外在 15 号锚具槽的左上角新产生一条长 200mm、宽 0.08mm 的裂缝。

第一轮张拉全部结束时，第 12 号锚具槽上部的裂缝从 0.2mm 收缩短到 0.021mm，第 16 号锚具槽上部的裂缝从 0.2mm 缩小到 0.04mm。

图 7-7-4 为第一轮张拉完成后第 10 浇筑段的裂缝情况。表 7-7-6 示出第一轮张拉结束时，所有裂缝的长度和宽度。

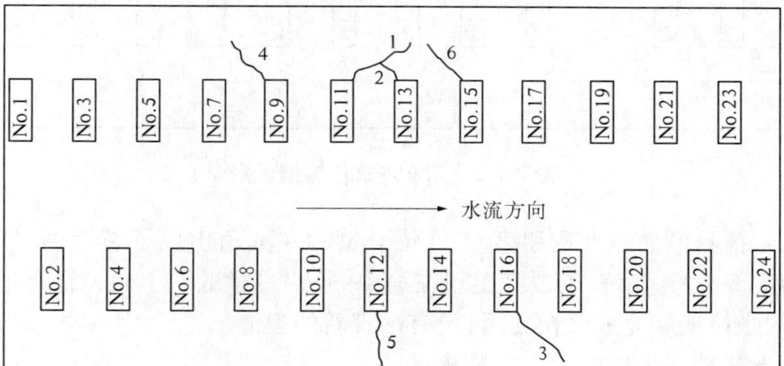

图 7-7-4　第 10 浇筑段第一轮张拉完成后的裂缝情况

表 7-7-6　　第 10 浇筑段第一轮张拉完成后裂缝长度和宽度

裂缝号	锚具槽号	裂缝长度（mm）	宽度(mm)
1	11	150	0.2
2	13	100	0.1
3	16	700	0.04
4	9	200	0.08
5	12	715	0.02
6	15	200	0.08

(3)第二轮张拉中的裂缝发展。

第二轮张拉过程中没有新的裂缝产生。

在第 10 号锚具槽内的钢绞线张拉后,在第 13 号锚具槽上的 2 号裂缝(见图 7-7-4)宽度从 0.1mm 压缩到 0.04mm。

随着第 12 号锚具槽钢绞线张拉的完成,在第 11 号锚具槽的 1 号裂缝宽度从 0.2mm 压缩到 0.02mm,第 12 号锚具槽的 5 号裂缝的宽度从 0.02mm 张开至 0.2mm。第 10 浇筑段第二轮张拉完成后裂缝长度和宽度见表 7-7-7。

表 7-7-7　　第 10 浇筑段第二轮张拉完成后裂缝长度和宽度

裂缝号	锚具槽号	裂缝长度（mm）	宽度(mm)
1	11	500	0.02
2	13	100	0.04
3	16	1 100	0.10
4	9	200	0.04
5	12	715	0.2
6	15	200	0.04

(4)第三轮张拉过程中的裂缝发展。

在第三轮张拉中,对第 11 号锚具槽的钢绞线张拉至 100% 设计荷载后,产生一条新的 7 号裂缝,位于第 11 号锚具的右下角,长 295mm、宽 0.2mm。

第 10 浇筑段在张拉全部结束时的裂缝状态见图 7-7-5,裂缝的宽度和长度见表 7-7-8。

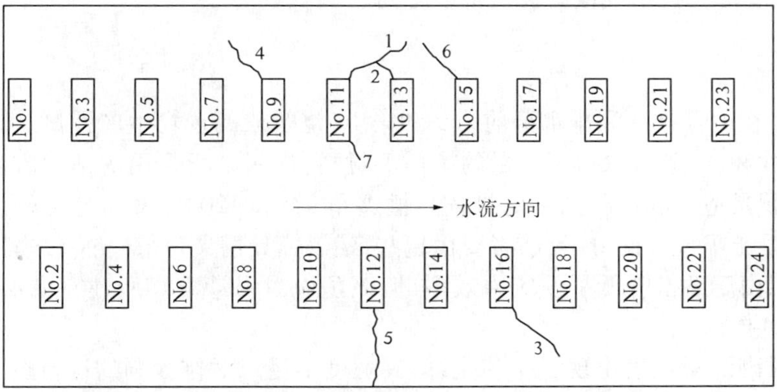

图 7-7-5　第 10 浇筑段张拉全部结束时的最终裂缝情况

表 7-7-8 第 10 浇筑段张拉完成最终裂缝长度和宽度

裂缝号	锚具槽号	裂缝长度（mm）	宽度(mm)
1	11	500	0.10
2	13	100	0.02
3	16	1 100	0.10
4	9	200	0.04
5	12	715	0.10
6	15	200	0.02
7	11	295	0.20

3. 裂缝分析

根据观察和仪器的监测，裂缝的出现主要是由于衬砌混凝土的温度变化引起的。

在内外表面没有温度差异的情况下，如果不受到约束，在衬砌混凝土里将没有拉应力。但是实际上，衬砌混凝土被岩体和钢筋约束，并且由于不均匀的超挖，使钢筋抑制力不平衡。因此，衬砌混凝土的外表面的张应力大于内表面的张应力。

在内外表面温度有差异的情况下，外表面的温度比内表面的温度要高。在岩体和钢筋的约束之下，衬砌混凝土的外表面处于张拉状态，而内表面处于压缩状态。因此，在张拉完成时，也没有纵向裂缝产生。

沿着水流方向，随着混凝土衬砌段两端距离的增加，约束力变大。因此，在衬砌段的中部形成了混凝土的较大的拉应力，一旦拉应力超出混凝土的抗拉强度，将发生裂缝。

在锚具槽拐角处由于拉应力集中，可能出现裂缝。裂缝发生后，拉应力得以释放，就不会出现新的裂缝。

从温控的角度来看，第 9 浇筑段所使用的混凝土比第 10 浇筑段所使用的混凝土要好。

在第 10 浇筑段后期张拉施工期间，发生了新的裂缝，是后期张拉和温度应力而导致的拉应力造成的。解决的办法是控制衬砌混凝土的温度。当然，第 10 浇筑段出现的裂缝中，裂缝的宽度都在技术规范允许的范围之内。

四、结论

（1）通过在 1 号排沙洞排水幕前第 9 和第 10 浇筑段的现场生产性试验，验证了设计方案的正确性和合理性；取得了大量的第一手材料，证明了所采用的施工方法，特别是张拉工序和步骤是适用和可行的。两排锚具槽夹角 90°和 120°方案皆是可行的，从结构应力分布和混凝土配比方面分析，前者要优越些，建议锚具槽夹角采用 90°方案。

（2）虽然由于超挖降低了预应力效率，但该预应力设计方案所建立的混凝土的预压应力满足设计要求。

（3）在衬砌混凝土里出现了一些裂缝，其宽度不足以对排沙洞的运行造成危害，这些裂缝主要是由于温度引起的。

(4)用于第9浇筑段的混凝土比第10浇筑段的混凝土要好。因此,在排沙洞预应力的衬砌混凝土浇筑时,应优选配合比设计,既考虑抗磨要求,又兼顾混凝土温控,适度增加粉煤灰的含量,以避免混凝土因温度应力过高产生裂缝。

第八节　无黏结预应力衬砌施工技术研究与实践

一、概况

小浪底水利枢纽排沙洞预应力衬砌段原设计为有黏结预应力混凝土结构,衬砌厚度0.65m,选用C40混凝土。在断层破碎带所在预应力衬砌圈的外侧,另设厚度为0.6m的普通钢筋混凝土衬砌圈。有黏结预应力系统包括波纹管、钢绞线、锚具槽及张拉设备。波纹管由薄钢带卷成,管径为90mm,呈环形预埋在衬砌混凝土中,为了提高预应力效果,波纹管靠近混凝土衬砌的外缘布置钢绞线成束穿过波纹管并在衬砌内侧的锚具槽内由锚具锁定,形成封闭的预应力结构。预应力筋采用高强度、低松弛钢绞线,每束由12根公称直径为15.24mm的钢绞线组成,每根钢绞线由7股无涂层、直径为5mm的钢丝组成,并符合美国标准ASTM A416的规定。为使整个混凝土衬砌环中的预压应力分布均匀,选用6个锚具槽在圆形洞断面360°范围内均匀沿纵向错开布置的方案。锚具槽长2.00m、宽0.34m、深0.25m。相邻锚具槽中心间距为0.25m。选用瑞士VSL公司生产的Z6－12型锚具及其配套的张拉设备。为防止钢绞线锈蚀,要求在其放入套管2天内实施张拉,张拉时混凝土应不低于设计要求的强度。张拉完成后7天内,向波纹管内进行灌浆,以防止绞线松弛和锈蚀,从而减少预应力损失,提高其可靠性。

由于有黏结预应力方案存在波纹管易堵塞、穿绞线困难、张拉易滑丝和断丝、材料用量大、施工工艺复杂等缺点,最终选用施工简便可靠、材料用量小、混凝土结构应力条件好、无需灌浆的无黏结预应力方案。

无黏结预应力方案每束由8根公称直径为15.7mm的钢绞线组成,每根钢绞线由7股直径5mm的高强低松弛钢丝组成,全长涂0.5mm厚的防腐油脂,并由1.5mm厚的聚乙烯套管保护。每根7Φ5钢绞线在混凝土衬砌中绕两圈,两层钢绞线的净间距为13cm,相邻锚具槽的中心距为0.5m。锚具槽沿洞纵向排为两行,槽在隧洞中垂线两侧按45°圆心角位置交错布置。后为方便施工,提高底拱混凝土浇筑质量,施工时把锚具槽在隧洞中位置45°改为60°位置交错布置,但修改后方案的结构应力比原45°方案稍差。锚具槽长1.54m,深0.25m,顶宽0.28m,底宽0.3m。由于钢绞线都是单根7Φ5均匀布置,在衬砌中彼此间空隙较小,因此为保证混凝土密实度,将原设计的三级配混凝土(最大骨料粒径80mm)改为二级配混凝土(最大骨料粒径37.5mm)。

二、排沙洞无黏结预应力衬砌混凝土的级配

(一)衬砌混凝土级配

排沙洞衬砌混凝土为C40级混凝土。由于无黏结预应力混凝土衬砌中排列着大量的钢筋和钢绞线,相隔间距很小,原设计的混凝土骨料最大粒径80mm不仅不适应钢绞线

和钢筋间距，而且也不适应混凝土泵管直径（Φ100mm）对混凝土骨料最大粒径的要求。为此将其最大粒径降至37.5mm，而骨料最大粒径的减小，必然使混凝土细骨料及相应胶凝材料增加，导致混凝土温升的增加，因此混凝土配合比在既满足强度的情况下，为避免出现温度裂缝，还应满足排沙洞施工技术规范要求，即衬砌厚度小于1m时，最高允许混凝土温度低于42℃。

（二）锚具槽回填混凝土级配

锚具槽回填混凝土设计为C40无收缩混凝土并要求具有不低于洞衬混凝土的性能，即具有微膨胀和补偿由于体积收缩影响，使体积变化为零性质，其膨胀量控制在$(1.0\sim2.0)\times10^{-4}$。

1. 膨胀剂的选择

比选的两种合格的膨胀剂有瑞士的Sika Intraplast Z型膨胀剂和中国建筑材料研究院生产、河南建筑材料研究设计院经销的UEA膨胀剂，从性能和价格两方面综合考虑选定国产UEA膨胀剂作为外加剂。

2. 最大骨料粒径的确定

根据锚具槽的形状、尺寸，锚具槽内锚具、钢绞线的位置和空隙的大小，采用两种最大骨料粒径为14mm和19mm分别进行试验。最终确定最大粒径为14mm。

3. 膨胀剂UEA掺量的选择

以混凝土28天膨胀量控制在$(1.0\sim2.0)\times10^{-4}$范围，选择UEA掺量。针对UEA掺量分别为0、6%、9%、12%、15%和18%六种情况进行试验研究比较，各种情况的抗压强度以及混凝土龄期与1m混凝土的膨胀量的关系分别见表7-8-1和图7-8-1。由图7-8-1可知，12% UEA掺量的混凝土可以达到设计要求，这种配比的28天抗压强度已达到50MPa。考虑到实际混凝土生产各种指标的波动性，最终选用UEA掺量为13%。

三、锚具槽预应力锚固系统的防腐

水工隧洞要求所使用的锚固系统工作稳定且必须一次成功，在实际施工前，进行了锚具槽预应力锚固系统的防腐专项试验。防腐系统的选择与锚具类型选择是一致的，在确定锚具类型时，邀请了德国DYWIDAG公司和中国柳州OVM公司参加了试验。

表7-8-1　锚具槽回填无收缩混凝土试件抗压强度

试验日期（年-月-日）	配比号	UEA掺量（%）（水泥重量的百分比）	坍落度（mm）	抗压强度（MPa）		
				3天	7天	28天
1998-01-08	B4 – 14/0	0	84	34.3	49.1	58.9
1998-01-13	B4 – 14/6	6	85	34.3	42.2	55.1
1998-01-08	B4 – 14/9	9	95	30.2	40.7	55.2
1998-01-10	B4 – 14/12	12	81	28.8	36.8	50.0
1998-01-10	B4 – 14/15	15	98	24.2	33.3	56.9
1998-01-13	B4 – 14/18	18	107	22.0	28.3	48.8

注：试件在开始14天内浸泡在水中，之后存放在60%湿度的环境中养护。

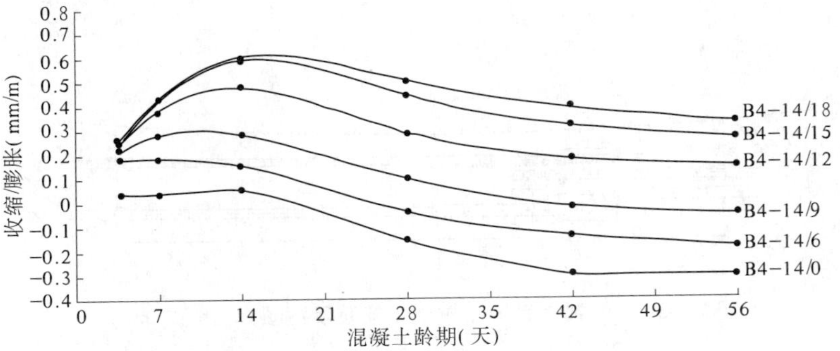

图 7-8-1　锚具槽回填混凝土不同 UEA 掺量情况下试件每米长膨胀或收缩值

试验表明,两种锚具类型所采用的防腐形式均能满足技术规范和图纸的要求。DSI 系统采用单根防腐的新防腐形式,有着保险系数高、锚板受力均匀,一旦单根失效对其他钢绞线不会产生不良影响的优点,但施工困难,人工涂油不易保证质量。OVM 系统采用的是目前国际国内通常使用的防腐形式,将其整个系统分为三块,采用机械式注油,一方面可保证防腐质量,另一方面也可使施工更为简便,但其锚板受力不均匀,整体防腐易由于一根钢绞线失效而对整束钢绞线产生较大的影响。

根据现场试验的结果,小浪底排沙洞预应力衬砌的预应力系统采用 DSI 系统作为锚固及防腐系统。图 7-8-2 为锚具槽内钢绞线张拉准备的示意图,图 7-8-3 为 DSI 锚具就位后进行张拉施工的安装示意图,图 7-8-4 示出 DSI 锚固系统的防腐系统。

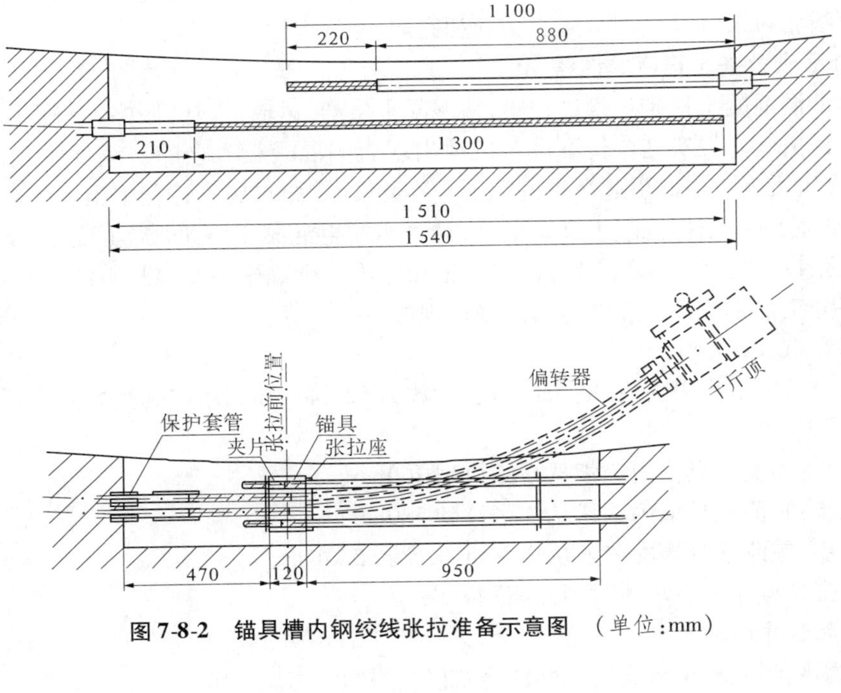

图 7-8-2　锚具槽内钢绞线张拉准备示意图　(单位:mm)

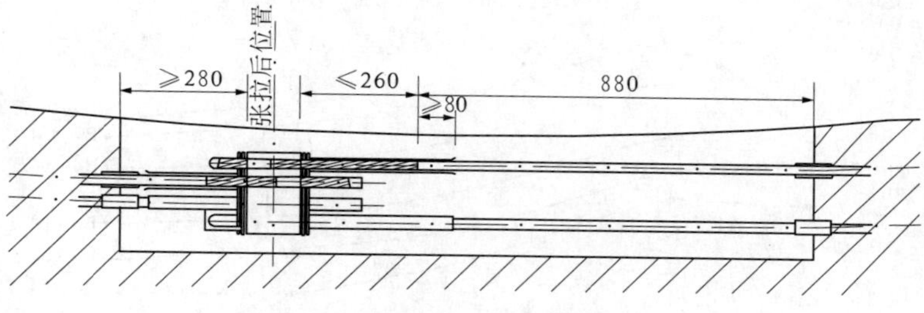

图 7-8-3 DSI 锚固系统张拉施工安装示意图 （单位:mm）

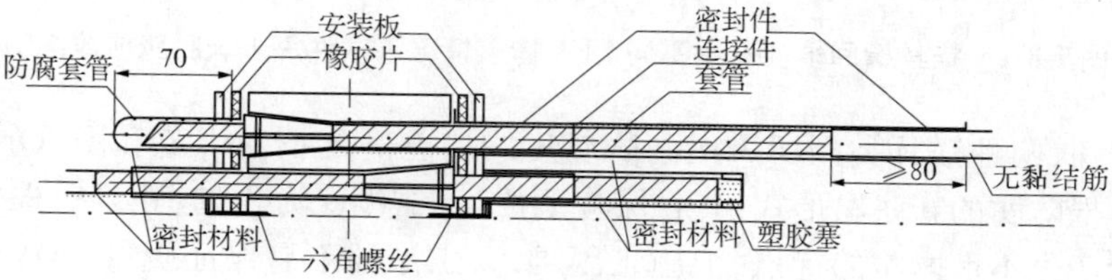

图 7-8-4 DSI 锚固系统的防腐系统 （单位:mm）

四、预应力混凝土衬砌的施工及有关问题分析

排沙洞预应力混凝土衬砌的施工基本按照 1 号排沙洞第 9 和第 10 浇筑段试验的张拉方法进行,并辅以稳妥的施工手段。施工中除由于 1 号排沙洞第 19 段混凝土浇筑出现冷缝,张拉后出现整段断裂,以及有三股钢绞线钢丝断裂外,3 条洞总长 2 000m 预应力衬砌段钢绞线张拉及锚具槽回填施工均顺利完成。

（一）预应力张拉程序的调整

在排沙洞混凝土衬砌浇筑过程中,从混凝土生产、运输、入仓、振捣等一系列工序采用了多种保证措施。但实施中仍不可避免地出现影响混凝土入仓的连续性问题,1 号排沙洞第 19 浇筑段就是由此引起严重的混凝土冷缝,而在张拉施工过程中出现整段断裂。因此,在张拉施工中,根据混凝土浇筑记录,对可能发生混凝土浇筑质量问题的混凝土段采取了分级张拉、拉长张拉间隔的方法来保证预应力的准确施加及混凝土结构的稳定性,其张拉程序分正常张拉程序和调整后的张拉程序。

1. 正常张拉程序

根据设备率定成果,张拉终止压力表读数为 520bar,那么用控制读数方法可设定张拉程序为:

第一步:左侧锚具槽内锚索从 0 张拉到 260bar;

第二步:右侧锚具槽内锚索从 0 张拉到 520bar;

第三步:左侧锚具槽内锚索从 260bar 张拉到 520bar。

以上张拉程序没有具体时间及间隔要求。

2. 张拉程序的调整

对于影响到混凝土入仓连续性的浇筑段,张拉程序调整为:

第一步:左侧锚具槽内锚索从0张拉到260bar;
　　　右侧锚具槽内锚索从0张拉到260bar;
第二步:左侧锚具槽内锚索从260bar张拉到360bar;
　　　右侧锚具槽内锚索从260bar张拉到360bar;
第三步:左侧锚具槽内锚索从360bar张拉到460bar;
　　　右侧锚具槽内锚索从360bar张拉到460bar;
第四步:左侧锚具槽内锚索从460bar张拉到520bar;
　　　右侧锚具槽内锚索从460bar张拉到520bar。

为使每束锚索施加的预应力趋于平衡,确定每一步有一定的时间间隔,但一般不超过24小时。

采用以上措施后,排沙洞钢绞线张拉中混凝土没有出现大的裂缝,张拉施工均较顺利。

(二)张拉过程中个别钢绞线钢丝断裂现象

在三条排沙洞预应力混凝土衬砌段张拉施工中,先后有三根钢绞线发生断丝现象,即每根7Φ5绞线中均有一股Φ5绞线断裂。排沙洞共有4 320束钢绞线,每束钢绞线含有8根7Φ5钢绞线,断丝率为0.004‰。

经研究,断丝发生的原因是由于液压千斤顶中的工具锚夹片受力不均匀产生的。在工具锚的三片夹片中,有一片或两片因齿牙被磨平而更换为新的夹片,导致三片夹片的齿牙高度及牙尖部位半径不一,对钢绞线各股钢丝的夹紧力不均造成。由于工具锚夹片寿命平均为2 000次,因此可以采用同时更换三片夹片来避免断丝现象的发生。由于是单股钢丝的断裂,故未对预应力混凝土整体受力造成大的影响。

(三)试验观测结果分析

为了解排沙洞在无黏结钢绞线张拉后混凝土衬砌的应力、钢筋应力以及锚具应变计观测值随时间变化的情况,对1号排沙洞内试验段和室外1:1无黏结预应力试验模型所安装的仪器进行为期三个月和一年的原型观测。

1.混凝土应力分布

根据1号排沙洞试验段仪器测试,钢绞线张拉完成产生的混凝土压应力为6.7MPa。混凝土压应变随时间延长呈增长趋势,大约经过一个月其应变基本趋于稳定,3个月内应变增量为7%。

在室外1:1无黏结预应力试验模型中,从1997年7月11日预应力张拉试验完成到1998年6月12日时隔近一年的测值表明,混凝土压应变增加了22%,钢筋的压应力增加了24%。

2.钢筋应力分布

试验段中由预应力钢绞线产生的钢筋压应力为45.2MPa。施加预应力后,钢筋应力在一个月内趋于稳定,3个月内钢筋应力增加了14.5%。

3.锚具应变计观测值

根据试验段中13个锚具应变计锁定前后的观测值分析,锁定损失为16.6%。锁定后锚具平均应变为432.1με,经过三个月的观测,预应力损失有如下规律:第一天损失

2.7%,第二天累计损失 4.2%,第 28 天累计损失 5.8%,三个月损失 6%。

可见,随时间的推移,钢绞线预应力有较明显的损失,主要包括钢绞线自身的松弛损失及混凝土衬砌在预应力作用下的徐变所引起的钢绞线预应力损失。混凝土徐变使钢绞线张拉力减小,混凝土压应力减小,混凝土压应变增大,普通钢筋压应力增大。实测在 3 个月内钢绞线由于混凝土徐变以及钢绞线松弛引起张拉力减小了近 6%。与设计预测值 10%(5% 为钢绞线松弛引起,5% 为混凝土徐变引起)相比还有 4% 的余度。随时间增长,预应力损失值还会增大,但将渐趋稳定,设计预估值和实际损失值是接近的。

(四)洞内试验段钢绞线张拉力的放松

在 1 号排沙洞第 9 和第 10 浇筑段进行了现场预应力张拉试验。考虑今后排沙洞在外水压力的作用下运用,该试验段试验完成后其钢绞线张拉力必须放松到设计试验值的 30%,然后锁定并用无收缩混凝土回填锚具槽。

第九节　运行观测及安全性评价

从排沙洞泄水运用的实践证明,排沙洞后张法钢绞线双圈无黏结预应力衬砌的设计和施工满足了各项设计预定技术要求,符合设计意图。另外,排沙洞洞内表面平整,除工作门后水舌冲击处部分墙体混凝土有少量粗骨料裸露已修补外,其他处基本没有磨损痕迹,预应力衬砌段部分锚具槽渗油问题处理已取得较好的试验效果,除有少量缝隙外,其他处均无裂缝裂隙。2002 年 7 月排沙洞参与黄河首次进行的调水调沙试验,在 2003 年库水位达 265.69m 情况下,其运行情况正常,排沙洞的设计是成功的。

第十节　结　语

通过无黏结预应力混凝土衬砌的研究与应用可以看出,无黏结预应力方案的混凝土衬砌受力均匀合理,能充分发挥材料的性能,施工简便,长期预应力有保障,造价也较低。

(1)由于无黏结预应力钢绞线是逐根(7Φ5)均匀分布在隧洞衬砌内的,混凝土衬砌内也必然能建立起较均匀的压应力。并且每根预应力钢绞线放入充油脂的 PE 套管内,张拉时摩擦系数小,从本章第六节和第七节对室外模型试验的分析研究表明,单位钢绞线在混凝土衬砌中建立的平均有效压应力较有黏结方案约大 20%(试验)和 15%(分析)。

(2)在衬砌结构中的锚具槽回填二期混凝土因未受预压应力影响,而成为预应力衬砌的薄弱区。无黏结方案锚具槽间距较大,槽的数量少,故其薄弱部位少,结构整体性能好,钢绞线张拉时对临近锚具槽影响相对较小,且所有锚具槽均布置在起拱线以下,混凝土回填质量易于保证。

(3)无黏结方案由于每束钢绞线(8 根 7Φ5)间距相对较大,因此绞线和锚具数量较有黏结方案大为减少,降低了工程造价,可使有黏结方案的近 9 000 个锚具槽减少为现在的 4 320 个,仅此一项就节约投资 1 000 多万元。

(4)无黏结方案在浇筑混凝土前预埋钢绞线,因此节省穿索、灌浆等工序。而有黏结筋方案结构上部的三个锚具槽中钢绞线的张拉及混凝土回填工作十分困难,且在整体张拉时,由于钢绞线受力不均匀,易产生断丝现象,需逐根预紧钢绞线,施工程序繁杂对工期不利。

(5)无黏结方案的钢绞线每根7Φ5采用PE套管内充油脂包裹,因此钢绞线在运输、存储时防腐有保证,在混凝土内的防腐也较可靠,但其防腐的关键在于如何解决锚具槽处裸露钢绞线的防腐问题。在小浪底工地进行了德国DSI公司的单根钢绞线防腐和中国柳州OVM厂的整体防腐工艺性试验,试验结果表明,两种防腐形式都是可行和可靠的。

(6)双圈缠绕钢绞线无黏结预应力衬砌技术在小浪底泄洪排沙洞中的成功应用不仅填补了我国该项技术的空白,而且使我国此项技术研究、设计和施工应用水平跻身于国际先进行列。

(7)该项技术为高含沙、多泥沙河流上类似工程的设计和实施提供了宝贵的经验,具有深远的社会效益、广泛的实用性和推广应用价值。

在国内外的许多有压水工隧洞中,经常采用有黏结筋预应力混凝土衬砌的结构形式。主要是由于人们认为有黏结筋经张拉灌浆后预应力是有保障的。而无黏结筋仅靠锚具夹片锚固,其长期预应力是否有保障是大家最为担心的。技术的发展在解除人们这种担心的同时,给工程带来的是更经济合理可靠的结构形式。随着无黏结预应力混凝土衬砌技术的广泛采用,反过来会推动其施工技术和防腐等措施的不断完善和发展。

第八章　正常溢洪道设计

第一节　概　述

小浪底水利枢纽是以防洪(包括防凌)、减淤为主,兼顾供水、灌溉、发电,蓄清排浑、除害兴利的大型综合性水利工程。主体建筑物包括主坝、副坝、泄洪排沙建筑物、引水灌溉洞、发电洞和地下厂房等,其中正常溢洪道位于集中布置于左岸的泄水、引水建筑物群的最左侧。

水库正常蓄水位275m,设计洪水位274m,校核洪水位275m,总库容126.5亿m^3,最大坝高160m,工程等别为一等,正常溢洪道为1级永久建筑物。水库设计洪水标准为千年一遇,校核洪水标准为万年一遇,要求在校核洪水位时枢纽总泄流能力不小于17 000m^3/s,正常溢洪道的泄流能力不小于3 700m^3/s,并具有一定的超泄能力。

根据枢纽任务及总体布置要求,溢洪道堰顶高程可在253~260m高程选取,优化设计阶段对宽顶堰、WES低堰、IF低堰、不同闸孔数、不同堰顶高程方案进行比较的结果表明,采用宽顶堰、堰顶高程258m的三孔闸方案最优,它不仅施工简便,而且工程量较其他两种堰型分别减少混凝土1 500m^3、石方开挖2万m^3。

正常溢洪道于1992年8月完成招标设计,1998年4月完成施工详图设计。

第二节　工程地质和水文地质

一、工程地质

正常溢洪道的进口位于风雨沟的左侧,该部位出现的T_1^{6-1}岩组以厚层、巨厚层状泥质粉砂岩为主,岩性较软,岩体结构较为完整,但抗风化能力很低,遇水易膨胀,失水易崩解。

沿线出露的较大断层有F_{240},走向81°~105°、倾向SE~SW、倾角85°左右,在溢洪道桩号约0+780m处与溢洪道相交,交角约35°,宽度1~2m,对正常溢洪道边坡的稳定有影响。

进口控制闸基础位于T_1^{5-3}岩组底部,主要为中厚层状硅钙质细砂岩,与钙泥质粉细砂岩互层,该部位没有较大规模的断层发育。同时,由于闸基位于"T字形"山脊的交会部,山体厚实,基岩厚度近30m,岩体质量受风化卸荷因素的影响很小。根据相同地质资料类比,正常溢洪道闸基岩体的力学指标按平行于层面的弹性模量E_S=13.0GPa、垂直于层面的弹性模量E_S=10GPa、平行于层面的变形模量E_0=8.8GPa、垂直于层面的变形模量E_0=7.2GPa取值,岩体单轴抗压强度R_a=65.0MPa,岩体抗剪强度f=0.91,c=1.0MPa取值。

根据 T_{621} 钻孔压水试验资料，孔深 18.75m(高程 265m 以上)范围内，单位吸水量为(0.106 ~ 0.19)L/(min·m·m)，属中等透水，说明表面岩层有风化卸荷变形。据 TZ_{38}、TZ_{39} 套钻孔资料，在 T_1^{5-1} 顶部 2.56 ~ 2.79m 可能有一层厚度为 3 ~ 14cm 的泥化夹层。在正常溢洪道出口部位消力塘上游边坡的开挖过程中，高程 174m 处发现有一层泥化夹层，对溢洪道出口边坡的稳定有影响。

坝址区基本烈度为 7 度，正常溢洪道为 1 级建筑物，设计烈度为 8 度。

二、水文地质

水库蓄水前，正常溢洪道所在山体的地下水位为 130 ~ 140m，其进口开挖高程为 255.5m，出口开挖高程为 170m，均在地下水位线以上。

第三节　正常溢洪道布置

正常溢洪道布置在泄水、引水建筑物群的左侧，中心线走向 NE116.2°，穿过瓮沟、葱沟和溪沟之间的分水岭，全长约 990m，由进口引渠、控制闸、泄槽和挑流鼻坎四部分组成，见图 8-3-1、图 8-3-2。

一、进口引渠

进口引渠段桩号为 0 - 068.0m ~ 0 + 000.0m，引渠将库水平顺地引入控制闸。进口渠底高程 258m，采用混凝土直立边墙护坡，墙厚 1.0m 和 0.6m，墙上设排水孔，排水孔孔径 40mm，排距 1.5m，行距 2.0m，伸入基岩 2.0m。引渠底部采用混凝土现浇板，伸缩缝间距 13 ~ 15m，缝间不设止水。

二、控制闸

控制闸段桩号为 0 + 000.0m ~ 0 + 040.0m，堰型采用近似宽顶堰的宽顶折线堰。由于溢洪道有超泄要求，所以不设胸墙。闸室共 3 孔，单孔净宽 11.5m，设弧形工作门。闸室结构采用双“U”形边孔加“-”形中孔底板的形式，闸墩厚 3.2m，高 22m，底板厚 3.0m，闸室进口前缘总宽 40.90m。

控制闸的上部结构布置主要包括上游侧的 9 号交通桥，桥面宽 9.0m，桥面高程 282m，与 19 号公路相接；下游侧的 10 号工作桥，宽 1.8m，桥面高程 280m。两座桥均为钢筋混凝土结构。

三、泄槽

泄槽段桩号为 0 + 040.0m ~ 0 + 915.72m。泄槽纵坡的确定根据泄槽内水流平顺、水面线平稳的原则，并结合地形尽可能减少开挖和回填的工程量。通过优化调整将初步设计阶段的三级纵坡变为四级纵坡，并经水工模型试验验证表明，调整纵坡后的泄槽水面线平稳，流速分布均匀，压力分布正常，泄槽体形设计合理。四级纵坡 i 分别为：

(1)桩号 0 + 040m ~ 0 + 140m　　$i = 0.1$；

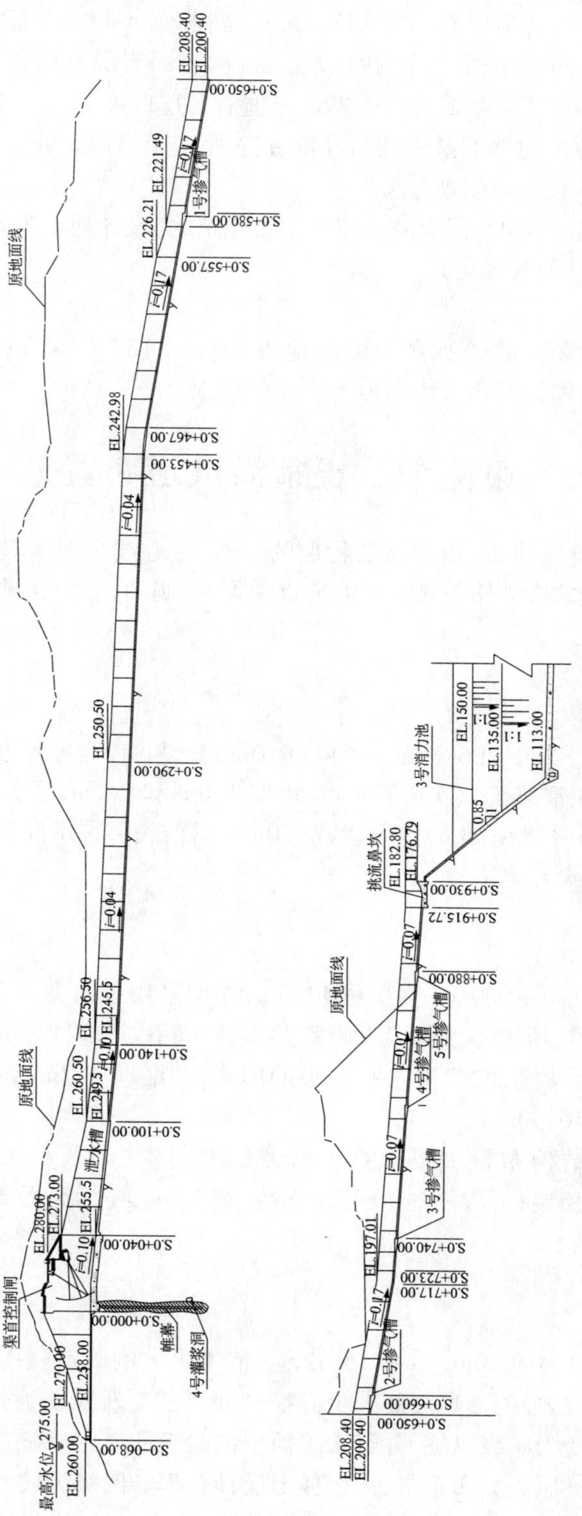

图 8-3-1　正常溢洪道纵剖面图（单位：m）

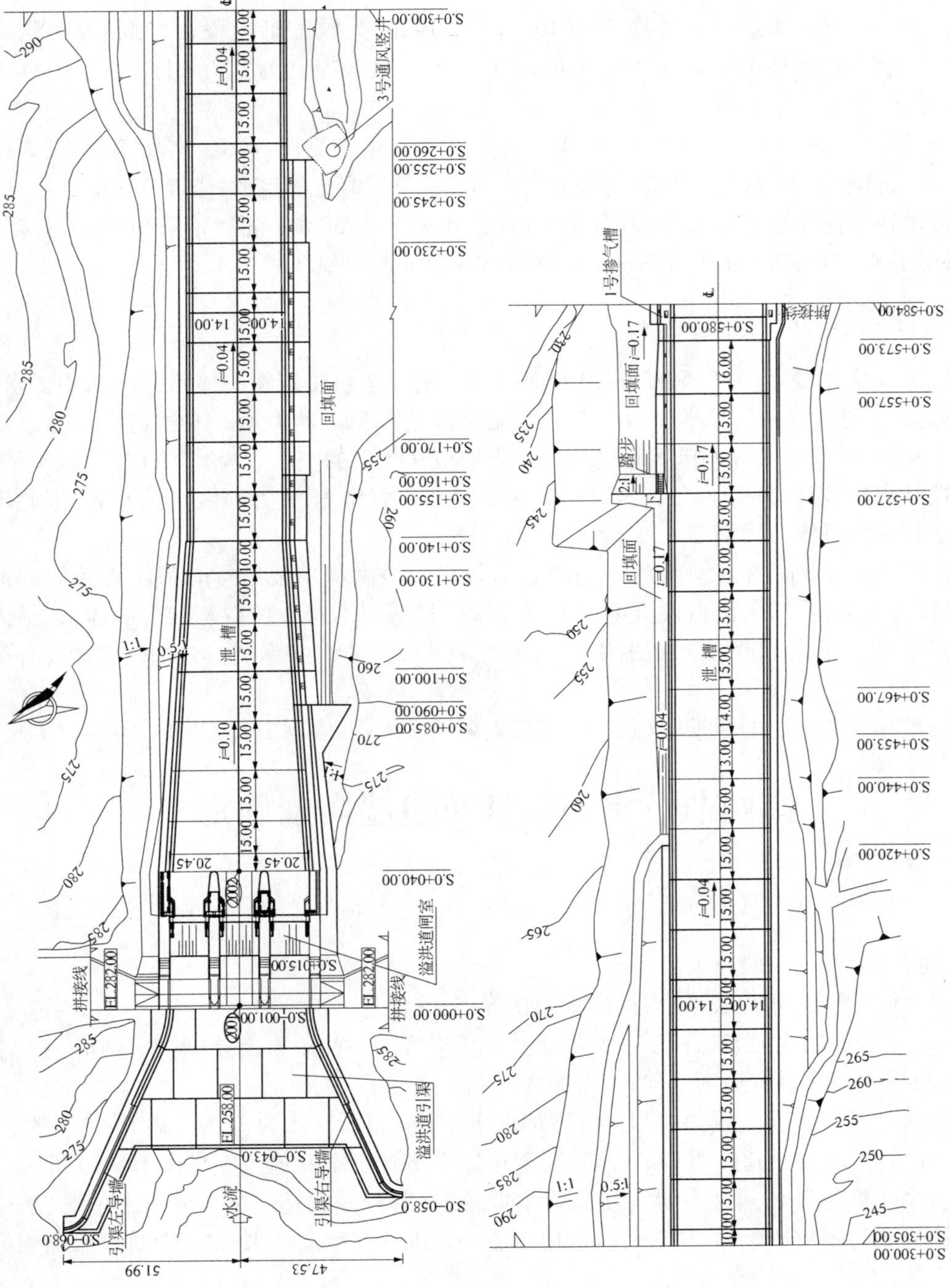

图 8-3-2 正常溢洪道总平面图 （单位：m）

(2)桩号0+140m~0+460m　　$i=0.04$;

(3)桩号0+460m~0+720m　　$i=0.17$;

(4)桩号0+720m~0+915.72m　　$i=0.07$。

泄槽横断面采用矩形。桩号0+040m~0+140m为收缩渐变段,两侧收缩角均为3°41′24″,直立边墙厚1.2m,桩号0+040m~0+100m底板厚度为1.2m,桩号0+100m~0+140m底板厚度为0.8m。

桩号0+090m~0+255m和0+584m~0+757m,由于受西沟和葱沟切割影响,岩体高程较低,修建重力式挡土墙;其余部位泄槽均为钢筋混凝土衬砌,衬砌厚0.8m。

溢洪道最高流速达35m/s,为防止气蚀,在流速大于30m/s的泄槽段布置五道掺气坎,桩号分别为0+580m、0+660m、0+740m、0+810m、0+880m。

四、挑流鼻坎

挑流鼻坎桩号为0+915.72m~0+930.0m。根据枢纽建筑物总体布置和运用要求,溢洪道、3号明流洞和3号排沙洞的下泄水流全部进入3号消力塘。溢洪道出口靠近消力塘的左侧边坡,中心线与消力塘的上游坡走向成93°12′的交角。为减少开挖工程量,尤其为控制出口段的流速,溢洪道出口高程在175.0m左右,比消力塘底高约62m,因此溢洪道适宜采用挑流方式消能。

为使3号消力塘在各泄水建筑物联合运行以及溢洪道单独运行时都能有较好的流态,经试验反复论证,溢洪道挑流鼻坎采用舌弧形与平面不对称扩散相结合的体形,最大挑角37°,反弧半径12m,右边扩散2m。该体形具有水舌横向扩散、纵向拉开、消能充分等特点。

为满足抗滑稳定的要求,直立边墙与底板采用整体式,墙厚2m,底板厚3.4~6.7m。

第四节　水力设计及边墙高度确定

一、引渠水力设计

引渠水力设计一般应满足:

(1)水流平稳,水面波动小,横向水面比降小;

(2)渠道流速应大于悬移质不淤流速并小于渠道的不冲流速,一般不大于4m/s;

(3)渠道流速沿程逐渐增加,不得突变。

为满足以上要求,引渠平面上布置为喇叭形,喇叭口开口比为2.29。表8-4-1中列出了几个已建工程溢洪道喇叭口的开口比值,可以看出开口比B值范围宜在1.8~2.5。

引渠底板为平底,渠宽沿水流方向渐变收缩,在与控制闸连接处与闸室前沿等宽;引渠两侧边墙与闸室边墩间以圆弧连接,使水流平顺进入闸室。经水工模型试验验证,引渠流态平顺,无横向流及旋涡出现。

水工模型试验测得的闸前引渠流速分布如图8-4-1所示。从图中可以看出,引渠中各断面的流速小于4m/s,且沿程逐渐增加,说明引渠体形设计合理。

表 8-4-1　　已建工程引渠进口开口比

工程名称	开口比 $B=B_1/B_2$	进口流态
六都寨溢洪道	1.39	紊乱
九埠江溢洪道	1.50	欠平顺
日本岩屋溢洪道	1.90	平顺
大伙房溢洪道	2.10	平顺
小浪底溢洪道	2.29	平顺
印度 Beas 溢洪道	2.50	平顺

注：B_1 为引渠上游宽度，B_2 为引渠与闸室连接处宽度。

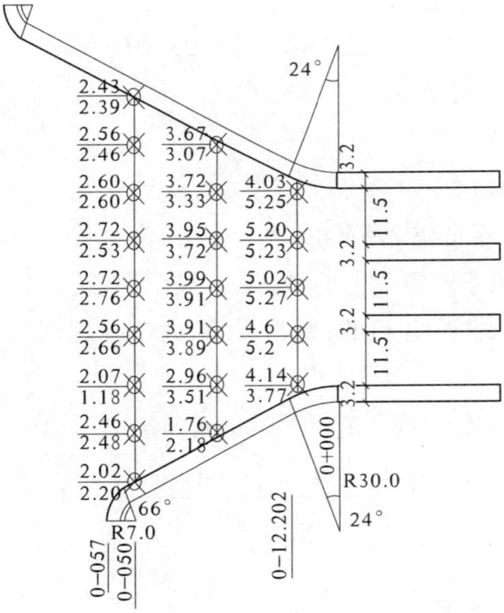

图 8-4-1　引渠流速分布示意图　（单位：m）

二、控制闸泄流能力计算

根据枢纽总体泄流要求，在校核洪水位 275m 时正常溢洪道的泄流能力不小于3 700 m^3/s，并具有较大的超泄能力。因此在控制闸的堰型设计时，选择了不设胸墙的宽顶折线堰，堰型如图 8-4-2 所示。闸室底板前半部长度为 15m，顶面水平，高程为 258m，与进口引渠底相同；后半部底板长度 25m，顶面坡度 $i=0.1$。该堰型的流量系数比宽顶堰平底闸的流量系数稍大，即当堰顶水深小于 6m 时，属宽顶堰堰流；当堰顶水深大于 6m 时，属折线形实用堰堰流。因闸前引渠对水流的牵制作用使得控制闸的实际流量系数大于宽顶堰且小于折线形实用堰，此情况已由水工模型试验得到验证。初步计算时近似按宽顶堰平底闸考虑，以满足超泄要求。

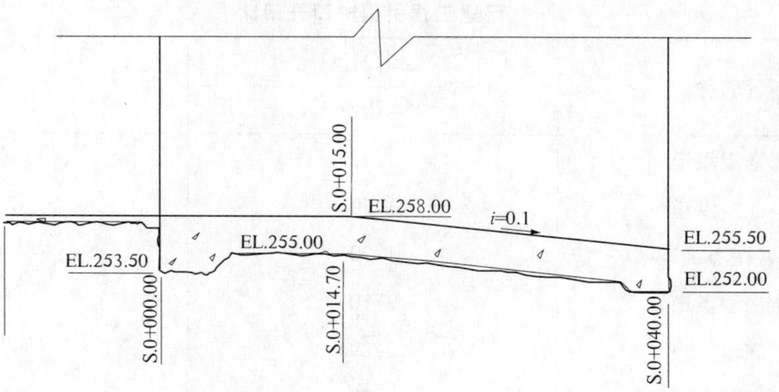

图 8-4-2 堰型布置示意图 （单位：m）

宽顶堰泄量计算公式：

$$Q = m \times n \times b \times \sqrt{2g} \times H_0^{3/2}$$

式中 b——单孔净宽，$b = 11.5$m；

n——闸孔数，$n = 3$；

m——综合流量系数；

H_0——堰顶水头（库水位 275m 时，$H_0 \approx 17$m；库水位 265m 时，$H_0 \approx 7$m）。

泄量计算中没有单独考虑侧收缩系数，因为宽顶堰流的形成是由于平面上闸孔宽小于引渠宽，即过水断面收缩而引起的，闸墩侧收缩对泄流能力的影响已包含在流量系数中。

根据《水力计算手册》P_{127}，综合流量系数的计算公式为

$$m = \frac{m_m \times (n-1) + m_s}{n}$$

式中 n——闸孔数；

m_s——边孔的流量系数；

m_m——中孔的流量系数。

按控制闸闸墩的形状查《水力计算手册》表 3-1-3 至表 3-1-6，表中 b/B 用 $b/(b+d)$ 代替，d 为墩厚 3.2m。经计算，中孔的流量系数 $m_m = 0.3723$。

按边墩形状查表 3-1-3 至 3-1-6，表中 b/B 用 $b/(b+\Delta b)$ 代替，Δb 为边墩边缘线与上游引渠水边线之间的距离（$\Delta b = 27.08$m）。因为上游引渠为喇叭形进口，所以边墩边缘线与上游引渠水边线之间的距离近似采用平均值 $\Delta b' = b/2 = 13.54$m。经计算，边孔的流量系数 $m_s = 0.365$，则综合流量系数 $m = 0.3699$。

经计算不同库水位时溢洪道的下泄流量（三孔全开）分别为：

库水位 275.0m，$Q = 3\,961.55\text{m}^3/\text{s}$；

库水位 265.0m，$Q = 1\,046.77\text{m}^3/\text{s}$。

三、闸室与泄槽水面线计算

(一)库水位 275.0m 三孔全开时水面线计算

1. 闸室水面线

根据《水力计算手册》,上游平坡与下游陡坡相接处的水深因水流要从缓流向急流过渡,必然要经过临界水深 h_k,所以闸室变坡点处的水深为 h_k。但根据《溢洪道设计规范》附录一,当泄槽底板与宽顶堰呈折线连接时,在转折点附近一定范围为突变流,距变坡点下游 3~4 倍临界水深距离以后,水流才过渡到渐变流,即渐变流的起始断面约在距变坡点 $3h_k$ 处。而 $3h_k$ 处正好在闸后渐变收缩段范围内,水深一定会增加,选该处作为控制断面不合适。因此,控制断面仍选在闸室底板变坡处,并以该处的临界水深 h_k 为闸室水面线计算的第一水深。

临界水深计算公式:

$$h_k = \left(\frac{\alpha \times q^2}{g}\right)^{1/3}$$

式中　q——单宽流量,库水位 275.0m 时的下泄流量为 3 961.55m^3/s,则单宽流量 $q = Q/(n \times b) = 114.83m^3/s$。

α——动能修正系数,渐变流时取 1.05~1.10,为了和计算中采用的程序取值一样,α 取 1.10。

经计算 $h_k = 11.39m$,此值为推求闸室水面线的第一水深。

水面线计算采用新疆水利水电勘测设计院张校正编制的《明渠恒定非均匀渐变流水面曲线计算与绘图程序》。由于闸墩墩头形状的影响,使得水流出闸后中孔与边孔的水深不相等,详见表 8-4-2,取中、边孔出口处的平均水深 h 作为推求泄槽水面线的第一水深。

表 8-4-2　库水位 275m 三孔开启时闸室水面线计算结果　(单位:m)

桩号	边孔			中孔		
	孔宽	水深	流速(m/s)	孔宽	水深	流速(m/s)
0+015	11.5	11.39	10.08	11.5	11.39	10.08
0+024.5	11.5	9.13	12.57	11.5	9.13	12.57
0+034	11.5	8.39	13.67	11.5	8.39	13.67
0+035	11.6	8.22	13.84	11.7	8.10	13.92
0+036	11.7	8.05	14.01	11.9	7.84	14.14
0+037	11.8	7.89	14.17	12.1	7.60	14.35
0+038	11.9	7.75	14.31	13.3	7.38	14.53
0+039	12.0	7.61	14.46	12.5	7.17	14.72
0+040	13.1	6.69	15.07	14.7	5.75	15.61
平均水深(闸室出口处)				6.38		

2. 泄槽水面线计算

泄槽水面线计算仍采用《明渠恒定非均匀渐变流水面曲线计算与绘图程序》,第一水深为 6.38m，抛物线段和反弧段近似按直线考虑，计算中采用的数据见表 8-4-3，泄槽水面线计算结果见表 8-4-4。

表 8-4-3　　**程序计算数据文件**

桩号	断面宽度 (m)	坡度	糙率	计算段数及段长 (m)
0+040~0+140	40.9~28	0.1	0.014 5	$K=10, L=10$
0+140~0+460	28	0.04	0.014 5	$K=16, L=20$
0+460~0+720	28	0.17	0.014 5	$K=13, L=20$
0+720~0+884	28	0.07	0.014 5	$K=8, L=20(24)$
0+884~0+915.72	28	0.07	0.014 5	$K=2, L=17.36$

表 8-4-4　　**库水位 275m 三孔开启时泄槽水面线计算结果**　　（单位：m）

桩号	水深	流速 (m/s)	桩号	水深	流速 (m/s)	桩号	水深	流速 (m/s)
0+040	6.38	15.18	0+280	6.59	21.46	0+620	4.51	31.35
0+050	6.35	15.73	0+300	6.51	21.7	0+640	4.40	32.11
0+060	6.36	16.24	0+320	6.44	21.95	0+660	4.30	32.83
0+070	6.39	16.73	0+340	6.37	22.19	0+680	4.22	33.51
0+080	6.45	17.18	0+360	6.31	22.41	0+700	4.14	34.15
0+090	6.52	17.63	0+380	6.24	22.64	0+720	4.06	34.77
0+100	6.62	18.04	0+400	6.19	22.85	0+740	4.05	34.91
0+110	6.74	18.42	0+420	6.13	23.07	0+760	4.04	35.0
0+120	6.89	18.78	0+440	6.07	23.27	0+780	4.03	35.08
0+130	7.07	19.18	0+460	6.02	23.48	0+800	4.02	35.14
0+140	7.27	19.44	0+480	5.72	24.72	0+820	4.01	35.20
0+160	7.15	19.76	0+500	5.47	25.85	0+840	4.01	35.42
0+180	7.04	20.07	0+520	5.25	26.92	0+860	4.00	35.48
0+200	6.94	20.38	0+540	5.06	27.92	0+884	3.99	35.54
0+220	6.84	20.66	0+560	4.90	28.86	0+899.86	3.94	35.27
0+240	6.75	20.94	0+580	4.75	29.72	0+915.72	3.89	35.33
0+260	6.67	21.20	0+600	4.62	30.57			

（二）库水位 265.0m 三孔全开时水面线计算

1. 闸室水面线的计算

库水位 265m 时的下泄流量 $Q=1\ 046.77\mathrm{m}^3/\mathrm{s}$，单宽流量为 $q=30.34\mathrm{m}^3/\mathrm{s}$。

控制断面（闸室折坡点）水深：

$$h_k=\left(\frac{\alpha\times q^2}{g}\right)^{1/3}=4.69(\mathrm{m})$$

将 h_k 作为第一水深推求闸室水面线,计算结果见表 8-4-5。

表 8-4-5　　库水位 265m 三孔开启时的闸室水面线计算结果　　（单位:m）

桩号	边孔			中孔		
	孔宽	水深	流速(m/s)	孔宽	水深	流速(m/s)
0+015	11.5	4.69	6.47	11.5	4.69	6.47
0+024.5	11.5	3.35	9.06	11.5	3.35	9.06
0+034	11.5	2.96	10.24	11.5	2.96	10.24
0+035	11.6	2.89	10.38	11.7	2.87	10.38
0+036	11.7	2.84	10.50	11.9	2.78	10.54
0+037	11.8	2.78	10.62	12.1	2.69	10.69
0+038	11.9	2.72	10.75	12.3	2.61	10.84
0+039	12.0	2.67	10.85	12.5	2.54	10.98
0+040	13.1	2.38	11.17	14.7	2.07	11.43
平均水深(闸室出口处)				2.28		

2. 泄槽水面线计算

将闸室出口处的平均水深作为推求泄槽水面线的第一水深,计算结果见表 8-4-6。

表 8-4-6　　库水位 265m 三孔开启时的泄槽水面线计算结果　　（单位:m）

桩号	水深	流速(m/s)	桩号	水深	流速(m/s)	桩号	水深	流速(m/s)
0+040	2.28	11.23	0+280	2.12	17.59	0+620	1.46	25.50
0+050	2.21	11.97	0+300	2.10	17.72	0+640	1.43	26.02
0+060	2.16	12.66	0+320	2.09	17.81	0+660	1.41	26.4
0+070	2.13	13.26	0+340	2.08	17.90	0+680	1.38	26.92
0+080	2.12	13.80	0+360	2.07	18.01	0+700	1.36	27.29
0+090	2.12	14.31	0+380	2.06	18.11	0+720	1.35	27.62
0+100	2.13	14.81	0+400	2.05	18.18	0+740	1.36	27.29
0+110	2.14	15.30	0+420	2.04	18.26	0+760	1.38	27.0
0+120	2.17	15.72	0+440	2.03	18.34	0+780	1.39	26.72
0+130	2.21	16.14	0+460	2.02	18.42	0+800	1.41	26.46
0+140	2.25	16.55	0+480	1.89	19.74	0+820	1.42	26.22
0+160	2.23	16.72	0+500	1.79	20.88	0+840	1.43	26.0
0+180	2.21	16.91	0+520	1.70	21.88	0+860	1.44	25.81
0+200	2.19	17.04	0+540	1.64	22.78	0+884	1.46	25.58
0+220	2.17	17.17	0+560	1.58	23.59	0+899.86	1.45	25.45
0+240	2.15	17.31	0+580	1.53	24.30	0+915.72	1.44	25.31
0+260	2.14	17.45	0+600	1.49	24.95			

四、水工模型试验

正常溢洪道为1级建筑物，由黄委会水利科学研究院进行了水工模型试验，验证其布置及水力设计的合理性。

试验内容主要包括：

(1)各种工况下的泄流能力；

(2)库水位为265m、270m、275m时各部位的水流流态、水面线、流速分布、压力分布及脉动压力特性；

(3)掺气槽的位置、形式、尺寸及掺气浓度分布、掺气量变化规律等问题；

(4)选择适宜的挑流鼻坎形式，确定起挑流量；

(5)溢洪道单独运用时消力池内流速及压力分布，评价消能效果，提出改善措施。

(一)模型设计

试验模型几何比尺为 $L_r=43$。

模型按重力相似准则设计，相应的各种比尺分别为：

流量比尺　$Q=L_r^{5/2}=12\ 124.70$；

流速比尺　$V_r=L_r^{1/2}=6.56$；

糙率比尺　$n_r=L_r^{1/6}=43^{1/6}=1.87$。

用国产有机玻璃制作模型的糙率系数 $n_m=0.008\ 3$，换算成溢洪道的原型糙率系数 $n_{原}=n_m\times n_r=0.008\ 3\times1.87\approx0.015\ 5$。

(二)试验情况概述

试验分为两个过程：

(1)按设计方提供的布置进行试验，以下称“原设计方案试验”；

(2)根据上述试验结果进行设计调整，再进行试验，以下称“修改方案试验”(“修改方案”即为设计采用的最终方案)。

1. 原设计方案试验

试验结论如下：

(1)溢洪道引渠段各断面流速分布均匀，进流平顺，说明引渠设计是合理的。

(2)溢洪道堰型属于实用堰流范畴，在单孔、双孔、三孔全开的情况下，各级水位的泄流能力满足设计要求。

(3)溢洪道渐变段的水流流态受闸墩墩尾形状、坡度、边墙收缩角等诸因素影响，冲击水冠高达8m，边墙爬坡高达7m，并形成强烈的驻波，对下游泄槽带来极不利的干扰。

(4)均匀陡槽段受上游流态影响，水面线起伏不定，很不平顺，横断面水面变差达2m之多，断面流速分布不甚均匀，压坡线受其影响显得不光滑。

(5)原设计挑流消能工为平面上不扩散的连续式鼻坎，挑角3°，宣泄设计流量时挑射水舌扩散不好，单宽流量过于集中，水垫深度不够，消能不充分，消力坎附近的涌浪、爬坡严重，超过150m高程平台十多米。二级池形成折冲水流，淹没水跃摆动不定，给下游河道带来危害。

2. 修改方案试验

1) 设计调整

针对原设计方案试验中出现的问题，对溢洪道设计进行调整如下：

(1) 引渠体形尺寸维持原设计。

(2) 闸墩厚度由 3.5m 减为 3.2m，闸室段溢流前沿宽度从 41.5m 缩至 40.9m，过水宽度保持不变，中墩头部改为流线形，尾部适当收缩；为了改善墩后的的不良流态，堰后坡度加以调整。

(3) 为减免泄槽陡坡段高速水流的空蚀问题，在桩号 0 + 580m ~ 0 + 880m 处设置五道掺气坎。

(4) 在消力池体形不变的前提下，为使挑射水舌能够横向扩散、纵向拉开，选择不同鼻坎挑角和反弧半径进行组合，寻求鼻坎的最佳设计方案。

2) 修改方案试验成果

(1) 泄流能力。修改设计方案在中孔泄流、两边孔泄流和三孔泄流情况下其水位流量关系与原方案基本相同。

(2) 流态及水面线。引渠进流平顺，闸墩减薄后墩前涌水有所降低，水流入闸室后急剧收缩，水面跌落较快，边孔受翼墙导流，横向收缩较小，故左右水面不对称。墩尾宽度从 3.2m 收缩至 2.2m 后，墩后水冠有所减低，冠高 3.0m 左右。闸室后渐变段其边墙以 3.69°向内收缩，除水冠现象外，棱形驻波波击水面，边墙爬坡坡高 2 ~ 3m，比原设计有所降低，水流流态有较大改观，但水冠、爬坡、棱形波的流态依然存在。均匀泄槽因上游流态改观而改善，水面较平稳，横断面水位变差减小 1m 左右，棱形波传递至陡槽前消失。

(3) 流速分布。引渠流速分布均匀，泄槽流速分布较原设计方案也有所改善。

(4) 压力分布及脉压。修改方案的压力线较均匀，变坡连接处无负压，说明体形设计合理。脉动压力与原设计方案的脉压值属同量级，为设置掺气坎提供了依据。

(5) 掺气坎。为减免高速水流空穴空蚀破坏，在泄槽桩号 0 + 580m、0 + 660m、0 + 740m、0 + 810m、0 + 880m 处设置了五道掺气坎，前两级保护长度为 80m，后两级保护长度为 70m，最后一级考虑到泄槽出口挑流反弧鼻坎的特殊要求，保护长度为 50m。

流态及水面线：由于设置掺气坎和水流大量掺气，必然要抬高水面，掺气坎处水面要凸起，且挑射水流与底板呈一角度相交，反弹之后水面波动加剧。水工模型观测表明，溢洪道水流在边墙处有由摩阻掺气而形成的水冠，一般可达 0.5m 左右，这个值在不同流量时几乎是一样的。坎越高，坡度越陡，空腔越长，掺气量越大，水面线抬得越高，边墙增加的高度也较大，所以坎的高度选择必须综合考虑，多方比较而定。掺气坎处的挑射水舌下形成稳定空腔，除 1 号坎后有少量回水现象外，其余四道坎后均无回水，空腔稳定，达到了掺气的效果。

掺气坎后压力分布：由于掺气坎处挑射水流冲击槽底改变了底板上的压力分布规律，坎后水舌下的空腔存在着一定量值的空腔负压。空腔的稳定、空腔的形态、通气孔的尺寸和形式是影响空腔负压的主要因素，模型实测结果，负压值在 -0.2 ~ 0.5m 水柱范围，符合规范要求。另外，由于高速水流的不稳定性，反应在冲击点上的压力峰值有一定波动范围，基本在 1 ~ 3m 水柱压力之间变化。时均最大压力是坎顶水深的 1 ~ 4 倍，是坎顶流速水头的1/10～1/5。

掺气段的脉动压力：各测点的均方差值随着库水位的增加而加大，掺气坎后冲击区的均方差 $\sigma = 0.28 \sim 2.74$m 水柱，脉动强度系数 $\beta = 0.016 \sim 0.023$，频率范围 $f = 1 \sim 7$Hz，振幅频率分布也属正态。

空腔长度：1号坎、2号坎的空腔长度随库水位的增加而增加，275m水位时最长，之后则随库水位的升高而有所减小；3号～5号坎的空腔长度随库水位的增加而增长。以上说明了空腔长度与坎高、底板坡度、通气方式、坎顶流速等诸因素有密切关系，当单宽流量增加到某一临界值以后，则空腔长度随单宽流量的增加而减小。

通气量估算：由于高速水流的掺气和拖曳作用，从通气孔要吸入大量空气，而吸气量的多少是衡量掺气坎掺气效果的重要标志。根据估算数值与试验结果，风速均在60m/s以内，说明提供的通气孔形式、面积满足要求。

(6)消能工。原设计的挑流鼻坎形式不能满足消能要求，消能率较低，且消力塘内流态不好。在消力塘体形不变的前提下，试验选择了不同鼻坎挑角和反弧半径进行组合，最终确认以鼻坎最大挑角37°、短半径为12m、右侧在平面上外扩2m的组合形式较好。

3)成果分析

(1)修改设计方案的泄流能力满足设计要求。

(2)修改设计方案各部位的水流流态较原方案有所改善，水面线趋于平稳，流速分布趋于均匀，压力分布趋于正常，表明各部位的体形设计合理。

(3)溢洪道陡槽设计了五道掺气坎，试验论证槽坎的设计合理，通气方式可行，达到了掺气的效果。

(4)门槽式通气孔扰动水流，恶化流态，增加工程造价，不宜采用。侧壁管道式通气孔避免了上述问题，而且国内采用较多，具有成熟运行经验。选用的通气孔面积2m×2m，根据试验和不同经验公式分析比较是合理的。

(5)掺气槽后底板上脉压、弧形鼻坎上脉压及消力塘底板上脉压均属冲积水流脉压特性，具有低频大尺度旋涡对脉压振幅起主要作用的特点，概率分布属正态分布。

(6)在消力池体形不变的情况下，溢洪道鼻坎形式的选择困难较多，经过多种组合试验，最后认为挑角为37°、反弧半径为12m、右边在平面上扩散2m的弧形鼻坎方案较好，该方案具有水舌横向扩散、纵向拉开、消能充分、挑距相对较近等特点，符合设计要求。

(7)溢洪道设置掺气坎后，泄槽的边墙高度除桩号0+810m至0+880m范围内，在水位275m时有间歇性漫水现象，其余边墙高度满足泄流要求，故该范围边墙要适当加高。模型给出的水面线资料没有反映出掺气的影响，根据霍尔公式计算的掺气水深值1.0m左右。

五、泄槽边墙高度的确定

(一)泄槽边墙的计算高度

泄槽边墙的高度要满足以下几方面的要求：

(1)基本水深：由库水位275m三孔开启时水面线计算得到的各断面的水深即为基本水深，参见表8-4-4。

(2)掺气水深:当水流表面流速大于 7 ~ 8m/s 时,就要形成掺气水流,掺气后水面波动,水深增加,根据《溢洪道设计规范》,掺气水深采用下列公式计算:

$$h_b = \left(1 + \frac{\xi V}{100}\right) \times h$$

式中　h_b——计入掺气水深及波动的水深;

h、V——不计掺气及波动的水深、流速,参见表 8-4-4;

ξ——修正系数,在 1.0 ~ 1.4 间选用;当流速大于 20m/s 宜选用较大值;

$V < 20$m/s 时　　$\xi = 1.1$;

30m/s $> V >$ 20m/s 时　　$\xi = 1.2$;

35m/s $> V >$ 30 m/s 时　　$\xi = 1.3$;

$V > 35$m/s 时　　$\xi = 1.4$

掺气后的水深见表 8-4-7。

表 8-4-7　　**掺气后水深**　　(单位:m)

桩号	掺气后水深	桩号	掺气后水深
0 +040	7.44	0 +540	6.77
0 +090	7.78	0 +580	6.46
0 +140	8.84	0 +620	6.35
0 +180	8.75	0 +660	6.15
0 +220	8.55	0 +700	5.97
0 +260	8.37	0 +740	5.89
0 +300	8.22	0 +780	6.01
0 +340	8.08	0 +820	6.00
0 +380	7.95	0 +860	5.98
0 +420	7.83	0 +899.86	5.91
0 +460	7.73	0 +915.72	5.84
0 +500	7.17		

(3)冲击波的影响:泄槽从桩号 0 + 040m ~ 0 + 140m 为渐变段,泄槽宽度的减小,使得水流在该段产生冲击波,冲击波的影响使得该段及下游段内水面增高。

泄槽收缩段的急流冲击波及收缩角按下式计算:

$$\frac{\tan\beta}{\tan(\beta-\theta)} = \frac{1}{2}\left[(1 + 8F_{r_1}^2 \sin^2\beta)^{1/2} - 1\right]$$

$$\frac{h_2}{h_1} = \frac{\tan\beta}{\tan(\beta-\theta)}$$

式中　β——冲击波波角,查《水工设计手册》第一册中图 3-14-15,$\beta = 35.39°$;

θ——边墙偏转角,$\theta = 3.69°$;

Fr——佛氏数;

$$F_{r_1} = \frac{V_1}{(gh_1)^{0.5}} = \frac{15.18}{(9.81 \times 6.38)^{1/2}} = 1.92$$

$$h_2 = \frac{h_1 \tan\beta}{\tan(\beta-\theta)} = 7.31(\text{m})$$

其中 h_1——起始断面平均水深，桩号0+040m的水深 $h_1=6.38$m；

V_1——起始断面平均流速，桩号0+040m的流速 $V_1=15.18$m/s；

h_2——波峰下游断面平均水深。

当冲击波发生后，水深增加 $\Delta h=7.31-6.38=0.93$m，从桩号0+040m开始到桩号0+290m，边墙设计时要考虑0.93m高的冲击波影响；其后由于正负波的相互干扰及摩擦力的作用，使得波高逐渐削减，根据水工模型试验，泄槽实测水面线从桩号0+290m到0+560m，边墙设计时只需考虑0.5m高的冲击波影响；0+560m桩号后，不再考虑冲击波的影响。

(4)安全超高：根据《溢洪道设计规范》规定，边墙的安全超高为0.5~1.5m。

综合以上几个方面的因素，泄槽边墙的计算高度如表8-4-8所示。

表8-4-8 **泄槽边墙的计算高度** （单位：m）

桩号	基本水深	掺气后水深	冲击波高	安全超高	边墙高
0+040	6.38	7.44	0.93	1.50	9.87
0+090	6.52	7.78	0.93	1.50	10.21
0+140	7.28	8.84	0.93	1.50	11.27
0+180	7.05	8.75	0.93	1.50	11.18
0+220	6.85	8.55	0.93	1.50	10.98
0+260	6.67	8.37	0.93	1.50	10.8
0+300	6.52	8.22	0.5	1.50	10.22
0+340	6.38	8.08	0.5	1.50	10.08
0+380	6.25	7.95	0.5	1.50	9.95
0+420	6.13	7.83	0.5	1.50	9.83
0+460	6.03	7.73	0.5	1.50	9.73
0+500	5.47	7.17	0.5	1.50	9.17
0+540	5.07	6.77	0.5	1.50	8.77
0+580	4.76	6.46	0	1.50	7.96
0+620	4.51	6.35	0	1.50	7.85
0+660	4.31	6.15	0	1.50	7.65
0+700	4.14	5.97	0	1.50	7.47
0+740	4.05	5.89	0	1.50	7.39
0+780	4.03	6.01	0	1.50	7.51
0+820	4.02	6.00	0	1.50	7.5
0+860	4	5.98	0	1.50	7.48
0+899.86	3.95	5.91	0	1.50	7.41
0+915.72	3.9	5.84	0	1.50	7.34

（二）实际采用的边墙高度

从表8-4-8中可以看出，泄槽各断面的墙高都是变化的，这给施工带来很大不便。结合《溢洪道水工模型试验报告》，泄槽边墙的实际高度最后采用：

桩号0+040m~0+100m，边墙高度从9.87m变化至11m；

桩号 0 +100m ~0 +290m,边墙高度为 11m;

桩号 0 +290m ~0 +560m,边墙高度为 10m;

桩号 0 +560m ~0 +915.72m,边墙高度为 8m。

实际采用的边墙安全超高,最小为 1.23m,满足规范要求的 0.5 ~1.5m。

第五节　结构设计

正常溢洪道结构设计包括进口引渠、控制闸、泄槽、挑流鼻坎四部分。

一、进口引渠结构设计

引渠边墙与底板采用分离式结构。为了减少水头损失,防止岩面风化,引水渠底板采用0.5m 厚的现浇钢筋混凝土,底板分块为 13m ×15m 左右,分块间设伸缩缝,缝间不设止水,只涂刷两层热沥青,以防止施工时相邻浇筑块的黏结。边墙采用贴坡式钢筋混凝土结构,厚度分别为 0.6m 和 1.0m,设置竖向伸缩缝,缝间不设止水,亦涂刷两层热沥青。这种贴坡式混凝土护面,需借助锚筋来增强其稳定,锚筋采用 Φ25@1.5m。考虑到库水位降落时,能尽快释放岩体中的裂隙水,降低混凝土护面上的渗水压力,护面设有排水孔,伸入基岩 2m,间距为 1.5m ×2m。进口引渠结构布置见图 8-5-1、图 8-5-2。

引渠混凝土底板的主要作用是减小糙率,保护岩石表面,因此按构造要求在底板中配置双向 Φ12@200 的钢筋网。边墙为贴坡式护坡,在桩号 0 -030m ~0 +000m 段边墙较高,墙厚为 1m。考虑到混凝土边墙的稳定与结构强度要求,在边墙的内外侧配置 Φ16@200 的钢筋网,并将钢筋网焊于锚筋上。

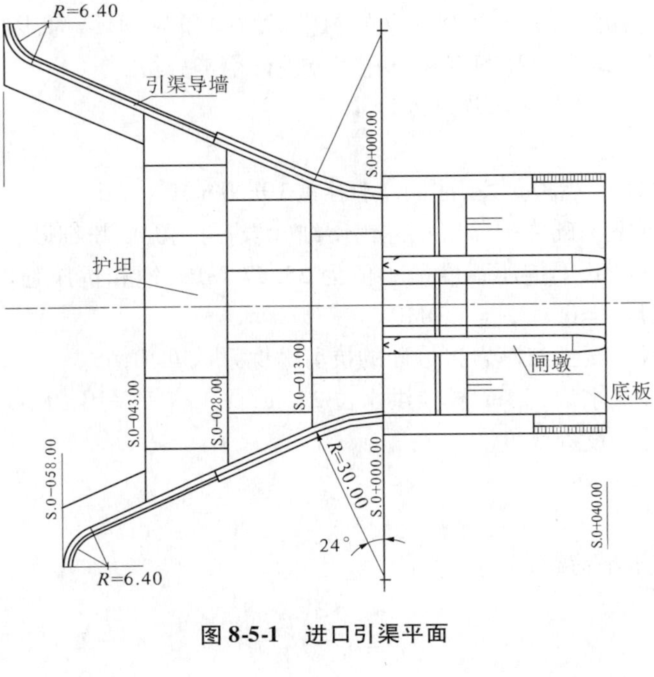

图 8-5-1　进口引渠平面

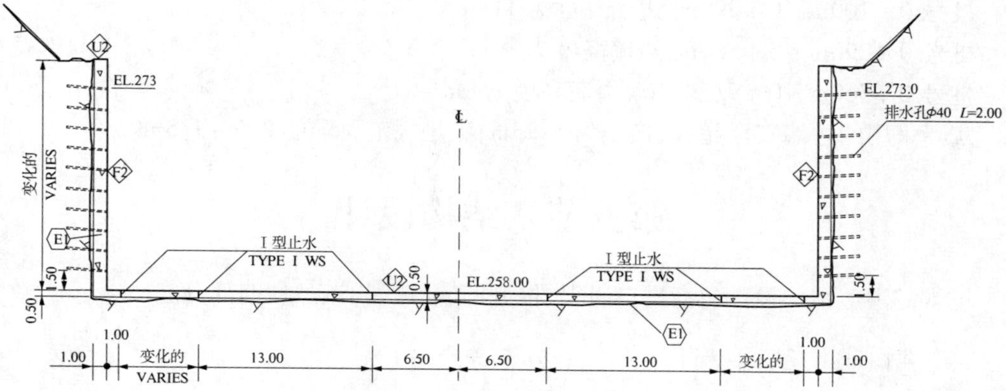

图 8-5-2 进口引渠横断面图 (单位:m)

二、控制闸结构设计

溢洪道控制闸长40m,宽47.3m,高22m,共分3孔,每孔宽11.5m,闸墩厚3.2m,底板厚3.0m,采用弧形闸门挡水,门高17.5m。闸室结构采用双"U"形加"-"中底板形式,并在"U"形结构与中底板间设置结构缝。闸墩侧面设有弧形闸门牛腿支座,墩顶上游侧设9号交通桥,下游侧设10号工作桥。

闸底板横缝(顺水流向)采用紫铜片止水,控制闸与引水渠、泄槽底板连接纵缝(垂直水流向)采用651型PVC止水,缝间设两毡三油。止水带与闸基下的防渗帷幕形成封闭的防渗系统,帷幕后设排水管。控制闸结构布置见图8-5-3、图8-5-4。

(一)控制闸抗滑稳定及地基应力计算

由图8-5-4可知闸室分为两个独立的"U"形结构和"-"形结构,因左、右边孔结构完全对称,计算时分别取左边孔闸室和中孔底板进行稳定分析。

1.边孔闸室抗滑稳定及地基应力计算

1)基本资料

(1)正常蓄水位275.0m关门挡水,水容重10kN/m^3。

(2)溢洪道闸室基础为中厚层状硅钙质细砂岩,与钙泥质粉细砂岩互层,岩体单轴抗压强度 $R_a=65.0$MPa,干抗压强度最小值为25.578MPa,饱和抗压强度最小值为21.952MPa,岩体抗剪强度 $f=0.91$,$c=1.0$MPa。

(3)闸室底板混凝土与基岩接触面的抗剪摩擦系数 $f=0.65$。

(4)水库设计洪水位274m,校核洪水位275m,浑水容重采用10.5kN/m^3。

(5)地震设计烈度为8度。

2)荷载与荷载组合

(1)荷载

A.顺水流向水平荷载

①静水压力

$$P=0.5\,B\gamma_w H^2$$

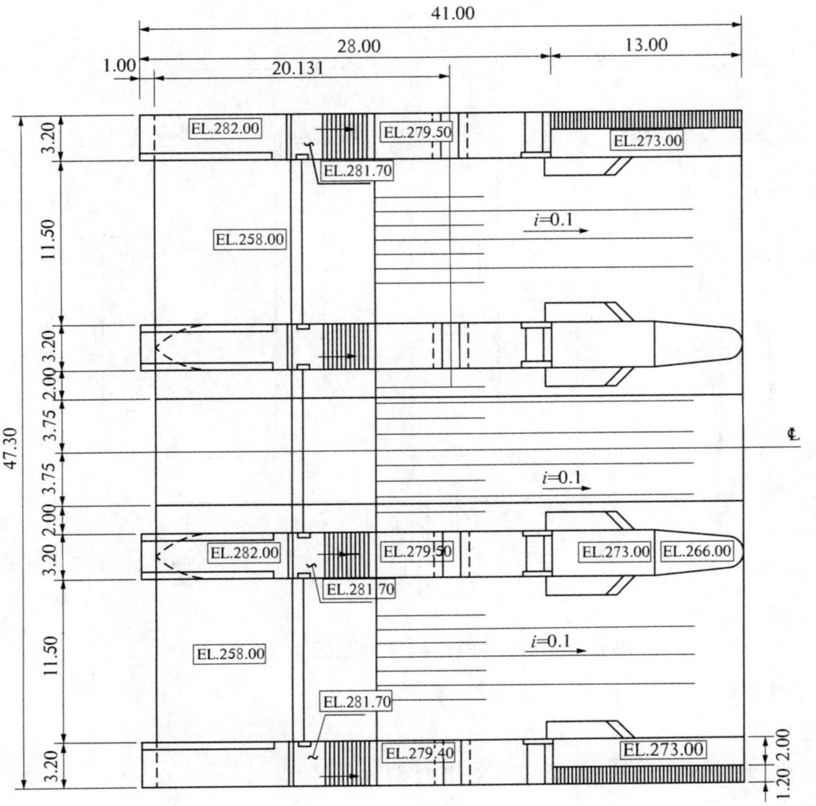

图 8-5-3　控制闸结构平面图　(单位:m)

式中　B——闸室和闸墩宽度之和,m;

γ_w——水容重;

H——上游水头,m。

②波浪压力

③地震动水压力

地震动水压力按下式计算:

$$P = 0.65K_H C_Z \gamma_w {H_0}^2 B$$

式中　K_H——水平向地震系数,取 0.215;

C_Z——综合影响系数,取 1/4;

B——(边孔 +1/2 中孔)净宽 + 中墩宽度(不包括边墩宽度),m;

H_0——门前静水头,m。

④水平地震惯性力

包括闸墩、闸底板等自重产生的水平地震惯性力。

$$P_i = K_H C_Z a_i w_i$$

式中　a_i——地震加速度分布系数;

w_i——各计算部位的自重,kN/m^3。

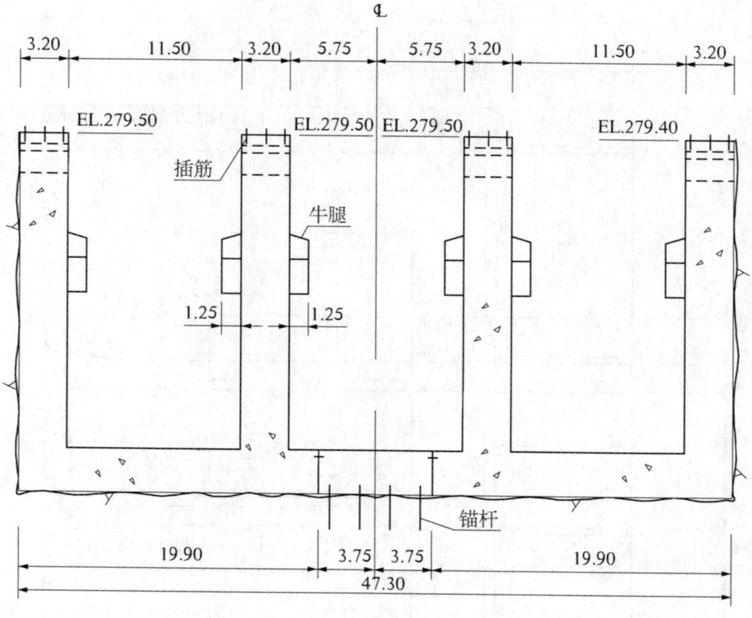

图 8-5-4 控制闸结构横剖面图 （单位:m）

B. 竖向荷载

①闸室自重

闸室自重按结构设计尺寸和材料重度计算确定。

②扬压力

按《溢洪道设计规范》,帷幕处扬压力系数 α 取 0.3。

③水重

C. 侧向荷载

①中孔侧向水压力

②岩体侧压力

③侧向地震惯性力和地震动水压力

(2)荷载组合

荷载组合见表 8-5-1。

表 8-5-1 **闸室稳定计算荷载组合**

荷载组合	荷 载						
	自 重	静水压力	扬压力	水 重	波浪压力	岩体侧压力	地震荷载
基本组合	√	√	√	√	√	√	
特殊组合	√	√	√	√	√	√	√

(3)闸室抗滑稳定计算

①计算公式

闸室为 1 级建筑物,闸室抗滑稳定安全系数采用《溢洪道设计规范》式 4. 3. 10-2

计算。

$$K = \frac{f \cdot \sum W}{\sum P}$$

式中　K——按抗剪强度计算的抗滑稳定安全系数，基本荷载组合要求 $K \geqslant 1.10$；特殊荷载组合要求 $K \geqslant 1.00$；

f——闸室底板混凝土与基岩接触面的抗剪摩擦系数，$f = 0.65$；

$\sum W$——作用在闸室上的全部荷载对计算滑动面的法向分量（包括扬压力）；

$\sum P$——作用闸室上的全部荷载对计算滑动面的切向分量（包括扬压力）。

②稳定计算成果

a. 基本荷载组合（正常蓄水位 275.0m 关门挡水）　$K = 1.35$

b. 特殊荷载组合（正常蓄水位 275.0m 关门挡水 + 地震）　$K = 1.003$

③成果分析

根据计算成果，闸室抗滑稳定安全系数在基本荷载组合时，$K > 1.10$；在特殊荷载组合时，$K > 1.00$，闸室稳定满足规范要求。

（4）地基应力计算

①地基应力计算时，考虑左边孔闸室结构左右向及上下游向均不对称，且在 X、Y 轴向的受力也不对称，故采用公式如下：

$$\sigma_{\substack{\max \\ \min}} = \frac{\sum V}{S} \pm \frac{\sum M_Y}{W_Y} \pm \frac{\sum M_X}{W_X}$$

式中　$\sigma_{\substack{\max \\ \min}}$—— 闸室基底面的最大和最小正应力，即计算点 A、B、C、D 的应力，点位置见图 8-5-5；

$\sum V$—— 作用在闸室上的全部竖向荷载；

S—— 闸室基底面的面积；

$\sum M_Y$—— 作用于闸室结构的全部竖向和水平向荷载对基底面形心轴 $Y—Y$ 的力矩总和；

$\sum M_X$—— 作用于闸室结构的全部竖向和水平向荷载对基底面形心轴 $X—X$ 的力矩总和；

W_Y—— 闸室基底面对其形心轴 $Y—Y$ 的抵抗矩；

W_X—— 闸室基底面对其形心轴 $X—X$ 的抵抗矩。

②根据规范，基底面上的垂直正应力，应满足下列要求：

a. 在各种荷载组合情况下（地震荷载除外），基底最大垂直正应力应小于基岩的容许压应力；

b. 计算双向受力情况时，基底面可容许出现不大于 0.1MPa 的垂直拉应力。双向受力并计入地震荷载时基底面可容许出现不大于 0.2MPa 的垂直拉应力。

计算考虑了正常蓄水位 275m 关门挡水、正常蓄水位 275m 关门挡水 + 地震两种工

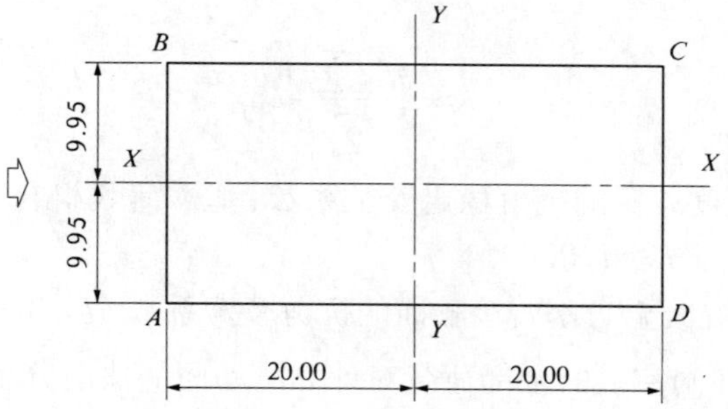

图 8-5-5　左边孔闸室底板示意图　（单位:m）

况。计算结果见表 8-5-2。

表 8-5-2　　**地基应力计算成果**　　（单位:MPa）

计算点	完建	正常蓄水位 275m 关门挡水	正常蓄水位 275m 关门挡水 + 地震	
			计纵向地震荷载	计横向地震荷载
A	0.30	0.02	-0.01	-0.03
B		0.26	0.22	0.31
C	0.21	0.45	0.49	0.50
D		0.21	0.24	0.16

③计算结果分析

从表 8-5-2 中看出:正常蓄水位 275m 关门挡水工况下,最大压应力 0.45MPa,小于基岩容许压应力;最小压应力 0.02MPa,大于零。正常蓄水位 275m 关门挡水 + 地震工况下,最大压应力 0.50MPa,小于基岩容许压应力;最大拉应力 -0.03MPa,小于 -0.2MPa。各工况下的拉压应力均满足要求。

2. 中孔底板稳定计算

1)计算公式

中孔底板与边孔闸室之间设结构缝分开布置,其稳定计算单独进行,并假定中孔底板是水平的。中孔底板的稳定计算包括抗滑稳定与抗浮稳定计算,根据《溢洪道设计规范》,采用的公式有:

(1)抗滑稳定计算

抗滑稳定计算公式与边孔闸室抗滑稳定计算公式相同。

(2)抗浮稳定计算

$$K_{浮} = \frac{\sum V}{\sum P}$$

式中　$K_{浮}$——抗浮稳定安全系数,按《溢洪道设计规范》护坦抗浮计算规定,K 值在 1.0 ~ 1.2,校核工况取下限;

$\sum V$——铅直向下力的合力;

$\sum P$——铅直向上力的合力。

2）荷载与荷载组合

（1）荷载

A. 水平荷载

①水压力

②水平地震荷载

③拖曳力水平分力

拖曳力的计算参考《水力学》的计算公式

$$\tau = \gamma \times J \times R \times A$$

式中　τ——平均拖曳力；

J——水能坡降；

R——平均水力半径；

A——底板表面面积。

根据计算的拖曳力，换算到水平方向即为拖曳力水平分力。

B. 竖向荷载

①底板自重

②扬压力

③水重

④拖曳力竖向分力

根据计算的拖曳力，换算到竖直方向即为拖曳力竖向分力。

⑤脉动压力

$$P = \pm \alpha\rho(V^2/2g)$$

式中　P——脉动压力；

V——计算断面平均流速；

ρ——水密度，取 $1.0g/cm^3$；

α——脉动压力系数。

（2）荷载组合

荷载组合见表 8-5-3。

表 8-5-3　中孔底板抗滑稳定计算荷载组合

荷载		基本组合			特殊组合
		正常蓄水位 275m 关门挡水	设计洪水位 274m 泄洪	设计洪水位泄洪骤停	正常蓄水位 275m 关门挡水 + 地震
竖向荷载	底板自重	√	√	√	√
	水重	√	√		√
	扬压力	√	√	√	√
	脉动压力		√		
	拖曳力竖向分力		√		
水平荷载	水平地震荷载				√
	拖曳力水平分力		√		
	静水压力	√	√		√

(3)抗滑、抗浮稳定计算

稳定计算成果见表8-5-4。

表8-5-4　中孔底板稳定计算成果

计算工况	抗滑稳定安全系数 K	抗浮稳定安全系数 $K_{浮}$
正常蓄水位275m关门挡水	1.55	2.08
设计洪水位274m泄洪	3.21	3.55
设计洪水位泄洪骤停	5.05	1.41
正常蓄水位275m关门挡水+地震	1.42	2.08

3)计算成果分析

抗滑稳定计算中最小的安全系数出现在正常蓄水位275m关门挡水+地震工况,其值为1.42,大于1.00,满足规范要求;抗浮稳定计算中最小的安全系数1.41,大于1.2,满足规范要求。

根据计算成果,中孔底板抗浮稳定在各工况下均满足要求,设计时在该部位底板下又加设了锚杆作为安全储备。

(二)闸墩结构设计

1. 闸墩布置

控制闸共设两个边墩、两个中墩,厚度均为3.2m,边墩墩头、墩尾均为矩形,其迎水面与上下游边墙面齐平;为降低中墩墩前壅水及墩尾冲击水冠高度,将中墩墩头作成流线形,墩尾作成收缩圆弧形。

2. 闸墩运用条件及计算假定

(1)运用条件

溢洪道正常运用时,闸门最高挡水位为正常蓄水位275m。在各级库水位情况下,要求闸门对称开启,即只开启中孔,或两个边孔同时开启,或三孔同时开启。

(2)计算假定

a. 边墩与岩壁间按现浇处理,考虑岩体侧压力系数为0.05。

b. 闸墩与底板间按固端考虑。

c. 中墩结构计算时只考虑中孔开启或边孔开启的情况。计算采用库水位275m三孔开启时的闸室水位(参照《黄河小浪底水利枢纽溢洪道水工模型试验报告》修改方案中闸室实测水深表估算)。

d. 荷载计算时,考虑到闸墩的整体作用,弧门前水压及牛腿侧推力产生的弯矩作用在按30°角扩散的闸墩范围里,如图8-5-6所示。

(3)设计控制指标

材料应力和安全系数采用《水工钢筋混凝土结构设计规范(试行)SDJ20—78》:

250号混凝土　　$R_W = 18\text{MPa}$

　　$R_L = 1.55\text{MPa}$

16锰钢　　$R_g = 320\text{MPa}(\Phi \geqslant 28\text{mm})$

　　$R_g = 340\text{MPa}(\Phi < 28\text{mm})$

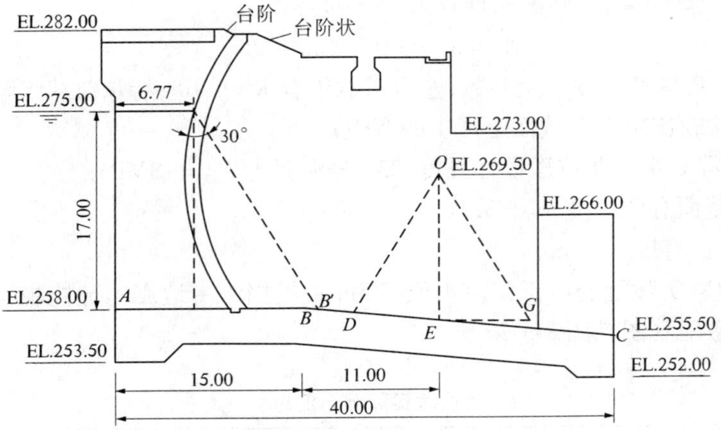

$L_{AB}=6.77+17\tan30°=16.58$

图 8-5-6　弯矩扩散示意图　（单位：m）

强度安全系数　$K_0=1.65$（基本荷载组合）

$K=1.45$（特殊荷载组合）

抗裂安全系数　$K_f=1.15$（受弯构件）

最大裂缝宽允许值　$\delta_{f\max}=0.30$mm

3. 边墩结构计算

计算情况及荷载组合见表 8-5-5，边墩弯矩值计算结果见表 8-5-6。

表 8-5-5　边墩计算情况及荷载组合

荷载	正常蓄水位 275m 关门挡水		校核洪水位 275m 泄洪		正常蓄水位 275m 关门挡水 + 地震	
	前 15m	后 25m	前 15m	后 25m	前 15m	后 25m
①外水压力	√	√	√	√	√	√
②牛腿侧向推力（垂直墩面方向）		√				√
③静水压力	√		√	√	√	
⑤地震荷载					√	√
⑥岩体侧压力	√	√	√	√	√	√

表 8-5-6　边墩弯矩计算值　（单位：10^4N·m）

计算情况	迎水面		背水面
	AB 段 258m 高程截面	*BC* 段	*AC* 段 258m 高程截面
建成无水			−232.5
正常蓄水位 275m 关门挡水	334.3	78	
校核洪水位 275m 泄洪	408	154	
建成无水 + 地震			−356.8
正常蓄水位 275m 关门挡水 + 地震	529.2	272.9	

注：负号表示弯矩方向相反。

根据表中计算结果,边墩配筋计算采用下列公式:

$$A_0 = K \cdot M/(b \cdot h_0^2 \cdot R_W)$$

式中 K——受弯构件强度安全系数,基本荷载组合 $K = 1.65$,特殊荷载组合 $K = 1.45$;

M——荷载作用下在截面上产生的弯矩;

R_W——混凝土弯曲抗压设计强度,250 号混凝土 $R_W = 18\text{MPa}$;

h_0——截面有效高度,$h_0 = 3.1\text{m}$;

b——截面宽度 $b = 1\text{m}$。

经计算,边墩实际配筋由正常蓄水位 275m 关门挡水 + 地震工况控制,各部位配筋详见表 8-5-7,边墩配筋图见图 8-5-7。

表 8-5-7 边墩实际配筋汇总

位置	迎水面		背水面
	AB 段	BC 段	AC 段
258m 高程截面	10Φ32 $A_g = 80.42\text{cm}^2$	5Φ32 $A_g = 40.21\text{cm}^2$	10Φ32 $A_g = 80.42\text{cm}^2$
263m 高程截面	5Φ32 $A_g = 40.21\text{cm}^2$	5Φ32 $A_g = 40.21\text{cm}^2$	5Φ32 $A_g = 40.21\text{cm}^2$

4. 中墩结构计算

闸室中墩厚为 3.2m,当三孔闸门全开泄流时,中墩对称受力,不受弯矩作用,故不作计算。当两侧孔或中孔开启泄洪时,中墩受力不对称。计算选取中孔开启情况,水深按 275m 水位中孔开启时水面线取值。根据《溢洪道水工模型试验报告》表 23 修改方案、闸室实测水深表:

$$h_1 = 16.77\text{m}, h_2 = 12.47\text{m}, h_3 = 11.61\text{m}, h_4 = 9.89\text{m}, h_5 = 7.74\text{m}, h_6 = 6.02\text{m}$$

(注:$h_1 \sim h_6$ 依次为从闸首到闸尾均匀分布 6 个点)

计算情况及荷载组合见表 8-5-8,中墩弯矩计算结果见表 8-5-9,中墩实际配筋见表 8-5-10,中墩配筋图见图 8-5-7。

表 8-5-8 中墩计算情况及荷载组合

荷 载	校核洪水位 275m 中孔开启泄洪	建成无水 + 地震	正常蓄水位 275m 关门挡水 + 地震
① 边孔侧向水压力			√
② 牛腿侧向推力	√		√
③ 中孔侧向水压力	√		√
④ 地震惯性力		√	√
⑤ 地震动水压力			√

表 8-5-9　　中墩弯矩计算值　　（单位：10^4N · m）

计算情况	*AB* 段		*BC* 段
	258m 高程截面	263m 高程截面	
校核洪水位 275m 中孔开启泄洪	84.9	−36	109.8
建成无水 + 地震	124.3	67.8	124.3
正常蓄水位 275m 关门挡水 + 地震	194.9	92.6	

表 8-5-10　　中墩实际配筋汇总

位置	*AB* 段配筋	*BC* 段配筋
258m 高程截面	10Φ32 $A_g = 80.42\text{cm}^2$	5Φ32 $A_g = 40.21\text{cm}^2$
263m 高程截面	5Φ32 $A_g = 40.21\text{cm}^2$	5Φ32 $A_g = 40.21\text{cm}^2$

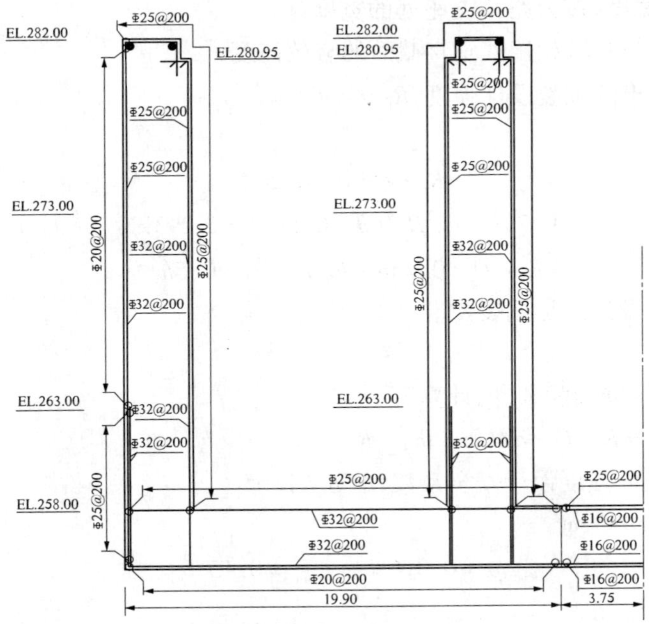

图 8-5-7　中墩与边墩配筋图

5. 闸墩上游悬挑牛腿设计

受弧门启闭的影响，弧门上游的闸墩长度不能满足公路桥的设计要求，需在闸墩上游顶部做悬挑牛腿，悬挑长度 1m。公路桥设计标准为汽 20 挂 100。

1）设计指标

（1）安全系数：

抗裂安全系数　　　　$K_f = 1.25$

正截面强度安全系数　　$K_1 = 1.65$

斜截面强度安全系数　　$K_2 = 1.70$

(2)材料参数：

混凝土标号 250 号　　$R_a = 14.5\text{N/mm}^2$

$R_f = 1.9\text{N/mm}^2$

钢筋级别　　Ⅱ级钢

$\Phi < 28\text{mm}$　　$R_g = 340\text{N/mm}^2$

公路桥支点剪力 Q 为 295kN。

2)牛腿截面尺寸拟定

当 $a \leqslant h_0$ 时，牛腿的截面尺寸应符合下式要求的抗裂条件：

$$K_f Q \leqslant 0.75b \cdot h_0^2 R_f / (a + 0.5h_0)$$

式中　K_f——抗裂安全系数，取 $K_f = 1.25$；

Q——作用于牛腿顶部的竖向力值；

a——Q 作用点至下部闸墩边缘的水平距离；

b——牛腿宽度，按公路桥支座处的宽度计；

h_0——牛腿与闸墩相接处垂直截面的有效高度；

R_f——混凝土的抗裂设计强度，$R_f = 1.9\text{N/mm}^2$。

计算结果为：

$$K_f \cdot Q = 368.75\text{kN}$$

$$0.75b \cdot h_0^2 R_f / (a + 0.5h_0) = 2\,293\text{kN}$$

$$K_f \cdot Q < 0.75b \cdot h_0^2 R_f / (a + 0.5h_0)$$

说明牛腿尺寸设计满足抗裂要求。

3)强度计算

(1)纵向受拉钢筋面积 A_g 的计算

采用公式　$A_g = K \cdot Q \cdot a / (0.85h_0 \cdot R_g)$

其中 K 为正截面强度设计安全系数，取 $K = 1.65$。

经计算，$A_g = 1.935\text{cm}^2$

$$\mu = 0.016\% < \mu_{\min} = 0.15\%$$

按最小配筋率配筋：

$$A_g = \mu \cdot b \cdot h_0 \quad \text{得 } A_g = 17.625\text{cm}^2$$

选用 5Φ25　$A_g = 24.545\text{cm}^2$

(2)水平箍筋采用 Φ16@150，$A_g = 2.011\text{cm}^2$

$$n = 13, A_K = 2nA_g = 52.286\text{cm}^2$$

4)斜截面强度计算

采用计算公式：

$$Q_p = 0.17\sqrt[3]{\frac{P \cdot h_0}{a}} \cdot b \cdot h_0 \cdot R_a$$

$$P = \frac{A_g + \frac{2}{3}A_k}{b \cdot h_0} \times 100$$

式中　A_g——纵向钢筋面积；

A_k——牛腿高度范围内水平箍筋总截面面积。

对于没有斜钢筋的牛腿，斜截面强度应满足下式

$$K \cdot Q \leqslant Q_P$$

式中　K——斜截面强度安全系数，取 $K = 1.7$。

计算得 $K \cdot Q = 501.50\text{kN}$，$Q_P = 3\ 600.55\text{kN}$

计算结果满足 $Q_P > K \cdot Q$，不需要设斜钢筋。

（三）闸底板结构设计

1. 基本资料

闸室底板设计中采用的基本资料：

（1）底板混凝土标号为 250 号，根据《水工钢筋混凝土结构设计规范》SDJ20—78，设计强度 $R_W = 18\text{MPa}$，弹性模量 $E = 2.85 \times 10^4\text{MPa}$。

（2）地基的变形模量 $E_0 = 8\ 000\text{MPa}$。

（3）混凝土净保护层 0.15m，受力钢筋采用 16 锰钢，正截面强度安全系数采用：基本荷载组合时 $k = 1.65$，特殊荷载组合时 $k = 1.45$。

2. 计算工况及荷载组合

计算工况及荷载组合见表 8-5-11。

表 8-5-11　计算工况及荷载组合

工况	荷载							
	底板自重	上部荷载	闸墩自重	水重	扬压力	地基反力	地震荷载	闸墩弯矩
1. 完建	√	√	√			√		√
2. 正常蓄水位 275m 关门挡水	√	√	√	√	√	√		√
3. 正常蓄水位 275m 关门挡水 + 地震	√	√	√	√	√	√	√	√

3. 计算理论和方法

闸室的底板支撑在地基上，闸室上部结构的外荷载、自重等通过闸墩传至地基。在顺水流向，底板连同闸墩的整体抗弯刚度很大，底板沿这个方向的弯曲变形远小于垂直水流方向，所以在底板计算中沿垂直水流方向取单宽板条，上有闸墩，下为地基，按弹性地基梁计算条带中纵向弯矩和截面上的剪力。

考虑到闸门前后的水位不同，即荷载不同，以闸门为界，将底板分为上下游两部分，分别在两部分取单宽板条进行分析。作用在板条上的力有底板自重 q_1、水重 q_2、边墩重 W_1、中墩重 W_2、边墩承受的上部结构及设备自重 G_1、中墩承受的上部结构及设备自重 G_2、底

板下扬压力 q_3、地基反力 q_4，见图 8-5-8。

由于底板上的荷载顺水流方向有突变，而地基反力则是连续变化的，因此单宽板条上所受的力是不平衡的，在板条及墩条的两侧作用有剪力 Q_1 及 Q_2，并由 Q_1 及 Q_2 的差值来维持板条上力的平衡，这个差值 $\Delta Q = Q_1 - Q_2$，即为不平衡剪力。根据板条的平衡条件，取 $\sum F_y = 0$，则

$$\Delta Q = (q_3 + q_4 - q_1 - q_2')L - G_1 - G_2$$

式中 L——板条底部长度，m；

$q_2' = q_2(L-2d)/L$，d 为闸墩厚度。

由上式即可求出 ΔQ 的数值。

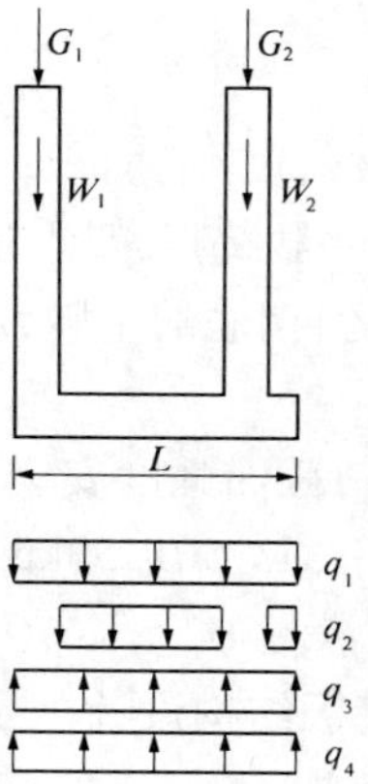

图 8-5-8 单宽板条上作用荷载示意图

不平衡剪力 ΔQ 由闸墩及底板共同承担。在计算中，把闸墩和底板视为一个组合梁，各部分所承担的数值，根据剪应力分布按比例分配，横截面上的剪应力按材料力学公式计算：

$$\tau_y = \frac{\Delta Q . s_x}{J_x \cdot B}$$

式中 J_x——整个截面对其形心轴的惯性矩；

s_x——所求剪应力作用层以上（或以下）面积对形心轴的面积矩；

B——所求剪应力作用层处的截面宽度，在底板部位为底板宽，在闸墩部位为各墩宽之和。

底板截面上承受的不平衡剪力应用积分求得 $\Delta Q_{板} = 831.02\Delta Q/J_x$，闸墩截面上承受的不平衡剪力 $\Delta Q_{墩} = \Delta Q - \Delta Q_{板}$，则闸墩上的分配系数 $\alpha = \Delta Q_{墩}/\Delta Q = 93.23\%$，底板上的分配系数 $\beta = \Delta Q_{板}/\Delta Q = 6.77\%$。

分配给闸墩上的不平衡剪力与闸墩及其上部结构的重量作为梁的集中力，即

边墩集中力 $P_1 = G_1 + \Delta Q_{墩}(d/2d)$；

中墩集中力 $P_2 = G_2 + \Delta Q_{墩}(d/2d)$。

分配给底板上的不平衡剪力化为均布荷载，并与底板自重、水重及扬压力等合并，作为梁的均布荷载，即

$$q = q_1 + q_2' - q_3 + \Delta Q_{板}/L$$

4. 底板内力计算

根据作用在基础梁上的外荷载，进行底板内力计算。

底板内力按假定地基为半无限弹性体上的基础梁进行计算，应用戈氏表格求断面内力。

1）判断梁与地基的相对刚度

采用张光斗、王光纶的《水工建筑物》P_{281} 的公式：

$$t \approx 10 \times \frac{E_0}{E_h} \times \left(\frac{l}{h}\right)^3$$

式中　h——地基梁的高度，即底板的厚度，$h=3\mathrm{m}$；

E_0——地基变形模量，$E_0=8\times10^3\mathrm{MPa}=8\times10^4\mathrm{kg/cm^2}$；

E_h——地基梁的弹性模量，$E_h=2.85\times10^4\mathrm{MPa}=2.85\times10^5\mathrm{kg/cm^2}$；

l——地基梁长度的一半，取9.95m。

按规定，在均布荷载作用下 $t>50$ 或集中荷载作用下 $t>0$ 的梁为长梁。

经计算，$t=10\times(8/28.5)\times(9.95/3)^3=102.412$，所以该基础梁为长梁。

2）特征长度

$$L=h\times\sqrt[3]{E_h/(6E_0)}=2.52\mathrm{m}$$

3）内力计算

根据计算出的 t 值和 L 值，查潘家铮著《弹性地基上的梁和框架》中的附表可得底板弯矩值。根据各工况下的弯矩绘制弯矩包络图。为方便施工，闸门前后底板均按最大弯矩配筋。另外，计算时曾做过这样的假定，将闸墩范围内的集中力、力偶矩作为点荷载考虑，使得闸墩中心线处的弯矩比实际值大，配筋计算时取闸墩范围内底板弯矩的平均值。

经过配筋计算，边墩处底板顶、底均选用5Φ36的钢筋，中墩处底板顶、底选用5Φ28的钢筋。

（四）弧形闸门支承牛腿及闸墩放射筋设计

正常溢洪道弧门支承牛腿承受着分布复杂的空间荷载，其设计的好坏直接影响到闸室的安全。因此，在进行弧门支座设计时，采用材料力学和有限元综合分析方法，对支承牛腿及闸墩局部区域进行分析计算。

1. 基本资料

溢洪道弧形工作门最高挡水位275m，弧门一个支铰平行闸墩面的最大推力10 800kN，与水平线夹角18°，垂直墩面分力900kN，支铰距墩面距离0.6m；

经计算牛腿尺寸初步拟定为2.5m×5.5m×1.25m（宽×长×厚），牛腿侧视图见图8-5-9。

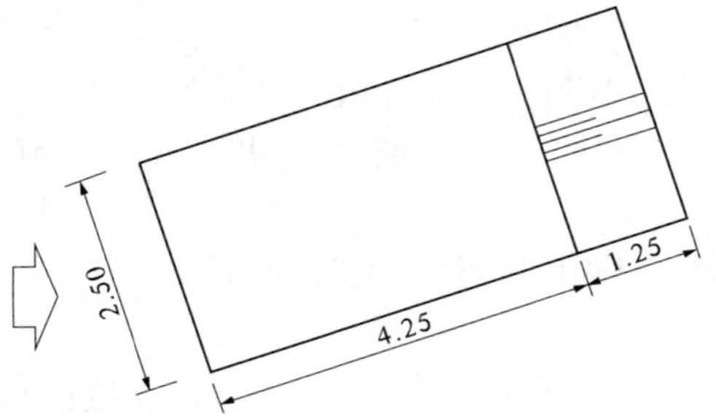

图8-5-9　弧形闸门支承牛腿侧视图　（单位：m）

钢筋保护层厚0.05m；

按《水工钢筋混凝土设计规范》表5和表1，

Ⅱ级钢筋 $R_g=R_g'=320\mathrm{MPa}$

Ⅰ级钢筋 $R_g=R_g'=240\mathrm{MPa}$

250 号混凝土 $R_a = 14.5\text{MPa}$，$R_1 = 1.55\text{MPa}$，$R_f = 1.9\text{MPa}$，$\mu = 0.167$；

钢筋混凝土结构强度安全系数按《水工钢筋混凝土设计规范》表 8 规定，基本荷载组合时 $K = 1.65$，特殊荷载组合时 $K = 1.45$；

混凝土抗裂安全系数按《水工钢筋混凝土设计规范》表 9 规定，$K_f = 1.25$。

2. 按材料力学法进行强度和应力计算

(1) 牛腿抗裂验算：

牛腿截面尺寸应满足 $K_f \cdot Q \leqslant \dfrac{0.75 \cdot b \cdot h_0^2 \cdot R_1}{a + 0.5h_0}$

其中：$K_f = 1.25$，$Q = 11\ 400$ kN。

$$\frac{0.75 \cdot b \cdot h_0^2 R_1}{a + 0.5h_0} = 2\ 596.18\text{t}K_f Q$$

截面尺寸满足抗裂要求。

(2) 牛腿受拉钢筋计算：

$$A_g = \frac{K \cdot Q \cdot a}{0.85 \cdot h_0 R_g} = 66.78\text{cm}^2$$

式中 Q——弧门支座推力；

a——推力作用点至墩面的距离。

(3) 闸墩局部放射筋计算。

根据《水工混凝土结构设计规范》第 10.9.2 要求，闸墩局部受拉区放射筋的截面积应满足下列公式要求：

a. 闸墩受两侧弧门支座推力作用

$$F \leqslant \frac{1}{\gamma_d} f_y \sum_{i=1}^{n} A_{si} \cos\theta_i$$

b. 闸墩受一侧弧门支座推力作用

$$F \leqslant \frac{1}{\gamma_d} \left(\frac{B'_0 - a_s}{e_0 + 0.5B - a_s} \right) f_y \sum_{i=1}^{n} A_{si} \cos\theta_i$$

式中 F——闸墩一侧弧门支座推力的设计值；

γ_d——钢筋混凝土结构的结构系数，按《水工混凝土结构设计规范》表 4.2.1 取用；

e_0——弧门支座推力对闸墩厚度中心线的偏心距；

B——闸墩厚度；

A_{si}——闸墩一侧局部受拉有效范围内第 i 根局部受拉钢筋的截面面积；

f_y——局部受拉钢筋的强度设计值；

B'_0——受拉边局部受拉钢筋中心至闸墩另一边的距离；

θ_i——第 i 根局部受拉钢筋与弧门推力方向的夹角。

经计算，中墩放射筋的截面积为 37 240mm^2，选用 30Φ40 钢筋单排布置；边墩放射筋截面积为 45 085mm^2，选用 42 根 Φ40 钢筋，分两排布置。

综合考虑中墩、边墩的计算情况，最后采用单侧 Φ40$L = 23$m、Φ32$L = 20$m 两种钢筋相间布置、上下两层。

3. 按平面有限元法进行应力和配筋计算

取单个闸墩作为研究对象，沿牛腿轴线切平面，按平面应变问题考虑；闸墩及牛腿按平面应力问题分析。

计算分闸墩单侧受力和双侧受力两种情况，在 VAX 机上用GTSTRUDL程序完成。

根据计算结果应力图形与等值线图，牛腿在其与闸墩接合部位应力最大，按应力图形进行钢筋配置，即根据该截面的主拉应力图形面积，算出主拉应力合力，主拉力由钢筋承担，并用下列公式计算钢筋用量：

$$A_g = \frac{T}{[R_g]} \qquad T = b \cdot W$$

式中 A_g——钢筋面积；

$[R_g]$——钢筋的容许拉应力，$[R_g] = R_g/K_g$，R_g 为受拉钢筋设计强度；

K_g——受拉钢筋的强度安全系数；

T——由钢筋承担的拉应力合力；

W——拉应力图形面积中扣除应力小于混凝土容许拉应力$[R_L] = R_L/K_h$ 后的图形面积；

b——结构截面宽度。

计算结果及配筋见表 8-5-12。

表 8-5-12　　牛腿钢筋计算结果及配筋

分层号	层厚 (cm)	应力面积 W	$T = b \cdot W$	$A_g = \frac{T}{[R_g]}$	Φ	A_g (cm^2)
1	25	511.9	127 968.75	65.98	9Φ36	91.61
2	35	498.8	124 687.5	64.29	9Φ36	91.61
3	45	511.9	129 375.0	66.71	9Φ36	91.61
4	80	511.9	130 000.0	67.03	9Φ36	91.61

受拉钢筋面积 $A_g = \frac{K \cdot T}{R_g} = 66.58\text{cm}^2$

实际采用 9Φ36，$A_g = 91.61\text{cm}^2$

4. 综合分析与成果应用

综上所述，闸墩是溢洪道控制闸的主要结构之一，除用上述方法进行计算外，还采用弹性力学和材料力学方法进行综合分析，解决闸墩支座牛腿的配筋。

从以上计算结果可以看出，用有限元计算牛腿中受拉筋和受弯筋，可以比较准确地确定钢筋的位置和数量。通过材料力学法计算得到的放射筋数量，可再用有限元法加以验证，以确定其布置范围和方式。

设计成果汇总：

中墩、边墩单侧放射筋均采用 Φ40($L = 23$m)与 Φ36($L = 20$m)相间布置、上下两层；

牛腿受拉钢筋:4×9Φ36,按应力图形配筋;受弯钢筋:9Φ36;箍筋按构造要求配置成封闭型 Φ16@250、Φ20@200。

牛腿配筋见图 8-5-10,放射筋见图 8-5-11。

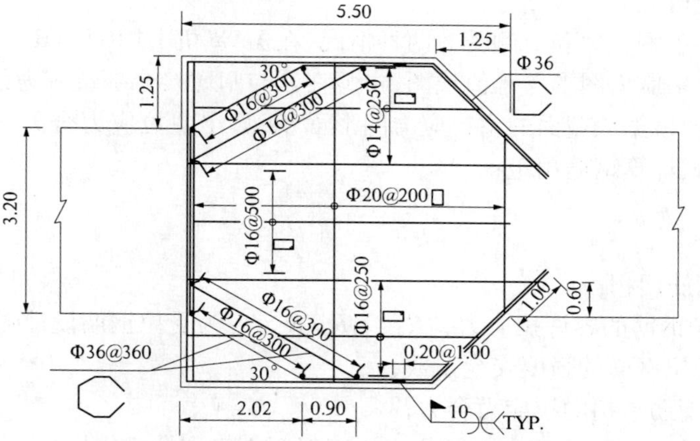

图 8-5-10 中墩牛腿配筋图 (单位:m)

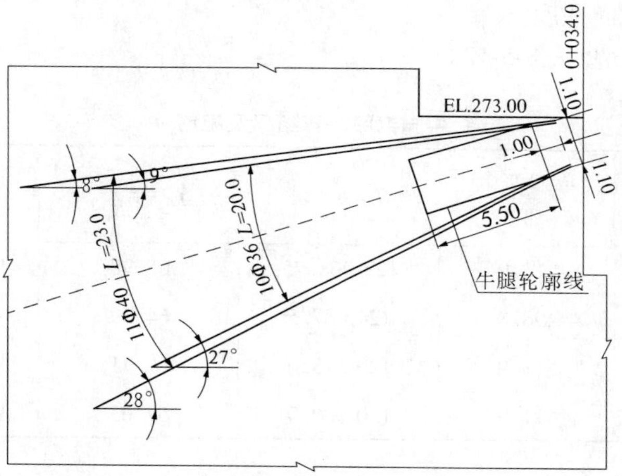

图 8-5-11 闸墩放射筋布置 (单位:m)

三、泄槽结构设计

泄槽(桩号 0+040.00m~0+915.72m)紧接闸室布置,末端与挑流鼻坎相接。由于泄槽内水流处于急流状态,高速水流带来的一些特殊问题,如冲击波、水流掺气、空蚀和压力脉动等,在结构设计时都必须加以认真考虑,并采取相应的措施。

泄槽在结构上可分为底板及边墙两部分,其中边墙又有直立边墙及重力式挡土墙两种形式。设计时,在 1 号掺气槽(桩号 0+573.00m)前采用 D4 级混凝土,其最小抗压强度为 25MPa,在 1 号掺气槽后下游段的底板及直立边墙全部改用 A2 级混凝土,其最小抗压强度为 70MPa,重力式挡土墙距表面 0.5m 厚也都采用 A2 级混凝土;过水表面严格控制平整度(在1号掺气槽前混凝土表面平整度为U3、F3,1号掺气槽后为U4、F4),变坡处以平滑曲线连接,特别在分缝处应处理好连接,尽量消除凸坎,以使表面光滑平整,不致引起负压和空蚀;同时,在所有的接缝处均设置了止水和板底部的排水,以防扬压力增大引起结构失稳或破坏;混凝土结构设有纵横缝,横缝间距一般为15m,纵缝共有3道,间距为13m。

(一)设计基本资料

泄槽基础为砂岩,容重 $\gamma=26.2\text{kN/m}^3$,c 值为0.05MPa,内摩擦角 $\phi=30°$,砂岩与混凝土底板间的摩擦系数 $f=0.65$;

挡土墙后回填堆石料,湿容重 $\gamma=19.6\text{kN/m}^3$,内摩擦角 $\phi_1=30°$,c 值为0;

混凝土容重按 24kN/m^3 计;

水容重按 10.5kN/m^3 计;

扬压力折减系数按0.3计。

(二)底板结构设计

选取泄槽最陡段桩号0+467m~0+717m间的板块进行计算。

板块长:$L=253.58\text{m}$

板宽:13m

坡度:$i=0.17$

校核洪水位275m溢洪道总泄量:$Q=3\,961.55\text{m}^3/\text{s}$

板块上、下游端的水深及流速:

桩号0+467m:$h=5.70\text{m}$,$v=23.2\text{m/s}$

桩号0+717m:$h=3.84\text{m}$,$v=34.4\text{m/s}$

板厚选定:$t=0.8\text{m}$

抗滑稳定安全系数要求:$K=1.10$

抗浮稳定安全系数要求:$K=1.20$

1. 荷载

作用在底板上的荷载有:底板自重、板上水压力、脉动压力、水流拖曳力和扬压力。

2. 抗滑稳定分析

采用抗剪公式进行稳定计算,计算公式如下:

$$K=\frac{\text{总法向力}\times\text{摩擦系数}f}{\text{总切向力}}$$

计算所得的 K 值为2.47,大于规范要求的 K 值1.10,满足抗滑稳定要求。

3. 抗浮稳定分析

按设计洪水位274m泄洪及泄洪骤停两种工况进行稳定计算。

(1)设计洪水位274m泄洪工况:

$$K_{浮}=\frac{\text{板重法向力}+\text{板上水重}}{\text{扬压力}+\text{脉动压力}}$$

计算所得的 $K_{浮}$ 值为1.45,大于规范要求的 K 值1.20,满足抗浮稳定要求。

(2)泄洪后骤停、板下扬压力按矩形分布：

$$K'_{浮} = \frac{板重法向力}{扬压力}$$

计算所得的 $K'_{浮}$ 值为 1.26，仍大于规范要求的 K 值 1.20，满足抗浮稳定要求。

4. 结论

从以上分析可以看出，在各种工况下底板的抗滑、抗浮均能满足稳定要求，从泄槽整体分析，桩号 0 + 467m ~ 0 + 717m 段为最陡段，具有代表性，其他部位可不必计算。

为确保底板运用安全，在泄槽底板下除设置三条纵向排水管及多条横向排水管外，在底板与边墙、底板与底板分缝处均设置有 651 型 PVC 止水。

由于影响底板稳定的因素很多，有些因素尤其是扬压力系数，一般很难准确确定。因此，在底板下面加打 Φ20L = 3.0m@2m 的基础锚筋，并焊于底板表层 Φ16@200 的钢筋网上，以加强底板的稳定。

（三）边墙结构设计

根据泄槽段的地形地质情况，边墙分为重力式挡土墙及直立边墙两种形式。

1. 重力式挡土墙结构设计

这类挡土墙主要布置在正常溢洪道泄槽桩号为 0 + 090m ~ 0 + 255m、0 + 527m ~ 0 + 780m 间。此段由于基岩面较低，故选用混凝土加筋挡土墙，墙后回填压坡料。

抗滑稳定安全系数按《溢洪道设计规范》第 4.7.4 条取用，见表 8-5-13。

表 8-5-13　　抗滑稳定安全系数

建筑物级别	基本荷载组合	特殊荷载组合	
		Ⅰ	Ⅱ
1	1.35	1.20	1.10

注：特殊组合Ⅱ为计入地震荷载组合，余者为特殊组合Ⅰ。

抗倾覆稳定安全系数按《水工设计手册》第 7 分册取用，基本荷载组合、特殊荷载组合Ⅰ、特殊荷载组合Ⅱ工况时分别为 1.35、1.20、1.10。

计算工况共有四种：

Ⅰ. 设计工况：

① 建成后无水

② 设计洪水位 274m 泄洪(止水完好)

Ⅱ. 校核工况：

① 校核洪水位 275m 泄洪(止水失效)

② 建成后无水 + 地震

(1)基本断面尺寸拟定。根据溢洪道开挖横剖面图所显现的挡墙位置、基岩高程以及水面线拟定挡墙的基本尺寸为：墙高 8 ~ 11m，墙后坡度 0.4∶1，墙顶宽度 1.2m。

(2)荷载。作用在其上的荷载有：①挡墙自重；②回填压坡料重；③土压力；④水重；⑤水压力；⑥扬压力；⑦地震惯性力；⑧地震动土压力。

(3)抗滑及抗倾稳定分析。不同工况下荷载组合见表8-5-14。

表8-5-14　荷载组合

荷载组合		荷载							
		①	②	③	④	⑤	⑥	⑦	⑧
基本组合	①	√	√	√					
	②	√	√	√	√	√	√		
特殊组合	①	√	√	√	√	√	√		
	②	√	√					√	√

抗滑稳定计算公式：

$$k = \frac{f \times \sum V}{\sum H}$$

式中　k—— 抗滑稳定安全系数；

f—— 摩擦系数；

$\sum V$—— 总铅直力；

$\sum H$—— 总水平力。

抗倾覆稳定计算公式：

$$k = \frac{\sum M_y}{\sum M_o}$$

式中　k—— 抗倾覆稳定安全系数；

$\sum M_y$—— 抗倾力矩；

$\sum M_o$—— 倾覆力矩 。

根据计算结果得出："校核洪水位275m泄洪(止水失效)"为控制工况，其安全系数仍然大于规范要求值。因此，边墙的设计满足稳定要求。

(4)结论。实际计算过程中，对拟定的四种不同尺寸的剖面分别进行了计算，所得安全系数均满足规范要求。因此，边墙体形尺寸设计是合适的。

边墙的配筋基本按温度筋配置，即沿混凝土表面布设Φ16@200的钢筋网，迎水面顺水流方向钢筋变为Φ22@200。

2. 直立钢筋混凝土边墙结构设计

直立边墙墙高同样由水面线决定，墙厚有1.20m、0.80m两种，均采用锚杆锚固在基岩上，与基岩共同受力。

厚度1.20m边墙的布置范围桩号为0+040m～0+140m，沿混凝土表面布设Φ16@200的钢筋网，迎水面顺水流方向钢筋变为Φ22@200。0+140m桩号下游边墙的厚度均为0.80m，仅在迎水面布设Φ16@200的钢筋网。同时要求所有的边墙锚杆都焊于表层钢筋网上。

四、挑流鼻坎结构设计

桩号 0 +915.72m 下游为挑流鼻坎段。为使 3 号消力塘在泄水建筑物联合运行和溢洪道单独运行时都能有较好的流态，经多次整体水工模型试验论证，确定采用舌弧形鼻坎，反弧半径 12m，最大挑角 37°，右边扩散 2m。考虑其抗滑稳定要求，边墙与底板采用整体式，边墙厚 2m，反弧底板厚 3.4 ~6.7m。过水表面 0.5m 厚度范围全部采用 A2 级混凝土，其余部分采用 D4 级混凝土。挑坎段底板的上下游端均设齿槽嵌入基岩。其体形详见图 8-5-12、图 8-5-13。

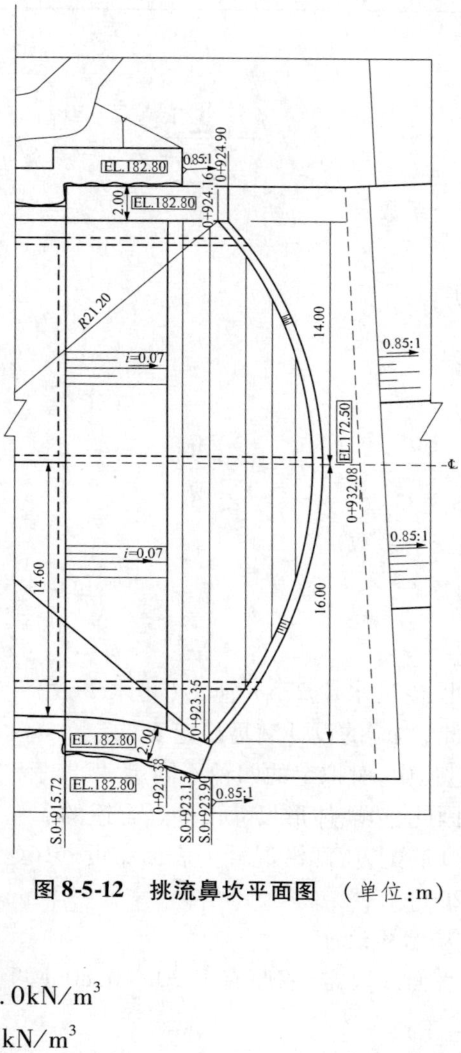

图 8-5-12　挑流鼻坎平面图　(单位:m)

(一)设计基本资料

混凝土容重：$\gamma_c = 24.0\text{kN/m}^3$

岩石容重：$\gamma_R = 26.2\text{kN/m}^3$

岩层倾角：10°

挑坎段上游端处水深：4.37m(相应于 $Q = 4\ 050\text{m}^3/\text{s}$ 泄量时的水深)

混凝土与基岩接触面抗剪参数：$f = 0.55$，$c = 0.2\text{MPa}$

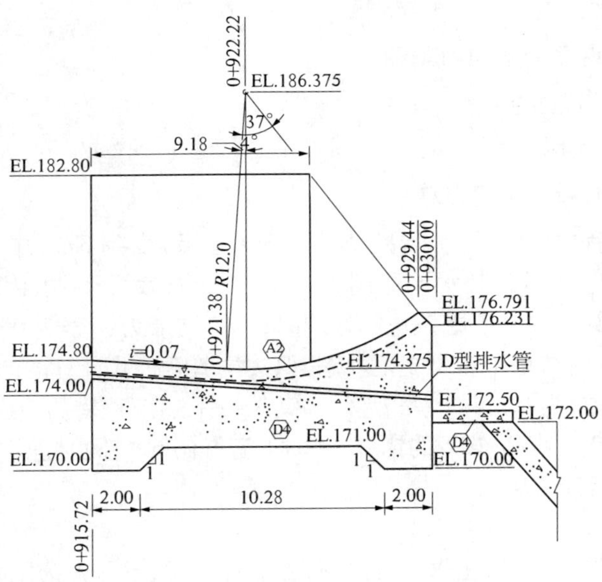

图 8-5-13　挑流鼻坎纵剖面图　（单位:m）

基岩层面抗剪参数：$f = 0.45 \sim 0.5$，$c = 0.05$MPa

岩体抗剪断参数：$f' = 0.55$，$c' = 0.05$MPa

泄流量:4 050m³/s(最高水位 275m 时模型试验成果)

(二)结构设计

1. 作用荷载

作用在挑坎上的荷载有:①结构自重;②水流离心力;③渗透压力;④水重;⑤脉动压力;⑥边墩自重。

2. 抗滑稳定分析

按两种情况进行计算。

按抗剪参数进行抗滑稳定计算公式:

$$k = \frac{f \times \sum W}{\sum P}$$

式中　k—— 抗滑稳定安全系数;

f—— 摩擦系数;

$\sum W$—— 滑面上法向力总和;

$\sum P$—— 滑面上切向力总和。

按抗剪断参数进行抗滑稳定计算公式:

$$k' = \frac{f' \times \sum W + c'A}{\sum P}$$

式中　k'—— 抗滑稳定安全系数;

f'—— 摩擦系数；

$\sum W$—— 滑面上法向力总和；

c'—— 滑面上的凝聚力；

A—— 滑面面积；

$\sum P$ ——滑面上切向力总和。

在实际计算过程中，考虑到鼻坎挑角由 9.3°（边缘）变到 37°（中心线处），如取挑角为 37°的中间条块进行计算，其水流作用力肯定偏大，代表性不强，因此取距中心 1/3 半跨处的条块进行计算。在未考虑条块间作用时，计算结果为：$k' = 2.05$；$k = 1.25$。可以看出，按抗剪公式计算的结果可满足规范要求，但按抗剪断公式计算的结果不能满足规范要求。考虑到基岩较差，为互层结构等因素，故又采取下述工程措施：在挑坎基础部位设间距 1.50m、长度 5.30m、直径 Φ32 的锚杆，并向上游倾斜 60°，同时进行固结灌浆处理。

（三）强度及配筋计算

1. 计算荷载

考虑到鼻坎下设有排水、止水，因此进行配筋计算时，不考虑扬压力的作用，只计算自重、动水压力和底板的岩石抗力。

2. 计算方法

因边墙与底板为整体式，故将边墙简化为支于刚性支座上的悬臂梁，底板则简化为弹性地基梁进行配筋计算。

3. 计算结果

边墙最大弯矩 328.5kN·m，底板最大弯矩 600kN·m。

经综合比较分析后，钢筋布置如下：

（1）边墙：

迎水面　顺流向及垂直流向钢筋均采用 Φ22@200mm；

背水面　流向钢筋采用 Φ18@200mm，垂直流向钢筋采用 Φ22@200mm。

（2）底板：

上层　顺流向钢筋采用 Φ22@200mm，垂直流向钢筋采用 Φ32@200mm；

下层　顺流向钢筋采用 Φ18@200mm，垂直流向钢筋采用 Φ32@200mm。

第六节　防空蚀设计

根据正常溢洪道水力计算，校核洪水位 275m 泄洪时，泄槽桩号 0+600.0m 之下游槽内平均流速达到 30m/s 以上，最大流速高达 35m/s 左右，而水流空化数仅为 0.2～0.3，有产生空化或空蚀的可能性。

实际工程中，高速水流区采用的减免空化或空蚀措施有：①控制流道表面的施工不平整度；②选用抗空蚀性能较高的材料；③采用掺气减蚀措施，即在水流底部采用人工掺气措施。通过综合比较和设计优化，正常溢洪道采用槽坎结合、侧墙设通气孔的掺气防蚀方案。该方案经水工模型试验验证，能满足各种运用工况下的掺气要求。

一、基本要求

《溢洪道设计规范》附录二“高速水流的防空蚀设计”中，对掺气防蚀措施的设置提出了如下要求：

(1)应有足够的通气量，保证水流有足够的掺气浓度。

(2)在保护范围内，临近保护面的掺气浓度不应低于3% ~4%；要求特别高的部位应不低于5%。

(3)对水流流态无明显的不利影响。

(4)附近的水层底面或空腔内不出现过大的负压。

(5)设施本身有足够的强度和工作可靠性。

(6)在宣泄设计及以下各级流量时，水舌下方空腔应能保持稳定，且通气孔和掺气槽不堵塞，通气顺畅。显然，掺气减蚀设施应布置在易发生空蚀及重点保护部位的上游。

二、掺气设施位置的确定

(一)泄槽空化数的计算

按照《溢洪道设计规范》附录二，水流空化数 σ 采用下列公式计算：

$$\sigma = \frac{h_0 + h_a - h_v}{v_0^2/2g}$$

式中　h_0——计算断面处的时均动水压力水柱高，m；

h_a——计算断面处的大气压力水柱高，m，对不同高程按$\left(10.33 - \frac{\nabla}{900}\right)$估算，$\nabla$为海平面以上高度；

h_v——水的汽化压力水柱高，m，对于不同水温，可参照规范附表2-1的数值采用；

$\frac{v_0^2}{2g}$——计算断面的平均流速水头，m。

根据水力计算提供的数据，泄槽空化数计算结果见表8-6-1。

表8-6-1　三孔闸全开时泄槽水流空化数计算成果

桩号	275m水位泄洪时空化数 σ	265m水位泄洪时空化数 σ
0 +550.0	0.36	0.42
0 +600.0	0.30	0.36
0 +705.0	0.23	0.30
0 +805.0	0.23	0.33
0 +921.38	0.22	0.38

根据《溢洪道设计规范》第3.9.2条中提出在水流实有空化数 $\sigma < 0.3$(初生空化数或临界空化数)的区域为可能发生空化或空蚀的区域，许多工程在 $\sigma < 0.3$ 的区域开始设置掺气设施。

（二）第一道掺气槽位置的确定

由表 8-6-1 可以看出，275m 水位三孔闸门全开泄洪为控制工况，在 0 + 600m 桩号附近及其下游段为可能发生空蚀的区域，因此可把第一道掺气槽坎设置在 0 + 580m 桩号处，该处的水流空化数为 $\sigma = 0.33$，大于临界空化数 $\sigma_i = 0.3$。

三、掺气设施形式的选择

掺气减蚀设施由掺气和进气设施组成。其中掺气设施有以掺气挑坎、掺气跌坎和掺气槽为基本形式的八种组合形式；进气设施则有两侧墙内预留通气孔或埋管进气、两侧墙突扩进气、折流器进气等七种形式。

正常溢洪道泄槽底板较薄，厚度仅为 0.8m，且板下埋有内径 30cm 的预制混凝土半圆形排水管，如果采用跌坎式或凹槽式掺气设施，则要增加底板厚度和工程量。如果采用挑坎式，则会因挑坎较高，而造成下游水流流态紊乱、水面线抬高，致使泄槽边墙增高，增加工程量。

经综合比较后，最终采用挑坎和跌坎相结合的混合式掺气槽坎。

进气措施曾考虑了两种，一种是在两侧墙内留通气孔，另一种是在两侧设折流器进气。经水工模型试验决定选用前者。

四、掺气设施尺寸的计算

对于掺气设施各部分体形尺寸的计算和确定，《溢洪道设计规范》中未作规定，在国内外人工掺气工程实例中多数只有结构尺寸而没有确定的过程，只能作为参考。

设计采用肖兴斌在 1985 年《长江水利水电》中发表的“泄水建筑物掺气减蚀措施的进展和综述”一文中提供的计算方法，估算掺气槽挑坎高度；跌坎尺寸应在跌坎内不出现积水的情况下，尽量增大跌坎面积。在上述计算结果的基础上，参照已建工程并结合水工模型试验最终确定掺气设施尺寸。

挑坎下限高度应满足的公式为：

$$\Delta \geqslant 23.5 \times R_c \times \left(\frac{u}{\sqrt{gR_c}} \times \frac{1}{\cos\alpha \times \cos\theta}\right)^{-3}$$

式中 Δ——挑坎下限高度；

u——坎上断面平均流速；

θ——挑坎角度，1∶8 坡比时，$\theta = 7.125°$；

α——坎前底板面与水平面夹角，当底板坡度为 i 时，$\alpha = \arctan i$

R_c——坎上水流的水力半径，$R_c = \dfrac{A}{\chi} = \dfrac{\text{水流断面积}}{\text{湿周}} = \dfrac{h \cdot b}{2h + b}$

其中 h——水深；

b——水流断面宽度；

由此可计算出挑坎的下限高度，再参考其他工程经验选取掺气槽挑坎高度见表 8-6-2、表 8-6-3。

表 8-6-2　**掺气槽坎体形初拟结果**

掺气槽坎号	桩号	挑坎高度(m)	挑坎坡度	保护长度(m)
1	0+580.0	0.6	1:10	60
2	0+640.0	0.6	1:10	60
3	0+700.0	0.6	1:10	60
4	0+760.0	0.4	1:10	60
5	0+820.0	0.4	1:10	60
6	0+880.0	0.4	1:10	51.4

表 8-6-3　**掺气减蚀设施体形优化结果**

掺气槽坎号	桩号	挑坎高度(m)	挑坎坡度	保护长度(m)
1	0+580.0	0.7	1:10	80
2	0+660.0	0.7	1:10	80
3	0+740.0	0.5	1:10	70
4	0+810.0	0.5	1:10	70
5	0+880.0	0.5	1:10	70

五、掺气设施保护长度的计算

掺气设施保护长度取决于掺气设施的体形、尺寸、进气形式、泄槽底部掺气浓度递减率以及临界减蚀掺气浓度等，而这些又与各泄水建筑物的底坡、水流条件、混凝土强度、表面不平整度有关，因此已建各工程掺气设施的保护长度也各不相同，相差很大，即对其保护长度还没有成熟的计算方法。本设计参照了 1990 年 12 月黄委设计院编著的《掺气减蚀原理与应用》提供的方法，文中作者崔陇天根据原型和模型试验资料提出计算掺气保护长度 L_g 的经验公式为：

$$L_g = 25 \times \Delta \times (Fr - 1)/\cos\alpha$$

式中　Δ——挑坎高度；

α——泄槽底板面与水平面的夹角；

Fr——挑坎上的佛氏数，$Fr = u/\sqrt{gh}$。

根据计算和已建工程经验初拟的掺气设施保护长度见表 8-6-2。

在设计过程中，由于溢洪道进口控制闸体形及闸后泄槽底坡均作了修改，使得溢洪道的泄流量、水流流速、水面线等都均有较大变化，故又对初拟的掺气设施体形尺寸及布置进行了优化调整。

表 8-6-2 中初拟的掺气挑坎高度较小，各级掺气槽坎的保护长度较短，容易造成泄槽内高速水流连续的挑射及挑射水流冲击底板并反弹，致使槽内水流波动剧烈流态紊乱。因此，应在保证掺气效果和水流流态平稳的情况下，尽量减少掺气设施的级数，相应增大

各级掺气设施的保护长度。

槽坎尺寸优化结果见表 8-6-3。

六、掺气设施的通气量以及通气孔尺寸估算

（一）掺气设施的通气量估算

通气量与泄流量密切相关，一般呈单峰曲线关系，相应于某个泄流量，发生最大通气量。目前，掺气设施通气量的计算尚不成熟，多采用经验公式估算。本设计参照黄委设计院编写的《掺气减蚀原理与应用》一文中韩立提出的计算图方法。

通气量计算公式：

$$Q_a = \beta \cdot Q$$

式中 Q_a——通气量；

β——掺气率，即气水体积比，以百分数表示，可根据 Fr 查图求出；

Q——泄流量。

由此计算出通气量见表 8-6-4。

（二）通气孔尺寸估算

通气孔面积取决于最大通气量及允许最大风速。根据计算出的通气量 Q_a，参照长江委枢纽处黄国强的“掺气槽尺寸的初步拟定”文中提供的通气孔面积计算公式进行计算：

$$Q_a = v_a \times W$$

式中 W——通气孔面积；

v_a——孔内允许最大风速，按《溢洪道设计规范》提出的通气孔安全风速不超过 60m/s 确定。

由此计算出通气孔面积见表 8-6-4。

表 8-6-4 掺气设施的通气量、通气孔尺寸和空腔内负压值计算

掺气槽坎号	桩号	通气量 (m^3/s)	通气孔面积		空腔内负压值 ΔP(kPa)
			计算值(m^2)	选取值	
1	0+580	236.8	3.95	2-2m×1m	-0.868 < -5.0
2	0+660	194.6	3.24	2-2m×1m	略
3	0+740	278.6	4.64	2-2.5m×1m	略
4	0+810	278.6	4.64	2-2.5m×1m	略
5	0+880	278.6	4.64	2-2.5m×1m	略

（三）空腔内负压值估算

空腔压力不宜过低，应保证空腔能顺利地吸气。空腔压力也不宜过高，以保持空腔不收缩变形，通气顺畅。即要造成一个较稳定通气的空腔。掺气设施的掺气效果取决于掺气水舌的流态是否是自由射流（自由通气状态）。《溢洪道设计规范》中未对空腔负压作

硬性规定,仅提出空腔附近的水层底面或空腔内不出现过大负压,即在 -5.0kPa 左右。

空腔内负压值 ΔP 采用黄国强“掺气槽尺寸的初步拟定”文中提供的方法进行计算,其公式为:

$$\Delta P = \frac{\lambda l}{d} \cdot \gamma - \frac{v_a^2}{2g}$$

式中　d——通气孔直径,孔为长方形孔时 $d = \frac{2ab}{a+b}$,a 为孔口宽,b 为孔口长;

l——孔长,一般取边墙墙高;

γ——空气容重,根据资料中提供 $\gamma = 1.2\text{kg/m}^3$;

λ——长度阻力系数,$\lambda = 0.111(K/\zeta)^{0.25}$;

K——粗糙度,混凝土取 1.5mm;

ζ——局部阻力系数,进口为 0.93,90°弯头为 0.28。

七、水工模型验证结果

黄委会水利科学研究院对正常溢洪道防空蚀措施进行了两种通气方式和两种掺气坎形式的水工模型试验。模型比尺为 1:43。1991 年 7 月提交的《黄河小浪底水利枢纽溢洪道水工模型试验研究报告》指出,以边墙通气孔补气和底部槽坎掺气方式的效果为佳,据此最终采用的设计方案见表 8-6-5。

表 8-6-5　掺气设施的最终体形设计

掺气槽坎号	桩号	挑坎高度(m)	挑坎坡度	保护长度(m)	通气孔面积
1	0+580	0.7	1:10	80	2-2m×1m
2	0+660	0.7	1:10	80	2-2m×1m
3	0+740	0.5	1:14.28	70	2-2.5m×1m
4	0+810	0.5	1:14.28	70	2-2.5m×1m
5	0+880	0.5	1:14.28	70	2-2.5m×1m

首先,水工模型试验报告反映,正常溢洪道设置掺气槽坎后,各种工况下水流流态基本稳定;水流在边墙处有由摩阻掺气等原因形成的水冠,一般高为 0.5m 左右;同时由于设置挑坎和水流大量掺气,挑坎处水面要凸起,引起水面线抬高,但较不设掺气槽坎的水面线平均只抬高 0.5m,沿程水面较为平顺。

其次,试验报告提到设置掺气设施后,在各级运用水位和流量下,槽坎处水舌下都有足够的空腔,可保证空腔补气顺畅。若在两侧设折流器通气则会产生高的水翅爬坡,使泄槽内流态恶化,因此选用两侧墙内设通气孔方案。

再次,水工模型试验表明,掺气槽坎处有足够的掺气面积和掺气量,保证了掺气效果,且掺气浓度随库水位和泄量增加而增大,反之,则减小。当库水位较低时,掺气浓度虽然很小,但相应被保护边界上的流速也较小,已经不在规范规定的范围。275m 库水位闸门全开泄流时,模型中各道掺气设施首端掺气浓度实测值均在 13% 左右,保护段末端掺气浓度模型实测值均大于 0.62%,多在 1.0% 左右,近壁掺气浓度接近 2%,相应的原型掺气浓度值一般则要大于模型实测值,因此认为可以满足掺气减蚀要求。

八、结论

正常溢洪道掺气减蚀设施的设计经水工模型验证得出以下结论:

(1)设计采用的掺气减蚀设施体形尺寸估算方法所得的掺气挑坎高度和保护长度偏小,参考类似工程经验和模型试验结果进行调整是非常必要的。

(2)最终确定的通气孔尺寸是合理的,最大风速符合规范要求。

(3)槽坎结合的掺气设施和两侧边墙内的通气孔型式选择是合适的。

(4)掺气减蚀设施的设计满足掺气减蚀要求。

(5)本文所述掺气减蚀设施体形尺寸估算和水工模型试验都是在清水条件下进行的,并未考虑高速含沙水流相关问题。考虑溢洪道泄槽泥沙磨损等问题,设计要求自第一道掺气槽坎(桩号 0 +573.00m)直至出口流道的突变型表面不平整度不超过 5mm,渐变型表面不平整度不超过 10mm,其表面均采用 A2 级高标号硅粉混凝土浇筑。1 号掺气减蚀设施的体型尺寸见图 8-6-1、图 8-6-2。

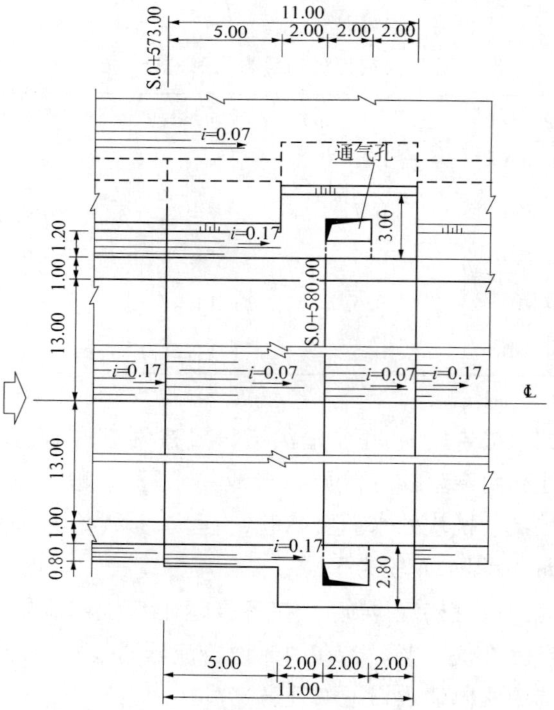

图 8-6-1　1 号掺气槽坎平面图　(单位:m)

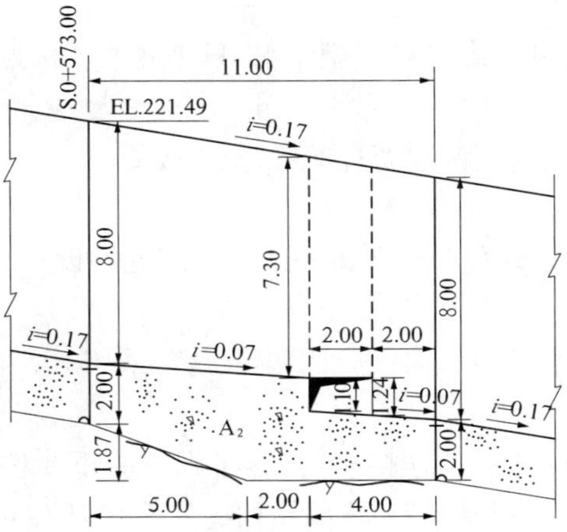

图 8-6-2　1 号掺气槽坎纵剖面图　（单位:m）

第七节　防渗排水系统设计

正常溢洪道控制闸基础灌浆防渗帷幕的设计,是与小浪底枢纽大坝左岸的灌浆防渗帷幕统一考虑的。即在桩号 0 + 002m 控制闸闸室底板下布置了深近 60m 的灌浆防渗帷幕,与闸室两岸枢纽大坝的帷幕连接,形成了完整的防渗控制系统。

为防止不均匀沉陷,在正常溢洪道底板和边墙上均设有结构缝,帷幕以前的结构缝内不设止水,考虑到水位骤降问题,在引水渠边墙上打有排水孔。从溢洪道的闸室起到泄槽末端,整个行洪线路的结构缝上均设有止水。根据部位不同,止水的布置形式也不相同。为防止结构缝内的止水失效,水流进入底板下和边墙后引起扬压力增大,在闸室和泄槽底板的横缝下的下游侧均设有排水管。

一、止水系统设计

(一)止水类型及埋设方式

用于正常溢洪道的止水有四种类型:B 型、G 型、H 型、I 型止水。每种止水类型的材料设计尺寸及埋设方式简述如下:

1. B 型止水

B 型止水为 651 型塑料止水,宽 280mm,埋设在距过水表面 0. 3m 处。同时,缝内刷两遍沥青。

2. G 型止水

G 型止水为 MKI 型紫铜止水片,宽 400mm,埋设在距过水表面 0. 3m 处。同时,缝内填两毡三油。止水铜片的 U 形伸缩部分应置于伸缩缝内,立模施工时应严格按设计要求控制。

3. H 型止水

H 型止水的材料及埋设方式均同 A 型止水，只是缝内填材为两毡三油。

4. I 型止水

I 型止水要求在伸缩缝内刷两遍沥青即可，施工较简单。

（二）止水布置

溢洪道从闸室到泄槽末端的整个行洪路线结构缝处均设有止水。各段上的止水纵横相连，形成封闭整体。

（1）进口引渠段的止水类型选取：进口引渠段全部采用 I 型止水，即不设止水片，只涂刷两遍沥青。

（2）闸室段止水类型的选取及连接构造：鉴于闸室的重要性，此段采用耐久性较好、成本较高的 G 型止水；在闸室与泄槽结合的结构缝处设有 H 型止水。详见图 8-7-1。

（3）泄槽段止水类型的选取：泄槽段止水全部采用 B 型止水。

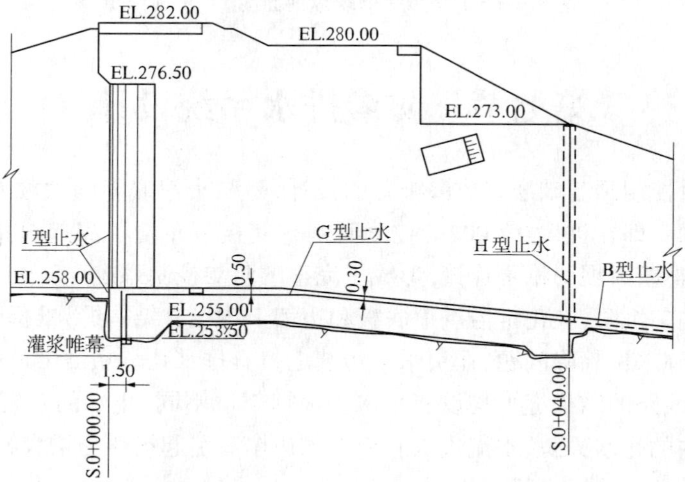

图 8-7-1　止水布置图　　（单位：m）

二、排水系统设计

（一）排水管类型及埋设方式

溢洪道的排水管主要有两种类型，即 A 型排水管和 B 型排水管，见图 8-7-2。每种排水管的材料、设计尺寸及埋设方式简述如下。

1. A 型排水管

A 型排水管为预制素混凝土半圆形排水管，采用一级配 C_1 级混凝土，28 天的最小抗压强度 30MPa，内半径 $R=0.15$m，壁厚 5cm。该排水管紧靠缝的一侧埋设，反扣在岩基上，以引排基岩面上的渗水导向排水管。A 型排水管与基岩接触处应用水泥砂浆密封，防止浇筑上部混凝土时被堵塞。

2. B 型排水管

B 型排水管为预制素混凝土圆形排水管，采用一级配 C_1 级混凝土，内半径为 0.15m，壁厚 5cm。

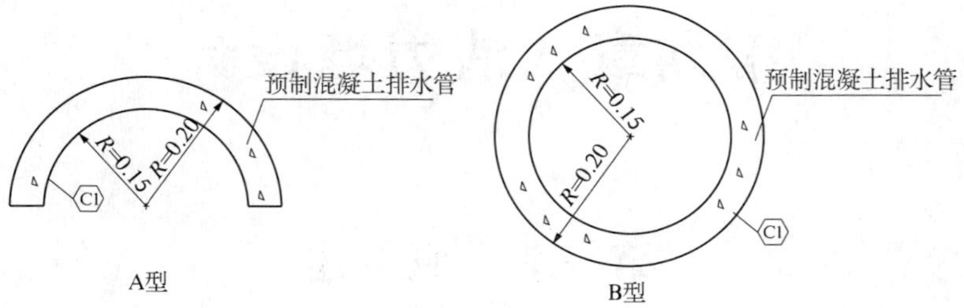

图 8-7-2　排水管详图　(单位:m)

(二)排水设计

从控制闸桩号 0 + 013.00m 起,在其下游底板的结构缝下均设有排水,直至挑流鼻坎末端。考虑到溢洪道两侧坡面汇流及山体渗流量不大,故泄槽边墙外未设排水。排水管纵横相连,从闸室起将渗水集中到纵向排水管内排向下游。

闸室段有一道横向排水和两道纵向排水。横向排水设在桩号 0 + 013.00m 处,选用 A 型排水管。在此处排水管从 275m 高程开始设置向下与底板的横向排水管相连,目的是为了降低底板下的扬压力以及将两侧边墙内的渗水及时排走,保证闸室的稳定安全。此处渗水将通过埋设在两中墩下的纵向排水管排至泄槽内。纵向排水管选用 D140mm 的 PVC 管。

泄槽段底板下布置有纵、横向排水,横向排水管设在每道横缝的下游侧,贴缝布置;三条纵向排水管紧贴三道纵缝布置。横向排水管通过预制三通接头与纵向排水管相连,纵向排水管在挑流鼻坎处与 B 型排水管相连将水排至消力塘内。

第九章　消力塘设计

第一节　概　述

消力塘位于枢纽左岸泄水建筑物群的末端,可同时接纳3条孔板消能泄洪洞、3条明流泄洪洞、3条泄洪排沙洞和1条正常溢洪道的泄量并实现两级消能。其4类泄水道出口均采用挑流消能工,挑坎顶高程分别为129.00~138.50m,154.50~177.60m,148.00m和176.79m。消能后的水流经泄水渠平稳地归入黄河。

消力塘工程有三大特点:一是它处于10条泄水建筑物的出口,安全地位非常重要;二是工程规模巨大,占地面积10余万m^2,最大水深30m左右,混凝土浇筑量达52万m^3,承接最大泄量超过17 000m^3/s,是目前世界上最大的岸边开挖全衬的消能建筑物;三是地质条件相对较差,断层、泥化夹层较多,边坡加固、基础处理及其排水工程量大,且结构较复杂。

消力塘的布置和结构经历了一个调整优化过程,结合其他泄水建筑物的布置和施工安排,围绕3个塘的分割和衬砌与否展开。初步设计(优化)阶段,比较过预开挖碾压混凝土衬砌、预开挖钢筋混凝土衬砌和预开挖不衬砌3种消力塘方案,该阶段缺少模型试验论证;招标设计阶段,经过大量的方案比较,通过水工模型试验综合研究,最终采用预开挖钢筋混凝土衬砌两级消能消力塘方案,并确定了布置、体形和尺寸;施工详图设计阶段,对消力塘四周防渗排水布置作了较大的改变,取消了防渗帷幕,增加了边坡内的排水隧洞。

第二节　设计条件及要求

一、工程地质条件及问题

(一)工程地质条件

消力塘占地区域在西沟沟底处有厚度小于5m的覆盖层,其余部位一般都有20~40m厚的第四系覆盖层。除西沟沟底有近期的坡、洪积土夹块石,消力塘东南角在黄土类土以下(分界高程约136m)有冲积砂卵石分布外,其他地段大面积分布的均为黄土类土。

开挖区在F_{236}(F_{238})以南自上而下揭露的地层有T_1^{6-1}及T_1^{5-3}岩组,以北揭露地层有T_1^{6-1}、T_1^{5-3}及T_1^{5-2}岩组。消力塘底板部位主要在T_1^{6-1}、T_1^{5-3}岩层中。取样测试结果表明:T_1^6岩组中蒙脱石含量较高,岩体饱和抗压强度较低,为相当软的岩石,并且T_1^6地层中的泥质粉砂岩抗风化能力很低,特别是在干湿交替的条件下易风化崩解。

断层主要有:F_{236}(F_{238})、F_{244}、F_{244-1}、F_{244-2}、F_{245}、F_{245-1}。

F_{236}（F_{238}）断层在Ⅱ64号探硐中，有相隔3m的两错动带组成：南错动带总体产状190°∠80°，并随着深度其倾角有变缓趋势（在3号导流洞上导洞1+057m处，其倾角变缓为67°），上盘侧有10～20cm断层泥，主要充填断层角砾、岩屑和岩粉，挤压紧密，并有1m左右的强破碎带；北错动带总体产状185°∠80°，充填断层泥、断层角砾，厚1.0～1.7m，下盘无强破碎影响带。两错动带间岩体被挤压破碎。以上各带总宽7.4m。在3号导流洞上导洞1+086m的开挖断面上，则表现为相隔仅1.8m左右的两个平行错动，各自充填5～10cm的断层泥。工程开挖后，发现F_{236}（F_{238}）在消力塘上游侧边坡附近平面展布上形成膝状转折，比原推测的走向变化急剧得多，并造成局部应力集中。从补充勘探资料和开挖后的地层对比情况看，F_{236}（F_{238}）垂直断距70m左右。

F_{244}断层总体产状270°∠87°～83°，断层带宽度1.0～1.5m，断层带充填有断层泥、断层角砾、岩屑和岩块，各处断距变化较大，从T_{674}与T_{669}钻孔资料看，在1+080m附近，垂直断距64m左右，与F_{244-1}断层之间构成地垒；在桥沟河边出露仅为3.4m。

消力塘区域主要发育以下3组节理。

第一组：走向270°左右，倾向N，平均倾角85°，平均间距0.3m。

第二组：走向335°左右，倾向SW，平均倾角79°，平均间距2.2m。

第三组：走向17°左右，倾向NWW，平均倾角71°，平均间距4.1m。

消力塘部位的泥化夹层在F_{236}（F_{238}）以南多为碎屑夹泥，且连续程度差；在F_{245}至F_{236}（F_{238}）断层之间地段，受构造错动影响，相对比较发育，泥化程度较高。在F_{236}（F_{238}）断层以北地段，分布较少。

由于F_{236}（F_{238}）断层具有相对的隔水性，其南北两侧地下水基本无水力联系。在F_{236}（F_{238}）断层以北地段，上部是以T_1^6岩组泥质粉砂岩为主的地层，为相对隔水层，降水入渗补给条件差，主要含水层为T_1^5地层，属软岩夹层和裂隙控制，表现为层状裂隙网络岛丘状水体，地下水位无明确的水力联系，而在断层影响带附近，岩体透水性一般较强。该区段含水体地下水位一般变化于高程136～139m；在F_{236}（F_{238}）断层以南地段，分布有大面积的T_1^6相对隔水层（T_1^6地层砂岩夹层中也含有层间裂隙潜水或承压水），其下T_1^5含水层具有承压性质。该地段天然地下水位在135m左右，且地下水与黄河水力联系密切；F_{245}至F_{236}（F_{238}）间岩体完整性较差，透水性较强。消力塘区地下水主要接受黄河河床覆盖层潜水侧向补给及上游翁沟降水和施工用水入渗补给。

（二）主要地质问题

$T_1{}^6$地层中的泥质粉砂岩抗风化能力很低，特别是在干湿交替的条件下，易风化、崩解，其中T_1^{6-1}、T_1^{6-3}岩层属软岩平均饱和抗压强度仅29MPa，在施工中均要加以防护。

多条断层和多层泥化夹层成为消力塘边坡稳定的控制条件，其周围边坡要采取防护和加固措施。

消力塘部位宽度大于1.0m的断层有F_{236}（F_{238}）、F_{244}、F_{244-1}、F_{244-2}、F_{245}，断层中的充填物主要为断层泥、角砾、岩屑、岩块，物质松散，抗冲刷能力很低。同时，T_1^6地层中的泥质粉砂岩是软而易风化的岩层，抗冲流速仅3～4m/s。所以，防冲问题是消力塘方案选择需考虑的重要因素之一。

二、主要基本资料

(一)气温特征值、风向与风速

小浪底地区属温带大陆性半干旱季风气候。孟津县气象资料显示,年平均气温13.6℃,月平均最高气温26.2℃,月平均最低气温－0.4℃,极端最高气温43.7℃,极端最低气温－17.2℃,受寒潮影响较为频繁。

风向和风速采用孟津站的统计资料,见表9-2-1。

表9-2-1　　孟津站风速风向统计

项目		月份										全年
		5月		6月		7月	8月	9月		10月		
平均值	风速(m/s)											
	最多风向	C	ENE	C	ENE	ENE	ENE	C	ENE	C	ENE	C ENE
	相对频率(%)	15	13	13	12	18	20	24	14	23	19	
最大值	风速(m/s)	14	18		12	12	12	18				
	相应风向	WNW	SS	WNE	ENE NE	W	NW	NW				

注:C—无风;E—东风;W—西风;N—北风;S—南风。

(二)泥沙

实测瞬时最大含沙量(1977年7月)为941kg/m³,实测最大日均含沙量为482kg/m³。

(三)各泄水建筑物出口特征参数

各泄水建筑物出口特征参数见表9-2-2。

表9-2-2　　泄水建筑物出口特征参数

泄水建筑物名称	最大泄量 (m^3/s)	坎顶宽度 (m)	挑坎单宽流量 ($m^3/(s \cdot m)$)	坎顶流速 (m/s)	挑距 (m)
1号明流洞	2 680	26.06	102.84	35.03	153.12
2号明流洞	1 973	22.5	87.69	33.61	162.54
3号明流洞	1 796	25	71.84	32.04	146.21
1、2、3号排沙洞	675	7 8 7	96.43 84.73 96.43	31.24	106.70
1号孔板洞	1 727	12	143.92	23.1	
2、3号孔板洞	1 654	14.5	114.07	21.7	
正常溢洪道	4 050	30	135	35.5	176.32

三、设计原则及要求

（一）建筑物级别

小浪底水利枢纽为一等工程，消力塘为永久性主要建筑物，按1级建筑物设计。

（二）洪水标准

消力塘按百年一遇洪水设计，千年一遇或万年一遇洪水校核。施工期截流后第一年导流洪水标准按百年一遇设计。消力塘设计洪水标准见表9-2-3。

表9-2-3　洪水标准　（单位：m^3/s）

工况	运用期			施工期			
	$P=0.01\%$	$P=0.1\%$	$P=1\%$	$P=0.1\%$	$P=0.2\%$	$P=1\%$	$P=5\%$
出库流量	13 990	13 480	9 860	8 584	7 620	8 270	2 210

（三）抗磨减蚀及防冲要求

消力塘内含沙水流流态复杂，流速较高。模型试验表明，3号塘底板上部的最大流速可达14.5m/s，护坦末端将形成较大冲坑。因此，要求消力塘底板上部考虑抗磨措施，护坦末端考虑防冲措施。

第三节　消力塘设计方案

一、制约因素

消力塘的位置及布置受枢纽总体布置的制约，在布置时考虑了以下因素。

（1）地形因素：消力塘左临西沟，右靠葱沟，若消力塘过宽，势必会增加开挖及衬护工程量。

（2）地质因素：消力塘部位岩体软弱，岩石饱和抗压强度低，易风化，抗冲刷能力差；顺坡向地层有多层夹泥；F_{236}等断层密集交会切割，地质条件相对较差。

（3）泄量因素：10条泄水建筑物总最大泄量达17 559m^3/s，这就要求下泄量分布均匀，以利消能，并使下游流态平稳。

（4）导流洞改建因素：三条孔板消能泄洪洞是由三条导流洞改建而成的，由于改建工程量大，根据施工期导流要求，需将三条导流洞分期改建，这就要求消力塘分割为1、2、3号消力塘，且三条导流洞的泄量不能泄入同一个塘中。

（5）检修因素：消力塘投入运用后，底板和边坡下部淹入水下，属隐蔽工程。运行中高含沙水流及其强烈的脉动将对建筑物产生磨损冲刷和振动影响，因此要为消力塘的检修创造条件。

（6）塘内流态要求：尽可能减弱部分泄洪洞运用产生的回流强度，避免或减弱回流对消力塘周边的破坏，为水流的平顺连接创造条件。

（7）水流衔接要求：涌出消力塘的水流，经调整后流速不大于基岩的允许抗冲流速，并使之均匀稳定地流入黄河。

此外，消力塘的布置还受电站出口尾水渠的防淤、高边坡稳定等因素的影响。

二、总体布置

消力塘实施方案为预开挖钢筋混凝土衬砌方案。其顺水流向设有一级池、尾堰、二级池、护坦和防冲槽，横向自右向左分为1、2、3号消力塘，用两道中隔墙把整个消力塘分割为3个独立的消能实体，有利于控制流势流态、抑制回流和结构的检查维修。消力塘周围岩坡和衬护结构内布置有排水洞、排水廊道等组成的排水系统。消力塘平面布置见图9-3-1。

三、衬护结构形式及尺寸

消力塘顺水流方向：1、2号塘一级池长140m，3号塘一级池长160m，底板坡度为2%；一级池和二级池由尾堰隔开；二级池长35m，底板为平坡；二级池后接护坦，护坦长70～98m，护坦后设块石防冲槽，水流经护坦调整后，进入泄水渠与黄河衔接。

尾堰顶宽3.0m，上游侧为直立坡，下游侧坡度为1:0.7；中隔墙顶宽3.0m，两侧坡度为1:0.125，底宽20.0m；上游护坡坡度1:0.85（垂直:水平）；右侧、左侧护坡坡度1:1，右侧边坡顶基岩面以上，设重力式挡土墙，挡墙下部与护坡板相连，墙顶高程148m，挡墙下游侧与右岸裹头相衔接；左侧护坡与发电尾水出口的裹头相接。

消力塘的底板、边坡、护坦均采用钢筋混凝土衬砌，其厚度分别为一级池底板厚3m；上游坡板150m高程以下厚2m，以上厚1m；右侧、左侧护坡板高程135m以下厚2m，以上厚1.5m。

消力塘体形尺寸参见表9-3-1，消力塘纵、横剖面布置参见图9-3-2～图9-3-5。

表9-3-1　　消力塘体形尺寸　　（单位：m）

<table>
<tr><th rowspan="2"></th><th rowspan="2">底部顺流向
桩号</th><th colspan="2">1号消力塘</th><th colspan="2">2号消力塘</th><th colspan="2">3号消力塘</th></tr>
<tr><th>池底高程</th><th>池底宽度</th><th>池底高程</th><th>池底宽度</th><th>池底高程</th><th>池底宽度</th></tr>
<tr><td rowspan="3">一级池</td><td>1+129.45</td><td>113.0</td><td>91.35</td><td>113.0</td><td>108.8</td><td>113.0</td><td>93.85</td></tr>
<tr><td>1+269.45</td><td>110.2</td><td>88.2</td><td>110.2</td><td>108.8</td><td>110.2</td><td>90.70</td></tr>
<tr><td>1+289.45</td><td>—</td><td>—</td><td>—</td><td>—</td><td>109.8</td><td>90.25</td></tr>
<tr><td rowspan="3">二级池</td><td>1+279.45
1+299.45</td><td rowspan="2">125.0</td><td rowspan="2">107.18</td><td rowspan="2">125.0</td><td rowspan="2">115.05</td><td>—</td><td>—</td></tr>
<tr><td>1+299.45
1+314.50</td><td rowspan="2">125.0</td><td rowspan="2">109.68</td></tr>
<tr><td>1+314.50
1+334.45</td><td>—</td><td>—</td><td>—</td><td>—</td></tr>
<tr><td rowspan="3">护坦</td><td>1+319.45</td><td>130.0</td><td>112.81</td><td>130.0</td><td>116.3</td><td>—</td><td>—</td></tr>
<tr><td>1+339.45</td><td>130.0</td><td>112.81</td><td>130.0</td><td>116.3</td><td>130.0</td><td>115.307</td></tr>
<tr><td>1+417.45</td><td>—</td><td>—</td><td>130.0</td><td>121.3</td><td>130.0</td><td>117.807</td></tr>
</table>

四、排水系统布置

排水系统平面布置参见图9-3-6，排水廊道及排水孔平面布置参见图9-3-7。

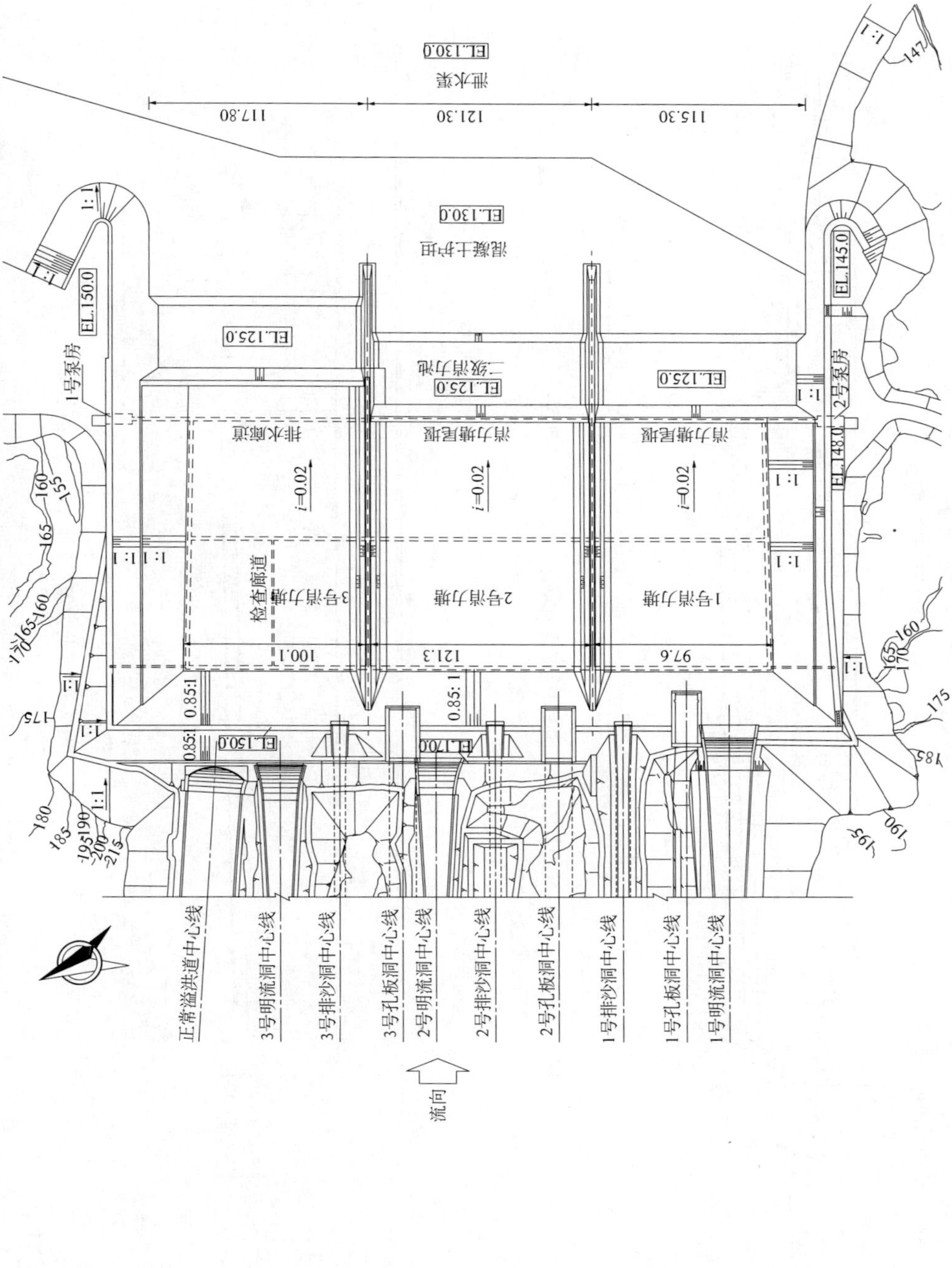

图 9-3-1　消力塘平面布置图　（单位：m）

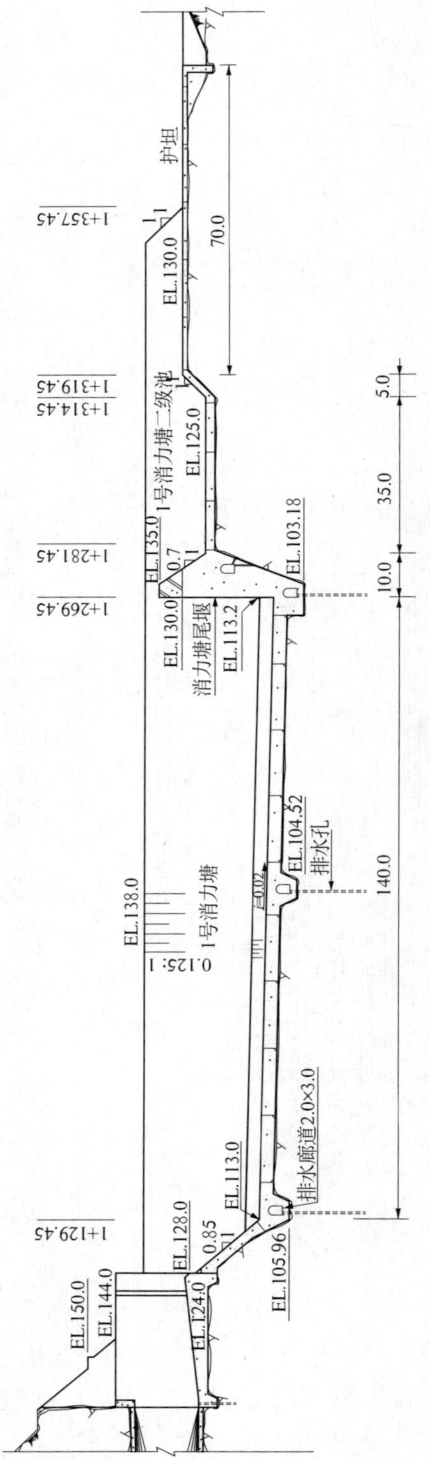

图 9-3-2 消力塘纵剖面(1) (单位:m)

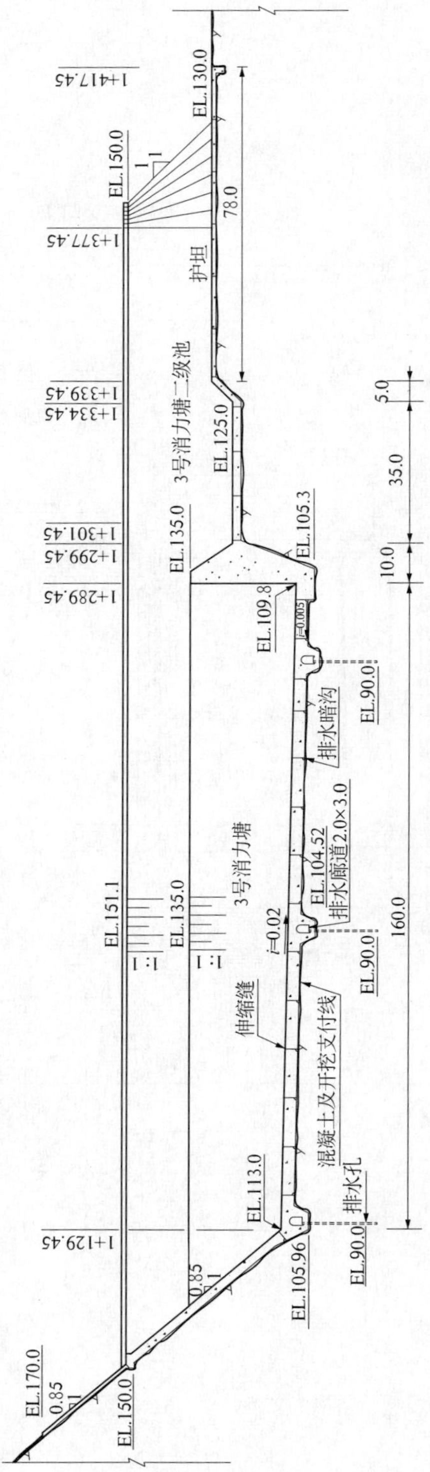

图 9-3-3 消力塘纵剖面(2) (单位:m)

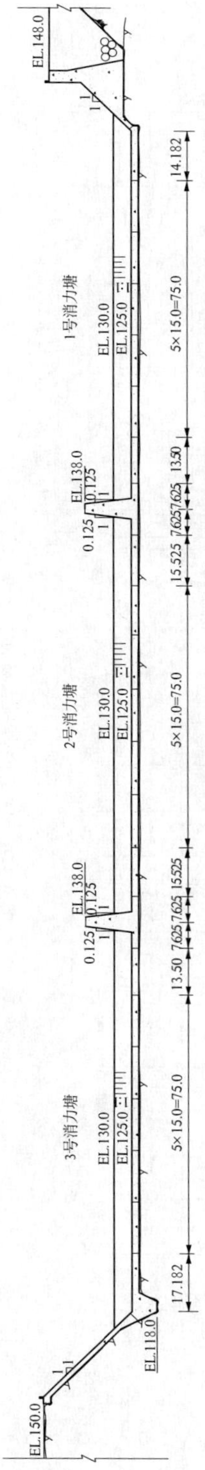

图 9-3-4　消力塘横剖面(1)　(单位:m)

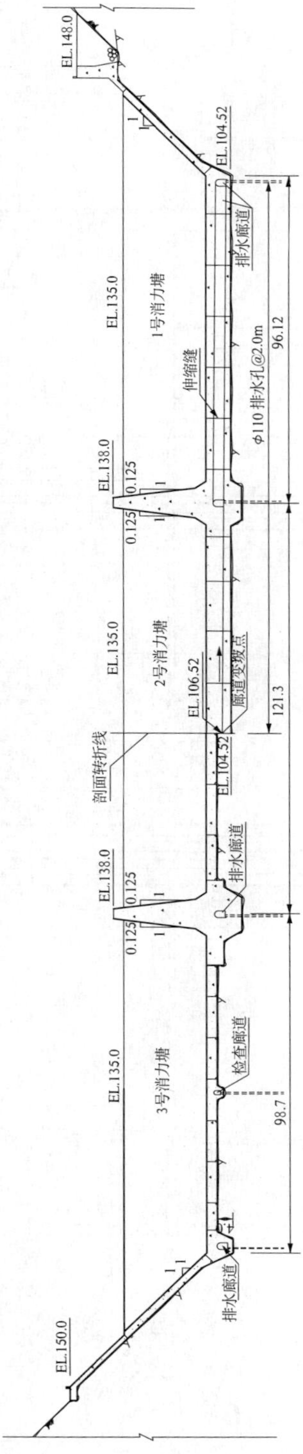

图 9-3-5　消力塘横剖面(2)　(单位:m)

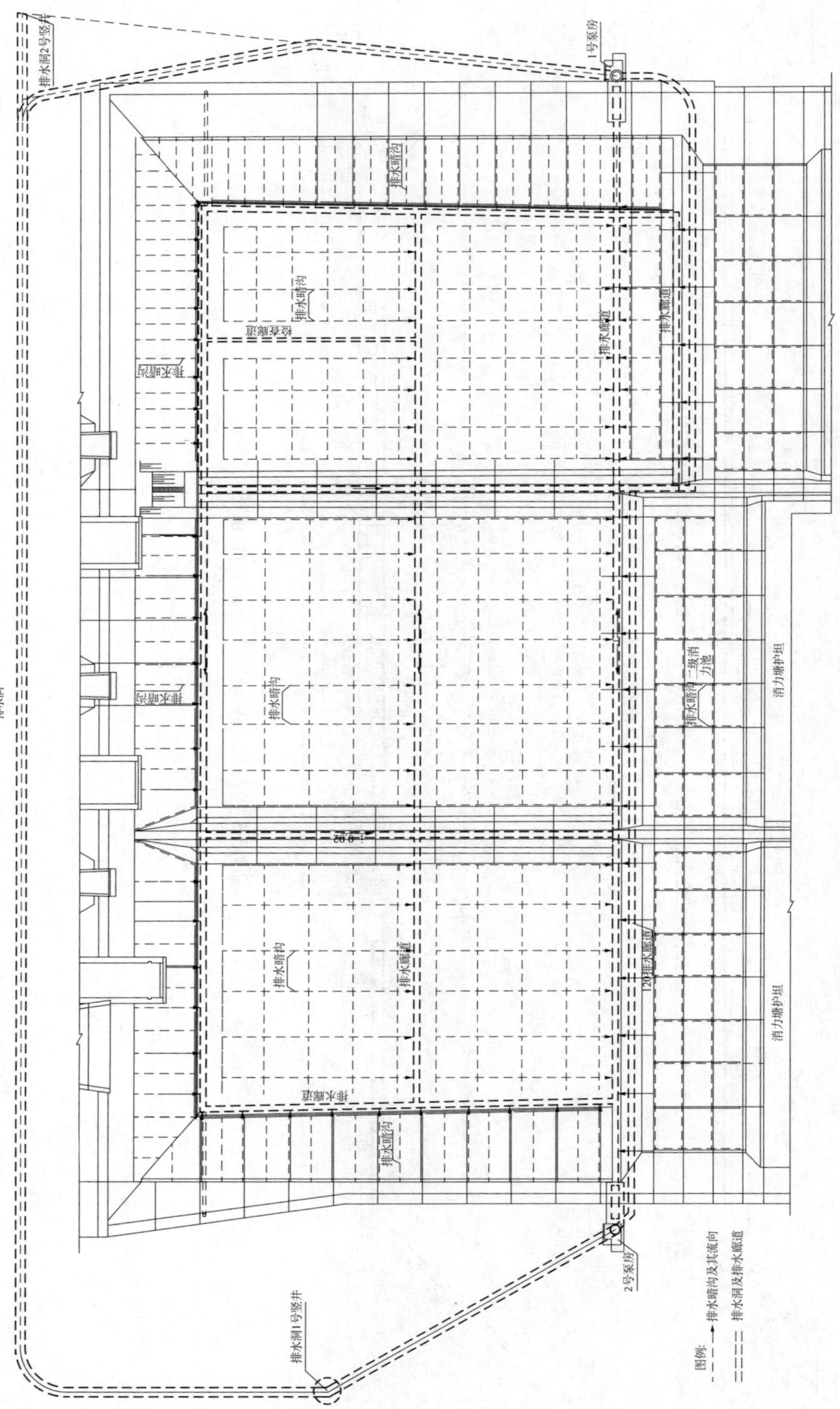

图 9-3-6　消力塘排水系统平面布置图

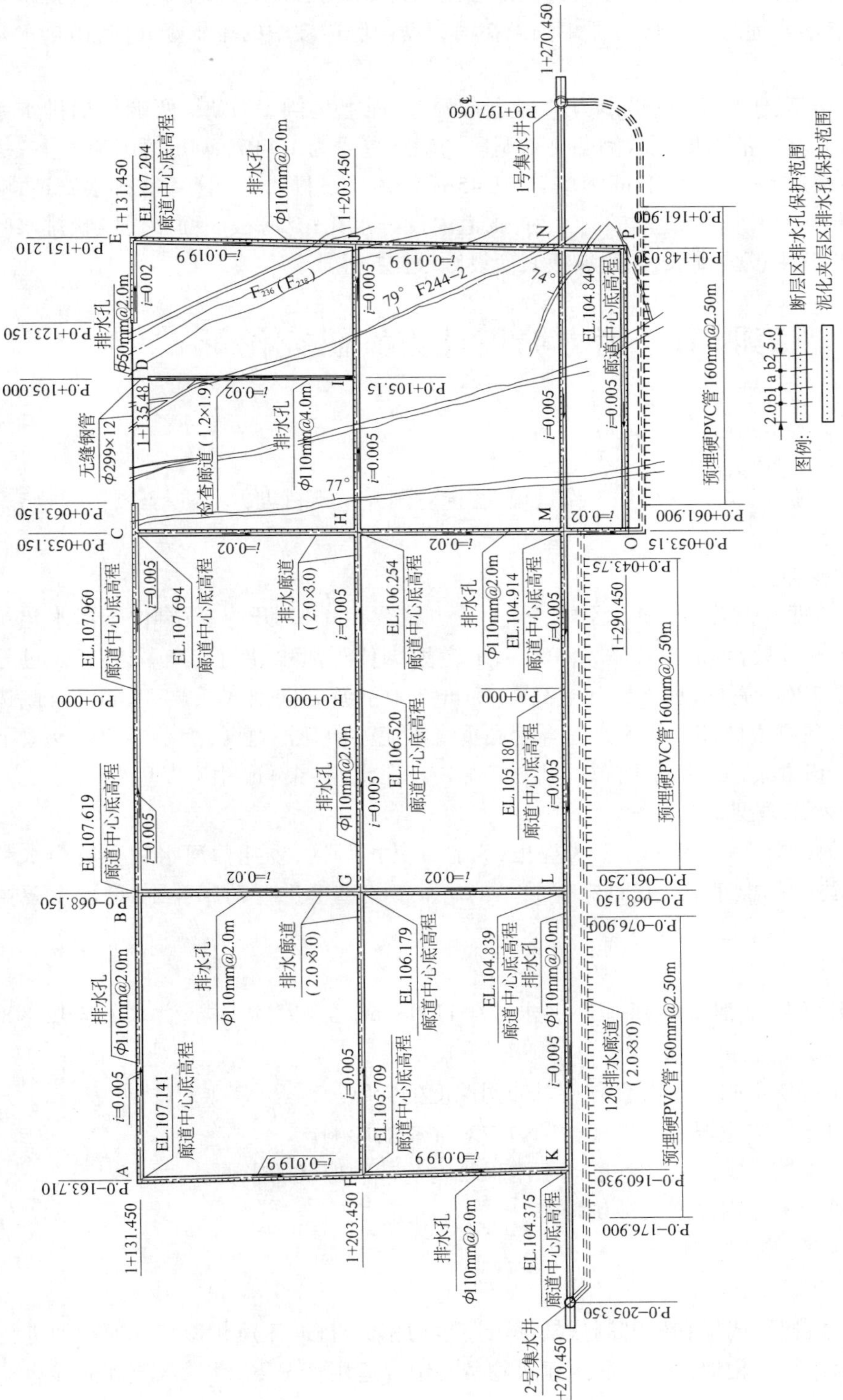

图 9-3-7　排水廊道及排水孔平面布置图

消力塘的排水系统布置在底板及边坡范围内，有排水洞、排水孔、暗排水沟、缝排水和排水廊道，所有渗水通过排水廊道汇集到设在消力塘两侧边坡中的排水竖井内，由排水泵抽排至下游河道。

排水系统包括：①排水洞，沿消力塘周边布置，平面上呈倒 U 字形，两端与抽排水系统的竖井连接。其中消力塘上游侧的排水洞段的轴线桩号为 1 + 070.00m，距消力塘一级池的底板上游端桩号 1 + 129.45m 距离有 59.45m，洞内均设排水孔（管）；②排水廊道，顺流向 5 列（包括 1 列检查廊道），横向 4 列，廊道内设排水孔；③底板底面布设网状排水暗沟，各底板之间缝中设缝排水；④边坡板底面设顺坡向排水暗沟。

第四节　消力塘设计方案研究论证

一、预开挖不衬砌方案研究

在优化设计阶段，考虑到衬护工作量很大，遂对预开挖不衬砌方案进行论证。现将论证情况概述如下。

（一）总体轮廓

该方案消力塘开挖总体轮廓大致如下：上游边坡按 1∶0.85 开挖，坡脚位于泄水建筑物 1 + 140.5m 桩号处，塘底开挖高程 100m，下游坡脚位于泄水建筑物 1 + 285.5m 桩号处，按 1∶1 挖至 130m 高程，塘下游开挖高程 130m。上下游方向池底长度 145m。右侧边坡按 1∶1 开挖，左侧边坡按 1∶0.5 开挖。塘底垂直水流方向开挖宽度：上游端 308.9m，下游端 338.9m。该方案消力塘平面布置见图 9-4-1，各泄水洞（渠）尺寸见表 9-4-1。

（二）动床水工模型试验

预开挖不衬砌方案于 1991 年 7 月提出，为验证其可行性，委托黄河水利委员会水利科学研究院在当时的枢纽优化设计布置的 1∶100 水工模型上进行动床冲刷试验，主要情况如下。

1. 试验内容

（1）泄水建筑物下泄 200 年一遇洪水 $Q = 11\ 000 m^3/s$ 和千年一遇洪水 $Q = 12\ 800 m^3/s$ 时的冲刷深度。

（2）泄水建筑物不同运用组合方式对冲刷深度的影响。

（3）消力塘左右侧边坡不衬砌和衬砌边坡对冲刷的影响。

（4）消力塘预挖一定深度和长度对下游堆积物与冲刷形状的影响。

（5）最大泄量的冲刷深度及冲坑形态。

（6）冲刷对 F_{236} 断层的影响。

2. 模型设计与模型砂的选择

模型设计、模型砂选择和模型制作根据水流运动相似、抗冲流速相似和几何相似进行设计、选材和制作。在相似边界和泄水建筑物各种组合运用情况下，满足水流和泥沙运动相似要求。

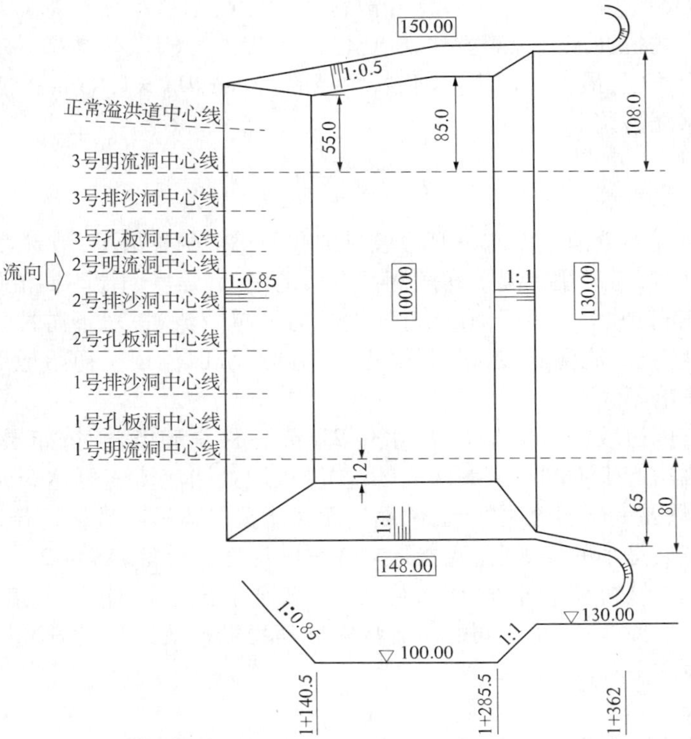

图 9-4-1　预开挖不衬砌消力塘平面布置示意图　（单位：m）

表 9-4-1　　　消力塘预开挖不衬砌方案接纳的泄水建筑物主要尺寸

泄水建筑物	明流洞			排沙洞			孔板洞			溢洪道
	1号	2号	3号	1号	2号	3号	1号	2号	3号	
进口高程(m)	195	209	225	175	175	175	175	175	175	258
洞宽(或洞径)(m)	10.5	10	10	6.5	6.5	6.5	14.5	14.5	14.5	28.0
出口坎顶高程(m)	154.5	175.67	177.23	151.734	151.734	151.734	129.0	132.0	132.0	178.99
出口宽度(m)	26.7	25.0	25.0	14.0	14.0	14.0	12.0	14.5	14.5	31.0
反弧半径(m)	30.595	35	35	25	25	25		$y=0.0156x^2$	$y=0.0156x^2$	35
反弧前宽度(m)	24.43	17.77	18.69	8.0	8.0	8.0	14.5	14.5	14.5	28.0
鼻坎挑角	30°	30°	30°	30°	30°	30°	6.277°	0	0	30°

模型按重力相似准则，采用散粒体和散粒体加入胶结材料模拟基岩冲刷材料。散粒体粒径采用基岩的抗冲流速计算方法、类比已建工程的冲刷试验结果并考虑世界银行专家的建议后综合确定，最后选用天然河砂，粒径 1 ~ 5mm，D_{50} = 1. 85mm。胶结材料经综合比较选用了贫水泥砂浆。

3. 主要成果

1）水流流态和流速分布

设计流量情况下分消力塘左右侧边坡衬护和不衬护两种情况，结果表明：①当两侧边坡不衬护可冲动时，各运用工况下在两侧都有大范围、大强度回流。回流一方面造成上游边坡坡脚严重淘刷，另一方面压缩出流，加大消力塘单宽流量，对下游冲刷不利。②两侧边坡衬护时，对防止回流淘刷坡脚效果显著。③冲刷坑部位预挖初始地形对水流流态和最终冲刷深度影响不大。

消力塘左右侧边坡衬护情况下，库水位 275m 各种泄流组合时，如果溢洪道不泄流，在消力塘左右侧均产生不同程度的回流区，左侧边坡处回流流速可达 5m/s 以上；如果溢洪道参与泄流，只要 1 号明流洞泄流，两侧均无回流。但随不同流量组合，流态复杂，在塘中间产生滞流带或是小的旋涡区，直接影响冲坑的深度。参见表 9-4-2。

消力塘两侧边坡衬护情况下，库水位 250m 各种泄流组合时，溢洪道不参与泄流，在消力塘左侧会产生回流，大小不同的回流将影响消力塘冲坑的形状。冲刷坑后流速与回流流速值参见表 9-4-2。

2）冲刷情况

消力塘的冲刷不仅受每一条洞的泄量、水头、挑坎尺寸、洞群出口布置和基岩抗冲能力等影响，而且要受 9 条洞和溢洪道组合运用方式的影响。从试验结果看，大、小流量冲刷深度并无明显区别，只是由于泄流组合运用方式不同，冲刷点的位置各异，冲刷最深点高程在 91 ~ 101m，且都集中在消力塘的中部位置，距上游边坡与左右边坡均较远，对边坡稳定无碍。

3）冲刷对 F_{236} 断层的影响

当消力塘预挖高程 100m，在有溢洪道泄流时，断层 F_{236} 在水舌冲击区和水舌的正旋滚区，直接受水流冲击后冲刷较深；而在溢洪道不泄洪的各种运用组合中，断层 F_{236} 部位都处在回流淤积范围内，有不同厚度覆盖层，对 F_{236} 的冲刷影响较小。

4）结论

预开挖不衬砌方案水工模型试验表明，选择合理的布置形式和泄流运用组合方式，能够获得较好的水流流态，达到减轻冲刷的效果，不衬砌方案是可行的，但是该方案不具备检修条件。考虑到小浪底水利枢纽工程的重要性和大型工程定期检查的要求，最终采用何种消力塘方案，须慎重考虑。

4. 存在问题

在溢洪道不泄流的各种运用组合中，消力塘左侧均有不同程度的回流，回流对左侧边坡与上游坡脚连接的角隅处，以及下游防淤闸裹头处形成的淘刷，危及工程安全，不容忽视。

预开挖不衬砌消力塘的下游，将有一定数量的冲刷岩石堆积。溢洪道参与泄洪组合的情况下，冲刷范围大，淤积面广，冲积物淤积在泄水渠内，使下游水位抬高 1m 左右。左高右低，防淤闸前水位抬高，将直接影响发电站尾水位，如果清淤，将带来很大的工程量和费用。

表 9-4-2 冲刷坑后流速与回流流速值

试验组次	运行工况	流量(m^3/s)	库水位(m)	最大流速/底流速(m/s)		右侧回流(m/s)		左侧回流(m/s)	
				桩号 1+314m	桩号 1+420m	侧边坡	上游边坡	侧边坡	上游边坡
12	3 条排沙洞开	2 034	275	5.8/1.5	3.2/3.0	2.7/2.9	1.2/1.25	2.3/2.5	1.5/0.9
13	3 条排沙洞和 3 条明流洞开	8 613	275	6.7/1.8	3.5/1.0	无	无	3.1/2.8	2.5/3.6
14	3 条排沙洞和 3 条孔板洞开	7 098	275	4.7/2.1	4.7/3.0	3.3/5.1	2.9/3.1	4.1/3.8	3.8/4.1
15	3 条排沙洞、3 条孔板洞和 3 条明流洞开	13 676	275	9.5/1.2	5.8/1.8	无	无	5.15/4.5	—
16	1 号孔板洞、2 号明流洞、3 号明流洞关,其余开	12 413	275	8.0/1.7	7.5/2.0	无	无	无	无
17	1 号孔板洞、3 号孔板洞、3 号明流洞关,其余开	12 844	275	7.3/2.7	7.2/1.0	无	无	无	无
18	1 号明流洞、3 号明流洞关,其余开	13 500	275	7.5/1.9	8.1/2.7	3.4/3.9	2.3/1.5	无	无
19	3 个孔板洞关,其余开	12 800	275	6.0/2.8	6.5/3.8	无	无	无	无
20	1 号孔板洞、3 号孔板洞、3 号明流洞关,其余开	12 844	275	5.2/2.5	6.0/3.6	无	无	无	无
21	1 号孔板洞、2 号明流洞、3 号明流洞关,其余开	12 413	275	6.3/3.3	6.8/4.6	无	无	无	无
22	泄水建筑物闸门全开	11 000	247.3	7.6/2.3	6.3/6.4	无	无	2.8/2.1	1.9/1.8
23	3 条排沙洞和 3 条孔板洞开	6 340	250	5.0/1.9	3.6/3.1	4.0/3.3	2.2/1.3	4.0/3.6	2.0/2.8
24	1 号明流洞、3 号明流洞关,其余开	7 928	250	8.0/1.1	4.0/1.2	3.9/4.0	2.3/1.0	4.5/5.1	2.8/3.4
25	2 号明流洞关,其余开	9 619	250	7.4/1.1	6.05/3.8	无	无	3.7/4.5	2.0/3.0
26	3 条排沙洞和 3 条明流洞开	6 669	250	6.5/1.5	4.2/2.9	无	无	3.4/3.0	2.1/2.2
27	1 号孔板洞、3 号孔板洞关,其余开	8 179	250	5.7/1.5	3.5/3.4	无	无	3.8/4.0	2.1/2.6
28	1 号孔板洞关,其余开	9 697	250	5.7/2.0	3.5/3.1	无	无	3.0/3.7	1.8/1.9
29	泄水建筑物闸门全开	18 000	275	8.6/2.2	7.7/2.0	无	无	无	无

二、预开挖全衬砌方案研究

消力塘的预开挖全衬砌方案前后共研究过三个，即前期的碾压混凝土和钢筋混凝土衬护方案及最终采用的钢筋混凝土衬护方案。

（一）碾压混凝土衬护方案

在初步设计阶段提出该方案，其布置总体轮廓如下。

顺水流向只有一级消力池，采用两道中隔墙将消力塘从右至左分隔为三个塘，其中1号消力塘长105m，2号、3号消力塘长100m，宽度分别为77.55m、75.0m、120m。塘底高程1号塘为117m，2号、3号为110m，底板面水平，采用碾压混凝土浇筑。

消力塘下游15m处设一尾堰，坎顶高程135m，坎高5m，顶宽3m，上游面垂直、下游面斜坡1∶1。坎后是护坦，顶高程130m。两个中隔墙顶高程138m，顶宽3.0m，两侧坡度为1∶0.4。塘的上游边坡坡度为1∶0.85（垂直∶水平），下游边坡坡度1∶1.5，右侧护坡坡度为1∶1，左侧护坡坡度为1∶0.85。该方案未经模型试验论证。

（二）钢筋混凝土衬护方案

该方案在优化设计阶段形成，消力塘布置方案大的格局未变，但接受了多次审查和咨询会议的建议，并通过水工模型试验对布置方案进行了调整。其总体轮廓如下。

消力塘顺水流向仍只有一级消力池，横向采用两道中隔墙将整个塘分隔为3个塘，3个塘纵向长度均为130m，宽度分别为80.9m、102.7m、86.4m，塘底高程为110m，无坡，底板用3m厚钢筋混凝土浇筑。

两道中隔墙顶高程138m，顶宽3.2m，两侧坡度为1∶0.3，底部设长锚杆伸入基岩。消力塘下游20m处设一尾堰，坎顶高程135m，坎高5m，顶宽3m，上游面垂直，下游斜坡1∶1。坎后是护坦，护坦高程130m，长100m，护坦末端设深齿墙插入基岩。护坦后为人工开挖的泄水渠，将下泄水流引入黄河，渠底高程130m。消力塘上游边坡坡度1∶0.85（垂直∶水平），下游边坡坡度1∶1.5。右侧、左侧护坡坡度为1∶1。

该方案经计算和水工模型试验验证基本可行，但存在如下不足。

从消力塘内流态和护坦末端流速分布来看，1号、3号消力塘长度不够；3号消力塘在各种泄流量组合运用方式下均有较大回流，塘宽未充分利用；1号消力塘宽度偏小，致使护坦末端水流流速偏大，淘刷覆盖层和泄水渠南岸护坡；下游泄水渠过流断面偏小，流速偏大，且形成卡口，使护坦处水位壅高。

针对上述问题，对泄水建筑物的出口体形和消力塘的布置作了修改，其中将塘底长度由130m增加到150m，塘底设纵坡2%，塘后坡改为1∶1.2，紧接其后设第一道尾堰，相隔25m，设第二道尾堰。

经以上修改，消力塘的消能效果有明显改善，但还存在塘底和护坦下游流速较大，可能对中隔墙产生冲刷和磨蚀，以及会对护坦下游覆盖层和护岸产生较严重淘刷等问题。

（三）最终采用的钢筋混凝土衬护方案

该方案的总体轮廓描述参见本章第三节。它与前两个衬护方案的主要区别是增加了第二级消力池，并且是在多次水工模型试验基础上不断优化而形成。优化内容包括各泄水建筑物出口体形尺寸和消力塘结构尺寸的局部调整，可以说最终的设计布置方案是优化、修改、再优化、多次循环的结果。最后一次水工模型试验采用的泄水建筑物出口尺寸参见表9-4-3，不同泄量情况下消力塘内水位参见表9-4-4，不同运用方式时消力塘内最大回流流速参见表9-4-5。

表 9-4-3 各泄水建筑物出口体形主要尺寸(模型试验)

泄水建筑物名称	明流洞			排沙洞			孔板洞			溢洪道
	1号	2号	3号	1号	2号	3号	1号	2号	3号	
出口挑坎坎顶高程(m)	154.5	175.0	177.6	150	150	150	129	138.5	138.5	176.786
坎顶宽度(m)	26.7	22.483	25.0	7.0	8.0	7.0	12.0	14.5	14.5	30
反弧半径(m)	30.59	30.88	33.5							12.0
鼻坎挑角(°)	30	30	30	15	15	15	6.28	6.28	6.28	37
反弧段上游洞底坡 i	0.059	0.061 5	0.083	0.014	0.010 64	0.009 4	0.006	0.006 28	0.006 28	0.007
反弧段起点高程(m)	150.456	171.0	173.23	148.381	148.381	148.381				174.4
反弧段起点桩号	1+074.64	1+061.0	1+057.8	1+087.206	1+087.206	1+087.206	1+057.88	1+049.36	1+099.36	0+921.38
左边墙扩散曲线	$Y=x\tan 3.014+0.022x^{1.5}$	$Y=16.26x$	$Y=x\tan 2.941°+6.604\times10^{-3}x^2$	直线扩散 $\theta=4.65°$	直线扩散 $\theta=4.65°$	直线扩散 $\theta=4.65°$	收缩	无扩散	无扩散	无扩散
右边墙扩散曲线	$Y=x\tan 3.014+0.022x^{1.5}$	$Y=0.062\,5x+0.008\,649x^2$	$Y=x\tan 2.941°+6.604x10^{-3}x^2$	直线扩散 $\theta=4.65°$	直线扩散 $\theta=4.65°$	直线扩散 $\theta=4.65°$	收缩	无扩散	无扩散	圆弧 $R=22.0$

表 9-4-4　　不同下泄流量时消力塘内水位（模型试验）

序号	库水位(m)	流 量(m^3/s)	1 号消力塘内水位(m)		2 号消力塘内水位(m)		3 号消力塘内水位(m)	
			塘首 / 塘末	水位差	塘首 / 塘末	水位差	塘首 / 塘末	水位差
1	273.1	12 480	138.7/141.1	2.4	139.05/140.51	1.46	138.29/140.18	1.89
2	272.8	11 480	139.33/139.55	0.2	139.93/141.1	3.2	138.3/141.08	2.78
3	274.2	13 020	138.96/139.03	0.1	137.56/141.23	3.7	136.56/141.67	4.8
4	273.4	12 220	137.68/140.8	3.1	138.29/139.87	1.6	135.8/141.4	5.6
5	274.1	13 460	138.4/141.6	3.2	137.8/141.0	3.2	137.6/140.8	3.2
6	272.0	16 300	139.0/142.0	3.0	139/142	3.0	138.5/142.5	4.0
7	273.3	1 920	136.3/136.47	0.17	136.43/136.75	0.32	136.38/136.6	0.22
8	266.8	5 065	137.93/138.6	0.67	138.08/138.58	0.5	177.28/137.46	0.23
9	272.7	8 920	137.48/140.7	3.32	137.98/140.45	2.47	137.58/139.83	2.25
10	273.1	13 480	139.98/143.01	3.03	139.18/142.68	3.5	139.68/141.83	2.15

表 9-4-5　　不同运用方式时消力塘内最大回流流速（模型试验）

运用组合方式	库水位(m)	流 量(m^3/s)	断面桩号	最大回流流速(表面/底部)(m/s)			护坦水位(m)	
				1 号消力塘	2 号消力塘	3 号消力塘	右	左
3 条排沙洞	221.9	1 460	1+182	2.7/0.9	1.2/2.1	2.34/2.5	134.25	134.23
			1+232	2.7/1.5	1.7/1.95	2.4/3.2		
	234.4	1 670	1+182	1.5/0.7	0.7/1.30	2.85/2.5	134.58	134.71
			1+232	3.5/2.7		3.4/4.75		
	248.4	1 800	1+182	3.75/0.6		2.1/1.85	134.76	134.86
			1+232	3.3/1.8		3.7/3.3		
	273.0	1 920	1+182	3.65/1.15		3.75/10	134.95	135.05
			1+232	4.7/1.7		3.5/2.95		
3 条排沙洞+1 号和 3 号孔板洞	218.5	3 780	1+182	3.9/1.4	1.2/1.4	2.6/1.65	135.92	136.19
			1+232	3.1/1.4	3.05/2.5	2.25/1.85		
	229.0	4 100	1+182	3.6/1.4	2.7/2.3	2.8/2.17	136.07	136.30
			1+232	3.3/1.8		2.65/2.55		
	248.9	4 680	1+182	4.1/1.3		3.0/1.85	136.28	137.25
			1+232	3.7/2.2		3.1/2.45		
	274	5 056	1+182	4.85/1.75		3.5/2.3	136.67	137.0
			1+232	5.0/2.15		3.3/2.2		
3 条排沙洞+3 条明流洞	230.4	5 060	1+182		1.1/2.5	3.7/2.5	137.15	137.2
			1+232		1.1/2.2	3.0/0		
	250	7 060	1+182		2.2/3.3	3.2/5.3	137.62	138.24
			1+232		1.7/4.4	1.3/0		
	272.7	8 920	1+182		2.3/3.95	5.1/	138.45	139.40
			1+232					
3 排+3 孔+3 明	273.1	13 480	1+232			4.4/5.0	140.35	141.65
			1+282			3.5/0		
3 排+溢洪道	274.1	5 670	1+232	5.2/2.2		6.4/0	137.25	138.20
			1+282	4.85/2.54		5.0/0		

该方案模型试验的成果表明：

(1)消力塘的宽度及长度基本满足要求，仅3号消力塘深度在3号明流泄洪洞与正常溢洪道同时泄流情况下稍显不足，这可通过调整泄水建筑物组合运用方式来解决，即对3号消力塘而言应避免3号明流泄洪洞与正常溢洪道同时泄洪。

(2)1号孔板消能泄洪洞出口有收缩，挑坎高程较低，单宽流量和流速较大，消能效果差；1号明流泄洪洞入池水流受1号孔板洞出流顶托，致使池内水面波动较大，坎上水流不稳。当流量较大时，护坦末端冲刷严重，冲坑面积125m×95m，最大冲坑深度10m。

为避免出池流速过大对护坦下游的局部冲刷，在护坦末端铺设了钢筋石笼并抛块石形成柔性海漫，使泄水渠流速控制在允许范围内。经过调整后，试验表明，泄水渠的流态趋于平稳，能与下游黄河水流平顺衔接。

三、防渗排水系统方案研究

消力塘防渗排水系统先后作过两个大方案，即灌浆帷幕组合方案及排水洞组合方案。针对上述两个方案做了大量研究工作，包括三维渗流计算和渗流电模拟试验，最终采用了排水洞组合方案。

（一）灌浆帷幕组合方案

该方案由消力塘四周的灌浆帷幕和塘底板下部的排水廊道组成一个封闭式防渗抽排水系统。该系统平面布置参见图9-4-2。

1. 防渗

防渗采用悬挂式灌浆帷幕，帷幕底高程90.00m，设防标准$k=0.01\sim0.03\text{m/d}$，灌浆材料以水泥浆为主。上游帷幕中心线桩号为1+097.00m，下游帷幕中心线桩号为1+282.45m，在2号中隔墙处转至桩号1+301.45m，左右侧边坡内帷幕置于各自的平台之上，使消力塘四周形成一个防渗封闭区。灌浆孔距1.5m，一般地质条件地段灌浆孔设一排，破碎带设两排，排距1.0m。

2. 排水

在防渗帷幕形成的封闭区域内，沿消力塘上游侧、左右侧、中隔墙及桩号1+203.45m和1+270.45m线设置排水廊道，排水孔(管)、沟等分别设在底板分缝线下部或排水廊道内，并形成分区排水系统。排水廊道尺寸2m(宽)×3m(高)。3号消力塘下部，由于有断层穿过，地质条件复杂，所以在3号塘底板下，桩号1+203.45m之前，顺水流向设置一道检查廊道，尺寸1.2m(宽)×1.9m(高)。

排水廊道内排水孔孔径110mm，孔距2.0m，孔深15~18m。检查廊道内排水孔孔径110mm，孔距4.0m，孔深10~12m。消力塘底板分缝线下，沿建基面设排水暗沟，形状为1/4圆，半径0.5m；边坡板缝线下设置与底板形状、尺寸相同的顺坡排水暗沟，板条中间设置半圆形半径为0.35m的顺坡排水暗沟，边坡板下暗沟上升到135m高程。

整个排水区域分为南北两个大区，每大区又分为若干小区，每个小区渗水由若干个钢管引入廊道，然后分别集入左右侧的集水井，由水泵抽排到下游。为了防止长期渗水引起基岩泥化夹层的渗透破坏，此处的排水管采取了反滤保护措施。

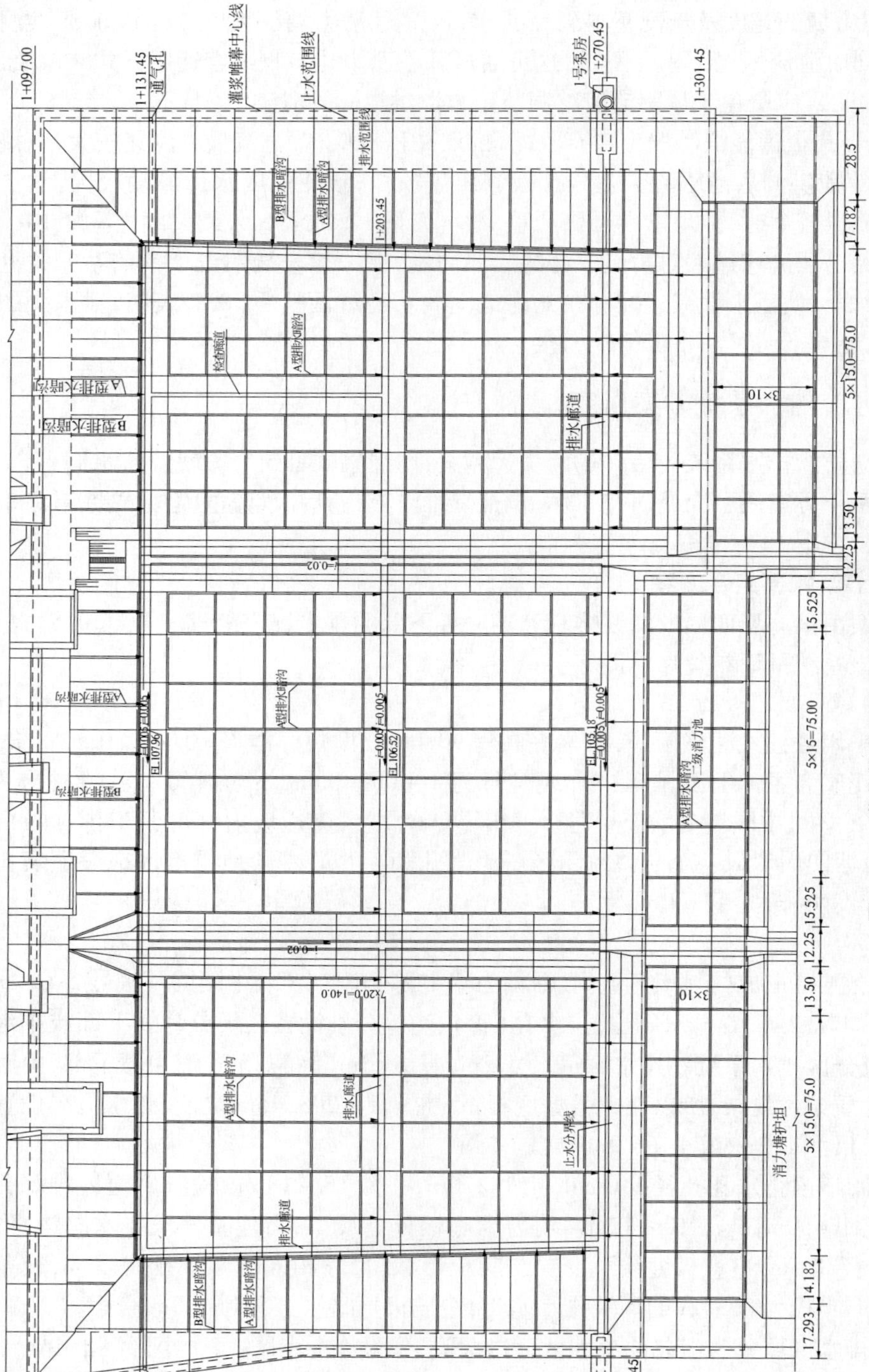

图 9-4-2 灌浆帷幕组合方案平面布置图

3. 止水

沿结构缝迎水面侧设两道止水，第一道为止水铜片，第二道为PVC止水，两道止水片中间设一排水槽，以便及时排出止水片间的渗漏水；在廊道的四周及其他部位，设一道PVC止水，按照排水暗沟的分区，止水也对应分成小区，各小区由Φ32钢管将漏水引入廊道。

4. 方案评价

该方案是施工招标设计阶段的防渗排水方案，除按单井和双井的计算方法做过渗流分析外，1990～1991年间，进行了三维电模拟试验。为保证试验精度，首先对左岸山体（包括大坝、山体、消力塘）进行三维渗流分析，根据其成果确定消力塘电模拟试验的范围和边界条件。

模型试验按两种组合水位、四个方案进行。第一方案：上游水位为275.0m，下游水位为133.72m，绕渗补给边界面的水位为133.05m；第二方案：排水孔失效50%，其余条件同第一方案；第三方案：上游水位为275.0m，下游水位为141.65m，绕渗补给边界面的水位为139.73m；第四方案：排水孔失效50%，其余条件同第三方案。试验成果参见图9-4-3、图9-4-4。

评价结论如下：

（1）四周设置的灌浆帷幕能够达到一定的阻渗、降压效果，但未达到设计预计目标；

（2）防渗排水系统总体降压效果良好，其中排水孔的效果最好；

（3）由于排水孔的孔口较低，加之在消力塘周围设置灌浆帷幕的阻渗作用，致使120m高程以上的边坡排水暗沟几乎成了干沟，消力塘底部的排水暗沟排水效果也不显著。

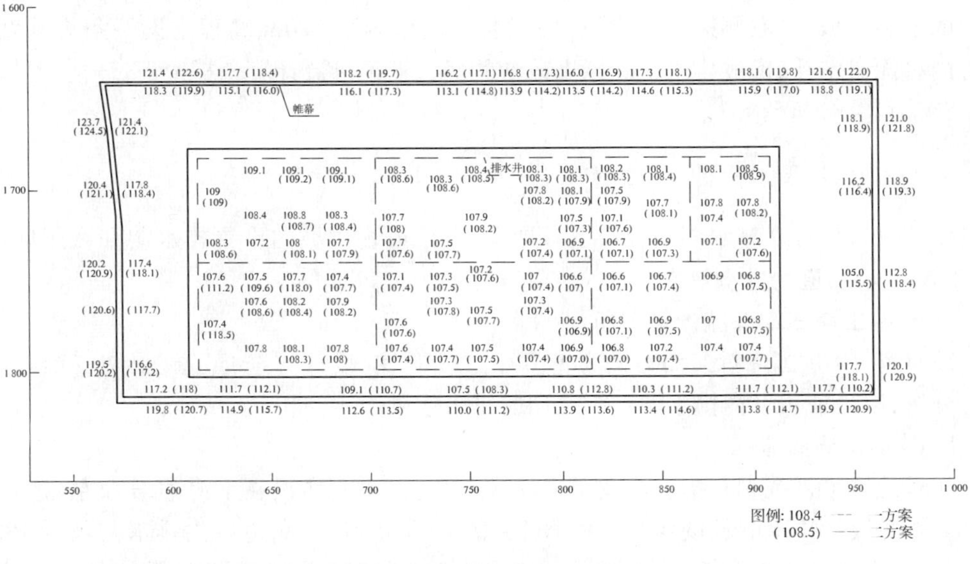

图 9-4-3　消力塘底板各测点水头值（第一、二方案）

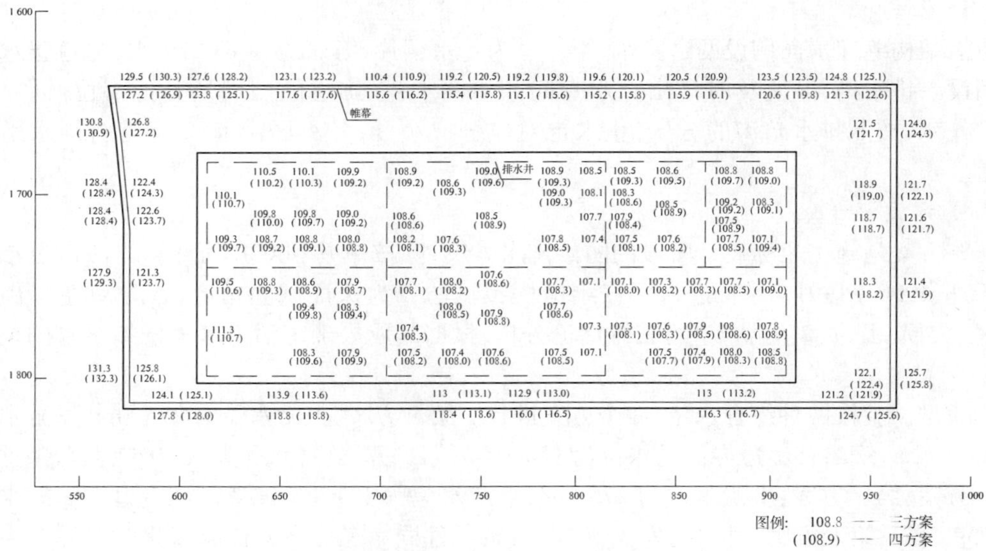

图 9-4-4 消力塘底板各测点水头值(第三、四方案)

(二)排水洞组合方案

该方案由消力塘三周U字形布置的排水洞和底板下部的排水廊道组成一个排水系统。系统包括布置在底板及边坡范围内的排水洞、排水孔、暗排水沟、缝排水和排水廊道,所有渗水通过排水洞和排水廊道汇集到设在消力塘两侧边坡的排水竖井内,由排水泵抽排至下游河道。其平面布置参见图9-3-6。

该方案与灌浆帷幕组合方案的主要区别是:取消了设在消力塘四周的防渗帷幕;在消力塘的上游边坡、左右侧边坡内增设排水洞;在尾堰内部120m高程增设一条排水廊道,廊道内打深排水孔,形成排水幕。以上改变均经过三维渗流计算分析论证,详情参见本节"四、渗流计算分析研究"。

四、渗流计算分析研究

该部分研究针对排水洞组合方案开展,重点论证在边坡内设置排水洞和在尾堰内增设120m排水廊道的排水效果。

(一)施工期三维渗流计算分析

1994年10月国际承包商对消力塘开始二期开挖,设计方进行了施工期三维有限元渗流分析,以论证边坡内排水洞在施工期的排水效果。

1. 排水系统的布置

此时的排水系统只有排水洞及洞内的排水孔,排水洞布设在上游边坡和左右侧边坡内。上游边坡内排水洞长度480m,桩号1+070.00m;南、左侧边坡内排水洞长度180m,桩号1+070.00m至桩号1+250.00m。排水洞顶部、底部设排水孔,孔深均为15m,排水孔距:左右侧边坡内的排水洞及上游边坡Ⅱ区的排水洞内为3m,Ⅰ、Ⅲ区(Ⅰ、Ⅱ、Ⅲ区为上游边坡的地质分区编号)的排水洞内为2.5m,排水孔孔径为0.1m。

排水洞围岩大部分为 T_1^5 岩层，少部分为 T_1^6 岩层。其底部排水孔底端高程 100m，出口高程 115m。

2. 基本情况

根据当时掌握的地质资料分析，可能影响消力塘区渗流场的位势分布和进入排水洞渗流量大小的因素包括：F_{236}（F_{238}）透水性或隔水作用；Ⅱ区岩层透水性大小；Ⅰ、Ⅲ区 T_1^6、T_1^5 岩层透水性大小。为了较全面地分析以上各种因素对渗流场的影响，进行了两个方案五种工况的三维渗流计算。方案一为设计方案，底部排水孔深度为 15m，分 4 种工况；方案二为辅助方案，底部排水孔深度按 30m 考虑。各工况计算参数见表 9-4-6。

表 9-4-6　各工况计算参数

工况	底部排水孔深(m)	F_{236} 断层	渗透系数 K(m/d)						备注
			T_1^6	T_1^5	T_1^4	T_1^{3-2}	T_1^{3-1}	Q 覆盖层	
1	15	透水	0.128	0.200	0.300	0.010	0.100	36.4	Ⅱ区的 K 值除工况 5 取 1.0 m/d 外，其余均取 0.500m/d
2	15	不透水	0.128	0.200	0.300	0.010	0.100	36.4	
3	30	透水	0.128	0.200	0.300	0.010	0.100	36.4	
4	15	透水	0.010	0.053	0.300	0.010	0.100	36.4	
5	15	透水	0.128	0.200	0.300	0.010	0.100	36.4	

3. 计算模型及边界条件确定

计算按各向同性多孔渗流介质模型，采用三维有限元等参单元法进行分析。整个计算域共剖分 24 个剖面，每个剖面上 240 个结点。计算区域的边界为：右侧至黄河河道中心线处，左侧至北侧排水洞北 550m 处，下游侧至桥沟河处，上游侧至排水洞上游侧 500m 处，并将整个渗流场底部的 P_2^4 岩层视为隔水层。

右侧渗水主要由黄河补给，向开挖基坑内排泄。渗流场周围地下水位：F_{236}（F_{238}）以北按 140m，以南按 135m 考虑。排水洞构成渗流场的排泄区，底部排水孔出口高程按 115m 计算。

4. 主要成果

1）地下水自由面高程计算成果

设计方案的地下水等水位线分布参见图 9-4-5。由图可以看出，在设计方案（工况 1）情况下，上游边坡排水洞内地下水自由面高程在 120.0～118.4m；左右侧边坡排水洞内地下水自由面高程在 124.8～119.1m，最大值出现在下游端。基坑区地下水自由面高程，不设排水洞时在 135.0～139.0m，设置排水洞后在 118.4～130.0m，排水洞发挥了良好的作用。

排水洞底部排水孔深度增加到 30m（工况 3）时的地下水等水位线分布参见图 9-4-6。与图 9-4-5 对比可以看出，地下水自由面高程排水洞区比设计方案降低了 1.7～2.8m，开挖基坑区平均降低了 2.25m 左右。

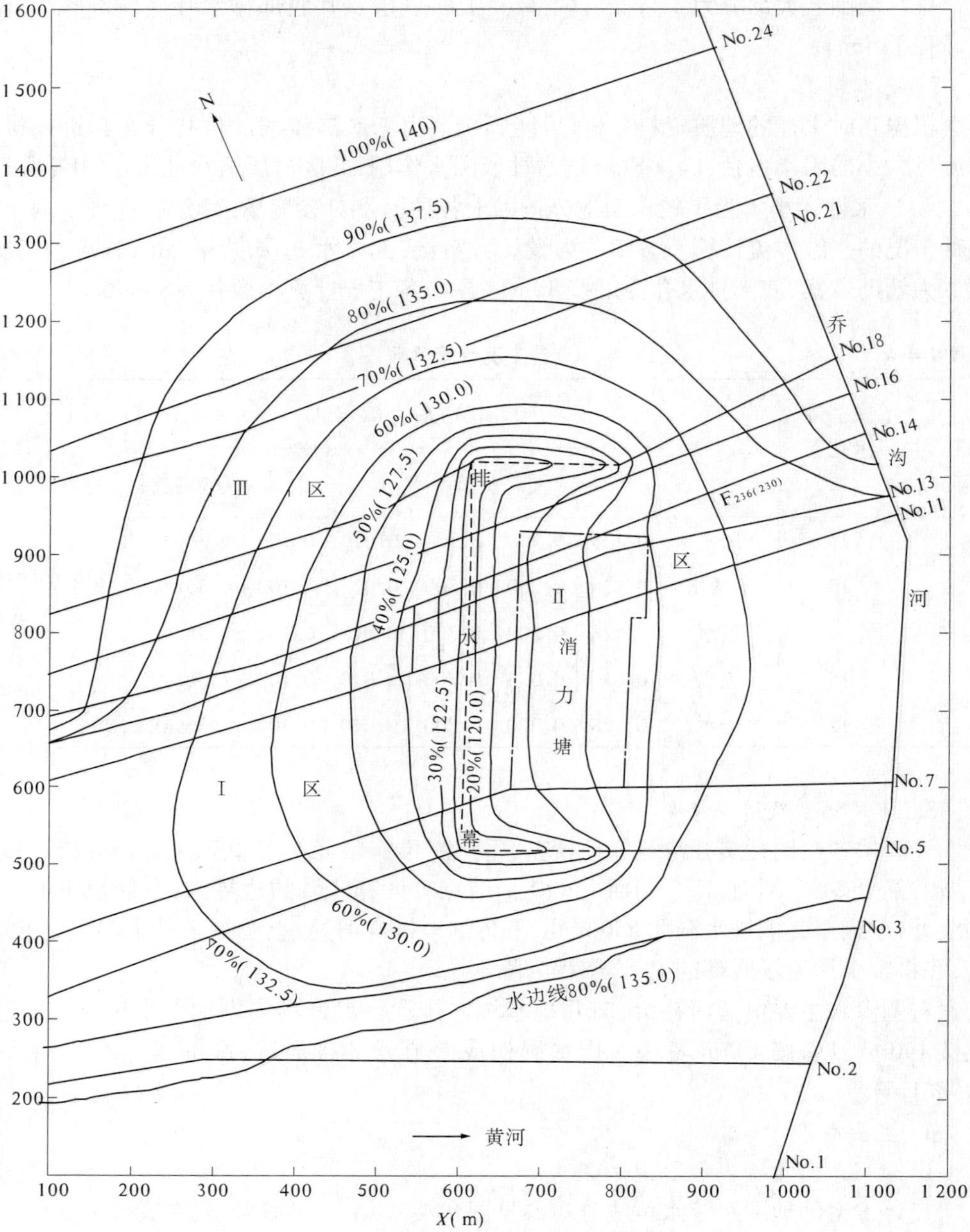

注:图中% 为水头比例值,( )内数字为水位值

图 9-4-5 设计方案的地下水等水位线分布图

工况 2 计算结果与工况 1 对比表明,F_{236}(F_{238})断层透水与不透水对基坑和排水洞内地下水自由面高程影响甚微。

工况 4 计算结果与工况 1 对比表明,T_1^6、T_1^5 岩层的渗透系数降低后,开挖基坑区地下

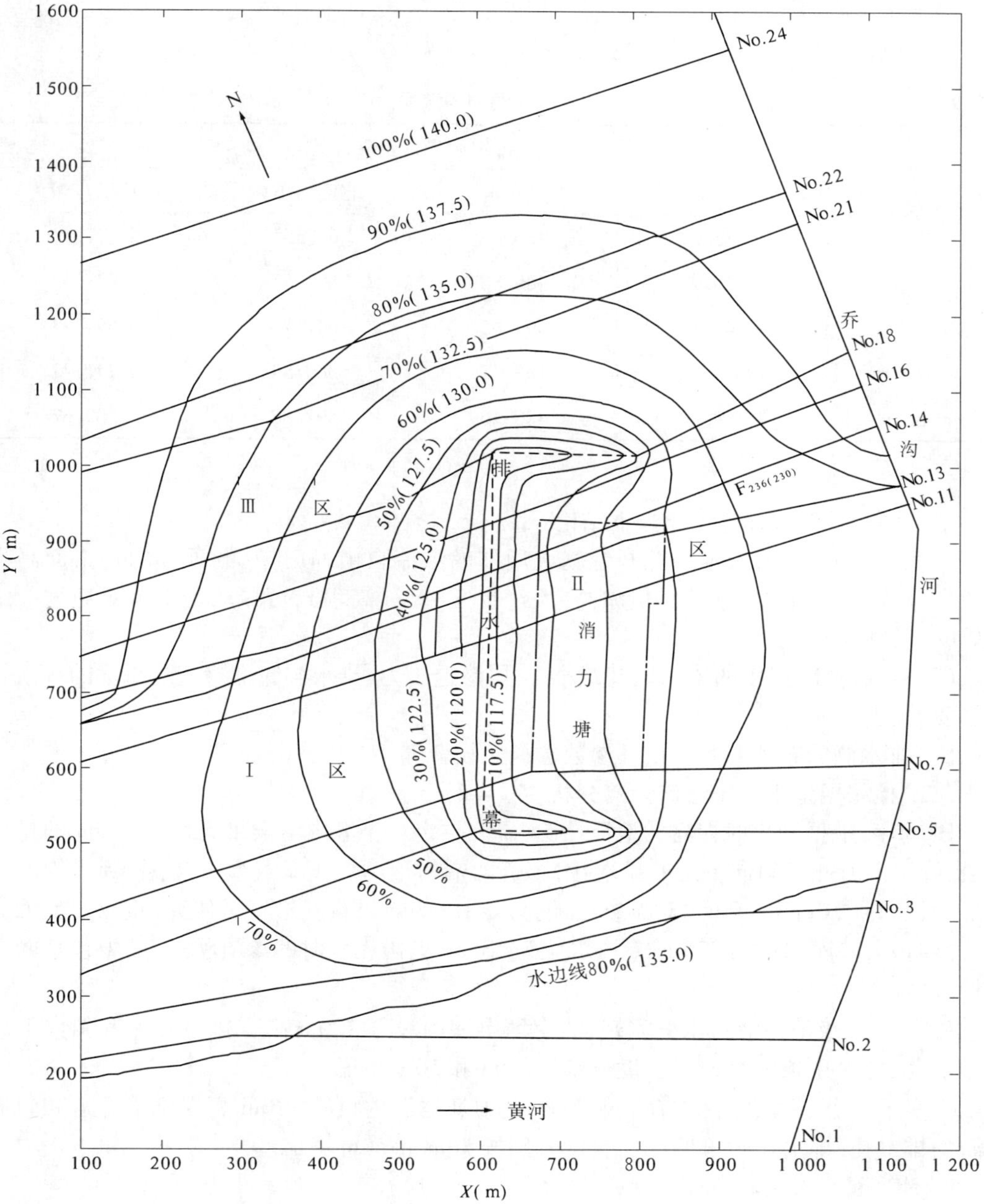

注:图中%为水头比例值,( )内数字为水位值

图9-4-6　辅助方案的地下水等水位线分布

水自由面高程升高1.2~3.2m,排水洞内地下水自由面高程升高0.7~2.4m。

工况5计算结果与工况1对比表明,Ⅱ区岩层的渗透系数增大后,开挖基坑区和排水洞内地下水自由面高程均有所降低。

2)渗流量计算成果

各工况进入排水洞的渗流量见表9-4-7。

表9-4-7　进入排水洞的渗流量

工况	排水洞渗透量(m^3/d)			
	上游边坡内	南侧边坡内	北侧边坡内	总渗流量
1	1 226.92	486.86	607.55	2 321.33
2	1 226.92	486.86	607.55	2 321.33
3	1 449.37	597.65	647.76	2 694.78
4	782.77	158.11	300.59	1 241.47
5	1 511.58	480.16	597.88	2 589.62

5. 结论

施工期三维渗流计算得出如下结论:

(1)排水洞可以有效地降低开挖基坑周围的渗流自由面,排水洞顶部的自由面高程一般可保持在120m左右(下游侧略高,大致接近125m高程),可减弱地下水对边坡稳定造成的不利影响。

(2)为排除T_1^5层中的渗水以及减小T_1^4层渗透压力,排水洞底部打适当深度的排水孔是必要的。

(3)排水洞的布置和有关设计参数选择比较合理。

(二)检修期地下三维渗流计算分析

1996年,根据开挖时揭露的地质情况,研究决定在尾堰内增设了高程120.0m的排水廊道,廊道下游侧打斜向下游的排水孔,廊道两端与消力塘1、2号竖井连通,廊道为城门洞形,尺寸为2.0m×3.0m。对调整后的排水系统的效果重新进行了研究,重点研究消力塘检修时,上游库水位为275m,下游水位为135m,塘内无水时的渗流状态,其中包括两个设计方案。

方案1:二级消力池止水缝完好,消力塘尾堰内设置120m高程排水廊道和斜向下游的排水孔,排水孔倾角为50°,长度分别按40m和50m考虑。

方案2:二级消力池止水缝失效50%,消力塘尾堰内设置120m高程排水廊道和斜向下游的排水孔,排水孔倾角为50°,长度分别按40m和50m考虑。

1. 计算模型及边界条件确定

计算按各向同性渗流介质模型,采用三维有限元等参单元法进行分析。整个计算域共剖分34个剖面,每个剖面上409个结点。计算模型中,不考虑塘底排水系统底板下的网状排水暗沟和边坡处排水暗沟的作用,即作为设计的安全储备。

边界条件确定如下。

上游边界:排水洞上游200m处,在该处的垂直断面上控制水位为135m,作为上游的入渗边界。下游边界:消力塘检修时,下游水位取135m,塘内无水,二级消力池与护坦相接,护坦透水,下游的入渗边界为二级消力池的末端。左侧边界:消力塘的左侧紧邻发电洞的尾水明渠,尾水渠的水位也为135m。右侧边界:由黄河水入渗补给,水位为135m。

2. 主要成果

计算中,位势百分数的计算是以入渗补给边界水位135m作为100%,排泄边界的出口高程平均取105m作为0%,其水头差为30m。

1)等势线分布计算成果

方案1计算成果:

当排水孔长度为50m时,计算结果见图9-4-7和图9-4-8。结果表明:排水孔只在Ⅱ区中发挥作用,Ⅰ区和Ⅲ区中排水孔的作用甚微。比较排水孔长度为40m和50m两种情况,发现排水孔的长短对消力塘底板的等势线分布影响很小,只是在Ⅱ区尾堰斜面上各结点的计算水头值有微小差异。

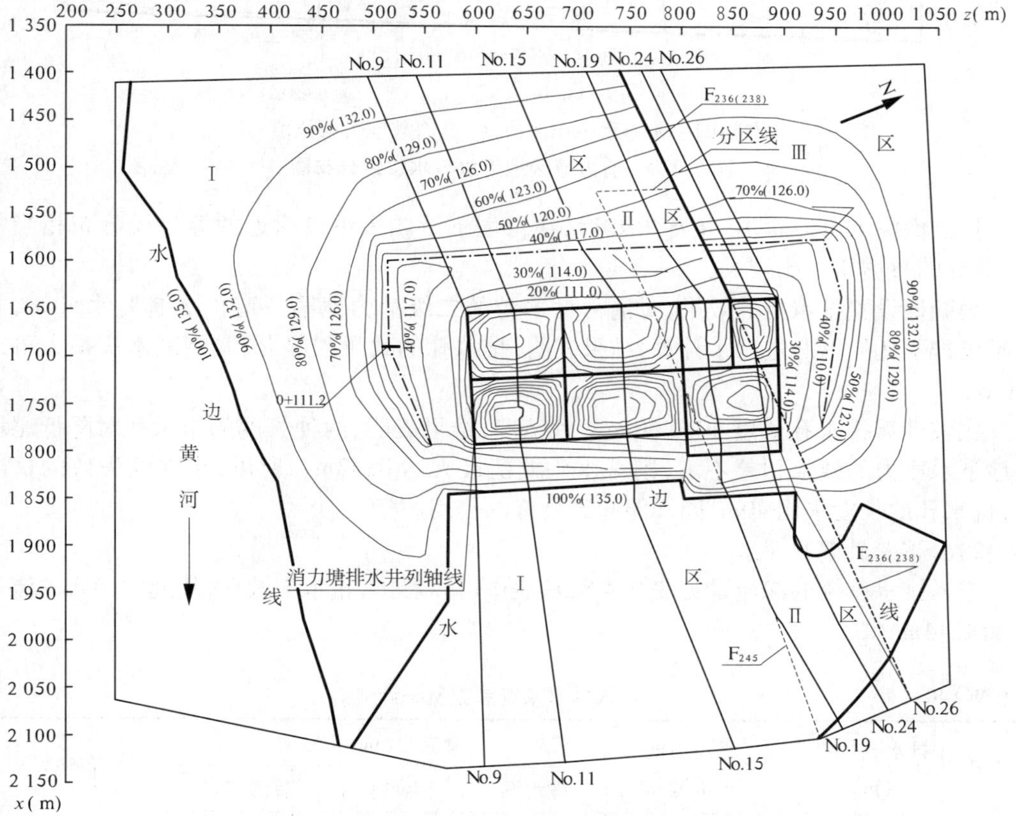

注:图中%为水头比例值,(　)内数字为水位值

图9-4-7　计算区域地下水等水位线分布图

方案2计算成果:

计算中止水失效长度为157.9m,将其分布在消力塘后部的二级消力池第一道止水缝上,在失效的缝上给以135m水位进行模拟计算。

底板平面等势线分布见图9-4-8中细虚线所示,可以看出,止水缝失效只是对消力塘底板靠下游端局部范围内的压力分布有一定影响,其余部位与止水缝完好的情况基本相

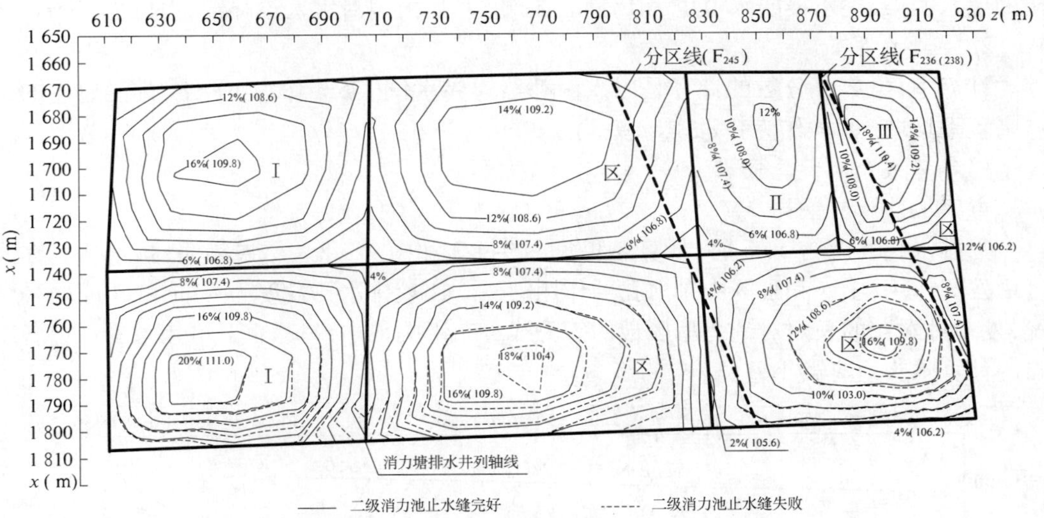

注：图中%为水头比例值，(　)内数字为水位值

图 9-4-8　消力塘区地下水等水位线分布图

同。从剖面图上可以看出，止水失效后，在尾堰下游侧入渗口附近的等势线分布相当集中，该处的渗透压力比较大。

为验证设置排水孔的效果，对消力塘下游的二级消力池第一道止水缝失效 50%，同时不设排水孔的情况进行了计算，结果表明，排水孔的效果很显著，其削减水头最大可达 8.0m。

比较计算排水孔长度 40m、50m 两种情况，结果表明，两种长度的排水孔对降低尾堰处地下水压力的效果相差不大，削减水头差值最大达 0.43m。所以，止水缝失效的情况下，排水孔的长度采用 40m，同样能起到良好的作用。

2）渗流量计算成果

进入排水系统的渗流量见表 9-4-8，从表中可以看出，止水失效后，从缝中渗入的流量为 114.44m^3/d。

表 9-4-8　　进入排水系统渗流量统计

方案	排水孔长度(m)	二级消力池止水缝	渗流量(m^3/d)			备注
			排水洞	消力塘排水	总渗流量	
1	50	完好	1 886.98	4 834.88	6 721.86	排水孔长度 40m、50m 渗流量基本相同
2	50	失效 50%，长度 157.9m	1 886.98	4 949.32	6 836.30	

3. 结论

（1）消力塘的排水系统能够有效地降低塘底板的渗透压力，可使 1 号、2 号塘底板处的水头势一般不超过 111.0m，而在 3 号塘末端底板处的水头势较大，可达到 115.0m，相对来说比其他部位要大。

(2)为确保消力塘在检修期的安全,在尾堰处设置排水孔排水是必要的,特别是考虑到二级池止水缝有可能部分失效的最不利情况更是如此。

(3)40m 和 50m 两种长度排水孔均能起到较好的排渗作用,无论在止水缝完好或是失效的情况下,二者排渗效果的差别不大,所以从排渗角度来说,建议排水孔长度设为 40m 较为合理。

五、下游区冲刷防护方案研究

这里的下游区系指从消力塘护坦下游泄水渠到原黄河河道东苗家段所在区域(参见图 9-4-9)。消力塘水流进入泄水渠后先向右拐,汇入原黄河河道后再向左拐,由于泄水渠左岸蓼坞滩是重要的施工设备场地,渠内主流与黄河走向斜交,并且顶冲黄河右岸东苗家古滑坡体,因此需对泄水渠左、右岸以及东苗家滑坡体进行防护设计研究。为了验证增设防护措施的必要性,防护方案的合理性以及设计所选水位、冲刷坑深等参数是否接近实际,于 1996 年开展了枢纽下游防护及消能冲刷整体模型试验,其主要情况如下。

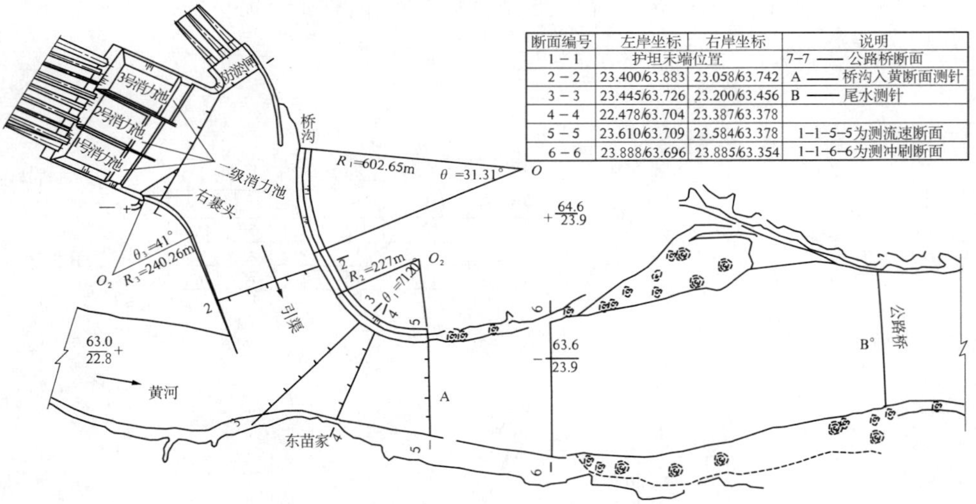

断面编号	左岸坐标	右岸坐标	说明
1－1	护坦末端位置		7–7 —— 公路桥断面
2－2	23.400/63.883	23.058/63.742	A —— 桥沟入黄断面测针
3－3	23.445/63.726	23.200/63.456	B —— 尾水测针
4－4	22.478/63.704	23.387/63.378	
5－5	23.610/63.709	23.584/63.378	1–1–5–5为测流速断面
6－6	23.888/63.696	23.885/63.354	1–1–6–6为测冲刷断面

图 9-4-9　消力塘下游区平面示意

(一)基本情况

试验在小浪底水利枢纽最终设计方案 1∶100 正态整体模型上进行,护坦下游泄水渠及河道均做成动床。试验分 7 种泄量(8 050 ~ 13 580m^3/s)组合对泄水渠右岸无控导工程、有控导工程情况下的下游河道流态、流速分布、冲刷进行了研究。

(二)泄水渠右岸无控导工程

从试验知,各级流量时 1 号消力塘消能不充分,护坦末端右侧流速明显大于左侧。当水流行至左岸后,沿左岸防护堤前进,沿线流速较高,对河床沿程形成不同程度的冲刷。当经过河道缩窄断面后,流速加大,冲刷后河床砂卵石有粗化迹象,左岸防护工程末端下游有淤积。东苗家山脚下主流左拐绕过山包,流速不高,无冲刷迹象,但由于水面动荡波击边坡,形成一波击带沟。消力塘末端右岸裹头底部未见淘刷迹象。枢纽下泄

13 580m^3/s时，右岸裹头处最大流速为4.16（表）/3.41（底）m/s，护坦末端最大流速为4.97（表）/2.84（底）m/s，左岸防护工程蓼坞滩处最大流速为6.26（表）/3.94（底）m/s，东苗家最大流速为1.57（表）/1.00（底）m/s。

试验结果表明，枢纽下泄10 050m^3/s时，右岸裹头处最大冲坑深度约7.0m，1号消力塘护坦末端下游中部有一125m×95m范围大冲坑，最大冲坑深度8.3m，靠近左岸防护坡的下游河道有明显冲刷，最大冲坑深度5.0m。东苗家山脚波浪涤荡刷深3.0m。随着下泄流量的增大，各部位冲坑深度加大。

（三）泄水渠右岸有控导工程

右岸控导工程是在原泄水渠开挖的基础上调整后设置的。最初的布置参见图9-4-10，经多次放水试验发现，水流经过控导工程第一个弯道后向左折偏，致使其右边靠导堤边脚处出现淤积。此外，在左岸防护堤弯道处有较大冲刷，1号消力塘末端裹头及东苗家山脚下流速均较大。后对控导工程的长度和末端体形进行两次调整，形成了如图9-4-11中的改Ⅲ方案，该方案不仅考虑了流态和冲刷因素，而且考虑了施工的难易程度和造价因素。模型试验表明，改Ⅲ方案主流转向泄水渠和黄河的中间，1号消力塘末端裹头及东苗家附近流速都有所减小，左岸防护堤处基本不冲，整个下游区流态改善。

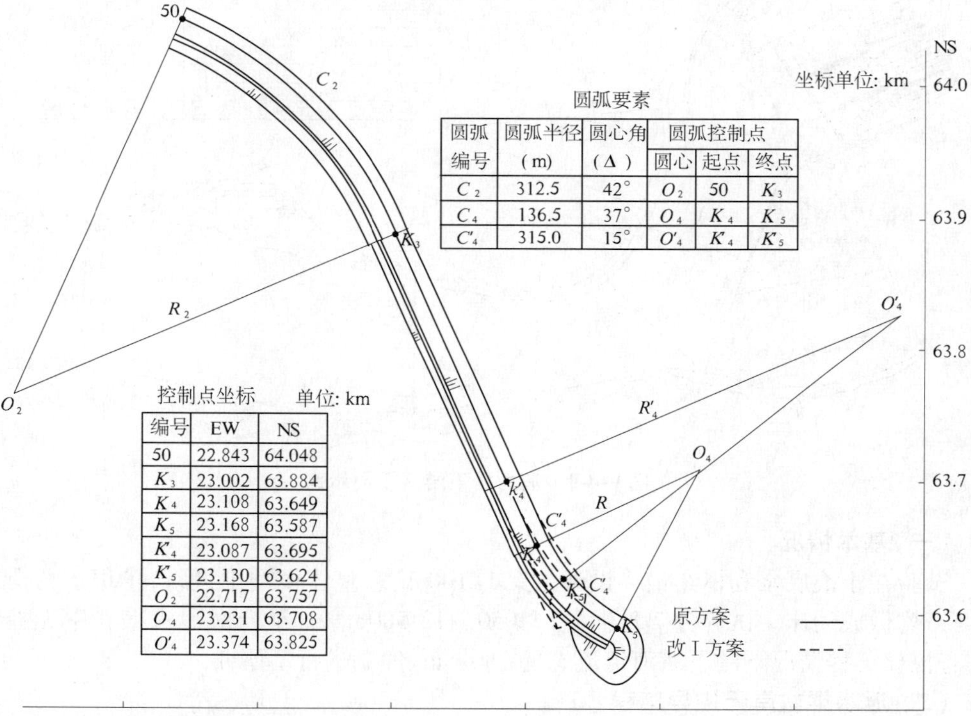

圆弧要素

圆弧编号	圆弧半径（m）	圆心角（Δ）	圆弧控制点		
			圆心	起点	终点
C_2	312.5	42°	O_2	50	K_3
C_4	136.5	37°	O_4	K_4	K_5
C'_4	315.0	15°	O'_4	K'_4	K'_5

控制点坐标　单位: km

编号	EW	NS
50	22.843	64.048
K_3	23.002	63.884
K_4	23.108	63.649
K_5	23.168	63.587
K'_4	23.087	63.695
K'_5	23.130	63.624
O_2	22.717	63.757
O_4	23.231	63.708
O'_4	23.374	63.825

图9-4-10　右岸控导工程原方案及改Ⅰ方案布置图

（四）下游区冲刷防护方案

在多方案比较的基础上，确定下游区冲刷防护方案为：泄水渠左岸设防护堤，右岸作

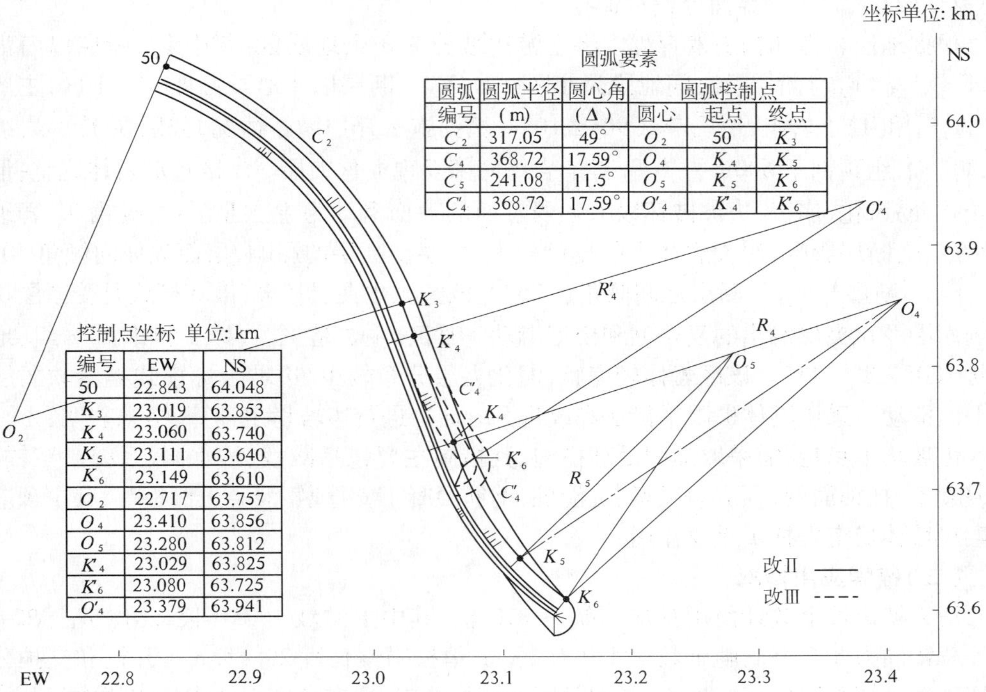

圆弧要素

圆弧编号	圆弧半径 (m)	圆心角 (Δ)	圆弧控制点 圆心	起点	终点
C_2	317.05	49°	O_2	50	K_3
C_4	368.72	17.59°	O_4	K_4	K_5
C_5	241.08	11.5°	O_5	K_5	K_6
C'_4	368.72	17.59°	O'_4	K'_4	K'_6

控制点坐标 单位: km

编号	EW	NS
50	22.843	64.048
K_3	23.019	63.853
K_4	23.060	63.740
K_5	23.111	63.640
K_6	23.149	63.610
O_2	22.717	63.757
O_4	23.410	63.856
O_5	23.280	63.812
K'_4	23.029	63.825
K'_6	23.080	63.725
O'_4	23.379	63.941

图 9-4-11　右岸控导工程改Ⅱ、改Ⅲ方案布置图

控导工程,东苗家滑坡体坡脚加压坡体,消力塘护坦下游设防冲槽。与此同时对 1 号消力塘承接的个别泄水洞出口体形进行微调整,以改善该塘下游的水流流态,减少对下游区的冲刷。

第五节　设计中解决的主要问题

一、边坡加固处理

消力塘周有右侧边坡、上游边坡和左侧边坡,上游边坡稳定问题最突出,其加固方案的形成伴随施工的全过程,经历了四年多的时间。下面简述各边坡加固处理情况,并重点介绍抗滑桩和排水洞的应用。

(一)加固概况

消力塘上游边坡为顺向坡,10 条泄洪、排沙建筑物的出口及挑坎位于坡上。该坡高 60 ~ 85m,坡底长度 319m,开挖坡度 1∶0.85,坡底开挖高程 105.96 ~ 110m。在岩石坡面 148m 高程和岩土分界面处各设一马道。该边坡开挖坡度受地形地质条件及坡上泄水建筑物出口水舌挑距等因素控制。其左侧边坡,地层产状近水平,略倾向坡内,最大坡高约 60m,开挖坡度 1∶1,开挖底高程 102.8 ~ 123m,岩土分界面处设马道。消力塘的右侧边坡,地层产状倾向坡外,视倾角小于 6°。最大坡高约 45m,开挖坡度 1∶1,开挖底高程

103.2～123m，岩土分界面处设马道。

根据地层岩性和构造发育程度将上游边坡分为3个地质区：其中F_{245}断层以南为Ⅰ区；F_{245}、F_{236}（F_{238}）断层及之间地段为Ⅱ区；F_{236}（F_{238}）断层以北地段为Ⅲ区。Ⅰ区：主要是T_1^{6-3}、T_1^{6-2}和T_1^{6-1}岩组，地层产状90°∠10°。根据施工开挖揭露情况，分别在T_1^{6-3}岩组底部，T_1^{6-1}岩组顶部下6.0m左右和T_1^{6-1}岩组底部发现泥化夹层。Ⅰ区边坡岩体完整，但岩性较软，易风化、崩裂，边坡破坏以沿软弱层面的平面滑动为主。Ⅱ区：主要由T_1^6岩组地层组成，受断层影响，碎裂岩体占的比例较大，岩层受断层的影响，层面顺坡向倾角10°～16°，F_{244-1}断层与F_{244-2}断层之间倾角达25°。该区泥化夹层较多，破坏模式是受断层切割影响而沿泥化夹层滑出的复合型和楔型滑动。Ⅲ区：主要是T_1^{6-1}、T_1^{5-3}和T_1^{5-2}岩组，地层产状100°∠8°～11°。该区岩体较完整，泥化夹层分布较少，边坡破坏模式是沿软弱层面的平面滑动。采用刚体极限平衡法和改进Sarma法进行边坡稳定计算，结果表明：Ⅰ、Ⅱ、Ⅲ区边坡均不稳定，需采取加固处理措施，其措施主要包括减载、排水洞、系统砂浆锚杆、喷混凝土、挂钢筋网、预应力锚索、抗滑桩、钢筋混凝土支撑墩、混凝土面板等，其中预应力锚索对坡体稳定发挥了重要作用。

（二）锚索应用情况

消力塘边坡上共计使用预应力锚索372根，其中上游坡上350根，北侧坡上22根。设计总锚固力8.6万t，吨米数304.9万t·m，单根锚索长度20～55m。开挖和支护分两期施工。一期是国内招标施工，二期是国际招标施工，所有预应力锚索施工均在国际标中完成。采用的预应力锚索有2 000kN和3 000kN两种，锚索全部为双层保护无黏结式。整个边坡加固工作于1998年5月完成。

（三）抗滑桩

1. 探井抗滑桩的设置

第一根抗滑桩利用勘探竖井设置。在初步掌握的地质资料基础上，设计人员作了大量的计算分析工作，并完成了初步的加固设计方案。但鉴于上游边坡的复杂性和重要性，1994年5月由水电部水利水电规划设计总院在小浪底工程现场组织了技术讨论会，讨论形成的纪要指出："出口边坡稳定问题十分重要，有必要补充勘探进一步查明不同泥化夹层在空间的分布及其连续性和状况，并研究泥化夹层的抗剪强度，做深入稳定分析，再确定边坡加固措施。"根据上述精神，在消力塘桩号P.0+081.20m（垂直水流向），泄水建筑物桩号1+108.13m（顺水流方向）处（上游边坡Ⅱ区内）打了一口60m深的探井，井内揭露出6层泥化夹层，分别位于155.13m、149.22m、145.22m、128.62m、122.77m和122.37m高程，其中128.62m泥化夹层条件最差，夹泥厚2.5～3.0cm，属全泥与泥夹碎屑型，连通率高，且在地下水位以下。

探井位于F_{236}、F_{244-2}断层与泥化夹层组成的一号潜滑体内。根据新的地质资料计算分析，在采取预应力锚索加固后，一号滑体稳定安全系数仍不满足施工期的稳定安全要求。因此，利用探井设计了一根抗滑桩，将一号潜滑体施工期的抗滑稳定安全系数提高到了1.2以上。

探井抗滑桩断面为圆形，直径3.0m，桩的高程100.0～135.0m。桩体混凝土标号为C40。该桩可以说是利用勘探竖井设置抗滑桩比较典型的例子。

2. 其他抗滑桩布置

Ⅱ区边坡在从170.0m高程开挖到144.0m高程过程中，在170.0m高程平台上产生了近平行于边坡走向的裂缝。随着开挖高程的不断降低，裂缝发展加快，数量也有增加，170m高程平台垂直测点所测垂直位移和水平位移的变形速率均有所增加。同时，在144.0m高程以上坡面揭露出三层泥化夹层，且展布范围较大，种种现象表明，边坡正处于临界稳定状态。根据现场的实际情况，设计上用多种方法对Ⅱ区边坡的整体和局部稳定性重新进行了评价，决定在144.0m高程以上的直立坡上增加预应力锚索，在144m高程平台上增加5根抗滑桩，以提高Ⅱ区边坡的整体和局部稳定性。

5根抗滑桩的编号由南向北依次为1号至5号，桩的平面位置和桩底、桩顶高程见表9-5-1。

表9-5-1　　抗滑桩位置及高程

编号	消力塘垂直水流向桩号	泄水建筑物顺水流向桩号	桩顶高程(m)	设计桩底高程(m)	实际桩底高程(m)
1号桩	P.0+063.20	1+105.75	136.90	96.00	100.35
2号桩	P.0+069.20	1+105.75	136.90	96.00	100.00
3号桩	P.0+075.20	1+105.75	136.90	96.00	101.50
4号桩	P.0+087.20	1+109.92	135.00	96.00	100.00
5号桩	P.0+093.20	1+109.92	135.00	96.00	100.00

桩的断面尺寸为2.0m × 5.5m，呈椭圆形。为增加桩的整体抗滑能力，在1~3号桩之间设置一水平钢筋混凝土联系梁，其断面尺寸为2.0m × 2.5m，在120~122.5m高程，具体位置视开挖时泥化夹层的出露位置而定，顺水流向桩号为1+105.5m~1+107.5m。桩顶浇至边坡设计开挖面时预留钢筋，以便和边坡板的钢筋连接。抗滑桩的平面位置见图9-5-1，桩以及1~3号桩之间联系梁断面见图9-5-2。

桩体混凝土标号C40，I级配。原设计受力钢筋上游侧采用Φ40，下游侧采用Φ36，分布筋采用Φ28。不同高程钢筋布置有所区别。实际施工时根据钢筋的采购情况，进行了个别调整，调整的原则是等强度代换。1~5号抗滑桩的标准配筋断面见图9-5-3。

3. 桩底高程的设计优化

抗滑桩底高程的优化是结合现场施工的实际情况提出来的。抗滑桩由回旋钻机成井改为人工钻爆开挖后，又遇到两大难题：一是在成井过程中不断出现塌方及井壁开裂滑塌；二是开挖至120m高程时开始出现大量渗水，开挖越深渗水量越大。塌方和涌水给施工带来巨大困难和风险。此外，由于抗滑桩由国内承包商施工，占用了外商施工场地，致使整个Ⅱ区边坡下挖停工，上游边坡施工进度严重受阻。为解决问题，设计人员对桩底高程抬高可能性进行了反复论证，在采用弹塑性有限元等方法，根据揭露的地质情况进行计算分析后，决定将桩底高程抬高到100m。最终实际完成的桩底高程见表9-5-1。

桩底高程的抬高降低了施工难度，缩短了桩的施工期。为抢回消力塘延误的工期和确保1997年10月底按期截流创造了条件。

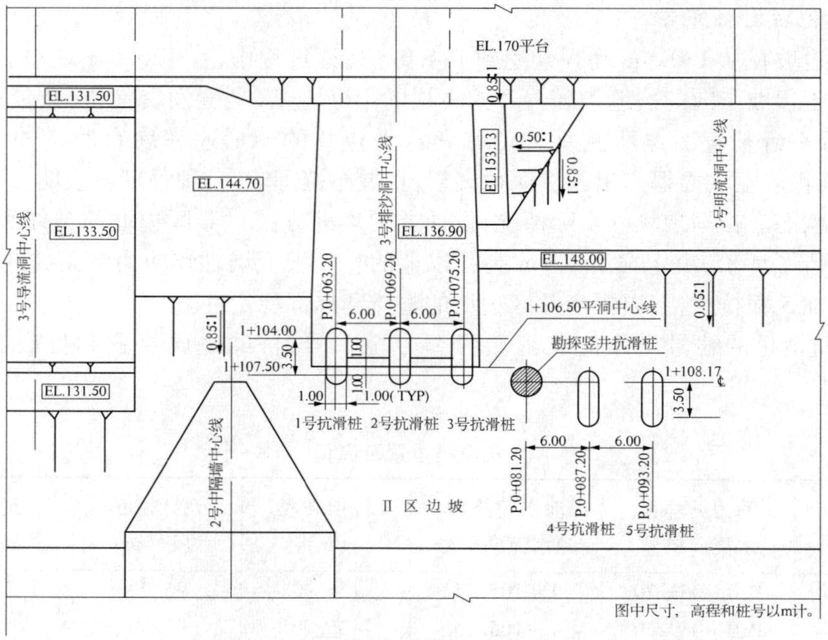

图 9-5-1　抗滑桩平面位置图

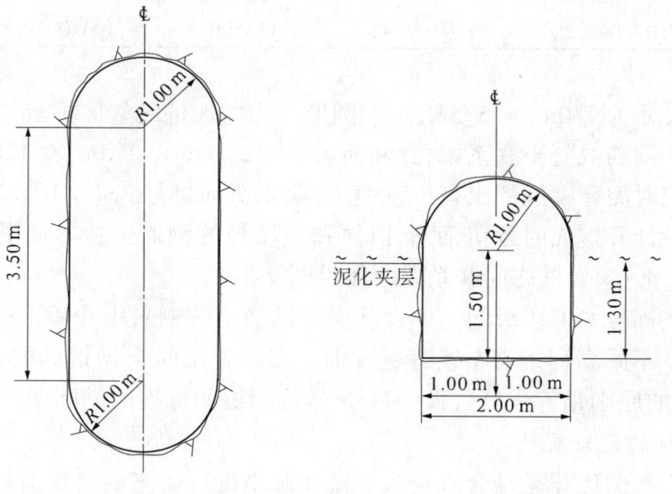

图 9-5-2　抗滑桩及钢筋混凝土联系梁断面图

(四) 排水洞

1. 设置排水洞的必要性

根据勘探资料，上游边坡 F_{236} 断层以南天然地下水位约为135.0m，以北约为140.0m。稳定分析表明，在施工期天然地下水位时，上游边坡稳定系数很低，即使采取预应力锚索加固措施，仍不能达到抗滑稳定安全要求。

对影响上游边坡稳定性的各项因素所作的敏感性分析表明，地下水位影响十分明显，即地下水位每降 1.0m，边坡稳定安全系数将提高 0.025 ~ 0.062（见图 9-5-4），且在地下水位越低时，每下降单位水深对边坡稳定安全系数的影响越大。

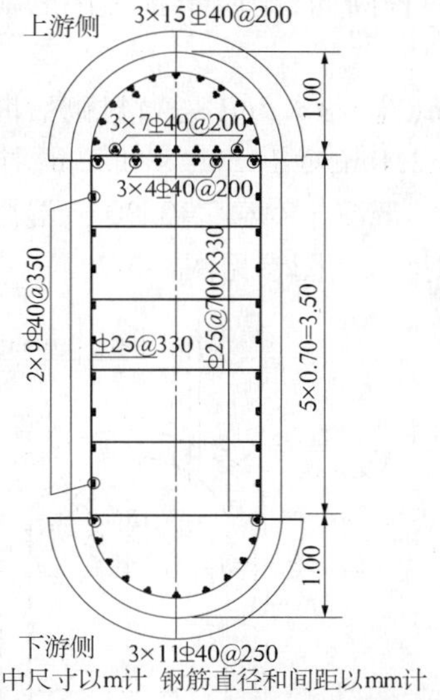

图 9-5-3　1 ~ 5 号抗滑桩标准配筋断面

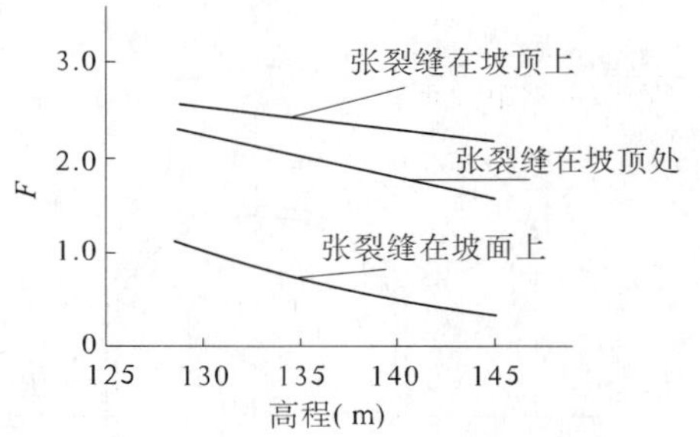

图 9-5-4　地下水位与安全系数关系曲线

由计算分析和图 9-5-4 知，在边坡内设置排水隧洞是非常必要的，不仅可降低坡内的地下水位，提高坡体的稳定性，同时，还可减少消力塘施工基坑的抽水量，降低其施工难度。

2. 排水洞布置

排水洞布置原则是首先应满足消力塘排水要求，在施工期和检修期要使坡体内地下水位降到 125m 以下；其次，排水洞应不影响泄洪洞群、消力塘结构和边坡加固措施的安全运用。据此设计将排水洞洞线沿消力塘周边布置呈∩形（见图 9-5-5）。

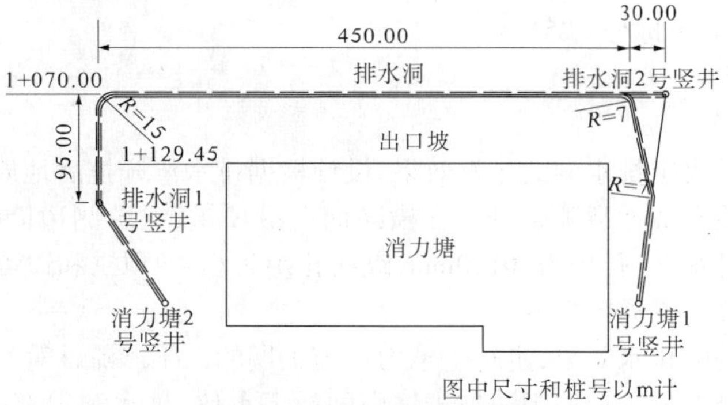

图 9-5-5　排水洞平面布置图

排水洞设有两个竖井，作为排水洞施工期间的通道和抽排洞内渗水之用。排水洞总长 888.49m，其中 1、2 号竖井间洞长 568.56m，洞底板高程约 114m，在 1 号导流洞下方通过，与 1 号导流洞之间岩层厚度为 7m。洞纵坡不大于 0.5%，由中间（排水洞桩号 0 +

435.56m)向两端排水。

3. 排水洞横断面设计

排水洞采用全断面钢筋混凝土衬砌,分A、B型两种断面,相应于Ⅲ类围岩洞段和V类围岩洞段。

A型断面:洞段长828.485m,开挖断面尺寸2.9m(宽)×3.5m(高),衬砌后断面尺寸2.1m(宽)×2.8m(高)。临时支护锚杆Φ0mm,$L=2.0$m,@1.2m × 1.2m,挂钢筋网Φ8mm @0.2m×0.2m,一层,喷混凝土厚0.10m。钢筋混凝土衬砌厚0.30m,混凝土标号C25。A型断面开挖支护图见图9-5-6,混凝土衬砌和排水孔图参见图9-5-7。

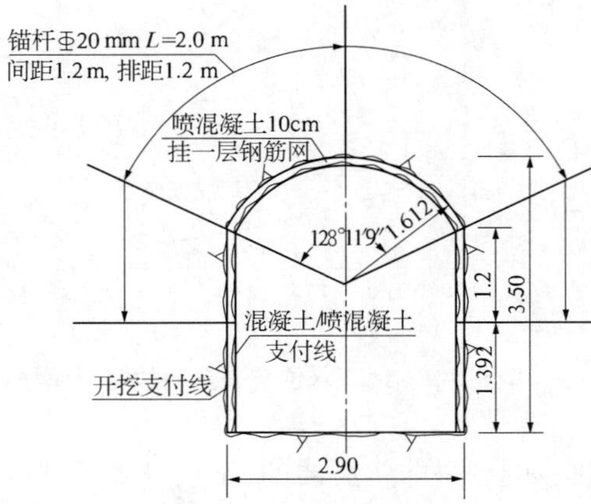

图9-5-6　A型断面开挖支护图　(单位:m)

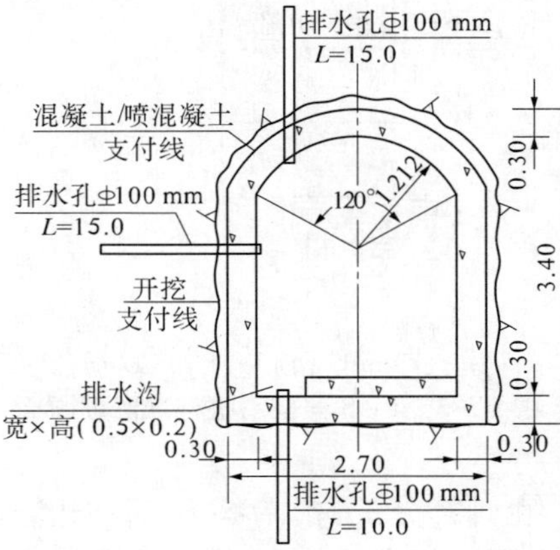

图9-5-7　A型断面混凝土衬砌和排水孔图　(单位:m)

B型断面开挖支护图、混凝土衬砌和排水孔图同A型类似,洞段长60m,开挖断面尺寸3.5m(宽)×3.9m(高),衬砌后断面尺寸2.1m(宽)×2.8m(高)。临时支护锚杆Φ20mm,$L=2.0$m,@1.0m×1.0m,挂钢筋网Φ8mm @0.2m×0.2m,一层,喷混凝土厚0.10m。另采用22kg/m钢轨制成的钢支撑,每隔0.8m一架,随开挖随支护。钢筋混凝土衬砌厚0.60m,混凝土标号C25。

4. 排水孔设计

1)排水孔布置

排水孔的布置决定排水洞的排水效果,设计根据排水洞开挖后地质素描图,将排水孔尽量布置在构造线和节理裂隙带处。在横断面上沿顶拱、上游侧边墙(或外侧边墙)、底板三个方向布置排水孔,孔径为Φ100mm,纵向孔距为6m。顶拱和边墙处孔深均为15m,底板处孔深为10m。参见图9-5-7。

为估计排水洞的排水效果,进行了消力塘施工期的三维渗流计算。计算结果表明,排水洞可以有效地降低消力塘周围边坡岩体中的地下水位,排水洞顶部的渗流自由面高程一般可保持在120m左右(两侧排水洞下游端略高,大致接近于125m高程),排水效果可以达到设计要求。

2)保护

一般围岩洞段的排水孔,只安装孔口管,内部不保护。在岩体节理密集带、断层及其影响带中的排水孔,内设置滤管,滤管采用外径75mm的PVC多孔管外包土工滤布。硬质PVC管符合中国标准SG 78—75要求。土工滤布要求见表9-5-2。

表9-5-2 土工滤布技术要求

项目	单位面积重(g/m^2)	厚度(mm)	抗拉强度(kPa)	伸长率(%)	撕裂强度(kPa)	顶破力(N)	渗透系数(cm/s)	等效孔径(mm)
执行标准			ASTM-D4632	ASTM-D4632	ASTM-D774	ASTM-D4833	ASTM-D4491	ASTM-D4751
数值	200	2.0	1 200	65	1 400	1 200	0.24	0.16

5. 施工

排水孔设计图中明确指出,施工时可由工程监理、地质监理工程师及设计人员根据揭露的围岩情况对排水孔的位置、孔向及孔深作适当调整,同时决定孔内是否需设反滤保护装置。在排水孔实施过程中,除将个别排水孔参数进行调整外,对已完成排水孔出水量较大的洞段,还补打了一些排水孔,以加强排水效果。

最终实际完成的排水孔如下:顶拱排水孔121个,孔深15.0~18.5m;上游侧边墙排水孔141个,孔深8.0~16.6m;底板排水孔133个,孔深8.0~10.0m。排水孔总进尺4 904m。

6. 排水效果监测

排水洞1号竖井掘进25.5m深时遇到地下水,地下水位为132.5m。排水洞2号竖井掘进42m时遇到地下水,水位为135.0m。这两个实测水位和勘察资料提供的天然地下水位数据基本一致。

1996年6月9日排水洞排水孔施工完毕,1996年10月初消力塘上游边坡Ⅱ区5根抗滑桩开始施工。当1、2、3号和5号桩开挖至120m高程时,井内开始渗水,越往下挖渗水越多。由此证实Ⅱ区的地下水位已经由天然水位132.5~135.0m降到了120.0m左右。

1997年1月在排水洞周围安装了14支渗压计,通过一年多的监测,证实沿排水洞周围的地下水位一直在118.0m以下。实测最高水位117.5m,最小值112.6m。参见图9-5-8。

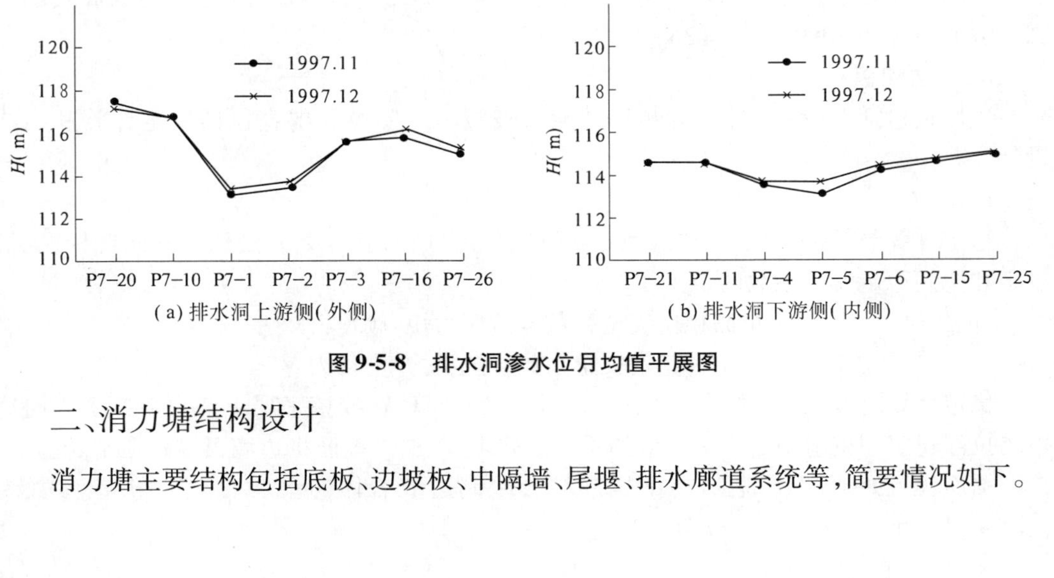

图9-5-8 排水洞渗水位月均值平展图

二、消力塘结构设计

消力塘主要结构包括底板、边坡板、中隔墙、尾堰、排水廊道系统等,简要情况如下。

(一)底板

底板包括一级池底板、二级池底板和护坦板。主要设计内容包括结构设计和抗浮稳定计算。

1. 抗浮稳定计算

计算模型采用《溢洪道设计规范》(SDJ341—89)中的规定,抗浮稳定安全系数计算公式为:

$$K_f = \frac{P_1 + P_2 + P_3}{Q_1 + Q_2} \tag{9-5-1}$$

式中 K_f——底板抗浮稳定安全系数;

P_1——底板自重,kN;

P_2——底板顶面上的水重,kN;

P_3——底板设锚筋时的锚固力,kN,按《溢洪道设计规范》(SDJ341—89)中附录三公式计算;

Q_1——底板顶面上的脉动压力,kN;

Q_2——底板底面的扬压力,kN。

消力塘泄水组合运用情况复杂,经计算,空池检修情况下混凝土底板抗浮稳定安全系数不满足规范规定。因此,除采用底板下排水系统降低地下水位外,还用锚筋将混凝土底板和基岩锚固在一起。

底板锚筋布置如下:一级池中齿槽上游侧部分锚筋采用 Φ30,正方形布设,间距 1.3m,长度 7.5m,伸入基岩 6.5m;一级池中齿槽下游侧部分锚筋采用 Φ32,正方形布置,间距 1.3m,长度 8.0m,伸入基岩 7.0m。二级池底板下部的锚筋采用 Φ22,正方形布置,间距 1.5m,长度 4.0m,伸入基岩 3.34m。

2. 结构设计

混凝土底板采用弹性地基板和弹性地基梁进行内力计算,对不同部位板块所用的地基参数不同,作用于中间板和边板的荷载考虑也有区别。

实际配筋如下:1 号、2 号消力塘底板的上部 4Φ20,下部 5Φ20;3 号消力塘底板的上部 4Φ20,下部 2.5Φ32 + 2.5Φ36。

(二)边坡板

边坡板包括上游边坡板、右侧和左侧边坡板。主要设计内容包括稳定计算和结构设计。

1. 稳定计算

稳定计算包括抗浮稳定、抗滑稳定和抗倾稳定计算,其计算方法和公式同底板,抗滑稳定和抗倾稳定安全系数的定义如下:

抗倾稳定安全系数 = 抗倾力矩/倾覆力矩

抗滑稳定安全系数 = 抗滑力/滑动力

稳定计算时取顺坡向单位板宽进行分析。经计算,在校核工况下消力塘三个方向边坡的抗浮稳定和抗滑稳定安全系数均不满足要求,需增加锚筋将边坡板锚固在基岩上。

锚筋设置如下:上游边坡上的锚筋结合限制边坡岩体的浅层变形来布置,参数为

Φ32,L=10m 和 12m,矩形布置,在Ⅰ、Ⅲ区间距为2.0m,Ⅱ区间距为1.0~1.75m,锚筋伸入板内1.0m。左、右侧边坡上的锚筋参数为Φ25,L=3.75m,间距为1.3m,正方形布置,锚筋伸入基岩内3.0m。左侧边坡考虑断层带边坡稳定锚筋修改为:Φ28,L=8.85m、10.35m相间布置,间距为1.3m。

2. 结构设计

取由分缝所形成的板块作为一个计算单元,按弹性地基上的薄板,采用“弹性地基矩形板有限元计算程序”进行内力分析,并进行配筋。

配筋结果见表9-5-3。

表9-5-3 边坡板配筋结果

配筋部位	上游边坡		右、左侧边坡	
	150m 高程以下厚2.0m	150~170m 高程厚1.0m	135m 高程以下厚2.0m	135~150m 高程厚1.5m
板上部	Φ20@250	Φ20@250	Φ20@250	Φ20@250
板下部	Φ28@200	Φ20@250	Φ28@250	Φ25@250

(三)中隔墙

中隔墙是消力塘顺水流向的重要结构之一,轴线分别位于消力塘横向桩号P.0-68.15m 和 P.0+053.15m 处,南侧(右侧)为1号中隔墙,北侧(左侧)为2号中隔墙。两条中隔墙的上游端与消力塘上游坡相接,下游与消力塘尾堰相连,穿过二级池后伸至护坦处的长度为18~38m。中隔墙的主要作用是调整消力塘的水流状态,减少水流回流对消力塘边坡板的淘刷及高含沙水流对泄水消能设施的磨蚀破坏。设置中隔墙方便消力塘的操作运用和各塘检修。

由于中隔墙的基岩中存在多层泥化夹层,在泄水建筑物多种泄量组合运用情况下,墙体受荷状态复杂多变,因此保证中隔墙在各种工况下的抗滑稳定和抗倾稳定等是设计研究的主要课题。

1. 关键计算参数的确定

计算采用的安全系数标准见表9-5-4。泥化夹层的抗剪指标取 $f=0.20$,$c=0.005$MPa。

表9-5-4 安全系数标准

工况		安全系数			备注
		抗滑		抗倾	
		K	K'	K_q	
施工期		1.05	2.5	1.30	K为按抗剪指标计算的抗滑安全系数,K'为按抗剪断指标计算的抗滑安全系数,沿泥化夹层的抗滑稳定安全系数大于1.30
运用期	设计	1.10	3.0	1.40	
	校核	1.05	2.5	1.30	
检修期		1.05	2.5	1.20	

消力塘各塘的水位根据消力塘出口水位—流量关系和整体水工模型试验量测结果确定。水容重在汛期采用 12.42kN/m^3，非汛期及检修期采用 10.55kN/m^3。

计算时，假定中隔墙基底扬压力均匀分布，根据各阶段消力塘三维渗流计算成果，采用抽排水条件下的地下水位如下。

一级池：施工期为 125.00m；运用期中的非汛期为 130.00m，汛期为 120.00m；检修期为 115.00m。

二级池及护坦部分：地下水位同外水位。

2. 抗滑、抗倾工程措施

根据中隔墙稳定计算结果考虑其结构及受力特点，采取了锚筋、拉筋、键槽等工程措施，以保证其在各种情况下的稳定。

中隔墙基底锚筋设置情况为：Φ32@0.2m，$L=7.0$m。为增加中隔墙的整体稳定性，在中隔墙基础两侧与其相邻的底板间设置拉筋 Φ36@167mm，在墙的横缝间设键槽，槽深 0.25m，个别墙段与底板间亦设有键槽。另外，在 2 号中隔墙基底断层处，采用了混凝土塞，并将墙左侧的基础加宽了 5m，为配合解决消力塘上游边坡稳定问题，又把该墙与上游坡连接处的墙断面加大。

（四）尾堰

尾堰位于消力塘一级消力池末端，其走向垂直水流向，两端与左右两侧边坡相接，塘内两道中隔墙将其分隔为三段，自右向左分别命名为 1、2、3 号尾堰。其中 1、2 号尾堰成一直线，上游面处桩号为 1+269.45m；3 号尾堰上游面桩号 1+289.45m。1、2、3 号尾堰长分别为 100.3 m、101.3m、100m，每 20.0m 设一条伸缩缝，共分为 17 段。伸缩缝处设置两道止水，第一道为铜片止水，距混凝土表面 0.3m，第二道为 651 型 PVC 止水，距混凝土表面 0.6m。尾堰的典型横断面见图 9-5-9。

尾堰的主要作用：一是形成一级消力塘消能需要的水深，并调整水流，使之较均匀地进入二级池，缓减水流对下游的冲刷；二是对一级池检修时可作为横向围堰。

1. 稳定设计

由于体形特殊和运用工况多变，导致尾堰的稳定问题较为突出。首先尾堰的体形上大下小，重心靠上；其次 1、2 号尾堰运行时，3 号尾堰及其 3 号消力塘还在施工，整个消力塘的排水系统尚未全部形成，汛期地下水位升高，尾堰处于不利的受力状态；第三，尾堰靠近下游，其下游的地下水位与大河水位联系密切，这在尾堰开挖时已经得到证实，在排水系统发挥作用的情况下，尾堰受到的扬压力相对较高，对其稳定不利。

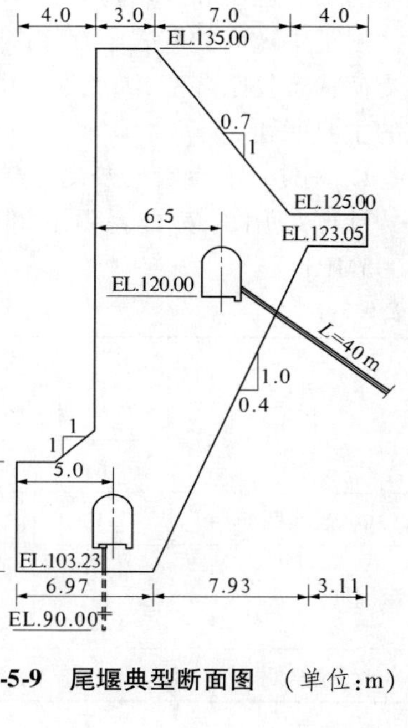

图 9-5-9　尾堰典型断面图　（单位：m）

在进行尾堰抗滑稳定、抗倾稳定计算时，扬压力的确定采用了消力塘施工期和运行期三维渗流计算的成果，动水压力和脉动压力的取值参考了小浪底水利枢纽整体水工模型试验的成果，其稳定计算公式如下。

抗滑稳定安全系数计算公式：

$$K_f = \frac{f(\sum V - U)}{\sum P} \tag{9-5-2}$$

式中　K_f—— 抗滑稳定安全系数；

f—— 混凝土与基底接触面的抗剪摩擦系数；

$\sum V$—— 全部荷载（不包括扬压力）对滑动面的法向分值，kN；

U—— 滑动面上的扬压力，kN；

$\sum P$—— 全部荷载对滑动面的切向分值，kN。

抗倾稳定安全系数计算公式：

$$K_q = \frac{M_Y}{M_O} \tag{9-5-3}$$

式中　K_q——抗倾稳定安全系数；

M_Y——作用于堰体的力对堰前趾的抗倾力矩，kN · m；

M_O——作用于堰体的力对堰前趾的倾覆力矩，kN · m。

尾堰稳定计算成果表明，稳定的控制工况在检修期，在施工期和运用期可利用消力塘的抽排水系统降低地下水位，使之稳定安全系数满足规定要求。

2. 抗滑、抗倾工程措施

针对尾堰稳定要求采取的工程措施包括设锚杆、拉筋和排水等。

1）排水措施

消力塘原设计的排水系统中，在尾堰内设 105m 高程排水廊道及其竖向与斜向排水孔，该廊道与整个消力塘底板基础的排水廊道系统相通，构成排水网。后来根据施工揭露的地质情况，从安全角度考虑，在尾堰内增设了 120m 高程排水廊道及斜向下游的排水孔，以降低尾堰下游侧坡内地下水位，120m 高程廊道排水通过每隔 20m 所设的 Φ315 PVC 管流入 105m 高程排水廊道，最终汇入两侧竖井内。在断层区内的排水管均作了反滤保护措施，以防淤堵。

2）拉筋

在尾堰下游侧与二级池的混凝土结构间设缝和“X”形跨缝拉接筋，钢筋直径 Φ32，间距 200mm，缝面处钢筋面涂环氧以防锈蚀，通过筋的拉接作用使尾堰与二级池的混凝土结构形成整体。

3）锚杆

一般部位：在尾堰基底 103.23m 高程面及其下游侧 1∶0.4 斜坡处布 Φ22 锚杆，长为 4.0m，伸入岩体内 3.25m，间距1.5m × 1.5m。

2 号尾堰断层部位：堰底的锚杆布置同上，下游侧坡改为挂钢筋网 Φ6mm@ 200mm，喷混凝土 0.10m。110.00m 高程以上锚杆：长锚杆 Φ28mm，长 8.00m，外露长度 1.00m，间距 1.5m(双向),垂直坡面设置;短锚杆 Φ25mm,长 3.00m,不外露,间距 1.5m(双向),垂直坡面设置;110.00m 高程以下锚杆:长锚杆 Φ28mm,长 6.00m,外露长 1.00m,间距 1.5m(双向),垂直坡面设置;短锚杆 Φ25mm,长 3.00m,不外露,间距 1.5m(双向),垂直坡面设置。

3 号尾堰断层部位:堰底的锚杆布置同上,下游侧上改为挂钢筋网 Φ6mm @200mm,喷混凝土 0.10m。112m 高程以上增加锚杆 Φ32@1.5m $L=8.0$m(外露 1m),并与原设计锚杆间隔排列;112 ~ 103m 高程范围内,将原设计锚杆修改为:消力塘横向桩号 P.0 + 135m 以北锚杆为 Φ32@1.2m $L=8.0$m(外露 1m);桩号 P.0 + 135m 以南锚杆为 Φ32@2.4m $L=10.0$m(外露 1m)和 Φ32@2.4m $L=8.0$m(外露 1m),相间排列。

(五)排水廊道系统

排水廊道的作用是汇集和排出消力塘底部、边坡及尾堰排水暗沟、排水孔中的地下水及下渗水。其中,基础廊道分别置于消力塘上游边坡、左右侧坡坡脚的混凝土底板下部,以及一级消力塘底板中间部位、1 号和 2 号中隔墙底部、尾堰底部,从而构成一套完整的相互联通的地下排水网络,120m 高程排水廊道渗水直接流入基础排水廊道,最终均汇集到竖井内,而后泵抽至下游河道。排水廊道及排水孔布置参见图 9-3-7。

廊道采用城门洞形,断面尺寸为 2.0m(宽) ×3.0m(高),所有廊道均采用钢筋混凝土衬砌,尾堰内 120m 高程廊道的交叉段采用现浇混凝土,其余部位均采用预制混凝土衬砌,衬厚均为 0.3m。洞挖段衬砌厚度为 0.4m。

底板周边基础廊道、底板中部基础廊道、尾堰部位排水廊道及中隔墙底部排水廊道典型断面参见图 9-5-10、图 9-5-11、图 9-5-12 和图 9-5-13。

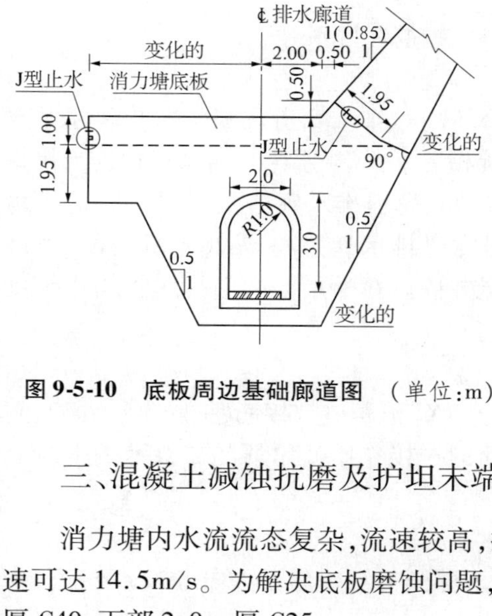

图 9-5-10 底板周边基础廊道图 (单位:m)

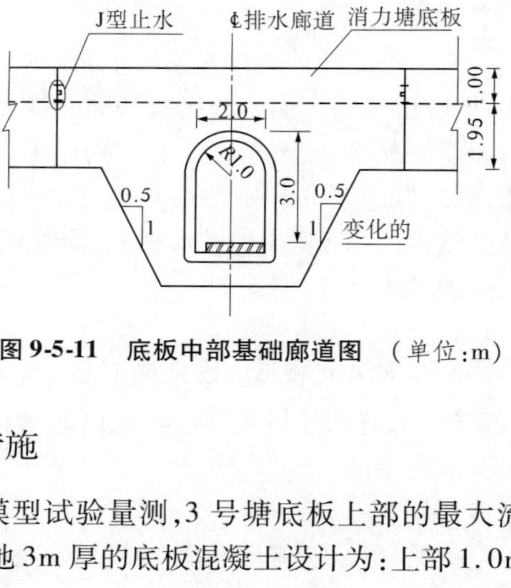

图 9-5-11 底板中部基础廊道图 (单位:m)

三、混凝土减蚀抗磨及护坦末端防冲措施

消力塘内水流流态复杂,流速较高,据水工模型试验量测,3 号塘底板上部的最大流速可达 14.5m/s。为解决底板磨蚀问题,将一级池 3m 厚的底板混凝土设计为:上部 1.0m 厚 C40,下部 2.0m 厚 C25。

依据地质条件、消能冲刷计算和水工模型试验结果,在 1 号消力塘护坦末端设置了防冲槽,槽的深 5m,上宽 120m,长 45 ~90m,底宽 5m,槽周边坡 1∶3。靠近消力塘护坦及泄

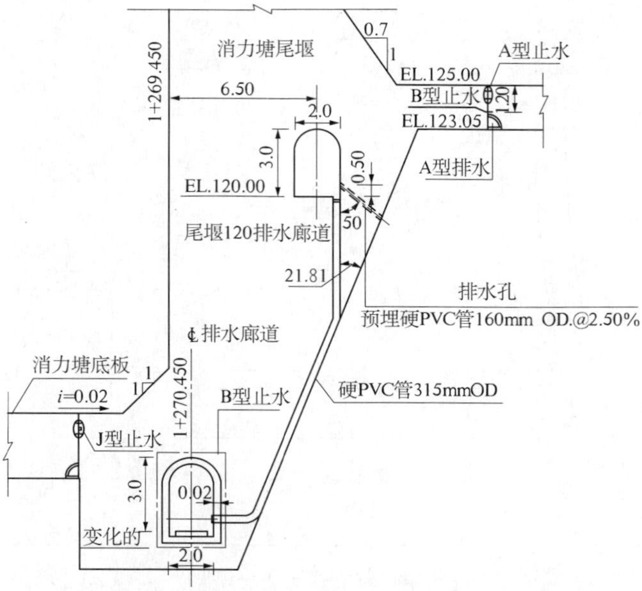

图 9-5-12　尾堰部位排水廊道断面图　（单位：m）

水渠右岸控导工程部位设置宽 9m 的钢筋石笼，石笼尺寸 2m × 1.5m × 1.2m（长 × 宽 × 高），钢筋直径 Φ10，钢筋间距 200mm × 200mm，笼内填钙硅质砂岩块石，块径大于 35cm。防冲槽平面布置参见图 9-5-14，剖面见图 9-5-15。

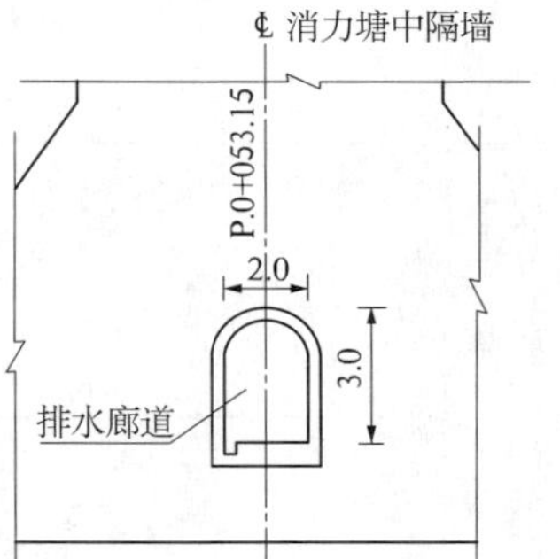

图 9-5-13　中隔墙底部排水廊道　（单位：m）

四、混凝土温控要求及措施

为解决消力塘底板混凝土的磨蚀问题，将 1、2、3 号消力塘的一级池 3m 厚的底板混凝土设计成上部 1.0m 厚为 C40（B2 级），下部 2.0m 厚为 C25（D4 级），分两次浇筑。在实际施工中由于工期延误，为了按期截流，加快混凝土施工进度，提出了 3.0m 厚底板一次浇筑方案，并进行了现场试验和温控计算。

现场试验在 1996 年 6 ~ 7 月进行，试验结果表明混凝土的温度均大于技术规范要求。为了解决其温度应力状况，又进行了温控计算，计算采用有限元法按对称结构模型，基础按半无限体，考虑影响深度 15.0m。计算表明，必须采取混凝土温控措施。由试验和计算结果知，混凝土最高温升及其表面最大拉应力均在第 7 天发生。

温控措施包括：夏季施工混凝土出机温度控制在 7℃，入仓温度要小于 13℃；在底板表面用 5 ~ 10cm 的循环水覆盖，延长拆模时间，保温在 8 天左右。夏季浇筑完成的底板，在冬季，尤其是寒潮来临气温急剧下降时，采取保温措施，即采用细沙，覆盖厚度为 10 ~ 30cm；在底板混凝土浇筑中，下部用 D5 级（即 C25，最大骨料粒径 150mm）混凝土代替 D4 级（最大骨料粒径 80mm），减少水泥用量，降低水化热。

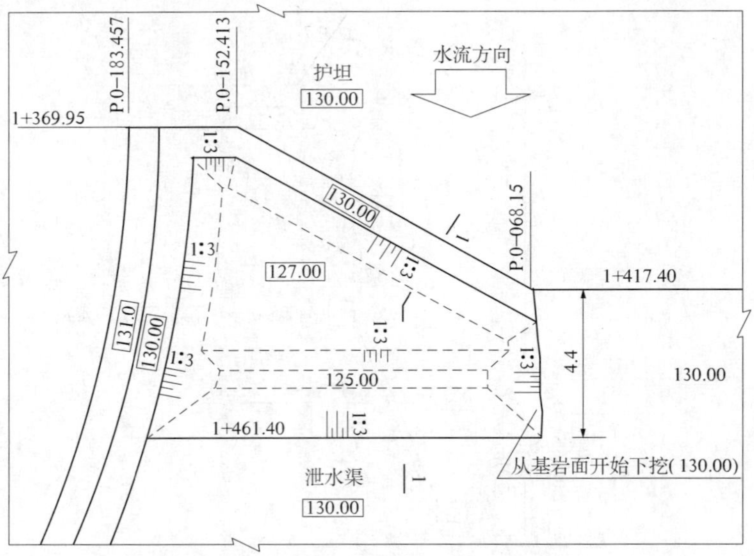

注:高程、尺寸单位以 m 计

图 9-5-14　防冲槽平面布置图

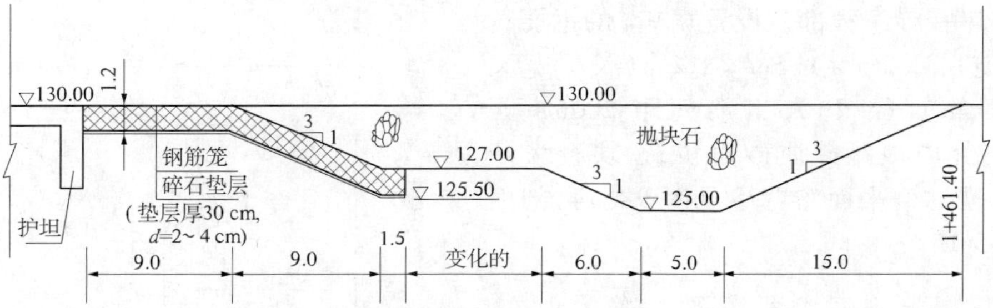

注:高程、尺寸单位以 m 计

图 9-5-15　防冲槽 1—1 剖面图

监理工程师批准了上述措施和一次浇筑方案。实施后取芯试验混凝土强度满足技术规范要求,外观检查有少量裂缝,施工质量良好。

第六节　原型观测设计

在消力塘工程部位设置了一些原型观测仪器,按观测项目划分,大致分为三类:结构观测、边坡观测及水力学观测。

一、消力塘原型观测设计

(一)底板扬压力观测

在每个消力塘沿水流方向布设三个渗压观测纵断面(在消力塘轴线上),用于监测消力塘底板的扬压力分布情况及检修期抽水时排水洞的排水效果。在各个监测断面中,排水廊道附近、两排水洞中间均埋设一支渗压计。在三个纵向排水廊道中间布设两个横断面(与水流方向垂直),在每个横断面中,南北侧边坡内的排水洞前后以及与断面交叉部位均布设一支渗压计。

(二)底板锚杆应力观测

消力塘底板在扬压力和脉动压力等作用下,仅靠自重不能维持自身稳定,为此,在底板下部设置了锚杆。为了监测锚杆在各个工况的受力状况,沿垂直水流方向布置了三个锚杆应力监测断面,每个断面设6支锚杆测力计,其中每个消力塘2支,设在消力塘轴线附近。

(三)消力塘中隔墙及尾堰的稳定观测

为监测消力塘中隔墙的稳定,在两个中隔墙各设8个位移标点,以监测墙的侧向水平变位。为了分析验证其稳定性及其变位原因,在2号中隔墙底板上布设4支锚杆测力计和4支渗压计。在1997年10月21日、22日、23日、26日和29日对墙上位移标点进行5次观测发现,1号中隔墙中的几个测点位移较大,并呈现继续增大的趋势,其中,3号测点特别突出,几天内产生变位达6.3mm,并且C块和D块之间发生错台现象,D块高出C块约14mm。3号点位于混凝土浇注块D块上,距C、D块之间的伸缩缝距离约2m,为分析变位原因,又在C块增设了一个位移标点。

为监测尾堰的稳定,在3个塘的尾堰中部分别布设1支渗压计和1支锚杆测力计,以监测尾堰的受力和扬压力情况。

(四)断层的渗透坡降监测

在3号消力塘部位有多条断层穿过,其中最大的为F_{236}(F_{238})断层,由于断层的处理效果涉及到消力塘的运用安全,故在F_{236}(F_{238})断层内沿其走向布设3支渗压计,以监测该处的渗流比降。

上述仪器的布置情况见图9-6-1。

二、边坡原型观测设计

消力塘周有右侧边坡、上游边坡和左侧边坡,上游边坡稳定问题最为突出,其施工加固处理历经4年多时间,先后采取了多种加固措施。在施工过程中,设计者根据边坡开挖揭示的地质条件及现场监测成果,作了大量的稳定分析研究工作,才逐渐形成最终的较为安全、合理的综合加固和安全监测设计方案。

为了观测上游边坡在施工期和运行期的稳定性,在岩体较破碎及断层等处重点布设了观测仪器来监测边坡的变形、地下水位、排水措施和锚索锚固的效果。安全监测仪器设备按照突出重点、主次有别、节约投资、施工期监测与永久监测相结合,以及地表与岩体内部相结合等原则进行设置。在开挖前期基本以表面裂缝观测为主,设置简单临时的观测仪器,并辅以日常巡视检查,这样可以减少或避免施工干扰;当具备埋设永久观测设备的条件时,及时埋设以尽快取得岩体变形初始资料。

在上游边坡区共布设有12个监测断面,其中,地质Ⅱ区5个监测断面,Ⅰ区6个监测断面,Ⅲ区1个监测断面,均以变形监测为主。监测设施的布设情况见图9-6-2。

(一)变形监测

在边坡的开挖过程中,前期根据坡体裂缝出现情况,主要以简易观测设备和人工巡视

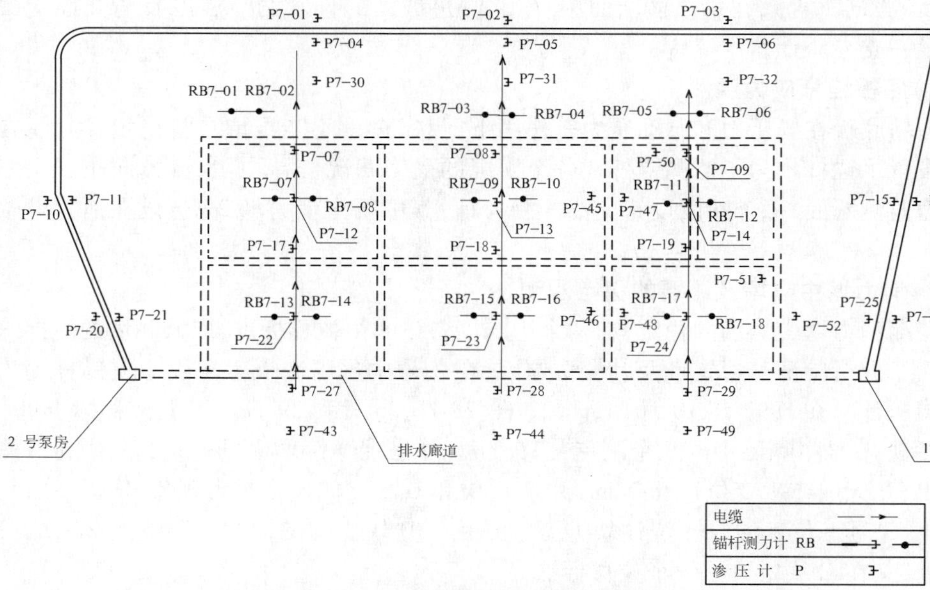

图 9-6-1 消力塘底板监测仪器布置图

检查进行监测。随着施工进展,逐步布设了岩体深部位移观测设备和外部水平位移测点,共设 6 支测斜管和 14 套多点位移计,9 条外部测距线等,其中测斜管和多点位移计的安设与边坡施工同步进行,并取得较理想的监测结果,测距线是在边坡施工完成后布设的。所有这些变形监测设施布设共分三个阶段:第一阶段上游边坡共设 3 支测斜管和 6 套多点位移计;第二阶段根据 1995 年 10 月世界银行小浪底特别咨询团报告中的意见和边坡开挖揭露的地质情况,在坡上增设 5 套 4 测点多点位移计、2 支测斜管和 5 条共 15 个测点的测距线;第三阶段,在边坡开挖过程中,发现 3 号排沙洞出口轴线附近破碎岩体上部的 170m 平台上出现平行于边坡走向的裂缝,且有张裂发展趋势,故又在此增设 1 支测斜管、3 套多点位移计和 4 条测距线,以监测其变位和裂缝的发展。

(二)地下水位、渗流量、锚杆应力监测

1. 地下水位观测

地下水是影响边坡稳定的重要因素之一,消力塘上游边坡设了排水洞,为了监测坡内地下水的变化和排水洞的排水效果,沿排水洞轴线选择 3 个地下水观测断面,断面与排水洞轴线垂直,分别位于 1 号中隔墙轴线右侧 34.80m、左侧 64.45m 和 2 号中隔墙轴线左侧 65.80m 处。每个断面处在排水洞上游围岩内布设一支渗压计,下游围岩和岩石边坡内各布置一支渗压计,即每个断面上布置 3 支渗压计,以观测该断面处边坡内地下水位情况。

2. 渗流量

在排水洞内设了 4 个量水堰,其中上游边坡内洞段布置 2 个,左右岸边坡内洞段各布置 1 个,以监测排水洞排水量的变化情况。

3. 锚杆应力观测

在上述 3 个地下水观测断面上的混凝土面板与坡间的锚杆上各布设 2 支锚杆测力计。

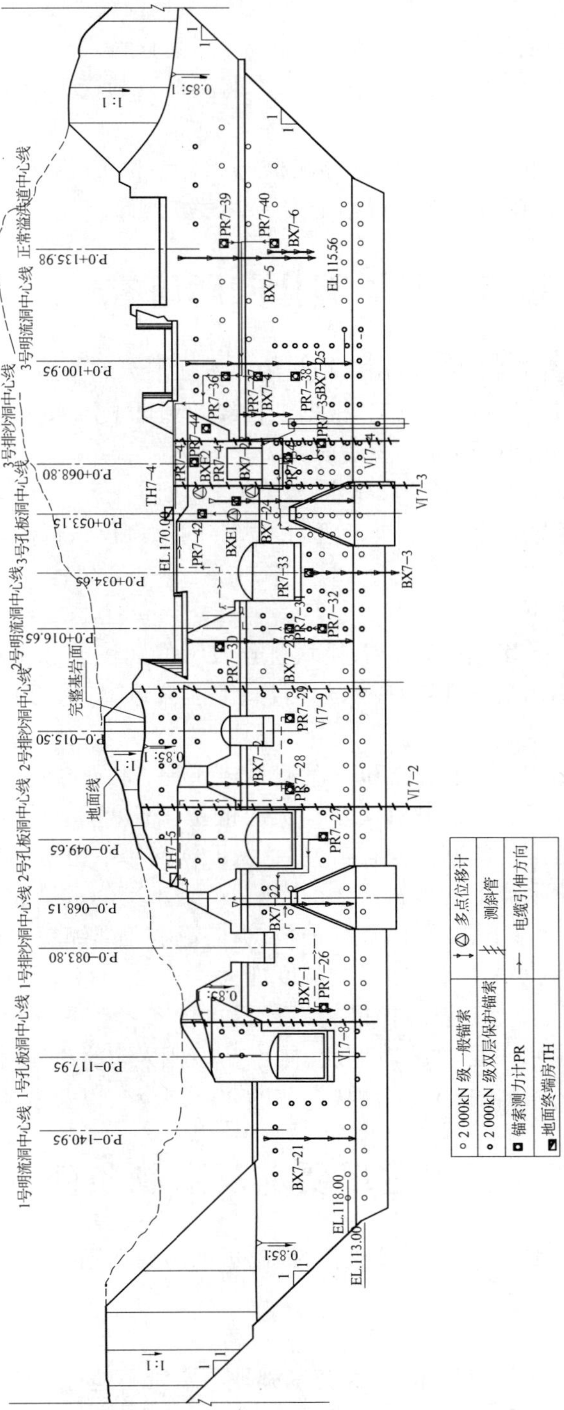

图 9-6-2　上游边坡观测仪器布置立视图

（三）预应力锚索观测

在上游边坡的加固处理过程中采用了大量预应力锚索。设计按照监测规范的规定，选取锚索总根数的5%进行监测，即从边坡不同部位、不同高程特别是较破碎岩体区域的300多根预应力锚索中选取15根安装锚索测力计，以监测锚索的受力及其附近边坡的稳定情况。

由于2号排沙洞出口附近的直立边坡岩体较破碎，其上部的170m高程平台上出现平行于边坡走向的裂缝，故又在附近4根锚索上安装锚索测力计。

第七节　泄流雾化问题研究

小浪底工程10条泄水建筑物的出口挑坎均集中布置在消力塘上游边坡上，在最高库水位275m时，总泄量达到17 000m^3/s以上，根据工程经验预计泄流水雾强度及影响范围均较大，因此开展了泄流雾化问题研究。主要研究工作如下：

（1）针对清水、浑水两种情况开展了雾化水流数值计算研究。

（2）开展了雾化溅水模型试验研究。模型采用1∶50的比例尺，选择雾化影响较为敏感的明流洞和溢洪道进行试验。

主要研究结论和成果如下。

（1）泄流雾化范围主要受出口高程较高、挑坎挑角较大的明流洞和溢洪道泄洪影响，在同一泄水建筑物组合运用情况下，随着库水位增加、下泄流量增大，雾化影响范围逐渐增大。

（2）雾化影响范围中的雾区与库水位和下泄流量成正比，即随着库水位和下泄流量的增大，雾区纵横向范围也逐渐增加，并且清水泄流时的范围比浑水泄同样流量时大；清水泄流时的雨区纵向影响范围比浑水泄同样流量时大，而横向影响范围却比浑水泄流小。由此说明水、气、沙三相雾化水流中含沙量产生的影响：一是水滴的重量加大，沉降速度加大，从而使雾化水流垂直高度降低，降雨区衰减加快，纵向影响距离缩短；二是含沙水流的反弹性比清水大，从而增加溅水距离，横向影响宽度加大。

（3）给出了雾化影响范围，为工程防护措施设计提供了参考。受雾化影响的建筑物主要有：消力塘1号、2号排水泵房及区域地表、尾水防淤闸及其附近建筑物、泄水渠护岸，消力塘下游的8号公路、左侧的13号公路、右侧的20号公路，以及东苗家滑坡体等。

第八节　工程运用要求及限制条件

为保证消力塘的安全运用，经反复计算论证，提出了消力塘运用要求和限制条件。

一、运用限制条件

（1）正常运用期的汛期，应抽排地下水，保持基础地下水位不超过125m。

（2）正常运用期的非汛期，当消力塘承接总泄量超过3 000m^3/s时，或总泄量不超过3 000m^3/s，但相邻塘泄量差大于1 000m^3/s时，应抽降地下水，保持基础地下水位不超过 125m。

(3)在某个消力塘检修时,应抽排地下水,保持基础地下水位不超过 115m,如泄水只能使用排沙洞,且当检修 1 号或 2 号塘时,只能使用 3 号排沙洞泄水。

二、运用要求

(1)当泄水建筑物组合运用时,应尽可能使 3 个消力塘的泄量均匀,以防其下游泄水渠出现回流流量集中或局部流速过大。

(2)水库正常运用最初的三年作为试运行期。在此期间,应测定基础地下水位—抽降历时关系曲线和竖井水位—基础地下水位关系曲线,以确定、编制正常运用期的抽水操作管理程序。以上两关系曲线建立后,还应每两个月定期观测一次消力塘底部的渗压计测值,以检查渗压有无异常变化及排水孔(管)运行是否正常。

(3)应对消力塘内水位及中隔墙水流激振和墙体位移进行自动化观测,以便在运用过程中根据原观资料和水库运用方式修改完善消力塘运用操作方式,必要时采取相应措施。

(4)消力塘各建筑物在限定的地下水位下稳定才能得到保证,因此抽水系统对消力塘安全运用至关重要。建议对抽排系统加强维修,保证能及时投入运用;对抽水系统工作时的排水量、水质和渗压计进行观测计量,对排水量、水质和渗压计的异常变化及时查明原因并采取措施,以保证安全运用;消力塘经初期运用后应全面进行抽水检查,如有问题应制定检修计划采取相应措施。

第九节　工程施工简况

一、开挖和支护

(一)开挖

消力塘部位开挖分两期施工,一期工程为 160m 高程以上部分,自 1992 年 9 月至 1994 年 4 月由国内承包商完成;剩余部分为二期工程,由德国旭普林(Zublin)公司为责任方的中德意联营体(CGIC)中标承建,该部分开挖工程自 1994 年 10 月开始至 1997 年 7 月全面完成,共完成土石方开挖约 537.8 万 m^3。

消力塘一级池底板开挖高程为 110 ~ 107m,二级池底板为 123m,护坦底板为 129m,1、2 号中隔墙最低开挖高程 99m。塘的上游坡开挖坡度为 1∶0.85,左、右侧边坡为 1∶1,尾堰开挖边坡为 1∶0.4。

消力塘开挖采用自上而下的多通道立体作业,边坡开挖按开挖→支护→下一个台阶开挖的循环方法进行。土方开挖采用 D9N 推土机推土,3 ~ 5m^3 轮式装载机装料,45t 自卸车运输;石方开挖采用液压露天钻机钻孔爆破,5.6m^3 液压正铲、反铲及 5m^3 轮式装载机直接挖装,45t 自卸车运输。

(二)爆破

消力塘开挖爆破大致分为大体积爆破和预裂爆破两种。其爆破参数由现场试验确定。

边坡石方开挖采用自上而下的分层施工方法，开挖的梯段高度由装运强度以及边坡的支护要求确定，一般主爆的梯段高度控制在 5 ~ 10m，预裂的高度考虑台阶的高度来定，一般为 10 ~ 15m。

大体积爆破（含主爆孔和缓冲孔）一般在距离预裂爆破 20m 以外进行，其爆破参数见表 9-9-1。

表 9-9-1　　大体积爆破参数

项 目	主爆孔	缓冲孔
钻孔直径(mm)	90 或 110	76 或 90
布孔形式	梅花形	梅花形
孔深(m)	5 ~ 10	5 ~ 10
间排距(m)	2.5 ~ 4/2 ~ 3	1.5/2
炸药类型	乳化硝铵炸药	乳化硝铵炸药
药卷直径(mm)	70	50
单耗药量(kg/m^3)	0.4	0.4
堵塞长度(m)	2 ~ 3	1.5 ~ 2.5
起爆方式	非电雷管毫秒起爆	非电雷管毫秒起爆

为保证实际开挖线尽量符合设计开挖线，以及边坡不受大体积爆破的重复振动破坏，必须进行预裂爆破。预裂爆破孔布置在设计开挖边线上，孔斜与坡面一致，其钻孔定位偏差不大于 ±5 cm，钻孔倾角误差不大于 1°，预裂爆破参数见表 9-9-2。

预裂孔的典型装药结构一般为孔底装 3 卷 Φ32mm 的 Ⅱ 级乳化硝铵炸药（每卷长 18cm，重 150g），其上与 3 根 38g/m 的导爆索相连。预裂孔一般为 10 孔一响，利用导爆索的延时，采用微差起爆的方法，取得了较好的预裂效果。

表 9-9-2　　预裂爆破参数

项 目	参 数
钻孔直径(mm)	76
钻孔倾角(°)	78.69
孔深(m)	10 ~ 15
间距(m)	0.6 ~ 0.8
排距(距缓冲孔)(m)	1.2
线装药密度(g/m)	110 ~ 150
堵塞长度(m)	1.0 ~ 1.5

(三)支护

消力塘共完成各种锚杆32.90万m,2 000kN、3 000kN预应力锚索369根,总长度11 307m,其中3 000kN锚索111根,2 000kN锚索236根,左侧边坡2 000kN锚索22根。

二、混凝土施工

消力塘的混凝土施工始于1996年5月,终于1998年7月。施工顺序为从1号消力塘向3号消力塘进行。底板垫层浇筑前的基础地质验收工作始于1996年5月8日,终于1998年4月8日,基础验收面积达9.6万m^2。整个消力塘约使用模板15.2万m^2,钢筋2.6万t,混凝土56.8万m^3。

(一)施工方法

消力塘混凝土浇筑包括1号、2号和3号消力塘底板、尾堰、二级池、护坦、廊道、1号中隔墙、2号中隔墙、右边坡、左边坡、上游边坡以及洞群出口等部位。在3号消力塘有通向施工现场的临时道路,可以通向二级池和护坦,也可沿左侧边坡坡脚由3号消力塘西北角下到一级池内,进行混凝土和材料的运输。混凝土用ROTEC-MAX型滚筒式搅拌运输车(10.7m^3)和ROTECBIGDOGEM7-300型滚轴式卸料运输车(15m^3)由出口混凝土拌和站运输到施工现场,直接卸料到胎带机、塔带机或混凝土泵车等浇筑设备上。钢筋、预制件等材料由蓼坞加工厂加工后用汽车运到现场施工。

岩面清理干净后,铺一层2cm厚的砂浆,浇筑10cm厚的混凝土垫层(C25混凝土),以便于DOKA模板的安装。DOKA模板为德国生产的木模板,可反复使用,尺寸多为3m×3m。

待垫层混凝土达到要求强度,在平整的垫层上完成安装锚杆、模板、止水、绑扎钢筋等一系列混凝土浇筑前的准备工作后,开始混凝土浇筑。边坡部分使用DOKA模板,部分使用滑模。滑模由德国设计,洛阳中信公司加工,现场组装,坡度可调。滑模轨道宽度为15.7m,结构重量约为15t。行走部分为液压系统通过上部固定的钢绞线自己提升,每小时滑升0.4m,每天可滑升7m。浇筑时用塔带机、胎带机或混凝土泵车直接卸料到指定位置,不需平仓。采用平层浇筑法,分层厚度30~50cm,人工振捣。

主要部位施工方法及机械设备配备如下。

1. 底板

底板表面高程在110~113m,分块尺寸有15m×15m、12m×12m等,共242块。混凝土厚度为3m,除垫层10cm外,下部2.00m厚C25混凝土,上部0.90m厚C40混凝土。最初分两层浇筑,每层1.50m。经过温控计算和现场试验合格后,改为一层浇筑3m。混凝土由胎带机送入仓内,实际输送能力70m^3/h左右。共两层钢筋,底层钢筋及架立筋现场入仓绑扎,上层钢筋在现场仓外绑扎,整体吊入。模板及钢筋等用移动吊车或塔吊吊装。

2. 中隔墙

中隔墙顶部高程为138m,底部高程约102m,总高36m,由底板向上高度为28m,每个隔墙全长240m,共分13块,每20m长分为一块,每块分16层浇筑,底板以下5层,以上11层,分层厚度不超过3m,最大浇筑仓约1 400m^3。混凝土主要为C25级,最大骨料粒径80mm,少量为C25级,最大骨料粒径150mm。由胎带机在底板上浇筑,靠近上游边坡的

A、B、C 块也可用塔带机浇筑。模板、止水、钢筋等用移动吊车和 390HC、290HC 塔吊吊装。

3. 边坡

边坡坡度为 1:1 和 1:0.85 两种，混凝土厚 1～2m，C25 级，分块宽度 15m。由于坡面超挖量较大，难以布置滑模轨道，实际用滑模浇筑的面积小于 40%。两侧边坡及上游边坡共有 19 块用滑模一次浇筑，其余均用爬模（DOKA 模板）分层浇筑，分层高度 2～3m。坡顶高程达 170m，最大坡高 58m。混凝土采用 TC1875 塔带机上料，配合滑模浇筑，上料高度可自行调节，解决了高边坡混凝土上料困难的问题。底部也可用胎带机和混凝土泵车上料。滑模用塔带机的塔吊吊装在边坡上两个已浇筑混凝土块中间，自行滑升。

4. 其他部位

二级消力池底板分块尺寸为 10.0m × 15.0m，板厚 2.0m，一次浇筑。护坦分块尺寸为 13.0m × 12.0m，板厚 1.0m，一次浇筑。

1、3 号塘尾堰各分为 6 块，2 号塘尾堰分为 5 块，每块长 20m。每个标准块分 16 层浇筑。

（二）施工机械

1. ROTEC 系统简介

ROTEC 系统即混凝土运输和浇筑设备系统，由美国 ROTEC 公司生产。该公司位于芝加哥市郊，主要从事大型混凝土运输、浇筑设备的设计和制造，至今已有 30 多年的历史。自 1968 年以来已为世界上 100 多个工程提供了混凝土的运输和浇筑设备，其中塔带机系统曾被委内瑞拉的 GURI 大坝、墨西哥的 HUITES 大坝等 12 个大型工程所采用。

ROTEC 系统具有操作灵活方便，覆盖范围广，入仓准确，能适用于各种级配、不同坍落度的混凝土，施工效率高等优点。对工程量大、工期紧的工程，ROTEC 系统可以充分发挥强度高这一突出特点，以加快施工进度。

2. 施工机械布置

消力塘混凝土施工机械包括 ROTEC 系统设备和 Liebherr 塔吊等。各种主要机械设备配置情况及其特征见表 9-9-3。主要施工机械的布置见图 9-9-1。

表 9-9-3　主要施工机械设备

设备名称	型号	数量	使用部位
塔带机	ROTEC TC1875	1	边坡、洞群出口、部分隔墙
胎带机	ROTEC CC200 - 24	2	边坡、底板、二级消力池、护坦、尾堰、隔墙
胎带机	ROTEC Auger max AM40 - 10	2	与 CC200 - 24 型配合使用
塔吊	Liebherr 290 HC	2	二级消力池、尾堰、部分隔墙和底板
	Liebherr 390 HC	1	边坡、洞群出口、部分隔墙和底板
混凝土运输车	ROTEC BIG DOG	9	所有部位
混凝土泵车	Putz meister		边坡和其他部位
滑模		2 套	边坡

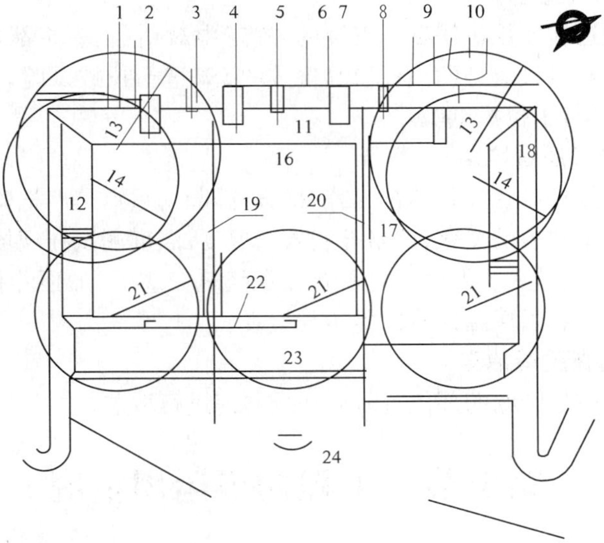

图 9-9-1　消力塘混凝土施工机械布置简图

1—1 号明流洞；2—1 号导流洞；3—1 号排沙洞；4—2 号导流洞；5—2 号排沙洞；6—2 号明流洞；7—3 号导流洞；8—3 号排沙洞；9—3 号明流洞；10—溢洪道；11—上游边坡；12—右侧南边坡；13—R = 85m，ROTECTC1875 塔带机；14—R = 75m，390HC 塔吊；15—1 号消力塘；16—2 号消力塘；17—3 号消力塘；18—左侧边坡；19—1 号中南隔墙；20—2 号中北隔墙；21—R = 70m，290HC 塔吊；22—尾堰；23—二级消力塘；24—护坦

ROTECTC1875 塔带机，采用轨道式，最大倾斜角 ±30°。安装在靠近上游边坡的 B 块混凝土底板上，与上游边坡平行，中心线距上游边坡坡脚 11.5m。它可以沿轨道穿过中隔墙 B 块预留的缺口在 1 号、2 号和 3 号消力塘之间移动，完成包括上游边坡全部及左、右侧边坡和 1、2 号中隔墙部分块的混凝土浇筑。配有专门的受料斗从混凝土运输车中受料，负责向浇筑仓中运送混凝土。水平时最大浇筑强度 390m³/h。该塔带机在不浇筑混凝土时可当做塔吊使用，负责边坡混凝土施工所需的模板、钢筋、预制件、其他材料的吊运，以及模板的重新移动和安装。

Liebherr390HC 塔吊，采用轨道式，安装在靠近上游边坡的 C 块混凝土底板上，与塔带机平行布置，轨道中心线距上游边坡坡脚 24m。可以沿轨道穿过中隔墙 C 块预留的缺口在 1 号、2 号和 3 号消力塘之间移动，完成包括洞群出口在内的 1 号、2 号和 3 号消力塘上游边坡全部、中隔墙的模板、钢筋、预制件、止水和预埋件等的吊运安装等。最大起吊高度 76.5m，水平覆盖半径 75m，最大半径处起吊重量 3t。

三、现场施工质量控制

现场质量控制以工序控制、工序验收为主。开挖支护施工中主要以控制爆破、锚杆安装、喷混凝土现场监管、取样、喷混凝土厚度检验为主。施工中采用旁站和抽检为主。混凝土施工分为事先控制，施工中旁站监督，对显示不合格的部位指示承包商取样、钻芯及开仓前的验收。

（一）锚喷支护质量控制

边坡锚杆是随边坡开挖进展逐步安装的，施工中对钻孔、灌浆都进行了监督与抽检，并按技术规范要求对各种类型的锚杆取其根数的5%进行拉拔试验。底板锚杆在混凝土板浇筑前安设，并进行了拉拔试验。

（二）混凝土施工质量控制

混凝土施工质量控制在加强巡视、提前检查的同时，重点是严把验仓关。

混凝土施工依据季节的变化，严格控制入仓温度，温度测试在现场主要检查来料单上显示的出机温度，并测试入仓温度。夏季施工在浇筑完成后，加强养护的监督，对主要块实行专人负责。冬季加强保温措施的落实与检查。

（三）混凝土内在质量抽查

对施工中存在质量问题的部位及时通知承包商进行取芯。

第十节　工程初步运用情况

消力塘1997年10月投入运用至2005年8月已有近8年时间，经过了5次调水调沙的考验，所接纳的10条泄水建筑物均经过较长历时的泄水运用。各泄水建筑物运用历时统计见表9-10-1。到2005年8月底为止，各项监测结果表明，消力塘及其上游边坡的运行状态正常，泄水雾化的现象与理论分析和模型试验的结果基本吻合。

一、上游边坡的监测成果

（一）位移监测

消力塘上游边坡测斜管VI7－2、VI7－3自1998年6月至2005年8月累计位移值在10mm内摆动，未见变形明显增大。测斜管VI7－4自1998年7月重新安装后朝向临空面的累积变形为35mm，1999年3月以后变形基本没有发展。

表9-10-1　　**泄水建筑物运行历时统计**

泄水建筑物名称		累计过流时间(h)	闸门累计启闭次数	
			事故门	工作门
排沙洞	1号	4 050.62	59	552
	2号	9 435.94	78	692
	3号	9 540.16	60	887
明流洞	1号	565.15	20	280
	2号	1 282.60	27	142
	3号	1 055.80	21	106
孔板洞	1号	29.16	13	21
	2号	54.42	28	46
	3号	83.67	18	27
溢洪道		96.48	0	27

注：表中数据截止到2005年8月底。

消力塘上游边坡安装的大部分多点位移计测值稳定，但个别仪器有测值异常或跳动不稳现象。边坡Ⅰ区多点位移计 BX7－2 自水库蓄水初期岩体位移有微小的增长，截至 2005 年 8 月底，孔口最大累计位移约 10mm（含施工期变形），位移速率小于设计允许的变形速率，且逐步趋于稳定。从多点位移计 BXE1、BXE2 测值看，边坡累计位移最大为 50.3mm，但主要发生在施工期，目前测值稳定。

代表性多点位移计特征值见表 9-10-2。

表 9-10-2　　**消力塘上游边坡多点位移计特征值**

仪器编号	年度	最大值（mm）	最小值（mm）	变幅（mm）
BX7－2	2002 年	9.50	8.85	0.65
	2003 年	9.80	9.20	0.60
	2004 年	10.25	8.15	2.10
	2005 年	10.55	9.55	0.60
BX7－4	2002 年	15.15	14.65	0.50
	2003 年	15.50	14.85	0.65
	2004 年	17.30	12.80	4.50
	2005 年	16.35	15.45	0.90
BXE1	2002 年	47.30	45.85	1.45
	2003 年	47.15	45.55	1.60
	2004 年	50.30	45.45	4.85
	2005 年	46.20	45.50	0.70
BXE2	2002 年	26.58	26.36	0.22
	2003 年	27.00	26.63	0.37
	2004 年	27.25	27.00	0.25
	2005 年	27.59	27.23	0.36

（二）预应力锚索张拉力监测

消力塘上游边坡锚索测力计自水库蓄水以来测值平稳，所有锚索测力计的测值均在允许拉力范围内，说明锚索自身是安全的，也表明所测部位没有明显的岩体位移。代表性锚索测力计的特征值见表 9-10-3，绝大多数锚索测力计的测值过程曲线较平，边坡的变形已经趋于稳定。

（三）外部变形监测

消力塘上游边坡上共埋设有 XC01、XC02、XC03 三个监测点（分别位于 1 号孔板洞和 1 号排沙洞之间、2 号排沙洞上方、3 号排沙洞上方的边坡顶部靠外缘处）。采用 TC2002 全站仪，利用多站边角测量和三角测量测定各监测点水平和垂直位移。从 1999 年 10 月起，按两周一次频率观测，至 2005 年 8 月底已观测 149 次。各监测点截至 2005 年 8 月底

表 9-10-3　　　　　　　　消力塘上游边坡锚索测力计特征值

仪器编号	年度	最大值(kN)	最小值(kN)	变幅(kN)
PR7－30	2002 年	1 633.79	1 611.94	21.85
	2003 年	1 637.92	1 614.24	23.68
	2004 年	1 639	1 625	14
	2005 年	1 646.29	1 623.56	22.73
PR7－35	2002 年	1 835.87	1 815.08	20.79
	2003 年	1 836.39	1 816.16	20.23
	2004 年	1 834	1 822	12
	2005 年	1 832.52	1 815.63	16.89
PR7－40	2002 年	1 649.29	1 636.54	12.75
	2003 年	1 650.8	1 637.85	12.95
	2004 年	1 650	1 642	8
	2005 年	1 650.52	1 636.67	13.85
PR7－41	2002 年	1 688.44	1 674.38	14.06
	2003 年	1 688.71	1 675.59	13.12
	2004 年	1 688	1 680	8
	2005 年	1 688.96	1 676.55	12.41

位移变化情况见表 9-10-4。从表中看,各点顺水流方向累计变化值均不大于 ±3.5mm,累计变化量小;年变化均在 ±1.0mm 内(在观测允许误差范围内),说明无明显水平位移。各点垂直方向累计位移均为正值,呈微量下沉变化;年变化量也不大。

监测结果显示三个监测点所在位置边坡未见异常变化。每年调水调沙大流量下泄期对该部位加密监测,也未发现异常。上述情况表明消力塘上游边坡处于正常工作状态。

表 9-10-4　　　　　　　　消力塘上游边坡各测点位移量

方 向	监测点号	累计位移值(mm)	年变化值(mm)	备 注
顺水流方向变化	XC01	+2.6	−0.5	1. 符号规定,顺水流方向:向下游为正,反之为负。垂直方向:下沉为正,反之为负 2. 累计位移值指 1999 年 10 月起测至 2005 年 8 月底累计变化量 3. 年变化值指 2004 年 8 月至 2005 年 8 月间变化量
	XC02	−2.5	−0.4	
	XC03	+3.2	+0.6	
垂直方向变化	XC01	+5.2	+2.1	
	XC02	+3.6	+1.5	
	XC03	+0.2	0	

二、消力塘的监测成果

（一）渗透水压力监测

消力塘多数渗压计渗压测值保持在初始值水平，基本没有变化，边坡排水廊道两侧和消力塘底板渗压计测值在106～116m，均在设计警戒线以下，说明边坡及底板下的排水廊道排水效果良好。代表性渗压计特征值见表9-10-5。

表9-10-5　　消力塘渗压计特征值

仪器编号	年度	最大值(m)	最小值(m)	变幅(m)
P7－7	2002年	108.312	107.864	0.448
	2003年	108.282	107.848	0.434
	2004年	108.67	107.92	0.75
	2005年	109.156	107.917	1.239
P7－8	2002年	108.976	108.506	0.47
	2003年	108.811	108.419	0.392
	2004年	108.63	108.14	0.49
	2005年	108.588	108.257	0.331
P7－9	2002年	112.911	110.688	2.223
	2003年	111.703	110.906	0.797
	2004年	111.71	111.15	0.56
	2005年	111.961	111.193	0.768
P7－23	2002年	110.83	107.51	3.32
	2003年	107.959	107.102	0.857
	2004年	107.92	107.38	0.54
	2005年	107.65	107.46	0.19
P7－24	2002年	109.972	107.463	2.409
	2003年	107.912	107.127	0.785
	2004年	107.51	107.12	0.39
	2005年	107.455	107.177	0.278

（二）锚杆拉力监测

消力塘锚杆应力测值绝大多数显示为受压状态，表明消力塘基础扬压力正常。少数测点呈现受拉状态，如RB7－2，其拉应力最大为114kPa，初步认为是局部变形导致锚杆受拉，对消力塘整体结构影响不大。代表性锚杆测力计特征值见表9-10-6。

上述观测结果表明，消力塘边坡和底板未见异常。

（三）中隔墙位移监测

消力塘1、2号中隔墙上设置了监测标墩，安装了照准杆。现用三个工作基点用测角

表 9-10-6　　消力塘锚杆测力计特征值

仪器编号	年度	最大值(kPa)	最小值(kPa)	变幅(kPa)
RB7－8	2002 年	－51.199	－63.378	10.179
	2003 年	－50.765	－59.067	8.302
	2004 年	－50	－61	11
	2005 年	－57.303	－60.58	3.277
RB7－10	2002 年	－49.256	－53.759	4.503
	2003 年	－50.741	－53.063	2.322
	2004 年	－50	－54	4
	2005 年	－48.498	－49.973	1.475
RB7－12	2002 年	－32.736	－44.965	12.229
	2003 年	－32.944	－47.313	14.369
	2004 年	－31	－43	12
	2005 年	－36.468	－41.762	5.294
RB7－14	2002 年	－63.058	－71.269	8.211
	2003 年	－62.519	－67.704	5.185
	2004 年	－61	－71	10
	2005 年	－68.249	－71.178	2.929
RB7－16	2002 年	－1.998	－15.031	13.033
	2003 年	－4.768	－12.238	7.47
	2004 年	－2.6	－15.4	13.2
	2005 年	－6.937	－10.157	3.22
RB7－18	2002 年	12.303	2.662	9.641
	2003 年	12.279	3.197	9.082
	2004 年	12.8	2.8	10
	2005 年	5.379	3.038	2.341

交会法测定各监测点的平面位置，从而计算各标点垂直于隔墙轴线方向的横向位移。采用 TC2002 全站仪测角，每月观测一次。

1.1 号中隔墙监测

消力塘 1 号中隔墙共布设了 9 个监测点，编号从上游边坡处向下游方向依次为 1 号、2A 号、2B 号、3 号～8 号。从 1997 年 10 月起测，至 2005 年 8 月底已观测 113 次。各监测点至 2005 年 8 月底累计横向位移变化情况见表 9-10-7。

从表 9-10-7 看出，各监测点累计位移量有正有负，但量值不大，位移变化不明显。年变化量均为负值,呈向右岸位移,但量值很小。监测结果显示,在多年运行后,消力塘1号中隔墙未发生明显位移。

表 9-10-7　　消力塘1号中隔墙各监测点累计横向位移量

位移量	2A	2B	3号	4号	5号	6号	7号	8号	备 注
累计位移量（mm）	+1.1	+3.4	-2.2	-2.8	-2.7	-2.0	+1.3	+0.3	1. 符号规定:“+”表示向左位移,反之为负 2. 累计位移量指1997年10月起测至2005年8月底累计变化量 3. 年变化量指2004年8月至2005年8月期内变化量
年变化量（mm）	-3.6	-3.5	-1.1	-0.9	-1.5	-1.4	-0.7	-0.9	

2. 2号中隔墙监测

消力塘2号中隔墙共布设了7个监测点,编号从上游边坡处向下游方向依次为10～16号。从1997年10月起测,至2005年8月底已观测104次。各监测点至2005年8月底累计横向位移变化情况见表9-10-8。

表 9-10-8　　消力塘2号中隔墙各监测点累计横向位移量

位移量	10号	11号	12号	13号	14号	15号	16号	备 注
累计位移量（mm）	+3.9	+3.5	—	+0.5	+1.7	0	+2.0	1. 符号规定:“+”表示向左位移,反之为负 2. 累计位移量指1997年10月起测至2005年8月底累计变化量 3. 年变化量指2004年8月至2005年8月期内变化量
年变化量（mm）	-1.8	+1.1	—	+2.5	+2.5	+1.8	+1.8	

从表9-10-8看出,各监测点累计位移量均为正值,呈向左岸位移,但量值不大,位移变化不明显。年变化量也很小。监测结果显示,在多年运行后,消力塘2号中隔墙未发生明显位移。

三、泄水雾化现象概述

消力塘投入运用后,泄水雾化现象已得到多次验证。2002～2005年,小浪底工程连续4年内进行了4次举世瞩目的调水调沙试验,参与试验泄水的建筑物有3条排沙洞、3条明流洞和正常溢洪道。排沙洞运用较多,明流洞次之,而溢洪道仅在2003年库水位

265m 左右时短期运用。几次泄水运用的雾化情况如下。

(一)2001 年泄水建筑物运用情况

2001 年水量严重偏枯,汛期平均泄量 316m³/s,小于年平均出库流量 492m³/s。7 月 11 日 ~9 月 30 日最大日平均流量 930m³/s,最大瞬时下泄流量 1 260m³/s。该年度内库水位在 191.44 ~236.24m 浮动,最高水位发生在 12 月份。除 8 月 21 日 ~9 月 17 日和 10 月 1 日 ~10 月 10 日为浑水泄洪外,其余均为清水泄洪。含沙量较高的 8 月份日平均含沙量 149kg/m³,瞬时最大含沙量 198kg/m³。

2000 ~2001 年期间泄水建筑物泄洪流量较小,并且多采用排沙洞泄洪,所以雾化影响不突出,仅在消力塘左右侧边坡平台及上游边坡附近,感觉有雾气存在,说明消力塘边坡处于雾区;距挑坎约 700m 处的 8 号公路也感觉到雾气,说明该区也处于雾区。由此判断雾区横向范围约 500m,纵向范围约 700m。

(二)调水调沙试验

2002 ~2005 年进行了 4 次调水调沙试验。调水调沙试验泄洪建筑物运用情况见表 9-10-9。

表 9-10-9　调水调沙试验泄洪建筑物运用情况

时间	运用建筑物							库水位(m)	历时(d)
	1 号排沙洞	2 号排沙洞	3 号排沙洞	1 号明流洞	2 号明流洞	3 号明流洞	溢洪道		
2002-07-04 ~ 07-15	√	√	√	√	√	√		236 降至 223	11
2003-09-06 ~ 09-18	√	√	√	√	√	√	√	265 降至 246	12.4
2004-06-19 ~ 07-13	√	√	√	√	√	√		249.06 降至 225.00	24
2005-06-16 ~ 06-30		√	√	√	√			247.8 降至 225.00	15

4 次调水调沙泄流雾化现象显示,当 3 条排沙洞单独泄洪时,雾化情况不严重,而当排沙洞和明流洞联合泄洪时,雾化问题就比较严重,当溢洪道参与泄洪时雾化问题更严重。

当不同高程的下泄水流通过挑流鼻坎挑射到消力塘时,水流巨大的冲击力将消力塘内的水排开,喷溅水流向下游及两岸抛射出去,在水舌风影响下进一步碎裂。大粒径水滴形成降雨,落入河床及两岸;小水滴形成雾,笼罩着河床。清水形成的茫茫白雾与夹杂着泥沙的滚滚黄雾相间,形成了小浪底工程泄洪时特有的雾化景象。水雾随气流飘向空中,把低层水汽向上输送形成。水汽在下降的过程中经过碰撞并增大,在水舌落点处附近,气流卷着雨滴扑向岸边,形成大雨。另外水流向下游延伸逐渐变淡,降雨强度也逐渐减弱。

横向影响情况:当明流洞和排沙洞联合泄洪或明流洞泄洪时(此时溢洪道不参与泄洪),库水位为 225 ~250m,泄量为 2 400 ~3 380m³/s,消力塘两侧地表及建筑物表面有积水,右侧坡的 2 号泵房附近如同下雨,并且伴随着大风,说明该区处于溅水区边缘;左侧坡的 1 号泵房和发电尾水区域雨雾有所减弱,仅感觉有毛毛雾雨,说明该区处于雾区;消力塘末端及泄水渠护岸附近，行人经过时需要撑起雨伞，泄洪过后发现该处的花草及花池内被铺上厚厚的黄泥，由此说明该区域处于雨区。当1号明流洞不泄洪时，2号泵房附近仅感觉到毛毛雾雨，说明处于雾区。由此可以判断雨区的横向宽度在350～400m。溢洪道泄洪时，由于溢洪道靠近消力塘左侧边坡，且出口高程高、挑流鼻坎挑角大、泄流规模较大（库水位265m左右），左侧边坡直接受溅水的冲击，雾雨如注，1号泵房附近也感觉到小雨密布，发电尾水部位的启闭机房和配电房也感觉到有雾气存在。证明溢洪道泄水时左侧坡的雾化问题要比其不参加泄水时严重许多。

纵向影响情况：明流洞泄洪或明流洞与排沙洞联合泄洪时，下泄水流形成的雨雾如云，向下游及两岸扩散，雾化影响范围上游至消力塘上游坡170m高程平台，下游可涉及到8号公路，水雾封堵整个消力塘及出口河床，纵向近千米。站在消力塘上游坡顶的平台上，能感觉到雾化风夹带的阵阵细雨，说明上游坡也受雾化影响；消力塘下游的吊桥、右侧护岸廊坊、花池上铺满黄泥；距挑坎下游630～700m处的原8号公路路段，由于2002年泄水时改建段尚未通车，来往车辆仍从该路段通过，泥雾对此段路影响较大。泄洪时该段路上如同下小雨，附近的植物被泥污黏满。2003年以后，8号路改建段通车，雾化雨的影响大为改善，在改建路段上仅感觉到雾的存在；在距挑坎约1 100m处的水厂感觉到有湿气。因此，可以判断雨区纵向范围为630～700m，雾区纵向范围约为1 100m。

四、工程初步运用结论

根据以上内外部监测资料分析得出如下结论：自1997年10月投入运用至今，消力塘及其上游边坡运行状态正常，有关雾化的研究结论基本符合实际情况。消力塘的设计满足小浪底水利枢纽的开发和运用要求。

第十章 泄水引水建筑物进出口高边坡稳定性研究及加固技术

小浪底水利枢纽由于受地形、地质等条件限制采用土石坝挡水，为满足水库运用和工程总体布置要求，所有泄洪排沙及引水发电建筑物集中布置在左岸山体中，形成了进水口集中、洞群布置集中、出口消能集中的突出特点。

进口高120m的边坡上共布置15条大断面隧洞的进口：3条直径14.5m的孔板泄洪洞；3条直径6.5m的泄洪排沙洞；6条直径7.8m的引水发电洞和3条10.5m×13m、10m×12m、10m×11.5m的明流泄洪洞。出口高50～80m的边坡上布置9条泄洪洞出口和1座正常溢洪道出口，10座泄洪建筑物的最大泄量超过17 000m^3/s。由上可知，进出口高边坡的稳定事关整个工程的顺利进展和整个枢纽的安全。由于进出口高边坡，特别是出口边坡的工程地质条件更为复杂，因而，进出口高边坡的稳定问题成为该工程最具挑战性的课题之一。自初步设计直至进出口高边坡的整个施工过程，对高边坡的稳定问题开展了认真的研究。

第一节 工程地质条件

一、进口边坡

进口边坡位于F_{28}断层以东、F_{236}～F_{238}断层以北，走向NE23°、倾向NW，前缘宽约280m。出露地层为三叠系下统刘家沟组T_1^3～T_1^5，以硅质、钙硅质、钙质胶结的细砂岩及粉砂质黏土岩地层组成，其平均饱和抗压强度大于60MPa，软岩含量仅占5.6%。岩层走向近南北向，倾向下游，倾角8°～12°，属反向坡。进口边坡范围内发育的断层主要为东西走向，与边坡走向近于正交，对边坡稳定影响不大，仅位于边坡北端的F_{421}断层，平行于边坡展布，对边坡稳定有一定影响。该区发育4组节理：

(1)335°～355°，SW，∠75°以上；

(2)270°～290°，SW，∠80°～85°；

(3)10°～20°，NW或SE，∠80°以上；

(4)50°～60°，NW，∠80°以上。

在上述4组节理中，第(1)、(2)两组的切层性及延展性差，且与边坡近于正交；后两组特别是第(3)组节理在走向及切层方向上均具有较好的延展性，节理面上多附有泥膜或被泥质充填，它对塔后坡的稳定起控制作用。

进口边坡采用1:0.2开挖坡，除考虑满足进水塔布置要求外，同时考虑到控制边坡稳定的NE走向两组节理的倾角均大于80°，1:0.2边坡(78.6°)缓于80°，可以避免该组节理在坡面上出露、形成过多不稳定分离体的条件，有利于边坡的稳定和施工安全。

边坡开挖后揭露显示，250m高程以上，泥化夹层有20层，但连续率差，出露最长的仅

43.6m，一般仅数米；250m 高程以下，共发现 10 层泥化夹层，最大出露长度 53.6m，且主要为泥膜型和角砾夹泥型，它们对边坡的整体稳定影响不大。

二、出口边坡

该坡位于葱沟与西沟之间山梁的腹部，开挖高程以上出露地层为三叠系刘家沟组 T_1^{5-3}、T_1^{6-1}、T_1^{6-2}、T_1^{6-3} 地层，其中 T_1^6 地层总厚 93.2m，而软岩地层占 61%。岩层倾向下游，倾角大多 8°～14°，最大达 21°，为顺向坡。出口边坡前缘宽 319m，走向 NE23°，F_{236}（F_{238}）断层在此交会并发生偏转，同时 F_{244}、F_{245} 及其分支断层也在边坡附近交会出露，因而构成了出口边坡极为复杂的工程地质条件，并据此将其分成三个亚区：2 号明流洞中心线以南为Ⅰ区；2、3 号明流洞中心线之间为Ⅱ区；3 号明流洞中心线以北为Ⅲ区。由于地质条件差，在满足出口最小挑距条件下，尽量放缓边坡，所以开挖坡为 1∶0.85。

出口区域主要发育 3 组节理：

（1）270°，倾向 N，平均倾角 85°；

（2）335°，倾向 SW，平均倾角 79°；

（3）17°，倾向 NWW，平均倾角 71°。

第（3）组节理走向与边坡走向近于平行，且其延展性及切层性好，对边坡稳定起控制作用。

出口边坡泥化夹层发育，且连续性好，特别是Ⅱ区边坡，由于 F_{236}（F_{238}）与 F_{244}、F_{245} 及其分支断层均在该区展布，所以泥化夹层更为发育。

出口边坡的稳定问题主要是Ⅱ区边坡的稳定问题。

第二节　节理岩体的抗剪强度研究

一、岩层层面剪切试验

试件尺寸 20cm×20cm×20cm，为现场不扰动样，共做 2 组，20 个点，层面中型剪试验成果见表 10-2-1。

表 10-2-1　层面中型剪试验成果

项目		主洞各试件				2 支洞各试件			
		抗剪断			抗剪	抗剪断			抗剪
		峰值强度	屈服强度	残余强度	峰值强度	峰值强度	屈服强度	残余强度	峰值强度
图解法	C(MPa)	0.400	0.277	0.275	0.150	0.164	0.224	0.025	0.025
	φ(°)	17.90	18.15	19.03	17.20	33.10	28.14	30.00	26.20
最小二乘法	C(MPa)	0.426	0.277	—	0.214	0.114	0.199	—	—
	φ(°)	16.22	18.15	—	15.30	33.10	28.10	—	—
层面情况描述		剪面为泥质粉砂岩岩片组，厚 1～10mm，部分泡水受压呈泥化状，仅 1、2、7、8 件夹层较薄，其成果略高				剪面由粉砂质黏土岩岩片组成，厚度 1～5mm。2、4、7 各件岩片较厚，为 10～20mm，但剪面略欠平整，5 号件剪面不平整，且有部分被剪断，使成果偏高			

二、节理面抗剪强度

节理面的抗剪强度与其产状、连通性、节理面间距、节理面平整度及充填物的性状均有直接关系。

节理面倾斜试验成果见表 10-2-2，剪切试验成果见表 10-2-3。

表 10-2-2　　节理面倾斜试验成果

结构面类型	岩性	次数	φ(°)		试样长度(cm)		类型百分数(%)
			范围值	平均值	范围值	平均值	
平直粗糙	钙硅、硅钙质细砂岩	9 162	43～77	55.3	12～30	21	42.2
	钙质细砂岩		40～77	52.4	12～30	18.75	
	钙质粉细砂岩		45～46	45.5	13～24	18.50	
波状粗糙	钙质粉细砂岩		38～72	58.6	12～35	22.69	20.3
阶状粗糙	硅质细砂岩	1 473	51～71	61.1	5～30	19.29	37.5
	钙质中细砂岩		47～72	58.9	13～30	19.72	
	钙质粉细砂岩		47～52	49.7	15～23	19.33	

表 10-2-3　　节理面剪切试验成果(中型剪)

项目	钙质粉细砂岩	钙质细砂岩	建议值
C(MPa)	0.35	0.26	0.05
φ(°)	40.36	46.12	36.87

三、节理岩体抗剪强度指标的确定

在小浪底工程中主要采用以下两种方法确定节理岩体的抗剪强度。

(1)以节理连通率为权值的岩体抗剪强度取值方法。用动态规划方法确定节理的连通率，计算结果详见表 10-2-4 和图 10-2-1。

表 10-2-4　　连通率计算成果

剪切方向(°)	10	20	30	40	50	60	70	80	90
连通率均值(%)	0.840 9	0.834 3	0.821 8	0.824 6	0.824 0	0.321 3	0.458 7	0.561 9	0.606 2
标准差	0.101 1	0.078 1	0.053 8	0.039 9	0.028 9	0.027 7	0.032 2	0.037 4	0.047 2
剪切方向(°)	100	110	120	130	140	150	160	170	180
连通率均值(%)	0.635 2	0.602 0	0.473 2	0.308 7	0.091 1	0.205 1	0.443 6	0.715 4	0.822 4
标准差	0.045 2	0.045 6	0.082 3	0.090 5	0.077 4	0.013 3	0.029 9	0.126 0	0.217 4

按下式计算岩体的抗剪强度：

$$f_i = a[f_j \cdot k + f_0(1-k)] \quad (10\text{-}2\text{-}1)$$

$$c_i = b[c_j \cdot k + c_0(1-k)] \quad (10\text{-}2\text{-}2)$$

式中 f_i、c_i——岩体的摩擦系数、凝聚力；

f_j、c_j——节理面的摩擦系数、凝聚力；

f_0、c_0——岩桥部分的摩擦系数、凝聚力；

a、b——折减系数；

k——节理的连通率。

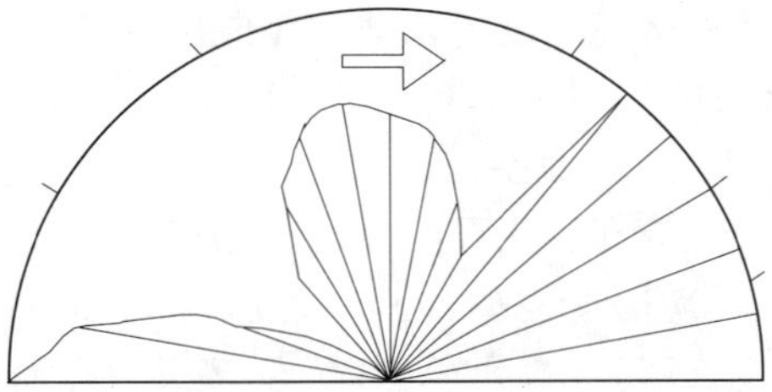

图 10-2-1　不同方向连通率玫瑰图

根据地质力学模型试验和计算结果，取节理面的连通率为50%，按节理连通率为权值分配，用节理面抗剪强度与岩桥部分岩石抗剪（断）强度，求其加权平均值，此值视为瞬时峰值抗剪强度。考虑到岩体的破坏是力的长期作用下的渐进过程，且抗剪强度指标中凝聚力会有很大的削弱，为此将求得的 f_i 取其 0.8 倍，c_i 取其 0.1 倍作为建议值。

（2）用 Hoek-Brown 经验准则确定抗剪强度。将岩体质量分类指标 RMR 的估算值乘 0.8 倍，作为采用值，求与岩体特性有关的两个材料参数 m、s 值，进而求抗剪强度指标。

上述两种方法求得的节理岩体的抗剪强度指标见表 10-2-5。

表 10-2-5　　各岩组岩体的抗剪强度指标

地 层	以节理连通率为权值法 建议指标		Hoek-Brown 经验法	
	c（MPa）	φ（°）	c（MPa）	φ（°）
T_1^{6-1}	—	—	0.65	17.0
T_1^{5-3}	1.0	42.3	1.20	40.0
T_1^{5-2}	1.22	43.8	1.80	45.0
T_1^{5-1}	0.44	35.0	0.55	15.0
T_1^{4}	1.27	45.6	3.05	49.0
T_1^{3-2}	0.95	41.0	1.40	41.0
T_1^{3-1}	0.99	42.6	1.95	45.5
T_1^{4} 剪切破碎带	0.10	35.0	0.55	15.0

采用两种方法求得的各岩组岩体的抗剪强度指标对大多数岩组而言，两者的结果是相当吻合的。

四、泥化夹层抗剪强度的试验研究

坝址区左、右两岸二叠系、三叠系地层中普遍发育由于构造作用形成的泥化夹层，它的性状和抗剪强度指标直接关系到大坝、地下洞室围岩、进出口高边坡及左岸单薄山体的稳定。因此，在小浪底枢纽的各个设计阶段，特别是招标设计以来，对泥化夹层的性状、发育规律、抗剪强度等进行了大量的勘探、测绘、追踪调查和试验研究工作，并将该项目列为“七五”国家科技攻关项目，与中国水利水电科学研究院合作，开展了广泛而深入的研究，主要有矿化分析、颗粒组成、物性、水理性、变形特性、渗透特性、力学强度等的室内和现场试验研究。以上各项共完成抗剪试验 5 批、62 组 416 个试件试验；其他各项试验共 348 个试件。

（一）类型

按其泥化程度、颗粒组成和厚度变化，大致可分为 5 种类型。

（1）全泥型（a）。多发育在 0.3 ~ 1.0cm 的黏土岩中。

（2）泥夹角砾型（b）。多发育在厚度大于 3cm 的粉砂质黏土岩和砂质黏土岩中。

（3）泥夹粉砂、粉砂夹泥型（c）。仅发育在泥质或钙质粉砂岩中。

（4）泥膜型（d）。多发育在厚度小于 0.3cm 的黏土岩中。

（5）角砾夹泥型（e）。多发育在薄层砂岩的软弱夹层中。

（二）抗剪强度试验研究

（1）中型剪固结快剪试验。在 25、29、30 号平洞中取原状样，试件尺寸 20cm × 20cm，试验成果见表 10-2-6。

表 10-2-6　泥化夹层中型固结快剪试验成果

序号	试样编号	试件所在岩组代号	泥化夹层类型	泥化夹层厚度（cm）	各组泥化夹层抗剪试验成果				各类抗剪参数			
					摩擦系数		凝聚力（MPa）		摩擦系数		凝聚力（MPa）	
					f（峰）	f（残）	c（峰）	c（残）	f（峰）	f（残）	c（峰）	c（残）
1	29 号洞-5	T_1^{5-1}	全泥	0.4	0.270	0.260	0.013	0.013				
2	29 号洞-31	T_1^{5-2}	全泥	0.5 ~ 2.0	0.176	0.176	0.015	0.015	0.176 ~	0.176 ~	0.004 ~	0.004 ~
3	29 号洞-38	T_1^{5-2}	全泥	0.3 ~ 1.0	0.294	0.294	0.022	0.022	0.384	0.325	0.022	0.025
4	30 号洞-10		全泥	0.1 ~ 0.4	0.325	0.325	0.004	0.004	(0.265)	(0.247)	(0.013 6)	(0.013)
5	30 号洞-25		全泥	0.1 ~ 0.25	0.384	0.268	0.019	0.025				
6	30 号洞-36	T_1^{6-2}	全泥	0.1 ~ 1.0	0.194	0.194	0.012	0.002				
7	25 号洞-23	T_1^{5-1}	全泥	0.8 ~ 1.7	0.213	0.213	0.010	0.010				
8	29 号洞-17	T_1^{5-2}		0.8 ~ 1.5	0.330	0.330	0	0	0.230 ~	0.230 ~		
9	29 号洞-19	T_1^{5-1}	含少量角砾（泥包角砾）	1.0 ~ 2.0	0.230	0.230	0.020	0.02	0.330	0.330	(0.011)	(0.011)
10	29 号洞-36	T_1^{5-2}		1.5 ~ 2.0	0.249	0.249	0.013	0.013	(0.270)	(0.270)		
11	29 号洞-41	T_1^{5-3}		0.8 ~ 1.5	0.325	0.325	0.014	0.014				
12	39 号洞-45	T_1^{5-3}	粉质壤土（泥夹粉砂、粉砂夹泥）		0.488	0.364	0.014	0.014	0.194 ~	0.194 ~	0.005 ~	0.005 ~
13	30 号洞-32	T_1^{5-3}		0.1 ~ 1.5	0.194	0.194	0.007	0.007	0.488	0.435	0.014	0.014
14	25 号洞-6-R			0.2	0.435	0.435	0.005	0.005	(0.357)	(0.332)	(0.010 4)	(0.009)
15	25 号洞-12	T_1^{5-1}		0.7 ~ 1.0	0.344	0.344	0.012	0.012				
16	29 号洞-14		泥膜	0.1 ~ 0.18	0.490	0.420	0.002	0	0.222 ~	0.141 ~	0.002 ~	
17	30 号洞-8	T_1^{5-2}	泥膜	<0.1	0.222	0.141	0.014	0.025	0.049 6	0.420	0.014	(0.012 7)
18	25 号洞-26		泥膜	<0.1	0.335	0.335	0.013	0.013	(0.349)	(0.299)	(0.010)	
19	29 号沿-29		角砾夹泥	0.1 ~ 0.8	0.340	0.320	0.015	0.015	(0.350)	(0.304)	(0.014 5)	(0.014 5)
20	30 号洞-38			0.3 ~ 1.0	0.360	0.287	0.014	0.014				

注：括号内数为平均值。

(2)中型剪固结慢剪试验。为研究孔隙水压力对泥化夹层抗剪强度的影响,用中国水利水电科学研究院研制的伺服控制直剪仪与刚性试验机配合,做固结慢剪试验,剪切速率0.02～0.002mm/min,使泥化夹层在剪切过程中充分排水,其试验成果见图10-2-2。

(3)现场大型直剪试验。试件尺寸50cm×50cm、70cm×70cm,个别为100cm×100cm。现场大型直剪试验主要研究了两种工况:①试件侧向膨胀对抗剪强度指标的影响试验,见表10-2-7;②孔隙水压力对抗剪强度指标的影响试验。

黄委设计院专门研制了"岩体软弱夹层慢剪试验设备",以测定夹泥层的有效强度指标,控制剪切速率为0.076mm/min,固结稳定标准为0.005mm/h,试验成果见图10-2-3。

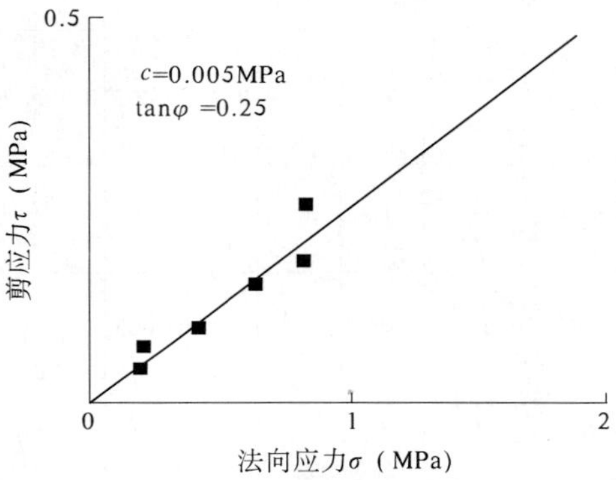

图10-2-2　20洞4支洞T_1^4泥夹碎屑型饱和固结慢剪试验(控制膨胀,1988)τ—σ曲线(峰值强度)

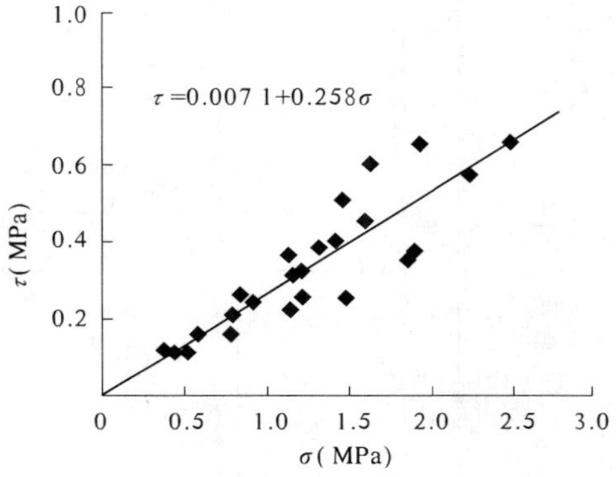

图10-2-3　29洞全泥型泥化夹层固结慢剪抗剪强度τ—σ关系曲线

(4)以上不同试验条件下的成果对比详见图10-2-4。

从图10-2-4的对比可以明显看出,慢剪和快剪的抗剪强度指标c值相差甚微,而f值相差较大,达0.06,由此引起的对抗滑稳定安全系数和加固工程量的影响是不容忽视的。

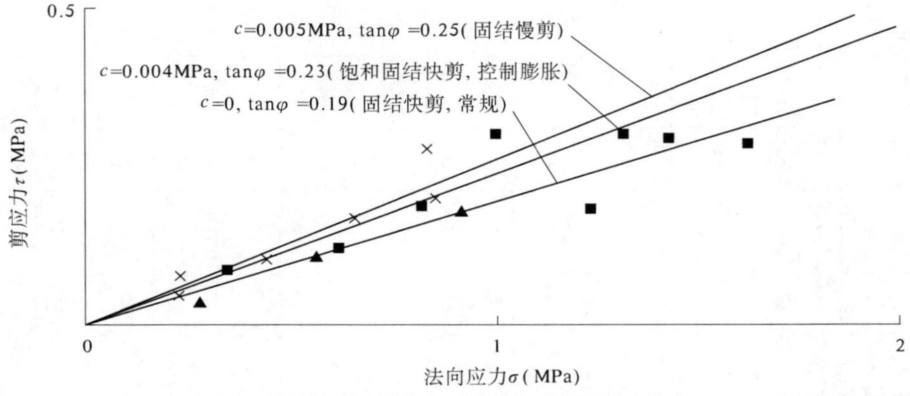

图10-2-4　20洞4支洞T_1^4泥夹碎屑型泥化夹层不同试验条件抗剪强度τ—σ曲线比较

表 10-2-7　　　泥化夹层现场直剪试验成果

序号	试验地点	岩组代号	试件		泥化夹层类型	室内岩性定名	泥化夹层厚度（cm）	试验条件					抗剪强度指标			
			组数	件数				试件尺寸（cm×cm）	剪切方式	饱和方法	有无限制膨胀	饱和含水量（%）	峰值		残余值	
													f	c（MPa）	f	c（MPa）
1	20 洞 1 支洞		1	6	泥膜（含页岩片及岩粉）	含少量角砾的中壤土、粉质黏土	0.1 ~ 4.5	50×50	斜推	四周浸水 14 天	无	6.8 ~ 11	0.27	0		
2	20 洞 2 支洞	T_1^4	1	3	泥夹角砾	含少量角砾粉质黏土	1 ~ 4.5	70×70	斜推	中心注水	无	14 ~ 15.9	0.19	0		
3	20 洞 2 支洞	T_1^4	2	9	泥夹角砾	含少量角砾粉质黏土	1 ~ 4.5	70×70	斜推	中心注水 7 ~ 21 天	有	7.4 ~ 13.2	0.22	0.003	0.19	0
4	20 洞 3 支洞		2	10	泥膜	部分碎屑泥或泥片	0.2 ~ 1	70×70	斜推	四周浸水 30 ~ 45 天	有		0.28	0.020		
5	20 洞 4 支洞	T_1^4	2	7	夹泥	粉质黏土	1.0 ~ 4.5	100×100	平推	四周浸水 5 ~ 6 个月	有		0.25	0.005		
6	29 洞 1 支洞	T_1^{5-1}	1	4	全泥	粉质黏土	1.3 ~ 2.6	70×70	斜推	中心注水 30 ~ 45 天	无		0.19	0.013		
7	29 洞 1 支洞	T_1^{5-1}	2	9	泥夹角砾	含少量角砾的粉质黏土	1.3 ~ 2.6	70×70	斜推	中心注水 30 ~ 45 天	有		0.23	0.011		
8	29 洞 2 支洞	T_1^5	2	11	可塑夹泥	含少量粉砂和岩屑	0.5 ~ 4	70×70	斜推	四周浸水 30 ~ 45 天	有		0.23	0.005	0.21	0
9	29 洞	T_1^5	2	8	黏泥	粉砂质黏土	0.5 ~ 3.0	20×20	平推	真空抽气饱和	有	6 ~ 28	0.24	0.022		
10	29 洞	T_1^5	5	19	黏泥	粉砂质黏土岩	0.5 ~ 3.0	20×20	平推	真空抽气饱和	有		0.26	0.040		
11	11 洞 2 支洞	T_1^2	1	5	粉砂夹泥	粉质壤土	0.05 ~ 2.5	50×50	斜推	四周浸水	无		0.28	0.003		
12	11 洞 2 支洞	T_1^2	1	4	碎屑局部夹泥	泥质粉砂岩	0.05 ~ 1	50×50	斜推	四周浸水 15 天	无		0.38	0.033		
13	36 洞（加深）	T_1^3	2	10	全泥	构造夹泥	0.02 ~ 2	70×70		四周浸水 48 天	有	12 ~ 19	0.21	0.017		
14	6 洞第 1 组	T_1^3	2	8	泥膜（含页岩片）	薄层泥化夹层	0.2 ~ 0.3	50×50		15 天	无		0.47	0.020		
15	6 洞第 2 组	T_1^3	2	8	全泥	泥化夹层	2 ~ 6	50×50		15 天	无		0.18	0.003		
16	6 洞第 3 组	T_1^3	1		全泥		0.5 ~ 2	50×50			无		0.24	0.045		
17	1 坝线左岸基岩露头	T_1^2	1		泥膜		0.1	50×50	斜推	四周浸水	无		0.31	0		

第三节　稳定性研究

一、设计标准

(1)建筑物等级:1 级。

(2)设计地震:施工期Ⅶ度,水平地震加速度 0.10g;运用期Ⅷ度,水平地震加速度0.215g。

(3)抗滑稳定最小安全系数标准见表 10-3-1。

表 10-3-1　　最小安全系数

工况(进口边坡/出口边坡)	抗剪强度指标	抗剪断强度指标
正常运用/正常运用	1.30	3.0
非常运用/施工期	1.20	2.5
特殊运用/正常运用+Ⅶ度地震	1.10	2.3

注:(1)对于进口边坡,正常运用条件指库水位处于正常高水位与死水位之间的各种水位下的稳定渗流情况。对于出口边坡,正常运用条件为消力塘水位 135.0m。

(2)非常运用条件指施工期和库水位骤降情况。

(3)特殊运用条件指施工期+Ⅶ度地震和不利水位+Ⅷ度地震。

二、破坏模式

(一)进口边坡

根据进口边坡出露地层岩性、岩层及节理裂隙产状,其可能的破坏模式有以下三种:

(1)NNE 一组结构面的卸荷板裂和节理的不利组合。

(2)T_1^{5-1} 岩层下部 6m 厚的泥质粉砂岩和 T_1^4 上部的层间剪切破碎带。

(3)坡脚下部 T_1^{3-2} 的局部塑性区。

边坡的破坏形式为局部碎裂岩体的崩塌和卸荷板裂。

(二)出口边坡

出口边坡主要有两种可能的破坏模式:

(1)Ⅰ区、Ⅲ区边坡因无断层通过,其破坏形式以 NNE 向节理为后缘与岩层层面或泥化夹层组成的顺层滑动。

(2)Ⅱ区边坡由于断层发育、岩体破碎,除上述以 NNE 向节理或断层为后缘的顺层滑动破坏外,另一种破坏形式为通过破碎岩体的圆弧滑动。

三、分析方法

进口边坡主要采用三种方法:用刚体极限平衡方法确定稳定安全系数和需要施加的锚固力;用考虑岩体的弹塑性、不抗拉、节理的非线性有限元法,分析整个边坡的应力、变形状态及塑性区的范围,据此确定加固的范围、重点及锚索长度;对单一岩体(T_1^{5-1} 岩层,为进口边坡软岩含量最大的岩层)指标,采用二维边界元法(2D Boundary element program for calculation stress around underground excavation in rock)分析边坡内安全系数的分布情况(见图 10-3-1),以验证加固设计的合理性。

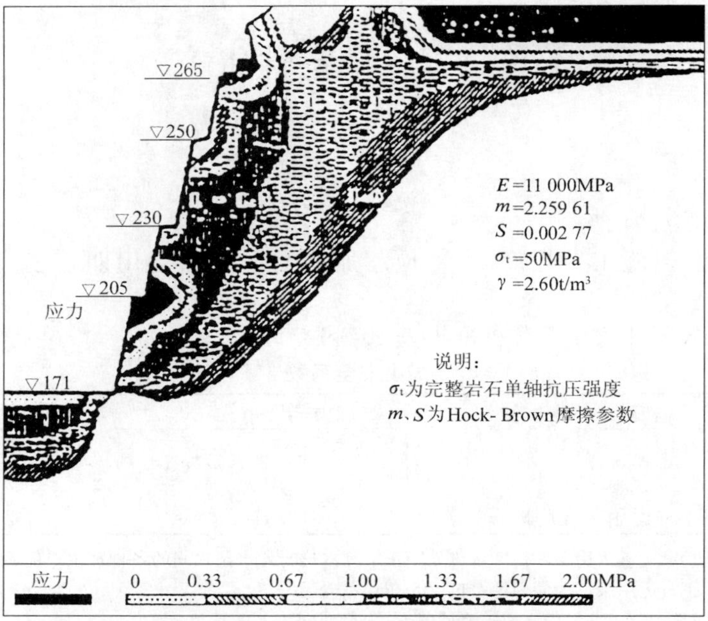

图 10-3-1　进口边坡安全系数分区

出口边坡稳定分析主要采用两种方法。对于Ⅰ、Ⅲ区边坡，主要为顺层滑动的失稳模式，故采用传统的刚体极限平衡分析方法；Ⅱ区边坡为断层交会带，岩体破碎，采用改进的Sarma法和相应的EMU计算程序。该程序是我国学者陈祖煜近年与澳大利亚Donald教授在塑性力学上限定理基础上开发的边坡稳定极限分析法，对Sarma法的理论基础和数值分析方法提出了全面的更新和提高，其特点和主要功能如下。

(1)采用能较好模拟节理岩体结构面的斜分条块，自动计算由折线或曲线组成的临界滑裂面及最小安全系数。

(2)应用最优化方法确定临界滑裂面时，引入随机搜索，避免了丢失安全系数整体极值的可能性。

(3)主要功能：①坡外有水时，采用土石坝规范建议的等效处理方法；②孔隙水压力的处理采用等势线铅直和输入孔隙压力系数两种方法；③自动输入Hoek-Brown参数；④可以分析具有锚索、抗滑桩、表面荷载等的边坡稳定问题。

出口边坡采用EMU程序的典型计算剖面如图10-3-2所示。

出口边坡采用的抗剪强度指标如表10-3-2所列。

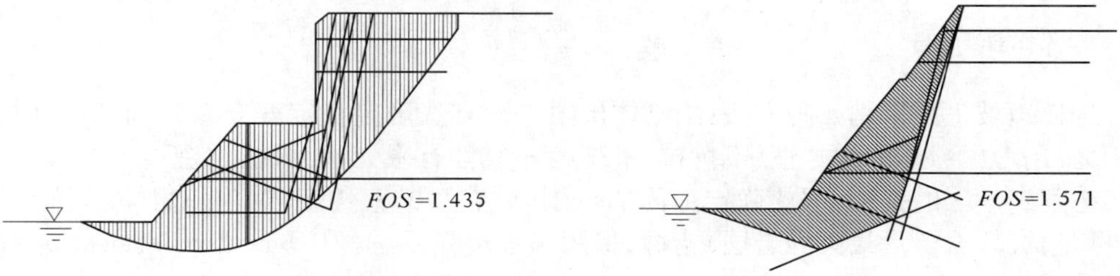

(a) 0+070.7剖面　　(b) 0+087.2剖面

图 10-3-2　出口边坡Ⅱ区典型计算剖面

表 10-3-2　　出口边坡采用的抗剪强度指标

抗剪强度指标	节理岩体	断层影响带	断层带	夹泥层	岩层层面
c(MPa)	0.05	0	0	0	0
φ(°)	30.96	15.64	11.31	11.31	24.23

第四节　加固设计

一、进口边坡加固

根据边坡可能的破坏形式，主要采取以下几项加固措施。

(一) 系统砂浆锚杆

250m 高程以上使用 Φ32 锚杆，长 8m、10m 相间布置，间、排距均为 3m；250m 高程以下使用 Φ32 锚杆，长 10m、12m 相间布置，间、排距均为 3m。

(二) 喷混凝土

210m 高程以上为裸露岩坡，喷钢纤维混凝土，厚 10cm，钢纤维含量 60kg/m^3，相当于喷混凝土体积的 0.77%。分三层施喷。垫层厚 3cm，以减少中层的回弹量，喷素混凝土；中层喷钢纤维混凝土厚 4cm；面层喷素混凝土厚 3cm，以防止钢纤维外露伤人和钢纤维的锈蚀。

钢纤维长度 20 ~ 50mm，长径比 25 ~ 100，抗拉强度大于 500MPa。钢纤维喷混凝土的质量要求：水灰比小于 0.40，根据美国 ASTMC1018 标准要求，7 天龄期的韧度指标 $I_5 \geqslant$ 3.5MPa，$I_{10} \geqslant$ 5MPa，抗折强度 ≥3MPa。

210m 高程以下边坡与进水塔之间将用混凝土回填，故喷素混凝土，厚 10cm。

系统砂浆锚杆和喷混凝土联合作用加强了边坡浅层岩体的整体性。

(三) 排水

为保证边坡在库水位降落条件下的稳定性，在 210 ~ 270m 高程边坡内均布置直径 100mm 的排水孔，间、排距均为 3m。250m 高程以上孔深 7m，250m 高程以下孔深 12m，并上仰 10°。

为防止泥沙淤堵排水孔，250m 高程以下的排水孔均用暗管予以保护。

(四) 预应力锚索

根据稳定计算确定不稳定岩体深度及需要施加的锚固力，根据有限元计算得到的边坡应力状态和塑性变形区范围，确定锚索的布置和长度。

进口边坡锚索布置大致可分成三个区。

第一区为 250m 高程以上，为防止开挖卸荷后边坡岩体沿 NNE 一组节理的卸荷板裂，主要布置 600kN、800kN 级锚索，长 20 ~ 30m。但在 1 号桥台下面的 T_1^4 层间剪切破碎带及为防止 T_1^{5-1} 软岩岩层的蠕变变形，分别布置 1 200kN、1 500kN 级锚索，锚索长度 30 ~ 35m，锚索间、排距均为 6m。

第二区为 250 ~ 210m 高程间，该区位于边坡的腰部，1 000kN 级锚索长 30m、35m 相间布置，间、排距均为 6m。250 ~ 230m 高程间，因 PVC 波纹管未到货，为满足施工进度要求，采用二次注浆的全长黏结式锚索；230m 高程以下全部采用一次注浆的双层保护锚索。

第三区为210m高程以下，该区位于边坡的坡脚部位，且大部分隧洞进口位于该区，压应力大。根据有限元计算结果，坡脚处向临空方向的水平位移达8cm，塑性变形区范围达25m深之多。由于该区位置重要，从稳定和限制边坡向坡外的变形、稳住坡脚考虑，该区布设2 000kN级双层保护锚索，为避开洞口及与引水发电隧洞的交叉，锚索间、排距6～9m，长35～40m，相间布置，锚索倾角大多数为上仰15°。

进口塔后边坡共布设各种吨位锚索581根。

进口塔后边坡预应力锚索、系统砂浆锚杆布置详见图10-4-1。

二、出口边坡加固

对于出口边坡的稳定，施工期是控制工况，且出口边坡的稳定问题主要是Ⅱ区边坡的稳定。出口边坡及锚索布置立视图如图10-4-2所示。根据出口边坡的工程地质条件和运用条件，主要采取以下加固措施。

（一）排水

在消力塘周边的边坡内约115m高程布置一条贯通性排水隧洞，断面2.1m×2.8m，排水洞两端与消力塘的永久排水竖井相连。排水洞内在三个方向上（向上游、向上、向下）布设直径100mm排水孔，孔深10～15m。位于节理密集带、断层带内的排水孔，孔内设置组合过滤体。

排水洞平面布置如图10-4-3所示。由于在消力塘开挖前其周边的排水系统已形成并投入运用，使消力塘边坡内的地下水位由135m左右降到120m以下，由于其排水效果显著，大大降低了消力塘施工的难度，并对边坡施工期的稳定起到了至关重要的作用。

（二）挂网喷混凝土

出口边坡上出露地层主要为T_1^6黏土质粉砂岩，易风化、崩解。为此，边坡开挖后，立即用挂钢筋网喷混凝土予以封闭处理。钢筋网为Φ6@20cm×20cm，喷混凝土厚10cm。

（三）系统砂浆锚杆

出口边坡的岩层层面为顺坡向，其NNE向一组节理与岩层层面或泥化夹层组合，形成很多潜在的不稳定楔形体，为此设置Φ32，长10m、12m相间布置的系统砂浆锚杆，Ⅰ区、Ⅲ区间距2m，Ⅱ区锚杆间距1.0～1.75m。

（四）预应力锚索

采用锚索作为出口边坡的主要加固措施，其优点是，随着边坡由上向下分台阶开挖，预应力锚索可随即加上，发挥其锚固作用，确保了该坡施工期的稳定，并作为永久加固措施之一。

Ⅰ区共布置2 000kN级锚索125根，最大长度35m，锚索在高程方向间距为5m，水平方向间距7.5m，锚索方向为下倾25°。

Ⅱ区共布置锚索155根，其中3 000kN级107根，2 000kN级48根，高程方向间距3.5～6.0m，水平方向4.0～7.0m，最大长度55m，锚索方向为下倾10°～20°。

Ⅲ区共布置锚索71根，其中3 000kN级12根，2 000kN级59根，最大长度50m，高程方向间距5m，水平方向6m，锚索方向大多下倾20°。

出口边坡及锚索布置详见图10-4-2。

（五）抗滑桩

Ⅱ区边坡由于断层交会，岩体破碎，泥化夹层发育，岩层倾角变陡（由正常岩层倾角

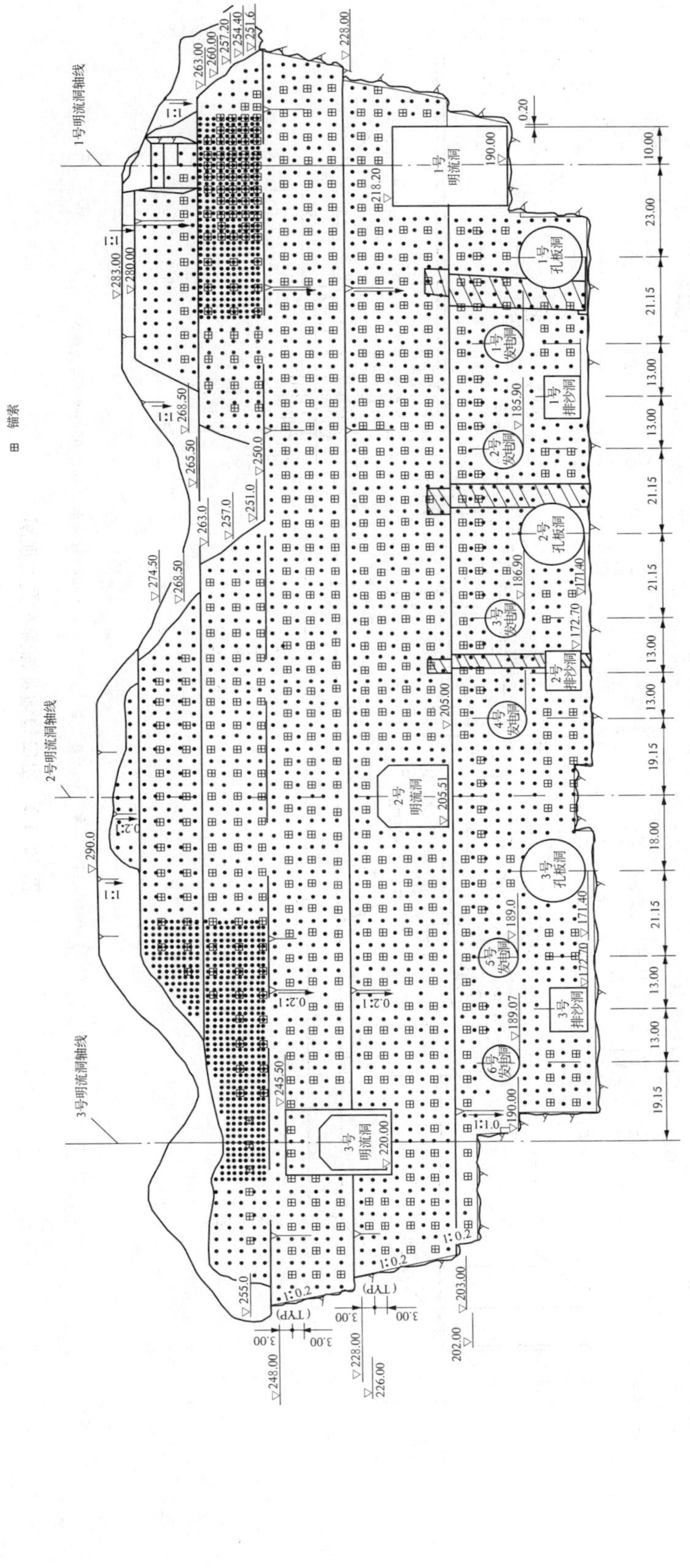

图 10-4-1　塔后边坡锚索布置立视图　（单位:m）

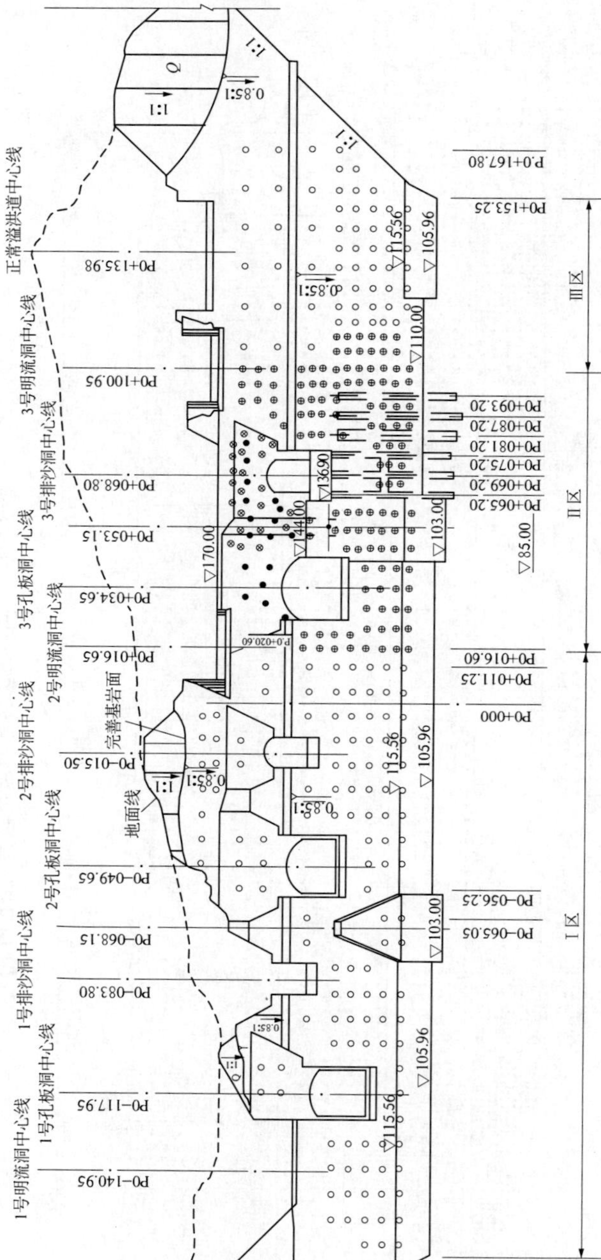

图例　○ 2 000kN级锚索　● 2 000kN级随机锚索　⊕ 3 000kN级锚索　⊗ 2 000kN级回头锚索

图 10-4-2　出口边坡及锚索布置立视图

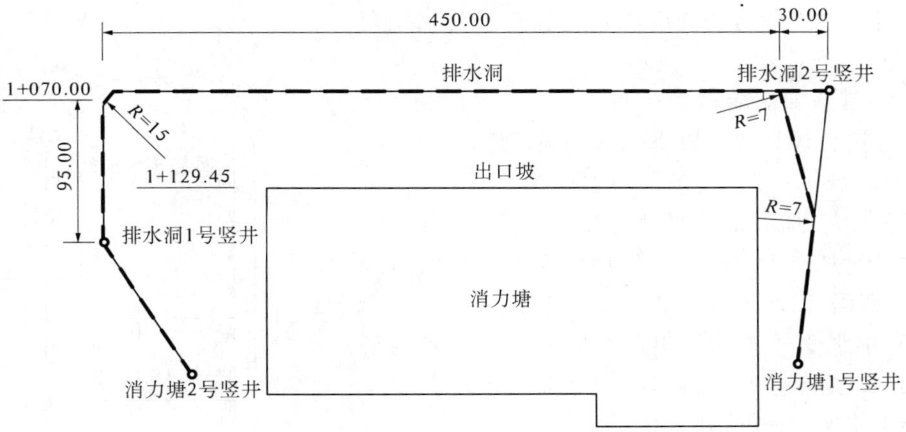

图 10-4-3　排水洞平面布置图　（单位：m）

9°变为 14°～21°），恶化了该区边坡的稳定条件，虽布置了大吨位系统预应力锚索，但边坡的稳定仍处在临界状态。考虑到仅采用锚索加固软弱破碎岩体，存在锚索的预应力松弛问题，由此引起边坡的稳定安全系数会进一步降低。经综合分析比较，最终选定在 3 号排沙洞出口 F_{236}（F_{238}）断层交会带部位的 144m 高程平台上，增加 5 根抗滑桩，采用锚索和抗滑桩等综合加固措施提高Ⅱ区边坡的整体稳定性。

原设计桩的断面为 3.0m×3.0m，施工初期因采用直径 2.0m 的大口径钻机成井，故改为 2.0m×5.5m 的椭圆形断面，桩的平面布置如图 10-4-4 所示。

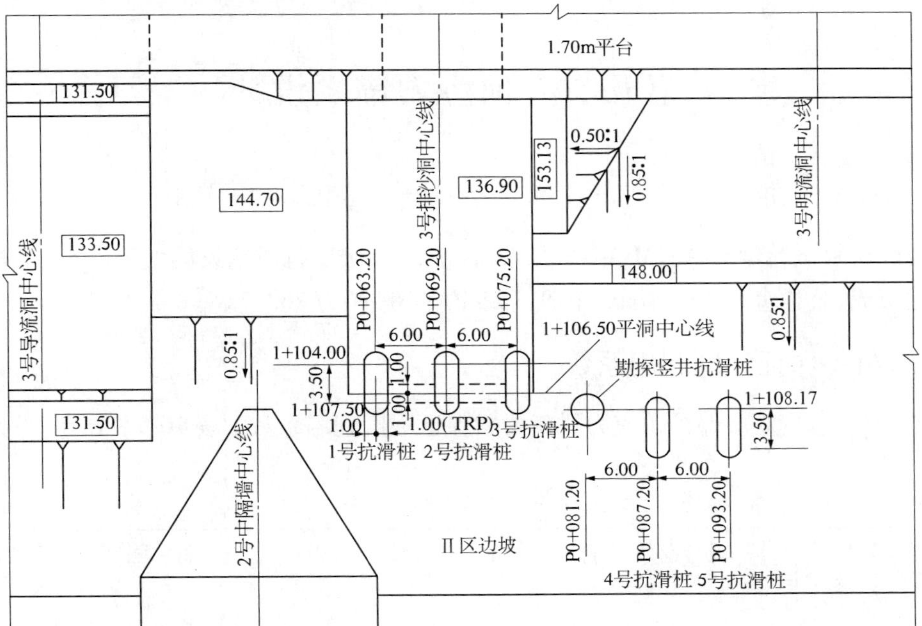

图 10-4-4　抗滑桩平面布置　（单位：m）

桩身混凝土标号为 40MPa，一级配，桩的钢筋布置如图 10-4-5 所示。

（六）其他加固措施

Ⅱ区边坡还采取了以下几项加固措施。

（1）减载。

（2）加大、加高消力塘 2 号中隔墙上游端断面，顶宽由 3m 加宽到 12.5m；墙顶由 138.0m 加高到 145.3m 高程，以加强对边坡的支撑作用。

（3）加强 3 号排沙洞出口洞段混凝土衬砌的整体性，分块间加连接钢筋和键槽。加大挑流鼻坎基础混凝土块尺寸，并优化其体形。

（4）在 3 号孔板洞和 3 号排沙洞出口间的 144m 高程基岩平台上增加三道钢筋混凝土支挡墙，墙厚 2m，墙顶高程 165.0m。观测资料表明，该项措施显著改善了该段直立边坡的稳定性。

（5）用混凝土盖板封闭坡顶 170m 高程平台，防止施工用水及大气降水入渗恶化边坡的稳定条件。通过上述综合加固工程措施，水平变位速率由最大 1.5mm/d 逐渐趋于 0，说明边坡的稳定状况良好。

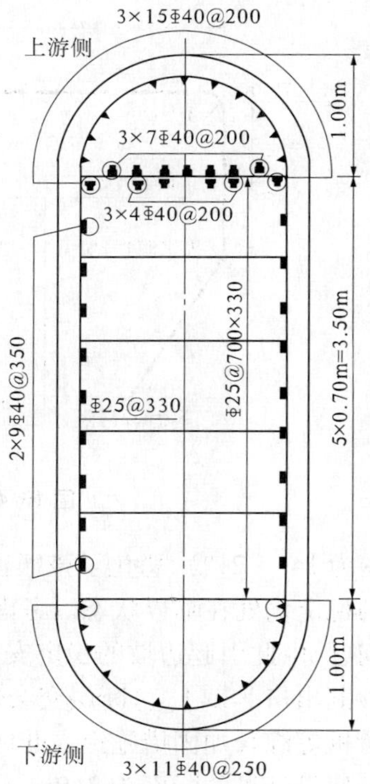

图 10-4-5　抗滑桩配筋图

第五节　预应力锚索设计

一、技术标准

美国材料试验学会 ASTM A416—87A 标准，270 级。每股钢绞线由 7 根 Φ5 低松弛高强钢丝组成，公称直径 15.24mm，单股钢绞线最小破断力 260.7kN。

二、材料保证强度利用系数

进、出口边坡双层保护预应力锚索材料保证强度利用系数如表 10-5-1 所示。

表 10-5-1　　材料保证强度利用系数

工程部位	设计荷载（kN）	钢绞线股数	材料强度利用系数（%）
进口边坡	1 000	714	54.8
	2 000		54.8
出口边坡	2 000	1 219	63.9
	3 000		60.6

三、内锚固段长度设计

内锚固段长度由以下三个条件确定：

(1)保证水泥凝固体不沿孔壁产生剪切破坏；

(2)保证水泥凝固体与钢绞线有足够的握裹力；

(3)对双层保护锚索，PVC 波纹管内、外壁与水泥凝固体不产生剪切破坏。

满足上述三个条件裸露的钢绞线长度分别为 L_1、L_2、L_3，并取其大者。L_i 由下式计算

$$L_i = \frac{kP}{\pi d_i c_i} \quad (i = 1,2,3) \tag{10-5-1}$$

式中　k——安全系数，取 2.0；

P——锚索的最大张拉荷载，N；

d_i——计算滑移面直径，对于钢绞线 $d_i = n \cdot d$，n 为钢绞线股数，d 为钢绞线的公称直径，mm；

c_i——计算滑移面上黏结力，对于砂岩、黏土岩，c_1 = 1.0MPa；水泥凝固体与钢绞线，c_2 = 2.0MPa；水泥凝固体与 PVC 波纹管，c_3 = 5.0MPa。

进、出口边坡双层保护锚索内锚固段长度、钻孔直径详见表 10-5-2。

表 10-5-2　　双层保护锚索施工参数

工程部位	设计工作荷载(kN)	最大张拉荷载(kN)	钻孔直径(mm)	波纹管直径(mm)(最小)		内锚固段长度(m)
				内径	外径	
进口边坡	1 000	1 250	150			8.00
	2 000	2 500	180	103	117	10.00
出口边坡	2 000	2 500	180	103	117	10.00
	3 000	3 750	220	114	125	12.00

内锚固段长度范围内钢绞线外的 PE 套管应剥除，并应进行除油处理。

四、张拉与锁定

小浪底工程对锚索张拉提出以下要求。

(1)以压力计或荷载仪控制，均匀加载至设计荷载的 1.25 倍，加载速率 40kN/min。

(2)保持荷载 20min，并测量该时段内锚索的徐变位移量，如果位移量小于 2mm，即认为此根锚索合格，可进行第(4)步工作，否则进行第(3)步工作。

(3)继续保持荷载 45min，并测量锚索的徐变位移量。如果在荷载峰值时，锚索的弹性变形在下述两个限值之内，锚索合格，否则为不合格。

上限对应于锚索的伸长值等于自由长度加 50% 黏结长度时的理论弹性伸长值。

下限对应于锚索的伸长值等于 80% 自由长度的理论弹性伸长值。

(4)将荷载降到要求值锁定。为保证预应力锚索长期有效地工作，并留有足够的安全度，进、出口边坡工程锚索的锁定荷载规定为：①进口边坡按设计荷载的 70% 锁定；

②出口边坡按设计荷载的80%锁定。

五、锚固角选择

为充分发挥锚索的锚固作用，锚固角选择是十分重要的。根据出口边坡的破坏模式（见图10-5-1），锚固角确定如下。

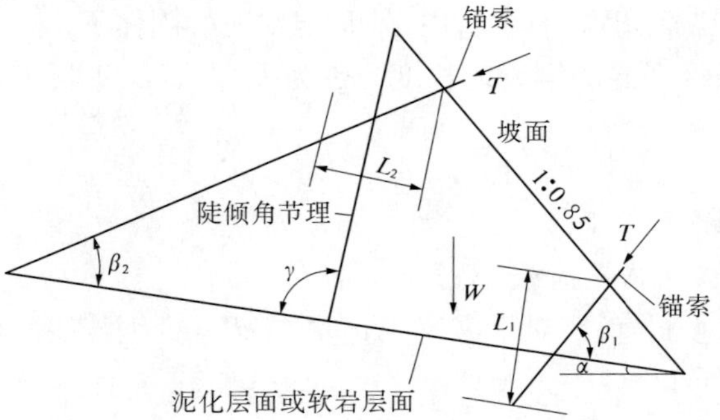

β_1、β_2—锚索轴线与滑动面夹角；γ—拉裂面与滑动面延长线夹角；L_1、L_2—锚索张拉段长度在拉裂面和滑动面方向上的投影长度；T—锚索张拉力；W—滑体重量

图10-5-1　滑体几何模型

穿过滑动面锚索的最优化锚固角为：

$$\beta_1 = 45° + \frac{\varphi}{2} \tag{10-5-2}$$

式中　φ——滑动面的内摩擦角。

穿过节理面锚索的最优化锚固角为：

$$\beta_2 = 45° + \frac{\varphi - \gamma}{2} \tag{10-5-3}$$

当 $L_2 < \xi L_1$ 时，应优先向节理面打锚索，反之优先向滑动面打锚索。

$$\xi = \frac{\sin[45° + (\varphi + \gamma)/2]\{\cos[45° + (\varphi - \gamma)/2] + \sin[45° + (\varphi - \gamma)/2]\tan\varphi\}}{\frac{1}{2}\cos\varphi + \sin^2(45° + \varphi/2)\tan\varphi} \tag{10-5-4}$$

组成小浪底出口边坡潜在滑体的两组节理发育，泥化夹层有多层，潜在滑体也有多个，为使锚索尽量多穿过滑动面和节理面，因而采用的锚固角一般为下倾20°~25°，介于 β_1 和 β_2 之间。

六、双层保护预应力锚索的结构

近年来在欧洲许多国家的加固工程中，对于临时工程加固一般采用二次注浆的全长黏结式锚索，对于永久工程的加固多采用一次注浆的双层保护预应力锚索。

所谓双层保护是对锚索的内锚固段而言的，它具有双层防腐保护措施：PVC波纹管和水泥浆凝固体；而对于自由张拉段而言，该段为三层防腐保护：PVC波纹管（或PVC管）、水泥浆凝固体和钢绞线外的PE套管。双层保护锚索典型结构详见图10-5-2。

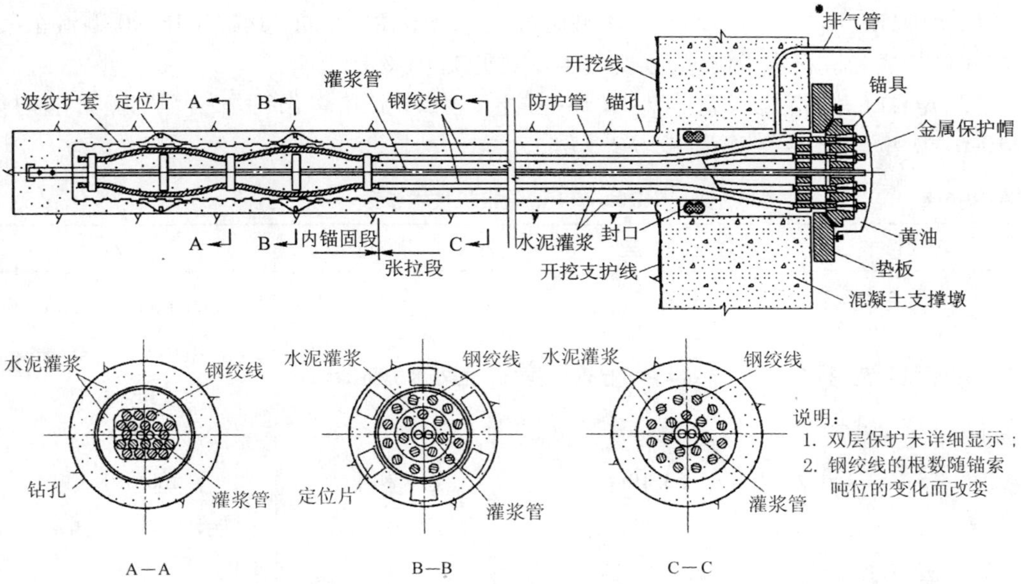

图 10-5-2　进口边坡 2 000kN 级双层保护锚索典型结构图

双层保护锚索的优点是:寿命长,一次注浆工艺简单,由于每股钢绞线外有 PE 管保护,当需要时可以重复张拉,张拉段内锚索体受力均匀。由于有上述优点,整个小浪底工程共安装双层保护预应力锚索 1 118 根。

第六节　ROTEC 混凝土运输、浇筑设备

小浪底进、出口混凝土工程施工是我国首次采用 ROTEC 混凝土运输、浇筑系统设备的工程。该系统由美国 ROTEC 公司生产,其特点是操作灵活方便,覆盖范围广,入仓准确,能适用于各种级配、不同坍落度的混凝土,生产效率高等,对混凝土工程量大、工期紧的工程,ROTEC 系统可以充分发挥工效高这一突出优点。

小浪底工程使用的 ROTEC 系统设备可分为两大类:运输设备和浇筑设备。

一、运输设备

运输设备主要有三种,用于从拌和站运输到混凝土浇筑现场。

(1)混凝土搅拌运输车(滚筒式),型号为 ROTEC RO - MAX,容量 10.7m^3,功率 300HP(英制马力,1kW = 1.34HP,下同)。

(2)混凝土运输车(滚轴卸料式),型号为 ROTEC BIG DOG EM7 - 300,容量 15m^3,功率 300HP。

(3)皮带输送机,长度约 300m,最大输送能力 6.67m^3/min。

二、浇筑设备

浇筑设备主要有两种:ROTEC 胎带机和塔带机。

(1) ROTEC 胎带机。CC200－24 型胎带机为轮胎式皮带机，由 1 台 Rt990 型汽车吊、伸缩式皮带机和进料皮带组成，主要技术参数见表 10-6-1。

(2) ROTEC 塔带机。型号为 TC1875，主要由塔带和塔吊两部分组成，其结构如图 10-6-1所示，技术参数如表 10-6-2 所列。

表 10-6-1　　CC200－24 型胎带机技术参数

项目	参数	项目	参数
功效	7.6m³/min	进料皮带机	609.6mm×19.8m
最大水平覆盖范围	61m(从转动中心起算，下同)	主皮带机驱动装置	1 台大型 75HP(55.93kW)驱动器
最小水平覆盖范围	22.6m	断电保护器	200A
30°最大水平覆盖范围	53.19m	总操作重量	100 680kg
30°时最大高度	33.53m	电动机型号	底特律柴油机 6-71t
最大上倾角度	30°	气缸	6 个
最大下倾角度	－15°	燃料容量	946.3L
转动范围	360°	标准输出	200kW
主皮带机	三部分伸缩式皮带机		

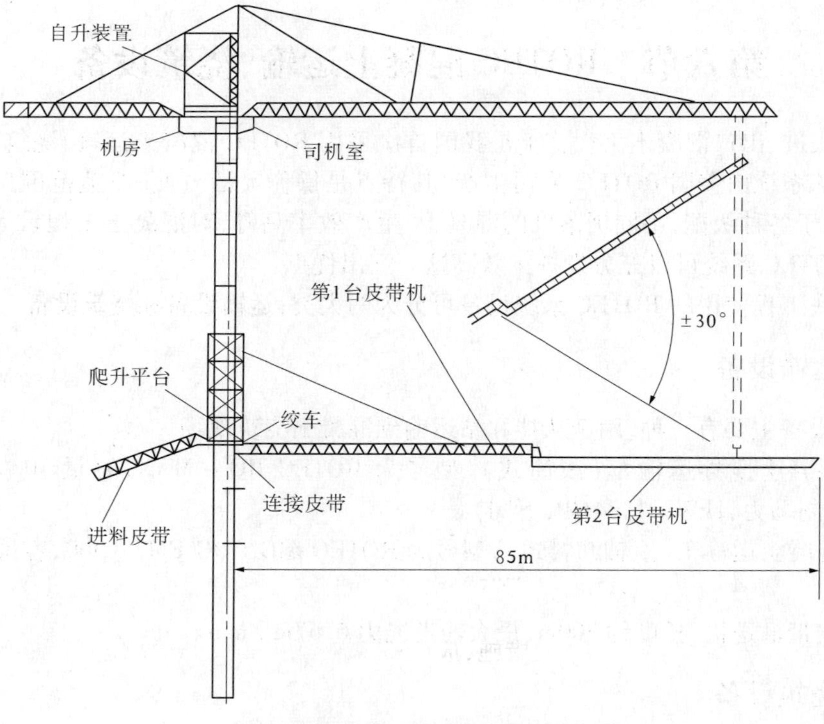

图 10-6-1　TC1875 型塔带机结构

表 10-6-2　　**TC1875 型塔带机主要技术参数**

项目		参数
塔吊	塔吊臂半径(m)	79
	最大工作半径(m)	75
	最大吊钩高度(m)	108.8
	最大起吊重量(t)	25
	塔身(每截)(m)	3.5(直径)×9.3(长)
	最大起吊速度(m/min)	75
	最大转动速度(r/min)	0.6
	小车最大行走速度(m/min)	100
	总功率(kW)	300
塔带	最大覆盖范围(m)	85
	最大倾角(°)	±30
	皮带宽	30 英寸(76.20cm)
	最大骨料	6 英寸(15.24cm)
	最大强度(0°和直径 6 英寸骨料时,m^3/min)	6.5

第七节　结　语

小浪底水利枢纽进出口高边坡投入运用已有 10 年多,自 1999 年 10 月 25 日下闸蓄水运用以来也已经近 10 年时间,根据埋设在进出口高边坡上的多点位移计、锚索测力计、测斜管及外部变形观测等观测设备的观测,结果显示运行稳定。

进口边坡共布设锚索测力计 25 支,自水库蓄水以来,绝大部分锚索测力计测值保持稳定,锚固力变化范围在 2% 以内;孔口高程位于 280m 的 3 支测斜管自蓄水以来测值也比较稳定,朝边坡临空方向的累计位移值一直在 40mm 以内摆动;安装在 205m 高程上的 3 支多点位移计的位移测值在 2mm 以内变化。

出口边坡的稳定主要是位于 F_{236}(F_{238})及 F_{244}、F_{245} 断层交会带上的Ⅱ区边坡的稳定问题。Ⅱ区边坡上共埋设 8 支锚索测力计、6 支多点位移计和 2 根测斜管。自水库蓄水以来,锚索测力计的测值几乎没有变化,多点位移计及测斜管的测值均稳定在某一测值上。

以上各种原观仪器的监测结果充分说明:对于进口高 120m 的边坡,采用系统砂浆锚杆、系统预应力锚索、排水及喷钢纤维混凝土等综合加固措施;对于地质条件十分复杂的 60~80m 的出口边坡,采用系统砂浆锚杆、2 000kN 及 3 000kN 级大吨位预应力锚索、完善的排水、抗滑桩、支撑墙等综合加固措施,成功地解决了进出口高边坡施工期和运用期的稳定问题,保证了小浪底水利枢纽的正常、安全运行。